Herrn Demme
mit den besten
Wünschen

Harald Schütz

Benzodiazepines II

A Handbook

Basic Data, Analytical Methods, Pharmacokinetics and Comprehensive Literature

With 183 Figures

Springer-Verlag
Berlin Heidelberg New York
London Paris Tokyo

Prof. Dr. rer. nat. Harald Schütz
Diplom-Chemiker
Institut für Rechtsmedizin der Justus-Liebig-Universität
Frankfurter Strasse 58, D-6300 Giessen

ISBN 3-540-50249-1 Springer-Verlag Berlin Heidelberg New York
ISBN 0-387-50249-1 Springer-Verlag New York Berlin Heidelberg

Library of Congress Cataloging-in-Publication Data. (Revised for vol. 2) Schütz, Harald, Dr. rer. nat. Benzodiazepines : a handbook. 1. Benzodiazepines. I. Title. RM666.B42S38 1982 615'.78 82-177936. ISBN 0-387-11270-7 (U.S.: v. 1)

This work is subject to copyright. All rights are reserved, whether the whole or part of the material is concerned, specifically the rights of translation, reprinting, reuse of illustrations, recitation, broadcasting, reproduction on microfilms or in other ways, and storage in data banks. Duplication of this publication or parts thereof is only permitted under the provisions of the German Copyright Law of September 9, 1965, in its version of June 24, 1985, and a copyright fee must always be paid. Violations fall under the prosecution act of the German Copyright Law.

© Springer-Verlag Berlin Heidelberg 1989
Printed in Germany

The use of registered names, trademarks, etc. in this publication does not imply, even in the absence of a specific statement, that such names are exempt from the relevant protective laws and regulations and therefore free for general use.
Product Liability: The publisher can give no guarantee for information about drug dosage and application thereof contained in this book. In every individual case the respective user must check its accuracy by consulting other pharmaceutical literature.

Printing: Druckhaus Beltz, Hemsbach/Bergstraße
Bookbinding: J. Schäffer GmbH & Co. KG, Grünstadt
2119/3140-543210 – Printed on acid-free paper

Dedicated to
Dr. Dr. h.c. Leo Henryk Sternbach

Preface

"... this is an excellent compilation of data which should be on the bookshelves of all analysts interested in the benzodiazepines. It is to be hoped that, with the introduction of so many new benzodiazepines, the author will quickly add these in a second edition" (A. C. Moffat in: *Trends in Analytical Chemistry,* 1983). This review, deputizing for many others, reflects the friendly reception enjoyed by the first volume of *Benzodiazepines,* which was published in 1982 and apparently closed a gap in the benzodiazepine literature. In the meantime, *Benzodiazepines* has established itself as a standard book, as evidenced by numerous letters and quotations. Suggestions were also soon made for a new edition in view of the unusually rapid development in the field of the benzodiazepines. It became quickly obvious, however, that it would not be sufficient to publish a revised second edition, but that a completely new *second volume* would be required for which, however, the successful previous format could be largely retained.

The following considerations seem worth mentioning in connection with the preparation of Volume II:

– To ensure continuity with Volume I as far as possible, the list of references was consecutively numbered (references 1 to 3779 in Volume I, references 3780 to 11338 in Volume II). Whereas in Vol. I the substances appear in the sequential order of their historical development they are listed in alphabetical order in Vol. II.

– In addition to the new, usually tetracyclic benzodiazepines, some derivatives of benzodiazepines already extensively covered in Vol. I have also been included in Vol. II because some important data were still lacking when Vol. I was published (e. g. (2-amino-5-bromo-3-hydroxyphenyl)-(pyridine-2-yl) methanone, 3-hydroxy-flunitrazepam, the triazolam metabolites, or the hydrolytic products of tetrazepam). Moreover, Vol. II also lists some substances that are no true benzodiazepines with regard to their chemical structure but whose action spectra are practically identical to those of the benzodiazepines. The benzodiazepine antagonist flumazenil (Ro 15-1788) has also been included because of its steadily increasing importance.

– Since 1982, high-pressure liquid chromatography has also become an established technique for benzodiazepine analysis. Procedures for drug monitoring, for instance, have been developed, which require only small amounts of material (e. g. for clonazepam in the field of pediatrics). The chapter "Additional Methods for the Determination of Benzodiazepines Already Described in Vol. I" therefore presents as a supplement to Vol. I numerous additional methods for these usually classical benzodiazepines, whereas the chapter "Methods for the Determination of New Benzodiazepines" deals with new developments.

- In thin-layer chromatography, the concept of the corrected R_f-value (R_f^c-value) has found worldwide acceptance, as has the retention index in the field of gas chromatography. For this reason, the corrected R_f-values in 10 established and widely used solvent systems as well as the retention indices on OV-1 (SE-30) have been compiled for all benzodiazepines, metabolites and hydrolytic products (in all more than 110 compounds). Close cooperation with the Deutsche Forschungsgemeinschaft and the TIAFT (The International Association of Forensic Toxicologists) has proved highly productive in preparing this compilation.
Separate chapters deal also with the fundamentals of the corrected R_f-value and of the retention index and give detailed working instructions for thin-layer chromatographic screening procedures with BRATTON-MARSHALL detection.

- Immunologic screening methods have likewise gained considerable importance, especially EMIT^R and FPIA (TDx^R / ADx^R). Numerous data have been worked out and compiled also in this field.

- In view of the widespread use of mass spectrometry, an eight-peak-index has been provided in addition to the original spectra. Many laboratories now have small mass spectrometers (e.g. MSD or ITD) for which such index systems are extraordinarily helpful.

- The section "Survey of Literature" has been enriched by some new subheadings (e. g. "Galenic Studies", "Radioreceptor Assays", "Review Articles", among others).

- More than 7500 new references are given in Vol. II. They are presented in form of a large, alphabetically arranged list (7350 references) and a smaller supplement. The titles of periodicals have been abbreviated according to the "Abbreviated Titles of Journals" issued by the Institute for Scientific Information, Philadelphia. Unfortunately it was also necessary to shorten the names of some authors because of the limited storage capacity of the computer system. I expressly ask the forgiveness of those concerned for this tribute to electronic data processing.

The present monograph could not have been produced without the dedicated support rendered by many people. It is difficult to remember every individual contribution after having worked on this book for more than five years, and it troubles me greatly that the list of names may contain gaps. For this reason I will *first of all express my general thanks* to all those who assisted me in compiling Vol. I and II of *Benzodiazepines*.

In addition I would like to give the following names (in alphabetical order): R. A. Chalmers / S. Ebel / W. Funk / Marika Geldmacher-von Mallinckrodt / E. Glaser / U. Habermalz / Eva-Maria Holland / H.-O. Kalinowski / W. Kapp / E. Karger / F. Kazemian-Erdmann / V. Leutner / G. Machbert / Annette Pielmeyer / D. Post / Ehrengard Rumpf / W.-R. Schneider / K. Schölermann / V. Schramm / L. H. Sternbach / O. Suzuki / K. Szendrei (UNO) / M. Tamm / D. R. A. Uges / F. Wunsch (BGA) / M. Zeller / Gisela Zimmermann. I would also like to mention the Bund gegen Alkohol im Straßenverkehr e.V., the Deutsche Forschungsgemeinschaft, and the staff of the University Library in Gießen.

I am also greatly indebted to the staff of the Springer Publishing House, notably to Mrs. Inge Oppelt, Mrs. Rotraut Weidenfeller, Priv.-Doz. Dr. T. Graf-Baumann, Mr. H. Matthies and Mr. F. Wolter for their outstanding collaboration.

Thanks are due to the following companies for their generous support: Abbott Diagnostic Products / Beecham-Wülfing GmbH / Boehringer Ingelheim / Hoechst AG / Hoffmann-LaRoche AG / Kali-Chemie Pharma / Merckle GmbH / MIDY Arzneimittel GmbH / Neurax Arzneimittel / Promonta GmbH / Ravizza S.p.A. / Roussel Uclaf / Sankyo / Schering AG / Schering Corporation / Schürholz Arzneimittel GmbH / Siegfried GmbH / Sumitomo Pharmaceuticals Co. Ltd. / SYVA-MERCK GmbH / Takeda Chemical Industries Ltd. / Dr. Karl Thomae GmbH / UCB-Chemie GmbH / The Upjohn Company / Werthenstein Chemie AG / Zambeletti S.p.A.

My very special thanks go to Mrs. Sieglinde Tamm for her untiring efforts and precision in preparing the manuscript, and to my dear family, who had to forgo for a long time so many things that would otherwise be matters of course.

Last not least I am indebted to many readers for their suggestions about the future make-up of the book. These suggestions clearly showed that it was in particular due to the extensive research of the literature that *Benzodiazepines I* was received with such great interest, not only by analysts but also by others. I should be very pleased if this would also turn out to be true for *Benzodiazepines II*.

Giessen, January 1989   Harald Schütz

Contents

Index of Treated Substances ... 1

List of Synonyma ... 12

Biotransformation ... 22

Formation of the Hydrolysis Derivatives ... 34

TLC-Data ... 39

Thin-Layer Chromatography – The Concept of the Corrected R_f-Value (R_f^c-Value) ... 41
Screening of the Benzodiazepines via R_f^c-Values ... 42
Screening of the Benzodiazepines via Aminobenzophenones and Bratton-Marshall Detection ... 47

GLC-Data and UV-Spectra ... 49

Gas Chromatography – The Concept of the Retention Index ... 51
List of UV-Maxima ... 56
UV-Spectra (Ultraviolet-Spectra) ... 57

List of Important m/z-Values ... 83
Infrared- and Mass-Spectra ... 86

Immunological Methods ... 139

Presentation of Analytical Methods ... 155

Methods for the Determination of New Benzodiazepines ... 157
    alprazolam ... 157
    brotizolam ... 159
    clotiazepam ... 160
    delorazepam, chlordesmethyldiazepam ... 160
    estazolam ... 161
    ethyl loflazepate ... 162
    flumazenil, Ro 15–1788 ... 162
    halazepam ... 163
    metaclazepam ... 164
    midazolam ... 164
    pinazepam ... 168
    quazepam ... 169

temazepam ... 170
  tetrazepam ... 171
  triazolam ... 172

Additional Methods for the Determination of Benzodiazepines
Already Described in Vol. I ... 174
Simultaneous Methods ... 174
Mono Methods ... 176
  bromazepam ... 176
  clobazam ... 177
  clonazepam ... 180
  diazepam ... 184
  flunitrazepam ... 186
  flurazepam ... 188
  lorazepam ... 190
  nitrazepam ... 191

List of Therapeutic and Toxic Concentrations ... 193

*Blood-, Serum- and Plasma-Levels and Other
Pharmacokinetic Data from Literature* ... 195

  alprazolam ... 197
  brotizolam ... 202
  clotiazepam ... 205
  delorazepam, chlordesmethyldiazepam ... 205
  estazolam ... 207
  ethyl loflazepate ... 208
  flumazenil, Ro 15–1788 ... 209
  halazepam ... 211
  loprazolam ... 211
  metaclazepam ... 213
  midazolam ... 215
  oxazolam ... 223
  pinazepam ... 224
  quazepam ... 226
  temazepam ... 228
  tetrazepam ... 230
  triazolam ... 231

Survey of Benzodiazepine Literature ... 235

  1 Absorption Studies ... 237
  2 Analytical Studies ... 237
  3 Antagonist Studies ... 238
  4 Anesthesia Studies ... 241
  5 Behavioral Studies ... 244
  6 Biotransformation / Metabolism ... 248
  7 Casuistics ... 249

8 Feto-Maternal-Studies ... 250
9 GABA-Studies ... 252
10 Galenic Studies ... 255
11 Gas-Chromatography ... 256
12 High-Pressure-Liquid-Chromatography ... 257
13 Hydrolysis Studies ... 258
14 Immunoassays (RIA, EMIT, TDx and Others) ... 258
15 Interactions ... 259
16 Mass-Spectrometry ... 262
17 NMR-Studies ... 262
18 Pharmacokinetics (Levels) ... 263
19 Pharmacology and Clinical Studies ... 268
20 Photometry (UV-, IR-, VIS-, Fluorometry) ... 279
21 Polarography ... 279
22 Protein Binding ... 280
23 Radioactive-Labelled Compounds ... 281
24 Radioreceptor Assays ... 282
25 Receptor Studies ... 283
26 Review Articles ... 292
27 Screening Methods ... 294
28 Side-, Adverse-, Residual-Effects ... 295
29 Sleep Studies ... 303
30 Synthesis of Benzodiazepines ... 306
31 TLC-Studies ... 309
32 Toxicity ... 309
33 Miscellaneous ... 310

References ... 311

Subject Index ... 609

Index of Treated Substances
(formula, molecular formula, molecular weight, CAS-No., pharmaceuticals – trade marks)

64 Adinazolam	$C_{19}H_{18}ClN_5$ tranquilizer	M 351.84	CAS-No.	37115-32-5 DERACYN
65 Mono-N-Demethyladinazolam	$C_{18}H_{16}ClN_5$ metabolite	M 337.81	CAS-No.	37115-33-6
66 Alprazolam	$C_{17}H_{13}ClN_4$ tranquilizer	M 308.77	CAS-No.	28981-97-7 CONSTAN SOLANAX TAFIL VALEANS XANAX
67 α-Hydroxy-Alprazolam	$C_{17}H_{13}ClN_4O$ metabolite	M 324.77	CAS-No.	37115-43-8
68 4-Hydroxy-Alprazolam	$C_{17}H_{13}ClN_4O$ metabolite	M 324.77	CAS-No.	30896-57-2

69 (2-Amino-5-bromo-3-hydroxyphenyl)-(pyridin-2-yl)methanone	$C_{12}H_9BrN_2O_2$ metabolite	M	293.12	CAS-No. 40951-53-9
70 Brotizolam	$C_{15}H_{10}BrClN_4S$ hypnotic	M	393.69	CAS-No. 57801-81-7 LENDORMIN
71 α-Hydroxy-Brotizolam	$C_{15}H_{10}BrClN_4OS$ metabolite	M	409.69	CAS-No. 62551-41-1
72 4-Hydroxy-Brotizolam	$C_{15}H_{10}BrClN_4OS$ metabolite	M	409.69	CAS-No. 88883-43-6
73 Cloxazolam	$C_{17}H_{14}Cl_2N_2O_2$ tranquilizer	M	349.22	CAS-No. 24166-13-0 BETAVEL CLOXAM ENADEL LUBALIX SEPAZON TOLESTAN

74 Delorazepam	$C_{15}H_{10}Cl_2N_2O$ tranquilizer	M	305.16	**CAS-No.** 2894-67-9 EN
75 Estazolam	$C_{16}H_{11}ClN_4$ hypnotic	M	294.74	**CAS-No.** 29975-16-4 DOMNAMID ESILGAN EURODIN KAINEVER NUCTALON
76 Ethyl-Loflazepate	$C_{18}H_{14}ClFN_2O_3$ tranquilizer	M	360.77	**CAS-No.** 29177-84-2 VICTAN
77 Fludiazepam	$C_{16}H_{12}ClFN_2O$ tranquilizer, muscle relaxant	M	302.73	**CAS-No.** 3900-31-0 ERISPAN
78 **CFMB** 2-Methylamino-5-chloro-2´-fluoro-benzophenone	$C_{14}H_{11}ClFNO$ hydrolysis product	M	263.69	**CAS-No.** 1548-36-3

79 Flumazenil(Ro-15-1788)	$C_{15}H_{14}FN_3O_3$ benzodiazepine antagonist	M	303.29	**CAS-No.** 78755-81-4 ANEXATE
80 3-Hydroxy-Flunitrazepam	$C_{16}H_{12}FN_3O_4$ metabolite	M	329.29	**CAS-No.** 67739-71-3
81 Halazepam	$C_{17}H_{12}ClF_3N_2O$ tranquilizer	M	352.74	**CAS-No.** 23092-17-3 PACINONE PAXIPAM
82 TCB 2(2,2,2-Trifluoroethyl)-amino-5-chloro-benzophenone	$C_{15}H_{11}ClF_3NO$ hydrolysis product	M	313.71	**CAS-No.** 22753-80-6
83 Haloxazolam	$C_{17}H_{14}BrFN_2O_2$ hypnotic	M	377.21	**CAS-No.** 59128-97-1 SOMELIN
84 ABFB 2-Amino-5-bromo-2´-fluoro-benzophenone	$C_{13}H_9BrFNO$ hydrolysis product	M	294.12	**CAS-No.** 1479-58-9

85 Loprazolam, hypnotic	$C_{23}H_{21}ClN_6O_3$ M 464.91 $C_{24}H_{25}ClN_6O_6S$ M 561.01 Mesilat	**CAS-No.** 61197-73-7	DORMONOCT HAVLANE
86 Metaclazepam	$C_{18}H_{18}BrClN_2O$ M 393.71 tranquilizer	**CAS-No.** 65517-27-3	TALIS
87 N-Desmethyl-Metaclazepam	$C_{17}H_{16}BrClN_2O$ M 379.68 metabolite	**CAS-No.** 86298-26-2	
88 Bis-desalkyl-Metaclazepam	$C_{16}H_{14}BrClN_2O$ M 365.66 metabolite	**CAS-No.** 86298-28-4	

89 (structure: 2-amino-5-bromo-2′-chloro-benzophenone)	$C_{13}H_9BrClNO$ metabolite ABCB 2-Amino-5-bromo-2´-chloro-benzophenone	M	310.58	**CAS-No.** 60773-49-1
90 Midazolam	$C_{18}H_{13}ClFN_3$ anesthetic/hypnotic	M	325.77	**CAS-No.** 59467-70-8 DORMICUM HYPNOVEL
91 α-Hydroxy-Midazolam	$C_{18}H_{13}ClFN_3O$ metabolite	M	341.77	**CAS-No.** 59468-90-5
92 4-Hydroxy-Midazolam	$C_{18}H_{13}ClFN_3O$ metabolite	M	341.77	**CAS-No.** 59468-85-8
93 α,4-Dihydroxy-Midazolam	$C_{18}H_{13}ClFN_3O_2$ metabolite	M	357.77	**CAS-No.** 64740-68-7

94 Nimetazepam	$C_{16}H_{13}N_3O_3$ tranquilizer	M	295.30	**CAS-No.** 2011-67-8 ERIMIN
95 MNB 2-Methylamino-5-nitro-benzophenone	$C_{14}H_{12}N_2O_3$ hydrolysis product	M	256.26	**CAS-No.** 4958-56-9
96 Oxazolam	$C_{18}H_{17}ClN_2O_2$ tranquilizer	M	328.80	**CAS-No.** 24143-17-7 CONVERTAL SERENAL TRANQUIT
97 Pinazepam	$C_{18}H_{13}ClN_2O$ antidepressive	M	308.77	**CAS-No.** 52463-83-9 DOMAR
98 CPB 5-Chloro-2-(2-propinyl)benzophenone	$C_{16}H_{12}ClNO$ hydrolysis product	M	269.73	**CAS-No.** 56428-69-4

99 Quazepam	$C_{17}H_{11}ClF_4N_2S$ hypnotic / sedative	M	386.79	CAS-No.	36735-22-5 ONIRIA QUAZIUM
100 2-Oxoquazepam	$C_{17}H_{11}ClF_4N_2O$ metabolite	M	370.73	CAS-No.	49606-44-2
101 N-Desalkyl-2-Oxoquazepam	$C_{15}H_{10}ClFN_2O$ metabolite	M	288.71	CAS-No.	2886-65-9
102 3-Hydroxy-N-desalkyl 2-Oxoquazepam	$C_{15}H_{10}ClFN_2O_2$ metabolite	M	304.71	CAS-No.	17617-60-6
103 3-Hydroxy-2-Oxoquazepam	$C_{17}H_{11}ClF_4N_2O_2$ metabolite	M	386.73	CAS-No.	87075-15-8

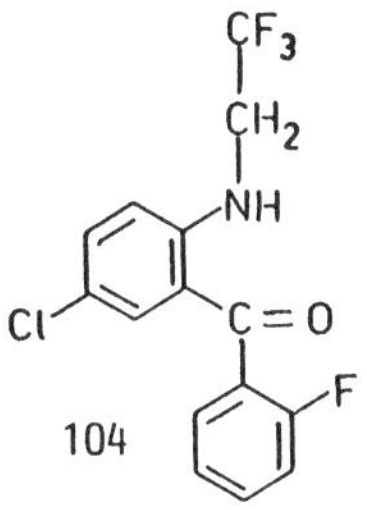

104	$C_{15}H_{10}ClF_4NO$	M 331.70	CAS-No. 50939-39-4

hydrolysis product

CFTB

2-(2,2,2-trifluoroethyl)-amino-5-chloro-2´-fluorobenzophenone

---

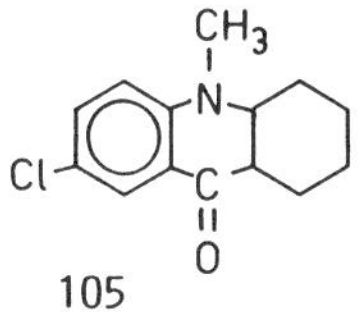

105     $C_{14}H_{16}ClNO$ M 249,74   **CAS-No.** 27752-47-2

hydrolysis product

Tetrazepam (acid hydrolysis product)

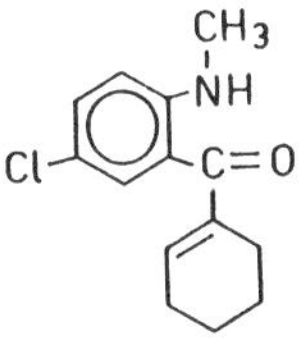

---

106   107 $C_{14}H_{16}ClNO$ M 249.74   **CAS-No.** 97994-57-5

trans   cis

hydrolysis product

Tetrazepam (alkaline hydrolysis product 1)
Tetrazepam (alkaline hydrolysis product 2)

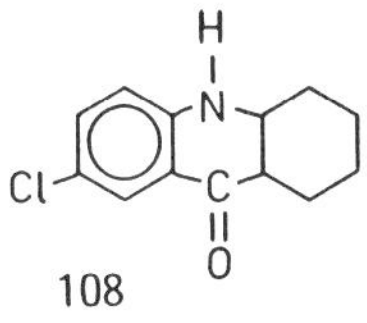

108     $C_{13}H_{14}ClNO$ M 235.71   **CAS-No.** 27752-46-1

hydrolysis product

Nor-Tetrazepam (acid hydrolysis product)

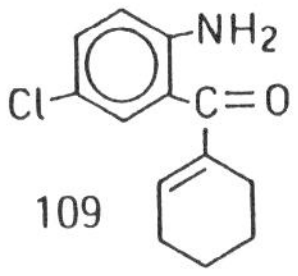

109     $C_{13}H_{14}ClNO$ M 235.71   **CAS-No.** 97994-58-6

Nor-Tetrazepam (alkaline hydrolysis product)

110 (structure)	$C_{17}H_{12}Cl_2N_4O$ metabolite α-Hydroxy-Triazolam	M 359.21	CAS-No.	37115-45-0
111 (structure)	$C_{17}H_{12}Cl_2N_4O$ metabolite 4-Hydroxy-Triazolam	M 359.21	CAS-No.	65686-11-5

#	Structure	Formula	M	CAS-No.	Name	Brand
112		$C_{19}H_{18}ClFN_2O_3$ tranquilizer	376.81	27060-91-9	Flutazolam	
113		$C_{18}H_{16}Cl_2N_2O_2$ tranquilizer	363.24	31868-18-5	Mexazolam	MELEX
114		$C_{17}H_{15}ClN_4S$ tranquilizer	342.85	40054-69-1	Etizolam	DEPAS
115		$C_{22}H_{26}N_2O_4$ tranquilizer	382.46	22345-47-7	Tofisopam	EGYT SERIEL TAVOR (?)

List of Synonyma[+)]

Adinazolam (Vol. II, subst. 64)   CAS-No.: 37115-32-5

Syn: Adinazolamum (INN.L21.L)
8-Chlor-1-(dimethylaminomethyl)-6-phenyl-4H-[1,2,4]triazolo[4,3-a][1,4]benzodiazepin (IUPAC)
8-Chloro-1-[(dimethylamino)methyl]-6-phenyl-4H-s-triazolo[4,3-a][1,4]benzodiazepine (WHO)

Alprazolam (Vol. II, subst. 66)   CAS-No.: 28981-97-7

Syn: Alprazolamum (INN.L14.L, NFN)
8-Chlor-1-methyl-6-phenyl-4H-[1,2,4]-triazolo[4,3-a][1,4]benzodiazepin (IUPAC)
8-Chloro-1-methyl-6-phenyl-4H-s-triazolo[4,3-a][1,4]benzodiazepine (WHO)

D 65 MT
U 31889

Constan - Solanax - Tafil[R] - Valeans - Xanax -

Bromazepam (Vol. I, subst. 33)   CAS-No.: 1812-30-2

Syn: Bromazepamum (INN.L10.L)
7-Brom-2,3-dihydro-5-(2-pyridyl)-1H-1,4-benzodiazepin-2-on (IUPAC)
7-Bromo-1,3-dihydro-5-(2-pyridyl)-2H-1,4-benzodiazepin-2-one (WHO)
7-Brom-5-(2-pyridyl)-1H-1,4-benzodiazepin-2(3H)-on (VO)

Ro 5-3350

Bartul - Bromazepam 6 Hexal[R] - Bromazepam-Diabetylin[R] - Bromazepam-Neurax - Compendium - Creosedin - Durazanil[R] - Gityl[R] - Lectopam - Lekotam - Lexaurin - Lexilium - Lexomil - Lexotanil[R] - Neo-Opt - Normoc[R] - Nulastres - Octanyl - Pascalium - Ultramidol -

Brotizolam (Vol. II, subst. 70)   CAS-No.: 57801-81-7

Syn: 2-Brom-4-(2-chlorphenyl)-9-methyl-6H-thieno[3,2-f][1,2,4]triazolo[4,3-a)[1,4]diazepin (IUPAC)
2-Bromo-4-(o-chlorophenyl)-9-methyl-6H-thieno[3,2-f]-s-triazolo[4,3-a][1,4]diazepine (WHO)
Brotizolamum (INN.L19.L)

WE 941
WE 941-BS

Lendorm - Lendormin[R] - Lindormin -

[+)] from Pharmazeutische Stoffliste (Bundesvereinigung Deutscher Apothekerverbände (ABDA), D-6000 Frankfurt am Main 97

Camazepam (Vol. I, subst. 48)   CAS-No.: 36104-80-0

Syn: Camazepamum (INN.L14.L, NFN)
(RS)-7-Chlor-2,3-dihydro-1-methyl-2-oxo-5-phenyl-1H-1,4-benzodiazepin-3-yl
  dimethylcarbamat (IUPAC)
7-Chloro-1,3-dihydro-3-hydroxy-1-methyl-5-phenyl-2H-1,4-benzodiazepin-2-one
  dimethylcarbamate (ester) (WHO)

B 5833
SB 5833

Albego[R]- Amotril - Nebolan - Panevril - Paxor -

Chlordiazepoxide (Vol. I, subst. 1)   CAS-No.: 58-25-3

Syn: Chlordiazepoxide (INN.L5.E, INN.L5.F, BP, DCF, USP21)
Chlordiazepoxido (INN.L5.S)
Chlordiazepoxidum (INN.L5.L, AB-DDR, NFN)
7-Chlor-2-methylamino-5-phenyl-3H-1,4-benzodiazepin-4-oxid (IUPAC)
7-Chloro-2-methylamino-5-phenyl-3H-1,4-benzodiazepine-4-oxide (WHO)
Methaminodiazepoxid

NSC 115748: HCl
Ro 5-0690: HCl

A-Poxide - Benzodiapin - Brigen-G - Chlordiazachel - Disarim - Elenium - Elibrin - Equibral - Fargen - Huberplex - Isolibr - J-Liberty - Klopoxid -Labican - Lentotran -Libritabs - Librium[R] - Librizan - Lo-Tense - Multum[R] - Napoton - Neo Gnostoride - Oasil - Paxium - Pneymic - Psicofar - Psicoterina - Radepur - Reliberan - Retcol - Risolid - Sereen - Seren Vita - SK-Lygen - Smail - Sophiamin - Tenax - Zetran -

Asthisupal - Klimax-H Taeschner[R] - Librax[R] - Limbatril[R] - Pantrop[R] - Pentrium[R] -

Clobazam (Vol. I, subst. 46)   CAS-No.: 22316-47-8

Syn: 7-Chlor-1-methyl-5-phenyl-1H-1,5-benzodiazepin-2,4(3H,5H)-dion (IUPAC)
7-Chloro-1-methyl-5-phenyl-1H-1,5-benzodiazepine-2,4(3H,5H)-dione (WHO)
Clobazamum (INN.L11.L, NFN)

H 4723
HR 376
LM 2717

Castilium - Clarmyl - Clopax - Frisium[R] - Noiafren - Odipam - Urbadan - Urbanil - Urbanyl -

Clonazepam (Vol. I, subst. 22)   CAS-No.: 1622-61-3

Syn: 5-(o-Chlorophenyl)-1,3-dihydro-7-nitro-2H-1,4-benzodiazepin-2-one (WHO)
5-(2-Chlorphenyl)-2,3-dihydro-7-nitro-1H-1,4-benzodiazepin-2-on (IUPAC)
5-(2-Chlorphenyl)-7-nitro-1H-1,4-benzodiazepin-2(3H)-on (VO)
Clonazepamum (INN.L10.L, AB-DDR, NFN)

Ro 5-4023

Antelepsin - Iktorivil - Klonopin - Landsen - Rivotril[R] -

Clorazepate (Vol. I, subst. 16)   CAS-No.: 20432-69-3

Syn: 7-Chlor-2,3-dihydro-2,2-dihydroxy-5-phenyl-1H-1,4-benzodiazepin-3-carbonsäure (ASK-S, IUPAC)
7-Chlor-2,3-dihydro-2-oxo-5-phenyl-1H-1,4-benzodiazepin-3-carbonsäure (VO)
Clorazepic acid (BAN)

Abbott 35616
Abbott 39083
AH 3232
CB 4311
CB 4306
TR 19119

Audilex - Azene - Belseren - Medipax - Mendon - Modiur - Nansius - Softramal - Tranex - Transene - Tranxen - Tranxene - Tranxilen - Tranxilene - Tranxilium^R - Uni-Tranxene -

Clotiazepam (Vol. I, subst. 59)   CAS-No.: 33671-46-4

Syn: 5-(o-Chlorophenyl)-7-ethyl-1,3-dihydro-1-methyl-2H-thieno-[2,3-e][1,4]diazepin-2-one (WHO)
5-(2-Chlorphenyl)-7-ethyl-2,3-dihydro-1-methyl-1H-thieno[2,3-e][1,4]diazepin-2-on (IUPAC)
5-(2-Chlorphenyl)-7-ethyl-1-methyl-1H-thieno[2,3-e][1,4]diazepin-2(3H)-on
Clotiazepamum (INN.L14.L, NFN)

Y 6047

Clozan - Distensan - Rize - Rizen - Tienor - Trecalmo^R- Veratran -

Cloxazolam (Vol. II, subst. 73)   CAS-No.: 24166-13-0

Syn: 10-Chlor-11b-(2-chlorphenyl)-2,3,7,11b-tetrahydro-oxazolo[3,2-d][1,4]benzodiazepin-6(5H)-on (IUPAC)
10-Chloro-11b-(o-chlorophenyl)-2,3,7,11b-tetrahydro-oxazolo[3,2-d][1,4]benzodiazepin-6(5H)-one (WHO)
Cloxazolamum (INN.L13.L, NFN)
Cloxazolazepam

CS 370
MT 14-411

Betavel - Cloxam - Enadel - Lubalix - Sepazon - Tolestan -

Delorazepam (Vol. II, subst. 74)   CAS-No.: 2894-67-9

Syn: 7-Chlor-5-(2-chlorphenyl)-1H-1,4-benzodiazepin-2(3H)-on (VO)
7-Chlor-5-(2-chlorphenyl)-2,3-dihydro-1H-1,4-benzodiazepin-2-on (IUPAC)
Chlordesmethyldiazepam
7-Chloro-5-(o-chlorophenyl)-1,3-dihydro-2H-1,4-benzodiazepin-2-one (WHO)
Delorazepamum (INNv.L40.L)

RV 12165

EN

Demoxepam (Vol. I, subst. 2)   CAS-No.: 963-39-3

Syn: 7-Chlor-1,3-dihydro-5-phenyl-2H-1,4-benzodiazepin-2-on-4-oxid (IUPAC)
7-Chloro-1,3-dihydro-5-phenyl-2H-1,4-benzodiazepin-2-one 4-oxide (WHO)
Demoxepamum (INN.L10.L, NFN)

NSC 46077
Ro 5-2092

Diazepam (Vol. I, subst. 5)   CAS-No.: 439-14-5

Syn: 7-Chlor-2,3-dihydro-1-methyl-5-phenyl-1H-1,4-benzodiazepin-2-on (IUPAC)
7-Chlor-1-methyl-5-phenyl-1H-1,4-benzodiazepin-2(3H)-on (VO)
7-Chloro-1,3-dihydro-1-methyl-5-phenyl-2H-1,4-benzodiazepin-2-one (WHO)
Diazepamum (INN.L5.L, AB-DDR, IP3, NFN)
Diazepan (INN.L5.S)
Methyldiazepinon

LA 111
NSC 77518
Ro 5-2807
Wy 3467

Aliseum - Alupram - Ansiolin - Apaurin - Apollonset - Apozepam - Armonil - Atarviton - Atensine - Audium - Avex - Bensedin - Bialzepam - Bortalium - Cercin - Cercin - Ceregulart - Depocalm - Desconet - Dialag - Dialar forte - Diapam - Diazem - Diazemuls[R] - Diazepam - Diazepam "DAK" - Diazepam Merckle - Diazepam Spofa - Diazepam 5 Stada[R] - Diazepam Desitin[R] - Diazepam Ratiopharm[R] - Diazepam Woelm - Dienpax - Ducene - Duradiazepam - Epanalium - Eridan - Euphorin-A - Eurosan - Evacalm - Faustan - Gewacalm - Horizon - Klarium - Lamra[R] - Lizan - Mandrozep - Nervium - Neurolytril[R] - Noan - Paceum - Prantal - Pro-Pam - Psychopax - Quetinil - Quievita - Relanium - Reval - Sedaril - Seduxen - Serenamine - Solis - Sonacon - Stedon - Stesolid - Timazepam - Tranquase - Tranquirit - Tranquo-Tablinen[R] - Umbrium - Valaxona[R] - Val-caps - Valibrin - Valiquid[R] - Valitran - Valium[R] - Valoi - Valrelease - Vatran - Vicalma - Zepam -

Elthon[R] - Seda-Presomen[R] - Silentan[R] -

Estazolam (Vol. II, subst. 75)   CAS-No.: 29975.16.4

Syn: 8-Chloro-6-phenyl-4H-s-triazolo-[4,3-a][1,4]benzodiazepine (WHO)
8-Chlor-6-phenyl-4H-s-triazolo[4,3-a][1,4]benzodiazepin (IUPAC)
Estazolamum (INN.L14.L, NFN)

Abbott 47631
Bay k 4200
D 40 TA
U 33737

Domnamid - Esilgan - Eurodin - Kainever - Nuctalon -

Ethyl loflazepate (Vol. II, subst. 76)   CAS-No.: 29177-84-2

Syn: Ethyl 7-chlor-5-(2-fluorphenyl)-2,3-dihydro-2-oxo-1H-1,4-benzodiazepin-3-carboxylat (IUPAC)
Ethyl 7-chloro-5-(o-fluorophenyl)-2,3-dihydro-2-oxo-1H-1,4-benzodiazepine-3-carboxylate (WHO)
Ethylis loflazepas (INN.L20.L)
Ethyl loflazepate (INN.L20.E)
Lofazepate d'ethyle (INN.L20.F)
Lofazepato de etilo (INN.L20.S)

CM 6912

Victan

Etizolam (Vol. II, subst. 114)   CAS-No.: 40054-69-1

Syn: 4-(o-Chlorophenyl)-2-ethyl-9-methyl-6H-thieno[3,2-f]-s-triazolo[4,3-a][1,4]diazepine (WHO)
4-(2-Chlorphenyl)-2-ethyl-9-methyl-6H-thieno[3,2-f]-[1,2,4]-triazolo[4,3-a][1,4]diazepin (IUPAC)
Etizolamum (INN.L19.L)

Y 7131

Depas

Fludiazepam (Vol. II, subst. 77)   CAS-No.: 3900-31-0

Syn: 7-Chlor-5-(2-fluorphenyl)-2,3-dihydro-1-methyl-1H-1,4-benzodiazepin-2-on (IUPAC)
     7-Chlor-5-(2-fluorphenyl)-1-methyl-1H-1,4-benzodiazepin-2(3H)-on (VO)
     7-Chloro-5-(o-fluorophenyl)-2,3-dihydro-1-methyl-1H-1,4-benzodiazepin-2-one (WHO)
     Fludiazepamum (INN.L17.L)

     ID 540

     Erispan

Flumazenil (Vol. II, subst. 79)   CAS-No.: 78755-81-4

Syn: Ethyl 8-fluor-5,6-dihydro-5-methyl-6-oxo-4H-imidazo[1,5-a][1,4]benzodiazepin-3-carboxylat (IUPAC)
     Ethyl 8-fluoro-5,6-dihydro-5-methyl-6-oxo-4H-imidazo[1,5-a][1,4]benzodiazepine-3-carboxylate (WHO)
     Flumazenilum (INNv.L49.L)
     Flumazepil

     Ro 15-1788

Flunitrazepam (Vol. I, subst. 36)   CAS-No.: 1622-62-4

Syn: Flunitrazepamum (INN.L11.L, NFN)
     5-(o-Fluorophenyl)-2,3-dihydro-1-methyl-7-nitro-1H-1,4-benzodiazepin-2-one (WHO)
     5-(2-Fluorphenyl)-2,3-dihydro-1-methyl-7-nitro-1H-1,4-benzodiazepin-2-on (IUPAC)
     5-(2-Fluorphenyl)-1-methyl-7-nitro-1H-1,4-benzodiazepin-2(3H)-on (VO)

     Ro 5-4200

     Darkene - Flumipam - Hipnosedon - Libelius - Narcozep - Rohypnol^R - Roipnol - Sedex - Valsera -

Flurazepam (Vol. I, subst. 27)   CAS-No.: 17617-23-1

Syn: 7-Chlor-1-(2-diethylaminoethyl)-5-(2-fluorphenyl)-2,3-dihydro-1H-1,4-benzodiazepin-2-on (IUPAC)
     7-Chloro-1-[2-(diethylamino)ethyl]-5-(o-fluorophenyl)-2,3-dihydro-1H-1,4-benzodiazepin-2-one (WHO)
     Flurazepamum (INN.L9.L, NFN)

     ID 480
     NSC 78559
     Ro 5-6901

     Benozil - Dalmadorm^R - Dalmane - Dalmate - Dormodor - Felison - Felmane - Flunox - Flurazepam -
     Fluzepam - Insumin - Midorm - Morfex - Natam - Remdue - Somlan - Staurodorm^R Neu - Valdorm Valeas -

Flutazolam (Vol. II, subst. 112)   CAS-No.: 27060-91-9

Syn: 10-Chlor-11b-(2-fluorphenyl)-2,3,7,11b-tetrahydro-7-(2-hydroxyethyl)[1,3]oxazolo[3,2-d][1,4]benzo-
     diazepin-6(5H)-on (IUPAC)
     10-Chloro-11b-(o-fluorophenyl)-2,3,7,11b-tetrahydro-7-(2-hydroxyethyl)oxazolo[3,2-d][1,4]benzo-
     diazepin-6(5H)-one (WHO)
     Flutazolamum (INN.L15.L)

     MS 4101
     Ro 76102

Halazepam (Vol. II, subst. 81)   CAS-No.: 23092-17-3

Syn: 7-Chlor-2,3-dihydro-5-phenyl-(2,2,2-trifluorethyl)-1H-1,4-benzodiazepin-2-on (IUPAC)
7-Chloro-1,3-dihydro-5-phenyl-1-(2,2,2-trifluoroethyl)-2H-1,4-benzodiazepin-2-one (WHO)
7-Chlor-5-phenyl-1-(2,2,2-trifluorethyl)-1H-1,4-benzodiazepin-2(3H)-on (VO)
Halazepamum (INN.L13.L, NFN)

Sch 12041

Pacinone - Paxipam -

Haloxazolam (Vol. II, subst. 83)   CAS-No.: 59128-97-1

Syn: 10-Brom-11b-(2-fluorphenyl)-2,3,7,11b-tetrahydro[1,3]oxazolo[3,2-d][1,4]benzodiazepin-6(5H)-on (IUPAC)
10-Bromo-11b-(o-fluorophenyl)-2,3,7,11b-tetrahydrooxazolo[3,2-d][1,4]benzodiazepin-6(5H)-one (WHO)
Haloxazolamum (INN.L18.L)

CS 430

Somelin

Ketazolam (Vol. I, subst. 57)   CAS-No.: 27223-35-4

Syn: 11-Chlor-8,12b-dihydro-2,8-dimethyl-12b-phenyl-4H-[1,3]oxazino[3,2-d][1,4]benzodiazepin-4,7(6H)-dion (IUPAC)
11-Chloro-8,12b-dihydro-2,8-dimethyl-12b-phenyl-4H-[1,3]oxazino[3,2-d][1,4]benzodiazepine-4,7(6H)-dione (WHO)
Ketazolamum (INN.L12.L, NFN)

U 28774

Ansieten - Anxon - Contamex^R - Loftran - Solatran - Unakalm -

Loprazolam (Vol. II, subst. 85)   CAS-No.: 61197-73-7

Syn: 6-(o-Chlorophenyl)-2,4-dihydro-2-[(4-methyl-1-piperazinyl)methylene]-8-nitro-1H-imidazol[1,2-a][1,4]benzodiazepin-1-one (WHO)
6-(2-Chlorphenyl)-2,4-dihydro-2-[(4-methyl-1-piperazinyl)methylen]-8-nitro-1H-imidazo[1,2-a][1,4]benzodiazepin-1-on (IUPAC)
6-(2-Chlorphenyl)-2-(4-methyl-1-piperazinylmethylen)-8-nitro-2H-imidazo[1,2-a][1,4]benzodiazepin-1(4H)-on (VO)
Loprazolamum (INN.L21.L)

HR 158
RU 31158

Dormonoct - Havlane - Sonin^R -

Lorazepam (Vol. I, subst. 17)   CAS-No.: 846-49-1

Syn: 7-Chlor-5-(2-chlorphenyl)-2,3-dihydro-3-hydroxy-1H-1,4-benzodiazepin-2-on (IUPAC)
7-Chlor-5-(2-chlorphenyl)-3-hydroxy-1H-1,4-benzodiazepin-2(3H)-on (VO)
7-Chloro-5-(o-chlorophenyl)-1,3-dihydro-3-hydroxy-2H-1,4-benzodiazepin-2-one (WHO)
Lorazepamum (INN.L10.L, NFN)

CB 8133
Ro 7-8408
Wy 4036

Lorazepam

Almazine - Ansilor - Aripax - Ativan - Bonatranquan[R] - Control - Dorm - Efasedan - Emotion - Emotival - Grosanevron - Idalprem - Laubeel[R] - Lorans - Lorazepam - Lorsilan - Merlit - Modium - Nervistop L - Nifalin - Noan-Gap - Novhepar - Orfidal - Pro Dorm[R] - Psicopax - Punktyl[R] - Quait - Sebor - Securit - Sedatival - Serenase - Tavor[R] - Temesta - Thymal - Titus - Tolid[R] - Trankilium - Trapax - Wypax -

Lormetazepam (Vol. I, subst. 60)   CAS-No.: 848-75-9

Syn: 7-Chlor-5-(2-chlorphenyl)-2,3-dihydro-3-hydroxy-1-methyl-1H-1,4-benzodiazepin-2-on (IUPAC)
7-Chlor-5-(2-chlorphenyl)-3-hydroxy-1-methyl-1H-1,4-benzodiazepin-2(3H)-on (VO)
7-Chloro-5-(o-chlorophenyl)-1,3-dihydro-3-hydroxy-1-methyl-2H-1,4-benzodiazepin-2-one (WHO)
Lormetazepamum (INN.L18.L)

Wy 4082
ZK 65997

Loramet - Minias - Noctamid[R] - Pronoctan -

Medazepam (Vol. I, subst. 15)   CAS-No.: 2898-12-6

Syn: 7-Chlor-2,3-dihydro-1-methyl-5-phenyl-1H-1,4-benzodiazepin (IUPAC)
7-Chloro-2,3-dihydro-1-methyl-5-phenyl-1H-1,4-benzodiazepine (WHO)
Medazepamum (INN.L9.L, NFN)

RB 252
Ro 5-4556
S 804

Änsius - Ansilan - Azepamid - Becamedic - Benson - Enobrin - Lerisum - Medaurin - Narsis - Navizil - Nivelton - Nobraksin - Nobral - Nobrium[R] - Resmit - Rudotel - Stratium -

Metaclazepam (Vol. II, subst. 86)   CAS-No.: 65517-27-3

Syn: 7-Brom-5-(2-chlorphenyl)-2,3-dihydro-2-(methoxymethyl)-1-methyl-1H-1,4-benzodiazepin (IUPAC)
Brometazepam
7-Bromo-5-(o-chlorophenyl)-2,3-dihydro-2-(methoxymethyl)-1-methyl-1H-1,4-benzodiazepine (WHO)
Metaclazepamum (INN.L22.L)

Ka 2547
Talis[R]

Mexazolam (Vol. II, subst. 113)   CAS-No.: 31868-18-5

Syn: 10-Chlor-11b-(2-chlorphenyl)-2,3,7,11b-tetrahydro-3-methyloxazolo[3,2-d][1,4]benzodiazepin-6(5H)-on (IUPAC)
10-Chloro-11b-(o-chlorophenyl)-2,3,7,11b-tetrahydro-3-methyloxazolo-[3,2-d][1,4]benzodiazepin-6(5H)-one (WHO)
Mexazolamum (INN.L19.L)

CS 386

Melex

Midazolam (Vol. II, subst. 90) CAS-No.: 59467-70-8

Syn: 8-Chlor-6-(2-fluorphenyl)-1-methyl-4H-imidazo[1,5-a][1,4]benzodiazepin (IUPAC)
8-Chloro-6-(o-fluorophenyl)-1-methyl-4H-imidazo[1,5-a][1,4]benzodiazepine (WHO)
Midazolamum (INN.L19.L)

Ro 21-3981/003
Ro 21-3981/001

Dormicum[R] - Hypnovel -

Nimetazepam (Vol. II, subst. 94) CAS-No.: 2011-67-8

Syn: 2,3-Dihydro-1-methyl-7-nitro-5-phenyl-1H-1,4-benzodiazepin-2-on (IUPAC)
1,3-Dihydro-1-methyl-7-nitro-5-phenyl-2H-1,4-benzodiazepin-2-one (WHO)
1-Methyl-7-nitro-5-phenyl-1H-1,4-benzodiazepin-2(3H)-on (VO)
Nimetazepamum (INN.L12.L, NFN)

S 1530

Erimin

Nitrazepam (Vol. I, subst. 10) CAS-No.: 146-22-5

Syn: 2,3-Dihydro-7-nitro-5-phenyl-1H-1,4-benzodiazepin-2-on (IUPAC)
1,3-Dihydro-7-nitro-5-phenyl-2H-1,4-benzodiazepin-2-one (WHO)
Nitrazepamum (INN.L7.L, NFN, Ph.Eur.3, PH6)
7-Nitro-5-phenyl-1H-1,4-benzodiazepin-2(3H)-on (VO)

NSC 58775
Ro 5-3059
Ro 4-5360

Apodorm - Cerson - Dormicum - Dormo-Puren[R] - Dumolid - Eatan[R] - Eunoctin - Gerson - Hipnax - Hirusukamin - Ibrovek - Imeson[R] - Insomin - Ipersed - Ipnozem - Mitidin - Mogadan[R] - Mogadon - Neuchlonic - Nitradorm - Nitrados - Nitrazepam - Nitrazepam "DAK" - Nitrazepam Spofa - Nitrazepam-Neurax - Nitrenpax - Noctem - Novanox[R] - Pacisyn - Pelson - Persopir - Radedorm - Somnibel[R] - Somnite - Surem - Trazenin - Tri - Unisomnia -

Nordazepam (Vol. I, subst. 6) CAS-No.: 1088-11-5

Syn: 7-Chlor-2,3-dihydro-5-phenyl-1H-1,4-benzodiazepin-2-on (IUPAC)
7-Chloro-1,3-dihydro-5-phenyl-2H-1,4-benzodiazepin-2-one (WHO)
7-Chlor-5-phenyl-1H-1,4-benzodiazepin-2(3H)-on (VO)
Demethyldiazepam
Desmethyldiazepam
Nordazepamum (INN.L18.L)

A 101
Ro 5-2180

Demadar - Lomax - Madar - Sopax - Stilny - Tranxilium[R] N - Vegesan -

Oxazepam (Vol. I, subst. 8) CAS-No.: 604-75-1

Syn: 7-Chlor-1,3-dihydro-3-hydroxy-5-phenyl-2H-1,4-benzodiazepin-2-one (WHO)
7-Chlor-2,3-dihydro-3-hydroxy-5-phenyl-1H-1,4-benzodiazepin-2-on (IUPAC)
7-Chlor-3-hydroxy-5-phenyl-1H-1,4-benzodiazepin-2(3H)-on (VO)
Oxazepamo (INN.L5.S)
Oxazepamum (INN.L5.L, NFN)

CB 8092
Wy 3498

Adumbaran - Adumbran[R] - Anchonat - Anxiolit - Aplakil - Azutranquil - Blomsilan - Chemodiazine - Durazepam[R] - Gnostorid - Isodin - Januar - Limbial - Mepizin - Murelax - Neo Fargen - Noctazepam[R] - Oksazepam - Ox-pam - Oxa - Oxa-Puren[R] - Oxanid - Oxazepam - Oxazepam Spofa - Oxazepam 10 Riker - Oxazepam 10 Stada[R] - Oxazepam K - Oxazepam-neurax - Oxazepam-ratiopharm[R] - Oxazepam retard-ratiopharm[R] - Praxiten[R] - Psicopax - Quen - Quilibrex - Redipak Serax - Sedokin - Serax - Serenal - Serenid D - Serepax - Seresta - Serpax - Sigacalm[R] - Sobile - Sobril - Uskan[R] - Wakazepam -

Ovaribran[R] - Persumbran[R] - Praxiten[R] SP - Tranquo-Alupent[R] - Tranquo-Buscopan[R] -

Oxazolam (Vol. II, subst. 96) CAS-No.: 24143-17-7

Syn: 10-Chloro-2,3,7,11b-tetrahydro-2-methyl-11b-phenyloxazolo[3,2-d][1,4]benzodiazepin-6(5H)-one (WHO)
10-Chlor-2,3,7,11b-tetrahydro-2-methyl-11b-phenyloxazolo[3,2-d][1,4]benzodiazepin-6(5H)-on (IUPAC)
Oxazolamum (INN.L11.L, NFN)
Oxazolazepam

CS 300

Convertal - Serenal - Tranquit[R] -

Pinazepam (Vol. II, subst. 97) CAS-No.: 52463-83-9

Syn: 7-Chlor-2,3-dihydro-5-phenyl-1-(2-propinyl)-1H-1,4-benzodiazepin-2-on (IUPAC)
7-Chloro-1,3-dihydro-5-phenyl-1-(2-propynyl)-2H-1,4-benzodiazepin-2-one (WHO)
7-Chlor-5-phenyl-1-(2-propinyl)-1H-1,4-benzodiazepin-2(3H)-on (VO)
Pinazepamum (INN.L15.L)

Z 905

Domar

Prazepam (Vol. I, subst. 19) CAS-No.: 2955-38-6

Syn: 7-Chlor-1-(cyclopropylmethyl)-2,3-dihydro-5-phenyl-1H-1,4-benzodiazepin-2-on (IUPAC)
7-Chlor-1-(cyclopropylmethyl)-5-phenyl-1H-1,4-benzodiazepin-2(3H)-on (VO)
7-Chloro-1-(cyclopropylmethyl)-1,3-dihydro-5-phenyl-2H-1,4-benzodiazepin-2-one (WHO)
Prazepamum (INN.L6.L, NFN)

K 373
W 4020

Centrac - Centrax - Demetrin[R] - Lysanxia - Mono-Demetrin[R] - Prazene - Reapam - Trepidan -

Quazepam (Vol. II, subst. 99)   CAS-No.: 36735-22-5

Syn: 7-Chlor-5-(2-fluorphenyl)-2,3-dihydro-1-(2,2,2-trifluorethyl)-1H-1,4-benzodiazepin-2-thion (IUPAC)
7-Chloro-5-(o-fluorophenyl)-1,3-dihydro-1-(2,2,2-trifluorethyl)-2H-1,4-benzodiazepine-2-thione (WHO)
Quazepamum (INN.L17.L)

Sch 16134

Oniria - Quazium -

Temazepam (Vol. I, subst. 7)   CAS-No.: 846-50-4

Syn: 7-Chlor-3-hydroxy-1-methyl-5-phenyl-1H-1,4-benzodiazepin-2(3H)-on (IUPAC)
7-Chloro-1,3-dihydro-3-hydroxy-1-methyl-5-phenyl-2H-1,4-benzodiazepin-2-one (WHO)
Temazepamum (INN.L10.L, NFN)

ER 115
K 3917
Wy 3917

Cerepax - Euhypnos - Levanxene - Levanxol - Mabertin - Normison - Planum^R - Remestan^R - Restoril - Signopam - Somaz - Texapam - Tonirem -

Tetrazepam (Vol. I, subst. 62)   CAS-No.: 10379-14-3

Syn: 7-Chlor-5-(1-cyclohexenyl)-1-methyl-1H-1,4-benzodiazepin-2(3H)-on (ASK, IUPAC)
7-Chloro-5-(1-cyclohexen-1-yl)-1,3-dihydro-1-methyl-2H-1,4-benzodiazepin-2-one (WHO)
Tetrazepamum (INNv.L17.L, NFN)

CB 4261

Musaril^R - Myolastan -

Tofisopam (Vol. II, subst. 115)   CAS-No.: 22345-47-7

Syn: 1-(3,4-Dimethoxyphenyl)-5-ethyl-7,8-dimethoxy-4-methyl-5H-benzo[d][1,2]diazepin (IUPAC)
1-(3,4-Dimethoxyphenyl)-5-ethyl-7,8-dimethoxy-4-methyl-5H-2,3-benzodiazepine (WHO)
Tofisopamum (INN.L12.L, NFN)

Egyt 341

Seriel - Tavor -

Triazolam (Vol. I, subst. 58)   CAS-No.: 28911-01-5

Syn: Chlorazolam
8-Chlor-6-(2-chlorphenyl)-1-methyl-4H-1,2,4-triazolo[4,3-a][1,4]benzodiazepin (IUPAC)
8-Chloro-6-(o-chlorophenyl)-1-methyl-4H-s-triazolo[4,3-a][1,4]benzodiazepine (WHO)
Triazolamum (INN.L14.L, NFN)

U 33030

Halcion^R - Novidorm - Nuctane - Songar -

Biotransformation

Biotransformation of Adinazolam [assumed]

Biotransformation of Alprazolam [9662, 11320]

Biotransformation of Bromazepam
[237,557,1005]

Biotransformation of Brotizolam
[4179,4181,9663,11137]

Biotransformation of Cloxazolam [11330]

Biotransformation of Delorazepam [11136, 11280]

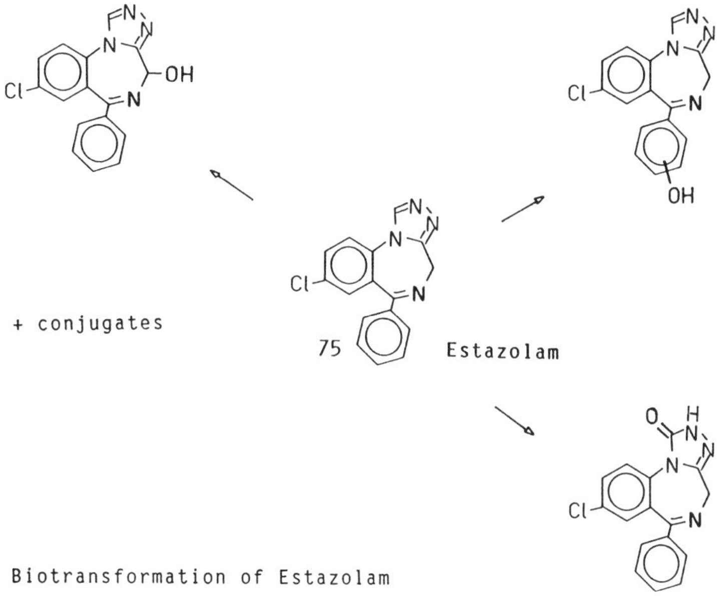

+ conjugates

75 Estazolam

Biotransformation of Estazolam
[11326-11328,11332-11336]

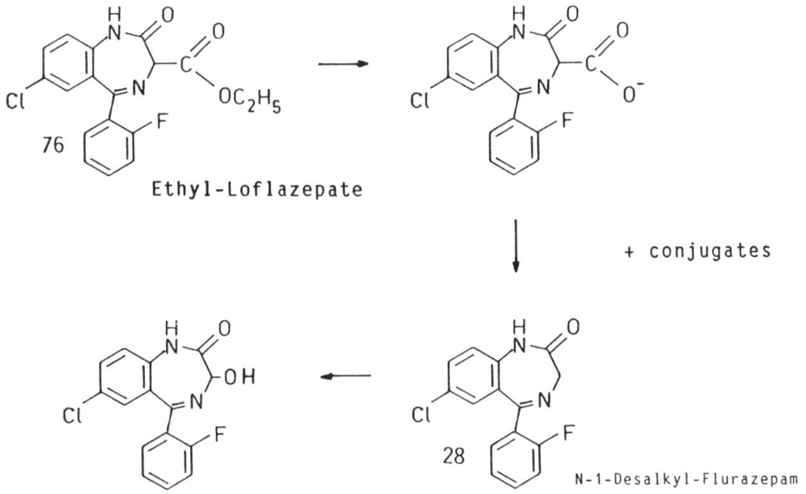

76 Ethyl-Loflazepate

+ conjugates

28 N-1-Desalkyl-Flurazepam

Biotransformation of Ethyl-Loflazepate [4047,11312]

Biotransformation of Fludiazepam [assumed]

Biotransformation of Flunitrazepam
[242, 555, 2501]

Biotransformation of Halazepam [6189,6190,9646,9656]

Biotransformation of Haloxazolam [assumed]

Biotransformation of Loprazolam [6826, 11323, 11324]

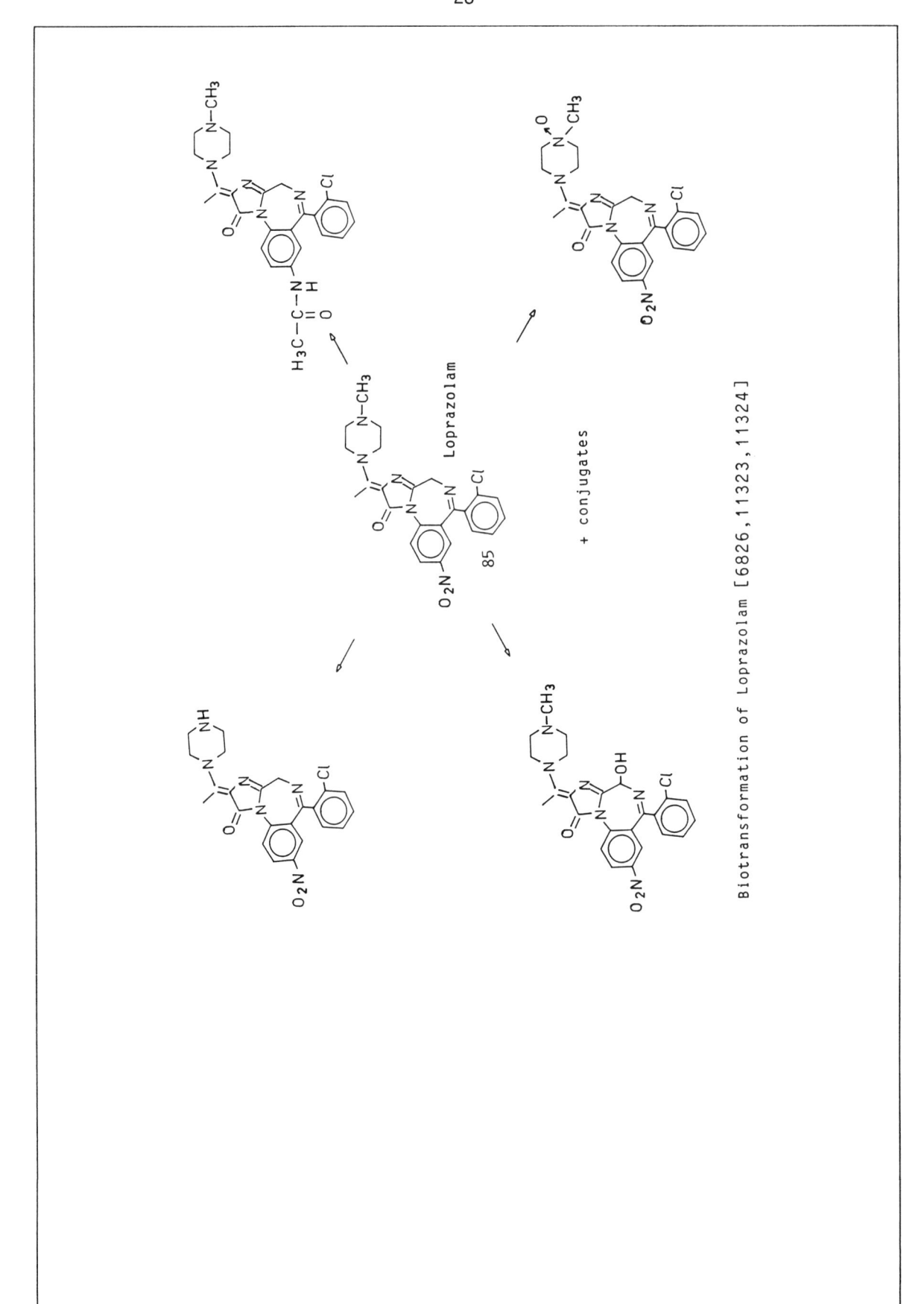

Biotransformation of Metaclazepam
[4407, 6025, 11313]

- 86 Metaclazepam
- 87 N-Desmethyl-Metaclazepam
- 88 Bis-desalkyl-Metaclazepam
- 89 2-Amino-5-bromo-2′-chloro-benzophenone

+ conjugates

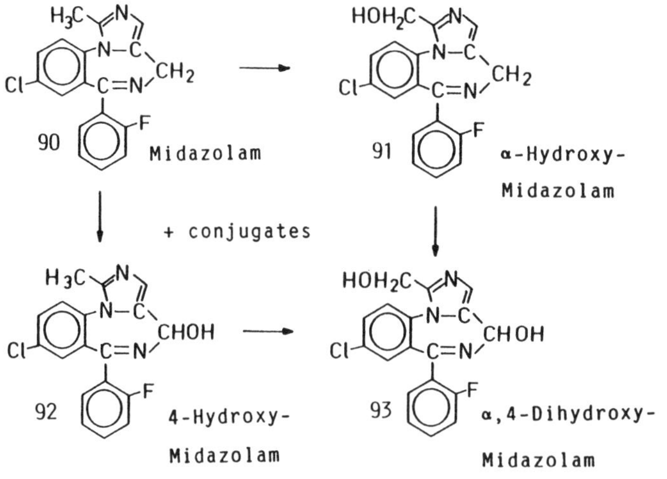

Biotransformation of Midazolam [6460,9648]

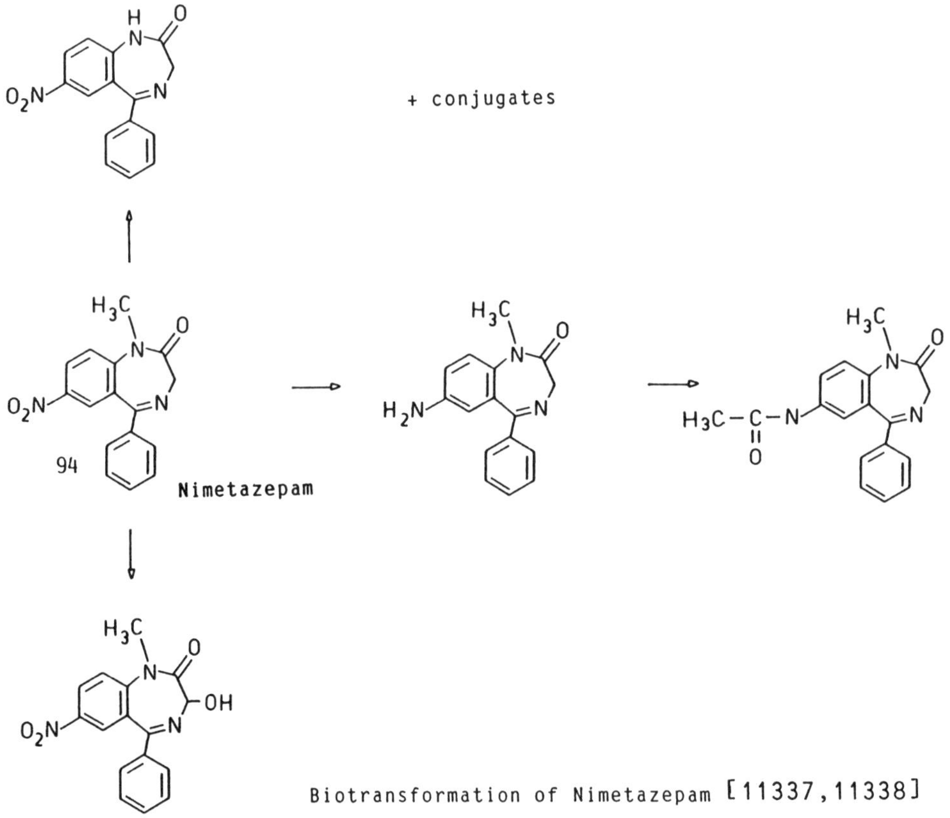

- 90 Midazolam
- 91 α-Hydroxy-Midazolam
- 92 4-Hydroxy-Midazolam
- 93 α,4-Dihydroxy-Midazolam

Biotransformation of Nimetazepam [11337,11338]

- 94 Nimetazepam

Biotransformation of Oxazolam [8623,9657]

Biotransformation of Pinazepam [9659,11152,11260]

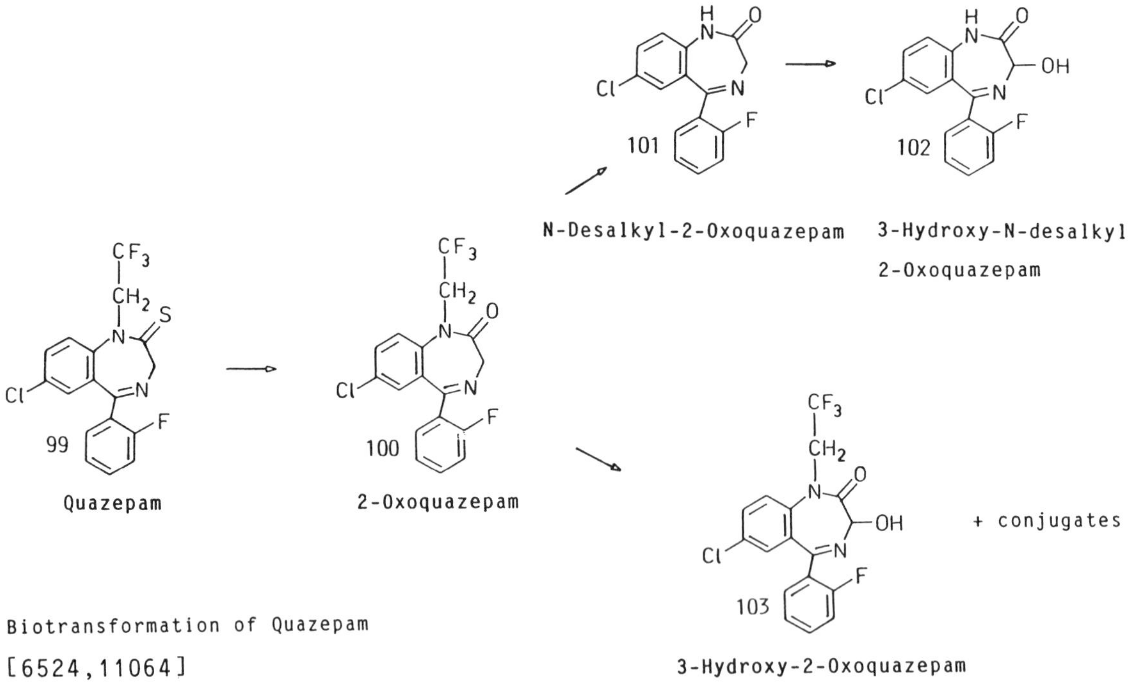

N-Desalkyl-2-Oxoquazepam (101) **3-Hydroxy-N-desalkyl 2-Oxoquazepam** (102)

Quazepam (99) → **2-Oxoquazepam** (100) → **3-Hydroxy-2-Oxoquazepam** (103) + conjugates

Biotransformation of Quazepam
[6524, 11064]

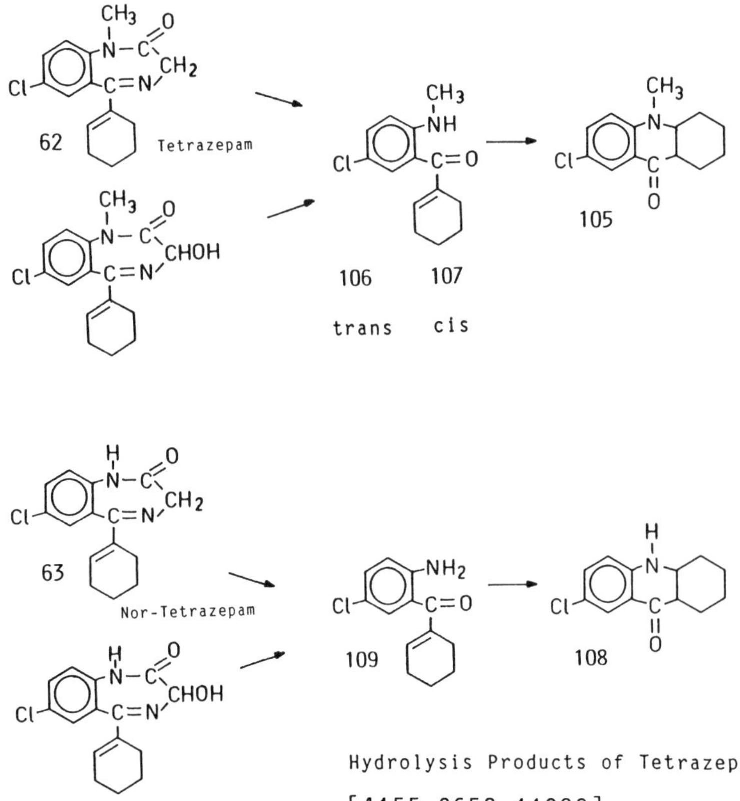

Tetrazepam (62)

106 trans, 107 cis → 105

Hydrolysis Products of Tetrazepam and Nor-Tetrazepam
[4155, 9652, 11280]

Nor-Tetrazepam (63)

109 → 108

Biotransformation of Triazolam [285,2531,2846,3132,5428,9653]

Formation of the Hydrolysis Derivatives

73 Cloxazolam

113 Mexazolam

18 ADB

Formation of ADB (see also Vol. I)

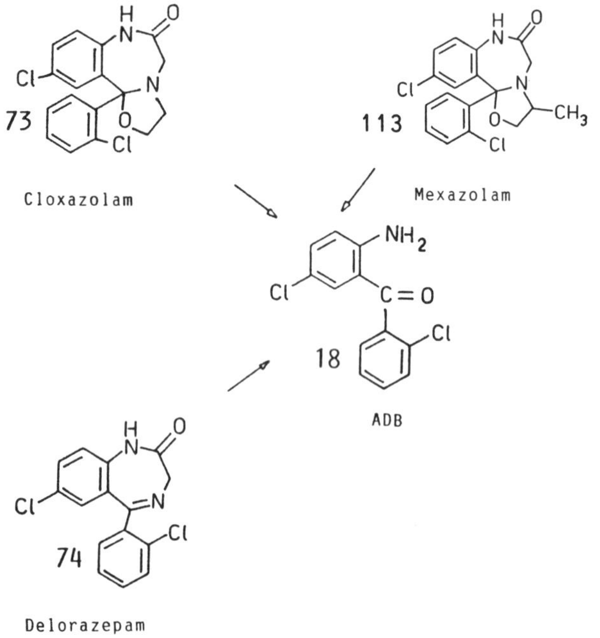

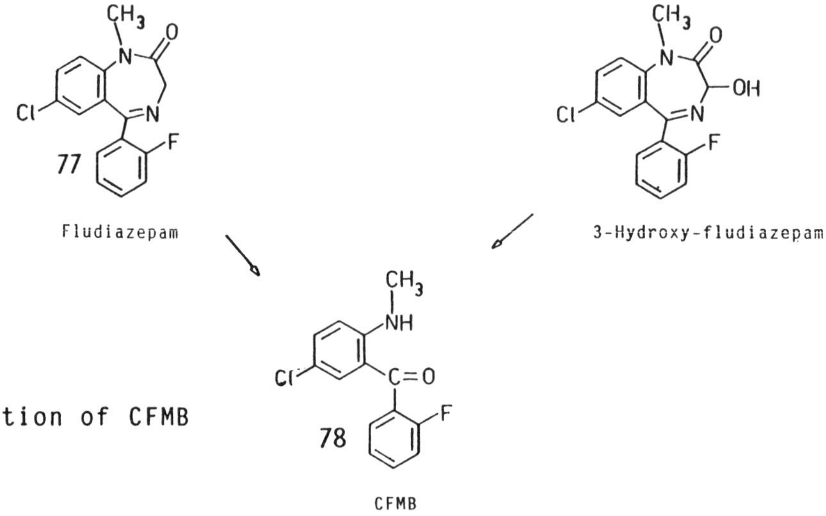

74 Delorazepam

77 Fludiazepam

3-Hydroxy-fludiazepam

Formation of CFMB

78 CFMB

Formation of TCB

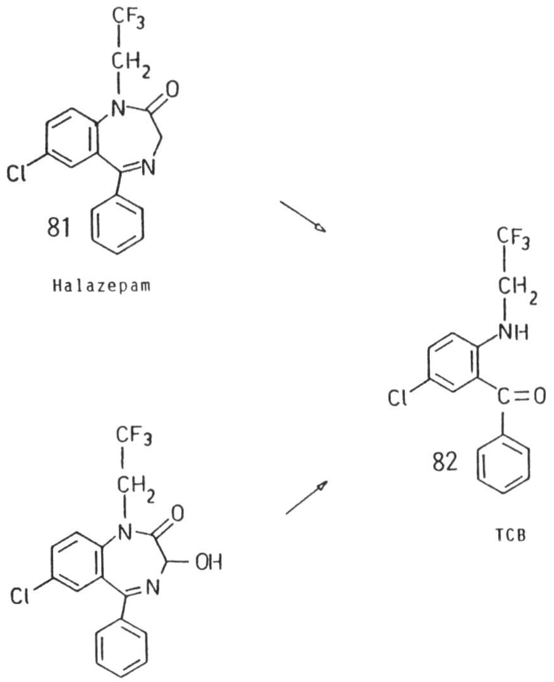

81 Halazepam

3-Hydroxy-halazepam

82 TCB

Formation of ABFB

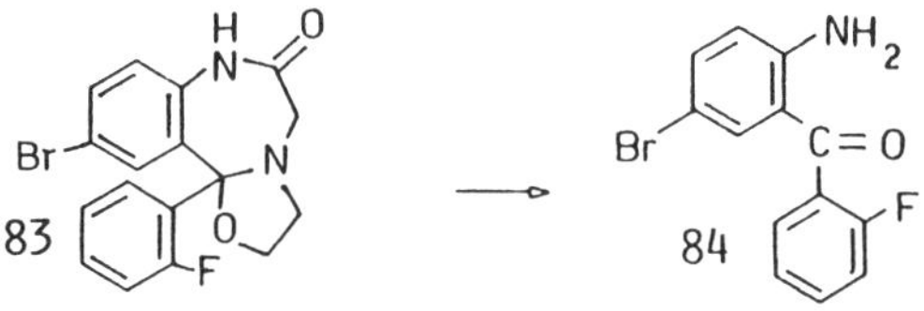

83 Haloxazolam

84 ABFB

Formation of MNB

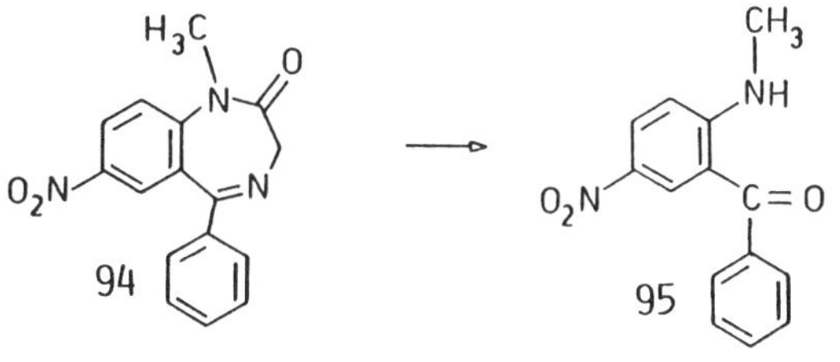

94 Nimetazepam

95 MNB

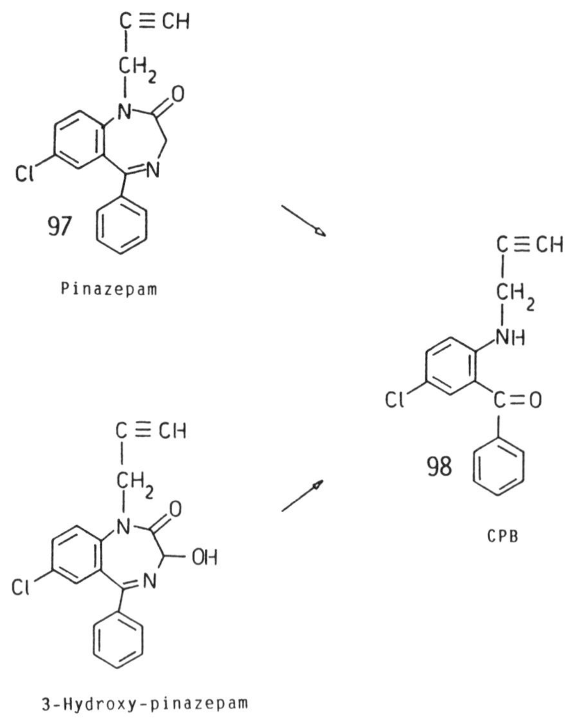

Formation of CPB

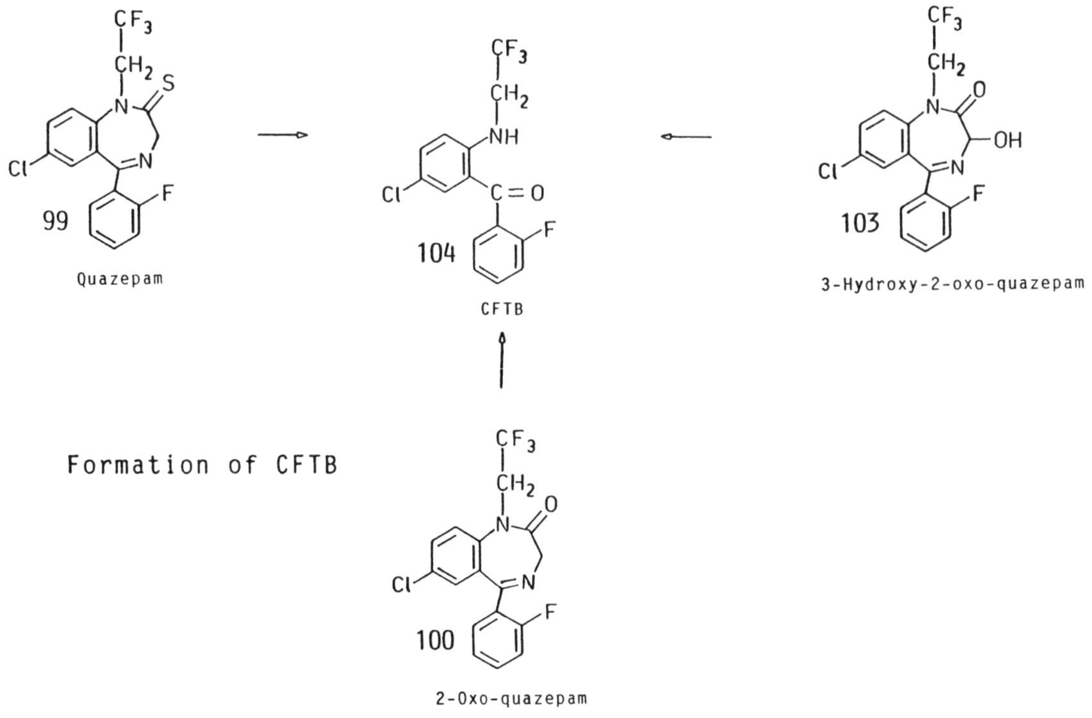

97 Pinazepam

3-Hydroxy-pinazepam

98 CPB

Formation of CFTB

99 Quazepam

104 CFTB

103 3-Hydroxy-2-oxo-quazepam

100 2-Oxo-quazepam

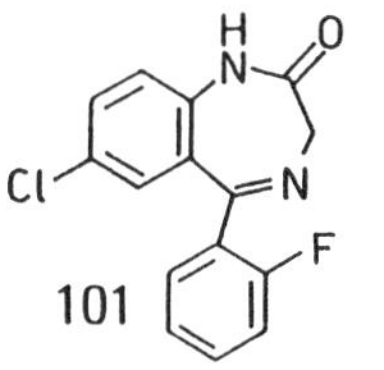

101

N-Desalkyl-2-oxo-quazepam
N-Desmethyl-fludiazepam

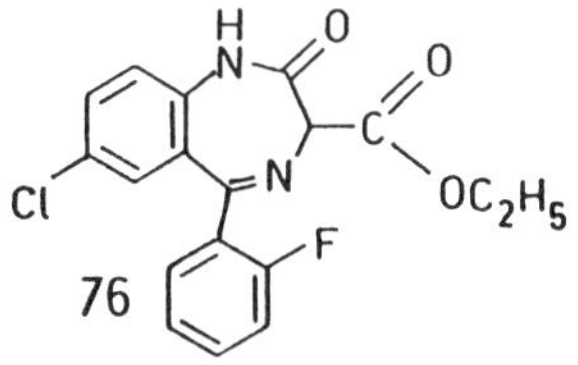

76

Ethyl loflazepate

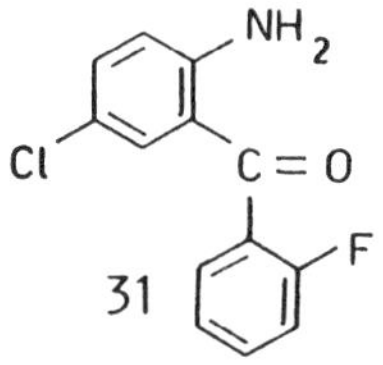

31

ACFB

Formation of ACFB

(also see Vol. I)

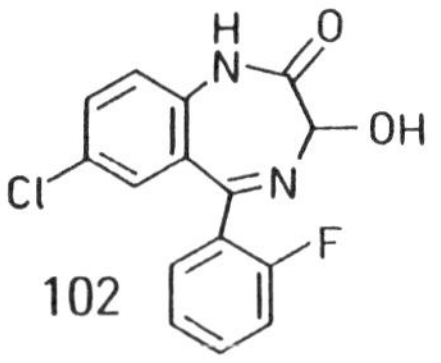

102

3-Hydroxy-N-desalkyl-2-oxo-quazepam
3-Hydroxy-N-desmethyl-fludiazepam

TLC-Data

Thin-Layer Chromatography – The Concept of the Corrected R_f-Value (R_f^c-Value) ... 41

Screening of the Benzodiazepines via R_f^c-Values ... 42

Screening of the Benzodiazepines via Aminobenzophenones and Bratton-Marshall Detection ... 47

From [9595] [9650] [9660] [9670] [11303] and unpublished values, also see [11303] for many other R_f^c-data

Thin-Layer Chromatography – The Concept of the Corrected R_f-Value (R_f^c-Value)

The reproducibility of the hR_f value[+)] is governed by many factors (e.g., activity of the sorbent, state of saturation of the development tank, running distance, amount of drug applied to the chromatogram, geometry of the chamber, temperature, etc.). With the aim of eliminating some of these parameters, Galanos and Kapoulas [11305] and de Zeeuw et al. [11319] recommended a multiple correction graph (linear interpolation, which can be carried out graphically or by calculation, using the following equation [11303]:

$$R_f^c(p) = \frac{\Delta^c}{\Delta}\left(R_f(p) - R_f(t_n)\right) + R_f^c(t_n)$$

wherein

$$\Delta^c = R_f^c(t_{n+1}) - R_f^c(t_n)$$
$$\Delta = R_f(t_{n+1}) - R_f(t_n)$$

$R_f^c(p)$: corrected R_f value of the unknown substance p

$R_f(p)$: measured R_f value of the unknown substance p

$R_f^c(t_n)$: corrected R_f value of the reference substance nearest to p (lower value, possible starting point = 0)

$R_f^c(t_{n+1})$: corrected R_f value of the other reference substance nearest to p (higher value, possible solvent front = 100)

Note: $R_f^c(t)$ values are taken from tables (see Table 1, last column)

$R_f(t_n)$ and $R_f(t_{n+1})$: measured R_f values of the reference substances t_n and t_{n+1}, respectively.
Δ^c: Difference of the corrected R_f values of the reference substances, which are situated nearest to the R_f value of the unknown compound p (taken from tables; see Table 1, last column).

$$\Delta^c = R_f^c(t_{n+1}) - R_f^c(t_n)$$

Δ: Difference of the measured R_f values of the reference substances, which are situated nearest to the R_f values of the unknown compound p

$$\Delta = R_f(t_{n+1}) - R_f(t_n)$$

Figure 1 illustrates the relationships between the different values described above.

Report VII of the DFG Commission for Clinical-Toxicological Analysis (special issue of the TIAFT Bulletin) presents R_f^c data of some 1,1000 toxicologically relevant substances (drugs, illicit products, pesticides, metabolites, endogenous compounds) in ten standardized TLC systems compiled in Table 1 [11303].

[+)] $hR_f = \dfrac{\text{Distance from start to substance}}{\text{Distance from start to solvent front}}$

Screening of the Benzodiazepines via R_f^c-Values

The R_f^c values of the benzodiazepines are presented in Table 2. Detection can be performed either by ultraviolet visualization (fluorescence excitation or quenching) or by spraying with commonly used base reagents (e.g., Dragendorff reagent or iodoplatinate).

In summary, one can state that the corrected R_f^c value is a highly valuable instrument for a better TLC screening.

Error windows for the different solvent systems are based on multiplying the interlaboratory standard deviation of measurement of hR_f values by three; these range from 5 to 11 units and are described and discussed in the DFG report [11303].

The influence of different parameters, such as prechromatographic treatment of the TLC plate, different temperatures during development, salts and fat in biological extracts and the effect of multiple use of the solvents, were all investigated by Bogusz et al. [11297 - 11301] and by Borchert et al. [11301]. It is the result of the work of Bogusz et al. that co-extracted materials generally decrease R_f values and increase their standard deviations, resulting in larger error windows. Nevertheless, the concept of the corrected. R_f^c value has proven its enormous pragmatic usefulness.

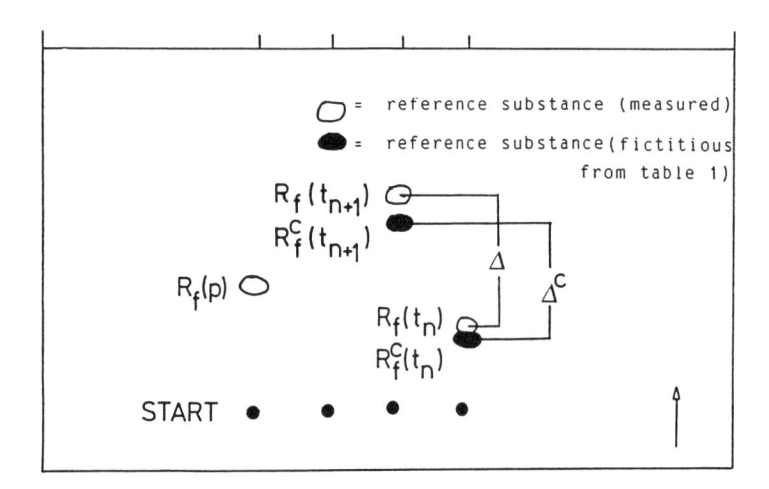

Fig. 1. Calculation of the R_f^c value from measured TLC data ○ The black spots ● (except starting points) indicate fictitious values that must be taken from tables (see Table 1, last column)

Table 1. Running systems according to [11303]; also see this report for more details regarding the discrimination power and identification power (including error windows) of the different solvent systems

Solvent[a]	Adsorbent	Reference compounds[b]	hR_f^c
(1) Chloroform-acetone (80 + 20)	Silica	Paracetamol Clonazepam Secobarbital Methylphenobarbital	15 35 55 70
(2) Ethyl acetate	Silica	Sulfathiazole Phenacetin Salicylamide Secobarbital	20 38 55 68
(3) Chloroform-methanol (90 + 10)	Silica	Hydrochlorothiazide Sulfafurazole Phenacetin Prazepam	11 33 52 72
(4) Ethyl acetate-methanol-concentrated ammonia (85 + 10 + 5)	Silica	Morphine Codeine Hydroxyzine Trimipramine	20 35 53 80
(5) Methanol	Silica	Codeine Trimipramine Hydroxyzine Diazepam	20 36 56 82
(6) Methanol-n-butanol (60 + 40); 0.1 mol/l NaBr	Silica	Codeine Diphenhydramine Quinine Diazepam	22 48 65 85
(7) Methanol-concentrated ammonia (100 + 1.5)	Silica impregnated with 0.1 mol/l KOH and dried	Atropine Codeine Chlorprothixene Diazepam	18 33 56 75
(8) Cyclohexane-toluene-diethylamine (75 + 15 + 10)	Silica impregnated with 0.1 mol/l KOH and dried	Codeine Desipramine Prazepam Trimipramine	6 20 36 62
(9) Chloroform-methanol (90 + 10)	Silica impregnated with 0.1 mol/l KOH and dried	Desipramine Physostigmine Trimipramine Lidocaine	11 36 54 71
(10) Acetone	Silica impregnated with 0.1 mol/l KOH and dried	Amitriptyline Procaine Papaverine Cinnarizine	15 30 47 65

[a] Eluent composition: volume + volume; saturated systems are used throughout except for systems 5 and 6, which are used with unsaturated solvent tanks
[b] Solutions of the four reference compounds at a concentration of approximately 2 g/l for each drug

Table 2. List of R_f^c-values

Vol. I No.	Subst.	Corrected R_f-Values in 10 Systems (R_f^C-Values)									
		1	2	3	4	5	6	7	8	9	10
1	Chlordiazepoxide	10	11	53	52	76	77	62	2	50	22
2	Demoxepam (Nor-Diazepam-N-Oxide)	15	22	42	44	81	83	63	0	35	51
3	N-Desmethyl-Chlordiazepoxide	3	3	33	40	68	60	69	0	32	42
4	2-Amino-5-chlor-benzophenone (ACB)	76	69	76	86	90	91	78	12	76	71
5	Diazepam	58	48	72	76	82	85	75	23	73	59
6	Nor-Diazepam	34	45	57	69	82	83	62	4	55	60
7	3-Hydroxy-Diazepam (Temazepam)	51	47	65	63	82	82	53	8	59	53
8	Oxazepam	22	37	42	47	81	82	56	0	40	51
9	2-Methylamino-5-chlor-benzophenone (MACB)	82	72	82	88	89	93	79	53	81	71
10	Nitrazepam	35	45	55	61	84	86	68	0	36	55
11	7-Amino-Nitrazepam	10	20	30	54	77	79	71	0	30	46
12	7-Acetamido-Nitrazepam	7	12	24	44	80	83	71	0	20	49
13	2-Amino-5-nitro-benzophenone (ANB)	71	65	68	85	90	91	77	5	69	69
14	2,5-Diamino-benzophenone (DAB)	37	41	54	81	80	79	72	5	57	57
15	Medazepam	56	40	73	78	79	83	67	40	74	62
16	Clorazepate	34	45	57	69	82	87	84	3	56	60
17	Lorazepam	23	39	41	45	82	82	52	1	36	28
18	2-Amino-5,2´-dichlor-benzophenone (ADB)	77	70	76	87	89	93	78	11	76	70
19	Prazepam	64	55	72	81	85	89	65	36	74	63
20	3-Hydroxy-Prazepam	55	55	70	72	85	88	71	12	--	52
21	2-Cyclopropyl-methylamino-5-chlor-benzophenone (CCB)	83	74	82	88	92	95	80	58	82	74
22	Clonazepam	35	45	56	68	85	87	72	0	53	61
23	7-Amino-Clonazepam	11	18	40	56	76	77	73	0	30	47
24	7-Acetamido-Clonazepam	7	9	30	47	80	82	73	0	22	45
25	2-Amino-5-nitro-2´-chlor-benzophenone (ANCB)	72	66	70	86	87	93	77	4	69	70
26	2,5-Diamino-2´-chlor-benzophenone (DCB)	41	46	55	82	80	80	74	5	59	61
27	Flurazepam	3	3	41	72	52	45	62	30	48	40
28	N-1-Desalkyl-Flurazepam	34	45	60	72	83	88	75	2	56	58
29	N-1-Hydroxyethyl-Flurazepam	19	28	54	61	81	82	74	2	46	55
30	2-Diethylamino-ethylamino-5-chlor-2´-fluor-benzophenone (DCFB)	9	8	41	83	45	51	67	53	60	51
31	2-Amino-5-chlor-2´-fluor-benzophenone (ACFB)	76	68	74	86	89	93	78	11	75	70
32	2-Hydroxyethylamino-5-chlor-2´-fluor-benzophenone (HCFB)	48	50	57	82	87	91	77	7	60	66
33	Bromazepam	13	20	47	64	74	69	61	12	41	53
34	3-Hydroxy-Bromazepam	0	6	26	39	73	61	61	0	24	28
35	2-(2-Amino-5-brom-benzoyl)-pyridine (ABP)	64	61	66	85	86	88	77	9	68	69

Table 2 (continued)

No.	Subst.	Corrected R_f-Values in 10 Systems (R_f^C-Values)									
		1	2	3	4	5	6	7	8	9	10
36	Flunitrazepam	54	48	72	76	79	82	63	10	72	63
37	Nor-Flunitrazepam	35	45	56	67	86	85	76	0	58	59
38	7-Amino-Flunitrazepam	21	21	52	63	77	74	74	1	55	52
39	7-Acetamido-Flunitrazepam	19	11	41	51	78	76	73	0	40	49
40	7-Amino-Nor-Flunitrazepam	11	19	35	54	78	75	72	0	34	47
41	2-Methylamino-5-nitro-2´-fluor-benzophenone (MNFB)	79	63	80	86	89	90	77	20	79	71
42	2-Amino-5-nitro-2´-fluor-benzophenone (ANFB)	71	66	68	86	87	91	77	4	69	70
46	Clobazam	53	49	70	74	85	85	62	9	70	62
47	Nor-Clobazam	32	43	54	64	84	90	75	0	52	61
48	Camazepam	55	32	69	75	82	83	76	12	73	65
53	Desmethyl-Medazepam	9	11	30	67	65	63	73	4	51	47
54	Monodesethyl-Flurazepam	0	0	15	50	28	62	58	8	19	11
55	Didesethyl-Flurazepam	0	0	14	40	20	60	58	2	18	29
56	Bromazepam-N(Py)-Oxide	1	1	25	31	62	50	64	0	28	27
57	Ketazolam	45	45	62	74	83	80	66	8	64	66
58	Triazolam	5	2	41	43	69	65	60	1	40	16
59	Clotiazepam	55	48	66	77	84	87	78	31	69	66
60	Lormetazepam	46	43	60	60	82	82	52	6	61	50
61	2-Methylamino-2´,5-dichlor-benzophenone (MDB)	81	69	81	87	82	93	75	49	81	71
62	Tetrazepam	57	49	67	77	84	89	78	32	69	66
63	Nor-Tetrazepam	35	45	56	73	85	92	77	5	58	60
Vol. II											
64	Adinazolam-Mesylate	9	2	51	57	68	66	69	6	55	22
65	Mono-N-Demethyladinazolam-Methane-Sulfonate	1	0	28	40	49	39	63	1	36	2
66	Alprazolam	7	2	40	49	70	66	67	1	57	14
67	α-Hydroxy-Alprazolam	4	4	37	37	76	76	72	1	44	18
68	4-Hydroxy-Alprazolam	3	2	26	26	73	69	67	1	25	7
69	(2-Amino-5-bromo-2-hydroxyphenyl)-(pyridin-2-yl)methanone	46	58	56	49	88	91	78	0	55	59
70	Brotizolam	15	4	53	54	74	71	72	5	52	27
71	α-Hydroxy-Brotizolam	7	6	41	45	78	78	72	2	46	31
72	4-Hydroxy-Brotizolam	5	4	37	28	76	76	68	1	35	13
73	Cloxazolam	39	45	63	75	78	84	73	0	66	59
74	Delorazepam	35	41	57	72	82	86	73	5	58	56
75	Estazolam	7	5	44	50	72	60	71	2	53	25
76	Ethyl-Loflazepate	53	58	62	74	85	93	76	0	62	67
77	Fludiazepam	56	50	67	75	78	86	76	24	69	63
78	2-Methylamino-5-chloro-2´-fluoro-benzophenone (CFMB)	71	69	81	83	77	90	75	48	77	69
79	Flumazenil(Ro-15-1788)	30	12	61	62	77	72	71	3	63	44

Table 2 (continued)

No.	Subst.	Corrected R_f-Values in 10 Systems (R_f^c-Values)									
		1	2	3	4	5	6	7	8	9	10
80	3-Hydroxy-Flunitrazepam	38	37	64	57	81	80	71	1	59	52
81	Halazepam	59	59	70	81	89	91	78	15	69	71
82	2(2,2,2-Trifluoroethyl)-amino-5-chloro-benzophenone (TCB)	81	74	81	89	94	95	82	49	81	75
83	Haloxazolam	46	48	65	77	82	90	74	11	66	62
84	2-Amino-5-bromo-2´-fluoro-benzophenone (ABFB)	70	69	74	83	81	93	83	11	71	69
85	Loprazolam	3	1	36	35	24	15	40	1	48	5
86	Metaclazepam	47	32	71	76	83	84	77	39	73	62
87	N-Desmethyl-Metaclazepam	33	21	65	72	81	84	76	15	68	58
88	Bis-desalkyl-Metaclazepam				73	81					
90	Midazolam	13	5	53	64	71	70	72	6	60	19
91	α-Hydroxy-Midazolam	3	4	41	53	73	72	70	3	52	8
92	4-Hydroxy-Midazolam	5	5	37	49	76	77	74	1	43	15
93	α,4-Dihydroxy-Midazolam	2	5	33	38	78	81	75	4	25	14
94	Nimetazepam	53	46	71	77	81	81	74	12	70	55
95	2-Methylamino-5-nitro-benzo-phenone (MNB)	66	66	80	83	76	86	73	31	77	68
96	Oxazolam	53	53	65	65	74	95	77	15	68	66
97	Pinazepam	65	61	73	81	85	92	75	29	72	70
98	5-Chloro-2-(2-propinyl)benzo-phenone (CPB)	75	73	80	86	86	91	83	48	77	72
99	Quazepam	78	71	78	83	87	96	74	27	75	76
100	2-Oxoquazepam	59	57	70	80	87	90	78	16	69	71
101	N-Desalkyl-2-Oxoquazepam	34	42	54	71	85	89	74	4	57	59
102	3-Hydroxy-N-desalkyl-2-Oxoquazepam	15	28	35	49	88	89	67	0	30	38
103	3-Hydroxy-2-Oxoquazepam	42	52	58	69	88	90	71	2	55	59
104	2-(2,2,2-trifluoroethyl)-amino-5-chloro-2´-fluorobenzophenone (CFTB)	74	73	80	85	77	93	79	44	77	73
110	α-Hydroxy-Triazolam	4	3	39	42	75	74	71	4	49	21
111	4-Hydroxy-Triazolam	3	1	29	24	75	71	63	0	29	8
112	Flutazolam	30	27	62	68	84	88	75	5	69	58
113	Mexazolam	59	56	68	78	86	92	78	14	71	65
114	Etizolam	11	3	50	52	72	60	72	3	58	17
115	Tofisopam	55	19	72	72	77	78	75	12	90	57

Screening of the Benzodiazepines via Aminobenzophenones and Bratton-Marshall Detection

Thin-Layer chromatography (TLC) is the preferred method for screening benzodiazepines with the classical 1,4-structure and their metabolites. The procedure involves hydrolysis to yield aminobenzophenone derivatives, which are then extracted, separated by TLC and photolytically dealkylated. The products are diazotized and coupled with azo-dyes (e.g. the Bratton-Marshall reagent). The method has already been applied to numerous benzodiazepines [9639] and its specificity established [9658].

Experimental

Reference Substances

ACB	2-amino-5-chlorobenzophenone (e.g. from oxazepam)
MACB	5-chloro-2-(methylamino)benzophenone (e.g. from diazepam)
ANB	2-amino-5-nitrobenzophenone (e.g. from nitrazepam)
ADB	2-amino-2´,5-dichlorobenzophenone (e.g. from lorazepam)
ANCB	2-amino-2´-chloro-5-nitrobenzophenone (e.g. from clonazepam)
CCB	5-chloro-2-[(cyclopropylmethyl)amino]benzophenone (e.g. from prazepam)
ACFB	2-amino-5-chloro-2´-fluorobenzophenone (e.g. from desalkylflurazepam)
ABP	(2-amino-5-bromophenyl)(2-pyridyl)methanone (e.g. from bromazepam)
MNFB	2´-fluoro-2-(methylamino)-5-nitrobenzophenone (e.g. from flunitrazepam)
ANFB	2-amino-2´-fluoro-5-nitrobenzophenone (e.g. from 1-desmethyl-flunitrazepam)
MDB	2´,5-dichloro-2-(methylamino)benzophenone (e.g. from lormetazepam)
TCB	5-chloro-2-(2,2,2-trifluoroethylamino)benzophenone (e.g. from halazepam).

Other benzophenones if available

Spray Solution (Bratton-Marshall Reagent)

Dissolve 1 g of N-(1-naphthyl)ethylenediamine in a mixture of 50 mL of dimethylformamide and 50 mL of 4 M hydrochloric acid, with warming if necessary. Filter the cooled solution if it is not clear. A slight violet colour does not affect its use. If kept in the refrigerator the solution is stable for about a year.

Standard Solution for TLC

Dissolve 1 mg each of ACB, ACFB, MACB, MDB, CCB, ABP, ANB, ANCB, ANFB and MNFB, and 2 mg each of ADB and TCB in 5 mL of methanol. If stored in glass bottles in the refrigerator ($4^{\circ}C$) and protected from light, the solution is stable for several months.

To avoid interference in the TLC, not other substances should be present that give a colour with the Bratton-Marshall reagent.

Hydrolysis

Place 100 mL of the urine sample in a 500-mL Erlenmeyer flask and add 50 mL of concentrated hydrochloric acid. Heat the mixture for 30 min under a reflux condenser, in a boiling waterbath, and if necessary rinse the condensate from the condenser into the flask with a little concentrated hydrochloric acid.

Neutralization and Extraction

After the hydrolysis, cool the solution to room temperature, and then, with further cooling, adjust the pH to between 8 and 9 (universal indicator paper) by addition of 8 M sodium hydroxide (about 5 mL or so will be needed). Wear safety goggles during this operation, which should be conducted under an efficient fume-hood on account of the very unpleasant smell. Extract the aminobenzophenone derivatives with about 200 mL of diethyl ether. Note that the acid hydrolysis of bromazepam and its metabolites yields no benzophenone derivatives, but only benzoylpyridine compounds, but as these behave like primary aromatic amines, they can be detected with Bratton-Marshall reagent. To increase the yield, the extraction can be repeated with 100 mL of diethyl ether, at pH 11. Reduce the combined extracts to a volume of about 3 mL in a rotary evaporator, and transfer this concentrate to a glass-stoppered centrifuge tube and carefully evaporate it to dryness (at about $30-40^{\circ}C$; it is not necessary to use reduced pressure). Cool the residue to $4^{\circ}C$ and reserve it for analysis; for this dissolve it in 0.1 mL of methanol.

Thin-Layer Chromatography

Use 20 x 20 cm Kieselgel 60 F_{254} TLC plates, layer thickness 0.25 mm. Apply the sample and standard spots 1.5 cm from the lower edge of the plate, with 2-μl capillaries. For each sample use three capillary-loads overlapped to give an approximately straight line of sample. To avoid any cross-contamination apply the test solutions (U) before the standards (S). Run the chromatogram until the solvent front has travelled 15 cm, to obtain better resolution between ACB, ADB and ACFB. Use the ascending method, without chamber saturation. No special activation of the plates is needed, and would not improve the results anyway. Use about 100 mL of toluence as the mobile phase.

Photolytic Dealkylation

After the development of the chromatogram (which takes 40-60 min), leave the plate to drip in the development tank for a short time, then dry it in a cold air-stream under the fume-hood. Expose the dried plate to a suitable ultraviolet source (e.g. a sun-lamp) at a distance of 30-40 cm for about 20 min. For rapid analysis a 6-min exposure is sufficient. Immediately cool the plate to room-temperature, or the yield in the diazotization step will be impaired.

Note that the dealkylation step is only necessary when testing for N-1-alkylated benzodiazepines (e.g. diazepam, camazepam, temazepam, ketazolam, prazepam, flurazepam, flunitrazepam, lormetazepam, fludiazepam, nimetazepam, pinazepam, quazepam and halazepam).

Diazotization

Place the cool dry plate in an empty chromatographic tank, on the bottom of which is a small beaker (20-50 mL) containing 10 mL of 20 % sodium nitrite solution. Pipette 5 mL of 25 % v/v hydrochloric acid into the beaker as fast as possible, to liberate nitrogen oxides, and seal the tank with its lid. Leave the plate in the tank for 3-5 min, which is sufficient time for diazotization of primary aromatic amine groups. Remove the lid, and when most of the nitrous gases have dispersed take out the plate and leave it under the fume-hood for 20-30 min in a stream of cold air (e.g. from a fan heater set at "cold"). For rapid work it is sufficient to air the plate for only 5 min to remove the nitrous gases and then to spray it gently with a 1 % aqueous solution of urea. Finally spray the plate thinly and uniformly (meander pattern) with Bratton-Marshall reagent at 4°C to couple the diazonium salts (violet spots).

Results

Figure 2 below shows a typical chromatogram for the standard mixture, and some newer benzophenones.

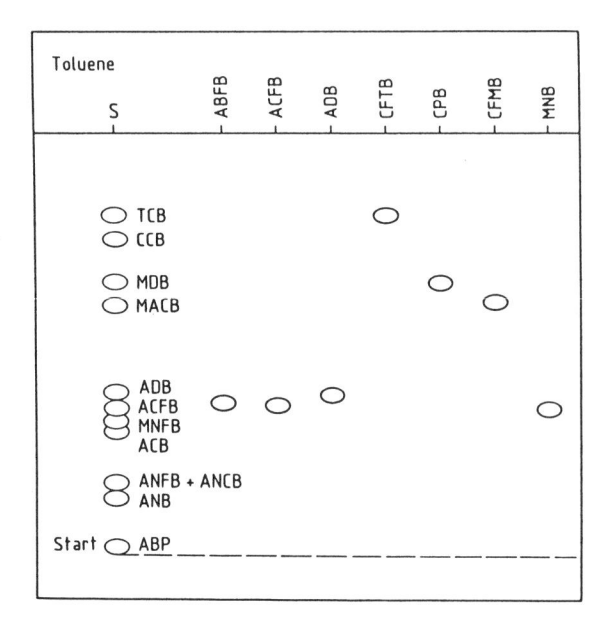

Fig. 2. Positions of the acid hydrolysis products (aminobenzophenones) of some newer benzodiazepines (solvent: toluene; sorbent: silica gel 60 F_{254}; see [9649] and [11313] for more details). Abbreviations: ABFB 2-amino-5-bromo-2´-fluoro-benzophenone (from haloxazolam); ACFB 2-amino-5-chloro-2´-fluorobenzophenone (from ethyl loflazepate, N-desalkyl-2-oxoquazepam, N-desmethyl-fludiazepam, and other metabolites); ADB 2-amino-2´,5-dichlorobenzophenone (from cloxazolam, delorazepam, mexazolam, and lorazepam); CFTB 5-chloro-2´-fluoro-2-(2,2,2-trifluoroethyl-amino)benzophenone (from quazepam, 2-oxoquazepam and 3-hydroxy-2-oxoquazepam); CPB 5-chloro-2-(2-propinyl)benzophenone (from pinazepam and 3-hydroxy-pinazepam); CFMB 5-chloro-2´-fluoro-2-methylaminobenzophenone (from fludiazepam and 3-hydroxy-fludiazepam); MNB 2-methylamino-5-nitrobenzophenone (from nimetazepam).

GLC-Data and UV-Spectra

Gas Chromatography – The Concept of the Retention Index ... 51

List of UV-Maxima ... 56

UV-Spectra (Ultraviolet-Spectra) ... 57

From [5235] [9669] [9670] [11314] and unpublished values, also see [5235] for many other retention data

Gas Chromatography – The Concept of the Retention Index

Gas Chromatography is one of the most useful and frequently applied tools for the screening and identification of organic compounds (preferably in combination with spectroscopic methods, e.g., mass-spectrometry, and recently infrared spectroscopy in the FTIR mode). The primary measuring parameter is the retention time, which is governed by many variables, such as composition of the stationary phase, column length, flow of the carrier gas, oven temperature and other variables. Therefore, the retention times are hardly appropriate to serve as reliable and intercomparable data. Moderate improvement can be seen in measurement of the relative retention time, but the most useful instrument is without any doubt the retention index (RI)[+] developed and introduced by Kovats [11306].

The interlaboratory standard deviation of the RI is in the order of 15-20 RI units (Moffat [11308]; Berninger and Möller [80]). According to DFG [5235], a "search window" of $\pm$ 50-60 RI units should be taken into consideration when working under temperature-programmed conditions with an almost linear relationship between the carbon number of the n-alkanes and the retention time (Peel and Perrigo [11309, 11310]). The search window mentioned above will also take the temperature dependency of the RI into consideration. The quality of the column must be tested as described in [5235] before starting the analysis.

The RI values of many benzodiazepines are listed [5235] in Table 3. For screening strategies based on a second stationary phase (e.g., OV-17) see Post [9008].

In conclusion, one can say that the introduction and use of the retention index has raised gas chromatography to a higher level with excellent inter laboratory reproducibility. Based on a compilation of Ardrey and Moffat [3974], the DFG/TIAFT publications present data on about 1,600 substances in a second revised and enlarged edition [5235], which is succesfully used to solve screening problems all over the world. Use of the retention index within capillary GLC is the subject of broad investigations (DFG commission). For additional information, see [5049, 11307, 11311, 11315, 11317] and for capillary GLC [11298, 11318].

[+] The retention index RI(A) can be calculated by using one of two essentially identical equations

$$\mathrm{RI(A)} = 100(y-x)\frac{\log\frac{t(\mathrm{A})}{t(\mathrm{X})}}{\log\frac{t(\mathrm{Y})}{t(\mathrm{X})}} + 100x \tag{1}$$

$$\mathrm{RI(A)} = [\mathrm{RI(Y)} - \mathrm{RI(X)}]\frac{\log\frac{t(\mathrm{A})}{t(\mathrm{X})}}{\log\frac{t(\mathrm{Y})}{t(\mathrm{X})}} + \mathrm{RI(X)} \tag{2}$$

$t(\mathrm{A})$ = net retention time of a substance A
$t(\mathrm{X})$ = net retention time of the n-alkane C_xH_{2x+2} eluting immediately before A
$t(\mathrm{Y})$ = net retention time of the n-alkane C_yH_{2y+2} eluting immediately after A
x = carbon number of the n-alkane C_xH_{2x+2}
y = carbon number of the n-alkane C_yH_{2y+2}
RI(A), RI(X), etc. = retention indices of substances A, X, etc.

The retention index RI(A) can also be obtained from a simple graph

Table 3. List of retention indices

No.	Subst.	Retention Index OV-1 / SE-30	UV-Maxima EtOH	HCl[+)]	NaOH[+)]
	Vol. I				
1	Chlordiazepoxide	2530/2800	245/267	245/310	261
2	Demoxepam (Nor-Diazepam-N-Oxide)	2530	235/312	235	243/257
3	N-Desmethyl-Chlordiazepoxide	2900	242/263	246/310	258
4	2-Amino-5-chlor-benzophenone (ACB)	2040	237/392	260	----
5	Diazepam	2425	230/255	241/285/360	229
6	Nor-Diazepam	2500	228/325	237/282/370	340
7	3-Hydroxy-Diazepam (Temazepam)	2630	231/255/315	235/283/355	----
8	Oxazepam	2335	229/324	234/281	234/340
9	2-Methylamino-5-chlor-benzophenone (MACB)	2105	236/410	270	----
10	Nitrazepam	2750	220/258/312	280	226/258/357
11	7-Amino-Nitrazepam	2825	242/350	232/282/350	238/350
12	7-Acetamido-Nitrazepam	3205	247/330	257	237
13	2-Amino-5-nitro-benzophenone (ANB)	2385	230/350	355	355
14	2,5-Diamino-benzophenone (DAB)	2200	237/353	232/357	243/400
15	Medazepam	2230	231/252/360	254	----
16	Clorazepate	2460	230	238/286	233/340
17	Lorazepam	2405	229/322	230	234/349
18	2-Amino-5,2´-dichlor-benzophenone (ADB)	2120	233/263/330	232/394	394
19	Prazepam	2640	228/256	240/287/360	230
20	3-Hydroxy-Prazepam	2860	229/255/315	233/280	----
21	2-Cyclopropyl-methylamino-5-chlor-benzophenone (CCB)	2405	237/410	----	----
22	Clonazepam	2885	218/250/312	270	366
23	7-Amino-Clonazepam	2900	241/355	233/283/355	236/355
24	7-Acetamido-Clonazepam	3260	243/275/335	257	235
25	2-Amino-5-nitro-2´-chlor-benzophenone (ANCB)	2520	230/350	360	360

[+)] 0.1 mol/l
nm = not measurable without derivatization

Table 3 (continued)

No.	Subst.		Retention Index OV-1 / SE-30	UV-Maxima EtOH	HCl[+)]	NaOH[+)]
Vol. I						
26	2,5-Diamino-2´-chlor-benzophenone	(DCB)	2345	230/260/385	230/260/385	240/420
27	Flurazepam		2785	228/315	236/285/355	230
28	N-1-Desalkyl-Flurazepam		2470	229/320	238/282/360	234/350
29	N-1-Hydroxyethyl-Flurazepam		2690	230	240/284/355	232/255
30	2-Diethylamino-ethylamino-5-chlor-2´-fluor-benzophenone	(DCFB)	2560	235/410	236/270/405	242/420
31	2-Amino-5-chlor-2´-fluor-benzophenone	(ACFB)	1980	234/270/392	----	----
32	2-Hydroxyethylamino-5-chlor-2´-fluor-benzophenone	(HCFB)	2470	234/273/415	237/415	273/415
33	Bromazepam		2665/2255	233/325	240/350	238/350
34	3-Hydroxy-Bromazepam		2525	234/325	240/350	240/350
35	2-(2-Amino-5-brom-benzoyl)-pyridine	(ABP)	2245	237/400	273/420	238/400
36	Flunitrazepam		2645	221/253/311	275	400
37	Nor-Flunitrazepam		2740	221/250/303	275	225/365
38	7-Amino-Flunitrazepam		2720	242/350	237/280/350	240/350
39	7-Acetamido-Flunitrazepam		3115	246/325	257/380	241/325
40	7-Amino-Nor-Flunitrazepam		2825	242/350	233/280/350	240/365
41	2-Methylamino-5-nitro-2´-fluor-benzophenone	(MNFB)	2430	232/365	250/382	240/382
42	2-Amino-5-nitro-2´-fluor-benzophenone	(ANFB)	2360	230/352	232/245/362	245/362
43	2-Methylamino-5-amino-2´-fluor-benzophenone	(MAFB)	2703	255/435	258/405	258/435
44	2,5-Diamino-2´-fluor-benzophenone	(DFB)	2185	242/425	233/380	242/420
45	2-Amino-3-hydroxy-5-chlor-benzophenone	(AHCB)	2390	246/280/400	263	259/300
46	Clobazam		2690	231/297	228/285	285
47	Nor-Clobazam		2755	228/295	226	230/265/305
48	Camazepam		2955	230/255/315	227	232

[+)] 0.1 mol/l
nm = not measurable without derivatization

Table 3 (continued)

No.	Subst.	Retention Index OV-1 / SE-30	UV-Maxima EtOH	UV-Maxima HCl[+)	UV-Maxima NaOH[+)
Vol. I					
53	Desmethyl-Medazepam	2390	230/375	251/445	
54	Monodesethyl-Flurazepam	2765	230/315	237/282/360	
55	Didesethyl-Flurazepam	2670	227	236/281/355	
56	Bromazepam-N(Py)-Oxide	2700	230		230
57	Ketazolam	2470	242	242	242
58	Triazolam	3090	223	223	
59	Clotiazepam	2580	245/305/395	260/300/395	239/340
60	Lormetazepam	3030	230/310	230	300
61	2-Methylamino-2´,5-dichlor-benzophenone (MDB)	2185	231/405	232/405	405
62	Tetrazepam	2460	227/225	240/283/345	310
63	Nor-Tetrazepam	2520	225/310	237/282/350	325
Vol. II					
64	Adinazolam-Mesylate	3060	----	263	----
65	Mono-N-Demethyladinazolam-Methane-Sulfonate	3130	222	270	253
66	Alprazolam	3050	222	264	258
67	α-Hydroxy-Alprazolam	3010	220	280	----
68	4-Hydroxy-Alprazolam	nm	222	222	222
69	(2-Amino-5-bromo-2-hydroxyphenyl)-(pyridin-2-yl)methanone	nm	252	267	265
70	Brotizolam	3145	240	254	241
71	α-Hydroxy-Brotizolam	nm	243	256	245
72	4-Hydroxy-Brotizolam	nm	241	244	241
73	Cloxazolam	2405	244	240/285/374	220/280
74	Delorazepam	2650	320	238/286	227/345
75	Estazolam	2955	222	278	218
76	Ethyl-Loflazepate	2195	230/320	232	354

[+) 0.1 mol/l

nm = not measurable without derivatization

Table 3 (continued)

No.	Subst.	Retention Index OV-1 / SE-30	UV-Maxima EtOH	HCl[+)	NaOH[+)
Vol. II					
77	Fludiazepam	2460	229	240/282	229
78	2-Methylamino-5-chloro-2´-fluoro-benzophenone (CFMB)	2133	409	417	417
79	Flumazenil(Ro-15-1788)	2560	246	----	----
80	3-Hydroxy-Flunitrazepam	2850	254	254	395
81	Halazepam	2335	225	233/285	248
82	2(2,2,2-Trifluoroethyl)-amino-5-chloro-benzophenone (TCB)	2000	386	286/417	400
83	Haloxazolam	2620	247	242	----
84	2-Amino-5-bromo-2´-fluoro-benzophenone (ABFB)	nm			
85	Loprazolam	nm	330	329	309
86	Metaclazepam	2690	370	251/460	370
87	N-Desmethyl-Metaclazepam	2720	444	249/445	362
88	Bis-desalkyl-Metaclazepam	2850	377	249/444	380
90	Midazolam	2620	217	212	216
91	α-Hydroxy-Midazolam	2825	215	215/258	----
92	4-Hydroxy-Midazolam	2580	215	215/251	257
93	α,4-Dihydroxy-Midazolam	nm	217	218	225
94	Nimetazepam	2730	220/260	282	248/395
95	2-Methylamino-5-nitro-benzophenone (MNB)	2500	239/367	243/383	383
96	Oxazolam	2590	247	237	247
97	Pinazepam	2580	227	238/284/356	----
98	5-Chloro-2-(2-propinyl)benzophenone (CPB)	2270	397	403	429
99	Quazepam	2485	286	273	----
100	2-Oxoquazepam	2270	226	283	231
101	N-Desalkyl-2-Oxoquazepam	2475	228/320	238/282/366	232

[+) 0.1 mol/l

nm = not measurable without derivatization

Table 3 (continued)

No.	Subst.	Retention Index OV 1 / SE-30	UV-Maxima EtOH	HCl[+)	NaOH[+)
	Vol. II				
102	3-Hydroxy-N-desalkyl-2-Oxoquazepam	2300	230	232	215
103	3-Hydroxy-2-Oxoquazepam	2405	227	228	226
104	2-(2,2,2-trifluoroethyl)-amino-5-chloro-2´-fluorobenzophenone (CFTB)	2395	232/391	405	405
105	Tetrazepam (acid hydrolysis product)	2340	238/402	418	418
108	Nor-tetrazepam (acid hydrolysis product)	2310	234/385	385	385
110	α-Hydroxy-Triazolam	3020	221	218	223
111	4-Hydroxy-Triazolam	nm	221	222	221
112	Flutazolam	2310	245	241/368	245
113	Mexazolam	2670	244	241/290/373	244
114	Etizolam	3090	243	250/294/362	243
115	Tofisopam	3035	238/310	251/349	239/308

[+) 0.1 mol/l

nm = not measurable without derivatization

List of UV-Maxima

Table 3 also contains the UV-maxima of many benzodiazepines, metabolites and hydrolysis products in ethanol, 0.1 mol/L HCl, and 0.1 mol/L NaOH respectively.

UV-Spectra (Ultraviolet-Spectra)

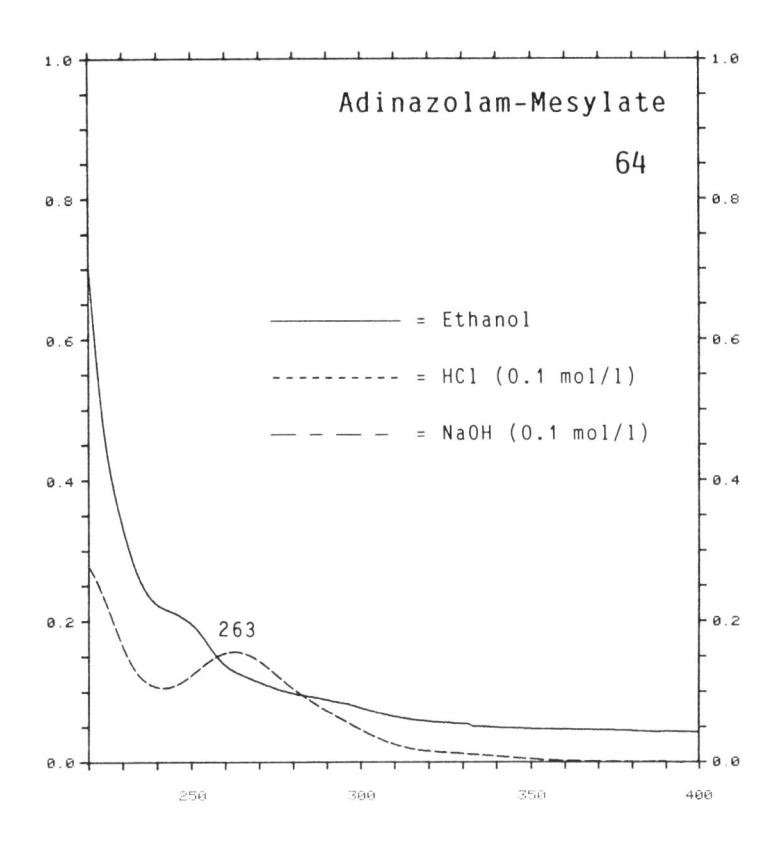

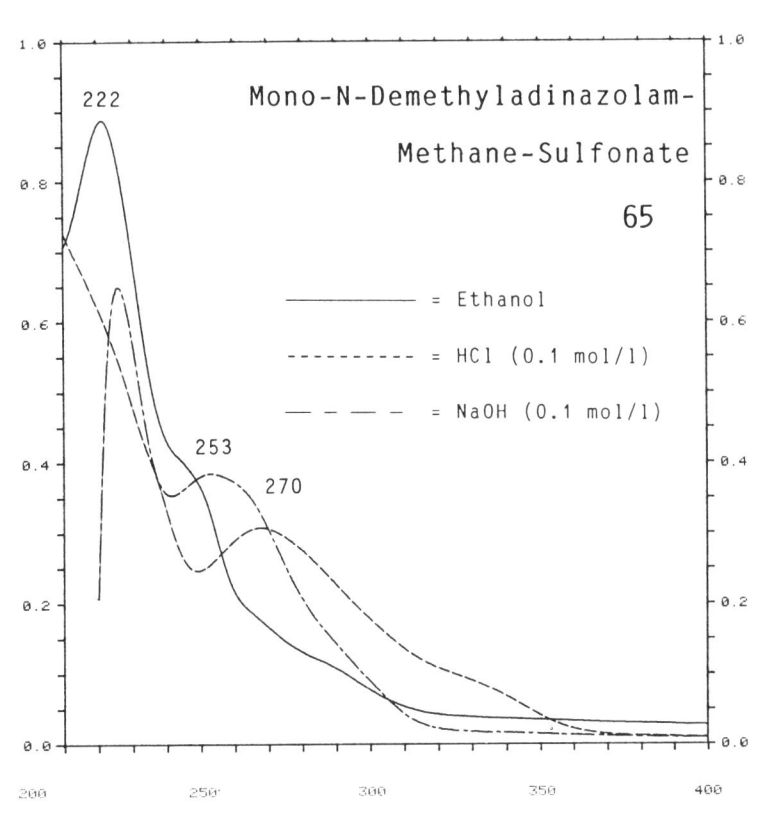

Adinazolam-Mesylate

64

—— = Ethanol
------ = HCl (0.1 mol/l)
– – – = NaOH (0.1 mol/l)

263

Mono-N-Demethyladinazolam-Methane-Sulfonate

65

—— = Ethanol
------ = HCl (0.1 mol/l)
– – – = NaOH (0.1 mol/l)

222
253
270

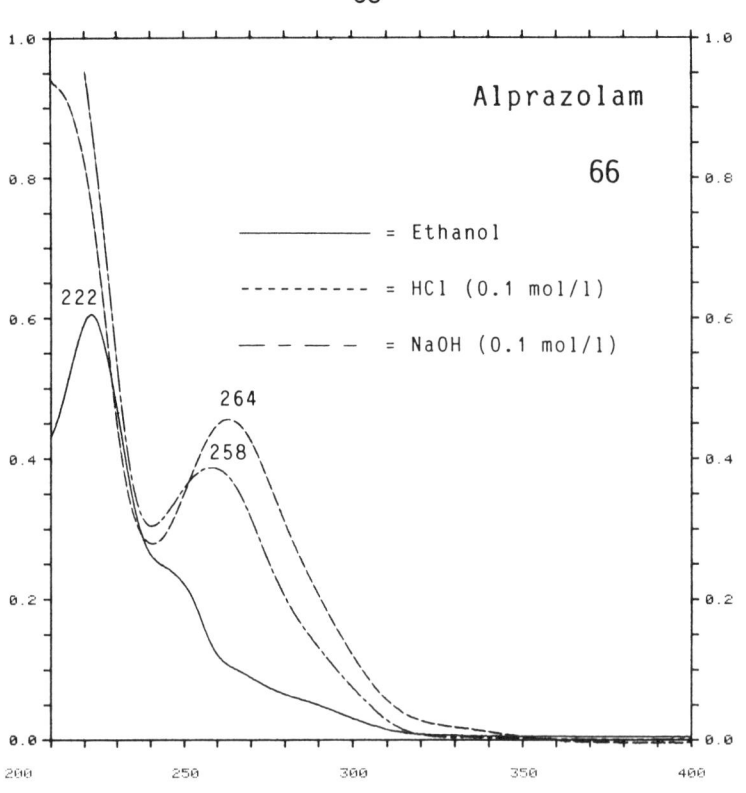

Alprazolam

66

——— = Ethanol
------- = HCl (0.1 mol/l)
— — — = NaOH (0.1 mol/l)

222
264
258

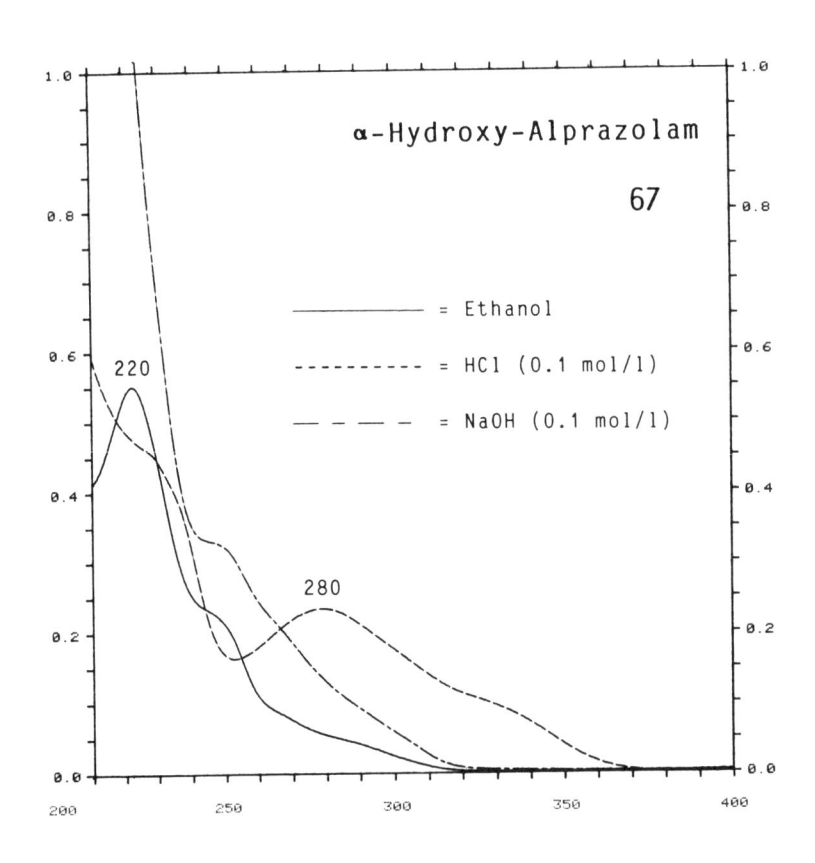

α-Hydroxy-Alprazolam

67

——— = Ethanol
------- = HCl (0.1 mol/l)
— — — = NaOH (0.1 mol/l)

220
280

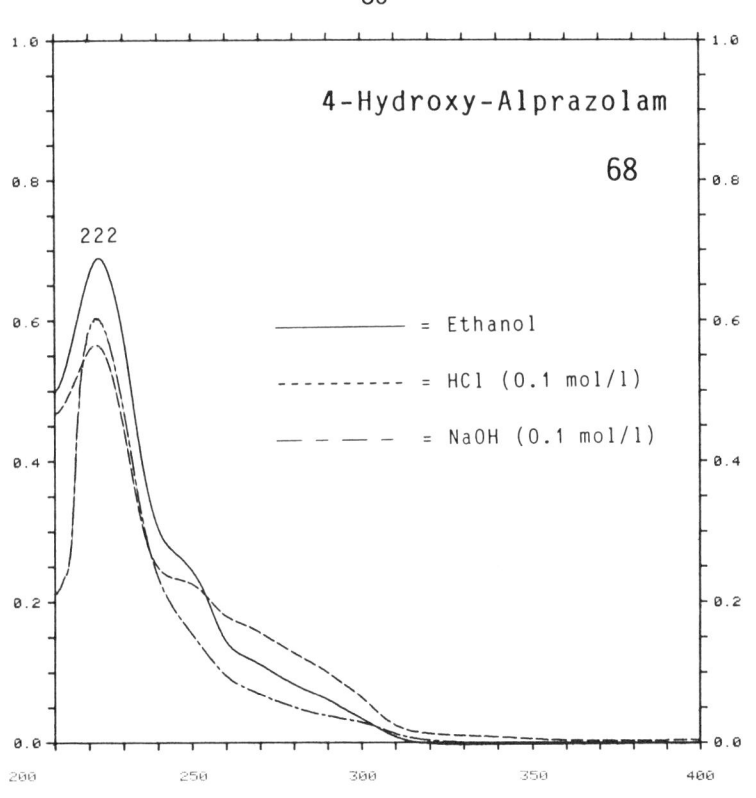

4-Hydroxy-Alprazolam

68

222

— = Ethanol
---- = HCl (0.1 mol/l)
– – – = NaOH (0.1 mol/l)

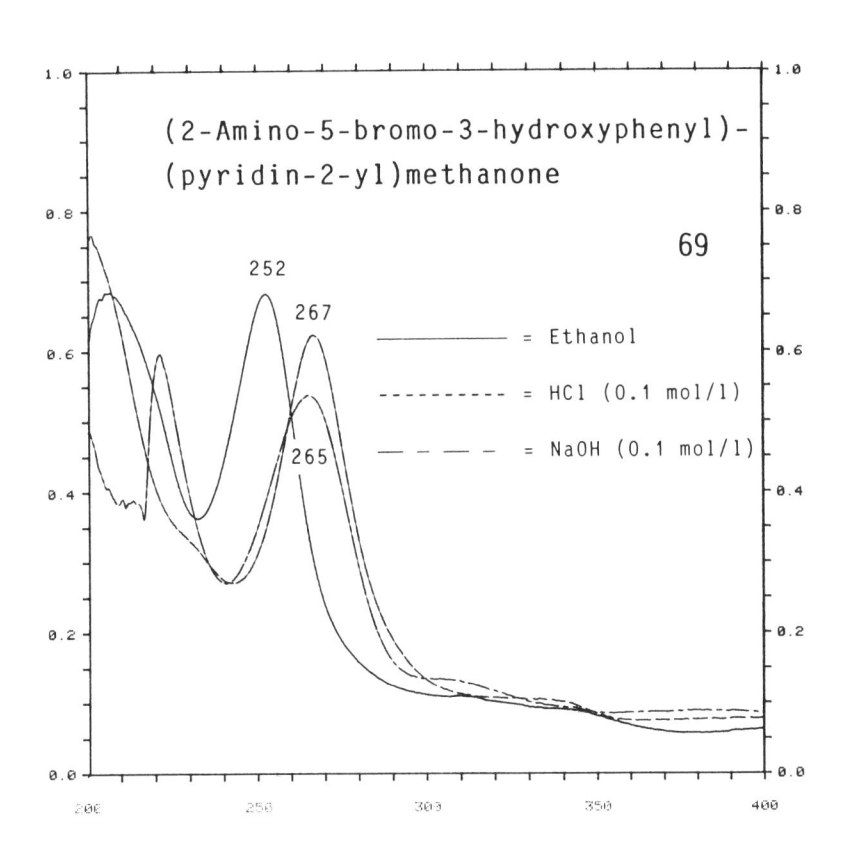

(2-Amino-5-bromo-3-hydroxyphenyl)-(pyridin-2-yl)methanone

69

252
267
265

— = Ethanol
---- = HCl (0.1 mol/l)
– – – = NaOH (0.1 mol/l)

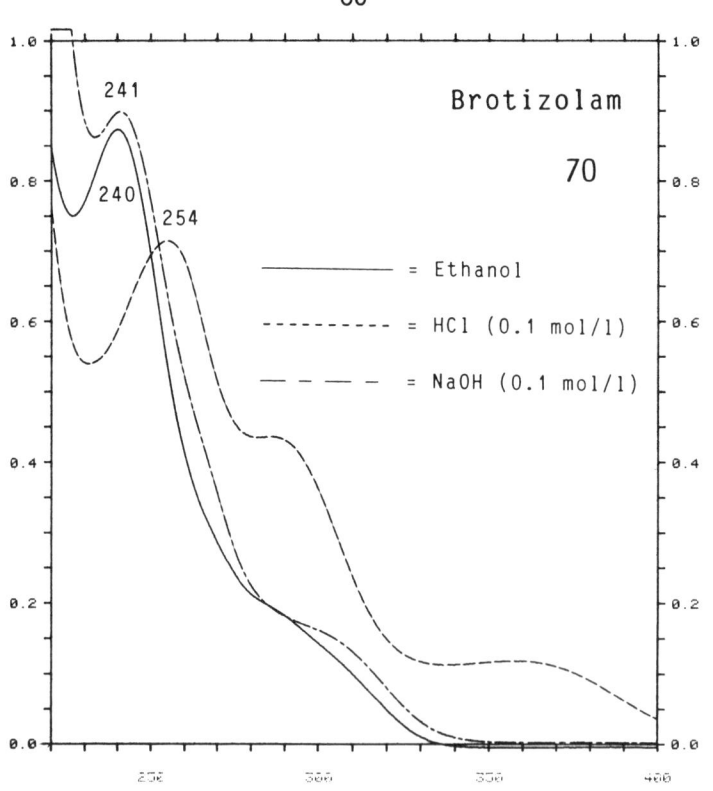

Brotizolam

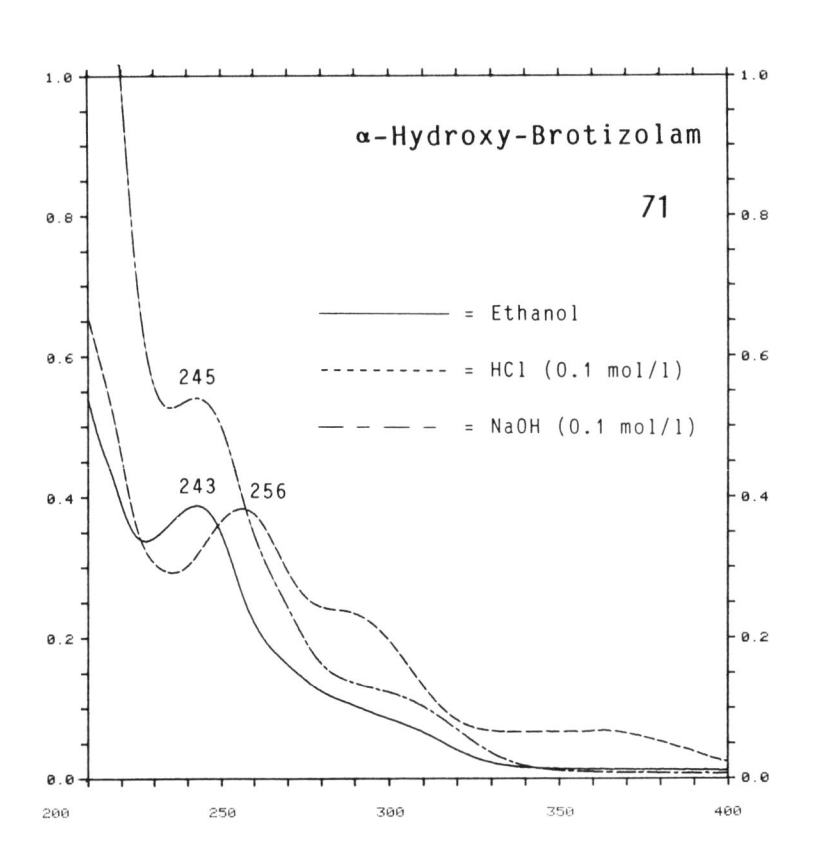

70

— = Ethanol
······ = HCl (0.1 mol/l)
– – – = NaOH (0.1 mol/l)

241, 240, 254

α-Hydroxy-Brotizolam

71

— = Ethanol
······ = HCl (0.1 mol/l)
– – – = NaOH (0.1 mol/l)

245, 243, 256

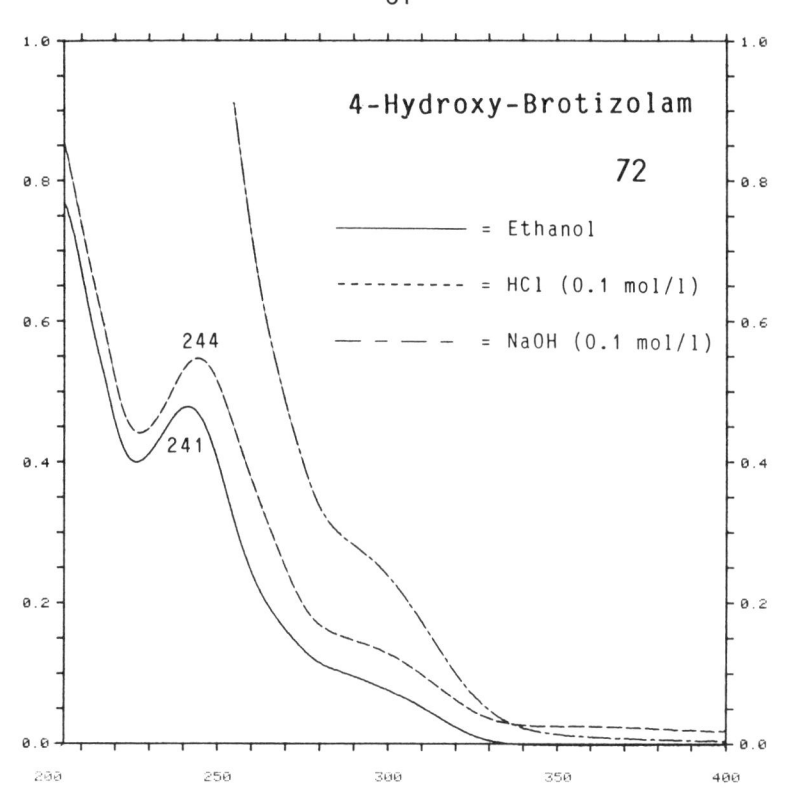

4-Hydroxy-Brotizolam

72

—— = Ethanol
----- = HCl (0.1 mol/l)
– – – = NaOH (0.1 mol/l)

244
241

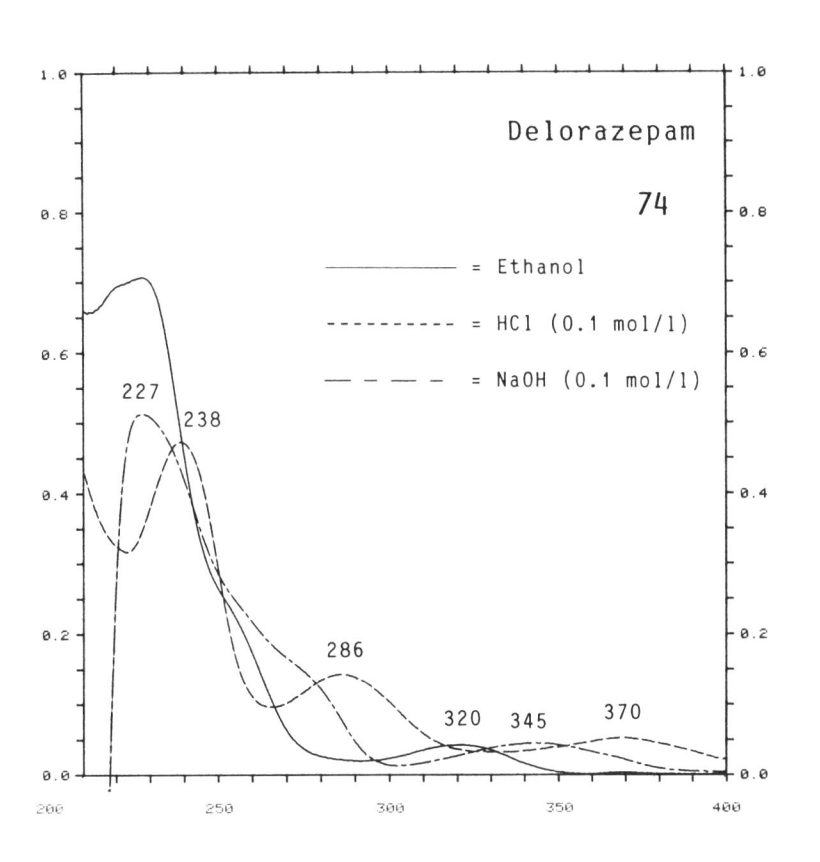

Delorazepam

74

—— = Ethanol
----- = HCl (0.1 mol/l)
– – – = NaOH (0.1 mol/l)

227 238
286 320 345 370

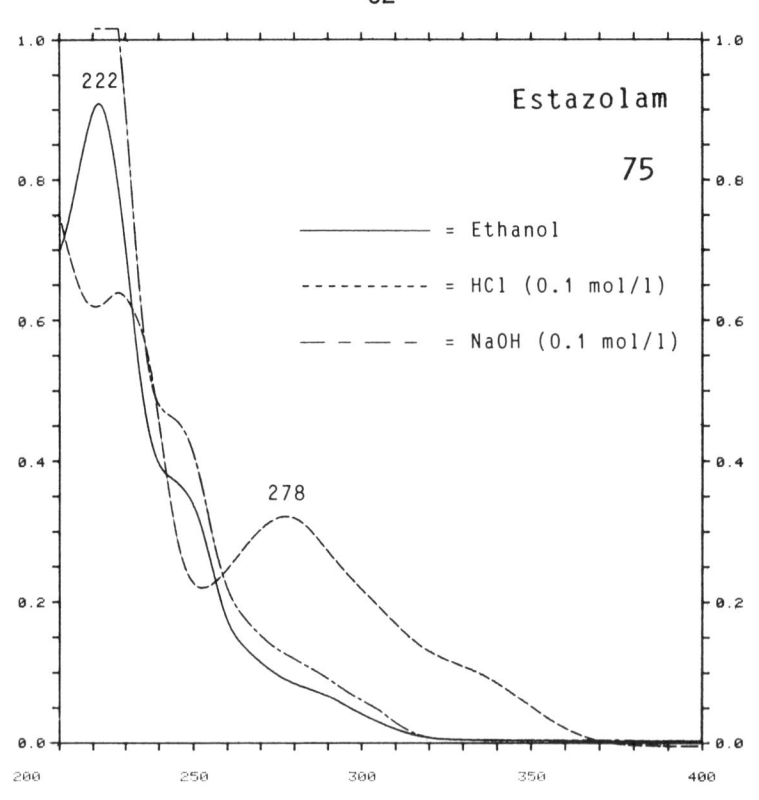

Estazolam

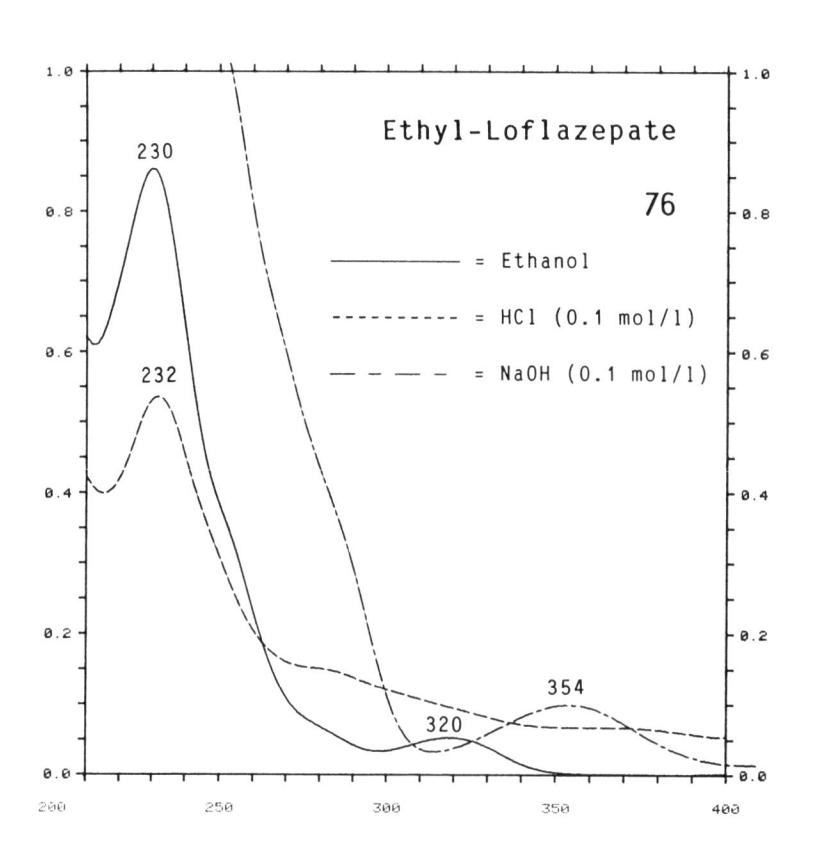

75

— = Ethanol
----- = HCl (0.1 mol/l)
– – – = NaOH (0.1 mol/l)

222
278

Ethyl-Loflazepate

76

— = Ethanol
----- = HCl (0.1 mol/l)
– – – = NaOH (0.1 mol/l)

230
232
320
354

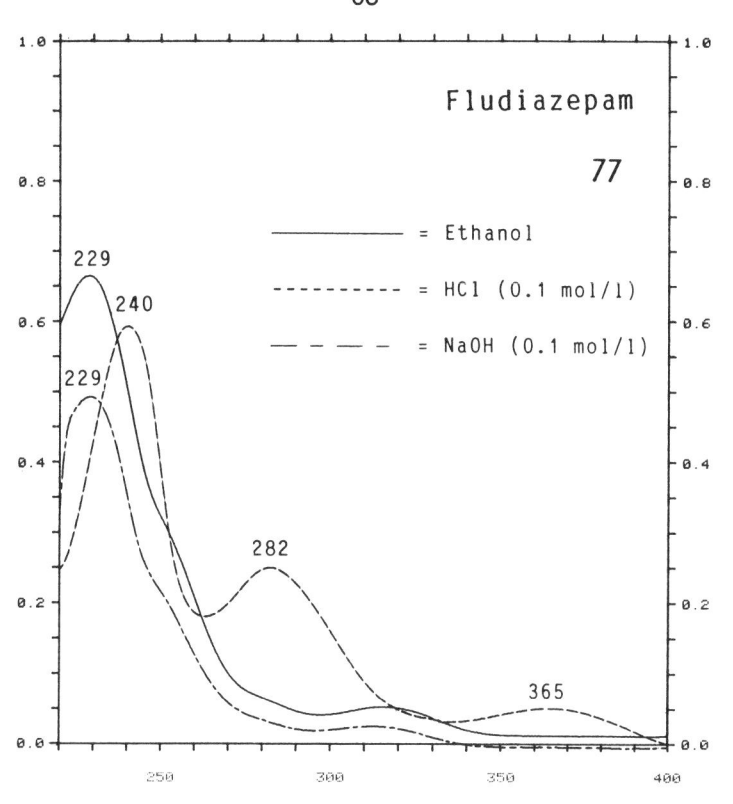

Fludiazepam 77

— = Ethanol
- - - - = HCl (0.1 mol/l)
– – – = NaOH (0.1 mol/l)

229, 240, 229, 282, 365

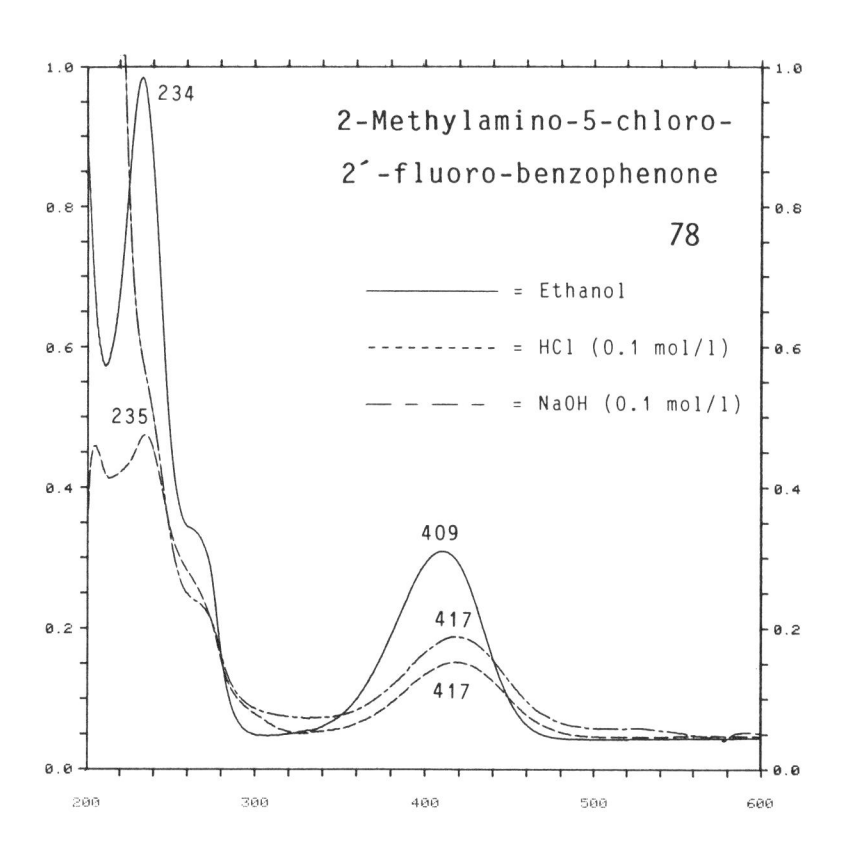

2-Methylamino-5-chloro-2´-fluoro-benzophenone 78

— = Ethanol
- - - - = HCl (0.1 mol/l)
– – – = NaOH (0.1 mol/l)

234, 235, 409, 417, 417

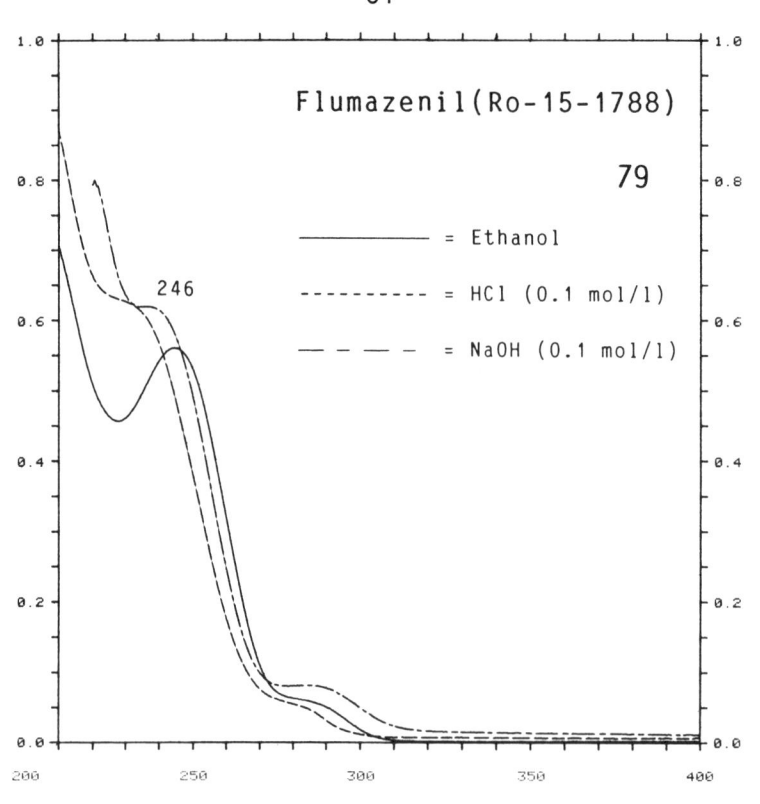

Flumazenil(Ro-15-1788)

79

— = Ethanol
- - - = HCl (0.1 mol/l)
– – – = NaOH (0.1 mol/l)

246

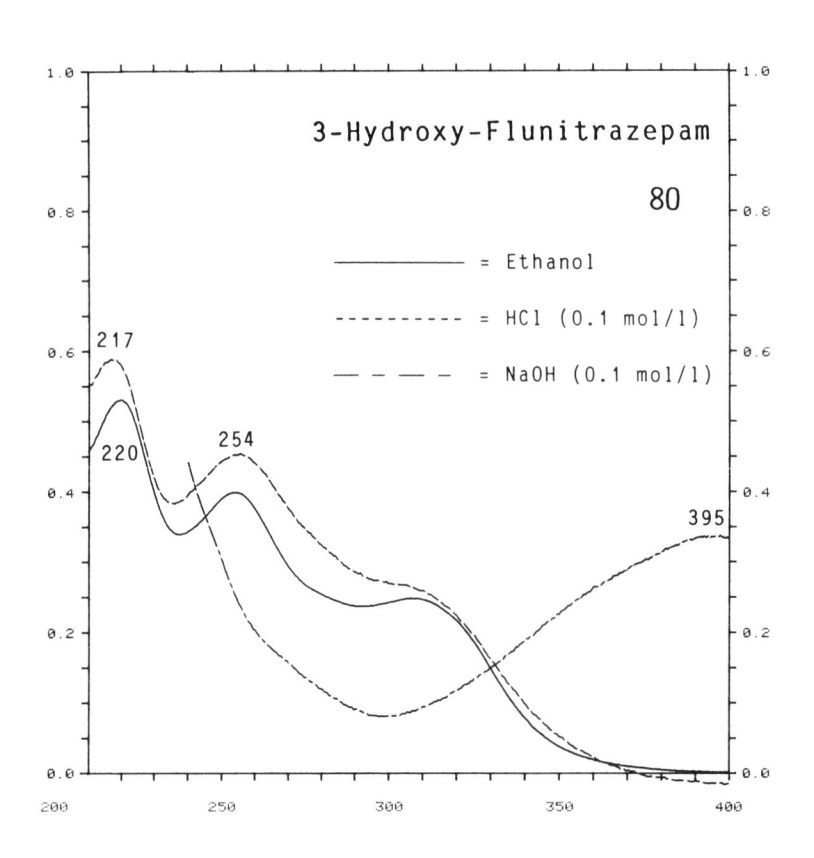

3-Hydroxy-Flunitrazepam

80

— = Ethanol
- - - = HCl (0.1 mol/l)
– – – = NaOH (0.1 mol/l)

217
220
254
395

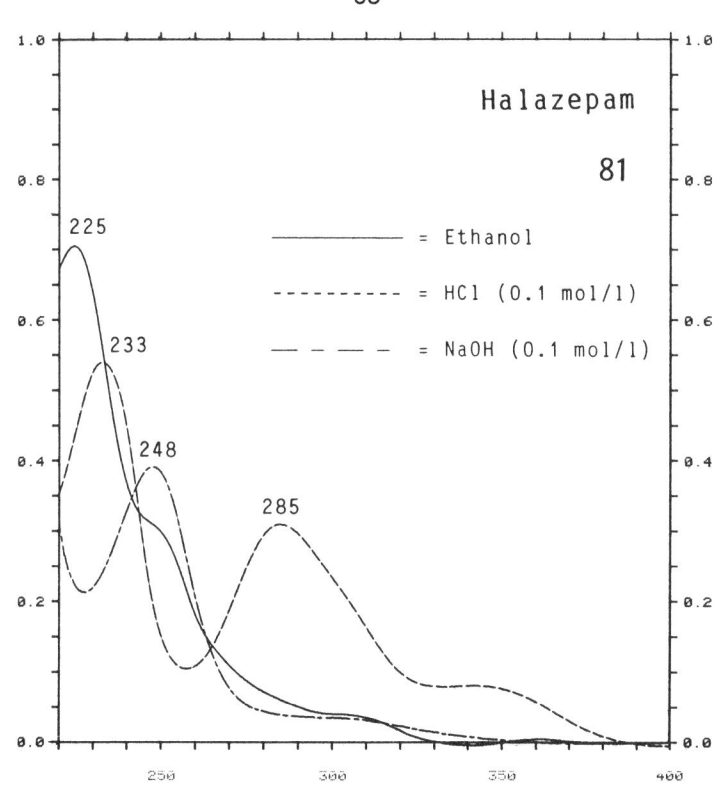

Halazepam

81

— = Ethanol
----- = HCl (0.1 mol/l)
– – – = NaOH (0.1 mol/l)

225
233
248
285

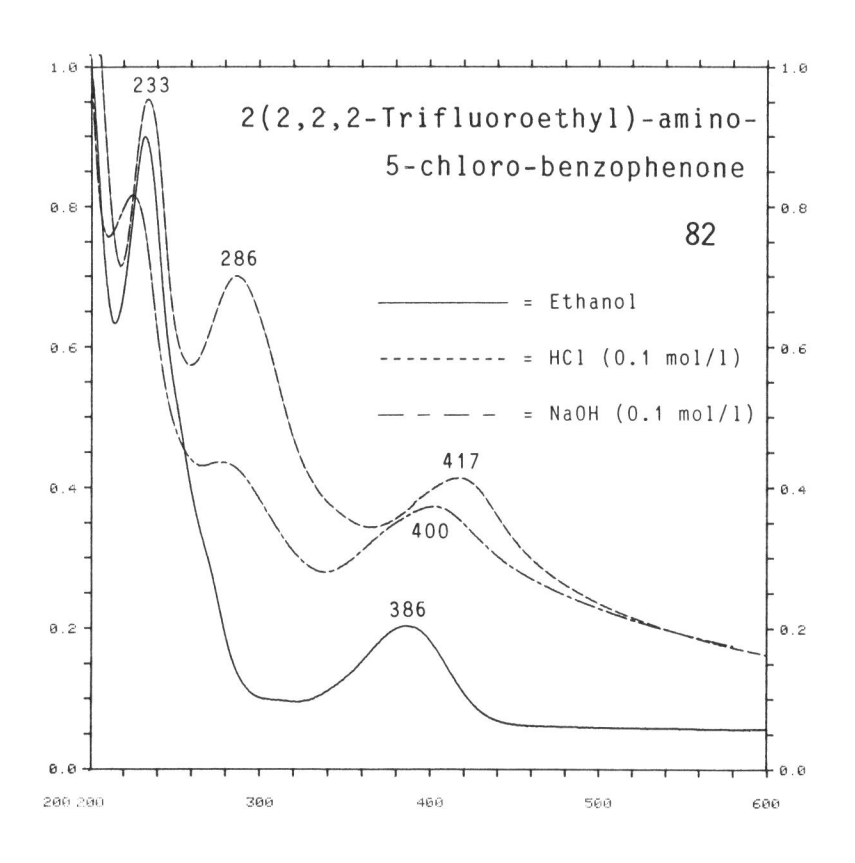

2(2,2,2-Trifluoroethyl)-amino-5-chloro-benzophenone

82

— = Ethanol
----- = HCl (0.1 mol/l)
– – – = NaOH (0.1 mol/l)

233
286
417
400
386

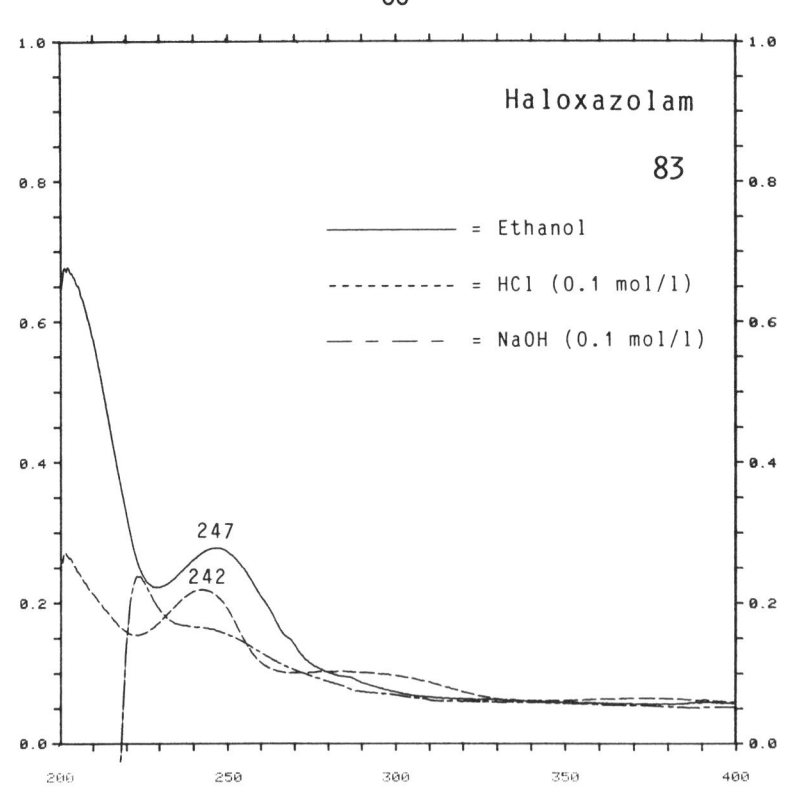

Haloxazolam

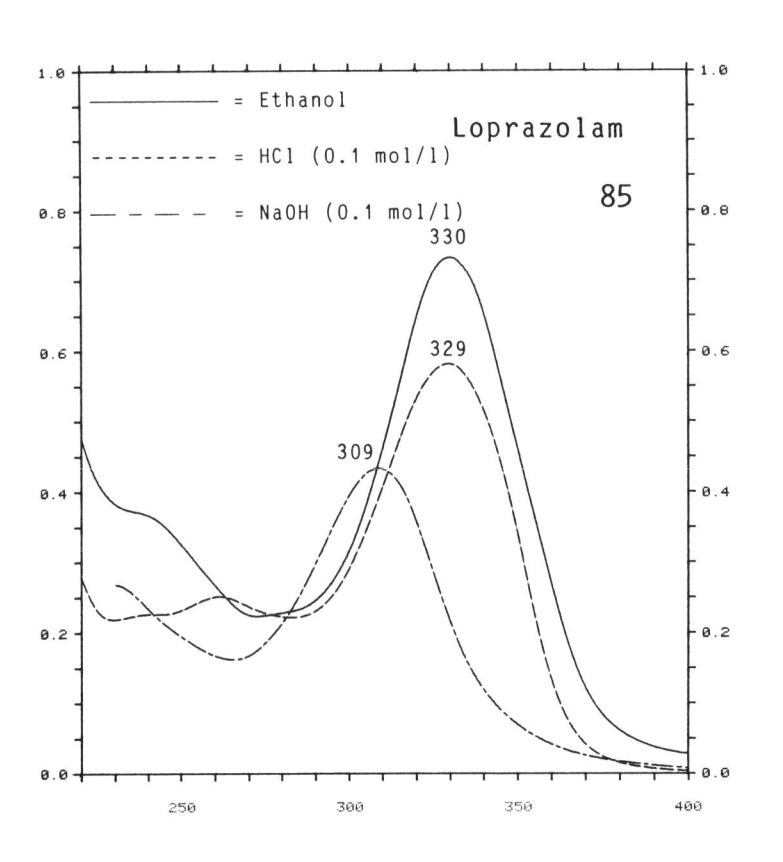

83

— = Ethanol
------ = HCl (0.1 mol/l)
— — — = NaOH (0.1 mol/l)

247
242

Loprazolam

85

— = Ethanol
------ = HCl (0.1 mol/l)
— — — = NaOH (0.1 mol/l)

330
329
309

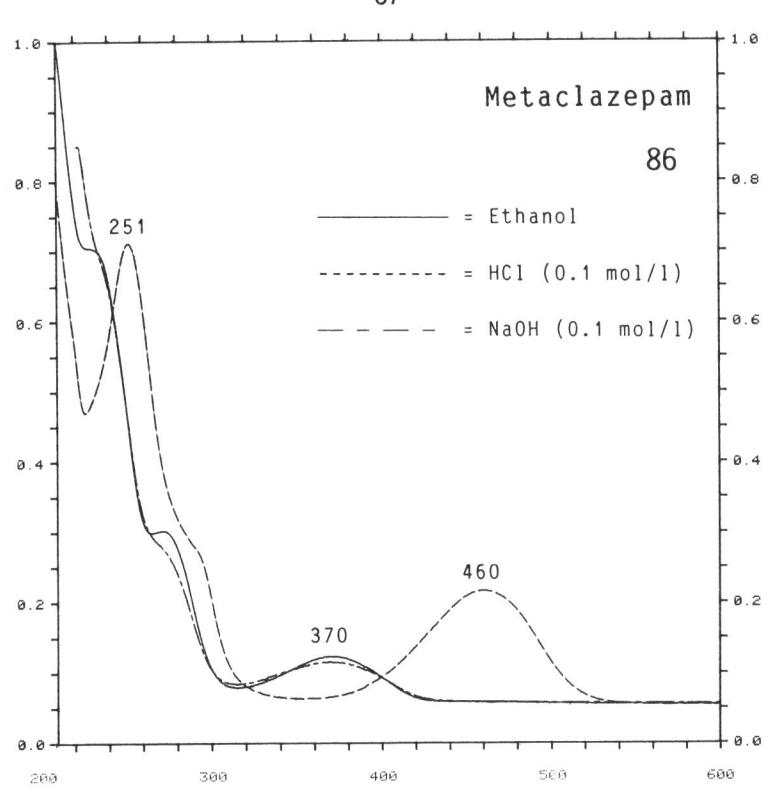

Metaclazepam

86

— = Ethanol
---- = HCl (0.1 mol/l)
– – – = NaOH (0.1 mol/l)

251
370
460

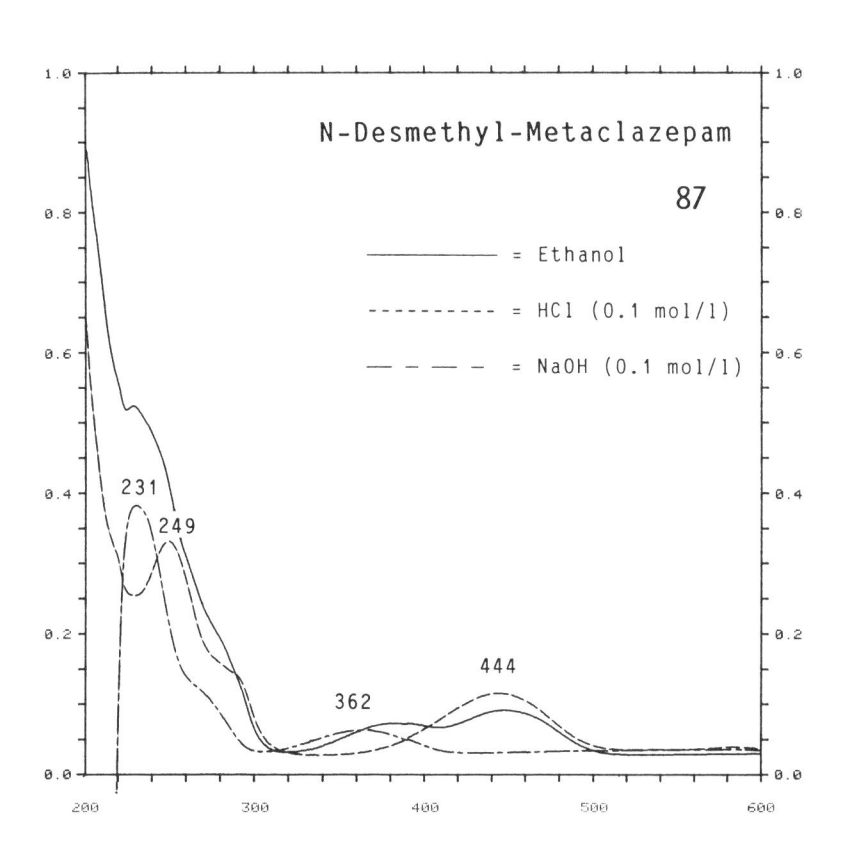

N-Desmethyl-Metaclazepam

87

— = Ethanol
---- = HCl (0.1 mol/l)
– – – = NaOH (0.1 mol/l)

231
249
362
444

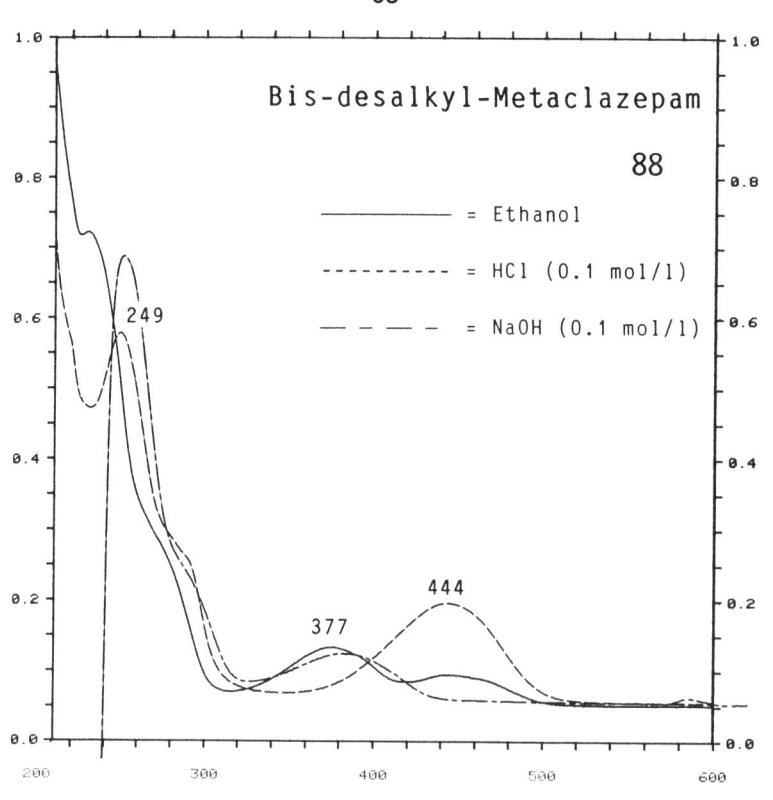

Bis-desalkyl-Metaclazepam

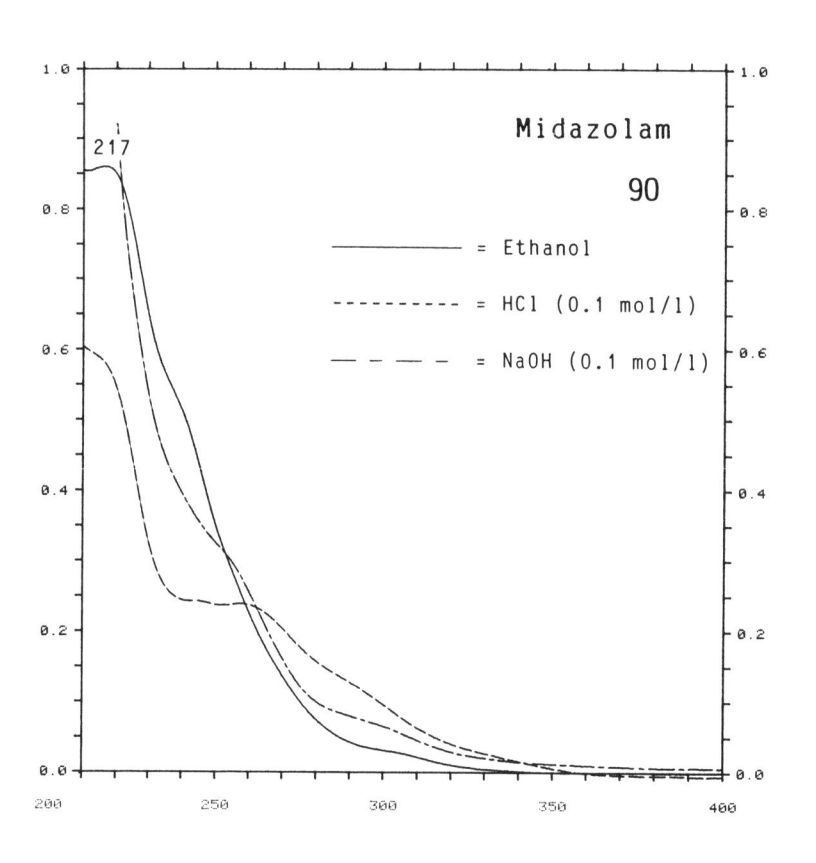

88

— = Ethanol
- - - - = HCl (0.1 mol/l)
— — = NaOH (0.1 mol/l)

249, 377, 444

Midazolam

90

— = Ethanol
- - - - = HCl (0.1 mol/l)
— — = NaOH (0.1 mol/l)

217

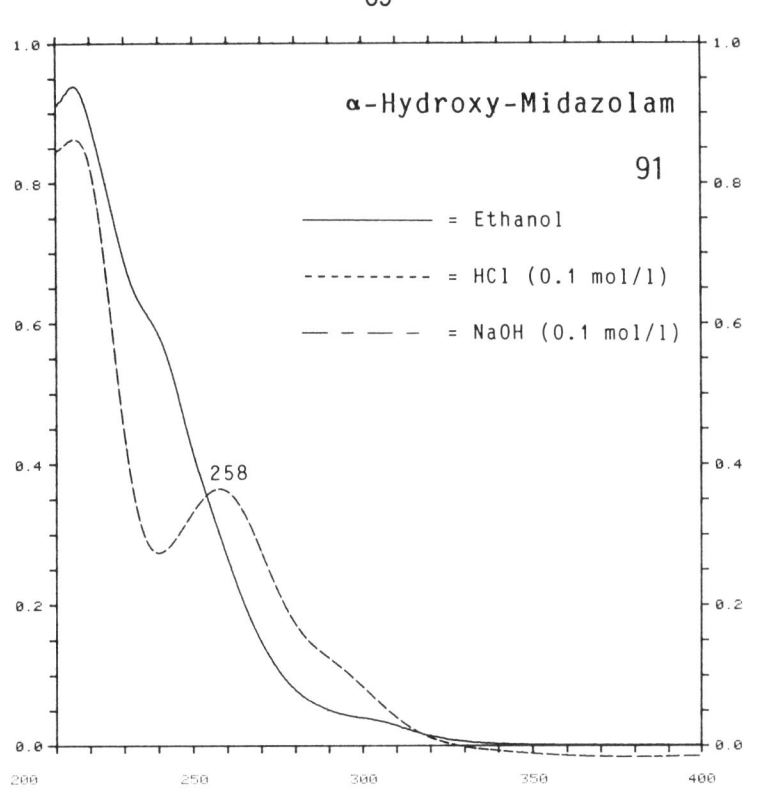

α-Hydroxy-Midazolam

91

——— = Ethanol
- - - - - = HCl (0.1 mol/l)
— — — = NaOH (0.1 mol/l)

258

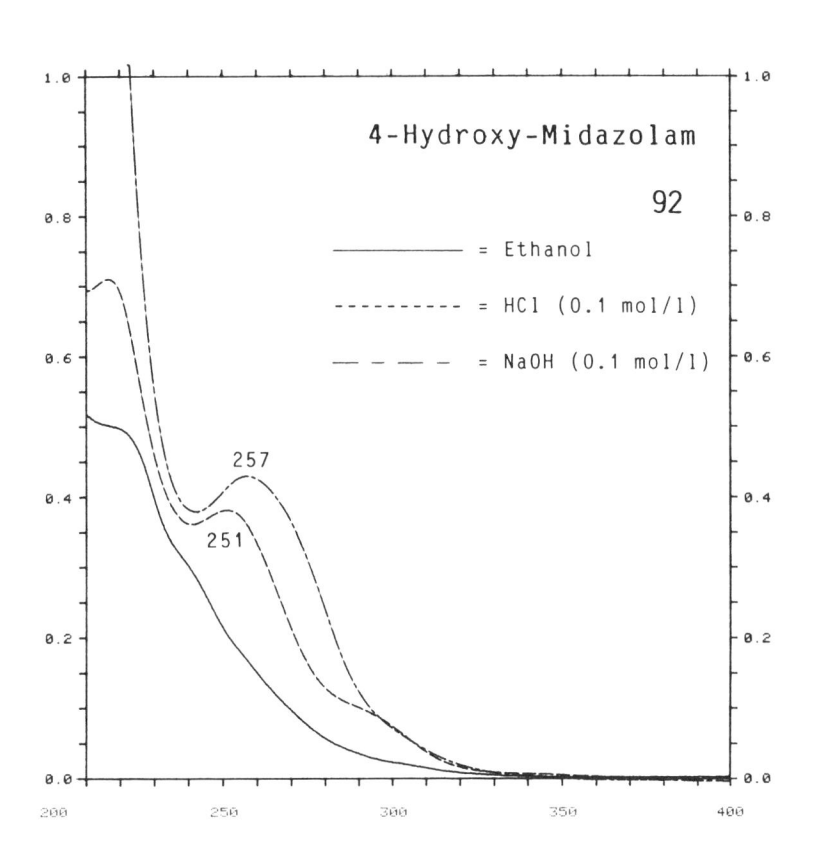

4-Hydroxy-Midazolam

92

——— = Ethanol
- - - - - = HCl (0.1 mol/l)
— — — = NaOH (0.1 mol/l)

257
251

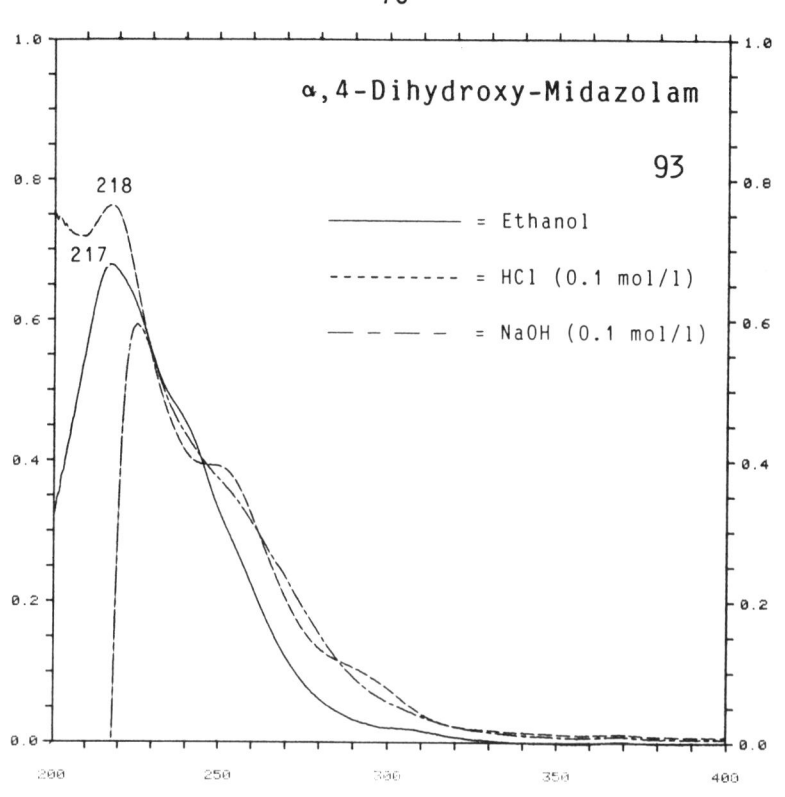

α,4-Dihydroxy-Midazolam

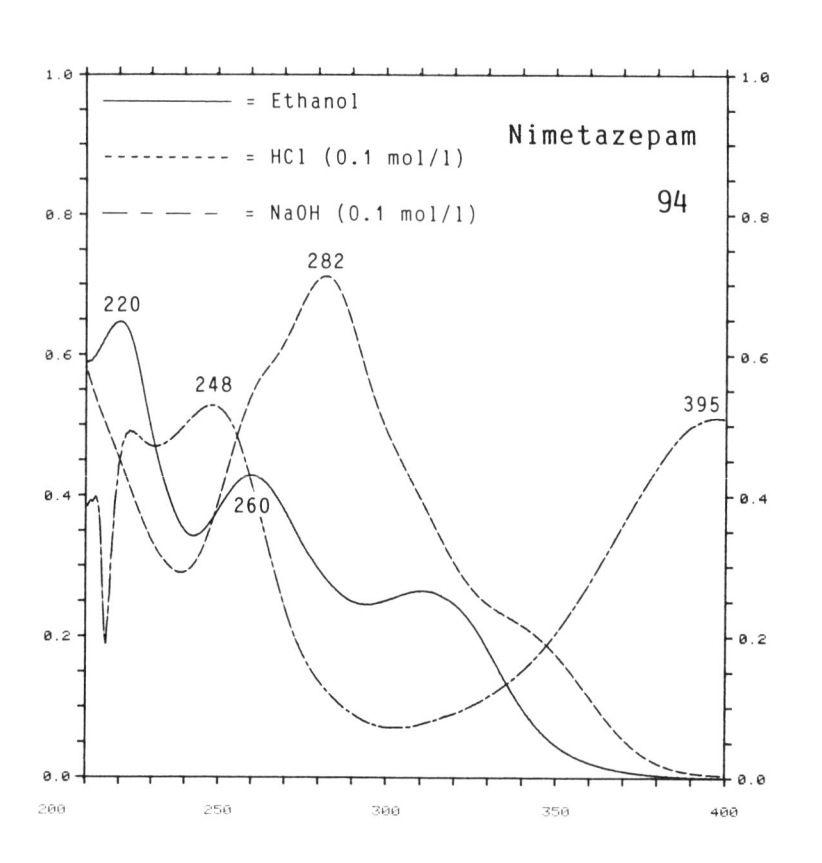

93

— = Ethanol
--- = HCl (0.1 mol/l)
— — = NaOH (0.1 mol/l)

218
217

Nimetazepam

94

— = Ethanol
--- = HCl (0.1 mol/l)
— — = NaOH (0.1 mol/l)

220
248
282
260
395

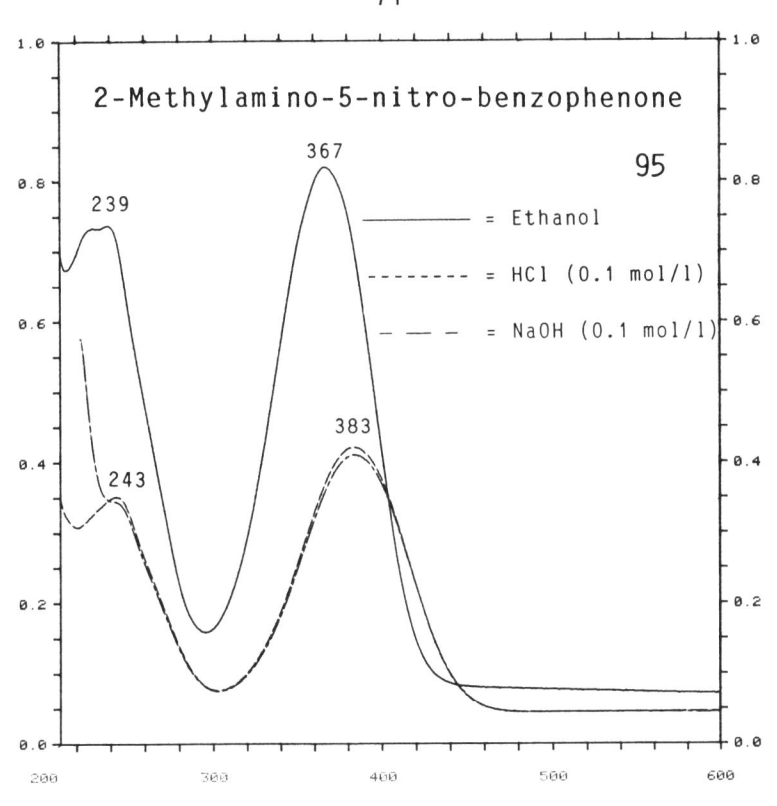

2-Methylamino-5-nitro-benzophenone

95

239, 367, 243, 383

— = Ethanol
---- = HCl (0.1 mol/l)
— — = NaOH (0.1 mol/l)

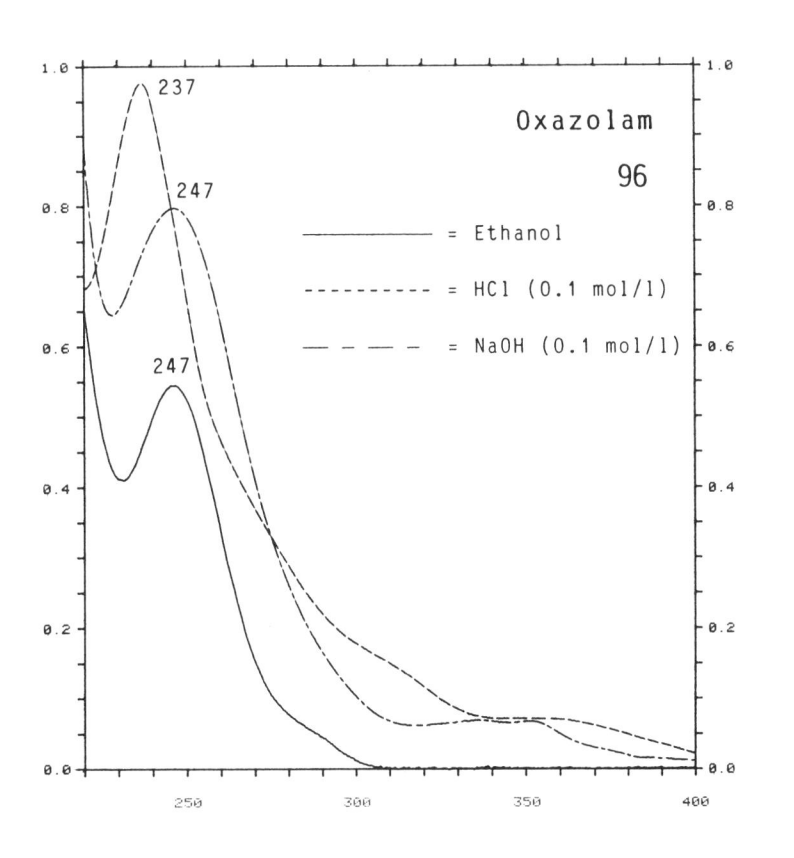

Oxazolam

96

237, 247, 247

— = Ethanol
---- = HCl (0.1 mol/l)
— — = NaOH (0.1 mol/l)

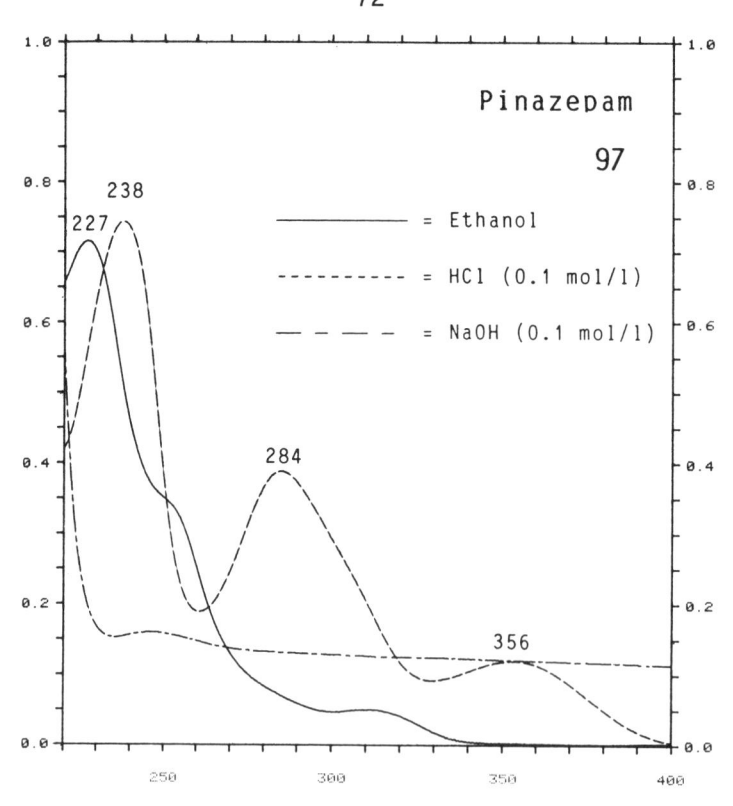

Pinazepam

97

— = Ethanol
------ = HCl (0.1 mol/l)
– – – = NaOH (0.1 mol/l)

Peaks: 227, 238, 284, 356

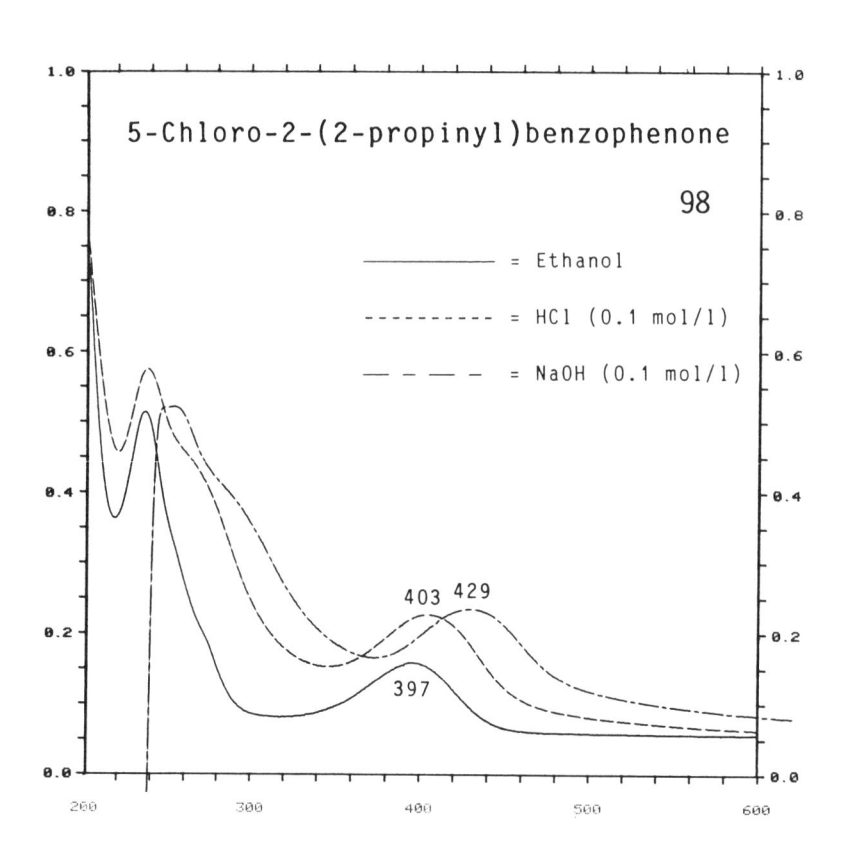

5-Chloro-2-(2-propinyl)benzophenone

98

— = Ethanol
------ = HCl (0.1 mol/l)
– – – = NaOH (0.1 mol/l)

Peaks: 397, 403, 429

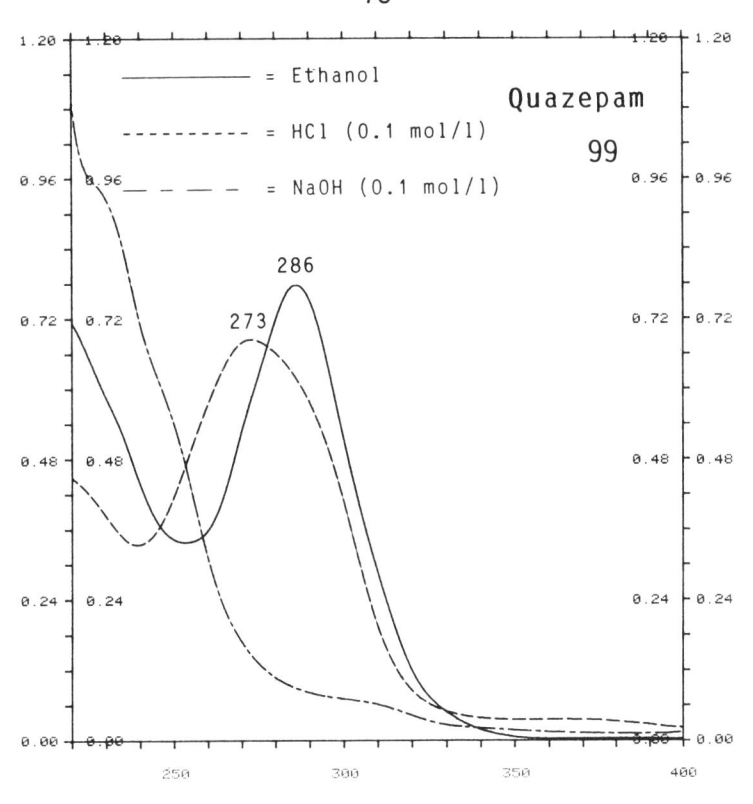

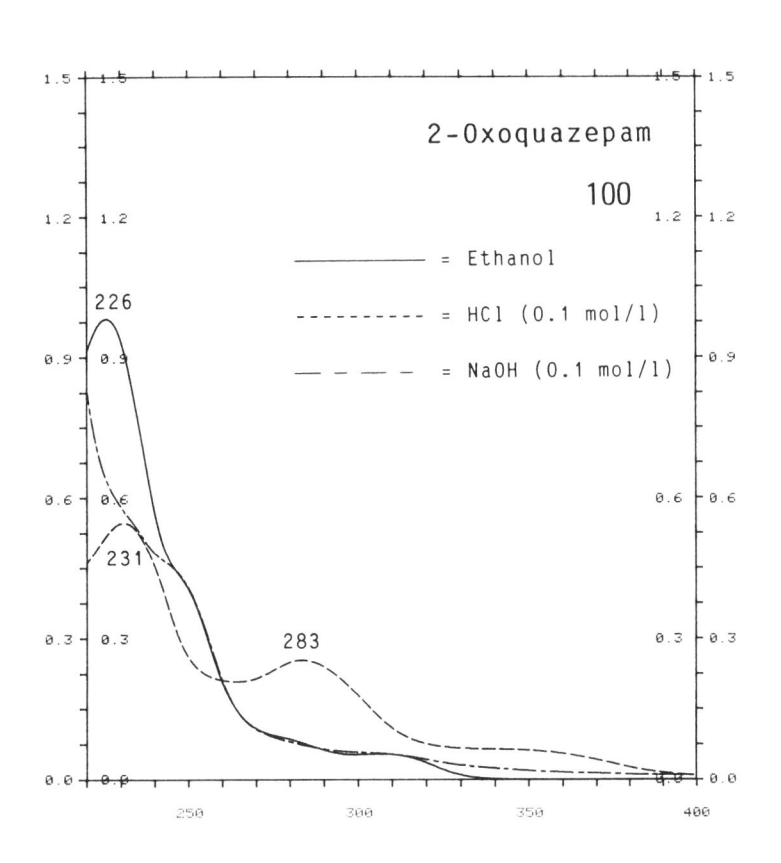

Quazepam

2-Oxoquazepam

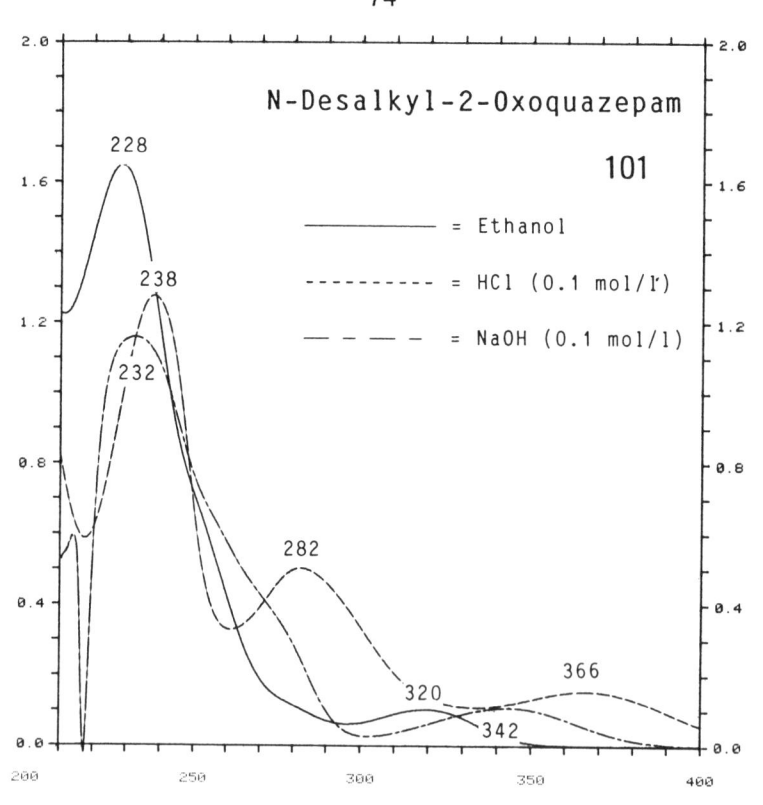

N-Desalkyl-2-Oxoquazepam

101

— = Ethanol
------- = HCl (0.1 mol/l)
— — — = NaOH (0.1 mol/l)

228, 238, 232, 282, 320, 342, 366

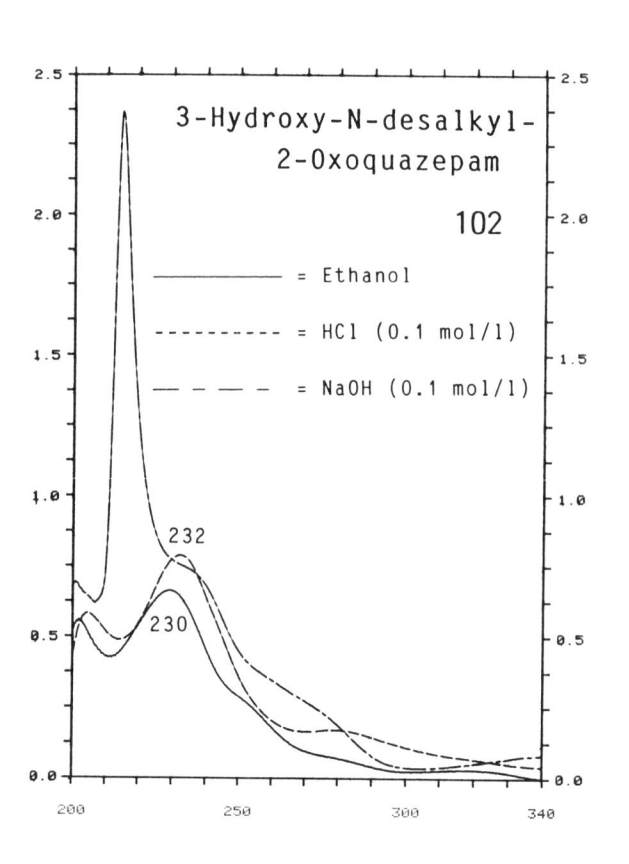

3-Hydroxy-N-desalkyl-2-Oxoquazepam

102

— = Ethanol
------- = HCl (0.1 mol/l)
— — — = NaOH (0.1 mol/l)

232, 230

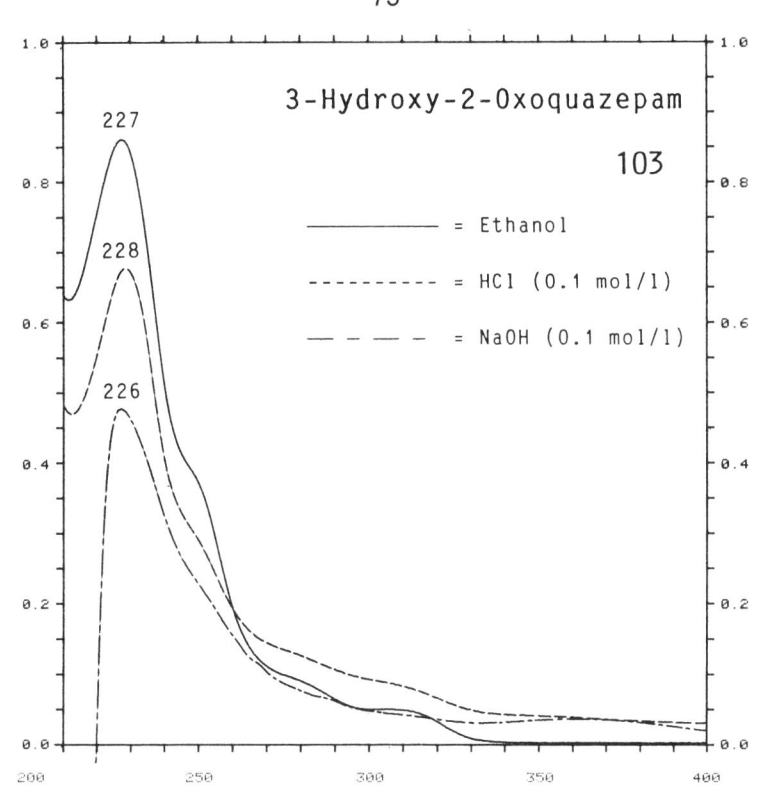

3-Hydroxy-2-Oxoquazepam

103

— = Ethanol
- - - - = HCl (0.1 mol/l)
— — = NaOH (0.1 mol/l)

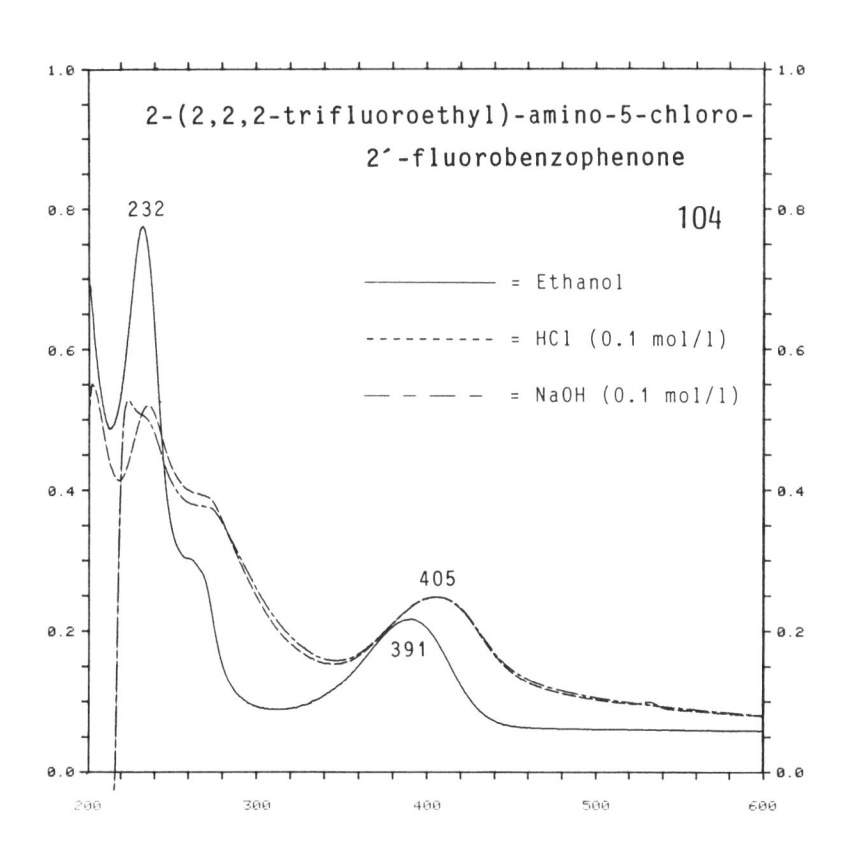

2-(2,2,2-trifluoroethyl)-amino-5-chloro-2'-fluorobenzophenone

104

— = Ethanol
- - - - = HCl (0.1 mol/l)
— — = NaOH (0.1 mol/l)

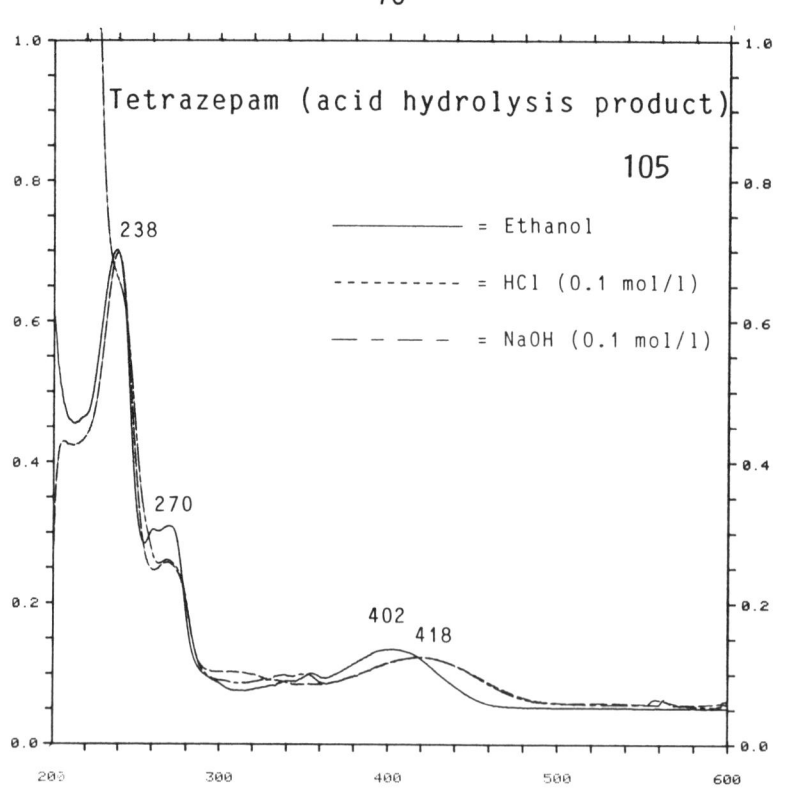

Tetrazepam (acid hydrolysis product)

105

— = Ethanol
------- = HCl (0.1 mol/l)
— — — = NaOH (0.1 mol/l)

238, 270, 402, 418

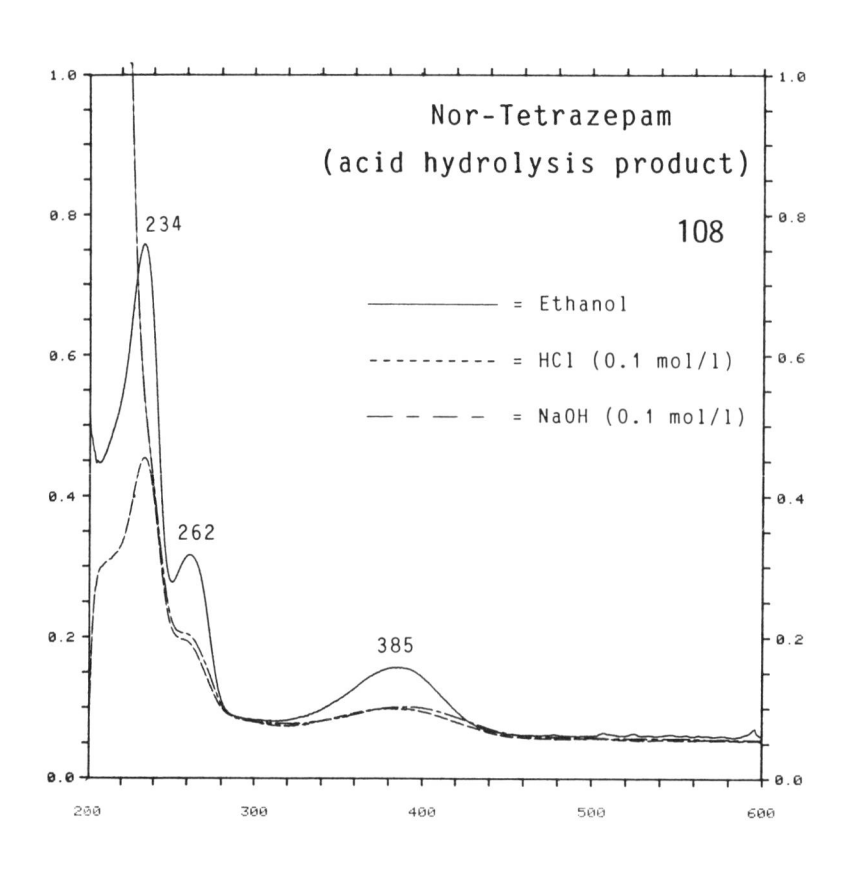

Nor-Tetrazepam (acid hydrolysis product)

108

— = Ethanol
------- = HCl (0.1 mol/l)
— — — = NaOH (0.1 mol/l)

234, 262, 385

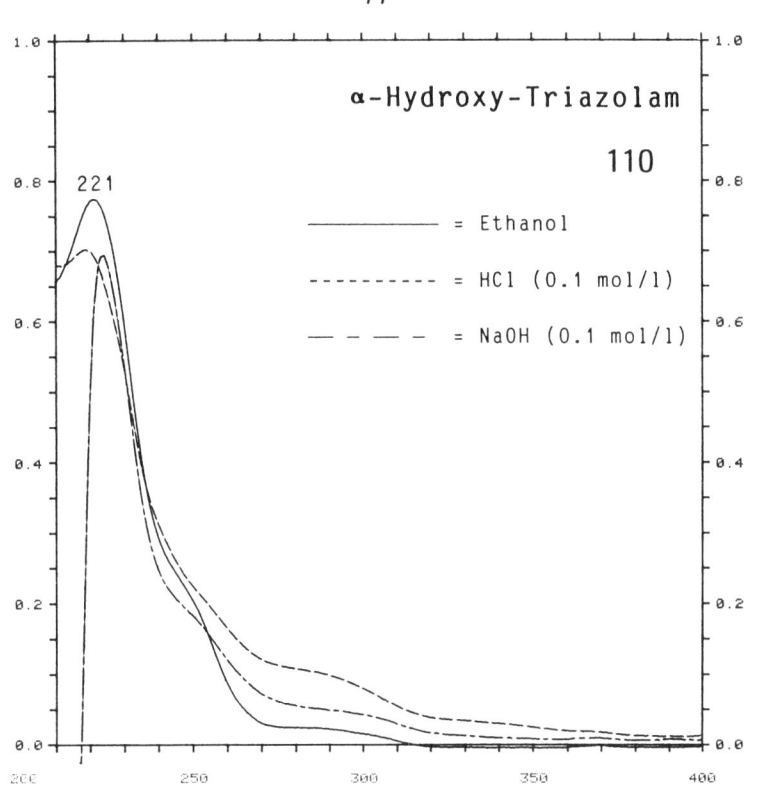

α-Hydroxy-Triazolam

110

——— = Ethanol
--------- = HCl (0.1 mol/l)
— — — = NaOH (0.1 mol/l)

221

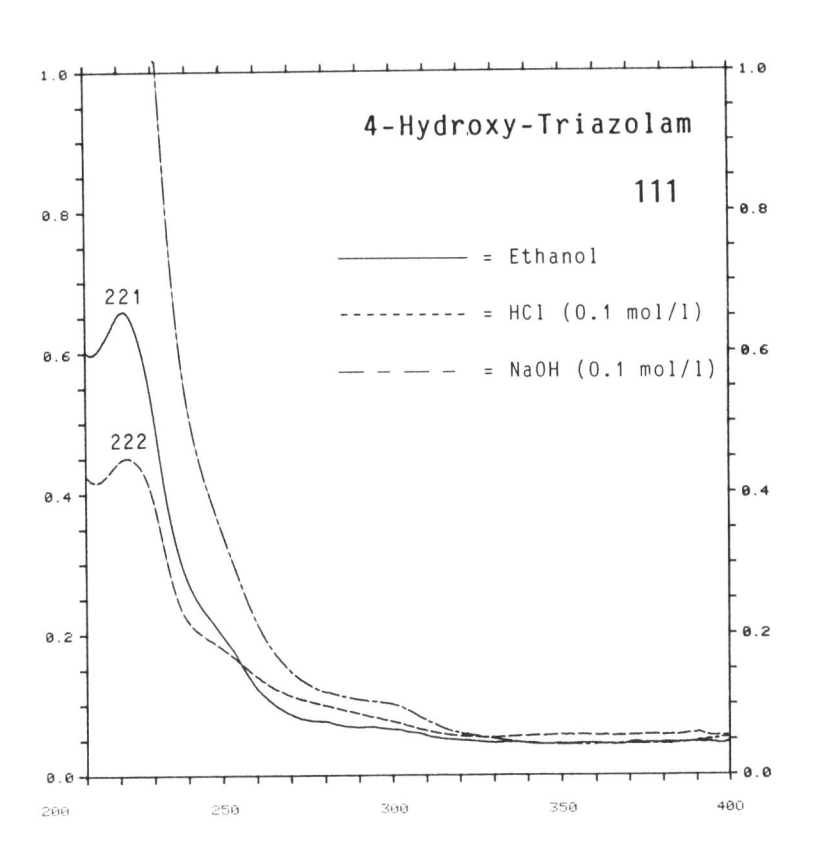

4-Hydroxy-Triazolam

111

——— = Ethanol
--------- = HCl (0.1 mol/l)
— — — = NaOH (0.1 mol/l)

221
222

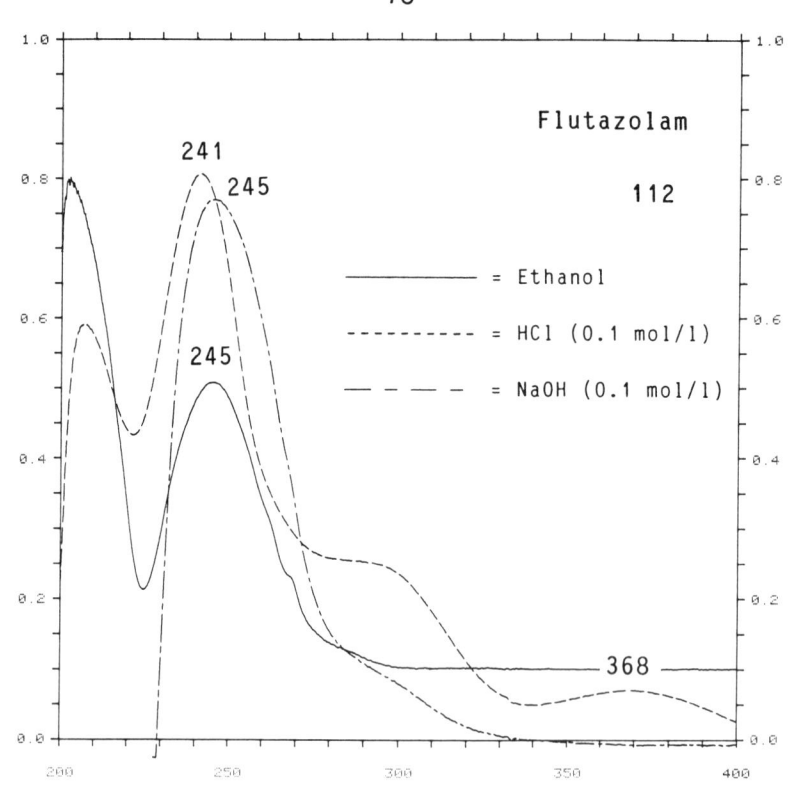

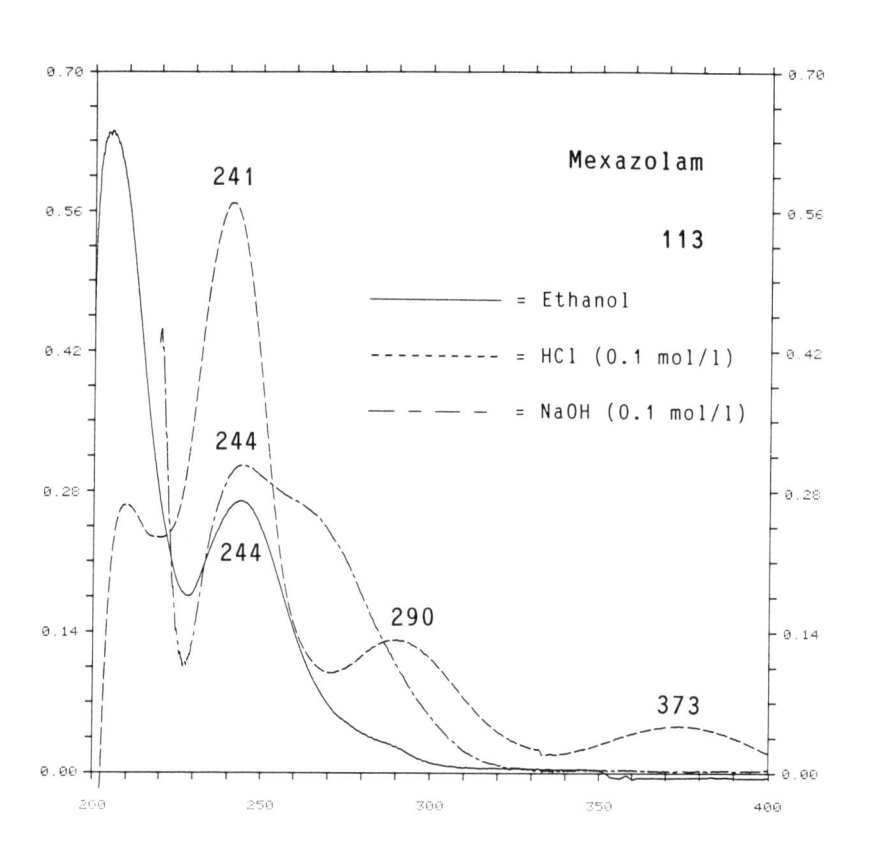

Flutazolam

112

——— = Ethanol
······· = HCl (0.1 mol/l)
— — — = NaOH (0.1 mol/l)

241
245
245
368

Mexazolam

113

——— = Ethanol
······· = HCl (0.1 mol/l)
— — — = NaOH (0.1 mol/l)

241
244
244
290
373

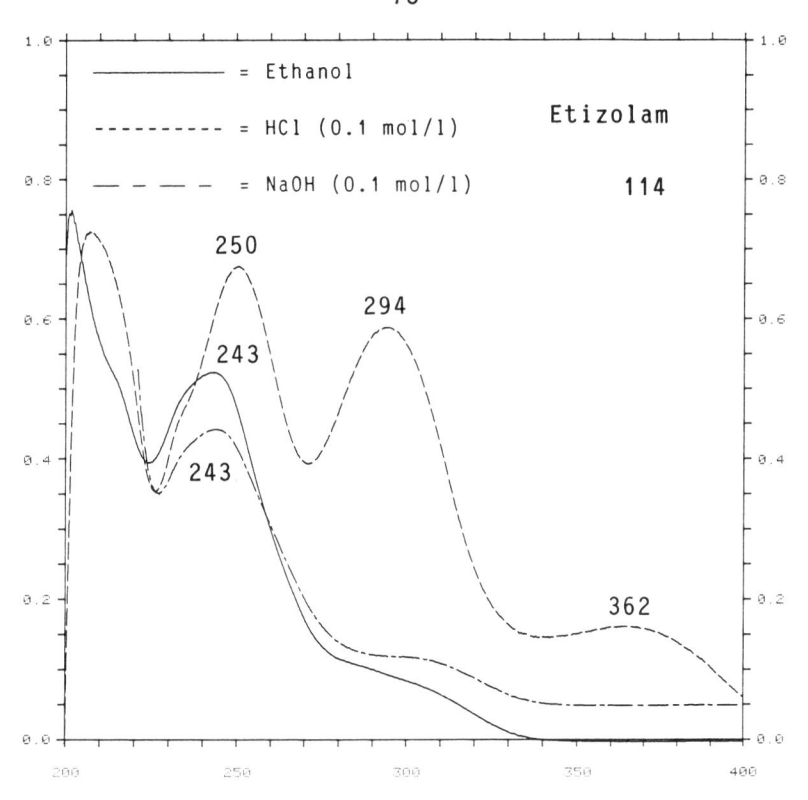

Etizolam

114

— = Ethanol
----- = HCl (0.1 mol/l)
– – = NaOH (0.1 mol/l)

250, 243, 243, 294, 362

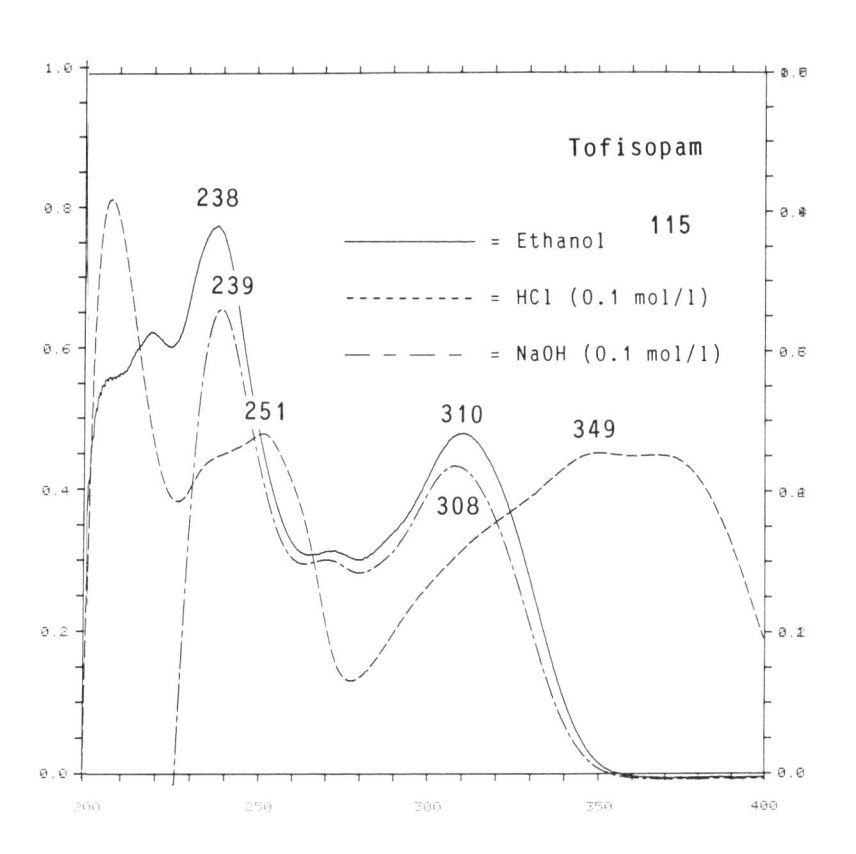

Tofisopam

115

— = Ethanol
----- = HCl (0.1 mol/l)
– – = NaOH (0.1 mol/l)

238, 239, 251, 310, 308, 349

List of Important m/z-Values ... 83

Infrared- and Mass-Spectra ... 86

Table 4. List of important m/z-values

Vol. 1

No.	Subst.		Important m/z-Values						
1	Chlordiazepoxide		282	283	284	77	241	247	299	253
2	Demoxepam (Nor-Diazepam-N-Oxide)		285	286	269	77	287	241	242	107
3	N-Desmethyl-Chlordiazepoxide		285	268	284	77	233	269	73	286
4	2-Amino-5-chlor-benzophenone	(ACB)	230	231	77	105	232	154	233	116
5	Diazepam		256	283	284	258	57	78	221	285
6	Nor-Diazepam		242	270	269	241	77	243	103	271
7	3-Hydroxy-Diazepam (Temazepam)		271	57	56	273	77	257	256	255
8	Oxazepam		257	77	205	239	233	181	259	268
9	2-Methylamino-5-chlor-benzophenone	(MACB)	245	77	244	105	193	228	246	247
10	Nitrazepam		280	253	281	234	252	254	205	264
11	7-Amino-Nitrazepam		251	223	222	84	98	111	103	252
12	7-Acetamido-Nitrazepam		293	264	214	292	263	196	294	212
13	2-Amino-5-nitro-benzophenone	(ANB)	241	77	242	105	195	57	51	119
14	2,5-Diamino-benzophenone	(DAB)	211	212	107	106	77	57	105	55
15	Medazepam		207	242	244	165	243	270	271	57
16	Clorazepate		242	270	269	241	103	76	77	271
17	Lorazepam		291	239	75	274	293	111	138	275
18	2-Amino-5,2´-dichlor-benzophenone	(ADB)	139	156	111	75	141	230	113	158
19	Prazepam		269	91	55	295	298	241	324	271
20	3-Hydroxy-Prazepam		257	311	77	259	313	312	104	239
21	2-Cyclopropyl-methylamino-5-chlor-benzophenone	(CCB)	55	285	77	270	91	105	166	286
22	Clonazepam		280	314	315	234	289	287	75	76
23	7-Amino-Clonazepam		285	256	110	84	257	97	287	250
24	7-Acetamido-Clonazepam		327	299	298	329	328	292	256	57
25	2-Amino-5-nitro-2´-chlor-benzophenone	(ANCB)	241	139	276	195	111	165	119	75
26	2,5-Diamino-2´-chlor-benzophenone	(DCB)	246	211	107	57	210	245	55	248
27	Flurazepam		86	58	99	87	56	71	84	387
28	N-1-Desalkyl-Flurazepam		260	288	287	259	261	289	102	290
29	N-1-Hydroxyethyl-Flurazepam		288	273	287	290	331	333	245	304
30	2-Diethylamino-ethylamino-5-chlor-2´-fluor-benzophenone	(DCFB)	86	87	58	78	56	109	123	348
31	2-Amino-5-chlor-2´-fluor-benzophenone	(ACFB)	249	248	123	154	250	95	230	251
32	2-Hydroxyethylamino-5-chlor-2´-fluor-benzophenone	(HCFB)	262	109	166	264	293	123	168	95
33	Bromazepam		236	315	317	77	91	287	103	104
34	3-Hydroxy-Bromazepam		79	78	105	304	314	316	302	206
35	2-(2-Amino-5-brom-benzoyl)-pyridine	(ABP)	62	61	63	249	247	248	78	278
36	Flunitrazepam		285	312	286	266	313	294	238	239
37	Nor-Flunitrazepam		298	271	299	224	272	252	270	225
38	7-Amino-Flunitrazepam		283	255	282	254	284	106	264	256

Table 4 (continued)

No.	Subst.		Important m/z-Values							
39	7-Acetamido-Flunitrazepam		325	297	324	256	306	57	296	298
40	7-Amino-Nor-Flunitrazepam		269	240	241	121	268	107	270	213
41	2-Methylamino-5-nitro-2´-fluor-benzophenone	(MNFB)	274	273	211	123	257	105	275	199
42	2-Amino-5-nitro-2´-fluor-benzophenone	(ANFB)	260	123	259	95	77	57	165	91
43	2-Methylamino-5-amino-2´-fluorbenzophenone	(MAFB)	244	227	55	57	243	95	245	69
44	2,5-Diamino-2´-fluor-benzophenone	(DFB)	230	229	107	86	211	95	58	231
45	2-Amino-3-hydroxy-5-chlor-benzophenone	(AHCB)	77	246	105	247	78	211	248	57
46	Clobazam		300	77	51	258	283	302	181	91
47	Nor-Clobazam		286	244	77	220	78	219	288	167
48	Camazepam		78	72	58	57	77	271	256	371
53	Desmethyl-Medazepam		193	255	228	256	257	165	257	258
54	Monodesethyl-Flurazepam		246	302	58	71	289	341	274	211
55	Didesethyl-Flurazepam		314	255	302	246	316	75	109	315
56	Bromazepam-N(Py)-Oxide		79	80	225	182	107	91	78	305
57	Ketazolam		256	283	84	284	69	257	285	325
58	Triazolam		342	313	238	315	344	102	75	105
59	Clotiazepam		289	318	291	320	275	317	292	120
60	Lormetazepam		304	75	306	57	50	102	333	152
61	2-Methylamino-2´,5-dichlor-benzophenone	(MDB)	149	62	244	279	229	111	281	227
62	Tetrazepam		253	288	287	225	289	77	259	290
63	Nor-Tetrazepam		239	274	273	240	275	276	77	240

Vol. II

No.	Subst.		Important m/z-Values							
64	Adinazolam-Mesylate		308	310	58	307	309	77	91	205
65	Mono-N-Demethyladinazolam-Methane-Sulfonate		308	310	307	309	77	136	205	311
66	Alprazolam		308	279	204	273	77	310	307	102
67	α-Hydroxy-Alprazolam		289	324	77	323	326	205	293	239
68	4-Hydroxy-Alprazolam		295	297	77	254	219	51	124	192
69	(2-Amino-5-bromo-2-hydroxyphenyl)-(pyridin-2-yl)methanone		247	249	78	58	79	69	292	168
70	Brotizolam		394	392	245	316	318	396	118	174
71	α-Hydroxy-Brotizolam		410	400	329	412	245	137	75	95
72	4-Hydroxy-Brotizolam		381	379	383	102	75	95	259	281
73	Cloxazolam		237	239	56	139	111	57	75	222
74	Delorazepam		304	269	280	281	282	306	305	303
75	Estazolam		259	205	77	51	294	239	137	293
76	Ethyl-Loflazepate		259	287	261	288	289	360	223	75
77	Fludiazepam		274	302	301	275	303	273	276	239
78	2-Methylamino-5-chloro-2´-fluoro-benzophenone	(CFMB)	263	211	246	95	75	262	123	265
79	Flumazenil (Ro-15-1788)		229	257	302	230	201	258	94	132

Table 4 (continued)

No.	Subst.	Important m/z-Values							
80	3-Hydroxy-Flunitrazepam	300	58	254	55	69	299	83	329
81	Halazepam	324	352	351	323	325	326	353	241
82	2(2,2,2-Trifluoroethyl)-amino-5-chloro-benzophenone (TCB)	313	77	312	105	314	91	315	244
83	Haloxazolam	335	333	210	289	291	183	211	305
84	2-Amino-5-bromo-2´-fluoro-benzophenone (ABFB)	293	295	123	95	294	292	75	63
85	Loprazolam	282	279	465	467	391	309	254	305
86	Metaclazepam	349	347	351	321	136	233	285	394
87	N-Desmethyl-Metaclazepam	335	333	117	349	380	89	102	219
88	Bis-desalkyl-Metaclazepam	262	149	57	183	364	277	110	359
89	2-Amino-5-bromo-2´-chloro-benzophenone	139	311	195	91	276	75	111	309
90	Midazolam	310	58	312	325	69	71	128	142
91	α-Hydroxy-Midazolam	310	311	341	75	312	313	95	343
92	4-Hydroxy-Midazolam	312	314	109	313	271	75	326	102
93	α,4-Dihydroxy-Midazolam	326	328	298	324	75	327	95	310
94	Nimetazepam	267	294	295	268	248	221	220	165
95	2-Methylamino-5-nitro-benzophenone (MNB)	77	256	255	105	51	193	147	239
96	Oxazolam	253	251	70	77	105	252	202	283
97	Pinazepam	308	280	307	309	281	310	282	241
98	5-Chloro-2-(2-propinyl)benzophenone (CPB)	227	77	229	268	269	105	190	164
99	Quazepam	58	75	109	245	183	386	323	303
100	2-Oxoquazepam	342	341	343	370	259	344	369	183
101	N-Desalkyl-2-Oxoquazepam	259	260	288	287	261	262	289	269
102	3-Hydroxy-N-desalkyl-2-Oxoquazepam	75	223	258	286	122	95	100	288
103	3-Hydroxy-2-Oxoquazepam	357	314	75	183	263	211	314	231
104	2-(2,2,2-trifluoroethyl)-amino-5-chloro-2´-fluorobenzophenone (CFTB)	331	262	166	123	109	95	314	245
105	Tetrazepam (acid hydrolysis product)	207	249	209	220	234	206	196	251
106	Tetrazepam (alkaline hydrolysis product 1)	78	207	209	77	249	220	75	206
107	Tetrazepam (alkaline hydrolysis product 2)	78	220	207	77	249	75	206	232
108	Nor-Tetrazepam (acid hydrolysis product)	193	235	206	195	237	220	192	208
109	Nor-Tetrazepam (alkaline hydrolysis product)	206	235	193	154	126	207	234	192
110	α-Hydroxy-Triazolam	358	328	58	360	293	323	330	75
111	4-Hydroxy-Triazolam	329	331	58	280	75	102	253	288
112	Flutazolam	281	56	283	123	95	166	206	346
113	Mexazolam	251	70	253	139	236	56	111	362
114	Etizolam	342	266	344	313	224	239	274	137
115	Tofisopam	326	382	341	327	383	310	354	342

Adinazolam-Mesylate

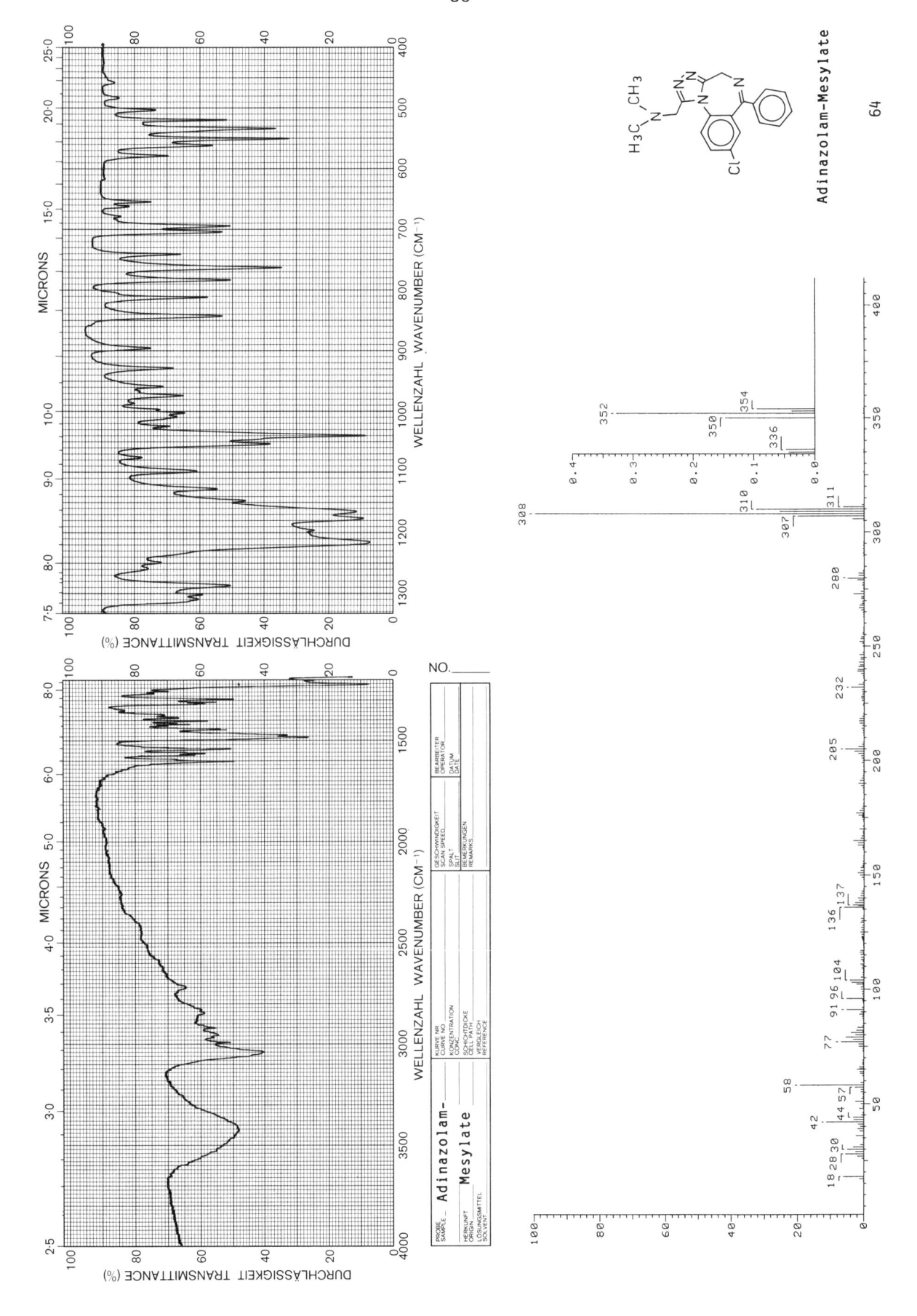

Mono-N-Demethyladinazolam-Methane-Sulfonate

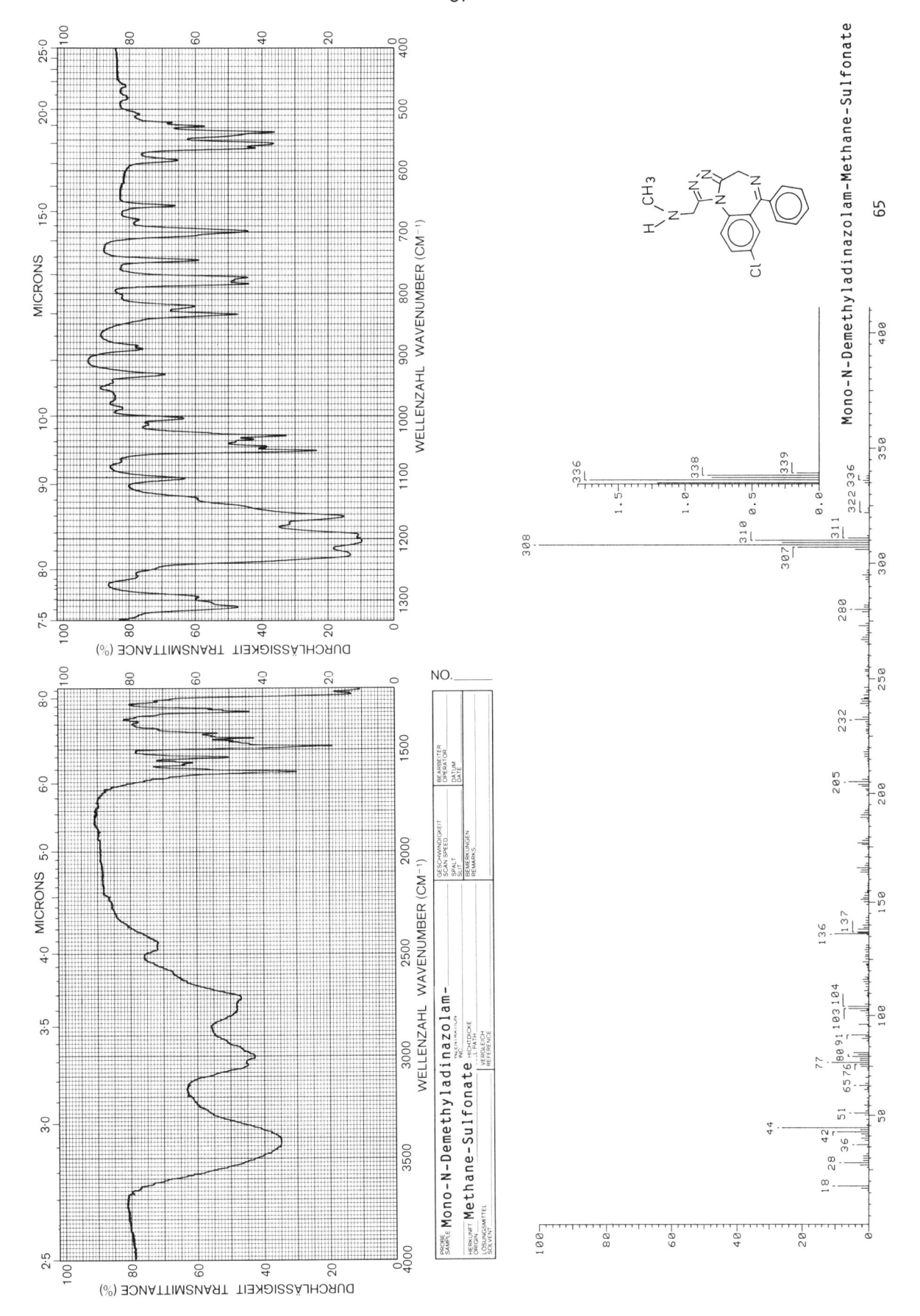

Mono-N-Demethyladinazolam-Methane-Sulfonate

Alprazolam

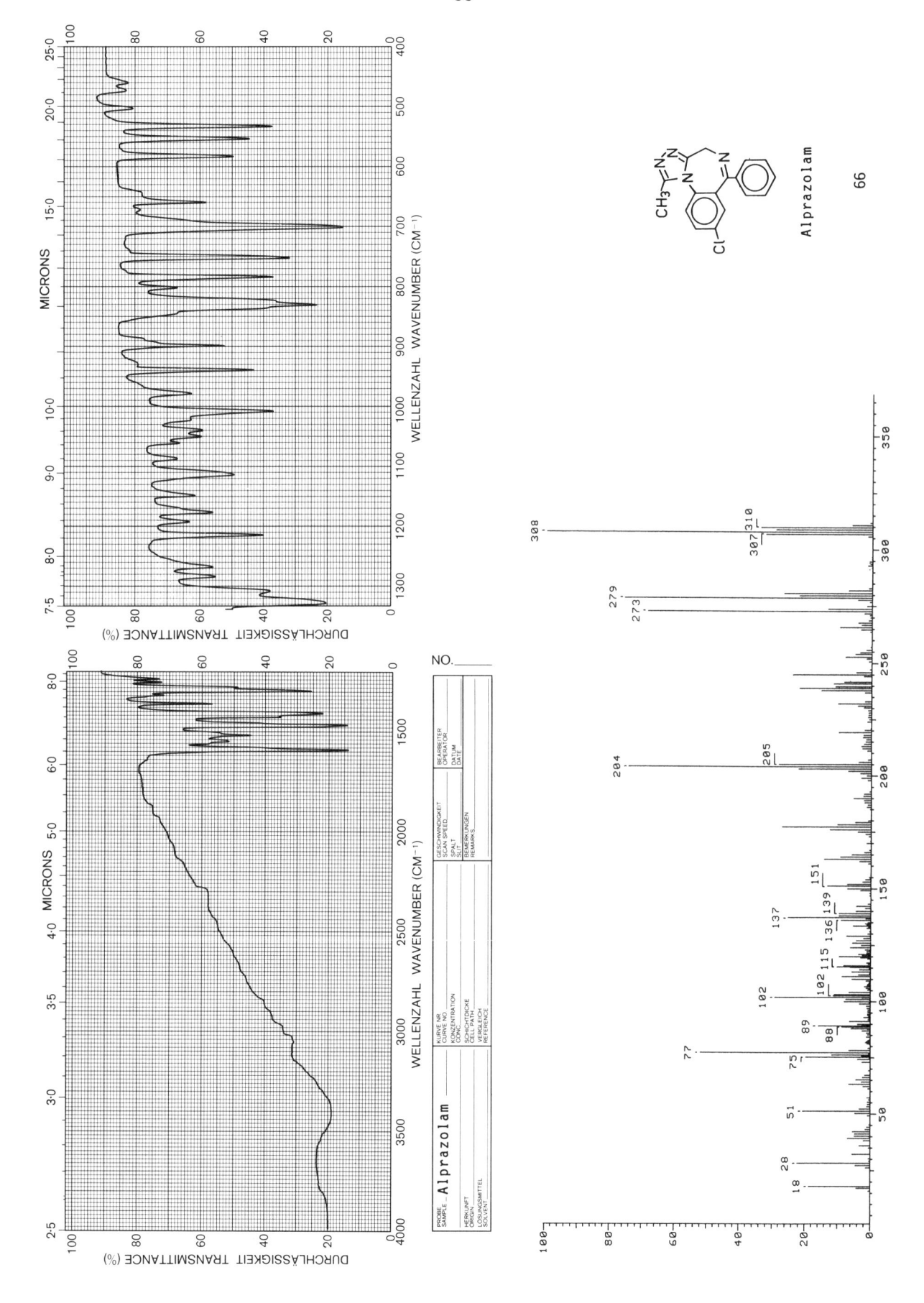

α-Hydroxy-Alprazolam

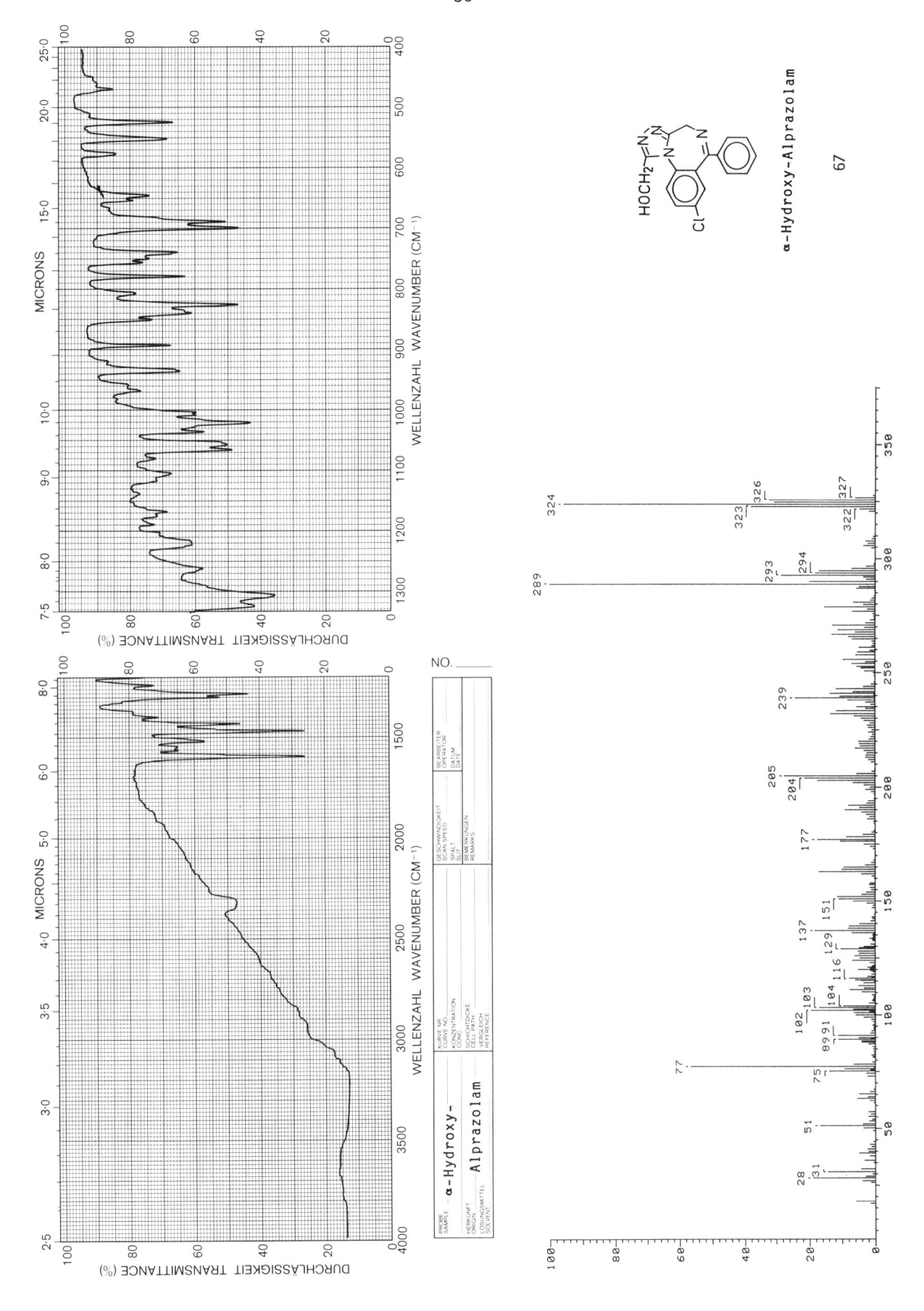

67

4-Hydroxy-Alprazolam

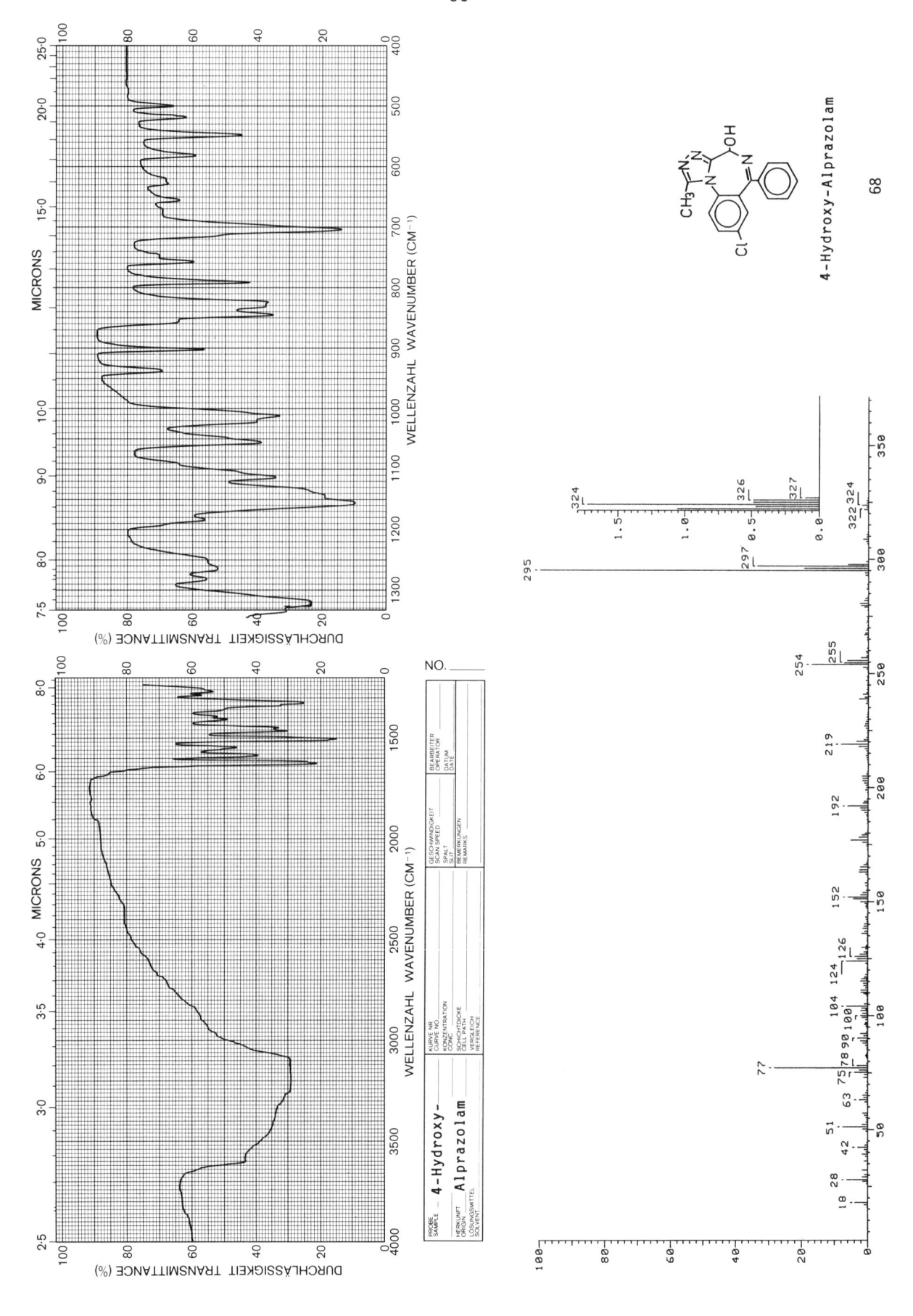

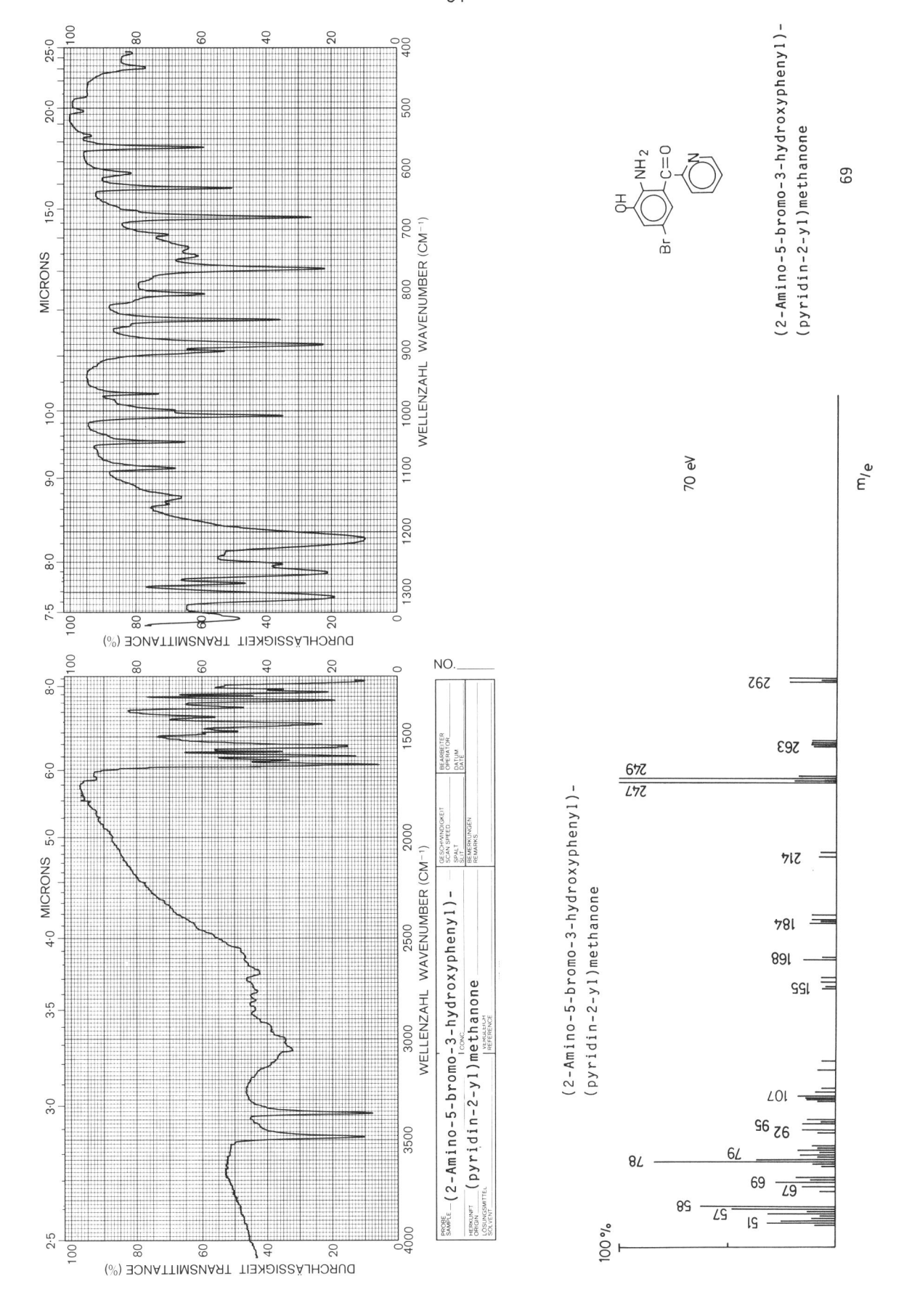

(2-Amino-5-bromo-3-hydroxyphenyl)-(pyridin-2-yl)methanone

70 eV

m/e

Brotizolam

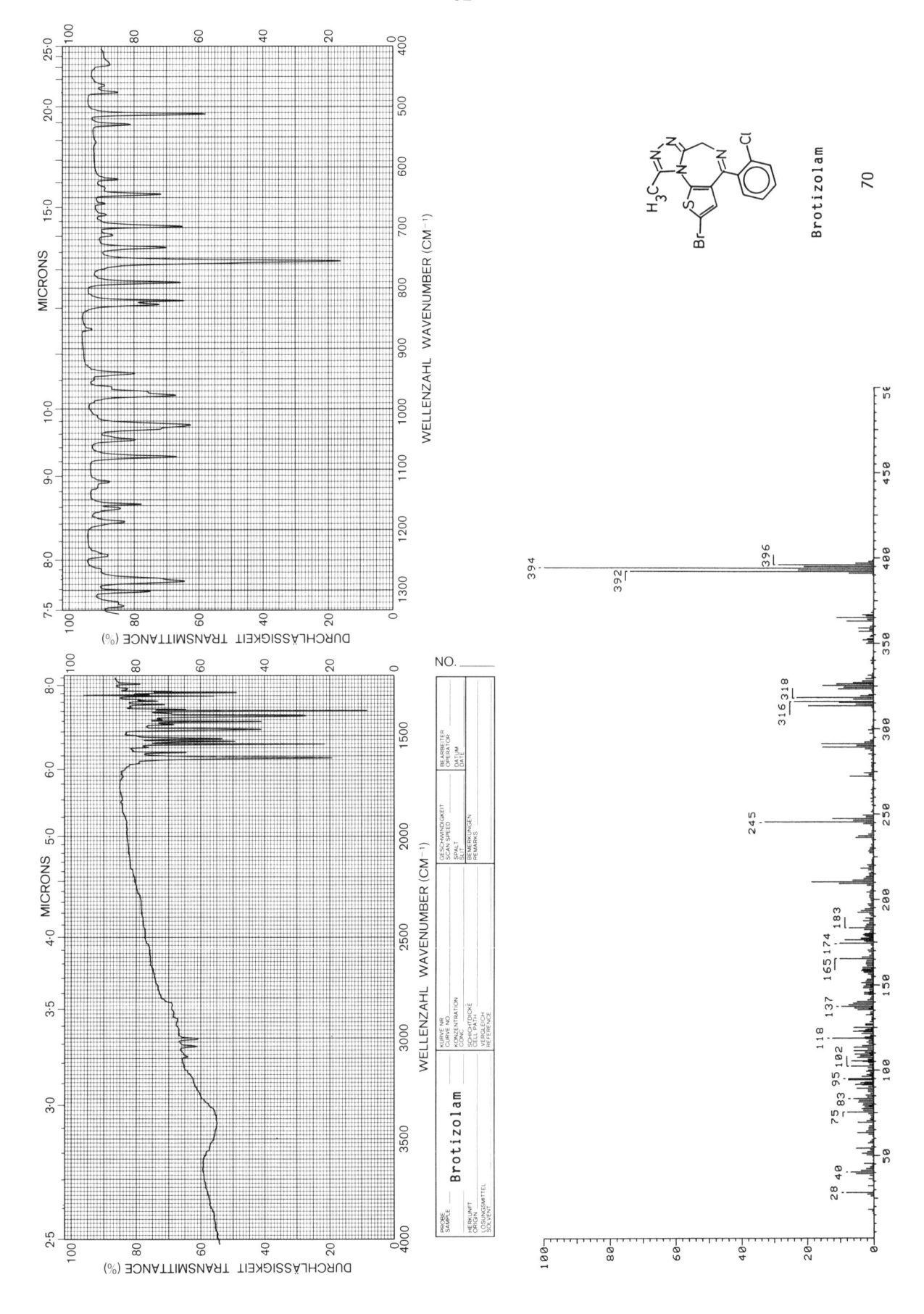

α-Hydroxy-Brotizolam

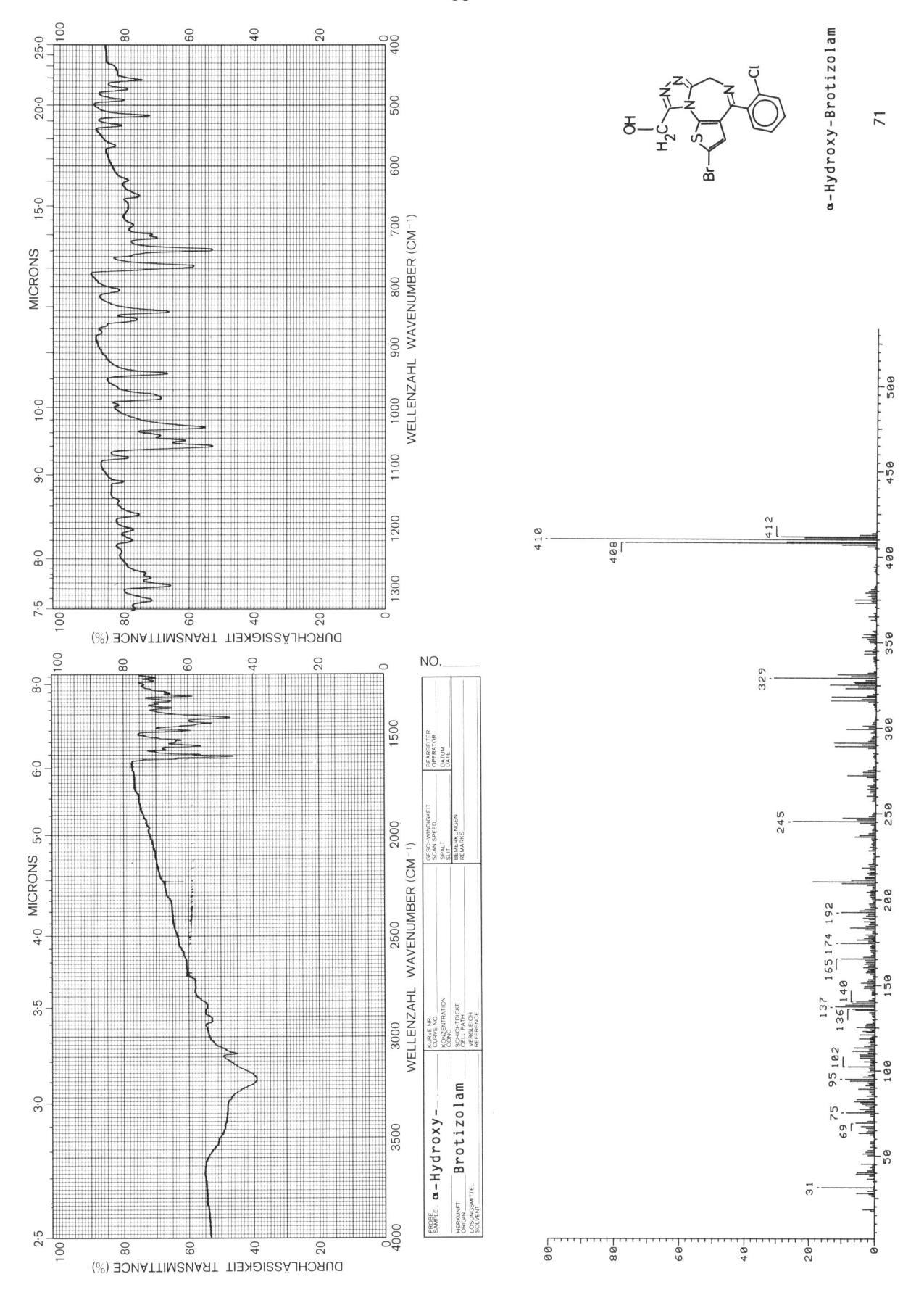

71

4-Hydroxy-Brotizolam

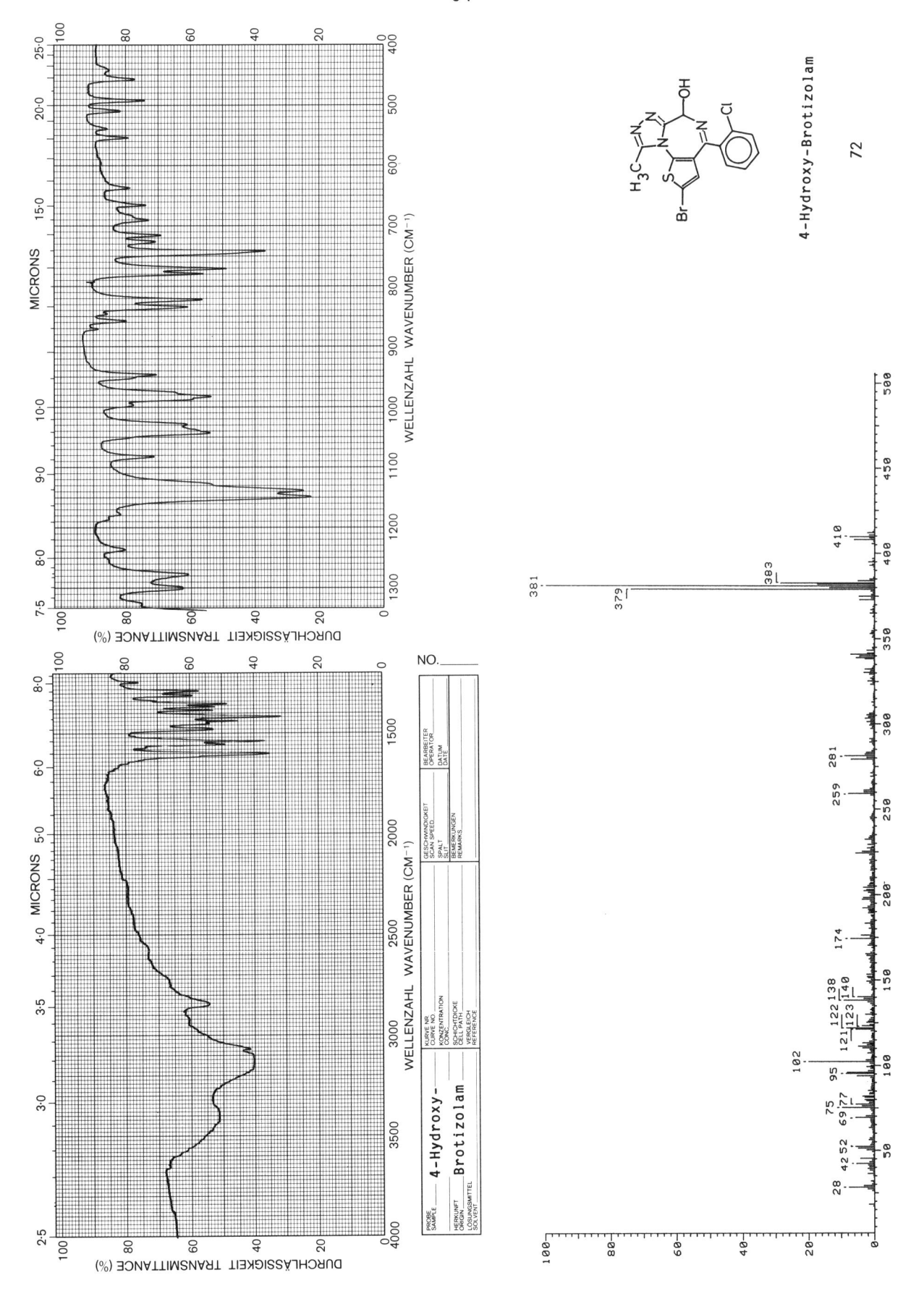

72

Cloxazolam

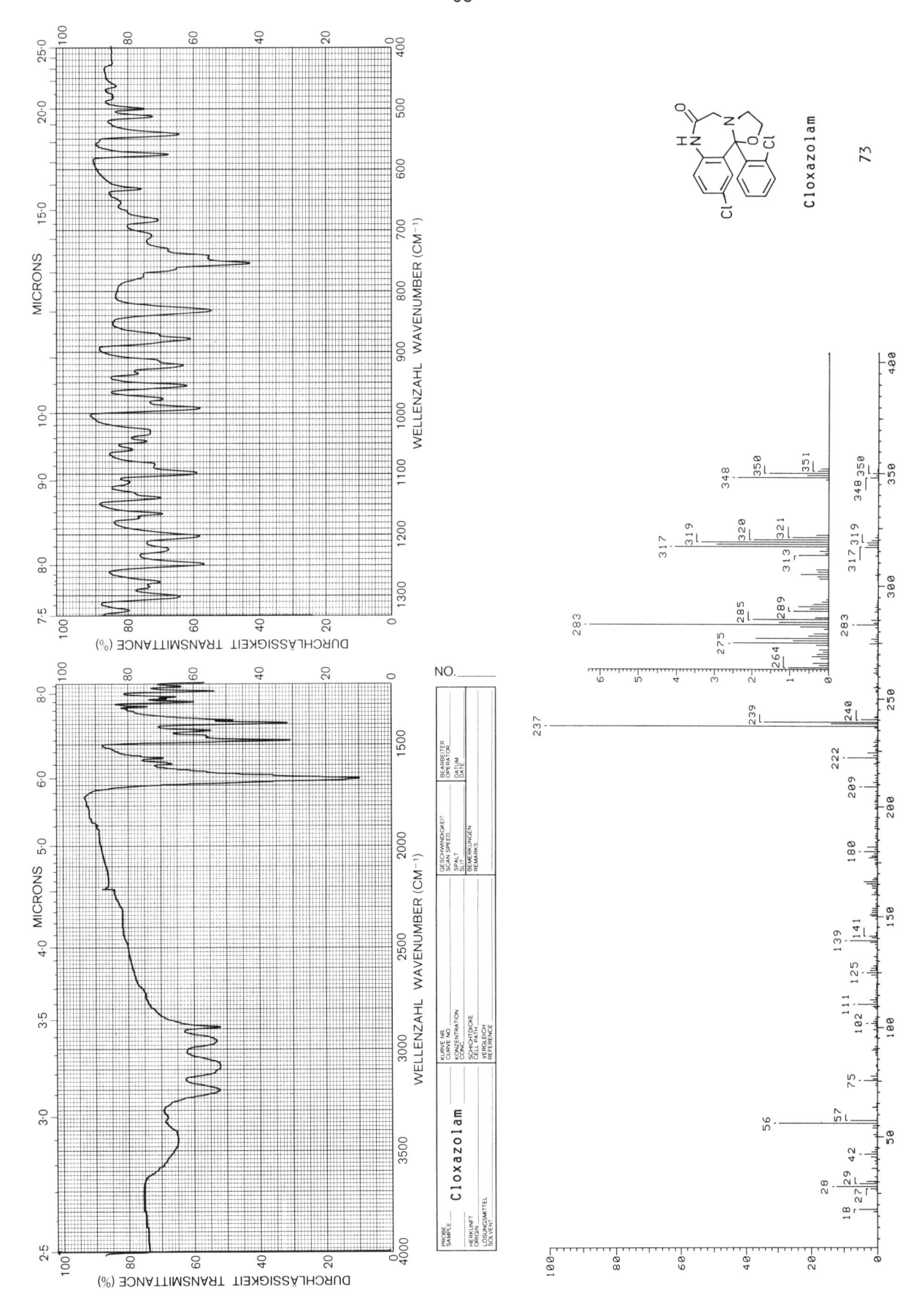

73

Delorazepam

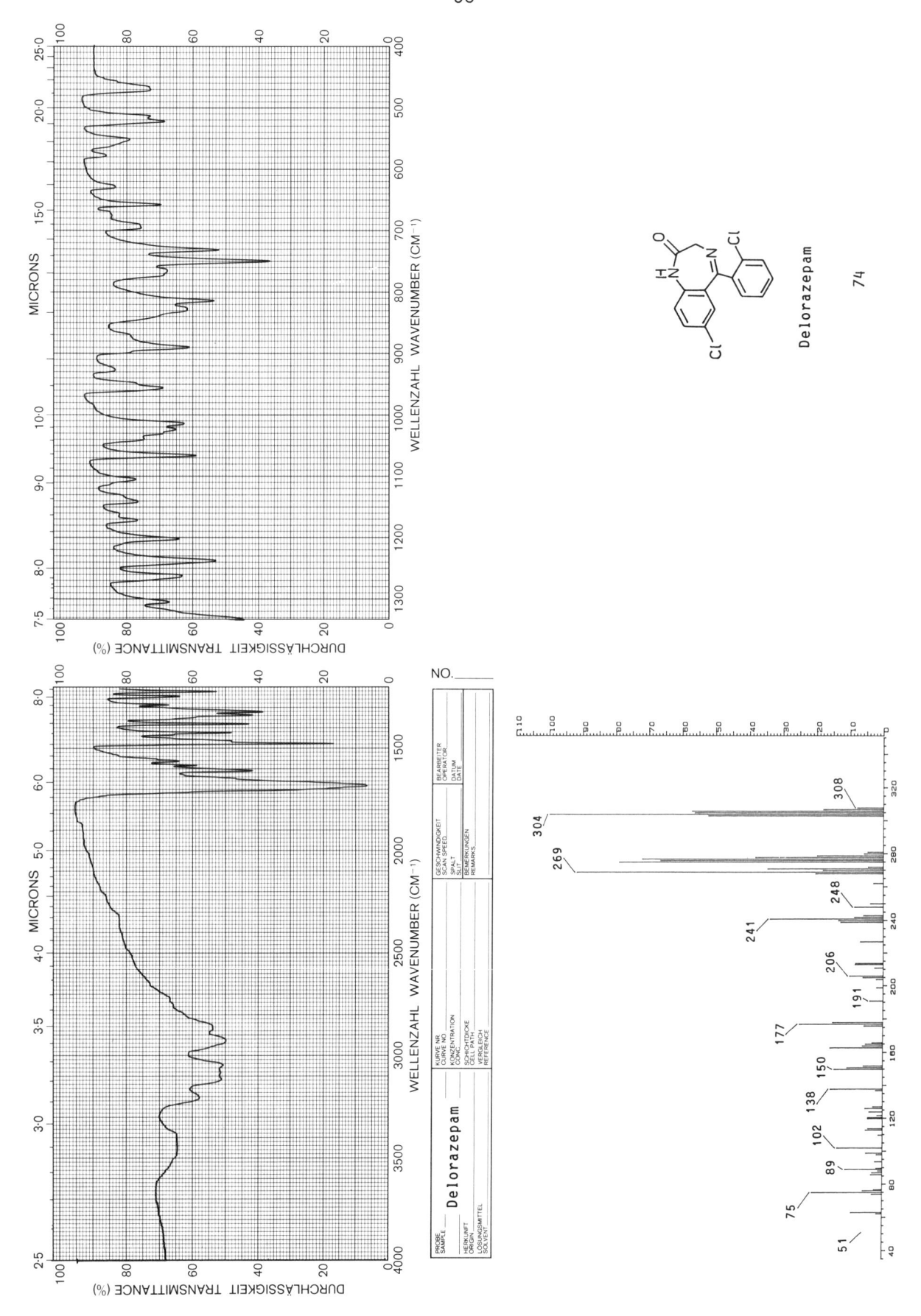

74

Estazolam

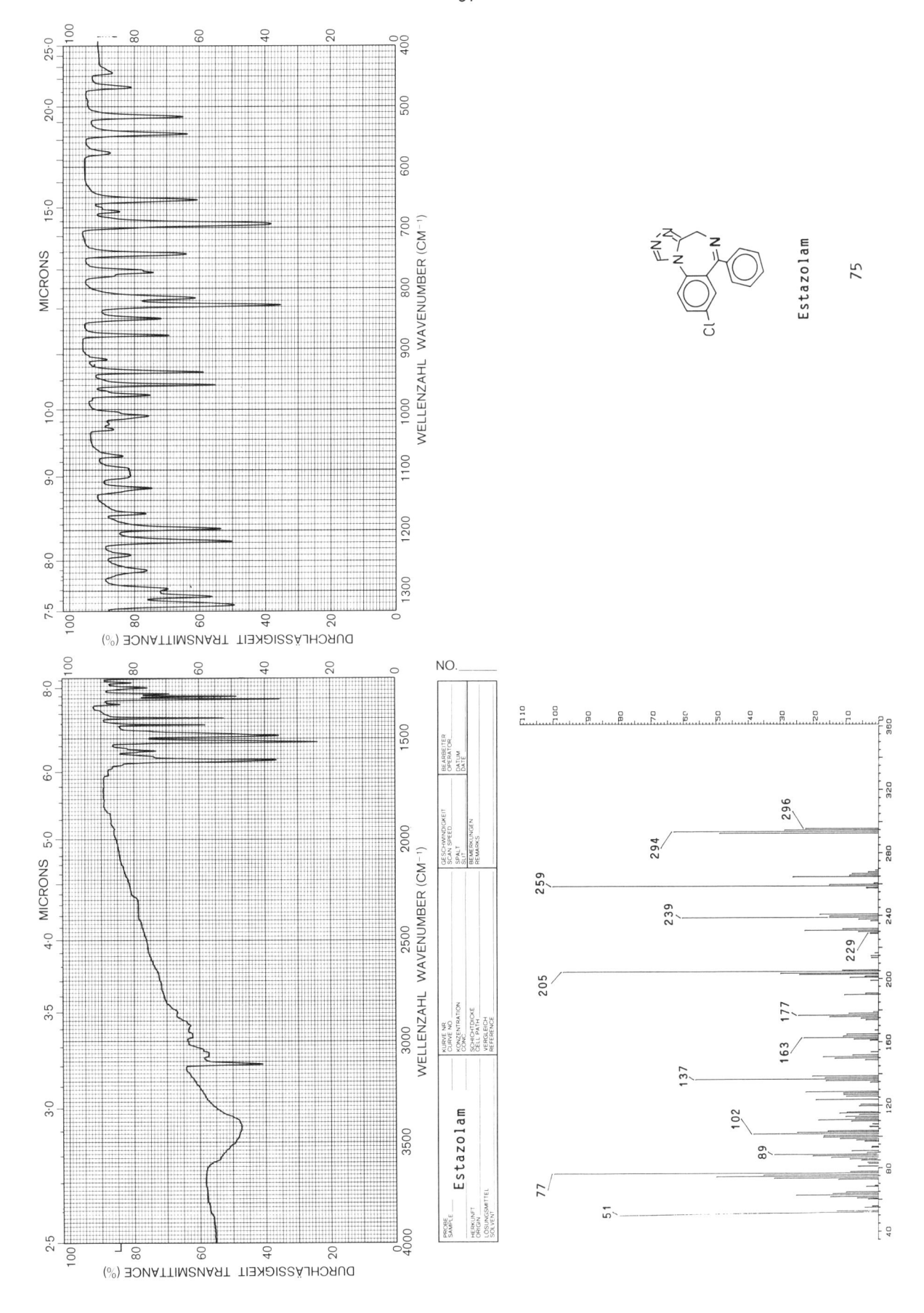

75

Ethyl-Loflazepate

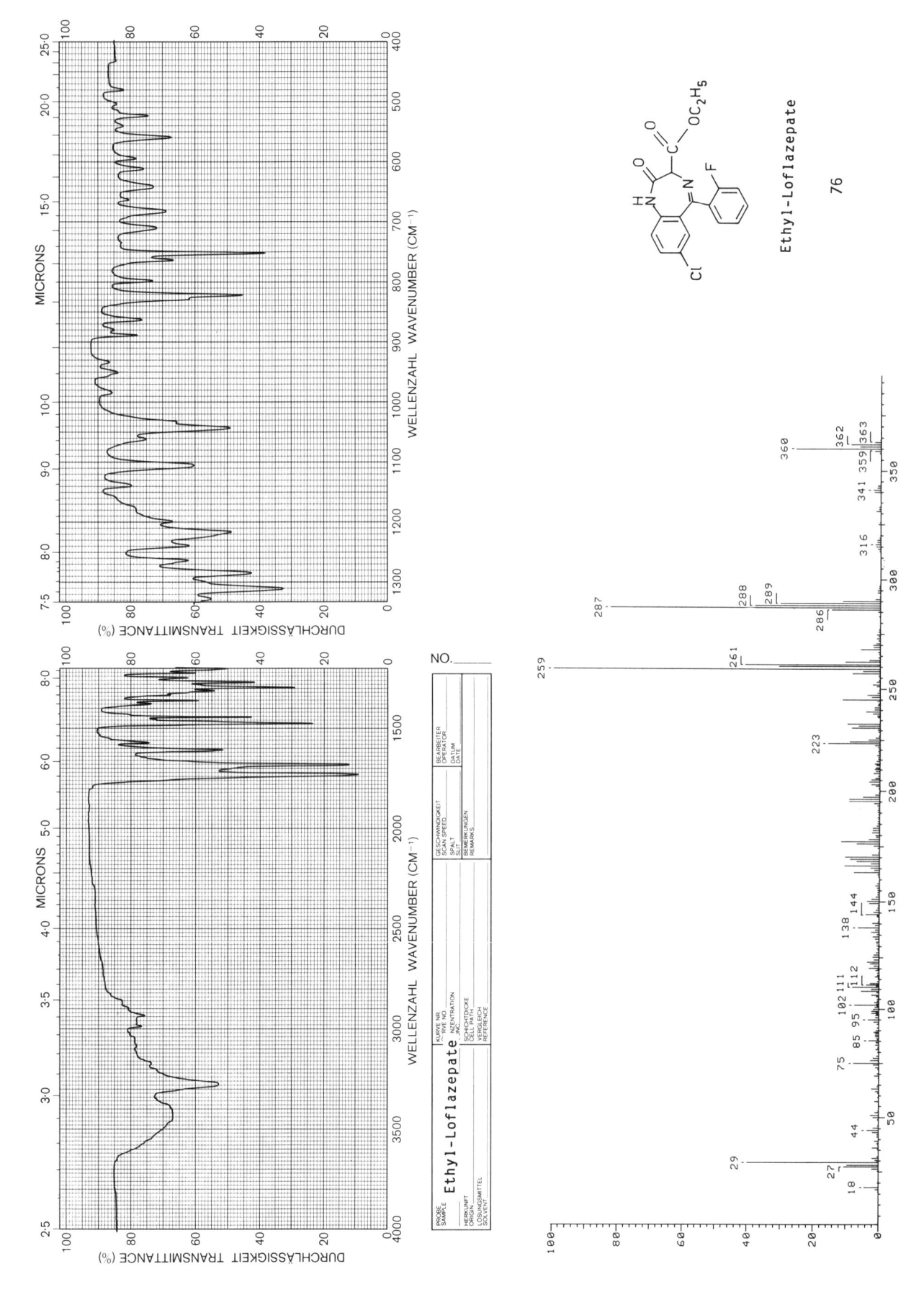

76

Fludiazepam

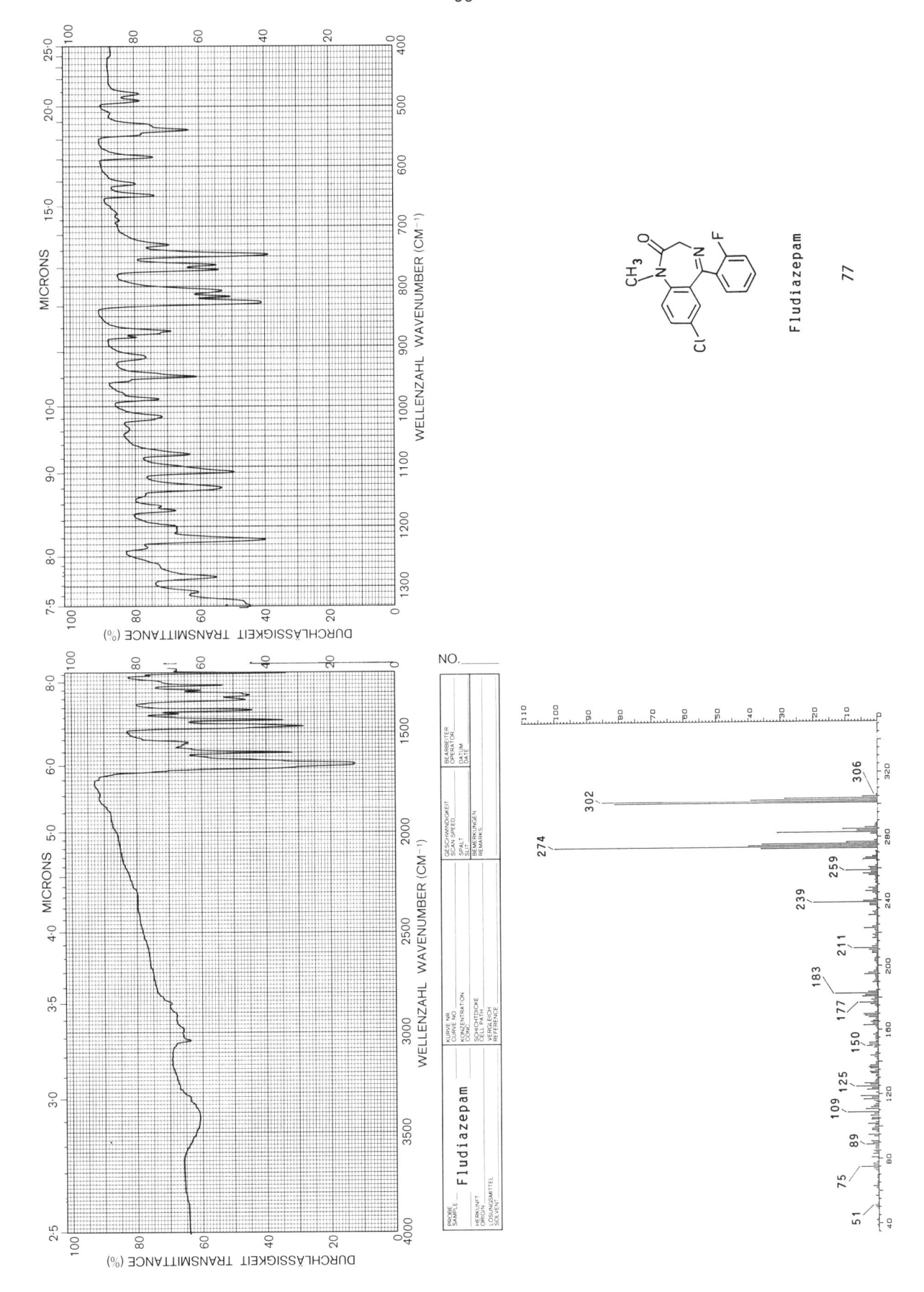

77

2-Methylamino-5-chloro-2'-fluoro-benzophenone

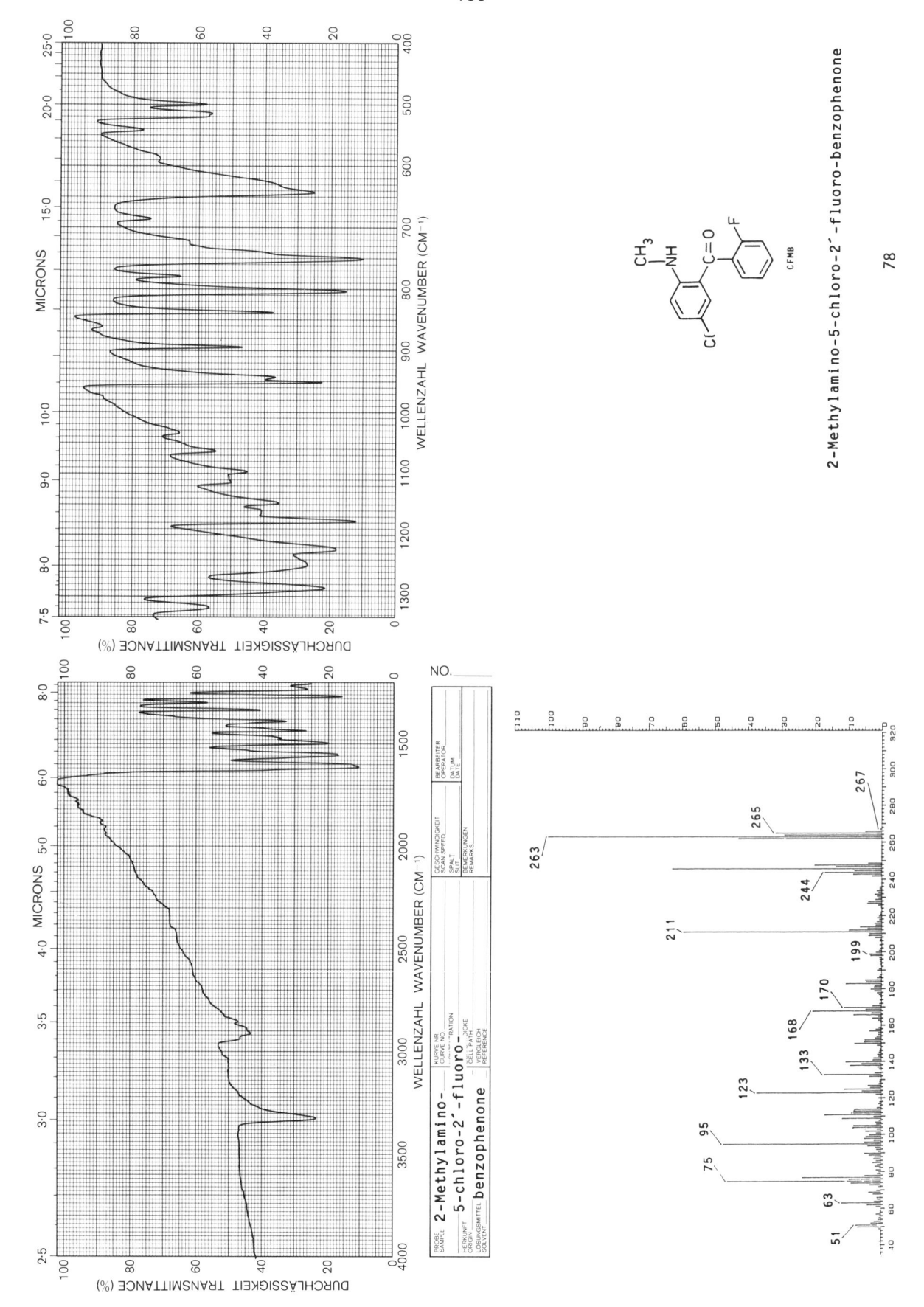

Flumazenil
Flumazenil (Ro-15-1788)

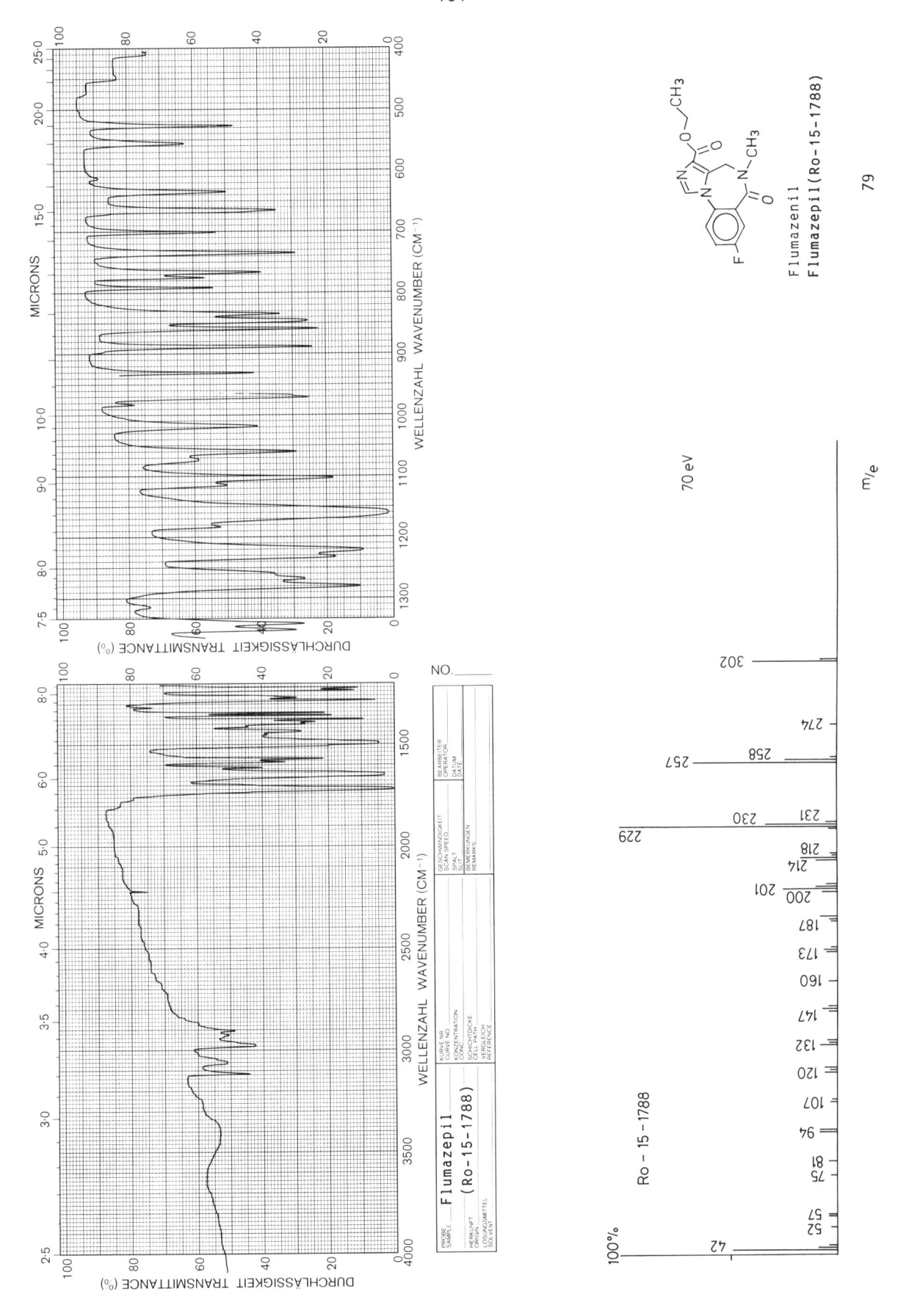

Ro-15-1788

70 eV

m/e

3-Hydroxy-Flunitrazepam

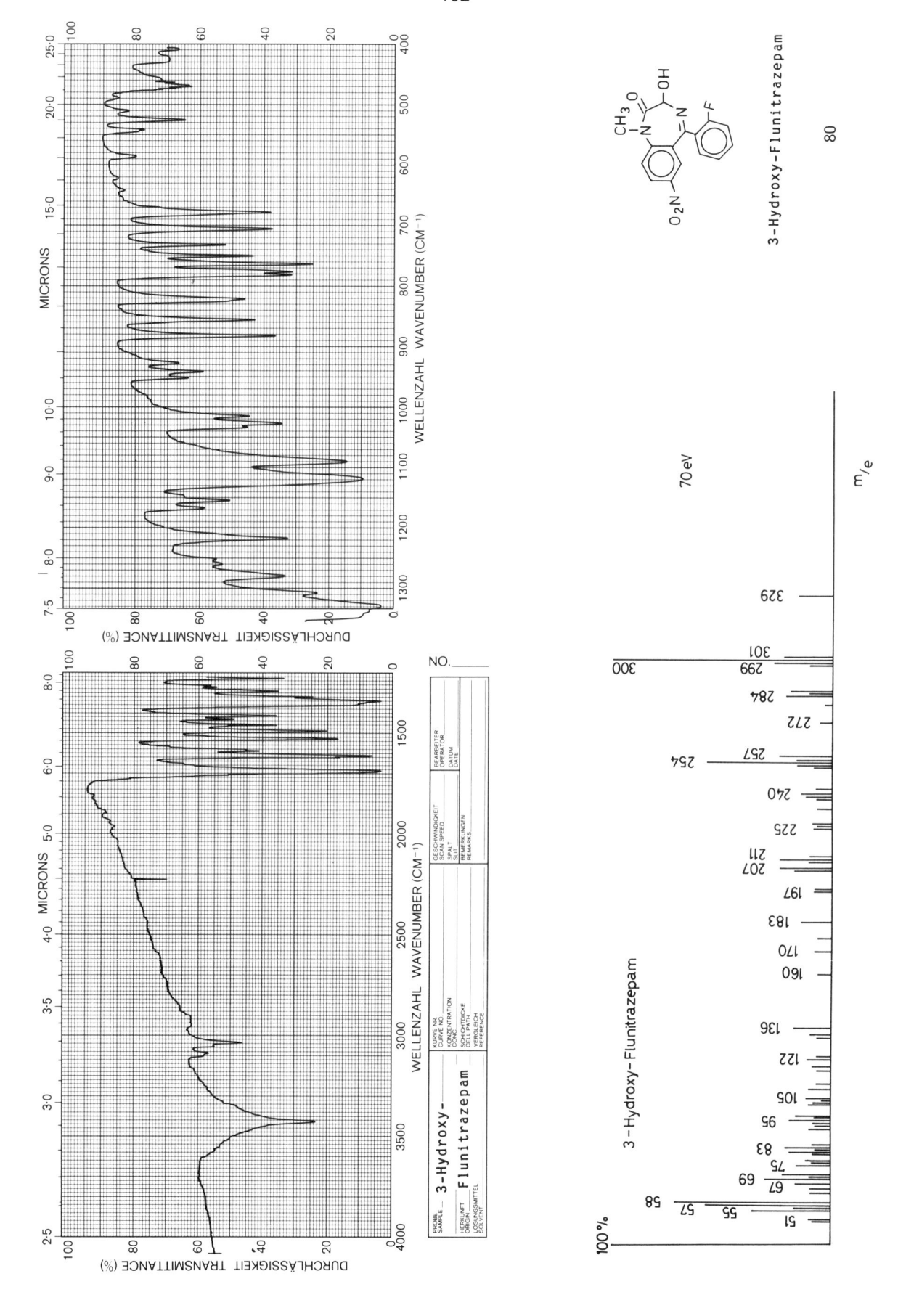

3-Hydroxy-Flunitrazepam

3-Hydroxy-Flunitrazepam

70 eV

Halazepam

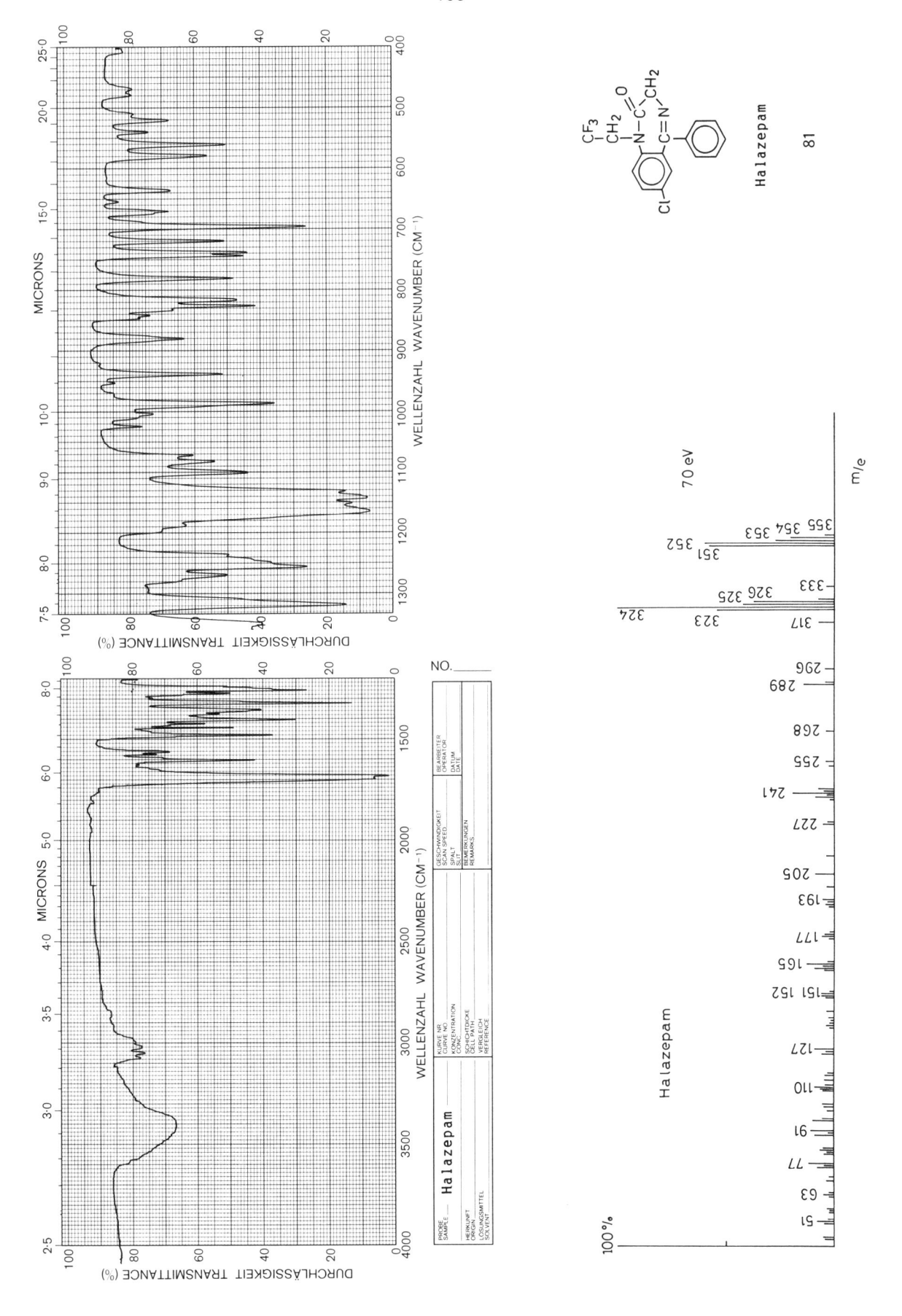

70 eV

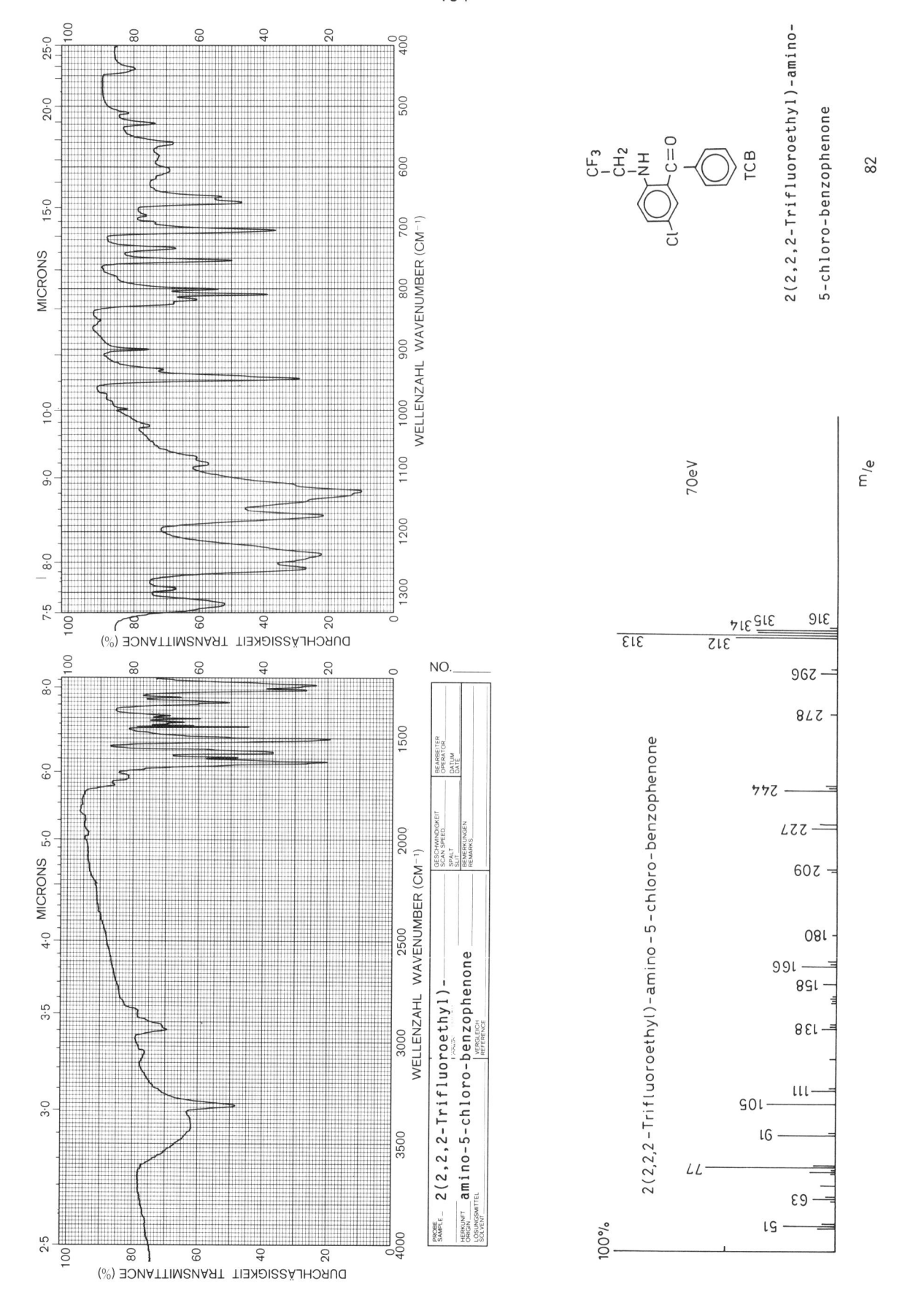

2(2,2,2-Trifluoroethyl)-amino-5-chloro-benzophenone

Haloxazolam

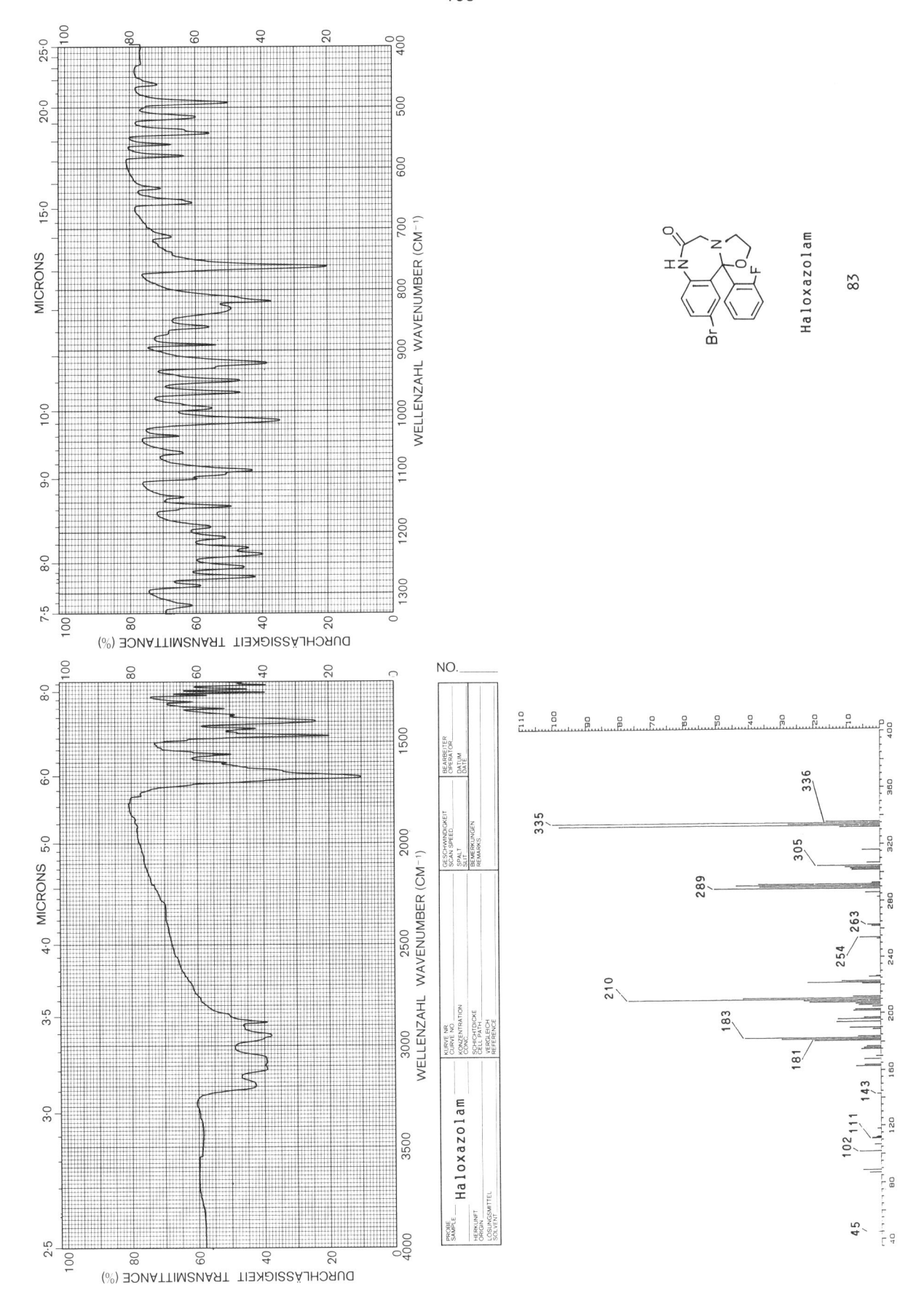

83

2-Amino-5-bromo-2´-fluoro-benzophenone

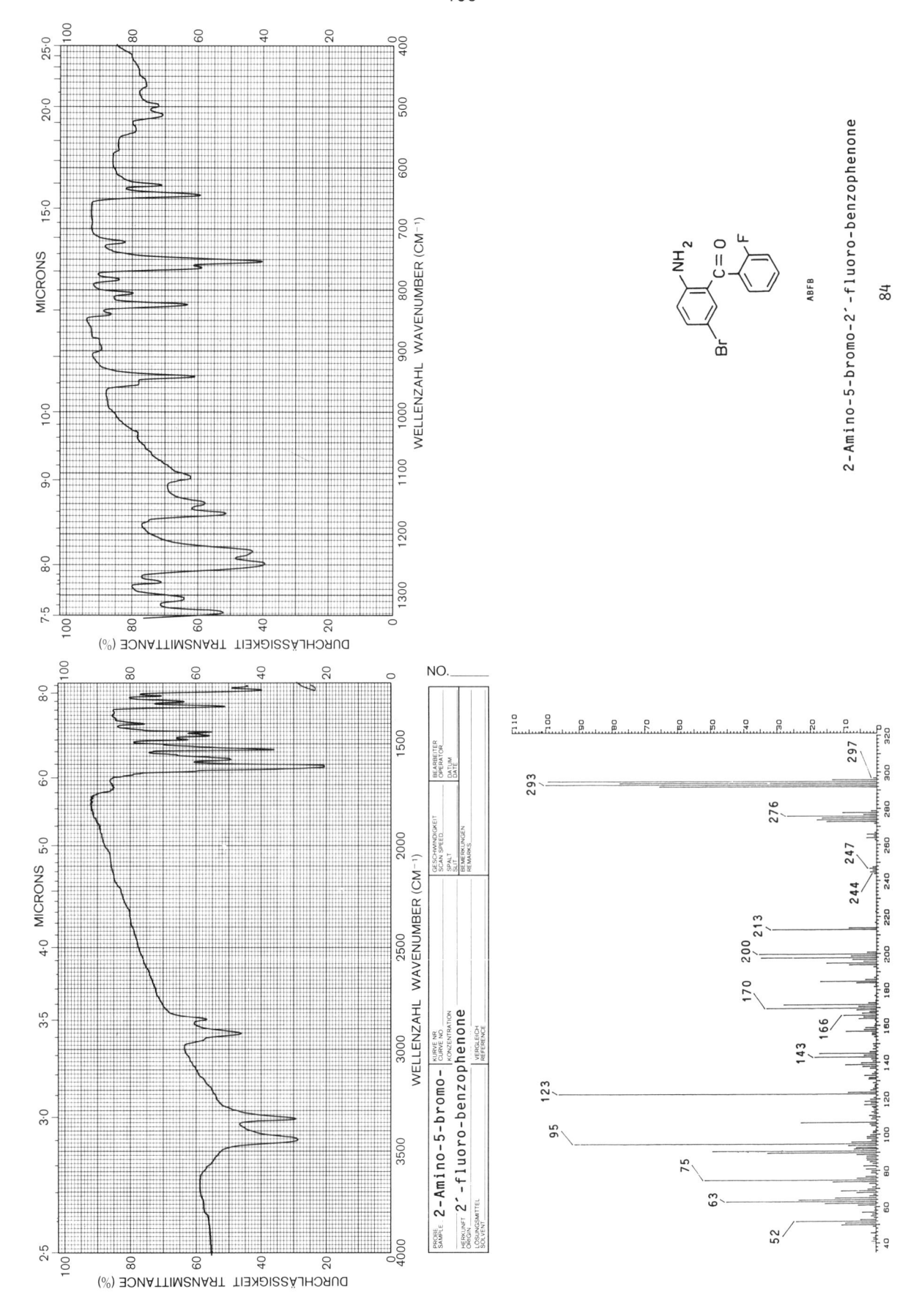

Loprazolam

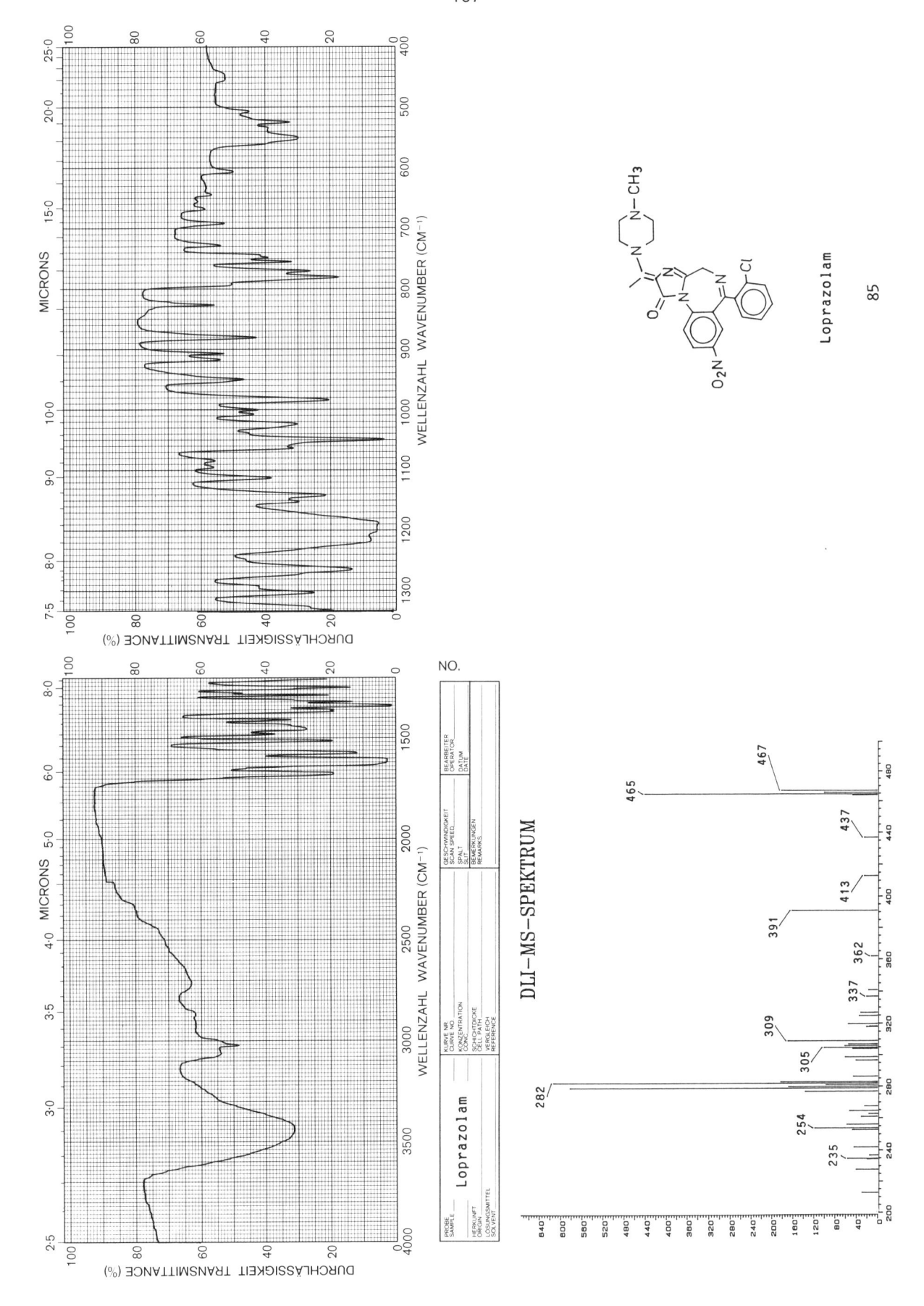

85

DLI-MS-SPEKTRUM

Metaclazepam

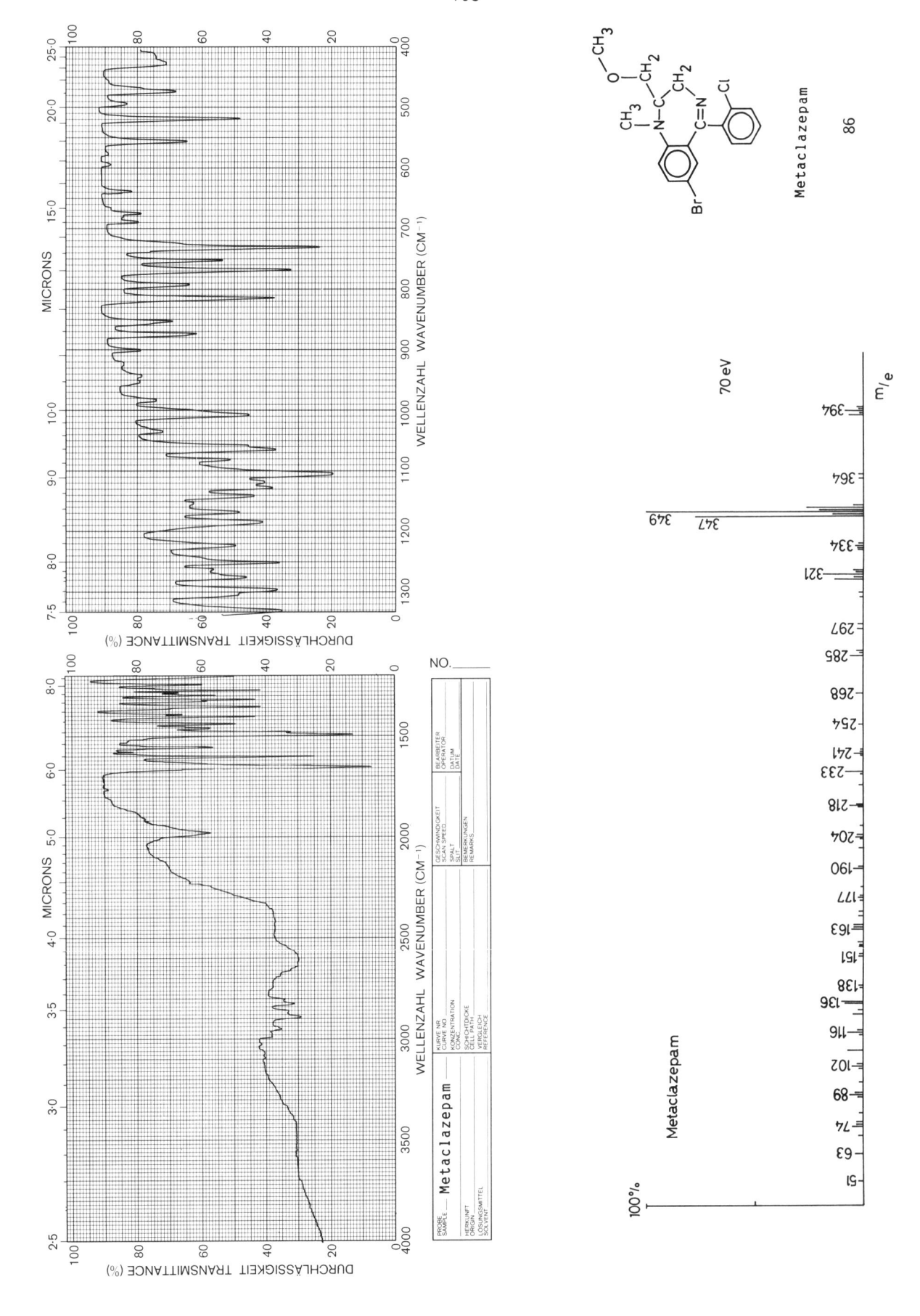

70 eV

m/e: 394, 364, 349, 347, 334, 321, 297, 285, 268, 254, 241, 233, 218, 204, 190, 177, 163, 151, 138, 136, 116, 102, 89, 74, 63, 51

N-Desmethyl-Metaclazepam

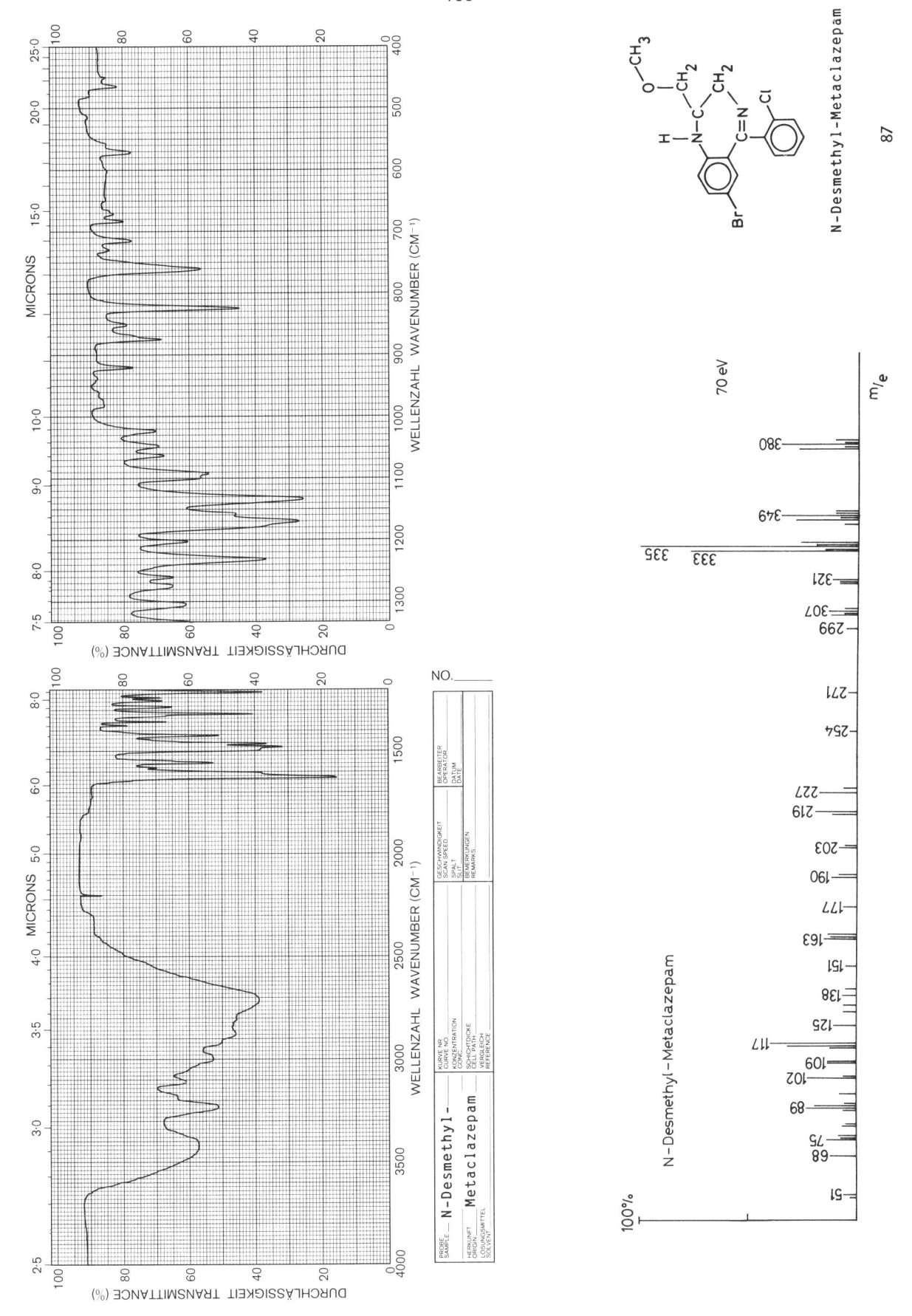

70 eV

m/e

N-Desmethyl-Metaclazepam

100%

Bis-desalkyl-Metaclazepam

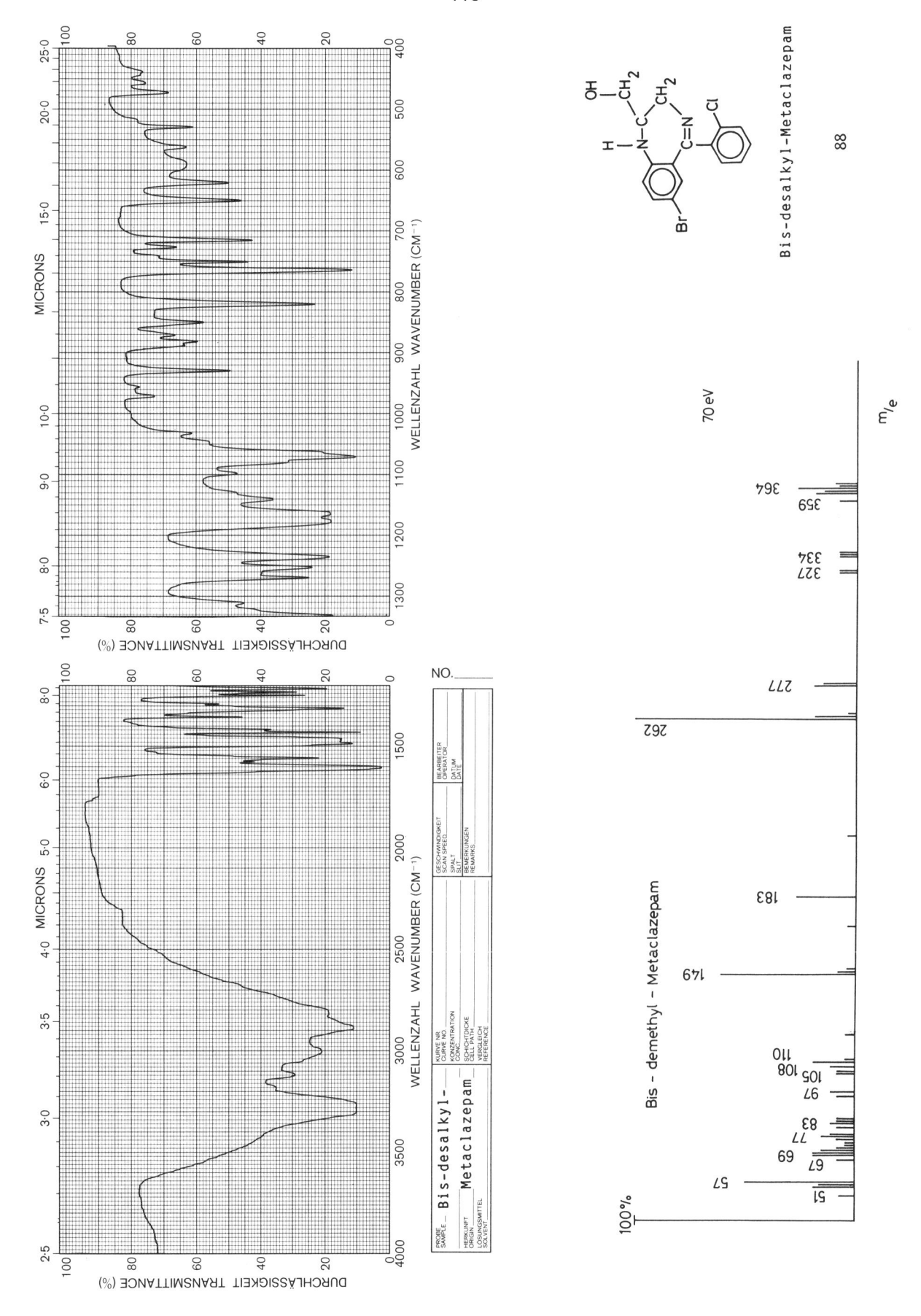

Bis-desalkyl-Metaclazepam

Bis-demethyl-Metaclazepam

2-Amino-5-chloro-2'-fluor-benzophenon (ACFB) 31

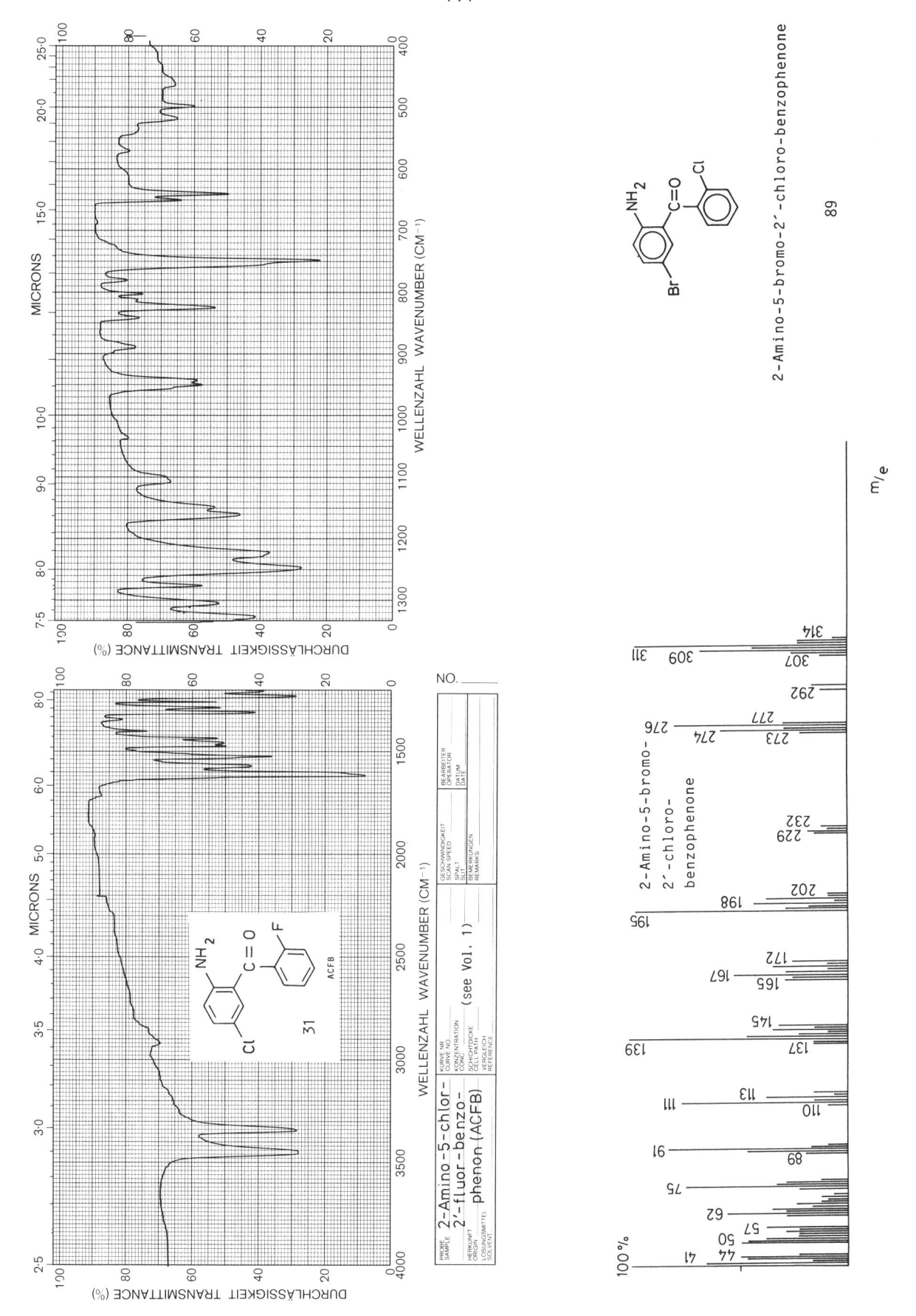

2-Amino-5-bromo-2'-chloro-benzophenone 89

Midazolam

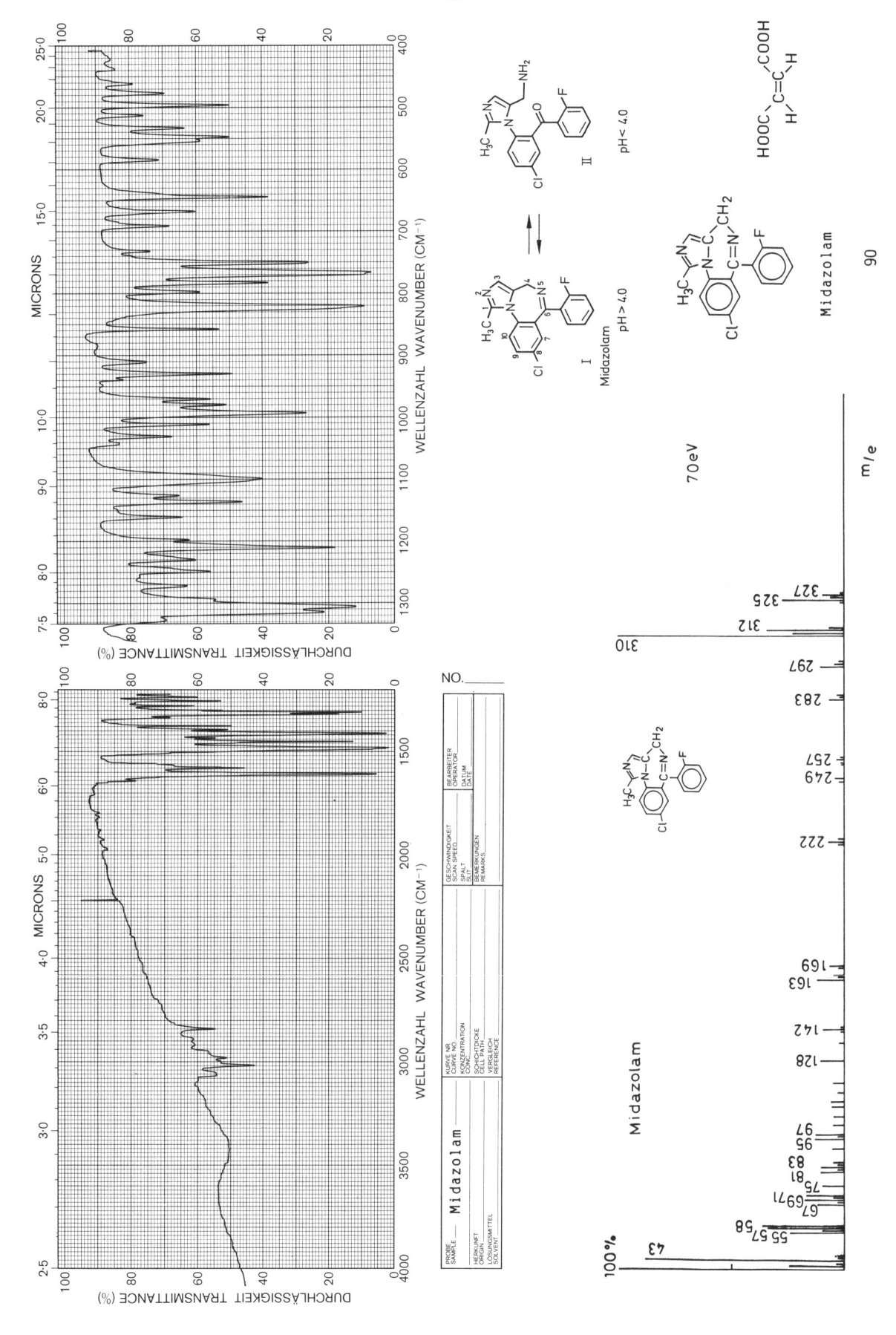

IR Spectrum

Structures

pH < 4.0 ⇌ pH > 4.0

Midazolam I

Midazolam II

Midazolam

Mass Spectrum

70 eV

m/e: 43, 55, 57, 58, 67, 69, 71, 75, 81, 83, 95, 97, 128, 142, 163, 169, 222, 249, 257, 283, 297, 310, 312, 325, 327

α-Hydroxy-Midazolam

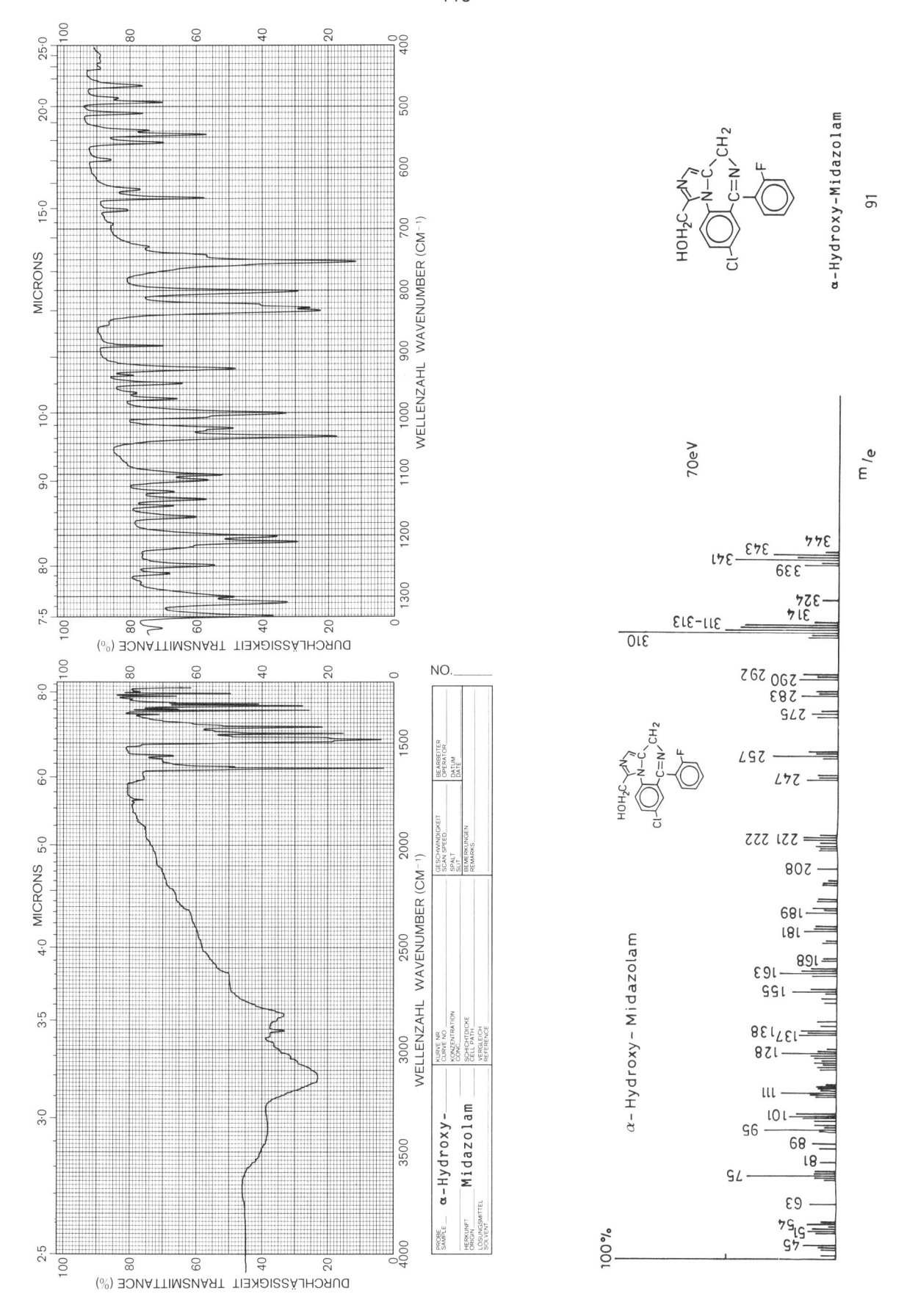

4-Hydroxy-Midazolam

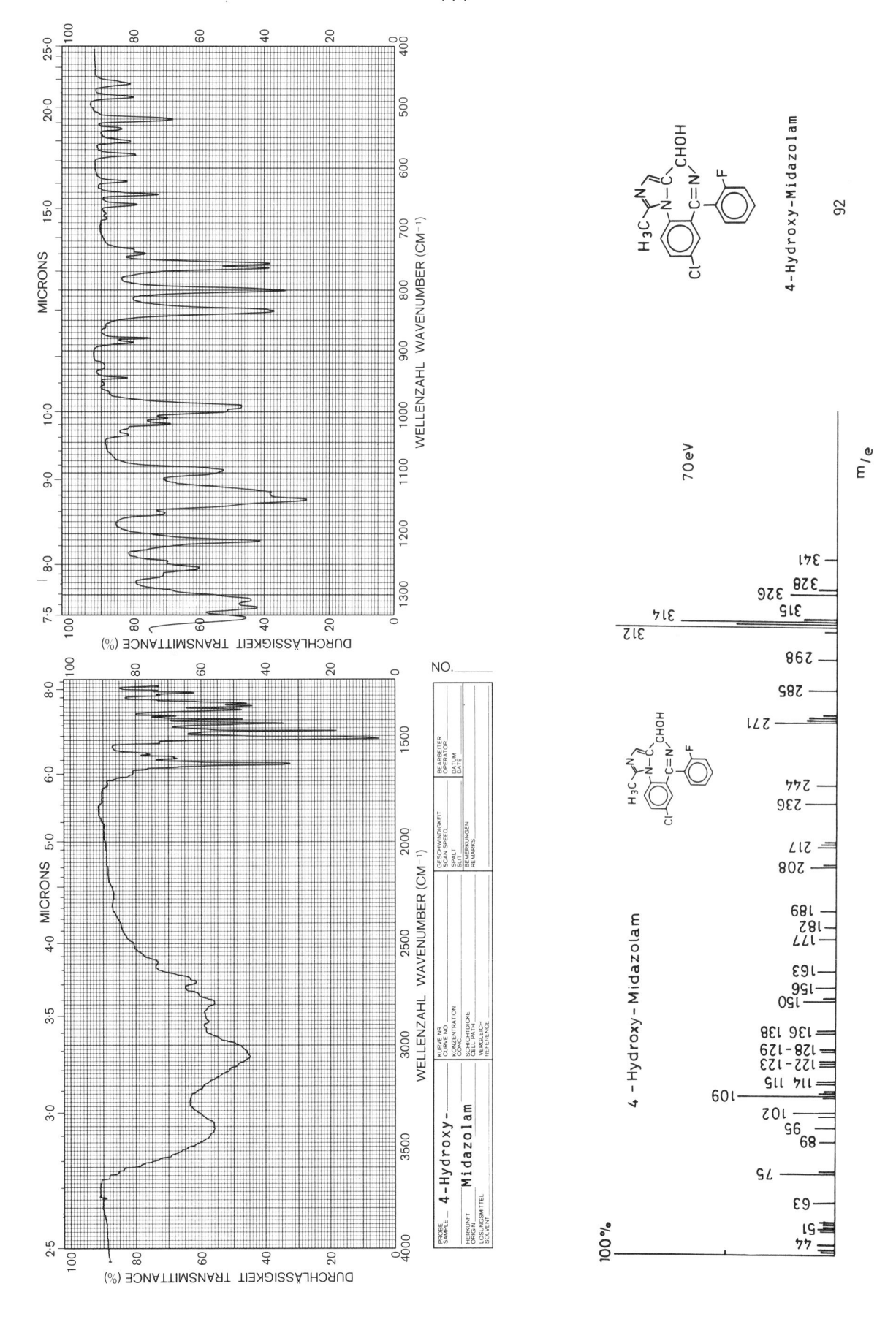

4-Hydroxy-Midazolam

70 eV

4-Hydroxy-Midazolam

m/e: 44, 51, 63, 75, 89, 95, 102, 109, 114, 115, 122-123, 128-129, 136, 138, 150, 156, 163, 177, 182, 189, 208, 217, 236, 244, 271, 285, 298, 312, 314, 315, 326, 328, 341

92

α,4-Dihydroxy-Midazolam

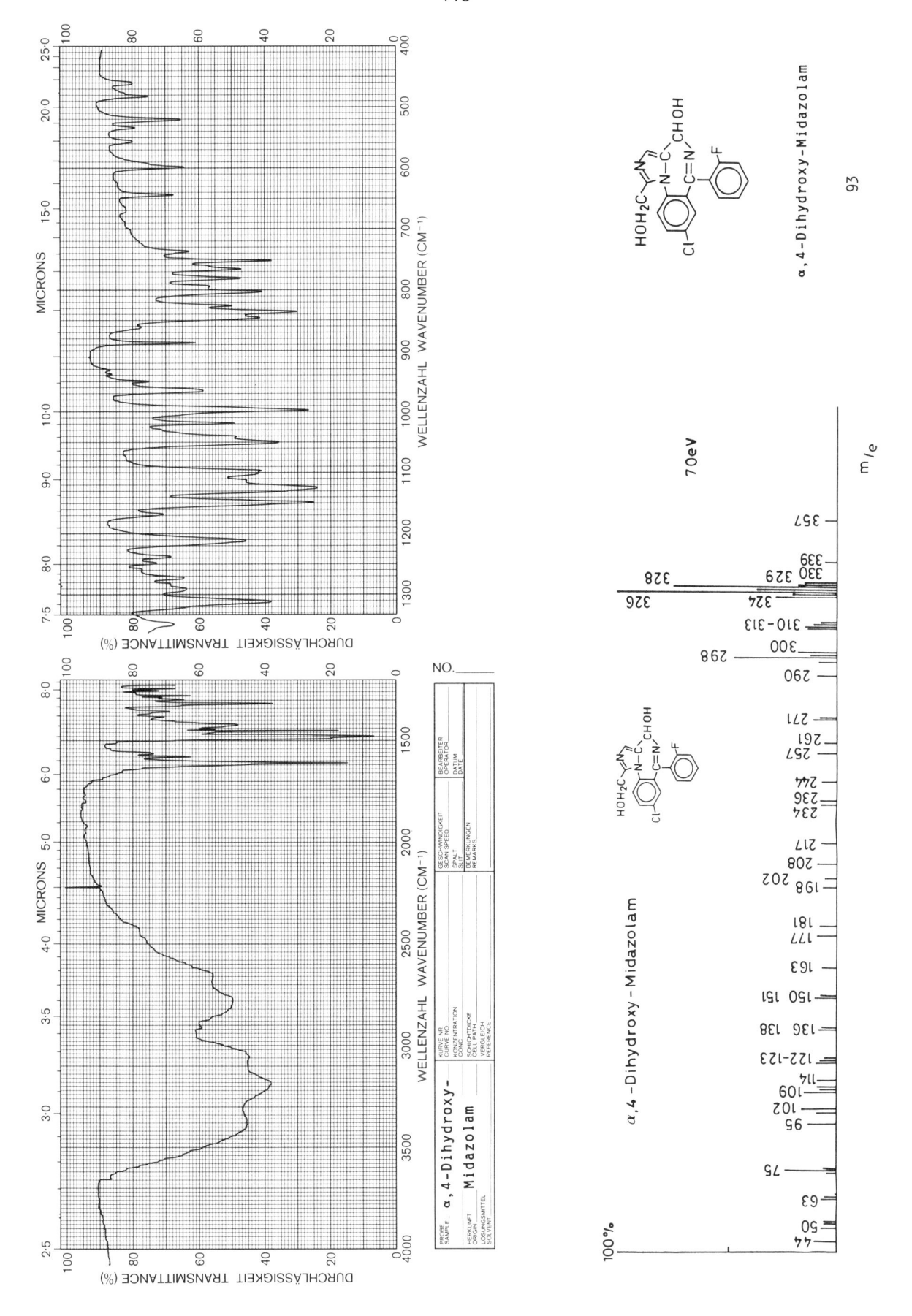

70 eV

m/e

357, 339, 330, 329, 328, 326, 324, 310-313, 300, 298, 290, 271, 261, 257, 244, 236, 234, 217, 208, 202, 198, 181, 177, 163, 151, 150, 138, 136, 122-123, 114, 109, 102, 96, 95, 75, 63, 50, 44

α,4-Dihydroxy-Midazolam

Nimetazepam

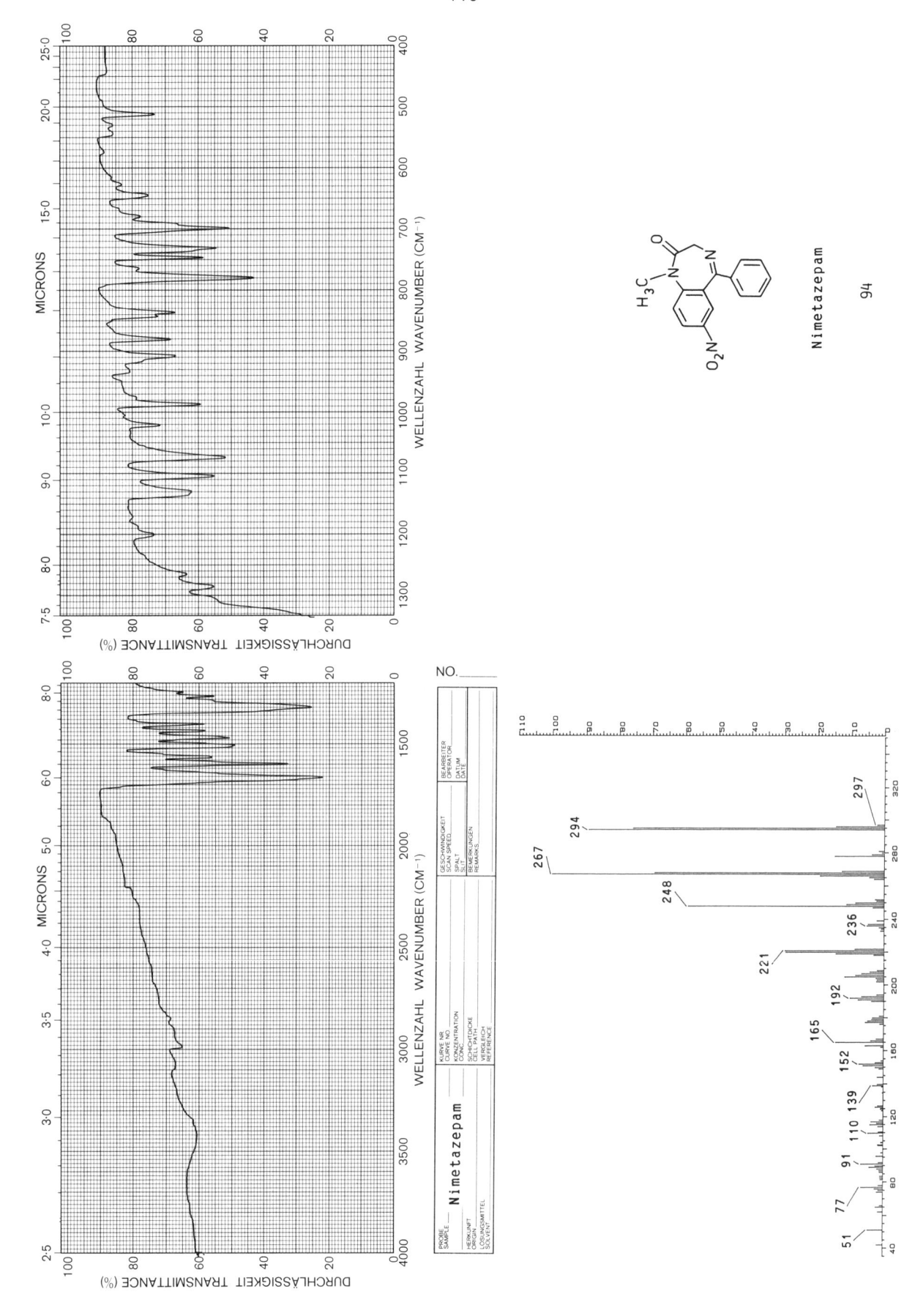

94

2-Methylamino-5-nitro-benzophenone

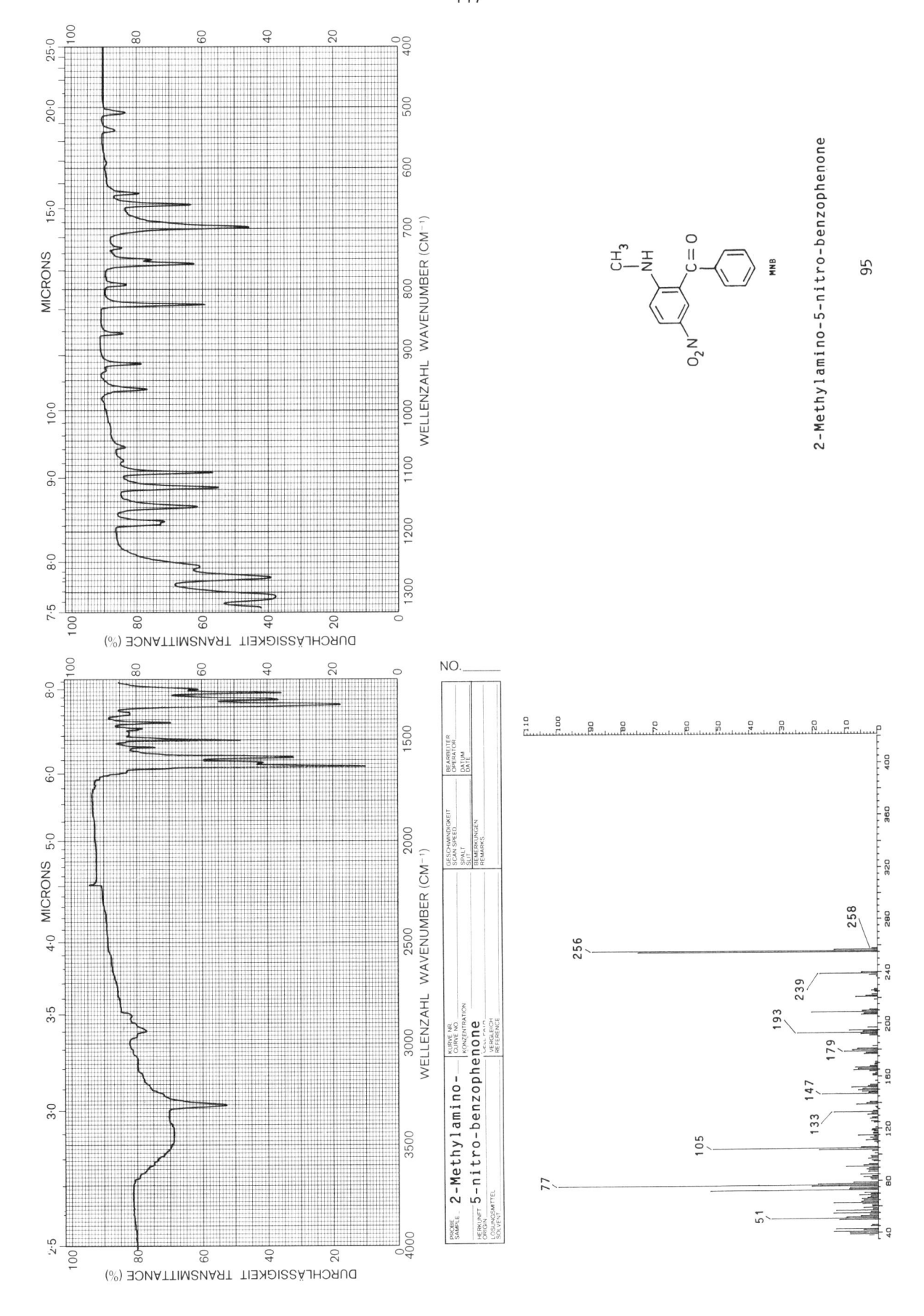

95

Oxazolam

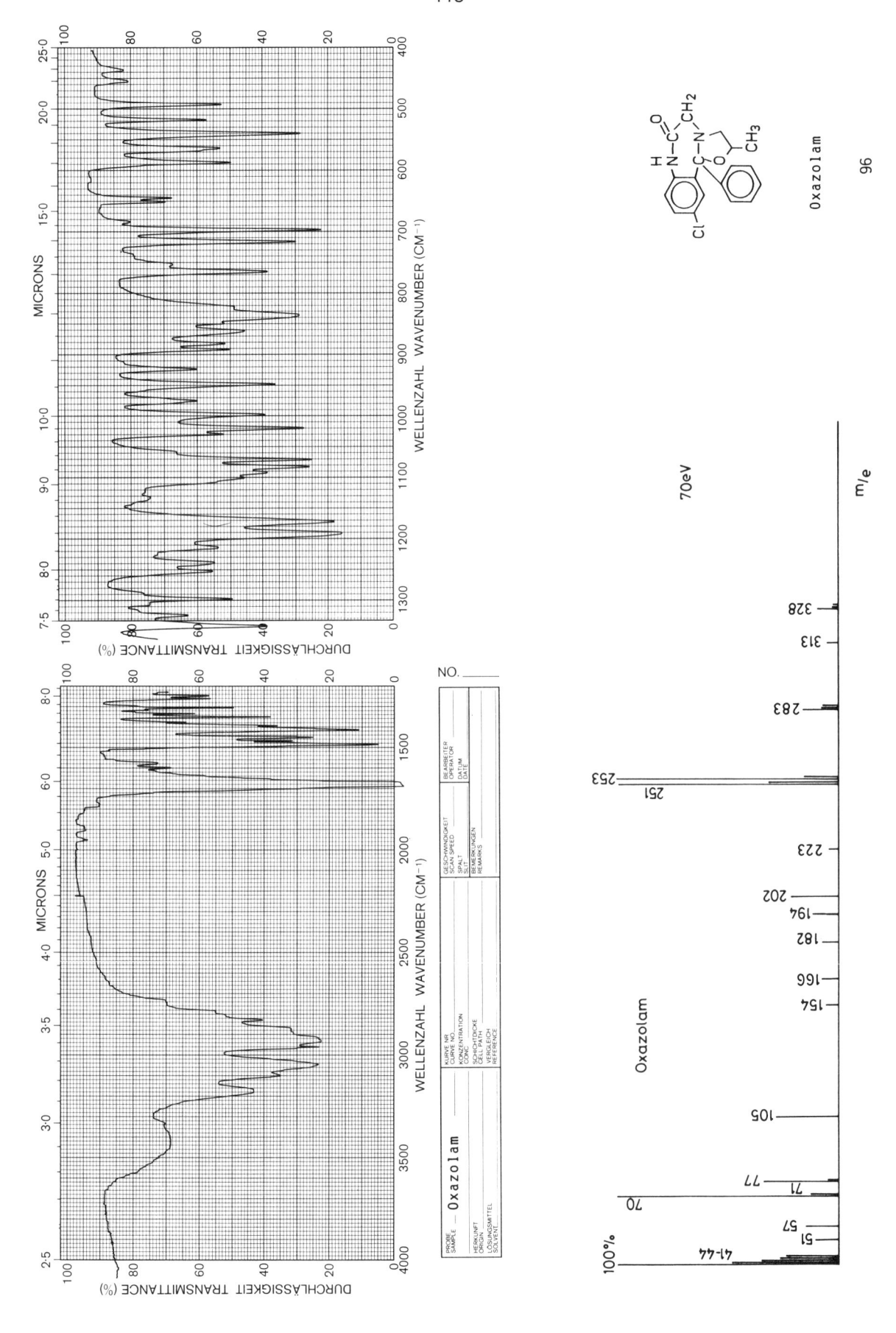

96

70eV

Oxazolam

m/e

328, 313, 283, 253, 251, 223, 202, 194, 182, 166, 154, 105, 77, 71, 70, 57, 51, 41-44

100%

Pinazepam

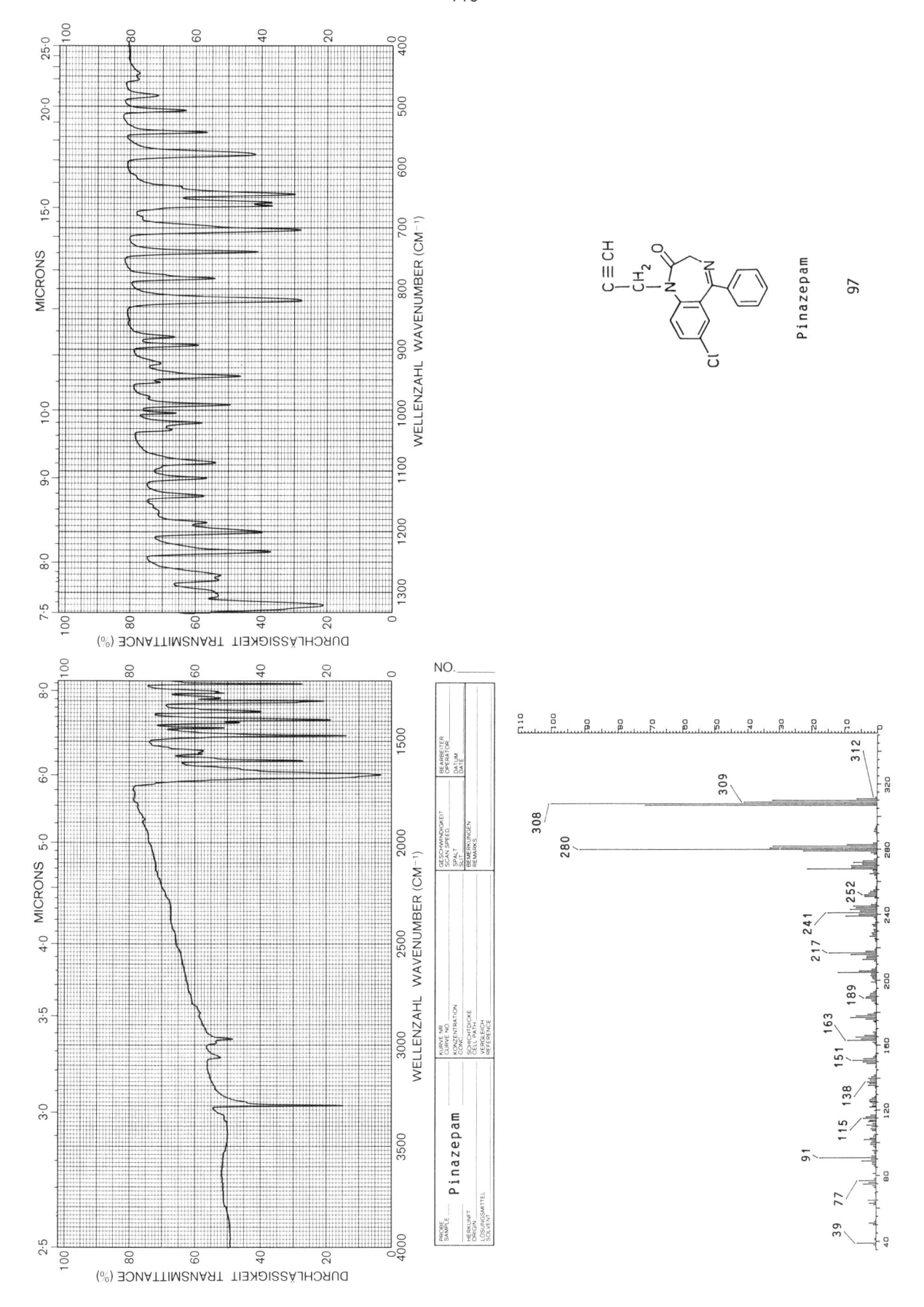

97

5-Chloro-2-(2-propinyl)benzophenone

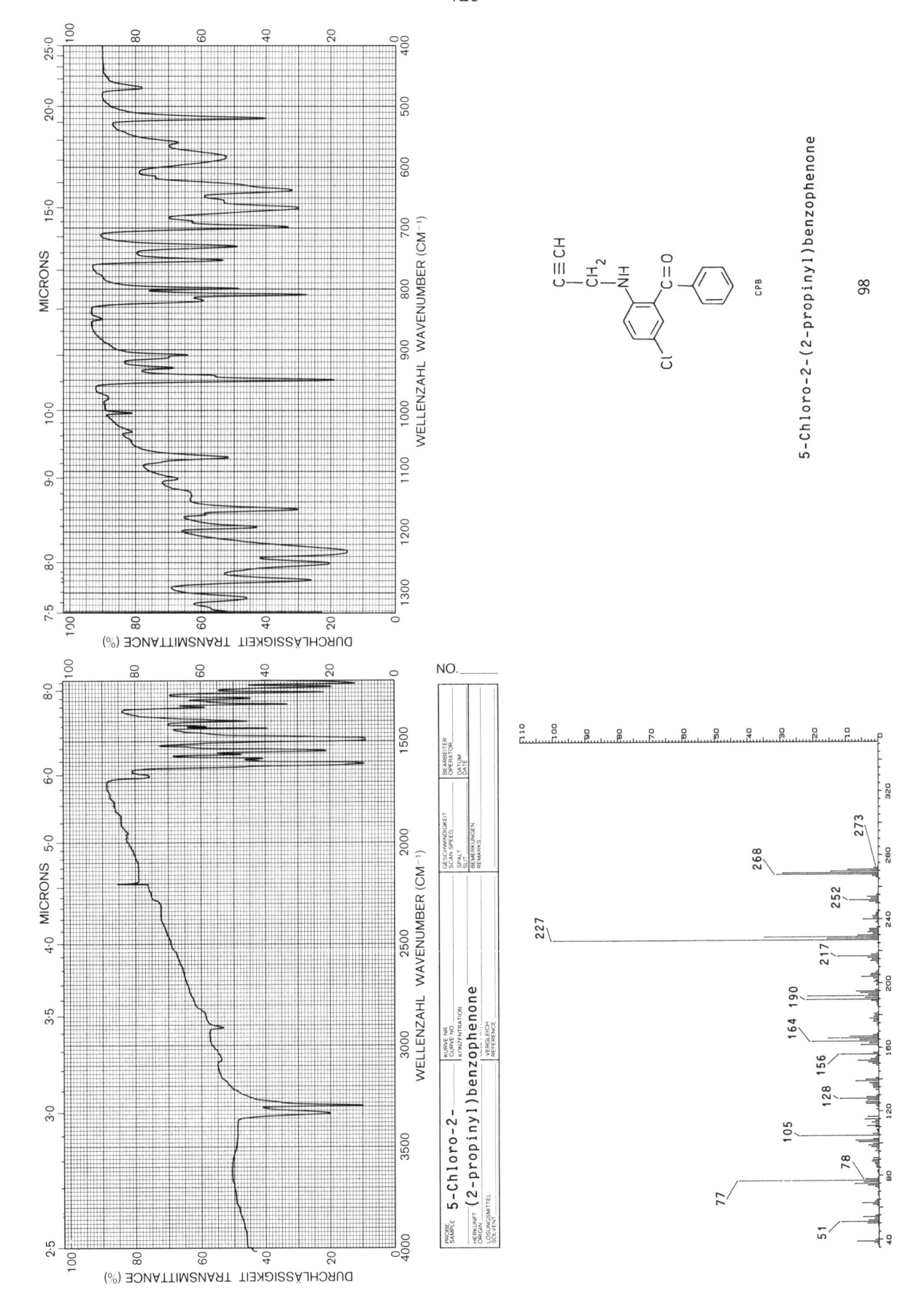

CPB

98

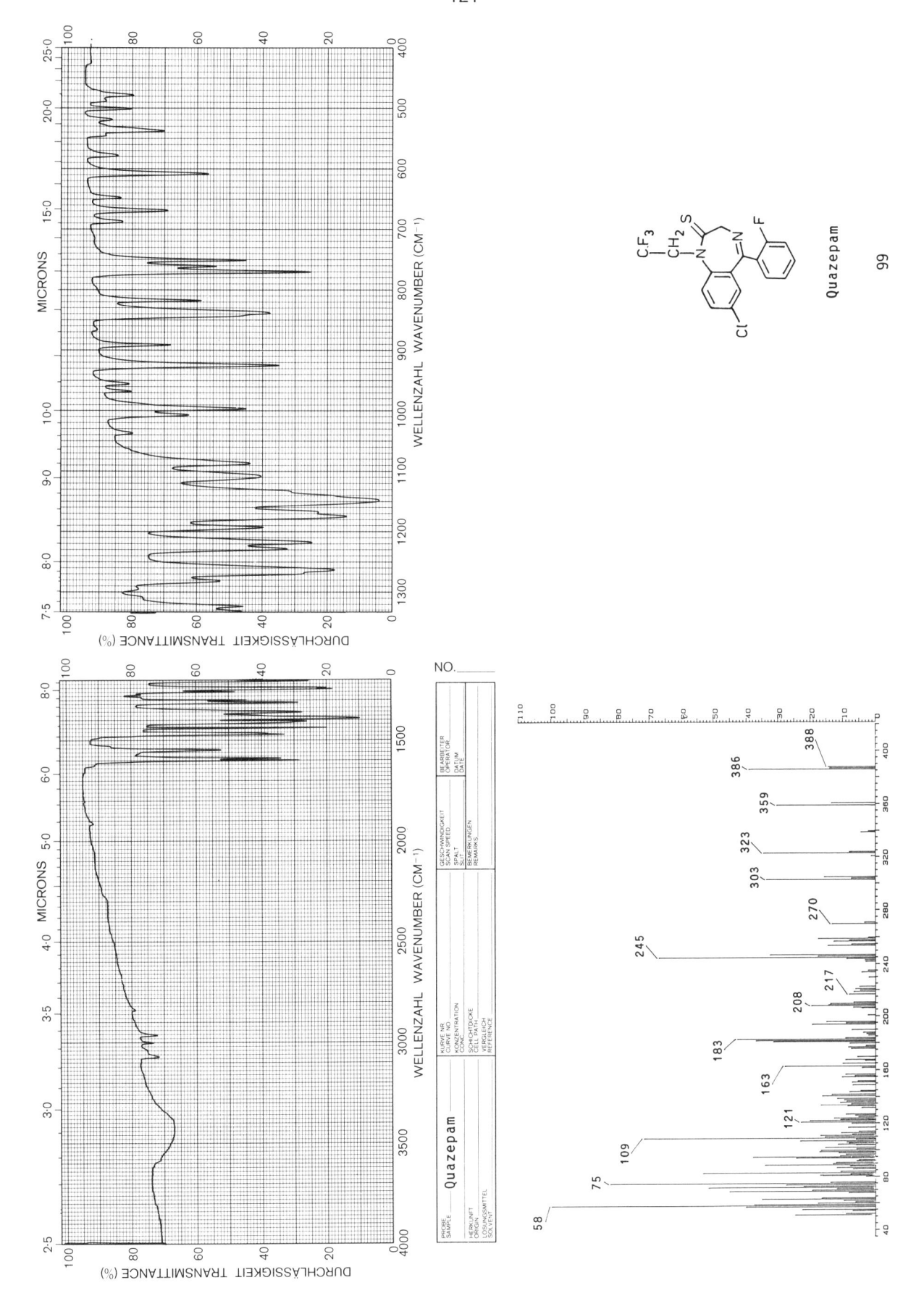

Quazepam

99

2-Oxoquazepam

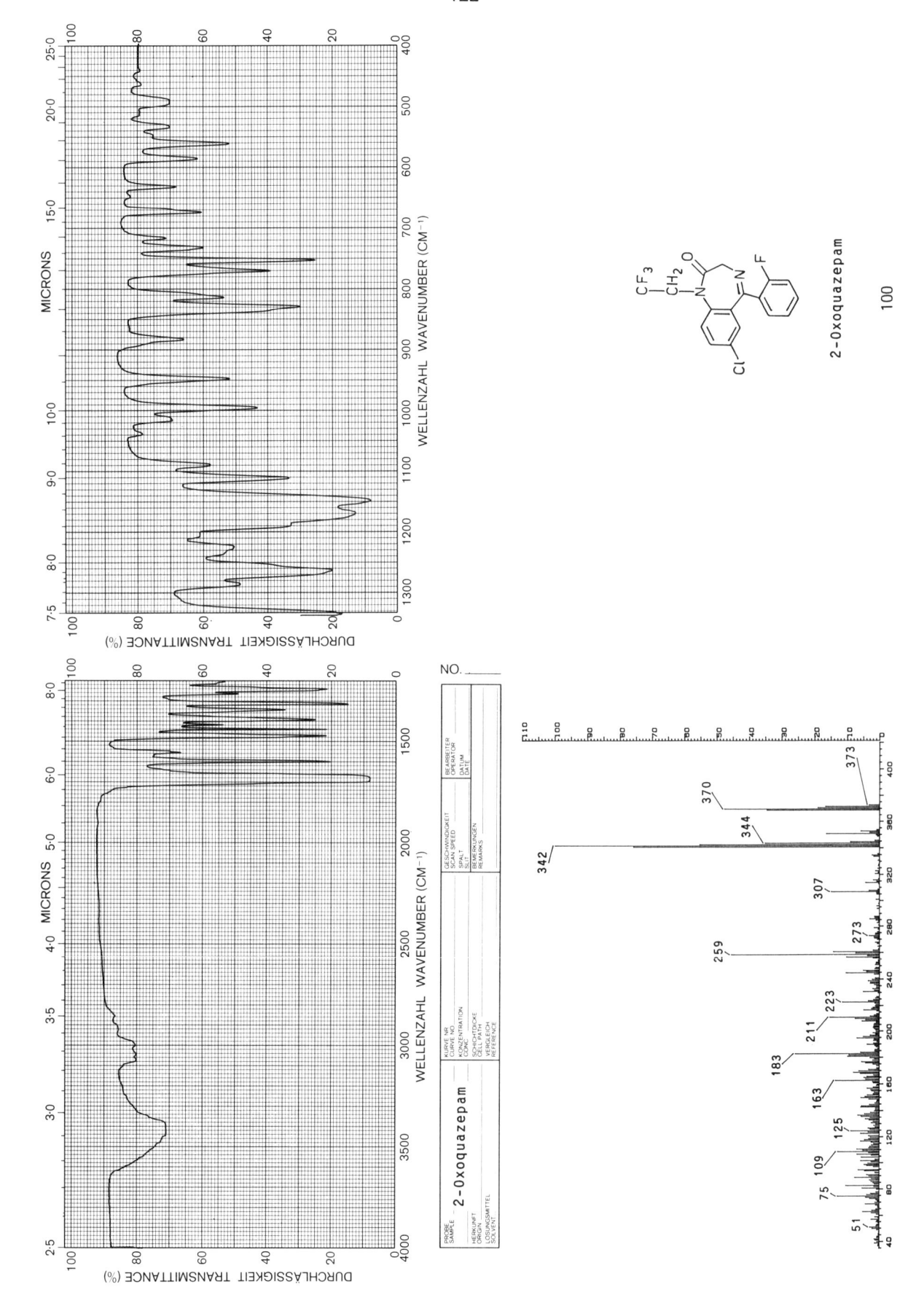

N-Desalkyl-2-Oxoquazepam

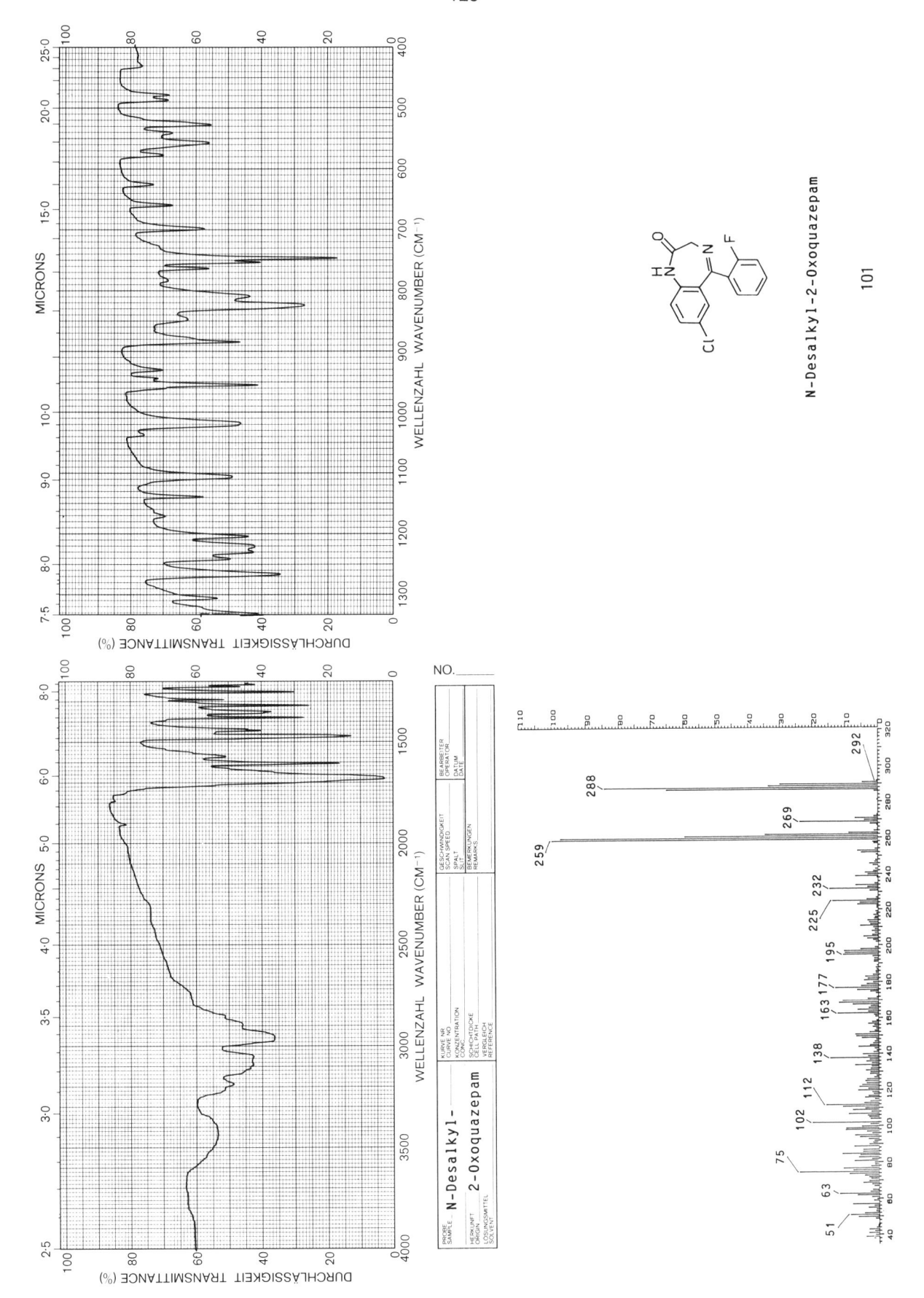

3-Hydroxy-N-desalkyl-2-Oxoquazepam

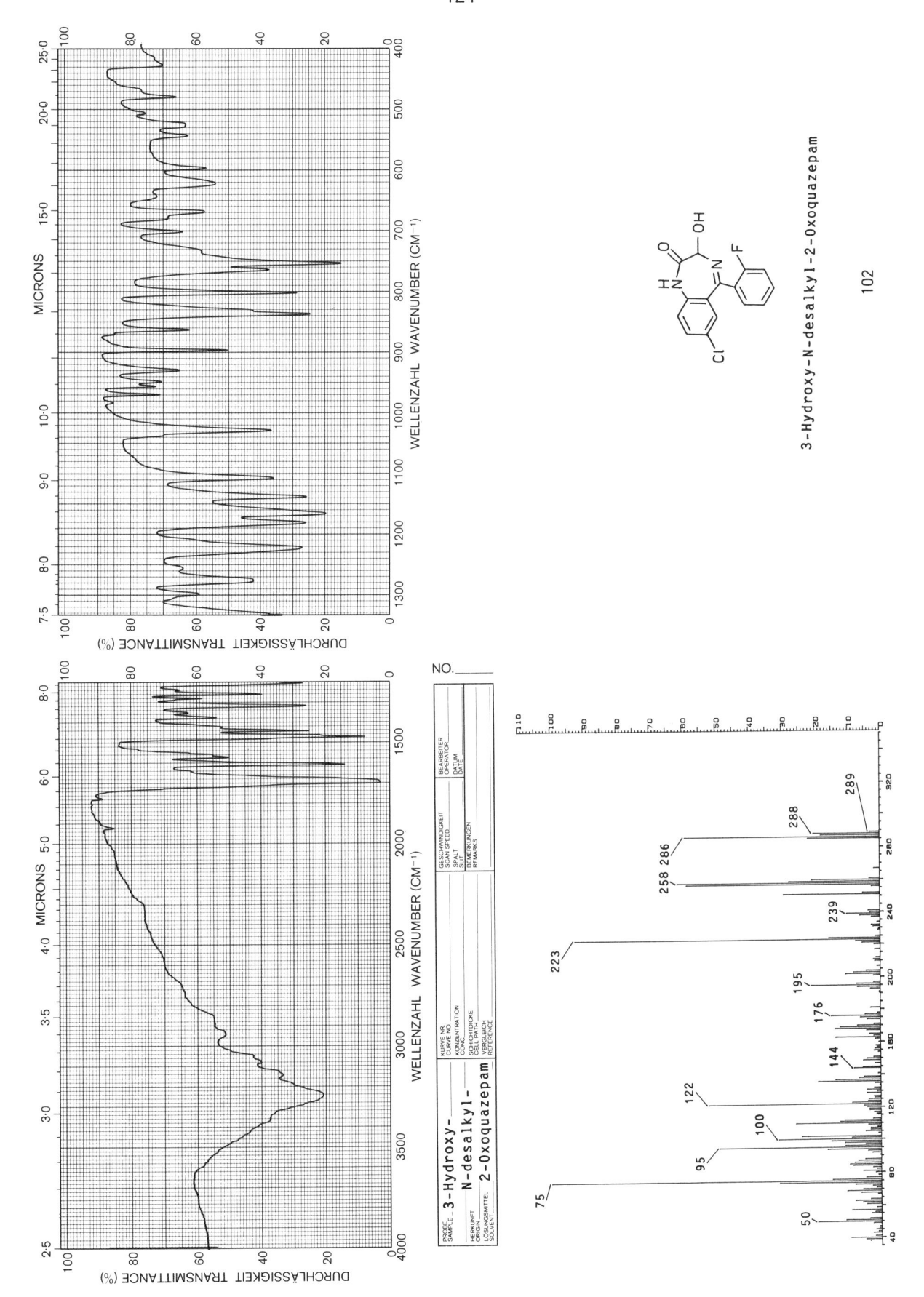

102

3-Hydroxy-2-Oxoquazepam

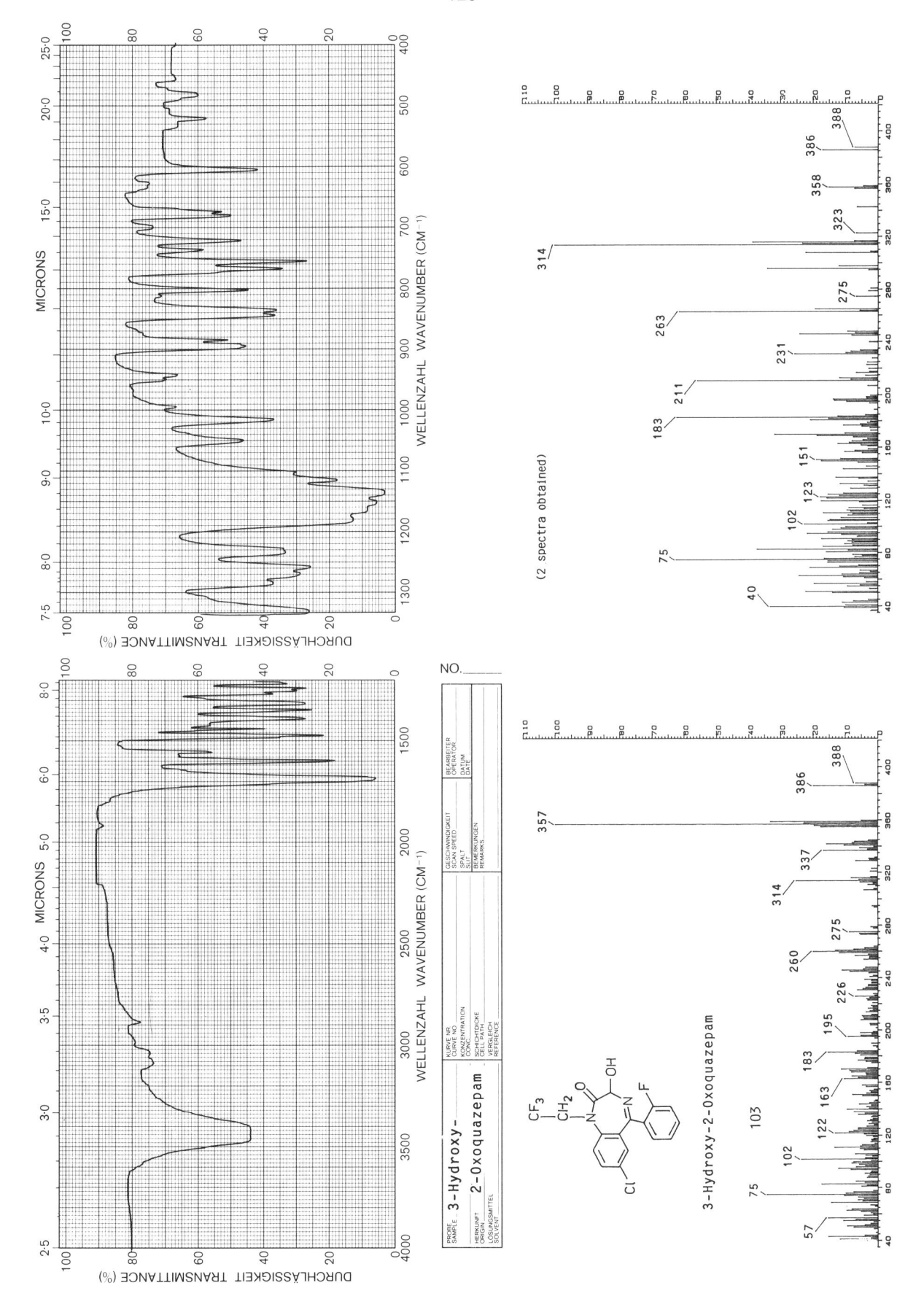

(2 spectra obtained)

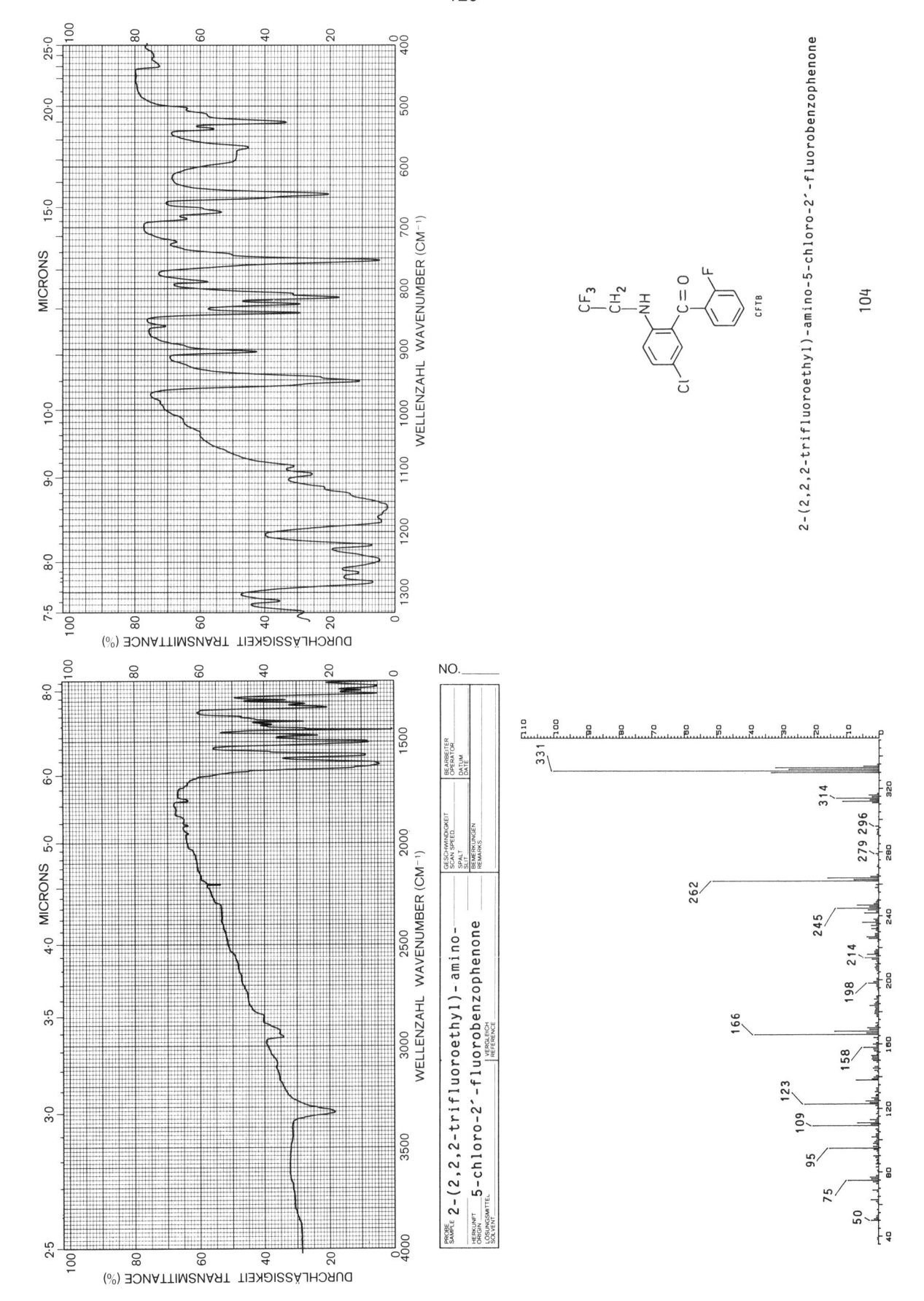

2-(2,2,2-trifluoroethyl)-amino-5-chloro-2'-fluorobenzophenone

104

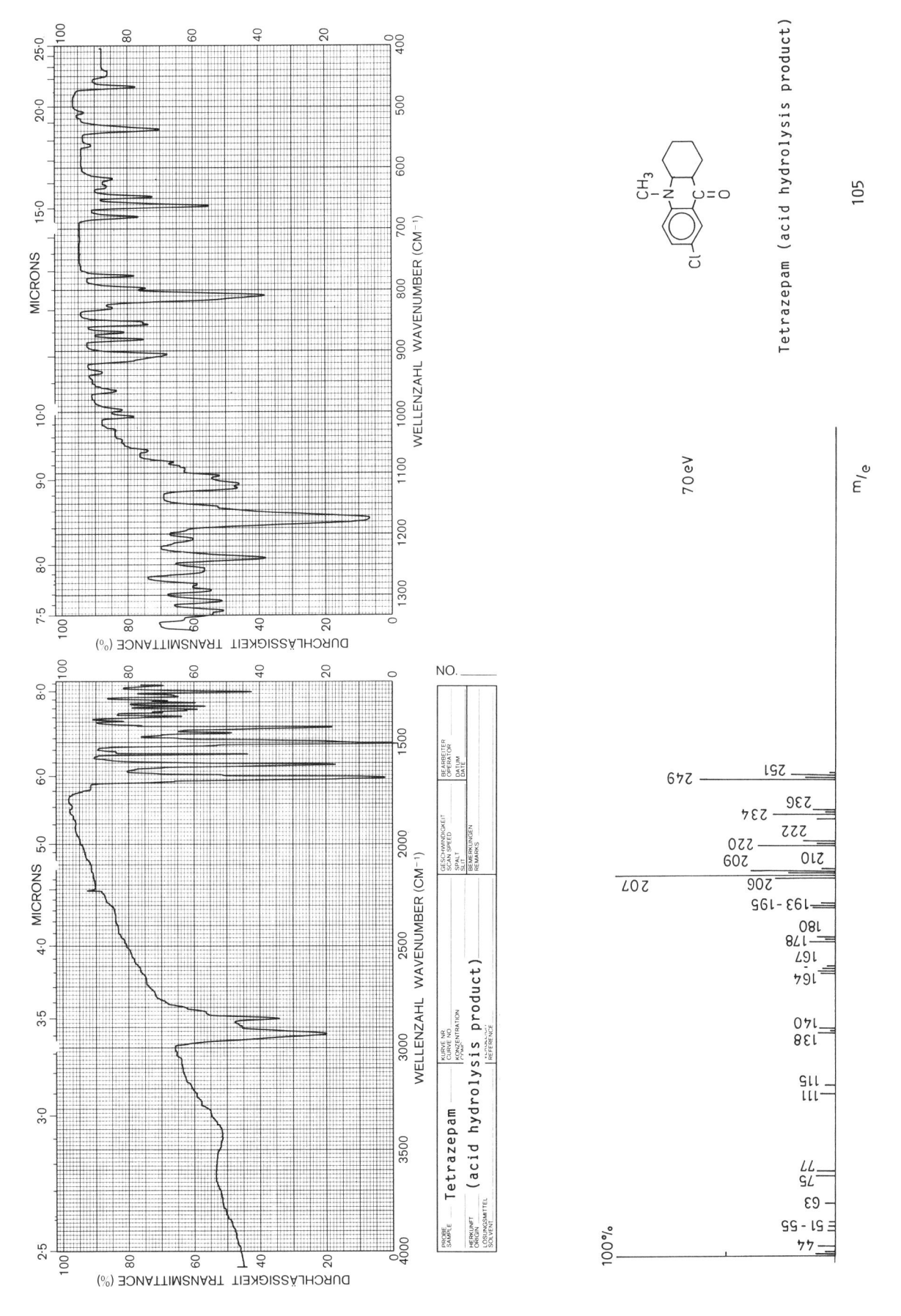

Tetrazepam (acid hydrolysis product)

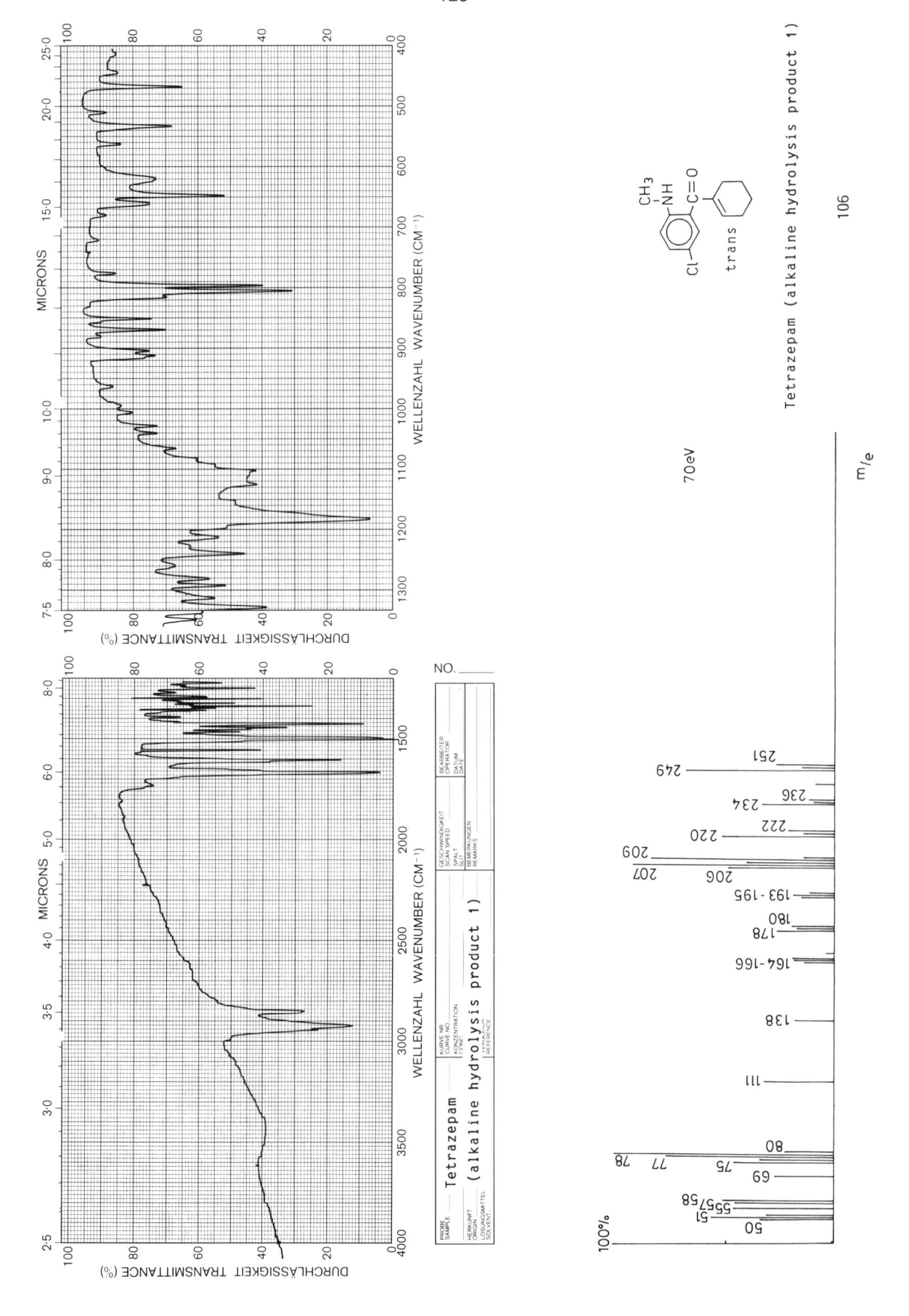

Tetrazepam (alkaline hydrolysis product 1)

Tetrazepam (alkaline hydrolysis product 1)

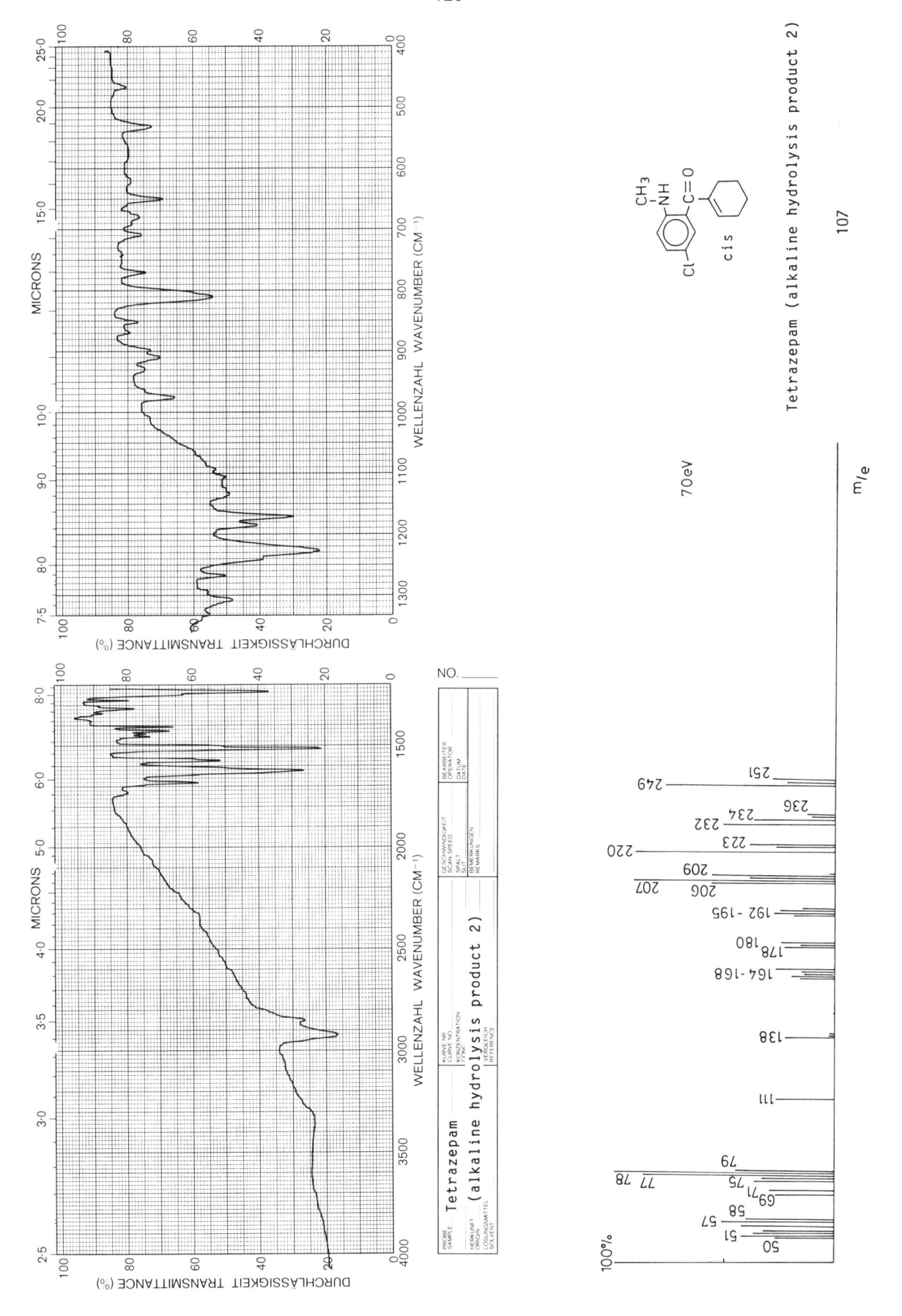

Tetrazepam (alkaline hydrolysis product 2)

cis

Tetrazepam (alkaline hydrolysis product 2)

70 eV

m/e

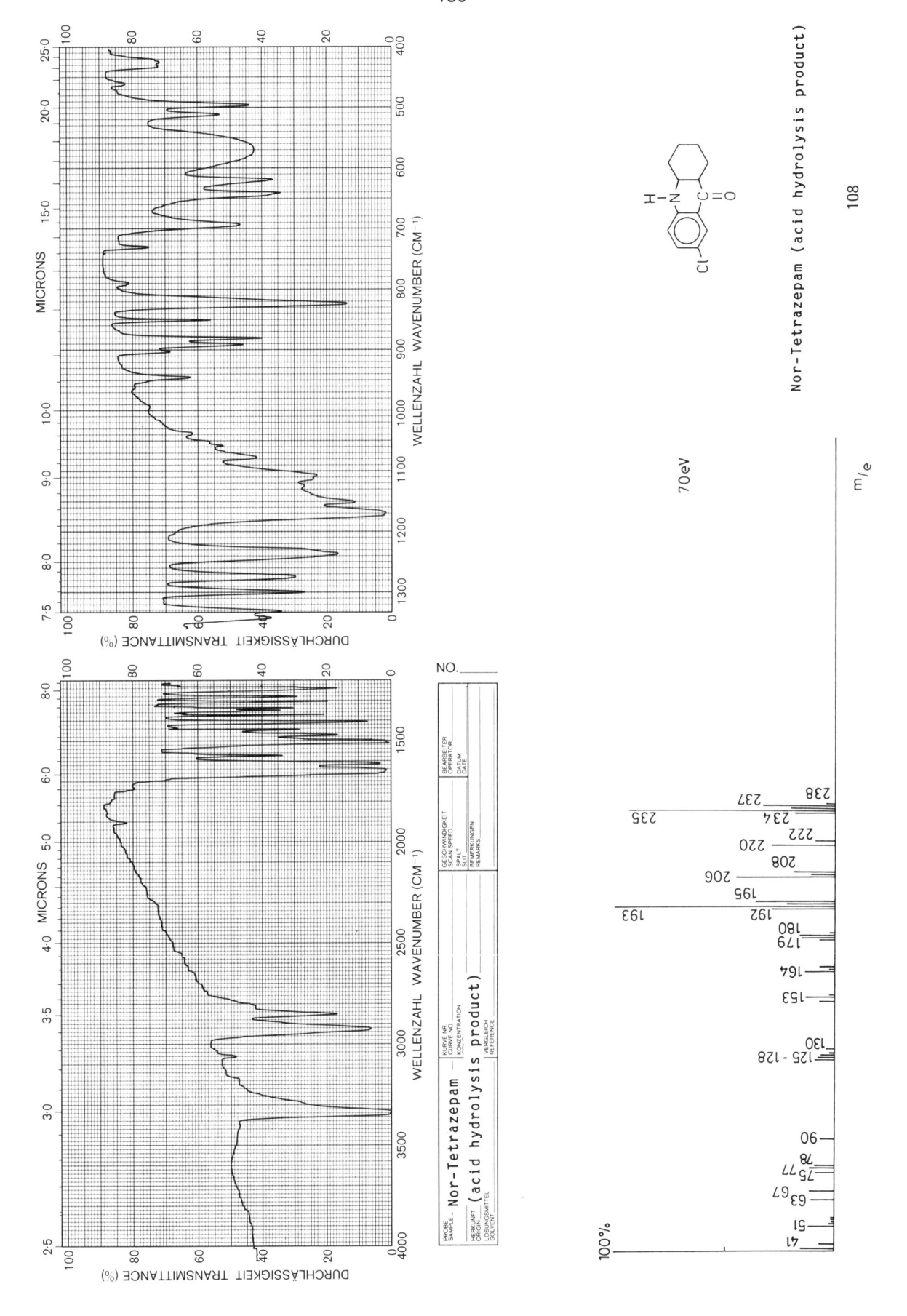

Nor-Tetrazepam (acid hydrolysis product)

Nor-Tetrazepam (acid hydrolysis product)

70eV

m/e

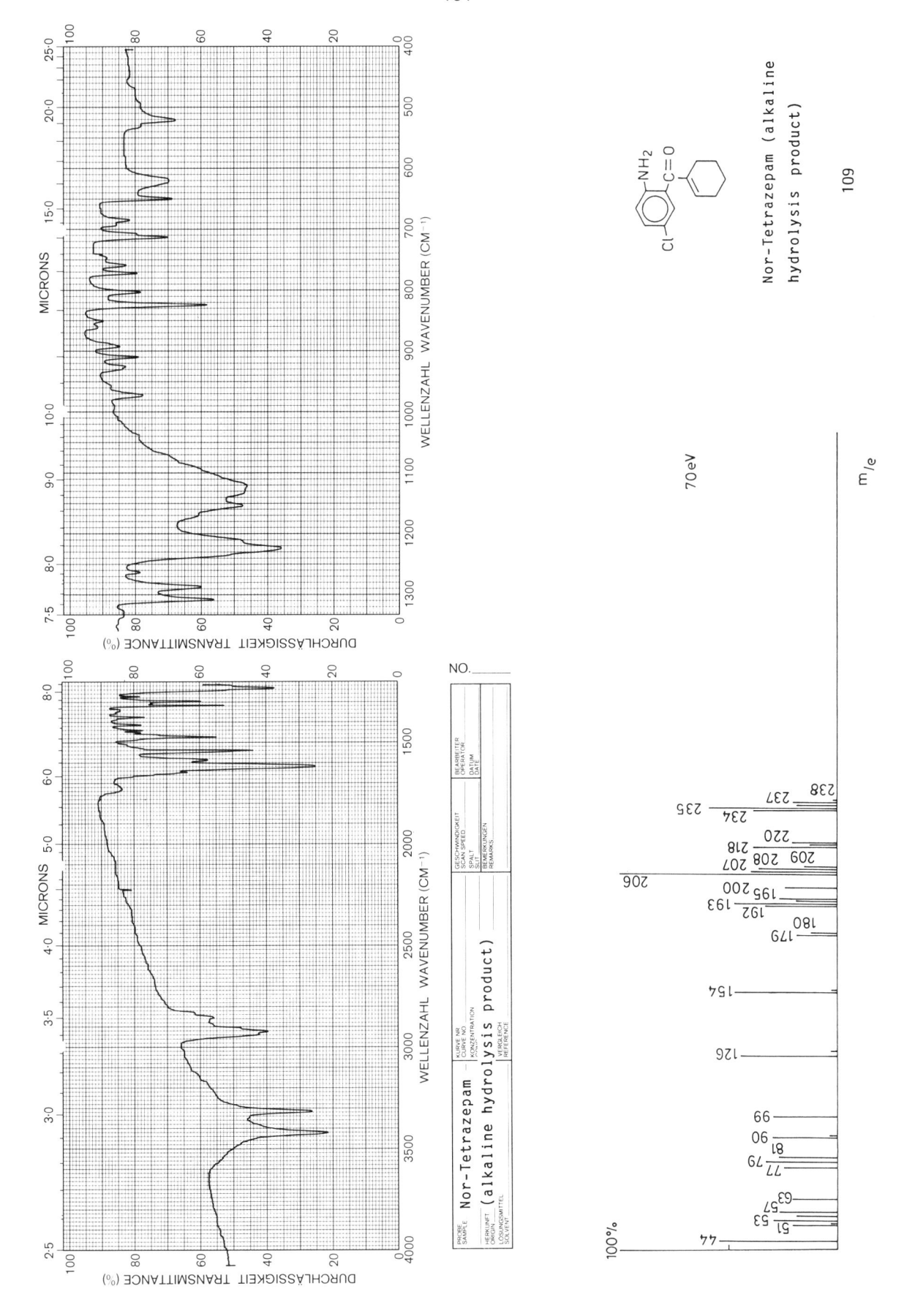

Nor-Tetrazepam (alkaline hydrolysis product)

Nor-Tetrazepam (alkaline hydrolysis product)

70 eV

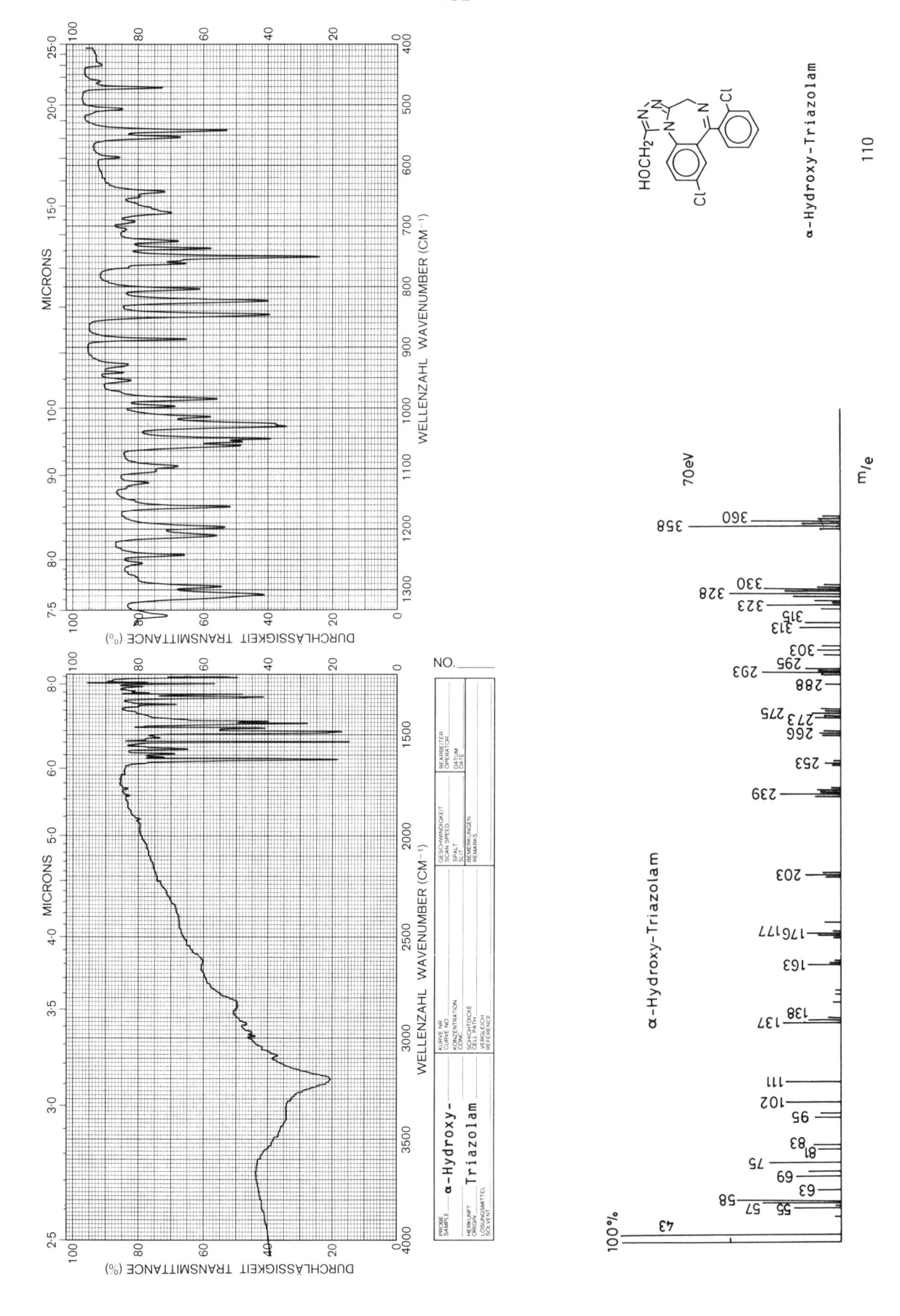

α-Hydroxy-Triazolam

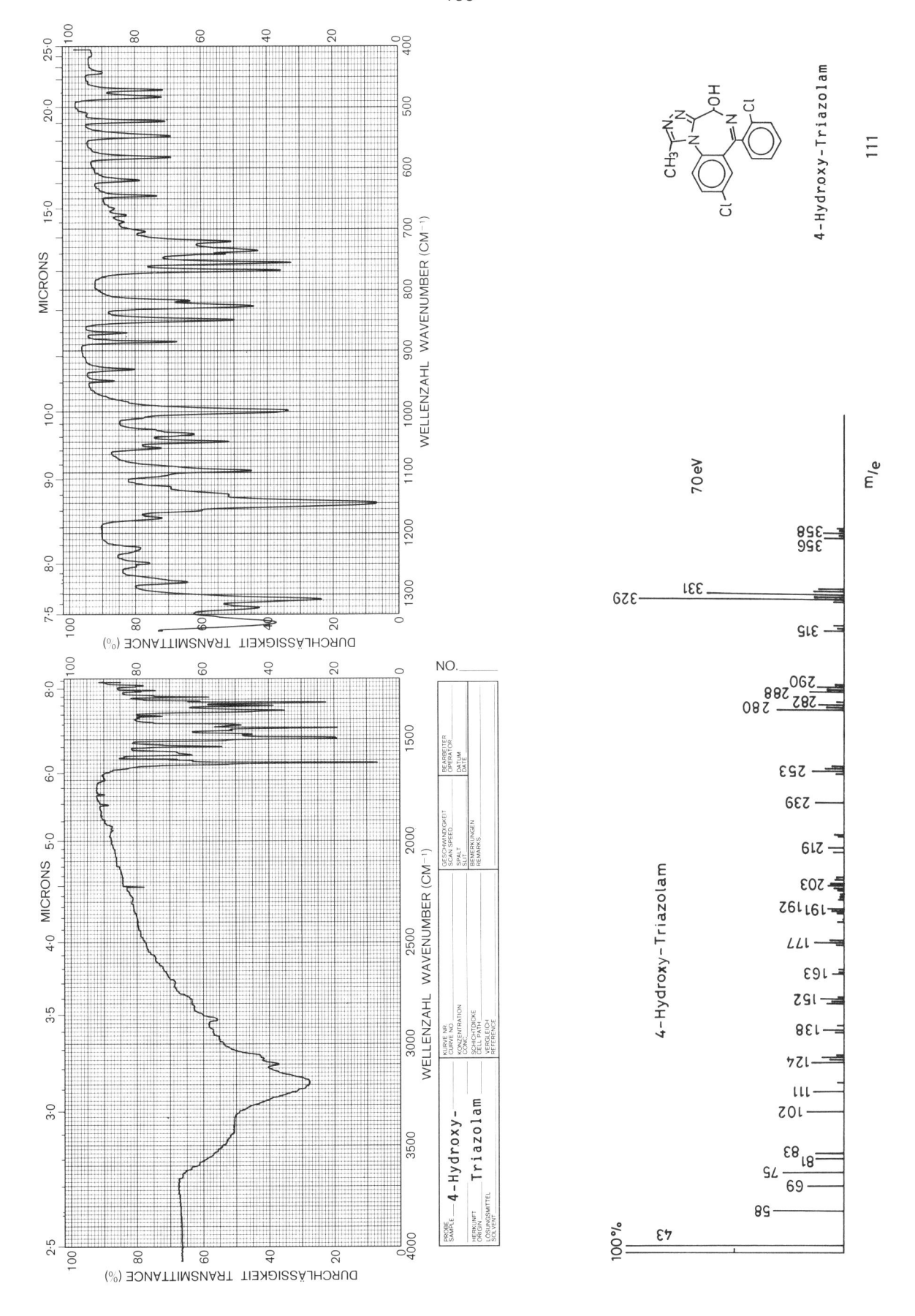

4-Hydroxy-Triazolam

111

4-Hydroxy-Triazolam

70 eV

4-Hydroxy-Triazolam

m/e

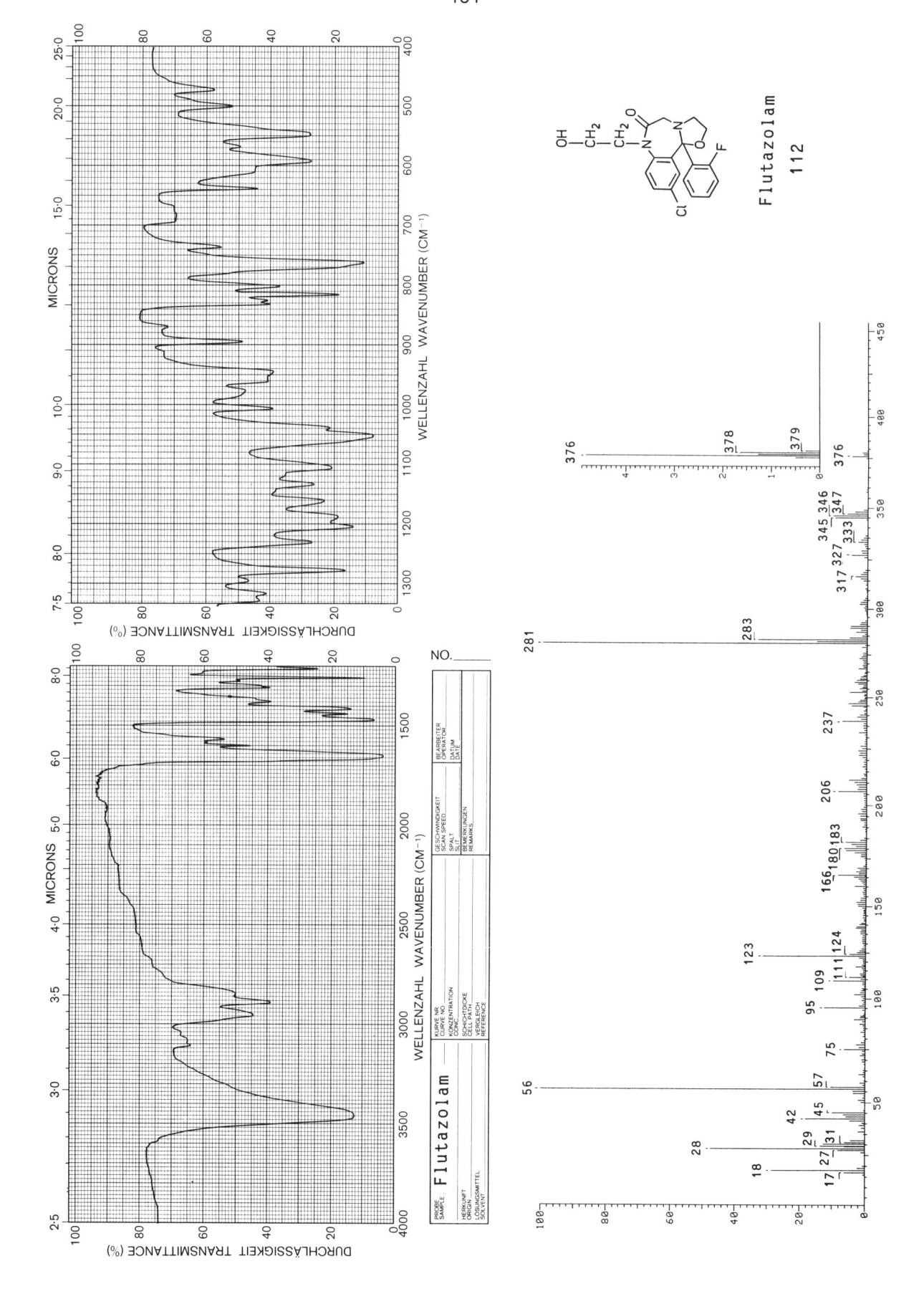

Flutazolam
112

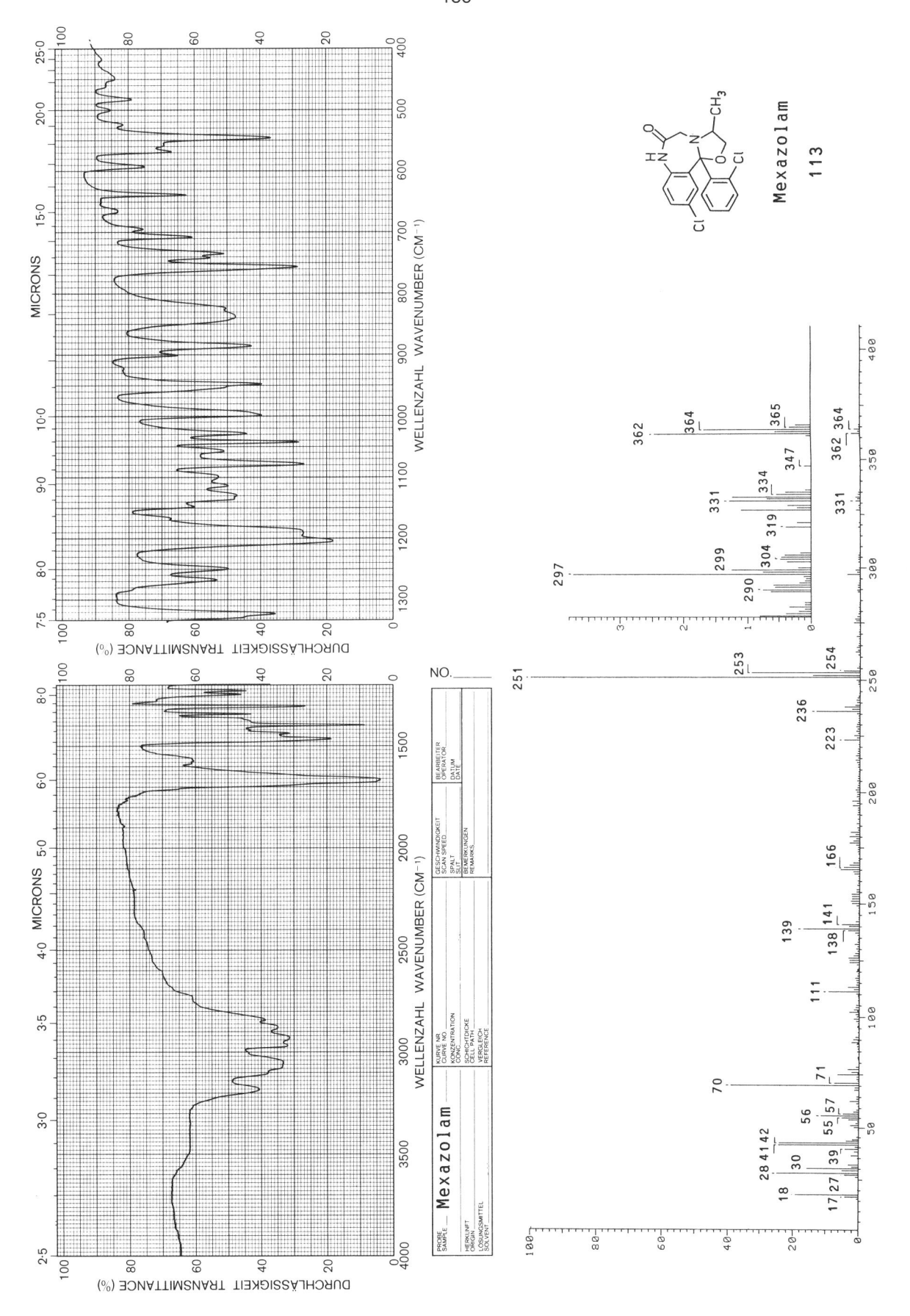

Mexazolam
113

Etizolam
114

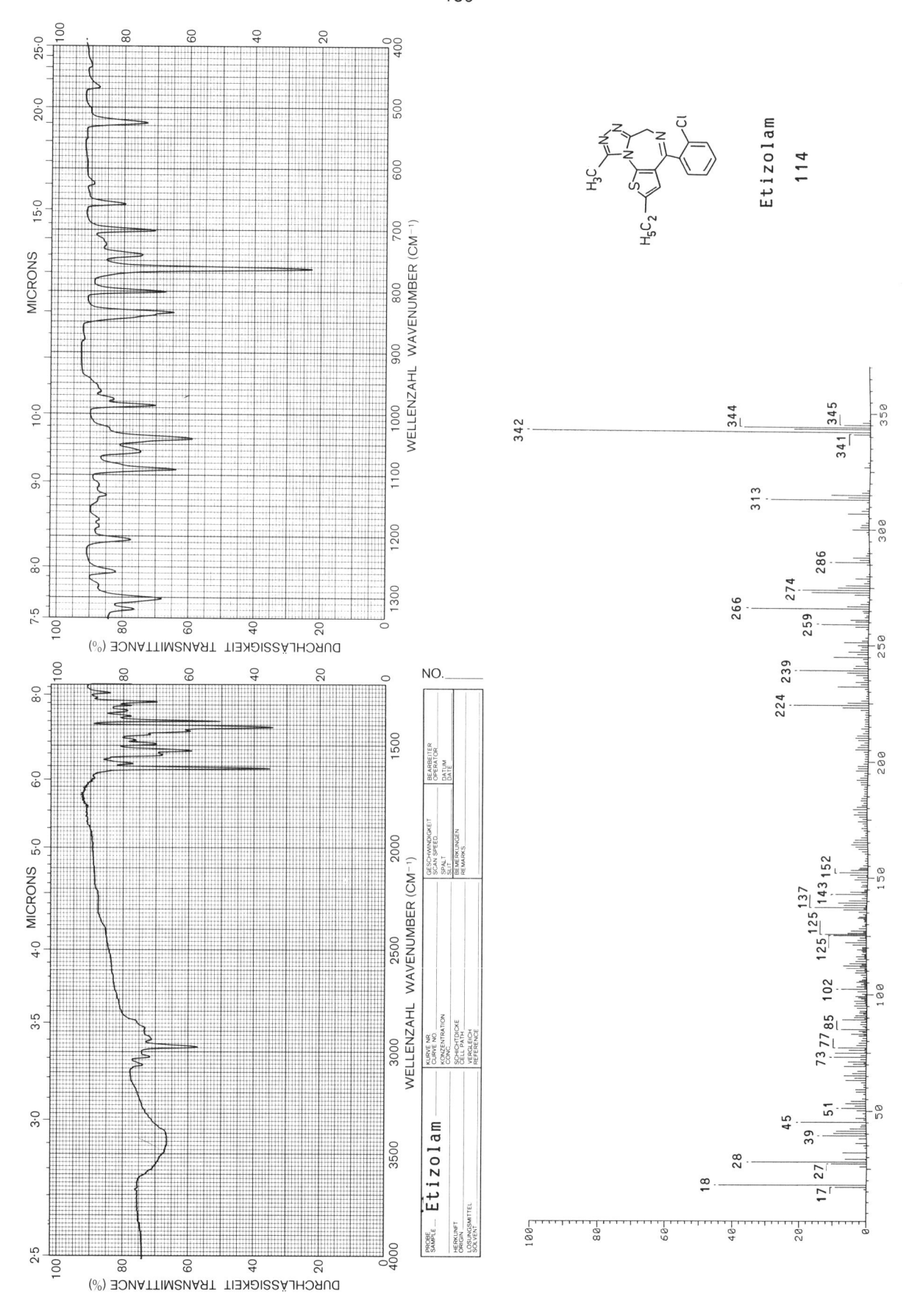

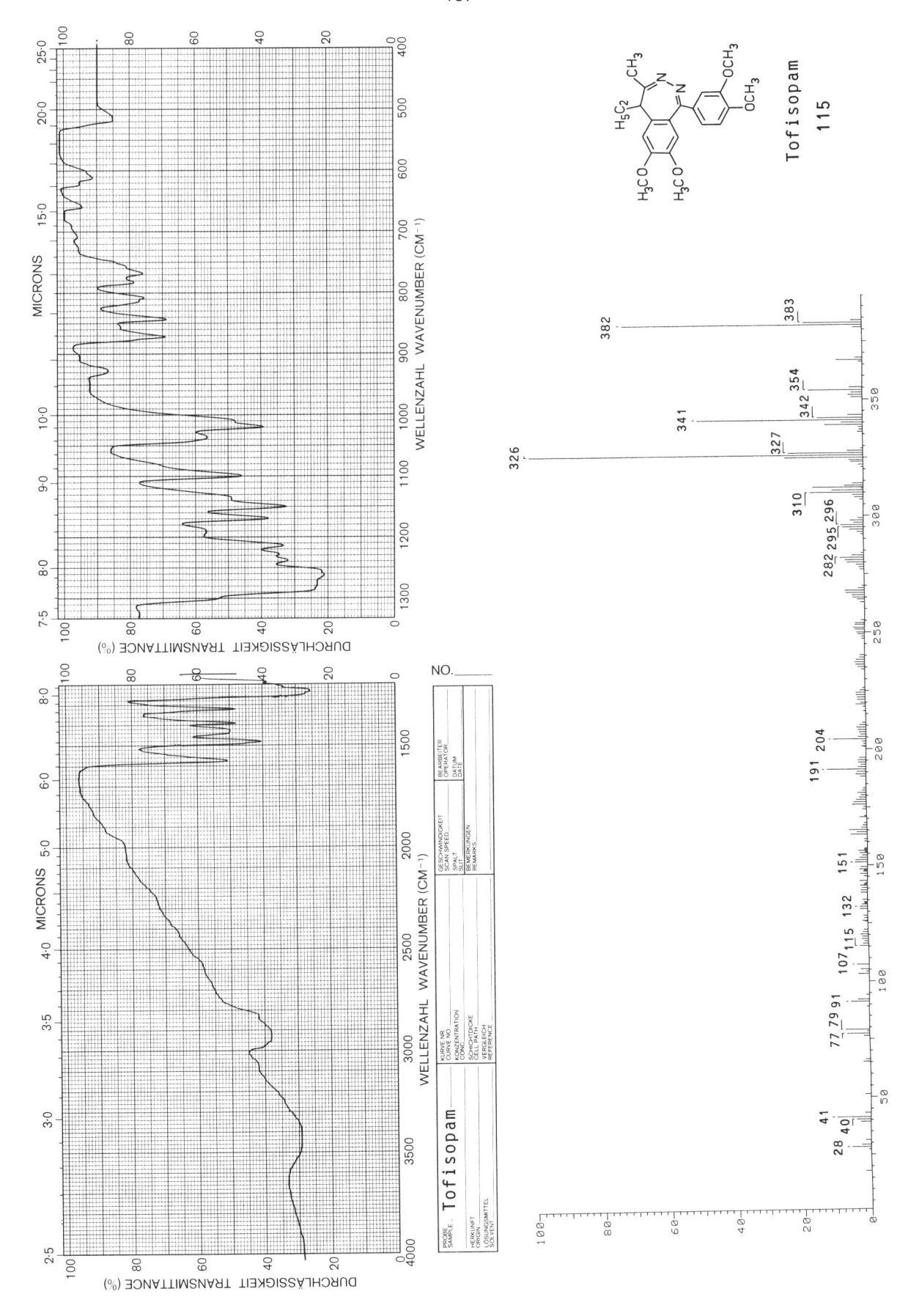

Tofisopam

115

Immunological Methods

Immunoassays

Immunoassays have a firm place among routine methods for the screening of benzodiazepines in biological fluids and should be used as confirmation tests for chromatographic screening procedures (the reverse is also practiced in many laboratories). The tests can be subdivided into two broad classes:

- Homogenous Assays (no separation step required): Enzyme Multiplied Immunoassay Technique (EMIT^R): fluorescent polarization immunoassay (FPIA); substrate-labeled fluorescence immunoassay (SLFIA); rate nephelometric inhibition immunoassay; apoenzyme reactivation immunoassay system (ARIS); others

- Heterogenous Assays (separation step required): Radioimmunoassay (RIA); fluorescence immunoassay; radioreceptor assay (RRA); competitive protein-binding assay (similar to RIA); Luminescence immunoassay (LIA, similar to RIA) in the SPALT (solid-phase antigen luminescence technique) mode[+]; a newly developed, competitive, heterogenous, solid-phase enzyme immunoassay (EIA) described by Bäumler [11296].

The scope of this handbook is to describe and discuss chiefly two commonly used, popular, competitive binding immunoassays for benzodiazepines: the Enzyme Multiplied Immunoassay Technique (EMIT) and the fluorescent polarization immunoassay (FPIA). Precise and informative descriptions of the principles of these tests have recently been given by Maes[++].

- Enzyme-Multiplied Immunoassay Technique (EMIT): The principle of EMIT is familiar. In brief, when serum-labeled hapten (drug covalently bound to an enzyme), substrate, and appropriate antibody are mixed, enzyme-labeled hapten and drug compete for binding to the antibody. Since binding to the antibody reduces enzyme activity, the concentration of the drug in the sample is directly related to free hapten concentration and, thus, to enzyme activity. Substrate depletion or product formation is measured spectrophotometrically (also see [11177]).

- Fluorescent-Polarization Immunoassay (FPIA): The recent application of fluorescent polarization to the analysis of drugs is a particularly innovative approach to homogenous nonisotopic immunoassays. Quantification of antibody-antigen reactions with fluorescent polarization is not new. However, appropriate commercial instruments and reagents, specifically developed for the immunoassay of drugs, have recently become available and appear to have rapidly gained wide acceptance.

Briefly, if a fluorophore is excited by polarized light, its emission will be similarly polarized. Rotation of the molecule results in a reduced degree of polarization or an increase in the randomness of the light emitted. A larger molecule with slower rotation (a longer rotational relaxation time) will emit a greater proportion of polarized light. According to this principle, fluorescein-labeled hapten, antibody, and sample are mixed and, after a fixed time, the intensity of the emitted polarized light is measured. Binding of the labeled hapten to antibody results in a macromolecule that shows increased fluorescent polarization.

Since this is a competitive binding assay, the concentration of antibody-bound label and, consequently, fluorescent polarization are inversely related to the concentration of unlabeled drug in the sample.

The commercial system[+++] includes a completely integrated and automated fluorescence polarization instrument and sample-processing system, which dilutes the samples, adds reagents, measures the fluorescence polarization signal, corrects for background and random fluorescence, and calculates drug concentration.

Other than the loading of the multisample carousel, no sample handling is necessary, with the exception of the digoxin assay, which requires an offline protein precipitation step. No enzyme or substrate is required, and reproducibility appears to be excellent. Analysis of a singel sample can be completed in about 20 min and of a carousel of 20 samples in 40 min.

[+] M. Möller (Homburg) et al. (presented on the occasion of the annual meeting of the American Association of Forensic Sciences, San Diego, California, 19 February 1987)

[++] Sessions of the DFG Task Group "Analytical-technical developments" (Chairmen: H. Brandenberger, Zürich; T. Daldrup, Düsseldorf) held at Basel and München (also see Maes, R.A.A.: Survey of Immunoassay Techniques, Addendum to Mitt. X der Senatskommission für Klinisch-toxikologische Analytik, VCH-Verlagsgesellschaft, Weinheim, 1988)

[+++] ABBOTT diagnostics

The importance of the TD_x test is illustrated by the fact that in 1986 about 80 % of immunological screenings in The Netherlands were carried out with this system (D.R.A. Uges, personal communication).

Important Data (AD_x^{TM} Abused Drug Detection Assays - Benzodiazepines)

Specificity

Cross-reactivity was tested for commonly used benzodiazepines. Compounds were assayed after adding a known quantity of the test compound to drug-free normal human urine. % Cross-Reactivity = 100 x ("concentration found" divided by the "concentration added"). Representative data are shown in Table 5.

Cross-reactivity was also tested with compounds that have similar chemical structure or are used concurrently. Representative data are shown in Table 6.

The compounds listed in Table 7 yielded results less than the sensitivity of the assay (40 ng/mL) when tested at the concentrations shown.

In addition, urine specimens from patients receiving the nonsteroidal anti-inflammatory drugs ibuprofen and naproxen were tested for cross-reactivity. Urine specimens with results greater than or equal to a Threshold of 200 ng/mL were proven to contain benzodiazepines by chromatography (GC, HPLC).

Sensitivity

40 ng/mL (0.04 mg/L)
Sensitivity is defined as the lowest measurable concentration which can be distinguished from zero with 95 % confidence.

Detection Limit

The threshold ranges and detection limits for the immunological screening of many tetracyclic benzodiazepines (adinazolam, alprazolam, brotizolam, estazolam, loprazolam, midazolam, triazolam and major metabolites) using the EMIT and TDx systems have recently been reported [11275], and are listed in Table 8.

Carryover

less than 0.3 %
Carryover was determined by assaying a nordiazepam solution in normal human urine at 50 µg/mL followed by a sample or drug-free normal human urine on the same carousel. % Carryover = 100 x (measured concentration of nordiazepam found in the drug-free urine divided by the concentration of the nordiazepam solution).

Precision

Reproducibility was determined over thirteen different runs in combination and batch modes during a period of two weeks, by assaying four replicates each of nordiazepam in normal human urine at 200, 300 and 1000 ng/mL. The concentration of each was determined from a standard curve run in singles on the first day of the study.

Results from these studies typically yielded CV's of less than 5 %. Representative data are shown below.

Target Value (n=52)	Concentration (ng/mL)		
	200	300	1000
Mean	191	294	1075
SD Within Run	8.31	9.18	24.80
CV Within Run (%)	4.36	3.13	2.31
SD Between Run	9.24	10.49	26.14
CV Between Run (%)	4.85	3.57	2.43

Additionally, precision was determined by running the TD$_x^R$ Systems Multiconstituent Low Control for Abused Drug Assays in replicates of three in both combination and panel modes. Representative data are shown below.

	Concentration (ng/mL)
Target Value	**300**
(n=54)	
Mean	294
SD Within Run	9.08
CV Within Run (%)	3.09
SD Between Run	10.91
CV Between Run (%)	3.72

These values are in good accordance with our own results published in 1987 [11275].

Accuracy by Recovery

Two sets of calibrators were prepared by adding known quantities of nordiazepam to normal human urine and diluent buffer to levels of 200, 300, 400, 800, 1000 and 1200 ng/mL. A calibration was run with urine calibrators and both sets of calibrators were assayed relative to this calibration. % Recovery = 100 x (measured concentration in urine divided by measured concentration in buffer).

Target Concentration (ng/mL)	Concentration in Buffer (ng/mL)	Concentration in Urine (ng/mL)	% Recovery
200	208.8	213.7	102.3
300	295.4	308.4	104.4
400	417.7	415.4	99.4
800	806.1	791.4	98.2
1000	1000.7	1014.2	101.3
1200	1217.8	1218.2	100.0
Average Recovery = 100.9 ± 2.2%			

Comparison with Reference Assays

The AD_x^{TM} Benzodiazepines assay was compared to other methods for detection of benzodiazepines by assaying drug-free urine specimens and urine specimens containing benzodiazepines. The samples evaluated at the clinical sites were analyzed by the standard operation procedures normally utilized by the laboratory. For this reason, the cutoff used for GC/MS, RIA or $EMIT^R$ methodologies were those chosen by the site directors. Representative data are shown below.

Sample Type	Number	AD_x^{TM1} Pos/Neg	GC/MS Pos/Neg	$TD_x^{®1}$ Pos/Neg	$EMIT^®$ d.a.u.™ Pos/Neg
≥ 200 ng/mL by AD_x^{TM1}	109	109/0	107/0 2 ND	109/0	109/0
< 200 ng/mL by AD_x^{TM1}	58	0/58	6*/51 1 ND	2*/56	5*/53

*	AD_x^{TM1} (ng/mL)	GC/MS (Pos/Neg)	$TD_x^{®1}$ (ng/mL)	EMIT (Pos/Neg)
1	196	POS	197.1	POS
2	195	POS	208.9	POS
3	194	POS	211.6	POS
4	186	POS	190.5	POS
5	149.5	POS	146.2	NEG
6	101.5	POS	103.2	NEG
7	178	ND	177.7	POS

ND = Not detectable for 2-amino-5-dichlor-benzophenone, alprazolam, 2-OH-ethyl-flurazepam, flurazepam, lorazepam and 2-methylamino-5-chlor-benzophenone.

AD_x^{TM1} "Positive" = Concentration greater than or equal to the Threshold, 200 ng/mL of nordiazepam.

GC/MS "Positive" = Identification of benzodiazepines, benzodiazepine metabolites, benzophenones by GC or GC/MS.

$TD_x^{®1}$ "Positive" = Concentration greater than or equal to the Threshold, 200 ng/mL of nordiazepam.

EMIT "Positive" = Absorbance rate greater than or equal to the Low Calibrator, which is 300 ng/mL of oxazepam.

---

[1] – AD_x^{TM} represents the AD_x^{TM} System; $TD_x^®$ represents the $TD_x^®$ System

Interferences

The compounds listed below, added to normal human urine, resulted in less than 10 % error in detecting added drug.

Compound	Conc. Tested	
Acetone	1	g/dL
Ascorbic Acid	1.5	g/dL
Bilirubin	0.250	mg/dL
Creatinine	500	mg/dL
Ethanol	1	g/dL
Glucose	2	g/dL
NaCl	6	g/dL
Oxalic Acid	100	mg/dL
Protein	0.05	g/dL
Riboflavin	7.5	mg/dL
Lysed Red Blood Cells (Hgb concentration)	115	mg/dL
Urea	6	g/dL

The presence of detergents in samples potentially interferes with immunoassay results.

Hypochlorite (bleach) is a strong oxidizing agent which reacts with a large number of organic functional groups. As a consequence, bleach may cause oxidation of some analytes, thus reducing the amount available for analysis. If oxidation of the analyte occurs, this may result in lower results, regardless of the method of analysis (e.g., immunoassay, TLC, GC or GC/MS).

There is the possibility that other substances and/or factors not listed above may interfere with the test and cause false results e.g., technical or procedural errors.

Problems with immunological Benzodiazepine Tests:

False-negative immunological screening results, after the application of bromazepam and flunitrazepam, were described by Bäumler[4156]. Müller-Oerlinghausen (personal communication) observed no positive findings (morning urine) when oxazepam was administrated in single or repeated doses of 10 to 20 mg the evening before. In our laboratory discrepant findings between thin-layer chromatographical and enzyme-immunological (EMIT) tests were regularly observed after normal therapeutic doses of bromazepam, fluni-trazepam, lorazepam, oxazepam (TLC-positive/$EMIT^R$-st negative) and triazolam (TLC-negative/$EMIT^R$-st slightly positive). Also see Oellerich [8637].

These discrepancies may be caused by: the formation of conjugates (e.g., lorazepam-glucuronide is not detectable by EMIT-st at normal concentrations); low concentrations (e.g., lower than cut-off levels); poor cross-reactivities (e.g., bromazepam); no formation of diazotable benzophenones (e.g., tetracyclic benzodiazepines such as triazolam and others).

In intensive conjugation (e.g., 3- or 4-hydroxybenzodiazepines), cleavage of the conjugates by enzymatic hydrolysis prior to analysis as described by Schütz et al. [11276] can lead to better results. In other cases of very low concentrations (e.g., flunitrazepam, lorazepam and tetracyclic benzodiazepines after single therapeutic doses) and/or poor cross-reactivities (e.g. bromazepam, chlordiazepoxide, demoxepam), an enrichment procedure using $Extrelut^R$ or some other solid-phase extraction system prior to enzymatic screening tests can also help to avoid "false-negative" results as demonstrated by Schütz et al. [11276] and in Fig. 3 .

Table 5. Cross-reactivity of commonly used benzodiazepines and some metabolites (ABBOTT-AD$_x^{TM}$ Benzo U)

Test Compound	Concentration Added (ng/mL)	Concentration Found (ng/mL)	% Cross-Reactivity
Alprazolam	2400.0	1451.1	60.5
	1200.0	983.0	81.9
	800.0	768.7	96.1
	400.0	436.8	109.2
	200.0	232.9	116.5
Bromazepam	2400.0	418.9	17.5
	1200.0	333.6	27.8
	800.0	222.0	27.8
	400.0	166.3	41.6
	200.0	94.5	47.3
Chlordiazepoxide	2400.0	160.9	6.7
	1200.0	115.2	9.6
	800.0	92.6	11.6
	400.0	65.1	16.3
	200.0	44.7	22.4
Clonazepam	2400.0	368.7	15.4
	1200.0	283.1	23.6
	800.0	201.5	25.2
	400.0	149.7	37.4
	200.0	94.6	47.3
Demoxepam	2400.0	301.4	12.6
	1200.0	195.2	16.3
	800.0	160.2	20.0
	400.0	103.8	26.0
	200.0	66.6	33.3
Desalkylflurazepam	2400.0	882.9	36.8
	1200.0	558.9	46.6
	800.0	423.8	53.0
	400.0	226.4	56.6
	200.0	118.3	59.2
Diazepam	2400.0	HI	NR
	1200.0	2048.0	170.7
	800.0	1264.2	158.0
	400.0	613.1	153.3
	200.0	288.1	144.1
Flunitrazepam	2400.0	749.4	31.2
	1200.0	421.0	35.1
	800.0	322.2	40.3
	400.0	209.3	52.3
	200.0	140.2	70.1
Flurazepam	2400.0	656.9	27.4
	1200.0	468.7	39.1
	800.0	386.8	48.4
	400.0	241.4	60.4
	200.0	149.9	75.0
1-N-Hydroxyethyl-Flurazepam	2400.0	1246.2	51.9
	1200.0	769.2	64.1
	800.0	573.8	71.7
	400.0	335.9	84.0
	200.0	179.6	89.8

NR = Not Reported

Table 5 (continued)

Test Compound	Concentration Added (ng/mL)	Concentration Found (ng/mL)	% Cross-Reactivity
Lorazepam	2400.0	504.0	21.0
	1200.0	388.0	32.3
	800.0	252.9	31.6
	400.0	169.5	42.4
	200.0	91.0	45.5
Medazepam	2400.0	1133.2	47.2
	1200.0	811.6	67.6
	800.0	637.9	79.7
	400.0	368.5	92.1
	200.0	197.5	98.8
Nitrazepam	2400.0	736.9	30.7
	1200.0	503.9	42.0
	800.0	391.7	49.0
	400.0	263.6	65.9
	200.0	178.2	89.1
Norchlordiazepoxide	2400.0	430.7	17.9
	1200.0	305.3	25.4
	800.0	249.0	31.1
	400.0	178.2	44.6
	200.0	117.1	58.6
Oxazepam	2400.0	1092.4	45.5
	1200.0	813.1	67.8
	800.0	571.0	71.4
	400.0	344.6	86.2
	200.0	184.7	92.4
Prazepam	2400.0	1684.2	70.2
	1200.0	1037.4	86.5
	800.0	797.4	99.7
	400.0	458.6	114.7
	200.0	237.2	118.6
Temazepam	2400.0	1793.4	74.7
	1200.0	1121.8	93.5
	800.0	706.4	88.3
	400.0	406.4	101.6
	200.0	197.7	98.9
Triazolam	2400.0	550.6	22.9
	1200.0	429.2	35.8
	800.0	363.5	45.4
	400.0	261.9	65.5
	200.0	165.3	82.7

Table 6. Cross-reactivity of compounds that have similar chemical structure or are used concurrently (ABBOTT-AD$_x^{TM}$ Benzo U)

Test Compound	Concentration Added (ng/mL)	Concentration Found (ng/mL)	% Cross-Reactivity
Cocaine	1,000,000.0	76.1	0.008
	10,000.0	ND*	—
	1,000.0	ND*	—
	100.0	ND*	—
Dimetacrine	1,000,000.0	45.5	0.005
	100,000.0	ND*	—
Diphenhydramine	1,000,000.0	93.1	0.009
	100,000.0	ND*	—
	10,000.0	ND*	—
	1,000.0	ND*	—
Doxylamine	2,000,000.0	44.9	0.002
	100,000.0	ND*	—
	10,000.0	ND*	—
	1,000.0	ND*	—
Fenoprofen	500,000.0	91.2	0.018
Flufenamic Acid	1,000,000.0	108.8	0.011
	100,000.0	42.8	0.043
	10,000.0	ND*	—
	1,000.0	ND*	—
Furosemide	500,000.0	43.1	0.009
	100,000.0	ND*	—
	10,000.0	ND*	—
	1,000.0	ND*	—
Hydroxyzine	1,000,000.0	68.1	0.007
	100,000.0	ND*	—
Indomethacin	1,000,000.0	323.2	0.032
	100,000.0	192.2	0.192
	10,000.0	80.7	0.810
	1,000.0	ND*	—
	100.0	ND*	—
Iprindole	1,000,000.0	43.4	0.004
	100,000.0	ND*	—
Loxapine	100,000.0	45.8	0.046
	10,000.0	ND*	—
	1,000.0	ND*	—
	100.0	ND*	—
Mefenamic Acid	1,000,000.0	87.5	0.009
	100,000.0	43.4	0.043
	10,000.0	ND*	—
	1,000.0	ND*	—
Methadone	1,000,000.0	59.6	0.006
	100,000.0	ND*	—
	10,000.0	ND*	—
	1,000.0	ND*	—
	100.0	ND*	—
Methotrimeprazine	1,000,000.0	53.0	0.005
	100,000.0	ND*	—
	10,000.0	ND*	—
	1,000.0	ND*	—
Orphenadrine	1,000,000.0	62.5	0.006
	100,000.0	ND*	—

ND* = None Detected: concentration less than the sensitivity of the assay (40 ng/mL)

Table 6 (continued)

Test Compound	Concentration Added (ng/mL)	Concentration Found (ng/mL)	% Cross-Reactivity
Phencyclidine	1,000,000.0	40.0	0.004
	100,000.0	ND*	—
	100.0	ND*	—
Phendimetrazine	1,000,000.0	122.1	0.012
	100,000.0	42.5	0.043
Phenylbutazone	1,000,000.0	70.0	0.007
	100,000.0	ND*	—
	10,000.0	ND*	—
	1,000.0	ND*	—
Phenytoin	500,000.0	64.9	0.013
Trazodone	1,000,000.0	83.6	0.008
	100,000.0	ND*	—
	10,000.0	ND*	—
	1,000.0	ND*	—
	100.0	ND*	—

ND* = None Detected: concentration less than the sensitivity of the assay (40 ng/mL)

Table 7. List of compounds frequently encountered in clinical-toxicological analysis (the substances yielded results less than the sensitivity of the assay (40 ng/ml) when tested in the concentrations shown (ABBOTT-AD$_x^{TM}$ Benzo U)

Compound Tested	Conc. Tested (ng/mL)	Compound Tested	Conc. Tested (ng/mL)
Acetaminophen	100,000	Dibenzepin	100,000
Acetaphenazine	100,000	Diethylpropion	1,000,000
p-Acetylcysteine	1,000,000	Diflunisal	100,000
Alphaprodine	100,000	Digoxin	100,000
Amantadine HCl	100,000	Dihydrocodeine	1,000,000
Aminoglutethimide	100,000	Diphenyloxalate	100,000
Aminopyrine	100,000	Dothiepin	100,000
Amitriptyline	1,000,000	Doxepin	100,000
cis-10-OH Amitriptyline	100,000	p-OH-Ephedrine	10,000
trans-10-OH Amitriptyline	100,000	Epinephrine	100,000
Amobarbital	100,000	Erythromycin	1,000,000
Amoxicillin	100,000	Estriol	100,000
d,1-Amphetamine	100,000	Estrone-3-Sulphate	100,000
Ampicillin	100,000	Fenfluramine	1,000,000
Anileridine	100,000	Fentanyl	100,000
Antabuse	50,000	Fluphenazine	100,000
Apomorphine	1,000,000	Furosemide	100,000
Atenolol	100,000	Gentisic Acid	100,000
Atropine	100,000	Glutethimide	10,000
Barbital	100,000	Guaiacol Glyceryl Ether	100,000
Barbituric Acid	100,000	Haloperidol	100,000
Benzocaine	100,000	Hydralazine	100,000
Benzoylecgonine	10,000	Hydrochlorothiazide	100,000
Butabarbital	100,000	Ibuprofen	1,000,000
Butobarbital	100,000	COOH-Ibuprofen	100,000
Butethaine	100,000	OH-Ibuprofen	100,000
Caffeine	100,000	Imipramine	100,000
Carbamazepine	10,000	Isocarboxazid	1,000,000
Carbamazepine-10-11 Epoxide	100,000	Isoproterenol	1,000,000
Carphenazine	100,000	Ketamine	100,000
Cephalexin	100,000	Ketoprofen	1,000,000
Chloroquine	100,000	Labetalol	500,000
Chlorothiazide	500,000	Levallorphan	100,000
Chlorpheniramine	100,000	Levorphanol	100,000
Chlorpromazine	100,000	Levothyroxine	100,000
Chlorpropamide	100,000	Lidocaine	50,000
Chlorprothixene	1,000,000	Maprotiline	100,000
Cimetidine	1,000,000	Meperidine	1,000,000
Clomipramine	100,000	Mesoridazine	1,000,000
Clonidine	100,000	d,1-Methamphetamine	100,000
Codeine	1,000,000	Methaqualone	100,000
Cyclizine	100,000	Methoxypromazine	100,000
Cyproheptadine	100,000	Methylphenidate	1,000,000
Desipramine	100,000	Methyldopa	500,000
Dextromethorphan	1,000,000	Methyprylon	1,000,000
		Metoprolol	500,000

Table 7 (continued)

Compound Tested	Conc. Tested (ng/mL)	Compound Tested	Conc. Tested (ng/mL)
MEGX	50,000	Piroxicam	100,000
Morphine	1,000,000	Potassium Chloride	100,000
Naficillin	1,000,000	Prazosin HCl	50,000
Nalorphine	100,000	Primidone	100,000
Naloxone	1,000,000	Prochlorperazine	100,000
Naltrexone	1,000,000	Promazine	100,000
Naproxen	100,000	Propoxyphene	100,000
Niacinamide	100,000	Propranolol	1,000,000
Nicotine	1,000,000	Propylhexadrine	1,000,000
Nicotinic Acid	1,000,000	Pseudoephedrine	100,000
Nifedipine	250,000	Quinidine	100,000
Norethindrone	100,000	Quinine	100,000
Normorphine	1,000,000	Salicylate	1,000,000
Nortriptyline	100,000	Scopolamine	1,000,000
cis-10-OH Nortriptyline	100,000	Secobarbital	1,000,000
trans-10-OH Nortriptyline	100,000	Sudoxicam	100,000
Octopamine	100,000	Sulindac	100,000
Opipramol	100,000	Terbutaline	100,000
Oxymorphone	1,000,000	Tetracycline	100,000
Pargyline	1,000,000	Δ-8-Tetrahydrocannabinol-9-	
Penicillin G	100,000	carboxylic acid	10,000
Pentazocine	1,000,000	Tetrahydrozoline	100,000
Pentobarbital	100,000	Thebaine	100,000
Perphenazine	100,000	Theophylline	100,000
Phenacetin	100,000	Thioridazine	1,000,000
4-OH-PIP-Phencyclidine	100,000	Thiopropazate	100,000
Phenelzine	1,000,000	Thiothixene	100,000
Phenmetrazine	100,000	Tranylcypromine	1,000,000
Phenobarbital	100,000	Triamterene	50,000
Phenothiazine	100,000	Trifluoperazine	100,000
Phentermine	1,000,000	Triflupromazine	1,000,000
5-p-OH-Phenylhydantoin	100,000	Trimethoprion	1,000,000
Phenylpropanolamine	1,000,000	Trimipramine	100,000
Piperacetazine	100,000	Tyramine	100,000

Table 8. Threshold ranges and detection limits of tetracyclic benzodiazepines [11275]

Triazolobenzodiazepine:

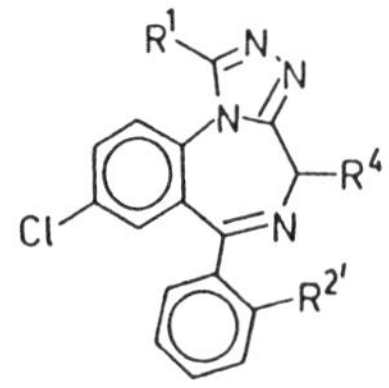

threshold ranges and detection limits

Name	R^1	R^4	R$^{2'}$	EMIT-st (mg/l)	TDx (mg/l)
Adinazolam	−CH$_2$−N(CH$_3$)CH$_3$	−H	−H	0,5 − 1,0 (0,6)	0,5 − 1,0 (0,5)
Mono-N-demethyl-adinazolam	−CH$_2$−N(CH$_3$)H	−H	−H	0,5 − 1,0 (0,7)	0,25− 0,5 (0,4)
Alprazolam	−CH$_3$	−H	−H	0,25− 0,6 (0,3)	0,1 − 0,25 (0,2)
α-Hydroxyalprazolam	−CH$_2$OH	−H	−H	0,25− 0,6 (0,3)	0,25− 0,6 (0,3)
4-Hydroxyalprazolam	−CH$_3$	−OH	−H	0,2 − 0,5 (0,3)	0,2 − 0,5 (0,3)
Estazolam	−H	−H	−H	0,25− 0,5 (0,3)	0,1 − 0,25 (0,2)
Triazolam	−CH$_3$	−H	−Cl	0,2 − 0,5 (0,4)	0,2 − 0,5 (0,3)
α-Hydroxytriazolam	−CH$_2$OH	−H	−Cl	0,2 − 0,5 (0,4)	0,2 − 0,5 (0,4)
4-Hydroxytriazolam	−CH$_3$	−OH	−Cl	5,5 −11,0 (8,7)	5,5 −11,0 (9,3)

Thieno-triazolodiazepine:

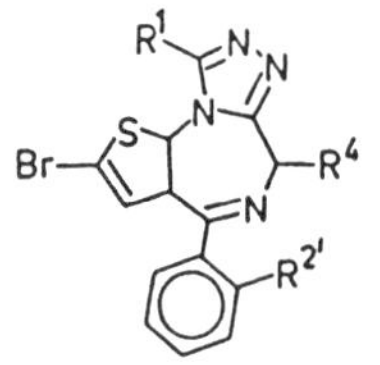

Name	R^1	R^4	R$^{2'}$	EMIT-st (mg/l)	TDx (mg/l)
Brotizolam	−CH$_3$	−H	−Cl	0,2 − 0,5 (0,5)	0,2 − 0,5 (0,4)
α-Hydroxybrotizolam	−CH$_2$OH	−H	−Cl	1,0 − 2,0 (1,8)	0,2 − 0,5 (0,4)
4-Hydroxybrotizolam	−CH$_3$	−OH	−Cl	2,0 − 3,0 (2,3)	0,5 − 1,0 (0,6)

Table 8 (continued)

Imidazobenzodiazepine:

a) Imidazo [1,2-a] [1,4]-benzodiazepine

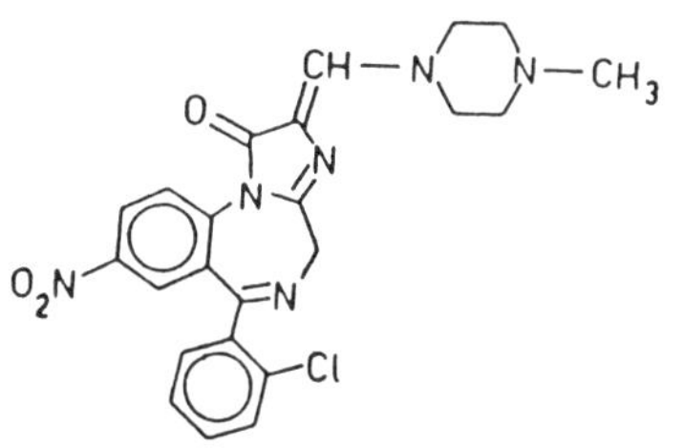

Name	R^1	R^4	R$^{2'}$	EMIT-st	(mg/l)	TDx	(mg/l)
Loprazolam	s.o.	–H	–Cl	2,0 – 5,0	(3,2)	2,0 – 5,0	(3,5)

b) 4H-Imidazo [1,5–a] [1,4]-benzodiazepine

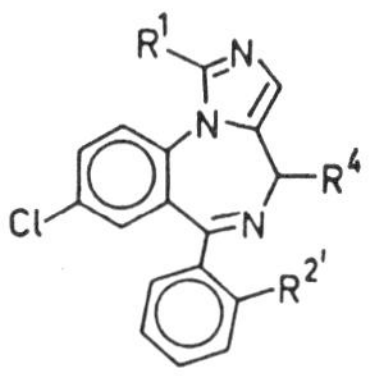

Name	R^1	R^4	R$^{2'}$	EMIT-st	(mg/l)	TDx	(mg/l)
Midazolam	–CH$_3$	–H	–F	0,2 – 0,5	(0,4)	0,2 – 0,5	(0,3)
α-Hydroxymidazolam	–CH$_2$OH	–H	–F	1,3 – 2,6	(1,6)	0,65– 1,3	(0,9)
4-Hydroxymidazolam	–CH$_3$	–OH	–F	0,6 – 1,2	(0,6)	0,6 – 1,2	(1,1)
α,4-Dihydroxy-midazolam	–CH$_2$OH	–OH	–F	0,6 – 1,2	(1,1)	0,6 – 1,2	(1,0)

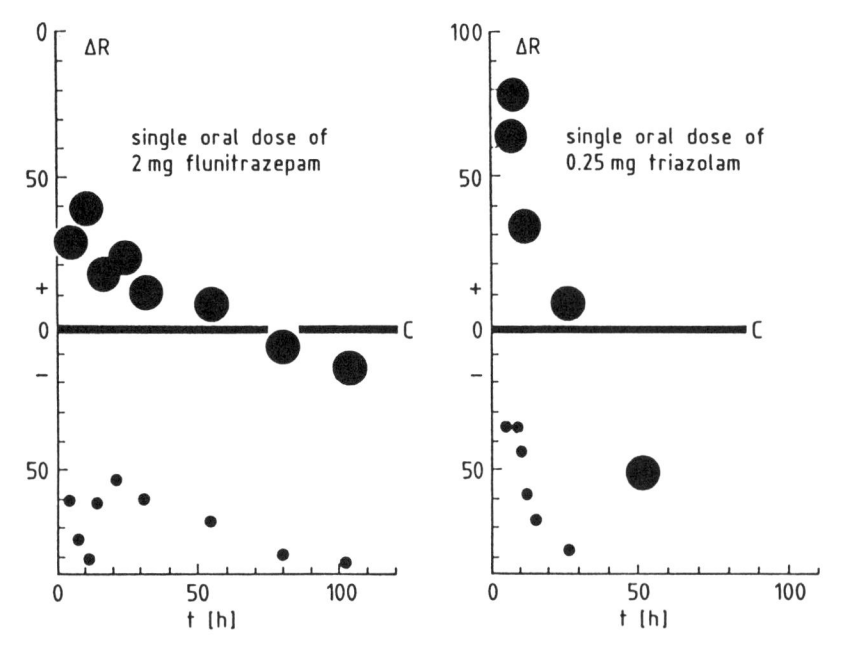

Fig. 3. Screening findings with EMIT-st. *C* Cut-off level (threshold); • direct screening (without enrichment); ● enrichment via Extrelut

Short description of the enrichment procedure

EXTRELUT^R-20 column + 20 mL urine (not exceeding 22 mL), 15 min equilibration, elution with 60 mL of chloroform / methanol (90 + 10; v/v), evaporation to dryness under vacuum, reconstitution with 0.5 mL urine (original sample). Use this solution for immunological screening procedure.

Note: Cleavage of conjugates (especially of hydroxybenzodiazepines) may be performed by enzymatic hydrolysis prior to enrichment procedure.

Also see [11276] for full details.

Presentation of Analytical Methods

Methods for the Determination of New Benzodiazepines ... 157

    alprazolam ... 157
    brotizolam ... 159
    clotiazepam ... 160
    delorazepam, chlordesmethyldiazepam ... 160
    estazolam ... 161
    ethyl loflazepate ... 162
    flumazenil, Ro 15–1788 ... 162
    halazepam ... 163
    metaclazepam ... 164
    midazolam ... 164
    pinazepam ... 168
    quazepam ... 169
    temazepam ... 170
    tetrazepam ... 171
    triazolam ... 172

Additional Methods for the Determination of Benzodiazepines Already Described in Vol. I ... 174

Simultaneous Methods ... 174

Mono Methods ... 176

    bromazepam ... 176
    clobazam ... 177
    clonazepam ... 180
    diazepam ... 184
    flunitrazepam ... 186
    flurazepam ... 188
    lorazepam ... 190
    nitrazepam ... 191

Methods for the Determination of New Benzodiazepines

alprazolam

Benzodiazepine(s): alprazolam

Method: GLC - ECD

Author(s): Greenblatt, Divoll, Moschitto, Shader

Lit.Ref. [6177]

Sample required: 0.5 - 2.0 mL plasma

Short description of the method: U-31485 as internal standard, extraction with 3 mL of benzene containing 1.5 % isoamyl alcohol, centrifugation, evaporation to dryness, reconstitution in 25 µL of toluene containing 15 % isoamyl alcohol, 3-6 µL injected onto column, coiled glass, 1,83 m x 2 mm i.D., 1 % OV-17 on 80-100 chromosorb W HP, carrier gas ultrapure helium, 50 mL·min^{-1}, ECD, purge gas argon-methane (95:5) column 290°C, detector and injection port 310°C.

Important data: limit of sensitivity 0.25 ng/mL,
C.V. (n=6): 4.2 % (1.0 ng/mL)
4.7 % (2.5 ng/mL)
5.8 % (5.0 ng/mL)
3.6 % (10.0 ng/mL)

Benzodiazepine(s): alprazolam

Method: capillary GLC / negative ion chemical ionization mass spectrometry

Author(s): Javaid, Liskevych

Lit.Ref. [6780]

Sample required: 1 mL plasma

Short description of the method: Extraction at basic pH with benzene - isoamyl alcohol (98:2, v/v), triazolam as internal standard, no derivatization, reconstitution in 30-50 µL of methanol, 4-7 µL injected, column 12 m x 0.2 mm, fused silica, dimethylsilicone, injection port 320°C, transfer line 290-300°C, separator 270°C, ionizer 120°C, manifold 100°C, column 260°C (1min), to 280°C with 4°C/min, helium as carrier gas, MS-NICI mode, methane as reagent gas, 100 eV, m/z 308 (alprazolam) and 306 (triazolam).

Important data: detection limit 0.2 ng/mL,
C.V. (within-day): 7.6 % (1.0 ng/mL, n=5)
7.3 % (5.0 ng/mL, n=6)
2.3 % (10.0 ng/mL, n=6)
4.7 % (20.0 ng/mL, n=6)
C.V. (day-to-day): 10.3 % (10.0 ng/mL, n=5)

Benzodiazepine(s):	alprazolam
Method:	HPLC
Author(s):	Adams, Bombardt, Brewer
Lit.Ref.	[3843]
Sample required:	0.5 mL serum

Short description of the method: I.S. = triazolam, serum + 4 volumes of 4 M sodium hydroxide, extraction with toluene, reconstitution in acetone / acetonitrile (1:5, v/v), monitoring: 214 nm, ZORBAX SIL, mobile phase acetonitrile / water (94:6, v/v).

Important data: linearity-range: 0.3 - 120 ng/mL
sensitivity limit: 0.5 ng/mL
C.V.: < 2.1 % (intra-assay)
C.V.: 17 % (0.3 ng/mL) (inter-assay)
3.9 % (12 ng/mL) (inter-assay)

Benzodiazepine(s):	alprazolam
Method:	HPLC
Author(s):	Edinboro, Backer
Lit.Ref.	[5434]
Sample required:	blood

Short description of the method: 1 mL whole blood + nitrazepam as internal standard + 0.5 mL borate buffer (pH 9.0) + 5 mL toluene, 10 min mechanically shaken, 4 mL aliquot filtered and evaporated to dryness under nitrogen, reconstitution with 50 µL methanol, 10 µL injected, C 18 reversed-phase column with 5-µm particle size, detection at 254 nm.

Important data: recovery 89 % (100 ng/mL)

Benzodiazepine(s):	alprazolam
Method:	HPLC
Author(s):	Fraser
Lit.Ref.	[11168]
Sample required:	5 mL urine

Short description of the method: Urine and temazepam as internal standard were heated with 1 mL β-glucuronidase at 37°C for 2.5 hr. After cooling, the solutions were adjusted to pH 8.5 with saturated Na_2CO_3, extracted with methylene chloride (10 mL) and evaporated. Residue was taken up in 0.2 mL of mobile phase (0.01 mol/L potassium dihydrogen phosphate / acetonitrile / n-nonylamine, 500:450:0.6). This mixture was adjusted to pH 3.2 with phosphoric acid and pumped at a flow rate of 1.6 mL/min, column RP-8 with 5-µm particle size, detector 225 nm.

Benzodiazepine(s):	alprazolam
Method:	HPLC
Author(s):	McCormick, Nielsen, Jatlow
Lit.Ref.	[7990]
Sample required:	2 mL serum or plasma

Short description of the method: Extraction with toluene / isoamyl alcohol (99/1, v/v), lorazepam as internal standard, reconstitution in the mobile phase (300 mL of acetonitrile per liter of 50 mmol/L phosphate buffer pH 4.5 (6.9 g of KH_2PO_4 in 1000 mL of water, adjusted to pH 4.5 with o-phosphoric acid), column 250 min x 4 mm (i.d.) Bio-Sil ODS-10, detector at 202 nm.

Important data: lower limit of sensitivity 2.5 µg/L, linearity from 2.5 to 100 µg/L, C.V. (within-run) 1.4 % (10 µg/L) and 0.9 % (20 µg/L), C.V. (between-run) 4.8 % (10 µg/L) and 3.2 % (20 µg/L).

brotizolam

Benzodiazepine(s):	brotizolam
Method:	GLC - ECD
Author(s):	Greenblatt, Locniskar, Shader
Lit.Ref.	[6191]
Sample required:	1 - 2 mL plasma

Short description of the method: 1 - 2 mL plasma + U-31485 as internal standard, + 1 mL of carbonate buffer (pH 11), extraction with 4 mL of benzene / isoamyl alcohol (98:1.5), shaking, centrifugation, evaporation to dryness, reconstitution with 25 µL of toluene / isoamyl alcohol (85:15), 2-3 µL injected, column 1.83 m x 2 mm I.D., 1 % OV-17 on 80-100 chromosorb WHP, carrier gas ultrapure helium, detector purge gas argon / methane (95:5), oven 290°C, detector and injection port 310°C.

Important data: sensitivity limit 0.25 ng/mL plasma
C.V.: 4.6 - 8.9 % (25 to 12.5 ng/mL) (n=6)

Benzodiazepine(s):	brotizolam
Method:	Radioimmunoassay
Author(s):	Bechtel, Weber
Lit. Ref.	[4182]
Sample required:	0.1 mL plasma

Short description of the method: see publication

Important data: sensitivity limit: 100 pg/mL plasma
C.V. (within-run) 9.2 % (1.29 ng/mL), 12.9 % (5.82 ng/mL), 24.5 % (8.45 ng/mL)
C.V. (between-run)23.2 % (1.29 ng/mL), 17.0 % (5.82 ng/mL), 15.4 % (8.45 ng/mL)

clotiazepam

Benzodiazepine(s):	clotiazepam and metabolites
Method:	GLC - ECD
Author(s):	Arendt, Ochs, Greenblatt
Lit.Ref.	[3976]
Sample required:	1 mL plasma

Short description of the method: 1 mL plasma + diazepam as internal standard, extraction with 2 mL benzene (containing 1.5 % isoamyl alcohol), shaking, centrifugation, evaporation to dryness, reconstitution in 0.2 mL of toluene (containing 15 % isoamyl alcohol), 6 µL injected onto chromatograph, column coiled glass, 6 feet x 2 mm I.D., 3 % SP-2250 on 80/100 supelcoport, injector 310°C, oven 260°C, detector 310°C, argon-methane (95:5) as carrier gas.

Important data: C.V.:   5 ng/mL 6.4 % (clotiazepam), 4.3 % (hydroxyclotiazepam), 6.7 % (desmethyl-clotiazepam)
50 ng/mL 3.5 % (clotiazepam), 5.3 % (hydroxyclotiazepam), 2.4 % (desmethyl-clotiazepam)
150 ng/mL 2.4 % (clotiazepam),
concentration range: 2.5 - 150 ng/mL
sensitivity limit 1 - 3 ng/mL plasma (each of the 3 compounds)

Benzodiazepine(s):	clotiazepam
Method:	TLC-densitometry
Autor(s):	Busch, Ritter, Möhrle
Lit.Ref.	[4575]
Sample required:	1 mL plasma or serum

Short description of the method: 1 mL plasma or serum extracted with 2 mL n-hexane / propanol-2 (98.5:1.5, v/v), evaporation to dryness, redissolved in 100 µL chloroform, TLC (solvent system toluene-methanol, 90+10), HPTLC-spectrophotometer excitation 313 nm, detection 460 nm.

Important data: C.V. (intra-assay): 9.8 % (40 ng/mL, n=20)
5.0 % (100 ng/mL, n=20)
concentration range: 10 - 300 ng/mL
detection limit: 2.5 ng/spot

delorazepam, chlordesmethyldiazepam

Benzodiazepine(s):	delorazepam
Method:	GLC-ECD
Author(s):	Zecca, Ferrario, Pirola
Lit.Ref.	[11294]
Sample required:	1 mL plasma and urine

Short description of the method: 1 mL plasma + nor-diazepam and oxazepam (double internal standard) + 1,5 mL borate buffer + 5 mL toluene-isoamyl alcohol (100:1.5), extraction, centrifugation, evaporation to dryness under nitrogen, 5-7 µL injected onto packed column or 1-2 µL injected onto the wide-bore column, extraction of conjugates after cleavage with ß-glucuronidase and arylsulfatase, ^{63}Ni-ECD, colums glass SPB-5 wide-bore column with SE-54 (30 m x 0.75 mm I.D.), oven 240°C, injector and detector 280°C, or 180 cm x 4 mm I.D. glass column with 3 % OV-17 on chromosorb Q , 100-200 mesh, oven 280°C, injector and detector 350°C, argon-methane (95:5) as carrier gas.

Important data: linearity-range: 0 - 100 ng/mL (delorazepam)
0 - 50 ng/mL (lorazepam)
sensitivity: 0.2 - 0.3 ng/mL (delorazepam)
1 - 2 ng/mL (lorazepam)
recovery: 98.3 - 103 %
C.V. (inter-day): 2.9 - 5.4 % (100 ng/mL - 1 ng/mL) (delorazepam in plasma)
3.5 - 9.3 % (50 ng/mL - 5 ng/mL) (lorazepam in plasma)
4.0 - 9.6 % (50 ng/mL - 5 ng/mL) (lorazepam in urine)

Benzodiazepine(s): delorazepam

Method: HPLC

Author(s): Staak, Sticht, Käferstein, Norpoth

Lit.Ref. [11280]

Sample required: 3 mL serum

Short description of the method: 3 mL serum + 0.75 mL 2 N NH_3 solution (aqu.), extraction with 15 mL $CHCl_3$, evaporation, column RP-18, mobile phase perchloric acid - acetonitrile (50:50)

Important data: recovery 83 ± 4 % (range 5 - 50 ng/mL)

estazolam

Benzodiazepine(s): estazolam

Method: HPLC

Author(s): Scotto di Tella, Ricci, Di Nunzio, Cassandro

Lit.Ref. [11159]

Sample required: 0.5 mL blood and urine

Short description of the method: 0.5 mL of blood or urine + 3 mL ethylene chloride - methylene chloride - ethyl acetate (1:1:8) buffered with 0.1 mL of a solution containing 0.1 g/mL each of Na_2CO_3 and $NaHCO_3$, extraction repeated with 3 mL of the same solvent, centrifugation, evaporation to dryness, reconstitution with 0.5 mL of methanol, shaking, filtration, 20 µL injected onto HPLC, column ultrasphere C_{18}, 5 µ, detection 240 nm, mobile phase methanol-phosphate buffer (pH 7.5, 0.011 M)-acetonitrile (65:33:2).

Important data: linearity range: 0.6 - 10 µg estazolam/mL serum or urine
recovery: 64 ± 1.0 % (20 µg/mL) to 99 ± 1.4 % (0.60 µg/mL) (serum)
70 ±10.2 % (20 µg/mL) to 99 ± 2.2 % (0.60 µg/mL) (urine)

| Benzodiazepine(s): | estazolam |

Method: GLC - ECD

Author(s): Divoll, Allen, Greenblatt, Arnold

Lit.Ref. [11304]

Sample required: plasma

Short description of the method: plasma + flurazepam or desmethyldiazepam as I.S. + borate buffer (pH 9), extracted twice with 10 mL of benzene/hexane (50:50), combined extracts evaporated to dryness and redissolved in 50 µ of toluene (containing 15 % isoamyl alcohol), 1-3 µL injected into chromatograph, ^{63}Ni-ECD, column coiled glass, 182 cm, 4 mm I.D., 3 % OV-17 on 80/100 mesh chromosorb WHP, carrier gas ultrapure helium, purge gas 95/5 argon/methane, column 280°C, injection port 300°C, detector 320°C.

Important data: sensitivity limit 5.0 ng/mL or better
C.V. 11 % or less (25 ng/mL)
recovery approximately 100 %

ethyl loflazepate

Benzodiazepine(s): ethyl loflazepate

Method: GLC (capillary) - ECD

Author(s): Ba, Bun, Coassolo, Cano

Lit.Ref. [4047]

Sample required: 0.5 mL plasma

Short description of the method: 0.5 mL plasma + delorazepam as internal standard + 0.1 mL of 0.5 M sulphuric acid, extraction with 1 mL of butyl acetate, shaking, centrifugation, evaporation to dryness, reconstitution with 50 - 100 µL of toluene, ^{63}Ni-ECD, column WSCOT (25 m x 0.5 mm I.D.), OV-1, thickness 1 µm, helium as carrier, argon-methane (90:10) as auxiliary gas, oven 275°C, injector and detector 300°C.

Important data: C.V. (intra-assay):   C.V. (inter-assay):
6.8 % (0.8 ng/mL, n=7)   1.9 % (25 ng/mL, n=6)
3.4 % (14 ng/mL, n=6)   2.0 % (150 ng/mL, n=6)
1.6 % (260 ng/mL, n=7)   1.5 % (250 ng/mL, n=6)

flumazenil, Ro 15-1788

Benzodiazepine(s): flumazenil

Method: GLC - NPD

Author(s): Abernethy, Arendt, Lauven, Greenblatt

Lit.Ref. [3802]

Sample required: plasma

Short description of the method: methylclonazepam as internal standard, plasma extracted with 2 mL ethyl acetate, shaking, centrifugation, evaporation to dryness, reconstitution in 200 µL toluene-isoamyl alcohol (85:15), 6 µL injected into chromatograph, column coiled glass, 1,83 m x 2 mm I.D., 3 % SP-2250 on 800-100 mesh Supelcoport, helium as carrier gas, purge gas ultra high pure hydrogen, injection port 310°C, column 275°C, detector 275°C.

Important data: sensitivity limit: 3 ng/mL
linearity range: 3 - 200 ng/mL
C.V. 1.3 % (n=5, 10 ng/mL)
     5.9 % (n=4, 25 ng/mL)
     5.8 % (n=5, 50 ng/mL)
     5.7 % (n=5,100 ng/mL)
     2.4 % (n=5,200 ng/mL)

Benzodiazepine(s): flumazenil

Method: GLC- NPD

Author(s): Zell, Timm

Lit.Ref. [11079]

Sample required: 1 mL plasma

Short description of the method: 1 mL plasma + 50 µL ethanolic solution of internal standard + 50 µL 1 M NaOH + 5 mL of n-butyl chloride - dichloromethane (96+4), VORTEX, centrifugation, evaporation to dryness under nitrogen, residue dissolved in 50 µL of n-butyl acetate, 1 µL injected, column 30 m x 0.25 mm I.D. fused-silica capillary, DB-5, both cross-linked, film thickness, 0.10 µm, temperature programm 120°C (1.75 min) then increased to 280°C at 30°C/min (hold for 5 min), detector 300°C, injection port 280°C

Important data: limit of detection ca. 10 pg/mL
limit of quantification ca. 50 pg/mL

C.V. (intra-assay): 2.3 - 9.9 % (10.0/0.050 ng/mL) (n=5)
C.V. (inter-assay): 2.0 - 3.1 % (10.0 /0.50 ng/mL) (n=6) (time interval 4 weeks)
C.V. (inter-assay): 1.9 - 3.6 % (100 / 1.0 ng/mL) (n=9-26) (time interval 6 months)

linearity range up to 5 ng/mL

Benzodiazepine(s): flumazenil

Method: HPLC

Author(s): Timm, Zell

Lit.Ref. [10390]

Sample required: 1 mL plasma

Short description of the method: 1 mL plasma, addition of internal standard (Ro 15-6166) and 0.2 mL saturated Na_3PO_4 solution, extraction with 5 mL n-butylchloride - dichloromethane (96:4, v/v), shaking, centrifugation, extraction repeated, evaporation to dryness under pure nitrogen, residue dissolved in 200 µL of mobile phase, 50 µL injected, stainless steel column, 120 x 4.6 mm I.D., 5 µm LiChrosorb RP-18, mobile phase 300 mL water, 175 mL methanol, 25 mL tetrahydrofuran, detection at 245 nm.

Important data: sensitivity-limit about 10 ng/mL
linearity-range about 10 - 320 ng/mL
recovery: 100.5 - 105.1 % (300 - 25.6 ng/mL)

C.V. (intra-assay): 3.4 % (25 ng/mL)   C.V. (inter-assay): 6.0 % (25 ng/mL)
(n=5)   1.7 % (100 ng/mL)   (n=5)   3.1 % (100 ng/mL)
                   2.8 % (400 ng/mL)   2.7 % (400 ng/mL)

halazepam

Benzodiazepine(s): halazepam

Method: GLC - ECD

Author(s): Greenblatt, Locniscar, Shader

Lit.Ref. [6190]

Sample required: 0.5 - 1.0 plasma

Short description of the method: 0.5 - 1.0 mL plasma + 2´-fluorodiazepam as internal standard, extraction with 2 mL of benzene-isoamyl alcohol (98.5:1.5), shaking, centrifugation, evaporation to dryness, reconstitution with 200 µL toluene (containing 15 % isoamyl alcohol), 6 µL injected, ^{63}Ni-ECD, column coiled glass, 1.81 m x 2 mm I.D., 3 % SP-2250 on 80-100 mesh Supelcoport, column 255°C, argon-methane (95:5) as carrier gas.

Important data: C.V. (n=6): 7.0 % (2.5 ng/mL)
                              6.0 % (5.0 ng/mL)
                              5.0 % (10.0 ng/mL)
                              4.2 % (25.0 ng/mL)
                              2.5 % (50.0 ng/mL)
                              2.0 % (75.0 ng/mL)
                 sensitivity: 0.5 - 1.0 ng/mL

Recommended for: single oral doses

metaclazepam

Benzodiazepine(s): metaclazepam

Method: GLC - ECD

Author(s): Gielsdorf, Molz, Hausleiter, Achtert, Philipp

Lit.Ref. [6025]

Sample required: 2 mL plasma

Short description of the method: 2 mL plasma + KC-3863 as internal standard + 1 mL of NH_4Cl buffer (pH 9.5), extraction twice with 3 mL of ethyl ether, evaporation to dryness under nitrogen, 1 µL injected, column Pyrex (3 m x 1/4 " I.D.), 3 % OV-225 on Chromosorb WHP, 80-100 mesh, ^{63}Ni-ECD, oven 230°C, injector 250°C, detector 300°C, argon-methane (95:5) as carrier gas.

Important data: linearity-range: 0.1 - 10 ng
                 recovery: 64 $\pm$ 13 %

midazolam

Benzodiazepine(s): midazolam

Method: GLC - ECD

Author(s): Aaltonen, Himberg, Kanto, Vuori

Lit.Ref. [3781]

Sample required: serum

Short description of the method: extraction twice with diethylether at physiological pH, evaporation to dryness, reconstitution with ethylacetate, ^{63}Ni-ECD, column 120 cm x 3 mm I.D., 3 % OV-25 on Chromosorb W-HP (100/120 mesh), carrier gas argon-methane (90/10), column 240°C, injector 255°C, detector 325°C

Important data: detection-limit: 5 ng/mL / recovery 74 %

                C.V. (intra-assay): 7 - 9 %
                C.V. (inter-assay): 7 - 9 %
                linearity-range: 10 - 200 ng/mL

Benzodiazepine(s): midazolam

Method: GLC - ECD

Author(s): Allonen, Ziegler, Klotz

Lit.Ref. [3904]

Sample required: 0.2 - 1.0 mL plasma, blood, urine

Short description of the method: I.S. = Ro 21-2212, 0.2 - 1.0 mL sample + 0.5 mL 0.067 M phosphate buffer (pH 7.4), extraction with 5 mL diethyl ether, reextraction with 2 mL of 1 N HCl, after made alkaline with 1 mL of 2.5 N NaOH extraction with ether, evaporation to dryness, reconstitution in 20 µL of methanol, ^{63}Ni-ECD, glass column, 1 m x 2 mm I.D., 1.5 % OV-101 or 1.5 % OV-17 on Chromosorb GHP, 100-120 mesh, oven 275°C - 285°C, detector 360°C.

Important data: concentration-range: 5 - 80 ng/mL

C.V.: 5.1 % (40 ng/mL)
5.7 % (75 ng/mL)
6.5 % (15 ng/mL)

Recovery: 80 % (midazolam)
50 % (hydroxy-metabolite)

Benzodiazepine(s): midazolam

Method: GLC - ECD

Author(s): Arendt, Greenblatt, Garland

Lit.Ref. [3979]

Sample required: 1 mL plasma

Short description of the method: 1 mL plasma + 1 mL buffer (pH 11) + 2 mL benzene (containing 1.5 % isoamylalcohol), shaking, centrifugation, evaporation to dryness, reconstitution with 150-200 µL toluene (containing 15 % isoamylalcohol), 6 µL injected, ^{63}Ni-ECD, coiled glass column, 1.83 x 2 mm I.D., 3 % SP-2250 on 80/100 Supelcoport, argon-methane (95:5) as carrier gas, column 265°C, injection port 310°C, detector 320°C.

Important data: sensitivity-limits: 1-3 ng/mL midazolam and 4-OH-midazolam
5-10 ng/mL 1-OH-midazolam

C.V.: 5 ng/mL: 6.8 % (midazolam), 13.8 % (1-OH-midazolam) 9.7 % (4-OH-midazolam)
50 ng/mL: 3.2 % (midazolam), 6.6 % (1-OH-midazolam) 2.5 % (4-OH-midazolam)
100 ng/mL: 2.9 % (midazolam), 10.2 % (1-OH-midazolam) 1.4 % (4-OH-midazolam)

Benzodiazepine(s): midazolam and metabolites

Method: GLC - ECD

Author(s): Coassolo, Aubert, Sumirtapura, Cano

Lit.Ref. [4837]

Sample required: 0.2 - 2.0 mL plasma

Short description of the method: plasma + internal standard (see 4837) + 2 volumes of pH 13 buffer solution, extraction with 10 mL ether for 30 min. Evaporation to dryness under nitrogen. Dissolve residue in 1 mL H_2SO_4 (1N) and wash for 5 min in 3 mL hexane. Discard organic phase. Neutralize aqueous phase with 1 mL NaOH(1N) and 1 mL of pH 13 buffer solution. Extraction again with 10 mL ether for 30 min evaporate to dryness. Reconstitution in 50 to 100 µL of benzene/acetone/methanol (17:2:1). Derivatization: with BSTFA (15 h, 70°C). ^{63}Ni-ECD, argon/methane (9:1) as carrier gas, oven 255°C, detector 300°C, injector 300°C.

Important data: Reproducibility: 2 to 4 % for plasma concentrations of 10 to 50 ng/mL

Assay limits: 4 to 5 ng/mL plasma (midazolam)
2 to 3 ng/mL plasma (hydroxylated metab.)

Benzodiazepine(s): midazolam

Method: GLC - ECD

Author(s): Greenblatt, Locniskar, Ochs, Lauven

Lit.Ref. [6187]

Sample required: 0.5 - 1.0 mL plasma

Short description of the method: Extraction with benzene-isoamyl alcohol (98.5/1.5), evaporation to dryness, reconstitution with 150-200 µL of toluene, 15 m Ci ^{63}Ni-ECD, column 1.83 m length, 2 mm ID, coiled glass, 3 % SP-2250 (50:50 methyl-phenyl silicone) on 80/100 Supelcoport, carrier 95/5 mixture of argon/methane, oven 265°C, injection port 310°C, detector 320°C.

Important data: sensitivity limits 2 - 3 ng midazolam / mL plasma, C.V. < 7 %

Benzodiazepine(s): midazolam

Method: GLC - ECD

Author(s): Howard, McLean, Dundee

Lit.Ref. [6641]

Sample required: 0.1 - 2 mL plasma

Short description of the method: 0.5 mL plasma, 25 µL internal standard (diazepam 5 µg/mL) and 4 mL of benzene, evaporation to dryness, reconstitution in 50 µL benzene, 2.5 µL injected.

Important data: ^{63}Ni-ECD, N_2 as carrier gas, column borosilicate glass, 1.5 m long, I.D. 2 mm, 3 % OV-17 on 60-80 mesh Gas Chrom Q, oven 245°C, injection port 300°C, detector 300°C, recovery 92-98 %, CV (within-day): 4.0 % (25 ng/mL), 6.3 % (50 ng/mL), 4.0 % (100 ng/mL), 2.08 % (400 ng/mL), CV (day-to-day): 10.5 % (25 ng/mL), 7.7 % (50 ng/mL), 8.4 % (100 ng/mL), 3.5 % (400 ng/mL).

Benzodiazepine(s): midazolam and 2 metabolites

Method: GLC - MS (negative chemical-ionization)

Author(s): Rubio, Miwa, Garland

Lit.Ref. [9368]

Sample required: plasma

Short description of the method: Extraction from plasma with benzene containing 20 % 1,2-dichloroethane, then derivatization with bis-(trimethylsilyl) acetamide, 3 % Poly-S 176 on 80-100 mesh, high-performance, Chromosorb W, carrier gas methane, Injector 310°C, column 300°C, interface oven 250°C, transfer line 250°C.

Important data: limit of quantitation 1 ng/mL for all 3 compounds, precision at a concentration of 5 ng/mL is less than 6 %

Benzodiazepine(s): midazolam and α-hydroxymidazolam

Method: GLC / ECD

Author(s): Syracuse, Kuhnert, Kaine, Santos, Finster

Lit.Ref. [10254]

Sample required: 0.5 - 1.0 mL plasma

Short description of the method: 0.5 - 1.0 mL plasma, spiked with 50 µL of 1 µg/mL diazepam solution as internal standard, alkaline pH with 0.5 mL of 2 M sodium carbonate saturated with sodium chloride, extraction with 5 mL of methyl-tert.-butyl ether, derivatization with BSTFA, reagent evaporated, reconstitution with 30 µL of benzene-ethanol-acetone (8:1:1), 2 µL aliquot injected into chromatograph. Standard curves from 3.12 to 500 ng/mL (midazolam) and from 7.8 to 500 ng/mL (α-hydroxymidazolam).

Important data: C.V. (midazolam): 8.4 % (100 ng/mL)   (α-hydroxymidazolam) 9.0 % (100 ng/mL)
(n=8)   7.6 % (25 ng/mL)   (n=8)   6.4 % (25 ng/mL)

Sensitivity: < 3 ng/mL (midazolam), < 7 ng/mL (metabolite)

Benzodiazepine(s): midazolam and 4 metabolites

Method: HPLC

Author(s): Puglisi, Ferrara, de Silva

Lit.Ref. [9054]

Sample required: plasma (1 mL)

Short description of the method: Extraction into diethylether-methylene chloride (7:3) from plasma buffered to pH 9, reversed-phase HPLC, UV-detection at 254 nm, column, IBM C_{18} 5-µm, or µ Bondapack C_{18} 10 µm, isocratic mobile phase methanol-acetonitrile-0.01 M potassium phosphate buffer (pH 7,4)-tetrahydrofuran (30:28:40:2 for waters column and 29:28:41:2 for the IBM column).

Important data: Overall recovery of midazolam 94.5 ± 7.1 % and > 89.0 % for its metabolites. Sensitivity limit 50 ng/mL plasma for all compounds. CV (midazolam): intra-assay 4.5 % (average), inter-assay 7.1 % (average). See [9054] for full details.

Benzodiazepine(s): midazolam and 1-hydroxymethylmidazolam

Method: HPLC

Author(s): Vasiliades, Sahawneh

Lit.Ref. [10597]

Sample required: 1 - 2 mL serum

Short description of the method: Extraction at basic pH (4 mL of 0.5 mcl/L sodium hydroxide into n-heptane-isobutanol (96:4, v/v), back-extraction in 4 mL of 1 mol/ sulfuric acid, solution made alkaline with sodium hydroxide and drugs extracted into diethylether, ether phase evaporated, residue dissolved in 50 µL of absolute ethanol, 15 µL injected for HPLC analysis, 1-2 µL for GLC analysis (I.S. flurazepam).

Important data: C_{18} reversed-phase column, mobile phase methanol-water (60:40, v/v), flow-rate 1 mL/min, 254 nm and 220 nm respectively as detection wavelengths, relative within-run percentage recovery with serum extracts (0.25-0.75 mg/L) averaged 100 ± 11 % (n=5), within-run precision 3 % (200 ng/mL, n=4) and 5 % (400 ng/mL, n=3) respectively, between-run precision 10 % (500 ng/mL, n=5).

Benzodiazepine(s): midazolam and hydroxymetabolites

Method: HPLC

Author(s): Vree, Baars, Booij, Driessen

Lit.Ref. [10708]

Sample required: 0.2 mL plasma or urine

Short description of the method: Extraction with 2 mL of diethylether after addition of 0.2 mL of a saturated solution of Na_3PO_4, centrifugation (2600 g), evaporation to dryness, addition of 0.2 mL eluent, 0.1 mL injected onto the column. The method involves also deglucuronidation of the samples.

Important data: LiChrosorb RP 8, 5 µm, detection at 215 nm, detection limit 30 ng/mL, mobile phase 0.02 mol/L sodium acetate and methanol (600:400, v/v), flow rate 1.6 mL/min, recovery 80 ± 10 % for midazolam and its metabolites, calibration curves linear for the range from 30 ng to 10 µg (r = 0.997).

Benzodiazepine(s): midazolam

Method: RRA

Author(s): Aaltonen, Himberg, Kanto, Vuori

Lit.Ref. [3781]

Sample required: serum

Short description of the method: brain specific benzodiazepine receptor preparation (400 mg/vial), suspended in 40 mL of sodium phosphate buffer (25 mmol/L, pH 7,4).

Important data: concentration-range   3.26 - 3,257 ng/mL
sensitivity-limit: 3 - 4 ng/mL
C.V. (intra-assay):   < 5 %
C.V. (inter-assay):   < 5 %
n=10, 16.3 ng midazolam /mL

Benzodiazepine(s): midazolam

Method: RIA

Author(s): Dixon, Lucek, Todd, Walser

Lit.Ref. [5284]

Sample required: 20 µL plasma

Short description of the method: ^{3}H-midazolam as radioligand, rabbit antiserum to the diazo conjugate of 5´-aminomidazolam and albumin.

Important data: limit of sensitivity 2 ng/mL,
C.V. (intra-assay): 4 - 7 %
C.V. (inter-assay): 13 - 15 %

pinazepam

Benzodiazepine(s): pinazepam

Method: GLC - ECD

Author(s): Pacifici, Placidi

Lit.Ref. [828]

Sample required: plasma

Short description of the method: flunitrazepam as internal standard, glass column (1 m x 3 mm I.D.) packed with 3 % OV 210 on Supelcoport 100 - 120 mesh, column 258°C.

Important data: sensitivity: 1 ng (pinazepam)
5 ng (N-desmethyldiazepam)

C.V.: 5.1 % (pinazepam)
2.7 % (N-desmethyldiazepam)

Benzodiazepine(s):	pinazepam
Method:	GLC - ECD (MS)
Author(s):	Trebbi, Gervasi, Comi
Lit.Ref.	[1139]
Sample required:	serum, urine, brain

Short description of the method: 2 mL serum + 8 mL borate buffer solution (pH 9) + 10 mL diethylether, shaking, separation of organic phase, 5 mL of 2 M HCl, acid phase washed twice with diethylether and made alkaline by adding 5.5 mL of 2 M Na OH, pH 9, extraction twice with diethyl ether, evaporation to dryness, reconstitution in 0.01 mL of n-hexane-acetone (4:1), 0.3 µL aliquot used for GLC, ^{63}Ni-ECD, glass column 90 cm x 6 mm I.D., Gas-Chrom Q (60-80 mesh), column 250°C, injection-port 250°C, detector 300°C, nitrogen.

Important data: sensitivity: 5 - 10 ng/mL serum (pinazepam)
15 - 20 ng/mL serum (N-desmethyldiazepam, 3-hydroxypinazepam, oxazepam)

Benzodiazepine(s):	pinazepam
Method:	HPLC
Author(s):	Grassi, Passetti, Trebbi
Lit.Ref.	[410]
Sample required:	blood, urine

Short description of the method: detection at 254 nm, LiChrosorb RP-8, mobile phase water-acetonitrile (45:55), flow-rate 0.8 mL/min, column temperature 40°C, extraction procedure see Trebbi et al. (this page)

Important data: recovery: 84 % (pinazepam), 79 % (N-desmethyldiazepam),
83 % (oxazepam), 76 % (3-hydroxypinazepam)
detection limit: ca. 2 ng

quazepam

Benzodiazepine(s):	quazepam
Method:	GLC (capillary) - ECD
Author(s):	Bun, Coassolo, Ba, Aubert, Cano
Lit.Ref.	[4551]
Sample required:	0.5 mL plasma

Short description of the method: 0.5 mL plasma + delorazepam as I.S., extraction with 0.5 mL of butylacetate, shaking, centrifugation, evaporation to dryness under nitrogen, reconstitution in 50-100 µl of toluene, column 25 m CP-Sil 5 WSCOT, injector 260°C, column 220°C, detector 300°C, helium as carrier gas, argon-methane (95:5) as auxiliary gas.

Important data: concentration range: 0.2 - 70 ng/mL

C.V. (intra-assay): quazepam 9.8 % (1.2 ng/mL) - 1.8 % (100.0 ng/mL)
2-oxoquazepam 3.9 % (1.2 ng/mL) - 1.9 % (60.0 ng/mL)
N-desmethylquazepam 1.7 % (0.8 ng/mL) - 1.1 % (68.0 ng/mL)

C.V. (inter-assay) quazepam 5.6 % (3 ng/mL) - 6.3 % (29.7 ng/mL)
2-oxoquazepam 3.0 % (2.4 ng/mL) - 2.7 % (35.7 ng/mL)
N-desmethylquazepam 3.2 % (2.2 ng/mL) - 3.6 % (26.8 ng/mL)

detection limit 0.2 ng/mL

Benzodiazepine(s): quazepam

Method: GLC - ECD

Author(s): Hilbert, Ning, Murphy, Jimenez, Zampaglione

Lit.Ref. [6522]

Sample required: 0.5 mL plasma

Short description of the method: 0.5 mL plasma + diazepam as internal standard, extracted with 0.5 mL of toluene, centrifugation, 1.0 µL extract injected (for quazepam and 2-oxoquazepam). - 0.25 mL plasma extracted twice with 0.25 mL of cyclohexane, cyclohexane phase discarded, then extraction with 0.25 mL of toluene, centrifugation, 3 µL extract injected (for N-desalkyl-2-oxoquazepam). ^{63}Ni-ECD, coiled glass column (1.83 m x 2 mm I.D.), silanized, 3 % OV-25 on 80-100 mesh Supelcoport, column 220°C, injector 280°C, detector 350°C, ultra-high pure nitrogen as carrier gas (for quazepam and 2-oxoquazepam). 3 % SP-2250 DB on 100-120 mesh Supelcoport, column 235°C, injector 250°C, detector 350°C (for N-desalkyl-2-oxoquazepam).

Important data: quantitation range: 0.75 ng/mL (quazepam and 2-oxoquazepam)
1.50 ng/mL (N-desalkyl-2-oxoquazepam)

C.V.: quazepam 2.94 % (1.5 ng/mL) and 5.8 % (12.0 ng/mL)
2-oxoquazepam 6.25 % (1.5 ng/mL) and 5.34 % (12.0 ng/mL)
N-desalkyl-2-oxoquazepam 6.19 % (3.0 ng/mL) and 2.54 % (24.0 ng/mL)

recovery > 80 %

temazepam

Benzodiazepine(s): temazepam

Method: GLC - ECD

Author(s): Divoll, Greenblatt

Lit.Ref. [5265]

Sample required: 1 mL plasma

Short description of the method: 1 mL plasma + 3-hydroxyprazepam as internal standard + 3 - 5 mL benzene (containing 1.5 % isoamyl alcohol), shaking, centrifugation, procedure repeated, evaporation to dryness, reconstitution in 50-100 µL of benzene (containing 15 % isoamylalcohol), 1-3 µL injected into chromatograph, ^{63}Ni-ECD, column coiled glass 1.83 m x 2 mm I.D., 3 % SP-2250 on Supelcoport (80-100 mesh), ultrapure helium as carrier gas, argon-methane (95:5) as purge gas, column 280°C, injection port 310 - 320°C, detector 320°C.

Important data: sensitivity limits: approx. 5 ng temazepam/mL plasma

C.V. (n=8): 5.4 % (25 ng/mL)
5.5 % (50 ng/mL)
8.7 % (200 ng/mL)

recovery: more than 95 %

Benzodiazepine(s): temazepam

Method: HPLC

Author(s): Ho, Triggs, Heazlewood, Bourne

Lit.Ref. [6571]

Sample required: 1 mL plasma

Short description of the method: 1 mL plasma + nitrazepam as internal standard + 6 mL chloroform, shaking, centrifugation, evaporation to dryness under nitrogen, reconstitution with 50 µL methanol, 20 µL injected, (C-8 reversed-phase column, 10 µm), mobile phase methanol - 0.03 M potassium dihydrogen phosphate, pH 4,5 (55:45), detection 313 nm.

Important data: recovery: 80.5 - 88.2 %
                  range: 10 - 500 ng/mL
                  C.V. (n=3): 8.05 % (10 ng/mL)
                              4.55 % (100 ng/mL)
                              1.93 % (250 ng/mL)
                              0.97 % (500 ng/mL)

tetrazepam

Benzodiazepine(s): tetrazepam

Method: GLC - ECD

Author(s): Bun, Philip, Berger, Necciari, Al-Mallah, Serradimigni, Cano

Lit.Ref. [11144]

Sample required: 0.5 - 1.0 mL plasma

Short description of the method: 0.5 - 1.0 mL plasma + estazolam as internal standard + 1 mL saturated solution of trisodium phosphate, extraction with 10 mL diethylether, two washings with hexane after re-extraction with 1 mL of 0.5 mol/L HCl, acid layer adjusted to alkaline pH and back-extraction with 10 mL diethylether, evaporation to dryness and residue redissolved in 0.05 - 0.1 mL toluene, 0.002 - 0.003 mL aliquots injected, ^{63}Ni-ECD, glass-column (1.4 m x 4 mm I.D.), 3 % OV-17 on Gas Chrom Q (100-200 mesh), oven 280°C, injection port 300°C, detector 300°C, argon methane (90:10) as carrier gas.

Important data: detection limit: 2 ng/mL
                 recovery: 90.3 $\pm$ 1.5 %
                 range: 0.0028 - 1 mg/L

Benzodiazepine(s): tetrazepam

Method: HPLC

Author(s): Baumgärtner, Cautreels, Langenbahn

Lit.Ref. [4155]

Sample required: 2 mL serum or urine

Short description of the method: 2 mL serum extracted with a mixture of 8 mL of petroleum ether and 0.3 mL of acetonitrile, organic layer evaporated to a volume of 1 mL, 0.3 mL of a mixture of perchloric acid/acetonitrile (9:1) was added and shaken, separation of aqueous phase after centrifugation, column RP C_{18} (10 µm), mobile phase acetonitrile (40 %) and 60 % of a water solution 5 mmol perchloric acid and 10 mmol sodium perchlorate, detection 254 nm.

Important data: detection limits: 0.1 ng/mL (tetrazepam)
                                    0.5 ng/mL (nortetrazepam)
                 recoveries: 89 $\pm$ 3.1 % (tetrazepam), 60.8 $\pm$ 4.1 % (nortetrazepam)

triazolam

Benzodiazepine(s): triazolam

Method: GLC (capillary) - ECD

Author(s): Baktir, Bircher, Fisch

Lit.Ref. [4078]

Sample required: 2 mL plasma

Short description of the method: 2 mL plasma + I.S. (clonazepam), alkalinized with 0.5 mL of 0.2 M sodium borate buffer (pH 9.4), extraction with 5.5 mL of n-pentane/dichloromethane (4:3), shaking, centrifugation, organic layer + few drops of toluene, evaporation to dryness under nitrogen, reconstitution in 20 µL of ethyl acetate, 0.2 - 0.3 µL injected into gas chromatograph, ^{63}Ni-ECD, column, 15 m x 0.32 mm I.D. glass capillary column, persilanized, coated with OV-1701, column 80°C to 260°C by 30°C/min, hydrogen as carrier gas, detector 275°C.

Important data: linearity range 0.5 - 5.0 ng/mL, recoveries 96 $\pm$ 2 % (19 ng/2 mL plasma)
C.V. (intra-day): 9.1 % (n= 5, 4.4 $\pm$ 0.4 ng/mL)
C.V. (inter-day): 10.0 % (n=26, 1.8 $\pm$ 0.2 ng/mL)

Benzodiazepine(s): triazolam + main hydroxy metabolite

Method: GLC (capillary) - ECD

Author(s): Coassolo, Aubert, Cano

Lit.Ref. [4835]

Sample required: 1 mL plasma or urine

Short description of the method: after addition of estazolam and Ro 21-6962 as internal standards, extraction with 10 mL of diethyl ether, centrifugation, evaporation to dryness, under nitrogen, reconstitution in 1.5 mL of 0.1 N sulphuric acid, washed with 3 mL of hexane, acid layer adjusted to pH 9 with phosphate buffer and back extracted with 10 mL of diethyl ether, centrifugation, organic phase evaporated to dryness under nitrogen, reconstituted in 100 µL of acetonitrile, addition of 10 µL of BSTFA and heating at 65°C for 15 min, residue redissolved in 50 µL of toluene, 2-3 µL injected, column WSCOT, capillary column (25 m x 0.32 mm I.D.) with CP-Sil 5 as stationary phase, injection port and detector 320°C, oven 280°C, helium as carrier gas, argon/methane (95:5) as auxiliary gas.

Important data: detection limit 0.1 - 0.2 ng/mL)
recovery 59 - 76 % (1.7 - 17.0 ng/mL) triazolam
54 - 66 % (1.6 - 16 ng/mL) 1-hydroxymethyltriazolam
C.V.: 3 - 4 % (triazolam)
2 - 4 % (1-hydroxymethyltriazolam)

Benzodiazepine(s): triazolam

Method: GLC - ECD

Author(s): Greenblatt, Divoll, Moschitto, Shader

Lit.Ref. [6177]

Sample required: 0.5 - 2 mL plasma

Short description of the method: U-31485 as internal standard, 0.5 - 2.0 mL plasma, extraction with 3 mL of benzene (containing 1.5 % isoamyl alcohol), shaking, centrifugation, evaporation to dryness, reconstitution in 25 µL of toluene (containing 15 % isoamyl alcohol), 3 - 6 µL injected onto gas chromatograph, ECD, pulse mode, column coiled glass, 1,83 m x 2 mm I.D., 1 % OV-17 on 80-100 Chromosorb W HP, helium as carrier gas, argon-methane (95:5) as purge gas, column 290°C, detector and injector 310°C.

Important data: sensitivity limit approx. 0.25 ng/mL
C.V.: 2.5 - 5.3 % (10.0 - 1.0 ng/mL)

Benzodiazepine(s): triazolam and metabolites

Method: HPLC

Author(s): Inoue, Suzuki

Lit.Ref. [11194]

Sample required: 10 mL urine

Short description of the method: Hydrolysis with β-glucuronidase, extraction with Sep-Pak C_{18} cartridges (elution with 7 mL of dichloromethane/methanol (9:1, v/v) and further purification by a Sep-Pak cartridge, extract chromatographed on a reversed-phase column (Radial-Pak C_{18}, 10 μm), mobile phase methanol - 10 m M phosphate buffer, pH 8,0 (65:35; v/v), flow-rate 1.0 mL/min, detection wavelength 220 nm.

Important data: overall recoveries: 88 % (triazolam)
75 % (1-hydroxymethyltriazolam)
75 % (4-hydroxytriazolam)
detection limits: 5 ng/mL
C.V.: 10.1 % (triazolam, 10.2 ng/mL)
1.7 % (1-hydroxymethyltriazolam, 491 ng/mL)
3.4 % (4-hydroxytriazolam, 45.8 ng/mL)

Benzodiazepine(s): triazolam

Method: polarography (DPP and CRP)

Author(s): Oelschläger, Sengün

Lit.Ref. [8641]

Sample required: plasma, serum

Short description of the method: Extraction with EXTRELUT (pH 9),

Important data: detection limit 30 - 40 ng/mL
recovery 90 - 100 % (30 - 900 ng/mL)

Recommended for: overdose cases

Benzodiazepine(s): triazolam

Method: radioreceptor assay

Author(s): Jochemsen, Horbach, Breimer

Lit.Ref. [6819]

Sample required: plasma

Short description of the method: incubation at room temperature with a mixture of a receptor suspension (prepared by adding sodium phosphate buffer to freezedried receptor powder) and a ^{3}H-flunitrazepam solution (to a final concentration of 1 nmol/L), after incubation filtered and determination of radioactivity of the filter.

Important data: linear calibration graphs with correlation coefficients > 0.99 were obtained in the range of 0.05 - 0.3 ng for triazolam,
C.V. (between days): 19 % (0.05 ng) and 7 % (0.25 ng).
cross-reactivities: 0.80 (1 methylhydroxytriazolam)
0.21 (4 hydroxytriazolam)

Additional Methods for the Determination of Benzodiazepines Already Described in Vol. I

Simultaneous Methods

Benzodiazepine(s): bromazepam, camazepam, chlordiazepoxide, clobazam, clonazepam, clorazepate, clotiazepam, cloxazolam, delorazepam, diazepam, ethyl loflazepate, flunitrazepam, flurazepam, halazepam, ketazolam, loprazolam, lorazepam, lormetazepam, medazepam, metaclazepam, midazolam, nitrazepam, nordazepam, oxazepam, oxazolam, prazepam, quazepam, temazepam, tetrazepam

Method: GLC - MS

Author(s): Maurer, Pfleger

Lit.Ref. [11241]

Sample required: urine

Short description of the method: hydrolysis of 10 mL of urine + 3 mL of 37 % hydrochloric acid (refluxing conditions, 15 min), addition of 3 g of potassium hydroxide pellets + 10 mL of 30 % aqueous ammonium sulphate to obtain pH-value between 8 and 9. Extraction with 10 mL of dichloromethane/ethylacetate/isopropanol (1:3:1), centrifugation, evaporation to dryness, acetylation for 30 min at 60°C, with 100 µL of a mixture containing 3 parts of acetic acid and 2 parts of pyridine, evaporation to dryness and reconstitution in 100 µL of methanol, 0.5 - 2.0 µL injected into gas chromatograph, splitless injection mode, HP capillary (12 m x 0.2 mm I.D.) cross-linked methylsilicone, 0.33 mm film thickness, temperature programmed from 100°C to 310°C at 30°C/min, injection port 270°C, carrier gas helium, 70 eV, ion-source temperature 220°C, interface 260°C, HP MSD 5970.

Important data: ion-chromatography: m/z 205/211/230/241/245/249/312/333

Benzodiazepine(s): alprazolam, bromazepam, chlordiazepoxide, clobazam, clonazepam, clorazepate, demoxepam, diazepam, flunitrazepam, flurazepam, ketazolam, lorazepam, lormetazepam, medazepam, midazolam, nitrazepam, nordazepam, oxazepam, prazepam, temazepam, triazolam and metabolites

Method: HPLC

Author(s): Gill, Law, Gibbs

Lit.Ref. [6029]

Sample required: various materials

Short description of the method: 5-µm spherisorb S 5 W or 5-µm ODS Hypersil, detection 240 nm, mobile phase A: 550 mL methanol + 250 mL water + 200 mL phosphate buffer, mobile phase B: 700 mL methanol + 100 mL water + 200 mL phosphate buffer (phosphate buffer: 14.35 g sodium dihydrogen phosphate dihydrate + 1.14 g disodium hydrogen phosphate + 100 mL water), mobile phase C: 100 µL perchloric acid 72 % + 100 mL methanol, mobile phase D: 997 mL methanol + 2 mL water + 1 mL trifluoroacetic acid.

Important data: see original publication for retention data and other values.

Benzodiazepine(s):	chlordiazepoxide, demoxepam, diazepam, flurazepam, oxazepam, prazepam and metabolites

Method: HPLC

Author(s): Lensmeyer, Rajani, Evenson

Lit.Ref. [7512]

Sample required: 0.5 mL serum or plasma

Short description of the method: 0.5 mL serum or plasma + 2-amino-2',5-dichlorobenzophenone as internal standard + 1.0 mL of extraction buffer (pH 11,0) + 5.0 mL chloroform/isopropanol (9:1,v/v), shaking, centrifugation, discard upper aqueous phase, evaporation of lower organic phase, reconstitution with 50 µL of methanol, shaking 15 sec, injection, detection 254 nm, different gradient mobile phases (see [7512]).

Important data: detection limit 0.05 - 0.10 mg/L (oxazepam 0.075 - 0.10 mg/L)
analytical recovery 95 - 103 %
C.V. (day-to-day) (n=20)
4.9 to 10.0 %

Benzodiazepine(s):	bromazepam, chlordiazepoxide, diazepam, estazolam, flunitrazepam, nordazepam, oxazepam, prazepam, triazolam

Method: HPLC - DAD

Author(s): Mura, Piriou, Fraillon, Papet, Reiss

Lit.Ref. [11247]

Sample required: biological samples

Short description of the method: 50 µL biological sample + 500 µL of I.S. solution (prazepam) + 300 µL acetonitrile - 0.1 M dipotassium hydrogen phosphate (10:90) pH 9, passed throngh C_2 AASP cartridge, on-line elution and analysis, mobile phase acetonitrile/phosphate buffer pH 5,4, gradient programme see [11247], µBondapack 5-µm reversed-phase column, photodiode array detection.

Important data: linearity up to 20 ng/mL
detection limit ca. 3 ng/mL (urine) and 5 ng/mL (other biological fluids)
recoveries 92.3 to 103.8 %

C.V. (within-day) (n=17)	C.V. (day-to-day) (n=17)
1.9 to 7.1 %	2.4 to 14.2 %

Benzodiazepine(s):	bromazepam, chlordiazepoxide, diazepam, flurazepam, lorazepam, lormetazepam, nordazepam, temazepam and metabolites

Method: 125-Iodine Radioimmunoassay

Author(s): Goddard, Stead, Mason, Law, Moffat, McBrien, Cosby

Lit.Ref. [6055]

Sample required: blood or urine

Short description of the method: no prior sample preparation required,

Important data: sensitivity limit 1 - 50 ng/mL (depending on the drug)

diazepam: C.V. (intra-assay) (n=20)	C.V. (inter-assay) (n=20)
6.7 % (1.5 ng/mL)	6.4 % (1.5 ng/mL)
7.9 % (5 ng/mL)	11.4 % (5 ng/mL)

Mono Methods

bromazepam

Benzodiazepine(s): bromazepam

Method: GLC - ECD

Author(s): Friedman, Greenblatt, Burstein, Ochs

Lit.Ref. [5822]

Sample required: serum or plasma

Short description of the method: 1 mL serum or plasma + alprazolam as internal standard + 2 mL benzene-isoamyl alcohol (98.5:1.5), shaking, centrifugation, evaporation to dryness, reconstitution into 2 mL of toluene-isoamyl alcohol (85:15), 6 µL injected, ^{63}Ni-ECD, coiled glass column, 1.22 m x 4 mm I.D., 10 % OV-101 on 80-100 mesh Chromosorb W HP, carrier gas ultra-pure argon-methane (95:5), injection port 310°C. column 275°C, detector 310°C.

Important data: linearity-range 5 to 100 ng/mL
C.V. (between day): 7.4 % (25 ng/mL) n=8

Benzodiazepine(s): bromazepam

Method: HPLC

Author(s): Heizmann, Geschke, Zinapold

Lit.Ref. [6459]

Sample required: plasma / urine

Short description of the method: 100 µL 1 M sodium hydroxide + 1 mL plasma + internal standard (methyl-bromazepam), solid extraction with EXTRELUT 1 (10 min), then extracted twice each time with a 5-mL portion of dichloromethane, evaporation to dryness under nitrogen, reconstitution in 200 µL eluent, 100 µL injected.
extraction of urine samples see [6459].
column: Supelcosil LC 18,5 µm; mobile phase methanol-0.067 M phosphate buffer pH 7,5 (47:53), detection at 230 nm.

Important data: bromazepam in plasma: detection limit 6 ng/mL
recovery between 87 % and 95 % (12.5 - 200 ng/mL)
linearity between 12.5 and 200 ng/mL in plasma
C.V. (inter-assay): 1.6 - 9.4 % (n=3 or 4)
(8 - 88 ng/mL)

Benzodiazepine(s): bromazepam

Method: HPLC

Author(s): Hirayama, Kasuya

Lit.Ref. [6552]

Sample required: plasma

Short description of the method: 1 mL plasma + carbamazepine (I.S.) + 2 mL of borate buffer (pH 8,0) + 20 mL of toluene, shaking, centrifugation, evaporation to dryness, reconstitution according to [6552], 40 µL injected, µBondapack C_{18}, 10 µm, reversed phase mode, mobile phase: 20 mL of 10 % TBAH in water were added to 1 L of water, pH adjusted to 7.5 with phosphoric acid, mobile phase prepared by adding 700 mL of the above TBAH solution and 20 mL of methanol to 300 mL of acetonitrile, detection 230 nm.

Important data: analytical recovery: 93.7 - 108.7 % (20.6 - 103.0 ng/mL)

C.V. (day-to-day): 5.5 % (n=5, mean value 50.2 ng/mL)

C.V. (within-day): 5.6 % (n=6, 5.2 ng/mL)
8.7 % (n=6, 10.3 ng/mL)
3.7 % (n=6, 20.6 ng/ml)

Benzodiazepine(s): bromazepam

Method: HPLC

Author(s): Hooper, Roome, King, Smith, Eadie, Dickinson

Lit.Ref. [6621]

Sample required: 1 mL plasma

Short description of the method: 1 mL plasma + N-desmethylflunitrazepam as I.S. + 1 mL carbonate buffer (1.0 M, pH 10) + 7.5 mL of diethyl ether, shaking, centrifugation, evaporation to dryness, reconstitution in 100 µL of mobile phase, 50 µL injected, mobile phase: 180 mL acetonitrile + 0.5 mL triethylamine + 3.5 mL of 1 M orthophosphoric acid, diluting to 500 mL with HPLC-quality water, degassing in ultrasonic bath, detection 236 nm.

Important data: limit of detection 2 ng/mL
recovery > 95 %
C.V. (n=6): 3.2 % (50 ng/mL)

clobazam

Benzodiazepine(s): clobazam and N-desmethylclobazam

Method: GLC - NPD

Author(s): Arranz Peña, Saenz Lope

Lit.Ref. [8852]

Sample required: 0.5 mL serum

Short description of the method: 0.5 mL serum + flunitrazepam as I.S. + 5 mL toluene/ethylacetate (3+1, by vol), shaking, centrifugation, evaporation to dryness, reconstitution in 50 µL ethyl acetate, 2.5 to 5.0 µL injected, column 2 m x 2 mm I.D., 3 % SP 2250 on 100/120 mesh supelcoport, oven 280°C, injection port 350°C, interface 325°C, nitrogen.

Important data: sensitivity limits: 2 to 5 ng/mL
linearity range: 10 - 150 ng/mL (clobazam)
50 - 450 ng/mL (N-desmethylclobazam)

C.V. (within-day): 1.4 - 4.4 % (13 - 183 ng clobazam/mL)
(n=14)   3.9 - 6.8 % (57 - 459 ng N-desmethylclobazam/mL)

C.V. (between-day): 3.8 - 7.0 % (94- 235 ng clobazam/mL)
(n=10)   4.3 - 7.1 % (251-758 ng N-desmethylclobazam/mL)

Benzodiazepine(s): clobazam and N-desmethylclobazam

Method: GLC - ECD

Author(s): Badcock, Zoanetti

Lit.Ref. [11135]

Sample required: 100 µL plasma or serum

Short description of the method: 100 µL plasma or serum + I.S. methylclonazepam + 1 mL ethyl acetate, evaporation of the organic phase to dryness, redissolution in 50 µL of ethyl acetate, column 3 % CP-Sil 34 on Chromosorb G HP, 5 cm pre-column 1 % CP-Sil 5, injector 280°C, oven 255°C, detector 300°C, ^{63}Ni-ECD.

Important data: linearity: 0.05 - 3.0 µmol/L (clobazam)
0.5 - 20.0 µmol/L (nor clobazam)

C.V. (within day):	clobazam	nor clobazam
	4.8 % (0.1 µmol/L)	4.2 % (2.5 µmol/L)
	3.1 % (1.0 µmol/L)	2.9 % (10 µmol/L)
C.V.(between day):	4.1 % (1.0 µmol/L)	3.7 % (5 µmol/L)
detection limit:	7 nmol/L (clobazam)	15 nmol/L (nor clobazam)

Benzodiazepine(s): clobazam and N-desmethylclobazam

Method: HPLC

Author(s): Brachet-Liermain, Jarry, Faure, Guyot, Loiseau

Lit.Ref. [4456]

Sample required: plasma

Short description of the method: 1 mL plasma + 100 µL methanol + diazepam as I.S. + 5 mL diethylether, shaking, centrifugation, second extraction with 5 mL diethylether, evaporation to dryness, reconstitution in 150 µL of mobile phase, 100 µL injected, mobile phase 45/55 vol. mixture of acetonitrile and buffer solution (0.01 M K_2HPO_4 adjusted to pH 7 with orthophosphoric acid), detection 254 nm.

Important data: sensitivity limit 20 ng/mL (clobazam), 40 ng/mL (N-desmethylclobazam)
recovery 92.7 - 100.1 (100 - 500 ng/mL clobazam)
88.2 - 100.4 (200-1000 ng/mL N-desmethylclobazam)
linearity 50 - 500 ng/mL (clobazam)
100 - 1000 ng/mL (N-desmethylclobazam)

C.V. (within-day): 3.6 % (50 ng clobazam/mL)
(n=10)   2.1 % (250 ng clobazam/mL)
                 1.7 % (500 ng clobazam/mL)

C.V. (day-to-day): 4.4 % (50 ng clobazam/mL)
(n=10)   2.6 % (250 ng clobazam/mL)
                 2.3 % (500 ng clobazam/mL)

C.V. (within-day): 1.8 % (200 ng N-desmethylclobazam/mL)
(n=10)   1.9 % (500 ng N-desmethylclobazam/mL)
                 1.7 % (1000 ng N-desmethylclobazam/mL)

C.V. (day-to-day): 2.05 %(200 ng N-desmethylclobazam/mL)
(n=10)   2.0 % (500 ng N-desmethylclobazam/mL)
                 1.9 % (1000 ng N-desmethylclobazam/mL)

Benzodiazepine(s):	clobazam and metabolites
Method:	HPLC
Author(s):	Tomasini, Bun, Coassolo, Aubert, Cano
Lit.Ref.	[10418]
Sample required:	plasma / urine

Short description of the method: 0.5 mL plasma or urine + diazepam or nitrazepam as I.S. + 1 mL Na_3PO_4 buffer solution (pH 12,5), extraction twice with 5-mL portions of diethylether, centrifugation, evaporation to dryness, reconstitution in 100 µL of methanol (see [10418] for extraction of hydroxy-metabolites), column µBondapak C_{18} with 10-µm particles, mobile phase acetonitrile-water (47:53, v/v), detection 230 nm.

Important data: limit of detection: 10 - 20 ng/mL (each compound)
  linearity ranges: 10 - 2000 ng/mL (clobazam and N-desmethylclobazam)
  20 - 2000 ng/mL (hydroxy-metabolites)
  recovery: 92 $\pm$ 4 % (clobazam and N-desmethylclobazam)
  79 $\pm$ 6 % (hydroxy-metabolites)

  C.V. (intra-assay): 1.7 - 6.7 % (15 - 2000 ng clobazam/mL)
  1.0 - 9.3 % (10 - 2000 ng N-desmethylclobazam/mL)
  2.3 - 9.2 % (50 - 2000 ng hydroxy-metabolites/mL)

Benzodiazepine(s):	clobazam, clonazepam, nitrazepam
Method:	HPLC
Author(s):	Zilli, Nisi
Lit.Ref.	[11106]
Sample required:	serum

Short description of the method: 1 mL serum + flunitrazepam as I.S. + 1 mL of saturated sodium tetraborate solution + 7.5 mL n-hexane/ethyl acetate (9:1), shaking, centrifugation, evaporation to dryness, reconstitution in 120 µL of mobile phase, 100 µL injected, column C_8, 5µm particle size, mobile phase: acetonitrile/1.75 mM hydrochloric acid/50 mM sodium acetate (36:10:54), detection 220 nm.

Important data: recovery: 97 % (nitrazepam and clonazepam)
  ca.100 % (clobazam)
  linearity: up to 250 ng/mL (nitrazepam and clonazepam)
  up to 500 ng/mL (clobazam)

  C.V. (within-day): clonazepam 2.15 % (n=10/ 50 ng/mL)
    1.79 % (n=12/100 ng/mL)
  clobazam 2.45 % (n=10/ 50 ng/mL)
    3.54 % (n=12/100 ng/mL)
  nitrazepam 2.66 % (n=12/100 ng/mL)

  C.V. (day-to-day): clonazepam 4.69 % (n=10 / 50 ng/mL)
    2.57 % (n=10/100 ng/mL)
  clobazam 2.92 % (n=10 / 50 ng/mL)
    4.74 % (n=10/100 ng/mL)
  nitrazepam 3.63 % (n=10/100 ng/mL)

clonazepam

Benzodiazepine(s): clonazepam

Method: GLC - ECD

Author(s): Badcock, Pollard

Lit.Ref. [4054]

Sample required: plasma or serum

Short description of the method: 100 µL plasma or serum + methyl clonazepam as I.S. + ethyl acetate/cyclohexane (4:1, v/v), shaking, centrifugation, evaporation to approx. 50 µL under nitrogen, ^{63}Ni-ECD, column GP 2 % SP-2510 DA on 100-120 mesh Supelcoport, pre column of 3 % SP-2250 DA on 100-120 mesh Supelcoport, oven 260°C, detector 300°C, injector 280°C.

Important data: detection limit 3 nmol/L
range 5 - 900 nmol/L

C.V. (within-run):	4.9 % (75 nmol/L)	C.V. (between-run): 5.9 % (100 nmol/L) n=98
	4.2 % (125 nmol/L)	
	3.0 % (200 nmol/L)	

Benzodiazepine(s): clonazepam

Method: GLC - ECD

Author(s): Löscher, Al-Tahan

Lit.Ref. [7652]

Sample required: 0.2 - 0.5 mL plasma

Short description of the method: 0.2 - 0.5 mL plasma + N-desmethyldiazepam as I.S. + 0.2 mL of borate buffer (1M, pH 9) + 0.1 mL toluene, shaking, centrifugation, 50 µL of toluene phase separated, 4 µL injected ^{63}Ni-ECD, column silanized 6 ft. glass tubing, 3 % SP-2250 on Supelcoport 100 - 120 mesh, temp program 270°C, for 1 min, 50°C/min to 330°C, injector 330°C, detector 350°C, nitrogen as carrier gas, no purge gas.

Important data: linearity 2 - about 40 ng/mL
sensitivity limit 1 ng/mL
recovery 77 ± 5.3 % (n=12)

C.V.: 4.5 % (10 ng/mL)
2.7 % (20 ng/mL)
3.9 % (40 ng/mL)

Benzodiazepine(s): clonazepam

Method: GLC - ECD

Author(s): Miller, Friedman, Greenblatt

Lit.Ref. [8155]

Sample required: 1 mL blood, serum, plasma

Short description of the method: 1 mL sample + N-desmethylflunitrazepam as I.S. + 2 mL of benzene/isoamyl alcohol (98.5:1.5), shaking, centrifugation, evaporation to dryness, reconstitution into 0.2 mL toluene/isoamyl alcohol (85:15), 6 µL injected, ^{63}Ni-ECD, column coiled glass 10 % OV-101 on 80/100 mesh Chromosorb WHP (1 % OV-17 may also be used), carrier gas ultra pure argon/methan (95:5), injection port 310°C, column 275°C, detector 310°C.

Important data: sensitivity 1 ng/mL
linearity   1 - 200 ng/mL

C.V. (within-day): 8 % (1 ng/mL, n=6)   C.V. (between-day): 5.5 % (50 ng/mL, n=11)
2 % (2 ng/mL, n=6)
5 % (5 ng/mL, n=6)
5 % (10 ng/mL, n=6)
3 % (20 ng/mL, n=6)

Benzodiazepine(s): clonazepam

Method: HPLC

Author(s): Bouquet, Aucouturier, Brisson, Courtois, Fourtillan

Lit.Ref. [4435]

Sample required: 1 mL plasma

Short description of the method: 1 mL plasma + chlordiazepoxide as I.S. + 0.5 N sodium hydroxyde (pH 9,5 adjusted) + 5 mL ethylether, shaking, centrifugation, reextraction with ether, extracts combined, evaporation to dryness under nitrogen, reconstitution with 200 µL of 0.2 M HCl, + 200 µL of n-hexane, shaking, centrifugation, discard upper hexanic phase, 100 µL of aqueous phase injected, column µ-Bondapack C_{18} column, mobile phase acetonitrile/bi-distilled water (40/60, v/v), detection 254 nm.

Important data: detection limit: ca. 10 ng/mL
range 5 - 100 ng/mL

C.V. (day-to-day): 3.6 % (n=10, 50 ng/mL)
4.5 % (n=10,200 ng/mL)

Benzodiazepine(s): clonazepam and other benzodiazepines

Method: HPLC

Author(s): Haver, Porter, Dorie, Lea

Lit.Ref. [6423]

Sample required: 1 mL serum

Short description of the method: 1.0 mL serum + flunitrazepam as I.S. + 1 mL of saturated borate buffer + 2.5 mL toluene/heptane/isoamyl alcohol (76/20/4), shaking, centrifugation, reconstitution in 50 µL mobile phase, 20 µL injected, column C_{18} reverse phase 5-µm particle size, guard column Perisorb RP-18, mobile phase: potassium phosphate buffer (10 mM, pH 6,0 which contained 2.6 g/L pentane sulfonic acid, sodium salt)/methanol/acetonitrile (50:35:15), detection 313 nm.

Important data: detection limit 4 ng
linearity 10 - 250 ng/mL
mean recovery 100.3 $\pm$ 7.5 % (n=6)

C.V. (within-day): 2.3 % (54 ng/mL/n=10)

C.V. (between-day): 6.8 % (54 ng/mL/n= 9)

Benzodiazepine(s): clonazepam

Method: HPLC

Author(s): Heazlewood, Lemass

Lit.Ref. [6436]

Sample required: 1 mL plasma

Short description of the method: 1 mL plasma + flunitrazepam as I.S. + 0.5 mL of 1 mol/L ammonia solution (adjusted to pH 9,5 with hydrochloric acid) + 10 mL hexane/ethyl acetate (90:10, v/v), shaking, centrifugation, evaporation to dryness, reconstitution in 200 µL mobile phase. 180 µL injected, column C_8 (10 µM) PE, mobile phase acetonitrile/0.05 mol/L sodium acetate (pH 7,5) (38:62, v/v), detection 306 nm.

Important data: limit of detection 3 ng/mL
recovery greather than 75 %

C.V.: 2.8 % (50 ng/mL) (n=10)
1.5 % (100 ng/mL) (n=10)

Benzodiazepine(s): clonazepam

Method: HPLC

Author(s): Kabra, Nzekwe

Lit.Ref. [6883]

Sample required: 1 mL serum

Short description of the method: 1 mL serum + 100 µL internal standard solution (methylclonazepam) onto C_{18} Bond-Elut$^{(R)}$, connect vaccum and wash with two column volumes of distilled water followed by 50 µL of methanol, disconnect vacuum, add 200 µL methanol to each column, connect vaccum and collect eluent, evaporation to dryness, reconstitution with 40 µL of methanol, inject all of the sample.

Important data: recovery: 91 - 99 % (10 - 100 ng/mL)
linearity: 15 - 100 ng/mL
sensitivity: 5 ng/mL in 0.5 mL of serum

C.V. (within-run): 5.0 % (n=14/13.60 ng/mL)
1.6 % (n=14/45.40 ng/mL)
C.V. (day-to-day): 11.0 % (n=10/13.70 ng/mL)
2.6 % (n=10/45.20 ng/mL)

Benzodiazepine(s): clonazepam and 7-amino and 7-acetamidometabolite

Method: HPLC

Author(s): Petters, Peng, Rane

Lit.Ref. [8907]

Sample required: 1 mL plasma

Short description of the method: 1 mL plasma + 1 mL of 2 M glycine-sodium hydroxide buffer (pH 9,5), 50 µL of I.S. + 7 mL of hexane-ethyl acetate (7:3) (7 mL chloroform when metabolites are analysed), centrifugation, evaporation to dryness, reconstitution in 40 µL of the respective mobile phase (see [8907] for details), 30 µL injected, column Supelcosil LC-18 (5-µm octadecyl silane), mobile phase for clonazepam acetonitrile/0.1 M sodium acetate (35:65) pH 7,7 and for metabolites acetonitrile/0.02 M sodium acetate (18:82) pH 7,4, detection 254 nm (clonazepam) and 240 nm (metabolites).

Important data: sensitivy   5 ng/mL
                 linearity   10 - 100 ng/mL
                 recovery   90 - 95 %

   C.V. (within analysis): 7.2 % (n=10/15.6 ng clonazepam/mL)
                            5.5 % (n=10/31.1 ng clonazepam/mL)
                            7.5 % (n=10/10,0 ng 7-aminoclonazepam/mL)
                            4.1 % (n=10/50,0 ng 7-aminoclonazepam/mL)
                           10.4 % (n=10/10,0 ng 7-acetamidoclonazepam/mL)
                            8.5 % (n=10/50,0 ng 7-acetamidoclonazepam/mL)

   C.V. (between analyses): 9.1 % (n=10) 15.6 ng clonazepam/mL
                           10.6 % (n=10) 31.1 ng clonazepam/mL

Benzodiazepine(s): clonazepam

Method: HPLC

Author(s): Shaw, Long, McHan

Lit.Ref. [9802]

Sample required: 2 mL serum

Short description of the method: 2 mL serum + desalkylflurazepam as I.S. + 1 mL buffer (pH 9.7) + 15 mL benzene, shaking, centrifugation, filtration, benzene layer + 2 mL of 2 mol/L HCl, shaking, centrifugation, top layer discarded, + 1.5 mL of 25 % ammonium hydroxyde containing 0.2 % diethylamine, 2 mL of buffer + 6 mL of benzene, shaking, evaporation to dryness, methylation by adding 100 µL dry acetone, 20 µL iodomethane and 20 µL of 0.02 mol/L tetramethylammonium hydroxide in methanol, tubes capped and placed at 56°C for 20 minutes, caps removed and reaction mixture dried in the 56°C water bath, reconstitution in 100 µL of the mobile phase, 30 µL injected, column C_{18} RP, 5 µ-m particle size, mobile phase (1100 mL acetonitrile / 800 mL methanol/1200 mL deionized water/4 mL diethylamine/1 mL 85 % phosphoric acid/1.5 g pentanesulfonic acid, sodium salt), detection 308 nm.

Important data: linearity 20 - 300 ng/mL

   C.V. (within-run): 1.98 % (n=5, 100 ng/mL)
                       2.56 % (n=?, 80 ng/mL)
                       3.07 % (n=8, 40 ng/mL)

   C.V. (between-run): 1.02 % (n=10, 80 ng/mL)

Benzodiazepine(s): clonazepam

Method: HPLC

Author(s): Taylor, Sloniewsky, Gadsden

Lit.Ref. [10314]

Sample required: serum

Short description of the method: The drug, at an alkaline pH, is applied to a styrene divinylbenzene preparatory extraction column. The Prep I is a reversible centrifuge that allows the sample to pass through the preparatory column, followed by a wash solution of deionized water. The rotor then reverses direction and dispenses 20 mL of ethyl acetate, which elutes the adsorbed drug into an aluminum cup that is automatically dried at 68°C. The extract is reconstituted with 100 µL of mobile phase, 50-mM sodium acetate (pH 5,4):acetonitrile:methanol (450:235:265, vol/vol). The chromatography is performed on a C-18 radial compression cartridge and detection is by absorbance at 313 nm.

Important data: A plot of peak height ratio against concentration is linear to at least 160 ng/mL. The recovery of clonazepam with this automated extraction is 97.5 %, compared with 90.0 % for a manual extraction method. The coefficient of variation is 2.9 % with the automated extraction.

Benzodiazepine(s):	clonazepam
Method:	HPLC
Author(s):	Lin
Lit.Ref.	[11234]
Sample required:	0.1 mL serum

Short description of the method: 0.1 mL serum + methylclonazepam as I.S. + 0.1 mL of 0.5 M phosphate solution + 5 mL chloroform, shaking, centrifugation, evaporation to dryness, reconstitution with 100 µL of mobile phase, 80 µL injected, column Supelcosil LC-PCN, 5-µm, mobile phase phosphate buffer (5 mM, pH 3,6)/ acetonitrile/methanol (75:10:15), detection 306 nm.

Important data: linearity   2 - 200 ng/mL
 recoveries   97.2 - 104.4 % (25 - 200 ng/mL)
 detection limit   2 ng/mL (0.5 mL serum)

 C.V. (within-run):   4.93 % (n=10, 25 ng/mL)
  2.78 % (n=10, 50 ng/mL)
  1.08 % (n=10, 100 ng/mL)
  1.94 % (n=10, 200 ng/mL)

 C.V. (day-to-day):   5.07 % (n=10, 25 ng/mL)
  5.86 % (n=10, 50 ng/mL)
  3.20 % (n=10, 100 ng/mL)
  3.36 % (n=10, 200 ng/mL)

diazepam

Benzodiazepine(s):	diazepam + N-desmethyldiazepam
Method:	cap. GLC - NPD
Author(s):	Karnes, Beightol, Serafin, Farthing
Lit.Ref.	[11286]
Sample required:	0.5 mL plasma

Short description of the method: 0.5 mL plasma + flunitrazepam as I.S. + 4 mL methylene chloride, shaking, centrifugation, evaporation to dryness, reconstitution with 200 µL of toluene, 5 µL injected. column 15 m x 0.32 mm I.D., 0.5 mm film thickness, OV-17 bonded-phase fused-silica capillary column, carrier gas purified helium, oven from $230^{\circ}C$ (1.5 min) to $300^{\circ}C$ ($40^{\circ}C$/min, hold time 3.0 min) to $325^{\circ}C$ ($25^{\circ}C$/min, hold time 1.0 min), injection port $250^{\circ}C$, detector $325^{\circ}C$, NPD-detector

Important data: sensitivity 1 ng/mL (diazepam), 2 ng/mL (N-desmethyldiazepam)
 linearity up to 500 ng/mL (diazepam) and 100 ng/mL (N-desmethyldiazepam)
 recoveries 91.0 - 115.6 % (diazepam) 89.3 - 121.5 % (N-desmethyldiazepam)

 C.V. (within-day) (n=12):   3.1 - 6.3 % (diazepam)
  2.8 - 4.7 % (N-desmethyldiazepam)

 C.V. (between-day)(n=88 - 105):   5.1 - 10.0 % (diazepam)
  7.2 - 17.0 % (N-desmethyldiazepam)

Benzodiazepine(s): diazepam

Method: HPLC

Author(s): Koenigbauer, Assenza, Willoughby, Curtis

Lit.Ref. [7134]

Sample required: 1 mL serum

Short description of the method: 1 mL serum transferred to a Centrifree ultrafiltration cartridge and centrifuged at 1200 g for 30 min, 0.5 mL aliquot injected into liquid chromatograph.
pre-column: 15 mm x 3.2 mm I.D. packed with 5-μm ODS, analytical column: 25 cm x 1 mm I.D. packed with Adsorbosphere 5-μm ODS, mobile phase: acetonitrile/water (35:65, 40:60 or 50:50), detection at 242 nm.

Important data: sensitivity 4 ng/mL
                  mean recovery 96.6 % (diazepam)
                  concentration range 4 - 1000 ng/mL

                  C.V. (n=3): 5.2 % (160 ng diazepam/mL)

Benzodiazepine(s): diazepam and metabolites (oxazepam, temazepam, N-desmethyldiazepam)

Method: HPLC

Author(s): Lau, Dolan, Tang

Lit.Ref. [11230]

Sample required: 50 μL serum

Short description of the method: 50 μL serum + demoxepam as I.S. + 100 μL of borate buffer (pH 9,0) + 2.5 mL of diethylether, shaking, centrifugation, evaporation to dryness, reconstitution in 50 μL of the mobile phase, washing with 100 μL of n-hexane.
column: Ultrasphere C_{18} column, 5-μm particle size, mobile phase: methanol/acetonitrile/0.056 M sodium acetate buffer adjusted to pH 4,0 with glacial acetic acid (50:5:45, v/v/v), detection at 228 nm.

Important data: recovery 82.6 $\pm$ 0.72 % (oxazepam)
                            96.9 $\pm$ 5.93 % (temazepam)
                            107 $\pm$ 4.6 % (N-desmethyldiazepam)
                            99.9 $\pm$ 6.88 % (diazepam)

                  detection limit 0.25 ng (oxazepam, diazepam, N-desmethyldiazepam)
                                   0.5 ng (temazepam)

                  C.V. (within-day)(n=5):   C.V. (between-day) (n=5):
                  4.5 - 7.5 % (diazepam)   7.5 - 8.5 % (diazepam)
                  3.6 - 6.0 % (oxazepam)   2.8 - 9.8 % (oxazepam)
                  3.3 - 7.0 % (temazepam)   4.7 - 6.9 % (temazepam)
                  3.7 - 6.2 % (N-desmethyldiazepam)   6.4 - 8.4 % (N-desmethyldiazepam)

Benzodiazepine(s): diazepam and metabolites (oxazepam, temazepam, N-desmethyldiazepam)

Method: HPLC

Author(s): Tada, Moroji, Sekiguchi, Motomura, Noguchi

Lit.Ref. [10260]

Sample required: 1 mL serum

Short description of the method: 1 mL serum + estazolam as I.S. + 2 mL of 0.1 mol/L sodium hydroxide solution + 8 mL diethyl ether, shaking, centrifugation, evaporation to dryness under nitrogen, reconstitution in 100 μL of mobile phase, shaking, 50 μL injected.
column: Shim-pack FLC-C8, mobile Phase: Na_2HPO_4-buffer (5 mmol/L, adjusted to pH 6,0 with phosphoric acid)/ methanol (47/53 by vol), detection at 254 nm.

Important data: detection limit: 8 ng/mL for each compound
recovery 94.4 % (oxazepam)
          96.6 % (temazepam)
          92.6 % (N-desmethyldiazepam)
          87.1 % (diazepam)

C.V. (within-day):   C.V. (between-day):
2.8 - 4.3 % (oxazepam)   3.8 - 5.0 % (oxazepam)
2.4 - 4.7 % (temazepam)   4.2 - 4.6 % (temazepam)
1.9 - 5.1 % (N-desmethyldiazepam)   3.2 - 6.5 % (N-desmethyldiazepam)
2.8 - 6.9 % (diazepam)   4.3 - 7.6 % (diazepam)

(see [10260] for concentration)

Benzodiazepine(s): diazepam and metabolites (oxazepam, temazepam, N-desmethyldiazepam and others)

Method: HPLC and TLC

Author(s): St-Pierre, Sandy Pang

Lit.Ref. [11281]

Sample required: blood

Short description of the method: 1 mL blood perfusate samples + N-ethyldiazepam as I.S. + 5 mL ethyl acetate, shaking, centrifugation, evaporation to dryness, reconstitution with 250 µL mobile phase, 25-50 µL injected. Samples were also treated with enzyme (see [11281] for full details), column: 5 µ-m Ultrasphere ODS, pre column: C_{18} Corasil 37-50 µm, mobile phase: system A methanol/0.005 M potassium dihydrogen phosphate buffer pH 3,04 (50:50, v/v) for blood samples; system B methanol/0.005 M potassium dihydrogen phosphate buffer pH 3,04 (35:65, v/v) for bile samples, detection at 254 nm.

Important data: sensitivity at least 10 ng/mL
recoveries 93 - 109 %

C.V. (intra-assay) (n=6):   3.3 - 5.5 % (diazepam)
system A (blood)   2.5 - 6.0 % (N-desmethyldiazepam)
                             2.1 - 7.2 % (temazepam)
                             4.5 - 7.6 % (oxazepam)
                             4.6 - 5.4 % (4'-hydroxydiazepam)
                             3.4 - 6.5 % (4'-hydroxy-N-desmethyldiazepam)

C.V. (within-day) (n=6):   4.4 % (N-desmethyldiazepam)
system B (bile)   4.3 % (temazepam)
                             1.2 % (4'-hydroxydiazepam)
                             5.0 % (4'-hydroxy-N-desmethyldiazepam)

flunitrazepam

Benzodiazepine(s): flunitrazepam and N-desmethylflunitrazepam

Method: GLC - ECD

Author(s): Greenblatt, Ochs, Locniskar, Lauven

Lit.Ref. [6193]

Sample required: 0.1 - 1 mL plasma

Short description of the method: 0.1 + 1.0 mL plasma + methylnitrazepam as I.S. + 2 mL benzene (containing 1.5 % isoamyl alcohol), shaking, centrifugation, evaporation to dryness, reconstitution with 150 µL of toluene (containing 15 % isoamyl alcohol), 6 µL injected. ^{63}Ni-ECD, cclumn 6 ft. x 2 mm I.D., 3 % SP-2250 on 80/100 Supelcoport, carrier gas argon/methane (95:5), column 265°C, injection port 310°C, detector 310°C.

Important data: sensitivity limits: 0.5 ng/mL flunitrazepam
                                     1 - 2 ng/mL N-desmethylflunitrazepam
                 recovery: more than 95 %
                 C.V. (within-day) (n=6): 4.3 - 9.9 % (flunitrazepam, 1.0 - 15.0 ng/mL)
                                          6.1 -10.4 % (N-desmethylflunitrazepam, 2.5 - 15.0 ng/mL)

Benzodiazepine(s): flunitrazepam and other benzodiazepines (temazepam, desalkylflurazepam)

Method: cap. GLC - ECD

Author(s): Jochemsen, Breimer

Lit.Ref. [6814]

Sample required: 1.0 mL plasma

Short description of the method: 1.0 mL of plasma + N-desmethyldiazepam as I.S. + 1.0 mL of 0.2 M borate buffer (pH 9.0) + 5 mL pentane/dichloromethane (1:1), shaking, centrifugation, evaporation to dryness under nitrogen, reconstitution with 40 µL of ethyl acetate, 2-3 µL injected. ^{63}Ni-ECD, SCOT column (10 m x 0.4 mm I.D.) Duran 50, Tullanox as support layer, 0.5 % PFE-21 and 3 % OV-17, injection port 350°C, detector 350°C, column 215°C, helium as carrier gas, argon-methane (95:5) as auxiliary gas.

Important data: sensitivity limit 0.05 ng/mL (flunitrazepam)
                 linearity 0.1 - 10 ng/mL (flunitrazepam)
                 recovery 95 % (flunitrazepam)

Benzodiazepine(s): flunitrazepam

Method: GLC-ECD

Author(s): Sumirtapura, Aubert, Cano

Lit.Ref. [10195]

Sample required: 0.2 - 2.0 mL plasma

Short description of the method: 0.2 - 2.0 mL of plasma + methylclonazepam as I.S. + 2 mL of borate buffer solution (pH 9) + 10 mL of hexane, shaking, centrifugation, reextraction with 3 mL of 2N-sulfuric acid, centrifugation, aqueous layer adjusted to pH 2 and extracted with 20 % toluene/hexane, centrifugation, organic phase evaporated to dryness, reconstitution with 100 µL of 20 % acetone/hexane, 2 - 3 µL injected.

Important data: overall recovery 80 % (flunitrazepam)

Benzodiazepine(s): flunitrazepam and metabolites (7-aminoflunitrazepam, 7-aminodesmethylflunitrazepam)

Method: HPLC (fluorescence detection)

Author(s): Sumirtapura, Coassolo, Cano

Lit.Ref. [10196]

Sample required: 0.5 - 4 mL plasma

Short description of the method: 0.5 - 4 mL plasma + 7-amino-methylclonazepam as I.S. + 2 mL pH 10 buffer solution + 10 mL diethyl ether containing 1 % of isoamyl alcohol, shaking, centrifugation, organic layer transferred into another centrifuge tube containing 2 mL of 0.5 M sulfuric acid, shaking, organic layer discarded, acid phase adjusted to pH 9-10, extraction with 10 mL of diethylether, shaking, centrifugation, evaporation to dryness under nitrogen, residue + 100 µL of mobile phase + 20 µL of 0.5 % fluorescamine solution, 60 sec mixed, aliquot injected. column: µ-Bondapak C_{18} RP (10 µm). mobile phase: pH 8 buffer solution/acetonitrile (74-75 %/26-25 %). detection: excitation 390 nm, emission 470 nm.

Important data: recoveries: 70 % (7-aminoflunitrazepam)
50 % (7-amino-desmethylflunitrazepam)

sensitivity: 0.5 - 1 ng/mL for both

C.V. (within-day) (n=6):

7-aminoflunitrazepam:	4.7 % (1 ng/mL)
	6.2 % (5 ng/mL)
	5.0 % (50 ng/mL)
	3.0 % (500 ng/mL)
7-amino-desmethylflunitrazepam:	9.8 % (1.25 ng/mL)
	6.6 % (5 ng/mL)
	7.9 % (50 ng/mL)

Benzodiazepine(s): flunitrazepam and metabolites

Method: TLC

Author(s): Van Rooij, Fakiera, Verbrijk, Soudijn, Weijers-Everhard

Lit.Ref. [10584]

Sample required: urine

Short description of the method: 5 mL urine + 5 mL of 6 M hydrochloric acid, heating for 30 min at 100°C, 5 min before end of reaction a tin pellet added, cooling in ice, adjustment to pH 10 with 10 M sodium hydroxide, extraction twice with 5 mL portions of ethyl acetate, combined extracts evaporated to dryness under nitrogen, residue dissolved in 1 mL of a saturated solution of sodium nitrite in dimethylformamide and transferred to a reaction vial, firmly closed with an aluminium cap, vials placed in an oil bath at 160°C for 60 min, 1-µL aliquots spotted, TLC-plates without a fluorescence indicator, solvent A: chloroform/acetone (85:15), solvent B: ethyl acetate/ethanol/ammonia (100:10:3). Plates were inspected under U.V. radiation (254 nm and 365 nm) or scanned at an excitation wavelength of 365 nm and an emission wavelength of 445 nm.

Important data: limit of detection 5 - 10 ng (visual detection)
0.5 ng (scanner)

flurazepam

Benzodiazepine(s): flurazepam and metabolites (N-1-hydroxyethylflurazepam, N-1-desalkylflurazepam)

Method: GLC - ECD

Author(s): Cooper, Drolet

Lit.Ref. [4912]

Sample required: 3 mL plasma

Short description of the method: 3 mL plasma + diazepam as I.S. + 1 M borate buffer (pH 9.0) + 6.0 mL benzene/methylene chloride (90:10), shaking, centrifugation, back-extraction with 3.0 mL of 4.0 N hydrochloric acid, centrifugation, organic layer discarded, aqueous layer washed with 5 mL of diethyl ether, aqueous layer made alkaline by slowly adding 3.5 mL of 4.0 N sodium hydroxyde solution, shaking, aqueous phase extracted twice with 2.5 mL of diethyl ether, centrifugation, evaporation to dryness under nitrogen, reconstitution with 100 µL of benzene/acetone/methanol (85:10:5), 5 µL injected, for derivatization of metabolite N-1-hydroxyethylflurazepam see [4912]. column: 1.8 m x 2 mm I.D. coiled glass with 3 % OV-17 on 100-120 mesh, Gas-Chrom Q, ^{63}Ni-ECD, argon-methane (95:5) as carrier gas, column 255°C, detector 300°C, injector 275°C.

Important data:
- detection limit:
  - 3 ng/mL (flurazepam)
  - 1 ng/mL (N-1-hydroxyethylflurazepam)
  - 0.6 ng/mL (N-1-desalkylflurazepam)
- sensitivities:
  - 10 - 60 ng/mL (flurazepam)
  - 10 - 60 ng/mL (N-1-hydroxyethylflurazepam)
  - 20 -120 ng/mL (N-1-desalkylflurazepam)
- recoveries:
  - 81 - 85 % (flurazepam)
  - 69 - 76 % (N-1-hydroxyethylflurazepam)
  - 72 - 78 % (N-1-desalkylflurazepam)
- linearities:
  - 3.3 - 13.3 ng/mL (flurazepam)
  - 6.3 - 38.0 ng/mL (N-1-hydroxyethylflurazepam)
  - 3.3 - 20.0 ng/mL (N-1-desalkylflurazepam)

Benzodiazepine(s): flurazepam and metabolites (N-1-hydroxyethylflurazepam, N-1-desalkylflurazepam)

Method: cap. GLC - ECD

Author(s): Salama, Schraufstetter, Jaeger

Lit.Ref. [11269]

Sample required: 2 mL plasma

Short description of the method: 2 mL plasma + prazepam as I.S. + 2 mL borate buffer (pH 9) + 750 µL of toluene, shaking, centrifugation, 50 µL in autosampler, remainders of organic phase evaporated to dryness and silylated with BSTFA (10 % in acetonitrile). ^{63}Ni-ECD, column fused-silica bonded phase (30 m x 0.32 mm I.D.) 0.25 µm film of DB-1701, oven 150°C (0.5 min), 8°C/min to 260°C (8 min), injector 270°C, detector 300°C (other parameters see [11269], hydrogen as carrier gas

Important data:
- limit of quantitation: 0.1 - 0.2 ng/mL
- linearity range:
  - 1 - 25 ng/mL (flurazepam)
  - 2 - 60 ng/mL (N-1-desalkylflurazepam)
  - 1 - 40 ng/mL (N-1-hydroxyethylflurazepam)
- C.V. (5 times on 3 different days):
  - 5.2 - 9.3 % (flurazepam)
  - 4.9 -13.8 % (N-1-desalkylflurazepam)
  - 3.5 -13.2 % (N-1-hydroxyethylflurazepam)

Benzodiazepine(s): flurazepam and metabolites (N-1-hydroxyethylflurazepam, N-1-desalkylflurazepam, N-1-desalkyl-3-hydroxyflurazepam, didesethylflurazepam)

Method: HPLC

Author(s): Dadgar, Smyth, Hojabri

Lit.Ref. [5045]

Sample required: 1 mL plasma

Short description of the method: 1 mL plasma + protein precipitation by addition of 0.1 M sodium hydroxide, extraction, centrifugation, evaporation to dryness, reconstitution with 0.5 mL of mobile phase, column: stainless steel 15 cm x 4.6 mm I.D., LiChrosorb RP 18, 5-µm, mobile phase: methanol/water (62:38) or methanol/phosphate buffer pH 7,6 (85:15), detection at 254 nm.

Important data:
- detection limit:
  - 0.3 ng/mL (flurazepam)
  - 1.2 ng/mL (N-1-hydroxyethylflurazepam)
  - 0.7 ng/mL (N-1-desalkylflurazepam)
  - 1.6 ng/mL (N-1-desalkyl-3-hydroxyflurazepam)
  - 0.1 ng/mL (didesethylflurazepam)
- mean recoveries: between 94 and 95 %

Benzodiazepine(s):	flurazepam and metabolites (monodesethylflurazepam, didesethylflurazepam, N-1-hydroxyethylflurazepam, N-1-desalkylflurazepam, N-1-desalkyl-3-hydroxy-flurazepam)
Method:	HPLC
Author(s):	Lau, Falk, Dolan, Tang
Lit.Ref.	[11231]
Sample required:	50 µL serum

Short description of the method: 50 µL serum + N-desmethyldiazepam as I.S. + 100 µL 1 M borate buffer + 2.5 mL of diethyl ether, shaking, centrifugation, ether layer evaporated to dryness, reconstitution with 50 µL of mobile phase. column: Ultrasphere C_{18} (5-µm), 2-µm precolumn filter, mobile phase: acetonitrile/methanol/0.034 M acetate buffer pH 2.9 (25:15:60, v/v/v), detection at 230 nm.

Important data: mean recoveries: 76 - more than 90 %
linearity: 0.05 - 1.0 µg/mL
detection limit: 10 ng/mL (flurazepam) 5 ng/mL (metabolites)

C.V. (within-day) (n=6):

4.7 - 7.3 % (flurazepam)
6.0 - 7.1 % (monodesethylflurazepam)
8.3 - 10.0 % (didesethylflurazepam)
3.1 - 3.9 % (N-1-hydroxyethylflurazepam)
4.1 - 6.3 % (N-1-desalkylflurazepam)
2.0 - 6.8 % (N-1-desalkyl-3-hydroxyflurazepam)

C.V. (between-day) (n=6):

6.1 - 10.0 % (flurazepam)
7.9 - 10.2 % (monodesethylflurazepam)
9.8 - 10.2 % (didesethylflurazepam)
3.2 - 4.0 % (N-1-hydroxyethylflurazepam)
1.2 - 5.7 % (N-1-desalkylflurazepam)
5.7 - 8.4 % (N-1-desalkyl-3-hydroxyflurazepam)

lorazepam

Benzodiazepine(s):	lorazepam
Method:	HPLC
Author(s):	Egan, Abernethy
Lit.Ref.	[5436]
Sample required:	1 mL plasma

Short description of the method: 1 mL plasma + diazepam as I.S., + 2 mL phosphate buffer + 8 mL hexane/isoamyl alcohol (95:5), shaking, centrifugation, aqueous layer discarded, 2 mL of 6 M hydrochloric acid, shaking, centrifugation, organic layer discarded, approx. 2 mL of 6 M sodium hydroxide added to achieve pH greater than 7.0 mL + 2 mL phosphate buffer, shaking, + 8 mL of hexane/isoamyl alcohol (95:5), shaking, evaporation to dryness, reconstitution in 40 µL of methanol, 20-40 µL injected. column: C_{18} µ-Bondapak RP, 10 µm, mobile phase: 0.01 M sodium acetate/methanol/acetonitrile (47.5:40:12.5), pH 4,6, detection at 254 nm.

Important data: linearity to at least 500 ng/mL
sensitivity: 2.5 ng/mL

C.V. (day-to-day) (n=20, 6 months): 11 %

C.V. (within-day):

9.8 % (2.5 ng/mL, n=5)
10.0 % (5 ng/mL, n=5)
4.2 % (10 ng/mL, n=5)
2.6 % (20 ng/mL, n=4)
4.6 % (25 ng/mL, n=5)
4.0 % (50 ng/mL, n=6)

Benzodiazepine(s):	lorazepam
Method:	fluorimetry / photochemical-fluorimetry
Author(s):	Procopio, Hernandez, Hernandez
Lit.Ref.	[9039]
Sample required:	1 mL serum

Short description of the method: 1 mL of serum + Sep-Pak C_{18}, washing with 2 mL of 50 % methanol solution, elution with 2 mL methanol, evaporation to dryness, excitation 252 nm, emission 435 nm.

Important data: detection limits: 16 ng/mL (fluorimetry)
0.3 ng/mL (photochemical fluorimetry)

nitrazepam

Benzodiazepine(s):	nitrazepam
Method:	GLC - ECD
Author(s):	Locniskar, Greenblatt, Ochs
Lit.Ref.	[7633]
Sample required:	0.5 mL plasma

Short description of the method: 0.5 mL plasma + trifluoromethylnitrazepam as I.S. + 1 mL borate buffer (pH 8.3) + 3 mL of benzene/dichloromethane (80:20), shaking, centrifugation, evaporation to dryness, reconstitution with 200 µL of toluene/isoamyl alcohol/asolectin solution (84:14:3), 6 µL injected. column: coiled glass 1.22 m x 4 mm I.D., 1 % OV-17 on 80-100 mesh Chromosorb W HP, ^{63}Ni-ECD, oven 275°C, injection port 310°C, detector 310°C, carrier gas argon/methane (95:5).

Important data: limit of sensitivity: 3 - 5 ng/mL (nitrazepam)
recovery: greater than 90 %

C.V. (within-day) (n= 8): 5.8 % (10 ng/mL)
4.3 % (25 ng/mL)
6.2 % (50 ng/mL)
5.2 % (100 ng/mL)

Benzodiazepine(s):	nitrazepam and metabolites (7-aminonitrazepam, 7-acetamidonitrazepam)
Method:	HPLC
Author(s):	Kozu
Lit.Ref.	[7213]
Sample required:	10 mL urine

Short description of the method: 10 mL urine + nimetazepam as I.S. adjusted to pH 10 by addition of 0.28 % ammonia solution, extraction with Extrelut (similar to Bond-Elut), elution with chloroform, evaporation to dryness. column Nucleosil $5C_{18}$ (5-µm), guard column, mobile phase: methanol/water (35:65) adjusted to pH 4,0 with phosphoric acid, detection at 254 nm.

Important data: calibration curves: 40 - 200 µg/mL (nitrazepam)
25 - 125 µg/mL (7-aminonitrazepam and 7-acetamidonitrazepam)

Benzodiazepine(s):	nitrazepam and metabolites (7-aminonitrazepam and 7-acetamidonitrazepam)
Method:	HPLC
Author(s):	Tada, Miyahira, Moroji
Lit.Ref.	[10259]
Sample required:	2 mL serum

Short description of the method: 0.5 mL serum + sulpiride as I.S. + 1 mL saturated Na_3PO_4 + 5 mL chloroform, shaking, centrifugation, evaporation to dryness, reconstitution in 100 µL of mobile phase, 80 µL injected. column: Shim-pack FLC-CN, mobile phase: KH_2PO_4-buffer (0.1 mmol/L adjusted to pH 3,0 with phosphoric acid)/acetonitrile (80:20,v/v), detection at 280 nm.

Important data: recovery: 71 - 87 %
 ranges: 30 -120 µg/L (nitrazepam and 7-acetamidonitrazepam)
  30 - 90 µg/L (7-aminonitrazepam)
 limit of detection: 10 µg/L (each compound)

C.V. (within-day):

2.8 - 3.8 % (nitrazepam)
5.6 - 7.2 % (7-aminonitrazepam)
3.9 - 7.4 % (7-acetamidonitrazepam)

C.V. (between-day):

4.1 - 4.8 % (nitrazepam)
7.7 - 10.2 % (7-aminonitrazepam)
6.8 - 8.3 % (7-acetamidonitrazepam)

List of Therapeutic and Toxic Concentrations (Serum)

Benzodiazepine	therapeutic range [mg/L]	toxic range [mg/L]
alprazolam*	0.01 - 0.08	0.1 - 0.4
bromazepam*	0.08 - 0.17	0.25 - 0.50
brotizolam	0.005 - 0.03	—
camazepam*	0.1 - 0.6	2
chlordesmethyldiazepam	0.01 - 0.06	—
chlordiazepoxide*	0.7 - 2.0	3.5 - 10
clobazam*	0.1 - 0.4	—
clonazepam*	0.03 - 0.06	0.1
clorazepate*	0.25 - 0.75	2
clotiazepam	0.10 - 0.40	—
delorazepam	(see chlordesmethyldiazepam)	
demoxepam*	—	1
diazepam*	0.5 - 0.75	1.5 - 3.0
flumazenil (antagonist)	0.06 - 0.2	—
flunitrazepam*	0.005 - 0.015	0.05
flurazepam*	0.001 - 0.01	—
halazepam	0.02 - 0.15	—
ketazolam*	(see nordazepam)	
loprazolam*	0.005 - 0.01	—
lorazepam*	0.02 - 0.2	0.3
lormetazepam*	0.002 - 0.01	—
medazepam*	0.1 - 0.5	0.6
metaclazepam	0.05 - 0.2	—
midazolam*	0.08 - 0.25	—
nitrazepam*	0.03 - 0.12	0.2 - 0.5
nordazepam*	0.2 - 0.8	2
oxazepam*	1 - 2	3 - 5
oxazolam	0.05 - 0.2 DD	—
pinazepam	0.01 - 0.05	—
prazepam*	0.05 - 0.2	—
quazepam	0.01 - 0.05	—
temazepam*	0.35 - 0.85	1
tetrazepam	0.3 - 1.0	—
triazolam	0.002 - 0.01	—

*according to Uges [10511]

Blood-, Serum- and Plasma-Levels and Other Pharmacokinetic Data from Literature

alprazolam ... 197
brotizolam ... 202
clotiazepam ... 205
delorazepam, chlordesmethyldiazepam ... 205
estazolam ... 207
ethyl loflazepate ... 208
flumazenil, Ro-1788 ... 209
halazepam ... 211
loprazolam ... 211
metaclazepam ... 213
midazolam ... 215
oxazolam ... 223
pinazepam ... 224
quazepam ... 226
temazepam ... 228
tetrazepam ... 230
triazolam ... 231

Scheme of the Compilation

single oral administration
single i.v. administration
single i.m. administration
single rectal administration
multiple oral administration
other pharmacokinetic data

alprazolam (levels)

single dose studies - oral administration

dose	body fluid sampled	peak concentration	[Ref.]	time of peak concentration (hr after dose)	subjects characteristics
0.5 mg	plasma	14 ng/mL	[6177]	0.25 hr	1 healthy volunteer (39-year-old)
1 mg	plasma	ca. 15 ng/mL	[3814]	1-2 hr	young volunteers
1 mg	plasma	ca. 18 ng/mL	[3814]	1-2 hr	1 healthy volunteer
1 mg	plasma	ca. 12 ng/mL	[3817]	ca. 4-6 hr	12 normal subjects female, 50-86 kg
1 mg	plasma	ca. 15 ng/mL	[3817]	ca. 1-2 hr	12 obese patients, female, 77-197 kg
1 mg	plasma	19.0 ± 2.0 ng/mL	[4809]	1.3 ± 0.4 hr	6 male patients (26-46 yr)
1 mg	plasma	20.1 ng/mL (10.2 - 29.5 ng/mL)	[6168]	1.4 hr (0.25 - 6.0 hr)	8 young men (24-45 yr)
1 mg	plasma	15.7 ng/mL (8.5 - 22.6 ng/mL)	[6168]	1.8 hr (0.5 - 4.0 hr)	8 young women (21-35 yr)
1 mg	plasma	19.9 ng/mL (12.4 - 28.7 ng/mL)	[6168]	1.2 hr (0.5 - 2.0 hr)	8 elderly men (62-77 yr)
1 mg	plasma	25.9 ng/mL (14.7 - 36.3 ng/mL)	[6168]	0.6 hr (0.5 - 0.75 hr)	8 elderly women (63-78 yr)
1 mg	plasma	22 ng/mL	[6177]	1 hr	1 healthy volunteer (39-year-old)
1 mg	plasma	18.4 ± 7.2 ng/mL	[6880]	1.47 ± 1.42 hr	17 normal subjects (24-71 yr)

alprazolam (levels)

single dose studies - oral administration

dose	body fluid sampled	peak concentration	[Ref.]	time of peak concentration (hr after dose)	subjects characteristics
1 mg	plasma	17.3 ± 5.1 ng/mL	[6880]	3.34 ± 2.44 hr	17 subjects with alcoholic liver disease (20-60 yr)
1 mg	serum	ca. 15 ng/mL	[8610]	ca. 2 hr	7 healthy subjects
1 mg	serum	15.40 ± 3.72 ng/mL	[10018]	1.95 ± 1.47 hr	5 smokers
1 mg	serum	13.84 ± 1.42 ng/mL	[10018]	1.55 ± 0.97 hr	5 nonsmokers
1 mg	plasma	17.4 ng/mL (10.9 - 21.2 ng/mL)	[10023]	1.17 hr (0.67 - 2.5 hr)	6 male subjects (20-32 yr of age, fasting)
2 mg	plasma	24 - 25 ng/mL	——	1.6 hr	6 subjects
0.028 mg/kg (ca. 2 mg)	serum	40 ± 14 ng/mL (25 - 62 ng/mL)	[5481]	1.448 ± 1.151 hr (0.333 - 3.500 hr)	8 subjects (22-26 yr)
? mg	blood	177 ng/mL	[5434]	postmortem sample, several days survival	1 woman (42 yr)
20-30 mg	serum	350 ng/mL	[7991]	——	1 woman (45 yr)
60 mg	serum	341 ng/mL (< 2.5 ng/mL metabolites)	[7991]	——	1 woman (29 yr)

single dose studies - intravenous administration

dose	body fluid sampled	peak concentration	[Ref.]	time of peak concentration (hr after dose)	subjects characteristics
0.25 mg	serum	ca. 5 ng/mL	[3843]	——	healthy male subjects
1 mg	plasma	ca. 23 - 27 ng/mL	[6780]	0.16 to 0.33 hr	2 subjects
1 mg	plasma	23.7 ng/mL (17.6 - 27.5 ng/mL)	[10023]	0.17 hr (0.17 - 0.20 hr)	6 male subjects (20-32 years of age, fasting)
4 mg	serum	ca. 60 - 80 ng/mL	[3843]	——	healthy male subjects

multiple dose studies - oral administration

dose	body fluid sampled	concentration (steady-state)	[Ref.]	time of peak concentration (hr after dose)	subjects characteristics
1,5 mg daily	serum	31.4 ng/mL	[7990]	——	1 patient
0.5 mg t.i.d. (1 week)	plasma	18.2 ± 8.65 ng/mL	[9011]	2.21 ± 1.16 hr	8 healthy subjects
0.5 mg every 8 hr	serum	16.68 ± 3.28 ng/mL	[10018]	1.40 ± 0.93 hr	5 smokers
	serum	19.88 ± 5.86 ng/mL	[10018]	1.0 ± 0.35 hr	5 nonsmokers
2.0 mg daily	serum	27.0 ng/mL	[7990]	——	1 patient
2.5 mg daily	plasma	20 - 30 ng/mL	[3814]	after 2 days	
3 mg daily	plasma	29.6 ± 4.4 ng/mL	[4809]	——	6 male patients (26-46 yr)
3 mg/day	plasma	ca. 30 ng/mL	[6180]	——	
5 mg daily	serum	41.0 ng/mL	[7990]	——	1 patient
6 mg daily	plasma	61.5 ± 8.3 ng/mL	[4809]	——	6 male patients (26-46 yr)
6 mg/day	plasma	ca. 75 ng/mL	[6180]	——	
6 mg daily	serum	26.4 - 53.1 ng/mL	[7990]	——	3 patients
9 mg daily	plasma	102.9 ± 18.4 ng/mL	[4809]	——	6 male patients (26-46 yr)
9 mg/day	plasma	ca. 105 ng/mL	[6180]	——	

alprazolam (other pharmacokinetic data)

single oral administration

single oral [3814]

$t_{1/2\alpha}$: 5 - 30 min

V_D : 1.0 - 1.5 L/kg

plasma-protein-binding: 65-75 %

$t_{1/2\beta}$: 10.3 hr (young)

$t_{1/2\beta}$: 13.5 - 19 hr (elderly)

$t_{1/2\beta}$ (intermediate): 6 - 15 hr

single oral [3817]

V_d : 73.1 ± 3.6 L (normal)
         113.5 ± 11.4 L (obese)

$t_{1/2\beta}$: 10.6 ± 0.9 (6.3 - 15.8) hr (normal)
                 21.8 ± 2.5 (9.9 - 40.5) hr (obese)

V_d : 1.16 ± 0.04 L/kg (normal)
         1.06 ± 0.07 L/kg (obese)

Cl : 88.0 ± 9.7 mL/min (normal)
      66.4 ± 7.0 mL/min (obese)

% unbound: 29.2 ± 0.6 % (normal)
           30.3 ± 0.8 % (obese)

---

single oral [4809]

Cl : 0.99 ± 0.14 mL/min/kg   3 mg/d
      0.94 ± 0.12 mL/min/kg   6 mg/d
      0.84 ± 0.14 mL/min/kg   9 mg/d

$t_{1/2\beta}$: 10.0 ± 1.1 hr

---

single oral 2 mg [5481]

$t_{1/2\beta}$: 14.5 ± 4.0 hr (9.7 - 22.0 hr)

---

single oral 1 mg [6168]

$t_{1/2\beta}$: 11.1 hr (6.5 - 14.3 hr) young men (24-45 yr)
$t_{1/2\beta}$: 10.8 hr (6.3 - 15.8 hr) young women (21-35 yr)
$t_{1/2\beta}$: 19.0 hr (12.6 - 26.9 hr) elderly men (62-77 yr)
$t_{1/2\beta}$: 13.5 hr (9.0 - 23.0 hr) elderly women (63-78 yr)

also see [6168] for lag time, absorption half-life, distribution clearance and unbound fractions (young subjects vs. elderly subjects)

---

single oral 1 mg [6880]

V_d : 1.16 ± 0.15 L/kg (17 normal subjects)
V_d : 1.02 ± 0.25 L/kg (17 patients with alcoholic liver disease)
Cl : 1.22 ± 0.53 mL/min/kg (17 normal subjects)
Cl : 0.56 ± 0.32 mL/min/kg (17 patients with alcoholic liver disease)
protein binding (% free): 29.0 ± 2.5 (17 normal subjects)
protein binding (% free): 23.2 ± 4.2 (17 patients with alcoholic liver disease)

$t_{1/2\beta}$: 11.4 ± 4.9 hr (17 normal subjects)
$t_{1/2\beta}$: 19.7 ± 14.3 hr (17 patients with alcoholic liver disease)

single oral 1 mg [10018]

$t_{1/2\beta}$: 12.65 hr (nonsmokers)
$t_{1/2\beta}$: 10.69 hr (smokers)

---

single oral 1 mg [10023]

6 fasting male subjects (20-32 yr)

$t_{1/2\alpha}$: 9.0 - 29.7 min $t_{1/2\beta}$: 9.03 - 20.2 hr

AUC : 152 - 370 ng·mL^{-1}·h
Cl_{tot} : 0.48 - 1.18 mL/min/kg
V_d : 0.64 - 0.96 L/kg
fraction absorbed: 0.58 - 1.60
time of onset: 20 - 60 min
time of peak sedation: 0.67 - 2.0 hr

---

single i.v. administration

single i.v. [3843]

$t_{1/2\beta}$: 15.9 ± 6.1 hr

---

single i.v. 1 mg [10023]

6 fasting male subjects (20-32 yr)

$t_{1/2\beta}$: 8.9 - 15.0 hr

AUC : 226 - 442 ng·mL^{-1}·h
Cl_{tot} : 0.56 - 1.05 mL/min/kg
V_d : 0.53 - 0.93 L/kg
time of onset: 10 - 20 min
time of peak sedation: 0.17 - 2.5 hr

---

multiple oral administration

multiple oral (0.5 mg every 8 hr) [10018]

$t_{1/2\beta}$: 14.20 hr (nonsmokers)
$t_{1/2\beta}$: 9.54 hr (smokers)

brotizolam (levels)

single dose studies - oral administration

dose	body fluid sampled	peak concentration	[Ref.]	time of peak concentration (hr after dose)	subjects characteristics
0.25 mg	plasma	4.6 ± 1.0 ng/mL	[4182]	0.9 hr	8 subjects
0.25 mg	plasma	5.5 ± 0.7 ng/mL (3.0 - 8.4 ng/mL)	[6191]	0.75 ± 0.2 hr (0.25 - 1.5 hr)	6 subjects (male, 22-28 yr)
0.25 mg	plasma	7.3 ng/mL (3.8 - 13.6 ng/mL)	[11202]	1.1 hr (0.3 - 3.0 hr)	8 healthy young volunteers (21-26 yr, 3 females, 5 males)
0.25 mg	plasma	5.6 ng/mL (5.0 - 6.6 ng/mL)	[11202]	1.7 hr (0.5 - 3.0 hr)	20 elderly patients (71-93 yr, 10 male/ 10 female)
0.5 mg	plasma	9.2 ± 1.7 ng/mL (3.6 - 15.9 ng/mL)	[6191]	0.71 ± 0.2 hr (0.5 - 1.5 hr)	6 subjects (male, 22-28 yr)
0.5 mg	plasma	7.3 ± 3.1 ng/mL	[6827]	1.1 ± 1.0 hr	8 subjects
0.5 mg	plasma	4.7 - 6.8 ng/mL	[11137]	2 - 4 hr	healthy volunteers
0.5 mg	plasma	6.8 ± 2.8 ng/mL	[11137]		6 subjects
0.5 mg	plasma	4 - 6 ng/mL	[11138]	ca. 1 hr	24 subjects
0.5 mg	plasma	2.9 - 19.0 ng/mL	[11201]	0.5 - 2.0 hr	healthy subjects
0.5 mg	plasma	3.2 - 10.7 ng/mL	[11201]	0.5 - 2.0 hr	8 patients with liver cirrhosis
1.0 mg	plasma	16.5 ± 5.1 ng/mL	[11137]		6 subjects
1.5 mg	plasma	25.5 ± 6.7 ng/mL	[11137]		6 subjects
2.0 ng	plasma	26.4 ± 8.1 ng/mL	[11137]		6 subjects
2.5 mg	plasma	30.1 ± 12.1 ng/mL	[11137]		5 subjects
3.0 mg	plasma	30.6 ± 16.7 ng/mL	[11137]		4 subjects

single dose studies - intravenous administration

dose	body fluid sampled	peak concentration	[Ref.]	time of peak concentration (hr after dose)	subjects characteristics
0.25 mg	plasma	ca. 10 ng/mL	[11203]	——	8 subjects

multiple dose studies - oral administration

dose	body fluid sampled	concentration (steady state)	[Ref.]	time of peak concentration (hr after dose)	subjects characteristics
0.25 mg daily 3 weeks	plasma	day 1: 1.3±0.3 - 3.5±0.9 ng/mL day 22: 1.5±0.5 - 3.4±0.9 ng/mL	[4178]	—— ——	5 elderly patients
1 mg once daily (7 days)		19.2 ± 2.1 ng/mL (first day) 19.6 ± 6.4 ng/mL (last day)	[11137]		4 healthy young volunteers

brotizolam (other pharmacokinetic data)

single oral administration

single oral

$t_{1/2\beta}$: 5.1 ± 1.0 hr [4182]
$t_{1/2\beta}$: 5.0 ± 1.1 hr [6827]
$t_{1/2\beta}$: 6.0 ± 1.7 hr [4178]

single oral [6191]

$t_{1/2\alpha}$: 14.9 ± 8.5 min (0.25 mg dose) $t_{1/2\beta}$: 4.4 ± 0.6 hr (2.6 - 6.9 hr) (0.25 mg dose)
$t_{1/2\alpha}$: 13.5 ± 4.4 min (0.5 mg dose) $t_{1/2\beta}$: 4.3 ± 0.6 hr (2.8 - 6.3 hr) (0.5 mg dose)

lag time: 10.0 ± 4.1 min (0.25 mg dose)
lag time: 8.0 ± 1.8 min (0.5 mg dose)

Cl_{oral} : 2.5 ± 0.5 mL/min/kg (0.25 mg dose)
Cl_{oral} : 2.7 ± 0.5 mL/min/kg (0.5 mg dose)

single oral [11137]

$t_{1/2\beta}$: 3.6 - 7.9 hr

V_D : 77.8 ± 40.8 - 93.5 ± 17.1 L
Cl : 7.8 ± 2.4 - 15.2 ± 3.5 L/h
AUC: 34.5 ± 8.3 - 69.3 ± 17.3 ng·mL^{-1}·h

protein binding: 86 - 91 % (human serum albumin)
                 89 - 95 % (human plasma)

single oral 0.25 mg [11164]

$t_{1/2\beta}$: 6.8 - 8.15 hr (renal failure)

---

single oral 0.5 mg [11201]

Cl: 45 mL/min (liver cirrhosis)
Cl: 64 mL/min (healthy subjects)

$t_{1/2\beta}$: 12.8 (9.4 - 25) hr (liver cirrhosis)
$t_{1/2\beta}$: 6.9 (4.4 - 8.4) hr (healthy subjects)

V_d: 0.62 L/kg (liver cirrhosis)
V_d: 0.39 L/kg (healthy subjects)

unbound fraction: 12.4 (10.4 - 18.9) % (liver cirrhosis)
unbound fraction: 9.2 (7.8 - 10.4) % (healthy subjects)

---

single oral [11202]

$t_{1/2\beta}$: 5.0 (3.1 - 6.0) hr (young subjects, oral)
$t_{1/2\beta}$: 9.1 (4.0 -19.5) hr (elderly subjects, oral)

V_D : 0.63 (0.40 - 0.77) L/kg (young subjects)
V_D : 0.56 (0.45 - 0.72) L/kg (elderly subjects)
Cl : 109 (77 - 156) ml/min (young subjects)
Cl : 40 (20 - 58) mL/min (elderly subjects)

bioavailability: 70 (48 - 118) % (young subjects)
bioavailability: 66 % (elderly subjects)

---

single i.v. administration

single i.v. [11202]

$t_{1/2\beta}$: 4.7 (3.1 - 6.3) hr (young subjects)
$t_{1/2\beta}$: 9.8 (5.6 -18.4) hr (elderly subjects)

---

single i.v. 0.25 mg [11203]

$t_{1/2\alpha}$: 11 ± 6 min

V_{dis} : 0.66 ± 0.19 L/kg
Cl_{tot} : 113 ± 28 mL/min

$t_{1/2\beta}$: 4.8 ± 1.4 hr

---

multiple oral administration

multiple oral administration

$t_{1/2\beta}$: 6.9 ± 1.5 hr [4178]

$t_{1/2\beta}$: 5.0 (3.1 - 6.1) hr [4500]
    brotizolam
    short [4500]
    1-methylhydroxy-derivative

clotiazepam (levels)

single dose studies - oral administration

dose	body fluid sampled	peak concentration	[Ref.]	time of peak concentration (hr after dose)	subjects characteristics
5 mg	plasma	100 - 160 ng/mL	[3976]	0.5 - 1.5 hr	3 subjects (25-35 yr)
10 mg	plasma	290 ng/mL 78 ng/mL 22 ng/mL 30 ng/mL 37 ng/mL	[4575]	0.5 hr 1.0 hr 2.0 hr 3.0 hr 4.0 hr	1 subject

clotiazepam (other pharmacokinetic data)

single oral administration

single oral [3976]

$t_{1/2\beta}$: 6.5 - 17.8 hr

protein binding (% free): $0.42 \pm 0.03 - 0.71 \pm 0.03$

delorazepam, chlordesmethyldiazepam (levels)

single dose studies - oral administration

dose	body fluid sampled	peak concentration	[Ref.]	time of peak concentration (hr after dose)	subjects characteristics
1 mg	plasma	12.0 ± 1.1 ng/mL (8.7 - 15.1 ng/mL)	[11136]	1.6 ± 0.2 hr (1.0 - 2.3 hr)	6 healthy subjects
3 mg	serum	25 - 31 ng/mL delorazepam (only traces of lorazepam ca. 2 - 3 ng/mL)	[11280]	ca. 4 hr	6 healthy subjects

single dose studies - intravenous administration

dose	body fluid sampled	peak concentration	[Ref.]	time of peak concentration (hr after dose)	subjects characteristics
1 mg	serum	ca. 70 ng/mL (delorazepam)	[11136]	——	6 healthy subjects

multiple dose studies - oral administration

dose	body fluid sampled	concentration (steady-state)	[Ref.]	time of peak concentration (hr after dose)	subjects characteristics
0.5 mg twice daily (30 days)	plasma	42.6 ± 6.4 ng/mL (delorazepam) 8.6 ± 1.0 ng/mL (free lorazepam) 7.7 ± 1.1 ng/mL (conj. lorazepam)	[4110]		12 patients (46.8 ± 13.2 yr) 20-58 yr
0.5 mg twice daily (30 days)	plasma	59.6 ± 12.4 ng/mL (delorazepam) 8.5 ± 1.4 ng/mL (free lorazepam) 5.2 ± 0.9 ng/mL (conj. lorazepam)	[4110]		8 patients (69.8 ± 7.8 yr) 55-79 yr

delorazepam, chlordesmethyldiazepam

(other pharmacokinetic data)

single oral administration

single oral [11136]

$t_{1/2\beta}$: 104.2 ± 17.5 hr
            (60.8 - 173.2 hr)

lag time: 15.5 ± 1.3 min (10.5 - 19.1 min)
$t_{1/2abs.}$: 0.5 ± 0.1 hr (0.2 - 0.8 hr)
AUC: 987 ± 192 ng·mL^{-1}·hr
      (486 - 1741 ng·mL^{-1}·hr)

single oral [11280]

$t_{1/2\beta}$: 97.3 ± 13.9 hr

single i.v. administration

single i.v. [11136]

$t_{1/2\beta}$: 112.5 ± 28.3 hr
            (47.9 - 244.0 hr)

$t_{1/2\alpha}$: 1.5 ± 0.4 hr
        (0.4 - 3.3 hr)
V_z : 1.7 ± 0.2 L/kg (1.1 - 2.3 L/kg)
Cl : 0.21 ± 0.03 mL·min^{-1}·kg^{-1}
     (0.13 - 0.29 mL·min^{-1}·kg^{-1})
AUC : 1276 ± 234 ng·mL^{-1}·hr
      (687 - 2113 ng·mL^{-1}·hr)

estazolam (levels)

single dose studies - oral administration

dose	body fluid sampled	peak concentration	[Ref.]	time of peak concentration (hr after dose)	subjects characteristics
2 mg	plasma	75 - 101 ng/mL	[11304]	0.5 - 6.0 hr	4 subjects (22-42 yr)
4 mg	plasma	157 - 213 ng/mL	[11304]	0.5 - 4.0 hr	2 subjects (22-45 yr)
6 mg	plasma	152 - 394 ng/mL	[11304]	1.0 - 6.0 hr	4 subjects (44-51 yr)
8 mg	plasma	271 - 348 ng/mL	[11304]	0.5 - 3.0 hr	3 subjects (29-53 yr)
12 mg	plasma	664 - 745 ng/mL	[11304]	0.5 - 6.0 hr	2 subjects (33-53 yr)
16 mg	plasma	465 - 839 ng/mL	[11304]	0.5 - 6.0 hr	4 subjects (24-52 yr)
60 mg	blood	1250 ng/mL	[11159]	?	39 yr. old woman (overdose case)

multiple dose studies - oral administration

dose	body fluid sampled	concentration (steady state)	[Ref.]	time of peak concentration (hr after dose)	subjects characteristics
2 mg (8 days)	plasma	mean predose concentration: 20.9 - 40.3 ng/mL	[11304]		6 subjects (18-51 yr)
4 mg (5 days)	plasma	33.8 - 95.3 ng/mL	[11304]		6 subjects (18-51 yr)
6 mg (4 days)	plasma	68.4 - 157.3 ng/mL	[11304]		6 subjects (18-51 yr)

estazolam (other pharmacokinetic data)

single oral administration

single oral [11159]

$t_{1/2\beta}$: 1 hr [11159]

single oral [11304]

$t_{1/2abs.}$: 0.25 - 36.2 min (2 mg) $t_{1/2\beta}$: 11.6 - 31.2 hr (2 mg)
$t_{1/2abs.}$: 0.3 - 13.2 min (4 mg) $t_{1/2\beta}$: 9.0 - 24.9 hr (4 mg)
$t_{1/2abs.}$: 7.5 - 23.4 min (6 mg) $t_{1/2\beta}$: 11.9 - 24.5 hr (6 mg)
$t_{1/2abs.}$: 0.2 - 39.0 min (8 mg) $t_{1/2\beta}$: 12.5 - 20.7 hr (8 mg)
$t_{1/2abs.}$: 0.1 - 70.7 min (12 mg) $t_{1/2\beta}$: 8.3 - 17.2 hr (12 mg)
$t_{1/2abs.}$: 8.8 - 44.1 min (16 mg) $t_{1/2\beta}$: 13.0 - 16.8 hr (16 mg)

ethyl loflazepate (levels)

single dose studies - oral administration

dose	body fluid sampled	peak concentration	[Ref.]	time of peak concentration (hr after dose)	subjects characteristics
1 mg	plasma	loflazepate + descarboxy loflazepate: 22.1 ± 2.7 ng/mL	[11312]	2.1 ± 0.6 hr	4 healthy volunteers
2 mg	plasma	46.3 ± 5.0 ng/mL (35 - 55 ng/mL)	[11312]	1.9 ± 0.3 hr	
4 mg	plasma	76.5 ± 14.2 ng/mL no unchanged ethyl loflazepate detectable	[11312]	1.5 ± 0.2 hr	
2 mg	plasma	loflazepate + descarboxy loflazepate: 81 ± 27 ng/mL (43 - 118 ng/mL)	[11312]	1 - 3 hr	6 healthy subjects

single dose studies - intravenous administration

dose	body fluid sampled	peak concentration	[Ref.]	time of peak concentration (hr after dose)	subjects characteristics
2 mg	plasma	loflazepate + descarboxy loflazepate: 213 ± 13 ng/mL	[11312]	0.47 ± 0.08 hr	6 healthy subjects

multiple dose studies - oral administration

dose	body fluid sampled	concentration (steady state)	[Ref.]	time of peak concentration (hr after dose)	subjects characteristics
2 mg daily for 18 days	plasma	loflazepate + descarboxy loflazepate: min: 167 ± 58 ng/mL max: 185 ± 69 ng/mL	[11312]	1-2 hr after administration	3 healthy subjects
2 mg daily (1 to 14 months)	plasma	loflazepate + descarboxy loflazepate: min: 216 ± 63 ng/mL max: 325 ± 90 ng/mL	[11312]	1 - 2 hr after administration	9 patients

ethyl loflazepate (other pharmacokinetic data)

single oral administration

single oral [11312]

AUC_0 : 1314 ± 224 ng·mL^{-1}·h
AUC_0 : 2292 ± 1042 ng·mL^{-1}·h
AUC_0 : 3780 ± 686 ng·mL^{-1}·h

loflazepate + descarboxy loflazepate:

$t_{1/2\beta}$: 119 ± 53 hr (1 mg)
$t_{1/2\beta}$: 99 ± 40 hr (2 mg)
$t_{1/2\beta}$: 73 ± 20 hr (4 mg)

single i.v. administration

single i.v. [11312]

AUC_c : 3313 ± 1883 ng·mL^{-1}·h

loflazepate + descarboxy loflazepate:

$t_{1/2\beta}$: 78.9 ± 11.3 hr

flumazenil, Ro 15-1788 (levels)

single dose studies - oral administration

dose	body fluid sampled	peak concentration	[Ref.]	time of peak concentration (hr after dose)	subjects characteristics
200 mg	plasma	255 ± 113 ng/mL (143 - 439 ng/mL)	[9302]	41 ± 25 min (20 - 90 min)	6 healthy male subjects

single dose studies - intravenous administration

dose	body fluid sampled	peak concentration	[Ref.]	time of peak concentration (hr after dose)	subjects characteristics
2 mg	plasma	ca. 90 ng/mL	[11079]		1 healthy male volunteer
2.5 mg	plasma	ca. 60 ng/mL	[11217]		1 healthy volunteer
10 mg	plasma	ca. 190 ng/mL	[3802]	———	26-year-old male
20 mg	plasma	ca. 250 - 280 ng/mL	[9302]	———	2 healthy male subjects
40 mg	plasma	ca. 490 - 660 ng/mL	[9302]		2 healthy male subjects

flumazenil, Ro 15-1788 (other pharmacokinetic data)

single oral administration

single oral [9302]

$t_{1/2\beta}$: 42 - 71 min

AUC: 442 ± 169 (243 - 656) ng·mL^{-1}·h

single i.v. administration

single i.v. [3802]

$t_{1/2\alpha}$: 3.15 min $t_{1/2\beta}$: 28.3 min
V_D : 1.31 L/kg
Cl : 32.0 mL/min/kg

single i.v. [9302]

AUC: 311 ± 54 ng·mL^{-1}·h (20 mg)
AUC: 566 ± 98 ng·mL^{-1}·h (40 mg)
CL_p: 14.8 ± 2.14 mL·min^{-1}·kg^{-1} (20 mg)
CL_p: 16.3 ± 2.66 mL·min^{-1}·kg^{-1} (40 mg)
V_c : 0.81 ± 0.21 L·kg^{-1} (20 mg)
V_c : 0.63 ± 0.25 L·kg^{-1} (40 mg)
V : 1.38 ± 0.34 L·kg^{-1} (20 mg)
V : 1.27 ± 0.11 L·kg^{-1} (40 mg)
V_{ss}: 1.11 ± 0.23 L·kg^{-1} (20 mg)
V_{ss}: 1.01 ± 0.17 L·kg^{-1} (40 mg)
$t_{1/2z}$: 57 ± 8 min (20 mg)
$t_{1/2z}$: 49 ± 7 min (40 mg)

blood/plasma partition coefficient approx. 0.88

single i.v. [11079]

$t_{1/2\beta}$: 43 min

single i.v. [11217]

CL_p: 31 - 78 L·h^{-1} $t_{1/2\beta}$: 0.7 - 1.3 hr
Vd_{ss}: 0.6 - 1.6 L·kg^{-1}
free fraction: 54 - 64 %
blood/plasma ratio: 0.8 - 1.3

halazepam (levels)

single dose studies - oral administration

dose	body fluid sampled	peak concentration	[Ref.]	time of peak concentration (hr after dose)	subjects characteristics
40 mg	plasma	37 ng/mL (halazepam) (less than 4 ng/mL within 10 hr after the dose)	[6190]	1.0 hr	1 healthy subject
		146 ng/mL (N-desmethyldiazepam)		2.5 hr	

multiple dose studies - oral administration

dose	body fluid sampled	concentration (steady-state)	[Ref.]	time of peak concentration (hr after dose)	subjects characteristics
40 mg t.i.d. (14 days)	plasma	halazepam: ca. 93 - 141 ng/mL after ca. 2 hr	[4794]	———	11 men (19-35 yr)
		N-desalkyldiazepam: ca. 147 - 1657 ng/mL after ca. 3 - 6 hr			

halazepam (other pharmacokinetic data)

multiple oral administration

multiple oral [4794]

$t_{1/2\alpha}$: 0.76 ± 0.51 hr $\qquad$ $t_{1/2\beta}$: 34.74 ± 5.52 hr

$t_{1/2\alpha}$: 1.90 + 0.47 hr

loprazolam (levels)

single dose studies - oral administration

dose	body fluid sampled	peak concentration	[Ref.]	time of peak concentration (hr after dose)	subjects characteristics
0.5 mg	plasma	2.27(1.58-3.28)ng/mL (loprazolam)	[11167]	2.75 hr (1.5 - 6.0 hr)	10 young subjects (21-25 yr)
		1.26(0.85-2.07)ng/mL (N-Oxide)		4.5 hr (3.0 - 6.0 hr)	
0.5 mg	plasma	2.37(1.31-3.80)ng/mL (loprazolam)	[11167]	2.67 hr (1.0 - 8.0 hr)	9 elderly subjects (63-86 yr)
		1.32(0.69-1.98)ng/mL (N-Oxide)		6.44 hr (4.0 - 12.0 hr)	

loprazolam (levels)
single dose studies - oral administration

dose	body fluid sampled	peak concentration	[Ref.]	time of peak concentration (hr after dose)	subjects characteristics
1 mg	plasma	3.1(1.3-4.4) ng/mL	[6826]	3.0 hr (2 - 12 hr)	8 healthy young volunteers
1 mg	serum	4.1 ± 2.19 ng/mL	[8010]	5.0 ± 3.63 hr	6 healthy subjects (22-37 yr)
1 mg	plasma	5.28(3.44-7.61) ng/mL (loprazolam)	[11167]	1.56 hr (1.0 - 2.0 hr)	10 young subjects (21-25 yr)
		2.59(1.81-3.57) ng/mL (N-Oxide)		3.55 hr (1.5 - 6.0 hr)	
1 mg	plasma	5.15(3.60-8.10) ng/mL (loprazolam)	[11167]	2.19 hr (0.5 - 4.0 hr)	10 elderly subjects (63-86 yr)
		2.73(1.28-4.24) ng/mL (N-Oxide)		5.13 hr (1.0 - 8.0 hr)	

multiple dose studies - oral administration

dose	body fluid sampled	concentration (steady-state)	[Ref.]	time of peak concentration (hr after dose)	subjects characteristics
1 mg (once daily) 7 days	serum	4.6 ± 2.07 ng/mL	[8010]	5.5 ± 2.66 hr	6 healthy male subjects (22-37 yr)
2 mg (once daily) 8 days	serum	9.6 ± 1.5 ng/mL (night 1) 11.4 ± 1.1 ng/mL (night 8)	[7236]	——	8 healthy male subjects (22-25 yr)

loprazolam (other pharmacokinetic data)

single oral administration

<u>single oral [4500]</u>

$t_{1/2\beta}$: 6.3 (4 - 8) hr

<u>single oral [6826]</u>

$t_{1/2\beta}$: 14.8 (10.6 - 22.1) hr (loprazolam and metabolites)

loprazolam (other pharmacokinetic data)
single oral administration

single oral [11167]

Apparent V_D	: 313(225-439)L (young subjects)		$t_{1/2\beta}$	: 10.95(5.48-17.28)hr (young subjects) (loprazolam)
Apparent V_D	: 285(185-259)L (elderly subjects)		$t_{1/2\beta}$	: 11.64(4.12-24.5)hr (young subjects) (N-Oxide)
Apparent Cl_{plasma}	: 356(202-571)mL/min (young subjects)		$t_{1/2\beta}$	: 12.7 (9.57-16.18)hr (elderly subjects) (loprazolam)
Apparent Cl_{plasma}	: 215(150-274)mL/min (elderly subjects)		$t_{1/2\beta}$	: 14.86(9.19-22.92)hr (elderly subjects) (N-Oxide)

metaclazepam (levels)

multiple dose studies - oral administration

dose	body fluid sampled	concentration (steady-state)	[Ref.]	time of peak concentration (hr after dose)	subjects characteristics
15 mg daily for 10 days (5 mg at 8 a.m., 10 mg at 8 p.m.)	plasma	94.0 ± 11.2 ng/mL (metaclazepam, day 1)	[6025]	1.3 ± 3.38 hr (day 1)	12 healthy male subjects (28.5 ± 6.2 yr)
		70.0 ± 18.0 ng/mL (metaclazepam, day 10)		1.0 ± 6.0 hr (day 10)	
		22.0 ± 6.6 ng/mL (N-desmethylmetaclazepam, day 1)		1.5 ± 3.7 hr (day 1)	
		19.0 ± 4.0 ng/mL (N-desmethylmetaclazepam, day 10)		1.0 ± 0.49 hr (day 20)	
15 mg daily for 10 days (15 mg at 8 p.m.)	plasma	129 ± 40.2 ng/mL (metaclazepam, day 1)	[6025]	1.13 ± 0.38 hr (day 1)	12 healthy male subjects (28.5 ± 6.2 yr)
		105 ± 43.8 ng/mL (metaclazepam, day 10)		1.11 ± 0.47 hr (day 10)	
		39.0 ± 16.0 ng/mL (N-desmethylmetaclazepam, day 1)		1.5 ± 0.51 hr (day 1)	
		36.0 ± 8.6 ng/mL (N-desmethylmetaclazepam, day 10)		1.6 ± 0.67 hr (day 10)	

metaclazepam (other pharmacokinetic data)

multiple oral administration

multiple oral [6025]

a) once-a-day 15 mg

$t_{1/2\alpha}$: 1.52 ± 1.09 hr (day 1) metaclazepam

$t_{1/2\alpha}$: 4.17 ± 5.13 hr (day 10) metaclazepam

$t_{1/2\alpha}$: 2.60 ± 2.30 hr (day 1) N-desmethylmetaclazepam

$t_{1/2\alpha}$: 6.00 ± 4.10 hr (day 10) N-desmethylmetaclazepam

$t_{1/2\beta_1}$: 0.55 ± 0.34 hr (day 1) metaclazepam

$t_{1/2\beta_1}$: 0.86 ± 0.70 hr (day 10) metaclazepam

$t_{1/2\beta_1}$: 0.80 ± 0.61 hr (day 1) N-desmethylmetaclazepam

$t_{1/2\beta_1}$: 1.10 ± 0.53 hr (day 10) N-desmethylmetaclazepam

---

CL/F : 45.3 ± 26.6 L/h (day 1) metaclazepam

CL/F : 37.1 ± 11.0 L/h (day 12) metaclazepam

CL/F : 115 ± 87.0 L/h (day 1) N-desmethylmetaclazepam

CL/F : 70.0 ± 20.0 L/h (day 12) N-desmethylmetaclazepam

$t_{1/2\beta_2}$: 17.8 ± 26.0 hr (day 1) metaclazepam

$t_{1/2\beta_2}$: 19.9 ± 18.3 hr (day 10) metaclazepam

$t_{1/2\beta_2}$: 22.0 ± 27.0 hr (day 1) N-desmethylmetaclazepam

$t_{1/2\beta_2}$: 31.0 ± 25.0 hr (day 10) N-desmethylmetaclazepam

---

V_d/F : 473 ± 550 L (day 1) metaclazepam

V_d/F : 939 ± 628 L (day 12) metaclazepam

V_d/F : 1782 ± 1752 L (day 1) N-desmethylmetaclazepam

V_d/F : 2676 ± 2229 L (day 12) N-desmethylmetaclazepam

---

b) twice-a-day 15 mg

$t_{1/2\alpha}$: 1.18 ± 0.43 hr (day 1) metaclazepam

$t_{1/2\alpha}$: 1.80 ± 0.86 hr (day 10) metaclazepam

$t_{1/2\alpha}$: 1.90 ± 0.87 hr (day 1) N-desmethylmetaclazepam

$t_{1/2\alpha}$: 5.10 ± 2.70 hr (day 10) N-desmethylmetaclazepam

$t_{1/2\beta_1}$: 0.54 ± 0.50 hr (day 10) metaclazepam

$t_{1/2\beta_1}$: 0.90 ± 0.72 hr (day 10) N-desmethylmetaclazepam

---

$t_{1/2\beta_2}$: 12.0 ± 2.0 hr (day 10) metaclazepam

$t_{1/2\beta_2}$: 16.0 ± 3.4 hr (day 10) N-desmethylmetaclazepam

CL/F   : 51.4 ± 7.78 L/h (day 1)
          metaclazepam

CL/F   : 52.0 ± 23.0 L/h (day 12)
          metaclazepam

CL/F   : 172 ± 66.0 L/h (day 1)
          N-desmethylmetaclazepam

CL/F   : 84.0 ± 28.0 L/h (day 12)
          N-desmethylmetaclazepam

V_d/F : 133 ± 190 L (day 1)
          metaclazepam

V_d/F : 182 ± 140 L (day 12)
          metaclazepam

V_d/F : 442 ± 127 L (day 1)
          N-desmethylmetaclazepam

V_d/F : 904 ± 761 L (day 12)
          N-desmethylmetaclazepam

midazolam (levels)

single dose studies - oral administration

dose	body fluid sampled	peak concentration	[Ref.]	time of peak concentration (hr after dose)	subjects characteristics
7.5 mg	plasma	75 - 128 ng/mL	[3904]	0.33 hr	2 subjects
5-10 mg	serum	96 ± 19 ng/mL	[6941]	0.64 ± 0.10 hr	elderly females
10 mg	plasma	ca. 50 - 200 ng/mL midazolam	[3979]	ca. 0.5 hr	2 subjects
		ca. 65 ng/mL 1-OH-midazolam		ca. 0.5 hr	
		ca. 0 - 5 ng/mL 4-OH-midazolam		ca. 0.5 hr	
10 mg	plasma	ca. 82 - 170 ng/mL midazolam	[6458]	ca. 15 - 30 min	4 subjects
		ca. 60 - 80 ng/mL free α-hydroxymethyl-midazolam		ca. 15 - 30 min	
10 mg	serum	69 ± 12 ng/mL	[6941]	0.99 ± 0.24 hr	young males
10 mg	serum	53 ± 8 ng/mL	[6941]	1.0 ± 0.21 hr	young females
10 mg	serum	64 ± 8 ng/mL	[6941]	0.89 ± 0.12 hr	obese volunteers
10 mg	plasma	77.5 ± 27.6 ng/mL	[6941]	0.74 ± 0.45 hr	
10 mg maleate	plasma	ca. 60 ng/mL	[9368]	ca. 20 min	1 subject
15 mg	plasma	154 ± 51 ng/mL	[3904]	0.67 ± 0.53 hr	6 subjects

midazolam (levels)
single dose studies - oral administration

dose	body fluid sampled	peak concentration	[Ref.]	time of peak concentration (hr after dose)	subjects characteristics
15 mg	plasma	midazolam: fasting: 69±26(34-133)ng/mL 1 hr after meal: 48±19(23-87)ng/mL with meal: 63±36(26-147)ng/mL 1 hr before meal: 80±34(37-167)ng/mL α-OH-methylmidazolam: fasting: 33±16(6.8-63)ng/mL 1 hr after meal: 22±9.5(6.0-39)ng/mL with meal: 29±19(5.0-66)ng/mL 1 hr before meal: 41±23(11-105)ng/mL	[4416]	1.0 ± 0.9 hr (0.25 - 4.0 hr) 1.9 ± 1.0 hr (0.5 - 4.0 hr) 1.7 ± 1.2 hr (0.5 - 4.0 hr) 0.8 ± 0.4 hr (0.5 - 2.0 hr) 1.0 ± 0.6 hr (0.25 - 3.00 hr) 1.8 ± 1.1 hr (0.5 - 4.0 hr) 1.5 ± 0.9 hr (0.5 - 3.0 hr) 0.9 - 0.6 hr (0.5 - 3.0 hr)	18 healthy subjects (19-46 yr)
15 mg	plasma	65 - 80 ng/mL	[6825]	20 min	
15 mg	plasma	94 ng/mL median range 57 - 294 ng/mL	[6826]	0.4 hr median range 0.3 - 1.0 hr	8 healthy young volunteers
15 mg	serum	37.9 ± 21.1 ng/mL (range 9.1 - 74.0 ng/mL)	[6938]	27.2 ± 12.0 min (range 9 - 45.1 min)	8 women
15 mg	plasma	154 ± 51 ng/mL	[6941]	0.67 ± 0.53 hr	———
15 mg	plasma	132 ± 57 ng/mL	[6941]	1.9 ± 0.6 hr	
15 mg	serum	37.9 ± 21.1 ng/mL	[6941]	27.2 ± 12.0 min	obstetric patients, cesarean section
15 mg	serum	54.1 ± 22.5 ng/mL	[6941]	43.8 ± 16.2 min	general, minor and major surgery
15 mg	plasma	74 ± 39 ng/mL	[7104]	0.92 ± 0.38 hr	morning (supine)
15 mg	plasma	132 ± 57 ng/mL	[7104]	0.97 ± 0.59 hr	morning (sitting/walking)
15 mg	plasma	122 ± 48 ng/mL	[7104]	0.65 ± 0.31 hr	evening (sitting/walking)
20 mg	plasma	ca. 126 - 368 ng/mL (midazolam) ca. 70 - 249 ng/mL (free α-hydroxymethyl-midazolam)	[6458]	ca. 15 - 30 min ca. 15 - 30 min	6 subjects
20 mg	plasma	263.8 ± 106 ng/mL	[6941]	1.9 ± 0.39 hr	
40 mg	plasma	ca. 953 - 1449 ng/mL ca. 356 - 407 ng/mL (free α-hydroxymethyl-midazolam)	[6458]	ca. 15 min ca. 15 min	2 subjects

single dose studies - intravenous administration

dose	body fluid sampled	peak concentration	[Ref.]	time of peak concentration (hr after dose)	subjects characteristics
5 mg	plasma	ca. 220 ng/mL	[10908]	——	gynecological patients
0.075 mg/kg	serum	500 - 600 ng/mL	[3781]	——	6 patients undergoing cesarean section
0.075 mg/kg	plasma	ca. 200 ng/mL	[3904]	——	6 subjects
10 mg	plasma	ca. 1.100 ng/mL (midazolam) ca. 350 ng/mL (α-hydroxymethyl-midazolam glucuronide)	[10708]	——	1 patient
0.15 mg/kg rapid injection	plasma	ca. 900 ng/mL	[3918]	——	1 subject
0.15 mg/kg	plasma	ca. 290 - 425 ng/mL (midazolam) ca. 16 - 30 ng/mL (free α-hydroxymethyl-midazolam)	[6458]	——	6 volunteers
12.5 mg bolus	plasma	535.7 $\pm$ 179.8 ng/mL	[7446]	2 min	6 patients
0.2 mg/kg	plasma	ca. 800 - 1000 ng/mL ca. 500 - 700 ng/mL	[4035]	——	11 younger (22-30 yr) women 11 older (50-60 yr) women
0.2 mg/kg	plasma	ca. 200 - 400 ng/mL	[10657]	——	patients with chronic renal failure
20 mg maleate	plasma	ca. 1000 ng/mL	[9368]	——	1 subject

single dose studies - intramuscular administration

dose	body fluid sampled	peak concentration	[Ref.]	time of peak concentration (hr after dose)	subjects characteristics
0.05 mg/kg	serum	20.4 - 35.9 ng/mL	[6938]	16.5 - 36.0 min	5 women
0.05 mg/kg	serum	28.2 $\pm$ 7.1 ng/mL	[6941]	27.1 $\pm$ 7.8 min	obstetric patients, cesarean section
0.075 mg/kg	serum	43.7 $\pm$ 19.8 ng/mL	[6941]	20.5 $\pm$ 11.7 min	patients, general surgery
0.150 mg/kg	serum	69.7 $\pm$ 7.9 ng/mL	[6941]	36.6 $\pm$ 16.7 min	patients, general surgery
12.5 mg	plasma	201.8 $\pm$ 66.2 ng/mL	[6941]	22.5 $\pm$ 8.2 min	

multiple dose studies - intravenous administration

dose	body fluid sampled	concentration (steady state)	[Ref.]	time of peak concentration (hr after dose)	subjects characteristics
3 x 0,3 mg/kg at 45 min intervals	plasma	258.8 ± 108.4 ng/mL (minimum levels) 1,103.1 ± 237.9 ng/mL (maximum levels)	[4993]	——	4 patients
0.3 mg/kg and 0.15 mg/kg at 30 min intervals	plasma	353.1 ± 55.2 ng/mL (minimum levels) 743.0 ± 103.2 ng/mL (maximum levels	[4993]	——	4 patients

midazolam (other pharmacokinetic data)

single oral administration

single oral [3904]

Cl (intrinsic) : 645 ± 154 (mL/min) $t_{1/2\beta}$: 2.1 ± 0.5 hr

bioavailability: 44 ± 17 %

single oral [4416]

$t_{1/2\beta}$:
midazolam
1.2 - 4.4 hr (fasting)
1.2 - 6.2 hr (1 hr after meal)
1.3 - 4.9 hr (with meal)
1.1 - 8.1 hr (1 hr before meal)

α-OH-methylmidazolam
0.92 - 4.70 hr (fasting)
0.82 - 5.40 hr (1 hr after meal)
0.94 - 4.40 hr (with meal)
1.00 - 4.80 hr (1 hr before meal)

less than 0.5 % excreted unchanged in urine

single oral [6941]

$t_{1/2abs}$: 0.23 ± 0.37 hr $t_{1/2\beta}$: 2.1 ± 0.5 hr
              0.29 ± 0.42 hr   1.9 ± 0.6 hr

single oral 15 mg [7104]

$t_{1/2\alpha}$: 0.37 ± 0.37 hr morning (supine) $t_{1/2\beta}$: 1.7 ± 0.2 hr [7104] morning (supine)
$t_{1/2\alpha}$: 0.29 ± 0.42 hr morning (sitting/walking) $t_{1/2\beta}$: 1.9 ± 0.6 hr [7104] morning (sitting/walking)
$t_{1/2\alpha}$: 0.10 ± 0.05 hr evening (sitting/walking) $t_{1/2\beta}$: 2.2 ± 1.3 hr [7104] evening (sitting/walking)

single oral administration [7104]

Intrinsic clearance: 1656 ± 657 mL/min morning (supine)
                       710 ± 241 mL/min morning (sitting/walking)
                      1310 ± 579 mL/min evening (sitting/walking)

Bioavailability: 41 ± 16 % morning (supine)
                       44 ± 17 % morning (sitting/walking)
                       37 ± 8 % evening (sitting/walking)

$V_{d\beta}$ (L/kg):   1.3 ± 0.6 morning (supine)
                       0.7 ± 0.2 morning (sitting/walking)
                       1.2 ± 0.5 evening (sitting/walking)

See [6938] for maternal venous serum, umbilical venous serum, umbilical arterial serum and amniotic fluid midazolam concentrations after a single 15 mg-oral dose.

---

single i.v. administration

single i.v. [3904]

$t_{1/2\alpha}$: 0.31 ± 0.24 hr $t_{1/2\beta}$: 2.4 ± 0.8 hr

V_1 : 0.35 ± 0.10 L/kg

V_{dss} : 0.68 ± 0.15 L/kg

$V_{d\beta}$: 0.80 ± 0.19 L/kg

Cl (plasma):   283 ± 43 mL/min
Cl (free drug):   5019 ± 1775 mL/min
Cl (blood):   502 ± 105 mL/min
plasma-binding: 94 ± 1.9 %
blood/plasma ratio: 0.57 ± 0.06
$t_{1/2abs.}$:   0.23 ± 0.37 hr

---

single i.v. [4035]

V_{Dss} : 1.09 ± 0.18 L/kg (younger adults) $t_{1/2\beta}$: 2.7 ± 0.8 hr (younger adults)
            1.37 ± 0.30 L/kg (older adults)   3.2 ± 0.7 hr (older adults)
Cl   : 436 + 127 mL/min (younger adults)
            403 + 79 mL/min (older adults)

---

single i.v. [4650]

$t_{1/2\beta}$: 8 - 22 h
                prolonged (9 of 115 patients after i.v.
                administration of 0.3 mg/kg)

single i.v. [5382]

$t_{1/2\beta}$: 3.2 ± 0.09 hr (normal)
(range 0.8 - 6.6 hr)

$t_{1/2\beta}$: 14 hr (abnormal)
(range 8 - 22 hr)

---

single i.v. [6929] (10 patients)

$t_{1/2\alpha}$: 0.08 ± 0.04 hr $t_{1/2\beta}$: 5.6 ± 4.8 hr

V_{dd} : 0.24 ± 0.13 L/kg $V_{d\beta}$: 1.68 ± 0.46 L/kg

Cl_{tot} : 5.61 ± 3.12 ml·min^{-1}·kg^{-1}

---

single i.v. [6941]

12.5 mg   (gynecology patients, minor surgery):
$t_{1/2\alpha}$: 7.2 ± 1.6 min $t_{1/2\beta}$: 2.5 ± 0.2 hr

0.075 mg/kg (gynecology patients, minor surgery):
$t_{1/2\alpha}$: 10.1 ± 3.4 min $t_{1/2\beta}$: 103.5 ± 22.3 min

0.075 mg/kg (patients undergoing general minor and major surgery):
$t_{1/2\alpha}$: 5.7 ± 4.6 min $t_{1/2\beta}$: 1.4 ± 0.4 hr

0.02 mg/kg (patients in chronic renal failure):
$t_{1/2\alpha}$: 3.4 ± 0.49 min $t_{1/2\beta}$: 4.58 ± 0.75 hr

0.2 mg/kg   (young women):
$t_{1/2\alpha}$: ——— $t_{1/2\beta}$: 2.7 ± 0.8 hr

0.2 mg/kg   (old women):
$t_{1/2\alpha}$: ——— $t_{1/2\beta}$: 3.2 ± 0.7 hr

5.0 mg/kg   (young males):
$t_{1/2\alpha}$: 0.31 ± 0.08 hr $t_{1/2\beta}$: 2.1 ± 0.2 hr

5.0 mg/kg   (young females):
$t_{1/2\alpha}$: 0.32 ± 0.05 hr $t_{1/2\beta}$: 2.6 ± 0.3 hr

---

single i.v. [6941]

5 mg: $t_{1/2\beta}$: 2.09 ± 0.84 hr

0.075 mg/kg: $t_{1/2\alpha}$: 0.31 ± 0.24 hr $t_{1/2\beta}$: 2.4 ± 0.8 hr

$t_{1/2\alpha}$: 0.30 ± 0.25 hr $t_{1/2\beta}$: 2.3 ± 0.9 hr

0.15 mg/kg: $t_{1/2\beta}$: 2.29 ± 0.42 hr

2.5-5.0 mg (elderly males):
$t_{1/2\alpha}$: 0.22 ± 0.05 hr $t_{1/2\beta}$: 5.6 ± 1.4 hr

2.5-5.0 mg (elderly females):
$t_{1/2\alpha}$: 0.33 ± 0.10 hr $t_{1/2\beta}$: 4.0 ± 0.8 hr

single i.v. [6941]

5.0 mg (obese volunteers):

$t_{1/2\alpha}$: 0.40 ± 0.06 hr $\qquad\qquad$ $t_{1/2\beta}$: 8.40 ± 0.84 hr

see [6941] for clearance and volumes of distribution

---

single i.v. 0.075 mg/kg [7104]

$t_{1/2(\alpha)}$: 0.15 ± 0.06 hr morning (supine) $\qquad$ $t_{1/2\beta}$: 1.8 ± 0.2 hr morning (supine)
$t_{1/2(\alpha)}$: 0.30 ± 0.25 hr morning (sitting/walking) $\qquad$ $t_{1/2\beta}$: 2.3 ± 0.9 hr morning (sitting/walking)
$t_{1/2(\alpha)}$: 0.28 ± 0.14 hr evening (sitting/walking) $\qquad$ $t_{1/2\beta}$: 2.0 ± 0.6 hr evening (sitting/walking)

Cl (mL/min): 616 ± 157 morning (supine)
Cl (mL/min): 317 ± 110 morning (sitting/walking)
Cl (mL/min): 463 ± 82 evening (sitting/walking)

$V_{d\beta}$ (L/kg): 1.4 ± 0.5 morning (supine)
$V_{d\beta}$ (L/kg): 0.8 ± 0.3 morning (sitting/walking)
$V_{d\beta}$ (L/kg): 1.2 ± 0.2 evening (sitting/walking)

---

single i.v. (39 ± 6 mg) [8877]

(15 female patients undergoing major surgery)

$t_{1/2\alpha}$: 18 ± 6 min $\qquad\qquad$ $t_{1/2\beta}$: 3.1 ± 0.8 hr

$V_{D\beta}$: 1.94 ± 0.55 L/kg
V_1 : 0.471 ± 0.131 L/kg
Cl : 483 ± 109 mL/min

---

single i.v. [9750]

V_{dss} : 1.22 ± 0.31 L/kg (young males)
$\qquad$ 2.47 ± 0.98 L/kg (elderly males, over 80 years of age)
$\qquad$ 0.91 ± 0.29 L/kg (young females)
$\qquad$ 1.70 ± 0.78 L/kg (elderly females, over 80 years of age)

Cl_{tot} : 8.10 ± 3.58 mL/min·kg (young males)
$\qquad$ 5.60 ± 1.77 mL/min·kg (elderly males, over 80 years of age)
$\qquad$ 6.08 ± 2.04 mL/min·kg (young females)
$\qquad$ 9.14 ± 3.36 mL/min·kg (elderly females, over 80 years of age)

$t_{1/2\beta}$: 2.27 ± 0.80 hr (young males)
$\qquad$ 8.52 ± 5.4 hr (elderly males, over 80 years of age)
$\qquad$ 2.86 ± 1.04 hr (young females)
$\qquad$ 2.99 ± 0.86 hr (elderly females, over 80 years of age)

single i.v. [9750]

$t_{1/2\alpha}$: 0.14 ± 0.05 hr (young males)

0.27 ± 0.17 hr (elderly males, over 80 years of age)

0.31 ± 0.13 hr (young females)

0.22 ± 0.12 hr (elderly females, over 80 years of age)

V_{tot} : 1.44 ± 0.41 L/kg (young males)

3.63 ± 1.52 L/kg (elderly males, over 80 years of age)

1.36 ± 0.31 L/kg (young females)

2.30 ± 0.85 L/kg (elderly females, over 80 years of age)

AUC : 496 ± 211 ng·mL^{-1}·h (young males)

642 ± 186 ng·mL^{-1}·h (elderly males, over 80 years of age)

651 ± 384 ng·mL^{-1}·h (young females)

394 ± 121 ng·mL^{-1}·h (elderly females, over 80 years of age)

Plasma protein binding:

between 97 and 98 % (45 and 990 ng/mL)

---

single i.v. 10657

V_d : 3.8 ± 3.1 L/kg (chronic renal failure)

2.2 ± 2.1 L/kg (healthy controls)

Cl : 11.4 ± 1.6 mL·min^{-1}·kg^{-1} (chronic renal failure)

6.7 ± 0.9 mL·min^{-1}·kg^{-1} (healthy controls)

$t_{1/2\beta}$: 4.58 ± 0.75 hr (chronic renal failure)

4.93 ± 1.08 hr (healthy controls)

---

single i.v. [10708]

$t_{1/2\beta}$: 80 min (α-hydroxymethylmidazolam glucuronide)

---

single i.v. [11140]

$t_{1/2\beta}$: 3.28 ± 2.7 hr (n = 38)

$t_{1/2\alpha}$: 0.27 ± 0.1 hr

Cl : 6.21 ± 2.9 mL/min/kg

V_z : 1.46 ± 0.6 L/kg

V_1 : 0.56 ± 0.2 L/kg

V_2 : 0.70 ± 0.4 L/kg

V_{ss} : 1.26 ± 0.5 L/kg

multiple i.v. administration

multiple i.v. [4993]

$t_{1/2\beta}$: 3.24 ± 0.90 hr
3.34 ± 1.47 hr

multiple i.v. [7448]

96 % plasma protein binding

multiple i.v. [6641]

98 - 99 % plasma protein binding

oxazolam (levels)

single dose studies - oral administration

dose	body fluid sampled	peak concentration	[Ref.]	time of peak concentration (hr after dose)	subjects characteristics
40 mg	serum	115 ± 7 ng/mL (66 - 149 ng/mL) N-desmethyldiazepam --- no oxazolam measurable	[8623]	8.6 ± 1.8 hr (1.5 - 24.0 hr)	12 healthy subjects (19-28 yr)

oxazolam (other pharmacokinetic data)

single oral administration

single oral [8623]

$t_{1/2\beta}$: 61.2 ± 5.2 hr (34 - 100.4 hr)
N-desmethyldiazepam

pinazepam (levels)

single dose studies - oral administration

dose	body fluid sampled	peak concentration	[Ref.]	time of peak concentration (hr after dose)	subjects characteristics
0,07 mg per kg body weight	serum	14 ± 2 ng/mL pinazepam 16 ± 5 ng/mL pinazepam 17 ± 5 ng/mL pinazepam 52 ± 13 ng/mL N-desmethyl-diazepam 70 ± 19 ng/mL N-desmethyl-diazepam 72 ± 18 ng/mL N-desmethyl-diazepam	[1139]	after 1 hr after 2 hr after 4 hr after 1 hr after 2 hr after 4 hr	
5 mg	serum	26.13 ± 7.72 ng/mL pinazepam 84.78 ± 15.73 ng/mL N-desmethyldiazepam	[11302]	after 3 hr after 3 hr	6 subjects
10 mg	plasma	36.8 ± 5.1 ng/mL pinazepam 150 ± 13.3 ng/mL N-desmethyldiazepam	[11260]	1.8 ± 0.1 hr	6 healthy male subjects (26-31 yr)
5 mg	urine	88.2 % oxazepam 3.2 % pinazepam 9.8 % N-desmethyl-diazepam	[1139]	——	

multiple dose studies - oral administration

dose	body fluid sampled	concentration (steady state)	[Ref.]	time of peak concentration (hr after dose)	subjects characteristics
5 mg daily	plasma	pinazepam (not detectable) N-desmethyldiazepam: 79.5 ± 14.5 ng/mL (28.0 - 137.5 ng/mL) in maternal plasma 87.3 ± 15.9 ng/mL (33.3 - 225.0 ng/mL) in cord plasma	[11259]		12 women at term
5 mg daily	milk	6.0 ± 0.7 ng/mL in breast milk (day 1) 6.6 ± 0.9 ng/mL in breast milk (day 2) corresponding plasma levels: 63.1 ± 12.7 ng/mL (day 1) 60.0 ± 12.3 ng/mL (day 2)	[11259]		12 women at term

pinazepam (levels)
multiple dose studies - oral administration

dose	body fluid sampled	concentration (steady state)	[Ref.]	time of peak concentration (hr after dose)	subjects characteristics
10 mg daily	serum	14.31±1.28 ng/mL (pinazepam)	[11302]	day 1	6 subjects
		14.52±0.82 ng/mL (pinazepam)		day 2	
		15.94±0.64 ng/mL (pinazepam)		day 3	
		13.91±0.78 ng/mL (pinazepam)		day 4	
		15.66±1.34 ng/mL (pinazepam)		day 6	
		16.34±2.80 ng/mL (pinazepam)		day 8	
		16.11±1.02 ng/mL (pinazepam)		day 10	
		16.67±2.42 ng/mL (pinazepam)		day 12	
		16.60±2.60 ng/mL (pinazepam)		day 14	
		16.88±2.95 ng/mL (pinazepam)		day 16	
		17.75±2.55 ng/mL (pinazepam)		day 18	
		16.76±2.16 ng/mL (pinazepam)		day 20	
		N-desmethyldiazepam from 245.66± 69.08 ng/mL (day 1) to 613.75±118.97 ng/mL (day 12)			

pinazepam (other pharmacokinetic data)

single oral administration

single oral [11260]

AUC: 238 ± 25 ng·mL^{-1}·h $t_{1/2\beta}$: 15.72 ± 1.60 hr

single oral [11259]

cord / maternal ratio of plasma pinazepam concentration: 0.64 ± 0.07
(± SEM)

single oral [11302]

$t_{1/2\beta}$: 12 - 15 hr

quazepam (levels)

single dose studies - oral administration

dose	body fluid sampled	peak concentration	[Ref.]	time of peak concentration (hr after dose)	subjects characteristics
15 mg dosed in morning	plasma	21.0 ± 13.2 ng/mL (quazepam) 9.1 ± 4.0 ng/mL (2-oxoquazepam)	[6518]	2.5 ± 1.1 hr 2.5 ± 1.0 hr	12 healthy adult men (19-36 yr)
15 mg dosed before sleep	plasma	32.2 ± 9.7 ng/mL (quazepam) 13.5 ± 2.8 ng/mL (2-oxoquazepam)	[6518]	2.6 ± 1.0 hr 3.0 ± 0.7 hr	12 healthy adult men (19-36 yr)
15 mg	plasma	29.3 ± 9.1 ng/mL (quazepam) 14.5 ± 5.5 ng/mL (2-oxoquazepam) 15.2 ± 2.6 ng/mL (N-desalkyl-2-oxo-quazepam)	[6519]	2.7 ± 2.0 hr 3.0 ± 1.9 hr 42.8 ±24.9 hr	10 healthy geriatric patients (65-77 yr)
15 mg	plasma	14.6 - 29.7 ng/mL (quazepam) 5.5 - 12.8 ng/mL (2-oxoquazepam) 14.1 - 24.7 ng/mL (N-desalkyl-2-oxo-quazepam)	[6520]	2.0 - 3.0 hr 2.0 - 3.0 hr 4.0 -12.0 hr	4 lactating women (26-32 yr)
15 mg	plasma	ca. 20 ng/mL	[6522]		12 subjects
15 mg	milk	25.9 - 216.0 ng/mL (quazepam) 15.5 - 44.0 ng/mL (2-oxoquazepam) 0.9 - 2.9 ng/mL (N-desalkyl-2-oxo-quazepam)	[6520]	2.0 - 4.0 hr 2.0 - 4.0 hr 4.0 -12.0 hr	4 lactating women (26-32 yr)

multiple dose studies - oral administration

dose	body fluid sampled	concentration (steady-state)	[Ref.]	time of peak concentration (hr after dose)	subjects characteristics
15 mg once daily (14 days)	plasma	quazepam 30 ± 12 ng/mL 2-oxoquazepam 17 ± 6 ng/mL N-desalkyl-2-oxo-quazepam 157 ± 53 ng/mL	[4793]	———	11 adults (19-39 yr)

quazepam (other pharmacokinetic data)

single oral administration

single oral [4793]

$t_{1/2ka}$: 1.1 ± 0.3 hr quazepam
       1.2 ± 0.3 hr 2-oxoquazepam
       1.0 ± 0.3 hr N-desalkyl-2-oxoquazepam

$t_{1/2\alpha}$: 1.9 ± 0.5 hr quazepam
       2.0 ± 0.4 hr 2-oxoquazepam
       57 ± 19 hr N-desalkyl-2-oxoquazepam

$t_{1/2\beta}$: 41 ± 6 hr quazepam
      43 ± 7 hr 2-oxoquazepam
      75 ± 2 hr N-desalkyl-2-oxoquazepam

single oral (healthy adult men) [6518]

a) dosed in morning [6518]

$t_{1/2\alpha}$: 2.1 ± 1.0 hr (quazepam)
$t_{1/2\alpha}$: 2.7 ± 0.9 hr (2-oxoquazepam)

t_{lag} : 0.6 ± 0.2 hr (quazepam)

V_p/F : 8.6 ± 4.4 L/kg (quazepam)
TBC/F : 1081.0 ± 449.8 mL/min (quazepam)
AUC : 275.6 ± 124.0 ng·mL^{-1}·h quazepam)
AUC : 156.8 ± 37.6 ng·mL^{-1}·h 2-oxoquazepam)

$t_{1/2\beta}$: 25.0 ± 7.5 hr (quazepam)
$t_{1/2\beta}$: 27.9 ± 5.0 hr (2-oxoquazepam)

b) dosed before sleep [6518]

$t_{1/2\alpha}$: 2.1 ± 0.7 hr (quazepam)
$t_{1/2\alpha}$: 3.6 ± 0.9 hr (2-oxoquazepam)

t_{lag} : 1.0 ± 0.5 hr (quazepam)

V_p/F : 5.0 ± 1.6 L/kg (quazepam)
TBC/F : 891.0 ± 310.8 mL/min (quazepam)
AUC : 320.2 ± 134.4 ng·mL^{-1}·h (quazepam)
AUC : 194.9 ± 33.1 ng·mL^{-1}·h 2-oxoquazepam)

$t_{1/2\beta}$: 26.9 ± 6.7 hr (quazepam)
$t_{1/2\beta}$: 25.8 ± 6.7 hr (2-oxoquazepam)

single oral (elderly) [6519]

$t_{1/2\alpha}$: 3.5 ± 3.5 hr (quazepam)
$t_{1/2\alpha}$: 4.2 ± 5.1 hr (2-oxoquazepam)
$t_{1/2\alpha}$: 40.3 ± 45.8 hr (N-desalkyl-2-oxoquazepam)

$t_{1/2\beta}$: 53.3 ± 39.7 hr (quazepam)
$t_{1/2\beta}$: 43.1 ± 27.9 hr (2-oxoquazepam)
$t_{1/2\beta}$: 189.7 ± 101.2 hr (N-desalkyl-2-oxoquazepam)

single oral (elderly) [6519]

$t_{1/2ka}$: 0.8 ± 0.5 hr (quazepam)
$t_{1/2ka}$: 0.8 ± 0.5 hr (2-oxoquazepam)
$t_{1/2ka}$: 0.6 ± 0.4 hr (N-desalkyl-2-oxoquazepam)
AUC : 509.6 ± 254.2 hr·ng·mL^{-1} (quazepam)
AUC : 275.1 ± 114.0 hr·ng·mL^{-1} (2-oxoquazepam)
AUC : 4075.0 ± 1318.6 hr·ng·mL^{-1} (N-desalkyl-2-oxoquazepam)

single oral [6520]

$t_{1/2B}$: 25 - 40 hr (quazepam and 2-oxoquazepam)
$t_{1/2B}$: 70 - 75 hr (N-desalkyl-2-oxoquazepam)

AUC : 123.4 - 176.4 ng·hr·mL^{-1} (quazepam)
79.0 - 126.8 ng·hr·mL^{-1} (2-oxoquazepam)
596.5 - 1036.0 ng·hr·mL^{-1} (N-desalkyl-2-oxoquazepam)

temazepam (levels)

single dose studies - oral administration

dose	body fluid sampled	peak concentration	[Ref.]	time of peak concentration (hr after dose)	subjects characteristics
20 mg soft gelatin capsules	plasma	935 ± 88 ng/mL (336 - 1427 ng/mL)	[7944]	09 ± 0.2 hr (0.5 - 2 hr)	12 healthy subjects (22-28 yr) 7 females 5 males
20 mg uncoated tablets	plasma	726 ± 56 ng/mL (317 - 900 ng/mL)	[7944]	1.1 ± 0.2 hr (0.5 - 2 hr)	12 healthy subjects (22-28 yr) 7 females 5 males
20 mg	serum	456 ± 65 ng/mL (227 - 841 ng/mL)	[8604]	1.25 ± 0.25 hr (0.5 - 3.0 hr)	10 healthy subjects (22-30 yr)
20 mg	serum	approx. 800 ng/mL	[8624]	0.61 ± 0.1 hr	7 healthy subjects (24-72 yr)
20 mg or 40 mg resp.	serum	approx. 340 ng/mL approx. 800-1900 ng/mL	[8624]	2.89 ± 0.9 hr	9 patients with liver-cirrhosis (27-62 yr)
30 mg	plasma	392 ng/mL	[5265]	3.0 hr	1 healthy female (29 yr)

multiple dose studies - oral administration

dose	body fluid sampled	concentration (steady-state)	[Ref.]	time of peak concentration (hr after dose)	subjects characteristics
20 mg once daily for 7 consecutive days	serum	51 ± 13 ng/mL (17 - 132 ng/mL)	[8604]	prior to last dose	10 healthy subjects (22-30 yr)

temazepam (other pharmacokinetic data)

single oral administration

single oral [5265]

$t_{1/2\beta}$: 10.1 hr

single oral [7944]

$t_{1/2\beta}$: 12.47 ± 1.48 hr (6.32 - 22.11 hr) (soft gelatin capsules)

$t_{1/2\beta}$: 11.44 ± 1.24 hr (6.07 - 20.80 hr) (uncoated tablets)

AUC_{0-24}: 4650 ± 466 ng·mL^{-1}·h (2606 - 7016 hr·ng/mL) (soft gelatin capsules)

AUC_{0-24}: 4521 ± 435 ng·mL^{-1}·h (2124 - 5168 hr·ng/mL) (uncoated tablets)

single oral [8604]

$t_{1/2\beta}$: 8.6 ± 0.9 hr (3.7 - 12.4 hr)

V_D : 1.45 ± 0.14 L/kg (0.76 - 1.97 L/kg)

Cl : 2.33 ± 0.46 mL/min/kg (0.71 - 5.79 mL/min/kg)

single oral [8624]

V_d : 1.25 ± 0.17 L/kg (controls)

V_d : 0.96 ± 0.62 L/kg (cirrhotics)

CL_{oral} : 1.03 ± 0.15 mL/min/kg (controls)

CL_{oral} : 1.03 ± 0.13 mL/min/kg (cirrhotics)

$t_{1/2\beta}$: 14.6 ± 1.5 hr (controls)

$t_{1/2\beta}$: 10.6 ± 1.5 hr (cirrhotics)

free fraction: 3.51 ± 0.49 % unbound (controls)

free fraction: 3.89 ± 0.20 % unbound (cirrhotics)

tetrazepam (levels) (also see Vol. 1)

single dose studies - oral administration

dose	body fluid sampled	peak concentration	[Ref.]	time of peak concentration (hr after dose)	subjects characteristics
50 mg	serum	570 ± 60 ng/mL (tetrazepam)	[4155]	1.92 ± 0.19 hr	12 young adults
		6.7 ± 1.1 ng/mL (nor-tetrazepam)		4.17 ± 0.58 hr	
50 mg	plasma	480 ± 120 ng/mL (340 - 930 ng/mL)	[11144]	0.75 ± 0.42 hr (0.25 - 3 hr)	6 males
		500 ± 90 ng/mL (340 - 650 ng/mL)		1.13 ± 0.52 hr (0.50 - 2 hr)	6 females
50 mg	serum	441 ng/mL (390 - 720 ng/mL) (ca. 1 % of tetrazepam dose as nor-tetrazepam)	[11280]	ca. 1.5 hr	6 healthy male subjects

multiple dose studies - oral administration

dose	body fluid sampled	concentration (steady-state)	[Ref.]	time of peak concentration (hr after dose)	subjects characteristics
100 mg (50 mg 8.00 a.m., 50 mg 8.00 p.m.) 5 days		0.169 ± 0.062 mg/L	[11144]	——	6 males
		0.207 ± 0.045 mg/L		——	6 females

tetrazepam (other pharmacokinetic data)

single oral administration

<u>single oral 50 mg [4155]</u>

t_{lag} : 0.45 ± 0.10 hr
$t_{1/2a}$: 0.60 ± 0.20 hr
$t_{1/2\alpha}$: 1.12 ± 0.47 hr
V : 225 ± 40 L
Cl : 10.9 ± 1.5 L·h^{-1}

$t_{1/2B}$: 14.2 ± 4.4 hr tetrazepam
$t_{1/2B}$: 37.4 ± 6.6 hr nor tetrazepam

single oral 50 mg [11144]

AUC : 3.35 ± 0.98 mg·L^{-1}·h (males)
AUC : 4.15 ± 0.68 mg·L^{-1}·h (females)
V_1 (central compartment): 1.24 ± 0.44 L/kg (males)
V_1 (central compartment): 1.25 ± 0.57 L/kg (females)
lag time: 0.22 ± 0.006 hr (males)
lag time: 0.26 ± 0.07 hr (females)
V_T (total): 6.06 ± 2.71 (2.56 - 11.20) L/kg (males)
V_T (total): 6.98 ± 1.55 (4.05 - 26.75) L/kg (females)
Cl (tot. plasma): 2.26 ± 0.07 (0.17 - 0.60) L·h^{-1}·kg^{-1}
              (males)
Cl (tot. plasma): 0.20 ± 0.04 (0.15 - 0.74) L·h^{-1}·kg^{-1}
              (females)

$t_{1/2\beta}$: 19.6 ± 5.8 hr (males)
         (12.9 - 34.6 hr)
$t_{1/2\beta}$: 29.9 ± 7.5 hr (females)
         (21.5 - 44.5 hr)

---

single oral [11280]

$t_{1/2\beta}$: 16.0 ± 2.7 hr

---

triazolam (levels) (also see Vol. 1)

single dose studies - oral administration

dose	body fluid sampled	peak concentration	[Ref.]	time of peak concentration (hr after dose)	subjects characteristics
0.25 mg	plasma	3.1 ng/mL	[4078]	2.0 hr	1 normal subject
0.5 mg	plasma	3.7 ± 0.6 ng/mL (2.4 - 8.0 ng/mL)	[3817]	1.9 ± 0.4 hr (0.5 - 4.0 hr)	9 normal subjects
0.5 mg	plasma	4.6 ± 0.4 ng/mL (2.9 - 7.2 ng/mL)	[3817]	1.5 ± 0.3 hr (0.5 - 2.5 hr)	9 obese subjects
0.5 mg	plasma	4.4 ± 0.3 ng/mL (1.7 - 9.4 ng/mL)	[5820]	1.3 ± 0.1 hr (0.5 - 4.0 hr)	54 healthy young men (20-44 yr)
0.5 mg	plasma	14 ng/mL	[6177]	0.25 hr	1 subject
0.5 mg	plasma	4.3 ± 1.9 ng/mL (2.5 - 7.0 ng/mL)	[6813]	1.2 ± 0.5 hr (0.8 - 2 hr)	4 normal subjects
0.5 mg	plasma	3.7 - 12.0 ng/mL	[6819]	40 - 60 min	3 young subjects
0.5 mg	plasma	4.1 ± 2.6 ng/mL	[6823]	1.1 ± 0.5 hr (0.7 - 2 hr)	12 healthy subjects (20-25 yr)

multiple dose studies - oral administration

dose	body fluid sampled	concentration (steady-state)	[Ref.]	time of peak concentration (hr after dose)	subjects characteristics
0.25 mg once daily on 7 consecutive days	serum	2.0 - 2.04 ng/mL (triazolam) (no α-hydroxytriazolam detectable)	[5147]	1.38 - 1.50 hr	8 geriatric patients (66-90 yr)

triazolam (other pharmacokinetic data)

single oral administration

single oral [3817]

$t_{1/2abs.}$: 46.1 ± 11.4 (12.3 - 107.1) min (9 normal)
43.4 ± 10.9 (1.1 - 76.1) min (9 obese)

V_D : 115.5 ± 11.5 (70.9 - 170.0) L (9 normal)
116.7 ± 16.0 (57.7 - 218.2) L (9 obese)

Cl : 531.2 ± 38.1 (311.1 - 661.4) mL/min (9 normal)
340.2 ± 43.5 (216.6 - 546.8) mL/min (9 obese)

% unbound: 22.2 ± 0.8 (9 normal)
20.9 ± 1.3 (9 obese)

$t_{1/2\beta}$: 2.57 ± 0.24 (1.75 - 3.85) hr (9 normal)
4.14 ± 0.56 (2.30 - 6.46) hr (9 obese)

single oral [4078]

$t_{1/2\beta}$: 3.1 hr (1 normal)

single oral [4500]

$t_{1/2\beta}$: 2.3 (1.4 - 3.3) hr triazolam
short (1-methylhydroxy-derivative)

single oral [5820] (54 young subjects)

total AUC: 19.1 ± 1.1 (4.4 - 47.7) ng·mL^{-1}·h
oral clearance: 526 ± 38 (175 - 1892) mL·min^{-1}

$t_{1/2\beta}$: 2.6 ± 0.1 (1.1 - 4.4) hr

single oral [6813]

$t_{1/2\beta}$: 2.1 ± 0.2 hr (1.8 - 2.3 hr)

single oral [6819]

$t_{1/2\beta}$: 2.7 ± 0.5 hr (2.2 - 3.1 hr)

<u>single oral [6823]</u>

$t_{1/2\beta}$: 2.4 (1.4 - 3.9) hr

---

for pharmacokinetics of triazolam in cirrhotics see Baktir et al [4080]

multiple oral administration

<u>multiple oral [5147]</u>

$t_{1/2\beta}$: 0.73 - 1.13 hr (day 1) (8 geriatric
0.69 - 3.36 hr (day 7) patients)

Survey of Benzodiazepine Literature

1 Absorption Studies ... 237
2 Analytical Studies ... 237
3 Antagonist Studies ... 238
4 Anesthesia Studies ... 241
5 Behavioral Studies ... 244
6 Biotransformation / Metabolism ... 248
7 Casuistics ... 249
8 Feto-Maternal-Studies ... 250
9 GABA-Studies ... 252
10 Galenic Studies ... 255
11 Gas-Chromatography ... 256
12 High-Pressure-Liquid-Chromatography ... 257
13 Hydrolysis Studies ... 258
14 Immunoassays (RIA, EMIT, TDx and Others) ... 258
15 Interactions ... 259
16 Mass-Spectrometry ... 262
17 NMR-Studies ... 262
18 Pharmacokinetics (Levels) ... 263
19 Pharmacology and Clinical Studies ... 268
20 Photometry (UV-, IR-, VIS-, Fluorometry) ... 279
21 Polarography ... 279
22 Protein Binding ... 280
23 Radioactive-Labelled Compounds ... 281
24 Radioreceptor Assays ... 282
25 Receptor Studies ... 283
26 Review Articles ... 292
27 Screening Methods ... 294
28 Side-, Adverse-, Residual-Effects ... 295
29 Sleep Studies ... 303
30 Synthesis of Benzodiazepines ... 306
31 TLC-Studies ... 309
32 Toxicity ... 309
33 Miscellaneous ... 310

1 Absorption Studies
(also see 6, 10, 18, 19)

3844 triazolam, mouse / 3845 diazepam, man / 3846 diazepam, influence of halothane / 4153 4154 diazepam, influence of cisapride / 4416 midazolam, effect of food / 4688 clobazam, no effect of food-intake / 4913 flurazepam, absorption kinetics, man / 5214 flunitrazepam, accidental absorption / 5238 diazepam, rectal, epileptic children / 5266 diazepam, alcohol does not enhance absorption / 5270 clobazam, intrasubject variability, food-effect / 5346 oxazepam, elderly, absorption rates / 5471 flurazepam + antacids / 5496 5497 midazolam + ranitidine, influence on uptake / 6210 diazepam, oral, influence of oral atropine and hyoscine / 6525 6526 midazolam, factors influencing uptake / 6556 diazepam, after intraperitoneal administration, rat / 7142 7147 450191-S / 7241 triazolam, effect of aluminium hydroxide / 7243 temazepam, effect of aluminium hydroxide / 7440 Ro 15-1788 + midazolam / 7443 diazepam antagonism / 7635 7636 diazepam, effect of food and antacids / 8009 diazepam, lorazepam, influence of cimetidine / 8163 8164 diazepam, absorption from rectum / 8398 diazepam, influence of pH on invitro absorption / 8424 diazepam, influence of antacids and excipients / 8627 diazepam, effects of billroth gastrectomy / 8943 BZD, absorption from muscle / 9169 diazepam, effect of volume of water intake / 9254 chlordiazepoxide, i.m., alcoholic liver-disease / 9388 diazepam, endotracheal / 9642 BZD, handbook / 9768 clorazepate + met., effect of antacids / 9798 diazepam, metoclopramide, absorption rate / 10506 diazepam, absorption characteristics /

2 Analytical Studies
(also see 11, 12, 13, 14, 16, 17, 20, 21, 24, 27, 31)

3909 metaclazepam / 5419 Arzneimittel-Analytik, Handbuch / 5420 N-1-alkylated BZD, photolytical desalkylation / 5422 nitrazepam + clonazepam / 5424 flunitrazepam / 5624 metaclazepam / 7532 BZD, postmortem stability in blood and tissues / 7592 chlordiazepoxide, lorazepam, brain-tissue / 7744 diazepam, medazepam, gravimetric determination / 8166 8167 BZD a.o., instrumental data / 8231 9372 BZD a.o. / 9460 BZD, bonded-phase extraction system / 9472 BZD, pharmaceutical analysis / 9624 BZD, TLC, TRT / 9625 lorazepam, oxazepam, TLC, TRT / 9626 lorazepam, TLC, via benzophenone / 9627 nitrazepam + met., reaction chromatography / 9628 clobazam + met., analytical data / 9629 BZD, hydrolysis products, TLC data / 9630 nor-clobazam, TLC-screening / 9631 camazepam + met., analytical data / 9633 BZD + met., TLC-data / 9636 9637 9638 BZD, TLC-screening / 9642 BZD, handbook / 9646 halazepam, analytical data / 9647 9653 triazolam, analytical data / 9648 midazolam, analytical data / 9649 BZD, TLC-screening / 9650 9651 BZD, tetracyclic, TLC-screening, corrected R_f-value / 9652 tetrazepam, analytical data / 9654 lormetazepam, analytical data / 9655 clotiazepam, analytical data / 9656 halazepam, analytical data / 9657 ketazolam, oxazolam, analytical data / 9658 BZD, aminobenzophenones, specifity of Bratton-Marshall detection / 9659 pinazepam, analytical data / 9660 BZD, corrected TLC-data / 9661 tetrazepam, screening / 9662 alprazolam, analytical data / 9663 brotizolam, analytical data / 9664 BZD, tetracyclic, screening via EMIT and TDx / 9665 BZD, discrepant findings between EMIT and TLC / 9666 BZD, immunological screening, enrichment procedures / 9667 flurazepam, improved screening / 9668 BZD, IR-spectroscopy / 9669 9670 BZD, hydrolysis derivatives, GLC / 10227 clorazepate, analysis of interferences / 10511 BZD a.o. / 10583 10584 flunitrazepam + met., urine / 10800 diazepam, tissues /

11294 chlordesmethyldiazepam + met. /

3 Antagonist Studies
(also see 9, 15, 19, 24, 25, 32)

3864 flurazepam, Ca^{2+}-effects / 3902 Ro 15-1788 / 3906 Ro 15-1788 + midazolam / 3942 diazepam + caffeine / 3986 3987 diazepam + aminophylline / 3998 specific antagonists in overdose / 3999 Ro 15-1788 / 4094 4097 Ro 15-1788, reversal of hepatic-coma / 4152 hepatic-encephalopathy, rabbit / 4183 Ro 15-1788, male rats / 4186 midazolam + 3 serotonin antagonists / 4195 BZD, cattle / 4204 4205 Ro-5-4864 / 4225 CGS-9895 / 4236 Ro-15-1788 / 4253 CGS-9896, rodents / 4254 CGS-8216, rats / 4255 rodents, anticonvulsant properties / 4256 CGS-9896 / 4282 4283 Ro 15-1788 / 4299 diazepam + naloxone, syrian-hamster / 4311 Ro 15-1788, acute intoxication, 40 cases / 4319 plasma-corticosterone / 4347 diazepam-antagonists, neuropharmacology / 4348 CGS-8216, CGS-9896 / 4377 non-mammalian vertebrates / 4388 Ro 15-1788 / 4443 diazepam + morphine, physostigmine / 4444 flurazepam, Ro 15-1788 / 4445 flurazepam, CGS-8216 / 4465 4466 4467 rat hippocampal-neurons / 4469 Ro 15-1788 / 4523 ^{3}H-Ro 15-1788 / 4560 specify of action / 4562 Ro 15-1788 / 4606 biomimetic approach / 4643 Ro 14-7437 / 4670 flunitrazepam, naltrexone / 4686 BZD / 4693 4694 lorazepam, ritanserin / 4718 tifluadom / 4754 midazolam + Ro 15-1788 / 4755 Ro 15-1788, rapid recovery after craniotomy / 4762 4763 conformational changes / 4828 4842 Ro 15-1788 / 4916 Ro 15-1788, rat / 4921 BZD-opiate antagonist interactions / 4942 hyperphagia, stereospecifity and antagonism / 4943 proconflict effect of GABA receptor complex, reversal by diazepam / 4945 Ro 15-1788, selective blockade / 4977 flurazepam-induced sedation, antagonism, rats / 4990 behavioral and physiological-responses to BZD-antagonists / 5010 Ro 15-1788, studies of physiological dependence / 5036 CGS-8216, receptor-binding characteristics / 5043 CGS-8216 + aminophylline, reversal of diazepam action / 5047 Ro 15-1788, blocking of diazepam cue / 5064 Ro 15-1788, reversal of sedation / 5065 Ro 15-1788, central effects of diazepam / 5066 Ro 15-1788, tolerance to i.v. administration / 5067 Ro 15-1788, absence of central effects, man / 5068 Ro 15-1788, efficacy, man / 5069 Ro 15-1788, antagonism of effects of diazepam / 5121 effect of BZD-agonists and inverse antagonists, rat / 5128 kainate-induced activation, rat hippocampus / 5131 anxiogenic and non-anxiogenic antagonists / 5132 Ro 15-1788, methyl beta-carboline / 5133 3-(methoxy-carbonyl)-amino-beta-carboline / 5187 Ro 15-1788, selective antagonism / 5211 PK 11195 / 5218 Ro 15-1788 / 5219 Ro 15-1788, rat / 5296 field-stimulated guinea-pig / 5303 5304 5305 Ro 15-1788 / 5316 diazepam, midazolam, antagonism of seizures / 5373 Ro 15-1788 / 5448 ^{11}C-Ro 15-1788 / 5466 Ro 15-1788, rats / 5508 review / 5509 5510 Ro 15-1788, after sleep withdrawal / 5551 Ro 15-1788, CGS-8216 / 5610 Ro 5-3663, Ro 15-1788 / 5644 Ro 15-1788 / 5663 Ro 15-1788, chronic treatment / 5667 chlordiazepoxide + beta-CCE, no mutual antagonism / 5671 BZD-antagonists, anxiogenic action / 5672 BZD-antagonists, intrinsic action / 5679 5681 5682 5685 5686 Ro 15-1788 / 5689 CL-218, 872, reversal of anxiolytic effects / 5718 CGS 8216 / 5745 Ro 15-1788, rhesus-monkeys / 5748 effect of GABA and BZD antagonists on ^{3}H-flunitrazepam binding / 5847 diazepam, attenuation of antagonism of haloperidol / 5873 5874 BZD-antagonists, effect on sleep and waking EEG / 5882 prenatal exposure, postnatal development / 5883 prevention of BZD-withdrawal symptoms / 5930 Ro 15-1788, Ro 15-3505 / 5947 PK 8165, PK 9084, diazepam antagonists / 5949 CL-218872, antagonism of diazepam / 5953 CGS-9896, CGS-8216, rat brain / 5957 differentiation of BZD-receptor agonist and antagonist-sparing / 5973 Ro 15-1788, hemodynamics / 5974 midazolam and antagonists / 5975 BZD-sedation, reversal with Ro 15-1788 / 6001 6002 chlordiazepoxide / 6006 Ro 15-1788, blockade of anxiolytic efficacy / 6007 Ro 15-1788 / 6051 Ro 15-1788, effect on inhibition of hippocampal unit-activity / 6060 ^{3}H-Ro 15-1788 / 6064 rat-brain / 6084 Ro 15-1788, reversal of subsensitivity of GABA / 6094 Ro 15-1788, Ro 15-3505, antagonism of midazolam, dog / 6130 Ro 15-1788, antagonization of convulsions / 6134 Ro 15-1788, investigation of BZD-receptor invivo / 6291 biomimetic approach / 6301 6302 functional aspects / 6307 pharmacology of antagonists / 6308 role of antagonists / 6311 Review / 6354 AHR-11797 / 6420 6421 6422 diazepam + physostigmine / 6430 diazepam, beta-adrenoceptor antagonist interactions / 6476 diazepam + theophylline / 6486 Ro 15-1788, after midazolam-alfentanil anesthesia / 6489 ZK-93-426, ZK-91-296 / 6490 GABA-antagonists / 6496 6517 Ro 15-1788 / 6548 BZD, introduction / 6586 6587 Ro 15-1788, diagnostic and therapeutic use / 6605 Ro 15-1788, efficacy / 6611 aminophylline as antagonist to midazolam / 6612 chlordiazepoxide / 6657 BZD, selective antagonists / 6660 R-5135 / 6689 Ro 15-1788 + diazepam / 6690 Ro 15-1788 + FG 7142 + clonidine / 6692 6693 Ro 15-1788 + diazepam / 6709 Ro 15-1788 + CGS-8216, rats / 6717 Ro 15-1788, alteration of biodistribution / 6755 differential binding-studies / 6759 classification using bicuculline, invitro / 6774 actions and interactions / 6796 ZK 93426 / 6802 Ro 15-1788, reversing central effects of flunitrazepam / 6830 6832 Ro 15-1788, effect on self-administration, rhesus-monkeys / 6836 AHR-11797, novel antagonist / 6870 midazolam a.o., physostigmine reversal / 6891 ethyl-beta-carboline-3-carboxylate, cats / 6892 Ro 15-1788, cats / 6953 diazepam /

6970 CGS-9865 / 6986 Ro 15-1788 / 6989 ethyl beta-carboline-3-carboxylate / 6992 7003 7031 Ro 15-1788 / 7039 Ro 15-1788, rat hippocampal slice / 7047 Ro 15-1788, diazepam, gastroscopy / 7048 CGS 8216 / 7059 endogenous inhibitors / 7069 Ro 15-1788 / 7071 diazepam, aminophylline / 7095 Ro 15-1788, influence of flunitrazepam and lormetazepam / 7107 Ro 15-1788 + ethanol / 7117 Ro 15-1788 / 7124 Ro 15-1788 + midazolam / 7129 new antagonist / 7130 Ro 15-1788 / 7141 diazepam + phenobarbital / 7149 Ro 15-1788 / 7165 FG-7142, Ro 15-1788, chlordiazepoxide, rat / 7176 Ro 15-1788 / 7194 chlordiazepoxide / 7229 diazepam, naloxone rats / 7231 electro-physiological study / 7265 7266 7267 7268 7269 7270 BZD + cholecystokinin / 7271 7275 BZD + cerulein, mice / 7272 Ro 15-1788 + cholecystokinin / 7273 7274 BZD + cholecystokinin / 7275 BZD + cerulein / 7300 estimation / 7301 reversal by alpha-2 agonists / 7375 histamine H-2 receptor antagonists, CNS / 7380 pretreatment with isoniazid, rats / 7386 / 7387 Ro 15-1788, treatment of BZD-dependent baboons / 7425 diazepam + Ro 15-1788 / 7445 Ro 15-1788 + midazolam / 7542 Ro 15-1788 + diazepam, midazolam, flunitrazepam / 7543 Ro 15-1788 in self-poisoning / 7596 BZD, Ro 15-1788, hypoactivity / 7597 Ro 15-1788, chlordiazepoxide / 7606 Ro 15-1788, effect on responses of superior cervical-ganglion to GABA invitro / 7607 Ro 15-1788, differential effects, mice / 7612 Ro 15-1788, ethanol withdrawal convulsions, rat / 7623 reversal of anti-aversive and anticonvulsant action of diazepam / 7656 Ro 15-1788 / 7714 Ro 15-1788, visual function / 7761 Ro 15-1788, reversal of midazolam sedation / 7785 Ro 15-1788, diazepam-induced feeding, rat / 7793 BZD and inosine, caffeine-induces seizures / 7814 stupor due to sodium valproate, arousal after diazepam i.v. / 7815 Ro 15-1788, biphasic effects / 7816 diazepam / 7835 diazepam, aminophylline, EEG changes in humans / 7889 Ro 15-1788, Ro 5-4864 / 7995 BZD-opiate antagonism, intensive-care therapy / 8006 8007 BZD / 8023 8024 Ro 15-1788, diazepam-dependent rats / 8026 CGS-8216, diazepam-dependent rats / 8050 chlordiazepoxide / 8061 CL-218 872 / 8090 dihydropyridine calcium-channel antagonists / 8109 8110 effects of agonists, inverse agonists and antagonists / 8111 ZK-93423 / 8112 Ro 15-1788 / 8120 8121 8122 PK-11195 / 8132 diazepam + aminophylline / 8182 ^{11}C-Ro 15-1788 / 8245 Ro 15-1788, binding-characteristics and interaction / 8246 ^{3}H-Ro 15-1788, autoradiographical localization / 8258 naloxone / 8289 abolishing of electro-physiological effects, rat / 8307 8320 8338 8347 Ro 15-1788 / 8365 structural studies / 8416 Ro 15-1788, Ro 5-3663 / 8440 CGS-8216 + Ro 15-1788 / 8446 Ro 15-1788 / 8462 Ro 15-1788, fentanyl / 8513 diazepam + physostigmine / 8520 midazolam + Ro 14-7437 / 8558 unusual interactions / 8577 8578 8582 Ro 15-1788 / 8588 BZD + ß-carbolines / 8652 diazepam, naloxone / 8664 diazepam, aminophylline / 8701 FG-7142 /

8705 beta-carbolines, cats / 8706 physostigmine / 8722 8723 Ro 15-1788 / 8775 physostigmine + lorazepam / 8796 CGS-8216 / 8847 Ro 15-1788 / 8849 distinction between 2 agonists / 8850 Ro 5-4864 / 8867 Ro 15-1788, behavioral demonstration / 8875 8876 ^{11}C-Ro 15-1788k positron emission tomography / 8930 8941 Ro 15-1788 / 8956 flunitrazepam + naloxone / 8969 Ro 15-1788, cat spinal-cord / 8970 Ro 15-1788, neuropharmacology / 8971 diazepam + caffeine / 8972 Ro 15-1788 a.o., 3-state model / 8974 Ro 15-1788, electro-physiological study / 8975 ethyl beta-carboline-3-carboxylate / 9018 anxiogenic properties of some BZD-antagonists / 9019 Ro 15-1788 + methyl ß-carboline, effects / 9132 dopamin + diazepam / 9144 9145 BZD + physostigmine / 9212 Ro 15-1788, elderly patients / 9241 Ro 15-1788, reversal of cerebral effects, dog / 9246 9249 antagonists, multiple BZD-receptors / 9250 Ro 15-1788 + CGS 8216 / 9265 Ro 15-1788, albino-mice / 9266 BZD + antagonists, pharmaethological analysis / 9267 Ro 15-1788, intrinsic behavioral activity / 9271 9272 Ro 15-1788, midazolam / 9318 Ro 15-1788, pressor-response / 9319 Ro 15-1788, blood-pressure response / 9338 FG 7142 / 9418 midazolam + anexate / 9488 Ro 15-1788 + CGS 8216, behavior, rats / 9489 9490 CGS 8216 / 9565 beta-carbolines, free-wilson approach / 9608 Ro 15-1788, olfactory cortex slice / 9615 Ro 15-1788, intrinsic activity / 9642 BZD, handbook / 9681 Ro 15-1788 + diazepam / 9682 Ro 15-1788 + CGS 8216 + methyl-beta-carboline-3-carboxylate / 9685 Ro 15-1788 + CGS 8216 + 3-carbomethoxy-beta-carboline / 9689 Ro 15-1788, effect on heavy sedation by i.v. diazepam / 9690 Ro 15-1788, first clinical investigation / 9691 Ro 15-1788, anticonvulsant effect on EEG / 9692 Ro 15-1788 + ethanol intoxication / 9693 Ro 15-1788, reversal of hepatic-coma / 9783 CGS 8216, diazepam / 9785 CGS 8216, diazepam, rats / 9786 beta-carboline-3-carboxylate-tert-butylester / 9787 diazepam, pyrazoloquinolines, rats / 9789 CGS 8216, diazepam, rodents / 9790 beta-carbolines, diazepam / 9828 Ro 15-1788, a.o. / 9852 effect of antagonists on anticonflict activity / 9913 flurazepam, Ro 15-1788, PK 8165, Ro 5-4864 / 9962 contrasting regulation by GABA / 9963 stimulation of GABA / 9969 Ro 15-1788, partial agonist activity / 9977 BZD-antagonists / 9982 EMD-39593, EMD-41717 / 9983 3-hydroxymethyl-beta-carboline / 9984 beta-carbolines / 9987 ^{3}H-diazepam, ^{3}H-carbethoxy-beta-carboline / 9988 ^{3}H-3-carbethoxy-beta-carboline, CGS-8216 / 9989 binding assay with BZD agonists and antagonists / 10067 diazepam, physostigmine / 10068 BZD + Ro 15-1788 / 10069 10070 Ro 15-1788, midazolam / 10073 BZD + H-1- and H-2-antihistamines / 10075 CGS-9896 / 10147 diazepam + aminophylline / 10157 midazolam + Ro 15-1788 and picrotoxin, rats / 10159 Ro 15-1788, suppression of hippocampal, potentials / 10182 Ro 15-1788, inhibition of hypothermic effects, mice / 10184 10185 BZD + cholecystokinin / 10187 10190 Ro 15-1788, diazepam / 10193 BZD + naloxone / 10228 ^{11}C-Ro 15-1788,

PET-studies / 10237 chlordiazepoxide, corticotropin-releasing factor / 10267 BZD-antagonists / 10268 beta-carboline-3-carboxylic acid ethylester / 10269 thienylpyrazoloquinolines / 10277 etizolam / 10279 10280 10281 agonist and antagonist interactions / 10290 10291 diazepam, inhibition of increases in noradrenaline turnover, rat-brain / 10296 Ro 15-1788 + midazolam / 10297 diazepam, GABA-induced and muscimol-induced changes of acetylcholine-release, guinea-pig / 10327 etizolam / 10328 etizolam / 10341 Ro 15-1788, diazepam / 10342 U-43, 465 F, Ro 15-1788 / 10409 10410 flunitrazepam + Ro 15-1788 / 10434 chlordiazepoxide + Ro 15-1788 and CGS-8216 / 10436 diazepam + picrotoxin / 10451 10452 chlordiazepoxide + naloxone / 10487 Ro 15-1788, reversal of muscle-relaxant effects of diazepam, rats / 10490 CGS-8216, reversal of muscle-relaxant effects of diazepam / 10554 Ro 15-1788 + methyl-beta-carbolines / 10555 Ro 15-1788, differential effects, myoclonus, baboon / 10562 ^{3}H-PK-11195 / 10576 midazolam + ethanol, reversal by antagonist / 10605 flunitrazepam + physostigmine / 10618 Ro 15-1788 / 10682 diazepam-intoxication, physostigmine i.v. / 10683 diazepam + Ro 15-1788 /

10720 Ro 15-1788, CGS-8216, rat / 10741 Ro 15-1788, chlordiazepoxide / 10760 lorazepam + aminophylline / 10766 Ro 15-1788 + althesin / 10782 flunitrazepam + Ro 15-1788 / 10836 Ro 15-1788, CGS-8216 a.o. / 10838 Ro 15-1788 / 10865 BZD + physostigmine, mice, rats / 10925 Ro 15-1788 / 10927 differential antagonism, diazepam-induced hypnosis / 10928 diazepam, loss of the righting response / 10939 Ro 15-1788, midazolam / 10943 diazepam, naloxone / 10965 Ro 15-1788, reversal of BZD-induced coma, child / 10972 10973 invitro characterization of agonists, antagonists a.o. / 11011 ^{11}C-Ro 15-1788 / 11023 CGS-9896, CGS-8216 / 11037 Ro 15-1788 + BZD / 11063 diazepam a.o., reversal of effects by Ro 15-1788 and Ro 15-3505 a.o. / 11082 11083 11084 reversal of supersensitivity / 11089 11097 11098 11104 11105 Ro 15-1788 /

11131 flumazenil, antagonism, review / 11156 flumazenil, i.v., autoradiographic study, mice / 11160 lormetazepam, amnestic effects, reversal by flumazenil / 11193 flumazenil in acute intoxication / 11211 flumazenil treatment of triazolam overdose / 11258 flumazenil, acute benzodiazepine overdose / 11273 flumazenil, toxicological investigations / 11292 flumazenil, BZD, dog /

4 Anesthesia Studies (also see 19, 29)

3787 BZD-Geburtshilfe / 3857 diazepam, children, rectal / 3888 midazolam + thiopentone, induction of anesthesia / 4042 4043 diazepam + clomipramine, general anesthesia / 4051 midazolam, induction, general anesthesia / 4095 diazepam + fentanyl, total anesthesia / 4099 flunitrazepam-fentanyl anesthesia, effect of verapamil / 4201 diazepam + halothane-oxygen anesthesia / 4237 midazolam, induction, comparison with thiopentone / 4286 diazepam / 4322 midazolam-hydrochloride, midazolam-maleate, comparison / 4339 diazepam, rectal vs pethidine i.m., pediatric anesthesia / 4346 midazolam, thiopentone, comparison, outpatient / 4399 midazolam, induction / 4400 hypnotics / 4430 BZD, premedication / 4662 diazepam + midazolam, in ketamine anesthesia / 4833 diazepam + midazolam, recovery from anesthesia / 4853 pressure reversal / 4857 lorazepam + triazolam, posthypnotic state / 4875 midazolam, i.v. anesthetic agent / 4876 midazolam, pediatric anesthesia / 4886 lorazepam + fentanyl, outpatients / 4981 midazolam + thiopentone, anesthesia in day-case surgery / 5002 midazolam + etomidat, introduction, endocrinological effects / 5117 midazolam, induction of anesthesia / 5134 midazolam, induction, correction, potentiation / 5188 5189 midazolam, induction / 5246 midazolam, combination anesthesia / 5280 diazepam + midazolam, i.v., local-anesthesia, comparison / 5300 BZD-modern trends / 5301 BZD in der Anästhesiologie / 5318 midazolam, open-heart surgery / 5347 midazolam + thiopentone, induction / 5348 midazolam, regional anesthesia / 5385 BZD, injectable / 5396 BZD in anesthesia / 5433 midazolam, ketamine, dissociative anesthesia / 5463 diazepam + ketamine, anesthesia, carcinoid-syndrome / 5464 midazolam, induction dose / 5489 diazepam, oral premedication, effect on blood-gases / 5490 diazepam + ketamine / 5495 diazepam + zopiclone, onset and duration / 5705 5706 midazolam, thiopentone, diazepam premedication influence / 5734 midazolam, fentanyl-fluanisone, anesthetic effects, rodents and rabbits / 5762 midazolam, as induction agent / 5763 flunitrazepam, oral, preanesthetic medication, children / 5773 midazolam, awakening characteristics / 5774 midazolam, hydroxyzine, i.m., premedicant / 5787 midazolam, induction, patients with porphyria / 5800 flunitrazepam + ketamine / 5801 midazolam + thiopentone, induction agent, comparison / 5832 diazepam, fentanyl, respiratory depression / 5878 diazepam, ketamine, leopard seal / 5900 midazolam, i.v., induction agent / 5908 midazolam maleate, general anesthetic / 5979 midazolam, circulatory responses / 5980 BZD, moderate hypothermia, cerebral salvage / 5981 5982 5983 midazolam, symposium report / 5984 midazolam anesthesia / 6043 ketamine-diazepam, ferret / 6045 diazepam, premedication, endoscopy / 6052 midazolam, hemodynamic effects of anesthesia induction / 6053 midazolam, flunitrazepam a.o., total i.v. anesthesia / 6072 diazepam, premedication, children / 6125 diazepam + fentanyl, systemic and cardiac effects, induction / 6243 6244 midazolam + ketamine, induction dose-response curves / 6298 BZD, premedication / 6321 midazolam, induction / 6329 6334 midazolam, influence of plasma-proteins on onset of action / 6360 diazepam + thiopentone, induction, cesarean-section / 6407 diazepam, preanesthetic medication, oral, rectal / 6449 6450 midazolam + fentanyl, coronary-artery-bypass operation / 6451 lorazepam + fentanyl, coronary revascularization / 6486 Ro 15-1788, after midazolam anesthesia, man / 6501 diazepam, i.m., hydroxyzine, premedicants / 6572 diazepam + morphine, adrenergic response / 6593 diazepam, midazolam a.o., premedication for regional anesthesia / 6594 lorazepam + nalbuphine, local-anesthetic ophthalmic surgery / 6606 midazolam, i.v. induction agent for anesthesia / 6607 midazolam, i.v. induction of anesthesia, children / 6610 midazolam + fentanyl, i.v., short procedures / 6652 midazolam, i.v., induction agent / 6673 midazolam, induction of anesthesia / 6703 flunitrazepam, induction, children / 6767 diazepam, lormetazepam, oral premedication, comparison / 6768 diazepam, premedication / 6803 midazolam, induction agent / 6804 flunitrazepam, ketamine, i.v. anesthesia / 6871 midazolam + alfentanil, experiences / 6872 midazolam + lormetazepam, i.v., experiences / 6941 midazolam / 6949 diazepam-ketamine, gynecological laparoscopy / 6978 6979 6980 diazepam, midazolam, hemodynamic changes during induction / 7077 midazolam, oral, local anesthesia, comparison with diazepam a.o. / 7110 midazolam, regional anesthesia, paradoxical reactions, therapy / 7118 midazolam, induction of anesthesia / 7150 7151 diazepam + ketamine, induction, dogs / 7186 7187 diazepam, midazolam, bronchoscopy / 7196 7197 7198 baroreceptor reflex control of heart-rate / 7233 diazepam, midazolam, rectal narcotic introduction, children / 7297 diazepam a.o., response of goats / 7298 diazepam a.o., dogs / 7376 diazepam and pentazocine / 7399 7400 BZD i.d. Anästhesiologie / 7423 midazolam, general-circulation, cerebral blood-flow, oxygen-consumption / 7428 diazepam, amnesic effects / 7475 diazepam, respiratory depression, cats / 7560 midazolam, thiopental under halothane anesthesia / 7641 lormetazepam + etomidate, midazolam, induction, comparison / 7658 diazepam or fentanyl, evoked-potentials / 7680 diazepam, midazolam, cardiac surgical intensive-care unit / 7762 BZD, general-anesthesia, psychomotor performance / 7763 BZD, premedication, minor gynecological surgery / 7773 midazolam, thiopentone, induction, general-anesthesia / 7820 diazepam, fentanyl, oxygen anesthesia, complications / 7898 midazolam, after open-heart surgery / 7931 diazepam, dosage and timing in ketamine anesthesia / 7932 diazepam, effect on methohexitone anesthesia / 7935 midazolam, lorazepam, as hypnotic premedication / 7936 diazepam, i.v. premedication / 7985 7986 diazepam, midazolam, i.v., spinal-anesthesia, comparison / 8051 shock probe conflict procedure / 8077 midazolam, anesthesia induction / 8186 BZD i.d. Intensivmedizin / 8261 diazepam a.o., anesthesia of dwarf goat / 8292 midazolam, i.v., effect on breathing pattern a.o. / 8293 midazolam, flunitrazepam, hemodynamic and respiratory effects / 8294 diazepam + ketamine, anesthesia, ferret / 8371 midazolam, hemodynamic effects during induction / 8400 flunitrazepam, midazolam a.o., hemodynamic effects / 8463 midazolam a.o., induction / 8481 diazepam, anesthic responses, effect of chronic alcohol, rats / 8510 midazolam, induction agent / 8511 midazolam, total i.v. anesthesia / 8512 midazolam a.o., major surgery / 8513 diazepam a.o., anesthesia, physostigmine for somnolence / 8695 8696 diazepam, lorazepam, adjuncts to epidural-anesthesia / 8753 8754 temazepam, premedication for children / 8760 flunitrazepam, oxazepam, oral premedication, comparison / 8761 midazolam a.o., induction agent / 8828 midazolam, premedication, pediatrics / 8840 diazepam a.o., continuous i.v.-infusion / 8877 midazolam, i.v. anesthesia, total / 8881 lorazepam a.o., oral premedication, pediatric anesthesia / 8949 triazolam, premedication / 8950 diazepam, triazolam, premedication, minor gynecological surgery / 8957 midazolam, induction agent, minor surgical-procedures / 8991 bromazepam, oral premedication / 8998 BZD, effects / 9074 midazolam, i.v., i.m., premedication, anesthesia / 9109 diazepam, oral, rectal, premedication / 9112 midazolam, oral, premedication / 9116 diazepam a.o., radiological procedures / 9133 9134 9135 diazepam, midazolam, premedication, regional anesthesia / 9136 midazolam a.o., induction anesthesia / 9138 diazepam, midazolam, induction, high-risk patients / 9159 midazolam, influences on anesthesia induction times / 9212 Ro 15-1788, regional anesthesia / 9215 BZD, as narcotics / 9216 triazolam, preoperative sedative, local-anesthesia / 9227 diazepam, oral, a.o., pediatric premedication / 9228 midazolam, i.m., pediatric preanesthetic sedation / 9268 midazolam, induction agent, huntingtons-chorea / 9269 midazolam oral, in surgery / 9389 lorazepam, premedicant, regional anesthesia / 9436 midazolam, regional anesthesia / 9453 temazepam, oral, premedicant, elderly / 9454 midazolam, induction agent, children / 9456 midazolam + ketamine, tranqanalgesia / 9466 9467 diazepam, midazolam, hemodynamic-responses, induction / 9583 midazolam, cardial and vascular effects, induction / 9617 temazepam, premedicant children / 9621 midazolam, induction, hemodynamic responses / 9642 BZD, handbook / 9673 midazolam, induction, cardiovascular changes / 9708 midazolam, a.o., induction, arrhythmias / 9739 diazepam, a.o., extradural anesthesia / 9780 diazepam, a.o., effect of premedication on gastrointestinal motility / 9794 midazolam, infusion, intensive care unit, adrenal-function / 9905 diazepam, a.o., induction / 9924 lorazepam in intensive care / 9948 midazolam, a.o., combination anesthesia / 9952 midazolam, a.o., premedication, children / 9953 midazolam, oral, a.o., premedication / 9955 midazolam, a.o., coronary patients/ 9956 9957 midazolam, diazolam, minor oral-surgery / 9958 midazolam, dental sedation / 9992 clorazepate, premedication / 9993 clorazepate, diazepam, a.o., night-time sedation before anesthesia / 10004 diazepam, excessive premedication / 10012 temazepam, premedication children / 10050 10051 diazepam, rectal, children, general-anesthesia / 10058 ORG 3770, before gynecological surgery / 10064 midazolam a.o., effects on arterial carbon-dioxide tension / 10066 midazolam, a.o., influence on peripheral vascular effects / 10067 diazepam, ventilatory depression, effect of physostigmine / 10136 BZD, use in coronary-care unit / 10152 BZD, Supplement i.d. Allgemeinanästhesie / 10224 midazolam, upper intestinal endoscopy / 10225 BZD, effect on respiration / 10310 midazolam, a.o., hemodynamic effects / 10311 diazepam, intra-cranical pressure / 10318 midazolam, i.m., small children, premedication / 10355 triazolam, premedication, gynecological patients / 10356 temazepam, children, oral premedication / 10393 triazolam, premedication / 10397 diazepam, a.o., adjunct to local-anesthesia / 10401 10402 diazepam, midazolam, total i.v. anesthesia, comparison / 10405 flunitrazepam a.o., i.m., premedication, psychosomatic effects / 10406 midazolam a.o., i.m., premedication / 10407 BZD, i.v., psychometric studies / 10408 lormetazepam, diazepam, i.v. sedation, prior to endoscopy / 10409 10410 flunitrazepam anesthesia,, Ro 15-1788 antagonizing / 10411 10412 flunitrazepam a.o., premedication, hemodynamics / 10419 diazepam + fentanyl, interaction, hemodynamics a.o. / 10420 diazepam + fentanyl, cardiovascular effects / 10424 midazolam, pretreatment, local-anesthetic toxicity / 10426 diazepam + ketamine, increase of radiosensitivity / 10448 diazepam, i.v., premedication, fibroscopy / 10449 diazepam, premedication, upper gastrointestinal endoscopy / 10450 midazolam a.o., premedication, upper gastrointestinal endoscopy / 10477 diazepam a.o., subanesthetic doses / 10478 midazolam, diazepam, a.o., arterial blood-gas levels / 10491 lorazepam, premedication / 10513 flunitrazepam, i.v., induction agent / 10515 lorazepam as premedicant, children / 10519 flunitrazepam, electrostimulation anesthesia / 10564 BZD, coronary-disease / 10569 10570 midazolam, i.v., oral surgery / 10587 midazolam, a.o., i.m. premedicant / 10601 flunitrazepam, i.m., cardioversion / 10602 flunitrazepam, i.v.,

prevention of side-effects of succinylcholine / 10603 10604 10608 flunitrazepam, prevention of side-effects of lidocaine and bupivacaine / 10606 flunitrazepam, diazepam, endoscopy / 10607 flunitrazepam, prevention of succinylcholine-induced increase of intra-ocular pressure / 10632 midazolam, a.o., anesthesia for termination of pregnancy / 10658 midazolam, i.m., premedication / 10663 flunitrazepam, gynecological operation / 10732 lorazepam, i.m., a.o., surgical premedication / 10782 flunitrazepam induced sedation, reversal by Ro 15-1788 / 10802 BZD, i.v., use / 10806 midazolam, premedication, endoscopy / 10817 midazolam, sedation for computed-tomography, children / 10826 diazepam a.o., premedication, endoscopy / 10833 midazolam, infusion, cardiac-surgery / 10844 midazolam a.o., i.v., rapid induction / 10853 midazolam, diazepam, gastroscopy / 10939 Ro 15-1788, postoperative recovery, midazolam / 10969 midazolam, diazepam, minor oral-surgery / 11061 BZD, effects on arterial blood-pressure, heart-frequency and breathing, guinea-pig / 11122 midazolam a.o., anesthetic induction /
11131 flumazenil, in benzodiazepine antagonism, use in anesthesiology and intoxications / 11140 midazolam, pharmacokinetics during anesthesia / 11163 BZD, i.d. Anästhesie und Notfallmedizin /

5 Behavioral Studies (also see 19, 29)

3960 3961 mustelids / 4033 adult albino rats / 4049 chlordiazepoxide + chlorpromazine, rats / 4050 BZD, conflict test, rats / 4083 diazepam + nicotine / 4130 diazepam + adenosine, behavioral interaction / 4131 Ro 15-1788, chlordiazepoxide, pentobarbital, squirrel monkey / 4132 Ro 15-1788 + zopiclone, squirrel monkey / 4133 Ro 15-1788 + chlordiazepoxide + pentobarbital + ethanol / 4134 Ro 15-1788 + beta CCE, squirrel monkey / 4135 chlordiazepoxide + D-amphetamine, squirrel monkey / 4136 buspirone, BZD-receptor, pigeon / 4185 tifluadom + ketazocine, rat / 4225 CGS-9895 / 4229 tifluadom + morphine-sulfate + morphine-3-glucuronide / 4243 Ro-15-1788 + pentobarbital, squirrel-monkeys / 4244 diazepam, reinforcing properties, rhesus-monkey / 4245 diazepam, self-administration, rhesus-monkey / 4295 BZD-behavioral development / 4326 clonazepam + phenobarbital, pigeons / 4387 Ro 15-1788 / 4458 triazolam, monkey / 4459 4460 BZD, monkey / 4461 flurazepam + met., monkey / 4462 diazepam, monkey / 4468 squirrel-monkey / 4506 chlordiazepoxide, conflict test / 4511 BZD, passive avoidance, mice / 4545 responses to anxiogenic stimuli, rat / 4653 diazepam, operant-behavior, man / 4671 flunitrazepam, mice / 4683 4684 4685 diazepam, effect on self-stimulation behavior / 4692 diazepam + methocarbamol, cats / 4723 alprazolam + yohimbine / 4733 diazepam, i.v. pain modulation / 4739 diazepam, acute administration, human aggressive responding / 4740 diazepam + alcohol, aggressive and non-aggressive responding / 4751 BZD, circadian rhythm in passive avoidance behavior / 4777 BZD, effect of yohimbine / 4843 chlordiazepoxide, permanent effects, rat / 4845 chlordiazepoxide, modulation of effects, monkey / 4867 4868 chlordiazepoxide, effect on discrimination performance / 4869 chlordiazepoxide, combined effects on feeding and activity / 4870 chlordiazepoxide, impairment of discrimination performance / 4871 BZD, effect on acquisition and performance / 4872 4873 4874 chlordiazepoxide, impairment of learned discrimination / 4891 BZD + serotonin, conflict behavior / 4892 diazepam a.o., conflict behavior, rat / 4904 diazepam, operant behavior, animals, man / 4916 4 917 4918 drinking behavior, water-deprived rat / 4921 feeding and drinking behavior / 4922 chlordiazepoxide, effect on drinking, rats / 4924 diazepam, low-dose, suppression of saccharin-induced drinking, rat / 4932 beta-carbolines, bidirectional effects on behavior / 4934 chlordiazepoxide, food preference / 4935 behavioral pharmacology of food, water and salt intake / 4939 tifluadom, effect on food-consumption, rat / 4940 chlordiazepoxide, microstructural analysis of effects, rats / 4941 midazolam, hyperphagia, anorexia, rat / 4944 anxiolytic and anxiogenic ligands for BZD-receptors, studies / 4979 diazepam, rats, home cage and test apparatus artifacts / 4985 animal-model, neuropharmacologic specifity / 4986 animal behavioral analysis of putative endogenous ligands / 4991 characterization of 2 long-lasting adenosine-analogs / 5016 5017 chlordiazepoxide + morphine, avoidance behavior, mice / 5018 diazepam + muscimol, effects on shuttle-box performance, rats / 5057 Ro 15-1788, behavioral evidence for agonist properties / 5110 chlordiazepoxide, resistance to punishment / 5116 diazepam + others, influences on the rabbits emotional responses / 5123 BZD + caffeine, interactions, mice / 5151 5152 oxazepam, stimulus properties, pigeon / 5164 diazepam + THC + alcohol, different social settings / 5221 5222 5223 chlordiazepoxide, effect of training dose, discrimination study / 5278 diazepam, social-behavior, mice / 5370 behavioral-assessment of anxiolytic properties / 5374 diazepam + meprobamate, conflict behavior, rats / 5375 ZK 93425 / 5376 diazepam + naloxone / 5531 BZD-receptor changes and aggressive behavior, mice / 5539 5540 chlordiazepoxide + others, reinforcement, rat / 5568 BZD, time-related effects on motility, dog / 5612 chlordiazepoxide, discrimination of responses, rat / 5613 chlordiazepoxide, chronic administration / 5639 BZD + naloxone, effects on food-intake and preference, rat / 5643 BZD, colony aggression / 5648 BZD, variability in behavioral-responses, rat / 5652 chlordiazepoxide, Ro 15-1788, pentylenetetrazole, behavioral-effects / 5654 BZD, behavioral pharmacology / 5655 BZD, effects on exploratory-behavior / 5656 BZD, tolerance to behavioral actions / 5657 chlordiazepoxide, effects on competition for food, rat / 5660 BZD, behavioral-changes, rat / 5661 lorazepam + caffeine, interaction, performance test / 5662 BZD and behavior / 5666 lorazepam, deficits in learning / 5678 PK-8165, behavioral effects / 5692 lorazepam, rat, submissive behavior / 5769 BZD, behavioral-disorders / 5778 alprazolam, behavioral toxicity / 5857 chlordiazepoxide, haloperidol, lateral hypothalmic self stimulation, rat / 5860 diazepam + others, dynamic behavioral study / 5870 diazepam, prenatal, rats / 5911 chlordiazepoxide, diazepam, inhibition of ultrasonic distress / vocalization, rat / 6009 diazepam, behavior and aging / 6012 diazepam, learning and memory / 6013 BZD, behavioral changes / 6014 diazepam + propranolol, behavioral-effects, panic disorder / 6019 diazepam, oral versus i.v., behavioral-effects / 6012 diazepam, dose-response / 6048 BZD / 6068 chlordiazepoxide a.o., squirrel-monkeys / 6079 BZD, chronic, cognitive effects / 6082 clobazam, behavioral effects / 6083 BZD / 6139 6141 conflict behavior, rats / 6361 diazepam a.o., effect on open-field behavior / 6393 BZD + phenothiazines, dogs / 6398 diazepam + buspirone, conflict, monkeys / 6408 nitrazepam, temazepam, acute behavioral-effects / 6532 Ro 11-6896, chlordiazepoxide, ethanol, discrimination, gerbils / 6547 diazepam, learning / 6577 diazepam, clobazam, passive-avoidance task / 6578 chlordiazepoxide, behavioral dissociation / 6579 BZD-effects, food preference, rats, GABA / 6580 GABA, brain, anticonflict effects of chlordiazepoxide, rats / 6581 6582 chlordiazepoxide, effect on cued radial maze performance, rats / 6583 chlordiazepoxide, chronic, effect on food preference, rats / 6643 diazepam + others, effect on verbal-learning / 6649 diazepam, chronic, appetitive discrimination-learning, pigeons / 6650 diazepam + oxprenolol, effects on activity a.o., rats / 6679 6680 diazepam, behavior under signaled and unsignaled shock / 6682 diazepam a.o., effect on guilty knowledge / 6685 diazepam, operant-conditioning of VI-schedule / 6687 chlordiazepoxide, discrimination reversal-learning, rats / 6688 chlordiazepoxide + naloxone, self-stimulation, rats / 6779 chlordiazepoxide + phencyclidine, target-biting, mice / 6790 diazepam, emotional responses / 6829 lorazepam, flurazepam, reinforcing properties, rhesus-monkeys / 6830 Ro 15-1788, effect on self-administration of lorazepam flurazepam a.o., rhesus-monkeys / 6831 estazolam, flurazepam, lorazepam, self-administration, rhesus-monkeys / 6832 Ro 15-1788, effect on anxiolytic self-administration, rhesus-monkeys / 6854 6855 BZD, acquisition of conditioned fear, mice / 6856 zolpidem, effect on acquisition of learned fear, mice / 6974 increase of aggressive interaction, mice / 7032 chlordiazepoxide + D-amphetamine, rats / 7108 diazepam a.o., labyrinth behavior, rats / 7116 diazepam, rat conditioned behavior / 7127 bromazepam, behavioral disturbances, children / 7158 diazepam, anti-conflict study / 7159 diazepam, impairment of learning / 7165 7167 FG-7142, Ro 15-1788, release of punished responding, rat / 7169 BZD, influences on emotional responses, rabbit / 7192 lorazepam, chlordesmethyldiazepam, behavioral-effects / 7193 alprazolam, adinazolam, chronic, effect on aggression, rodents / 7254 clobazam, exploratory-behavior a.o., mice / 7311 diazepam a.o., conflict-behavior, mice / 7312 7313 diazepam, conditioned lever-press avoidance-response, mice / 7378 diazepam, behavioral signs, rat / 7394 diazepam, conditioned emotional response / 7433 diazepam, perinatal exposure, rat behavior / 7462 oxazepam, mouse killing by rats / 7551 BZD, specific effect on behavior / 7555 diazepam + ethanol, effect on punished responding, rats / 7576 flunitrazepam + ethanol, effect on mood and performance / 7593 lorazepam + ethanol, performance impairment / 7597 chlordiazepoxide, habituation of exploration, Ro 15-1788 / 7598 lorazepam, behavioral effects, brain concentration / 7614 midazolam, water-reinforced operant-behavior, rat / 7617 diazepam, prenatal, enduring effects on behavior a.o., cat / 7685 7686 BZD, behavioral-effects, long-term use / 7687 BZD, chronic, psychomotor and cognitive performance / 7740 diazepam, eating, anorexic cats / 7741 BZD, early-chick embryo, behavioral analysis / 7911 S-135, effects on learning and memory, mice, rats / 7923 7924 carbamate induced performance, decrement, restored with diazepam and atropine / 7929 diazepam + buspirone, combined effects on performance / 7969 diazepam, effects upon behavior, standard opponent test / 7982 diazepam, potentiation of anti-conflict effects / 7996 7997 diazepam, suppression of sexual-behavior, reversal / 7999 BZD, a.o., discriminative cues / 8017 diazepam, delayed matching behavior, pigeons / 8019 chlordiazepoxide, successive discrimination / 8020 chlordiazepoxide, pavlovian counterconditioning / 8021 chlordiazepoxide, impairment of place navigation, rats / 8047 chlordiazepoxide, ritanserin, effect on rat open-field behavior / 8048 BZD-induction of shock-selfadministration / 8068 chlordiazepoxide a.o., rate-dependent + effects on schedule-controlled responding / 8125 diazepam, effect on conditioned emotional response, rat / 8127 diazepam, oxazepam, behavioral actions / 8140 BZD a.o., disinhibition of aggression / 8141 BZD a.o., ethological analysis of aggression / 8146 midazolam, anti-aversive action, rat / 8212 opposite effects of PK-11195 and Ro 5-4864 in a conflict-situation, rat / 8229 triazolam, effects on conditional discrimination / 8260 diazepam a.o., experimental anxiety, normal subjects / 8267 diazepam, food-consumption and water-drinking / 8335 8336 behavioral suppression on interacranial reward-punishment / 8337 tifluadom, effect on ingestive behaviors / 8347 Ro 15-1788, postpartum aggression, lactating rats / 8348 chlordiazepoxide, maternal aggression / 8416 Ro 15-1788, Ro 5-3663, anti conflict action / 8418 diazepam, a.o., effect on learned conditioned suppression, mice / 8419 BZD a.o., effects on veratramine-induced behavior, mice / 8420 diazepam, immobility, mice / 8436 bromazepam, rats, immobilized stress / 8437 diazepam, a.o., exploratory-behavior, mice / 8440 Ro 15-1788, CGS-8216, timing behavior, rats / 8449 8450 8451 8452 i.v. self-administration, rats / 8507 chlordiazepoxide, food anticipation, drinking a.o., rats / 8518 diazepam a.o., inforced swimming rats / 8636 diazepam a.o., behavior of mice, social-isolation / 8653 diazepam a.o., effect on behavior, rat / 8679 BZD-long-term use, depression, 4 cases / 8683 8684 chlordiazepoxide, maternal aggression, rats / 8703 BZD, behavioral effects, mice / 8780 chlordiazepoxide, protection againt seizures, rat / 8781 chlordiazepoxide, drug alterations of punished responding / 8782 chlordiazepoxide, diazepam, a.o., behavioral comparison, infant rat / 8788 clobazam, effect on experimental stress situation / 8789 clobazam a.o., cognitive-ability / 8790 clobazam, anxiety-levels of the personality / 8806 BZD, rats, conflict test / 8815 BZD + buspirone, animal conflict procedure / 8823 tifluadom, effect on passive-avoidance behavior, mice / 8844 Ro 5-4864, behavioral effects / 8867 Ro 15-1788, behavioral demonstration / 8884 midazolam, anticonflict effect / 8885 BZD, proconflict effect / 8896 diazepam a.o., explorative behavior a.o., rats / 8897 diazepam, clonazepam, rat open-field behavior / 8935 8936 8937 clonazepam a.o., responding of pigeons / 8948 diazepam, self-injection in naive rats / 8979 8980 clonazepam a.o., chronic effects on learning, pigeons / 9007 BZD a.o., aggression, defense, sociability / 9019 Ro 15-1788, methyl ß-carboline, behavioral a.o. effects / 9037 diazepam, swim-task, stresor-provoked response / 9068 choice behavior in the T-maze / 9069 punished barpressing / 9072 diazepam a.o., mouse staircase test / 9107 midazolam, discriminative effect, rats / 9225 CGS 8216, behavioral effects, alone, or with others / 9239 diazepam + caffeine, interaction, behavioral effects / 9240 BZD, effects on taste-aversions / 9261 BZD + antagonists, social and agonistic behavior, mice / 9262 CGS-8216, behavior, mice / 9263 BZD, mice / 9264 chlordiazepoxide + naloxone, mice / 9265 Ro 15-1788, social and agonistic behavior, mice / 9266 BZD + antagonists, aggression / 9358 medazepam, active-avoidance training / 9362 diazepam, effect on cognitive processes / 9421 chlordiazepoxide a.o., passive-avoidance behavior, rats / 9446 temazepam, flunitrazepam, behavioral-methods, comparison / 9448 chlordiazepoxide,a.o., timing behavior, rat / 9455 BZD, a.o., exploratory behavior, rats / 9461 chlordiazepoxide, effects on ethanol self-administration / 9462 Ro 15-4513, oral reinforcement with ethanol, rats, effects / 9471 BZD, dependence, cognitive-behavioral treatment / 9486 chlordiazepoxide, hyperphagia, rats / 9487 chlordiazepoxide, a.o., shuttle-box avoidance, rats / 9488 Ro 15-1788, CGS 8216, schedule-controlled behavior, rats / 9489 9490 CGS 8216, drinking and operant lever pressing, rats / 9492 chlordiazepoxide, CGS-9896 a.o., behavioral effects / 9493 triazolam, a.o., conditioned fear, mice / 9494 chlordiazepoxide, a.o., discriminative stimulus properties / 9498 BZD, a.o., behavioral-effects, baboon / 9499 SAS 643, behavioral-effects, man / 9504 tifluadom, behavioral investigation / 9509 chlordiazepoxide, avoidance-behavior, mice / 9566 chlordiazepoxide, a.o., behavioral-effects, rat / 9568 9569 anticonflict-effects, role of amygdala / 9622 diazepam, anticonflict properties, rats / 9642 BZD, handbook / 9718 chlordiazepoxide, normalization of behavior abnormalities, rat / 9765 BZD, effect on food-intake in rats / 9770 lorazepam, oral, impaired learning / 9784 diazepam, behavior, stimulus-control, rats / 9785 CGS 8216, discriminative effects, rats / 9788 diazepam, discriminative stimulus effects, rats / 9789 CGS 8216, effects in rodents / 9792 pyrazoloquinoline ligands, behavior, dogs / 9804 9805 diazepam, a.o., discriminative stimulus effects / 9812 9813 chlordiazepoxide, long-term partial reinforcement extinction effect / 9816 BZD a.o., anxiety, behavioral review / 9817 GABA-agonists, behavioral-effects / 9818 9819 9820 9821 diazepam, a.o., hyponeophagia, rats / 9823 9824 chlordiazepoxide, a.o., hyponeophagia, rats / 9825 9826 diazepam, genetic architecture of hyponeophagia, rats / 9868 diazepam, prenatal, behavioral consequences / 9908 diazepam, a.o., neophobia, food-intake, conflict behavior / 10046 10047 BZD, behavioral side-effects / 10048 triazolam, behavioral side-effects / 10069 midazolam, discriminative-stimulus effects, squirrel-monkeys / 10070 Ro 15-1788, disruption of schedule-controlled behavior / 10071 chlordiazepoxide a.o., behavioral effects, squirrel-monkeys / 10085 diazepam, place preference conditioning / 10115 BZD and behavioral disinhibition / 10117 diazepam + alcohol, aggression measures / 10142 BZD, staircase test, mice, comparison / 10186 alprazolam, tranquilizing effects, animal model of agonistic behavior / 10187 Ro 15-1788 + diazepam, aggressive and timid behavior mice / 10188 10189 ethyl beta-carboline-3-carboxylate + diazepam effect on aggressive and timid behavior, mice / 10190 Ro 15-1788 + diazepam, agonistic behavior, mice / 10238 oxazepam, biofeedback, effect on stress / 10247 diazepam, a.o., conditioned taste-aversions / 10267 chlordiazepoxide, behavioral-effects, rats / 10268 beta-carboline-3-carboxylic acid ethyl-ester, rhesus-monkeys / 10332 10333 diazepam, a.o., effect on fixed-ratio, fixed-interval responding, humans / 10340 waiting as behavioral dimension / 10341 Ro 15-1788, diazepam, release of behavior / 10343 chlordiazepoxide, attenuation of induced anxiety, rats / 10344 BZD, enhancement of cocaine-induced hyperactivity, mice / 10345 BZD, effect on hypermotility, cocaine, mouse / 10346 BZD, potentiation of hyperactivity, cocaine, mouse / 10347 diazepam, microgram doses, proconvulsant or proconflict effects, rodents / 10348 BZD, tolerance to reward delay, rats / 10349 BZD, behavioral pharmacology / 10350 BZD, behavioral inhibition induced by punishment, rat / 10351 diazepam, novelty-induced hypophagia, rat / 10352 10353 involvement of serotonergic neurons, antipunishment activity of diazepam, rat / 10354 diazepam a.o., effect on greeting behavior, rhesus-monkeys / 10435 diazepam, effects on fear-reactions, rats / 10436 diazepam, effects on conditioned defensive burying, reversal / 10461 diazepam, freely mooving cats / 10462 BZD, freely mooving cats, raphe unit-activity / 10484 Ro 15-1788, enhancement of saline-consumption, rat / 10486 diazepam, effects on locomotor-activity, mice, enhancement by diphenylhydantoin / 10504 diazepam, influence on reacting ability and the subjective state of health / 10505 diazepam, influence on reaction and attention performance / 10507 alprazolam and metab., behavioral effects / 10510 diazepam, alteration of post deprivation feeding patterns, rats / 10521 diazepam a.o., fighting behavior, mice / 10522 diazepam a.o., conditioned avoidance-response, rats / 10524 anxiolytics, behavioral-effects / 10534 10535 chlordiazepoxide, discrimination tasks a.o., cats / 10547 10548 chlordiazepoxide a.o., conditioned punishment / 10549 10550 chlordiazepoxide a.o., squirrel-monkeys / 10588 diazepam, lowered cold tolerance, guinea-pigs / 10589 distinct role of BZD-receptor, aggressive-behavior / 10591 Ro 15-1788, aggressive behavior, mice / 10592 2 types of BZD-receptors, regulation of aggressive-behavior / 10594 diazepam, a.o., selective effects on aggressiveness / 10616 midazolam + beta-carboline, social-groups of talapoin monkeys / 10617 chlordiazepoxide, beta-carboline-carboxylic-acid ethyl-ester, Ro 15-1788, anticonflict-effects / 10619 role of GABA, anticonflict action / 10741 Ro 15-1788, chlordiazepoxide, hot-plate latencies a.o. / 10771 chlordiazepoxide, a.o., behavioral-effects of naltrexone / 10835 BZD a.o., behavioral-effects, squirrel-monkey / 10836 diazepam, CL-218.872, Ro 15-1788, CGS-8216, behavioral-effects / 10837 ZK 93423, ZK 91296, lorazepam, behavioral-effects / 10871 diazepam, effect on physical aggression and emotional state / 10892 BZD and shoplifting / 10895 chlordiazepoxide a.o., effect on spatial-behavior / 10925 Ro 15-1788, pigeons / 10926 BZD-like effects, inosine, punished behavior, pigeons / 10928 diazepam, loss of the righting response / 10929 chlordiazepoxide, appetite stimulation / 10931 chlordiazepoxide a.o., potentiation of behavioral-effects / 10943 naloxone, diazepam, cognitive functions / 11037 Ro 15-1788, differentiation of the behavioral-response / 11040 diazepam a.o., discriminative stimulus effects / 11107 diazepam a.o., behavioral effects /

6 Biotransformation/Metabolism (also see 1, 18)

3809 diazepam, impairment by estrogen / 3935 diazepam, rat / 4003 premazepam, rat, dog / 4155 tetrazepam, man / 4179 brotizolam, rat, dog, monkey, man / 4180 brotizolam, rat, dog, rhesus-monkey / 4181 brotizolam, humans / 4271 survey / 4407 metaclazepam, dog, rabbits, man / 4509 diazepam, different enzyme inducing agents / 5422 clonazepam, nitrazepam / 5425 BZD / 5428 triazolam / 5488 clonazepam, role of intestinal microflora, rat / 5916 flurazepam, man / 6165 6166 BZD, prediction of oxidizing capacity / 6189 6190 halazepam, precursor of desmethyldiazepam / 6231 diazepam, high-dose metabolism / 6263 diazepam, inhibition of oxidative drug-metabolism by omeprazole / 6460 midazolam / 6524 quazepam, hamster, mouse / 6700 diazepam, hepatic and extrahepatic, rat / 6785 CGS-8216, rat, man / 6815 BZD, metabolic pathways / 6943 BZD, metabolism / 7018 nitrazepam, impaired metabolism in hypothyroidism / 7142 7144 7145 7146 7148 450191-S / 7155 midazolam, phenolic metabolites, rat / 7162 ^{14}C-diazepam + metabolites from brain, rats / 7322 clonazepam, reduction with enteric bacteria / 7323 flunitrazepam, reduction with enteric bacteria / 7324 nitrazepam, nimetazepam, reduction with enteric bacteria / 7912 450191-S, effect on rat-liver drug-metabolising enzyme-systems / 7987 diazepam, metabolism, chronic liver-disease / 8004 flurazepam, chronic renal-failure / 8159 clonazepam, fast and slow acetylators / 8231 BZD a.o. / 8323 camazepam, species-differences in metabolism / 8389 BZD (review) / 8435 camazepam, rats / 8607 triazolam, oxazepam, effect of isoniazid / 8658 diazepam, enzyme-induction / 8750 BZD + morphine, metabolic interactions / 8751 oxazepam, influence on morphine glucuronidation / 8813 BZD, influence of oral contraceptives on metabolism / 8854 polymorphic acetylation of 7-amino-clonazepam / 8555 clonazepam, nitro-reduction / 8921 BZD a.o. / 9081 diazepam + metab., aging, changes / 9086 diazepam + metab., profiles in urine, liver-damage / 9306 nitrazepam, production of superoxide / 9527 diazepam, inhibition of metabolism by oxazepam a.o. / 9594 metaclazepam / 9628 9630 clobazam / 9631 camazepam / 9634 BZD / 9636 9637 9638 BZD / 9642 BZD, handbook / 9646 halazepam / 9647 9653 triazolam / 9648 midazolam / 9649 BZD / 9650 9651 BZD, tetracyclic / 9652 tetrazepam / 9654 lormetazepam / 9655 clotiazepam / 9656 halazepam / 9657 ketazolam, oxazolam / 9659 pinazepam / 9662 alprazolam / 9663 brotizolam / 9722 oxazepam, formation of diastereomeric glucuronides / 9811 midazolam, failure to metabolize / 9944 oxazepam, rats / 9945 oxazepam, stereo-selective glucuronation, species-differences / 9946 oxazepam, mice / 10198 flunitrazepam, man, monkey /

10438 diazepam, effect of experimental liver-cirrhosis, rat / 10475 diazepam, influence of cimetidine and ranitidine / 10516 diazepam, guinea-pig / 10541 uxepam, rats, dogs, man / 10572 BZD, factors influencing the fate in body / 10672 premazepam, man / 10712 BZD, chiral / 10964 ^{14}C-midazolam, rat / 11031 oxazepam, stereochemical glucuronidation, ethanol induction / 11064 ^{14}C-quazepam, man /
11137 brotizolam, humans / 11152 pinazepam, diazepam, different animal species / 11169 bromazepam, degradation by intestinal microflora / 11260 pinazepam / 11280 tetrazepam, chlordesmethyldiazepam / 11320 alprazolam / 11323 loprazolam, rat, dog, man, in vivo / 11324 loprazolam, animals, man / 11328 estazolam, mouse, man / 11330 cloxazolam / 11332 estazolam, species differences / 11333 estazolam, placental transfer, excretion in milk, rat / 11334 estazolam, rat / 11335 estazolam, rat / 11336 estazolam, rat / 11337 nimetazepam, dog / 11338 nimetazepam, rat.

7 Casuistics
(also see 5, 32)

4061 chlordiazepoxide overdose / 4062 oxazepam, treatment of anxiety, 1600 cases / 4156 akute Vergiftungen / 4163 BZD, abuse / 4311 Ro 15-1788, intoxication, antagonist, 40 cases / 4436 BZD, depersonalization a.o., 2 cases / 5214 flunitrazepam, accidental absorption / 5260 diazepam, treatment of extrapyramidal symptoms / 5323 BZD-withdrawal, 16 cases / 5521 chlordiazepoxide degradation products in sudden deaths / 5717 clonazepam, neonatal apnea / 5760 temazepam, fatal overdoses / 5843 clonazepam, antipsychotic effects / 5917 lorazepam poisoning, children, 65 cases / 5918 5919 lorazepam overdose, retrospective study / 6092 BZD-withdrawal syndrome, 3 cases / 6568 diazepam + cimetidine, fatal bradycardia, overdose / 6633 bromazepam, clinical trial, 34 cases / 6748 acute-poisoning, 1212 cases, prospective-study / 6873 BZD + ethanol, self poisonings / 6911 diazepam, parenteral abuse / 7012 BZD, association with deaths, major metropolitan area / 7044 BZD, low-doses, respiratory arrest / 7224 BZD a.o., occurance in car, occupants / 7641 lormetazepam + etomidate + midazolam, anesthetic induction 100 patients / 7648 physostigmine reversal of diazepam induced respiratory arrest / 7838 temazepam, lethal overdose / 7968 Vergiftungen mit Valium / 7991 alprazolam, overdose, 2 cases / 8355 8356 BZD, spindle coma / 8403 nitrazepam, 6 unexpected deaths / 8426 diazepam, unusual abstinence syndrome / 8516 mistaking haloperidol for diazepam / 8679 BZD, long-term use, depression / 8733 alprazolam, refractory migraine headache / 8763 BZD, poisoning, 218 cases / 8834 alprazolam, manic episode, 2 patients with panic disorder / 8870 bromazepam / 8968 Drug deaths in St. Louis city and county / 9202 BZD, low-dose dependence, 119 patients / 9281 midazolam, sedation, blood-oxygen saturation, 16 cases / 9329 diazepam, toxicity in a child / 9620 diazepam, intra-arterial, 2 cases / 9642 BZD, handbook / 9904 Klin. Erscheinungsbild akuter BZD-Vergiftungen, 777 Fälle / 9985 isolation-induced aggression, mice / 10162 alprazolam, acute paroxysmal excitement, 3 cases / 10429 triazolam intoxication / 10432 diazepam, inhibitory effects on defensive burying / 10437 clonazepam, 2 cases of intention tremor / 10965 10966 BZD-poisoning, reversal by Ro 15-1788 / 11053 diazepam, withdrawal, status epilepticus / 11113 alprazolam, withdrawal /
11133 BZD, withdrawal, 50 cases / 11141 midazolam, i.v., endoscopy, 800 cases / 11142 BZD, Mißbrauch /11154 BZD, in plasma of accident victims / 11166 BZD, withdrawal seizures, 48 cases / 11174 BZD, in blood of injured people, alcoholism / 11190 flunitrazepam, fatal intoxication / 11205 alprazolam, dependence, 7 cases / 11211 flumazenil, treatment of triazolam overdose / 11218 flumazenil, treatment of BZD-intoxication / 11248 nitrazepam, deaths in young-children / 11263 BZD-toxicity, children, 2 cases /

8 Feto-Maternal-Studies (also see 19, 28)

3780 BZD-receptors in humanfetus / 3787 BZD Geburtshilfe / 3842 chlordiazepoxide, perinatal exposure, rat / 3898 BZD, prenatal effects in mice / 3899 BZD, cross-fostering, mice / 3900 3901 oxazepam, mice / 3930 3933 clonazepam, neonatal seizures / 4025 diazepam, neonate, non-ketotic hyperglycinaemia / 4028 BZD during pregnancy, clinical repercussions, newborn / 4033 chlordiazepoxide, prenatal, effect on behavior, adult albino rats / 40 44 diazepam, cardiovascular responses, ewes / 4068 diazepam, placental passage, time course / 4069 diazepam, placental transfer, thiopental, comparison / 4157 BZD, adverse-effects, uterine exposure, newborns / 4228 diazepam, pre-natal administration, mice / 4269 4270 chlordiazepoxide + amitriptyline, teratogenic effect, hamster fetus / 4275 4276 chlordiazepoxide, neonatal forebrain norepinephrine depletion / 4295 prenatal effects, mice / 4343 diazepam, phenobarbital, children, seizures / 4590 4591 chlordiazepoxide, prenatal and postnatal development, rat / 4610 clonazepam, pregnancy / 4619 midazolam, sedation in parturients / 4661 diazepam, acid-base status, pregnant guinea-pigs / 4843 chlordiazepoxide, early postnatal treatment / 5198 lorazepam, refractory neonatal seizures / 5453 postnatal development of receptor-proteins / 5512 diazepam + ethanol, ultrasonic crying, neonatal rat / 5520 diazepam, pregnancy, lack of relation of oral clefts / 5658 diazepam, lorazepam, neonatal administration, effect on performance, rat / 5659 clonazepam, neonatal administration, male-rat / 5660 BZD, behavioral-changes, rat / 5692 lorazepam, neonatal rat, submissive behavior in adulthood / 5694 BZD, newborn rats, type-2 receptor / 5708 specific binding, human pregnant uterus / 5717 clonazepam, maternal therapy, neonatal apnea / 5810 prenatal stress impairs maternal-behavior / 5812 diazepam, effects of exposure during gestation or lactation, rat pubs / 5813 diazepam, prenatal or early postnatal administration / 5814 diazepam, effect of exposure through placenta or mother milk / 5848 5870 diazepam, prenatally, rats / 5882 BZD, agonists, antagonists, prenatal, effects on postnatal development / 5902 neonatal convulsions, treatment / 5920 5922 phenobarbital prenatal, effect on BZD-receptor / 5937 chlordiazepoxide, prenatal, effects, adult albino-rats / 5995 BZD, inutero exposure / 6031 chlordiazepoxide, diazepam, teratogenic effects, fetal hamsters / 6040 midazolam, intra-natal / 6212 diazepam + ethanol, pregnancy, rat / 6213 diazepam + ethanol, intrauterine growth, rat / 6237 6238 diazepam, perinatally, murine aggression / 6261 placental transfer / 6284 chlordiazepoxide, a.o., teratogenicity, fetal hamster / 6320 diazepam, protein-synthesis in muscles, infant-rats / 6355 BZD, behavioral similarities / 6520 quazepam, breast milk, humans / 6523 quazepam, placental tansfer, mice / 6638 lorazepam, premedicant, cesarean section, effects on mother and neonate / 6655 6656 lormetazepam, transfer to neonates via breast milk / 6805 diazepam, acute, chronic, effect on neonate rhesus-monkeys / 6851 6852 lorazepam, maternal, effect on neonate / 6938 midazolam, placental-transfer / 6940 BZD, during pregnancy, labor and lactation / 6954 temazepam, diphenhydramin, perinatal mortality / 6968 diazepam, palate formation, rat / 7006 7007 7009 diazepam, prenatal, rats / 7008 diazepam, early developmental exposure / 7170 diazepam, lorazepam, i.v., delivery / 7226 diazepam a.o., serum-protein binding, early to late pregnancy / 7285 diazepam + met., differences in binding to maternal and fetal plasma proteins at birth / 7364 BZD, abnormalities in children exposed in utero / 7370 diazepam, tofisopam a.o., fetal development, rats / 7403 diazepam, preterm infant, metabolite effects / 7433 diazepam, perinatal exposure, rat behavior / 7473 diazepam, serum-protein binding during pregnancy / 7550 diazepam, nicotine, prenatal, changes in catecholamine / 7615 diazepam, prenatal exposure, deficits in learning, cats / 7616 diazepam, prenatal, chronic anxiety and deficits, rat / 7617 diazepam, prenatal, effects on behavior, EEG a.o., cats / 7618 diazepam, prenatal, late postnatal teratogenic effect / 7619 diazepam, prenatal, reductions in brain receptors and deep slow-wave sleep / 7807 diazepam, prenatal exposure, cats, rats / 7834 diazepam, during gestation, alterations of fetal-mice heart / 7998 temazepam, human-milk, plasma / 8447 clobazam + met., placental-transfer in late gestation / 8455 diazepam, residues in milk / 8459 8460 diazepam + met., protein-binding, neonate, fetus, mother / 9213 diazepam, plasma-binding, perinatal period / 9214 diazepam, transplacental binding / 9233 diazepam, high-dose, prenatally, craniofacial cleft / 9273 BZD, during pregnancy, oral clefts, newborn / 9323 9324 9325 diazepam, pregnancy, lack of relation of oral clefts / 9391 diazepam, intrauterine exposure, effects on rat / 9426 9427 BZD, fetal toxicity, rats / 9587 BZD, prenatal, neurochemical and behavioral-effects / 9588 BZD, prenatal development of binding-sites, rat / 9642 BZD, handbook / 9709 chlordiazepoxide, effect of prenatal ethanol / 9764 lormetazepam, transfer to neonates via breast-milk / 9775 BZD, early pregnancy / 9855 diazepam, prenatal and postnatal, developmental alterations, maturing rats / 9862 diazepam, during pregnancy, oral clefts /

9868 diazepam, prenatal, behavioral consequences / 9914 diazepam, prenatal, effect on catecholamine neurons, rat / 9915 diazepam, prenatal, effects on hypothalamic neurons / 9916 9918 diazepam, prenatal, effects in perinatal rats / 9917 diazepam, prenatal, alteration of responses to stress, rats / 9949 midazolam, placental-transfer and maternal kinetics / 10199 lorazepam, breast-milk / 10312 diazepam, temperature responses, prenatal ethanol exposure / 10476 BZD in the developing rat / 10516 diazepam, guinea-pig, effects of cigarette-smoke / 10710 midazolam, placental-transfer, ewe / 10742 diazepam, effect of prenatal exposure, adult rats / 10778 diazepam, prenatal and postnatal exposure, effects on opioid-receptor / 10779 tifluadom, pre-postnatal, pre-plus-postnatal, effect on receptors / 10793 BZD in pregnancy, teratogenic risks / 10794 diazepam, prenatal / 10831 diazepam + metab., in breast-milk / 10848 10849 lorazepam, effect on neonate / 10893 diazepam, effect on fertilization, mouse / 10921 BZD, inutero exposure / 10983 oxazepam in breast-milk / 11041 diazepam, effect on neonatal seizures /

11206 flunitrazepam, i.m., placental transfer during labor / 11207 diazepam, oral, placental and blood-CSF transfer / 11259 pinazepam, placental transfer, woman at term / 11279 clonazepam, breast-milk /

9 GABA-Studies (also see 3, 19, 25)

3790 house-fly thorax / 3793 chlordiazepoxide / 3800 heat inactivation / 3830 BZD potentiation/ 3831 BZD ionic dependence of potentiation / 3876 ^{3}H-diazepam / 3902 Ro 15-1788 / 3928 BZD + barbiturates, interactions with GABA / 3934 GABA negative drugs / 3990 chloride dependent stimulation / 3991 soluble GABA from rat cerebral-cortex / 3993 molecular sizes of photolabeled GABA / 3994 solubilized GABA, bovine brain / 4045 BZD, barbiturates, baclofen, interaction with GABA / 4048 diazepam + GABA, inhibition, rat, hippocampal slices / 4096 hepatic encephalopathy / 4120 purified complex-retention of multiple functions / 4121 structure and properties (review) / 4152 hepatic encephalopathy, rabbit / 4161 flunitrazepam + pentobarbital, modulation of GABA / 4176 brotizolam binding / 4258 turnover / 4259 increased levels / 4262 midazolam + caffeine / 4287 diazepam + Ro 15-1788, rat-brain / 4288 diazepam + Ro 15-1788 + ß-carbolines, rat-brain / 4289 Ro 15-1788, low affinity receptors / 4290 ß-carbolines + stress, reversed by diazepam / 4293 rat retina, effect of light and dark-adaptation / 4303 actions and interactions / 4304 interactions, mouse / 4305 spastic mouse / 4306 mutant mouse / 4396 neurobiology of seizures predisposition / 4415 effect of photoaffinity-labeling / 4426 BZD, central toxic effect of chronic ethanol / 4449 4450 4451 rat-brain / 4477 reduction of binding / 4484 receptor coupling / 4502 autoreceptors, rat-cerebral-cortex / 4612 interaction / 4642 functional links between BZD- and GABA-receptor / 4646 4647 Na-independent binding / 4664 sub-units, receptor oligomer / 4713 modulation of neurotransmitter action / 4716 molecular-size in brain membranes and in solution / 4717 molecular-size / 4737 GABA-metabolism, inhibition by midazolam / 4741 enhancement of GABA-rate responses / 4767 ^{3}H-flunitrazepam, GABA-stimulated binding / 4773 potentiation by chlordiazepoxide / 4799 temperature-dependence of binding / 4800 modulation of BZD-receptor-binding / 4803 effect on neurotoxicity and anticonvulsant activity / 4843 chlordiazepoxide, possible involvement / 4896 rat cerebral cortex / 4899 ^{3}H-GABA-binding, effect of diet, rat retine / 4925 GABA and endorphin mechanisms, effect of BZD on feeding and drinking / 4948 involvement in the facilitation of punishment suppressed behavior induced by ß-carbolines, rat / 4950 enhancement of binding by quazepam / 4966 GABA-BZD-interactions / 4968 GABA-modulin / 4969 GABA + BZD-receptors / 4975 ^{3}H-GABA + 3H-diazepam binding / 4976 nigral action of GABA agonists / 5096 ethylenediamine as agonist / 5100 gabaergic component in homosynaptic depression / 5215 effect of ethanol on receptor in brain / 5258 5259 ^{3}H-GABA-binding, rat cerebellum / 5309 harmane, gaba-ergic effects / 5443 multiple receptors, regulation by GABA / 5446 complex binding-properties and GABA / 5516 heterogeneity / 5517 glycine, GABA + BZD-receptors / 5548 diazepam, GABA-mimetic activity / 5549 diazepam, agonist activity / 5556 5557 kindled seizures / 5632 recognition sites, brain-regions, mice / 5747 effect of GPT and GABA on receptor-binding / 5748 effect of GABA and BZD antagonists / 5835 binding of GABA and BZD ligands, mutant-mouse / 5837 elevated binding, forebrain mutant mouse / 5838 location of receptors, mouse / 5855 ontogenetic and phylogenetic development / 5884 decreasing of postsynaptic GABA sensitivity / 5888 alteration in low-affinity GABA-recognition site / 5889 consequences of occupancy / 5898 modulation of ^{35}S-tert-butylcyclophosphothionate / 5899 changes in GABA-transaminase activity, rat-brain / 5904 diazepam, phenazepam, GABA-ergic mechanisms of cerebrovascular effects / 5912 blockade of putative GABA-mediated neurotransmission / 5938 sites for anions and divalent-cations / 5942 copurification and characterization / 5951 differential effect of GABA on subtypes, rat / 5965 audiogenic-seizures and effects of GABA / 6050 diazepam, effect on reactivity of hippocampal-neurons / 6058 GABA-ratios, regional differences / 6084 Ro 15-1788 induced reversal of subsensitivity of GABA / 6120 binding in human anterior-pituitary tissue / 6128 allosteric regulatory site / 6139 intraraphe, effect on conflict behavior, rats / 6142 ethanol / 6214 modification of levels by diazepam / 6255 kainic-acid-induced lesions of rat retina, effect on GABA-receptors / 6256 age-related-changes / 6272 participation in adrenal chromaffin cell-function / 6346 solubilization / 6368 structural homogeneity of GABA-receptors / 6392 GABA-mediation / 6410 binding-sites in epileptic mouse-brain / 6467 6468 GABA-BZD-receptor complex during ethanol intoxication, rat / 6510 stimulation of ^{3}H-diazepam binding, aged mice / 6634 binding sites in audiogenic seizure-susceptible mice / 6683 effects on GABA-mediated inhibition and BZD-binding / 6696 GABA-ergic deficit, chronic diazepam / 6713 kainate-induced loss of GABAergic neurons, chick retina / 6714 6716 faciliatory mechanisms of diazepam and pentobarbital / 6766 effects on hyperpolarizing and the depolarizing responses to GABA / 6797 6798 modulation of the GABA-mimetics thip / 6806 flurazepam, effect on GABA-mediated depression / 6915 potentiation of GABA by midazolam / 6950 receptor dependent ^{36}Cl-fluxes / 6951 differential localization within synapses, rat / 6964 interactions / 6996 CL-218872, effects, mouse / 7017 clobazam a.o., effect on GABA-turnover / 7026 interaction between GABA-B and BZD-receptor / 7049 7050 7051 GABA-receptor from pig cerebral-cortex / 7054 binding in dialysis encephalopathy / 7055 binding in huntingtons disease / 7056 alteration in binding following injection of kainic acid / 7166 role of GABA-BZD-complex in anxiolytic actions of ethanol / 7173 physico-chemical heterogeneity / 7177 single class of muscimol binding-sites / 7302 involvement in the protective effect in gastric-ulcers, rats / 7303 analgetic response of BZD, mice / 7320 effect of alcohol / 7375 histamine H-2-receptor and GABA, interaction / 7431 7432 GABA-B mechanism, prevention of duodenal-ulcer / 7456 anticonvulsant action, GABA-dependent modulation of chloride ionophore / 7480 heterogeneity of interactions / 7481 responses to GABA by isolated insect neuronal somata, modulation / 7669 effect of GABA on BZD-receptors in human cerebral-cortex and pineal gland / 7702 ^{3}H-GABA a.o., binding-sites in insect CNS / 7721 GABA-contraction, guinea-pig ileum, potentiation by diazepam / 7728 GABA-picrotoxin-BZD-receptors / 7729 actions on GABA responses / 7759 protective effects of ligands / 7760 characterization of GABA-BZD-complexes by protection / 7770 7771 actions of taurine, rat-brain membranes / 7792 GABA-stimulated diazepam binding / 7798 inhibition of GABA-stimulated ^{3}H-diazepam-binding / 7829 resistance to GABA-related seizures / 7830 7831 GABA enhancement of flunitrazepam binding, mice / 7887 electroencephalographic investigation, rabbits / 7888 recognition-sites and endogenous modulators / 7909 ^{3}H-GABA and ^{3}H-flunitrazepam binding, cerebellum / 7913 7914 BZD, effects on GABA-receptors / 7919 GABA + BZD-receptor interaction / 8056 enhancement of binding, tracacolate / 8057 CGS 9896 / 8094 GABA-stimulation, ^{3}H-flunitrazepam binding / 8136 interaction of ethanol and pentobarbital with complex / 8183 8184 effects on GABA-levels and binding / 8240 8250 BZD- and GABA-receptors / 8295 effect of GABA on binding of PK-8165 and cGS-8216, rat / 8308 potentiation of ^{3}H-diazepam binding / 8309 inhibition of propranolol of binding / 8358 modulation of ligands / 8359 interaction of carbolines and some ligands / 8474 relation to BZD-receptor / 8500 ^{35}S-TBPS-binding sites / 8521 8522 GABA-evoked responses, amphibian brain, spinal neurons / 8570 8571 8572 GABA-stimulated chloride influx, effects and influences / 8648 relationship of structure to GABA-binding / 8686 purification of receptor complex / 8691 receptor deficit / 8692 biochemical properties of the complex / 8693 modulation of binding / 8702 quazepam, effect on GABA-ergic transmission / 8710 receptors in the gerbil brain / 8764 ontogeny of receptors, rat / 8765 effect of kainic acid / 8767 ^{3}H-GABA enhancement of binding / 8772 receptor changes / 8801 effect of GABA on BZD binding sites, brain / 8819 receptor complex, common site of minor tranquilizer action / 8860 8861 diazepam, influence on the GABA-ergic system / 9006 GABA ergic mechanisms of diazepam tolerance / 9104 BZD a.o., effect of chronic treatment of ethanol, rat-brain / 9108 GABA-H-2 binding, flunitrazepam, human and pig brain / 9115 diazepam, GABA-activated single channel burst duration / 9120 GABA-enhancement of CL-218 872 / 9122 reduction of retinal GABA content, glutamate, rats / 9174 9175 resolving GABA-BZD-receptors / 9220 diazepam, increase of GABA mediated inhibition / 9230 GABA and BZD, effect on testicular androgen production / 9522 Type-I and type-II GABA-BZD-receptor / 9550 GABA- and BZD-receptor, animal-model, hepatic-failure / 9579 BZD-binding, enhancement by GABA, role of flurazepam / 9598 GABA-BZD-receptor complex from bovine brain / 9599 BZD-receptor retains modulation by GABA / 9600 GABA-BZD- TBPS-receptor, structural analysis / 9601 co-localization of GABA- and BZD-receptors / 9642 BZD, handbook / 9860 GABA- and BZD-receptor, kindling model of epilepsy / 9895 GABA-BZD-complex, improved purification a.o. / 9896 chick-brain GABA gated Cl-channels / 9897 isolation from bovine brain, BZD affinity column / 9898 reconstitution of the purified complex / 9899 9900 isolation of complex of bovine cerebral-cortex / 9901 4 types of ligand binding-sites / 9947 GABA-stimulated BZD binding, influence of morphine-dependence / 9960 GABA-, BZD-binding-sites, differences in interactions / 9963 BZD stimulation of GABA-binding-studies / 9964 enhancement of GABA-binding by BZD / 9965 interaction of some drugs / 9966 diazepam, stimulation of the binding of GABA / 9968 GABA and pentobarbital, interactions / 9970 GABA action, enhancement by diazepam / 9971 GABA responses, BZD, CL 218872 a.o. / 9972 GABA responses, beta-carbolines, purines / 9974 GABA-binding, enhancement by diazepam / 9990 BZD-GABA-complex in anxiety / 9996 GABA effects, potentiation by diazepam, clobazam / 10029 inactivation by phenoxybenzamine / 10087 GABA-mimetics, affinity of anions / 10089 GABA-receptor, modulation of cation binding-sites / 10090 evidence for independent cation and anion recognition sites / 10262 10263 10264 10265 purification of GABA-receptor by affinity column chromatography / 10266 interaction with beta-carbolines and salsolinol / 10282 GABA-ergic system / 10344 10345 GABA-ergic processes, interaction with catecholaminergic neurons / 10368 10373 binding-sites in hypertensive rats / 10369 enhancement of binding / 10517 10518 subpopulation of GABA-receptors, autoradiographic study / 10595 different effects of long-term haloperidol on receptors / 10619 role of GABA, anticonflict action / 10620 GABA and BZD induced modification of ^{14}C-L-glutamic acid release from rat / 10638 flunitrazepam action on GABA-Clcomplex /

10639 GABA-activation of chloride-channels / 10728 receptors in early huntingtons disease / 10772 diazepam, potentiation of GABA-mediated inhibition of neurons / 10780 norepinephrine-induced and BZD-induced augmentation of purkinje cell responses to GABA / 10799 involvement of GABA in palate morphogenesis a.o. / 10911 diazepam, chronic, effect on GABA sensitivity a.o. / 10917 FTIR-study, binding of BZD to GABA / 10950 barbiturates allosterically inhibit GABA-binding / 10970 10971 GABA-ergic regulation of nigrostriatal neurons / 10999 diazepam, actions on GABA-activated chloride current / 11047 GABA-gated chloride-ion flux and its modulation / 11060 GABA-ergic component, new evidence / 10108 BZD, influence on GABA-system / 10119 anomalous effect of GABA on diazepam-binding / 11183 GABAergic transmission, pharmacology /

10 Galenic Studies (also see 1, 18)

3829 medazepam / 3832 lorazepam / 3844 triazolam, absorption from pelleted mixture, mouse / 3887 diazepam + propylene-glycol, respiratory effect / 3924 diazepam + polyoxyethylene glycol-4000, solid dispersions / 4013 diazepam, solid dispersions, non-ionic surfactants / 4014 nitrazepam, dissolution rates / 4056 BZD, solubility in sodium salicylate solution / 4113 oxazepam, different dosage forms / 4246 diazepam, 2 formulations, comparison / 4322 midazolam-hydrochloride vs. -maleate, comparison / 4550 diazepam, 2 formulations / 4596 diazepam formulations, bioavailability and equivalence / 4605 lorazepam, 2 formulations, oral, sublingual / 4770 alprazolam, water-soluble prodrugs / 4914 flurazepam, 2 formulations, bioavailability / 4980 diazepam, i.v., efficacy and side-effects, different formulations / 5033 nitrazepam, solid-state degradation, colloidal silica / 5153 diazepam, interaction with surfactants / 5328 midazolam-maleate / 5397 midazolam, maleate and hydrochloride / 5477 BZD, adsorption to charcoal / 5491 diazepam + phenobarbitone sodium, stability / 5521 chlordiazepoxide degradation products in overdose-cases / 5581 5583 diazepam, 2 formulations, bioavailability, i.v. / 5586 5587 diazepam, valium, diazemuls, i.v., concentrations / 5588 diazepam, valium, valium miced micelles, i.v., concentrations / 5697 BZD, thermodynamic effects of dissolution / 5895 diazepam, venous tolerance, organic formulation / 5896 diazepam, mixed micelle, propylene-glycol, comparison / 6045 diazepam, valium vs diazemuls, comparison / 6095 temazepam + met., degradation products, soft gelatin capsules / 66131 nitrazepam + oxazepam, adsorption on bentonites / 6202 BZD, tablett formulations, catalymetric thermometric methods / 6287 diazepam, release formulation / 6351 diazepam, effect of a polyethylene-lined administration on availability / 6487 diazepam, solid dispersions, polyethyleneglycol 4000 / 6732 diazepam, 2 generic products, relative bioavailability / 6769 chlordiazepoxide, 2 formulations, comparative bioavailability / 6906 diazepam, rectal, suppositories, solutions, serum levels / 7001 BZD, influence of cellulose ethers on dissolution / 7002 BZD, influence of polyvinylpyrrolidon on dissolution / 7035 diazepam, langmuir isotherms on glass surfaces / 7062 flurazepam, related compounds in capsules, TLC / 7109 lorazepam, drug-stability data / 7210 7211 7212 diazepam, plastic bags and plastic infusion systems / 7248 diazepam, oil emulsion / 7279 oxazepam, 2 galenically different formulations / 7418 7419 triazolam, 2 formulations, bioavailability / 7635 7636 diazepam, slow-release preparation / 7839 diazepam, 2 preparations, venous complications / 7881 diazepam infusion, solubility / 7901 7902 diazepam, continuous-i.v. perfusion system / 7933 diazepam, i.v., fat emulsion as solvent / 7936 diazepam, i.v., 2 vehicles / 7937 midazolam, fat-emulsion as i.m. premedication / 7944 temazepam, 2 different formulations, kinetics / 7974 7975 temazepam, stabilty in parenteral formulations / 8177 8178 diazepam, rectal, suppository and solution / 8222 diazepam, adsorbance on glass-surfaces a.o. / 8339 diazepam, prazepam, solubility in aqueous, non-ionic surfactants / 8342 chlordiazepoxide injection, dilution / 8458 clonazepam, uptake by plastic infusion bags a.o. / 8484 diazepam, solubility characteristics in aqueous admixtures / 8485 lorazepam, solubility in and sorption from i.v. admixtures / 8645 8646 8647 diazepam, uncoated tablets, effect of gastric fluid acidity / 8871 nitrazepam, stability in binary powder mixtures / 8938 temazepam, elixir, capsule formulation / 8962 oxazepam, 2 preparations, bioavailability and kinetics / 9042 diazepam, magnesium stearate as a lubricant / 9127 oxazepam, tablets and capsules, stability / 9153 diazepam, 2 preparations / 9163 clorazepate, bioavailability, different oral galenical forms / 9244 chlordiazepoxide, impurities, HPLC-RP / 9309 diazepam, new formulation / 9443 diazepam, new mixed-micelles solution / 9451 temazepam, soft gelatin capsule, tablet, comparison / 9642 BZD, handbook / 9725 diazepam, i.v., water solution, lipid emulsion / 9935 lorazepam, suppositories, oral solution, comparison / 9936 lorazepam, effect of surfactants on permeation / 9958 midazolam, new dilution / 10003 diazepam, compatibility, infusion fluids and containers / 10008 diazepam, stability in syringes / 10012 temazepam, fast dispensing dosage-form / 10163 diazepam, spofa premix / 10170 diazepam, suspension compounded from tablets / 10356 diazepam elixir a.o. / 10408 lormetazepam, diazepam, oil preparation / 10427 diazepam ÷ activated charcoal / 10480 diazepam, tablets, controlled release capsules / 10506 BZD, dissolution and absorption characteristics, cyclodextrin complexation / 10515 lorazepam, fast dissolving dose form / 10677 diazepam, rectal tubes, suppositories / 10679 bromazepam, 2 preparations, bioequivalence / 10695 fat emulsion as vehicle, 9492 patients / 10713 clonazepam, degradation by light / 10897 10899 10900 diazepam, controlled release capsule / 10920 diazepam, adsorption to infusion sets and plastic syringes / 10932 temazepam, soft gelatin capsules / 10980 temazepam, stabilization of parenteral formulations by lyophilization / 11000 oxazepam, microencapsulation and invitro dissolution / 11019 diazepam a.o., sorptive loss from solutions to 3 types of containers / 11020 diazepam, adsorption, effect of tubing length / 11021 diazepam, adsorption, effect of flow-rate and type of container / 11085 medazepam, release from matrix tablets /

11 Gas-Chromatography

3781 midazolam / 3802 Ro 15-1788, NPD / 3824 tricyclic anti-depressants, plasma, NPD / 3849 flurazepam, blood / 3974 retention indices / 3976 clotiazepam, ECD / 3979 midazolam, hydroxy-metabolites / 4022 BZD u.a. basische Arzneimittel / 4047 ethyl loflazepate, capillary-GLC, biological fluids / 4054 clonazepam, micro determination, ECD, serum / 4078 triazolam, capillary-GLC, plasma / 4100 / 4535 benzophenones / 4551 quazepam + met., capillary-GLC, plasma / 4835 triazolam + met., capillary-GLC, plasma, urine / 4836 flurazepam + met., packed and capillary GLC / 4837 midazolam + met., plasma / 4912 flurazepam + met., plasma, ECD / 5049 BZD and others (OV-1, OV-17) / 5199 BZD, ECD, derivatization / 5233 5235 BZD + other drugs, retention indices / 5236 clonazepam, plasma, NFID / 5265 temazepam, ECD / 5334 5335 BZD, XAD-7, capillary GLC, ECD / 5422 clonazepam, nitrazepam + metabolites / 5424 flunitrazepam / 5822 bromazepam, ECD / 6177 alprazolam, triazolam, ECD / 6180 alprazolam, plasma, automated determination / 6187 midazolam, automated method / 6190 halazepam, ECD / 6191 brotizolam, ECD / 6193 flunitrazepam, plasma, automated analysis / 6251 clonazepam, serum / 6319 BZD / 6522 quazepam, major metabolites / 6533 BZD, optimization and validation / 6641 midazolam / 6780 alprazolam, capillary GLC, negative-ion-CI-MS / 6813 triazolam, plasma, capillary GLC / 6814 flunitrazepam, temazepam, desalkylflurazepam, plasma, capillary GLC, ECD / 6825 midazolam, brotizolam, plasma / 6875 BZD, decomposition / 6923 BZD a.o. drugs / 7079 bromazepam / 7164 triazolam, plasma, ECD / 7209 triazolam, postmortem blood, negative-ion chemical ionization MS / 7422 clonazepam / 7633 nitrazepam, plasma / 7651 diazepam, oxazepam, temazepam, N-desmethyl-diazepam, plasma / 7652 clonazepam, plasma / 7954 BZD, GLC-MS / 7990 alprazolam, serum, plasma / 7993 diazepam + met., NPD / 8155 clonazepam, single-doses, ECD / 8166 8167 BZD a.o. / 8206 flurazepam, ECD, negative CI-MS, plasma / 8231 BZD a.o. / 8852 clobazam + met., serum / 8922 BZD a.o., retention indices / 9008 BZD a.o., retention-indices / 9231 flurazepam + met., plasma, ECD / 9232 clobazam, plasma, ECD / 9368 midazolam + met., CLC-CI-MS, plasma / 9594 metaclazepam / 9628 clobazam + met. / 9631 camazepam + met./ 9642 BZD, handbook / 9646 halazepam + met. / 9647 9653 triazolam + met. / 9648 midazolam + met. / 9652 tetrazepam + met. / 9654 lormetazepam + met. / 9655 clotiazepam + met. / 9656 halazepam + met. / 9657 ketazolam, oxazolam + met. / 9659 pinazepam / 9662 alprazolam + met. / 9663 brotizolam + met. / 9669 9670 BZD, hydrolysis products, retention index / 9902 diazepam, serum MS / 10195 flunitrazepam, plasma, ECD / 10254 midazolam + met., ECD / 10480 diazepam, plasma / 10540 clonazepam, plasma / 10546 diazepam a. met., human-plasma, urine, saliva / 10598 midazolam / 10630 EMIT, confirmation with GLC-NPD / 11001 oxazepam, from tablets a.o., urine / 11077 lormetazepam, plasma, ECD / 11079 Ro 15-1788, plasma, capillary GLS, N-sensitive detection /

11135 clobazam + met., ECD, plasma or serum / 11179 midazolam, plasma, ECD / 11191 BZD-residues / 11204 alprazolam + met., dual capillary column, NPD / 11208 diazepam + met., plasma, capillary column, NPD / 11209 oxazepam, plasma, capillary column, NPD / 11241 BZD, + met., GLC-MS / 11269 flurazepam + met., plasma, capillary GLC / 11286 nitrazepam, serum, saliva / 11294 chlordesmethyldiazepam + met., plasma, urine /

12 High-Pressure-Liquid-Chromatography

3843 alprazolam, serum / 4113 oxazepam, different dosage forms / 4285 clobazam + met. / 4361 chlordiazepoxide + met., blood / 4379 alprazolam, multidimensional, urinary metabolites / 4435 clonazepam, human plasma / 4456 clobazam + met., human plasma / 4813 clorazepate decomposition rates / 4880 clorazepate + met., plasma / 4973 diazepam + met., man, cat / 5024 chlordiazepoxide, diazepam, drug abuse levels, serum / 5045 flurazepam + met., human-blood plasma / 5049 BZD and others (RP 18) 5199 BZD, review / 5275 chlordiazepoxide + met. plasma / 5434 alprazolam, postmortem blood / 5436 lorazepam / 5523 BZD + others / 5546 diazepam + metabolites, blood, microcolumns / 6029 BZD + metabolites / 6090 BZD + metabolites, bonded-phase sample preparation, serum / 6095 temazepam + major degradation products, isocratic, reversed-phase / 6297 diazepam, micromethod, calf-lens compartments / 6353 nitrazepam, polarographic detection / 6401 benzophenones, reversed-phase mode / 6423 clonazepam a.o., serum / 6436 clonazepam, plasma / 6459 bromazepam, plasma, metab. in urine, reversed-phase mode / 6552 bromazepam, plasma / 6571 nitrazepam, temazepam / 6621 bromazepam, human plasma / 6808 tetrahydro-1,5-benzodiazepines / 6883 clonazepam, human-serum, solid-phase extraction / 6910 diazepam, chlordiazepoxide, serum / 6965 nitrazepam / 7010 nitrazepam, plasma / 7028 diazepam a.o. / 7037 BZD, serum / 7134 diazepam, serum, microbore, online preconcentration / 7213 nitrazepam + metab., human-urine / 7216 diazepam a.o., electrochemical detection, pharmaceutical preparation / 7511 7512 BZD, reverse phase procedure, serum / 7559 clonazepam, serum, micromethod / 7879 BZD, glucuronides, biological fluids, reversed-phase / 8053 BZD + met., biological fluids / 8196 BZD a.o., para-methylbenzyl derivatives / 8231 BZD a.o. / 8762 diazepam, rapid analysis, in animal feed / 8809 temazepam, plasma, urine, solid-phase extraction / 8810 grandazin / 8907 clonazepam + metab., plasma / 8947 BZD, relationship between log K'values and mobile phase / 8962 oxazepam / 9054 midazolam + met., plasma / 9099 diazepam + met., blood / 9105 diazepam + met. / 9106 clobazam + met., serum / 9127 oxazepam, tablets and capsules / 9150 clonazepam + met., reversed phase / 9219 lorazepam, antipyrine, simultaneous analysis / 9244 chlordiazepoxide + impurities, RP / 9520 BZD, HPLC / 9642 BZD, handbook / 9648 midazolam + met. / 9653 triazolam + met. / 9722 oxazepam-glucuronides, diastereomery / 9802 clonazepam, serum / 10009 diazepam / 10043 BZD + met., ion-pair chromatography, reversed-phase / 10134 ether extraction prior to HPLC / 10196 flunitrazepam metab., plasma, fluorescence detection / 10259 nitrazepam + metab., serum / 10260 diazepam + metab., serum / 10308 bromazepam, serum, LC-MS / 10314 clonazepam, serum / 10337 triazolo-BZD / 10365 diazepam, human-serum, different protein concentrations / 10390 Ro 15-1788, plasma, UV-detection / 10418 clobazam + met., plasma, urine / 10470 diazepam, in tablets / 10551 clonazepam, plasma / 10597 10598 midazolam / 10664 benzophenones, clinical emergencies / 10708 midazolam + metab., plasma, urine / 10709 chlordiazepoxide + metab., plasma, urine, reversed-phase / 10713 clonazepam, serum, degradation products / 10733 lorazepam, monkey-plasma / 10784 BZD, urine, diode-array-detection / 10804 flunitrazepam, urine, fluorimetric detection / 10805 flurazepam + metab., urine / 10881 BZD a.o., reversed-phase / 10945 BZD a.o., post-mortem blood / 10962 triazolam, post-mortem samples / 10963 BZD-screening / 11048 BZD a.o., quantitation / 10106 clobazam, clonazepam, nitrazepam, human-serum / 11128 clobazam + met., pharmaceutical formulations / 11143 premazepam, plasma / 11159 estazolam, blood, urine / 11162 clobazam + met., clonazepam, plasma / 11165 temazepam, a.o., in capsules / 11178 lorazepam, plasma / 11194 triazolam + met., urine / 11195 chlordiazepoxide, in formulations / 11214 diazepam + met., serum, brain, CSF / 11220 rilmazafone / 11229 clonazepam / 11230 diazepam + met. / 11231 flurazepam + met., serum / 11234 clonazepam, serum / 11267 clotiazepam / 11281 diazepam + met. / 11282 nitrazepam /

13 Hydrolysis Studies (also see 27)

4533 nitrazepam and N-alkylated derivatives / 4534 diazepam and nitrazepam derivatives / 4715 hydrolysis of glucuronide conjugates / 4769 alprazolam, ring-opening reaction / 5129 bromazepam, HCl-hydrolysis / 5130 clonazepam, flunitrazepam, nitrazepam, HCl-hydrolysis / 5365 formation of benzophenones / 5422 clonazepam, nitrazepam + metabolites / 5423 BZD + others, TLC / 5424 flunitrazepam, acid-base equilibrium / 5897 brotizolam / 6707 oxazolam, hydrolysis-kinetics, aqueous-solutions / 7163 triazolam, aqueous-solutions / 7325 oxazepam, acidic media / 7332 flutazolam, haloxazolam, aqueous-solutions / 7333 oxazolam, cloxazolam, haloxazolam, acidic media / 7334 flutazolam, acidic aqueous-solution / 7335 fludiazepam, diazepam, acidic aqueous-solution / 7336 estazolam, acidic medium / 7951 7952 BZD, acid-base equilibria / 7953 oxazepam, lorazepam, aqueous acid-media / 8032 glucuronide conjugates / 9594 metaclazepam / 9595 BZD, benzophenones / 9624 BZD / 9625 lorazepam, oxazepam, via benzophenones / 9626 lorazepam, via benzophenone / 9627 nitrazepam + met. / 9628 clobazam + met. / 9629 BZD, TLC / 9630 clobazam, nor-clobazam / 9631 camazepam + met. / 9636 9637 9638 BZD, TLC-screening via benzophenones a.o. / 9642 BZD, handbook / 9646 halazepam + met. / 9648 midazolam / 9649 BZD, TLC-screening / 9651 BZD, new / 9652 tetrazepam + met. / 9654 lormetazepam + met. / 9655 clotiazepam + met. / 9656 halazepam + met. / 9657 ketazolam, oxazolam + met. / 9658 BZD, aminobenzophenones, specifity of Bratton-Marshall / 9659 pinazepam / 9661 tetrazepam, screening via tetrahydroacridones / 9663 brotizolam + met. / 9667 flurazepam + met. / 9669 9670 BZD, hydrolysis products, GLC, retention index / 9922 lorazepam, oxazepam, esters, hydrolysis rates a.o. / 10031 BZD, polarographic study of hydrolysis / 10229 BZD, benzophenones, MS / 10440 triazolam acid-base behavior / 10665 imidazo-BZD, triazolo-BZD, kinetics / 10667 midazolam + metab. / 10668 triazolam /

11172 thienotriazolo-BZD, brotizolam, behavior in acidic medium / 11173 BZD, methods based on hydrolysis / 11199 triazolam, ring-opening in acidic media / 11200 triazolam, mechanism of hydrolysis / 11222 oxazolam analogs, equilibrium in acidic medium / 11223 flurazepam, acidic solution, ^{13}C-NMR-spectra / 11288 bromazepam + met. / 11289 lorazepam / 11290 brotizolam / 11291 BZD, acid /

14 Immunoassays (RIA, EMIT, TDx, and Others)

4156 akute Vergiftungen, Fehlinterpretation / 4182 brotizolam, RIA, human plasma / 4547 EMIT^R, reactivity / 5199 BZD, review / 5269 EMIT^R, admissibility of positive results / 5281 BZD, RIA / 5283 flunitrazepam, specific RIA / 5284 midazolam, RIA / 5356 BZD, barbiturates, screening, serum / 5784 alprazolam + met., EMIT dau, urine / 6054 6055 ^{125}I-RIA, blood, urine / 6753 BZD, RIA, RRA, biological samples / 6757 BZD, RIA, RRA, biological samples, comparison / 6998 BZD, detection by FPIA / 7140 prazepam + metab., RIA / 7419 triazolam / 7781 EMIT-tox, serum, emergency laboratory / 8231 BZD a.o. / 8637 EMIT / 8842 EMIT-tox-system, serum / 8882 BZD + metab., ABUSCREEN RIA / 8967 BZD, EMIT-dau screening / 9033 BZD, survey / 9304 BZD, EMIT / 9642 BZD, handbook / 9647 9653 triazolam, EMIT / 9648 midazolam, EMIT / 9663 brotizolam, EMIT / 9664 BZD, tetracyclic, screening via EMIT and TDx / 9665 BZD, discrepant findings between EMIT and TDx / 9666 BZD, immunological screening, enrichment procedures / 10000 BZD, direct and indirect homogeneous enzyme immunoassays / 10255 EMIT-dau, Leichenurin / 10540 clonazepam, plasma / 10784 BZD, confirmation by HPLC/DAD /

11129 BZD, ELISA and EMIT, comparison / 11168 alprazolam, triazolam, + metab., EMIT-d.a.u., urine / 11177 BZD, screening, EMIT / 11210 BZD, FPIA, serum / 11212 BZD, urine, FPIA / 11219 450191-S / 11220 rilmazafone / 11227 monoclonal antibodies / 11275 BZD, tetracyclic, EMIT, FPIA, TDx / 11276 BZD, enrichment / 11285 BZD, EMIT-d.a.u., sensitivity / 11295 oxazepam, chemiluminescence immunoassay /

15 Interactions
(see also 3, 9, 19, 28, 32)

3803 3804 diazepam-desmethyldiazepam / 3810 alprazolam + triazolam + cimetidine / 3818 diazepam, lorazepam + ranitidine, metabolism / 3820 alprazolam, diazepam, lorazepam + propoxyphene / 3821 BZD + drugs / 3822 lorazepam, oxazepam + oral contraceptives / 3846 diazepam + halothane, effect on absorption / 3851 clonazepam + lithium / 3856 diazepam, lorazepam + sodium valproate / 3870 BZD + barbiturates / 3890 oxazepam + ketoprofen, lack of effects in kinetics / 3891 diazepam i.v. + doxapram, heavy sedation / 3892 bromazepam + antipyrine, humans, effect on kinetics / 3928 BZD + barbiturates, GABA / 3942 diazepam + caffeine / 3958 alprazolam + imipramine, kinetics / 3970 diazepam + lorazepam / 3971 diazepam + promethazine + haloperidol / 4008 4009 lorazepam, pentobarbital, 15-1788 / 4010 lorazepam, pentobarbital, CGS-8216, caffeine / 4015 diazepam + morphine / 4019 lorazepam + ethanol, CNS-depression / 4034 flurazepam + neurotransmitters, rat cortex / 4042 4043 diazepam + clomipramine, kinetic study / 4045 BZD, barbiturates + baclofen, GABA / 4065 diazepam + fentanyl / 4131 Ro 15-1788 + chlordiazepoxide + pentobarbital, squirrel-monkey / 4132 Ro 15-1788 + zopiclone / 4133 Ro 15-1788 + chlordiazepoxide + pentobarbital + ethanol / 4134 Ro 15-1788 + beta-CCE / 4135 chlordiazepoxide + D-amphetamine / 4138 diazepam + ATPases / 4140 chlordiazepoxide vs ethanol + meprobamate / 4173 flunitrazepam + loprazolam + triazolam + ethanol / 4187 chlordiazepoxide + ethanol, reduction of gustatory negative contrast / 4197 diazepam, effect on LCAT-activity, man / 4198 4199 diazepam, inhibition of cholesterol esterification in vitro / 4201 diazepam + met., + halothane-oxygen anesthesia / 4238 BZD + meperidine, breathing pattern changes / 4268 diazepam + lipophilic beta-blocking drugs / 4272 BZD / 4281 diazepam + cimetidine / 4300 diazepam + bicuculline, syrian-hamsters / 4303 4304 4305 BZD + GABA / 4345 alprazolam, lorazepam, metronidazole, phenytoin / 4364 chlordiazepoxide + CCK 8 / 4367 diazepam + brotizolam, mice / 4495 Review / 4536 diazepam + bupivacaine kinetics / 4557 oxazepam + paracetamol, acute toxicity / 4612 BZD and GABA recognition sites / 4628 BZD + tricyclic-antidepressants / 4629 chlordiazepoxide, sodium valproate, naloxone / 4652 diazepam + nitrous-oxide / 4673 diazepam + clorazepam, digoxin / 4680 diazepam + ethanol / 4691 alprazolam + lithium / 4702 BZD + alcohol, effects / 4705 4706 4707 chlordiazepoxide + ethanol / 4723 alprazolam + yohimbine /

4726 diazepam + clonidine + yohimbine / 4728 BZP + rauwolfia serpentina raubasine / 4746 diazepam + midazolam + tubocurarine, changes in serum potassium a.o. / 4822 BZD-toxicology and interactions / 4823 BZD-overdose and interactions / 4877 diazepam and others, mice / 4878 diazepam + beta-carboline, effect on degradation of enkephalin / 4881 clorazepate + cimetidine, dog / 4883 4884 diazepam + ^{3}H-5-hydroxytryptamine, rat / 4885 chlordiazepoxide + amino-acid neurotransmitter release, rat / 4892 diazepam + metergoline / 4902 diazepam + diethylnitrosamine, gerbils / 4920 4923 4926 BZD + opiates-antagonists / 4968 BZD + GABA / 4988 BZD + purine / 5018 diazepam + muscimol / 5039 diazepam + diphenylhydantoin, mice / 5051 diazepam + nizatidine, no interference / 5058 diazepam + aminophylline, useful interaction / 50 59 triazolam + cimetidine / 5060 BZD + dextropropoxyphene / 5061 temazepam + diphenhydramine / 5106 diazepam + lorazepam + warfarin, anticoagulant activity / 5181 5182 diazepam + bupivacaine / 5191 alprazolam, triazolam + cimetidine, metabolic interaction / 5216 chlordiazepoxide-oxaziridine, glutathione / 5220 chlordiazepoxide + pentobarbital + Ro 15-1788 + CGS 8216 / 5241 5243 diazepam + valproic acid / 5249 diazepam + physostigmine, as antidote / 5317 diazepam + ketamine / 5325 5326 triazolam + ethanol / 5341 diazepam + nimodipines / 5349 BZD + neuromuscular-blocking drugs / 5350 5351 BZD, invitro effects on rat diaphragma / 5352 diazepam + oxazepam + pancuronium + suxamethonium / 5353 BZD + solvents + vecuronium / 5354 midazolam + neuromuscular blocking-drugs, rat / 5393 midazolam + aspirin / 5394 midazolam + opioids + thiopentone / 5471 flurazepam + antacids / 5473 BZD + thyroxine / 5476 diazepam + sodium salicylates / 5479 diazepam + oral-contraceptives / 5485 temazepam + cimetidine + ranitidine / 5496 5497 midazolam + ranitidine / 5514 nitrazepam, temazepam + ethanol, human psychomotor performance / 5525 diazepam + pentobarbital, effect on amino-acid levels, rat / 5528 diazepam + lithium, effect on serotonin metabolism, rats / 5529 diazepam + buspirone + ethanol, effect on skilled performance / 5538 alprazolam + lithium / 5543 temazepam + zimeldine, effects on kinetics a.o. / 5550 chlordiazepoxide + NaCl / 5551 midazolam + NaCl / 5582 midazolam + cimetidine + ranitidine, bioavailability / 5584 diazepam + cimetidine + ranitidine, disposition / 5661 lorazepam + caffeine / 5669 Ro 15-1788 + ethyl-beta-carboline-3-carboxylate, anxiety / 5687 ZK-93426 + Ro 15-1788, animal test / 5690 phenylquinolines + picrotoxin + BZD / 5724 BZD, selective allosteric interaction with warfarin enantiomers / 5781 BZD + inhibitory neurotransmitters / 5799 chlordiazepoxide + ethanol, rat / 5840 BZD-ligand interactions / 5846 diazepam, haloperidol, neuronal receptors / 5847 diazepam, attenuation of antagonism of haloperidol / 5890 BZD + ethanol, mice / 5959 CGS-9896 + BZD-receptor / 5991 diazepam + GABA + angiotensin-II / 5997 nordiazepam, influence on plasma levels of amitriptylin + met. / 6010 diazepam, caffeine, pharmacokinetic and pharmacodynamic / 6075 Ro 15-1788, CGS 8216, diazepam, rats / 6108 chlordiazepoxide + cocain, stimulus properties, rodents / 6109 diazepam + cimetidine, effect on diazepam elimination / 6148 triazolam, cimetidine / 6152 temazepam, cimetidine, no interaction / 6155 oxazepam, lorazepam, flurazepam, cimetidine / 6160 6161 diazepam, cimetidine / 6186 midazolam, i.v., oral, cimetidine, ranitidine / 6188 midazolam, i.v., oral, absence of interaction with cimetidine and ranitidine / 6195 diazepam, cimetidine / 6208 diazepam, reduction of cardiotoxic effects of bupivacaine / 6232 clobazam, cimetidine, diazepam, inhibition of elimination / 6262 6263 omeprazole / 6290 BZD + ethanol / 6330 midazolam + aspirin, effect on serum-binding / 6332 6333 midazolam + fentanyl + alfentanil / 6343 diazepam + burpropion, man / 6380 nitrazepam + phenelzine / 6411 diazepam, pentobarbital and GABA / 6412 diazepam and GABA / 6435 diazepam + ethanol / 6454 6455 diazepam + caffeine / 6470 diazepam + diphenylhydantoin, mice / 6476 diazepam + theophylline / 6531 BZD + ethanol / 6537 flurazepam, loprazolam, ethanol / 6541 midazolam + ethanol / 6568 diazepam + cimetidine / 6591 6592 midazolam + N_2O / 6622 oxazolam + ethanol / 6625 diazepam + analgesics / 6642 lorazepam + ethanol / 6647 flurazepam + ethanol / 6684 diazepam + denzimol / 6697 diazepam + ketamin / 6742 BZD + methylxanthines / 6777 diazepam + human-serum albumin / 6784 BZD + ethanol / 6824 nitrazepam + oral contraceptives / 6868 diazepam + desipramine / 6913 diazepam + fentanyl + tramadol / 6916 diazepam + muscimol / 6918 diazepam + nicotine, rats / 6954 temazepam + diphenhydramine, perinatal-mortality / 7014 BZD + adenosine, potentiation of cardiac responses / 7021 7022 BZD + plasma-cortisol / 7033 diazepam, 5-hydroxytryptamine, lack of influence / 7034 diazepam + lidocaine / 7040 BZD + amitriptyline, synergism / 7058 temazepam + trimethadione / 7080 BZD / 7090 midazolam + cimetidine + ranitidine / 7091 diazepam + procainamide + famotidine / 7092 midazolam + cimetidine + ranitidine / 7093 diazepam + procainamide + famotidine / 7094 diazepam + nizatidine / 7095 Ro 15-1788 + flunitrazepam + lormetazepam / 7099 diazepam + cimetidine / 7080 diazepam + N-desmethyldiazepam / 7102 diazepam + metoprolol / 7103 diazepam + ranitidine / 7105 midazolam + Ro 15-1788 / 7107 Ro 15-1788 + ethanol / 7113 midazolam + ranitidine + cimetidine / 7122 diazepam + ethanol / 7124 Ro 15-1788 + midazolam / 7182 diazepam + phenazepam, effect on histidase and urokinase, blood / 7183 BZD, effect on 5'-nucleotidase activity, rat-brain / 7240 temazepam + aluminium hydroxyde / 7241 triazolam + aluminium hydroxyde / 7245 BZD + oral-contraceptiva / 7257 clobazam + etifoxine / 7258 7259 diazepam, midazolam + paraoxon / 7262 diazepam + others, effects with vitamins / 7372 diazepam i.v. + doxapram / 7416 diazepam + kynurenine / 7415 diazepam + phenylethylamine / 7437 7438 midazolam + suxamethonium / 7464 diazepam + meperidine + normeperidine / 7483 cholinesterase-inhibitors, corticosteroids, benzodiazepines, mice / 7519 chlordiazepoxide + amphetamine / 7536 clobazam + carbamazepine, man / 7593 lorazepam + ethanol / 7631 7632 diazepam + famotidine + cimetidine / 7634 diazepam, alprazolam, lorazepam + conjugated estrogens + tricyclic antidepressants / 7635 7636 diazepam + antacids / 7643 diazepam + caffeine / 7705 diazepam + choline + acetylcholine / 7766 7767 metaclazepam + ethanol / 7783 BZD + cimetidine / 7787 diazepam, midazolam + morphine / 7897 midazolam + aminophylline + doxapram / 7903 BZD + narcotic analgesics / 7904 clonazepam + diltiazem + sodium-calcium ion-exchange / 7905 7906 7907 7908 BZD + Ca^{2+}-release from heart-mitochondria / 7943 diazepam + temelastine + diphenhydramine / 7945 7947 diazepam + caffeine / 7946 diazepam + caffeine + theophylline / 7965 7966 diazepam + histamine / 7976 7977 diazepam + propranolol, circulatory responses / 7995 BZD + opiates / 8009 diazepam + lorazepam + cimetidine / 8016 loprazolam + ethanol / 8028 ^{3}H-flunitrazepam + clozapine / 8029 8030 BZD + ciramadol / 8054 diazepam + adenosine / 8062 BZD + ethanol / 8088 flurazepam + nifedipine, rat / 8105 8106 BZD a.o. + muscimol / 8114 choline + clonazepam / 8132 diazepam + aminophylline / 8198 chlordiazepoxide + metoprolol / 8306 8307 BZD-antagonists + adenosine / 8309 BZD + propranolol / 8338 clorazepate + corticosterone / 8351 antihistamine + diazepam + ethanol / 8412 BZD + ethanol, mice, rats / 8416 sodium valproate + Ro 5-3663 + Ro 15-1788 / 8424 diazepam + antacids / 8438 chlordiazepoxide + caffeine / 8461 BZD + barbiturate receptors / 8468 diazepam + hydrophilic excipients / 8470 chlordiazepoxide + cimetidine / 8471 diazepam + amphetamine / 8505 8506 diazepam + aminophylline + adenosine / 8531 hexobarbital + thiobarbital + flurazepam / 8553 diazepam + phenylpropanolamine / 8558 antagonists / 8566 8567 BZD + plasma MHPG / 8568 ^{3}H-flunitrazepam + buspirone / 8592 triazolam + ethanol + isoniazid / 8593 diazepam, lorazepam, propranolol / 8598 triazolam + cigarette-smoking, no influence / 8601 8602 bromazepam + contraceptives + cimetidine + propranolol / 8603 nitrazepam + cimetidine / 8607 triazolam, oxazepam + isoniazid / 8612 clorazepate + propranolol + cigarette-smoking / 8617 8618 diazepam + anti-tuberculosis drugs / 8619 midazolam + cimetidine + ranitidine, no interaction / 8620 diazepam, lorazepam, alprazolam + propranolol / 8621 alprazolam + digoxin + creatinin / 8659 8660 diazepam, histamine turnover, mouse-brain / 8666 chlordiazepoxide + ethanol / 8674 BZD + imipramine / 8675 8676 8677 8678 diazepam + imipramine / 8684 chlordiazepoxide + fluprazine / 8732 diazepam + amitriptyline / 8750 8751 BZD + morphine / 8766 BZD + morphine / 8770 diazepam + ethanol / 8774 diazepam + pentazocine / 8785 diazepam + catecholamine / 8786 triazolam + cimetidine / 8811 8812 chlordiazepoxide + cimetidine / 8813 BZD + oral contraceptives / 8847 FG-7142, CGS-8216, Ro 15-1788 + corticosterone, rat / 8865 diazepam + plasma-corticosterone levels / 8893 8894 diazepam + glycine, potentiation of anticonvulsant activity / 8902 diazepam + valproate + beta-endorphin + beta lipotropin + cortisol / 8904 tifluadom + different binding sites / 8905 diazepam a.o., effect on activity of opioid agonists / 8927 triazolam + erythromycin / 8941 Ro 15-1788 + isomiazid, rats / 8971 diazepam + caffeine / 8989 diazepam + methadone, no interference on metabolism / 9011 alprazolam + triazolam + cimetidine / 9015 midazolam a.o., response to CO_2 / 9016 diazepam + midazolam, response to CO_2 / 9029 diazepam + methadone / 9044 diazepam a.o., + nitrous-oxide oxygen / 9056 clobazam + metab., + cimetidine / 9098 BZD + morphine / 9151 BZD / 9218 alprazolam, synergistic action, tranylcypromine / 9222 BZD + central thyroid-releasing hormones / 9239 diazepam + caffeine / 9264 chlordiazepoxide + naloxone / 9271 9272 Ro 15-1788 + midazolam / 9277 chlordiazepoxide + ethanol, rat / 9373 9374 9375 9376 BZD + cimetidine / 9408 diazepam + pentazocine + codeine / 9409 9410 phenytoin + clonazepam / 9422 diazepam + carbontetrachloride, pharmacokinetic changes / 9423 chlordiazepoxide, metabolism before producing behavioral effects / 9452 midazolam + cimetidine / 9468 9469 9470 diazepam + morphine / 9491 diazepam + alcohol + zimelidine / 9502 chlordiazepoxide + morphine, mice / 9506 9507 chlordiazepoxide + amphetamine, mice / 9532 oxazepam + morphine, glucuronidation / 9540 9541 brotizolam + ethanol / 9542 alprazolam + oral contraceptives / 9567 chlordiazepoxide + ethanol, rat / 9573 9592 metaclazepam + ethanol / 9593 clobazam + phenprocoumon, no interaction / 9611 Arzneimittelwechselwirkungen / 9635 BZD / 9642 BZD, handbook / 9722 oxazepam + pentobarbital / 9727 BZD + ethanol / 9741 lorazepam, buspirone + alcohol / 9742 9743 flunitrazepam, zopiclone + alcohol / 9748 diazepam + beta-methyl digoxin / 9768 clorazepate + antacids / 9798 diazepam + metoclopramide / 9822 reduction in serotonin turnover / 9850 diazepam + aldosterone / 9872 BZD + growth-hormones + diazepam / 9893 9894 diazepam + serum-lipids / 9909 chlordiazepoxide + TRH / 9950 midazolam + anti-diuretic-hormones /

9955 midazolam + alfentanil / 9999 midazolam + aminophylline / 10055 oxazepam + acetaminophen / 10056 diazepam, a.o., + ethinyl estradiol / 10060 10061 chlordiazepoxide + serotonin / 10072 diazepam a.o., + thymidine / 10073 BZD + H-1 and H-2-antihistamines / 10076 BZD + ^{3}H-phenytoin / 10153 triazolam, temazepam + oral-contraceptives / 10154 triazolam, temazepam, alprazolam, lorazepam + oral-contraceptives / 10165 10166 alprazolam + epinephrine and norepinephrine / 10175 diazepam + dehydrobenzoperidol + fentanyl / 10179 midazolam + ethanol / 10200 ^{3}H-diazepam, ^{3}H-flunitrazepam + THC / 10257 nitrazepam, temazepam + ethanol / 10292 10293 BZD, effects on L-glutamic acid decarboxylase activity / 10294 flurazepam + amino-acid neurotransmitters / 10363 diazepam + bupivacaine, rhesus-monkey / 10364 BZD a.o., drug-therapy in elderly / 10419 diazepam + fentanyl / 10423 brotizolam + mixed-function oxidases + glutathione, rat / 10475 diazepam + H-2-antagonists, cimetidine and ranitidine / 10488 diazepam, phenytoin, rats / 10489 diazepam, phenobarbitone, effects of aminophylline on muscle-relaxant action / 10556 chlordiazepoxide + biogenic amines / 10556 10557 clobazam + plasma prolactin and gonadotropins, male-rat / 10558 1,5-BZD, effects on putuitary hormones, male-rat / 10576 midazolam + ethanol / 10577 10578 oxazepam + diflunisal / 10580 triazolam + prolactin / 10600 BZD + vecuronium / 10603 flunitrazepam, prevention of lidocaine and bupivacaine-induced convulsions / 10609 BZD + morphine, aminopyrine, estrone / 10613 10614 clonazepam + metrazol / 10615 chlordiazepoxide + hexobarbitone / 10650 diazepam + toluene / 10652 BZD + ACTH / 10653 BZD + prolactinadenohypophysal secretion / 10654 10655 BZD + beta-endorphines / 10723 10724 diazepam, neuromuscular-blocking-agents, cholinergic drugs / 10725 diazepam + GABA + metholexitone / 10760 lorazepam + aminophylline / 10766 Ro 15-1788 + althesin / 10769 triazolam + troleandomycin / 10788 diazepam + cimetidine / 10807 BZD + methylxanthines / 10808 diazepam + carbamazepine / 10845 midazolam + antipyrine, rat / 10864 diazepam + cyclobarbital / 10900 10902 diazepam + ethanol / 10903 lormetazepam, diazepam + ethanol / 10909 midazolam, temazepam + ranitidine / 10910 midazolam + ranitidine / 11026 diazepam + adenosine / 11030 chlordiazepoxide + levodopa / 11031 oxazepam + ethanol / 11032 diazepam a.o.,+ halothane and enflurane / 11055 BZD + barbiturates + ethanol / 11056 diazepam + nitrazepam + ethanol / 11057 diazepam + ethanol / 11058 BZD + cardiac-glycosides / 11059 diazepam + amitriptyline, cardiotoxicity / 11091 clonazepam a.o. / 11110 diazepam + harmane / 11114 oxazepam + codeine + cortisol /
11160 lormetazepam + flumazenil / 11236 BZD-human serum albumin interactions /

16 Mass-Spectrometry

4407 metaclazepam + metabolites / 5422 clonazepam, nitrazepam + metabolites / 5424 flunitrazepam / 5915 diazepam + met., negative CI / 6037 7-amino-1,4-benzodiazepines, EI / 6875 BZD, decomposition / 7954 BZD, GLC-MS / 7958 1,5-BZD, fragmentation patterns / 8166 8167 BZD a.o. / 8206 flurazepam, negative-CI-MS, plasma / 8231 BZD a.o. / 8236 BZD-diones, E.I. spectra / 8922 BZD a.o., spectra, compilation, GC/MS / 9368 midazolam + met., GLC-CI-MS, plasma / 9594 metaclazepam / 9628 clobazam + met. / 9631 camazepam / 9642 BZD, handbook / 9646 halazepam + met., hydrolysis-products / 9647 9653 triazolam + met. / 9648 midazolam + met. / 9652 tetrazepam + met. / 9654 lormetazepam + met. / 9655 clotiazepam + met. / 9656 halazepam + met. / 9657 ketazolam, oxazolam + met. / 9659 pinazepam / 9662 alprazolam + met. / 9663 brotizolam + met. / 9902 diazepam, serum, GLC/MS / 10229 benzophenones, positive and negative ion mass spectrometry / 10308 bromazepam a.o., serum, LC-MS / 10598 midazolam, GLC/MS /

11147 1,5-BZD, ring contractions / 11168 BZD, positive-ion, negative-ion / 11196 alprazolam + met., negative-ion / 11241 BZD + met., urine, GLC-MS / 11247 BZD, screening, rapid-scanning multichannel detector / 11284 lormetazepam, negative ion chemical ionization, isotope effect /

17 NMR-Studies

4029 ^{13}C-2,3,4,5-tetrahydro-1-methyl-1H-1,5-benzodiazepine-2,4-diones / 4687 BZD, lanthanide-induced shifts / 4749 ^{1}H-investigation, ring mobility / 5702 rotational-isomerism / 5740 diazepam, binding to serum albumin / 7207 CH-coupling constants / 7208 BZD-conformations / 7333 oxazolam, cloxazolam, haloxazolam, proton and ^{13}C / 7334 flutazolam, ^{13}C, hydrolysis / 7335 fludiazepam, diazepam, proton and ^{13}C, hydrolysis / 7336 estazolam / 8231 BZD a.o. / 8808 ^{13}C-NMR / 8816 ^{13}C-NMR, influence of 7-substituent / 9073 ^{13}C-NMR, thieno diazepine neuroleptics / 9293 conformational analysis / 9533 ^{15}N-NMR-studies / 9534 ^{15}N-NMR-triazolo-benzodiazepines / 9535 ^{13}C- and H-data / 9642 BZD, handbook / 9659 pinazepam / 10042 ^{1}H, ^{13}C-studies / 10520 ^{15}N-NMR-studies / 11041 ^{31}P- and ^{1}H-NMR study diazepam / 11223 flurazepam, acidic medium, ^{13}C-spectra / 11244 BZD, ^{13}C-NMR shift-data /

18 Pharmacokinetics (Levels) (also see 1, 6, 10, 15, 25)

3781 midazolam / 3782 lorazepam, effect of age and cardiopulmonary bypass / 3783 flunitrazepam, man, passage into CSF / 3785 diazepam + thiopental, tissue distribution / 3801 lorazepam + acetaminophen, inhibition of glucuronidation / 3802 Ro 15-1788, single dose / 3805 obese humans / 3806 lorazepam clearance, impairment / 3807 desmethyldiazepam in obesity / 3808 diazepam conjugation / 3811 desmethyldiazepam, prolongation of half-life, obesity / 3812 3813 diazepam, prolonged accumulation / 3814 alprazolam / 3815 lorazepam, oxazepam + acetaminophen, glucuronide conjugation / 3816 3817 alprazolam, triazolam, obesity / 3818 diazepam, lorazepam, conjugation / 3819 nitrazepam, obesity / 3832 lorazepam, 2 formulations / 3840 3841 midazolam, during acute hypovolemia / 3849 flurazepam / 3873 3874 diazepam, twins / 3904 midazolam / 3908 clonazepam, dog / 3917 flurazepam + metabolites / 3918 midazolam, i.v. / 3932 3933 clonazepam, neonatal / 3938 N-1-derivatives of 1,4-benzodiazepines, comparison / 3957 prazepam, single vs divided doses / 3958 alprazolam + imipramine, kinetic interaction / 3977 BZD, entry into CSF and brain / 3978 BZD, peripheral distribution a.o. / 3996 bromazepam, bioavailability / 4004 premazepam, rat, dog / 4016 clobazam / 4035 midazolam in woman / 4042 4043 diazepam, plasma, during general anesthesia / 4061 chlordiazepoxide + ethanol, blood levels / 4081 triazolam, impaired elimination, liver cirrhosis / 4085 clobazam, guinea pig / 4088 BZD, kinetic differences / 4110 delorazepam, influence of age, multiple dose / 4141 diazepam, blood levels, dog, endotracheal administration / 4143 review / 4154 diazepam, oral, effect of cisapride / 4155 tetrazepam, man / 4164 BZD, half-life / 4175 flunitrazepam, rats / 4178 brotizolam, elimination in elderly, multiple doses / 4179 brotizolam, metabolic fate, rat, dog, monkey, man / 4180 brotizolam, blood levels, excretion, rat, dog, rhesus monkey / 4181 brotizolam, blood levels, excretion, humans / 4201 diazepam + metab., effect of halothane-oxygen anesthesia / 4213 diazepam, oral, febrile convulsions / 4231 alprazolam / 4263 clorazepate, i.v., i.m. / 4264 clorazepate, i.m., diazepam, i.m., bioavailability, comparison / 4285 clobazam + met. / 4298 BZD, elderly patients, modifications / 4342 midazolam, heart-failure patients / 4344 effect of plasmapheresis / 4345 alprazolam, lorazepam, clearance, influence of metronidazole / 4365 diazepam, clonazepam a.o., arterial and venous concentrations / 4407 metaclazepam, dog, rabbit, man / 4416 midazolam, influence of food, absorption / 4417 midazolam, dose-dependent kinetics / 4423 lorazepam, plasma-concentrations, open-heart surgery / 4424 midazolam, levels / 4431 diazepam, levels in ventricular CSF and venous blood / 4433 lorazepam, plasma concentration / 4438 BZD, differences / 4448 diazepam, serum level and antianxiety effects / 4464 lorazepam, plasma levels / 4488 lorazepam, glucuronidation, perfused rat-liver / 4500 BZD, clinical pharmacokinetics, summary / 4504 BZD, saliva levels / 4510 prazepam + met., concentrations in blood, plasma, milk / 4527 chlordiazepoxide, ketoconazole, inhibition, clearance / 4529 BZD, distribution / 4530 dose-dependent changes / 4537 lorazepam, temporal variations / 4552 clobazam + met., time dependence / 4564 diazepam + free plasma bupivacaine / 4572 triazolam, no influence of cigarette-smoking / 4576 oxazepam, multiple administration, chronic renal-disease / 4592 4595 midazolam, accumulation / 4596 diazepam, bioavailability / 4600 diazepam, disposition, effect of denzimol / 4605 lorazepam, 2 formulations, oral, sublingual / 4630 diazepam, flunitrazepam, comparison / 4641 diazepam, changes / 4648 4649 4650 midazolam, aberrant elimination half-life / 4673 diazepam + clorazepam, influence of digoxin / 4678 BZD + digoxin tissue concentrations / 4698 clobazam, man, diurnal-variations / 4768 flurazepam + met., brain uptake, cat / 4771 nitrazepam, effects of X-ray-irradiation / 4772 BZD, habituation / 4793 quazepam, multiple-dose kinetics / 4794 halazepam, multiple-dose kinetics / 4809 alprazolam, single and multiple oral doses, man / 4838 4839 BZD, clinical pharmacokinetics / 4844 BZD, children / 4882 midazolam, influence of age / 4889 ^{11}C-flunitrazepam, brain, baboon / 4906 temazepam, half-life, fasting and nonfasting subjects / 4913 flurazepam, plasma-levels, systemic availability / 4914 flurazepam, comparative bioavailability, 2 formulations / 4960 diazepam a.o., bioavailability from i.v. delivery systems / 4972 diazepam + met., cat / 4993 midazolam, plasma-concentr. and kinetics during anesthesia / 4994 midazolam, i.m., i.v. / 4995 midazolam, oral, i.v., relation to effects / 4999 temazepam, elderly, women, single and multiple dose / 5024 chlordiazepoxide, diazepam + methaqualone, drug-abuse levels / 5051 diazepam + nitazidine, no interference / 5052 BZD, clinical pharmacokinetics / 5077 diazepam, effect, drug levels, correlations / 5079 midazolam, infusion model / 5142 diazepam a.o., comparative pharmacokinetics / 5147 triazolam, geriatric-patients / 5204 temazepam, disposition in cirrhosis /

5209 BZD, treatment of insomnia / 5239 diazepam, i.v., oral rectal bioavailability, adult epileptics / 5240 diazepam, rectal, bioavailability, adult epileptics / 5242 diazepam, i.v., epileptic patients and normal volunteers / 5264 diazepam, oral, i.m., absolute bioavailability / 5265 temazepam, plasma-concentration / 5270 clobazam, variability, effect of food on absorption / 5271 5272 temazepam, effect of age and gender on disposition / 5273 BZD, overdosage, plasma concentrations, clinical outcome / 5274 diazepam, oral, i.m., absolute bioavailability, effect of age and sex / 5282 chlordiazepoxide + amitriptyline, steady-state / 5288 temazepam, inhibition of clearance by cimetidine, overdose / 5298 lorazepam, oral, plasma, fluctuations / 5343 bromo-benzodiazepine, blood-brain transport / 5346 oxazepam, single doses, elderly / 5372 clorazepate, single daily dose, anxiety / 5379 diazepam + lorazepam + cimetidine, plasma concentrations / 5382 midazolam, prolonged elimination half-life / 5400 BZD, oral, plasma concentrations, H-2-receptor blockers / 5428 triazolam, disposition / 5429 ketazolam, disposition / 5431 flurazepam + metab., man / 5468 diazepam and others, comparative bioavailability / 5469 diazepam and others, influence on depression / 5481 diazepam, alprazolam, lorazepam, comparison / 5485 temazepam, bioavailability / 5536 distribution, staggered stable isotope administration / 5538 / alprazolam + lithium, kinetic interaction / 5543 temazepam, effect of zimeldine on kinetics / 5578 alprazolam / 5579 flunitrazepam + triazolam, pharmacokinetic correlation / 5581 5583 diazepam, 2 formulations, bioavailability / 5584 diazepam + cimetidine + ranitidine, disposition / 5585 diazepam, i.v., bioavailability / 5586 5587 5588 diazepam, i.v., plasma concentrations / 5618 diazepam, premedication, children, plasma-levels / 5665 diazepam, brain concentrations / 5710 BZD, influence of liver-cirrhosis / 5711 triazolam, effect of age and liver-cirrhosis / 5751 diazepam + bromazepam, plasma-concentrations / 5756 bromazepam + lorazepam, plasma-concentrations / 5818 5819 diazepam + met., plasma, rat-brain / 5820 5821 triazolam, population study / 5822 bromazepam, single-dose / 5823 triazolam, effect of cimetidine + propranolol / 5824 peak-plasma concentrations, prediction of oral clearance / 5825 BZD, tissue distribution / 5826 5827 diazepam + met., tissue distribution, autopsy study / 5859 midazolam, comparison of kinetics, young and elderly patients / 5972 alprazolam / 5998 lorazepam, hepatic and extra-hepatic glucuronidation, dog / 6004 temazepam, adults / 6005 temazepam, influence of age and chronic liver-disease on elimination / 6010 diazepam + caffeine, interaction / 6015 diazepam, kinetics in caucasians and orientals / 6025 metaclazepam + metab. /
6027 diazepam, disposition after i.v. administration / 6056 midazolam, nitrazepam, plasma-concentrations / 6109 diazepam, effect of cimetidine on elimination / 6123 alprazolam, pharmacokinetic parameters / 6145 oxazepam, lorazepam, clinical pharmacokinetics / 6147 elimination half-lifes / 6148 triazolam, cimetidine, reaction / 6151 BZD-hypnotics, pharmacokinetic properties / 6152 temazepam, cimetidine, no interaction / 6153 BZD, clearance / 6154 alprazolam, triazolam, cimetidine, disposition / 6155 oxazepam, lorazepam, flurazepam, cimetidine, interaction / 6156 6157 midazolam, effect of age, gender, obesity / 6158 nitrazepam, old-age, obesity / 6159 nitrazepam, age, sex / 6160 6161 diazepam, cimetidine, interaction, importance / 6162 pharmacokinetic aspects, elderly / 6163 BZD, lipophilicity, relation to invivo distribution / 6164 BZD, single oral doses, kinetic correlates / 6165 6166 BZD, prediction of oxidizing capacity, elderly / 6167 BZD-hypnotics / 6168 alprazolam, elderly / 6169 triazolam, reduced clearance, old-age / 6170 BZD, clinical pharmacokinetics of newer / 6171 BZD, implications / 6172 BZD, changes in old-age / 6173 BZD-hypnotics, kinetic options / 6174 flurazepam, young and elderly non-insomniacs / 6175 desalkylflurazepam, elderly, single and multiple doses / 6176 lorazepam, sublingual, oral, i.v., i.m., comparison / 6178 6179 clobazam, elderly / 6181 diazepam, midazolam, determinants of dynamics, i.v. / 6182 lorazepam-glucuronide, enterohepatic circulation / 6183 alprazolam, lorazepam, prazepam, comparison / 6185 diazepam + met., plasma concentrations, long-term therapy / 6186 midazolam, i.v., oral, interaction with cimetidine and ranitidine / 6187 midazolam / 6188 midazolam, i.v., oral, absence of interaction with cimetidine and ranitidine / 6191 brotizolam, pilot study / 6192 oxazepam, multiple-dose kinetics, dialyzability / 6194 disposition, old-age / 6195 diazepam, cimetidine, interaction / 6196 BZD, long-term use / 6199 BZD, challenge of pharmacokinetic taxonomy / 6200 BZD, summary of pharmacokinetic properties / 6210 diazepam, influence of oral atropine or hyoscine on absorption / 6231 diazepam, high-dose, metabolism / 6232 clobazam + cimetidine, interaction / 6260 BZD, time-dependence / 6262 diazepam, omeprazole, inhibition of elimination / 6279 lorazepam, status epilepticus / 6287 diazepam, clinical bioavailability / 6317 clobazam + metabolite, plasma-concentrations, mice / 6370 6371 diazepam, kinetic profile in brain-areas, rat / 6372 6374 diazepam, effect of sodium valproate on kinetics, rat / 6373 diazepam, cerebral regional distribution, rat / 6376 6377 midazolam, influence of age and operation / 6378 midazolam, influence of major surgery on elimination half-life / 6458 midazolam, man / 6460 midazolam, oral / 6488 diazepam + met., plasma kinetics / 6513 diazepam, effect of age /

6518 quazepam, effect of sleep on kinetics / 6519 quazepam, elderly / 6520 quazepam, breast milk / 6521 quazepam, flurazepam, metab., brain and plasma-levels / 6523 quazepam, placental transfer / 6524 quazepam, disposition, hamster, mouse / 6556 diazepam, transfer through blood-brain-barrier, rat / 6628 BZD, significance of pharmacokinetic finds for clinical effect / 6636 diazepam, nitrazepam a.o. influence of drug-metabolizing enzyme-system / 6642 lorazepam + ethanol, effect on clearance / 6671 6672 flunitrazepam, plasma, oral, sublingual / 6697 diazepam + ketamin, interaction / 6698 ^{14}C-diazepam + metabolites, tissue distribution, rats / 6699 diazepam, prediction of disposition, rat / 6701 diazepam, kinetics of receptor occupation, rats / 6703 flunitrazepam, children / 6715 diazepam, plasma-concentrations after oral-administration of open-ring form / 6732 diazepam, relative bioavailability, plasma-levels / 6742 diazepam, N-desmethyldiazepam, pharmacokinetic model / 6743 pharmacokinetic, receptor-binding model / 6760 triazolam, toxicokinetic study / 6769 chlordiazepoxide, 2 formulations, comparative bioavailability / 6782 clobazam, single dose, kinetic study / 6800 clonazepam, rectal, serum concentrations / 6812 BZD-hypnotics, clinical pharmacokinetics / 6815 BZD, plasma-level profiles / 6816 BZD-hypnotics, man / 6817 temazepam, other BZD, kinetics, comparison / 6818 nitrazepam, oral, i.v., rectal, humans, bioavailability, kinetics / 6821 nitrazepam, effects of age and liver-cirrhosis / 6822 6823 BZD, comparative kinetics / 6824 nitrazepam, influence of sex, menstrual-cycle and oral contraception on disposition / 6826 midazolam, loprazolam, oral, comparison / 6827 triazolam, brotizolam, comparison / 6880 alprazolam, alcoholic liver-disease, kinetics / 6906 diazepam, rectal, serum levels / 6921 nitrazepam, clinical pharmacokinetics / 6922 flunitrazepam / 6928 midazolam, kinetics, connection with cesarean-section / 6929 midazolam, i.v. induction agent / 6930 midazolam, kinetics / 6931 midazolam, before, during and after cardiopulmonary bypass-surgery / 6932 flunitrazepam, effects of age / 6937 diazepam + metab., plasma and urine concentrations / 6938 midazolam, placental-transfer and maternal kinetics / 6940 BZD, during pregnancy, labor and lactation / 6941 midazolam, during anesthesia / 6943 BZD, kinetics / 6965 nitrazepam, clinical pharmacokinetics / 7013 diazepam a.o., effect of oxygen-carrying resusciation / 7058 temazepam + trimethadione, enzyme-induction / 7075 temazepam, geriatric-patients / 7081 BZD, clinical pharmacokinetics / 7082 midazolam, effect kinetics / 7088 diazepam, blood-plasma concentration ratio, rat / 7090 7092 midazolam, disposition, effect of cimetidine and ranitidine / 7094 diazepam + nizatidine / 7095 Ro 15-1788, influence of flunitrazepam and lormetazepam / 7097 7098 midazolam, relation to polymorphic sparteine oxidation / 7099 diazepam, elevation of steady-state levels by cimetidine / 7100 diazepam, impairment of clearance / 7101 midazolam, chronopharmacokinetic study / 7102 diazepam + metoprolol, interaction / 7103 diazepam + ranitidine, effect on steady-state kinetics /7104 midazolam, variations in elimination / 7106 Ro 15-1788, man / 7142 450191-S, kinetics / 7143 450191-S, autoinduction / 7156 prazepam, oral / 7236 loprazolam / 7240 temazepam, effect of renal-disease and aluminium hydroxyde / 7241 triazolam, dialysis patients / 7242 triazolam, renal disease and aluminium hydroxide / 7246 triazolam, flurazepam, liver-disease / 7295 7296 diazepam, body-fat, differences of volume of distribution / 7326 lormetazepam, relationship between EEG and kinetics / 7385 midazolam, changing plasma-concentrations / 7390 clonazepam, serum concentrations / 7397 midazolam, kinetics / 7418 triazolam, 2 formulations, bioavailability / 7439 clorazepate / 7444 7447 7495 midazolam, infusion model, constant plasma-levels / 7445 midazolam, stable concentrations, effect of Ro 15-1788 / 7446 midazolam, man / 7448 midazolam, diazepam, flunitrazepam, klinische Pharmakokinetik / 7450 clobazam + met., serum and cerebrospinal fluid concentrations / 7492 camazepam i.v., dogs / 7592 chlordiazepoxide, lorazepam, brain-tissue, plasma, rat / 7598 lorazepam, brain-concentrations / 7600 Ro 15-1788, brain, rat / 7601 CGS-8216, rat / 7631 diazepam i.v., influence of famotidine and cimetidine / 7634 diazepam, alprazolam, lorazepam, effects of conjugated estrogens and tricyclic antidepressants / 7635 7636 diazepam, effect of food and antacids on bioavailability / 7653 diazepam, dog / 7655 clorazepate, plasma-concentrations / 7657 midazolam, continuous infusion, plasma-levels / 7679 diazepam, midazolam, cardiopulmonary bypass / 7717 lormetazepam, plasma concentration following sublingual and oral dosing / 7730 midazolam, i.v., patients with severe alcoholic cirrhosis / 7737 diazepam, effect of age / 7838 temazepam, distribution, lethal overdose / 7875 diazepam, kinetics after severe burns / 7899 midazolam, plasma levels after open-heart surgery, children / 7900 midazolam, kinetics children / 7934 diazepam, rectal solution, serum concentrations / 7938 flunitrazepam, oral, i.m., plasma concentrations / 7944 temazepam, kinetics of 2 formulations / 7991 alprazolam, overdose, serum concentrations / 8004 flurazepam, chronic renal-failure / 8010 loprazolam, single and repeated doses / 8015 BZD, introduction to kinetics / 8025 diazepam, lorazepam, dependent dogs during withdrawal, plasma-levels / 8095 tofizopam, brain levels / 8139 midazolam, long-term infusion / 8153 flurazepam + met., kinetics, brain uptake and binding / 8156 BZD, brain concentrations / 8159 clonazepam acetylation, fast and slow acetylators / 8163 diazepam, absorption from rectum / 8177 8178 diazepam + met., plasma-concentrations, rectal administration / 8179 diazepam, rectal / 8199 8200 8201 8202 clonazepam, plasma-levels / 8203 8204 diazepam, rectal kinetics / 8214 diazepam, oral, intermittent / 8215 diazepam, rectal, solutions, i.v., comparison / 8264 metaclazepam, profile, old and young volunteers / 8297 chlordiazepoxide, alcoholic hepatitis / 8323 camazepam, species differences in disposition / 8324 8325 8326 camazepam, kinetics, presence of active metabolites / 8343 lorazepam, effect of renal impairment and hemodialysis / 8350 alprazolam, kinetics in the elderly / 8366 diazepam, in horses / 8389 BZD, review / 8409 oxazepam, renal-disease and age, influence, kinetics / 8442 diazepam, circadian-stage-dependent changes / 8466 diazepam, emulsions / 8470 chlordiazepoxide, elimination in cirrhosis, cimetidine / 8504 lorazepam, kinetics and bioavailability, i.v., i.m. / 8508 diazepam, elderly / 8512 midazolam, plasma-levels during prolonged i.v. anesthesia / 8533 BZD, plasma-concentrations and clinical findings / 8589 diazepam, plasma levels after high-doses / 8594 cerebro-spinal-fluid uptake / 8595 diazepam, kinetics in chronic renal-failure / 8596 triazolam + ethanol, no interaction / 8598 triazolam + cigarette-smoking, no influence / 8599 diazepam, relation to age and sex / 8600 diazepam, repeated dosing, cumulation / 8601 8602 bromazepam, influence of age, gender a.o. / 8603 nitrazepam, clearance, cimetidine / 8604 temazepam, accumulation / 8605 diazepam, influence of renal-insufficiency a.o. / 8606 oxazepam, disposition, maintenance hemodialysis / 8608 diazepam, midazolam, lorazepam, kinetics in smokers / 8609 clotiazepam, effect of cirrhosis and renal-failure / 8610 alprazolam, kinetics, renal-insufficiency / 8611 diazepam, high-dose kinetics / 8612 clorazepate + met., i.v., influence of propranolol and smoking / 8613 clobazam, single and multiple dose kinetics / 8616 oxazepam, influence of age, sex and smoking / 8622 clotiazepam, influence of age, sex, oral-contraceptives, cimetidine, isoniazid and ethanol / 8623 oxazolam, prazepam, clorazepate, single-doses, comparison / 8624 8626 temazepam, cirrhosis / 8625 desmethyldiazepam, influence of propranolol or smoking / 8627 diazepam, absorption, effects of age, sex, billroth gastrectomy / 8628 clorazepate, diazepam, renal insufficiency, serum levels / 8629 desmethyldiazepam, i.v., i.m., oral, administration of clorazepate / 8630 BZD, Klassifizierung nach kinetisch-pharmakologischen Gesichtspunkten / 8645 diazepam, bioavailability / 8681 midazolam, clinical pharmacokinetics, intensive-care / 8682 BZD, pharmacokinetic properties / 8783 delorazepam / 8856 BZD a.o., therapeutic, toxic and lethal levels, plasma / 8877 midazolam, i.v. / 8927 triazolam + erythromycin, interaction / 8928 diazepam, biliary excretion, rats / 8962 oxazepam, 2 preparations, bioavailability and kinetics / 9011 alprazolam, triazolam, long-term coadministration of cimetidine / 9056 clobazam + metab., effect of cimetidine / 9084 diazepam, aging, changing in distribution / 9095 midazolam, accumulation / 9153 diazepam, 2 formulations, oral, i.m., comparison / 9162 flunitrazepam, rectal, children / 9163 clorazepate, bioavailability / 9165 diazepam, abusers, elimination kinetics / 9198 diazepam + met., plasma levels / 9223 midazolam, kinetics in liver-cirrhosis / 9302 Ro 15-1788, i.v., oral, man / 9326 lorazepam a.o., serum concentrations / 9398 clonazepam, plasma concentrations, single rectal / 9414 BZD a.o., drug level monitoring / 9425 midazolam, rectal, children / 9437 nitrazepam, temazepam, young males and females / 9438 nitrazepam, temazepam, elderly / 9443 diazepam, bioavailability studies / 9446 temazepam, flunitrazepam, blood-levels / 9454 midazolam, children / 9457 geriatric patients, alterations / 9459 diazepam, oxazepam, kinetics and clinical effects / 9499 9500 SAS 643, plasma-concentrations / 9527 diazepam, inhibition of metabolism by oxazepam a.o. / 9536 alprazolam, lorazepam a.o., influence of influenca vaccine / 9537 BZD, tissue distribution, rats, effects of age a.o. / 9538 9539 triazolam, sublingual, oral, enhanced bioavailability / 9540 9541 brotizolam + ethanol, kinetic interaction / 9542 alprazolam, kinetics, woman, low-dose oral contraceptives / 9545 alprazolam, sublingual, oral / 9553 quazepam, chronical / 9573 metaclazepam + ethanol / 9635 BZD, Einflußmöglichkeiten auf Konzentrationen in Körperflüssigkeiten / 9640 BZD, concentration, interpretation / 9642 BZD, handbook / 9648 midazolam + met. / 9663 brotizolam + met. / 9686 midazolam a.o., pharmacokinetic data / 9694 9695 oxazepam, in hyperthyroid patients / 9696 oxazepam, elimination and protein binding, enzyme-induction / 9697 oxazepam, kinetics, patients with epilepsy / 9731 diazepam, kinetics after, i.v. administration, alcohol withdrawal / 9750 midazolam, i.v., patients over 80 / 9753 BZD, triazolobenzodiazepines / 9764 lormetazepam, transfer to neonates via breast-milk / 9768 clorazepate, steady-state levels of desmethyldiazepam, antacids / 9769 oxazepam, lorazepam, gilbert syndrome / 9778 desmethyldiazepam from clorazepate, effect of age and sex / 9779 prazepam, diazepam, clorazepate, plasma-concentrations, single doses / 9781 clonazepam, effect of vehicle and route on levels, rat / 9800 diazepam a.o., single oral, saliva concentrations / 9881 determinations of kinetics by receptor-binding method / 9893 9894 diazepam, rabbits, influence of serum-lipids / 9935 lorazepam, rectal, oral, mongrel dog, comparison / 9944 oxazepam, rats / 9949 midazolam, placental-transfer and maternal kinetics / 9951 midazolam, CFS penetration and kinetics / 10014 midazolam, man / 10015 midazolam, aged / 10016 10017 triazolam, temazepam, age and gender effects / 10018 alprazolam, oral, smoking and nonsmoking man / 10019 10020 alprazolam, effect of dosing regimen / 10021 10022 triazolam, temporal variation /

10023 alprazolam, oral, i.v. / 10024 triazolam, i.v. / 10050 diazepam, rectal, children, general-anesthesia / 10096 clorazepate, oral, parenteral application / 10097 tetrazepam, rhesus-monkeys / 10100 clonazepam, kinetics and clinical effects / 10145 tetrazepam, kinetic parameters from levels / 10153 triazolam, temazepam, effect of oral-contraceptives / 10154 10155 triazolam, temazepam, alprazolam, lorazepam, effect of oral-contraceptives / 10197 flunitrazepam, clinical pharmacokinetics / 10198 flunitrazepam, man, monkey, comparison / 10199 lorazepam, breast-milk / 10241 diazepam, oral, total and free plasma-concentrations / 10243 loprazolam, oral, single dose, elderly / 10259 nitrazepam + met., serum, elderly / 10260 diazepam + met., high-doses / 10317 midazolam, chlordiazepoxide, radioreceptor assay / 10321 clobazam, plasma / 10322 BZD, rate of entrance in brain, eye-movement recording / 10325 diazepam + met., blood-concentrations, children, neonates, tetanus / 10335 nitrazepam, correlations, serum, free serum, saliva concentrations / 10425 midazolam, diazepam, transdermal permeation / 10427 diazepam reduction of serum half-life by charcoal / 10438 diazepam metabolism, effect of liver-cirrhosis, rat / 10466 diazepam, disposition in mature and aged rabbits and rats / 10467 temazepam, effect of cirrhosis on elimination / 10468 ^{14}C-temazepam, biliary excretion, rat / 10469 ^{14}C-temazepam, enterohepatic circulation, rat / 10502 diazepam and metab., value of serum measurements / 10511 BZD a.o., concentrations in body-fluids / 10541 uxepam, rats, dogs, man / 10559 lorazepam, steady-state levels / 10560 diazepam + met., erythrocyte-levels / 10572 BZD, factors influencing activity in the body / 10577 10578 oxazepam, influence of diflunisal on kinetics / 10629 lorazepam, impaired elimination, renal-failure / 10657 midazolam, chronic renal-failure / 10672 premazepam, man / 10677 diazepam, rectal, geriatric-patients / 10694 pharmacokinetic differentiation / 10698 bromazepam, bioavailability and kinetics / 10699 alprazolam, kinetic a.o. data / 10707 BZD, pharmacokinetics in elderly / 10708 midazolam + metab., man, dog / 10710 midazolam, placental transfer, ewe / 10712 BZD, chiral, plasma-levels / 10759 chlordiazepoxide, use of serial plasma-levels in assessing overdose / 10769 triazolam, influence of troleandomycin / 10785 temazepam, enterohepatic circulation / 10800 diazepam, distribution in tissues / 10803 BZD, clinical relevance of kinetics / 10817 midazolam, children / 10824 alprazolam / 10831 diazepam + metab., in breast-milk / 10872 factors influencing disposition / 10897 diazepam, from controlled release capsule / 10898 diazepam, single dose, t.i.d., geriatrics / 10899 diazepam, multiple-dose kinetics, controlled-release capsule / 10900 diazepam, influence of alcohol / 10906 10907 10908 midazolam, plasma, non-pregnant, parturient women / 10912 nitrazepam a.o., biliary elimination / 10915 flurazepam, plasma and bone-marrow levels, rabbits / 10983 oxazepam in breast-milk / 11025 diazepam, acute tolerance / 11064 ^{14}C-quazepam, man / 11065 premazepam, monkey / 11078 lormetazepam, relative bioavailability, humans / 11100 BZD, plasma-levels and psychological effects / 11103 midazolam, i.m., i.v., kinetics and effects /
11132 quazepam, review of properties / 11134 midazolam, i.m., dose finding / 11136 chlordesmethyldiazepam, kinetics and bioavailability / 11137 brotizolam, humans / 11140 midazolam, during anesthesia / 11144 tetrazepam, plasma levels and kinetics, man / 11145 BZD, kinetics and abuse patterns / 11149 midazolam + met., rectal and i.v. / 11150 midazolam, rectal / 11151 BZD, CSF concentrations a.o. / 11153 midazolam, triazolam + met., i.v. / 11155 oxazepam, anticonvulsant effect, modeling, rat / 11156 flumazenil, mice, distribution / 11157 BZD, sleep disorders, pharmacokinetic aspects / 11158 midazolam, clinical pharmacokinetics, long-term use / 11161 midazolam / 11164 brotizolam, renal failure / 11167 loprazolam + met., young and elderly subjects / 11170 midazolam, sublingual, oral, bioavailability / 11175 triazolam, temazepam, flurazepam, kinetic differences / 11176 clonazepam, brain uptake / 11187 11188 lorazepam, disposition, enterohepatic recirculation / 11196 alprazolam + met., plasma levels / 11201 brotizolam, kinetics, liver cirrhosis / 11202 brotizolam, elderly / 11203 brotizolam, i.v., oral, kinetics / 11206 flunitrazepam, i.m., placental transfer / 11207 diazepam, oral, placental and blood-CSF transfer / 11215 BZD-Bedeutung der Pharmakokinetik f. d. Therapie / 11216 midazolam / 11217 flumazenil / 11221 triazolam, nighttime dosing, kinetics / 11228 brotizolam, review / 11238 flunitrazepam, acute intoxication, pharmacokinetics / 11240 midazolam, after infusion / 11242 flurazepam, kinetics, brain uptake / 11243 diazepam, rectal, blood-levels / 11246 temazepam, oral / 11249 clonazepam, plasma-levels, overdose / 11250 clonazepam, long-term therapy, plasma-concentrations / 11257 midazolam, intensive-care patients / 11259 pinazepam, placental transfer / 11261 midazolam, plasma concentrations / 11264 clobazam + met., single doses / 11271 alprazolam, sublingual, oral / 11277 diazepam, rectal / 11278 diazepam, multiple dosing / 11279 clonazepam, in breast-milk / 11280 tetrazepam, chlordesmethyldiazepam / 11292 diazepam, nordiazepam, oxazepam, plasma-levels /

19 Pharmacology and Clinical Studies (also see 1, 3, 4, 5, 7, 8, 9, 15, 18, 22, 25, 26, 28, 29, 32, 33)

<u>Benzodiazepines</u>

3833 diurnal variations / 3914 effect on growth-hormone / 3921 generic use / 3940 somatosensory information, rat / 3955 clinical differences / 3956 long acting, divided doses, efficacy / 4020 antiaversive effects / 4041 in general practice / 4046 spindle appearance rate / 4087 dialyzability / 4089 anticonvulsant activity, comparison / 4102 barbiturates, spatial tasks / 4116 pharmacology of cultured mammalian CNS neurons / 4117 effects on the excitability of cultured neurons / 4118 inhibition of adenosine accumulation / 4129 effect of age on convulsions, rats / 4163 abuse / 4191 Therapie der Angst / 4195 cattle / 4222 differences / 4279 action on muscle fatigue / 4325 treatment of anxiety / 4350 psychodepressant effects / 4420 chronic, effect on neuropsychological performance / 4440 4441 pharmacology / 4528 human seizures disorders / 4540 anxiety / 4585 structure-activity-relationship / 4614 sublingual use / 4621 4622 TSH-release / 4667 treatment of depression / 4679 in general practice / 4742 4743 failure to prevent muscle pain / 4744 4745 tubocurarine, prevention of muscle pain, comparison / 4748 effect in the ischemic myocardium / 4756 developmental hyperthermic seizures / 4785 rebound anxiety therapy / 4812 als Antikonvulsiva / 4829 predictors of anxiety activity, man / 4850 current attitudes / 4954 with sedative and analgesic activities / 4956 long term use, psychological alternatives / 5005 beta-blockers, anxiety-treatment / 5009 anticonvulsant, performance / 5019 as antiatherosclerotic drugs / 5031 tricyclic antidepressants, geriatrics / 5041 diphenyl-hydantoin, treatment of seizures, mice / 5050 headache, sleep disorders / 5099 effect on spinal homosynaptic depression / 5140 effect on rauscher leukemia, mice / 5141 differences in the effect, anxiety / 5148 protection from local anesthetic convulsions and deaths, mice / 5161 5162 inhibition of calcium-calmodulin protein-kinase / 5196 immunotoxicity / 5208 package-insert, comparison / 5248 clinical pharmacology / 5302 effect on endocrinological parameters / 5371 long-term use, psychological alternatives / 5467 mechanism, midbrain modulator, buspirone / 5484 pharmacodynamics, biophase rate limiting mechanisms / 5547 drug-specific EEG-frequenca-spectra / 5554 5555 use in elderly / 5559 in acute alcohol withdrawal states / 5560 high-dose therapy, anxiety / 5571 children, epilepsy, treatment / 5647 animal anxiety / 5673 5674 reduction of gastric stress-ulcers / 5691 variability in responses /

5699 overdosage / 5700 effects of substitution / 5780 spasmodic, torticollis / 5817 barbiturates, lung-cancer / 5858 anxiolytic action and affinities / 5883 antagonists, prevention of BZD-withdrawal symptoms / 5927 treatment of chronic epilepsy, comparison / 5945 variety and differences in activity / 5976 molecular-biology, clinical practice / 5977 electrophysiological studies / 5995 inutero exposure / 6036 long-term prescription / 6049 reduction of rat urine monoamine-oxidase inhibitor / 6070 6071 polymorphonuclear leukocyte oxidative activity / 6081 effect on low rate responding, brain-stimulation rewards / 6107 zopiclone, effect on spinal reflexes a.o. / 6127 clinical implications of experimental pharmacology / 6140 anxiety and effects / 6143 anticholinergic activity / 6196 long-term use / 6197 6198 current status / 6206 in schizophrenia / 6216 zopiclone, psychomotor effects, comparison / 6220 treatment of episodic behavioral-disorders / 6228 barbiturates, self-injections, baboons / 6294 therapy of depressions / 6312 neuropharmacology / 6356 minidose in antiepileptic treatment / 6432 detoxification / 6446 experimental epileptic seizures / 6447 antiepileptic effect / 6472 hemodynamics / 6495 6496 discriminative stimulus effects, rat / 6504 antitumor antibiotics / 6653 6654 effect on muscles, guinea-pig ileum / 6661 pressure reversal of sedation / 6686 effects on gastric lesions / 6705 6706 action at retinal ganglion-cells, rat, cat / 6756 contribution of metabolites to activity / 6772 substitution of barbiturates, risk / 6789 effect on turnover, mouse-brain / 6835 depression / 6926 as oral premedicants / 6988 sensitive depressant effects, rats / 6990 inhibitory action / 7065 treatment of anxiety syndromes / 7066 Kombination mit Antidepressiva und Neuroleptika / 7085 effect of age and medications on pharmacology / 7223 treatment of delirium tremens / 7327 anti-arrhythmic effects / 7350 clinical pharmacology / 7382 clobazam, anxiolytic drugs, comparison / 7401 Ketamine ataranalgesia / 7406 clinical equivant / 7409 anxiety disorder / 7431 GABA-B mechanism, duodenal-ulcer by cysteamine / 7568 treatment of schizophrenia / 7621 effects on EEG, intractable seizures disorders, childhood / 7743 management of neurological and muscular disorders / 7752 7753 effects on the heart / 7819 differential effects on EEG activity, brain-stem, cats / 7868 als Sedativa und Antikonvulsiva i.d. Kinder- und Jugendpsychiatrie / 7994 acute anxiety / 8142 8143 antimitotic properties / 8180 anxiolytic action / 8225 in psychotic agitation /

8330 8331 effect on convulsion / 8473 in schizophrenia / 8475 high-dose treatment of schizophrenia / 8483 treatment of alcohol-abuse / 8585 differential effects, anxious patients / 8586 anxiolysis in endoscopy / 8711 anxiety neurosis / 8728 use in elderly / 8742 in neurological disorders / 8792 effects on heart-rate conditioning, rabbit / 8797 effect on postural sway / 8951 use in primary-care geriatric-patients / 8961 change to buspirone, anxiety-symptoms / 8977 i.d. Depressionsbehandlung / 9186 9188 8189 treatment of anxiety / 9187 in emotional disorders / 9191 9196 dependence, clinical management / 9192 clinical pharmacology / 9193 Behandlung von Angstsyndromen / 9194 anxiety, panic disorders, agoraphobia / 9195 anxiety, 20 year perspective / 9209 long-term use / 9210 panic attacks / 9229 treatment of alcohol withdrawal / 9259 psychological treatment of dependence / 9441 Pharmako-EEG / 9495 9496 a.o., effects on locus coeruleus unit-activity / 9514 phobic anxiety, treatment / 9563 use in depressed patients / 9564 treatment of depressive borderline personality a.o. / 9581 saccadic eye-movement as measure / 9619 endogenous depression / 9642 handbook / 9683 9684 withdrawal, managing with buspirone / 9699 oral, in epilepsy / 9714 development in sensitivity, embryonic nervous-tissue / 9777 treatment of specific anxiety-states / 9871 a.o., treatment irritable gut syndrome a.o. / 9942 antipsychotic potency / 10101 concurrent administration, seizure duration, ECT / 10102 effects of chronic treatment on cortical adrenoceptors / 10141 effects, comparison / 10156 hemodynamic effects / 10194 clinical pharmacology / 10230 action on spinal dorsal-root reflex potential, cats / 10244 chronic, elderly, CNS-effects / 10299 long-term, use in anxiety-states / 10300 changes in platelet and renal binding, rats / 10339 anxiolytic activity, involvement of serotonergic neurons / 10417 and anxiety-states / 10447 management of epilepsy / 10497 in anxiety / 1098 dependence, psychological treatment / 10512 psychotherapy / 10530 pharmacology / 10531 ulcer formation in stressed rats / 10622 differential effects on cochlear and auditory-nerve responses / 10635 withdrawal, treatment / 10642 dependent patients, treatment program / 10659 a.o., epilepsy / 10823 u.a., Pharmakologie und Toxikologie / 11016 anti-convulsant activity, rabbit / 11055 a.o., correlation of body-temperature with cardiovascular changes /

Alprazolam

3798 + metabolites / 3847 in anxious patients / 3878 panic disorders / 3953 + doxepin, primary unipolar depression, comparison / 3965 + diazepam, psychomotor effects / 4040 anxiolytic and anti-depressant action / 4053 neuroleptic drugs, schizophrenia / 4058 vasoconstrictor action / 4620 pavor nocturnus / 4656 4658 depression / 4659 anxiety / 4724 long-term treatment / 4727 imipramine, trazodone, comparison / 4783 4784 treatment of anxiety and panic disorders / 4854 + diazepam + placebo, comparison, anxious outpatients / 4856 anxiety, geriatric-patients / 4862 + lorazepam, anxiety, long-term treatment / 4863 + lorazepam + buspirone, low-sedation potential / 5007 treatment of negative schizophrenia symptoms / 5114 5115 diazepam, anxiety, comparison / 5118 treatment of anxiety and depression / 5340 + amitriptyline, anxiolytic, anti-depressant activity / 5475 + diazepam, anxiety treatment / 5486 severe depression / 5506 antidepressant action / 5553 treatment, borderline personality-disorder / 5569 seizures, pilot-study / 5578 clinical efficacy / 5600 depressive patients / 5601 5602 + imipramine, depression, treatment / 5737 + desipramine, severe depression / 5776 endogenous-depression / 5788 post-coronary bypass anxiety and depression / 5792 premenstrual syndrome / 5867 panic patients, discontinuation / 5972 clinical efficacy / 6067 versus imipramine, depression / 6077 imipramine, panic disorders / 6211 anxiety-treatment / 6440 lorazepam, ambulatory anxious patients / 6613 reversal of reserpine-induced depression / 6712 reactive or neurotic depression / 6737 neurotic patients, pilot-study / 6763 imipramine, comparison / 6886 6887 schizophrenia, panic anxiety / 7020 neurotic anxiety / 7027 compulsive symptoms / 7154 diazepam, withdrawal from alcohol / 7191 antidepressant action / 7288 high-dose, schizophrenia / 7337 amitriptylin, depressive Patienten / 7509 clinical studies, neuroendocrine and platelet interaction / 7510 imipramine, major depressive-illness / 7534 endogenous-depression / 7552 panic disorders / 7579 schizophrenia / 7723 panic disorders / 7776 effect on exercise and dyspnea, obstructive pulmonary disease / 7821 agoraphobia and panic disorders / 7992 a.o., severe depression / 8079 adjunct to propranolol, anxious outpatients, angina-pectoris / 8080 a.o., depressed-patients, comparison / 8340 anxious schizophrenic outpatients / 8634 adinazolam, antidepressant properties / 8650 a.o., peptic-ulcer patients / 8713 bulimia / 8740 8741 a.o., outpatient depression / 8745 anxiety disorders / 8945 panic disorders and depression / 8958 in older depressed inpatients / 9148 9149 a.o., depression, comparison / 9204 a.o., depressed outpatients / 9206 a.o., treatment of depression / 9221 diazepam, anxiety, comparison / 9234 imipramine, agoraphobia, panic disorder / 9328 anxiety treatment / 9382 lorazepam, anxiety / 9386 9387 a.o., depressions / 9756 depression / 9757 triazolam, biological activity / 9760 antidepressant activity / 9807 MAO-inhibition, treatment of panic disorders and agoraphobia / 9808 9809 panic attacks / 10025 treatment of premenstrual syndrome / 10059 effect on rat cerebellar purkinje neurons / 10246 panic disorder / 10330 obsessive-compulsive disorder / 10414 treatment of obsessive symptoms / 10539 diazepam, anxiety treatment / 10575 anxiety and tension / 10662 withdrawal treatment with clonidine / 10868 + diazepam, comparison / 10905 chlordiazepoxide, management of ethanol withdrawal / 10940 10941 10942 a.o., schizophrenia / 10977 10978 effect on anxiety /

Bromazepam

3916 anxiety / 4165 for panic attacks / 4372 + diazepam, neurotics, day clinic / 4374 4375 + diazepam, depressive neurotic patients / 4421 anxiety treatment / 4539, psychiatric hospital, trial / 4558 hypochondria depressions / 4696 diazepam, premedication, comparison / 4825 anxiety / 4894 anxiety / 4951 + lorazepam, anxiety treatment, comparison / 5044 anxiety-treatment / 5176 + thioridazine, treatment of neurosis / 5628 anxiety / 5750 lorazepam, efficacy and withdrawal / 5755 + diazepam, anxiety, efficacy / 5868 chlorprothixene, psychoneurotic anxiety / 6093 in hospital practice / 6406 a.o., psychovegetative disturbances / 6462 clorazepate, psychovegetative disorders / 6573 6574 effect on psychomotor activity and subjective mood / 6633 clinical trial / 6962 suppository, pharmacological action / 7127 behavioral disturbances, children / 7232 psychiatry / 7458 clinical-trial / 7493 fluspirilene, psychomatic complaints / 7500 as anxiolytic / 8429 a.o., comparison / 8430 endogenous depression / 8777 free fatty-acids, CNS / 8821 a.o., treatment of depressive-disorders / 8869 anxiety / 8870 comparative study, 3401 ambulatory psychiatric-patients and 8191 patients from general-practice / 9328 alprazolam, anxiety treatment / 9396 a.o., climacteric anxiety-depression / 9551 a.o., vigilance a.o. / 9607 anxiety treatment / 9712 clinical study / 10626 psychiatric outpatients / 10627 clinical experiences / 10998 effect on responses of mucosal blood-flow a.o., cats / 11068 a.o., neurotic inpatients / 11101 stress protective effects /

Brotizolam

4177 biochemical studies / 4366 animals, antiemotional and anticonvulsant activity / 5054 a.o., effect on respiration / 5055 general pharmacology, animals / 5056 pharmacological action of metabolites / 5626 nitrazepam, geriatric-patients / 6062 flunitrazepam, efficacy, tolerance, comparison / 6063 triazolam, efficacy, tolerance, comparison / 6729 + diazepam, nitrazepam, effect on dopamine turnover / 7250 + flurazepam a.o., psychomotor performance, comparison / 7331 effect on cardiovascular changes / 7497 therapeutic safety, animals / 7642 + nitrazepam, comparison, efficacy / 9747 nitrazepam, agripnia / 10509 effect on smooth-muscle /

Camazepam

4598 4599 oxazepam, N-methyl-oxazepam, antileptazoleffect, rat / 5636 temazepam, central effects /

Chlordiazepoxide

3907 + phenytoin, cardiovascular effects, comparison / 3941 uptake of ^{22}Na / 4148 choice / 4320 + mianserin, primary anxiety / 4489 reduced pressor-response / 4497 audiogenic induction of seizures, rat / 4570 trial, alcohols withdrawal symptoms / 4703 chronic intake, mice / 4708 + ethanol, attenuation of withdrawal reactions / 4918 induced hyperdipsia, rat / 4920 enhancement of drinking, naltrexone, rat / 5090 biphasic-effect on locomotor-activity / 5183 treatment of alcohol withdrawal / 5250 + mianserin + amitriptylin / 5608 5609 partial-reinforcement extinction / 5645 + PK-9084 + PK-8165, sedative effects / 5653 reduction of stress of intruding / 5675 5676 5677 reversal of anxiogenic action / 5789 effect on motor-activity / 5790 effect on corticosterone response to stress / 5879 and others, timeout from avoidance / 5946 temporal alterations / 6222 lithium, taste-aversion, comparison / 6286 a.o., as antisecretory agent / 6773 + amitriptyline depression with anxiety, comparison / 6888 6889 imipramine, depressive and anxiety disorders / 7328 effect on centrogenic arrhythmias, dog / 7408 + chlormethiazole, treatment of alcohol withdrawal / 7517 + tiapride, acute alcohol withdrawal / 7580 + imipramine, depressive and anxiety disorders / 8000 CL-218, serotonin and catecholamine turnover / 8001 CL-218, locomotor-activity, rats / 8055 a.o., treatment of anxiety / 8367 + clobazam, treatment of acute alcohol withdrawal / 8538 treatment of ovine annual ryegrass toxicity / 8908 disturbed children / 9076 therapy of alcohol withdrawal syndrome / 9571 9572 depressant action / 10049 lorazepam, acute alcohol abstinence syndrome / 10395 hypertensive rat and wistar-kyto rat / 10781 midazolam, differential-effects, male mice / 10825 a.o., in depressive and anxiety disorders / 10905 + alprazolam, management of ethanol withdrawal / 11051 a.o., treatment of enuresis / 11052 role for catecholamine transmitters in anticonvulsant activity /

Clobazam

3893 development of tolerance / 3894 refractory epilepsy / 3983 single or divided doses / 4017 4018 epilepsy / 4139 anxiety crises / 4615 epilepsy / 5322 diazepam, single and multiple doses, anxiety neurosis / 5377 epilepsy, children / 5572 5573 seizures, children / 5589 long-term use, epilepsy / 5590 5591 5592 5593 catamenial epilepsy / 5638 animal pharmacology / 5779 alcoholic withdrawal seizures / 5876 effects in refractory epilepsies / 6538 pharmacology / 6751 + diazepam, anxiety, comparison / 6833 + diazepam, anxiolytics / 6993 + diazepam, high neuroticism level /

7153 nomifensin, clinical-study / 7255 a.o., nootropic activity / 7256 a.o., anticonvulsant profile, mice / 7257 potentiation of anticonvulsant activity by etyfoxine / 7382 + 1,4-BZD, anxiolytic drugs, comparison / 7405 + diazepam, anxiety neurosis / 7411 + diazepam, anxiety neurosis / 8065 + met., anticonvulsant action, rodents, baboons / 8296 lorazepam, cardiology, comparison / 8367 + chlordiazepoxide, treatment of acute alcohol withdrawal / 8394 seizure treatment, childhood / 8575 + lorazepam, effect on psychomotor performance / 8779 antiepileptic activity / 9060 adult-epileptics / 9166 for phantom limb pain / 9197 diazepam, anxiety / 9252 epilepsy / 9552 + diazepam, muscle-activity-oculomotor effects / 9554 + diazepam, muscle activity a.o. effects / 9589 epilepsy / 9700 prolonged therapy in chronic epilepsy / 9702 epilepsy, EEG / 9703 anticonvulsant and psychotropic properties / 9814 diazepam, a.o., anticonvulsant activity, comparison / 9856 9857 antiepileptic effects, children / 9998 and 1,4-BZD, effects on morphine-induced rigidity / 10191 + diazepam, anti-anxiety effects, comparison, rat, squirrel-monkey / 10392 use in status epilepticus a.o. / 10422 antiepileptic effect / 11072 respiratory effects pulmonary-disease /

Clonazepam

3871 3872 effect on seizures / 4166 4167 for recurrent panic attacks / 4189 panic disorder / 4190 protection from oxygen-induced seizures / 4351 phenobarbital, tardive-dyskinesia / 4358 4359 restless legs / 4427 neurologic pain syndrome / 4493 4494 treatment of restless legs / 4548 + diazepam, petit mal epilepsy / 4610 pregnancy / 4776 sexual precocity / 4780 neurologic and psychiatric aspects / 4781 4782 antimanic effects / 4786 antimanic effect / 4998 protection from seizures due to OHP / 5028 treatment of nystagmus-induced oscillopsia / 5038 + chlordiazepoxide + diphenylhydantoin, treatment of electroconvulsions, mice / 5138 + sodium-valproate, alterations in potentials / 5594 restless legs syndrome in uremia / 5606 refractory tonic-clonic seizures / 5749 panic disorders / 5753 antipanic effect / 5793 5794 mentally-retarded woman / 5795 therapeutic adjunct / 5796 acute mania / 5797 organic brain syndromes, elderly / 5843 antipsychotic effect / 5992 + diazepam, influence on cyproheptadine / 6089 treatment of myoclonus / 6204 schizoaffective disorder / 6323 reading epilepsy / 6443 ontogenesis, rats / 6444 6445 initial phases of kindling / 6507 hemifacial spasms / 6576 epileptic paroxysms, childhood / 6676 role of prostaglandins in anti-myoclonic action / 6704 + valproate, epilepsy / 6726 epilepsy, childhood / 6859 depression, anxiety, systemic lupus-erythematosus / 6876 panic disorders / 6893 6894 tourettes syndrome / 6961 schizophrenia / 7276 suppression of thalamocortical responses / 7470 antimanic effects / 7471 a.o., effect on distal colon motility / 7535 spinal myoclonus, therapy / 7581 a.o., treatment of soman poisoning, monkey / 7647 epilepsy / 7782 dialysis encephalopathy / 7808 thalamocortical phenomene, rats / 7809 influence on cortical epileptic foci, rat / 7811 7812 7813 a.o., metrazol seizures, ontogenesis, rat / 7836 epilepsia therapy / 8114 tourettes syndrome / 8144 a.o., in psychomotor epilepsy / 8187 8188 + valproate, comedication, epilepsy / 8194 temazepam, treatment of nocturnal myoclonus / 8199 8200 8201 8202 effectiveness and plasma levels, seizures / 8205 a.o., treatment of absence seizures / 8269 restless legs syndrome / 8404 in reading, epilepsy / 8644 choreoathetosis / 8671 a.o., treatment of intractable epilepsies / 8793 in dialysis encephalopathy / 8964 effect on visual evoked-potentials, rabbit / 8983 8984 panic disorders and agarophobia treatment / 9114 restless legs / 9397 epilepsy children / 9417 photosensitive epilepsy / 9434 epilepsies, childhood / 9478 treatment of tremor / 9479 a.o., treatment of akathisia / 9832 intractable seizures, alternate-day treatment / 9931 treatment of status epilepticus / 10057 + lorazepam, i.v., status epilepticus / 10063 mentally-retarded persons / 10331 panic-disorder / 10362 benign essential tremor / 10437 treatment of intention tremor / 10640 use in mania and schizoaffective disorders / 10706 treatment of tic disorders / 10786 reading epilepsy / 10863 facial muscle spasms / 11050 treatment of post-head-injury tics / 11086 in bipolaraffective-disorder / 11090 a.o., effects on tremors /

Clorazepate

4859 + buspirone, anxious outpatients, comparison / 5454 effects on breathlessness a.o. / 6221 treatment of complex partial seizures / 6462 + bromazepam, psychovegetative disorders / 6882 clinical properties / 8170 8172 refractory seizures, children / 8431 adjunct in multiple spike and slow-wave abnormality / 11124 effect on depressed mood, anxious patients /

Clotiazepam

4023 sedative effects / 4697 anxiety / 6313 anti-ulcer activity, rats / 7870 evaluation /

Diazepam

3792 antagonism of morphine analgesia / 3795 a.o., gastric-secretion and ulceration, rats / 3825 + baclofen, spinal spasticity / 3839 effect on hippocampal excitability / 3865 + phenobarbital, cortical seizures / 3866 + Ro 15-1788, anticonvulsant efficacy / 3867 + phenobarbital, anticonvulsant effects / 3875 neuro muscular transmission / 3879 phenazepam, combination with analgesics / 3885 + midazolam, sedation, gastroscopy / 3887 + solvent + ethylene-glycol, central respiratory effect / 3889 midazolam, gastroscopy / 3903 + chlormezanone, treatment of anxiety, comparison / 3905 and clomipramine, agoraphobia and social phobia / 3912 + methylphenidate, severe reading retardation / 3929 mitotic arrest at prometaphase / 3931 phencyclidine, secobarbital, eye tracking, monkey / 3934 anxiolytic and sedative effects, gaba-negative drugs / 3945 effect on memory / 3965 + alprazolam, psychomotor affects / 3995 effect on neuro-muscular blockade / 4024 + flunitrazepam, sedatives, children / 4026 midazolam, i.v. sedation, dentistry / 4057 + ketamine infusion, recovery / 4059 4060 prevention of painful i.v. injection / 4067 reduction of dental anxiety / 4086 long-term treatment, consumption habits / 4093 enhancement of action by pyridoxine / 4095 + fentanyl, total anesthesia / 4101 depression, schizophrenia, alzheimer's disease / 4103 effect on visuomotor reaction-time / 4104 vs phenobarbital, anxiety, depression / 4107 4108 + midazolam vs, sedatives, comparison / 4109 vs buspirone and gepirone, comparison / 4112 long term therapy / 4114 midazolam, i.v. sedation, dentistry, comparison / 4126 short-term memory, low-level anxiety / 4149 treatment of reflex cervical muscle spasm / 4188 treatment of ballism / 4196 a. others, growth-hormone secretion / 4200 constant infusion, seizure activity / 4221 atmungsspezifische Wirkung des Lösungsvermittlers / 4223 4224 discriminative stimuli, anticonflict effects / 4236 effect on cerebral blood-flow / 4239 + midazolam, sedation gastroscopy, comparison / 4257 + valproate, protective effects, seizures / 4278 effect on calcium translocation / 4280 muscle uptake / 4370 + pethidine, sedation for endoscopy, comparison / 4371 SCL-90, neurotic patients / 4372 + bromazepam, neurotics, day clinic / 4374 4375 + bromazepam, depressive neurotic patients / 4380 + buspirone, subjective feelings, comparison / 4381 + tofisopam, psychotropic profiles, comparison / 4383 + buspirone, comparison, effects / 4425 midazolam, i.v., minor-oral surgery / 4428 + cloxazolam, psychological and physiological effects / 4437 + valproic acid, treatment of psychotic states / 4447 safety and efficacy of long-term therapy / 4505 effect of naloxone / 4548 petit mal epilepsy / 4549 effect on evoked unitary responses / 4571 effect on orthodontic tooth movements, cats / 4623 anxiolytic activity / 4631 + meperidine, endoscopy / 4661 acid-base-status pregnant guinea-pigs / 4666 and others, phobic-obsessive psychoneurosis / 4677 + digoxin, modification of inotropic effects / 4682 brain-stimulation reward sites / 4696 + bromazepam, premedication, comparison / 4735 anxiety / 4753 a.o., prevention of hyperkalemia / 4774 prevention of adrenal catecholamine / 4795 sedation prior to gastroscopy / 4811 potentiation of adinosine-effects / 4814 temazepam, premedication, urological surgery / 4815 4816 midazolam, i.v. sedatives, dental surgery / 4826 inhibition of cyclic nucleotide accumulation / 4846 4847 4848 + phenytoin + lamotrigine, effect on CNS / 4849 clinical appraisal / 4854 alprazolam + placebo, comparison, anxious outpatients / 4865 after repetitive doses of valrelease and valium / 4900 control trial / 5001 protective activity on acute toxicity of chloroquine / 5040 + others, anticonvulsant action, mice / 5042 + phenytoin, electroconvulsions, mice / 5046 animal-model of anxiety / 5053 lorazepam, prazepam, anxiety, comparison / 5077 infusion in tetanus / 5080 5081 hemodynamic-response, coronary patients / 5082 + fentanyl, effect on blink-reflex / 5088 5089 oral, premedication, effect on anxiety / 5091 + ketazolam, anxiety, comparison / 5109 factor in agitation / 5114 5115 + alprazolam, anxiety comparison / 5143 psychomotor and driving performance / 5155 + caffeine, treatment of migraine / 5157 + lormetazepam, antianxiety properties / 5163 + prazepam, influences, lung-diseases / 5184 rectal, febrile convulsions / 5192 + oxprenolol, effect on short-term memory / 5193 + effects of variations in time and dose of injections / 5194 immune-response / 5195 suppression of immunity, mice / 5202 5203 a.o., i.v. sedation / 5210 + oxazepam, differences / 5212 oral loading, prevention of alcohol withdrawal / 5228 lack of preference, anxious volunteers / 5230 + amphetamine, reinforcing effects / 5231 + pentobarbital, preference / 5254 and others, i.v. sedation, dental outpatients / 5255 and others, cardiovascular and respiratory response / 5256 premedication / 5299 rats, effect on RNA-depletion and lethality / 5319 scopolamine, animal-model, anxiety, aggression / 5322 + clobazam, single and multiple doses, anxiety, neurosis / 5327 prazepam, anxiety / 5383 5384 + midazolam, endoscopy / 5417 oral premedication, minor gynecological surgery / 5437 morphine + ethanol, EEG-spectra, monkey / 5438 + valproic acid, potentiation by levonantradol / 5449 rectal, advanced malignant disease / 5475 + alprazolam, anxiety treatment / 5483 prediction of pharmacodynamics from kinetics / 5498 + temazepam + midazolam, hypnotic and sedative effects / 5502 + beta-blocker-anxiety / 5526 + tubocurarine, pretreatment, comparison / 5527 + lithium + propranolol, effect on brain ATPase / 5542 + ketazolam, anxiety-treatment, neurosis / 5545 trial / 5595 + others, non-agitated depression / 5603 + buspirone, anxiety disorders / 5616 premedication, children / 5617 rectal / 5665 long-lasting anticonvulsant effects, mice / 5688 i.v., anxiolytic effects, dental anxiety / 5698 chronic schizophrenia, agoraphobia / 5744 protective action against amitriptyline-induced toxicity / 5755 + bromazepam, anxiety, efficacy / 5782 rectal, children, EEG study / 5785 i.v. / 5805 anticonvulsant potency / 5839 tizanidine, muscle spasm / 5844 effect of chronic treatment on CNS, rat / 5878 + ketamine, anesthesia / 5894 flunitrazepam, premedication, apprehensive child / 5895 5896 midazolam, venous tolerance / 5925 + others, psychomotor-effects, comparison / 5933 withdrawal, treatment with propranolol / 5992 clonazepam, influence on cyproheptadine / 6000 + others, premedication in upper gastrointestinal endoscopy / 6011 memory effects / 6033 a.o., effect on ventilatory control / 6039 a.o., cardiorespiratory effects / 6078 + premazepam, psychopharmalogical effects / 6085 chronic tolerance to anti-pentylenetetrazol effect / 6102 lateralization, epileptic patients /

6103 6104 EEG-changes / 6105 ³H-muscimol, effect of valproic acid on spinal reflexes / 6106 + caffeine, anti-convulsant action / 6110 i.v., a.o., effects during fiberoptic bronchoscopy / 6115 high dosage, effect on schizophrenic-patients / 6121 effect on exercise electro-cardiogram / 6129 i.v. sedation / 6135 + ketamine, animals / 6137 midazolam, endoscopy / 6215 + midazolam, recovery testing, endoscopy / 6218 nitrazepam, tolerance / 6234 a.o., neurotic depression / 6281 anti-ulcer activity, rats / 6282 treatment of acute malathion toxicosis / 6285 a.o., treatment of irritable bowel syndrome / 6292 a.o., rectal premedication, children / 6293 high-dose, treatment of schizophrenia / 6295 high-dose, analgesic and euphoric effects / 6324 i.v., dental fear / 6337 a.o., chronic anxiety / 6340 + midazolam, sedation for gastroscopy / 6341 a.o., neurologic effects / 6366 a.o., surgery / 6369 increase of impregnation in CNS, rat / 6388 tapering in detoxification, abuse / 6390 i.v., effect on arterial oxygen-saturation / 6400 + GP 55-129, comparison / 6405 a.o., cardiovascular changes, dog / 6409 a.o., conscious sedation, dentistry / 6416 stimulus complex / 6429 i.v., a.o., anxiolytic effects / 6480 6481 + midazolam, meperidine, sedation, cardiac-catheterization / 6494 discriminative effects, rats / 6551 status epilepticus / 6604 long-term use / 6624 rectal, acute seizures, children / 6637 + temazepam, oral, i.v., sedation, minor oral-surgery / 6691 effect on noradrenaline-turnover / 6724 flurazepam, effect in guinea-pig taenia-coli / 6725 flurazepam, effect on canine-arteries / 6727 vestibular compensation, squirrel-monkeys / 6729 nitrazepam, brotizolam, effect on dopamine turnover / 6733 replicability of psycho-physiological effects / 6749 buspirone, anxiety disorder, comparison / 6751 clobazam, anxiety, comparison / 6792 chlormezanone, migraine attacks / 6807 schizophrenia / 6833 clobazam, anxiolytics / 6834 a.o., neurotic depression / 6849 neurotic outpatients / 6853 treatment of psychosomatic disorders / 6857 6858 a.o., effect on respiratory control / 6862 a.o., nelsons syndrome / 6863 response to upper-gastrointestinal endoscopy / 6867 i.v., chronic hemodialysis / 6869 treatment of hallucinations / 6890 effects on electrospinogram and electromyogram / 6907 i.v., oral, rectal, clinical pharmacological study / 6908 a.o., protective effects in arrhythmias / 6924 growth-hormone secretion / 6987 supraspinal depressant action / 6993 clobazam, high neuroticism level / 7041 + prazepam, lorazepam, anxiety, comparison / 7114 7115 first febrile seizure / 7154 + alprazolam, withdrawal from alcohol / 7195 lorazepam, anti-recall effect / 7199 gastrointestinal endoscopy / 7200 antidotic action, chloroquine intoxications / 7261 formation and effect / 7263 a.o., influence on seizures / 7294 suppositories, clinical experience / 7373 a.o., sex-differences in corticosterone response, rat / 7377 treatment of ballism / 7383 7384 alleviation of tardive-dyskinesias / 7405 clobazam, anxiety neurosis / 7411 clobazam, anxiety neurosis /

7420 a.o., cardiac neurose treatment / 7434 chronic treatment, psychiatric outpatients / 7457 a.o., i.v. sedation, dosage-study / 7474 a.o., children with febrile convulsions / 7498 effect on genioglossal muscle-activity / 7499 cold swim stress analgesia, rats / 7516 flunitrazepam, midazolam, hemodynamic-effects / 7518 lorazepam, status epilepticus / 7538 neuroleptic malignant syndrome / 7539 midazolam, colonoscopy / 7542 midazolam, flunitrazepam, Ro 15-1788, effects on isolated rat-heart / 7547 a.o., premedication, colonoscopy / 7558 neurologic changes following epidural injection / 7562 a.o., rectal premedication, children / 7565 a.o., anxiety after tonsillectomy, children / 7566 oral, anxiety child dental patient / 7577 psychomotor effects, anxious patients / 7683 lorazepam, blockade of anticonflict effect by phenelrine / 7706 rectal, a.o., sedation, minor oral-surgery / 7707 i.v., amnesia pain experience a.o. / 7708 7709 i.v., rectal, comparison, sedation / 7710 7711 i.v., rectal, oral-surgery sedation / 7715 nonanxiolytic effects / 7745 midazolam, sedation, endoscopy, comparison / 7768 febrile convulsions, children / 7772 prazepam, morning intake / 7850 protective effect of pretreatment on soman-induced brain lesion formation / 7871 midazolam, effects on baroreflex control of heart-rate a.o. / 7878 a.o., human spinal-cord potentials / 7891 7892 7893 7894 treatment of non-ketotic hyperglycinemia / 7910 repeated doses, changes in activities and muscle-relaxation, rats / 7920 effects on vestibulo-oculomotor / 7983 as anti-motion sickness drug / 7987 lorazepam, treatment of vertigo / 7988 effect on arterial blood-gas a.o. / 8003 for catatonia / 8033 effect on strychnine epileptogenic focus, rats / 8058 i.a. / 8134 a.o., cis-platinum induced emesis / 8135 a.o., psychosomatic-disorders / 8150 a.o., analgesia and sedation, radiologic special procedures / 8161 lorazepam, efficacy and safety, acute alcohol withdrawal / 8164 treatment of absence status / 8165 oral, rectal, prevention of seizures, epilepsy / 8168 8169 myasthenia-gravis / 8185 sedative in calves / 8189 phenazepam, effect on nervous regulation / 8259 initial treatment phenomenon / 8328 8329 development of convulsion / 8332 8333 as adenosine potentiator / 8341 i.a. / 8344 a.o., premedication for fiberoptic bronchoscopy / 8397 a.o., effects on CNV magnitude / 8441 a.o., treatment of non-ketotic hyperglycinemia / 8476 8477 high-doses, chronic schizophrenia / 8532 effect on tremor and hypothermia, mice / 8546 a.o., in panic disorder and agarophobia / 8549 midazolam, cerebral metabolic a.o. effects / 8580 + midazolam oral, i.v., oral surgery / 8583 8584 + temazepam oral, i.v., oral surgery / 8587 lorazepam, treatment of acute alcohol abstinence syndrome / 8600 repeated dosing in cirrhotic patients / 8632 midazolam, i.v. sedatives, comparison / 8665 effects on barbiturate and alcohol withdrawal / 8680 a.o., chronic anxiety, comparison / 8756 8757 prophylactic, cerebral CT / 8758 tension headache / 8769 gender-related differences, performance / 8795 endotracheal in status epilepticus /

8799 8800 effect on atherosclerosis, roosters / 9050 9051 alprazolam, anxiolytic effects, comparison / 9062 a.o., anxiolytic activity / 9090 a.o., in gastroenterology / 9157 a.o., additive negative inotropic effects / 9167 flunitrazepam, pharmacoclinical competition / 9190 long-term therapy / 9197 + clobazam, anxiety / 9200 long-term therapy / 9205 6-week, trial / 9211 a.o., anxiety / 9221 + alprazolam, anxiety, comparison / 9227 oral a.o., pediatric premedication / 9270 + midazolam, i.v., sedation, dentistry / 9309 i.v., dentistry / 9337 rectal, febrile convulsions / 9353 9354 a,o., treatment of spasticity / 9442 assessment of pharmacodynamics, quantitative EEG / 9497 a.o., experimental neurosis / 9552 clobazam, muscle-activity-oculomotor effects / 9554 clobazam, muscle activity a.o. effects / 9555 recovery of function after brain-damage / 9576 Ro 16-6028, Ro 17-1812, EEG-profiles / 9620 intraarterial / 9675 a.o. anticonvulsant effects, rats, comparison / 9680 muscle-relaxant effect / 9681 reversal of muscle-relaxant effect by Ro 15-1788 / 9716 effect on hypertension, rat / 9810 catatonia / 9814 + clobazam, a.o., anticonvulsant activity, comparison / 9815 in amoxapine intoxication, infant / 9859 circulatory effects in coronary disease patients / 9863 9864 rectal, febrile convulsions / 9926 effect of age of cockerels, tranquilizing efficacy / 9937 9938 9939 tardive-dyskinesia / 9940 relief of postoperative pain / 10078 a.o., restraint, alligator / 10082 10083 intraosseous, pigs / 10094 liquid membrane phenomena / 10105 a.o., effect on sphincter of oddi motility / 10106 10107 reduction of breathlessness / 10161 a.o., elderly, emotional and behavioral disorders / 10191 clobazam, anti-anxiety effects, comparison, rat, squirrel-monkey / 10192 a.o., comparison / 10249 inhibition of convulsions / 10270 rectal, childhood epilepsy / 10313 panic disorder / 10316 effect on the speed of mental rotation / 10323 i.v., effect on peak saccadic velocity / 10334 a.o., treatment of migraine attacks / 10336 a.o., treatment of acute cervical muscle spasms / 10396 midazolam, tolerance studies, rats / 10539 + alprazolam, anxiety treatment / 10579 a.o., influence on anorexia / 10641 a.o., effect on hyperthermia and hypothermia / 10670 phenazepam, effect on lead depression / 10715 effect on frog skeletal-muscle / 10716 effect on skeletal-muscle / 10723 actions and interactions, chick and rat-skeletal muscle / 10724 myorelaxant effects / 10746 status epilepticus, EEG patterns / 10790 10791 response to upper gastro-intestinal endoscopy / 10795 tardive-dyskinesia / 10868 alprazolam, comparison / 10882 reduction of stress-induced analgesia / 10934 10935 a.o., effect on respiratory and cardiovascular-system, rat / 10974 a.o., treatment of breathlessness / 10996 10997 rectal, optimum dosage, febrile convulsions / 11014 prevention of febrile convulsions / 11039 potencies of diazepam metabolites in rats / 11043 11044 reversal of bombesin-induced gastric effects / 11049 a.o., subjective effects / 11066 a.o., infusion in neurotic disorders / 11087 a.o., central depressant effects / 11088 a.o., anticonvulsant effects / 11125 + prazepam, lorazepam a.o., anxiety, comparison / 11126 prazepam, sedation, anxiety, comparison / 11127 dependence development, positive reactions /

Flunitrazepam

4024 + diazepam, sedatives, children / 4090 sublingual, versus oral diazepam / 4173 loprazolam, flunitrazepam + ethanol, effect on mood, memory and EEG-activity / 4496 i.v., dentistry / 4952 + triazolam, general practice, comparison / 5637 lormetazepam, general practice / 5719 + temazepam, hypnotic efficacy / 5725 + lormetazepam, premedication / 5861 triazolam, insomnia, comparison / 5894 diazepam, premedication, apprehensive child / 6062 + brotizolam, efficacy, tolerance, comparison / 6318 N-desmethylclobazam, treatment of refractory epilepsy / 6471 + lormetazepam, blood-gas after i.v. administration / 6484 hemodynamic effects / 6639 induction agent, elderly / 6670 sublingual for premedication / 6917 effects on activities, mice, rats / 6933 medazepam, clinical effects, comparison / 6936 oral, a.o., premedication, comparison / 7516 + diazepam, midazolam, hemodynamic-effects / 7542 + diazepam, midazolam, Ro 15-1788, effects on isolated rat-heart / 7549 activating EEG agent / 7571 + triazolam, midwinter insomnia, norway / 7872 effect on myocardial performance a.o. / 7950 fentanyl, sedation and analgesia, children / 8523 effects, coronary-artery disease / 8791 in ICU patients / 8853 + flurazepam, crossover-trial / 8976 + triazolam, trial / 9167 + diazepam, pharmacoclinical competition / 9618 mechanisms of action in circulation and breathing in animals / 10601 cardioversion /

Flurazepam

3917 efficacy / 4419 + triazolam, neuropsychological performance / 5149 + temazepam, treatment of insomnia / 5229 lack of preference, anxious volunteers / 5696 + temazepam, geriatric insomniacs / 6097 triazolam, dose equivalence / 6217 lormetazepam, triazolam, zopiclone, effects / 6441 a.o., ventilatory responses / 6590 a.o., cerebrovascular and cerebral metabolic effects / 6724 + diazepam, effect in guinea-pig taenia-coli / 6725 + diazepam, effect on canine-arteries / 6903 anticonvulsant and convulsant properties / 7250 brotizolam a.o., psychomotor performance, comparison / 8011 effect on amygdala convulsions, rats / 8091 clinical-study / 8853 flunitrazepam, crossover-trial / 9129 effects, rat / 9927 effect on rat cerebellar purkinje-cells / 10717 + estazolam, effect on pulmonary-function /

Lorazepam

3791 i.v., ventricular fluid pressure / 3832 2 formulations / 3923 i.m., comparison with diazepam and placebo / 3975 huntingtons-disease / 4005 oral, premedication in children, comparison / 4230 pharmacodynamic properties / 4261 antiemetic therapy / 4284 i.v., violent patients / 4309 4310 as antiemetic / 4446 + metoclopramide, antiemetic therapy / 4538 status epilepticus / 4573 comparison, children / 4574 recalled apprehension / 4634 + domperidone, emesis control / 4655 administration, i.v. tubing / 4693 anxiety disorders / 4750 bopindolol, butalbital, comparison / 4862 + alprazolam, anxiety, long-term treatment / 4863 + alprazolam + buspirone, low-sedation potential / 4890 injectable / 4951 + bromazepam, anxiety treatment, comparison / 4984 treatment of status epilepticus a.o. / 5053 + diazepam, prazepam, anxiety, comparison / 5213 midazolam, effects on discrimination, monkey / 5225 preference, humans / 5227 reinforcing properties / 5321 rectal, acute seizures, childhood / 5670 + propranolol, effect on anxiety, comparison / 5750 + bromazepam, efficacy and withdrawal / 5809 i.v., catatonia / 5815 5816 oral, improved tolerance to cytotoxic-therapy / 5869 + others, prevention, chemotherapy-induced vomiting / 5877 sublingual, premedication / 5893 children, dental treatment, premedication / 6032 i.v., pediatry / 6034 childhood status epilepticus / 6126 rectal / 6144 treatment of psychotic symptoms / 6205 chemotherapy-induced emesis / 6440 + alprazolam, ambulatory anxious patients / 6474 neurologic deficits, circadian variations / 6528 hemodynamic effects / 6638 as premedicant for cesarean-section / 6702 temazepam, anxiety / 6811 resistant mania / 7152 metoclopramide, gastrointestinal side-effects / 7195 + diazepam, anti-recall effect / 7341 status epilepticus, children, adolescents / 7429 cancer-patients, antiemetic, amnesic, anxiolytic effects / 7430 chemotherapy-induced emesis / 7442 i.v., effect on recall and anxiety, diazepam, comparison / 7518 + diazepam, status epilepticus / 7537 status epilepticus / 7749 manic agitation / 7882 seizure activity, children / 7973 premedication for labor / 7987 + diazepam, treatment of vertigo / 8161 + diazepam, efficacy and safety, acute alcohol withdrawal / 8162 premedication, bone-marrow biopsy / 8226 8227 behavioral agitation / 8232 EEG in epilepsy / 8233 stress and epilepsy / 8296 + clobazam, cardiology, comparison / 8575 + clobazam, effect on psychomotor performance / 8587 + diazepam, treatment of acute alcohol abstinence syndrome / 8768 a.o., high-dose, cyto-toxic induced nausea and vomiting / 8773 sublingual / 8822 i.v., a.o., effects on ventilation in men / 8864 + ketazolam, anxiety, comparison / 8923 i.v., multicenter trial / 9352 treatment of agitation in dementia / 9382 + alprazolam, anxiety / 9698 effect on EEG paroxysmal activity / 9924 in intensive care / 9932 9933 sublingual, treatment of anxiety / 10049 + chlordiazepoxide, acute alcohol abstinence syndrome / 10057 clonazepam, i.v., status epilepticus / 10553 opposite effects on myoclonus, papio-papio / 10566 + ketazolam, anxiety, comparison / 10656 in myoclonic seizures after cardiac-arrest / 10661 catatonia / 10729 10730 adjunct in treatment of seizures / 10743 i.m., catatonic symptoms / 10764 treatment of psychotic agitation / 10765 a.o., alleviation of emesis / 10838 alleviation of psychomotor disturbances / 10995 sublingual in childhood serial seizures / 11067 in neurosis / 11125 + prazepam, diazepam, a.o., anxiety, comparison /

Midazolam

3840 3841 during acute hypovolemia / 3884 central respiratory effects, acute tolerance / 3885 + diazepam, sedation, gastroscopy / 3886 dog, central respiratory effects / 3888 + thiopentone, hemodynamic effects / 3889 + diazepam, gastroscopy / 3984 i.m., comparison with i.v. thiopentone or ketamine / 3985 i.m., anxiolytic properties / 4026 + diazepam, i.v. sedation, dentistry / 4052 droperidol, premedication, comparison / 4107 4108 vs diazepam, sedatives, comparison / 4114 + diazepam, iv. sedation, dentistry, comparison / 4184 geriatric patients, dosage studies / 4202 modification of intra-cranical hypertension / 4239 + diazepam, sedation gastroscopy, comparison / 4273 premedication in fiberbronchoscopy / 4342 heart-failure patients / 4397 sedation of children / 4398 + thiopentone, cardiovascular-response / 4418 + etomidate + methohexital, effect of induction dose on adrenocortical function / 4425 + diazepam, i.v., minor-oral surgery / 4490 + hydrocodonum, fiberoptic bronchoscopy, comparison / 4516 gastroscopy / 4613 sedation, physostigmine reversal / 4619 sedation in parturients / 4736 sedation after bypass-surgery / 4815 4816 + diazepam, i.v. sedatives, dental surgery / 4824 i.v. sedation, general dental practice / 4866 preendoscopic sedative / 4981 + thiopentone, anesthesia, comparison / 4997 abdominal-surgery / 5000 + thiopental, neuromuscular responses, comparison / 5037 rectal, premedication of infants / 5158 premedication, bronchoscopy / 5213 + lorazepam, effects on discrimination, monkey / 5261 intensive-care unit / 5285 conservative dentistry / 5383 5384 + diazepam, endoscopy / 5386 intensive-care / 5387 i.v. induction agent, elderly / 5389 variation in response / 5390 5391 5392 age and sex as factors, onset, i.v. / 5395 consistency of action / 5398 sedative in endoscopy / 5399 variation in response / 5498 + temazepam + diazepam, hypnotic and sedative effects / 5552 oral, self-administration / 5607 + oxazepam, comparison / 5714 + oxazepam, efficacy and safety / 5714 + vesparax, sleep disorders / 5739 effect on stimulated muscle biopsies / 5758 i.v. sedation, general dental practice / 5892 + oxazepam, treatment of insomnia / 5895 5896 + diazepam, venous tolerance / 5906 cul in rats / 5994 properties, comparison / 6026 + thiopental, intracranial and arterial pressure, humans with brain-tumors / 6052 hemodynamic-effect of anesthesia induction / 6137 + diazepam, endoscopy / 6215 + diazepam, recovery testing, endoscopy / 6250 i.m., effect upon CNS and respiration / 6340 + diazepam, sedation for gastroscopy / 6365 temazepam, premedication, comparison / 6381 6384 dentistry / 6463 ketamine, hemostasiological investigations / 6480 6481 + diazepam, meperidine, sedation, cardiac-catheterization / 6527 effect on hemodynamics and blood-flow / 6529 in dentistry / 6589 6591 a.o., cerebrovascular and cerebral metabolic effects / 6592 effect on cerebral blood-flow / 6597 i.v. sedation, dental practice / 6640 tofisopam, clinical effects, differences / 6744 dentistry / 6778 meptazinol, analgesia, sedation, post-operative / 6781 as antiepileptic / 6783 in epilepsy / 6939 induction properties / 6983 alternative to diazepam, hypnotic, endoscopy / 6984 sedative in dentistry / 6985 upper gastrointestinal endoscopy / 7463 action in spinal-cord, cat / 7466 + thiopental, renal effects, comparison / 7467 7468 7469 + thiopental, cardiovascular effects, comparison / 7516 + diazepam, flunitrazepam, hemodynamic-effects / 7539 + diazepam, colonoscopy / 7542 + diazepam, flunitrazepam, Ro 15-1788, effects on isolated rat-heart / 7569 Ro 15-1788, Ro 5-4863, effect on serotonin uptake / 7590 hypnomidate, effects on cardiovascular systems / 7625 infusion, pediatric patients, cardiac-surgery / 7745 + diazepam, sedation, endoscopy, comparison / 7761 continous infusion, polytraumatized ICU patients / 7764 triazolam, elderly patients / 7871 + diazepam, effects on baroreflex control of heart-rate a.o. / 7873 effect on coronary circulation / 7884 hemodynamic effects / 7972 i.m., a.o., as premedication, comparison / 8005 dentistry / 8115 rapid EEG activity / 8139 long-term infusion, basal sedation / 8292 i.v., effect on breathing-patterns a.o. / 8370 a.o., treatment of spasticity / 8549 + diazepam, cerebral metabolic a.o. effects / 8580 oral, diazepam i.v., oral surgery / 8632 + diazepam, i.v. sedatives, comparison / 8651 dentistry / 8940 preclinical pharmacology / 8942 pharmacology / 8995 children, night terrors / 9156 negative inotropic effects / 9158 effective dose / 9270 + diazepam, i.v., sedation, dentistry / 9310 i.v. sedation, dentistry / 9679 muscle-relaxant effects / 9906 dentistry / 10172 + GABA, influence on basal somatostatin secretin / 10309 effect on neuromuscular block / 10396 + diazepam, tolerance studies, rats / 11102 triazolam + metab., effects, comparison / 11103 i.m., i.v., relationship between clinical-effects and pharmacokinetics /

Nitrazepam

5078 muscle-relaxant activity / 5179 5180 children, epilepsy / 5342 + corticotropin, infantile spasms / 5478 + triazolam, outpatients / 5626 + brotizolam, geriatric-patients / 6219 + temazepam, effects on psychomotor performance / 6729 + diazepam, brotizolam, effect on dopamine turnover / 7642 brotizolam, comparison, efficacy / 7810 anti-metrazol effects, ontogenesis, rat / 7895 temazepam, EEG, psychometric study / 8301 low-dose, performance in elderly / 8302 8303 lormetazepam, effect on psychomotor performance, elderly / 8479 epilepsy children / 9055 nitrazepam a.o., psychiatric patients / 9747 + brotizolam, agripnia / 10565 treatment of febrile convulsions /

Oxazepam

3954 single dose, EEG-changes / 4062 treatment of anxiety, 1600 cases / 4137 premedication in neurosurgical patients / 4487 gynecological surgery / 4598 4599 N-methyl-oxazepam, antileptazol effect, rat / 5210 + diazepam, differences / 5607 + midazolam, comparison / 5714 + midazolam, efficacy and safety / 5892 + midazolam, treatment of insomnia / 6192 dialyzability, renal-insufficiency / 6207 + temazepam, preoperative-medication / 6391 aggressive patients / 6491 zetidoline, psychological and physiological effects / 7135 anxious elderly patients / 7540 hallucinosis in residual schizophrenia / 7980 a.o., effect on psychomotor performance / 8432 + halazepam, anxiety / 9027 9028 a.o., self-administration, methadone-patients / 9439 a.o., psychomotor effects / 9713 differential effect in chick-embryos / 9715 metoprolol, anxiolytic activity /

Triazolam

4077 4079 concentration-effect relationship / 4080 disproportionate sedation in cirrhosis / 4081 impaired elimination, liver-cirrhosis / 4158 hypnotics, elderly / 4174 + zopiclone, reinforcing of former alcoholics / 4419 + flurazepam, neuropsychological performance / 4952 + flunitrazepam, general practice, comparison / 5478 nitrazepam, outpatients / 5861 + flunitrazepam, insomnia, comparison / 6063 + brotizolam, efficacy, tolerance, comparison / 6097 + flurazepam, dose equivalence / 6648 effect on hypotension, rat / 6651 + lormetazepam, night sedation before surgery / 7571 flunitrazepam, midwinter insomnia, norway / 8304 loprazolam, effect on psychological function / 9757 + alprazolam, biological activity / 10415 treatment of restless legs syndrome / 10637 outpatients /

Others

3848 quazepam, insomnia / 3879 phenazepam, diazepam, combination with analgesics / 3957 prazepam, duration of clinical activity / 4006 estazolam, effect in schizophrenia / 4094 Ro 15-1788, reversal of hepatic-coma / 4110 delorazepam, anxiolytic effects / 4150 4151 ketazolam, spasticity / 4162a temazepam, neuroendocrine impact / 4168 loprazolam, review / 4173 loprazolam, flunitrazepam, + ethanol / 4185 tifluadom + ketazocine, rats, dopamine turnover / 4296 premazepam, anxiety treatment / 4373 medazepam, neurotic patients / 4381 tofisopam, diazepam, psychotropic profiles, comparison / 4428 cloxazolam, diazepam, psychological and physiological effects / 4486 tifluadom, effect on social encounters, mice / 4577 metaclazepam, general pharmacology / 4645 CP 1414 S, pharmacology / 4699 ethyl-loflazepate, anxiolytic and sedative properties / 4775 chlordesmethyldiazepam, pharmacological profile / 4778 tofisopam, indirect dopaminergic effects, inhibition by lithium / 4814 temazepam, diazepam, premedication, urological surgery / 4860 ketazolam, once-a-day-dosing / 5047 Ro 15-1788, blocking of diazepam cue / 5053 prazepam, diazepam, lorazepam, anxiety, comparison / 5091 ketazolam + diazepam, anxiety, comparison / 5124 ketazolam, anxiety-treatment / 5149 temazepam, flurazepam, treatment of insomnia / 5157 lormetazepam + diazepam, antianxiety properties / 5163 prazepam + diazepam, influences, lung-diseases / 5327 prazepam + diazepam, anxiety / 5333 temazepam, papaveretum, premedication bronchoscopy / 5416 halazepam, anxiety and gastrointestinal disorders / 5498 temazepam + midazolam + diazepam, hypnotic and sedative effects / 5542 ketazolam + diazepam, anxiety-treatment, neurosis / 5561 halazepam, efficacy / 5562 halazepam, treatment of anxiety / 5580 ethyl loflazepate, oral respiratory effects / 5611 Ro 5-3663, anxiolytic properties / 5636 temazepam + camazepam, central effects / 5637 lormetazepam + flunitrazepam, general practice / 5645 PK-9084 + PK-8165 + chlordiazepoxide, sedative effects / 5650 PK-11195, convulsant properties / 5651 Ro 5-3663, modification of seizures, picrotoxin, comparison / 5664 Ro 5-4864, convulsant action, rat-brain / 5682 Ro 5-4864, anxiogenic action / 5683 CGS-8216, enhancement of anxiogenic action by chlordiazepoxide / 5684 PK-11195, effect, anxiety and stress, animal test / 5696 temazepam + flurazepam, geriatric insomniacs / 5719 temazepam + flunitrazepam, hypnotic efficacy / 5725 lormetazepam + flunitrazepam, premedication / 5726 ripazepam, carcinogenicity, rodents / 5866 temazepam, premedication, pediatric operations / 5973 Ro 15-1788, cardiac patients, hemodynamics / 5985 tifluadom, analgesic, squirrel-monkey / 6078 premazepam, diazepam, psychopharmalogical effects / 6207 temazepam + oxazepam, preoperative-medication / 6217 lormetazepam + flurazepam, triazolam, zopiclone, effects / 6219 temazepam, nitrazepam, effects on psychomotor performance / 6240 temazepam, loprazolam, hypnotic activity, comparison / 6328 temazepam, i.v. / 6365 temazepam + midazolam, premedication, comparison / 6389 Ro 5-3663, picrotoxin-like action / 6400 GP 55-129, diazepam, comparison / 6471 lormetazepam, flunitrazepam, blood-gas after i.v. administration / 6485 DS-103-282, new skeletal-muscle relexant / 6558 45-0088-S, pharmacological properties / 6637 temazepam, oral, diazepam, i.v., sedation, minor oral-surgery / 6640 tofisopam + midazolam, clinical effects, differences / 6651 lormetazepam, triazolam, night sedation before surgery / 6667 prazepam, ranitidine, treatment of duodenal-ulcer / 6702 temazepam + lorazepam, anxiety / 6710 prazepam, effect on hypertensive models / 6775 estazolam, effect on MES, rat / 6820 metaclazepam, pharmacological effects / 6927 temazepam, oral premedicant / 6934 tofisopam, effects / 6999 CGS-9896, agonist effects / 7041 prazepam, lorazepam, diazepam, anxiety, comparison / 7061 prazepam, changes in performance and subjective wellbeing / 7074 1,5-benzodiazepines, central action / 7252 prazepam, effect during psychophysical load / 7453 oxazolam, chlorprothixene, endogenous depressions / 7542 Ro 15-1788 + diazepam, midazolam, flunitrazepam, effects on isolated rat-heart / 7567 estazolam, auditory hallucinations / 7569 Ro 15-1788, Ro 5-4863 + midazolam, effect on serotonin uptake / 7772 prazepam + diazepam, morning intake / 7895 temazepam + nitrazepam, EEG, psychometric study / 7981 ketazolam, quantitative EEG and clinical effects / 8000 CL-218 + chlordiazepoxide, serotonin and catecholamine turnover / 8001 CL-218 + chlordiazepoxide, locomotor-activity, rats / 8016 loprazolam, alcohol effects on psychological performance / 8082 halazepam, management of acute alcohol withdrawal / 8194 temazepam + clonazepam, treatment of nocturnal myoclonus / 8302 8303 lormetazepam + nitrazepam, effect on psychomotor performance, elderly / 8304 loprazolam, triazolam, effect on psychological function / 8432 halazepam, oxazepam, anxiety / 8433 ketazolam, anxiety / 8583 8584 temazepam, oral, diazepam i.v., oral surgery / 8634 adinazolam + alprazolam, antidepressant properties / 8753 temazepam, children / 8778 medazepam, anti-convulsive effects / 8837 halazepam, anxiety / 8846 Ro 5-4864, proconvulsant and anti-convulsant effects / 8848 tofisopam, effects on anxiety, sedation and convulsion / 8864 ketazolam, lorazepam, anxiety, comparison / 8963 medazepam, response in neurotic women / 9271 Ro 15-1788, effect on sedation with midazolam / 9377 metaclazepam, new anxiolytic / 9378 9379 9380 9381 timelotem, new BZD / 9405 tofizopam, enhancement of action of diazepam / 9444 Ro 17-1812, early clinical pharmacological trials / 9505 tifluadom, effects / 9546 9547 tifluadom, analgesic effect / 9553 quazepam, chronical / 9576 Ro 16-6028, Ro 17-1812 + diazepam, EEG-profiles / 9934 Ro 15-1788, effect on EEG-changes / 10098 Ro 23-0364, acute effects and tolerability / 10188 metaclazepam,

CNS-activity, memory, a.o. / 10243 loprazolam, single dose oral, elderly / 10289 ethyl loflazepate, effects on arousal level / 10329 doxefazepam, clinical evaluation / 10552 Ro-5-4864, convulsant effect, baboon / 10566 ketazolam, lorazepam, anxiety, comparison / 10670 phenazepam + diazepam, effect on lead depression / 10697 PK 8165, sedative properties / 10717 estazolam, flurazepam, effect on pulmonary-function / 10811 10812 10813 Ro 5-4864, convulsant actions / 10886 irazepine, kenazepine, invivo effects / 11003 tofisopam, new 2,3-benzodiazepine / 11125 prazepam, diazepam, lorazepam a.o., anxiety, comparison / 11126 prazepam + diazepam, sedation, anxiety, comparison / 11131 flumazenil, clinical use in intoxications and anesthesiology / 11132 quazepam, review of properties / 11139 midazolam, ventilator patients, continuous infusion / 11141 midazolam, i.v., upper gastrointestinal endoscopy, 800 cases / 11148 BZD, als Muskelrelaxantien und Antikonvulsiva / 11153 midazolam, triazolam, metab., i.v. / 11171 BZD, i.d. Psychiatrie / 11175 triazolam, temazepam, flurazepam, kinetic differences, pharmacodynamic, consequences / 11184 temazepam, i.v., clinical considerations / 11213 Angst - Diagnostik und Therapie / 11217 flumazenil / 11266 BZD, i.d. Allgemeinpraxis /

20 Photometry (UV-, IR-, VIS-, Fluorometry)

3796 BZD, derivative and difference UV / 3797 BZD, 2nd derivative UV / 3930 diazepam, room-temperature, phosphorescence / 4194 chlordiazepoxide + diazepam, spectrophotometry, orthogonal polynomials / 4957 BZD, photochemical activity / 4958 7-nitro-1,4-BZD, photochemical activity / 5087 chlordiazepoxide + demoxepam, difference spectrophotometry / 5153 diazepam, interactions with surfactants / 5422 clonazepam, nitrazepam + metabolites / 5424 flunitrazepam / 5492 nitrazepam in tablets / 5499 1,4-BZD, orthogonal polynomials / 5500 nitrazepam + clorazepate + degradation-products, 2nd derivative spectrophotometry / 5501 oxazepam + others, derivative UV-spectrophotometry / 5897 brotizolam / 5907 diazepam, blood, urine / 6499 nickel-bromazepam complex, spectrophotometric study / 6626 nitrazepam, 2-amino-5-nitrobenzophenone, spectrophosphorimetry / 6914 diazepam, anomalous infrared-spectra / 7168 oxazepam + dipyridamole / 7855 BZD, derivative spectroscopy / 8075 Bridged 1,5-BZD, emission and absorption-spectra / 8092 palladium-complexes of bromazepam and flurazepam / 8197 medazepam, as ion-association reagents / 8231 BZD a.o. / 8992 8993 8994 spectrophotometric dozing / 9039 lorazepam, fluorimetry / 9040 flunitrazepam, native fluorescence / 9519 nitrazepam a.o. / 9594 metaclazepam / 9628 clobazam + met., UV, IR / 9631 camazepam, UV, IR / 9642 BZD, handbook / 9646 halazepam + met., / 9648 midazolam, met., UV, IR / 9652 tetrazepam + met., UV, IR / 9653 triazolam + met., UV, IR / 9654 lormetazepam + met. / 9655 clotiazepam + met. / 9656 halazepam + met. / 9657 ketazolam, oxazolam + met. / 9659 pinazepam / 9662 alprazolam + met. / 9663 brotizolam + met. / 9668 BZD, IR after TLC-separation / 10033 bromazepam / 10035 1,4-BZD, circular-dichroism / 10453 BZD, fluorimetric determination / 10917 FTIR /

11288 bromazepam + met. /

21 Polarography

4111 DPP and voltammetry / 4302 rotating-disk electrodes / 4514 BZD in biological-fluids / 5199 BZD, DPP-mode / 6252 flurazepam + metabolites / 6353 nitrazepam, HPLC, polarographic detection / 6498 nickel-bromazepam complex, DPP / 6708 diazepam, invivo voltammetric study / 6963 mechanism of the polarographic-reduction / 7852 bromazepam-zinc complexes / 7951 BZD, acid-base equilibrium, mercury-electrode, effects / 7953 oxazepam, lorazepam, dehydration step, mercury-electrode / 8190 nitrazepam, in formulations / 8231 BZD a.o. / 8639 alprazolam (DCP, DPP) 8640 quazepam / 8641 triazolam (DPP, CRP) / 8642 triazolam (DCP, DPP, CRP) / 9180 BZD a.o., reduction mechanisms / 9288 clotiazepam / 9383 nitrazepam, flunitrazepam, flow-injection analysis, voltammetric detection / 9642 BZD, handbook / 9738 midazolam, CRP, DPP / 10030 flurazepam + met., extraction and determination / 10031 BZD, polarographic study of hydrolysis / 10032 1,4-BZD, polarographic study of electrochemical oxidation / 10033 bromazepam, voltammetric study / 10360 diazepam, electrochemical reduction / 10365 diazepam, human-serum albumin, different protein concentrations / 10440 triazolam in ethanol, electrochemical reduction / 10665 imidazo-BZD, triazolo-BZD / 10666 triazolam / 10667 midazolam + metab. / 10668 triazolam /

11130 triazolam, clotiazepam, DPP / 11189 camazepam, bromazepam, adsorptive stripping voltammetry / 11198 estazolam / 11236 BZD-human-serum-albumin interactions / 11237 chlordiazepoxide, adsorptive stripping voltammetry / 11253 11254 metaclazepam / 11255 11256 brotizolam / 11288 bromazepam + met., voltammetry / 11290 brotizolam /

22 Protein Binding
(also see 1, 3, 18, 19, 28)

3785 diazepam + thiopental, tissue distribution / 3856 diazepam, lorazepam / 3895 3896 diazepam + desmethyldiazepam, comparative binding / 4070 chlordiazepoxide, covalent binding, UV-irradiation / 4076 chlordiazepoxide, irreversible binding, UV-A radiation / 4214 flunitrazepam, astrocytes and neurons / 4324 diazepam, accumulation, human-serum albumin / 4384 diazepam, human-granulocytes / 4429 oxazepam + glucuronide, human albumin / 4616 4617 diazepam + lorazepam, plasma-proteins / 4618 midazolam / 4674 4675 4676 BZD, modification of the union of beta-methyl-digoxine / 4678 BZD + digoxin plasma-protein binding / 4906 diazepam / 4911 flurazepam + met., plasma / 5023 lorazepam, serum-protein binding, children, acute lymphocytic-leukemia / 5102 diazepam, effect of age and smoking / 5111 diazepam + picrotoxinin / 5112 5113 ^{3}H-diazepam, enhancement by ethanol / 5144 diazepam, equilibrum dialysis, free diazepam, serum / 5241 diazepam, serum / 5267 diazepam + met., plasma-proteins / 5268 lorazepam, effect of age and sex / 5399 midazolam, i.v., plasma-binding, response variations / 5450 breakdowns of BZD, bonded proteins / 5452 differential degradation of binding / 5473 BZD + thyroxine / 5476 diazepam + sodium salicylates / 5622 diazepam + others, binding to bovine albumin / 5723 oxazepam, racemic, stereoselective binding to human-serum, albumin / 5724 BZD, stereoselective binding / 5740 diazepam, serum albumin / 6124 enantioselectivity of binding, human-serum albumin / 6248 diazepam + lidocaine, plasma protein-binding, renal-disease / 6329 midazolam, influence of plasma-proteins on hypnotic action / 6330 midazolam, effect of aspirin on binding / 6334 midazolam, effect of plasma-protein binding on action / 6505 diazepam + others, binding-properties to rat alpha-1-feto-protein / 6777 diazepam + human-serum albumin, pH-dependence / 6861 BZD, cerebral uptake, effect of lipophilicity and plasma-protein binding / 7215 diazepam a.o., high-affinity binding-sites, human-serum albumin / 7226 diazepam a.o., serum-protein binding, early to late pregnancy / 7244 triazolam / 7286 diazepam + met., a.o., development / 7343 BZD, affinities to transport proteins of glucose / 7459 diazepam, human, rat, mouse, plasma-proteins, erythrocytes / 7473 diazepam, serum-protein binding in maternal and fetal serum during pregnancy / 7682 acetaldehyde-adducts with serum-proteins, effect on diazepam-binding / 7874 BZD a.o., plasma-binding after severe burn injury / 8093 BZD, serum albumin, age dependency a.o. / 8171 8173 ^{14}C-diazepam, serum-proteins / 8318 diazepam a.o., plasma-proteins, chronic hepatopathy / 8345 albumin binding / 8349 BZD, concentration-independent plasma-protein binding / 8459 diazepam + met., decreased serum-protein binding, neonate / 8460 diazepam a.o., serum-protein binding, fetus, mother, infant / 8573 BZD, binding to blood-platelets, various species / 8628 diazepam + met., renal insufficiency / 8752 clonazepam, serum, during development / 8879 diazepam a.o., decreased binding in pregnant-woman / 9213 diazepam, plasma-binding, perinatal period / 8214 diazepam, trans-placental binding / 9282 diazepam, plasma protein / 9359 diazepam, sex-related differences in plasma-protein binding / 9360 9361 diazepam, rat-liver / 9642 BZD, handbook / 9696 oxazepam, hepatic enzyme-induction / 9726 BZD, plasma-proteins / 9733 BZD, micromolar binding in cell-lines / 9923 BZD, stereoselective binding to human serum-albumin / 10086 chlordiazepoxide, albumin binding / 10913 diazepam, human-serum albumin, role of confirmation / 11027 diazepam a.o., effect of late pregnancy on binding /

23 Radioactive-Labelled Compounds (also see 19, 24, 30)

3876 ^{3}H-diazepam / 3935 2-^{14}C-diazepam / 3939 5-methyl-1,2-dihydro-^{3}H-1,4-benzodiazepine-2-ones / 4000 ^{3}H-diazepam / 4122 ^{3}H-flunitrazepam / 4128 ^{3}H-diazepam / 4179 4180 4181 ^{14}C-brotizolam / 4208 4209 4210 4211 4212 ^{3}H-PK 11195 / 4280 ^{14}C-diazepam / 4451 ^{3}H-diazepam / 4523 ^{3}H-Ro 15-1788 / 4532 ^{3}H-flunitrazepam / 4561 4563 ^{3}H-tifluadom / 4565 ^{3}H-flunitrazepam + ^{3}H-Ro 5-4864 / 4758 ^{3}H-propyl-beta-carboline-3-carboxylate / 4759 ^{3}H-flunitrazepam / 4761 ^{3}H-diazepam + ^{3}H-flunitrazepam / 4767 4802 4806 4807 ^{3}H-flunitrazepam / 4889 ^{11}C-flunitrazepam / 4895 ^{35}S-butylbicyclophosphorothiocyanate / 4899 ^{3}H-diazepam, ^{3}H-GABA / 4975 ^{3}H-diazepam, ^{3}H-GABA / 5003 ^{3}H-diazepam / 5083 ^{3}H-diazepam / 5084 ^{3}H-diazepam / 5136 ^{3}H-Ro 5-4864 / 5177 ^{3}H-muscimol / 5258 5259 ^{3}H-diazepam + ^{3}H-GABA / 5295 ^{3}H-PK-11195 / 5357 ^{3}H-5-4864 / 5445 ^{3}H-beta-carboline-3-carboxylate / 5448 ^{11}C-Ro 15-1788 / 5596 ^{3}H-propyl-beta carboline-3-carboxylate / 5619 5748 ^{3}H-flunitrazepam / 5833 5834 ^{11}C-suriclone / 5864 ^{3}H-flunitrazepam / 5865 ^{3}H-noradrenaline / 5886 5887 ^{3}H-diazepam / 5898 ^{35}S-tert-butylbicyclophosphorothionate / 5952 ^{3}H-flunitrazepam / 5954 ^{35}S-TBPS / 5956 ^{3}H-flunitrazepam / 5966 ^{3}H-Ro 5-4864 / 5990 ^{3}H-diazepam / 6060 ^{3}H-Ro 15-1788 / 6105 ^{3}H-muscimol, ^{3}H-diazepam / 6428 ^{3}H-flunitrazepam / 6460 ^{14}C-midazolam / 6510 ^{3}H-diazepam / 6559 ^{3}H-diazepam / 6560 6566 ^{3}H-propyl-beta-carboline / 6618 ^{3}H-DMCM / 6644 ^{14}C-BZD / 6653 ^{3}H-diazepam / 6698 ^{14}C-diazepam / 6786 ^{3}H-flunitrazepam / 6845 6846 ^{3}H-Ro 5-4864 / 6952 ^{3}H-diazepam / 7007 ^{3}H-norepinephrine / 7016 7122 ^{3}H-diazepam / 7131 ^{3}H-flunitrazepam / 7161 ^{3}H-flunitrazepam, ^{35}S-TBPS / 7162 ^{14}C-diazepam / 7186 7183 ^{3}H-diazepam / 7488 ^{3}H-Ro 5-4864, PK-^{3}H 11195 / 7545 ^{3}H-diazepam, ^{3}H-serotonin / 7624 7625 ^{3}H-diazepam / 7676 ^{3}H-flunitrazepam / 7702 ^{3}H-GABA, ^{3}H-flunitrazepam, ^{3}H-TBPS / 7716 7719 ^{3}H-flunitrazepam / 7769 ^{3}H-diazepam / 7791 ^{3}H-muscimol / 7794 ^{3}H-beta-carboline-3-carboxylate ethyl-esters / 7795 ^{3}H-Ro 5-4864 / 7798 ^{3}H-diazepam / 7867 ^{3}H-muscimol / 7909 ^{3}H-flunitrazepam, ^{3}H-GABA / 7914 ^{3}H-muscimol / 7960 ^{11}C-BZD / 7962 ^{11}C-Ro 15-1788 / 7963 ^{11}C-Ro 15-1788, ^{11}C-flunitrazepam / 8028 ^{3}H-flunitrazepam / 8041 ^{3}H-flunitrazepam ^{3}H-ethyl-beta-carboline-3-carboxylate / 8094 ^{3}H-flunitrazepam / 8181 ^{3}H-diazepam, ethyl-betacarboline-^{3}H-carboxylate / 8182 ^{11}C-Ro 15-1788 / 8183 8184 ^{3}H-GABA / 8192 8209 ^{3}H-flunitrazepam / 8217 8218 ^{3}H-diazepam / 8246 ^{3}H-Ro 15-1788 / 8308 ^{3}H-diazepam / 8313 ^{3}H-adenosine / 8321 ^{3}H-diazepam / 8384 ^{3}H-flunitrazepam, ^{3}H-propyl-beta-carboline-3-carboxylate / 8500 ^{35}S-TBPS / 8565 ^{3}H-diazepam, ^{3}H-ethyl-beta-carboline-carboxylate / 8568 8672 ^{3}H-flunitrazepam / 8743 ^{3}H-Ro 5-4864, ^{3}H-flunitrazepam / 8767 ^{3}H-GABA / 8803 ^{3}H-nitrobenzylthioinosine / 8858 ^{3}H-diazepam, ^{3}H-GABA / 8875 8876 ^{11}C-Ro 15-1788 / 9066 ^{3}H-flunitrazepam / 9071 ^{3}H-Ro 4864, high-density of binding-sites / 9122 9123 ^{3}H-flunitrazepam / 9125 ^{3}H-diazepam / 9170 ^{3}H-Ro 15-1788 / 9182 9257 ^{3}H-flunitrazepam / 9283 ^{3}H-Ro 5-4864 / 9346 9347 ^{3}H-diazepam / 9399 9407 ^{3}H-flunitrazepam a.o. / 9431 9433 ^{3}H-diazepam / 9464 ^{11}C-Ro 15-1788 / 9602 9603 9604 ^{3}H-Ro 5-4864 / 9609 ^{75}Br-labeled BZD / 9610 ^{75}Br-BFB / 9642 BZD-handbook / 9709 ^{3}H-flunitrazepam / 9745 ^{3}H-diazepam / 9755 ^{3}H-flunitrazepam / 9835 9854 ^{3}H-diazepam / 9873 9880 ^{3}H-flunitrazepam / 9885 9887 ^{3}H-Ro 15-4513 / 9888 9889 ^{3}H-flunitrazepam / 9890 ^{3}H-clonazepam, ^{3}H-flunitrazepam / 9892 ^{3}H-flunitrazepam / 9984 9987 ^{3}H-diazepam / 10026 10027 10028 ^{3}H-flunitrazepam / 10200 ^{3}H-diazepam, ^{3}H-flunitrazepam / 10201 ^{3}H-diazepam / 10204 ^{3}H-flunitrazepam / 10206 10207 ^{35}S-TBPS / 10209 ^{3}H-muscimol, ^{3}H-flunitrazepam / 10228 ^{11}C-Ro 15-1788 / 10301 ^{3}H-diazepam / 10307 ^{3}H-flunitrazepam / 10361 10376 10377 10378 10379 ^{3}H-diazepam / 10421 ^{3}H-muscimol, ^{3}H-diazepam / 10468 10469 ^{14}C-temazepam / 10562 ^{3}H-PK-11195 / 10644 ^{3}H-Ro 5-4864 / 10648 ^{3}H-diazepam / 10810 ^{3}H-Ro 5-4864 / 10842 1075 10878 ^{3}H-flunitrazepam / 10885 10889 ^{3}H-ethyl-beta-carboline-3-carboxylate / 10946 ^{3}H-flunitrazepam / 10949 ^{3}H-diazepam / 10985 radioiodinated BZD / 10989 10990 10991 ^{3}H-diazepam / 11008 ^{3}H-Ro 5-4864 / 11009 11010 ^{3}H-CL 218,872 / 11011 ^{11}C-Ro 15-1788 / 11013 ^{3}H-flunitrazepam / 11064 ^{14}C-quazepam / 11070 11071 ^{3}H-flunitrazepam / 11118 ^{3}H-diazepam / 11123 ^{3}H-flunitrazepam /

24 Radioreceptor Assays (also see 9, 23)

3781 midazolam / 3784 BZD / 4175 flunitrazepam, rat / 4787 postmortem forensic chemistry / 4788 4789 oxazepam, cortisol-levels / 5329 BZD, pharmacokinetic and clinical studies / 5332 BZD + metabolites / 5849 450191-S / 5853 brain levels, CNS-activity, correlations / 6753 6754 BZD, biological samples / 6757 BZD, RIA, RRA, comparison / 6819 nitrazepam, triazolam, plasma, comparison with GLC / 6825 midazolam, brotizolam, plasma / 7419 triazolam, 2 formulations / 7703 BZD, biological fluids / 9443 diazepam, RRA / 9642 BZD, handbook / 10317 chlordiazepoxide and midazolam / 10480 diazepam, plasma / 10494 10495 BZD, in cerebrospinal-fluid, chronic flurazepam, cats /

11138 brotizolam, human plasma / 11251 BZD, human serum /

25 Receptor Studies
(also see 3, 9, 14, 18, 19, 22, 23)

3780 in human fetus / 3790 in house-fly thorax / 3793 3794 chlordiazepoxide / 3800 cortical type-II / 3833 BZD diurnal variations / 3853 effect of procarbazine / 3858 BZD, betacarbolines / 3862 3863 structural analogs / 3880 diazepam, binding inhibitor / 3881 putative endogenous ligand / 3882 diazepam, identification / 3883 bovine lung / 3910 BZD, chick-retina / 3926 in rat pituitary-gland / 3927 rat, pituitary-gland, BZ1 subtype / 3936 1,2-dihydro-3H-1,4 benzodiazepine-2-ones and cyclic homologes / 3939 5-methyl-1,2-dihydro-^{3}H-1,4-benzodiazepine-2-ones / 3946 BZD, modulators of intermediary metabolism / 3947 solubilization and reassembly / 3948 after hypophysectomy, rat / 3949 neonatal rats / 3950 localization to olfactory nerves / 3951 mitochondrial outer-membrane / 3972 3973 zolpidem / 3980 3981 effect of ergometric exercise / 3982 distribution of endogenous MAO-inhibitory activity / 3988 3989 changes after seizures / 3990 influence of pentobarbital / 3992 prostaglandins-A as possible endogenous ligands / 3993 molecular sizes / 3994 bovine brain / 4000 diazepam, stereospecifically stimulation / 4012 influence of thyroid-hormones / 4021 in the periaqueductal grey mediate / 4036 immunochemical evidence for endogenous ligand, mouse / 4082 fominoben, anticonvulsant action / 4084 immunoreactivity, rat / 4096 receptor changes of hepatic-encephalopathy / 4097 supersensitivity of receptors / 4101 diazepam, binding inhibitor / 4125 specifity / 4127 4128 premazepam, rat / 4144 characterization, bovine pineal-gland / 4145 4146 rat-kidney / 4147 rat brain / 4169 inhibition / 4170 4171 autoradiographic localization, rat-kidney / 4172 in MDCK / 4176 brotizolam binding / 4203 limbic system, rat / 4204 4205 Po 5-4864, antagonist binding / 4206 invivo labeling, rat-tissues / 4207 partial agonist / 4208 binding-studies / 4209 solubilized peripheral type / 4210 kinetic studies, autoradiographic localization, rat / 4211 ^{3}H-PK-11195, hypertensive patients / 4212 ^{3}H-PK-11195, autoradiographic localization, cat brain / 4215 diazepam, glial cells / 4216 diazepam, displacement from astrocytic binding sites / 4226 chlordiazepoxide + trimethadione, animal-models / 4227 in schistosoma-mansoni / 4248 injection in golden-hamsters / 4265 stereochemistry / 4287 Ro 15-1788 + diazepam, rat-brain / 4288 Ro 15-1788 + diazepam + ß-carbolines, rat brain / 4289 Ro 15-1788, low affinity GABA-receptors / 4290 stress + ß-carbolines / 4291 rat, substantia nigra / 4292 Review / 4293 rat retina, effect of light and dark-adaptation / 4305 spinal cord of spastic mouse / 4306 cerebellum of the mutant mouse / 4307 autoradiography, normal mouse / 4308 spastic mouse / 4314 Ro 5-4864 / 4318 7-phenyl substituted triazolopyridazine / 4319 stressed rats / 4328 4329 rat hippocampus and cerebellum, suriclone / 4330 camazepam + ketazolam, en-antiomers, optical resolution / 4340 conformation recognition / 4349 Ro 43028, partial agonist / 4352 ^{3}H-flunitrazepam, affinity, THIP / 4356 brain synaptosomes / 4369 effects of nicotinamide and inosine / 4376 rat olfactory bulb / 4377 non-mammalian vertebrates / 4378 late evolutionary appearance / 4408 receptor synthesis and degradation by neurons / 4409 diazepam / 4410 denovo analysis / 4411 brain / 4412 receptor interactions / 4413 hydrogen-bonding / 4414 differential modulation / 4415 effect of GABA and photo-affinity-labeling / 4432 effect of caffeine and theophylline / 4452 canine narcolepsy / 4453 micromolar affinity, CNS / 4470 4471 4472 endogenous ligands / 4473 chloride-channel coupling / 4474 efficacy of ligands / 4475 multiple receptors / 4476 subclasses / 4477 reduction by GABA / 4478 interaction with pitrazepin / 4479 4481 ligands, with positive and negative efficacy / 4480 rat-brain membranes / 4482 epilepsy / 4483 convulsive ligands / 4484 occupancy and coupling / 4502 GABA-autoreceptors, rat-cerebral-cortex / 4503 daily-rhythms of numbers, rat / 4515 development / 4518 4521 pyrazoloquinolinones, efficacy / 4519 autoradiographic localization, rat pituitary-gland / 4520 4522 photoaffinity-labeling / 4523 ^{3}H-Ro-15-1788, kinetics / 4532 ^{3}H-flunitrazepam, melanoma-cell membrane / 4553 autoradiographiclocalization / 4554 stimulation of binding / 4555 4556 heterogeneity revealed with diethylpyrocarbamate / 4560 4563 tifluadom, guinea-pig brain membranes / 4565 ^{3}H-flunitrazepam + ^{3}H-Ro 5-4864 / 4566 realisation of anxiolytic effects, rats / 4567 under chronic alcoholization / 4568 experimental alcoholism, rat / 4589 along the nephron, rat tubules / 4593 tritium labeled ligands / 4607 4608 beta-carbolines / 4626 visualization of peripheral receptors / 4632 interaction of calcium channel blockers / 4633 binding-sites in red blood-cells / 4689 beta-carboline, baboons / 4713 modulation of neurotransmitter action / 4714 multiple embryonic binding-sites / 4719 4712 myocardial receptors, positron emission tomography / 4732 temperature and regionally dependent heterogeneity / 4734 characterization of a bovine cerebral cortical factor /

4757 subtypes in 3 regions, rat-brain / 4758 ^{3}H-propyl-beta-carboline-3-carboxylate binding / 4759 ^{3}H-flunitrazepam binding-kinetics / 4760 multiple binding states / 4761 ^{3}H-diazepam + ^{3}H-flunitrazepam, comparison, kinetics / 4764 multiple conformational states / 4765 methyl beta-carboline-3-carboxylate inhibition of flunitrazepam / 4766 allosteric modulation of flunitrazepam binding, rat brain / 4767 ^{3}H-flunitrazepam, GABA-stimulation / 4797 discrimination, pentylenetetrazol / 4798 flunitrazepam-binding, inhibition / 4799 BZD-binding, temperature-dependence / 4800 prediction of pharmacologic activity / 4801 involvement in neurotoxicity activity, mice / 4802 ^{3}H-flunitrazepam-binding / 4804 diazepam, antipentylenetetrazol activity / 4805 effect of picrotoxinin on binding / 4806 ^{3}H-flunitrazepam binding, mice / 4807 ^{3}H-flunitrazepam binding / 4830 endogenous ligand in human-urine / 4831 triazolam, anomalous ligand / 4841 model from structural studies of antagonists / 4898 brain, increase after chronic ethyl-beta-carboline-3-carboxylate / 4905 BZD-receptor modulation by non-BZD anxiolytics / 4908 changes in binding, aging, rat / 4930 beta-carbolines, bidirectional changes in palatable food-consumption / 4933 ligands, highly palatable diet, rats / 4944 anxiolytic and anxiogenic ligands / 4945 selective blockade by Ro 15-1788 / 4946 increase of type-II BZD-receptors in the substantia nigra, rat / 4947 enhancement of ^{3}H-diazepam binding by methyl mercury, rat-brain / 4949 neuropeptide precursor of anxiogenic putative ligand / 4961 From Molecular Biology to Clinical Practice / 4962 review / 4963 future-trends of research / 4964 functional entities of BZD-recognition sites / 4965 endogenous ligands / 4966 GABA-BZD-interactions / 4967 brain polypeptide functioning as putative effector / 4968 GABA-modulin / 4969 GABA + BZD receptors / 4970 endogenous ligands / 4971 enhancement of diazepam receptor / 4975 diazepam, effect of acute administration on binding, rat cortical membranes / 4982 charge-transfer mechanism / 4986 putative endogenous ligands / 4989 clonazepam, induction of BZD-receptor subsensitivity / 4996 distance geometric analysis / 5004 absence of sympathetic and parasympathetic on acceptor sites / 5032 species-differences, autoradiography / 5034 subcellular-distribution and turnover, chick brain-cells / 5035 transmembrane topology and subcellular-distribution / 5073 specific inhibition / 5083 ^{3}H-diazepam, binding to synaptosomal membranes / 5084 ^{3}H-diazepam, displacement, rat-brain / 5085 diazepam cerebral binding, effect of methylxanthines, rat / 5092 binding-sites, heart-tissue, rat, guinea-pig / 5093 binding in CNS, effect of adenosine uptake inhibitors / 5094 purines interaction, rat-brain membranes / 5095 diazepam inhibition of adenosine uptake in CNS / 5097 binding-sites in heart, interaction with dipyridamole / 5098 interaction of purines / 5101 hippocampal neurons / 5103 peptide as natural ligand / 5104 5105 putative endogenous ligands / 5119 assays, temperature, dependence, 5120 muscarinic cholinoreceptors, BZD-receptor, comparison / 5125 5126 endogenous BZD-like substance, mammalian brain / 5127 monoclonal antibodies / 5135 endogenous ligands in human cerebrospinal-fluid / 5136 ^{3}H-Ro 5-4864 binding / 5137 hormonal interactions / 5156 effects of raubasine and yohimbine / 5165 oxazepam, inhibition of adenosine-binding, guinea-pig / 5167 properties of binding-sites in peripheral tissues / 5168 5170 binding-sites in kidney / 5169 properties of binding-sites in spinal-cord / 5177 ^{3}H-muscimol photolabelling / 5190 localization and heterogeneity / 5205 in endocrine organs, rat / 5206 rat-brain, adrenalectomy / 5244 binding-sites in NG-108-15 cells / 5263 diazepam a.others, QNB-binding, monkey cerebral-cortex / 5291 ligand interaction, thermodynamics, rat neuronal membranes / 5292 subcellular distribution and molecular-size determination / 5293 molecular-size, evidence for functional dimer / 5294 influence of 6-hydroxydopamine, rat cerebellum / 5295 3-amino-beta carbolines / 5309 harmane, gaba-ergic effects / 5344 5345 avermectin binding-site / 5358 peripheral binding-sites, rat / 5359 anxiogenic ligand / 6363 ^{3}H-labeled binding-sites / 5364 ^{3}H-PK 11195, stereoselective inhibition / 5404 EMD 28422, receptor activity / 5409 BZD + adenosine receptor-binding, rat-brain / 5415 ^{3}H-triazolam, binding, rat-brain / 5439 inverse agonists / 5440 5441 modulation of binding / 5442 allosteric model / 5443 multiple receptors / 5444 5446 complex binding-properties / 5445 ^{3}H-beta-carboline-3-carboxylate / 5447 ^{11}C-labeling of ligands / 5451 BZD, photoaffinity-labeling / 5453 postnatal-development of proteins / 5494 tribulin / 5517 glycine, GABA and BZD receptors / 5518 5519 neurotransmitter receptors / 5524 alprazolam, diazepam, activation of alpha-2-adrenoceptors / 5531 BZD-receptor changes, mice / 5532 receptor-changes, mouse / 5533 receptor-mediated effects of CGS-8216 / 5535 binding and effects of catecholestrogens, guinea-pig / 5558 effect of age on kindling / 5563 modulation of neuronal function / 5564 turnover of the GABA-BZD-receptor complex / 5565 diazepam, inhibition of phosphorylation of synaptic membrane-proteins / 5566 BZD, increase of binding-sites / 5567 characterization of binding-sites / 5575 heterogeneous distribution in human striatum / 5576 receptors in the human spinal-cord / 5596 5597 interaction with beta carbolines / 5598 inhibition of binding by indolederivatives / 5599 subclasses, bovine-CNS /

5627 diazepam, binding inhibition, rat-brain / 5629 recognition site, anxiogenic putative ligand / 5630 diazepam, binding inhibition / 5635 stereochemistry, CGS 8216 / 5685 5686 intensic actions of antagonists, endogenous ligand / 5693 CL-218,872, PK-8165, PK-9084, putative ligands / 5694 type-2 receptors / 5721 seizure susceptibility, epileptic fowl / 5722 relevance to anticonvulsant activity / 5746 effect of GPT / 5747 effect of 6 PT and GABA / 5748 effect of GABA and BZD antagonists on ^{3}H-flunitrazepam-binding / 5757 endogenous ligand / 5798 peripheral type receptor / 5802 decreased receptors after prolonged ethanol-consumption / 5803 decrease of receptors in frontal-cortex of alcoholics / 5807 5808 tifluadom / 5833 5834 imaging of receptors with ^{11}C-suriclone and emission tomography / 5835 binding in spinal-cord, mutant-mouse / 5836 fluctuations in the binding during estrous-cycle, mouse / 5837 elevated binding of ligands, forebrain, mutant mouse / 5838 location in the cerebellum, mouse / 5840 BZD-ligand interactions / 5841 conformational shifts / 5842 structure-activity relationship / 5850 affinity of ligands / 5851 reversal of diazepam effect on cerebellar cyclic-GMP / 5852 effect of picrotoxin on receptors / 5854 influence of phospholipase treatment on ligand binding / 5855 ontogenetic and phylogenetic development / 5862 role of receptors in control of noradrenaline release, rat hippocampus / 5863 multiple effects of drugs / 5864 effect of guanyl nucleotides on ^{3}H-flunitrazepam binding / 5886 ^{3}H-diazepam binding in CNS / 5887 ^{3}H-diazepam binding, effect of phenytoin / 5909 flurazepam, effect on an invertebrate model of 5 HT neurotransmission / 5910 CL 218872, agonist and inverse agonist effects / 5920 5922 effect of prenatal phenobarbital on BZD-receptor / 5921 development of type-I and type II, mouse / 5936 protection from heat inactivation by gabaergic ligands / 5938 sites for anions and divalent-cationes / 5939 effects of freezing and thawing or detergent treatment on binding / 5940 solubilization of binding-sites, rat-kidney / 5941 modulation of binding-sites, chronic estradiol / 5942 copurification and characterization / 5943 decreased peripheral binding-sites in platelets, schizophrenics / 5944 modulatory effects of thyroxine, rat / 5948 CL-218872, PK-8165, PK 9084, partial agonists / 5949 CL-218872, antagonism of diazepam, partial agonism / 5950 5951 influence of temperature and GABA on subtypes, rat / 5952 high-affinity inhibition of ^{3}H-flunitrazepam by CGS 9896, rat / 5953 CGS-9896, CGS-8216, inhibition, rat-brain / 5954 differential modulation of ^{35}S-TBPS, rat-brain / 5955 modulation of the chloride ionophore / 5956 CL-218872, effect of temperature on inhibition, rat-brain / 5957 differentiation of agonist and antagonist-sparing / 5958 regional heterogeneity at 37°C, rat-brain / 5959 CGS-9896, interaction with brain BZD receptors / 5960 5961 Revies / 5962 BZD-receptor heterogeneity / 5963 photoaffinity-labeling, rat-brain / 5964 heterogeneity / 5966 5967 autoradiographic localization, rat-brain, kidney / 5976 BZD, molecular biology and clinical practice / 5990 ^{3}H-diazepam, binding-sites, rat / 6023 6024 photoaffinity-labeling / 6030 interactions / 6046 binding characteristics of ligands, autoradiography / 6059 Ro-22-8515 / 6060 ^{3}H-Ro 15-1788 binding / 6098 in cultured neurons / 6118 BZD-receptors in anterior-pituitary / 6120 binding-sites in human anterior-pituitary tissue / 6142 ethanol / 6209 BZD, developmental-changes in protein-carboxylmethylation, rat-brain / 6241 BZD, comparison of binding affinities / 6255 kainic-acid-induced lesions of rat retina, effects / 6256 age-related changes / 6265 6266 endogenous effector / 6267 6268 endogenous peptide agonist / 6269 6270 6271 endogenous ligand, endocoids / 6272 participation in the adrenal chromaffin cell-function / 6273 structure-activity relationship of peptide-fragments / 6274 3-hydroxykynurenine, interaction / 6278 up-regulation by electroconvulsive shocks / 6291 biomimetic approach / 6303 biological basis / 6306 BZD-GABA-interactions / 6310 clinical useful ligands / 6339 heart and kidney, alteration with hypertrophy / 6344 photoaffinity-labeling / 6347 inhibition of site-specific binding / 6348 affinity of calcium-channel inhibitors / 6349 endogenous ligands / 6357 rapid changes in binding / 6358 central type binding-sites, baboon / 6359 invivo-study / 6424 differential sensitivity to phospholipase-A2 / 6426 stress-induced changes / 6428 Cl-enhanced binding / 6437 variation of photolabeled BZD-receptors / 6438 isoreceptor complex / 6439 subunits in avian brain / 6467 6468 GABA-BZD-receptor complex, ethanol intoxication, rat / 6483 cellular-localization / 6492 6493 characterization after short-wave photoaffinity labeling with flunitrazepam / 6508 decreased number after lithium / 6511 binding-studies, mice / 6530 brotizolam, tifluadom, binding characteristics, rat / 6555 diazepam, receptor tolerance produced by chronic treatment / 6559 regional changes in ^{3}H-diazepam binding, mice-brain / 6560 photolabeling of spares / 6561 binding-sites in rodent adipose-tissue / 6562 binding-sites in mammalian ocular-tissues / 6563 heterogeneity of binding-sites, review / 6564 divalent-cations modulation / 6565 occupation of brain receptors, mechanisms and responses / 6566 heterogeneity / 6567 binding of beta-carboline-3-carboxylic acid ethyl-ester, mouse-brain / 6596 binding-sites, cardiac Ca^{2+}-channel / 6618 ^{3}H-DMCM binding / 6619 barbiturate-shift as a tool for determination of efficacy of ligands / 6659 BZD, heterogeneity / 6677 activity in human epileptogenic cortical tissue / 6678 changes in kainic acid seizures / 6701 diazepam, kinetics of receptor occupation rats / 6718 changes by forced swimming / 6719 drug-interactions / 6721 mediation of BZD-receptor complex / 6722 receptor-mediated model of anxiety / 6723 selective affinity of 1-N-trifluoroethyl benzodiazepines / 6740 effect of taurine, rat-brain membranes / 6745 tifluadom, opioid receptor-subtypes / 6752 suriclone, selective affinity / 6786 ^{3}H-flunitrazepam, enhancement of binding by mianserin / 6794 bidirectional effects of ligands against seizures / 6820 metaclazepam, receptor occupation / 6844 mechanisms of ODG induction in PC 12 cells / 6845 modulation of ^{3}H-Ro 5-4864 binding sites / 6846 down-regulation of ^{3}H-Ro 5-4864 binding sites / 6847 heterogeneity / 6860 differential potencies of ethyl-beta-carboline-3-carboxylate / 6952 medium isotope effect in ^{3}H-diazepam binding / 6956 endogenous ligands / 6957 6959 photoaffinity-labeling, distinction between agonists and antagonists / 6958 interaction of agonists with inverse agonists / 6967 localization, anticonflict action / 6996 CL-218872, effects, mouse / 6997 PK-8165, PK-9084, benzodiazepine-like activity / 7015 interaction of 2,3-benzodiazepines / 7016 endogenous noncompetitive proteins inhibitor of ^{3}H-diazepam binding / 7026 GABA-B-BZD-receptor, interactions / 7029 7030 receptors in frog-muscle fibers / 7042 convulsant barbiturate binding-activity / 7052 brain-binding and purine concentration / 7053 binding in cerebellar cortex / 7054 binding in dialysis encephalopathy / 7055 binding in huntingtons-disease / 7056 alteration of binding after injection of kainic acid / 7076 tifluadom, reverse stereoselectivity / 7078 proteolytic degradation / 7121 thermodynamic changes / 7122 changes of ^{3}H-diazepam binding after ethanol / 7123 influence of aging on sensitivity / 7128 SL-76002, SL-75102, enhancement of binding / 7131 ^{3}H-flunitrazepam, enhancement of binding / 7132 methaqualone a.o., enhancement of binding / 7133 facilitation of binding by levonantradol / 7157 solubilization of BZD-receptor / 7160 effect of aging on binding-sites / 7161 effect of aging, ethanol and pentobarbital on binding / 7166 role of GABA-BZD-complex in the anxiolytic action of ethanol / 7171 stimulation of specific binding of diazepam / 7172 endogenous inhibitor of binding / 7175 solubilized BZD- and muscimol binding-sites, rat-brain / 7178 differences in the properties of bovine brain BZD-receptors / 7179 increase of binding to membranes isolated / 7185 binding of ^{3}H-labeled diazepam / 7280 radiohistochemical localization / 7319 endogenous modulating mechanism / 7320 effect of alcohol / 7369 enhancement of prolactin-dependent mitogenesis / 7381 pentylene tetrazol, effect on binding, rat / 7412 7413 7414 putative endogenous ligands / 7461 anticonvulsant activity, neurotransmitter involvement of serotonin / 7476 dihydropicrotoxinin binding-sites in mammalian brain / 7477 7478 7479 barbiturates, interaction / 7480 heterogeneity of interactions / 7484 occupation of BZD-receptors and anxiety / 7485 7487 PK-11195, effect on binding-sites / 7486 PK 8165, PK 9L84, dissociation of properties / 7488 ^{3}H-Ro 5-4864, PK-^{3}H-11195, differentiation between 2 ligands / 7501 PK-1195, immunomodulating activity, mice / 7503 presence of peripheral type binding-site on the macrophage / 7513 ultrathin-layer isoelectric-focusing / 7514 alpha-subunit / 7529 BZD-binding-sites, human-platelets, circadian-rhythm / 7583 differential ontogeny / 7584 heterogeneity, brain / 7585 non-BZD-agonists / 7586 molecular substrates of anxiety, heterogeneity / 7587 7588 affinity of beta-carboline-3-carboxylic acid-amides / 7589 esters of beta-carboline-3-carboxylic acid, interaction / 7608 7610 7611 FG 7142, acute and chronic effects / 7619 diazepam, prenatal, reductions in brain-receptors / 7622 ^{3}H-diazepam, binding, temperature-dependence, rat / 7626 differential localization of type-I and type-II binding-sites in substantia nigra / 7627 autoradiographic differentiation / 7628 two distinct solubilized BZD-receptors / 7629 7630 physical separation and characterisation of 2 types / 7637 7638 stereo-isomeric tetrahydro-beta-carbolines, interaction, rat / 7639 7640 beta-carboline analogs, structure-activity studies / 7645 halopemide binding-sites / 7659 indoloquinolizidines, selective affinity, rat-brain / 7663 7664 pentoxyfylline, effect on receptor, rat / 7665 sites in bovine pineal / 7666 characterization in pineal-gland, hypophysis and testicle / 7667 receptors in the bovine pineal-gland / 7668 flunitrazepam and betacarboline-binding, bovine pineal-gland / 7670 7671 BZD-receptor sites in human pineal-gland / 7672 7673 effect of pinealectomy and melatonin injection, rat / 7674 micromolar binding-sites, cerebral-cortex, rat / 7675 receptors and biological effects, pineal gland, rat / 7676 ^{3}H-flunitrazepam, intracellular distribution, cerebral-cortex, rat / 7677 BZD, invitro uptake by rat pineal-gland / 7678 decrease of norepinephrine release from pineal nerves / 7681 regional and cortical laminar distribution, human-brain / 7690 AHN 086, irreversible ligand / 7691 peripheral-type receptors, kidney / 7693 diazepam-like compounds, from bovine urine / 7698 heterogeneity, bovine cerebellum / 7699 7700 diuretics, renal binding-sites, interactions / 7701 4-aminobutyric acid, binding sites, CNS of insects / 7702 ^{3}H-GABA, ^{3}H-flunitrazepam, ^{3}H-TBPS, binding sites, insect CNS / 7718 heterogeneity of binding-sites, cat spinal-cord / 7719 effect of premazepam on ^{3}H-flunitrazepam binding by GABA, rat / 7720 central receptors in spinal-cord, CNS, cat / 7747 secretion of pituitary beta-endorphin, rats / 7754 oxazepam, racemic esters, specific binding, rat-brain / 7755 diazepam a.o., enhancement of binding / 7756 BZD-prodrugs, bioactivation / 7757 oxazepam esters, intrinsic activity, selectivity, prodrug effect / 7758 ^{35}S-TBPS binding, influences / 7769 ^{3}H-diazepam, binding-sites, chick-neurons / 7778 7779 7780 binding-sites, autoradiographic study, human hippocampus / 7788 endocoids for binding-sites / 7789 endogenous inhibitors of Ro 5-4864-binding / 7791 BZD, chronic treatment, increase of ^{3}H-muscimol binding / 7794 ^{3}H-beta-carboline-3-carboxylate-ethyl esters, binding / 7795 ^{3}H-Ro 5-4864, binding-sites / 7796 diazepam-binding, inhibition by tryptophan derivatives a.o. / 7797 endogenous agents / 7798 7799 inhibition of ^{3}H-diazepam-binding by BZD-receptor ligands / 7802 lesions of noradrenergic neurons, binding / 7803 limbic-system of rat-brain / 7833 amino-acid sequences of endozepines / 7840 BZD, endogenous ligands / 7845 7846 BZD receptor, interactions of different ligand classes / 7848 ethyl beta-carboline-3-carboxylate, interaction, rat / 7857 specific-inhibition of BZD-binding / 7858 solubilization, rat kidney binding-sites / 7859 purification and partial characterization of BZD-receptor / 7860 inactivation of binding-sites by N-ethyl-maleimide / 7861 BZD-receptors, characterization / 7863 inhibition of lactate-dehydrogenase / 7864 specific adsorbents for affinity chromatography of BZD-binding proteins / 7865 isolation of putative BZD-receptors from rat-brain / 7866 chemical modification of BZD-receptor / 7867 ^{3}H-muscimol binding-site / 7876 7877 BZD-binding-sites, diazepam, serum albumin / 7889 Ro 5-4864/Ro 15-1788 / 7909 ^{3}H-flunitrazepam, ^{3}H-GABA cerebellar binding / 7915 anisatin modulation of enhancement of diazepam-binding / 7916 ivermectin modulation of BZD-receptors / 7918 inhibition of binding by prostaglandins / 7919 BZD-receptor and GABA, interaction / 7925 BZD, binding-sites in melanoma-cells / 7926 BZD, high-affinity binding-sites, pineal-gland / 7959 BZD-receptors, baboon and human-brain / 7960 7961 ^{11}C-BZD-ligands for positron emission tomography / 7979 idenfication of 2 binding-sites on cells, rat cerebral-cortex / 8018 BZD-receptor, molecular pharmacological tool, epilepsy / 8028 ^{3}H-flunitrazepam, enhancement of binding / 8035 taurine modulation in brain membranes / 8036 modulation by thyroid-hormones / 8037 endogenous inhibition / 8038 flunitrazepam-binding and density of noradrenergic innervation / 8039 8040 Ro 15-1788, increase of number of BZD-receptors, rat / 8041 heterogeneity, ^{3}H-flunitrazepam, ^{3}H-ethyl-beta-carboline-3-carboxylate / 8044 BZD-receptors in rat cerebellar-cortex, changes after stress / 8045 molecular aspects of anxiety / 8046 regulation by thyroid-hormones, rat cerebral-cortex / 8056 enhancement of binding, tracazolate / 8064 BZD-receptors, relationship to epilepsy / 8084 flurazepam, reversal of hypnotic action by antagonists / 8085 mediation of the anticonflict action of pentobarbital / 8094 ^{3}H-flunitrazepam-binding, GABA stimulation, modulation / 8095 tofisopam, rat / 8096 premazepam, invivo interaction / 8097 diazepam, increasing membrane fluidity, rats / 8098 ethyl-beta-carboline-3-carboxylate, mouse-brain / 8099 8100 BZD, receptor-binding and pharmacological activity / 8103 estazolam, increased number of BZD-brain receptors, rats / 8104 effect of denzimol on BZD-receptors in CNS / 8113 Ro 15-4513 / 8116 solubilization with a zwitterion detergent / 8122 coupling to calcium channels in the heart / 8123 BZD-receptors, guinea-pig heart / 8153 flurazepam + met., receptor-binding a.o. / 8156 occupancy invivo / 8174 8175 effect of seizures on BZD-receptors, rat-brain / 8176 effect of anti-epileptic drugs on BZD-receptors, rat-brain / 8181 regional variations in displacement / 8182 central-binding, ^{11}C-Ro-15-1788, positron emission tomography / 8192 8193 8209 8210 ^{3}H-flunitrazepam binding, rat / 8211 BZD-receptor subtypes, rat-brain / 8212 PK-11195, Ro 5-4864 / 8213 PK-8165 / 8217 8218 ^{3}H-diazepam, super-high-affinity, binding-site / 8219 differential effects of some transition-metal cations / 8220 lack of specifity in cation effects / 8221 reduction of affinity / 8237 endogenous ligands, brain / 8238 Wirkungsmechanismen / 8239 differential interactions of agonists and antagonists / 8240 BZD- and GABA-receptors / 8241 ligand interactions and purification of receptor protein / 8243 GABA-ergic synaptic transmission / 8244 effect mechanism / 8247 agonist and antagonist interaction, invitro / 8248 BZD-receptors in the CNS / 8249 auto-radiographic localization / 8250 characterization by monoclonal-antibodies / 8251 differential interaction of agonists and antagonists / 8252 photoaffinity-labeling / 8254 characterization of a peripheral-type binding-site / 8255 BZD-receptors on human-blood platelets / 8256 8257 role of BZD-receptor in discriminative stimulus properties of THC / 8270 subclasses in different areas of the human-brain / 8308 potentiation of ^{3}H-diazepam binding / 8309 inhibition of binding by propranolol / 8310 potentiation of binding, structure-activity studies / 8311 effect of ethylenediamine on binding, rat / 8312 actions of 6-aminonicotinamide / 8313 inhibition of accumulation of ^{3}H-adenosine / 8319 8320 beta-carboline kindling / 8321 8322 norharman inhibition of ^{3}H-diazepam binding / 8358 modulation of ligands / 8359 interaction of carbolines and some ligands / 8368 modulation of hepatic-encephalopathy / 8369 arfendazam, interactions / 8378 8380 beta-carbolines as ligands / 8384 binding in the bovine CNS / 8385 arfendazam, mechanism of action / 8386 peripheral binding-sites / 8387 BZD-hypnotics, time course and potency of occupation / 8399 inhibition of binding by amino-gamma-carbolines a.o. / 8425 inhibition of flunitrazepam binding by thyroid-hormones / 8443 binding affinity and pharmacological activity / 8444 effect of taurine, rat-brain membranes / 8474 relation to GABA-receptor / 8486 peripheral-types, mice / 8494 in rat amygdala / 8495 binding of radiolabeled triazolopyridazine, rat cerebellum / 8496 stimulation of type-1 by pentobarbital / 8497 autoradiographic localization in normal human amygdala / 8498 discriminative stimulus properties of DMCM / 8499 discrimination cues, effects of GABA-ergic drugs a.o. / 8500 target size, ^{35}S-TBPS binding-sites / 8502 enhanced, binding of DMCM / 8517 isolation of endogenous ligand / 8525 receptor-binding following amygdala-kindled convulsions / 8526 decreased binding in amygdala-kindled rat brains / 8527 diazepam, suppository, prophylaxis of febrile convulsions / 8529 involvement in prolactin rise / 8539 inhibition of purine enzymes / 8551 dependent rats / 8552 elevated receptor density in forebrain, mouse / 8560 human-platelet binding / 8568 ^{3}H-flunitrazepam + buspirone, enhancement of binding / 8569 CL 218.872 / 8649 beta-carbolines, endogenous ligands / 8661 immatury of interactions, frog spinal-cord / 8670 enhancement of ^{3}H-penytoin binding by diazepam a.o. / 8688 barbiturate interactions / 8699 pharmacological effects of ligands / 8710 receptors in the gerbil brain / 8721 differences in the mechanism / 8743 ^{3}H-Ro 5-4864, ^{3}H-flunitrazepam, binding, senile dementia of the alzheimer type / 8764 ontogeny of receptors, rat / 8765 effect of kainic acid / 8766 possible role of BZD-receptor in morphine analgesia / 8771 changes after striatal lesions / 8776 effects of taurine derivatives on BZD-binding / 8817 molecular-weight determination of binding-sites / 8819 receptor complex, common site of minor tranquilizer action / 8820 non BZD-anxiolytics / 8825 anti-mitogenic factor acting via BZD-receptor / 8830 peripheral binding-sites in human-brain and kidney / 8841 binding in young, mature and senescent rat-brain and kidney / 8843 anxiogenic effects of yohimbine, mediation at BZD-receptor / 8851 binding, inhibition by n-butyl betacarboline-3-carboxylate / 8858 8859 ^{3}H-GABA, ^{3}H-diazepam, sub-maxillary gland, rat / 8866 new ligand / 8868 2 types, evidence / 8875 8876 ^{11}C-Ro 15-1788, imaging of binding by positron emission tomography / 8878 effects of anions and temperature on function / 8883 DMCM as ligand / 8886 lorazepam, FG-7142, effect-change / 8887 new perspectives in BZD-receptor pharmacology / 8888 8889 BZD-receptor inverse agonists, differential effects / 8890 ZK 91296, partial agonist / 8898 8899 brain receptor changes, rats with isolation syndrome / 8900 8901 ligands with opposing pharmacologic actions / 8928 8931 8932 8933 BZD central actions, role of adenosine / 8953 cholesterol as endogenous ligand / 8954 8955 binding in cobalt epilepsy of rats / 8990 BZD, stimulation of binding to rat-brain membranes / 9009 9010 substances reacting with BZD-receptor / 9012 effect of hypoxia-ischemia on BZD-receptor / 9030 binding by membranes from brain-cell cultures / 9066 ^{3}H-flunitrazepam, evidence for a ligand-induced conformation change / 9067 temperature-dependence of interaction / 9081 9082 9083 binding sites, mouse brain / 9088 interactions / 9091 diazepam a.o., Ca^{2+}uptake, cerebral-cortex, guinea-pig / 9092 diazepam, ^{45}Ca-uptake mechanisms / 9093 9094 BZD, calcium-channel function / 9110 stokes radius of receptor-complex / 9119 rat cortex, influence of aging and diazepam exposure / 9120 receptor heterogeneity, CL-218 872 / 9121 reduction of binding, postnatal monosodium glutamate, rats / 9123 ^{3}H-flunitrazepam, high affinity renal binding, hypertension / 9130 9131 influence of lithium treatment on binding / 9170 ^{3}H-Ro 15-1788, auto-radiographic localization / 9171 BZD-receptors / 9172 BZD-binding sites / 9173 visualization of receptors / 9176 BZD-receptors, resolving / 9181 pentobarbital, influence on binding-sites / 9201 compounds not binding / 9245 evidence for distinct BZD-receptors for anticonvulsant and sedative actions / 9246 9249 evidence for multiple BZD-receptors / 9247 BZD-receptor + beta carbolines, interactions / 9256 locust ganglia, receptors / 9257 9258 insect ganglia, binding-sites / 9283 novel binding site in heart a.o. / 9296 pharmacological actions of beta-carbolines / 9297 harmane and other beta-carbolines / 9303 binding-sites in human myometrium / 9311 BZD, tolerance associated with decreased receptor-binding / 9313 9317 receptor down-regulation / 9322 BZD, tolerance, decreased receptor density / 9343 BZD-receptors in monocularly deprived rats / 9346 enhancement of binding by pentobarbital / 9348 9349 alcohol modulation of receptor / 9350 cerebellar distribution / 9370 BZD, affinity to binding and effectiveness / 9371 BZD-receptor mediated chemotaxis / 9399 tofizopam, selectively increasing of affinity / 9400 peripheral-type binding sites, heart / 9401 binding-sites, rat-brain, heart and kidneys / 9402 beta-carbolines and caffeine, binding / 9404 binding-sites after desipramine / 9406 9407 tofizopam, modulation of affinity of BZD-receptors / 9411 BZD-receptors, rat brain, triton X-100 / 9412 changes in rat hippocampal BZD-receptor / 9430 postnatal-development, rat spinal-cord / 9431 effects of pentobarbital on ^{3}H-diazepam binding / 9433 inhibition effect on ^{3}H-diazepam binding a.o. ethyl loflazepate / 9463 BZD, cerebral uptake, positron emission tomography / 9464 ^{11}C-Ro 15-1788, displacement, positron tomography / 9473 9474 endogenous ligand, monoamine oxidase inhibition, urine / 9483 9484 BZD-like molecules, mammalian brain / 9485 chlordiazepoxide, discriminative stimulus effects / 9510 heterogeneity of BZD-GABA-receptor, rat spinal-cord / 9524 9525 binding studies, propyl beta-carboline-3-carboxylate, lurcher mutant mouse / 9548 clobazam, effect on binding assays / 9557 effect of withdrawal on BZD-receptor / 9584 radioligand binding, rat-brain / 9585 BZD-receptors, development, dark-rearing / 9586 controlation by visual cortical mechanisms, rat retina / 9587 ontogeny of binding-sites, prenatal treatment / 9588 development of binding-sites, rat brain, autoradiographic study / 9598 9599 GABA-BZD-receptor complex, from bovine brain / 9600 GABA-BZD-TBPS-receptor-complex, structural analysis / 9601 BZD- and GABA-receptors, co-localization, monoclonal-antibodies / 9602 ^{3}H-Ro

5-4864, specific high-affinity saturable binding / 9603 9604 ^{3}H Ro 5-4864, binding, huntingtons disease / 9605 effect of chronic ethanol on BZD binding-sites / 9609 mapping of BZD-receptors, ^{75}Br-labeled BZD / 9610 ^{75}Br-BFB, potential binding, positron emission tomography / 9642 BZD, handbook / 9676 radiation inactivation studies / 9731 methionine sulfoximine, regional effects / 9744 binding characteristics of BZD-receptor ligands, CNS / 9751 BZD-receptor, antianxiety effect of cannabis / 9754 N-alkylaminobenzophenones, interaction with receptors / 9755 ^{3}H-flunitrazepam-binding, inhibition / 9758 diazepam, alprazolam / 9759 alprazolam, role of beta-adrenergic receptor / 9761 triazolobenzodiazepines, interactions / 9762 9763 BZD, synaptic and non-synaptic actions, crayfish sensory neuron / 9795 BZD-receptor, a.o., comparative autoradiographic visualization / 9796 brain regional differences / 9797 thyrotropin-releasing-hormone receptor-binding / 9827 sex and strain differences in binding, roman rat strains / 9829 development and differentiation in fetal mouse spinal-cord / 9830 9831 reduced binding in cerebral cortical cultures exposed to BZD / 9833 characteristics of binding in living cultures, mouse cerebral-cortex / 9834 9836 clonazepam, long-term exposure, influence of binding / 9835 ^{3}H-diazepam-binding, cultured murine glia and neurons / 9837 autoradiographic localization of binding, fetal mouse cerebral-cortex / 9839 development, fetal-mouse cerebral-cortex / 9840 insitu assay for determination of binding / 9841 depression of binding, a.o., spinal-cort cultures / 9842 photo-affinity-labeling, possible mechanisms of reaction / 9843 involvement of tyrosyl residues in binding / 9844 beta-carboline binding to deoxycholate solubilized receptors / 9845 glycoprotein properties of BZD-receptors from calf-cortex / 9846 diethyl-pyrocarbonate modification / 9847 heterogeneity in physico-chemical properties / 9848 production of high-affinity anti-serum / 9849 binding not altered in epileptogenic cortical foci / 9851 localization of site of anticonflict action, rats / 9853 intensitivity of developing / 9854 ^{3}H-diazepam, structure-affinity relationships / 9858 subfractionating, rat-brain receptors / 9860 kindling model of epilepsy / 9861 BZD, visualization of specific binding-sites, human-brain / 9870 endozepines from bovine and human-brain / 9873 proteins irreversibly labeled to ^{3}H-flunitrazepam / 9874 BZD, selective interaction with subtype / 9875 biochemical and pharmacological characterization / 9876 multiple receptors or multiple conformations / 9877 binding of ligands to different subtypes / 9878 BZD a.o., Wechselwirkungen / 9879 BZD-receptors in cerebellum and inferior colliculus, comparison / 9880 ^{3}H-fluni-trazepam, irreversible binding / 9882 9883 BZD a.o., interactions / 9884 properties in rat retina / 9885 9887 ^{3}H-Ro 15-4513, photoaffinity-labeling / 9886 membranes from human or rat-brain, comparison / 9888 ^{3}H-flunitrazepam, postnatal development of proteins / 9889 ^{3}H-flunitrazepam, properties of binding to different proteins / 9890 ^{3}H-clonazepam, ^{3}H-flunitrazepam, photoaffinity label / 9891 affinity of various ligands in rat cerebellum and hippocampus / 9892 investigation of brain BZD-receptors using ^{3}H-flunitrazepam as label / 9911 BZD, a.o., distinction of effects / 9912 flurazepam, variations in response to the complex / 9960 GABA-, BZD-, binding-sites, differences in interactions / 9961 purines, interaction with binding-sites / 9965 GABA-BZD-receptor complex, interactions of some drugs / 9967 carbamazepine, interactions / 9969 Ro 15-1788, partial agonist activity / 9973 Ro 5-4864, mouse neurons in cell-culture / 9978 BZD, receptor of affinity, actions of pentobarbital / 9986 BZD-receptor, barbiturates, interactions / 9990 BZD-GABA-complex in anxiety / 10013 receptor changes, chronic i.v. morphine / 10026 ^{3}H-flunitrazepam-binding, presence of beta-phenylethylamine / 10027 10028 ^{3}H-flunitrazepam, brain binding, rats / 10036 10037 BZD, modulation of A2-adenosine receptor / 10040 receptor subtypes and cyclopyrrolone drugs / 10052 hormonal modulation, mouse-brain / 10053 changes, hypertensive rats / 10088 BZD-receptor multiplicity / 10090 evidence for independent cation and anion recognition sites / 10091 convulsant properties of tetrazoles, brain / 10104 BZD, heterogeneity of binding-sites / 10108 imaging of a glioma using peripheral ligand / 10109 receptor protein from rat-brain, purification, preparation of antibodies / 10122 10123 10125 beta-carbolines, bidirectional effects / 10126 isolation of the receptor / 10127 new endogenous ligand / 10129 10130 antibodies as probes / 10131 characterization in mammalian brain / 10132 solubilization by chaps detergent / 10133 10134 purification and characterization / 10135 Ro 5-4864 / 10173 10174 BZD, action, cellular mechanism / 10183 involvement of CCK-receptor, mouse-brain / 10200 ^{3}H-diazepam, ^{3}H-fluni-trazepam + THC-binding / 10201 10202 10203 ^{3}H-diazepam-binding, effect of purines and purine nucleosides / 10204 pyrazolopyridines as modulators of ^{3}H-flunitrazepam-binding / 10205 avermectin-B1A, modulation / 10206 10207 ^{35}S-TBPS-binding, modulation / 10208 acetylcholin-release, modulation, rat striatal-slices / 10209 ^{3}H-muscimol, anion-dependent modulation / 10211 10212 decreased density after chronic antidepressant treatment / 10213 coexistence of central and peripheral binding-sites, human pineal-gland / 10232 flurazepam, interaction with sodium- and potassium channels / 10234 nitrazepam a.o., effect on platelet 5 HT uptake / 10235 molecular aspects of function / 10236 regional differences in brain receptor carbohydrates / 10250 receptors after chronic ethanol, mice / 10251 binding characteristics, embryonic rat-brain neurons / 10258 receptor-binding in audiogenic seizures-susceptible rats / 10261 nicromolar-affinity, voltage sensitive calcium channels / 10279 agonist and antagonist interactions / 10283 molecular structure / 10285 receptors in maudsley rats / 10286 brain binding-sites, ethanol dependend and withdrawal states / 10301 ^{3}H-diazepam, binding on rat-heart and kidney / 10302 BZD-binding to platelets, alterations / 10303 BZD-receptors, role in inhibition of thyrotropin-releasing hormone / 10304 diazepam, mechanisms of the effect on paroxysmal electrical-activity, cats / 10305 flunitrazepam, thyroxine effect on binding / 10306 10307 BZD-receptors on primary cultures of mouse astrocytes / 10357 binding-sites fragments, proteolytic generation a.o. / 10358 binding-sites, photoaffinity-labeling / 10359 photoaffinity-labeling causes altered agonist-antagonist interaction / 10361 ^{3}H-diazepam, binding-density / 10368 10373 binding-sites in hypertensive rats / 10371 ^{3}H-binding-site, interactions of depressant, convulsant and anticonvulsant barbiturates / 10372 current concepts / 10374 interaction with ethanol / 10375 interaction with barbiturates / 10376 ^{3}H-diazepam, enhancement of binding by ethanol and barbiturates / 10377 ^{3}H-diazepam, enhancement of binding by ethanol / 10378 ^{3}H-diazepam a.o., effect of valproic acid on binding / 10379 ^{3}H-diazepam, enhancement of binding by ethanol and pentobarbital / 10380 BZD + etazolate, molecular-interaction / 10381 BZD-GABA-receptor complex, interaction of ethanol / 10382 convulsant depressant site of action / 10384 localization of BZD and beta-carboline receptor-sites / 10385 presynaptic versus postsynaptic localization / 10386 altered benzodiazepine binding-site density, seizures stage / 10388 autoradiographic localization of down-regulation / 10403 flunitrazepam, regional distribution of binding constants / 10404 receptor-binding and anticonflict activity / 10413 computer-assisted determination of heterogeneity / 10421 developmental changes of GABA and BZD-receptors, mice / 10442 kinetic differences between type-1 and type-2 receptors / 10443 barbiturate recognition site / 10444 10446 anxiolytic cyclopyrrolone drugs, modulation of binding / 10445 influence of huntingtons-disease on number of complexes / 10454 involvement of receptors in tabernanthine induced tremor / 10458 10459 inverse agonist, inhibition of stress-induced ulcer formation / 10460 environmentally-induced modification of the ionophore / 10464 10465 BZD-binding, influence of aging, rat / 10479 GABA-BZD-complex in hypertensive strain of rats / 10503 medazepam, effect on BZD-receptors, mice / 10508 recognition sites of brain synaptic-membranes / 10523 10525 10526 tifluadom, stereoselectivity / 10532 BZD, residual binding, mice, autoradiographic study / 10533 loss of purkinje cell-associated BZD-receptors, mutant mice / 10542 10543 increase after repeated seizures / 10544 radiohistochemical study, rats / 10561 human iris as study model for BZD-receptors / 10562 ^{3}H-PK-11195, binding-sites in human iris / 10571 BZD, action mechanism / 10590 10593 modulation by cerulein / 10595 effects of long-term haloperidol on receptors / 10623 10624 10625 beta-carbolines as receptor ligands,

effects / 10631 porphyrins as endogenous ligands / 10643 CL 218,872 binding, rat, spinal-cord / 10644 ^{3}H-Ro 5-4864 binding / 10645 characterization of peripheral-type recognition sites, rat / 10646 receptors in human spinal-cord / 10647 heterogenous distribution of subtypes / 10648 multiple receptors in bovine-brain / 10649 characterization of type-1 and type-2 receptors, bovine-brain / 10685 binding to human pituitary-cells / 10686 10687 lack of ethanol dependence and withdrawal on diazepam-binding / 10688 2 binding sites, rat hippocampus / 10689 effect of ethanol and withdrawal on binding, rat-brain / 10690 10691 10692 10693 2 fractions inhibiting binding in urine / 10702 nicotinamide, possible ligand / 10703 affinity to receptors and endogenous ligands / 10704 role of complex in mechanism of anxiolytic action / 10711 preincubation effect on binding / 10719 clonazepam, up-regulation of serotonin binding-sites, rat / 10727 diazepam, binding of dissociated hippocampal cultures / 10728 receptors in early huntingtons disease / 10752 distribution of receptors, autoradiography / 10753 10754 quazepam, type-1 receptor, autoradiography / 10755 10756 inhibition of cell-proliferation / 10758 binding to peripheral-type sites / 10772 diazepam, potentiation of GABA-mediated inhibition of neurons / 10774 ontogenetic properties, rat spinal-cord / 10775 relation between central opioid and BZD-receptor / 10776 classification of BZD-receptor subtypes / 10777 comparison of typical and atypical BZD / 10778 diazepam, prenatal and postnatal, effects on opioid-receptor-binding, rat / 10779 tifluadom, pre-postnatal, pre-plus-postnatal, effects on BZD- and opioid-receptors / 10789 CDNA-sequences, encoding a putative ligand / 10807 interaction with methylxanthines / 10809 peripheral-type binding-sites, brain, Ro 5-4864 / 10810 ^{3}H-Ro 5-4864, characterization of binding / 10812 10813 10814 10815 Ro 5-4864 (4'-chlordiazepam), convulsant actions / 10816 BZD, regulation of peripheral-type binding-sites, pineal-gland / 10820 10821 peripheral binding-sites on platelet membranes / 10842 ^{3}H-flunitrazepam, binding-sites, mouse / 10846 BZD, binding and interactions with GABA-receptor complex / 10847 receptor alterations in huntingtons-disease / 10859 modification of receptor with 2,3-butanedione / 10869 endogenous agonist in plasma / 10873 influence of prolonged estrogen-treatment on binding-sites / 10874 photoperiodic modification, hamster-brain / 10875 flunitrazepam binding-sites in rat diaphragm / 10876 radio ligand binding assays / 10877 binding-sites in dystrophic mouse-brain / 10878 ^{3}H-flunitrazepam-binding in fish-brain / 10879 strain-differences in GABA-BZD-coupling / 10883 BZD, inhibition of brain-cell proliferation / 10884 high-affinity peripheral-type binding sites / 10885 binding of ^{3}H-ethyl-beta-carboline-3-carboxylate to brain / 10888 hypothetical allosteric model for the action / 10889 interactions of avermectins with ^{3}H-beta-carboline-3-carboxylate ethyl-ester and

^{3}H-diazepam / 10890 avermectin interactions / 10923 retinal binding / 10946 450088-S, ring-opened prodrug, inhibition / 10947 10948 LY 81067, enhancement of binding / 10949 ^{3}H-diazepam, modulation of binding by GABA-A agonists / 10959 diazepam, phenytoin, specific binding, rat-brain / 10972 10973 invitro characterization of agonists, antagonists, inverse agonists a.o. / 10979 endogenous effector of binding-site / 10987 endacoids in brain / 10988 isolation and purification of endogenous ligand / 10989 10990 ^{3}H-diazepam binding sites, chronic caffeine-treated rats / 10991 ^{3}H-diazepam binding-sites, alteration by calcium / 10992 binding at adenosine uptake sites in CNS / 11008 ^{3}H-Ro 5-4864, specific high-affinity binding-sites / 11009 11010 ^{3}H-CL 218,872, label of the BZD-receptor / 11011 ^{11}C-Ro 15-1788, alterations of binding / 11012 receptor study, alzheimers disease, elderly / 11013 ^{3}H-flunitrazepam, quantitative receptor autoradiography / 11022 heterogeneity in rabbit-brain / 11023 CGS-9896, CGS-8216 / 11033 receptors in basal ganglia function / 11045 localization by microscopic radiohistochemistry / 11069 autoradiographic localization, rat, monkey, human retina / 11070 ^{3}H-flunitrazepam binding, inhibitory effects / 11071 ^{3}H-flunitrazepam, bicuculline effects on the binding / 11073 11074 11075 interactions with mouse macrophages / 11092 THIP, changes in ligand affinity / 11093 changes in number of BZD-receptors, rat-brain / 11094 11095 BZD binding, free ligand concentrations / 11109 characterization on rat intestinal-mucosa / 11117 glial and neuronal fractions of human cerebral-cortex / 11118 ^{3}H-diazepam, specific binding in mouse glioblastome influence of clobazam and Ro 5-4864 / 11123 ^{3}H-flunitrazepam binding-site, partial chemical characterization /

11151 BZD, CSF concentrations and receptor binding / 11176 clonazepam, receptor interactions / 11180 BZD-receptor, structure and function / 11182 BZD-receptor, endogenous ligands / 11239 BZD-receptor, review / 11242 flurazepam + met., receptor-binding / 11262 BZD-receptor pharmacology / 11268 BZD-Wirkungsmechanismus /

26 Review Articles
(also see 2)

3828 / 3913 BZD, use in Canada / 3915 lorazepam, pharmacological properties, therapeutic use / 3943 BZD oder Antidepressiva / 3944 BZD-Indikation bei ängstlichen oder depressiven Syndromen / 3962 psychotic disorders / 4022 BZD u.a., GLC / 4037 4038 BZD, dependency and withdrawal / 4055 Pharmacology / 4062 oxazepam, treatment of anxiety, 1600 cases / 4121 GABA-benzodiazepine-receptor, structure and properties / 4143 disposition in man / 4168 loprazolam / 4191 BZD. Angsttherapie / 4192 BZD. Critical review / 4267 BZD. Risiken und Komplikationen, alte Menschen / 4292 BZD-receptor / 4325 BZD. Treatment of Anxiety / 4400 BZD-Hypnotika / 4441 BZD-Pharmacokinetics / 4472 4473 BZD-Receptor / 4495 BZD-interactions / 4500 BZD-clinical pharmacokinetics / 4526 alprazolam withdrawal / 4601 4602 BZD-antiepileptics / 4642 BZD- + GABA-receptor, functional links / 4702 BZD + ethanol, effects / 4725 alprazolam, serotonin function in panic disorders / 4747 BZD-chromatographic identification / 4812 BZD als Antikonvulsiva / 4822 BZD-toxicology and interactions / 4823 BZD-overdose and interactions / 4961 BZD - from molecular biology to clinical practice / 4962 BZD-recognition sites / 4963 BZD-reconition sites and endogenous ligands, future-trends / 4969 GABA+ BZD-receptors / 5025 BZD-memory-effects / 5031 BZD + tricyclic antidepressants, geriatric patients / 5118 alprazolam, pharmacological activity / 5132 effects of Ro 15-1788 and methyl beta-carboline / 5174 BZD, sleep and performance / 51 99 BZD, determination in biological fluids / 5200 BZD and others, review / 5201 therapeutic drug monitoring / 5209 BZD, treatment of insomnia / 5247 BZD, abuse, nature and extent / 5251 BZD-receptor / 5262 BZD + andere Wirkstoffe als Rausch- und Suchtmittel / 5300 BZD - in anesthesia / 5362 Pharmacotherapy / 5388 midazolam, pharmacological properties, therapeutic use / 5419 Synthetische Arzneimittel / 5508 BZD-Antagonisten / 5517 BZD + GABA, receptors / 5537 alprazolam / 5544 BZD-hypnotics / 5655 BZD-effects on exploratory-behavior / 5656 BZD-tolerance to behavioral actions / 5686 Ro 15-1788, intrinsic action / 5804 BZD, als Muskelrelaxantien / 5828 emergency-toxicology / 5840 BZD-ligand interactions / 5881 BZD + GABA / 5905 The Benzodiazepines / 5960 5961 selective anxiolytics, relation of action / 5962 BZD-receptor heterogeneity / 5976 BZD, molecular biology, clinical practice / 5977 BZD, electrophysiological study / 6145 oxazepam, lorazepam, clinical pharmacokinetics / 6147 elimination half-lifes / 6149 pharmacokinetization of psychiatry / 6150 volume of distribution at steady state / 6170 BZD, clinical pharmacokinetics of newer / 6194 drug disposition, old-age / 6197 6198 BZD-current status / 6227 triazolam, abuse liability / 6269 BZD-receptor, endogenous ligands / 6302 BZD-antagonists, functional aspects / 6303 biological basis of BZD-actions / 6304 BZD-receptors / 6305 BZD-neuropharmacology / 6311 BZD-agonists / 6312 neuropharmacology of BZD / 6349 endogenous ligands / 6350 BZD / 6396 insomnia / 6514 BZD in elderly, kinetics / 6548 BZD, agonists and antagonists / 6549 BZD, review and preview / 6550 BZD, first choice medication / 6563 BZD, binding-sites / 6598 BZD, overview / 6599 pre-BZD-era / 6600 BZD-principles of therapeutic application / 6601 BZD-pharmacology and clinical use / 6602 BZD-selection / 6603 BZD-divided / 6669 BZD, i.v., historical review / 6758 BZD, pharmacodynamic effects / 6816 BZD-hypnotics, pharmacokinetics, man / 6921 nitrazepam, clinical pharmacokinetics / 6925 BZD i.d. Gerontopsychiatrie / 6926 BZD as oral premedicants / 6935 BZD, i.v., as anesthetic agents / 6940 BZD, during pregnancy, labor and lactation / 6943 BZD, metabolism, pharmacokinetic, pharmacodynamics / 6945 BZD, pharmakologische und toxikologische Aspekte / 6960 BZD-receptor, agonists and inverse agonists, distinction by binding-studies invitro / 7066 BZD, Kombination mit Antidepressiva und Neuroleptika / 7067 BZD, Therapie von Schlafstörungen / 7080 BZD, drug interactions / 7081 BZD, clinical pharmacokinetics / 7083 BZD a.o.,Klinische Pharmakokinetik / 7084 BZD, Clinical Pharmacology / 7086 Tranquillantien, therapeutischer Einsatz und Pharmakologie / 7087 BZD - Allgemeine Pharmakologie / 7089 BZD - Klinische Pharmakologie / 7096 BZD - clinical pharmacokinetics / 7112 Newer BZD / 7156 Prazepam, oral, Pharmakinetik / 7217 BZD als Antikonvulsiva und Muskelrelaxantien / 7287 substance abuse / 7317 BZD- and GABA-receptor, characteristics / 7318 BZD- and GABA-receptor, purification / 7330 BZD u.a., Pharmakologie und Toxikologie / 7348 BZD, abuse and dependence / 7350 BZD, clinical pharmacology / 7358 BZD, side-effects and dangers / 7398 GABA-receptor complex, actual knowledge / 7415 putative endogenous ligands of BZD-receptor / 7449 BZD, benefits and risks / 7522 BZD, Schlaf und Schlafmittel / 7523 Schlafen und Schlafen müssen / 7524 Systematik und Pharmakologie der Schlafmittel / 7525 Schlafmittel (Porträt) / 7526 7527 Schlafstörungen / 7528 BZD, Standortbestimmung / 7562 BZD, psychiatric-problems / 7568 BZD, treatment of schizophrenia / 7573 BZD and performance / 7574 BZD, effects on performance / 7585 non-BZD-agonists / 7591 BZD, amnesic action /

7736 BZD, withdrawal syndrome / 7842 BZD, critical review / 7843 7844 BZD-GABA-receptor complex / 7846 BZD-receptor, interactions of different ligand classes / 7847 multiple BZD-receptors / 7862 BZD-receptors, central-type and peripheral-type / 8015 BZD, introduction to pharmacokinetics and pharmacodynamics / 8037 BZD-binding, endogenous inhibition / 8042 8043 BZD-receptor, regulation / 8053 BZD + met., HPLC in biological fluids / 8101 8102 BZD-receptor-binding invivo, pharmacokinetic and pharmacological significance / 8108 poisoning due to psychotropic agents / 8157 BZD-receptor-binding / 8238 BZD, Wirkungsmechanismen / 8242 BZD-receptor, mode of interactions / 8374 8376 Der BZD-Rezeptor / 8375 8377 The BZD-receptor / 8379 8381 Molekularer Wirkungsmechanismus / 8382 Pharmacodynamik der BZD / 8383 BZD-Wirkung auf neuronaler Ebene / 8388 BZD-clinical pharmacology / 8389 BZD, Pharmakokinetik und Stoffwechsel / 8407 diazepam, chlordiazepoxide, effects on human psychomotor and cognitive functions / 8413 BZD a.o. / 8487 sleep symposium, proceedings / 8519 BZD, Behandlung von Angstsyndromen i.d. Kinder- und Jugendpsychiatrie / 8534 BZD-receptor and anxiety / 8554 8555 Studies of antagonists and contragonists / 8590 BZD, pharmacokinetic properties / 8638 Pharmakokinetik / 8685 BZD-GABA-barbiturate interactions / 8690 structure and function of barbiturate-modulated receptor protein complex / 8697 8698 BZD and antagonists, behavioral and EEG-effects, cat / 8739 Drug therapy in the elderly / 8747 BZD, dependence, evidence / 8787 clobazam, critical, flicker fusion thresholds / 8832 Role of drugs in the treatment of alcoholism / 8844 Ro 5-4864, behavioral effects / 8845 Ro 5-4864, characterisation / 8856 BZD a.o., therapeutic toxic and lethal levels, plasma / 8887 New perspectives in BZD-receptor pharmacology / 8888 8889 BZD-receptor inverse agonists, differential effects / 8915 BZD-dependence / 8921 BZD a.o., biotransformation / 8970 Ro 15-1788, neuropharmacology / 8977 BZD i.d. Depressionsbehandlung / 8978 Tranquilizer und Hypnotika / 9000 9001 9002 9003 9004 BZD, use and dependency / 9025 BZD, safety / 9033 BZD, enzymatic analysis / 9047 pharmacogeriatrics / 9155 midazolam, pharmacology / 9192 BZD, clinical-pharmacology / 9266 BZD + antagonists, pharmacoethological analysis / 9295 Benzodiazepinrezeptoren / 9298 9299 diazepam, effects on memory / 9320 BZD, tolerance and physical-dependence / 9390 BZD, Schlafstörungen / 9512 BZD and neurons, recent advances / 9611 Arzneimittelwechselwirkungen / 9613 BZD, long-term use, withdrawal phenomena / 9640 BZD, levels, interpretation / 9642 BZD, handbook / 9672 BZD, pharmakologische Grundlagen der Therapie / 9726 BZD, plasma-proteins, binding / 9727 BZD and ethanol / 9746 BZD-receptor, pharmacology / 9766 BZD, in clinical medicine / 9767 BZD, clinical syndrome of anxiety / 9771 BZD, use in clinical practice / 9816 BZD, behavioral review / 9878 BZD, Wechselwirkungen / 9882 9883 BZD, a.o., interactions / 9904 777 Vergiftungsfälle mit BZD / 9977 BZD antagonists / 9979 BZD, receptors / 9980 BZD, mechanisms of actions / 9981 BZD receptors in the CNS / 10006 BZD, 2 decades research and clinical-experience / 10038 BZD and opiate receptors / 10115 BZD and behavioral disinhibition / 10168 alprazolam, clinical studies / 10222 BZD, anxiety, insomnia, treatment / 10242 BZD, in the elderly / 10246 alprazolam, panic disorder treatment / 10279 10280 10281 BZD, receptors, agonist and antagonist interactions / 10282 GABA-ergic system / 10283 BZD-receptor, molecular structure / 10338 BZD, amnesic-like effects animals / 10349 BZD, behavioral pharmacology / 10375 BZD-GABA-receptor complex, interaction with barbiturates / 10476 BZD in the developing rat / 10512 BZD and psychotherapy / 10530 BZD, pharmacology / 10586 BZD, divided / 10673 BZD and sleep / 10699 alprazolam, pharmacological, pharmacokinetic, clinical-data / 10726 diazepam, effect on neuromuscular-junction / 10761 BZD u.a. Rauschmittel / 10793 BZD in pregnancy, risks / 10802 BZD, i.v., use / 10803 BZD, clinical relevance of kinetics / 10812 10813 10814 Ro 5-4864 (4'-chlordiazepam) convulsant actions / 10823 BZD u.a., Pharmakologie und Toxikologie / 10872 factors influencing disposition / 10975 BZD-dependence, animals / 10986 BZD-receptors, isolation, purification and immunochemical studies / 11069 autoradiography, receptors, rat, monkey, human retina /

11131 flumazenil, actions and clinical use / 11132 quazepam, pharmacodynamic and pharmacokinetic properties / 11142 BZD, Mißbrauch / 11166 BZD, withdrawal seizures / 11180 BZD-receptor, structure and function / 11181 development of antianxiety drugs / 11215 BZD, Bedeutung der Pharmakokinetik f. d. Therapie / 11217 flumazenil, kinetics and clinical use / 11224 BZD-dependence / 11228 brotizolam, pharmacodynamic and pharmakokinetic properties / 11232 brotizolam / 11239 BZD-receptor / 11262 BZD-receptor, pharmacology / 11268 BZD-Wirkungsmechanismus / 11283 BZD-dependence / 11293 BZD-abuse liability /

27 Screening Methods (also see 2, 13, 14, 20)

5356 EMIT-st-screening / 5365 TLC-screening / 5422 clonazepam, nitrazepam + metabolites / 5424 flunitrazepam / 5784 alprazolam + met., EMIT dau / 5969 1,4-BZD and others / 5971 BZD, TLC / 8967 EMIT-dau, screening / 9171 BZD-receptors / 9594 metaclazepam / 9624 BZD / 9625 lorazepam, oxazepam, TLC / 9626 lorazepam, TLC / 9627 nitrazepam + met. TLC / 9628 clobazam + met. / 9629 BZD + met., hydrolysis products, TLC / 9630 clobazam, nor-clobazam, TLC / 9631 camazepam + met. / 9633 BZD + met., TLC / 9636 9637 9638 BZD, TLC-screening via hydrolysis products / 9642 BZD, handbook / 9646 halazepam + met., TLC, GLC, MS / 9647 9653 triazolam + met., TLC, MS / 9648 midazolam + met., TLC, GLC, MS, EMIT / 9649 BZD, TLC-screening / 9650 9651 BZD, tetracyclic, TLC-screening, corrected R_f-value / 9652 tetrazepam + met. / 9654 lormetazepam + met. / 9655 clotiazepam + met. / 9656 halazepam + met. / 9657 ketazolam, oxazolam + met. / 9658 BZD, aminobenzophenones, specifity of Bratton-Marshall detection / 9659 pinazepam / 9660 BZD + met., corrected TLC data / 9661 tetrazepam, screening via tetrahydroacridones / 9662 alprazolam + met. / 9663 brotizolam + met. / 9664 BZD, tetracyclic, screening via EMIT and TDx / 9665 BZD, discrepant findings between EMIT and TDx / 9666 BZD, immunological screening, enrichment procedures / 9667 flurazepam + met., TLC, TRT / 9669 9670 BZD, hydrolysis products, GLC, retention index / 10583 10584 flunitrazepam, urine / 10596 10599 BZD a.o., comprehensive screen / 10630 EMIT; confirmation with CLC-NPD / 10784 BZD, urine, HPLC/DAD / 10963 BZD, screening /

11129 BZD, ELISA and EMIT, comparison / 11177 BZD, EMIT and TLC / 11210 BZD, FPIA, serum / 11212 BZD, FPIA, urine / 11241 BZD + met., GLC-MS / 11247 BZD, screening, rapid-scanning multichannel detector / 11270 BZD, urine / 11275 BZD, tetracyclic, EMIT, FPIA, TDx / 11276 BZD, enrichment / 11291 BZD, urine /

28 Side-, Adverse-, Residual-Effects (also see 7, 8, 15, 18, 19, 32)

3788 diazepam + ethanol / 3789 diazepam + ethanol / 3823 diazepam withdrawal, treatment with propranolol / 3838 diazepam, malignant melanoma / 3850 Ro 15-1788, ethanol withdrawal / 3854 diazepam, observation on tetanus / 3859 3860 3861 diazepam, growth-hormone and prolactin / 3887 diazepam, central respiratory effect / 3890 oxazepam + ketoprofen, lack of effect on kinetics / 3893 clobazam, tolerance / 3911 clonazepam, epileptic seizures / 3919 BZD, selective use to avoid addiction / 3920 oxazepam, abstinence syndrome / 3922 BZD, alcoholism recurrence / 3952 diazepam, feeding stimulation / 3963 alprazolam, mania / 3964 lorazepam, cross-tolerance / 3966 BZD, lorazepam, tolerance development / 3967 3968 diazepam, lorazepam, tolerance development / 3969 diazepam tolerance development /3997 BZD related convulsions / 4001 4002 / BZD withdrawal / 4037 4038 BZD, dependency and withdrawal / 4039 withdrawal phenomena, new insights / 4063 diazepam, depression of ventilatory response to CO_2 / 4063 diazepam, variability of respiratory response / 4071 chlordiazepoxide, phototoxicity / 4072 4073 4074 chlordiazepoxide, phototoxicity, rat / 4075 diazepam, photoreactivity, in vitro and in vivo / 4106 diazepam, i.v., amnesia / 4123 clonazepam, tardive-dyskinesia / 4124 halazepam, reduced dependence liability / 4143 lorazepam withdrawal / 4162 temazepam, insomnia / 4163 BZD abuse / 4193 BZD, abuse and dependence / 4219 BZD, forensic problems / 4220 diazepam, withdrawal / 4221 diazepam, atmungsspezifische Wirkung des Lösungsvermittlers / 4232 adverse reactions / 4233 diazepam, fear-enhanced startle / 4238 BZD + meperidine, breathing pattern changes / 4240 diazepam, estradiol increased / 4247 diazepam + oxazepam, in sweden, abuse / 4249 flurazepam / 4250 4251 flurazepam, withdrawal symtoms, long-term treatment / 4252 adverse reactions, elderly / 4260 chlordiazepoxide, enhancement of ingestive reactions / 4267 BZD, alte Menschen, Risiken und Komplikationen / 4269 4270 chlordiazepoxide + amitriptyline, teratogenic effects, hamster / 4297 diazepam, changes of estrous-cycle, mice / 4312 4313 BZD, physical-dependence / 4315 4316 4317 BZD, eye-movements / 4337 alprazolam, lorazepam, memory acquisition / 4338 diazepam, memory impairments / 4341 midazolam vs thiopental, respiratory response / 4343 diazepam, misuse / 4353 BZD, effect on erythrocytic membranes / 4357 diazepam, i.v., thrombophlebitis / 4360 chlordiazepoxide, rat, dependence / 4362 triazolam + zopiclone, dependence / 4368 diazepam, influence on visual potentials / 4385 BZD, severe withdrawal after substitution / 4386 flurazepam, withdrawal / 4389 bromazepam, withdrawal delirium / 4390 4391 4392 BZD, dependence / 4394 BZD, urticaria / 4404 temazepam, residual effects / 4436 BZD, manic turn a.o. / 4439 nitrazepam + temazepam, residual effects, comparison / 4442 BZD, dependence and withdrawal / 4455 diazepam, tumor promotion / 4491 4492 diazepam, i.v., phlebitis / 4498 diazepam, i.v., failure of change of growth-hormone / 4499 alprazolam, seizures / 4501 triazolam, central effects during osmotic infusion / 4507 BZD, betaendorphine-release / 4508 triazolam, cimetidine, CNS-toxicity / 4512 prazepam, tilidine, withdrawal reflex / 4513 diazepam, meprobamate, abuse, impaired brain functions / 4517 diazepam, prolonged administration, performance effects / 4524 lorazepam, rate of forgetting, semantic memory / 4525 diazepam, lorazepam, amnesia / 4526 alprazolam, withdrawal / 4531 prevention of delirium tremens / 4544 BZD, EEG-changes, anxiety disorder / 4550 diazepam, injection pain / 4559 triazolam, respiratory drive / 4579 BZD, pattern of abuse / 4580 BZD, clinical-features of withdrawal syndrome / 4581 4583 withdrawal after long-term use / 4582 BZD, pattern of abuse and dependence / 4584 BZD, objective determination of use and abuse, alcoholics / 4594 alprazolam, rage reaction / 4597 diazepam, chronic, increased seizure susceptibility / 4604 diazepam, retrograde and anterograde amnesia / 4639 diazepam, dependent population / 4657 lorazepam, dependence, chronic psychosis / 4660 flurazepam + triazolam, daytime carryover / 4663 lorazepam + others, acute rhabdomyolysis /4668 4669 diazepam + others, memory decay / 4672 tifluadom, locomotor depression / 4690 BZD, myoclonus, papio-papio / 4700 chlordiazepoxide, alcohol aversion / 4701 4704 chlordiazepoxide, ethanol, cross-tolerance / 4709 chlordiazepoxide, mice, influence on alcohol consumption / 4710 chlordiazepoxide + ethanol, withdrawal / 4711 4712 chlordiazepoxide + ethanol, cross-tolerance / 4721 4722 midazolam, ventilation, carbon-dioxide, hormonal response / 4723 alprazolam, blood-pressure response / 4731 clonazepam, asthma relieves / 4776 clonazepam, sexual precocity / 4785 BZD, rebound anxiety / 4790 BZD, dependence / 4808 BZD, abuse potential / 4817 diazepam, effect on body-temperature, monkey / 4827 diazepam, depression of respiratory drive / 4832 flunitrazepam, triazolam, residual daytime effect / 4834 flunitrazepam, residual effects in insomniac patients / 4840 triazolam, fatal intra-hepatic cholestasis / 4861 alprazolam, lorazepam, effect of withdrawing treatment / 4864 diazepam, withdrawal syndrome by shoplifting / 4887 chlordiazepoxide, state-dependency /

4888 BZD, outpatient detoxification / 4893 diazepam, effect on heart-rate and mean arterial blood-pressure, rat / 4895 quazepam, temperature regulation / 4901 withdrawal after substitution of short-acting for long-acting BZD /4903 BZD, thromocytopenia / 4907 4909 diazepam, tolerance / 4915 BZD, appetite enhancement / 4927 FG 7142, anorectic effect, reversal by CGS 8216 and clonazepam / 4929 diazepam, microgram doses, specific inhibition of ambulation, rat / 4931 triazolam, quazepam, beta-carbolines, hyperphagic and anorectic effects / 4936 4937 4938 clonazepam, hyperphagia, rats / 4957 BZD, photochemical and photobiological activity / 4974 diazepam, effect on lower esophageal sphincter pressure / 4980 diazepam, i.v., side-effects following different formulations / 4983 BZD, dependency and abuse / 4989 clonazepam, induction of BZD-receptor subsensitivity / 5006 BZD, withdrawal reactions / 5008 BZD, dependence / 5010 BZD, Ro 15-1788, physiological dependence / 5013 5014 5015 diazepam, intraocular-pressure / 5020 BZD + margarine-induced hyperlipidemia, rats / 5021 diazepam, intraperitoneal, effect on diabetes, rats / 5022 diazepam, intraperitoneal, effect on rat-serum lipoproteins / 5026 BZD + buprenorphine, respiratory depression / 5029 BZD + drug abuse, clinical observations / 5030 clonazepam, tardive-dyskinesia / 5062 diazepam, stimulated GH secretion / 5063 bromazepam, effect on growth-hormone and prolactin secretion / 5070 diazepam, influence on growth of tetrahymena / 5071 BZD, genotoxic effects / 5075 5076 midazolam, cardiorespiratory effects, cat / 5145 BZD, potential mutagenic activity, mice / 5154 prazepam, carcinogenesis bioassay, rats, mice / 5172 midazolam, hiccoughs / 5173 BZD, insomnia, daytime alertness / 5175 daytime-sleepiness / 5178 BZD, effects on hormones in woman with idiopathic hirsutism / 5192 diazepam, short-term memory / 5207 diazepam, inhibition of adverse reaction / 5224 clonazepam, urinary-incontinence / 5226 BZD, dependence potential / 5247 BZD, abuse, nature and extent / 5252 oxazepam, withdrawal syndroms / 5253 oxazepam, thrombophlebitis / 5276 5277 diazepam + oxazepam, tumor-promoting activity, mouse-liver / 5279 midazolam, respiratory depression / 5289 oxazepam, withdrawal syndrome / 5302 BZD, effects on endocrinological parameters / 5311 BZD-25 years, use, abuse and withdrawal / 5323 BZD-withdrawal, 16 cases / 5330 withdrawal systems / 5331 FG-7142, severe anxiety / 5337 BZD, coffee consumption, cigarette-smoking a.o. / 5338 chlordiazepoxide, hostility conflicts / 5380 5381 BZD-abuse / 5405 diazepam + triazolam, platelet-aggregation, rat / 5407 flurazepam, oral, unforeseen complication / 5408 diazepam, thrombophlebitis, reduction by saline flush / 5410 diazepam, effect on growth, metabolic and adrenocortical effects, piglets / 5413 tifluadom a.o., withdrawal, rhesus-monkey / 5432 diazepam, i.v., dangers / 5435 triazolam a.o., adverse reactions / 5455 lorazepam withdrawal / 5456 oxazepam withdrawal, convulsions / 5457 triazolam psychosis / 5458 short-term tolerance to morphine, effect of diazepam and others / 5460 diazepam, dependence withdrawal / 5461 diazepam, effect, cross-tolerance / 5462 diazepam, withdrawal / 5480 BZD, effects on driving skills / 5482 diazepam + alcohol, onset of peak impairment / 5487 alprazolam, stuttering / 5489 diazepam, oral, premedication, effect on blood-gases / 5503 5504 diazepam, withdrawal / 5505 diazepam, withdrawal, anxiogenic aspects, animals / 5507 midazolam, enhancement of visual backward-masking / 5511 BZD-hazards / 5520 diazepam, pregnancy, lack of relation of oral clefts / 5521 diazepam + pentobarbital, rat, effect on plasma amino-acid patterns / 5529 diazepam and others, skilled performance / 5530 BZD + thalamonal, anxiolysis / 5561 halazepam, adverse effects / 5570 BZD + buprenorphine, respiratory depression 5577 diazepam, encephalopathy after portacaval-shunt / 5580 ethyl loflazepate, respiratory effects / 5604 BZD inadvertent withdrawal / 5605 BZD, paradoxical effects / 5615 BZD, consumption and addiction / 5620 5621 diazepam, intraocular-pressure / 5625 alprazolam, withdrawal / 5640 lorazepam + triazolam, tolerance, rat / 5641 chlordiazepoxide, tolerance, rat / 5642 chlordiazepoxide, corticosterone response, rat / 5644 lorazepam tolerance / 5646 diazepam, tolerance, strain differences, mice / 5649 diazepam, tolerance, mouse / 5666 lorazepam, deficits in learning / 5668 lorazepam, tolerance / 5680 BZD, mice, no cross-tolerance / 5688 diazepam, i.v., amnesic effects / 5712 diazepam, methylphenidate, enhancement of visual masking / 5713 triazolam, effect on flicker sensitivity / 5716 diazepam, inhibition of phorbol ester tumor promotion / 5717 clonazepam, neonatal apnea / 5726 ripazepam, carcinogenicity, rodents / 5727 diazepam, intraocular-pressure / 5729 chlordiazepide, hyperglycemia / 5730 chlordiazepoxide, negative contrasts / 5731 chlordiazepoxide, hyperglycemia / 5732 5733 diazepam, rectal, anterograde amnesic effects / 5735 BZD, epidemiology of dependence / 5736 triazolam abuse / 5738 triazolam dependence / 5742 5743 diazepam, enhancement of water in ion absorption, rat / 5754 BZD, rebound anxiety after abrupt withdrawal / 5760 temazepam, fatal overdoses / 5761 diazepam + midazolam, respiratory depression / 5763 flunitrazepam, oral, children, respiratory depression / 5764 midazolam, effect on cerebral blood-flow / 5765 midazolam, effect on cerebral hemodynamics and response to carbon-dioxide / 5766 midazolam, respiratory depressent effects / 5767 diazepam, sensitivity, age-dependent enhancement / 5770 BZD, model for increased sensitivity, hepatocellular failure / 5772 BZD, elderly patients, confusion after admission to hospital / 5775 diazepam + midazolam maleate, intraocular-pressure, adults / 5777 alprazolam, manic reaction / 5783 lorazepam, dependence and chronic psychosis / 5806 diazepam, tolerance, dog / 5829 diazepam, i.v., human-memory / 5830 diazepam, amitriptyline, effect on electrodermal activity / 5832 diazepam, fentanyl, anesthesia, respiratory depression / 5883 BZD-antagonists, prevention of BZD-withdrawal symptoms / 5885 diazepam, continuous release, consequences / 5891 BZD-dependence, mice / 5901 diazepam, phenobarbital, pyrethroid toxicology, protective effects / 5903 triazolam, scopolamine, anterograde amnesic effects, mice / 5914 alprazolam, dyscontrol in borderline personality-disorder / 5917 lorazepam, agitation and hallucination, children / 5918 5919 lorazepam, acute overdose, retrospective study / 5923 convulsant component / 5926 BZD, misuse / 5931 diazepam, i.v., patients with raised intra-cranical pressure, dangers / 5933 diazepam withdrawal, treatment with propranolol / 5934 diazepam, chronic ventilatory effects, cats / 5935 clonazepam, palatal myoclonus / 5968 BZD, polymorphonuclear leukocyte oxidative activity / 5978 diazepam, toluene, possible synergism / 5986 BZD, sodium valproate, cross-tolerance, mice / 5987 BZD, tolerance characteristics / 5988 5989 clobazam, tolerance to anti-convulsant effects / 6003 BZD and others, as street-drugs / 6008 flurazepam, effect in barbiturate withdrawal / 6011 6017 6018 diazepam, memory effects / 6022 BZD, chronic, Wernicke-Korsakoff syndrome / 6031 chlordiazepoxide, diazepam, teratogenic effects fetal hamsters / 6041 BZD, experimental induced dyspnea / 6044 diazepam i.v., sequelae / 6047 midazolam, decreased catecholamine and cortisol responses / 6056 midazolam, nitrazepam, residual effects, single and repeated doses / 6086 BZD, subacute treatment, behavioral tolerance, withdrawal / 6087 6088 diazepam, mediation of food transport, rat / 6092 BZD, withdrawal syndrome, ineffectiveness of clonidine treatment / 6096 flurazepam, triazolam, residual and acute effects / 6111 diazepam, tolerance / 6112 diazepam, daily, influence on hypertension, rats / 6113 oxazepam, oral, man, suppression of plasma-cortisol / 6114 BZD, suppression of cortisol-suppression / 6116 6117 BZD, inhibition of prolactin secretion / 6119 BZD, action on the neuro-endocrine system / 6122 diazepam, withdrawal, primates / 6132 chlordiazepoxide, associative control of tolerance / 6136 BZD + buprenorphine, respiratory depression / 6138 diazepam, effect on memory / 6184 triazolam, rebound sleep disorder, tapering / 6201 triazolam, flurazepam, adverse reactions / 6222 chlordiazepoxide, lithium, taste-aversion / 6223 BZD-tolerance, effects of response topography / 6224 midazolam, tolerance / 6225 BZD-experimental abuse liability assessment / 6226 diazepam + pentobarbital, differential effects on mood and behavior / 6227 triazolam, relative abuse liability / 6229 diazepam, oxazepam, relative abuse liability / 6230 diazepam, oxazepam, abuse / 6233 oxazepam, withdrawal syndroms / 6236 diazepam, chronic, effect on body-weight and food-intake, rats / 6242 diazepam, depression of ventilatory response to carbon-dioxide / 6245 6246 diazepam, ventilatory response to carbon-dioxide / 6247 midazolam, thiopental, time course of ventilatory depression / 6249 BZD, amnesia / 6253 BZD, effect on laryngeal reflexes / 6257 flurazepam, flunitrazepam, daytime somnolence / 6283 nitrazepam + metabolites, mutagenicity study / 6284 chlordiazepoxide a.o., teratogenicity, hamster / 6289 lorazepam, overdose, alpha-coma / 6299 midazolam, amnestic episodes / 6309 biological basis of tolerance, rebound and dependence / 6316 clonazepam, tolerance, mice / 6325 BZD, paradoxical reactions / 6326 flunitrazepam, benefit-risk assessment / 6327 bromazepam, benefit-risk assessment / 6331 diazepam, tolerance / 6335 BZD, withdrawal phenomena / 6336 BZD, incidence of dependence, long-term user / 6387 BZD a.o., residual effects on psychomotor performance, car driving / 6395 diazepam, semantic memory / 6414 diazepam, tolerance / 6418 BZD, hazards / 6434 diazepam, clorazepate, lorazepam, human-memory / 6456 flunitrazepam + lormetazepam, i.v., amnestic effects, comparison / 6457 BZD, tolerance to sedative effects / 6464 diazepam, infant, weaning / 6475 diazepam induced deficits, single-dose tolerance / 6477 alprazolam induced deficits, functional tolerance / 6502 diazepam, esophagitis / 6506 oxazepam, driving under the influence / 6512 bromazepam, safety assessment / 6515 6516 BZD dependence, management / 6534 alprazolam, side-effects / 6541 midazolam + ethanol, effect on car driving ability / 6543 diazepam, effect on hepatocarcinogenesis, rat / 6544 6546 diazepam, memory-effects / 6551 diazepam, adverse reactions / 6554 diazepam, midazolam, intraocular-pressure / 6568 diazepam + cimetidine, fatal bradycardia after overdose / 6569 diazepam, oral, risk of gastric aspiration / 6575 bromazepam, effect on fitness to drive / 6588 BZD, uses and abuses / 6617 clonazepam + amobarbital, respiratory-failure / 6623 BZD, withdrawal in general practice / 6629 diazepam, tumor promoter / 6630 6631 diazepam, breast cancer / 6632 diazepam, possible effect on cancer / 6635 diazepam, impairment of alertness / 6658 alterations of plasma-liquid and lipoprotein levels / 6662 unusual sensitivity to diazepam / 6663 midazolam, amnesia / 6664 BZD, dependence / 6668 diazepam, large doses, SCE in lymphocytes / 6674 diazepam, midazolam, i.v., sequelae / 6681 diazepam, EEG correlates of amnesia / 6728 diazepam, effect on nystagmus / 6735 diazepam, effect on local-cerebral glucose-utilization, rat / 6747 diazepam, tumor promotion / 6761 6762 diazepam, halazepam, abuse potential / 6764 clonazepam, withdrawal psychosis / 6771 diazepam + others, disturbances in musicians / 6784 BZD + ethanol, prolonged respiratory center depression / 6787 diazepam, withdrawal seizures / 6791 diazepam, amnesic effects / 6793 diazepam, effect on gastric-secretion / 6801 diazepam, midazolam, i.v., venous complications /

6809 6810 diazepam, affection of driving-ability / 6833 diazepam, clobazam, effect on motor-coordination / 6865 BZD, withdrawal / 6877 alprazolam, related hepatitis / 6878 alprazolam, dependence-spectrum / 6879 flurazepam, triazolam, next-day anterograde amnesia / 6885 lorazepam, withdrawal and seizures / 6896 flurazepam, quazepam, extended withdrawal / 6897 lorazepam, withdrawal phenomena / 6898 temazepam, quazepam, effects on withdrawal / 6900 midazolam, rebound insomnia / 6905 diazepam, polyphagia / 6942 alprazolam, withdrawal / 6944 diazepam, i.v., lactic-acidosis / 6946 chlordiazepoxide, cytogenetic effect, mice / 6947 BZD, sperm head, abnormalities, mice / 6971 diazepam, risk of breast-cancer / 6976 diazepam, effect on urinary-bladder contraction, rats / 6981 6982 BZD a.o., venous sequelae after i.v. / 6994 BZD + buprenorphine, respiratory depression / 6995 bromazepam, anxiolytic action / 7000 BZD, amnestic effects / 7011 diazepam, effect upon local cerebral glucose use, rat / 7019 clonazepam a.o., side effects, long-term treatment, epilepsy / 7023 7024 BZD-withdrawal, clonidine / 7038 BZD, short-acting, tolerance / 7044 BZD, low-doses, respiratory arrest / 7046 BZD, amnestic properties / 7048 CGS 8216, anorectic actions / 7057 BZD, abstinence syndrome / 7063 7064 alprazolam, withdrawal, utility of carbamazepine / 7068 triazolam, flunitrazepam, loprazolam, effects on memory / 7072 7073 diazepam, breast-cancer / 7110 midazolam, paradoxical reactions / 7119 triazolam, shifting the circadian clock / 7126 diazepam, mutagenic activity / 7136 BZD, memory / 7137 clobazam, memory / 7138 clobazam, lorazepam, anterograde and retrograde memory / 7188 diazepam, i.v., amnesic effect / 7189 lorazepam, CNS-effects / 7201 7202 7203 7204 flunitrazepam, effect on human growth-hormone / 7249 diazepam, i.a., sequelae / 7251 flurazepam, brotizolam, residual effects / 7253 diazepam a.o., intraocular-pressure / 7264 midazolam, drug-dependence test / 7289 BZD, repeated doses, hang-over / 7290 diazepam, effect on cultured heart cell-shape and cytoskeleton / 7291 diazepam, facilitation of action / 7292 benzophenones as prodrug forms / 7299 lorazepam, alprazolam, memory / 7304 diazepam, hyperactivity, rats / 7329 BZD, tolerance / 7338 diazepam, growth-hormone secretion, prolactin secretion, man / 7339 diazepam, metaclazepam a.o., growth-hormone stimulation, man / 7344 BZD, poison / 7345 7347 BZD, dependence / 7348 BZD, abuse and dependence / 7353 flunitrazepam, residual effects / 7354 BZD, relieving withdrawal symptoms / 7355 BZD, long-term effects / 7357 BZD, dependence, management / 7358 BZD, side-effects and dangers / 7359 BZD, long-term users, competed axiel-brain-tomography / 7360 BZD, abuse in western-europe / 7361 BZD, dependence liability / 7362 BZD, Abusus, Schweiz / 7363 triazolam, trials and tribulations / 7364 BZD, abnormalities in children exposed inutero / 7366 BZD, ability to induce aberrations of cell-division a.o. / 7367 BZD, withdrawal symptoms after prolonged treatment / 7368 BZD, stress, plasma corticosteroids, rat / 7371 BZD, withdrawal / 7374 diazepam, high-dose, a.o., elevation of corticosterone level / 7378 diazepam, withdrawal / 7379 triazolam, withdrawal / 7386 lorazepam + CGS-9896, withdrawal, baboons / 7387 BZD, dependence, baboons / 7388 BZD, physical-dependence, baboon / 7389 BZD, amnesic effects / 7391 7392 diazepam, driving ability / 7393 diazepam, adverse reactions / 7395 chlordiazepoxide, lorazepam a.o., prolonged action / 7397 midazolam, effects on memory, sensorium and hemodynamics / 7402 midazolam + ketamine, cardiovascular and repiratory effects / 7404 BZD, withdrawal / 7410 clobazam, neurochemical changes / 7427 diazepam, adverse influence / 7428 diazepam, amnesic effects / 7435 diazepam, withdrawal / 7436 triazolam, nitrazepam, carry-over effects / 7451 7452 BZD, long term use, abuse / 7454 BZD, misuse, abuse, dependency / 7455 alprazolam a.o., withdrawal, panic disorder / 7460 chlordiazepoxide a.o., tolerance, cross-tolerance / 7462 oxazepam, mouse, killing by rats / 7475 diazepam, respiratory depression, cats / 7489 7490 7491 lorazepam and tiapride, effect on memorizing capacities / 7504 7505 oxazepam, withdrawal / 7506 7507 7508 BZD-dependence / 7521 diazepam, withdrawal / 7531 diazepam, effect on stimulations of growth-hormone / 7533 alprazolam, withdrawal, delirium, seizures / 7544 diazepam, midazolam, cardiovascular toxicity / 7554 diazepam a.o., alterations of human-memory / 7556 diazepam, patients with chronic-alcoholism, reactions / 7561 midazolam, papaveretum, endocrine response, children / 7575 flunitrazepam a.o., efficacy and side-effects / 7578 diazepam, painful injections / 7591 BZD, amnesic action / 7595 lorazepam, amnesia / 7596 BZD, hypoactivity / 7599 lorazepam, functional tolerance, rat / 7603 diazepam, i.v., prolonged recovery / 7604 diazepam, i.v., venous complications / 7613 diazepam, i.v., retrograde-amnesia, endoscopy / 7644 triazolam, respiratory effects / 7648 diazepam, respiratory arrest / 7654 diazepam, tolerance / 7661 BZD, dependence / 7662 diazepam, physical dependence / 7684 7688 diazepam a.o., effects on memory / 7694 7695 Ro 15-1788, precipitated withdrawal / 7696 diazepam, withdrawal, baboons / 7697 diazepam, triazolam, effects on auditory visual thresholds and reaction-times, baboon / 7714 Ro 15-1788, visual function / 7722 alprazolam, sexual side-effects / 7723 alprazolam, depressive symptoms / 7725 triazolam, addiction / 7726 lorazepam, oral, anterograde amnesia / 7733 7734 diazepam, i.v., risks / 7736 BZD-withdrawal, review / 7748 flunitrazepam, intraocular pressure / 7765 BZD u.a., Alkohol, Wechselwirkungen / 7790 diazepam, effect on permeability, plasma-lipids, lipoproteins, rabbits / 7800 7801 diazepam, effect on mitosis a.o., flagellate cells / 7805 midazolam, hiccoughs / 7817 BZD, i.v., local complications, midazolam, diazepam, comparison / 7818 diazepam, a.o., withdrawal, glucose-uptake / 7820 diazepam, fentanyl, high-dose, hypertensive crisis a.o. / 7823 BZD, overuse, misuse, abuse / 7824 BZD, abuse / 7827 BZD, dependence, clinical management / 7828 BZD, Gebrauch und Mißbrauch / 7832 clorazepate, esophageal burn / 7838 diazepam, 2 preparations, venous complications / 7853 diazepam, effect on body-temperature changes, humans / 7854 diazepam + pentobarbital, dependence, rat / 7869 chlordiazepoxide, facilitation of erections and inhibition of seminal emission, rats / 7890 supraspinal convulsions, rabbits / 7896 diazepam, effect on cerebral blood-flow / 7928 BZD, withdrawal / 7930 flunitrazepam, effect on peripheral volume pulse / 7933 diazepam, i.v., reduction of venous sequelae / 7939 BZD, interaction on psychomotor-skills / 7940 temazepam, nitrazepam, assessment of hangover / 7941 7942 ORG-2305, effects on psychomotor performance, man / 7948 BZD-hypnotics, daytime residual effects / 7949 diazepam, oxazepam, microbial mutagenicity tests a.o. / 7956 alprazolam, manic reaction / 7971 oxazepam, erythema multiforme-like reaction / 7988 diazepam, effect on arterial blood-gas a.o. / 8002 chlordiazepoxide, CL 218,872, effect on serum corticosterone levels, rats / 8017 diazepam, tolerance, pigeons / 8022 diazepam, changes in cytoskeletal proteins, chick-heart / 8027 diazepam, lorazepam, physical-dependence, dog / 8049 chlordiazepoxide, tolerance / 8067 diazepam, chronic, changes in EEG-patterns a.o. / 8069 BZD-withdrawal, electroencephalography / 8070 alprazolam, withdrawal syndrome / 8071 8072 diazepam, withdrawal syndrome / 8086 flurazepam, apnea syndrome / 8117 8118 BZD, withdrawal syndrome / 8128 8129 8130 diazepam, short-term, long-term-memory / 8145 clobazam, effect on vigilance / 8151 BZD, managing withdrawal, concurrent treatment / 8154 BZD, mechanism of chronic tolerance / 8191 bromazepam, EEG-changes / 8280 clorazepate, effect on psychomotor-skills / 8281 BZD-dependence, management / 8282 midazolam, accumulation / 8287 oxazepam, withdrawal syndrome / 8291 midazolam, adverse skin-reaction / 8299 BZD, cell-growth a.o. / 8305 diazepam, i.v., venous sequelae / 8351 diazepam + ethanol + antihistamins, interactions / 8352 diazepam + buspirone, driving-related skills performance / 8353 diazepam, intraocular-pressure / 8355 8356 BZD, spindle coma / 8362 diazepam, impaired human-memory / 8390 8391 BZD, misuse / 8393 alprazolam, ejaculatory inhibition / 8403 nitrazepam, 6 unexpected deaths / 8405 diazepam, withdrawal symptoms after 6 weeks treatment / 8421 diazepam, inhibition of spreading of chick-embryo fibroblasts / 8422 diazepam, neural tube closure defects, chick-embryos / 8426 diazepam, unusual abstinence syndrome / 8427 diazepam, acute intoxication, physostigmine as antidote / 8434 BZD, hyperglycemia / 8448 clonazepam, withdrawal, EEG abnormalities / 8453 nitrazepam, paradoxical response / 8456 BZD, long-term, depression / 8457 BZD, long-term use, withdrawing / 8467 alprazolam, seizures after abrupt withdrawal / 8472 BZD a.o., addiction liability / 8490 BZD, low-dose treatment, psychological impairment / 8530 diazepam, memory disturbance / 8547 8548 alprazolam, withdrawal syndrome / 8556 BZD, dependence / 8561 increased sexual function in withdrawal / 8562 kindling by contragonist / 8563 effects of beta-carbolines on convulsions / 8564 infusion of DMCM, effects / 8565 ^{3}H-diazepam a.o., binding, effects of electroshocks / 8576 BZD, event amnesia / 8631 diazepam, midazolam, a.o., amnesia, comparison / 8633 BZD and alcohol, withdrawal syndromes, dependence / 8643 triazolam, trials and tribulations / 8655 diazepam, influence on thyroid-function tests, nigerians / 8656 diazepam, impairment of highway driving / 8694 triazolam, coma / 8726 8727 diazepam, withdrawal symptoms and rebound anxiety / 8734 BZD, residual sequelae / 8735 diazepam a.o., critical flicker fusion frequency / 8736 diazepam, i.v., apnea / 8747 BZD, dependence / 8763 BZD, poisoning, 218 cases / 8770 diazepam + ethanol, psychomotor-skills, man / 8787 clobazam, critical flicker fusion thresholds / 8798 BZD-hypnotics, residual effects / 8805 BZD, physical-dependence, mice / 8814 diazepam, long-term, deposits in the lens / 8818 BZE, effect on presynaptic calcium transports / 8822 lorazepam, i.v., a.o., effects on ventilation, man / 8824 BZD, effects on anterior-pituitary cell-proliferation / 8826 diazepam, inhibition of proliferation of mouse spleen lymphocyte / 8827 diazepam, effects on cell-proliferation, rats / 8831 flurazepam, triazolam, residual effects / 8833 flurazepam, long-term treatment, withdrawal symptoms / 8834 alprazolam, manic episodes / 8836 BZD-withdrawal effects / 8838 alprazolam, withdrawal studies / 8857 BZD, use among drug-addicts / 8872 BZD, a.o., assessment of addiction liability / 8873 diazepam, barbiturates, tolerance and withdrawal, comparison / 8892 lorazepam and catatonic syndrome / 8910 diazepam, enhancement of cerebellar inhibition / 8912 8913 BZD, withdrawal and urinary monoamine-oxidase / 8914 BZD, long-term treatment, psychometric performance during withdrawal / 8915 BZD, dependence / 8916 BZD, long-term treatment, withdrawal / 8917 clobazam, withdrawal / 8918 BZD, breaking off longterm treatment / 8919 BZD, low-doses, psychological impairment / 8920 BZD, tolerance and dependence, neuro-endocrine approach / 8924 midazolam, amnesia / 8926 BZD, Mißbrauch und körperliche Abhängigkeit / 8946 BZD, dependence, mortality of patients / 8960 Tranquilizer, Mißbrauchshäufigkeit / 8985 diazepam, increased sensitivity of the elderly / 8986 diazepam, adverse-effects / 8987 diazepam, impairment of performance, elderly / 8999 chlordiazepoxid induced eating / 9000 9001 9002 9003 9004 BZD, use and dependency / 9005 BZD, cerebral atrophy / 9013 9014 BZD, withdrawal symptoms and rebound anxiety, after 6 weeks / 9017 lorazepam, mental disturbances / 9020 9021 diazepam, distributions of ventilation, man, alteration / 9023 9024 oxazepam, promoting effect in rat hepatocarcinogenesis / 9031 9032 diazepam a.o., alteration of renal hemodynamics, dogs / 9035 triazolam, overdose / 9043 BZD a.o., changing patterns, selfpoisoning / 9059 alprazolam, adverse reactions / 9075 BZD, Abhängigkeitsproblematik / 9079 chlordiazepoxide, tonic immobility / 9080 BZD, mnesic gaps / 9087 diazepam, effect on circadian phases / 9095 midazolam, accumulation / 9100 alprazolam, hostility / 9101 9102 diazepam, prolonged coma after sedation / 9103 diazepam a.o., effects on skills of depressed-patients / 9136 9137 midazolam a.o., psychomotor skills and amnesia / 9164 flurazepam, cholestatic jaundice / 9177 diazepam, i.v., a.o., recognition memory / 9184 BZD, overuse and abuse / 9191 BZD, dependence, clinical management / 9202 BZD, low-dose dependence, chronic users / 9203 BZD, long-term, benefits and risks / 9233 diazepam, high-dose, prenatally, acentric craniofacial cleft / 9235 triazolam a.o., amnesic effects / 9236 diazepam, triazolam, tolerance development / 9237 triazolam a.o., performance impairment a.o. / 9238 diazepam, triazolam, subjects with histories drug-abuse / 9242 triazolam, effect on cerebral blood-flow a.o., dog / 9243 BZD, withdrawal, symptoms / 9251 BZD, overdosage in drug-abusers / 9253 diazepam, withdrawal, seizures / 9256 temazepam, chronic toxicity carcinogenesis, rats, mice / 9259 BZD, dependence, psychological treatment / 9274 BZD, hypnotic residual effects / 9275 lormetazepam, amnesic effects / 9279 BZD, effects on memory / 9285 diazepam, midazolam, effect on blood-pressure and recovery-time / 9287 diazepam, mutation test / 9298 9299 diazepam, effects on memory / 9300 9301 flurazepam, diazepam, antiplatelat actions / 9308 alprazolam, emergence of hostility / 9312 flurazepam, functional tolerance / 9314 BZD, abstinence syndrome / 9315 flurazepam, functional tolerance, cat / 9316 flurazepam, tolerance / 9317 diazepam, tolerance / 9319 Ro 15-1788, blood-pressure response / 9320 development of tolerance and physical-dependence / 9321 flurazepam, chronic, tolerance / 9322 BZD, tolerance to anticonvulsant action / 9323 9324 9325 diazepam, pregnancy, lack of relation of oral clefts / 9327 diazepam, i.v., dangers / 9331 lorazepam, drug dependence / 9335 BZD, dependence / 9340 BZD, memory / 9344 9345 diazepam, specific oculomotor deficit / 9358 medazepam, memory / 9363 alprazolam, hepatotoxicity / 9366 diazepam, flunitrazepam, influence on esophageal sphincter tone, i.v. / 9367 midazolam, i.v., esophageal sphincter pressure / 9369 diazepam, i.a., arterial occlusions / 9372 BZD, prolonged coma / 9393 BZD, rebound changes, chronic high-dose treatment / 9394 9395 BZD, tolerance and physical-dependence, experimental induction / 9415 diazepam, allergic interstitial nephritis / 9420 oxazepam, effects on magnesium a.o., human-fetal brain / 9447 BZD, long-term users, characteristics / 9449 9450 BZD, residual effects, saccadic eye-movement / 9468 diazepam + morphine, respiratory depression / 9471 BZD, dependence, cognitive-behavioral treatment / 9475 9476 clonazepam, urinary-incontinence / 9477 lorazepam, global amnesia / 9478 clonazepam, successful treatment of tremor / 9480 diazepam, parkinsonism / 9481 lorazepam, dyskinesia / 9482 alprazolam, inhibition of female orgasm / 9486 chlordiazepoxide, hyperphagia, rats / 9508 diazepam, avoidance depression, mice, tolerance / 9515 9516 chlordiazepoxide, diazepam, oxazepam, anti-tumor activity, mice / 9517 diazepam, a.o., effect on leukemic-cells / 9558 clorazepate, lack of amnestic effects / 9559 lorazepam, side-effects, rebound phenomena / 9561 BZD, amnestic properties / 9562 lorazepam, anterograde amnesia / 9574 9575 clonazepam, physical-dependence, dog / 9578 diazepam, inhibition of prolactin-release / 9590 temazepam, influence on psychomotor and real driving performance / 9591 temazepam, aspects of driving / 9596 midazolam, confusional states / 9597 diazepam, tumorigenic effects / 9606 triazolam, paranoid symptoms / 9612 9613 BZD, long-term use, unusual withdrawal symptoms / 9614 BZD, long-term treatment, physical-dependence / 9620 diazepam, intraarterial / 9623 BZD, depency in alcoholics / 9642 BZD, handbook / 9677 diazepam, a.o., long-term treatment, changes in EEG, blood-levels a.o. / 9678 flurazepam, effects on sodium and potassium currents, nerve fibers / 9710 BZD, withdrawal seizures / 9711 clonazepam, withdrawal / 9724 BZD + buprenorphine, prolonged respiratory depression / 9725 diazepam, i.v., thrombophlebitis a.o. / 9728 diazepam, withdrawal / 9729 BZD, withdrawal / 9730 9731 BZD, loading, alcohol withdrawal / 9735 lorazepam, amnesia / 9736 diazepam, breathless patient, response / 9743 flunitrazepam + alcohol, psychomotor skills / 9770 lorazepam, impaired learning and recall, a.o. / 9773 triazolam, anterograde amnesia / 9776 BZD, overuse-misuse / 9801 diazepam, i.v., thrombophlebitis / 9806 tifluadom, diuresis, rats / 9862 diazepam in pregnancy, oral clefts / 9865 clonazepam, blood-count / 9869 BZD, paradoxical reactions, genetically-determination / 9904 777 Vergiftungsfälle mit BZD / 9910 tetrazepam, withdrawal syndromes / 9921 BZD, side-effects and risks / 9929 9930 triazolam, treatment of dependence / 9943 BZD modulation of auditory evoked magnetic-fields / 9994 alprazolam, withdrawal, insomnia / 10002 diazepam a.o., effect on driver steering control / 10007 BZD dependency syndromes / 10010 diazepam, esophageal sphincter pressure / 10011 BZD, voice analysis of the effects / 10044 diazepam, flunitrazepam a.o., memory function / 10045 BZD, daytime hyperarousal / 10046 10047 BZD, behavioral side effects / 10048 triazolam, behavioral side-effects / 10054 lorazepam, withdrawal seizures / 10074 BZD, withdrawal in the elderly / 10092 diazepam, mutagenic activity / 10116 chlordiazepoxide, backwards walking / 10118 midazolam, a.o., changes in intracranial pressure / 10119 diazepam, effect on meiosis, mouse / 10124 diazepam, tolerance, animal-model of anxiolytic activity / 10144 diazepam, a.o., driving-ability / 10146 diazepam, effect on gastric-acid-solution / 10148 contingent reinforcement for BZD free urines / 10149 diazepam, use, among methadone-maintenance patients / 10150 10151 brotizolam, physical-dependence capacity, rhesus-monkeys / 10160 clobazam + nomifensine, car-driving / 10162 alprazolam, acute paroxysmal excitement / 10163 diazepam, tolerance and toxicity / 10164 diazepam, i.v., abuse / 10169 flurazepam, adult respiratory-distress syndrome / 10171 diazepam, Einfluß auf die Zielmotorik / 10176 BZD, effects on short-term memory and information processing / 10177 alprazolam, lorazepam, psychomotor skills / 10178 metaclazepam, CNS-activity, psychomotor performance, memory / 10179 midazolam + ethanol, iconic memory, free-recall / 10180 BZD + zopiclone, short-term memory / 10214 10215 diazepam, parkinsonism / 10216 10217 alprazolam, attenuation of stress-induced hyperglycemia / 10218 chlordiazepoxide, mutagenic potential, drosophila / 10219 chlordiazepoxide, cytogenetic effects, mice / 10220 chlordiazepoxide, genotoxicity, bone-marrow cells, swiss-mice / 10221 chlordiazepoxide, mutagenic effect, mice / 10225 BZD, effect on respiration / 10226 BZD, effect on alertness / 10245 BZD, hypnotics, chronic use, elderly, side-effect tolerance / 10253 diazepam, i.v., thrombophlebitis / 10257 nitrazepam, temazepam + ethanol, psychomotor performance / 10273 diazepam, effect on visual-field / 10276 diazepam, saccade eye-movement, change / 10319 BZD, agonist and antagonist, hypothermic effect, rodents / 10320 temazepam, nitrazepam, effect on human psychomotor performance / 10324 diazepam, hepatitis / 10338 BZD, amnesic-like effects, animals / 10383 triazolam, seizures following withdrawal / 10398 10399 diazepam, cleft-palate, mouse / 10410 Ro 15-1788, main and side-effects after flunitrazepam narcoses / 10416 alprazolam related digoxin toxicity / 10424 midazolam, effect on local-anesthetic toxicity / 10426 diazepam, a.o., increase of radio-sensitivity, mouse / 10430 flunitrazepam, diplopia and hypersomnia / 10433 diazepam, tolerance, anxiolytic effect, rat / 10439 diazepam, intraocular pressure / 10441 BZD, withdrawal / 10485 BZD, withdrawal hyperexcitability, rats, mice / 10496 BZD, dependence, clinical management / 10498 BZD, dependence, psychological treatment / 10499 diazepam, gradual withdrawal / 10500 BZD, withdrawal symptoms and propranolol / 10501 BZD, dependence / 10527 tifluadom, renal effects / 10538 BZD, withdrawal / 10545 BZD a.o., poisoning / 10563 BZD, side-effects, correction with sydnocarb / 10568 lorazepam, children, hallucinations / 10623 BZD, impairment of performance in learning and memory tasks / 10633 diazepam a.o., muscle-pain / 10651 diazepam, dependence / 10671 alprazolam, withdrawal / 10696 brotizolam, tolerance / 10700 diazepam, inhibition of cell respiration a.o. / 10701 BZD a.o., cross tolerance / 10705 alprazolam, withdrawal / 10721 diazepam, physical-dependence / 10738 bromazepam, effects of small doses on pupillary function a.o. / 10740 lorazepam, withdrawal / 10745 BZD, potentials for dependence / 10755 10756 BZD, inhibition of cell-proliferation / 10757 BZD, induction of friend-erythroleukemia cells / 10763 temazepam, flurazepam, residual-effects / 10767 10768 triazolam a.o., effects on memory and performance / 10770 nitrazepam, effect on vigilance and memory / 10796 10797 alprazolam, abuse and methadone-maintenance / 10801 midazolam, triazolam, residual effects / 10818 flurazepam, effect on growth-hormone release / 10819 diazepam, high-dose, effect on prolactia secretion / 10822 diazepam, influence on intra-ocular pressure / 10832 midazolam, sufentanil, sudden hypotension / 10834 diazepam a.o., reaction-time, performance / 10843 clonazepam, psychosis / 10852 10855 BZD, depression of nociceptive reflexes, dog / 10854 midazolam, effect on reflexes / 10860 diazepam a.o., body-temperature responses / 10861 diazepam, effect on motor coordination, rats / 10866 10867 oxazepam, abstinence syndrome / 10880 elderly patients using BZD, confusion after admission to hospital / 10893 diazepam, effect on fertilization, mouse / 10901 lormetazepam, flurazepam, driving ability / 10902 BZD, simulated car driving, residual effect alcohol interaction / 10903 diazepam, lormetazepam, ethanol, driving ability / 10904 clobazam, paroxysmal language / 10918 diazepam, withdrawal and pseudo-withdrawal / 10936 BZD-withdrawal, coma / 10938 BZD-Abhängigkeit / 10944 diazepam, amnesia / 10951 chlordiazepoxide, effect on plasma-lipids a.o., cockerels / 10952 10954 lorazepam, effect on plasma-lipids a.o., cockerels / 10953 10955 diazepam, reduction of atherosclerosis, cockerels / 10956 10957 diazepam, changes in HDL and LDL lipoproteins a.o. / 10958 diazepam, long-term effects on plasma-lipids a.o., roosters / 10960 diazepam, acute tolerance / 10967 10968 diazepam, withdrawal, cocaine / 10975 dependence-studies, animals, overview / 10976 BZD, experimental abuse liability assessment / 10993 nitrazepam, drooling and aspiration / 10994 nitrazepam, cricopharyngeal incoordination / 11002 diazepam, effects on pancreatic exocrine secretion, dog / 11017 BZD, dependence potentials, animal-models, assessment / 11018 BZD, effect on development of toxic brain edema / 11025 diazepam, acute tolerance, mice / 11029 450191-S, rats, dependence / 11035 BZD, long-term use / 11036 clonazepam, development of tolerance, rat / 11042 chlordiazepoxide a.o., intoxication / 11053 diazepam, withdrawal, status-epilepticus / 11056 diazepam, nitrazepam + ethanol, cardiovascular changes / 11057 diazepam + ethanol, effects on isolated perfused heart / 11076 BZD, oral clinical doses, amnesic effects / 11080 diazepam and tumor-growth / 11113 alprazolam, withdrawal / 11127 diazepam, dependence development, emotional positive reaction /

11133 BZD, withdrawal, 50 patients / 11142 BZD, Mißbrauch / 11145 BZD, kinetics and abuse patterns / 11146 BZD, risk analysis / 11154 BZD, in plasma of accident victims / 11160 lormetazepam, amnestic effects / 11166 BZD, withdrawal seizures, 48 case-reports / 11205 alprazolam, dependence / 11224 BZD, dependence, review / 11225 BZD-dependence, biological basis / 11226 BZD, Abhängigkeitspotential / 11233 BZD-overdose, specific treatment / 11245 BZD, amnesic effects / 11248 nitrazepam, deaths in young-children / 11261 midazolam, amnesia, plasma-concentrations / 11263 BZD-toxicity, children / 11272 BZD-hypnotics, amnestic effects / 11283 BZD-dependence / 11293 BZD-abuse liability /

29 Sleep Studies
(also see 5, 19)

3834 poor and good sleepers / 3835 nitrazepam + chlormezanone, comparison / 3836 flurazepam + lormetazepam / 3837 loprazolam + triazolam / 3848 quazepam / 3877 flurazepam + triazolam, comparison / 3897 BZD, anxiety dreams / 3925 flurazepam, single dose, effects on sleep / 4158 triazolam + chlormethiazole, elderly / 4159 elderly in hospitals / 4160 loprazolam + nitrazepam, elderly, comparison / 4162 temazepam, insomnia / 4164 BZD, daytime sleepness / 4301 normalization after surgical-procedures / 4331 half-life and daytime sleepness / 4332 half-life and daytime hyperarousal / 4333 flurazepam + oxazepam, chronic insomnia, comparison / 4334 flurazepam + triazolam, comparison / 4335 4336 flurazepam, chronic obstructive pulmonary-disease / 4393 alprazolam, diazepam, hypnotic effectiveness / 4400 Hypnotika / 4401 midazolam, daytime-sleep / 4402 BZD, prolonged effects / 4403 midazolam + triazolam, hypnotic action / 4404 temazepam, hypnotic action / 4405 alteration of sleep EEG / 4406 effect on allnight sleep EEG / 4603 midazolam, preoperative sleep / 4660 flurazepam + triazolam, daytime carryover / 4796 BZD, hypnotic action, possible mechanism / 4855 triazolam, insomnia / 5011 5012 flurazepam, sleep studies, chronic obstructive pulmonary-disease / 5048 nitrazepam + triazolam, insomniac outpatients, comparison / 5146 triazolam, geriatric-patients, comparison with nitrazepam / 5149 flurazepam, temazepam, treatment of insomnia / 5173 BZD, insomnia / 5174 sleep and performance / 5185 flurazepam, lormetazepam, insomnia treatment / 5186 BZD vs, non-BZD, EEG-study / 5209 BZD, treatment of insomnia / 5300 modern trends / 5307 5308 flurazepam, effect on sleep-disordered breathing / 5312 brotizolam, insomnia / 5313 estazolam, flurazepam, comparative efficacy / 5314 brotizolam, temazepam, insomnia, crossover comparison / 5315 triazolam, insomnia, depressed-patients / 5324 triazolam, nitrazepam, oxazepam, insomnia, comparison / 5366 midazolam, sleep prior to surgery / 5367 midazolam, hypnotic efficacy / 5401 midazolam, temazepam, zopiclone, effect of ranitidine on hypnotic action / 5403 alprazolam, diazepam, anxiety treatment / 5474 flurazepam + loprazolam, hypnotic efficacy, comparison / 5509 5510 Ro 15-1788 after sleep withdrawal / 5544 BZD, comparison / 5579 flunitrazepam + triazolam / 5623 triazolam, insomniac patients / 5634 triazolam, geriatric patients with insomnia / 5636 camazepam, temazepam, sleep recordings / 5715 midazolam, vesparax, sleep disorders / 5719 flunitrazepam + temazepam, hypnotic efficacy / 5831 nitrazepam, temazepam, sleep disturbances, comparison / 5863 flunitrazepam, triazolam, treatment of insomnia / 5873 5874 BZD-antagonists, effect on sleep and waking EEG / 5892 oxazepam, midazolam, treatment of insomnia /5924 temazepam, triazolam, effects of single doses on sleep / 5928 midazolam, normal subjects / 5929 midazolam, insomniacs / 6069 clonazepam, neuroleptic-induced somnambulism / 6099 6100 flurazepam, young-adults / 6101 flurazepam, arousal from sleep / 6173 BZD-hypnotics, kinetics and therapeutic options / 6174 flurazepam, non insomniacs / 6257 flurazepam, flunitrazepam, daytime somnolence / 6258 midazolam, effects on sleep and sedation / 6275 BZD, respiration during sleep / 6276 BZD, aging and sleep-apnea / 6363 6364 brotizolam, flunitrazepam, as hypnotics, comparison / 6397 flurazepam a.o., chronic insomnia / 6399 brotizolam, flurazepam, effect upon nocturnal arousal thresholds / 6417 midazolam, insomniacs / 6442 flurazepam, attenuation of arousal response / 6448 lormetazepam, chronic insomniacs / 6461 midazolam, oxazepam, insomnia, comparison / 6478 clorazepate, diazepam, single night-time dose, comparison / 6500 diazepam, lormetazepam, insomniacs, comparison / 6535 6536 6539 6540 BZD, effects on sleep / 6541 midazolam + ethanol, effect on sleep / 6615 BZD-sleep and performance / 6627 BZD for sleeping disorders / 6737 clorazepate, halazepam, single bedtime doses, comparison / 6750 brotizolam, efficacy in geriatric-patients with insomnia / 6770 hypnotics, use in nursing-homes / 6837 flurazepam, triazolam, hynotic effects, comparison / 6838 6839 6840 6841 BZD, effect on EEG during sleep / 6842 sleep spindle and delta changes during chronic use of BZD / 6843 triazolam, dose level effects on sleep and response to alarm / 6874 nitrazepam, zopiclone, polygraphic recordings, insomniacs / 6895 BZD, treatment of insomnia / 6897 lorazepam, effects on sleep and withdrawal phenomena / 6898 temazepam, quazepam / 6899 triazolam, quazepam, as hypnotics, comparison / 6900 midazolam, dose-response / 6901 BZD, early morning insomnia / 6902 quazepam, sleep laboratory studies / 6941 midazolam in insomnia / 6948 flurazepam, sleep-waking patterns / 6975 flurazepam / 7005 triazolam, first-night effects in insomnia / 7067 BZD in der Therapie von Schlafstörungen / 7120 brotizolam, sleep reduction / 7139 estazolam, flurazepam, insomnia, comparison / 7214 brotizolam, flurazepam, psychiatric insomnia, comparison / 7219 alprazolam, sleep architecture / 7220 midazolam, geriatric insomniacs / 7221 long-acting hypnotics problems / 7222 alprazolam, geriatric insomniacs / 7234 7235 midazolam, normal subjects / 7236 loprazolam, sleep parameters / 7277 BZD-hypnotic effects / 7281 brotizolam, sleep-waking cycle, cat / 7283 ³H-diazepam, displacing activity, cerebrospinal-fluid / 7342 midazolam, sleep-disorders, geriatrics / 7349 BZD, hypnotic, guide to prescribing / 7352 BZD and insomnia / 7356 BZD, hypnotics in insomnia / 7365 temazepam, experimental insomnia, man / 7421 quazepam, insomnia / 7520 BZD, hypnotic potency / 7546 triazolam, influence of thermal heat-balance, poor sleepers / 7571 7572 triazolam, flunitrazepam, midwinter insomnia, norway / 7575 flunitrazepam, severely insomniac patients / 7619 diazepam, prenatal, reductions in deep slow-wave sleep / 7642 nitrazepam, brotizolam, efficacy, multicenter study / 7649 RU-31158, flurazepam, prolonged administration / 7650 midazolam oral, lorazepam, as hypnotic, comparison / 7704 Schlafstörungen, Behandlung / 7712 midazolam, oxazepam, insomniacs, efficacy and safety / 7713 midazolam, oral, sleep-disorders / 7724 diazepam, oral, rectal, comparison, insomnia and anxiety, elderly / 7774 7775 quazepam, triazolam, 25-night-sleep, comparison, chronic insomniacs / 7856 quazepam, insomnia, geriatric-patients / 7886 triazolam, nitrazepam, effect on sleep, usual insomniacs / 7955 flunitrazepam, efficiency / 7970 nitrazepam, loprazolam, hypnotic efficacy / 8012 chlordiazepoxide a.o., reaction, short and long sleep, mice / 8013 chlordiazepoxide, enhancement or attenuation of sleep time, mice / 8078 BZD, low-doses, insomnia / 8081 quazepam, short-term treatment of insomnia / 8083 BZD receptor and sleep / 8084 flurazepam, reversal of action / 8088 flurazepam, blockade of sleep induction by nifedipine, rat / 8089 flurazepam, sedative-hypnotic action / 8195 flurazepam, triazolam, comparison, hypnotic effects / 8262 nitrazepam, periodic movements in sleep / 8268 diazepam, phasic hippocampal activity during paradoxical sleep / 8273 diazepam, effect on nocturnal masticatory muscle-activity / 8274 triazolam, flunitrazepam, flurazepam, effects, comparison / 8275 8276 midazolam, insomnia / 8277 8278 8279 midazolam, chronic insomniacs / 8283 loprazolam, insomnia, early morning insomnia / 8284 temazepam, effects on sleep and performing, shift workers / 8288 ketazolam, hypnotic effectiveness / 8363 diazepam, rem-sleep deprivation / 8364 lorazepam, improved tolerance / 8402 loprazolam, flurazepam, hypnotic activity / 8410 lormetazepam, flunitrazepam, insomniac patients, comparison / 8411 clotiazepam, effect on sleep / 8414 BZD, increase heart-rate during sleep / 8446 Ro 15-1788 / 8487 sleep symposium, proceedings / 8488 8489 8491 brotizolam, sleep after transmeridian flights / 8492 midazolam, sleep and performance, middle-age / 8535 midazolam, as hypnotic / 8541 flurazepam, triazolam, cat sleep / 8542 increase of peripheral type binding-sites / 8543 action of catecholaminergic serotoninergic and commissural denervation / 8545 effect of brain edema / 8657 clonazepam, periodic leg-movements in sleep / 8704 quazepam, effects on sleep-inducing mechanisms, mice / 8707 quazepam / 8724 lormetazepam, camazepam, hypnotic activity / 8725 hypnotic drugs / 8730 triazolam, daytime anxiety / 8731 BZD, effectiveness for 24 weeks / 8744 triazolam, insomnia / 8759 triazolam, pharmacological properties, insomnia / 8786 triazolam, cimetidine, prolonged hypnotic response / 8798 BZD-hypnotics, residual effects / 8807 temazepam a.o., elderly, sleep disturbances / 8839 BZD, slow sleep / 8853 flurazepam, flunitrazepam, crossover trial / 8874 hypnotics, use in a general-hospital / 8925 midazolam a.o., insomnia, female surgical patients / 8939 BZD-hypnotics, classification / 8976 triazolam and flunitrazepam, trial / 8997 bromazepam, flunitrazepam, hypnogenic action, comparison / 8998 BZD, hypnogenic effects / 9058 triazolam, as hypnotic / 9064 flurazepam, zopiclone, sleep, woman over 40 years of age / 9077 diazepam, midazolam, light-slow wave sleep / 9124 sleep and insomnia, elderly / 9208 brotizolam, insomnia / 9274 BZD, hypnotic residual effects / 9275 lormetazepam, amnesic effects / 9276 temazepam, dose effects on sleep / 9278 flurazepam, insomnia / 9280 triazolam, effect of reduced dose, elderly insomniacs / 9284 flurazepam, sleep of heroin-addicts during withdrawal / 9305 BZD, sleep patterns / 9307 BZD, sleep latency / 9339 temazepam, midazolam, administration in the middle of the night / 9341 triazolam, hypnotic efficacy / 9342 BZD, effects on sleep and wakefulness / 9355 clonazepam, nocturnal myoclonus / 9390 BZD, Schlafstörungen / 9436 midazolam, sleep induction / 9445 quazepam, nocturnal traffic noise, sleep and awakening / 9556 diazepam, carryover hypnotic effectiveness / 9560 lorazepam, sleep laboratory evaluation / 9577 midazolam, triazolam, flunitrazepam, oral, i.v., rabbits / 9642 BZD, handbook / 9687 9688 midazolam, shift-workers, hypnotic efficacy / 9719 triazolam, flurazepam, circadian-rhythm insomnia / 9720 alprazolam, diazepam, daytime sleepiness / 9721 BZD, treatment of a 12 hour shift of sleep schedule / 9866 flunitrazepam, a.o., effect on sleep spindles / 9867 flunitrazepam, effect on body movements and REM / 9907 midazolam, triazolam, hypnotic efficacy / 9954 midazolam, flunitrazepam, night-sedation / 9994 alprazolam, insomnia, withdrawal / 10045 BZD, half-life and daytime hyperarousal / 10080 triazolam, effect on sleep, performance, memory a.o. / 10120 triazolam, insomniacs / 10121 diazepam, withdrawal study, rodents / 10158 temazepam a.o., altitude insomnia / 10160 clobazam + nomifensine, sleep / 10177 alprazolam, lorazepam, sleep / 10222 BZD, treatment of insomnia / 10223 diazepam, alprazolam a.o., pharmacology, efficacy, safety / 10240 hypnotics, elderly, problems / 10241 diazepam, elderly, responsiveness / 10242 BZD in the elderly / 10244 BZD, chronic, CNS effects, elderly / 10245 BZD, chronic elderly, side-effect tolerance / 10278 BZD, sleep-function / 10288 triazolam, early morning, insomnia a.o. / 10329 doxefazepam, new hypnotic, clinical-evaluation / 10370 triazolam a.o., sleep of healthy man / 10389 flunitrazepam, dose-ranging study / 10391 lormetazepam, flunitrazepam, EEG comparison / 10430 flunitrazepam, diplopia and hypersomnia / 10481 10482 10483 triazolam, insomnia phase-shifts of the circadian clock / 10581 10582 triazolam, phase-shifts in circadian activity / 10612 bromazepam, actions of sleep, children / 10628 triazolam, a.o., insomnia, geriatric patients / 10673 BZD and sleep / 10674 10675 flunitrazepam, nitrazepam, hypnotics, psychogeriatrics / 10676 diazepam a.o., hypnotics in elderly / 10678 brotizolam, nitrazepam, hypnotics in elderly / 10680 lormetazepam, older insomniacs / 10681 midazolam, insomniacs / 10739 triazolam, daytime sleep of rotating shift-workers / 10740 lorazepam, effects of withdrawal on sleep a.o. / 10747 10748 10749 10750 nitrazepam, influence of some agents on sleep / 10751 flunitrazepam, influence of some agents on sleep / 10762 10763 temazepam, flurazepam, comparison / 10770 nitrazepam, vigilance and memory at time of nocturnal and morning awakenings / 10787 Ro 15-1788, sleep, dog / 10798 diazepam, effects on sleep, chronic airflow obstruction / 10818 flurazepam, effects on sleep a.o. / 10827 alprazolam, bromazepam, efficacy, comparison / 10829 temazepam, flurazepam, sleep quality a.o., comparison / 10830 temazepam, sleep quality a.o. / 10839 10840 temazepam a.o., insomnia / 10841 brotizolam, hypnotic / 10857 quazepam, flunitrazepam, hypnotics before surgery, comparison / 10858 flunitrazepam a.o., insomniacs / 10894 recent development in diagnosis and treatment, sleep-disorders / 10909 midazolam, temazepam + ranitidine, hypnotic action / 10910 midazolam + ranitidine, hypnotic action / 10916 BZD, effect on circadian rhythms / 10919 quazepam, insomnia, geriatric outpatients / 10932 temazepam, insomnia / 10984 flurazepam a.o., modulation of delta-activity / 11004 11005 11006 450191-S, new sleep inducer, pharmacology / 11034 diazepam, sleep-awake cycle, rat / 11097 Ro 15-1788, reversal of slow-wave sleep / 11098 Ro 15-1788, effect on sleep / 11099 midazolam, effect on sleep / 11121 polysomnographic and MMP, characteristics, insomnia /

11132 quazepam, efficacy in insomnia / 11157 BZD, pharmacokinetic aspects / 11272 amnestic effects / 11274 BZD als Schlafmittel /

30 Synthesis of Benzodiazepines

3799 thiazolo[3,2-a][1,5]-benzodiazepine and [1,4]diazepino[7,1-b]benzothiazole / 4030 [1,2,4] triazolo [4,3-a] 1,5 benzodiazepine / 4032 1,2,7, 11b-tetrahydropyrrolo[1,2-d][1,4]benzodiazepine-3,6(5H)-diones / 4098 5-(substituted-phenyl)-3-methyl-6,7-dihydropyrazolo [4,3-e][1,4] diazepin-8(7H)-ones / 4217 platinum group metal-complexes with 1,4-benzodiazepines / 4218 platinum group metal-complexes with oxazepam / 4241 4242 quinazolines and 1,4-benzodiazepines / 4274 11,12-dihydro-6H-quino [2,3-b] [1,5] benzodiazepines / 4354 4355 4,5-dihydropyrrolo [1,2,3-E,F][1,5] benzodiazepine-6(7H)-ones / 4454 1,3,4-14b-tetrahydro-2-methyl-10H-pyrazino [1,2-a]pyrrolo [2,1-c] [1,4] benzodiazepine (1-1) maleate / 4624 1H-1,2-benzodiazepines by the rearrangement of 2,4,6-trichlorophenylhydrazones / 4625 N-(C-11) methyl, N-(methyl-1 propyl), (chloro-2 phenyl)-1 isoquinoleine carboxamide-3 (PK-11195)/ 4636 tetrahydro-1H-S-triazolo [4,3-d][1,4] benzodiazepines / 4637 cyclo-addition of benzodiazepine nitrones to alkynes - synthesis and x-ray-analysis of some tricyclic quinoxalines / 4638 dihydroisoxazolo [2,3-d][1,4]benzodiazepine ring-system / 4640 new 1,5-benzodiazepine derivatives / 4779 2,3-dihydro-3-oxo-5H-pyrido [3,4-b] [1,4]benzothiazine-4-carbonitriles / 4819 conversion of 2-(2-chloracetamido) benzophenones into 2,3-dihydro-2-oxo-1,4-benzodiazepines / 4820 2-(2-chloroacetamido)benzophenones into 2,3-dihydro-2-oxo-1,4-benzodiazepines / 4953 6H-pyrrolo [1,2-a] [1,4] benzodiazepine / 5074 6H-indolo [2,3-b] [1,8] naphthyridines / 5139 7-chloro-5-phenyl-3(S)methyl-1,3-dihydro-2H-1,4-benzodiazepine / 5159 2-amino and 3-amino-1,4-benzodiazepines / 5197 new synthesis of 2-oxo-1,2,3,4-tetrahydropyrimido [1,2-a] benzimidazoles, 2-oxo-2,3-dihydro-1H-imidazo [1,2-a] benzimidazoles, and 2-oxo-2,3,5,10-tetrahydro-1H-imidazo [1,2-b] [2,4] benzodiazepines / 5237 substituted benzodiazepines / 5245 1H-pyridino[2,3-b] [1,5] benzodiazepine / 5306 ring contraction of 1,5-dihydro-2H-1,5-benzodiazepine-2,3,4-triones / 5368 5H-imidazo [2,1-c]pyrrolo[1,2-a] [1,4]benzodiazepine / 5369 [1,2-a]pyrrolo[2,1-c] [1,4]benzodiazepines and pyrimido [1,2-a] pyrrolo [2,1-c][1,4] benzodiazepines / 5406 isoindolo [2,1-c][2,3]benzodiazepines / 5426 3-Hydroxy-5-phenyl-1,4-benzodiazepin-2-on-Derivate / 5470 attempted preparation / 5515 2,3-benzodiazepines from isoquinoline N-imides / 5574 synthesis of previously inaccessible quinazolines and 1,4-benzodiazepines / 5701 5-pyridyl substituent of bromazepam / 5702 5-(2-fluorophenyl)-1,4-benzodiazepine / 5880 aminoalkyl-substituted imidazo [1,2-a] benzodiazepines and imidazo [1,5-a] benzodiazepines / 5932 derivatives of 2,3-benzodiazepine / 6021 new approach to the 1,4-benzodiazepine ring-system / 6239 1,3-dihydro-1,3-dimethyl-5-phenyl-7-nitro-2H-1,4-benzodiazepine-2-one / 6280 azetidino-[1,2-d] benzodiazepine / 6314 3,6-disubstituted beta-carbolines / 6315 6-substituted beta-carbolines / 6403 1,5-benzodiazepine derivatives / 6553 substituted indolo [3,2-b] [1,5] benzodiazepine derivatives / 6609 photolysis of quinolyl and isoquinolyl azides in the presence of methoxide ions - synthesis of benzodiazepines and pyridoazepines / 6644 ^{13}C and ^{14}C-labeled 8-chloro-1-(2-dimethylamino)ethyl-6-phenyl-4H-sigma-triazolo [4,3-a][1,4]-benzodiazepine tosylate / 6666 pyrrolo(1,4)benzodiazepine antitumor antibiotics / 6711 cyclohepta[b][1,5] benzodiazepine / 6730 6731 new synthesis of diazepam and the related 1,4-benzodiazepines by means of palladium-catalyzed carbonylation / 6919 pyrrolo[1,4]-benzodiazepine antitumor antibiotics / 6920 a total synthesis of chicamycin-A - a new pyrrolo[1,4]benzodiazepine antitumor agent / 6973 quantitative [1,3,2,3]-elimination of water from oxazepam / 7060 5H-tetrazolo[5,1][1,4] benzodiazepines / 7181 formation of isomers upon acylation of compounds having a 1-aryl-4-methyl-5H-2,3-benzodiazepine skeleton / 7205 thienoderivatives, triazoloderivatives and 2'-halogen derivatives / 7206 colored salts of benzodiazepines / 7227 amidoalkylation reactions of anilines - a direct synthesis of benzodiazepines / 7284 preparation of anellated 1,4-benzodiazepines / 7305 synthesis of novel 3-quinoxalinyl-1,5-benzodiazepines via ring transformation - stable tautomers in the 1,5-benzodiazepin-2-one ring-system / 7306 synthesis of novel 3-quinoxalinyl-1,5-benzodiazepines - stable tautomers in 1,5-benzodiazepine-2-one ring-system / 7307 synthesis of novel 3-substituted 1,5-benzodiazepine derivatives / 7308 ring transformation of a 3-quinoxalinyl-1,5-benzodiazepine into novel 3-(benzimidazol-2-ylmethylene)-2-oxo-1,2,3,4-tetrahydroquinoxaline / 7309 synthesis of novel quinoxalines by ring transformation of 3-quinoxalinyl-1,5-benzodiazepine / 7310 synthesis of novel quinoxalinyl-1,5-benzodiazepines by ring transformations / 7314 photochemical-synthesis of 2,3-benzodiazepines from iso-quinoline N-imides / 7315 acylations of 1H-1,2-thienodiazepines and 1H-1,2-benzodiazepines / 7316 synthesis of the first examples of N-unsubstituted 1,3-benzodiazepines / 7396 synthesis of carbinolamine-containing pyrrolo[1,4]benzodiazepines via the cyclization of N-(2-aminobenzoyl)pyrrolidine-2-carboxaldehyde diethyl thioacetals / 7494 synthesis of 1-aryl, 1-aroyl and 1-benzyl-2,3,4,5-tetrahydro-1H-1,4-benzodiazepines / 7557 2-(2-hydroxyphenyl)-4-aryl-1,5-benzodiazepines / 7587 beta-carboline-3-carboxylic acid-amides / 7588 oligopeptides of beta-carboline-3-carboxylic acid / 7589 esters of beta-carboline-3-carboxylic acid / 7646 novel recyclization of 1,4-diacetyl-1,2,3,4-tetrahydroquinoxalines into 1,5-benzodiazepines / 7784 formation of 3H-1,3-benzodiazepines by cyclo-addition of 1,3-oxazol-5-ones to 2-phenylbenzazete / 7883 synthesis of 5,11-dioxo-1,10,11,11a-tetrahydro-2-vinyl-5H-pyrrolo(2,1c)(1,4)benzodiazepine / 7921 synthesis of 7-chloro-5-(2-chlorophenyl)-2-(2-dimethxl-aminoethylthio)-3H-1,4-benzodiazepine and related compounds / 7922 2-(alkoxylalkylamino)-3H-1,4-benzodiazepines / 7962 ethyl 8-fluoro-5,6-dihydro-5-(C-11)methyl-6-oxo-4H-imidazo(1,5a)benzodiazepine-3-carboxylate / 7967 a photochemical route to pyrrolo(1,4)benzodiazepine antitumor antibiotics / 8059 5H-10,11-dihydropyrazolo(5,1-c) (1,4)benzodiazepinderivatives .2. / 8060 pyrazolo(4,5-c)quinolines / 8073 synthesis of bridged benzodiazepines by reaction of amines and hydrazine derivatives with 4,6-dibromomethyl-5,2,8-ethanylylidene-5H-1,9-benzodiazacycloundecine / 8074 synthesis of bridged benzodiazepines by condensation of ortho-phenylenediamines with 4,6-dimethylbicyclo(3,3,1)nona-3,6-diene-2,8-dione / 8076 electrochemical reduction of bridged 1,5-benzodiazepines / 8149 1,4-benzodiazepines and 1,5-benzodiazocines / 8207 synthesis of a tricyclic benzodiazepine derivative from chlordiazepoxide and X-ray crystallographic analysis of a rearrangement product, the indolenine derivative / 8235 recent advances in the synthesis of annelated 1,4-benzodiazepines (review) / 8290 new synthesis of dihydro-1 and tetrahydro-1,5-benzodiazepines by reductive condensation of o-phenylenediamine and ketones in the presence of sodium-borohydride / 8315 new synthesis of 1,4-benzodiazepine derivatives via palladium catalyzed carbonylation / 8316 one-step synthesis of 1,4-benzodiazepines - synthetic studies on neothramycin / 8317 new synthesis of pyrrolo-1,4-benzodiazepines by utilizing palladium-catalyzed carbonylation / 8354 acylation of 5H-2,3-benzodiazepines - reactions of 4-phenyl-5H-2,3-benzodiazepine with acyl chlorides to give N-acylamino-isoquinolines and or acylated dimers / 8373 synthesis of 1,2-annelated 1,4-benzodiazepines and 4,1-benzoxazepines / 8395 acylation of 5H-2,3-benzodiazepines / 8396 acylation of 5H-2,3-benzodiazepines and 4H-thieno(2,3-d) (1,2)diazepines and 8H-thieno(3,2-d)(1,2)diazepines - reactions with acid anhydrides and nucleophiles to give fused 7-substituted 1-acyl-1,2-diazepines / 8445 synthesis of 4,10-dihydro-4,10-dioxo-1H(1)benzothiopyrano(3,2-b)pyridine and 7-oxo-7,13-dihydro(1)benzothiopyrano(2,3-b)-1,5-benzodiazepine / 8464 acylated derivatives of 1,5-benzodiazepines / 8465 5-carboxylic derivatives of some 1,5-benzodiazepines / 8478 1-(3,4-dimethoxyphenyl)-7,8-dimethoxy-5-ethyl-4-methyl-5H-2,3-benzodiazepine / 8667 synthesis and degradation of 3-amino-3-(2-substituted benzimidazol-1-yl)-2-(2-phenyl-1,1-diazanediylmethyl)-2-propenenitrile-hydroxyl group-promoted C-N bond fission / 8668 conversion of 4-amino-1H-1,5-benzodiazepine-3-carbonitrile to pyrazolo(3,4-d)pyrimidines, pyrimido(1,6-a)benzimidazole, and pyrazolo(3',4'-4,5)pyrimidol(1,6-a)benzimidazoles / 8669 ring transformation of 4-amino-1H-1,5-benzodiazepine-3-carbonitrile formation of ring-opened hydrazine adducts / 8708 synthesis of 1,3,4,14b-tetrahydro-2H,10H-pyrazino[1,2-a]-pyrrolo[2,1-c][1,4] benzodiazepines / 8715 derivatives of 2,3-dihydro-1H-1,5-benzodiazepine from substituted 1,2-phenylenediamines and acetylarenes / 8716 aromatic derivatives 2,3-dihydro-1H-1,5-benzodiazepine / 8717 synthesis and properties of 2,2,4-trisubstituted 2,3-dihydro-1H-1,5-benzodiazepines / 8719 chemical-transformations of 2,4-diaryl-2,3-dihydro-1H-1,5-benzodiazepines / 8720 reduction of (2-nitrobenzyl)cyclimmonium and (2-nitrophenacyl)cylimmonium salts - syntheses of the isoquino [1,2-b]quinazoline and isoquino[1,2-b][1,3]benzodiazepine system / 8755 intramolecular 1,1-cycloaddition of nitrilimines as a route to benzodiazepines and cyclopropa[c]cinnolines / 8981 8-chloro-6-(2-chlorphenyl)-1-[4-(2-methoxyethyl)-piperazinol -methyl-4H-S-triazolo[4,3-a]-1,4-benzodiazepine and related compounds / 8982 potential hypnotics and anxiolytics in the 4H-S-triazolo[4,3-a]-1,4-benzodiazepine series - 8-chloro-6-(2-chlorophenyl)-1-[4-(2-methoxyethyl)-piperazino]-4H-S-triazolo[4,3-a]-1,4-benzodiazepine and some related compounds / 9139 metalation of diazepam and use of the resulting carbanion intermediate in a new synthesis of 3-substituted diazepam derivatives / 9140 metalation of diazepam and use of the resulting carbanion intermediate in a new synthesis of 3-substituted diazepam derivatives / 9290 synthesis of derivatives of pyrazolo[3,4-b][1,5]benzodiazepine and of 5H-pyrimido-[4,5-b][1,5] benzodiazepine / 9291 synthesis of derivatives of 1H-pyrimido[4,5-b][1,5] benzodiazepine / 9292 naphtho[1'2'-5,6]pyrano[2,3-b][1,5]benzodiazepine derivatives / 9416 cyclization of new beta-diketone schiff-bases into 1,5-benzodiazepines in acid-medium / 9428 reactions of tropone tosylhydrazone sodium-salt with acetylene derivatives - a novel synthesis of 1H-1,2-benzodiazepine derivatives / 9429 the reactions of tropone tosylhydrazone sodium-salt with acetylene derivatives possessing electron-withdrawing groups - a novel method of synthesis of 1H-1,2-benzodiazepine derivatives / 9518 new synthetic routes to fully unsaturated 1,4-benzodiazepines from quinolyl azides / 9526 synthesis of 6,7,8,13-tetrahydro[1]benzopyrano[4,3-b]benzodiazepine-6,8-dione / 9529 photochemical-synthesis of 1H-2,4-benzodiazepines from 4-azidoisoquinolines / 9530 synthesis and some reactions of 2,4-benzodiazepines / 9531 synthesis and characterization of H-1-2,4-benzodiazepines / 9632 Mikropräparation wichtiger Flunitrazepam-Metaboliten durch Reaktionen auf der Dünnschichtplatte / 9642 BZD, handbook / 9782 synthesis of the anticonvulsant 3-chloro-1H,8H-pyrido[2,3-b,5-b']diindole - a selective benzodiazepine receptor agonist / 9791 synthesis of 3,6-disubstituted beta-carbolines which possess either benzodiazepine antagonist or agonist activity / 9941 synthesis of some substituted pyrrolo-[2,1-c][1,4]benzodiazepines / 10001 synthesis of functional chick brain GABA benzodiazepine barbiturate receptor complexes in messenger RNA-injected xenopus oocytes / 10062 synthesis of fluorescent 5-(2-hydroxyaryl)-7-substituted-2,3-dihydro-1H-1,4-diazepines and related fluorescent 1,5-benzodiazepines / 10095 2-(2'-hydroxyphenyl)-4-aryl-1,5-benzodiazepines as CNS active agents / 10113 synthesis and pharmacological activity of derivatives of 5H-imidazo[2,1-c][1,4]benzodiazepine / 10114 synthesis of 5H-imidazo[2,1-c][1,4]benzodiazepine, a novel tricyclic ring-system / 10181 synthesis of some pyrazino-1,4-benzoxazines and 1,4-oxazino benzodiazepines / 10271 nove ring transformations of 4-acylamino and 4-dimethylaminomethyleneamino-1H-1,5-benzodiazepine-3-carbonitriles to pyramidine-5-carbonitriles / 10272 addition of dihalocarbenes to 3H-1,5-benzodiazepines - synthesis of 2H-bisazirino [1,2-a-2',1'-d][1,5]benzodiazepines / 10366 hydride reduction of N-substituted pyrrolo(1,4)benzodiazepine-5,10-diones / 10367 synthesis and stereochemistry of carbinolamine-containing pyrrolo[1,4] benzodiazepines by reductive cyclization of N-(2-nitrobenzoyl)pyrrolidine-2-carboxaldehydes / 10394 synthesis of novel 4-amino-1,4-benzodiazepine-2,5-diones for anticonvulsant testing / 10455 synthesis of 7,12-dihydropyrido[3,4-b-5,4-b'] diindoles - a novel class of rigid, planar benzodiazepine receptor ligands / 10456 simple synthesis of 3,4-indolosubstituted beta-carbolines - a new class of benzodiazepine antagonists / 10457 pyridodiindoles - synthesis of rigid, planar ligands of benzodiazepine receptors / 10472 chemistry of 1,2-benzodiazepines and related compounds / 10473 formation of 3H-1,3-benzodiazepines from quinoline N-acylimides / 10474 photochemical-synthesis of 3H-1,3-benzodiazepines from quinoline N-acylimides / 10492 synthesis and reactions of isoindolo[2,1-a] [2,4]benzodiazepine / 10514 synthesis of some 2-amino-4-phenyl-3H-1,5-benzodiazepines by reaction of aromatic diamines / 10610 S-substituted derivatives of 8-chloro-6-(2-chlorophenyl)-1-mercaptomethyl-4H-S-triazolo[4,3-alpha]-1,4-benzodiazepine / 10611 synthesis of 2,1-substituted 8-bromo-6-(2-chlorophenyl)-4H-S-triazolo[4,3-a]-[1,4]benzodiazepines / 10634 heat-induced conversion of N-alkylamino-benzophenones into aminobenzophenones / 10684 preparation of substituted 1H-2,3-dihydro-1, 5-benzodiazepines and 2,3-dihydro-1,5-benzothiazepines / 10718 synthesis and hydration of derivatives of 3-allyl-3H[1,5]benzodiazepine-2,4-diones / 10731 4-phenyl-6,7,8,9-tetrahydro-1H-2,3-benzodiazepine 2-oxide / 10734 quinazolines and 1,4-benzodiazepines compounds derived from benzodiazepine-2-acetic acid / 10735 pyrazino[1,2-a][1,4]benzodiazepines / 10736 synthesis of 1,4-benzodiazepines by ring expansion of 2-chloromethylquinazolines with carbanions / 10737 synthesis of imidazo[1,5-a][1,4] benzodiazepines from nitrooximes / 10773 an improved synthesis of 7-chloro-5-(2-chlorophenyl)-2-(2-dimethylaminoethylthio)-3H-1,4-benzodiazepine and related compounds / 10792 chemistry of brotizolam and its metabolites / 11024 2-arylpyrazolo[4,3-c] quinolin-3-ones / 11112 [3+2]cycloaddition of chlordiazepoxide with isocyanates / 11120 a convenient preparation of ^{14}C-labeled 5H-2,3-benzodiazepines /

31 TLC-Studies

4066 1,4-BZD, two-dimensional / 4575 clotiazepam, densitometric determination, plasma, tablets / 5049 BZD and others / 5150 BZD, urine / 5199 BZD, review / 5422 clonazepam, nitrazepam + metabolites / 5423 BZD + others / 5424 flunitrazepam / 5971 BZD, via benzophenones / 6319 BZD / 6720 nitrazepam + met., direct densitometry / 7062 flurazepam and related compounds in capsules / 8107 BZD a.o., serum, fluorescence detection / 8166 8167 8231 BZD a.o. / 8454 diazepam, organs, muscles, milk, calves, cows / 9046 BZD, binary eluents / 9513 BZD, fluorescence detection / 9594 metaclazepam / 9595 BZD, hydrolysis products, corrected R_f-values / 6624 BZD, via hydrolysis products, two-dimensional, TRT / 9625 lorazepam, oxazepam, TRT / 9626 lorazepam / 9627 nitrazepam + met., reaction-chromatography / 9628 clobazam + met. / 9629 BZD, hydrolysis-products / 9630 clobazam, nor-clobazam, hydrolysis products / 9631 camazepam + met. / 9632 flunitrazepam, micropreparation on TLC-plates, metabolites / 9633 BZD + met. / 9636 9637 9638 BZD, screening via hydrolysis products / 9642 BZD, handbook / 9646 halazepam, TLC, hydrolysis products / 9647 9653 triazolam + met. / 9648 midazolam + met. / 9649 BZD, TLC-screening / 9650 9651 BZD, tetracyclic, TLC-screening, corrected R_f-value / 9652 tetrazepam + met. / 9654 lormetazepam + met. / 9655 clotiazepam + met. / 9656 halazepam + met. / 9657 ketazolam oxazolam + met. / 9658 BZD, aminobenzophenones, specifity of Bratton-Marshall detection / 9659 pinazepam / 9660 BZD + met., corrected TLC-data / 9661 tetrazepam, screening via tetrahydroacridones / 9662 alprazolam + met. / 9663 brotizolam + met. / 9665 BZD, discrepant findings between EMIT and TDx / 9667 flurazepam, + met., TRT / 9668 BZD, IR-spectroscopy after TLC separation / 10099 BZD, pH-gradient TLC / 10110 BZD a.o., standardized TLC-systems / 10256 BZD, on polyamide a.o. / 10963 BZD, screening /

11177 BZD, screening / 11281 diazepam + met. / 11291 BZD, benzophenones, screening /

32 Toxicity (also see 7, 19, 28)

3998 specific antagonists, in overdose / 4071 chlordiazepoxide, phototoxicity / 4072 4073 4074 chlordiazepoxide, phototoxicity, rat / 4092 BZD, overdose / 4138 diazepam / 4311 Ro 15-1788, antagonist, intoxication, 40 cases / 4557 oxazepam + paracetamol, acute toxicity / 4681 BZD + barbiturates + tricyclic antidepressants / 4738 Sc-32855, testicular toxicity, rats, dogs / 4821 treatment / 4822 BZD-toxicology and interactions / 4823 BZD-overdose and interactions / 5071 BZD-genotoxic effects / 5196 BZD-immunotoxicity / 5217 photo-toxicity / 5249 diazepam, physostigmine as antidote / 5273 BZD-overdosage, plasma-concentration, clinical outcome / 5699 BZD-overdosage / 5760 temazepam, fatal overdoses / 5778 alprazolam / 5917 lorazepam, children, 65 cases / 5918 5919 lorazepam, acute overdose, retrospective study / 5061 chlordiazepoxide in limbitrol overdose / 6432 BZD, detoxification / 6466 lorazepam + barbital, intoxicating effects, rat, ethanol / 6748 acute poisoning-cases / 6760 triazolam, toxicokinetic study / 6765 BZD, comparative clinical toxicology / 7258 7259 paraoxon toxicity, effect of diazepam and midazolam, rats / 7293 BZD a.o., clinical-toxicological analysis / 7544 diazolam, midazolam, cardiovascular toxicity / 7689 BZD a.o., akute Vergiftungen / 8031 Sc-32855, testicular toxicity, dog / 8087 mediation of the toxicities of pentobarbital and ethanol by BZD-GABA-complex / 8403 nitrazepam, 6 unexpected deaths / 9329 diazepam, apparent toxicity in a child / 9330 diazepam, acute toxicity, circadian variations / 9363 alprazolam, hepatotoxicity / 9426 9427 BZD, fetal toxicity, rats / 9642 BZD, handbook / 9904 777 Vergiftungsfälle mit BZD / 10065 BZD, a.o., Vergiftungen / 10163 diazepam, toxicity and tolerance / 10239 diazepam, oxazepam, toxicity tests / 10416 alprazolam-related digoxin toxicity / 10424 midazolam, pretreatment, effect on local-anesthetic toxicity / 10759 chlordiazepoxide, use of serial plasma-levels in assessing overdose / 10914 chemical reversal of BZD-toxicity / 10922 Toxikologie /

11131 flumazenil, use in intoxications / 11185 clobazam, Überdosierung / 11190 flunitrazepam / 11193 flumazenil for acute intoxication / 11211 flumazenil, treatment of triazolam overdose / 11218 flumazenil, treatment of BZD-intoxication / 11233 overdose, specific treatment / 11238 flunitrazepam, acute intoxication / 11248 nitrazepam, deaths in young-children / 11249 clonazepam, overdose / 11258 flumazenil, management of acute drug overdosage / 11263 BZD-toxicity, children, 2 cases / 11273 flumazenil, toxicological investigations /

33 Miscellaneous

3959 temazepam-mercury(II)-hydrochloride, structure / 4031 crystal-structure of benzodiazepines / 4266 chlordiazepoxide, crystal-structure / 4321 quality-control, USP-NF specification / 4323 BZD use and biopsychosocial model / 4457 prazepam, crystal-structure / 4541 prescription documentation / 4542 4543 prescription underdocumentation / 4546 diazepam + cocaine, Los Angeles county / 4578 BZD, use in Canada, changing patterns, 1978-1984 / 4579 BZD, pattern of abuse / 4586 crystal structure / 4587 bromazepam + flunitrazepam, crystal structure / 4588 clobazam, crystal structure / 4635 diazepam, social effects / 4639 diazepam, dependent population / 4654 prescribing BZD-hypnotics / 4730 clobazam + medazepam + others, thermodynamic study / 4752 transfer from nitrazepam to lormetazepam / 4910 BZD - more logical use / 5033 nitrazepam, solid state degradation / 5361 BZD, challenge to rational prescribing / 5378 diazepam, lattice-vibrations / 5411 5-nitro-2-amino-benzophenone, structure / 5412 1,4- and 1,5-BZD, structures / 5697 BZD, thermodynamic effects of dissolution / 5701 bromazepam, conformation / 5702 BZD, rotational-isomerism / 5703 flunitrazepam, conformational equilibria / 5704 medazepam, conformation in solution / 5741 chiroptical behavior, absolute configuration / 5791 thermal rearrangement / 5871 5872 pharmacochemistry trough BZD-history / 5875 chlordiazepoxide + oxazepam, complexes with zinc and cadmium styphanates / 5897 brotizolam, acid-base equilibrium / 6042 flunitrazepam, photochemistry / 6402 BZD-prescribing / 6469 BZD, use in the nordic countries / 6614 diazepam a.o., digestion procedures prior to analysis / 6739 diazepam, nitrazepam, barbiturates, consumption in prague / 6770 hypnotic drugs, use in nursing-homes / 6771 diazepam a.o., disturbances in musicians / 6843 triazolam, response to a smoke detector alarm / 7012 BZD, association with death major metropolitan area / 7035 diazepam, langmuir isothermes on class surfaces / 7224 BZD a.o., occurence in car occupants killed, south of Sweden / 7322 clonazepam, reduction with enteric bacteria / 7323 flunitrazepam, reduction with enteric bacteria / 7324 nitrazepam, nimetazepam, reduction with enteric bacteria / 7360 BZD, abuse in western europe / 7362 BZD, Abusus, Schweiz / 7449 BZD-therapy, benefits and risks / 7532 BZD-postmortem stability in blood and tissues / 7735 BZD-jelly beans for the middle-class / 7738 triazolam, release, united-kingdom / 7786 diazepam, public knowledge and attitudes / 7826 BZD, good or evil / 7828 BZD, Gebrauch und Mißbrauch / 7869 chlordiazepoxide, erections and seminal emissions, rats / 7885 lorazepam, oxazepam, thermoanalytic study / 8008 BZD and advertising / 8034 BZD, public-health, social and regulatory issues / 8208 diazepam, copper-complex, structure / 8390 BZD, prescription and misuse, FRG / 8392 diazepam, prescribing patterns / 8393 alprazolam, ejaculatory inhibition / 8480 BZD, prescribing and dispensing by pharmacists / 8561 BZD, withdrawal, increased sexual function / 8718 conformational analysis / 8748 diazepam a.o., effect on german and american cockroaches / 8749 BZD, binding to thorax abdomen, house-fly / 8857 BZD, use among drug-addicts / 8880 structures of tifluadom and absolute-configuration / 9096 BZD, discovery / 9333 BZD, prescription to middle-aged women / 9334 BZD, part of lifestyle in the 1980's / 9336 BZD, improved prescribing / 9482 alprazolam, inhibition of female orgasm / 9521 haloxazolam, polymorphism, optical-activity / 9528 computer-application in descriptive testing / 9549 BZD, internationale Kontrolle / 9580 BZD, overprescribing / 9641 BZD, discovery, development, perspectives / 9642 BZD, handbook / 9643 BZD + alcohol / 9645 BZD + met. nomenclature / 10056 diazepam a.o., effect on postcoital contraceptive efficacy of ethinyl estradiol, rats / 10111 10112 BZD, frequency in blood-samples / 10135 10140 the benzodiazepine story (Sternbach) / 10138 10139 discovery of CNS-active 1,4-benzodiazepines / 10891 social aspects of BZD-use / 10892 BZD and shoplifting / 10981 10982 BZD, frequency of diazepam and met. in blood-samples, received for blood-alcohol determination, danish population /

11169 bromazepam, degradation by intestinal microflora / 11192 endogene BZD / 11235 BZD, Kenntnisstand von Ärzten über Einnahme / 11252 BZD-terminology / 11287 BZD, stability in saliva /

References

Abbreviated Titles of Journals according to the Institute for Scientific Information Philadelphia, PA 19104 / USA

References N. [1] to [3778] see Vol. I

3780. Aaltonen L, Erkkola R, Kanto J (1983)
Benzodiazepine receptors in the human-fetus.
Biol Neonat 44: 54-57   (11 Refs.)

3781. Aaltonen L, Himberg JJ, Kanto J, Vuori A (1985)
The usefulness of radioreceptor assay and gasliquid chromatography in pharmacokinetic studies on midazolam.
Int J Cl Ph 23: 247-252   (21 Refs.)

3782. Aaltonen L, Kanto J, Arola M, Iisalo E, Pakkanen A (1982)
Effect of age and cardiopulmonary bypass on the pharmacokinetics of lorazepam.
Act Pharm T 51: 126-131   (28 Refs.)

3783. Aaltonen L, Kanto J, Iisalo E, Koski K, Salo M, Siirtola T (1981)
The passage of flunitrazepam into cerebrospinal-fluid in man.
Act Pharm T 48: 364-368   (17. Refs.)

3784. Aaltonen L, Scheinin M (1982)
Application of radioreceptor assay of benzodiazepines for toxicology.
Act Pharm T 50: 206-212   (31 Refs.)

3785. Aanderud L, Thoner J, Bakke OM (1983)
Tissue distribution of thiopental and diazepam in rats at 71-ata (meeting abstr.).
Act Anae Sc 27: 66   (no Refs.)

3786. Aanderud L, Thoner J, Bakke OM (1983)
Tissue distribution of thiopental and diazepam in rats at 71 atmospheres pressure.
Act Anae Sc 27: 433-438   (33 Refs.)

3787. Aarnoudse JG (1985)
Benzodiazepine in der Geburtshilfe.
In: Benzodiazepine in der Anästhesiologie (Ed. Langrehr D)
Urban & Schwarzenberg, München Wien Baltimore, S. 112-120

3788. Aaronson L, Hinman DJ, Okamoto M (1981)
Sensitivity of variouse ethanol withdrawal signs to diazepam treatment (meeting abstr.).
Alc Clin Ex 5: 142   (no refs.)

3789. Aaronson LM, Hinman DJ, Okamoto M (1982)
Effects of diazepam on ethanol withdrawal.
J Pharm Exp 221: 319-325   (45 Refs.)

3790. Abalis IM, Eldefraw. ME, Eldefraw. AT (1983)
Biochemical-identification of putative gaba benzodiazepine receptors in house-fly thorax muscles.
Pest Bioch 20: 39-48   (40 Refs.)

3791. Abbondati G, Kuurne T, Tarkkane. L, Korttila K (1982)
Ventricular fluid pressure in neurosurgical patients receiving intravenous lorazepam for premedication.
Act Neuroch 64: 69-73   (7 Refs.)

3792. Abbott FV, Franklin KB (1986)
Noncompetitive antagonism of morphine analgesia by diazepam in the formalin test (technical note).
Pharm Bio B 24: 319-321   (23 Refs.)

3793. Abbracchio MP, Balduini W, Coen E, Lombardelli G, Peruzzi G, Cattabeni F (1983)
Chronic clordiazepoxide treatment on adult and newborn rats: Effect on the gaba-benzodiazepine receptor complex.
In: Benzodiazepine recognition site ligands (Ed. Biggio G, Costa E)
Raven Press, New York, p. 227-237

3794. Abbracchio MP, Balduini W, Coen E, Lombardelli G, Peruzzi G, Cattabeni F (1983)
Chronic chlordiazepoxide treatment on adult and newborn rats - effect on the gaba-benzodiazepine receptor complex (review).
Adv Bio Psy 38: 227-237   (19 Refs.)

3795. Abdelaziz M, Khayyal MA, Abdelham. MI, Radwan AG (1985)
Comparative-study of chlorpromazine, diazepam, and sulpiride on experimental gastric-secretion and ulceration in rats (meeting abstr.).
Digestion 31: 148-149   (no Refs.)

3796. Abdelhamid ME, Abdelkha. MM, Mahrous MS (1984)
Application of difference and derivative ultraviolet spectrometry for the assay of some benzodiazepines.
Anal Lett B 17: 1353-1371   (15 Refs.)

3797. Abdelham. M, Korany MAT, Bedair M (1984)
Determination of some 1,4-benzodiazepines by 2nd derivative spectrophotometry.
Act Pharm J 34: 183-190   (14 Refs.)

3798. Abe M, Kushiku K, Morishit. H, Yamada K, Matsuki J, Furukawa T (1980)
Pharmacological studies on alprazolam, and its main metabolites, alpha-OH-alprazolam and Hb-compound.
Igaku Kenk 50: 495-507   (no Refs.)

3799. Abe N, Nishiwak. T (1981)
Studies on heteropentalenes 3.3 cyclo-addition of thiazolo[3,2-a]benzimidazole and imidazo[2,1-b]benzothiazole with methyl propiolate - formation of thiazolo[3,2-a][1,5]-benzodiazepine and [1,4]diazepino[7,1-b]benzothiazole.
Heterocycle 16: 537-538   (3 Refs.)

3800. Abel MS, Lippa AS, Benson DI, Beer B, Meyerson LR (1984)
Preferential protection of cortical type-II benzodiazepine receptors by gamma-aminobutyric acid during heat inactivation.
Drug Dev R 4: 23-30   (24 Refs.)

3801. Abernethy DR, Ameer B, Greenblatt DJ (1984)
Probenecid inhibition of acetaminophen and lorazepam glucuronidation (meeting abstr.).
Clin Pharm 35: 224   (no Refs.)

3802. Abernethy DR, Arendt RM, Lauven PM, Greenblatt DJ (1983)
Determination of Ro-15-1788, a benzodiazepine antagonist, in human-plasma by gas-liquid-chromatography with nitrogen-phosphorus detection - application to single-dose pharmacokinetic studies.
Pharmacol 26: 285-289   (7 Refs.)

3803. Abernethy DR, Greenblatt DJ (1981)
Metabolite-parent drug-interaction study - desmethyldiazepam effect on diazepam kinetics (meeting abstr.).
Clin Pharm 29: 230-231   (no Refs.)

3804. Abernethy DR, Greenblatt DJ (1981)
Effects of desmethyldiazepam on diazepam kinetics - a study of effects of a metabolite on parent drug disposition.
Clin Pharm 29: 757-761   (18 Refs.)

3805. Abernethy DR, Greenblatt DJ (1986)
Drug disposition in obese humans - an update (review).
Clin Pharma 11: 199-213   (75 Refs.)

3806. Abernethy DR, Greenblatt DJ, Ameer B, Shader RI (1985)
Probenecid impairment of acetaminophen and lorazepam clearance - direct inhibition of ether glucuronide formation.
J Pharm Exp 234: 345-349   (26 Refs.)

3807. Abernethy DR, Greenblatt DJ, Divoll M (1981)
Desmethyldiazepam kinetics in obesity (meeting abstr.)
Clin Pharm 29: 231   (no refs.)

3808. Abernethy DR, Greenblatt DJ, Divoll M, Ameer B, Shader RI (1983)
Differential effect of cimetidine on drug oxidation (antipyrine and diazepam) VS conjugation (acetaminophen toxicity by cimetidine.
J Pharm Exp 224: 508-513   (32 Refs.)

3809. Abernethy DR, Greenblatt DJ, Divoll M, Arendt R, Ochs HR, Shader RI (1982)
Impairment of diazepam metabolism by low-dose estrogen-containing oral-contraceptive steroids.
N Eng J Med 306: 791-792   (16 Refs.)

3810. Abernethy DR, Greenblatt DJ, Divoll M, Moschitt. LJ, Harmatz JS, Shader RI (1983)
Interaction of cimetidine with the triazolobenzodiazepines alprazolam and triazolam.
Psychophar 80: 275-278   (19 Refs.)

3811. Abernethy DR, Greenblatt DJ, Divoll M, Shader RI (1982)
Prolongation of drug half-life due to obesity - studies of desmethyldiazepam (clorazepate).
J Pharm Sci 71: 942-944   (28 Refs.)

3812. Abernethy DR, Greenblatt DJ, Divoll M, Shader RI (1983)
Prolonged accumulation of diazepam in obesity (meeting abstr.)
Clin Pharm 33: 236   (no Refs.)

3813. Abernethy DR, Greenblatt DJ, Divoll M, Shader RI (1983)
Prolonged accumulation of diazepam in obesity.
J Clin Phar 23: 369-376   (14 Refs.)

3814. Abernethy DR, Greenblatt DJ, Divoll M, Shader RI (1983)
Pharmacokinetics of Alprazolam.
J Clin Psy 44: 45-47   (22 Refs.)

3815. Abernethy DR, Greenblatt DJ, Divoll M, Shader RI (1983)
Enhanced glucuronide conjugation of drugs in obesity - studies of lorazepam, oxazepam, and acetaminophen.
J La Cl Med 101: 873-880   (23 Refs.)

3816. Abernethy DR, Greenblatt DJ, Divoll M, Smith RB, Shader RI (1983)
Alprazolam and triazolam - differential effect of obesity on low vs high-clearance oxidized benzodiazepines (meeting abstr.)
Clin Pharm 33: 247   (no Refs.)

3817. Abernethy DR, Greenblatt DJ, Divoll M, Smith RB, Shader RI (1984)
The influence of obesity on the pharmacokinetics of oral alprazolam and triazolam (review).
Clin Pharma 9: 177-183   (17 Refs.)

3818. Abernethy DR, Greenblatt DJ, Eshelman FN, Shader RI (1984)
Ranitidine does not impair oxidative or conjugative metabolism - noninteraction with antipyrine, diazepam, and lorazepam.
Clin Pharm 35: 188-192   (30 Refs.)

3819. Abernethy DR, Greenblatt DJ, Locniska. A, Ochs HR, Harmatz JS, Shader RI (1986)
Obesity effects on nitrazepam disposition.
Br J Cl Ph 22: 551-557   (22 Refs.)

3820. Abernethy DR, Greenblatt DJ, Morse DS, Shader RI (1985)
Interaction of propoxyphene with diazepam, alprazolam and lorazepam.
Br J Cl Ph 19: 51-57   (19 Refs.)

3821. Abernethy DR, Greenblatt DJ, Ochs HR, Shader RI (1984)
Benzodiazepine drug-drug interactions commonly occurring in clinical-practice.
Curr Med R 8: 80-93   (40 Refs.)

3822. Abernethy DR, Greenblatt DJ, Ochs HR, Weyers D, Divoll M, Harmatz JS, Shader RI (1983)
Lorazepam and oxazepam kinetics in women on low-dose oral-contraceptives.
Clin Pharm 33: 628-632   (16 Refs.)

3823. Abernethy DR, Greenblatt DJ, Shader RI (1981)
Treatment of diazepam withdrawal syndrome with propranolol (technical note).
Ann Int Med 94: 354-357   (10 Refs.)

3824. Abernethy DR, Greenblatt DJ, Shader RI (1981)
Tricyclic anti-depressant determination in human-plasma by gas-liquid-chromatography using nitrogen-phosphorous detection - application to single-dose pharmacokinetic studies.
Pharmacol 23: 57-63   (17 Refs.)

3825. Abiog RO, Reyes TM, Reyes OL, Tan JC (1981)
Baclofen and diazepam in spinal spasticity - assessment of therapeutic efficacy (meeting abstr.)
Arch Phys M 62: 504   (no Refs.)

3826. Ableitner A, Wuster M, Herz A (1985)
Specific changes in local cerebral glucose-utilization in the rat-brain induced by acute and chronic diazepam.
Brain Res 359: 49-56   (22 Refs.)

3827. Abounassif MA (1985)
High-performance liquid-chromatographic determination of pirenzepine dihydrochloride in its pharmaceutical formulation.
Anal Lett B 18: 2083-2089   (3 Refs.)

3828. Abousaleh MT (1981)
   Benzodiazepines today and tomorrow - Priest, RG, Filho, UV, Amrein, A, Skreta,M (book review)
   Br J Psychi 138: 443   (1 Refs.)

3829. Aboutaleb AE, Rahman AAA, Saleh SI, Ahmed MO (1986)
   Preparation and evaluation of directly compressed medazepam hydrochloride tablets.
   Drug Dev In 12: 2243-2258   (15 Refs.)

3830. Abramets II, Komissar. IV (1982)
   Nature of potentiation of gaba effects by benzodiazepine tranquilizers.
   B Exp B Med 94: 1378-1381   (15 Refs.)

3831. Abramets II, Komissar. IV (1984)
   Ionic dependence of gaba-potentiating effects of benzodiazepine tranquilizers and harman.
   B Exp B Med 97: 745-748   (12 Refs.)

3832. Abrams SML, Harry TVA, Hedges A, Murray GR, Turner P (1986)
   Pharmacodynamic and pharmacokinetic comparison of 2 formulations of lorazepam with placebo (meeting abstr.)
   Br J Cl Ph 22: 229   (2 Refs.)

3833. Acunacas. D, Lowenste. PR, Rosenste. R, Cardinali DP (1986)
   Diurnal-variations of benzodiazepine binding in rat cerebral-cortex - disruption by pinealectomy.
   J Pineal R 3: 101-109   (17 Refs.)

3834. Adam K (1984)
   Are poor sleepers changed into good sleepers by hypnotic drugs?
   In: Sleep benzodiazepines and performance - experimental methodologies and research prospects (Ed. Hindmarch I, Ott H, Roth T).
   Springer, Berlin Heidelberg New York Tokyo, p. 44-57

3835. Adam K, Oswald I (1982)
   A comparison of the effects of chlormezanone and nitrazepam on sleep.
   Br J Cl Ph 14: 57-65   (12 Refs.)

3836. Adam K, Oswald I (1984)
   Effects of lormetazepam and of flurazepam on sleep.
   Br J Cl Ph 17: 531-538   (16 Refs.)

3837. Adam K, Oswald I, Shapiro C (1984)
   Effects of loprazolam and of triazolam on sleep and overnight urinary cortisol.
   Psychophar 82: 389-394   (13 Refs.)

3838. Adam S, Vessey M (1981)
   Diazepam and malignant-melanoma (letter).
   Lancet 2: 1344   (3 Refs.)

3839. Adamec RE, McNaught. B, Racine R, Livingst. KE (1981)
   Effects of diazepam on hippocampal excitability in the rat - action in the dentate area.
   Epilepsia 22: 205-215   (45 Refs.)

3840. Adams P, Gelman S, Reves JG, Greenblatt DJ, Alvis JM, Bradley E (1985)
   Midazolam pharmacodynamics and pharmacokinetics during acute hypovolemia.
   Anesthesiol 63: 140-146   (30 Refs.)

3841. Adams P, Gelman S, Reves JG, Greenblatt DJ, Alvis JM, Bradley E (1985)
   Midazolam pharmacodynamics and pharmacokinetics in dogs during acute hypovolemia (meeting abstr.)
   Anesth Anal 64: 186   (3 Refs.)

3842. Adams PM (1982)
   Effects of perinatal chlordiazepoxide exposure on rat preweaning and post-weaning behavior.
   Neurob Tox 4: 279-282   (9 Refs.)

3843. Adams WJ, Bombardt PA, Brewer JE (1984)
   Normal-phase liquid-chromatographic determination of alprazolam in human-serum.
   Analyt Chem 56: 1590-1594   (15 Refs.)

3844. Adams WJ, Bombardt PA, Code RA (1983)
   Absorption of triazolam from pelleted drug diet mixtures by the mouse - quantitation of alpha-hydroxytriazolam in urine.
   J Pharm Sci 72: 1185-1189   (11 Refs.)

3845. Adelhoj B, Petring OU, Brynnum J, Ibsen M, Poulsen HE (1985)
   Effect of diazepam on drug absorption and gastric-emptying in man.
   Br J Anaest 57: 1107-1109   (13 Refs.)

3846. Adelhoj B, Petring OU, Erinmads. J, Angelo H, Jelert H (1984)
   General-anesthesia with halothane and drug absorption - the effect of general-anesthesia with halothane and diazepam on postoperative gastric-emptying in man.
   Act Anae Sc 28: 390-392   (18 Refs.)

3847. Aden GC (1983)
   Alprazolam in clinically anxious patients with depressed mood.
   J Clin Psy 44: 22-24   (12 Refs.)

3848. Aden GC, Thatcher C (1983)
   Quazepam in the short-term treatment of insomnia in outpatients.
   J Clin Psy 44: 454-456   (3 Refs.)

3849. Aderjan R, Fritz P, Mattern R (1980)
   On determination and pharmacokinetics of flurazepam metabolites in human-blood.
   Arznei-For 30-2: 1944-1947   (22 Refs.)

3850. Adinoff B, Majchrow. E, Martin PR, Linnoila M (1986)
   The benzodiazepine antagonist Ro-15-1788 does not antagonize the ethanol withdrawal syndrome.
   Biol Psychi 21: 643-649   (33 Refs.)

3851. Adler LW (1986)
   Mixed bipolar disorder responsive to lithium and clonazepam (letter).
   J Clin Psy 47: 49-50   (1 Refs.)

3852. Aftanas LI, Ilyuchen. RY (1986)
   Strengthening of interhemispheric interferential inhibition in man by diazepam.
   Zh Vyss Ner 36: 627-631   (18 Refs.)

3853. Agrawal A, Ansari AA, Seth PK (1981)
   Effect of procarbazine on benzodiazepine receptor in mouse-brain.
   Tox Lett 9: 171-175   (22 Refs.)

3854. Agrawal BK, Tiwari AK, Khanijo SK, Agrawal RL (1980
Observation on tetanus with special reference to diazepam therapy.
Clinician 44: 352-359 (no Refs.)

3855. Aguglia U, Tinuper P, Gastaut H (1986)
Effectiveness of clobazam in startle-induced epileptic seizures (meeting abstr.).
Eeg Cl Neur 63: 67 (no Refs.)

3856. Aguirre C, Calvo R, Carlos R, Erill S (1983)
Changes in the binding of diazepam and lorazepam to plasma-proteins induced by sodium valproate (meeting abstr.).
J Pharmacol 14: 695 (no Refs.)

3857. Ahn NC, Andersen GW, Thomsen A, Valentin N (1981)
Pre-anesthetic medication with rectal diazepam in children.
Act Anae Sc 25: 158-160 (13 Refs.)

3858. Airaksinen MM, Mikkonen E (1980)
Affinity of beta-carbolines on rat-brain benzodiazepine and opiate binding-sites.
Med Biol 58: 341-344 (23 Refs.)

3859. Ajlouni KM (1983)
Failure of diazepam to affect growth-hormone and prolactin in acromegalics.
Hormone Res 18: 186-190 (23 Refs.)

3860. Ajlouni K, Elkhatee. M (1980)
Effect of glucose on growth-hormone, prolactin and thyroid-stimulating hormone response to diazepam in normal subjects.
Hormone Res 13: 160-164 (15 Refs.)

3861. Ajlouni K, Elkhatee. M, Elzaheri MM, Elnajdaw. A (1982)
The response of growth-hormone and prolactin to oral diazepam in diabetics.
J Endoc Inv 5: 157-159 (12 Refs.)

3862. Akhundov RA, Voronina TA (1984)
Nootropic and anxiolytic properties of endogenous ligands of benzodiazepine receptors and their structural analogs.
B Exp B Med 97: 198-201 (13 Refs.)

3863. Akhundov RA, Voronina TA (1984)
Spectra of the pharmacological activity of endogenous ligands of benzodiazepine receptors and their structural analogs.
Farmakol T 47: 25-28 (15 Refs.)

3864. Akutagawa K, Makino M, Ishii K (1983)
Ca-2+-antagonistic effects of flurazepam, a benzodiazepine derivative, on isolated guinea-pig left atria.
Jpn J Pharm 33: 845-850 (14 Refs.)

3865. Albertson TE, Bowyer JF (1981)
The anticonvulsant effects of diazepam and phenobarbital in prekindled and kindled cortical seizures (technical note).
Neuropharm 20: 1121-1124 (10 Refs.)

3866. Albertson TE, Bowyer JF, Paule MG (1982)
Modification of the anticonvulsant efficacy of diazepam by Ro-15-1788 in the kindled amygdaloid seizure model.
Life Sci 31: 1597-1601 (9 Refs.)

3867. Albertson TE, Peterson SL, Stark LG (1981)
The anticonvulsant effects of diazepam and phenobarbital in pre-kindled and kindled seizures in rats.
Neuropharm 20: 597-603 (32 Refs.)

3868. Albertson TE, Stark LG, Joy RM (1983)
The effects of doxapram, diazepam, phenobarbital and pentylenetetrazol on suprathreshold and threshold stimulations in amygdaloid kindled rats (technical note).
Neuropharm 22: 245-248 (17 Refs.)

3869. Albertson TE, Walby WF (1986)
Effects of the benzodiazepine antagonists Ro 15-1788, CGS-8216 and PK-11195 on amygdaloid kindled seizures and the anticonvulsant efficacy of diazepam.
Neuropharm 25: 1205-1211 (37 Refs.)

3870. Albrecht RF, Cook J, Hoffmann WE, Larschei. P, Miletich DJ, Naughton N (1985)
The interaction between benzodiazepine antagonists and barbiturate-induced cerebrovascular and cerebral metabolic depression.
Neuropharm 24: 957-963 (37 Refs.)

3871. Albright PS (1983)
Effects of carbamazepine, clonazepam, and phenytoin on seizure threshold in amygdala and cortex.
Exp Neurol 7o: 11-17 (20 Refs.)

3872. Albright PS, Burnham WM (1983)
Effects of phenytoin, carbamazepine, and clonazepam on cortex-evoked and amygdala-evoked potentials.
Exp Neurol 81: 308-319 (28 Refs.)

3873. Alda M, Dvorakov. M, Posmurov. M, Balikova M, Zvolsky P, Karen P, Filip V (1986)
A pharmacogenetic study with diazepam in twins (meeting abstr.)
Int J Neurs 31: 168 (no Refs.)

3874. Alda M, Dvorakov. M, Posmurov. M, Balikova M, Zvolsky P, Karen P, Filip V (1986)
A pharmacogenetic study with diazepam in twins (meeting abstr.)
J Pharmacol 17: 167 (no Refs.)

3875. Alderdice MT, Stallwor. BS (1981)
Actions of the anticonvulsants phenytoin, diazepam and valproic acid on neuro-muscular transmission (meeting abstr.).
Fed Proc 40: 324 (no Refs.)

3876. Aldinio C, Balzano M, Savoini G, Leon A, Toffano G (1981)
Ontogeny of diazepam-^{3}H binding-sites in different rat-brain area - effect of gaba.
Dev Neurosc 4: 461-466 (25 Refs.)

3877. Alexander N, Baldwin RJJ, Cranfiel. R, Hughes D, Khan GU, Venugopa SS (1984)
Comparison of triazolam (halcion) and flurazepam (dalmane) for the treatment of insomnia in general-practice.
Clin Trials 21: 371-377 (7 Refs.)

3878. Alexander PE, Alexander DD (1986)
Alprazolam treatment for panic disorders.
J Clin Psy 47: 301-304 (15 Refs.)

3879. Alexandrova GM, Eltsova ZI, Efremova GN, Zoryan EV, Milograd. GP, Pashchuk LR (1981)
Combination of phenazepam and diazepam with analgesics.
Farmakol T 44: 147-151 (14 Refs.)

3880. Alho H, Costa E, Ferrero P, Fujimoto M, Cosenzam. D, Guidotti A (1985)
Diazepam-binding inhibitor - a neuropeptide located in selected neuronal populations of rat-brain.
Science 229: 179-182   (23 Refs.)

3881. Alho H, Miyata M, Guidotti A, Korpi E, Kiianmaa K, Costa E (1986)
A brain polypeptide functioning as a putative endogenous ligand to benzodiazepine receptors (meeting abstr.)
Alc Alcohol 21: 68   (no Refs.)

3882. Alho H, Wilcox J, Brosius J, Moccetti I, Roberts J, Costa E (1986)
Indentification of diazepam binding inhibitor (DBI) peptide in rat-brain by insitu CDNA-messenger RNA hypridization (meeting abstr.).
Anat Rec 214: 3   (no Refs.)

3883. Ali RK, Pirovano I, Ijzerman AP, Dezwart MAH (1986)
Characterization of peripheral benzodiazepine binding-sites in bovine lung (meeting abstr.).
Pharm Week 8: 338   (no Refs.)

3884. Alkhudhairi D, Askitopo. H, Whitwam JG (1982)
Acute tolerance to the central respiratory effects of midazolam in the dog.
Br J Anaest 54: 953-958   (19 Refs.)

3885. Alkhudhairi D, McCloy RF, Whitwam JG (1982)
Comparison of midazolam and diazepam in sedation during gastroscopy (meeting abstr.).
GUT 23: 432   (no Refs.)

3886. Alkhudhairi D, Whitwam JG, Askitopo. H (1982)
Acute desensitization of the central respiratory effects of midazolam in the dog (meeting abstr.)
Br J Anaest 54: 228   (3 Refs.)

3887. Alkhudhairi D, Whitwam JG, Askitopo. H (1982)
Acute central respiratory effects of diazepam, its solvent and propylene-glycol.
Br J Anaest 54: 959-964   (19 Refs.)

3888. Alkhudhairi D, Whitwam JG, Chakraba. MK, Askitopo. H, Grundy EM, Powrie S (1982)
Hemodynamic-effects of midazolam and thiopentone during induction of anesthesia for coronary-artery surgery.
Br J Anaest 54: 831-835   (9 Refs.)

3889. Alkhudhairi D, Whitwam JG, McCloy RF (1982)
Midazolam and diazepam for gastroscopy.
Anaesthesia 37: 1002-1006   (12 Refs.)

3890. Alkrawi E, Cameron GC, Scott AK (1986)
Lack of effect of ketoprofen in oxazepam kinetics (meeting abstr.).
Br J Cl Ph 21: 608   (4 Refs.)

3891. Allen CJ, Gough KR (1983)
Effect of doxapram on heavy sedation produced by intravenous diazepam (technical note).
Br Med J 286: 1181-1182   (5 Refs.)

3892. Allen JG, Galloway DB, Ehsanull. RS, Ruane RJ, Bird HA (1984)
The effect of bromazepam (lexotan) administration on antipyrine pharmacokinetics in humans.
Xenobiotica 14: 321-326   (9 Refs.)

3893. Allen JW, Jawad S, Oxley J, Trimble M (1985)
Development of tolerance to anticonvulsant effect of clobazam (letter).
J Ne Ne Psy 48: 284-285   (4 Refs.)

3894. Allen JW, Oxley J, Robertso. MM, Trimble MR, Richens A, Jawad SSM (1983)
Clobazam as adjunctive treatment in refractory epilepsy (technical note).
Br Med J 286: 1246-1247   (5 Refs.)

3895. Allen MD, Greenblatt DJ (1980)
Comparative protein-binding of diazepam and desmethyldiazepam.
J Clin Phar 20: 639-643   (15 Refs.)

3896. Allen MD, Greenblatt DJ (1981)
Comparative protein-binding of diazepam and desmethyldiazepam.
J Clin Phar 21: 219-223   (15 Refs.)

3897. Allen RM (1983)
Attenuation of drug-induced anxiety dreams and pavor nocturnus by benzodiazepines.
J Clin Psy 44: 106-108   (9 Refs.)

3898. Alleva E, Bignami G (1986)
Prenatal benzodiazepine effects in mice - postnatal behavioral-development, response to drug challenges, and adult discrimination-learning.
Neurotoxico 7: 303-317   (20 Refs.)

3899. Alleva E, Bignami G, Laviola G (1985)
Cross-fostering and prenatal benzodiazepine treatment in the developing mouse (meeting abstr.).
Int J Dev N 3: 477   (1 Refs.)

3900. Alleva E, Laviola G, Bignami G (1986)
Morphine effects of activity and pain reactivity of developing CD-1 mice with or without late prenatal oxazepam exposure (meeting abstr.)
Psychophar 89: 8   (1 Refs.)

3901. Alleva E, Laviola G, Tirelli E, Bignami G (1985)
Short-term, medium-term, and long-term effects of prenatal oxazepam on neurobehavioural development of mice.
Psychophar 87: 434-441   (29 Refs.)

3902. Allikmets LH, Rago LK (1983)
The action of benzodiazepine antagonist Ro-15-1788 on the effects of gaba-ergic drugs (technical note).
N-S Arch Ph 324: 235-237   (11 Refs.)

3903. Allin DM (1982)
Successful treatment of anxiety with a single nighttime dose of chlormezanone - double-blind comparison with diazepam.
Curr Med R 8: 33-38   (2 Refs.)

3904. Allonen H, Ziegler G, Klotz U (1981)
Midazolam kinetics.
Clin Pharm 30: 653-661   (22 Refs.)

3905. Allsopp LF, Cooper GL, Poole PH (1984)
Clomipramine and diazepam in the treatment of agoraphobia and social phobia in general-practice.
Curr Med R 9: 64-70   (9 Refs.)

3906. Alon E, Baitella L, Hossli G (1985)
Ro 15-1788 in reversing midazolam used for laparoscopy (preliminary communications) (meeting abstr.)
Act Anae Sc 29: 89 (no Refs.)

3907. Alsip NL, Dimicco JA (1985)
Comparison of the actions of chlordiazepoxide and phenytoin on the cardiovascular effects and convulsions induced by 3-mercaptopropionic acid (meeting abstr.)
Fed Proc 44: 1727 (no Refs.)

3908. Altahan F, Loscher W, Frey HH (1984)
Pharmacokinetics of clonazepam in the dog.
Arch I Phar 268: 180-193 (22 Refs.)

3909. Althaus W, Block J, Forster A, Kuhnhold M, Meister D, Wischnie. M (1986)
Analytical profile of metaclazepam.
Arznei-For 36-2: 1302-1306 (7 Refs.)

3910. Altstein M, Dudai Y, Vogel Z (1981)
Benzodiazepine receptors in chick retina - development and cellular-localization (technical note).
Brain Res 206: 198-202 (19 Refs.)

3911. Alvarez N, Hartford E, Doubt C (1981)
Epileptic seizures induced by clonazepam.
Clin electr. 12: 57-65 (44 Refs.)

3912. Aman MG, Werry JS (1982)
Methylphenidate and diazepam in severe reading retardation.
J Am A Chil 21: 31-37 (47 Refs.)

3913. Ambert AM (1983)
The effects of tranquilization - benzodiazepine use in canada - Cooperstock, R, Hill, J (book review)
Can R Soc A 20: 511-512 (1 Refs.)

3914. Ambrosi F, Ricci S, Quartesa. R, Moretti P, Pelicci G, Pagliacc. C, Nicolett. I (1986)
Effects of acute benzodiazepine administration on growth-hormone, prolactin and cortisol release after moderate insulin-induced hypoglycemia in normal women.
Psychophar 88: 187-189 (15 Refs.)

3915. Ameer B, Greenblatt DJ (1981)
Lorazepam - a review of its clinical pharmacological properties and therapeutic uses (review or bibliog.)
Drugs 21: 161-200 (172 Refs.)

3916. Amphoux G, Agussol P, Girard J (1982)
The action of bromazepam on anxiety.
Nouv Presse 11: 1738-1740 (no Refs.)

3917. Amrein R, Bovey F, Cano JP, Eckert M, Ziegler WH, Coassolo P, Schalch E, Burckhar. J (1983)
Pharmacokinetics and pharmacodynamics of flurazepam in man .2. investigation of the relative efficacy of flurazepam, desalkyl-flurazepam and placebo under steady-state conditions.
Drug Exp Cl 9: 85-99 (7 Refs.)

3918. Amrein R, Cano JP, Eckert M, Coassolo P (1981)
Pharmacokinetics of midazolam after i.v. administration.
Arznei-For 31-2: 2202-2205 (3 Refs.)

3919. Ananth J (1982)
Benzodiazepines - selective use to avoid addiction.
Postgr Med 72: 271-276 (31 Refs.)

3920. Ananth J (1983)
Abstinence syndrome from therapeutic doses of oxazepam (letter)
Can J Psy 28: 592 (1 Refs.)

3921. Ananth J (1983)
A generic benzodiazepine - reply (letter).
Postgr Med 73: 52 (no Refs.)

3922. Ananth J (1986)
Benzodiazepine use does not lead to alcoholism recurrence (letter)
Postgr Med 80: 44 (no Refs.)

3923. Ananth J, Vandenst. N (1983)
Intramuscular lorazepam - a double-blind comparison with diazepam and placebo.
Neuropsychb 9: 139-141 (6 Refs.)

3924. Anastasiadou C, Henry S, Legendre B, Souleau C, Duchene D (1983)
Solid dispersions - comparison of prepared melts and coprecipitates of diazepam and polyoxyethylene glycol-4000.
Drug Dev in 9: 103-115 (9 Refs.)

3925. Ancoliisrael S, Kripke DF, Zorick F, Roth T (1984)
Effects of a single dose of flurazepam on the sleep of healthy-volunteers.
Arznei-For 34-1: 99-100 (8 Refs.)

3926. Anderson RA, Mitchell R (1984)
Analysis of benzodiazepine binding-sites in rat pituitary-gland (technical note).
Brain Res. 323: 369-373 (19 Refs.)

3927. Anderson RA, Mitchell R (1984)
Central-type benzodiazepine binding-sites in rat pituitary-gland are of the BZ1subtype (technical note).
Neuropharm 23: 1331-1334 (10 Refs.)

3928. Anderson RA, Mitchell R (1986)
Benzodiazepine-interactions and barbiturate-interactions with gabaa receptor responses on lactotrophes (technical note).
Brain Res 371: 287-292 (36 Refs.)

3929. Andersson LC, Lehto VP, Stenman S, Badley RA, Virtanen I (1981)
Diazepam induces mitotic arrest at prometaphase by inhibiting centriolar separation.
Nature 291: 247-248 (8 Refs.)

3930. Andino MM, Winefordner JD (1986)
Room-temperature phosphorescence of diazepam and its application to the determination of diazepam in serum and in a tablet formulation.
J Pharm B 4: 317-326 (30 Refs.)

3931. Ando K, Johanson CE, Levy DL, Yasillo NJ, Holzman PS, Schuster CR (1983)
Effects of phencyclidine, secobarbital and diazepam on eye tracking in rhesus-monkeys.
Psychophar 81: 295-300 (24 Refs.)

3932. Andre M, Boutroy MJ, Dubruc C, Thenot JP, Bianchet. G, Sola L, Vert P, Morselli PL (1986)
Clonazepam pharmacokinetics and therapeutic efficacy in neonatal seizures.
Eur J Cl Ph 30: 585-589 (13 Refs.)

3933. Andre M, Boutroy MJ, Dubruc C, Vert P, Thenot JP, Morselli PL (1986)
Clonazepam (CZ) pharmacokinetics in neonatal convulsions (meeting abstr.)
Pediat Res 20: 201   (no Refs.)

3934. Andreev BV, Ignatov YD (1981)
Effect of gaba-negative drugs on anxiolytic and sedative effects of diazepam.
B Exp B Med 91: 756-758   (12 Refs.)

3935. Andrews SM, Griffith. LA (1984)
The metabolism and disposition of [2-^{14}C] diazepam in the streptozotocin-diabetic rat.
Xenobiotica 14: 751-760   (48 Refs.)

3936. Andronati SA, Chepelev VM, Voronina TA, Yavorsky AS, Yakubovs. LN, Danilin VV (1985)
Structure, pharmacological properties and affinity to benzodiazepine receptors of 1,2-dihydro-3H-1,4-benzodiazepine-2-ones and their cyclic homologs.
Khim Far Zh 19: 535-539   (12 Refs.)

3937. Andronati SA, Chepelev VM, Yakubovs. LN, Faldman AV, Voronina TA, Rozhanet. VV, Zhulin VV, Korotkov KO (1983)
The relationship between the structure, affinity for benzodiazepine receptor and properties of 5-halogenophenyl-1,2-dihydro-3H-1,4-benzodiazepines-2-ones.
Bioorg. Khim 9: 1357-1361   (13 Refs.)

3938. Andronati SA, Golovenk. NY, Stankevi. EA, Zinkovsk. VG, Yakubovs. LN (1986)
Comparative-analysis of the pharmacokinetics of unsubstituted N-1-derivatives of 1,4-benzodiazepine.
B Exp B Med 101: 206-209   (12 Refs.)

3939. Andronati SA, Voronina TA, Chepelev VM, Korotenk. TI (1983)
The effect of 5-methyl-1,2-dihydro-^{3}H-1,4-benzodiazepine-2-ones on the binding of ^{3}H labeled diazepam with benzodiazepine receptors and their psychotropic properties.
Khim Far Zh 17: 1296-1300   (12 Refs.)

3940. Angel A (1985)
The effect of benzodiazepines upon transmission of somatosensory information in the urethane-anaesthetized rat (meeting abstr.)
J Physl Lon 366: 26   (2 Refs.)

3941. Angel A, Kohn P (1986)
The effect of librium (chlordiazepoxide hydrochloride) on the protoveratrine A-stimulated uptake of ^{22}Na by slices of rat cerebral-cortex invitro (meeting abstr.)
J Physl Lon 373: 22   (1 Refs.)

3942. Angioi RM, Bonetti EP (1981)
Selective antagonism by caffeine of diazepam-induced muscle-relaxation in mice (meeting abstr.)
Experientia 37: 665   (1 Refs.)

3943. Angst J (1983)
Wann sind Benzodiazepine, wann Antidepressiva angezeigt?
Selecta 35: 2970-2974

3944. Angst J, Dobler-Mikola A (1986)
Indikationsstellung bei ängstlichen und depressiven Syndromen.
In: Benzodiazepine - Rückblick und Ausblick (Ed. Hippius H, Engel RR, Laakmann G)
Springer, Berlin Heidelberg New York Tokyo, p. 71-83

3945. Angus WR, Romney DM (1984)
The effect of diazepam on patients memory.
J Cl Psych 4: 203-206   (27 Refs.)

3946. Anholt RRH (1986)
Mitochondrial benzodiazepine receptors as potential modulators of intermediary metabolism (review)
Trends Phar 7: 506-511   (35 Refs.)

3947. Anholt RRH, Aebi U, Pedersen PL, Snyder SH (1986)
Solubilization and reassembly of the mitochondrial benzodiazepine receptor.
Biochem 25: 2120-2125   (31 Refs.)

3948. Anholt RRH, Desouza EB, Kuhar MJ, Snyder SH (1985)
Depletion of peripheral-type benzodiazepine receptors after hypophysectomy in rat adrenal-gland and testis.
Eur J Pharm 110: 41-46   (21 Refs.)

3949. Anholt RRH, Desouza EB, Ostergr. ML, Snyder SH (1985)
Peripheral-type benzodiazepine receptors - autoradiographic localization in whole-body sections of neonatal rats.
J Pharm Exp 233: 517-525   (31 Refs.)

3950. Anholt RRH, Murphy KMM, Mack GE, Snyder SH (1984)
Peripheral-type benzodiazepine receptors in the central nervous-system - localization to olfactory nerves.
J Neurosc 4: 593-603   (34 Refs.)

3951. Anholt RRH, Pedersen PL, Desouza EB, Snyder SH (1986)
The peripheral-type benzodiazepine receptor - localization to the mitochondrial outer-membrane.
J Biol Chem 261: 576-583   (40 Refs.)

3952. Anika SM (1985)
Diazepam and chlorpromazine stimulate feeding in dwarf goats (technical note)
Vet Res Com 9: 309-312   (9 Refs.)

3953. Ansseau M, Ansoms C, Beckers G, Bogaerts M, Botte L, Debuck R, Diricq S, Dumortie. A, Janseger. E, Owieczka J (1984)
Double-blind clinical-study comparing alprazolam and doxepin in primary unipolar depression.
J Affect D 7: 287-296   (26 Refs.)

3954. Ansseau M, Doumont A, Cerfonta. JL, Mantanus H, Rousseau JC, Timsitbe. M (1984)
Self-reports of anxiety level and EEG changes after a single dose of benzodiazepines - double-blind comparison of 2 forms of oxazepam.
Neuropsychb 12: 255-259   (29 Refs.)

3955. Ansseau M, Doumont A, Diricq S (1984)
Methodology required to show clinical differences between benzodiazepines.
Curr Med R 8: 108-114   (6 Refs.)

3956. Ansseau M, Doumont A, Vonfrenc. R, Collard J (1984)
A long-acting benzodiazepine is more effective in divided doses (letter).
N Eng J Med 310: 526   (5 Refs.)

3957. Ansseau M, Doumont A, Vonfrenc. R, Collard J (1984)
Duration of benzodiazepine clinical activity - lack of direct relationship with plasma half-life - a comparison of single vs divided dosage schedules of prazepam.
Psychophar 84: 293-298   (63 Refs.)

3958. Antal EJ, Ereshefs. L, Wells B, Evans RL, Richards AL, Townsend RJ, Smith RB (1986)
Multicenter evaluation of the kinetic and clinical interaction of alprazolam and imipramine (meeting abstr.)
Clin Pharm 39: 178   (no Refs.)

3959. Antolini L, Preti C, Tosi G, Zannini P (1986)
Structural and spectral study of 7-chloro-3-hydroxy-1-methyl-5-phenyl-1,3-dihydro-2H-1,4-benzodiazepin-2-one (temazepam)mercury(II) dichloride.
J Cryst Sp 16: 115-124   (25 Refs.)

3960. Apfelbach R (1980)
Instinctive predatory behavior of mustelids (mustela-putorius - furo, mustela-nivalis) modified by benzodiazepine derivatives (meeting abstr.)
Aggr. Behav 6: 263   (no Refs.)

3961. Apfelbach R (1981)
Instinctive predatory behavior of mustelids (mustela-putorius - furo, mustela-vision - dom) modified by benzodiazepine derivatives.
Pharm Bio B 14: 43-46   (16 Refs.)

3962. Arana GW, Ornsteen ML, Kanter F, Friedman HL, Greenblatt DJ, Shader RI (1986)
The use of benzodiazepines for psychotic disorders - a literature-review and preliminary clinical findings.
Psychoph B 22: 77-87   (39 Refs.)

3963. Arana GW, Pearlman C, Shader RI (1985)
Alprazolam-induced mania - 2 clinical cases.
Am J Psychi 142: 368-369   (7 Refs.)

3964. Aranko K (1985)
Task-dependent development of cross-tolerance to psychomotor effects of lorazepam in man.
Act Pharm T 56: 373-381   (30 Refs.)

3965. Aranko K, Mattila MJ, Bordigno. D (1985)
Psychomotor effects of alprazolam and diazepam during acaute and subacute treatment, and during the follow-up phase.
Act Pharm T 56: 364-372   (16 Refs.)

3966. Aranko K, Mattila MJ, Nuutila A, Pellinen J (1985)
Benzodiazepines, but not antidepressants or neuroleptics, induce dose-dependent development of tolerance to lorazepam in psychiatric-patients.
Act Psych Sc 72: 436-446

3967. Aranko K, Mattila MJ, Seppala T (1982)
Development of tolerance and cross-tolerance to the actions of diazepam and lorazepam on psychomotor-skills in man (meeting abstr.).
Br J Cl Ph 14: 619   (3 Refs.)

3968. Aranko K, Mattila MJ, Seppala T (1983)
Development of tolerance and cross-tolerance to the psychomotor actions of lorazepam and diazepam in man.
Br J Cl Ph 15: 545-552   (28 Refs.)

3969. Aranko K, Mattila MJ, Seppala T, Aranko S (1984)
The contribution of the active metabolites to the tolerance developing to diazepam in man - relationship to bioassayed serum benzodiazepine levels.
Med Biol 62: 277-284   (28 Refs.)

3970. Aranko K, Seppala T, Pellinen J, Mattila MJ (1985)
Interaction of diazepam or lorazepam with alcohol - psychomotor effects and bioassayed serum levels after single and repeated doses.
Eur J Cl Ph 28: 559-565   (30 Refs.)

3971. Arato M (1980)
Promethazine and diazepam potentiate the haloperidol induced prolactin responses.
Comm Psycho 4: 317-322   (14 Refs.)

3972. Arbilla S, Allen J, Wick A, Langer SZ (1986)
High-affinity [^{3}H] zolpidem binding in the rat-brain - an imidazopyridine with agonist properties at central benzodiazepine receptors.
Eur J Pharm 130: 257-263   (29 Refs.)

3973. Arbilla S, Depoorte. H, George P, Langer SZ (1985)
Pharmacological profile of the imidazopyridine zolpidem at benzodiazepine receptors and electrocorticogram in rats (technical note).
N-S Arch Ph 330: 248-251   (16 Refs.)

3974. Ardrey RE, Moffat AC (1981)
Gas-liquid-chromatographic retention indexes of 1318 substances of toxicological interest on SE-30 or OV-1 stationary phase.
J Chromat 220: 195-252   (40 Refs.)

3975. Arena R, Murialdo G, Massetan. R, Giovandi. L, Testa E, Moretti P, Iudice A, Mencheett. G (1982)
Lorazepam in huntingtons-disease (meeting abstr.).
Pharmacol 24: 131-132   (2 Refs.)

3976. Arendt R, Ochs HR, Greenblatt DJ (1982)
Electron-capture GLC analysis of the thienodiazepine clotiazepam - preliminary pharmacokinetic studies.
Arznei-For 32-1: 453-455   (9 Refs.)

3977. Arendt RM, Greenblatt DJ, Dejong RH, Abernethy DR, Sellers EM (1983)
Benzodiazepine entry into CSF and brain - kinetic, dynamic, and invitro correlations (meeting abstr.).
Clin Pharm 33: 239   (no Refs.)

3978. Arendt RM, Greenblatt DJ, Dejong RH, Bonin JD, Abernethy DR, Ehrenber. BL, Giles HG, Sellers EM, Shader RI (1983)
Invitro correlates of benzodiazepine cerebrospinal-fluid uptake, pharmacodynamic action and peripheral distribution.
J Pharm Exp 227: 98-106   (41 Refs.)

3979. Arendt RM, Greenblatt DJ, Garland WA (1984)
Quantitation by gas-chromatography of the 1-hydroxy and 4-hydroxy metabolites of midazolam in human-plasma.
Pharmacol 29: 158-164   (17 Refs.)

3980. Armando I, Barontin. M, Levin G, Simsolo R (1982)
Inhibitory activity of urine on monoaminooxidase and the benzodiazepine receptor union - effect of ergometric exercise (meeting abstr.).
Medicina 42: 888-889   (no Refs.)

3981. Armando I, Barontin. M, Levin G, Simsolo R, Glover V, Sandler M (1984)
Exercise increases endogenous urinary monoamine-oxidase benzodiazepine receptor ligand inhibitory activity in normal-children (technical note).
J Auton Ner 11: 95-100   (18 Refs.)

3982. Armando I, Glover V, Sandler M (1986)
Distribution of endogenous benzodiazepine receptor ligand-monoamine oxidase inhibitory activity (tribulin) in tissues.
Life Sci 38: 2063-2067   (18 Refs.)

3983. Arnau C, Molinari JM, Pina C, Vallve C (1982)
Clobazam - single or divided doses.
Eur J Cl Ph 22: 235-238   (13 Refs.)

3984. Artru AA, Dhamee MS, Seifen AB (1984)
Premedication with intramuscular midazolam - effect on induction time with intravenous midazolam compared to intravenous thiopentone or ketamine.
Can Anae Sj 31: 359-363   (19 Refs.)

3985. Artru AA, Dhamee MS, Seifen AB, Wright B (1986)
A re-evaluation of the anxiolytic properties of intramuscular midazolam.
Anaesth I C 14: 152-157   (17 Refs.)

3986. Arvidsson SB, Ekstromj. B, Martinel. SA, Niemand D (1982)
Aminophylline antagonizes diazepam sedation (letter).
Lancet 2: 1467   (1 Refs.)

3987. Arvidsson S, Niemand D, Martinel. S, Ekstromj. B (1984)
Aminophylline reversal of diazepam sedation (technical note).
Anaesthesia 39: 806-809   (11 Refs.)

3988. Asano T, Mizutani A (1980)
Brain benzodiazepine receptors and their rapid changes after seizures in the mongolian gerbil.
Jpn J Pharm 30: 783-788   (17 Refs.)

3989. Asano T, Mizutani A (1981)
Brain benzodiazepine receptors and their rapid changes after seizures in the mongolian gerbil (meeting abstr.).
Neurochem R 6: 807   (no Refs.)

3990. Asano T, Ogasawar. N (1981)
Chloride-dependent stimulation of gaba and benzodiazepine receptor-binding by pentobarbital (technical note).
Brain Res 225: 212-216   (19 Refs.)

3991. Asano T, Ogasawar. N (1981)
Soluble gamma-aminobutyric acid and benzodiazepine receptors from rat cerebral-cortex.
Life Sci 29: 193-200   (27 Refs.)

3992. Asano T, Ogasawar. N (1982)
Prostaglandins-A as possible endogenous ligands of benzodiazepine receptor (technical note).
Eur J Pharm 80: 271-274   (10 Refs.)

3993. Asano T, Sakakiba. J, Ogasawar. N (1983)
Molecular sizes of photolabeled gaba and benzodiazepine receptor proteins are identical.
Febs Letter 151: 277-280   (13 Refs.)

3994. Asano T, Yamada Y, Ogasawar. N (1983)
Characterization of the solubilized gaba and benzodiazepine receptors from various regions of bovine brain.
J Neurochem 40: 209-214   (29 Refs.)

3995. Asbury AJ, Henderso. PD, Brown BH, Turner DJ, Linkens DA (1981)
Effect of diazepam on pancuronium-induced neuro-muscular blockade maintained by a feed-back-system.
Br J Anaest 53: 859-863   (12 Refs.)

3996. Ascalone V, Cisterni. M, Sicolo N, Depalo E (1984)
Bioavailability of bromazepam in man after single administration of an oral solution.
Arznei-For 34-1: 96-98   (3 Refs.)

3997. Aselton P, Jick H, Habakang. JA (1984)
Benzodiazepine-related convulsions (letter).
Pharmacothe 4: 164   (4 Refs.)

3998. Ashton CH (1985)
Benzodiazepine overdose - are specific antagonists useful (editorial).
Br Med J 290: 805-806   (21 Refs.)

3999. Ashton D (1983)
Diazepam, pentobarbital and D-etomidate produced increases in biocuculline seizure threshold - selective antagonism by Ro15-1788, picrotoxin and (+/-)-DMBB
Eur J Pharm 94: 319-325   (24 Refs.)

4000. Ashton D, Geerts R, Waterkey. C, Leysen JE (1981)
Etomidate stereospecifically stimulates forebrain, but not cerebellar, diazepam-^{3}H binding.
Life Sci 29: 2631-2636   (21 Refs.)

4001. Ashton H (1984)
Benzodiazepine withdrawal - an unfinished story (editorial)
Br Med J 288: 1135-1140   (26 Refs.)

4002. Ashton H (1986)
Benzodiazepine withdrawal - outcome in 50 patients (meeting abstr.)
Br J Addict 81: 707   (no Refs.)

4003. Assandri A, Barone D, Ferrari P, Perazzi A, Ripamont. A, Tuan G, Zerilli LF (1984)
Metabolic-fate of premazepam, a new anti-anxiety drug, in the rat and the dog.
Drug Meta D 12: 257-263   (16 Refs.)

4004. Assandri A, Bernareg. A, Barone D, Odasso G (1984)
Pharmacokinetics of premazepam, a new anti-anxiety pyrolodiazepine, in the rat and the dog.
Drug Exp Cl 10: 241-251   (18 Refs.)

4005. Astley BA, Burtles R (1982)
Oral lorazepam as premedication in children - a doubleblind trial comparing lorazepam, diazepam, trimeprazine and placebo (meeting abstr.).
Anaesthesia 37: 378   (2 Refs.)

4006. Astrup C, Vatten L (1984)
Effect of the benzodiazepine derivative estazolam in schizophrenia (technical note).
Biol Psychi 19: 85-88   (13 Refs.)

4007. Atkinson JE, Lubawy WC (1983)
Acute treatment with pyrrolo(1,4)benzodiazepine anti-tumor antibiotics alters invitro hepatic drug-metabolizing activity in rats.
Tox Lett 18: 337-342 (22 Refs.)

4008. Ator NA, Griffith. RR (1982)
Drug discrimination and generalization in lorazepam-trained and pentobarbital-trained baboons - interaction with a benzodiazepine antagonist (meeting abstr.).
Fed Proc 41: 1071 (no Refs.)

4009. Ator NA, Griffith. RR (1983)
Lorazepam and pentobarbital drug discrimination in baboons - cross-drug generalization and interaction with Ro-15-1788.
J Pharm Exp 226: 776-782 (29 Refs.)

4010. Ator NA, Griffith. RR (1985)
Lorazepam and pentobarbital discrimination - interactions with CGS-8216 and caffeine.
Eur J Pharm 107: 169-181 (22 Refs.)

4011. Ator NA, Griffith. RR (1985)
Asymmetrical cross-generalization in lorazepam (LOR)-trained and pentobarbital (PB)-trained rats (meeting abstr.).
Fed Proc 44: 495 (no Refs.)

4012. Atterwill CK, Nutt DJ (1983)
Thyroid-hormones do not alter rat-brain benzodiazepine receptor function invivo (technical note).
J Pharm Pha 35: 767-768 (11 Refs.)

4013. Attia MA, Aboutale. AE, Habib FS (1982)
A study on the dissolution of diazepam from its solid dispersions and coprecipitates in the presence of various concentrations of non-ionic surfactants.
Pharmazie 37: 274-277 (12 Refs.)

4014. Attia MA, Habib FS (1985)
Dissolution rates of carbamazepine and nitrazepam utilizing sugar solid dispersion system.
Drug Dev In 11: 1957-1969 (9 Refs.)

4015. Attila LMJ, Olin M, Ahtee L (1985)
Combined action of diazepam and morphine on catecholamine turnover in different parts of the rat-brain (meeting abstr.).
Act Physl S 124: 283 (6 Refs.)

4016. Aucamp AK (1982)
Aspects of the pharmacokinetics and pharmacodynamics of benzodiazepines with particular reference to clobazam.
Drug Dev R 1982: 117-126 (30 Refs.)

4017. Aucamp AK (1985)
Clobazam as adjunctive therapy in uncontrolled epileptic patients.
Curr Ther R 37: 1098-1103 (6 Refs.)

4018. Aucamp AK (1985)
Clobazam versus placebo as adjunctive therapy in uncontrolled epileptic seizures (meeting abstr.).
S Afr J Sci 81: 334 (no Refs.)

4019. Aucamp AK, Weis OF, Muller FO, Gill CE, Malan J (1984)
Oxprenolol plus ethanol causes no central nervous-system depression - a comparison with lorazepam plus ethanol.
S Afr Med J 66: 445-446 (3 Refs.)

4020. Audi EA, Graeff FG (1983)
Measurement of the antiaversive effect of intracerebral injection of benzodiazepine (meeting abstr.).
Braz J Med 16: 454 (1 Refs.)

4021. Audi EA, Graeff FG (1984)
Benzodiazepine receptors in the periaqueductal grey mediate anti-aversive drug-action.
Eur J Pharm 103: 279-285 (34 Refs.)

4022. Auer M, Dadisch GL, Kolb B, Machata G, Pospisil P, Vycudilic W (1977)
Gaschromatographische Bestimmung von basischen Arzneimitteln im Harn oder Blut und Anwendung zur Doping-Analyse.
Angew Chromatogr 30

4023. Aufdembrinke B, Kugler J, Laub M, Rode CP (1981)
Electroencephalographically determined sedative effects (vigilosomnography) of the new thienodiazepin-derivate clotiazepam.
EEG-EMG 12: 148-154 (no Refs.)

4024. Auil B, Cornejo G, Callardo F (1983)
Flunitrazepam and diazepam compared as sedatives in children.
J Dent Chil 50: 442-444 (14 Refs.)

4025. Aukett A, Braithwa. RA, Green A (1986)
Failure of early diazepam treatment in a neonate with non-ketotic hyperglycinaemia.
J Inh Met D 9: 268-271 (9 Refs.)

4026. Aun C, Flynn PJ, Richards J (1984)
A comparison of midazolam and diazepam for intravenous sedation in dentistry (technical note).
Anaesthesia 39: 589-593 (14 Refs.)

4027. Auskova M, Hermansk. M, Rezabek K, Koruna L, Roubal Z (1981)
Laboratory and pre-clinical evaluation of diazepam-spofa susp auv.
Biol Chemz 17: 247-254 (16 Refs.)

4028. Autret E, Rey E, Laugier J, Breteau M (1984)
Pharmacokinetics and clinical repercussions in the newborn of benzodiazepines consumed during pregnancy (meeting abstr.).
J Pharmacol 15: 527 (no Refs.)

4029. Aversa MC, Ferlazzo A, Gianett. P (1983)
^{13}C-NMR assignment study of a series of 2,3,4,5-tetrahydro-1-methyl-1H-1,5-benzodiazepine-2,4-diones.
J Hetero Ch 20: 1641-1644 (26 Refs.)

4030. Aversa MC, Ferlazzo A, Gianett. P. Kohnke FH (1986)
A convenient synthesis of novel [1,2,4] triazolo [4,3-a] 1,5 benzodiazepine derivatives (technical note).
Synthesis-S : 230-231 (20 Refs.)

4031. Aversa MC, Ferlazzo A, Giannett. P, Kohnke FH, Slawin AMZ, Williams DJ (1986)
The crystal-structure of 3a,4,5,6-tetrahydro-3a,5,5-trimethyl-1,3-diphenyl-3H-1,2,4-triazolo [4,3-a][1,5] benzodiazepine.
J Hetero Ch 23: 1431-1433 (22 Refs.)

4032. Aversa MC, Giannett. P (1984)
Synthesis and stereochemical characterization of 1,2,7,11b-tetrahydropyrrolo[1,2-d][1,4]benzodiazepine-3,6(5H)-diones, obtained via raney-nickel hydrogenation of tetrahydroisoxazolo[2,3-d][1,4]benzodiazepinones.
J Chem S 2 : 81-84 (35 Refs.)

4033. Avnimele. N, Feldon J, Tanne Z, Gavish M (1986)
The effects of prenatal chlordiazepoxide administration on avoidance-behavior and benzodiazepine receptor density in adult albino-rats (technical note).
Eur J Pharm 129: 185-188   (9 Refs.)

4034. Avoli M, Frank C, Tancredi V, Zona C (1981)
Interactions between the benzodiazepine flurazepam and neurotransmitters in rat cortex (meeting abstr.).
EEG Cl Neur 52: 70   (no Refs.)

4035. Avram MJ, Fragen RJ, Caldwell NJ (1983)
Midazolam kinetics in women of 2 age-groups.
Clin Pharm 34: 505-508   (16 Refs.)

4036. Ayad VJ, Fry JP, Martin IL, Rickets C (1986)
Immunochemical evidence for an endogenous benzodiazepine receptor ligand in the brain of the mouse (meeting abstr.)
J Physl Lon 377: 32   (3 Refs.)

4037. Ayd jr FJ (1983)
Benzodiazepine dependency and withdrawal.
In: Pharmacology of Benzodiazepines (Ed. Usdin E, Skolnick P, Tallmann jr JF, Greenblatt D, Paul SM)
Verlag Chemie, Weinheim Deerfield Beach Basel p. 593-600

4038. Ayd FJ (1983)
Benzodiazepine dependence and withdrawal.
J Psych Dr 15: 67-70   (16 Refs.)

4039. Ayd FJ (1984)
Psychopharmacology update - benzodiazepine withdrawal phenomena - new insights.
Psychiat An 14: 133-134   (5 Refs.)

4040. Ayd FJ (1984)
Alprazolam - anxiolytic and antidepressant.
Psychiat An 14: 393-395   (19 Refs.)

4041. Aylett M (1985)
Benzodiazepines in general-practice - time for a decision (letter).
Br Med J 290: 1747   (no Refs.)

4042. Aymard N, Lemaire C, Champiat JC, Gaveau T (1984)
Comparative kinetic study of plasma diazepam concentrations following intravenous-injection, during general-anesthesia, in subjects treated or not treated with clomipramine (meeting abstr.).
J Pharmacol 15: 123-124   (4 Refs.)

4043. Aymard N, Lemaire C, Champiat JC, Gaveau T (1984)
Comparative kinetic study of plasma-concentrations of diazepam following intravenous-injection, during general-anesthesia, in subjects treated or not treated with clomipramine (meeting abstr.)
Therapie 39: 97-98   (4 Refs.)

4044. Ayromlooi J, Bandyopa. S, Monheit A, Farmakid. G (1985)
Maternal and fetal cardiovascular-responses to single dose diazepam administration in pregnant ewes (meeting abstr.).
Pediat Res 19: 168   (no Refs.)

4045. Azana MJ (1981)
Benzodiazepines, barbiturates and baclofen interaction within the gaba-receptors.
Gen Pharm 12: 123-128   (21 Refs.)

4046. Azumi K (1982)
Spindle appearance rate - a foreseeing parameter of the effective dose of benzodiazepines (meeting abstr.).
Fol Psychi 36: 457-458   (* Refs.)

4047. Ba BB, Bun H, Coassolo P, Cano JP (1986)
Rapid-determination of the metabolic pool of ethyl loflazepate in biological-fluids by capillary gas-chromatography (technical note).
J Pharm B 4: 667-672   (15 Refs.)

4048. Baba A, Okumura S, Mizuo H, Iwata H (1983)
Inhibition by diazepam and gamma-aminobutyric acid of depolarization-induced release of [^{14}C]-labeled cysteine sulfinate and [^{3}H]-labeled glutamate in rat hippocampal slices.
J Neurochem 40: 280-284   (25 Refs.)

4049. Babbini M, Bartolet. M, Gaiardi M (1981)
Behavioral-effects of chlorpromazine and chlordiazepoxide in rats - qualitative or quantitative differences (meeting abstr.).
Br J Pharm 72: 167-168   (1 Refs.)

4050. Babbini M, Gaiardi M, Bartolet. M (1982)
Benzodiazepine effects upon geller-seifter conflict test in rats - analysis of individual variability.
Pharm Bio B 17: 43-48   (18 Refs.)

4051. Baber R, Hobbes A, Munro IA, Purcell G, Binstead R (1982)
Midazolam as an intravenous induction agent for general-anesthesia - a clinical-trial.
Anaesth I C 10: 29-35   (15 Refs.)

4052. Bach V, Ravlo Q, Werner M, Nielsen HK, Lybecker H, Jensen AG, Mikkelse. BO (1985)
A clinical-trial comprising midazolam and droperidol as premedication in outpatients (meeting abstr.).
Act Anae Sc 29: 92   (no Refs.)

4053. Bacher NM, Lewis HA, Field PG (1986)
Combined alprazolam and neuroleptic drug in treating schizophrenia (letter).
Am J Psychi 143: 1311-1312 (6 Refs.)

4054. Badcock NR, Pollard AC (1982)
Micro-determination of clonazepam in plasma or serum by electron-capture gas-liquid-chromatography.
J Chromat 230: 353-361   (37 Refs.)

4055. Bader H (1982)
Lehrbuch der Pharmakologie und Toxikologie.
Edition Medizin, Weinheim Deerfield Beach Basel.

4056. Badwan AA, Elkhorda. LK, Saleh AM, Khalil SA (1982)
The solubility of benzodiazepines in sodium-salicylate solution and a proposed mechanism for hydrotropic solubilization.
Int J Pharm 13: 67-74   (14 Refs.)

4057. Baer G, Rorarius M, Schaviki. L, Vayrynen T (1983)
Recovery after ketamine-diazepam infusion and thiopentol-fentanyl infusion anesthesia with jet-ventilation for laryngomicroscopy.
Anaesthesis 32: 117-123   (17 Refs.)

4058. Baer PG, Cagen LM (1986)

Vasoconstrictor action of platelet activating factor (PAF) in dog kidney - inhibition by alprazolam (meeting abstr.).

Fed Proc 45: 514 (no Refs.)

4059. Bahar M, McAteer E, Dundee JW, Briggs LP (1982)

Aspirin in the prevention of painful intra-venous-injection of disoprofol (ICI 35,868) and diazepam (valium) (technical note).

Anaesthesia 37: 847-848 (6 Refs.)

4060. Bahar M, McAteer E, Dundee JW, Briggs LP (1983)

Painful intravenous injections of diazepam - reply (letter).

Anaesthesia 38: 179-180 (3 Refs.)

4061. Bailey DN (1984)

Blood-concentrations and clinical findings following overdose of chlordiazepoxide alone and chlordiazepoxide plus ethanol.

J Tox-Clin 22: 433-446 (8 Refs.)

4062. Bailey HR, Davies E, Morrison IJ (1981)

Studies in depression .6. oxazepam in the treatment of anxiety associated with depression - results of treatment in 1600 cases.

Curr Med R 7: 156-163 (20 Refs.)

4063. Bailey PL, Andriano KP, Goldman M, Stanley TH, Pace NL (1986)

Diazepam depresses the ventilatory response to carbon-dioxide - reply (letter).

Anesthesiol 65: 348-349 (2 Refs.)

4064. Bailey PL, Andriano KP, Goldman M, Stanley TH, Pace NL (1986)

Variability of the respiratory response to diazepam.

Anesthesiol 64: 460-465 (24 Refs.)

4065. Bailey PL, Andriano KP, Pace NL, Westensk. DR, Stanley TH (1984)

Small doses of fentanyl potentiate and prolong diazepam induced respiratory depression (meeting abstr.)

Anesth Anal 63: 183 (no Refs.)

4066. Bakavoli M, Navaratn. V, Nair NK (1984)

2-dimensional thin-layer chromatographic identification of 12 1,4-benzodiazepines (technical note).

J Chromat 299: 465-470 (21 Refs.)

4067. Baker JP, May HJ, Revicki DA, Kessler ER, Crawford EG (1984)

Use of orally-administered diazepam in the reduction of dental anxiety (technical note).

J Am Dent A 108: 778-780 (21 Refs.)

4068. Bakke OM, Haram K (1982)

Time-course of trans-placental passage of diazepam - influence of injection-delivery interval on neonatal drug concentrations (review or bibliog.).

Clin Pharma 7: 353-362 (33 Refs.)

4069. Bakke OM, Haram K, Lygre T, Wallem G (1981)

Comparison of the placental-transfer of thiopental and diazepam in cesarean-section.

Eur J Cl Ph 21: 221-227 (25 Refs.)

4070. Bakri A, Van Henegoven GM (1984)

Covalent binding of chlordiazepoxide to plasma-proteins upon UV-A irradiation (meeting abstr.)

Pharm Week 6: 53 (no Refs.)

4071. Bakri A, Van Henegoven GM (1984)

Photopharmacological approach of the phototoxicity of chlordiazepoxide (meeting abstr.).

Pharm Week 6: 53 (no Refs.)

4072. Bakri A, Van Henegoven GM, Chanal JL (1983)

Study of phototoxic and photobiological effect of chlordiazepoxide (librium) in the rat (meeting abstr.).

Ann Der Ven 110: 973-974 (no Refs.)

4073. Bakri A, Van Henegoven GM, Chanal JL (1983)

Photopharmacology of the tranquilizer chlordiazepoxide in relation to its phototoxicity.

Photochem P 38: 177-183 (18 Refs.)

4074. Bakri A, Van Henegoven GM, Chanal JL (1985)

Involvement of the N-4-oxide group in the phototoxicity of chlordiazepoxide in the rat.

Photodermat 2: 205-212 (14 Refs.)

4075. Bakri A, Van Henegoven GM, Devries H (1985)

Photoreactivity invitro and invivo of diazepam and some related-compounds (meeting abstr.).

Pharm Week 7: 296 (1 Refs.)

4076. Bakri A, Van Henegoven GM, Sedee AGJ (1986)

Irreversible binding of chlordiazepoxide to human-plasma protein-induced by UV-A radiation.

Photochem P 44: 181-185 (16 Refs.)

4077. Baktir G, Bircher J, Fisch HU, Huguenin P, Karlagan. G (1983)

Triazolam concentration-effect relationship in healthy-volunteers (meeting abstr.).

Experientia 39: 679 (no Refs.)

4078. Baktir G, Bircher J, Fisch HU, Karlaganis G (1985)

Capillary gas-liquid chromatographic determination of the benzodiazepine triazolam in plasma using a retention gap (technical note).

J Chromat 339: 192-197 (6 Refs.)

4079. Baktir G, Fisch HU, Huguenin P, Bircher J (1983)

Triazolam concentration-effect relationships in healthy-subjects.

Clin Pharm 34: 195-201 (24 Refs.)

4080. Baktir G, Fisch HU, Karlaganis G, Bircher J (1984)

Mechanisms for disproportionate sedation after benzodiazepines in cirrhosis - model experiments with triazolam (meeting abstr.).

Hepatology 4: 752 (no Refs.)

4081. Baktir G, Karlaganis G, Fisch HU, Bircher J (1984)

Impaired elimination of triazolam in patients with cirrhosis of the liver (meeting abstr.).

Experientia 40: 643 (no Refs.)

4082. Baldino F, Krespan B, Geller HM (1984)

Anticonvulsant actions of fominoben - possible involvement of benzodiazepine receptors.

Pharm Bio B 21: 137-143 (33 Refs.)

4083. Balfour DJK, Graham CA, Vale AL (1986)

Studies on the possible role of brain 5-HT systems and adrenocortical activity in behavioral-responses to nicotine and diazepam in an elevated x-maze.

Psychophar 90: 528-532 (18 Refs.)

4084. Ball JA, Burnet PWJ, Fountain BA, Ghatei MA, Bloom SR (1986)

Octadecaneuropeptide, benzodiazepine ligand, like immunoreactivity in rat central nervous-system, plasma and peripheral-tissues.

Neurosci L 72: 183-188 (11 Refs.)

4085. Ballabio M, Caccia S, Garattin. S, Guiso G, Zanini MG (1981)

Antileptazol activity and kinetics of clobazam and N-desmethyl-clobazam in the guinea-pig.

Arch I Phar 253: 192-199 (8 Refs.)

4086. Balmer R, Battegay R, Vonmarsc. R (1981)

Long-term treatment with diazepam - investigation of consumption habits and the interaction between psychotherapy and psychopharmacotherapy - a prospective-study.

Int Pharmac 16: 221-234 (18 Refs.)

4087. Balogh A, Funfstuc. R, Demme U, Kangas L, Sperschn. H, Traeger A, Stein G, Pekkarin. A (1981)

Dialyzability of benzodiazepines by hemodialysis and controlled sequential ultrafiltration (CSU) invitro.

Act Pharm T 49: 174-180 (37 Refs.)

4088. Bandera R, Bollini P, Garattin. S (1984)

Long-acting and short-acting benzodiazepines in the elderly - kinetic differences and clinical relevance.

Curr Med R 8: 94-107 (46 Refs.)

4089. Banerjee U, Yeoh PN (1981)

Comparative-assessment of the anticonvulsant activity of some benzodiazepines, phenobarbitone and diphenylhydantoin against maximal electroshock seizures in rats - a time-distribution study.

Med Biol 59: 253-258 (28 Refs.)

4090. Bang U, Huttel MS (1983)

Sublingual flunitrazepam versus oral diazepam for premedication - a controlled-study (meeting abstr.).

Act Anae Sc 27: 66 (no Refs.)

4091. Banjar W, Longmore J, Bradshaw CM, Szabadi E (1986)

Effect of diazepam on responses of sweat glands to carbachol - influence of ambient-temperature (meeting abstr.).

Br J Cl Ph 21: 574 (5 Refs.)

4092. Bank RL, Bissell WG (1982)

Overdose of benzodiazepines (letter).

J Am Med A 247: 304 (2 Refs.)

4093. Banna NR, Saade NE, Salameh C, Jabbur SJ (1981)

Enhancement by pyridoxine of the action of diazepam on spinal presynaptic inhibition.

Experientia 37: 83-84 (8 Refs.)

4094. Bansky G, Meier PJ, Ziegler WH, Walser H, Schmid M, Huber M (1985)

Reversal of hepatic-coma by benzodiazepine antagonist (Ro 15-1788) (letter).

Lancet 1: 1324-1325 (9 Refs.)

4095. Bar ZG (1982)

Total intravenous anesthesia with diazepam and fentanyl (letter).

Anaesthesia 37: 776-777 (1 Refs.)

4096. Baraldi M, Zeneroli ML (1984)

Can gamma-aminobutyric acid and benzodiazepine receptor changes of hepatic-encephalopathy be caused by increased levels of gamma-aminobutyric acid (meeting abstr.).

Hepatology 4: 752 (3 Refs.)

4097. Baraldi M, Zeneroli ML, Ventura E, Penne A, Pinelli G, Ricci P, Santi M (1984)

Supersensitivity of benzodiazepine receptors in hepatic encephalopathy due to fulminant hepatic-failure in the rat - reversal by a benzodiazepine antagonist.

Clin Sci 67: 167-175 (56 Refs.)

4098. Baraldi PG, Manfredi. S, Periotto V, Simoni D, Guarneri M, Borea PA (1985)

Synthesis and interaction of 5-(substituted-phenyl)-3-methyl-6,7-dihydropyrazolo [4,3-e] [1,4] diazepin-8(7H)-ones with benzodiazepine receptors in rat cerebral-cortex (technical note).

J Med Chem 28: 683-685 (24 Refs.)

4099. Barankay A, Schad H, Heimisch W, Hagl S, Mendler N, Richter JA (1986)

The effect of verapamil on the function of ischemic myocardia during continuous fentanyl-flunitrazepam anesthesia (meeting abstr.).

Anaesthesis 35: 135 (no Refs.)

4100. Barazi S, Bonini M (1980)

Determination of 11 benzodiazepine derivatives in acetone solution by gas-chromatography utilizing nitrogen as a specific detector (technical note).

J Chromat 202: 473-477 (9 Refs.)

4101. Barbacci. ML, Costa E, Ferrero P, Guidotti A, Roy A, Sunderla. T, Pickar D, Paul SM, Goodwin FK (1986)

Diazepam-binding inhibitor - a brain neuropeptide present in human spinal-fluid - studies in depression, schizophrenia, and alzheimers-disease.

Arch G Psyc 43: 1143-1147 (21 Refs.)

4102. Barbanoj JM, Gallur P, Salazar W, Tobena A (1985)

Benzodiazepines and barbiturates in passive and active-avoidance spatial tasks (meeting abstr.).

Behav Proc 10: 178 (no Refs.)

4103. Barbee JG, Black IL (1985)

Effect of diazepam on visuomotor reaction-time.

Perc Mot Sk 60: 107-110 (4 Refs.)

4104. Barbier, Cahors, Chalamet, Escalier, Fineltai. Hamzaoui (1981)

Open randomized study of diazepam (drops) versus a phenobarbital-contuning preparation (sedatonyl) in anxiety and minor depressive-illness encountered in general-practica.

Rev Med Par 22: 685-690 (no Refs.)

4105. Barclay AM (1985)

Psychotropic-drugs in the elderly - selection of the appropriate agent.

Postgr Med 77: 153+ (27 Refs.)

4106. Barclay JK (1982)

Variations in amnesia with intravenous diazepam.

Oral Surg O 53: 329-334 (17 Refs.)

4107. Barclay JK, Hunter KM, Mcmillan W (1985)
Midazolam and diazepam compared as sedatives for outpatient surgery under local analgesia.
Oral Surg O 59: 349-355   (22 Refs.)

4108. Bardhan KD, Morris P, Taylor PC, Hinchlif. RF, Harris PA (1984)
Intravenous sedation for upper gastrointestinal endoscopy - diazepam versus midazolam (technical note).
Br Med J 288: 1046   (5 Refs.)

4109. Bardo MT, Neisewan. JL (1986)
Comparison of the non-benzodiazepine anxiolytics buspirone and gepirone with diazepam - conditioned taste-aversion and conditioned place preference (meeting abstr.).
Fed Proc 45: 674   (no Refs.)

4110. Bareggi SR, Nielsen NP, Leva S, Pirola R, Zecca L, Lorini M (1986)
Age-related multiple-dose pharmacokinetics and anxiolytic effects of delorazepam (chlordesmethyldiazepam).
Int J Cl P 6: 309-313   (10 Refs.)

4111. Barek J, Civisova D (1985)
Use of differential pulse polarography and voltametry for the determination of organic-substances (review).
Chem Listy 79: 785-806   (242 Refs.)

4112. Bargmann E, Wolfe SM (1984)
Long-term diazepam therapy (letter).
J Am Med A 251: 1555   (6 Refs.)

4113. Bargo ES (1983)
High-Pressure liquid-chromatographic determination of oxazepam dosage forms - collaborative study.
J A O A C 66: 864-866   (9 Refs.)

4114. Barker I, Butchart DG, Gibson J, Lawson JIM, Mackenzie N (1986)
I.v. sedation for conservative dentistry - a comparison of midazolam and diazepam.
Br J Anaest 58: 371-377   (24 Refs.)

4115. Barker I, Laurence AS (1984)
Suxamethonium-induced myalgia, and relation with intraoperative myoglobin changes following alcuronium, midazolam and lignocaine pretreatments (meeting abstr.).
Br J Anaest 56: 796   (no Refs.)

4116. Barker JL, Harrison NL, Mariani AP (1986)
Benzodiazepine pharmacology of cultured mammalian CNS neurons.
Life Sci 39: 1959-1968   (28 Refs.)

4117. Barker JL, Study RE, Owen DG (1983)
Benzodiazepines have multiple effects on the excitability of cultured neurons.
In: Pharmacology of Benzodiazepines (Ed. Usdin E, Skolnick P, Tallmann jr JF, Greenblatt D, Paul SM)
Verlag Chemie, Weinheim Deerfield Beach Basel p. 485-495

4118. Barker PH, Clanacha. AS (1982)
Inhibition of adenosine accumulation into guinea-pig ventricle by benzodiazepines (technical note).
Eur J Pharm 78: 241-244   (8 Refs.)

4119. Barkley MD, Cheatham S, Thurston DE, Hurley LH, (1986)
Pyrrolo [1,4] benzodiazepine antitumor antibiotics - evidence for 2 forms of tomaymycin bound to DNA.
Biochem 25: 3021-3031   (27 Refs.)

4120. Barnard EA, Stephens. FA, Sigel E, Mamalaki C, Bilbe G (1984)
The purified gaba benzodiazepine complex - retention of multiple functions.
Neuropharm 23: 813-814   (3 Refs.)

4121. Barnard EA, Stephens. FA, Sigel E, Mamalaki C, Bilbe G, Constant. A, Smart TG, Brown DA (1984)
Structure and properties of the brain gaba benzodiazepine receptor complex (review).
Adv Exp Med 175: 235-254   (28 Refs.)

4122. Barnes DM, White WF, Dichter MA (1983)
Etazolate (SQ20009) - electrophysiology and effects on [^{3}H]-labeled flunitrazepam binding in cultured cortical-neurons.
J Neurosc 3: 762-772   (36 Refs.)

4123. Barnes TRE, Kidger T (1981)
Clonazepam and tardive-dyskinesia (letter).
Am J Psychi 138: 1127   (6 Refs.)

4124. Barnett A, Billard W, Iorio LC (1983)
Studies on the specificity of halazepam, a benzodiazepine with reduced dependence liability (meeting abstr.)
Fed Proc 42: 344   (no Refs.)

4125. Barnett A, Iorio LC, Billard W (1985)
Novel receptor specificity of selected benzodiazepines.
Clin Neurop 8: 8-16   (21 Refs.)

4126. Barnett DB, Davies AT, Desai N (1981)
Differential effect of diazepam on short-term memory in subjects with high or low-level anxiety (meeting abstr.).
Br J Cl Ph 11: 411-412   (5 Refs.)

4127. Barone D, Colombo G, Glasser A, Luzzani F, Mennini T (1984)
Invitro interaction of premazepam with benzodiazepine receptors in rat-brain regions.
Life Sci 35: 365-371   (19 Refs.)

4128. Barone D, Corsico N, Glasser A (1983)
Premazepam, a new ligand for benzodiazepines receptors - differences in inhibiton of ^{3}H labeled diazepam binding invivo in various areas of rat-brain.
IRCS-Biochem 11: 394-395   (10 Refs.)

4129. Barr GA, Lithgow T (1983)
Effect of age on benzodiazepine-induced behavioral convulsions in rats.
Nature 302: 431-432   (20 Refs.)

4130. Barraco RA, Phillis JW, Delong RE (1984)
Behavioral interaction of adenosine and diazepam in mice (technical note).
Brain Res. 323: 159-163   (21 Refs.)

4131. Barrett JE, Brady LS (1982)
Interactions of the benzodiazepine antagonist Ro 15-1788 with chlordiazepoxide and pentobarbital - effects on schedule-controlled behavior of squirrel-monkeys (meeting abstr.).
Fed Proc 41: 1535   (no Refs.)

4132. Barrett JE, Brady LS, Stanley JA, Mansbach RS, Witkin JM (1986)
Behavioral-studies with anxiolytic drugs .2. interactions of zopiclone with ethyl-beta-carboline-3-carboxylate and Ro-15-1788 in Squirrel-monkeys.
J Pharm Exp. 236: 313-319   (34 Refs.)

4133. Barrett JE, Brady LS, Witkin JM (1985)
Behavioral-studies with anxiolytic drugs .1. interactions of the benzodiazepine antagonist Ro-15-1788 with chlordiazepoxide, pentobarbital and ethanol.
J Pharm Exp 233: 554-559   (31 Refs.)

4134. Barrett JE, Brady LS, Witkin JM, Cook JM, Larschei. P (1985)
Interactions between the benzodiazepine receptor antagonist Ro-15-1788 (flumazepil) and the inverse agonist-beta-CCE - behavioral-studies with squirrel-monkeys.
Life Sci 36: 1407-1414   (25 Refs.)

4135. Barrett JE, Valentin. Jo, Katz JL (1981)
Effects of chlordiazepoxide and D-amphetamine on responding of squirrel-monkeys maintained under concurrent or 2nd-order schedules of response-produced food or electric-shock presentation.
J Pharm Exp 219: 199-206   (30 Refs.)

4136. Barrett JE, Witkin JM, Mansbach RS, Skolnick P, Weissman BA (1986)
Behavioral-studies with anxiolytic drugs .3. antipunishment actions of buspirone in the pigeon do not involve benzodiazepine receptor mechanisms.
J Pharm Exp 238: 1009-1013   (31 Refs.)

4137. Barrett RF, James PD, Macleod KCA (1984)
Oxazepam premedication in neurosurgical patients - the use of a fast-dissolving oral preparation of oxazepam as a preoperative anxiolytic drug in neurosurgical patients.
Anaesthesia 39: 429-432   (3 Refs.)

4138. Barriere M, Piriou A, Tallinea. C, Boulard M, Mura P, Guettier A, Pourrat O (1983)
Intoxication by benzodiazepines - studies with diazepam used as a model compound suggest an interaction with red blood-cells calmodulin dependent (Ca^{2+},Mg^{2+}) ATPase.
Tox Lett 19: 287-291   (12 Refs.)

4139. Barriga CG, Navarro LG, Garcia JBC (1981)
A clinical-study of clobazam 20 mg in anxiety crises of psychiatric-patients.
Inv Med Int 8: 14-21   (no Refs.)

4140. Barry H, Mcguire MS, Krimmer EC (1982)
Alcohol and meprobamate resemble pentobarbital rather than chlordiazepoxide (meeting abstr.).
Psychophar 76: 3   (no Refs.)

4141. Barsan WG, Ward JT, Otten EJ (1982)
Blood-levels of diazepam after endotracheal administration in dogs.
Ann Emerg M 11: 242-247   (no Refs.)

4142. Barton DF (1981)
More on lorazepam withdrawal (letter).
Drug Intel 15: 134   (1 Refs.)

4143. Baselt RC (1982)
Disposition of toxic drugs and chemicals in man. 2nd Ed.
Biomedical Publications, Davis (California)

4144. Basile AS, Klein DC, Skolnick P (1986)
Characterization of benzodiazepine receptors in the bovine pineal-gland - evidence for the presence of an atypical binding-site.
Mol Brain R 1: 127-135   (35 Refs.)

4145. Basile AS, Paul SM, Skolnick P (1985)
Adrenalectomy reduces the density of peripheral-type binding-sites for benzodiazepines in the rat-kidney (technical note).
Eur J Pharm 110: 149-150   (5 Refs.)

4146. Basile AS, Skolnick P (1985)
Adrenalectomy (ADX) reduces the density of peripheral-type binding-sites for benzodiazepines in kidney (meeting abstr.).
Fed Proc 44: 1232   (2 Refs.)

4147. Basile AS, Skolnick P (1986)
Subcellular-localization of peripheral-type binding-sites for benzodiazepines in rat-brain (technical note).
J Neurochem 46: 305-308   (24 Refs.)

4148. Baskin SI, Esdale A (1982)
Is chlordiazepoxide the rational choice among benzodiazepines.
Pharmacothe 2: 110-119   (72 Refs.)

4149. Basmajian JV (1983)
Reflex cervical muscle spasm - treatment by diazepam, phenobarbital or placebo.
Arch Phys M 64: 121-124   (2 Refs.)

4150. Basmajian JV, Shankard. K, Russell D (1986)
Ketazolam once daily for spasticity - double-blind crossover study.
Arch Phys M 67: 556-557   (2 Refs.)

4151. Basmajian JV, Shankard. K, Russell D, Yucel V (1984)
Ketazolam treatment for spasticity - double-blind-study of a new drug.
Arch Phys M 65: 698-701   (6 Refs.)

4152. Bassett ML, Mullen KD, Skolnick P, Jones EA (1985)
Gaba and benzodiazepine receptor antagonists ameliorate hepatic-encephalopathy in a rabbit model of fulminant hepatic-failure (meeting abstr.).
Hepatology 5: 1032   (no Refs.)

4153. Bateman DN (1986)
Effects of cisapride on gastric-emptying and diazepam absorption in man (meeting abstr.).
Br J Cl Ph 21: 121-122   (2 Refs.)

4154. Bateman DN (1986)
The action of cisapride on gastric-emptying and the pharmacodynamics and pharmacokinetics of oral diazepam.
Eur J Cl Ph 30: 205-208   (16 Refs.)

4155. Baumgärtner MG, Cautreels W, Langenbahn H (1984)
Biotransformation and pharmacokinetics of tetrazepam in man.
Arznei-For 34-1: 724-729   (6 Refs.)

4156. Bäumler J (1985)
Der analytische Nachweis von akuten Vergiftungen.
MTA-Journal 7: 360-364

4157. Bavoux F, Lanfranc. C, Olive G, Asensi D, Dulac O, Francoua. C, Huault G, Olivier C, Seilania. M, Castot A (1981)
Adverse-effects on newborns from intra uterine exposure to benzodiazepines and other psychotropic agents.
Therapie 36: 305-312   (20 Refs.)

4158. Bayer AJ, Bayer EM, Pathy MSJ, Stoker MJ (1986)
A double-blind controlled-study of chlormethiazole and triazolam as hypnotics in the elderly.
Act Psyc Sc 73: 104-111   (15 Refs.)

4159. Bayer AJ, Pathy MSJ (1985)
Requests for hypnotic drugs and placebo response in elderly hospital inpatients.
Postg Med J 61: 317-320   (13 Refs.)

4160. Bayer AJ, Pathy MSJ, Ankier SI (1983)
An evaluation of the short-term hypnotic efficacy of loprazolam in comparison with nitrazepam in elderly patients.
Pharmathera 3: 468-474   (13 Refs.)

4161. Beadle DJ, Benson JA, Lees G, Neumann R (1986)
Flunitrazepam and pentobarbital modulate gaba responses of insect neuronal somata (meeting abstr.).
J Physl Lon 371: 273   (3 Refs.)

4161a. Beary MD, Lacey JH, Bhat AV (1983)
The neuroendocrine impact of 3-hydroxy-diazepam (temazepam) in women.
Psychophar 79: 295-297   (13 Refs.)

4162. Beary MD, Lacey JH, Crutchfi. MB, Bhat AV (1984)
Psycho-social stress, insomnia and temazepam - a sleep laboratory evaluation in a general-practice sample.
Psychophar 83: 17-19   (14 Refs.)

4163. Beary M, Smith E, Kristoph. J, Fry J, Ghodse AH (1985)
Benzodiazepine abuse in a london drug dependency clinic (meeting abstr.).
Br J Addict 80: 3   (no Refs.)

4164. Beauclai. L, Fontaine R (1985)
Benzodiazepines - half-life and daytime sleepiness (letter).
Am J Psychi 142: 776-777   (2 Refs.)

4165. Beaudry P, Fontaine R, Chouinar. G (1984)
Bromazepam, another high-potency benzodiazepine, for panic attacks (letter).
Am J Psychi 141: 464-465   (5 Refs.)

4166. Beaudry P, Fontaine R, Chouinard G, Annable L (1985)
An open clinical-trial of clonazepam in the treatment of patients with recurrent panic attacks.
Prog Neur-P 9: 589-592   (16 Refs.)

4167. Beaudry P, Fontaine R, Chouinard G, Annable L (1986)
Clonazepam in the treatment of patients with recurrent panic attacks.
J Clin Psy 47: 83-85   (23 Refs.)

4168. Beaumont G (1983)
Loprazolam - an intermediate acting benzodiazepine (review).
Br J Clin P 37: 307-310   (10 Refs.)

4169. Beaumont K, Cheung AK, Geller ML, Fanestil DD (1983)
Inhibitors of peripheral-type benzodiazepine receptors present in human-urine and plasma ultrafiltrates.
Life Sci 33: 1375-1384   (29 Refs.)

4170. Beaumont K, Healy DP, Fanestil DD (1984)
Autoradiographic localization of benzodiazepine receptors in the rat-kidney.
Am J Physl 247: 718-724   (26 Refs.)

4171. Beaumont K, Healy DP, Fanestil DD (1984)
Peripheral-type benzodiazepine (BZD) receptors in the rat-kidney - localization by autoradiography (meeting abstr.).
Fed Proc 43: 691   (no Refs.)

4172. Beaumont K, Moberly JB, Fanestil DD (1984)
Peripheral-type benzodiazepine binding-sites in a renal epithelial-cell line (MDCK) (technical note).
Eur J Pharm 103: 185-188   (11 Refs.)

4173. Beaumont VJ, Murdoch BD, Mallinso. BR, Greeff OBW (1985)
Investigation of the effects of alcohol alone and in combination with the hypnotics, loprazolam, triazolam and flunitrazepam, on mood, memory and electroencephalographic activity (meeting abstr.).
S Afr J Sci 81: 325   (no Refs.)

4174. Bechelli LP, Navas F, Pierange. SA (1983)
Comparison of the reinforcing properties of zopiclone and triazolam in former alcoholics.
Pharmacol 27: 235-241   (13 Refs.)

4175. Becherucci C, Palmi M, Segre G (1985)
Pharmacokinetics of flunitrazepam in rats studied by a radioreceptor assay.
Pharmacol R 17: 733-747   (40 Refs.)

4176. Bechtel WD, Ensinger HA (1982)
Brotizolam binding to benzodiazepine and gamma-aminobutyric acid receptors (meeting abstr.).
H-S Z Physl 363: 1296   (no Refs.)

4177. Bechtel WD, Ensinger HA, Mierau J (1986)
Biochemical-studies with the new thienotriazolo-diazepam brotizolam.
Arznei-For 36: 534-540   (31 Refs.)

4178. Bechtel WD, Goetzke E (1986)
Elimination of brotizolam in elderly patients after multiple doses (technical note).
Eur J Cl Ph 31: 243-245   (21 Refs.)

4179. Bechtel WD, Mierau J, Brandt K, Forster HJ, Pook KH (1986)
Metabolic-fate of [^{14}C]-brotizolam in the rat, dog, monkey and man.
Arznei-For 36-1: 578-586   (11 Refs.)

4180. Bechtel WD, Mierau J, Richter I, Stiasni M (1986)
Blood level, distribution, excretion, and metabolite pattern of [^{14}C]-brotizolam in the rat, dog, and rhesus-monkey.
Arznei-For 36-1: 568-574   (11 Refs.)

4181. Bechtel WD, Vanwayje. RG, Vandenen. A (1986)
Blood level, excretion, and metabolite pattern of [^{14}C]-brotizolam in humans.
Arznei-For 36-1: 575-578   (7 Refs.)

4182. Bechtel WD, Weber KH (1985)
Brotizolam radioimmunoassay - development, evaluation, and application to human-plasma samples.
J Pharm Sci 74: 1265-1269   (23 Refs.)

4183. Beck CHM, Cooper SJ (1986)
Beta-carboline FG 7142-reduced aggression in male-rats - reversed by the benzodiazepine receptor antagonist, Ro15-1788.
Pharm Bio B 24: 1645-1649   (23 Refs.)

4184. Beck H, Salom M, Holzer J (1983)
Midazolam dosage studies in institutionalized geriatric-patients.
Br J Cl Ph 16: 133-137   (9 Refs.)

4185. Beck T, Krieglst. J (1986)
The effects of tifluadom and ketazocine on behavior, dopamine turnover in the basal ganglia and local cerebral glucose-utilization of rats.
Brain Res 381: 327-335   (36 Refs.)

4186. Becker HC (1986)
Comparison of the effects of the benzodiazepine midazolam and 3 serotinin antagonists on a consummatory conflict paradigm.
Pharm Bio B 24: 1057-1064   (74 Refs.)

4187. Becker HC, Flaherty CF (1983)
Chlordiazepoxide and ethanol additively reduce gustatory negative contrast.
Psychophar 80: 35-37   (13 Refs.)

4188. Becker RE, Lal H, Alexande. P, Karkalas J, Kucharsk. T (1982)
Successful treatment of ballism with diazepam.
Drug Dev R 2: 363-366   (17 Refs.)

4189. Beckett A, Fishmann SM, Rosenbau. JF (1986)
Clonazepam blockade of spontaneous and CO_2 inhalation-provoked panic in a patient with panic disorder.
J Clin Psy 47: 475-476   (9 Refs.)

4190. Beckman DL, Crittend. DJ (1981)
Protection from oxygen-induced seizures by clonazepam and propylene-glycol.
P Soc Exp M 168: 45-48   (25 Refs.)

4191. Beckmann H (1985)
Die Therapie von Angstzuständen mit Benzodiazepinen.
In: Benzodiazepine (Mannheimer Therapiegespräche) (Ed. Friedberg KD, Rüfer R)
Urban & Schwarzenberg, Wien München Baltimore, p. 51-60

4192. Beckmann H, Haas S (1984)
Therapy with benzodiazepines - a critical-review (review).
Nervenarzt 55: 111-121   (88 Refs.)

4193. Beckmann H, Roggenba. W (1985)
Benzodiazepines - abuse and dependence.
Med Welt 36: 1195-1198   (25 Refs.)

4194. Bedair M, Korany MA, Abdelham. ME (1984)
Spectrophotometric determination of chlordiazepoxide and diazepam using orthogonal polynomials.
Analyst 109: 1423-1426   (13 Refs.)

4195. Beglinger R, Hamza B, Heizmann P, Kyburz E, Rehm WF (1982)
Assays on application and antagonizing of benzodiazepines in cattle.
Deut Tier W 89: 137-142   (42 Refs.)

4196. Belchetz PE, Davis JC, Hipkin LJ, Crawford P, Chadwick D (1986)
Evaluation of glucagon, clonidine and diazepam as stimulatory tests of growth-hormone secretion (meeting abstr.).
J Endocr 108: 314   (no Refs.)

4197. Bell FP (1982)
Effect of diazepam (valium) on LCAT activity in plasma from man (letter).
Atheroscler 45: 369-370   (4 Refs.)

4198. Bell FP (1984)
Diazepam inhibits cholesterol esterification by arterial ACAT and plasma LCAT, invitro.
Atheroscler 50: 345-352   (22 Refs.)

4199. Bell FP (1985)
Inhibition of Acyl COA - cholesterol acyltransferase and sterologenesis in rat-liver by diazepam, invitro.
Lipids 20: 75-79   (33 Refs.)

4200. Bell HE, Bertino JS (1984)
Constant diazepam infusion in the treatment of continuous seizure activity.
Drug Intel 18: 965-970   (25 Refs.)

4201. Bell, LE, Slattery JT, Calkins DF (1985)
Effect of halothane-oxygen anesthesia on the pharmacokinetics of diazepam and its metabolites in rats.
J Pharm Exp 233: 94-99   (24 Refs.)

4202. Belopavlovic M, Buchthal A (1982)
Modification of ketamine-induced intra-cranical hypertension in neurosurgical patients by pretreatment with midazolam.
Act Anae Sc 26: 458-462   (25 Refs.)

4203. Benattia M, Lernerna. M, Rondouin G, Heaulme M, Baldymou. M (1984)
Benzodiazepine receptor in limbic system following olfactory-bulb kindling in rats.
Cr Soc Biol 178: 697-704   (21 Refs.)

4204. Benavides J, Begassat F, Phan T, Tur C, Uzan A, Renault C, Dubroeuc. MC, Gueremy C, Lefur G (1984)
Histidine modification with diethylpyrocarbonate induces a decrease in the binding of an antagonist, PK-11195, but not of an agonist, Ro5-4864, of the peripheral benzodiazepine receptors.
Life Sci 35: 1249-1256   (16 Refs.)

4205. Benavides J, Guilloux F, Allam DE, Uzan A, Mizoule J, Renault C, Dubroeuc. MC, Gueremy C, Lefur G (1984)
Opposite effects of an agonist, Ro5-4864, and an antagonist, PK-11195, of the peripheral type benzodiazepine binding-sites on audiogenic-seizures in DBA/2J mice.
Life Sci 34: 2613-2620   (20 Refs.)

4206. Benavides J, Guilloux F, Rufat P, Uzan A, Renault C, Dubroeuc. MC, Gueremy C, Lefur G (1984)
Invivo labeling in several rat-tissues of peripheral type benzodiazepine binding-sites.
Eur J Pharm 99: 1-7   (26 Refs.)

4207. Benavides J, Malgouri. C, Flamier A, Tur C, Quartero. D, Begassat F, Camelin JC, Uzan A, Gueremy C, Lefur G (1984)
Biochemical-evidence that 2-phenyl-4 [2-(4-piperidinyl) ethyl]quinoline, a quinoline derivative with pure anticonflict properties, is a partial agonist of benzodiazepine receptors.
Neuropharm 23: 1129+   (30 Refs.)

4208. Benavides J, Malgouri. C, Imbault F, Begassat F, Uzan A, Renault C, Dubroeuc. MC, Gueremy C, Lefur G (1983)
Peripheral type benzodiazepine binding-sites in rat adrenals - binding-studies with [^{3}H] PK-11195 and autoradiographic localization.
Arch I Phar 266: 38-49   (24 Refs.)

4209. Benavides J, Menager J, Burgevin MC, Ferris O, Uzan A, Gueremy C, Renault C, Lefur G (1985)
Characterization of solubilized peripheral type benzodiazepine binding-sites from rat adrenals by using [^{3}H]PK 11195, and isoquinoline carboxamide derivative.
Biochem Pharm 34: 167-170   (18 Refs.)

4210. Benavides J, Quartero. D, Imbault F, Malgouri. C, Uzan A, Renault C, Dubroeuc. MC, Gueremy C, Lefur G (1983)
Labeling of peripheral-type benzodiazepine binding-sites in the rat-brain by using [PK-^{3}H 11195, an isoquinoline carboxamide derivative - kinetic studies and autoradiographic localization.
J Neurochem 41: 1744-1750   (18 Refs.)

4211. Benavides J, Quartero. D, Plouin PF, Imbault F, Phan T, Uzan A, Renault C, Dubroeuc. MC, Gueremy C, Lefur G (1984)
Characterization of peripheral type benzodiazepine binding-sites in human and rat platelets by using [^{3}H] PK-11195 - studies in hypertensive patients.
Biochem Pharm 33: 2467-2472   (17 Refs.)

4212. Benavides J, Savaki HE, Malgouri. C, Laplace C, Daniel M, Begassat F, Desban M, Uzan A, Dubroeuc. MC, Renault C (1984)
Autoradiographic localization of peripheral benzodiazepines binding-sites in the cat brain with [^{3}H] PK-11195.
Brain Res B 13: 69-77   (29 Refs.)

4213. Benchet ML, Tardieu M, Landrieu P, Taburet AM, Singlas E (1984)
Prophylaxis of febrile convulsions and kinetics of oral diazepam (letter).
Arch Fr Ped 41: 588-589   (4 Refs.)

4214. Bender AS, Hertz L (1984)
Flunitrazepam binding to intact and homogenized astrocytes and neurons in primary cultures.
J Neurochem 43: 1319-1327   (59 Refs.)

4215. Bender AS, Hertz L (1985)
Pharmacological evidence that the non-neuronal diazepam binding-site in primary cultures of glial-cells is associated with a calcium-channel (technical note).
Eur J Pharm 110: 287-288   (5 Refs.)

4216. Bender AS, Hertz L (1986)
Octadecaneuropeptide (ODN - anxiety peptide) displaces diazepam more potently from astrocytic than from neuronal binding-sites (technical note).
Eur J Pharm 132: 335-336   (5 Refs.)

4217. Benedetti A, Prett C, Tosi G (1983)
Syntheses and properties of platinum group metal-complexes with 1,4-benzodiazepines as ligands (meeting abstr.).
Inor Ch A-B 79: 200   (5 Refs.)

4218. Benedetti A, Preti C, Tosi G (1984)
Syntheses and spectroscopic studies on some platinum group metal-complexes with oxazepam as ligand.
J Mol Struc 116: 397-409   (33 Refs.)

4219. Benezech M, Rager P, Paty J, Chanseau JC (1986)
Forensic problems raised by use of some benzodiazepines.
J Med Leg 29: 201-204   (no Refs.)

4220. Benjamin D, Harris CM, Emmettog. MW, Lal H (1986)
Ethanol blocks interoceptive stimuli produced by an anxiogenic drug (pentylenetetrazol) and by diazepam withdrawal (meeting abstr.).
Alc Clin Ex 10: 106   (no Refs.)

4221. Benke A, Balogh A, Reich-Hilscher B (1979)
Über die atmungsspezifische Wirkung des Lösungsvermittlers von Diazepam (Valium).
Anaesthesist 28: 24-28

4222. Bennett BM (1982)
Difference between benzodiazepines (letter).
Am J Nurs 82: 1366+   (2 Refs.)

4223. Bennett DA (1986)
Comparison of discriminative stimuli produced by full and partial benzodiazepine agonists - pharmacological specificity (meeting abstr.).
Psychophar 89: 41   (no Refs.)

4224. Bennett DA, Amrick CL (1986)
2-amino-7-phoyphonoheptanoic acid (AP7) produces discriminative stimuli and anticonflict effects similar to diazepam.
Life Sci 29: 2455-2461   (26 Refs.)

4225. Bennett DA, Amrick CL, Wilson DE, Bernard PS, Yokoyama N, Liebman JM (1985)
Behavioral pharmacological profile of CGS-9895 - a novel anxiomodulator with selective benzodiazepine agonist and antagonist properties.
Drug Dev R 6: 313-325   (21 Refs.)

4226. Bennett DA, Geyer H, Dutta P, Brugger S, Fielding S, Lal H (1982)
Comparison of the actions of trimethadione and chlordiazepoxide in animal-models of anxiety and benzodiazepine receptor-binding.
Neuropharm 21: 1175-1179   (17 Refs.)

4227. Bennett JL (1980)
Characteristics of anti-schistosomal benzodiazepine binding-sites in schistosoma-mansoni.
J Parasitol 66: 742-747   (11 Refs.)

4228. Benton D, Dalrympl. JC, Brain PF, Grimm V (1985)
Pre-natal administration of diazepam improves radial maze-learning in mice.
Comp Bioc C 80: 273-275   (18 Refs.)

4229. Benton D, Smoothy R, Brain PF (1985)
Comparisons of the influence of morphine-sulfate, morphine-3-glucuronide and tifluadom on social encounters in mice.
Physl Behav 35: 689-693   (19 Refs.)

4230. Berchou R, Chayasirisobhon S, Green V, Mason K (1986)
The pharmacodynamic properties of lorazepam and methylphenidate drugs on event-related potentials and power spectral-analysis in normal subjects.
Clin Electr 17: 176-180 (15 Refs.)

4231. Berchou RC (1982)
Alprazolam - pharmacokinetics, clinical efficacy, and mechanism of action - commentary (editorial).
Pharmacothe 2: 253 (no Refs.)

4232. Beresford TP, Feinsilv. DL, Hall RCW (1981)
Adverse reactions to a benzodiazepine-tricyclic anti-depressant compound (technical note).
J Cl Psych 1: 392-394 (no Refs.)

4233. Berg WK, Davis M (1984)
Diazepam blocks fear-enhanced startle elicited electrically from the brain-stem.
Physl Behav 32: 333-336 (9 Refs.)

4234. Bergamo ML (1981)
Promotion of intramuscular diazepam questioned (letter).
Am J Hosp P 38: 970-971 (7 Refs.)

4235. Bergamo ML, Sudol TE (1982)
Value of once daily dosing of diazepam questioned - and defended - reply (letter).
J Cl Psych 2: 355-356 (1 Refs.)

4236. Bergel DH, Little H, Petros AJ (1985)
The effect of diazepam on cerebral blood-flow in the hypercapnic rat and the action of the benzodiazepine antagonist Ro15-1788 (meeting abstr.).
J Physl Lon 361: 52 (3 Refs.)

4237. Berggren L, Eriksson I (1981)
Midazolam for induction of anesthesia in outpatients - a comparison with thiopentone.
Act Anae Sc 25: 492-496 (18 Refs.)

4238. Berggren L, Eriksson I, Mollenho. P, Hallgren S (1985)
Breathing pattern changes induced by repeated doses of benzodiazepines and meperidine (meeting abstr.).
Act Anae Sc 29: 91 (no Refs.)

4239. Berggren L, Eriksson I, Mollenho. P, Wickbom G (1983)
Sedation for fiberoptic gastroscopy - a comparative-study of midazolam and diazepam.
Br J Anaest 55: 289-296 (21 Refs.)

4240. Bergman D, Futterwe. W, Segal R, Sirota D (1981)
Increased estradiol in diazepam related gynecomastia (letter).
Lancet 2: 1225-1226 (3 Refs.)

4241. Bergman J, Brynolf A, Elman B (1983)
A novel synthesis of quinazolines and 1,4-benzodiazepines.
Heterocycle 20: 2141-2144 (17 Refs.)

4242. Bergman J, Brynolf A, Elman B (1984)
Synthesis of quinazolines and 1,4-benzodiazepines (meeting abstr.).
Heterocycle 21: 511 (no Refs.)

4243. Bergman J, Dorsey L (1986)
Behavioral-effects of Ro15-1788 and pentobarbital in diazepam-tolerant squirrel-monkeys (meeting abstr.).
Fed Proc 45: 663 (no Refs.)

4244. Bergman J, Johanson CE (1985)
The reinforcing properties of diazepam under several conditions in the rhesus-monkey.
Psychophar 86: 108-113 (20 Refs.)

4245. Bergman J, Johanson CE, Schuster CR (1981)
Diazepam self-administration in rhesus-monkeys (meeting abstr.).
Pharm Bio B 15: 832 (no Refs.)

4246. Bergmann R, Nussner J (1984)
Comparative-study of 2 diazepam preparations in patients suffering from nonpsychotic states of anxiety and tension.
Med Welt 35: 1446-1449 (no Refs.)

4247. Bergman U, Griffith. RR (1986)
Relative abuse of diazepam and oxazepam - prescription forgeries and theft loss reports in sweden.
Drug Al Dep 16: 293-301 (21 Refs.)

4248. Berkowitz AS, Philo R (1984)
Injections of benzodiazepine receptor ligands mimic the melatonin-induced changes in gonadotropins during testicular regression in the male golden-hamster (mesocricetus-auratus) (meeting abstr.).
Anat Rec 208: 18-19 (no Refs.)

4249. Berlin RM (1984)
Flurazepam and other benzodiazepines (letter).
Ann Int Med 101: 404 (6 Refs.)

4250. Berlin RM, Conell LJ (1983)
Withdrawal symptoms after long-term treatment with therapeutic doses of flurazepam - a case-report.
Am J Psychi 140: 488-490 (10 Refs.)

4251. Berlin RM, Connell LJ (1984)
Withdrawal symptoms after long-term treatment with flurazepam - reply (letter).
Am J Psychi 141: 139 (5 Refs.)

4252. Berlinger WG, Spector R (1984)
Adverse drug-reactions in the elderly.
Geriatrics 39: 45+ (19 Refs.)

4253. Bernard PS, Bennett DA, Pastor G, Yokoyama N, Liebman JM (1985)
CGS-9896 - agonist-antagonist benzodiazepine receptor activity revealed by anxiolytic, anticonvulsant and muscle-relaxation assessment in rodents.
J Pharm Exp 235: 98-105 (35 Refs.)

4254. Bernard PS, Pastor G, Liebman JM (1986)
CGS-8216, a benzodiazepine antagonist, reduces food-intake in food-deprived rats.
Pharm Bio B 24: 1703-1706 (18 Refs.)

4255. Bernard PS, Pastor G, Wood PL, Petrack B, Liebman JM (1985)
Anticonvulsant properties in rodent models of several benzodiazepine agonist-antagonists (meeting abstr.).
Fed Proc 44: 1106 (no Refs.)

4256. Bernard PS, Wilson DE, Brown W, Glenn TM (1983)
CGS9896 (2-(p-chlorophenyl)-pyrazolo [4,2-c] quinolin-3(5H)-one), a nonsedating anxiolytic with partial diazepam antagonist properties (meeting abstr.)
Fed Proc 42: 345   (1 Refs.)

4257. Bernasconi R, Bencze W, Hauser K, Klein M, Martin P, Schmutz M (1984)
Protective effects of diazepam and valproate on beta-vinyllactic acid-induced seizures.
Neurosci L 47: 339-344   (15 Refs.)

4258. Bernasconi R, Bittiger H, Schmutz M, Martin P, Klein M (1984)
Is the estimation of gaba turnover rate invivo a tool to differentiate between various types of drugs interfering with the gaba benzodiazepine ionophore receptor complex.
Neuropharm 23: 815-816   (4 Refs.)

4259. Bernasconi R, Klein M, Martin P, Portet C, Maitre L, Jones RSG, Baltzer V, Schmutz M (1985)
The specific protective effect of diazepam and valproate against isoniazid-induced seizures is not correlated with increased gaba-levels.
J Neural Tr 63: 169-189   (32 Refs.)

4260. Berridge KC, Treit D (1986)
Chlordiazepoxide directly enhances positive ingestive reactions in rats.
Pharm Bio B 24: 217-221   (50 Refs.)

4261. Bertetto O, Villois T, Giaccone G, Clerico M, Calciati A (1986)
Osseously-administered lorazepam (L) in association with metoclopramide (MCP) and dexamethasone (DXM), especially the antiemetic therapy of patients treated with cisplain (DDP) (meeting abstr.).
Tumori 72: 687   (no Refs.)

4262. Berti C, Nistri A (1983)
Influence of caffeine and midazolam on gamma-aminobutyric acid-evoked responses in the frog spinal-cord (technical note).
Neuropharm 22: 1409-1412 (10 Refs.)

4263. Bertler A, Lindgren S, Magnusso. JO, Malmgren H (1983)
Pharmacokinetics of clorazepate after intravenous and intramuscular administration.
Psychophar 80: 236-239   (10 Refs.)

4264. Bertler A, Lindgren S, Magnusso. JO, Malmgren H (1985)
Intramuscular bioavailability of clorazepate as compared to diazepam (technical note).
Eur J Cl Ph 28: 229-230   (7 Refs.)

4265. Bertolasi V, Ferretti V, Gilli G, Borea PA (1984)
Stereochemistry of benzodiazepine-receptor ligands .1. structure of methyl beta-carboline-3-carboxylate (beta-CCM), C13H10N2O2.
Act Cryst C 40: 1981-1983 (16 Refs.)

4266. Bertolasi V, Sacerdot. M, Gilli G (1982)
Structure of 7-chloro-2-methylamino-5-phenyl-3H-1,4-benzodiazepine 4-oxide (chlordiazepoxide).
Act Cryst B 38: 1768-1772 (18 Refs.)

4267. Berzewski H (1986)
Risiken und Komplikation bei der Behandlung des alten Menschen mit Benzodiazepinen.
In: Benzodiazepine - Rückblick und Ausblick (Ed. Hippius H, Engel RR, Laakmann G)
Springer, Berlin Heidelberg New York Tokyo, p. 121-130

4268. Betts TA, Crowe A, Knight R, Raffle A, Parsons A, Blake A, Hawkswor. G, Petrie JC (1983)
Is there a clinically relevant interaction between diazepam and lipophilic beta-blocking drugs (technical note).
Drugs 25: 279-280   (no Refs.)

4269. Beyer BK, Geber WF (1983)
Tetratogenic effects of chlordiazepoxide and amitriptyline, alone and in combination, on hamster fetuses (meeting abstr.).
P Soc Exp M 172: 125   (no Refs.)

4270. Beyer BK, Guram MS, Geber WF (1984)
Incidence and potentiation of ecternal and internal fetal anomalies resulting from chlordiazepoxide and amitriptyline alone and in combination.
Teratology 30: 39-45   (44 Refs.)

4271. Beyer KH (1975)
Biotransformation der Arzneimittel.
Wissenschaftliche Verlagsgesellschaft, Stuttgart

4272. Beyhl FE, Engelbar. K, Hock FJ (1986)
Interaction of central-acting compounds with hepatic drug-metabolizing enzyme-systems - effects of 2 benzodiazepines on liver microsomal-enzymes.
IRCS-Bioch 14: 779-780   (no Refs.)

4273. Bezel R, Deleon M, Brandli O (1986)
Premedication in fiberbronchoscopy from the point of view of the patients and doctors - a randomized study to compare midazolam and hydrocodonum (meeting abstr.).
Schw Med Wo S 20 : 33   (no Refs.)

4274. Bhanumathi N, Rao KR, Sattur PB (1986)
Novel formation of 11,12-dihydro-6H-quino [2,3-b] [1,5] benzodiazepines - reaction of 2-chloroquinoline-3-carbaldehydes with o-phenylenediamine.
Heterocycle 24: 1683-1685 (4 Refs.)

4275. Bialik RJ, Pappas BA, Pusztay W (1981)
Neonatal forebrain norepinephrine depletion does not alter chlordiazepoxide-released responding in extinction and conflict procedures (meeting abstr.).
Prog Neuro 5: 288   (no Refs.)

4276. Bialik RJ, Pappas BA, Pusztay W (1982)
Chlordiazepoxide-induced released responding in extinction and punishment-conflict procedures is not altered by neonatal forebrain norepinephrine depletion.
Pharm Bio B 16: 279-283   (23 Refs.)

4277. Bianchi CP, Narayan SR (1983)
Diazepam enhancement of frequency-dependence of calcium fluxes across transverse tubular network of fast muscle-fibers (meeting abstr.).
Fed Proc 42: 569   (no Refs.)

4278. Bianchi CP, Narayan SR (1984)
Effect of diazepam on calcium translocation during physiological muscle fatigue.
J Pharm Exp 231: 197-205 (21 Refs.)

4279. Bianchi CP, Narayan SR (1985)
Comparative action of benzodiazepines on muscle fatigue (meeting abstr.).
Fed Proc 44: 505   (no Refs.)

4280. Bianchi CP, Narayan S, Degroof R (1984)
^{14}C-diazepam uptake by muscle and muscle fatigue (meeting abstr.).
Fed Proc 43: 735   (no Refs.)

4281. Bibb RC (1984)
Interaction of diazepam and cimetidine (letter).
N Eng J Med 311: 1700   (1 Refs.)

4282. Bichard AR, Little HJ (1982)
The benzodiazepine antagonist, Ro 15-1788, prevents the effects of flurazepam on the high-pressure neurological syndrome.
Neuropharm 21: 877-880   (19 Refs.)

4283. Bichard AR, Little HJ (1983)
Differential effects of the benzodiazepine antagonist Ro 15-1788 on the general anesthetic actions of the benzodiazepines (meeting abstr.).
Br J Anaest 55: 912   (3 Refs.)

4284. Bick PA, Hannah AL (1986)
Intramuscular lorazepam to restrain violent patients (letter).
Lancet 1: 206   (3 Refs.)

4285. Biehler J, Puig P, Poey J, Bourbon P (1985)
Quantitative-determination of clobazam and n-desmethylclobazam by HPLC - application to a pharmacokinetic study.
Therapie 40: 167-171   (10 Refs.)

4286. Biermann JS, Rice SA, Gallaghe. EJ, West JA (1986)
Effect of diazepam treatment on hepatic-microsomal anesthetic defluorinase activity.
Arch I Phar 283: 181-192   (18 Refs.)

4287. Biggio G (1983)
The action of stress, beta-carbolines, diazepam, and Ro15-1788 on gaba receptors in the rat-brain (review).
Adv Bio Psy 38: 105-119   (34 Refs.)

4288. Biggio G (1983)
The action of Stress, ß-Carbolines, Diazepam, and Ro15-1788 on GABA Receptors in the Rat Brain.
In: Benzodiazepine Recognition Site Ligands (Ed. Biggio G, Costa E)
Raven Press, New York, p. 105-119

4289. Biggio G, Concas A, Sanna E, Corda MG (1985)
Selective blockade of benzodiazepine (BZ) receptors by Ro15-1788 prevents stress-induced decrease of low affinity gaba receptors (meeting abstr.).
Fed Proc 44: 1825   (no Refs.)

4290. Biggio G, Concas A, Serra M, Salis M, Corda MG, Nurchi V, Chrisponi C, Gessa GL (1984)
Stress and beta-carbolines decrease the density of low affinity gaba binding-sites - an effect reversed by diazepam.
Brain Res 305: 13-18   (30 Refs.)

4291. Biggio G, Corda MG, Concas A, Gessa GL (1981)
Denervation super-sensitivity for benzodiazepine receptors in the rat substantia nigra (technical note).
Brain Res 220: 344-349   (22 Refs.)

4292. Biggio G, Costa E (1983)
Benzodiazepine Recognition Site Ligands: Biochemistry and Pharmacology, (Advances in Biochemical Psychopharmacology, Vol. 38).
Raven Press, New York

4293. Biggio G, Guarneri P, Corda MG (1981)
Benzodiazepine and gaba receptors in the rat retina - effect of light and dark-adaptation (technical note).
Brain Res 216: 210-214   (19 Refs.)

4294. Bignami G (1986)
Limitations of current models for benzodiazepine and antimuscarinic effects on punishment suppression and extinction (meeting abstr.).
Psychophar 89: 9   (no Refs.)

4295. Bignami G, Alleva E (1986)
Prenatal benzodiazepine effects in mice - postnatal behavioral-development, response to drug challenges, and adult discrimination-learning (meeting abstr.).
Neurotoxico 7: 353   (no Refs.)

4296. Bille J, Dalmas C (1982)
Anxiety in ambulatory and hospital practice - effects of a new anxiolytic agent, bromazepam, in a homogenous series of 30 patients.
Nouv Presse 11: 1706-1709   (no Refs.)

4297. Billing AE, Fry JP, Read GL (1986)
Changes in sensitivity to diazepam during the estrous-cycle in the mouse (meeting abstr.).
J Physl Lon 377: 70   (2 Refs.)

4298. Biour M, Cheymol G (1983)
Modifications in the pharmacokinetics of the benzodiazepines - the imipramine type drugs and lithium in elderly patients.
Rev Med Par 24: 718-722   (* Refs.)

4299. Birk J, Noble RG (1981)
Naloxone antagonism of diazepam-induced feeding in the syrian-hamster.
Life Sci 29: 1125-1131   (28 Refs.)

4300. Birk J, Noble G (1982)
Bicuculline blocks diazepam-induced feeding in syrian-hamsters.
Life Sci 30: 321-325   (20 Refs.)

4301. Bischoff RC, Schratze. M, Anders A (1985)
The normalization of sleep after surgical-procedures, with and without the use of a hypnotic benzodiazepine.
Curr Ther R 38: 3-14   (2 Refs.)

4302. Bishop E, Hussein W (1984)
Electroanalytical studies of certain nitro and benzodiazepine drugs at rotating-disk electrodes.
Analyst 109: 759-764   (50 Refs.)

4303. Biscoe TJ, Duchen MR (1985)
Actions and interactions of gaba and benzodiazepines in the mouse hippocampal slice.
Q J Exp Phy 70: 313-328   (37 Refs.)

4304. Biscoe TJ, Duchen MR, Pascoe JE (1983)
Gaba benzodiazepine interactions in the mouse hippocampal slice (meeting abstr.).
J Physl Lon 341: 8-9   (3 Refs.)

4305. Biscoe TJ, Fry JP, Martin IL, Rickets C (1981)
Binding of gaba and benzodiazepine receptor ligands in the spinal-cord of the spastic mouse (meeting abstr.).
J Physl Lon 317: 32-33   (3 Refs.)

4306. Biscoe TJ, Fry JP, Rickets C (1982)
Gaba and benzodiazepine receptors in the cerebellum of the mutant mouse lurcher (meeting abstr.).
J Physl Lon 328: 12   (4 Refs.)

4307. Biscoe TJ, Fry JP, Rickets C (1984)
Autoradiography of benzodiazepine receptor-binding in the central nervous-system of the normal C57BL6J mouse.
J Physl Lon 352: 495+   (59 Refs.)

4308. Biscoe TJ, Fry JP, Rickets C (1984)
Changes in benzodiazepine receptor-binding as seen autoradiographically in the central nervous-system of the spastic mouse.
J Physl Lon 352: 509+   (23 Refs.)

4309. Bishop JF, Oliver IN, Wolf MM, Matthews JP, Long M, Bingham J, Hillcoat BL, Cooper IA (1984)
Lorazepam - a randomized, double-blind, crossover study of a new antiemetic in patients receiving cyto-toxic chemotherapy and prochlorperazine.
J Cl Oncol 2: 691-695   (11 Refs.)

4310. Bishop JF, Oliver IN, Wolf M, Matthews JP, Long M, Bingham J, Hillcoat BL, Cooper IA (1984)
Lorazepam - a randomized double-blind crossover study in patients receiving cyto-toxic chemotherapy (meeting abstr.).
Med Ped Onc 12: 304   (no Refs.)

4311. Bismuth C, Baud FJ, Fournier PE, Mellerio F (1986)
Benzodiazepine antagonist Ro-15-1788 - diagnosis and therapeutic interest in acute intoxication - 40 cases (meeting abstr.).
Ann Med In 137: 363-364   (no Refs.)

4312. Bismuth C, Fournier PE, Lagier G (1981)
Physical-dependence on the benzodiazepines, a current public-health problem (meeting abstr.).
Ann Med In 132: 79   (no Refs.)

4313. Bismuth C, Lagier G, Fournier PE (1981)
Benzodiazepine dependence (editorial).
Ann Med In 132: 295-296   (6 Refs.)

4314. Bisserbe JC, Patel J, Eskay RL (1986)
Evidence that the peripheral-type benzodiazepine receptor ligand Ro-5-4864 inhibits beta-endorphin release from ATT-20 cells by blockade of voltage-dependent calcium channels.
J Neurochem 47: 1419-1424   (33 Refs.)

4315. Bittenco. PR, Richens A (1981)
Smooth-pursuit eye-movements and benzodiazepines (meeting abstr.).
EEG Cl Neur 52: 100   (no Refs.)

4316. Bittencourt PR, Wade P, Smith AT, Richens A (1981)
The relationship between peak velocity of saccadic eye-movements and serum benzodiazepine concentration.
Br J Cl Ph 12: 523-533   (60 Refs.)

4317. Bittencourt PR, Wade P, Smith AT, Richens A (1983)
Benzodiazepines impair smooth pursuit eye-movements (technical note).
Br J Cl Ph 15: 259-262   (30 Refs.)

4318. Biziere K, Bourguig. JJ, Chambon JP, Heaulme M, Perio A, Tebib S, Wermuth CG (1987)
A 7-phenyl substituted triazolopyridazine has inverse agonist activity at the benzodiazepine receptor-site.
Br J Pharm 90: 183-190   (37 Refs.)

4319. Bizzi A, Ricci MR, Veneroni E, Amato M, Garattin. S (1984)
Benzodiazepine receptor antagonists reverse the effect of diazepam on plasma-corticosterone in stressed rats (technical note).
J Pharm Pha 36: 134-135   (19 Refs.)

4320. Bjertnaes A, Block JM, Hafstad PE, Holte M, Ottemo I, Larsen T, Pinder RM, Steffens. K, Stulemeis. SM (1982)
A multicenter placebo-controlled trial comparing the efficacy of mianserin and chlordiazepoxide in general-practice patients with primary anxiety.
Act Psyc Sc 66: 199-207   (17 Refs.)

4321. Black DB, Lawrence RC, Lovering EG, Watson JR (1981)
Routine quality evaluation of benzodiazepine drugs to USP-NF specifications.
J Pharm Sci 70: 208-211   (17 Refs.)

4322. Blackmon BB, Mahaffey JE, Baker JD (1984)
Clinical comparison of midazolam hydrochloride and midazolam maleate for anesthesia induction.
Anesth Anal 63: 1116-1120   (19 Refs.)

4323. Blackwell B, Cooperst. R (1983)
Benzodiazepine use and the biopsychosocial model.
J Fam Pract 17: 451-458   (85 Refs.)

4324. Blaese U, Muller WE (1985)
Concentration independent accumulation of diazepam by rat-liver slices - effect of human-serum albumin.
Res Comm Cp 47: 313-316   (5 Refs.)

4325. Blaha L, Brückmann JU (1983)
Benzodiazepines in the Treatment of Anxiety (Angst): European Experiences.
In: The Benzodiazepines - From Molecular Biology to Clinical Practice. (Ed. Costa E).
Raven Press, New York, p. 311-323

4326. Blakely E, Leibold L, Picker M, Poling A (1986)
Effects of clonazepam and phenobarbital on the responding of pigeons maintained under a multiple fixed-ratio fixed-interval schedule of food delivery.
B Psychon S 24: 233-236   (13 Refs.)

4327. Blampied NM, Kirk RC (1983)
Defensive burying - effects of diazepam and oxprenolol measured in extinction.
Life Sci 33: 695-699   (17 Refs.)

4328. Blanchard JC, Julou L (1983)
Suriclone - a new cyclopyrrolone derivative recognizing receptors labeled by benzodiazepines in rat hippocampus and cerebellum.
J Neurochem 40: 601-607   (24 Refs.)

4329. Blanchard JC, Zundel JL, Julou L (1983)
Differences between cyclopyrrolones (suriclone and zopiclone) and benzodiazepines binding to rat hippocampus photolabeled membranes (technical note).
Bioch Pharm 32: 3651-3653   (12 Refs.)

4330. Blaschke G, Kley H, Muller WE (1986)
Optical resolution of the benzodiazepines camazepam and ketazolam and receptor affinity of the enantiomers.
Arznei-For 36-1: 893-894   (7 Refs.)

4331. Bliwise D (1985)
Benzodiazepines - half life and daytime sleepiness - reply (letter).
Am J Psychi 142: 777   (5 Refs.)

4332. Bliwise DL (1986)
Benzodiazepines - half-life and daytime hyperarousal - reply (letter).
Am J Psychi 143: 814   (5 Refs.)

4333. Bliwise D, Seidel W, Greenblatt DJ, Dement W (1984)
Nighttime and daytime efficacy of flurazepam and oxazepam in chronic insomnia.
Am J Psychi 141: 191-195   (38 Refs.)

4334. Bliwise D, Seidel W, Karacan I, Mitler M, Roth T, Zorick F, Dement W (1983)
Daytime sleepiness as a criterion in hypnotic medication trials - comparison of triazolam and flurazepam.
Sleep 6: 156-163   (24 Refs.)

4335. Block AJ, Dolly FR, Slayton PC (1983)
Does flurazepam ingestion affect breathing and oxygenation during sleep of patients with chronic obstructive pulmonary-disease (meeting abstr.).
Chest 84: 355   (no Refs.)

4336. Block AJ, Dolly FR, Slayton PC (1984)
Does flurazepam ingestion affect breathing and oxygenation during sleep in patients with chronic obstructive lung-disease.
Am R Resp D 129: 230-233   (21 Refs.)

4337. Block RI, Berchou R (1984)
Alprazolam and lorazepam effects on memory acquisition and retrieval-processes.
Pharm Bio B 20: 233-241   (30 Refs.)

4338. Block RI, Devoe M, Stanley B, Stanley M, Pomara N (1985)
Memory performance in individuals with primary degenerative dementia - its similarity to diazepam-induced impairments.
Exp Aging R 11: 151-155   (13 Refs.)

4339. Blom H, Schmidt JF, Rytlande. M (1984)
Rectal diazepam compared to intramuscular pethidine promethazine chlorpromazine with regard to gastric contents in pediatric anesthesia.
Act Anae Sc 28: 652-653   (8 Refs.)

4340. Blount JF, Fryer RI, Gilman NW, Todaro LJ (1983)
Quinazolines and 1,4-benzodiazepines .92. conformational recognition of the receptor by 1,4-benzodiazepines.
Molec Pharm 24: 425-428   (9 Refs.)

4341. Blumenthal HP, Limjuco RA, Sarnoski TP, Lusaitis AA, Weissman L (1981)
Respiratory response after midazolam (0.1 mg/kg) and thiopental (2.0 mg-kg) compared by a semiautomated system (meeting abstr.).
Clin Pharm 29: 235   (1 Refs.)

4342. Blumenthal P, Werres R, Rothfeld D, Tolentin. E, Rogersph. C, Zelasko R, Limjuco R, Bianchin. J, Jack M, Colburn W (1984)
Clinical and pharmacokinetic observations after premedication of heart-failure patients with midazolam (meeting abstr.).
J Clin Phar 24: 400   (no Refs.)

4343. Blumer JL, Hill JH, Witte MK, Obrien C, Decesare B (1986)
Misuse of diazepam (D) and or phenobarbital (PB) as the major cause of picu admission for children with seizures (SZ) (meeting abstr.).
Pediat Res 20: 177   (no Refs.)

4344. Blyden GT, Berkman EM, Scavone JM, Greenblatt DJ (1985)
Effect of plasmapheresis on drug pharmacokinetics (meeting abstr.).
J Clin Phar 25: 461   (no Refs.)

4345. Blyden GT, Greenblatt DJ, Scavone JM (1986)
Metronidazole impairs clearance of phenytoin but not of alprazolam or lorazepam (meeting abstr.).
Clin Pharm 39: 181   (no Refs.)

4346. Boas RA, Newson AJ, Taylor KM (1983)
Comparison of midazolam with thiopentone for outpatient anesthesia.
NZ Med J 96: 210-212   (12 Refs.)

4347. Boast CA, Bernard PS, Barbaz BS, Bergen KM (1983)
The neuropharmacology of various diazepam antagonists.
Neuropharm 22: 1511-1521   (71 Refs.)

4348. Boast CA, Snowhill EW, Simke JP (1985)
CGS-8216 and CGS-9896, novel pyrazoloquinoline benzodiazepine ligands with benzodiazepine agonist and antagonist properties.
Pharm Bio B 23: 639-644   (32 Refs.)

4349. Boaventura AM, Blaquier. B, Palou AM, Massardi. D, Hunt P (1986)
Ro-43028 a partial agonist at the benzodiazepine receptor (meeting abstr.)
J Pharmacol 17: 170   (2 Refs.)

4350. Bobkov YG, Morozov IS (1982)
Correction of psychodepressant effects of benzodiazepine tranquilizers by administration of psychoenergizers.
B Exp B Med 94: 1366-1369   (10 Refs.)

4351. Bobruff A, Gardos G, Tarsy D, Rapkin RM, Cole JO, Mooere P (1981)
Clonazepam and phenobarbital in tardive-dyskinesia.
Am J Psychi 138: 189-193   (19 Refs.)

4352. Boehme DH, Naumoff M, Marks N, Squires R (1981)
Thip descreases the affinity for chloride-ion which is required for binding of flunitrazepam-^{3}H in human-brain (meeting abstr.).
Fed Proc 40: 634   (no Refs.)

4353. Bogatsky AV, Andronat. SA, Nazarov EI, Iontov IA (1981)
Effect of 1,4-benzodiazepine derivatives on erythrocytic membranes.
Dop Ukr B 1981: 62-64   (12 Refs.)

4354. Bogatskii AV, Ivanova RY, Andronat. SA, Zhilina ZI (1981)
Synthesis of 4,5-dihydropyrrolo [1,2,3-E,F] [1,5] benzodiazepine-6(7H)-ones.
Khim Getero 1981: 505-507   (6 Refs.)

4355. Bogatskii AV, Ivanova RY, Andronat. SA, Zhilina ZI (1981)
Chemical-transformations and estimation of basicity of 4,5-dihydropyrrolo [1,2,3-E,F] [1,5] benzodiazepine-6(7H)-ones.
Khim Getero 1981: 983-986   (6 Refs.)

4356. Bogdanova ED, Prilipko LL (1985)
Monoacylglycerophosphatide accumulation and changes in properties of benzodiazepine receptors in brain synaptosomes.
B Exp B Med 100: 1662-1664   (5 Refs.)

4357. Boggia R (1981)
Thrombophlebitis following intravenous diazepam (letter).
Br Dent J 151: 42   (no Refs.)

4358. Boghen D, Lamothe L, Elie R, Godbout R, Montplai. J (1986)
The treatment of the restless legs syndrome with clonazepam - a prospective controlled-study.
Can J Neur 13: 245-247   (12 Refs.)

4359. Boghen D, Lamothe L, Elie R, Montplai. J, Godbout R (1985)
The treatment of restless legs with clonazepam (meeting abstr.).
Can J Neur 12: 192   (no Refs.)

4360. Boisse NR, Periana RM, Guarino JJ, Kruger HS, Samorisk. GM (1986)
Pharmacologic characterization of acute chlordiazepoxide dependence in the rat.
J Pharm Exp 239: 775-783   (35 Refs.)

4361. Boisse NR, Rivkin SM (1981)
Simultaneous quantitation of chlordiazepoxide, demoxepam, nor-chlordiazepoxide, and nor-diazepam in blood by high-pressure liquid-chromatography (meeting abstr.).
Fed Proc 40: 640   (no Refs.)

4362. Boissl K, Dreyfus JF, Delmotte M (1983)
Studies on the dependence-inducing potential of zopiclone and triazolam.
Pharmacol 27: 242-247   (4 Refs.)

4363. Boisvieuxulrich E, Laine MC, Sandoz D (1985)
Invitro effects of diazepam and mediazepam on the ciliogenesis and cilia of the quail oviduct (meeting abstr.)
Bio Cell 54: 3   (3 Refs.)

4364. Bojarski JC, Meldrum LA, Calam J (1985)
Chlordiazepoxide inhibits stimulation of guinea-pig ileum, but not dispersed pancreatic acini by cholecystokinin octapeptide (CCK8) (meeting abstr.).
Regul Pept 13: 91   (no Refs.)

4365. Bojholm S, Paulson OB, Flachs H (1982)
Arterial and venous concentrations of phenobarbital, phenytoin, clonazepam, and diazepam after rapid intravenous injections.
Clin Pharm 32: 478-483   (20 Refs.)

4366. Bokekuhn K, Danneber. P, Kuhn FJ, Lehr E (1986)
Antiemotional and anticonvulsant activity of brotizolam and its effects on motor-performance in animals.
Arznei-For 36-1: 528-531   (40 Refs.)

4367. Bokekuhn K, Knappen F (1986)
Interactions of brotizolam and diazepam with some psychotropic-drugs on motor-performance in mice.
Arznei-For 36-1: 606-609   (23 Refs.)

4368. Boker T, Heinze HJ (1984)
Influence of diazepam on visual pattern-evoked potentials with due regard to nonstationary effects - methodological problems.
Neuropsychb 11: 207-212   (8 Refs.)

4369. Bold JM, Gardner CR, Walker RJ (1985)
Central effects of nicotinamide and inosine which are not mediated through benzodiazepine receptors.
Br J Pharm 84: 689-696   (15 Refs.)

4370. Boldy DAR, English JSC, Lang GS, Hoare AM (1984)
Sedation for endoscopy - a comparison between diazepam, and diazepam plus pethidine with naloxone reversal.
Br J Anaest 56: 1109-1112   (6 Refs.)

4371. Boleloucky Z, Nahunek K, Jerabek P, Klimpl P, Plevova J, Prokopov. Z (1984)
Factor-analysis derived scales of the SCL-90 in a controlled-study of chlorotepin and diazepam in neurotic patients.
Activ Nerv 26: 54-55   (5 Refs.)

4372. Boleloucky Z, Nahunek K, Radimsky M, Plevova J, Kuliskov. O, Boriova M (1982)
Controlled clinical-study of bromazepam and diazepam in neurotics of a day clinic.
Activ Nerv 24: 238-239   (6 Refs.)

4373. Boleloucky Z, Plevova J, Bartosov. O, Nahunek K (1982)
Experience with medazepam in neurotic patients.
Activ Nerv 24: 246-247   (3 Refs.)

4374. Boleloucky Z, Plevova J, Nahunek K, Klimpl P, Jerabek P (1984)
Differences between bromazepam and diazepam from some aspects of depression in neurotic patients.
Activ Nerv 26: 257-258   (6 Refs.)

4375. Boleloucky Z, Radimsky M, Nahunek K, Plevova J (1984)
Controlled clinical-study of bromazepam and diazepam in neurotics.
Activ Nerv 26: 52-54   (8 Refs.)

4376. Bolger GT, Mezey E, Cott J, Weissman BA, Paul SM, Skolnick P (1984)
Differential regulation of central and peripheral benzodiazepine binding-sites in the rat olfactory-bulb.
Eur J Pharm 105: 143-148 (27 Refs.)

4377. Bolger GT, Weissman BA, Lueddens H, Barrett JE, Witkin J, Paul SM, Skolnick P (1986)
Dihydropyridine calcium-channel antagonist binding in non-mammalian vertebrates - characterization and relationship to peripheral-type binding-sites for benzodiazepines (technical note).
Brain Res 368: 351-356 (31 Refs.)

4378. Bolger GT, Weissman BA, Lueddens H, Basile AS, Mantione CR, Barrett JE, Witkin JM, Paul SM, Skolnick P (1985)
Late evolutionary appearance of peripheral-type binding-sites for benzodiazepines (technical note).
Brain Res 338: 366-370 (31 Refs.)

4379. Bombardt PA, Brewer JE, Adams WJ (1983)
Off-line multidimensional liquid-chromatographic determination of urinary metabolites of alprazolam in the rat (meeting abstr.).
Abs Pap ACS 185: 183-Anyl (no Refs.)

4380. Bond AJ, Lader MH (1981)
Comparative effects of diazepam and buspirone on subjective feelings, psychological-tests and the EEG.
Int Pharmac 16: 212-220 (6 Refs.)

4381. Bond A, Lader M (1982)
A comparison of the psychotropic profiles of tofisopam and diazepam.
Eur J Cl Ph 22: 137-142 (17 Refs.)

4382. Bond A, Lader M (1983)
Correlations among measures of response to benzodiazepines in man.
Pharm Bio B 18: 295-298 (12 Refs.)

4383. Bond A, Lader M, Shrotriy. R (1983)
Comparative effects of a repeated dose regime of diazepam and buspirone on subjective ratings, psychological-tests and the EEG.
Eur J Cl Ph 24: 463-467 (7 Refs.)

4384. Bond PA, Cundall RL, Rolfe B (1985)
[³H] diazepam binding to human-granulocytes.
Life Sci 37: 11-16 (11 Refs.)

4385. Bond WS, Berwish NJ, Swift B (1985)
Severe withdrawal syndrome after substitution of a short-acting benzodiazepine for a long-acting benzodiazepine.
Drug Intel 19: 742-744 (13 Refs.)

4386. Bond WS, Schwartz M (1984)
Withdrawal reactions after long-term treatment with flurazepam.
Clin Phrmcy 3: 316-318 (* Refs.)

4387. Bonetti EP, Pieri L, Cumin R, Schaffne. R, Pieri M, Gamzu ER, Muller RKM, Haefely W (1982)
Benzodiazepine antagonist Ro 15-1788 - neurological and behavioral-effects.
Psychophar 78: 8-18 (31 Refs.)

4388. Bonetti EP, Schaffne. R, Cumin R, Pieri L (1981)
A selective benzodiazepine antagonist - Ro-15-1788 (meeting abstr.).
Experientia 37: 666 (no Refs.)

4389. Böning J (1981)
Bromazepam withdrawal delirium - a psychopharmacological contribution to clinical withdrawal syndromes.
Nervenarzt 52: 293-297 (29 Refs.)

4390. Böning J (1985)
Benzodiazepine dependence - clinical and neurobiological aspects (review).
Adv Bio Psy 40: 185-192 (38 Refs.)

4391. Böning J, Schrappe O (1984)
Benzodiazepin-Abhängigkeit: Ätiologie und Pathogenese der Entzugs-Syndrome.
Dtsch Ärztebl 81: 211-218

4392. Böning J, Schrappe O (1984)
Benzodiazepin-Abhängigkeit: Klinik der Entzugs-Syndrome.
Dtsch Ärztebl 81: 279-285

4393. Bonnet MH, Kramer M, Roth T (1981)
A dose-response study of the hypnotic effectiveness of alprazolam and diazepam in normal subjects.
Psychophar 75: 258-261 (11 Refs.)

4394. Bonnetblanc JM, Bernard P, Souyri N, Roux J (1981)
Urticaria induced by benzodiazepines (technical note).
Ann Der Ven 108: 177-178 (7 Refs.)

4395. Bonora M, Stjohn WM, Bledsoe TA (1985)
Differential elevation by protriptyline and depression by diazepam of upper airway respiratory motor-activity.
Am R Resp D 131: 41-45 (27 Refs.)

4396. Booker JG, Dailey JW, Jobe PC, Lane JD (1986)
Neurobiology of seizure predisposition the genetically epilepsy-prone rat .5. cerebral cortical gaba and benzodiazepine binding-sites in genetically seizure prone rats.
Life Sci 39: 799-806 (34 Refs.)

4397. Booker PD, Beechey A, Lloydtho. AR (1986)
Sedation of children requiring artificial-ventilation using an infusion of midazolam.
Br J Anaest 58: 1104-1108 (24 Refs.)

4398. Boralessa H, Senior DF, Whitwam JG (1983)
Cardiovascular-response to intubation - a comparative-study of thiopentone and midazolam.
Anaesthesia 38: 623-627 (20 Refs.)

4399. Boralessa H, Senior DF, Whitwam JG (1984)
Midazolam and induction of anesthesia - a reply (letter).
Anaesthesia 39: 69-70 (no Refs.)

4400. Borbély AA (1986)
Benzodiazepinhypnotika: Wirkungen und Nachwirkungen von Einzeldosen.
In: Benzodiazepine - Rückblick und Ausblick (Ed. Hippius H, Engel RR, Laakmann G)
Springer, Berlin Heidelberg New York Tokyo, p. 96-100

4401. Borbely AA, Balderer G, Trachsel L, Tobler I (1985)
Effect of midazolam and sleep-deprivation on daytime sleep propensity.
Arznei-For 35-2: 1696-1699 (17 Refs.)

4402. Borbely AA, Fellmann I, Gerne M, Lehmann D, Loepfe M, Mattmann P, Strauch I (1982)
Benzodiazepine hypnotics - prolonged residual effects after a single dose (meeting abstr.).
Experientia 38: 752 (no Refs.)

4403. Borbely AA, Loepfe M, Mattmann P, Tobler I (1983)
Midazolam and triazolam - hypnotic action and residual effects after a single bedtime dose.
Arznei-For 33-2: 1500-1502 (14 Refs.)

4404. Borbely AA, Mattmann P, Loepfe M (1984)
Hypnotic action and residual effects of a single bedtime dose of temazepam.
Arznei-For 34-1: 101-103 (13 Refs.)

4405. Borbely AA, Mattmann P, Loepfe M, Fellmann I, Gerne M, Strauch I, Lehmann D (1983)
A single dose of benzodiazepine hypnotics alters the sleep EEG in the subsequent drug-free night (technical note).
Eur J Pharm 89: 157-161 (10 Refs.)

4406. Borbely AA, Mattmann P, Loepfe M, Strauch I, Lehmann D (1985)
Effect of benzodiazepine hypnotics on all-night sleep EEG spectra.
Hum Neurob 4: 189-194 (23 Refs.)

4407. Borchers F, Achtert G, Hausleit. HJ, Zeugner H (1984)
Metabolism and pharmacokinetics of metaclazepam (talis) .3. determination of the chemical-structure of metabolites in dogs, rabbits and men.
Eur J Drug 9: 325-346 (40 Refs.)

4408. Borden LA, Czajkows. C, Chan CY, Farb DH (1984)
Benzodiazepine receptor synthesis and degradation by neurons in culture.
Science 226: 857-860 (16 Refs.)

4409. Bordyukov MM, Kryzhano. GN, Nikushki. EV, Bogdanov. ED, Prilipko LL (1985)
Binding of ^{3}H diazepam with brain synaptic-membranes during the development of generalized epileptic activity.
B Exp B Med 100: 1664-1666 (16 Refs.)

4410. Borea PA (1983)
Denovo analysis of receptor-binding affinity data of benzodiazepines.
Arznei-For 33-2: 1086-1088 (20 Refs.)

4411. Borea PA, Bonora A (1983)
Brain receptor-binding and lipophilic character of benzodiazepines.
Bioch Pharm 32: 603-607 (19 Refs.)

4412. Borea PA, Gilli G (1984)
The nature of 1,4-benzodiazepines receptor interactions.
Arznei-For 34-1: 649-652 (27 Refs.)

4413. Borea PA, Gilli G, Bertolas. V, Sacerdot. M (1982)
On the possible role played by hydrogen-bonding in benzodiazepine-receptor interactions (technical note).
Bioch Pharm 31: 889-891 (20 Refs.)

4414. Borea PA, Supavila. P, Karobath M (1983)
Differential modulation of etazolate or pentobarbital enhanced [^{3}H]muscimol binding by benzodiazepine agonists and inverse agonists (technical note).
Brain Res 280: 383-386 (15 Refs.)

4415. Borea PA, Supavila. P, Karobath M (1984)
Effect of gaba and photoaffinity-labeling on the affinity of drugs for benzodiazepine receptors in membranes of the cerebral-cortex of 5-day-old rats (technical note).
Bioch Pharm 33: 165-168 (15 Refs.)

4416. Borneman. LD, Crews T, Chen SS, Twardak S, Patel IH (1986)
Influence of food on midazolam absorption.
J Clin Phar 26: 55-59 (18 Refs.)

4417. Borneman. LD, Min BH, Crews T, Rees MMC, Blumenth. HP, Colburn WA, Patel IH (1985)
Dose dependent pharmacokinetics of midazolam.
Eur J Cl Ph 29: 91-95 (11 Refs.)

4418. Borner U, Gips H, Boldt J, Hoge R, Vonborma. B, Hempelmann G (1985)
Effect of an induction dose of etomidate, methohexital and midazolam on adrenocortical function before and after ACTH-stimulation.
Deut Med Wo 110: 750-752 (9 Refs.)

4419. Bornstein RA, Watson GD, Kaplan MJ (1985)
Effects of flurazepam and triazolam on neuropsychological performance.
Perc Mot Sk 60: 47-52 (10 Refs.)

4420. Bornstein RA, Watson GD, Pawluk LK (1985)
Effects of chronic benzodiazepine administration on neuropsychological performance.
Clin Neurop 8: 357-361 (11 Refs.)

4421. Bornstei. S (1982)
Treatment of anxiety with bromazepam in clinical practice.
Nouv Presse 11: 1731-1734 (6 Refs.)

4422. Bosatra A, Vertua R, Poli P (1982)
Sensitivity of auditory lateralization and temporal-order tests to benzodiazepines.
Audiology 21: 400-408 (19 Refs.)

4423. Boscoe MJ, Dawling S, Thompson MA, Jones RM (1984)
Lorazepam in open-heart surgery - plasma-concentrations before, during and after bypass following different dose regimens.
Anaesth I C 12: 9-13 (27 Refs.)

4424. Boscoe MJ, Dawling S, Walmsley AJ (1985)
Midazolam in neurosurgery - concentrations in peripheral-blood, cerebrospinal-fluid and brain (meeting abstr.).
Br J Anaest 57: 834 (2 Refs.)

4425. Boscoe MJ, Weinman JA, Skelly AM, Milstein PA (1985)
Assessment of psychomotor performance following i.v. diazepam or midazolam for minor oral-surgery (meeting abstr.).
Br J Anaest 57: 350 (no Refs.)

4426. Bosio A, Lucchi L, Spano PF, Trabucch. M (1982)
Central toxic effects of chronic ethanol treatment - actions on gaba and benzodiazepine recognition sites.
Tox Lett 13: 99-103 (17 Refs.)

4427. Bouckoms AJ, Litman RE (1985)
Clonazepam in the treatment of neuralgic pain syndrome.
Psychosomat 26: 933-936 (10 Refs.)

4428. Boucsein W, Wendtsuh. G (1982)
Psychological and physiological-effects of cloxazolam and diazepam under anxiety-evoking and control conditions on healthy-subjects.
Pharmacopsy 15: 48-56 (26 Refs.)

4429. Boudinot FD, Homon CA, Jusko WJ, Ruelius HW (1985)
Protein-binding of oxazepam and its glucuronide conjugates to human-albumin.
Bioch Pharm 34: 2115-2121 (29 Refs.)

4430. Bouffard Y (1983)
Benzodiazepines and premedication.
Lyon Med 250: 365-370 (* Refs.)

4431. Boulard G, Cazenave J, Varene N, Brachetl. A (1981)
Diazepam levels in the ventricular cerebral spinal-fluid and peripheral venous-blood in man.
Ann Anesth 22: 185-190 (no Refs.)

4432. Boulenger JP, Patel J, Marangos PJ (1982)
Effects of caffeine and theophylline on adenosine and benzodiazepine receptors in human-brain.
Neurosci L 30: 161-166 (21 Refs.)

4433. Boulenger JP, Smokcum R, Lader M (1984)
Rate of increase of plasma lorazepam concentrations - absence of influence upon subjective and objective effects.
J Cl Psych 4: 25-31 (29 Refs.)

4434. Boullin DJ (1981)
Platelet shape change in patients with psychiatric-disorders and treated with phenothiazines, thioxanthines, butyrophenones, benzodiazepines, tricyclic anti-depressants and beta-adrenergic blocking-agents.
J Neural Tr 51: 245-256 (14 Refs.)

4435. Bouquet S, Aucoutur. P, Brisson AM, Courtois P, Fourtill. JB (1983)
High-performance luqid-chromatographic determination in human-plasma of a anti-convulsant benzodiazepine - clonazepam.
J Liq Chrom 6: 301-310 (13 Refs.)

4436. Bourgeois M, Jordan M, Daubech JF, Rigal F, Goumillo. R, Delile JM (1986)
Depersonalization, cotards syndrome and manic turn with benzodiazepines (based on 2 observations).
Ann Med Psy 144: 174-182 (no Refs.)

4437. Bourguig. A, Monfort JC, Demedeir. P, Cadet B, Chaneac D (1984)
The treatment of psychotic states associating valproic acid and diazepam.
Ann Med Psy 142: 1214-1218 (8 Refs.)

4438. Bourin M (1982)
Clinical-pharmacology benzodiazepines - dose and pharmacokinetics are the major differences.
Gaz Med Fr 89: 4407-4408 (no Refs.)

4439. Bourin M, Hubert C, Colombel MC, Larousse C (1986)
Comparative residual effects of temazepam and nitrazepam (meeting abstr.).
J Pharmacol 17: 463 (no Refs.)

4440. Bourin M, Larousse C (1983)
Benzodiazepines - pharmacology and therapeutics.
Rev Med Par 24: 1019-1024 (* Refs.)

4441. Bourin M, Lecalier A (1981)
Les Benzodiazépines - Bases pharmacokinétiques de la prescription des benzodiazépines.
Edition Marketing, Paris

4442. Bourin M, Urbaniak J (1982)
Benzodiazepine dependence and withdrawal.
Rev Med Par 23: 2051-2054 (no Refs.)

4443. Bourke DL, Rosenber. M, Allen PD (1984)
Physostigmine - effectiveness as an antagonist of respiratory depression and psychomotor effects caused by morphine or diazepam.
Anesthesiol 61: 523-528 (38 Refs.)

4444. Bourn WM, Garrett RL, Reigel CE, Risinger FO (1985)
Reduction of flurazepam convulsive threshold by Ro-15-1788.
Psychophar 85: 267-270 (27 Refs.)

4445. Bourn WM, Garrett RL, Tolson KM (1986)
Effect of CGS-8216 on high-dose flurazepam convulsive threshold.
Pharmacol 32: 131-133 (10 Refs.)

4446. Bowcock SJ, Stockdal. AD, Bolton JAR, Kang AA, Retsas S (1984)
Antiemetic prophylaxis with high-dose metoclopramide or lorazepam in vomiting induced by chemotherapy (technical note).
Br Med J 288: 1879 (5 Refs.)

4447. Bowden CL, Fisher JG (1980)
Safety and efficacy of long-term diazepam therapy.
South Med J 73: 1581-1584 (17 Refs.)

4448. Bowden CL, Fisher JG (1982)
Relationship of diazepam serum level to antianxiety effects.
J Cl Psych 2: 110-114 (15 Refs.)

4449. Bowdler JM, Green AR (1981)
Rat-brain benzodiazepine receptor number and gaba concentration following a seizure (meeting abstr.).
Br J Pharm 74: 814-815 (4 Refs.)

4450. Bowdler JM, Green AR (1982)
Regional rat-brain benzodiazepine receptor number and gamma-aminobutyric acid concentration following a convulsion.
Br J Pharm 76: 291-298 (16 Refs.)

4451. Bowdler JM, Green AR, Minchin MCW, Nutt DJ (1983)
Regional gaba concentration and [^{3}H]-diazepam binding in rat-brain following repeated electroconvulsive shock.
J Neural Tr 56: 3-12 (28 Refs.)

4452. Bowersox SS, Kilduff TS, Kaitin KI, Dement WC, Ciaranel. RD (1986)
Brain benzodiazepine receptor characteristics in canine narcolepsy.
Sleep 9: 111-115 (17 Refs.)

4453. Bowling AC, Delorenz. RJ (1982)
Micromolar affinity benzodiazepine receptors - identification and characterization in central nervous-system.
Science 216: 1247-1250 (35 Refs.)

4454. Boyer SK, Fitchett G, Wasley JWF, Zaunius G (1984)
A practical synthesis of 1,3,4,14b-tetrahydro-2-methyl-10H-pyrazino [1,2-a]pyrrolo [2,1-c] [1,4] benzodiazepine (1-1) maleate.
J Hetero Ch 21: 833-835 (4 Refs.)

4455. Boyland E (1981)
Diazepam and tumor promotion (letter).
Lancet 1: 445 (5 Refs.)

4456. Brachetliermain A, Jarry C, Faure O, Guyot M, Loiseau P (1982)
Liquid-chromatography determination of clobazam and its major metabolite n-desmethylclobazam in human-plasma.
Ther Drug M 4: 301-305 (15 Refs.)

4457. Brachtel G, Jansen M (1981)
Prazepam, C19H17CLN2O.
Cryst Str C 10: 669-672 (3 Refs.)

4458. Bradley CM, Nicholson AN (1981)
Triazolam and related 1,4-benzodiazepines - spatial delayed alternation behavior in the monkey (macaca-mulatta) (meeting abstr.).
Br J Pharm 74: 768-769 (1 Refs.)

4459. Bradley CM, Nicholson AN (1982)
Differential effects of benzodiazepines - behavioral-studies in the monkey (macaca-mulatta).
Drug Dev R 1982: 159-164 (11 Refs.)

4460. Bradley CM, Nicholson AN (1984)
Activity of the chloro-benzodiazepine and triazolo-benzodiazepine - behavioral-studies in the monkey (macaca-mulatta).
Neuropharm 23: 327-331 (12 Refs.)

4461. Bradley CM, Nicholson AN (1984)
Flurazepam hydrochloride and its principal metabolites - behavioral-studies in the monkey (macaca-mulatta).
Psychophar 82: 395-399 (31 Refs.)

4462. Bradley CM, Nicholson AN (1986)
Behavioral-responses to diazepam of drug-naive and experienced monkeys (macaca-mulatta).
Psychophar 88: 112-114 (17 Refs.)

4463. Bradshaw EG, Ali AA, Mulley BA, Rye RM (1981)
Plasma-concentrations and clinical effects of lorazepam after oral-administration.
Br J Anaest 53: 517-522 (13 Refs.)

4464. Bradshaw EG, Mulley BA, Rye RM, Zaini Y (1983)
Plasma-levels and psychomotor performance after premedication with lorazepam (meeting abstr.).
Act Anae Sc 27: 66 (no Refs.)

4465. Bradwejn J, Demontigny C (1984)
Benzodiazepines antagonize cholecystokinin-induced activation of rat hippocampal-neurons.
Nature 312: 363-364 (29 Refs.)

4466. Bradwejn J, Demontigny C (1985)
Antagonism of cholecystokinin-induced activation by benzodiazepine receptor agonists - microiontophoretic studies in the rat hippocampus.
Ann Ny Acad 448: 575-580 (42 Refs.)

4467. Bradwejn J, Demontigny C (1985)
Effects of PK-8165, a partial benzodiazepine receptor agonist, on cholecystokinin-induced activation of hippocampal pyramidal neurons - a microiontophoretic study in the rat (technical note).
Eur J Pharm 112: 415-418 (10 Refs.)

4468. Brady LS, Barrett JE (1983)
Modulation of the behavioral-effects of chlordiazepoxide (CDAP) by substance-P (SP) in squirrel-monkeys (meeting abstr.).
Fed Proc 42: 1361 (no Refs.)

4469. Brady LS, Mansbach RS, Skurdal DN, Muldoon SM, Barrett JE (1984)
Reversal of the antinociceptive effects of centrally-administered morphine by the benzodiazepine receptor antagonist Ro-15-1788.
Life Sci 35: 2593-2600 (27 Refs.)

4470. Braestrup C (1984)
Benzodiazepine receptors and endogenous ligands (meeting abstr.).
Anaesthesis 33: 526-527 (3 Refs.)

4471. Braestrup C (1985)
Benzodiazepine receptors.
Clin Neurol 8: 2-7 (30 Refs.)

4472. Braestrup C, Honoré T, Nielsen M, Petersen EN, Jensen LH (1983)
Benzodiazepine Receptor ligands with negative Efficacy: Chloride Channel Coupling.
In: Benzodiazepine Recognition Site Ligands (Ed. Biggio G, Costa E)
Raven Press, New York, p. 29-36

4473. Braestrup C, Honore T, Nielsen M, Petersen EN, Jensen LH (1983)
Benzodiazepine receptor ligands with negative efficacy - chloride channel coupling (review).
Adv Bio Psy 38: 29-36 (38 Refs.)

4474. Braestrup C, Honore T, Nielsen M, Petersen EN, Jensen LH (1984)
Ligands for benzodiazepine receptors with positive and negative efficacy.
Bioch Pharm 33: 859-862 (24 Refs.)

4475. Braestrup C, Nielsen M (1980)
Multiple benzodiazepine receptors.
Trends Neur 3: 301-303 (11 Refs.)

4476. Braestrup C, Nielsen M (1981)
[^{3}H]-labeled propyl beta-carboline-3-carboxylate as a selective radioligand for the BZ1 benzodiazepine receptor subclass.
J Neurochem 37: 333-341 (10 Refs.)

4477. Braestrup C, Nielsen M (1981)
Gaba reduces binding of ^{3}H-labeled methyl beta-carboline-3-carboxylate to brain benzodiazepine receptors.
Nature 294: 472-474 (14 Refs.)

4478. Braestrup C, Nielsen M (1985)
Interaction of pitrazepin with the gaba benzodiazepine receptor complex and with glycine receptors.
Eur J Pharm 118: 115-121 (21 Refs.)

4479. Braestrup C, Nielsen M, Honore T (1983)
Benzodiazepine receptor ligands with positive and negative efficacy (review).
Adv Bio Psy 37: 237-245 (41 Refs.)

4480. Braestrup C, Nielsen M, Honore T (1983)
Binding of DMCM-^{3}H, a convulsive benzodiazepine ligand, to rat-brain membranes - preliminary studies.
J Neurochem 41: 454-465 (34 Refs.)

4481. Braestrup C, Nielsen M, Honore T, Jensen LH, Petersen EN (2983)
Benzodiazepine receptor ligands with positive and negative efficacy.
Neuropharm 22: 1451-1457 (52 Refs.)

4482. Braestrup C, Nielsen M, Tacke U (1984)
Benzodiazepine receptors and epilepsy (meeting abstr.).
Act Neur Sc 70: 215-217 (13 Refs.)

4483. Braestrup C, Schmiech. R, Neef G, Nielsen M, Petersen EN (1982)
Interaction of convulsive ligands with benzodiazepine receptors.
Science 216: 1241-1243 (36 Refs.)

4484. Braestrup C, Schmiechen R, Nielsen M, Petersen EN (1983)
Benzodiazepine receptor ligands, receptor occupancy, pharmacological effect and GABA receptor coupling.
In: Pharmacology of Benzodiazepines (Ed. Usdin E, Skolnick P, Tallmann jr JF, Greenblatt D, Paul SM)
Verlag Chemie, Weinheim Deerfield Beach Basel p. 71-85

4485. Brahams D (1985)
Deliberate taking of diazepam may provide a defense to a criminal charge (editorial).
Lancet 1: 356 (1 Refs.)

4486. Brain PF, Smoothy R, Benton D (1985)
An ethological analysis of the effects of tifluadom on social encounters in male albino mice.
Pharm Bio B 23: 979-985 (17 Refs.)

4487. Brampton WJ, Plantevi. OM (1985)
Double-blind crossover study of the efficacy and acceptability of oxazepam expidet tablets compared to placebo in patients undergoing gynecological surgery.
J Int Med R 13: 169-173 (8 Refs.)

4488. Branch RA, Cotham R, Johnson R, Porter J, Desmond PV, Schenker S (1983)
Periportal localization of lorazepam glucuronidation in the isolated perfused rat-liver.
J La Cl Med 102: 805-812 (22 Refs.)

4489. Brandao ML, Vasquez EC, Cabral AM, Schmitt P (1985)
Chlordiazepoxide and morphine reduce pressor-response to brain-stimulation in awake rats (technical note).
Pharm Bio B 23: 1069-1071 (16 Refs.)

4490. Brandli O, Bezel R, Mendesde. C (1986)
Patients and doctors apreciation of premedication for fiberoptic bronchoscopy - a randomized study comparing midazolam and hydrocodonum (meeting abstr.).
Am R Resp D 133: 334 (no Refs.)

4491. Brandstetter RD, Gotz VP (1983)
Recurrence of intravenous-diazepam-induced phlebitis from oral diazepam.
Drug Intel 17: 125-126 (5 Refs.)

4492. Brandstetter RD, Gotz VP, Mar DD, Sachs D (1981)
Exacerbation of diazepam-induced phlebitis by oral penicillamine (technical note).
Br Med J 283: 525 (5 Refs.)

4493. Braude W, Barnes T (1982)
Clonazepam - effective treatment for restless legs syndrome in uremia (letter).
Br Med J 284: 510 (4 Refs.)

4494. Braude W, Barnes T (1982)
Clonazepam - effective treatment for restless legs syndrome in uremia (letter).
Br Med J 284: 666 (3 Refs.)

4495. Breckenridge A (1983)
Interactions of Benzodiazepines with other substances.
In: The Benzodiazepines - From Molecular Biology to clinical Practice.
(Ed. Costa E).
Raven Press, New York, p. 237-246

4496. Breen TF (1985)
Intravenous flunitrazepam (rohypnol) in conservative and restorative dentistry.
J Int Med R 13: 74-76 (3 Refs.)

4497. Breese GR, Frye GD, Finley C, Mueller RA (1985)
Effects of aminooxycetic acid (AOAA) and chlordiazepoxide (CDZ) on audiogenic induction of seizures in rats withdrawn from ethanol or treated with propylthiouracil (meeting abstr.).
Alcohol 2: 700 (no Refs.)

4498. Breier A, Charney DS, Heninger GR (1986)
Intravenous diazepam fails to change growth-hormone and cortisol secretion in humans.
Psychiat R 18: 293-299 (14 Refs.)

4499. Breier A, Charney DS, Nelson JC (1984)
Seizures induced by abrupt discontinuation of alprazolam (technical note).
Am J Psychi 141: 1606-1607 (10 Refs.)

4500. Breimer DD, Jochemse. R (1983)
Clinical pharmacokinetics of hypnotic benzodiazepines - a summary.
Br J Cl Ph 16: 277-278 (6 Refs.)

4501. Breimer DD, Jochemse. R, Kamphuis. HA, Nicholso. AN, Spencer MB, Stone BM (1985)
Central effects during the continous osmotic infusion of a benzodiazepine (triazolam).
Br J Cl Ph 19: 807-815 (17 Refs.)

4502. Brennan MJW (1982)
Gaba autoreceptors are not coupled to benzodiazepine receptors in rat cerebral-cortex.
J Neurochem 38: 264-266 (20 Refs.)

4503. Brennan MJW, Volicer L, Mooreede MC, Borsook D (1985)
Daily rhythms of benzodiazepine receptor numbers in frontal-lobe and cerebellum of the rat.
Life Sci 36: 2333-2337   (23 Refs.)

4504. Bridge TP, Rosenbla. JE, Burbach RV, Wyatt RJ (1980)
Saliva benzodiazepine levels and clinical outcome in detoxifying alcoholic patients.
Comm Psycho 4: 357-361   (9 Refs.)

4505. Britton DR, Britton KT, Dalton D, Vale W (1981)
Effects of naloxone on anti-conflict and hyperphagic actions of diazepam.
Life Sci 29: 1297-1302   (19 Refs.)

4506. Britton KT, Morgan J, Rivier J, Vale W, Koob GF (1985)
Chlordiazepoxide attenuates response suppression induced by corticotropin-releasing factor in the conflict test.
Psychophar 86: 170-174   (31 Refs.)

4507. Britton KT, Stewart RD, Risch SC (1983)
Benzodiazepines attenuate stimulated beta-endorphin release.
Psychoph B 19: 757-760   (20 Refs.)

4508. Britton ML, Waller ES (1985)
Central nervous-system toxicity associated with concurrent use of triazolam and cimetidine.
Drug Intel 19: 666-668   (23 Refs.)

4509. Brockmeyer N, Dylewicz P, Habicht H, Ohnhaus EE (1985)
The metabolism of diazepam following different enzyme inducing agents (meeting abstr.).
Br J Cl Ph 19: 544   (1 Refs.)

4510. Brodie RR, Chasseaud LF, Taylor T (1981)
Concentrations of N-descyclopropylmethylprazepam in whole blood, plasma, and milk after administration of prazepam to humans.
Biopharm Drug Dispos 2: 59-68

4511. Broekkamp CL, Lepichon M, Lloyd KG (1984)
The comparative effects of benzodiazepines, progabide and PK-9084 on acquisition of passive-avoidance in mice.
Psychophar 83: 122-125   (39 Refs.)

4512. Bromm B, Seide K (1982)
The influence of tilidine and prazepam on withdrawal reflex, skin resistance reaction and pain rating in man.
PAIN 12: 247-258   (27 Refs.)

4513. Brooker AE, Wiens AN, Wiens DA (1984)
Impaired brain functions due to diazepam and meprobamate abuse in a 53-year-old-male.
J Nerv Ment 172: 498-501   (12 Refs.)

4514. Brooks MA (1983)
The electrochemical determination of 1,4-benzodiazepines in biological-fluids.
Bioelectr B 10: 37-55   (34 Refs.)

4515. Brooksbank BW, Atkinson DJ, Balazs R (1982)
Biochemical development of the human-brain .3. benzodiazepine receptors, free gamma-aminobutyrate (gaba) and other amino-acids.
J Neurosci 8: 581-594   (54 Refs.)

4516. Brophy T, Dundee JW, Heazelwo. V, Kawar P, Varghese A, Ward M (1982)
Midazolam, a water-soluble benzodiazepine, for gastroscopy.
Anaesth I C 10: 344-347   (9 Refs.)

4517. Brosan L, Broadben. D, Nutt D, Broadben. M (1986)
Performance effects of diazepam during and after prolonged administration.
Psychol Med 16: 561-571   (32 Refs.)

4518. Brown C, Martin I, Jones B, Oakley N (1984)
Invivo determination of efficacy of pyrazoloquinolinones at the benzodiazepine receptor.
Eur J Pharm 103: 139-143   (7 Refs.)

4519. Brown C, Martin IL (1984)
Autoradiographic localization of benzodiazepine receptors in the rat pituitary-gland (technical note).
Eur J Pharm 102: 563-564   (5 Refs.)

4520. Brown CL, Martin IL (1983)
Photoaffinity-labeling of the benzodiazepine receptor cannot be used to predict ligand efficacy.
Neurosci L 35: 37-40   (12 Refs.)

4521. Brown CL, Martin IL (1984)
Modification of pyrazoloquinolinone affinity by gaba predicts efficacy at the benzodiazepine receptor.
Eur J Pharm 106: 167-173   (16 Refs.)

4522. Brown CL, Martin IL (1984)
Photoaffinity-labeling of the benzodiazepine receptor compromises the recognition site but not its effector mechanism (technical note).
J Neurochem 43: 272-273   (15 Refs.)

4523. Brown CL, Martin IL (1984)
Kinetics of Ro-^{3}H 15-1788 binding to membrane-bound rat-brain benzodiazepine receptors.
J Neurochem 42: 918-923   (21 Refs.)

4524. Brown J, Brown MW, Bowes JB (1983)
Effects of lorazepam on rate of forgetting, on retrieval from semantic memory and on manual dexterity.
Neuropsycho 21: 501-512   (17 Refs.)

4525. Brown J, Lewis V, Brown M, Horn G, Bowes JB (1982)
A comparison between transient amnesias induced by 2 drugs (diazepam or lorazepam) and amnesia of organic-origin.
Neuropsycho 20: 55-70   (21 Refs.)

4526. Browne JL, Hauge KJ (1986)
A review of alprazolam withdrawal.
Drug Intel 20: 837-841   (35 Refs.)

4527. Brown MW, Maldonad. AL, Meredith CG, Speeg KV (1984)
Ketoconazole inhibits chlordiazepoxide (CDX) clearance in man - differences in acute and chronic treatment (meeting abstr.).
Hepatology 4: 1036   (1 Refs.)

4528. Browne TR (1983)
Benzodiazepines in human seizure disorders.
In: Pharmacology of Benzodiazepines (Ed. Usdin E, Skolnick P, Tallmann jr JF, Greenblatt D, Paul SM)
Verlag Chemie, Weinheim Deerfield Beach Basel p. 329-337

4529. Browne TR, Evans JE, Kasdon DL, Szabo GK, Evans BA, Greenblatt DJ (1986)
Distribution.
J Clin Phar 26: 425-426   (7 Refs.)

4530. Browne TR, Greenblatt DJ, Evans JE, Szabo GK, Evans BA, Schumach. GE (1986)
Pharmacokinetics - dose-dependent changes.
J Clin Phar 26: 463-468   (15 Refs.)

4531. Brownemayers AN (1982)
Prevention of delirium tremens - when benzodiazepines are not enough - a clinical-study (meeting abstr.).
Alc Clin Ex 6: 137   (no Refs.)

4532. Broxterman HJ, Smit JSG, Vanderpl. J, Vanlange. A, Belfroid RD, Vankempe. GT, Vanderkr. JA (1985)
Binding of [^{3}H] flunitrazepam and [^{3}H] spiperone to melanoma cell-membrane preparations.
Cancer Lett 28: 177-186   (22 Refs.)

4533. Broxton TJ, Morrison SR (1985)
Micellar catalysis of organic-reactions .17. hydrolysis of nitrazepam and some n-alkylated derivatives.
Aust J Chem 38: 1037-1043   (14 Refs.)

4534. Broxton TJ, Wright S (1986)
Micellar catalysis of organic-reactions .18. basic hydrolysis of diazepam and some n-alkyl derivatives of nitrazepam.
J Org Chem 51: 2965-2969   (13 Refs.)

4535. Brubaker WF, Ogliarus. MA (1985)
Gas-liquid-chromatography of substituted benzils and benzophenones (technical note).
J Chromat 324: 450-454   (11 Refs.)

4536. Bruguerolle B (1986)
Influence of diazepam on bupivacaine pharmacokinetics.
IRCS-Bioch 14: 1020   (no Refs.)

4537. Bruguerolle B, Bouvenot G, Bartolin R, Descotte. C (1985)
Temporal variations of lorazepam pharmacokinetics.
Int J Cl Ph 23: 352-354   (9 Refs.)

4538. Bruni J (1986)
Use of lorazepam in the treatment of status epilepticus (meeting abstr.).
Can J Neur 13: 190   (no Refs.)

4539. Brunner H, Patris MF (1982)
Clinical-trial of bromazepam in psychiatric-hospital practice.
Nouv Presse 11: 1695-1698   (3 Refs.)

4540. Buchan T (1984)
Benzodiazepines in the management of anxiety.
Cent Afr J 30: 297+   (* Refs.)

4541. Buchsbaum DG, Groh M (1986)
Housestaff perception of their benzodiazepine prescription documentation (meeting abstr.).
Clin Res 34: 810   (no Refs.)

4542. Buchsbaum DG, Groh M (1986)
Underdocumentation of benzodiazepine prescriptions in the records of elderly patients (meeting abstr.).
Clin Res 34: 810   (no Refs.)

4543. Buchsbaum DG, Groh MJ, Centor RM (1986)
Underdocumentation of benzodiazepine prescriptions in a general medicine clinic.
J Gen Int M 1: 305-308   (no Refs.)

4544. Buchsbaum MS, Hazlett E, Sicotte N, Stein M, Wu J, Zetin M (1985)
Topographic EEG changes with benzodiazepine administration in generalized anxiety disorder.
Biol Psychi 20: 832+   (33 Refs.)

4545. Buckland C, Mellanby J, Gray JA (1986)
The effects of compounds related to gamma-aminobutyrate and benzodiazepine receptors on behavioral-responses to anxiogenic stimuli in the rat - extinction and successive discrimination.
Psychophar 88: 285-295   (39 Refs.)

4546. Budd RD (1981)
The use of diazepam and of cocaine in combination with other drugs by los-angeles county probationers (technical note).
Am J Drug A 8: 249-255   (11 Refs.)

4547. Budd RD (1981)
Benzodiazepine structure versus reactivity with emit oxazepam antibody.
Clin Toxic 18: 643-655   (3 Refs.)

4548. Bulau P, Froscher W, Schuchar. V, Kreiten K (1986)
A prospective randomized trial of the effectiveness of clonazepam and diazepam in petit mal epilepsy.
Nervenarzt 57: 667-671   (68 Refs.)

4549. Buldakova SL, Skrebits. VG, Chepelev VM (1982)
Effect of diazepam on evoked unitary responses of hippocampal slices.
B Exp B Med 94: 1061-1063   (10 Refs.)

4550. Bullimore DW (1982)
A comparison of the incidence of injection pain with 2 different diazepam formulations - valium and diazemuls.
Clin Ther 4: 367-368   (no Refs.)

4551. Bun H, Coassolo P, Ba B, Aubert C, Cano JP (1986)
Plasma quantification of quazepam and its 2-oxo and n-desmethyl metabolites by capillary gas-chromatography.
J Chromat 378: 137-145   (5 Refs.)

4552. Bun H, Coassolo P, Gouezo F, Serradim. A, Cano JP (1986)
Time-dependence of clobazam and n-demethyl-clobazam kinetics in healthy-volunteers.
Int J Cl Ph 24: 287-293   (15 Refs.)

4553. Bunn SJ, Hanley MR, Wilkin GP (1986)
Autoradiographic localization of peripheral benzodiazepine, dihydroalprenolol and arginine vasopressin binding-sites in the pituitaries of control, stalk transected and brattleboro rats.
Neuroendocr 44: 76-83   (32 Refs.)

4554. Burch TP, Thyagara. R, Ticku MK (1983)
Group-selective reagent modification of the benzodiazepine-gamma-aminobutyric acid receptor-ionophore complex reveals that low-affinity gamma-aminobutyric acid receptors stimulate benzodiazepine binding.
Molec Pharm 23: 52-59   (35 Refs.)

4555. Burch TP, Ticku MK (1981)
Heterogeneity of benzodiazepine receptors revealed with diethylpyrocarbonate (meeting abstr.).
Fed Proc 40: 314 (no Refs.)

4556. Burch TP, Ticku MK (1981)
Histidine modification with diethyl pyrocarbonate shows heterogeneity of benzodiazepine receptors.
P NAS Biol 78: 3945-3949 (30 Refs.)

4557. Burches E, Bedate H, Quenca C, Marti M, Esplugue. J (1983)
Study of the acute toxicity and analgesic effect of paracetamol, alone and associated with different drugs (codeine, amobarbital, oxazepam) (meeting abstr.).
J Pharmacol 14: 574 (no Refs.)

4558. Buresova A, Svestka J, Nahunek K, Ceskova E, Peska I (1984)
Bromazepam in hypochondriac depressions (an open study).
Activ Nerv 26: 249-250 (5 Refs.)

4559. Burgess ED, Burgess KR, Feroah TR, Whitelaw WA (1987)
Respiratory drive in patients with end-stage renal-disease at rest and after administration of meperidine and triazolam (meeting abstr.).
Clin Res 35: 173 (no Refs.)

4560. Burkard WP (1981)
Specificity of action of a benzodiazepine antagonist on drug-induced changes of cerebellar cyclic-GMP in rats invivo (meeting abstr.).
Experientia 37: 667 (no Refs.)

4561. Burkard WP (1984)
[^{3}H]-labeled tifluadom binding in guinea-pig brain membranes (technical note).
Eur J Pharm 97: 337-338 (5 Refs.)

4562. Burkard WP, Bonetti EP, Haefely W (1985)
The benzodiazepine antagonist Ro-15-1788 reverses the effect of methyl-beta-carboline-3-carboxylate but not of harmaline on cerebellar CGMP and motor-performance in mice.
Eur J Pharm 109: 241-247 (26 Refs.)

4563. Burkard WP, Muller PM, Fluck N (1984)
Characteristics of ^{3}H-tifluadom binding in guinea-pig brain membranes.
J Recep Res 4: 165-173 (14 Refs.)

4564. Burke D (1986)
Diazepam and free plasma bupivacaine concentration (letter).
Anesth Anal 65: 314 (no Refs.)

4565. Burnham WM, Niznik HB, Okazaki MM, Kish SJ (1983)
Binding of [^{3}H]-labeled flunitrazepam and [^{3}H]-labeled Ro5-4864 to crude homogenates of amygdala-kindled rat-brain - 2 months post-seizure (technical note).
Brain Res 279: 359-362 (15 Refs.)

4566. Burov YV, Orekhov SN, Yukhanan. RY, Vedernik. NN (1986)
Role of benzodiazepine receptors in realization of the anxiolytic effect of compounds in alcohol-dependent and control rats.
B Exp B Med 101: 193-195 (11 Refs.)

4567. Burov YV, Yukhanan. RY, Maisky AI (1984)
Benzodiazepine and opiate receptors under chronic alcoholization.
VA Med NAUK 11 : 20-26 (no Refs.)

4568. Burov YV, Yukhanan. RY, Maiskii AI (1985)
Characteristics of benzodiazepine receptors in rats differing in predisposition to experimental alcoholism.
B Exp B Med 100: 1214-1216 (9 Refs.)

4569. Burrell AD, Sterner MA, Irvine B, Li ST, Snyder CD (1985)
Correlation between the induction of chromosomal-aberrations and small colonies in the L5178Y TK+/-mouse lymphoma mutation assay following exposure to 2,3,4-trihydroxybenzophenone and other substituted benzophenones (meeting abstr.).
Env Mutagen 7: 89 (no Refs.)

4570. Burroughs AK, Morgan MY, Sherlock S (1985)
Double-blind controlled trial of bromocriptine, chlordiazepoxide and chlormethiazole for alcohol withdrawal symptoms.
Alc Alcohol 20: 263-271 (31 Refs.)

4571. Burrow SJ, Sammon PJ, Tuncay OC (1986)
Effects of diazepam on orthodontic tooth movement and alveolar bone camp levels in cats.
Am J Orthod 90: 102-105 (9 Refs.)

4572. Burstein ES, Ochs HR, Greenblatt DJ (1986)
Cigarette-smoking does not alter triazolam pharmacokinetics (meeting abstr.).
J Clin Phar 26: 556 (no Refs.)

4573. Burtles R, Astley B (1983)
Lorazepam in children - a double-blind trial comparing lorazepam, diazepam, trimeprazine and placebo.
Br J Anaest 55: 275-279 (16 Refs.)

4574. Burton AJ (1982)
Recalled apprehension after premedication with lorazepam (technical note).
Anaesthesia 37: 1019-1021 (11 Refs.)

4575. Busch M, Ritter W, Mohrle H (1985)
Thin-layer densitometric determination of clotiazepam in tablets and in blood-plasma.
Arznei-For 35: 547-551 (7 Refs.)

4576. Busch U, Molzahn M, Bozler G, Koss FW (1981)
Pharmacokinetics of oxazepam following multiple administration in volunteers and patients with chronic renal-disease.
Arznei-For 31-2: 1507-1511 (13 Refs.)

4577. Buschmann G, Kuhl UG, Rohte O (1985)
General pharmacology of the anxiolytic compound metaclazepam in comparison to other benzodiazepines.
Arznei-For 35-2: 1643+ (87 Refs.)

4578. Busto U, Isaac P, Adrian M (1986)
Changing patterns of benzodiazepine use in canada - 1978 to 1984 (meeting abstr.).
Clin Pharm 39: 184 (no Refs.)

4579. Busto U, Naranjo CA, Cappell H, Harrison M, Simpkins J, Sanchezc. M, Sellers EM (1983)
Patterns of benzodiazepine abuse (BA) (meeting abstr.).
Clin Pharm 33: 237 (no Refs.)

4580. Busto U, Sellers EM, Naranjo CA (1985)
Clinical-features of withdrawal syndrome after long-term therapeutic use of benzodiazepines (meeting abstr.).
Clin Invest 8: 61   (no Refs.)

4581. Busto U, Sellers EM, Naranjo CA, Cappell H, Sanchezc. M, Kaplan K (1985)
Withdrawal symptoms (WS) after long-term therapeutic (LTT) use of benzodiazepines (B) - a randomized, double-blind, placebo controlled trial (meeting abstr.).
Clin Pharm 37: 185   (no Refs.)

4582. Busto U, Sellers EM, Naranjo CA, Cappell HD, Sanchezc. M, Simpkins J (1986)
Patterns of benzodiazepine abuse and dependence.
Br J Addict 81: 87-94   (30 Refs.)

4583. Busto U, Sellers EM, Naranjo CA, Cappell H, Sanchezc. M, Sykora K (1986)
Withdrawal reaction after long-term therapeutic use of benzodiazepines.
N Eng J Med 315: 854-859   (41 Refs.)

4584. Busto U, Simpkins J, Sellers EM, Sisson B, Segal R (1983)
Objective determination of benzodiazepine use and abuse in alcoholics.
Br J Addict 78: 429-435   (22 Refs.)

4585. Butcher HJ, Chananon. P, Hamor TA, Martin IL (1984)
Structure-activity-relationships in a series of 5-phenyl-1,4-benzodiazepines (meeting abstr.).
Act Cryst A 40: 66   (1 Refs.)

4586. Butcher HJ, Hamor TA (1984)
Structure of 8-chloro-1-[(dimethylamino)methyl]-6-phenyl-4H-imidazo-[1,2-alpha] [1,4] benzodiazepine, $C_{20}H_{19}ClN_4$.
Act Cryst C 40: 848-850   (10 Refs.)

4587. Butcher H, Hamor TA, Martin IL (1983)
Structures of 7-bromo-1,3-dihydro-5-(2-pyridyl)-2H-1,4-benzodiazepin-2-one (bromazepam, $C_{14}H_{10}BrN_3O$) and 5-(2-fluorophenyl)-1,3-dihydro-1-methyl-7-nitro-2H-1,4-benzodiazepin-2-one (flunitrazepam, $C_{16}H_{12}FN_3O_3$).
Act Cryst C 39: 1469-1472   (11 Refs.)

4588. Butcher HJ, Hamor TA (1985)
Structure of 7-chloro-1-methyl-5-phenyl-1H-1,5-benzodiazepine-2,4 (3H, 5H)-dione (clobazam), $C_{16}H_{13}ClN_2O_2$.
Act Cryst C 41: 1081-1083   (8 Refs.)

4589. Butlen D (1984)
Benzodiazepine receptors along the nephron - PK-11195-^{3}H binding in rat tubules.
FEBS Letter 169: 138-142   (19 Refs.)

4590. Buttar HS (1980)
Effects of chlordiazepoxide on the prenatal and postnatal-development of rats.
Toxicology 17: 311-321   (35 Refs.)

4591. Buttar HS, Moffatt JH (1983)
Prenatal and postnatal-development of rats following concomitant intrauterine exposure to propoxyphene and chlordiazepoxide.
Neurob Tox 5: 549-556   (46 Refs.)

4592. Byatt CM, Lewis LD, Dawling S, Cochrane GM (1984)
Accumulation of midazolam after repeated dosage in patients receiving mechanical ventilation in an intensive-care unit (technical note).
Br Med J 289: 799-800   (5 Refs.)

4593. Bye MR, Kitcher JP (1981)
Tritium labeled ligands - their application in benzodiazepine receptor studies (technical note).
Trends Neur 4: 18   (14 Refs.)

4594. Byrd JC (1985)
Alprazolam-associated rage reaction (letter).
J Cl Psych 5: 186-188   (14 Refs.)

4595. Byrne AJ, Yeoman PM, Mace P (1984)
Accumulation of midazolam in patients receiving mechanical ventilation (letter).
Br Med J 289: 1309   (1 Refs.)

4596. Cabana B, Purich E, Doluisio JT (1985)
Establishing bioavailability and bioequivalence of diazepam formulations.
Integr Psyc 3: 79-83   (8 Refs.)

4597. Cabralfilho JE, Leite JR (1982)
Increased seizure susceptibility to 3-mercaptopropionic acid of stressed rats - effects of chronic diazepam and valproic acid administration (meeting abstr.).
Braz J Med 15: 437   (no Refs.)

4598. Caccia S, Ballabio M, Garattin. S (1981)
Relationship between camazepam, N-methyl-oxazepam and oxazepam brain concentrations and antileptazol effect in the rat (technical note).
J Pharm Pha 33: 185-187   (7 Refs.)

4599. Caccia S, Ballabio M, Zanini MG, Garattin. S, Samanin R (1982)
Antileptazol activity and kinetic of CP 1414 S (7-nitro-2-amino-5-phenyl- -,1,5-benzodiazepine-4-one) in the rat and mouse.
Eur J Drug 7: 93-97   (15 Refs.)

4600. Caccia S, Conforti L, Conti I (1986)
Effect of the anticonvulsant denzimol on the disposition of diazepam in the rat (technical note).
J Pharm Pha 38: 469-472   (27 Refs.)

4601. Caccia S, Garattini S (1985)
Benzodiazepines.
In: Antiepileptic Drugs (Ed. Frey HH, Janz D).
Springer, Berlin Heidelberg New York Tokyo, p. 575-588   (113 Refs.)

4602. Caccia S, Mennini T, Spagnoli A, Garattin. S (1985)
Benzodiazepines (review).
Med-Ital 5: 379-404   (no Refs.)

4603. Cadi N, Jullien Y, Griffe O, Ducailar J (1981)
Study of midazolam on preoperative sleep.
Ann Anesth 22: 22-26   (no Refs.)

4604. Cahill L, Brioni J, Izquierd. I (1986)
Retrograde memory enhancement by diazepam - its relation to anterograde amnesia, and some clinical implications.
Psychophar 90: 554-556   (20 Refs.)

4605. Caille G, Spenard J, Lacasse Y, Brennan J (1983)
Pharmacokinetics of 2 Lorazepam formulations, oral and sublingual, after multiple doses.
Biopharm Dr 4: 31-42   (8 Refs.)

4606. Cain M, Guzman F, Cook JM, Rice KC, Skolnick P (1982)
Biomimetic approach to potential benzodiazepine agonists and antagonists.
Heterocycle 19: 1003-1007   (16 Refs.)

4607. Cain M, Guzman F, Larschei. P, Cook JM, Schweri M, Paul S, Mendelso. W. Skolnick P (1982)
Beta-carbolines - synthesis, neurochemical, and pharmacological actions on brain benzodiazepine receptors (meeting abstr.).
Abs Pap Acs 184: 76-Medi   (no Refs.)

4608. Cain M, Weber RW, Guzman F, Cook JM, Barker SA, Rice KC, Crawley JN, Paul SM, Skolnick P (1982)
Beta-carbolines - synthesis and neurochemical and pharmacological actions on brain benzodiazepine receptors.
J Med Chem 25: 1081-1091   (65 Refs.)

4609. Caird FI (1985)
Towards rational drug-therapy in old-age - the williams, F.E. lecture 1985.
J Roy Col P 19: 235-239   (60 Refs.)

4610. Calabrese JR (1986)
Carbamazepine, Clonazepam use during pregnancy (letter).
Psychosomat 27: 464   (7 Refs.)

4611. Calam J, Meldrum LA (1986)
Lorazepam inhibits the effects of cholecystokinin octapeptide on guinea-pig ileum but not on guinea-pig gallbladder (meeting abstr.).
J Physl Lon 371: 140   (3 Refs.)

4612. Calderini G, Bonetti AC, Aldinio A, Savoini G, Diperri B, Biggio G, Toffano G (1981)
Functional interaction between benzodiazepine and gaba recognition sites in aged rats.
Neurobiol A 2: 309-313   (25 Refs.)

4613. Caldwell CB, Gross JB (1982)
Physostigmine reversal of midazolam-induced sedation (technical note).
Anesthesiol 57: 125-127   (13 Refs.)

4614. Calis KA, Mitsch RA (1985)
Sublingual use of benzodiazepines (letter).
Drug Intel 19: 839-840   (5 Refs.)

4615. Callaghan N, Goggin T (1984)
Clobazam as adjunctive treatment in drug-resistant epilepsy - report on an open prospective-study.
Irish Med J 77: 240-244   (* Refs.)

4616. Calvo R, Carlos R, Aguilera L, Trincado G (1983)
Comparative-study of the bindig of diazepam and lorazepam to plasma-proteins (meeting abstr.).
J Pharmacol 14: 694   (no Refs.)

4617. Calvo R, Carlos R, Erill S (1986)
Differential-effects of valproic acid on the serum-protein binding of lorazepam and diazepam.
Int J Cl P 6: 213-215   (20 Refs.)

4618. Calvo R, Suarez E, Rodrigue. JM, Aguilera L (1986)
Decreased plasma-protein binding of midazolam in epileptic patients on sodium valproate (meeting abstr.).
Act Pharm T 59: 187   (no Refs.)

4619. Camann W, Cohen MB, Ostheime. GW (1986)
Is midazolam desirable for sedation in parturients (letter).
Anesthesiol 65: 441   (1 Refs.)

4620. Cameron OG, Thyer BA (1985)
Treatment of pavor nocturnus with alprazolam (letter).
J Clin Psy 46: 504   (5 Refs.)

4621. Camoratto A, Grandiso. L (1982)
Benzodiazepines block cold-induced TSH release (meeting abstr.).
Fed Proc 41: 995   (no Refs.)

4622. Camoratto AM, Grandiso. L (1983)
Inhibition of cold-induced TSH release by benzodiazepines (technical note).
Brain Res 265: 339-343   (19 Refs.)

4623. Campbell JL, Sherman AD, Petty F (1980)
Diazepam anxiolytic activity in hippocampus.
Comm Psycho 4: 387-392   (17 Refs.)

4624. Campion C, Dickens JP, Myers PL (1986)
A new method of preparation of 1H-1,2-benzodiazepines by the rearrangement of 2,4,6-trichlorophenylhydrazones.
J Hetero Ch 23: 1765-1767   (6 Refs.)

4625. Camsonne R, Crouzel C, Comar D, Maziere M, Prenant C, Sastre J, Moulin MA, Syrota A (1984)
Synthesis of N-(C-11) methyl, N-(methyl-1 propyl), (chloro-2 phenyl)-1 isoquinoleine carboxamide-3 (PK-11195) - a new ligand for peripheral benzodiazepine receptors (technical note).
J Label C R 21: 985-991   (8 Refs.)

4626. Camsonne R, Moulin MA, Grouzel C, Syrota A, Maziere M, Comar D (1986)
C-11 labeling of PK11195 and visualization of peripheral receptors of benzodiazepines by positron-emission tomography (meeting abstr.).
J Pharmacol 17: 383   (no Refs.)

4627. Cannings R, Nicholso. AN, Stone BM (1981)
Contingent negative-variation - studies with a benzodiazepine (meeting abstr.).
Br J Cl Ph 11: 410-411   (5 Refs.)

4628. Cannizzaro G, Brucato AF, Provenza. PM (1982)
Further assessment of benzodiazepine-tricyclic anti-depressant interaction - effectiveness of combined treatment with ketazolam-nortriptyline on conflict behavior in rats.
Arznei-For 32-2: 1111-1113   (6 Refs.)

4629. Cannizzaro G, Brucato AF, Provenza. PM (1986)
Effect of single and repeated treatment of chlordiazepoxide and sodium valproate on water-intake in the rat and their influence on the antidipsogenic action of naloxone.
Arznei-For 36-1: 718-721   (30 Refs.)

4630. Cano JP, Sumirtap. YC (1981)
Comparative pharmacokinetics of diazepam and flunitrazepam.
Ann Anesth 22: 175-179   (no Refs.)

4631. Cantor DS, Baldridg. ET (1986)
Premedication with meperidine and diazepam for upper gastrointestinal endoscopy precludes the need for topical anesthesia.
Gastroin En 32: 339-341   (19 Refs.)

4632. Cantor EH, Kenessey A, Semenuk G, Spector S (1984)
Interaction of calcium channel blockers with non-neuronal benzodiazepine binding-sites.
P Nas Biol 81: 1549-1552   (33 Refs.)

4633. Cantor EH, Marchion. W, Johnson MD (1985)
Peripheral-type benzodiazpine (PBZ) binding-sites in red blood-cells (RBC) of various species (meeting abstr.).
Fed Proc 44: 1233   (no Refs.)

4634. Cantwell B, Warde P, Fennelly JJ (1983)
Oral lorazepam and domperidone in the control of chemotherapy induced emesis (meeting abstr.).
Irish J Med 152: 251-252   (no Refs.)

4635. Caplan RD, Andrews FM, Conway TL, Abbey A, Abramis DJ, French JRP (1985)
Social effects of diazepam use - a longitudinal-field study.
Social Sc M 21: 887-898   (37 Refs.)

4636. Capozzi G, Chimirri A, Grasso S, Romeo G, Zappia G (1985)
Novel fused-ring derivatives of 1,4-benzodiazepine system - synthesis of tetrahydro-1H-S-triazolo [4,3-d] [1,4] benzodiazepines.
Heterocycle 23: 2051-2056   (20 Refs.)

4637. Capozzi G, Ottana R, Romeo G, Sindona G, Uccella N, Valle G (1986)
Cyclo-addition of benzodiazepine nitrones to alkynes - synthesis and x-ray-analysis of some tricyclic quinoxalines.
J Chem R-S 7: 234-235   (30 Refs.)

4638. Capozzi G, Ottana R, Romeo G, Uccella N (1986)
Dihydroisoxazolo [2,3-d] [1,4] benzodiazepine ring-system - stereochemistry and conformation.
Heterocycle 24: 3087-3095   (32 Refs.)

4639. Cappell H, Busto U, Kay G, Naranjo CA, Sellers EM, Sanchezc. M (1987)
Drug deprivation and reinforcement by diazepam in a dependent population.
Psychophar 91: 154-160   (31 Refs.)

4640. Capuano L, Gartner K (1981)
New 1,5-benzodiazepine derivatives.
J Hetero Ch 18: 1341-1343   (4 Refs.)

4641. Caratozz. A, Magri V, Sturniol. R, Famulari C, Durante V (1985)
16,16-dimethyl prostaglandin-E2 prevents the changes of diazepam metabolism induced by carbon-tetrachloride in the rat.
IRCS-Bioch 13: 551-552   (9 Refs.)

4642. Cardinali DP, Lowenste. PR, Rosenste. RE, Solveyra CG, Sarmient. MI, Romeo HE, Castrovi. DA (1986)
Functional links between benzodiazepine and gaba receptors and pineal activity (review).
Adv Bio Psy 42: 155-164   (41 Refs.)

4643. Carlen PL, Gurevich N, Polc P (1983)
The excitatory effects of the specific benzodiazepine antagonist Ro14-7437, measured intracellularly in hippocampal CA1 cells.
Brain Res 271: 115-119   (21 Refs.)

4644. Carlen PL, Gurevich N, Polc P (1983)
Low-dose benzodiazepine neuronal inhibition - enhanced Ca^{2+}-mediated K^+-conductance (technical note).
Brain Res 271: 358-364   (38 Refs.)

4645. Carli M, Ballabio M, Caccia S, Garattin. S, Samanin R (1981)
Studies on some pharmacological activities of 7-nitro-2-amino-5-phenyl-3H-1,5-benzodiazepine (CP1414S) in the rat - a comparison with diazepam.
Arznei-For 31-2: 1721-1723   (10 Refs.)

4646. Carlin RK, Siekevit. P (1981)
Na-independent binding of gaba and flunitrazepam to postsynaptic densities (PSDS) isolated from canine cerebral-cortex and cerebellum (meeting abstr.).
J Cell Biol 91: 90   (3 Refs.)

4647. Carlin RK, Siekevitz P (1984)
Characterization of Na^+-independent gaba and flunitrazepam binding-sites in preparations of synaptic-membranes and postsynaptic densities isolated from canine cerebral-cortex and cerebellum.
J Neurochem 43: 1011-1017   (40 Refs.)

4648. Carlisle RJ, Dundee JW, Harper KW (1985)
Aberrant elimination half-life of midazolam (meeting abstr.).
Irish J Med 154: 328   (no Refs.)

4649. Carlisle RJ, Dundee JW, Harper KW, Collier PS (1985)
Aberrant elimination half-life of midazolam (meeting abstr.).
Br J Anaest 57: 834   (3 Refs.)

4650. Carlisle RJ, Dundee JW, Harper KW, Collier PS (1985)
Prolonged midazolam elimination half-life in a minority of patients (meeting abstr.).
Br J Cl Ph 20: 534   (4 Refs.)

4651. Carlsson A, Gottfries CG, Homberg G, Modigh K, Svensson T, Ögren SO (1981)
Recent Advances in the Treatment of Depression.
Munksgaard, Copenhagen

4652. Carlsson C, Chapman AG (1981)
The effect of diazepam on the cerebral metabolic state in rats and its interaction with nitrous-oxide.
Anesthesiol 54: 488-495   (29 Refs.)

4653. Carlton PL, Siegel JL, Murphree HB, Cook L (1981)
Effects of diazepam on operant-behavior in man.
Psychophar 73: 314-317   (5 Refs.)

4654. Carney MWP, Ellis P (1987)
Prescribing hypnotic benzodiazepines (letter).
Br Med J 294: 182   (2 Refs.)

4655. Carpenter JP, Gomez EA, Levin HJ (1981)
Administration of lorazepam injection trough intravenous tubing (technical note).
Am J Hosp P 38: 1514-1516   (4 Refs.)

4656. Carr AC (1985)
Alprazolam in depression (letter).
Br J Psychi 147: 213   (2 Refs.)

4657. Carr AC (1986)
Lorazepam dependence and chronic psychosis (letter).
Br J Psychi 148: 344 (1 Refs.)

4658. Carr AC, Ancill RJ (1986)
Alprazolam in depression (letter).
Can J Psy 31: 875 (6 Refs.)

4659. Carr DB, Sheehan DV, Surman OS, Coleman JH, Greenblatt DJ, Heninger GR, Jones KJ, Levine PH, Watkins WD (1986)
Neuro-endocrine correlates of lactate-induced anxiety and their response to chronic alprazolam therapy.
Am J Psychi 143: 483-494 (64 Refs.)

4660. Carskadon MA, Seidel WF, Greenblatt DJ, Dement WC (1982)
Daytime carryover of triazolam and flurazepam in elderly insomniacs.
Sleep 5: 361-371 (25 Refs.)

4661. Carter AM (1983)
Acid-base status of pregnant guinea-pigs during neuroleptanalgesia with diazepam and fentanyl-fluanisone.
Lab Animals 17: 114-117 (19 Refs.)

4662. Cartwright PD, Pingel SM (1984)
Midazolam and diazepam in ketamine anesthesia.
Anaesthesia 39: 439-442 (17 Refs.)

4663. Caruana RJ, Dilworth LR, Willifor. PM (1983)
Acute rhabdomyolysis associated with an overdose of lorazepam, perphenazine and amitriptyline.
N C Med J 44: 18-19 (no Refs.)

4664. Casalotti SO, Stephens. FA, Barnard EA (1986)
Separate subunits for agonist and benzodiazepine binding in the gamma-aminobutyric acida receptor oligomer.
J Biol Chem 261: 5013-5016 (14 Refs.)

4665. Cassano GB (1983)
What Is Pathological Anxiety and What Is Not.
IN: The Benzodiazepines - From Molecular Biology to Clinical Practice.
(Ed. Costa E).
Raven Press, New York, p. 287-293

4666. Cassano GB, Castrogi. P, Mauri M, Rutiglia. G, Pirro R, Cerone G, Nielsen NP, Reitano S, Guidotti N, Bedarida D (1981)
A multi-center controlled trial in phobic-obsessive psychoneurosis - the effect of chlorimipramine and of its combinations with haloperidol and diazepam.
Prog Neuro 5: 129-138 (6 Refs.)

4667. Cassano GB, Conti L (1981)
Some considerations of the role of benzodiazepines in the treatment of depression.
Br J Cl Ph 11: 23-29 (49 Refs.)

4668. Cassone MC, Molineng. L (1981)
Action of thyroid-hormones, diazepam, caffeine and amitriptyline on memory decay (forgetting).
Life Sci 29: 1983-1988 (9 Refs.)

4669. Cassone MC, Molineng. L, Orsetti M (1983)
Behavioral interferences modify the acceleration in memory decay caused by diazepam.
Life Sci 33: 1215-1222 (8 Refs.)

4670. Castellano C, Filibeck U, Pavone F (1984)
Naltrexone-reversible effects of flunitrazepam on locomotor-activity and passive-avoidance behavior in mice.
Eur J Pharm 104: 111-116 (25 Refs.)

4671. Castellano C, Pavone F (1986)
Effects of flunitrazepam on passive-avoidance behavior in mice subjected to immobilization stress or familiarized with the testing apparatus (technical note).
Beh Bra Res 22: 91-95 (13 Refs.)

4672. Castellano C, Pavone F, Sansone M (1984)
Locomotor depression by the opioid benzodiazepine tifluadom in mice.
Arch I Phar 270: 318-323 (11 Refs.)

4673. Castilloferrando JR, Carmona J (1981)
A pharmacokinetic study of digoxin in the presence of diazepam and clorazepam (meeting abstr.).
J Pharmacol 12: 74-75 (no Refs.)

4674. Castilloferrando JR, Delatorr. F, Serrano JS (1984)
Modification of the union of beta-methyl-digoxine in plasma-proteins using diverse invitro benzodiazepines (meeting abstr.).
J Pharmacol 15: 105-106 (2 Refs.)

4675. Castilloferrando JR, Delatorr. F, Serrano JS (1984)
Modification of the binding of beta-methyl-digoxin to plasma-proteins by various benzodiazepines invitro (meeting abstr.).
Therapie 39: 80 (2 Refs.)

4676. Castilloferrando JR, Peieto AC, Brasas FD (1982)
Modification of the union of digoxin to plasmatic proteins using various invitro benzodiazepines (meeting abstr.).
J Pharmacol 13: 113-114 (no Refs.)

4677. Castilloferrando JR, Perezoje. E, Encina JL, Serrano JS (1985)
Modification of the inotropic effect of digoxin by diazepam in rat left atria (technical note).
J Pharm Pha 37: 828-829 (15 Refs.)

4678. Castilloferrando JR, Prieto AC, Brasas FD (1983)
Effects of benzodiazepines on digoxin tissue concentrations and plasma-protein binding (technical note).
J Pharm Pha 35: 462-463 (19 Refs.)

4679. Catalan J, Gath DH (1985)
Benzodiazepines in general-practice - time for a decision (review).
Br Med J 290: 1374-1376 (56 Refs.)

4680. Catalano T, Lynch VD, Bidanset J, Barletta M (1982)
Use of cerebellar CGMP in the measurement and characterization of the diazepam ethanol interaction.
J Anal Tox 6: 222-227 (24 Refs.)

4681. Catot JM, Granell RS, Xarau SN, Darnacul. AP, Ordeig AM, Trias PN, Georges AB, Santos JM (1983)
Electrocardiographic changes in the severe acute-poisoning induced by barbiturates. Benzodiazepines and tricyclic anti-depressants.
Rev Clin Es 169: 347-351 (* Refs.)

4682. Caudarella M, Campbell KA, Milgram NW (1982)
Differential effects of diazepam (valium) on brain-stimulation reward sites.
Pharm Bio B 16: 17-21   (20 Refs.)

4683. Caudarella M, Cazala P, Gauthier M, Destrade C (1984)
Differential effects of diazepam on self-stimulation behavior as a function of the stimulated brain structure.
Cr Ac S III 298: 23-26   (5 Refs.)

4684. Caudarella M, Destrade C, Cazala P, Gauthier M (1984)
Dissociation of limbic structures by pharmacological effects of diazepam on electrical self-stimulation in the mouse (technical note).
Brain Res 302: 196-200   (12 Refs.)

4685. Caudarella M, Destrade C, Meunier M, Boissard C (1985)
Benzodiazepine receptor stimulation by diazepam (valium) in rats and mice has anterograde amnestic effects which are not state-dependent (meeting abstr.).
Beh Bra Res 16: 194-195   (no Refs.)

4686. Cawson RA (1985)
Antagonists to the benzodiazepines (letter).
Br Dent J 158: 39   (5 Refs.)

4687. Cazaux L, Vidal C, Pasdelou. M (1983)
NMR of some benzodiazepine drugs - structure elucidation with lanthanide-induced shifts of N-1 substituted benzodiazepinones.
OMR-ORG Mag 21: 190-195   (26 Refs.)

4688. Cenraud B, Guyot M, Levy RH, Brachetl. A, Morselli PL, Moreland TA, Loiseau P (1983)
No effect of food-intake on clobazam absorption.
Br J Cl Ph 16: 728-730   (15 Refs.)

4689. Cepeda C, Tanaka T, Bresselie. R, Potier P, Naquet R, Rossier J (1981)
Proconvulsant effects in baboons of beta-carboline, a putative endogenous ligand for benzodiazepine receptors.
Neurosci L 24: 53-57   (14 Refs.)

4690. Cepeda C, Valin A, Calderaz. L, Stutzman JM, Naquet R (1983)
Myoclonus induced by some benzodiazepines in the papio-papio - comparison with myoclonus induced by intermittent light stimulation (meeting abstr.).
EEG Cl Neur 56: 1   (no Refs.)

4691. Cerra D, Meacham T, Coleman J (1986)
A possible synergistic effect of alprazolam and lithium-carbonate (letter).
Am J Psychi 143: 552   (2 Refs.)

4692. Cervantes M, Ruelas R (1985)
Effects of diazepam and methocarbamol on EEG signs of relaxation behavior induced by milk slurping in cats.
Arch Inv M 16: 337-348   (26 Refs.)

4693. Ceulemans DL, Hoppenbr. ML, Gelders YG, Reyntjen. AJ (1985)
The influence of ritanserin, a serotonin antagonist, in anxiety disorders - a double-blind placebo-controlled study versus lorazepam.
Pharmacops 18: 303-305   (16 Refs.)

4694. Ceulemans D, Hoppenbr. ML, Gelders Y, Reyntjen. A, Janssen P (1986)
The effect of benzodiazepine withdrawal on the therapeutic efficacy of a serotonin antagonist in anxiety disorders (meeting abstr.).
Int J Neurs 31: 103   (no Refs.)

4695. Chabot G, Brissett. Y, Gascon AL (1982)
Relationship between plasma-corticosterone and adrenal epinephrine after diazepam treatment in rats.
Can J Physl 60: 589-596   (29 Refs.)

4696. Chalmers P, Horton JN (1984)
Oral bromazepam in premedication - a comparison with diazepam (technical note).
Anaesthesia 39: 370-372   (4 Refs.)

4697. Chambaud P, Cochet E, Coppon M, Gaste A, Milgram G, Rey F, Vignat JP (1986)
Clotiazepam in the treatment of anxiety in psychiatry.
Sem Hop Par 62: 969-972   (no Refs.)

4698. Chamberlain J, Hill HM, Ings RMJ, McEwen J, Stonier PD (1981)
Diurnal-variation of clobazam kinetics in man (meeting abstr.).
Br J Cl Ph 11: 436-437   (1 Refs.)

4699. Chambon JP, Perio A, Demarne H, Hallot A, Dantzer R, Roncucci R, Biziere K (1985)
Ethyl loflazepate - a prodrug from the benzodiazepine series designed to dissociate anxiolytic and sedative activities.
Arznei-For 35-2: 1572-1577   (18 Refs.)

4700. Chan AWK (1983)
Alcohol aversion after involuntary intake of ethanol chlordiazepoxide (meeting abstr.).
Fed Proc 42: 886   (no Refs.)

4701. Chan AWK (1984)
Cross-tolerance between ethanol and chlordiazepoxide in mice (meeting abstr.).
Alc Clin Ex 8: 84   (no Refs.)

4702. Chan AWK (1984)
Effects of combined alcohol and benzodiazepine - a review (review).
Drug Al Dep 13: 315-341   (323 Refs.)

4703. Chan AWK (1985)
A mouse model of chronic intake of chlordiazepoxide (CDP) (meeting abstr.).
Fed Proc 44: 886   (no Refs.)

4704. Chan AWK (1986)
Ethanol and chlordiazepoxide cross dependence (meeting abstr.).
Alc Alcohol 21: 42   (no Refs.)

4705. Chan AWK, Greizers. HB, Strauss W (1982)
Alcohol-chlordiazepoxide interaction.
Pharm Bio B 17: 141-145   (24 Refs.)

4706. Chan AWK, Heubusch Ph (1982)
Relationship of brain cyclic nucleotide levels and the interaction of ethanol with chlordiazepoxide.
Bioch Pharm 31: 85-89   (26 Refs.)

4707. Chan AWK, Langan MC, Leong FW, Penetran. ML, Schanley DL, Aldrichc. L (1986)
Substitution of chlordiazepoxide for ethanol in alcohol-dependent mice.
Alcohol 3: 309-316   (33 Refs.)

4708. Chan AWK, Leong FW, Howe S (1981)
Attenuation of alcohol withdrawal reactions after chronic intake of chlordiazepoxide and ethanol (meeting abstr.).
Fed Proc 40: 801   (no Refs.)

4709. Chan AWK, Leong FW, Schanley DL (1983)
Influence of chlordiazepoxide on alcohol-consumption in mice.
Pharm Bio B 18: 797-802   (39 Refs.)

4710. Chan AWK, Leong FW, Schanley DL, Howe SM (1981)
Alcohol withdrawal reactions after chronic intake of chlordiazepoxide and ethanol.
Pharm Bio B 15: 185-189   (12 Refs.)

4711. Chan AWK, Schanley DL, Aleo MD, Leong FW (1985)
Cross-tolerance between ethanol and chlordiazepoxide.
Alcohol 2: 209-213   (16 Refs.)

4712. Chan AWK, Schanley DL, Leong FW (1983)
Long-lasting reduction in ethanol selection after involuntary intake of ethanol chlordiazepoxide.
Pharm Bio B 19: 275-280   (23 Refs.)

4713. Chan CY, Farb DH (1985)
Modulation of neurotransmitter action - control of the gamma-aminobutyric acid response through the benzodiazepine receptor.
J Neurosc 5: 2365-2373   (29 Refs.)

4714. Chan CY, Gibbs TT, Borden LA, Farb DH (1983)
Multiple embryonic benzodiazepine binding-sites - evidence for functionality.
Life Sci 33: 2061-2069   (22 Refs.)

4715. Chang J (1985)
Screening for benzodiazepines in urine after hydrolysis of glucuronide conjugates - response (letter).
Clin Chem 31: 152   (2 Refs.)

4716. Chang LR, Barnard EA (1982)
The benzodiazepine gaba receptor complex - molecular-size in brain synaptic membranes and in solution.
J Neurochem 39: 1507-1518   (55 Refs.)

4717. Chang LR, Barnard EA, Lo MMS, Dolly JO (1981)
Molecular sizes of benzodiazepine receptors and the interaction gaba receptors in the membrane are identical.
Febs Letter 126: 309-312   (20 Refs.)

4718. Chang RSL, Lotti VJ, Chen TB, Keegan ME (1986)
Tifluadom, a kappa-opiate agonist, acts as a peripheral cholecystokinin receptor antagonist.
Neurosci L 72: 211-214   (10 Refs.)

4719. Charbonneau P, Syrota A, Crouzel C, Valois JM, Prenant C, Crouzel M (1986)
Invivo proof of myocardial receptors of benzodiazepine (BZ) by positron emission tomography (TEP) (meeting abstr.).
Arch Mal C 79: 593   (no Refs.)

4720. Charbonneau P, Syrota A, Crouzel C, Valois JM, Prenant C, Crouzel M (1986)
Peripheral-type benzodiazepine receptors in the living heart characterized by positron emission tomography.
Circulation 73: 476-483   (29 Refs.)

4721. Charlton AJ, Hatch DJ, Lindahl SGE, Phythyon JM, Norden NE (1986)
Ventilation, ventilatory carbon-dioxide and hormonal response during halothane anesthesia and surgery in children after midazolam premedication.
Br J Anaest 58: 1234-1241   (19 Refs.)

4722. Charlton AJ, Lindahl SGE, Hatch DJ (1986)
Ventilation and ventilatory CO_2 response in children during halothane anesthesia after non-opioid (midazolam) and opioid (papaveretum) premedication.
Act Anae Sc 30: 116-121   (11 Refs.)

4723. Charney DS, Breier A, Jatlow PI, Heninger GR (1986)
Behavioral, biochemical, and blood-pressure responses to alprazolam in healthy-subjects - interactions with yohimbine.
Psychophar 88: 133-140   (66 Refs.)

4724. Charney DS, Heninger GR (1985)
Noradrenergic function and the mechanism of action of antianxiety treatment .1. the effect of long-term alprazolam treatment.
Arch G Psyc 42: 458-467   (88 Refs.)

4725. Charney DS, Heninger GR (1986)
Serotonin function in panic disorders - the effect of intravenous tryptophan in healthy-subjects and patients with panic disorder before and during alprazolam treatment (review).
Arch G Psyc 43: 1059-1065   (118 Refs.)

4726. Charney DS, Heninger GR, Redmond DE (1983)
Yohimbine induced anxiety and increased noradrenergic function in humans - effects of diazepam and clonidine.
Life Sci 33: 19-29   (43 Refs.)

4727. Charney DS, Woods SW, Goodman WK, Rifkin B, Kinch M, Aiken B, Quadrino LM, Heninger GR (1986)
Drug-treatment of panic disorder - the comparative efficacy of imipramine, alprazolam, and trazodone.
J Clin Psy 47: 580-586   (30 Refs.)

4728. Charvero. M, Assie MB, Stenger A, Briley M (1984)
Benzodiazepine agonist-type activity of raubasine, a rauwolfia serpentina alkaloid.
Eur J Pharm 106: 313-317   (18 Refs.)

4729. Chaudoir PJ, Jarvie NC, Wilcox GJ (1983)
The acceptability of a non-benzodiazepine hypnotic (zopiclone) in general-practice.
J Int Med R 11: 333-337   (10 Refs.)

4730. Chauvet A, Rubio S, Masse J (1982)
Thermodynamic study of psychotherapeutic substances .1. anxiolytic compounds - phenprobamate, meprobamate, clobazam and medazepam.
Thermoc Act 57: 173-193   (18 Refs.)

4731. Chee YC, Poh SC (1983)
Myoclonus following severe asthma - clonazepam relieves.
Aust Nz J M 13: 285-286   (15 Refs.)

4732. Chen A, Gee KW, Yamamura HI (1983)
Solubilized benzodiazepine receptors from rat-brain show temperature and regionally dependent heterogeneity (meeting abstr.).
Fed Proc 42: 878   (no Refs.)

4733. Chen ACN, Dworkin SF, Gehrig J, Leresche L (1986)
Behavioral and cortical power spectrum analyses of pain modulation with i.v. diazepam (meeting abstr.)
J Dent Res 65: 211   (no Refs.)

4734. Chen AD, Davis TP, Yamamura HI (1983)
Demonstration and partial characterization of a bovine cerebral cortical factor which interacts competitively at the benzodiazepine receptor.
P West Ph S 26: 225-230   (13 Refs.)

4735. Chen HC, Hsieh MT, Shibuya TK (1986)
Suanzaorentang versus diazepam - a controlled double-blind-study in anxiety.
Int J Cl Ph 24: 646-650   (15 Refs.)

4736. Cheng EY, Westphal LM, White PF, Sladen RN, Rosentha. MH (1986)
Use of a midazolam infusion for sedation following aortocoronary bypass-surgery (meeting abstr.).
Anesthesiol 65: 67   (no Refs.)

4737. Cheng SC, Brunner EA (1981)
Inhibition of gaba-metabolism in rat-brain synaptosomes by midazolam (Ro-21-3981).
Anesthesiol 55: 41-45   (22 Refs.)

4738. Chengeli. CP, Dodd DC, Kotsonis FN (1986)
Testicular toxicity of a novel 1,4-benzodiazepine (Sc-32855) in rats and dogs.
Res Comm CP 51: 23-36   (12 Refs.)

4739. Cherek DR, Kelly TH, Steinber. JL (1985)
Effects of acute administration of diazepam (valium) on human aggressive responding (meeting abstr.).
Pharm Bio B 22: 1084-1085   (no Refs.)

4740. Cherek DR, Kelly TH, Steinber. JL, Friedman TT (1986)
Effects of acute alcohol or diazepam administration on human aggressive and non-aggressive responding (meeting abstr.).
Int J Neurs 31: 60   (no Refs.)

4741. Cherubine. E, North RA (1985)
Benzodiazepines both enhance gamma-aminobutyrate responses and decrease calcium action-potentials in guinea-pig myenteric neurons.
Neuroscienc 14: 309-315   (33 Refs.)

4742. Chestnutt WN, Lowry KG, Dundee JW, Pandit SK, Mirakhur RK (1985)
Failure of 2 benzodiazepines to prevent suxamethonium induced muscle pain.
Anaesthesia 40: 263-269   (39 Refs.)

4743. Chestnutt WN, Lowry KG, Elliott P, Mirakhur RK, Pandit SK, Dundee JW (1984)
Failure of 2 benzodiazepines to prevent suxamethonium-induced muscle pain (meeting abstr.).
Br J Anaest 56: 807-808   (3 Refs.)

4744. Chestnutt WN, Lowry KG, Elliott P, Mirakhur RK, Pandit SK, Dundee JW (1984)
A comparison of the efficacy of benzodiazepines with tubocurarine in prevention of suxamethonium-induced muscle pain (meeting abstr.).
Br J Cl Ph 17: 222   (3 Refs.)

4745. Chestnutt WN, Lowry KG, Elliott P, Mirakhur RK, Pandit SK, Dundee JW (1984)
The efficacy of benzodiazepines in preventing suxamethonium-induced muscle pain (meeting abstr.).
Irish J Med 153: 39   (3 Refs.)

4746. Chestnutt WN, Lowry KG, McMaster EA, Dundee JW (1984)
Changes in serum potassium, creatinine phosphokinase and aldolase following suxamethonium pretreated with diazepam, midazolam or tubocurarine (meeting abstr.).
Irish J Med 153: 406   (1 Refs.)

4747. Chiarotti M, Degiovan. N, Fiori A (1986)
Analysis of benzodiazepines .1. chromatographic identifiaction.
J Chromat 358: 169-178   (29 Refs.)

4748. Chichkanov GG, Bogolepo. AK, Matsievs. DD (1984)
Effect of tranquilizers of the benzodiazepine series on a focus of ischemia and redistribution of the blood-flow in the ischemic myocardium.
B Exp B Med 97: 435-437   (9 Refs.)

4749. Chidichimo G, Longeri M, Menniti G, Romeo G, Ferlazzo A (1984)
^{1}H - NMR investigation of ring mobility of 1,5-benzodiazepine-2,4-diones.
OMR-ORG Mag 22: 52-54   (9 Refs.)

4750. Chierich. SM, Moise G, Galeone M, Fiorella G, Lazzari R (1985)
Beta-blockers and psychic stress - a double-blind, placebo-controlled study of bopindolol vs lorazepam and butalbital in surgical patients.
Int J Cl Ph 23: 510-514   (17 Refs.)

4751. Childs G, Redfern PH (1981)
A circadian-rhythm in passive-avoidance behavior - the effect of phase-shift and the benzodiazepines (technical note).
Neuropharm 20: 1365-1366   (3 Refs.)

4752. Chima P, Beaumont G (1986)
Transfer of long-term insomniac nitrazepam users to lormetazepam.
Br J Clin P 40: 140-144   (5 Refs.)

4753. Ching KS, Ciobanu M (1981)
Prevention of succinylcholine-induced hyperkalemia by diazepam, hexafluorenium, and dantrolene (meeting abstr.).
Anesth Anal 60: 245-246   (3 Refs.)

4754. Chiolero RL, Ravussin P, Anderes JP, Detribol. N, Freeman J (1986)
Midazolam reversal with Ro-15-1788 in patients with severe head-injury (meeting abstr.).
Anesthesiol 65: 358   (2 Refs.)

4755. Chiolero R, Ravussin P, Chassot PG, Neff R, Freeman J (1986)
Ro 15-1788 for rapid recovery after craniotomy (meeting abstr.).
Anesthesiol 65: 466   (2 Refs.)

4756. Chisholm J, Kellogg C, Franck JE (1985)
Developmental hyperthermic seizures alter adult hippocampal benzodiazepine binding and morphology.
Epilepsia 26: 151-157   (39 Refs.)

4757. Chisholm J, Kellogg C, Lippa A (1983)
Development of benzodiazepine binding subtypes in 3 regions of rat-brain (technical note).
Brain Res 267: 388-391   (18 Refs.)

4758. Chiu P, Chiu S, Mishra RK (1984)
Characteristics of [^{3}H] propyl beta-carboline-3-carboxylate binding to benzodiazepine receptors in human-brain.
Res Comm CP 44: 199-213   (19 Refs.)

4759. Chiu Th, Dryden DM, Rosenber. HC (1982)
Kinetics of [^{3}H]-labeled flunitrazepam binding to membrane-bound benzodiazepine receptors.
Molec Pharm 21: 57-65   (30 Refs.)

4760. Chiu Th, Rosenber. HC (1981)
Multiple binding states of benzodiazepine receptors (meeting abstr.).
Fed Proc 40: 314   (no Refs.)

4761. Chiu Th, Rosenber. HC (1982)
Comparison of the kinetics of [^{3}H]-labeled diazepam and [^{3}H]-labeled flunitrazepam binding to cortical synaptosomal membranes.
J Neurochem 39: 1716-1725 (38 Refs.)

4762. Chiu Th, Rosenber. HC (1983)
Antagonist-induced conformational-changes of benzodiazepine receptors (meeting abstr.).
Fed Proc 42: 1161   (no Refs.)

4763. Chiu TH, Rosenber. HC (1983)
Conformational-changes in benzodiazepine receptors induced by the antagonist Ro 15-1788.
Molec Pharm 23: 289-294   (19 Refs.)

4764. Chiu T, Rosenber. H (1983)
Multiple conformational states of benzodiazepine receptors (review).
Trends Phar 4: 348-350   (16 Refs.)

4765. Chiu TH, Rosenber. HC (1984)
Methyl beta-carboline-3-carboxylate inhibition of flunitrazepam binding to benzodiazepine receptors (meeting abstr.).
Fed Proc 43: 689   (no Refs.)

4766. Chiu TH, Rosenber. HC (1985)
Allosteric modulation of flunitrazepam binding to rat-brain benzodiazepine receptors by methyl beta-carboline-3-carboxylate (technical note).
J Neurochem 44: 306-309   (17 Refs.)

4767. Chiu TH, Rosenber. HC (1986)
Is gaba-stimulated [^{3}H] flunitrazepam binding modulated by benzodiazepine receptor ligands - response (letter).
J Neurochem 46: 1327   (3 Refs.)

4768. Chiueh CC, Ohata M, Jonas LA, Greenblatt DJ, Rapoport SI (1985)
Brain uptake of flurazepam and of N-1-desalkyl flurazepam after administration of flurazepam to the cat.
Drug Meta D 13: 1-4   (30 Refs.)

4769. Cho MJ, Scahill TA, Hester JB (1983)
Kinetics and equilibrium of the reversible alprazolam ring-opening reaction.
J Pharm Sci 72: 356-362   (29 Refs.)

4770. Cho MJ, Sethy VH, Haynes LC (1986)
Sequentially labile water-soluble prodrugs of alprazolam.
J Med Chem 29: 1346-1350   (36 Refs.)

4771. Chodera A, Szczawin. K, Cenajek D, Kozaryn I, Wojciak Z (1980)
Changes in pharmacodynamics and pharmacokinetics of psycholeptic drugs in radiation-sickness - effect of X-ray-irradiation on pharmacokinetic parameters of nitrazepam.
Nukleonika 25: 717-723   (17 Refs.)

4772. Chodera A, Szczawin. K, Cenajek D, Nowakows. E (1984)
Pharmacokinetic aspects of habituation to benzodiazepines.
Pol J Phar 36: 353-360   (15 Refs.)

4773. Choi DW, Farb DH, Fischbac. GD (1981)
Chlordiazepoxide selectively potentiates gaba conductance of spinal-cord and sensory neurons in cell-culture.
J Neurphysl 45: 621-631   (36 Refs.)

4774. Choi KW, Cheong DK (1986)
Diazepam prevents the decrease in adrenal catecholamine contents by traume (meeting abstr.).
J Dent Res 65: 598   (no Refs.)

4775. Chojnackawojcik E, Tatarczy. E, Wiczynsk. B, Lewandow. A, Przegali. E (1986)
The pharmacological profile of chlordesmethyldiazepam and other benzodiazepines.
Pol J Phar 38: 207-213   (9 Refs.)

4776. Choonara IA, Rosenblo. L, Smith CS (1985)
Clonazepam and sexual precocity (letter).
N Eng J Med 312: 185   (4 Refs.)

4777. Chopin P, Pellow S, File SE (1986)
The effects of yohimbine on exploratory and locomotor behavior are attributable to its effects at noradrenaline and not at benzodiazepine receptors.
Neuropharm 25: 53-57   (21 Refs.)

4778. Chopin P, Stenger A, Couninie. JP, Briley M (1985)
Indirect dopaminergic effects of tofisopam, a 2,3-benzodiazepine, and their inhibition by lithium (technical note).
J Pharm Pha 37: 917-919   (26 Refs.)

4779. Chorvat RJ, Desai BN, Radak SE, Bloss J, Hirsch J, Tenen S (1983)
Synthesis, benzodiazepine receptor-binding, and anti-convulsant activity of 2,3-dihydro-3-oxo-5H-pyrido [3,4-b] [1,4]benzothiazine-4-carbonitriles.
J Med Chem 26: 845-850   (30 Refs.)

4780. Chouinard G (1985)
Neurologic and psychiatric aspects of clonazepam - an update - introduction (editorial).
Psychosomat 26: 5   (no Refs.)

4781. Couinard G (1985)
Antimanic effects of clonazepam.
Psychosomat 26: 7-12   (29 Refs.)

4782. Chouinard G (1986)
Antimanic effect of clonazepam (meeting abstr.).
Int J Neurs 31: 230   (no Refs.)

4783. Chouinard G, Annable L, Fontaine R, Solyom L (1982)
Alprazolam in the treatment of generalized anxiety and panic disorders - a double-blind placebo-controlled study.
Psychophar 77: 229-233   (18 Refs.)

4784. Chouinard G, Annable L, Fontaine R, Solyom L (1983)
Alprazolam in the treatment of generalized anxiety and panic disorders - a double-blind, placebo-controlled study.
Psychoph B 19: 115-116   (2 Refs.)

4785. Chouinard G, Labonte A, Fontaine R, Annable L (1983)
New Concepts in benzodiazepine therapy - rebound anxiety and new indications for the more potent benzodiazepines.
Prog Neur-P 7: 669-673   (18 Refs.)

4786. Chouinard G, Young SN, Annable L (1983)
Antimanic effect of clonazepam.
Biol Psychi 18: 451-466   (32 Refs.)

4787. Christensen , Steentof. A, Worm K (1981)
Application of a benzodiazepine radioreceptor method on postmortem material in forensic chemistry (meeting abstr.).
J For Sci 21: 94   (no Refs.)

4788. Christensen P, Gram LF, Kraghsor. P, Lolk A (1986)
Cortisol-levels before (spontaneous) and after suppression with dexamethasone 2 mg or oxazepam (45 or 60 mg) in depressed-patients (meeting abstr.).
Act Pharm T 59: 47   (no Refs.)

4789. Christensen P, Gram LF, Kraghsor. P, Nielson S (1986)
Afternoon cortisol-levels before (spontaneous) and after suppression with dexamethasone or oxazepam in depressed-patients.
J Affect D 10: 171-176   (29 Refs.)

4790. Christie T (1986)
Benzodiazepine dependence (letter).
Med J Aust 145: 358   (5 Refs.)

4791. Chu NS (1982)
Lorazepam - a new anti-epileptic drug in status epilepticus therapy (technical note).
West J Med 137: 312   (5 Refs.)

4792. Chu NS (1983)
Lorazepam - a new anti-epileptic drug in status epilepticus therapy (editorial).
Conn Med 47: 150-151   (* Refs.)

4793. Chung M, Hilbert JM, Gural RP, Radwansk. E, Symchowi. S, Zampagli. N (1984)
Multiple-dose quazepam kinetics.
Clin Pharm 35: 520-524   (15 Refs.)

4794. Chung M, Hilbert JM, Gural RP, Radwansk. E, Symchowi. S, Zampagli. N (1984)
Multiple-dose halazepam kinetics.
Clin Pharm 35: 838-842   (20 Refs.)

4795. Chung SCS, Leung JWC (1986)
A randomized trial of aqueous and emulsified diazepam for sedation prior to gastroscopy (meeting abstr.).
Gastroin En 32: 140   (no Refs.)

4796. Chweh AY, Lin YB, Swinyard EA (1984)
Hypnotic action of benzodiazepines - a possible mechanism.
Life Sci 34: 1763-1768   (22 Refs.)

4797. Chweh AY, Swinyard EA, Wolf HH (1983)
Pentylenetetrazol may discriminate between different types of benzodiazepine receptors.
J Neurochem 41: 830-833   (19 Refs.)

4798. Chweh AY, Swinyard EA, Wolf HH (1984)
Benzodiazepine inhibition of flunitrazepam receptor-binding, adenosine uptake, and pentylenetetrazol-induced seizures in mice.
Can J Physl 62: 132-135   (24 Refs.)

4799. Chweh AY, Swinyard EA, Wolf HH (1985)
Gamma-aminobutyric acid - temperature-dependence in benzodiazepine receptor-binding.
J Neurochem 45: 240-243   (18 Refs.)

4800. Chweh AY, Swinyard EA, Wolf HH (1985)
Gamma-aminobutyric acid modulation of benzodiazepine receptor-binding invitro does not predict the pharmacologic activity of all benzodiazepine receptor ligands.
Neurosci L 54: 173-177   (18 Refs.)

4801. Chweh AY, Swinyard EA, Wolf HH (1985)
Benzodiazepine receptors are not involved in the neurotoxicity and anti-electroshock activity of phenytoin in mice.
Neurosci L 57: 279-282   (9 Refs.)

4802. Chweh AY, Swinyard EA, Wolff HH, Kupferbe. HJ (1983)
Correlations among minimal neurotoxicity, anti-convulsant activity, and displacing potencies in flunitrazepam-^{3}H binding of benzodiazepines.
Epilepsia 24: 668-677   (24 Refs.)

4803. Chweh AY, Swinyard EA, Wolff HH, Kupferbe. HJ (1985)
Effect of gaba agonists on the neurotoxicity and anticonvulsant activity of benzodiazepines.
Life Sci 36: 737-744   (22 Refs.)

4804. Chweh AY, Ulloque RA, Swinyard EA (1986)
Antipentylenetetrazol activity of diazepam - a site of action.
Drug Dev R 9: 259-265   (28 Refs.)

4805. Chweh AY, Ulloque RA, Swinyard EA, Wolf HH (1985)
Effect of picrotoxinin on benzodiazepine receptor-binding.
Neurochem R 10: 871-877   (17 Refs.)

4806. Chweh AY, Ulloque RA, Swinyard EA (1986)
Benzodiazepine inhibition of [^{3}H] flunitrazepam binding and caffeine-induced seizures in mice.
Eur J Pharm 122: 161-165   (22 Refs.)

4807. Ciliax BJ, Penney JB, Young AB (1986)
Invivo [^{3}H] flunitrazepam binding - imaging of receptor regulation.
J Pharm Exp 238: 749-757   (65 Refs.)

4808. Ciraulo DA (1985)
Abuse potential of benzodiazepines.
B Ny Ac Med 61: 728-741   (22 Refs.)

4809. Ciraulo DA, Barnhill JG, Boxenbau. HG, Greenblatt DJ, Smith RB (1986)
Pharmacokinetics and clinical effects of alprazolam following single and multiple oral doses of patients with panic disorder.
J Clin Phar 26: 292-298   (20 Refs.)

4810. Clanachan AS, Hammond JR, Paterson AR (1981)
Coronary vasodilator-inhibition and benzodiazepine-inhibition of site-specific binding of nitrobenzylthioinosine, and inhibitor of nucleoside transport, to human-erythrocytes (meeting abstr.).
Br J Pharm 74: 835-836   (7 Refs.)

4811. Clanachan AS, Marshall RJ (1980)
Potentiation of the effects of adenosine on isolated cardiac and smooth-muscle by diazepam.
Br J Pharm 71: 459-466 (38 Refs.)

4812. Clarenbach P, Fröscher W (1986)
Benzodiazepine als Antikonvulsiva.
In: Benzodiazepine - Rückblick und Ausblick (Ed. Hippius H, Engel RR, Laakmann G)
Springer, Berlin Heidelberg New York Tokyo, p. 195-202

4813. Clark CR, Ravis WR, Barksdal. JM, Dockens RC (1983)
Liquid-chromatographic analysis of clorazepate decomposition rates - an undergraduate experiment in pharmaceutical analysis (technical note).
Am J Phar E 47: 225-228 (11 Refs.)

4814. Clark G, Erwin D, Yate P, Burt D, Major E (1981)
Comparison of temazepam, diazepam and placebo for premedication in minor urological surgery (meeting abstr.).
Br J Anaest 53: 663-664 (3 Refs.)

4815. Clark MS, Silverst. LM, Coke JM, Hicks J (1987)
Midazolam, diazepam, and placebo as intravenous sedatives for dental surgery.
Oral Surg O 63: 127-131 (8 Refs.)

4816. Clark RNW, Rodrigo MRC (1986)
A comparative-study of intravenous diazepam and midazolam for oral-surgery.
J Oral Max 44: 860-863 (15 Refs.)

4817. Clark SM, Lipton JM (1981)
Effects of diazepam on body-temperature of the aged squirrel-monkey.
Brain Res B 7: 5-9 (13 Refs.)

4818. Clarke A, File SE (1982)
Effects of ACTH, benzodiazepines and 5-HT antagonists on escape from periaqueductal grey stimulation in the rat.
Prog Neuro 6: 27-35 (23 Refs.)

4819. Clarke GM, Lee JB, Swinbour. FJ, Williams. B (1980)
The conversion of 2-(2-chloroacetamido)benzophenon es into 2,3-dihydro-2-oxo-1,4-benzodiazepines .2. with hexamine and acid.
J Chem R-S 1980: 399 (1o Refs.)

4820. Clarke GM, Lee JB, Swinbour. FJ, Williams. B (1980)
The conversion of 2-(2-chloroacetamido)benzophenon es into 2,3-dihydro-2-oxo-1,4-benzodiazepines .3. further consideration of the hexamine system.
J Chem R-S 1980: 400 (22 Refs.)

4821. Clarmann M von (1980)
Vergiftungstabelle.
Bayer AG, Leverkusen.

4822. Clarmann M von (1982)
Toxikologie und Interaktionen.
In: Benzodiazepine in der Behandlung von Schlafstörungen (Ed. Hippius H).
Upjohn GmbH, Heppenheim

4823. Clarmann M von (1985)
Überdosierung und Intoxikation.
In: Rote Liste.
Editio Cantor, Aulendorf

4824. Cleary JJ (1985)
The use of midazolam for intravenous sedation in general dental practice (letter).
Br Dent J 158: 317 (3 Refs.)

4825. Clement J, Lafont B, Ballerea. J (1982)
Bromazepam against anxiety in psychiatric-patients.
Nouv Presse 11: 1713-1717 (10 Refs.)

4826. Clementcormier Y, Defrance J, Divakara. P, Stanley J, Taber K, Marchand J (1980)
Inhibition of cyclic nucleotide accumulation following hippocampal tetanic potentiation - effects of diazepam.
J Neurosci 5: 531-536 (17 Refs.)

4827. Clergue F, Desmonts JM, Duvaldes. P, Delavaul. E, Saumon G (1981)
Depression of respiratory drive by diazepam as premedication.
Br J Anaest 53: 1059-1063 (18 Refs.)

4828. Clineschmidt BV (1982)
Effect of the benzodiazepine receptor antagonist Ro-15-1788 on the anticonvulsant and anti-conflict actions of Mk-801 (technical note).
Eur J Pharm 84: 119-121 (5 Refs.)

4829. Clody DE, Lippa AS, Beer B (1983)
Preclinical procedures as predictors of antianxiety activity in man.
In: Pharmacology of Benzodiazepines (Ed.Usdin E, Skolnick P, Tallmann jr JF, Grennblatt D, Paul SM)
Verlag Chemie, Weinheim Deerfield Beach Basel p. 341-353

4830. Clow A, Glover V, Armando I, Sandler M (1983)
New endogenous benzodiazepine receptor ligand in human-urine - identity with endogenous monoamine-oxidase inhibitor.
Life Sci 33: 735-741 (14 Refs.)

4831. Clow A, Glover V, Sandler M (1985)
Triazolam, an anomalous benzodiazepine receptor ligand - invitro characterization of alprazolam and triazolam binding.
J Neurochem 45: 621-625 (17 Refs.)

4832. Cluydts R, Deroeck J, Schotte C, Horrix M (1986)
Comparative-study on the residual daytime effects of flunitrazepam, triazolam and placebo in healthy-volunteers.
Act Therap 12: 205-218 (no Refs.)

4833. Clyburn P, Kay NH, McKenzie PJ (1986)
Effects of diazepam and midazolam on recovery from anesthesia in outpatients.
Br J Anaest 58: 872-875 (12 Refs.)

4834. Clyde C, Hindmarc. I (1983)
The residual effects of repeated doses of flunitrazepam 0.5 mg in insomniac patients.
IRCS-Bioch 11: 987-988 (7 Refs.)

4835. Coassolo P, Aubert C, Cano JP (1983)
Simultaneous assay of triazolam and its main hydroxy metabolite in plasma and urine by capillary gas-chromatography.
J Chromat 274: 161-170 (10 Refs.)

4836. Coassolo P, Aubert C, Cano JP (1984)
Determination of flurazepam and its hydroxyethyl and dealkyl metabolites by some packed and capillary ACD-GLC methods - application to pharmacokinetic studies.
J High Res 7: 258-264 (24 Refs.)

4837. Coassolo P, Aubert C, Sumirtap. Y, Cano JP (1982)
Determination of midazolam and its major hydroxy metabolite in plasma by gas-liquid chromatography - application to a pharmacokinetic study.
J High Res 5: 31-37 (13 Refs.)

4838. Coassolo P, Aubert C, Sumirtap. Y, Cano JP (1984)
Clinical pharmacokinetic aspects of benzodiazepines and their biotransformation products (meeting abstr.).
J Pharmacol 15: 113 (no Refs.)

4839. Coassolo P, Aubert C, Sumirtap. Y, Cano JP (1984)
Clinical pharmacokinetics of benzodiazepine and their biotransformation products (meeting abstr.).
Therapie 39: 88-89 (no Refs.)

4840. Cobden I, Record CO, White RWB (1981)
Fatal intra-hepatic cholestasis associated with triazolam.
Postg Med J 57: 730-731 (3 Refs.)

4841. Codding PW, Muir AKS (1985)
A model for the benzodiazepine receptor from structural studies of antagonists (meeting abstr.).
Abs Pap ACS 190: 55-Medi (no Refs.)

4842. Codding PW, Muir AKS (1985)
Molecular-structure of Ro15-1788 and a model for the binding of benzodiazepine receptor ligands - structural identification of common features in antagonists.
Molec Pharm 28: 178-184 (31 Refs.)

4843. Coen E, Abbracch. MP, Balduini W, Cagiano R, Cuomo V, Lombarde. G, Peruzzi G, Ragusa MC, Cattaben. F (1983)
Early postnatal chlordiazepoxide administration - permanent behavioral-effects in the mature rat and possible involvement of the gaba-benzodiazepine system.
Psychophar 81: 261-266 (30 Refs.)

4844. Coffey B, Shader RI Greenblatt DJ (1983)
Pharmacokinetics of benzodiazepines and psychostimulants in children.
J Cl Psych 3: 217-225 (55 Refs.)

4845. Coffin VL, Spealman RD (1985)
Modulation of the behavioral-effects of chlordiazepoxide by methylxanthines and analogs of adenosine in squirrel-monkeys.
J Pharm Exp 235: 724-728 (38 Refs.)

4846. Cohen AF, Ashby L, Crowley D, Land G, Peck, AW, Miller AA (1985)
Lamotrigine (Bw430C), a potential anticonvulsant - effects on the central nervous-system in comparison with phenytoin and diazepam.
Br J Cl Ph 20: 619-629 (32 Refs.)

4847. Cohen AF, Ashby L, Crowley D, Peck AW (1984)
Bw430C - a new anticonvulsant - effects on the CNS of normal volunteers in comparison with phenytoin and diazepam (meeting abstr.).
Epilepsia 25: 656 (no Refs.)

4848. Cohen AF, Ashby L, Crowley D, Peck AW (1985)
CNS-effects in normal volunteers of phenytoin, diazepam, and lamotrigine (Bw430C), a new anticonvulsant (meeting abstr.)
Br J Cl Ph 20: 286 (4 Refs.)

4849. Cohen S (1981)
A clinical appraisal of diazepam.
Psychosomat 22: 761+ (22 Refs.)

4850. Cohen S (1983)
Current attitudes about the benzodiazepines - trial by media.
J Psych Dr 15: 109-113 (4 Refs.)

4851. Cohen S (1983)
The benzodiazepines.
Psychiat An 13: 65+ (14 Refs.)

4852. Cohen S (1984)
Benzodiazepines divided - a multidisciplinary review - Trimble, MR (book review).
Psychosomat 25: 427 (1 Refs.)

4853. Cohen S, Halsey MJ, Wardleys. B (1984)
Pressure reversal of benzodiazepine anesthesia (meeting abstr.).
Br J Anaest 56: 806-807 (3 Refs.)

4854. Cohn JB (1981)
Multi-center double-blind efficacy and safety study comparing alprazolam, diazepam and placebo in clinically anxious patients.
J Clin Psy 42: 347-351 (9 Refs.)

4855. Cohn JB (1983)
Triazolam treatment of insomnia in depressed-patients taking tricyclics.
J Clin Psy 44: 401-406 (15 Refs.)

4856. Cohn JB (1984)
Double-blind safety and efficacy comparison of alprazolam and placebo in the treatment of anxiety in geriatric-patients.
Curr Ther R 35: 100-112 (13 Refs.)

4857. Cohn JB (1984)
Double-blind crossover comparison of triazolam and lorazepam in the posthypnotic state.
J Clin Psy 45: 104-107 (8 Refs.)

4858. Cohn JB (1984)
Triazolam and tricyclics - reply (letter).
J Clin Psy 45: 443 (no Refs.)

4859. Cohn JB, Bowden CL, Fisher JG, Rodos JJ (1986)
Double-blind comparison of buspirone and clorazepate in anxious outpatients.
Am J Med 80: 10-16 (14 Refs.)

4860. Cohn JB, Gottschla. LA (1980)
Double-blind comparison of ketazolam and placebo using once-a-day dosing.
J Clin Phar 20: 676-680 (10 Refs.)

4861. Cohn JB, Noble EP (1983)
Effect of withdrawing treatment after long-term administration of alprazolam, lorazepam or placebo in patients with an anxiety disorder.
Psychoph B 19: 751-752 (no refs.)

4862. Cohn JB, Wilcox CS (1984)
Long-term comparison of alprazolam, lorazepam and placebo in patients with an anxiety disorder.
Pharmacothe 4: 93-98 (9 Refs.)

4863. Cohn JB, Wilcox CS (1986)
Low-sedation potential of buspirone compared with alprazolam and lorazepam in the treatment of anxious patients - a double-blind-study.
J Clin Psy 47: 409-412 (24 Refs.)

4864. Coid J (1984)
Relief of diazepam - withdrawal syndrome by shoplifting (technical note).
Br J Psychi 145: 552-554 (19 Refs.)

4865. Colburn WA, Bergamo ML (1982)
Pharmacokinetics of diazepam following repetitive doses of valrelease and valium tid (meeting abstr.).
Clin Res 30: 631 (no Refs.)

4866. Cole SG, Brozinsk. S, Isenberg JI (1983)
Midazolam, a new more potent benzodiazepine, compared with diazepam - a randomized, double-blind-study of preendoscopic sedatives.
Gastroin En 29: 219-222 (15 Refs.)

4867. Cole SO (1982)
Effects of chlordiazepoxide on discrimination performance (technical note).
Psychophar 76: 92-93 (5 Refs.)

4868. Cole SO (1983)
Chlordiazepoxide-induced discrimination impairment (technical note).
Behav Neur 37: 344-349 (7 Refs.)

4869. Cole SO (1983)
Combined effects of chlordiazepoxide treatment and food-deprivation on concurrent measures of feeding and activity.
Pharm Bio B 18: 369-372 (18 Refs.)

4870. Cole SO (1984)
Dose-dependent impairment of discrimination performance by chlordiazepoxide (meeting abstr.).
B Psychon S 22: 271 (no Refs.)

4871. Cole SO (1986)
Effects of benzodiazepines on acquisition and performance - a critical-assessment (review).
Neurosci B 10: 265-272 (106 Refs.)

4872. Cole SO, Michales. A (1984)
Chlordiazepoxide impairs the performance of a learned discrimination (technical note).
Behav Neur 41: 223-230 (10 Refs.)

4873. Cole SO, Michales. A (1986)
Dose-dependent impairment in the performance of a go-no go successive discrimination by chlordiazepoxide.
Psychophar 88: 184-186 (15 Refs.)

4874. Cole SO, Wells M (1981)
Chlordiazepoxide-induced discrimination impairment (meeting abstr.).
B Psychon S 18: 80 (no refs.)

4875. Cole WHJ (1981)
Midazolam as an intravenous anesthetic agent (meeting abstr.).
Anaesth I C 9: 83 (no Refs.)

4876. Cole WHJ (1982)
Midazolam in pediatric anesthesia.
Anaesth I C 10: 36-39 (8 Refs.)

4877. Coleman JC, Shenoy AK, Swinyard EA, Kupferbe. HJ (1981)
Analysis of the interaction between bicuculline (b), Picrotoxin (p) or metrazol (m) and phenobarbital (pb), diazepam (d) or Valproate (v) in mice (meeting abstr.).
Fed Proc 40: 325 (no Refs.)

4878. Colettipreviero MA, Mattras H, Previero A (1983)
Beta-carboline and diazepam effect on the degradation of enkephalin by the human-blood aminopeptidase.
Biosci Rep 3: 87-92 (18 Refs.)

4879. Colin M, Mouret J, Cottraux J, Rouzioux JM, Chalumea. A, Dalery JC (1985)
Benzodiazepines in daily practice - meeting of february 2, 1984 (discussion).
Lyon Med 253: 147-159 (no Refs.)

4880. Colin P, Sirois G, Lelorier J (1983)
High-performance liquid-chromatography determination of dipotassium clorazepate and its major metabolite nordiazepam in plasma.
J Chromat 273: 367-377 (15 Refs.)

4881. Colin P, Sirois G, Lelorier J (1984)
Cimetidine interaction with dipotassium clorazepate disposition in the anesthetized dog.
Arch I Phar 268: 12-24 (28 Refs.)

4882. Collier PS, Kawar P, Gamble JAS, Dundee JW (1982)
Influence of age on pharmacokinetics of midazolam (meeting abstr.).
Br J Cl Ph 13: 602 (2 Refs.)

4883. Collinge J, Pycock C (1982)
Differential actions of diazepam on the release of [^{3}H]5-hydroxytryptamine from cortical and midbrain raphe slices in the rat.
Eur J Pharm 85: 9-14 (22 Refs.)

4884. Collinge J, Pycock CJ, Taberner PV (1983)
Studies on the interaction between cerebral 5-hydroxytryptamine and gamma-aminobutyric acid in the mode of action of diazepam in the rat.
Br J Pharm 79: 637-643 (28 Refs.)

4885. Collins GGS (1981)
The effects of chlordiazepoxide on synaptic transmission and amino-acid neurotransmitter release in slices of rat olfactory cortex.
Brain Res 224: 389-404 (64 Refs.)

4886. Colon GA, Gubert N (1986)
Lorazepam (ativan) and fentanyl (sublimaze) for outpatient office plastic surgical anesthesia.
Plas R Surg 78: 486-488 (8 Refs.)

4887. Colpaert FC (1986)
A method for quantifying state-dependency with chlordiazepoxide in rats.
Psychophar 90: 144-146 (9 Refs.)

4888. Colvin M (1983)
A counseling approach to outpatient benzodiazepine detoxification.
J Psych Dr 15: 105-108 (1 Refs.)

4889. Comar D, Maziere M, Cepeda C, Godot JM, Menini C, Naquet R (1981)
The kinetics and displacement of flunitrazepam-C-11 in the brain of the living baboon.
Eur J Pharm 75: 21-26 (14 Refs.)

4890. Comer WH, Giesecke AH (1982)
Injectable lorazepam (ativan).
Sem Anesth 1: 33-39 (36 Refs.)

4891. Commissaris RL (1986)
Benzodiazepines, serotonin, and conflict behavior.
Behav Brain 9: 336-337 (4 Refs.)

4892. Commissaris RL, Rech RH (1982)
Interactions of metergoline with diazepam, quipazine, and hallucinogenic drugs on a conflict behavior in the rat.
Psychophar 76: 282-285 (19 Refs.)

4893. Conahan ST, Vogel WH (1986)
The effect of diazepam aministration on heart-rate and mean arterial blood-pressure in resting and stressed conscious rats.
Res Comm CP 53: 301-317 (21 Refs.)

4894. Conboyfischer J (1981)
Some effects of a benzodiazepine (lexotan) in a group of introverts and extroverts suffering from anxiety-states.
Irish J Psy 5: 25-29 (5 Refs.)

4895. Concas A, Barnett A, Wamsley JK, Gehlert D, Yamamura HI (1985)
Temperature regulation of quazepam, a 1-N-trifluoroethyl benzodiazepine (meeting abstr.).
Fed Proc 44: 886 (no Refs.)

4896. Concas A, Corda MG, Biggio G (1985)
Involvement of benzodiazepine recognition sites in the foot shock-induced decrease of low affinity gaba receptors in the rat cerebral-cortex.
Brain Res 341: 50-56 (29 Refs.)

4897. Concas A, Gehlert DR, Wamsley JK, Yamamura HI (1986)
Effect of benzodiazepine binding-site ligands on $[^{35}S]$-butylbicyclophosphorothionate ($[^{35}S]$ TBPS) binding to rat-brain - an autoradiographic study (review).
Adv Bio Psy 41: 227-238 (29 Refs.)

4898. Concas A, Salis M, Biggio G (1983)
Brain benzodiazepine receptors increase after chronic ethyl-beta-carboline-3-carboxylate.
Life Sci 32: 1175-1182 (42 Refs.)

4899. Concas A, Serra M, Salis M, Guarneri P, Carbini L, Padalino A, Biggio G (1983)
Effect of a vitamin-A-free diet on $[^{3}H]$ diazepam and $[^{3}H]$ gaba binding in the rat retina (technical note).
Eur J Pharm 89: 317-319 (11 Refs.)

4900. Condren L, McCormic. J (1984)
A double-blind randomized control trial of diazepam (letter).
J Roy Col G 34: 414 (1 Refs.)

4901. Conell LJ, Berlin RM (1983)
Withdrawal after substitution of a short-acting for a long-acting benzodiazepine (technical note).
J Am Med A 250: 2838-2840 (13 Refs.)

4902. Conradt P, Green U (1982)
Effect of diazepam on microsomal diethylnitrosamine metabolism in gerbils.
J Canc Res 104: 53-61 (38 Refs.)

4903. Conti L, Gandolfo GM (1983)
Benzodiazepine-induced thrombocytopenia - demonstration of drug-dependent platelet antibodies in 2 cases.
Act Haemat 70: 386-388 (7 Refs.)

4904. Cook L (1983)
Generality of the effects of diazepam on operant behavior in animals and man.
In: Pharmacology of Benzodiazepines (Ed. Usdin E, Skolnick P, Tallmann jr JF, Greenblatt D, Paul SM)
Verlag Chemie, Weinheim Deerfield Beach Basel p. 391-401

4905. Cook L, Longo V (1985)
Benzodiazepine-receptor modulation by non-benzodiazepine anxiolytics. Symposium held June 23, 1984 CINP congress Florence, Italy (editorial).
Pharm Bio B 23: 637 (no Refs.)

4906. Cook PJ, Burgoyne W, Logan L, Bush R, Dawling S (1985)
Temazepam half-life in fasting and nonfasting subjects, the relation to FFA and diazepam protein-binding (meeting abstr.).
Br J Cl Ph 19: 587 (3 Refs.)

4907. Cook PJ, Flanagan R, James IM (1984)
Diazepam tolerance - effect of age, regular sedation, and alcohol.
Br Med J 289: 351-353 (19 Refs.)

4908. Cook PJ, James IM (1982)
Changes in benzodiazepine receptor-binding with aging in the rat (meeting abstr.).
Clin Sci 62: 53 (1 Refs.)

4909. Cook PJ, James IM (1984)
Diazepam tolerance - reply (letter).
Br Med J 289: 1073 (11 Refs.)

4910. Cooper AJ (1982)
Benzodiazepines - towards more logical use.
Scot Med J 27: 297-304 (22 Refs.)

4911. Cooper SF, Drolet D (1982)
Protein-binding of flurazepam and its major metabolites in plasma.
Curr Ther R 32: 757-760 (14 Refs.)

4912. Cooper SF, Drolet D (1982)
Gas-liquid chromatographic determination of flurazepam and its major metabolites in plasma with electron-capture detection.
J Chromat 231: 321-331 (19 Refs.)

4913. Cooper SF, Drolet D, Dugal R (1981)
Plasma-levels, absorption kinetics and relative systemic availability of flurazepam in man (meeting abstr.).
Prog Neuro 5: 293 (no Refs.)

4914. Cooper SF, Drolet D, Dugal R (1984)
Comparative bioavailability of 2 oral formulations of flurazepam in human-subjects.
Biopharm Dr 5: 127-139 (16 Refs.)

4915. Cooper SJ (1980)
Benzodiazepines as appetite-enhancing compounds.
Appetite 1: 7-19 (66 Refs.)

4916. Cooper SJ (1982)
Specific benzodiazepine antagonist Ro15-1788 and thirst-induced drinking in the rat (technical note).
Neuropharm 21: 483-486 (10 Refs.)

4917. Cooper SJ (1982)
Benzodiazepine mechanisms and drinking in the water-deprived rat.
Neuropharm 21: 775-780 (25 Refs.)

4918. Cooper SJ (1982)
Effects of opiate antagonists and of morphine on chlordiazepoxide-induced hyperdipsia in the water-deprived rat.
Neuropharm 21: 1013-1017 (37 Refs.)

4919. Cooper SJ (1982)
Caffeine-induced hypodipsia in water-deprived rats - relationships with benzodiazepine mechanisms.
Pharm Bio B 17: 481-487 (33 Refs.)

4920. Cooper SJ (1982)
Enhancement of osmotic-induced and hypovolemic-induced drinking by chlordiazepoxide in rats is blocked by naltrexone.
Pharm Bio B 17: 921-925 (38 Refs.)

4921. Cooper SJ (1983)
Benzodiazepine-opiate antagonist interactions in relation to feeding and drinking behavior (review).
Life Sci 32: 1043-1051 (112 Refs.)

4922. Cooper SJ (1983)
Effects of chlordiazepoxide on drinking compared in rats challenged with hypertonic saline, isoproterenol or polyethylene-glycol.
Life Sci 32: 2453-2459 (22 Refs.)

4923. Cooper SJ (1983)
Benzodiazepine opiate antagonist interactions and reward processes - implications for drug dependency.
Neuropharm 22: 535-538 (66 Refs.)

4924. Cooper SJ (1983)
Suppression of saccharin-induced drinking in the non-deprived rat by low-dose diazepam treatment (technical note).
Pharm Bio B 18: 825-827 (17 Refs.)

4925. Cooper SJ (1983)
Gaba and endorphin mechanisms in relation to the effects of benzodiazepines on feeding and drinking.
Prog Neur-P 7: 495-503 (94 Refs.)

4926. Cooper SJ (1983)
Benzodiazepine opiate antagonist interactions in relation to anxiety and appetite (review).
Trends Phar 4: 456-458 (20 Refs.)

4927. Cooper SJ (1985)
The anorectic effect of FG 7142, a partial inverse agonist at benzodiazepine recognition sites, is reversed by CGS 8216 and clonazepam but not by food-deprivation (technical note).
Brain Res 346: 190-194 (22 Refs.)

4928. Cooper SJ (1985)
Bidirectional control of palatable food-consumption through a common benzodiazepine receptor - theory and evidence.
Brain Res B 15: 397-410 (122 Refs.)

4929. Cooper SJ (1985)
A microgram dose of diazepam produces specific-inhibition of ambulation in the rat.
Pharm Bio B 22: 25-30 (36 Refs.)

4930. Cooper SJ (1986)
Beta-carbolines characterized as benzodiazepine receptor agonists and inverse agonists produce bidirectional changes in palatable food-consumption.
Brain Res B 17: 627-637 (98 Refs.)

4931. Cooper SJ (1986)
Hyperphagic and anorectic effects of beta-carbolines in a palatabale food-consumption test - comparisons with triazolam and quazepam.
Eur J Pharm 120: 257-265 (31 Refs.)

4932. Cooper SJ (1986)
Bidirectional effects on behavior of beta-carbolines acting at central benzodiazepine receptors.
Trends Phar 7: 210-212 (no Refs.)

4933. Cooper SJ, Barber DJ, Gilbert DB, Moores WR (1985)
Benzodiazepine receptor ligands and the consumption of a highly palatable diet in non-deprived male-rats.
Psychophar 86: 348-355 (51 Refs.)

4934. Cooper SJ, Burnett G, Brown K (1981)
Food preference following acute or chronic chlordiazepoxide administration - tolerance to an anti-neophobic action.
Psychophar 73: 70-74 (27 Refs.)

4935. Cooper SJ, Estall LB (1985)
Behavioral pharmacology of food, water and salt intake in relation to drug actions at benzodiazepine receptors (review).
Neurosci B 9: 5-19 (164 Refs.)

4936. Cooper SJ, Gilbert DB (1985)
Clonazepam-induced hyperphagia in nondeprived rats - tests of pharmacological specificity with Ro5-4864, Ro5-3663, Ro15-1788 and CGS 9896.
Pharm Bio B 22: 753-760 (53 Refs.)

4937. Cooper SJ, Moores WR (1985)
Chlordiazepoxide-induced hyperphagia in non-food-deprived rats - effects of Ro15-1788, CGS-8216 and ZK-93-426.
Eur J Pharm 112: 39-45 (23 Refs.)

4938. Cooper SJ, Moores WR (1985)
Benzodiazepine-induced hyperphagia in the nondeprived rat - comparisons with CL 218, 872, zopiclone, tracazolate and phenobarbital.
Pharm Bio B 23: 169-172 (25 Refs.)

4939. Cooper SJ, Moores WR, Jackson A, Barber DJ (1985)
Effects of tifluadom on food-consumption compared with clordiazepoxide and kappa-agonists in the rat.
Neuropharm 24: 877-883 (31 Refs.)

4940. Cooper SJ, Webb ZM (1984)
Microstructural analysis of chlordiazepoxides effects on food preference behavior in roman high-avoidance, control-avoidance and low-avoidance rats.
Physl Behav 32: 581-588 (29 Refs.)

4941. Cooper SJ, Yerbury RE (1986)
Midazolam-induced hyperphagia and FG-7142-induced anorexia - behavioral-characteristics in the rat.
Pharm Bio B 25: 99-106 (46 Refs.)

4942. Cooper SJ, Yerbury RE (1986)
Benzodiazepine-induced hyperphagia - stereospecificity and antagonism by pyrazoloquinolines, CGS-9895 and CGS-9896.
Psychophar 89: 462-466 (34 Refs.)

4943. Corda MG, Biggio G (1986)
Proconflict effect of gaba receptor complex antagonists - reversal by diazepam.
Neuropharm 25: 541-544 (25 Refs.)

4944. Corda MG, Concas A, Biggio G (1984)
Anxiolitic and anxiogenic ligands for benzodiazepine receptors - behavioral and biochemical-studies.
Dev Neuros 17: 449-452 (11 Refs.)

4945. Corda MG, Concas A, Biggio G (1985)
Selective blockade of benzodiazepine receptors by Ro 15-1788 prevents foot shock-induced decrease of low affinity gamma-aminobutyric acid receptors.
Neurosci L 56: 265-269 (15 Refs.)

4946. Corda MG, Concas A, Porceddu ML, Sanna E, Biggio G (1986)
Striato-nigral denervation increases type-II benzodiazepine receptors in the substantia nigra of the rat.
Neuropharm 25: 59-62 (19 Refs.)

4947. Corda MG, Concas A, Rossetti Z, Guarneri P, Corongio FP, Biggio G (1981)
Methyl mercury enhances diazepam-^{3}H binding in different areas of the rat-brain (technical note).
Brain Res 229: 264-269 (24 Refs.)

4948. Corda MG, Costa E, Guidotti A (1983)
Involvement of GABA in the Facilitation of Punishment Suppressed Behavior Induced by ß-Carbolines in Rat.
In: Benzodiazepine Recognition Site Ligands (Ed. Biggio G, Costa E)
Raven Press, New York, p. 121-127

4949. Corda MG, Ferrari M, Guidotti A, Konkel D, Costa E (1984)
Isolation, purification and partial sequence of a neuropeptide (diazepam-binding inhibitor) precursor of an anxiogenic putative ligand for benzodiazepine recognition site.
Neurosci L 47: 319-324 (4 Refs.)

4950. Corda MG, Sanna E, Concas A, Giorgi O, Ongini E, Nurchi V, Pintori T (1986)
Enhancement of gamma-aminobutyric acid binding by quazepam, a benzodiazepine derivative with preferential affinity for type-I benzodiazepine receptors.
J Neurochem 47: 370-374 (26 Refs.)

4951. Cordingley GJ, Dean BC, Hallett C (1985)
A multi-centre, double-blind parallel trial of bromazepam (lexotan) and lorazepam to compare the acute benefit-risk ratio in the treatment of patients with anxiety.
Curr Med R 9: 505-510 (10 Refs.)

4952. Cordingley GJ, Dean BC, Harris RI (1984)
A double-blind comparison of 2 benzodiazepine hypnotics, flunitrazepam and triazolam, in general-practice.
Curr Med R 8: 714-719 (4 Refs.)

4953. Corelli F, Massa S, Pantaleo. GC, Palumbo G, Fanini D (1984)
Heterocyclic-systems .5. synthesis and activity on the CNS of derivatives of 6H-pyrrolo [1,2-a] [1,4] benzodiazepine.
Farmaco Sci 39: 707-717 (10 Refs.)

4954. Corelli F, Massa S, Stefanci. G, Ortenzi G, Artico M, Pantaleo. G, Palumbo G, Fanini D, Giorgi R (1986)
Benzodiazepines with both sedative and analgesic activities (technical note).
Eur J Med C 21: 445-449 (24 Refs.)

4955. Cormack M (1986)
Benzodiazepines, GPS and clinical psychologists - the future (meeting abstr.).
B Br Psycho 39: 71 (no Refs.)

4956. Cormack MA, Sinnott A (1983)
Psychological alternatives to long-term benzodiazepine use.
J Roy Col G 33: 279-281 (8 Refs.)

4957. Cornelissen PJ (1981)
Photochemical and photobiological activity of some 1,4-benzodiazepines (technical note).
Pharm Week 3: 828-829 (1 Refs.)

4958. Cornelissen PJ, Vanheneg. GM (1981)
Photochemical activity of 7-nitro-1,4-benzodiazepines - formation of singlet molecular-oxygen, isolation and identification of decomposition products.
Pharm Week 3: 800-809 (31 Refs.)

4959. Cornelissen PJ, Vanheneg. GM, Mohn GR (1981)
Relationship between structure and photo-biological activity of 7-nitro-1,4-benzodiazepines.
Photochem P 34: 345-350 (25 Refs.)

4960. Cossum PA, Roberts MS (1981)
Availability of isosorbide dinitrate, diazepam and chlormethiazole, from i.v. delivery systems.
Eur J Cl Ph 19: 181-185 (16 Refs.)

4961. Costa E (1983)
The Benzodiazepines - From Molecular Biology to clinical Practice.
Raven Press, New York

4962. Costa E (1983)
Concluding remarks - are benzodiazepine recognition sites functional entities for the action of endogenous effector(s) or merely drug receptor(s) (review).
Adv Bio Psy 38: 249-253 (9 Refs.)

4963. Costa E (1986)
Future-trends of research in benzodiazepine-beta-carboline-3-carboxylate ester recognition sites and their endogenous ligands (review).
Adv Bio Psy 41: 239-242 (no Refs.)

4964. Costa E (1983)
Concluding Remarks: Are Benzodiazepine Recognition Sites Functional Entities for the Action of Endogenous Effector(s) or Merely Drug Receptor(s)?
In: Benzodiazepine Recognition Site Ligands (Ed. Biggio G, Costa E)
Raven Press, New York, p. 249-253

4965. Costa E (1986)
Endogenous ligands for benzodiazepine beta-carboline recognition sites (meeting abstr.).
Alc Alcohol 21: 3   (no Refs.)

4966. Costa E, Corda MG, Epstein B, Forchetti C, Guidotti A (1983)
GABA-Benzodiazepine Interactions.
In: The Benzodiazepines - From Molecular Biology to Clinical Practice.
(Ed Costa E).
Raven Press, New York, p. 117-136

4967. Costa E, Corda MG, Guidotti A (1983)
On a brain polypeptide functioning as a putative effector for the recognition sites of benzodiazepine and beta-carboline derivatives.
Neuropharm 22: 1481-1492   (54 Refs.)

4968. Costa E, Corda NG, Wise B, Konkel D, Guidotti A (1983)
Benzodiazepine and GABA interactions: Role of GABA-modulin.
In: Pharmacology of Benzodiazepines (Ed. Usdin E, Skolnick P, Tallmann jr JF, Greenblatt D, Paul SM)
Verlag Chemie, Weinheim Deerfield Beach Basel p. 111-120

4969. Costa E, Di Chiara G, Gessa GL (1981)
GABA and Benzodiazepine Receptors.
Adv Biochem Psychopharmacol 26,
Raven Press, New York

4970. Costa E, Guidotti A (1985)
Endogenous ligands for benzodiazepine recognition sites (editorial).
Bioch Pharm 34: 3399-3403   (52 Refs.)

4971. Costa T, Russell L, Pert CB, Rodbard D (1981)
Halide-butyric and gamma-aminobutyric acid-induced enhancement of diazepam receptors in rat-brain - reversal by disulfonic stilbene blockers in anion channels.
Molec Pharm 20: 470-476   (34 Refs.)

4972. Cotler S, Gustafso. JH, Colburn WA (1984)
Pharmacokinetics of diazepam and nordiazepam in the cat.
J Pharm Sci 73: 348-351   (26 Refs.)

4973. Cotler S, Puglisi CV, Gustafso. JH (1981)
Determination of diazepam and its major metabolites in man and in the cat by high-performance liquid-chromatography.
J Chromat 222: 95-106   (13 Refs.)

4974. Cotton BR, Smith G, Fell D (1981)
Effect of oral diazepam on lower esophageal sphincter pressure.
Br J Anaest 53: 1147-1150   (9 Refs.)

4975. Coupet J, Rauh CE, Lippa AS, Beer B (1981)
The effects of acute administration of diazepam on the binding of diazepam-^{3}H and gaba-^{3}H to rat cortical membranes.
Pharm Bio B 15: 965-968   (18 Refs.)

4976. Coward DM (1982)
Nigral actions of gaba agonists are enhanced by chronic fluphenazine and differentiated by concomitant flurazepam.
Psychophar 76: 294-298   (26 Refs.)

4977. Cowen PJ, Green AR, Nutt DJ, Martin IL (1981)
Ethyl beta-carboline carboxylate lowers seizure threshold and antagonizes flurazepam-induced sedation in rats.
Nature 290: 54-55   (19 Refs.)

4978. Cowie S, McNaught. N, Qintero S (1986)
Diazepam and the partial-reinforcement extinction effect (PREE) - transfer of effects from drugged to control animals (meeting abstr.)
Aust Psychl 21: 107-108   (no Refs.)

4979. Cowie S, Quintero S, McNaught. N (1987)
Home cage and test apparatus artifacts in assessing behavioral-effects of diazepam in rats (letter).
Psychophar 91: 257-259   (5 Refs.)

4980. Craig M, Fielding JF (1982)
Drug efficacy and side-effects following different formulations of intravenous diazepam (technical note).
Irish J Med 151: 79-80   (4 Refs.)

4981. Crawford ME, Carl P, Andersen RS, Mikkelse. BO (1984)
Comparison between midazolam and thiopentone-based balanced anesthesia for day-case surgery.
Br J Anaest 56: 165-169   (25 Refs.)

4982. Crawford PW, Kovacic P, Gilman NW, Ryan MD (1986)
Charge-transfer mechanism for benzodiazepine (BZ) action - correlation of reduction potential of BZ-iminium with structure and drug activity (meeting abstr.).
Abs Pap ACS 191: 50-Medi   (no Refs.)

4983. Crawford RJ (1981)
Benzodiazepine dependency and abuse (letter).
NZ Med J 94: 195   (no Refs.)

4984. Crawford TO, Mitchell WG (1985)
Lorazepam for status epilepticus and serial seizures in children - 218 Consecutive doses (meeting abstr.).
Ann Neurol 18: 412   (no Refs.)

4985. Crawley JN (1981)
Neuropharmacologic specificity of a simple animal-model for the behavioral actions of benzodiazepines.
Pharm Bio B 15: 695-699   (39 Refs.)

4986. Crawley JN (1983)
Animal behavioral analysis of putative endogenous ligands.
In: Pharmacology of Benzodiazepines (Ed. Usdin E, Skolnick P, Tallmann jr JF, Greenblatt D, Paul SM)
Verlag Chemie, Weinheim Deerfield Beach Basel p. 549-559

4987. Crawley JN, Davis LG (1982)
Baseline exploratory activity predicts anxiolytic responsiveness to diazepam in 5 mouse strains.
Brain Res B 8: 609-612   (32 Refs.)

4988. Crawley JN, Marangos PJ, Paul SM, Skolnick P, Goodwin FK (1981)
Interaction between purine and benzodiazepine - inosine reverses diazepam-induced stimulation of mouse exploratory-behavior.
Science 211: 725-727   (40 Refs.)

4989. Crawley JN, Marangos PJ, Stivers J, Goodwin FK (1982)
Chronic clonazepam administration induces benzodiazepine receptor subsensitivity.
Neuropharm 21: 85-89   (20 Refs.)

4990. Crawley JN, Ninan PT, Pickar D, Chrousos GP, Skolnick P, Paul SM (1984)
Behavioral and physiological-responses to benzodiazepine receptor antagonists.
Psychoph B 20: 403-407   (10 Refs.)

4991. Crawley JN, Patel J, Marangos PJ (1981)
Behavioral characterization of 2 long-lasting adenosine-analogs - sedative properties and interaction with diazepam.
Life Sci 29: 2623-2630   (19 Refs.)

4992. Crawley JN, Skolnick P, Paul SM (1984)
Absence of interinsic antagonist actions of benzodiazepine antagonists on an exploratory model of anxiety in the mouse.
Neuropharm 23: 531-537   (42 Refs.)

4993. Crevatpi. P, Dragna S, Granthil C, Coassolo P, Cano JP, Francois G (1986)
Plasma-concentrations and pharmacokinetics of midazolam during anesthesia.
J Pharm Pha 38: 578-582   (21 Refs.)

4994. Crevoisier C, Eckert M, Heizmann P, Thurneys. DJ, Ziegler WH (1981)
Relation between the clinical effect and the pharmacokinetics of midazolam following i.m. and i.v. administration .2. pharmacokinetical aspects.
Arznei-For 31-2: 2211-2215   (3 Refs.)

4995. Crevoisier C, Ziegler WH, Eckert M, Heizmann P (1983)
Relationship between plasma-concentration and effect of midazolam after oral and intravenous administration.
Br J Cl Ph 16: 51-61   (12 Refs.)

4996. Crippen GM (1982)
Distance geometriy analysis of the benzodiazepine binding-site.
Molec Pharm 22: 11-19   (15 Refs.)

4997. Cripps TP, Goodchil. CS (1986)
Intrathecal midazolam and the stress response to upper abdominal-surgery (meeting abstr.).
Br J Anaest 58: 1324-1325   (2 Refs.)

4998. Crittenden DJ, Beckman DL (1981)
Protection from seizures due to high-pressure oxygen (OHP) by clonazepam and propyleneglycol (PG) (meeting abstr.).
Fed Proc 40: 423   (no Refs.)

4999. Crome P, Gain R, Suri AC, Dawling S (1985)
Temazepam in elderly women - single and multiple dose kinetics and effects on psychomotor performance (meeting abstr.).
Br J Cl Ph 19: 583   (4 Refs.)

5000. Cronnelly R, Morris RB, Miller RD (1983)
Comparison of thiopental and midazolam on the neuromuscular responses to succinylcholine or pancuronium in humans.
Anesth Anal 62: 75-77   (16 Refs.)

5001. Crouzette J, Vicaut E, Palombo S, Girre C, Fournier PE (1983)
Experimental assessment of the protective activity of diazepam on the acute toxicity of chloroquine.
J Tox-Clin 20: 271-279   (6 Refs.)

5002. Crozier T, Beck D, Schlaege. M, Kettler D (1986)
Etomidat and midazolam to introduce anesthesias - comparison of endocrinological effects (meeting abstr.)
Anaesthesis 35: 129   (5 Refs.)

5003. Cruciani R, Perez C, Stefano FJE (1983)
Specific union of ^3H diazepam in distinct trophic states of the submaxillary-gland of the rat (meeting abstr.).
Medicina 43: 765   (no Refs.)

5004. Cruciani RA, Perez C, Stefano FJE (1984)
Absence of sympathetic and parasympathetic on benzodiazepine acceptor sites of peripheral types in the submaxillary-gland of the rat (meeting abstr.).
Act Phys Ph 34: 452-453   (no Refs.)

5005. Csernansky J, Holliste. L (1983)
Beta-blockers and benzodiazepines in the treatment of anxiety.
Hosp Formul 18: 67+   (no Refs.)

5006. Csernansky JG, Holliste. LE (1983)
Consultation in clinical psycho-pharmacology. 8 . withdrawal reaction following therapeutic doses of benzodiazepines.
Hosp Formul 18: 900-902   (* Refs.)

5007. Csernansky JG, Lombrozo L, Gulevich GD, Holliste. LE (1984)
Treatment of negative schizophrenic symptoms with alprazolam - a preliminary open-label study (technical note).
J Cl Psych 4: 349-352   (14 Refs.)

5008. Cuche H, Lajeunes. C (1986)
Dependence on benzodiazepines.
Rev Prat 36: 389-390   (no Refs.)

5009. Cull CA, Trimble MR (1984)
Anticonvulsant benzodiazepines and performance (meeting abstr.).
Act Neur Sc 70: 236-237   (no Refs.)

5010. Cumin R, Bonetti EP, Schersch. R, Haefely WE (1982)
Use of the specific benzodiazepine antagonist, Ro 15-1788, in studies of physiological dependence on benzodiazepines.
Experientia 38: 833-834   (7 Refs.)

5011. Cummiskey J, Guillemi. C, Delrio G, Coburn S (1982)
Central control of respiration, sleep studies and flurazepam in chronic obstructive pulmonary-disease (meeting abstr.).
Am R Resp D 125: 101   (no Refs.)

5012. Cummiskey J, Guillemic. C, Delrio G, Silvestr. R (1983)
The effects of flurazepam on sleep studies in patients with chronic obstructive pulmonary-disease.
Chest 84: 143-147   (17 Refs.)

5013. Cunningh. AJ (1983)
Diazepam and intraocular-pressure - comment (letter).
Anaesthesia 38: 814-815   (6 Refs.)

5014. Cunningham AJ, Albert O, Cameron J, Watson AG (1981)
The effect of intravenous diazepam on rise of intraocular-pressure following succinylcholine.
Can Anae SJ 28: 591-596   (29 Refs.)

5015. Cunningham AJ, Albert O, Watson AG, Cameron J (1981)
Effect of intraveous diazepam on rise of intraocular-pressure after succinylcholine (meeting abstr.).
Can Anae SJ 28: 504-505   (no Refs.)

5016. Cuomo V, Cortese I, Racagni G (1981)
Effects of morphine and chlordiazepoxide on avoidance-behavior in 2 inbred strains of mice (technical note).
Neuropharm 20: 301-304   (10 Refs.)

5017. Cuomo V, Cortese I, Racagni G (1981)
Effects of Morphine and chlordiazepoxide on locomotor-activity in 2 inbred strains of mice.
Pharmacol R 13: 87-93   (14 Refs.)

5018. Cuomo V, Cortese I, Sirobrig. G (1981)
Effects of muscimol alone and in combination with diazepam on shuttle-box performance in rats.
Arznei-For 31-2: 1724-1726   (22 Refs.)

5019. Cuparencu B, Horak J, Cucuianu M, Tomus C, Hancu N, Ispas G (1985)
Benzodiazepines as potential antiatherosclerotic drugs (meeting absr.).
Adv Exp Med 183: 387   (no Refs.)

5020. Cuparencu B, Horak J, Tomus G, Vacca C, Matera MG, Marmo E (1986)
HDL-cholesterol total cholesterol ratio increase produced in rats by intraperitoneal administration of various benzodiazepines in margarine-induced hyperlipidemia.
Curr Ther R 39: 830-838   (20 Refs.)

5021. Cuparencu B, Madar J, Horak J, Sildan N, Tomus G, Abdo MH, Diguglie. R, Pirozzi A, Marmo E (1985)
Effects of the intraperitoneal administration of diazepam on the streptozotocin-induced diabetes in rats.
Curr Ther R 38: 30-39   (15 Refs.)

5022. Cuparencu B, Tomus C, Horak J, Nan A, Cordos M, Puia L, Scafuro MA, Marmo E (1985)
Effects of the intraperitoneal administration of diazepam on rat serum-lipoproteins separated by polyacrylamide-gel electrophoresis.
Clin Exp Ph 12: 593-602   (18 Refs.)

5023. Cupit GC, Pieper JA, Crom WR, Christen. M, Evans WE (1986)
Serum-protein binding of lorazepam in children with acute lymphocytic-leukemia (meeting abstr.).
Drug Intel 20: 460   (no Refs.)

5024. Cuppett CC, Fisher C, Custer KJ (1981)
HPLC assay of chlordiazepoxide, diazepam and methaqualone at drug-abuse levels in serum (meeting abstr.).
Clin Chem 27: 1103   (2 Refs.)

5025. Curran HV (1986)
Tranquilizzing memories - a review of the effects of benzodiazepines on human-memory (review).
Biol Psych 23: 179-213   (107 Refs.)

5026. Curran J (1984)
Buprenorphine, benzodiazepines and respiratory depression - reply (letter).
Anaesthesia 39: 492   (1 Refs.)

5027. Curran T, Morgan JI (1985)
Superinduction of C-FOS by nerve growth-factor in the presence of peripherally active benzodiazepines.
Science 229: 1265-1268   (61 Refs.)

5028. Currie JN, Matsuo V (1986)
The use of clonazepam in the treatment of nystagmus-induced oscillopsia.
Ophthalmol 93: 924-932   (31 Refs.)

5029. Cushman P, Benzer D (1980)
Benzodiazepines and drug-abuse - clinical observations in chemically dependent persons before and during abstinence.
Drug Al Dep 6: 365-371   (17 Refs.)

5030. Cutler NR (1981)
Clonazepam and tardive-dyskinesia (letter).
Am J Psychi 138: 1127-1128   (3 Refs.)

5031. Cutler NR, Narang PK (1984)
Implications of dosing tricyclic antidepressants and benzodiazepines in geriatrics (review).
Psych Cl N 7: 845-861   (23 Refs.)

5032. Cymerman U, Pazos A, Palacios JM (1986)
Evidence for species-differences in peripheral benzodiazepine receptors - an autoradiographic study.
Neurosci L 66: 153-158   (16 Refs.)

5033. Czaja J, Mielck JB (1982)
Solid-state degradation kinetics of nitrazepam in the presence of colloidal silica.
Pharm Act H 57: 144-153   (20 Refs.)

5034. Czajkowski CM, Farb DH (1986)
Subcellular-distribution and turnover of the benzodiazepine receptor in chick brain-cell culture (meeting abstr.).
J Cell Biol 103: 375   (1 Refs.)

5035. Czajkowski C, Farb DH (1986)
Transmembrane topology and subcellular-distribution of the benzodiazepine receptor.
J Neurosc 6: 2857-2863   (26 Refs.)

5036. Czernik AJ, Petrack B, Kalinsky HJ, Psychoyo. S, Cash WD, Tsai C, Rinehart RK, Granat FR, Lovell RA, Brundish DE (1982)
CGS-8216 - receptor-binding characteristics of a potent benzodiazepine antagonist.
Life Sci 30: 363-372   (22 Refs.)

5037. Czornyrutten M, Buttner W, Finke W (1986)
Rectal dose of midazolam as an adjuvant for the premedication of infants.
Anaesthesis 35: 197-202   (27 Refs.)

5038. Czuczwar SJ, Chmielew. B, Kozicka M, Kleinrok Z (1983)
Effect of combined treatment of diphenylhydantoin with clonazepam and chlordiazepoxide on the threshold for maximal electroconvulsions in mice.
Meth Find E 5: 33-37   (23 Refs.)

5039. Czuczwar SJ, Turski L, Kleinrok Z (1981)
Diphenylhydantoin potentiates the protective effect of diazepam against pentylenetetrazol but not against bicuculline and isoniazid-induced seizures in mice.
Neuropharm 20: 675-679   (32 Refs.)

5040. Czuczwar SJ, Turski L, Kleinrok Z (1982)
Anticonvulsant action of phenobarbital, diazepam, carbamazepine, and diphenylhydantoin in the electroshock test in mice after lesion of hippocampal tyramidal cells with intracerebroventricular kainic acid.
Epilepsia 23: 377-382 (20 Refs.)

5041. Czuczwar SJ, Turski L, Kleinrok Z (1982)
Effects of combined treatment with diphenylhydantoin and different benzodiazepines on pentylenetetrazol-induced and bicuculline-induced seizures in mice.
Neuropharm 21: 563-567 (25 Refs.)

5042. Czuczwar SJ, Turski L, Turski W, Kleinrok Z (1981)
Effect of combined treatment of phenytoin with diazepam on the susceptibility of mice to electroconvulsions (technical note).
J Pharm Pha 33: 672-673 (20 Refs.)

5043. Czuczwar SJ, Turski WA, Ikonomid. C, Turski L (1985)
Aminophylline and CGS-8216 reverse the protective action of diazepam against electroconvulsions in mice.
Epilepsia 26: 693-696 (25 Refs.)

5044. Dachary JM, Rousseau C (1982)
Clinical and therapeutic approach to anxiety-depression syndromes - effectiveness of bromazepam.
Nouv Presse 11: 1710-1712 (no refs.)

5045. Dadgar D, Smyth WF, Hojabri H (1983)
High-performance liquid-chromatographic determination of flurazepam and its mebatolites in human-blood plasma (technical note).
Analyt Chim 147: 381-385 (8 Refs.)

5046. Dahl CB, Flaten MA, Grawe RW, Haug T (1986)
Conditioning of a small and large dose of diazepam in an animal-model of anxiety (meeting abstr.).
Psychophar 89: 11 (no Refs.)

5047. Dahl CB, Haug T (1986)
Blocking of the diazepam cue by Ro-15-1788 (meeting abstr.).
Psychophar 89: 44 (no Refs.)

5048. Dahle LE, Dencker SJ, Lundin L, Kullings. H (1982)
Comparison of nitrazepam with triazolam in insomniac outpatients.
Act Psyc Sc 65: 86-92 (12 Refs.)

5049. Daldrup T, Susanto F, Michalke P (1981)
Kombination von DC, GC (OV 1 und OV 17) und HPLC (RP 18) zur schnellen Erkennung von Arzneimitteln, Rauschmitteln und verwandten Verbindungen.
Fresenius Z Anal Chem 308: 413-427

5050. Dalessio DJ (1983)
Headache, sleep disorders, and benzodiazepines (editorial).
Headache 23: 243-245 (19 Refs.)

5051. Dammann HG, Klotz U, Gottlieb WR, Walter TA (1986)
Nizatidine (300-mg nocte) does not interfere with diazepam pharmacokinetics in man (meeting abstr.).
Dig Dis Sci 31: 395 (1 Refs.)

5052. Danhof M, Breimer DD (1984)
Clinical pharmacokinetics of benzodiazepine (meeting abstr.).
Anaesthesis 33: 529 (4 Refs.)

5053. Daniel JT, Zung WWK (1981)
A double-blind clinical comparison of prazepam, lorazepam, diazepam and placebo in the treatment of anxiety in a private surgical outpatient practice.
Curr Ther R 30: 417-426 (7 Refs.)

5054. Danneberg P (1986)
Effects of brotizolam and other diazepines on respiration.
Arznei-For 36-1: 610-615 (67 Refs.)

5055. Danneberg P, Bauer R, Bokekuhn K, Hoefke W, Kuhn FJ, Lehr E, Walland A (1986)
General pharmacology of brotizolam in animals.
Arznei-For 36-1: 540-551 (39 Refs.)

5056. Danneberg P, Bokekuhn K, Bechtel WD, Lehr E (1986)
Pharmacological action of some known and possible metabolites of brotizolam.
Arznei-For 36-1: 587-591 (14 Refs.)

5057. Dantzer R, Perio A (1982)
Behavioral evidence for partial agonist properties of Ro-15-1788, a benzodiazepine receptor antagonist (technical note).
Eur J Pharm 81: 655-658 (9 Refs.)

5058. Darcy PA (1983)
Aminophylline-diazepam - a useful interaction.
Pharm Int 4: 77 (2 Refs.)

5059. Darcy PF (1985)
Triazolam cimetidine interaction.
Pharm Int 6: 57 (5 Refs.)

5060. Darcy PF (1985)
Dextropropoxyphene and benzodiazepines - some positive and negative interactions.
Pharm Int 6: 110 (5 Refs.)

5061. Darcy PF (1986)
Perinatal-mortality - diphenhydramine temazepam interaction.
Pharm Int 7: 32-33 (6 Refs.)

5062. Darmiento M, Bigi F, Pontecor. A, Centanni M, Reda G (1984)
Diazepam-stimulated GH secretion in normal subjects - relation to estradiol plasma-levels (technical note).
Hormone Met 16: 155 (10 Refs.)

5063. Darmiento M, Bisignan. G, Reda G (1981)
Effect of bromazepam on growth-hormone and prolactin secretion in normal subjects.
Hormone Res 15: 224-227 (6 Refs.)

5064. Darragh A, Lambe R, Brick I, Downie WW (1981)
Reversal of benzodiazepine-induced sedation by intravenous Ro 15-1788 (letter).
Lancet 2: 1042 (3 Refs.)

5065. Darragh A, Lambe R, Kenny M, Brick I, Taaffe W, Oboyle C (1982)
Ro 15-1788 antagonizes the central effects of diazepam in man without altering diazepam bioavailability.
Br J Cl Ph 14: 677-682 (28 Refs.)

5066. Darragh A, Lambe R, Kenny M, Brick I (1983)
Tolerance of healthy-volunteers to intravenous administration of the benzodiazepine antagonist Ro-15-1788 (letter).
Eur J Cl Ph 24: 569-570 (3 Refs.)

5067. Darragh A, Lambe R, Oboyle C, Kenny M, Brick I (1983)
Absence of central effects in man of the benzodiazepine antagonist Ro-15-1788 (technical note).
Psychophar 80: 192-195 (30 Refs.)

5068. Darragh A, Lambe R, Scully M, Brick I, Oboyle C, Downie WW (1981)
Investigation in man of efficacy of a benzodiazepine antagonist, Ro-15-1788.
Lancet 2: 8-10 (9 Refs.)

5069. Darragh A, Oboyle C, Lambe R, Brick I (1982)
Antagonism of the central effects of diazepam in man by Ro 15-1788, a novel benzodiazepine antagonist (meeting abstr.).
Irish J Med 151: 90 (4 Refs.)

5070. Darvas Z, Swydan R, Csaba G (1985)
Influence of benzodiazepine (diazepam) by single and repeated treatment on the growth of tetrahymena (technical note).
Biomed Bioc 44: 1725-1728 (15 Refs.)

5071. Das RK, Kar RN (1986)
Genotoxic effects of 3 benzodiazepine tranquilizers in mouse bone-marrow as revealed by the micronucleus test.
Caryologia 39: 193-198 (28 Refs.)

5072. Das S, Datta SC, Guin AK, Dey S, Sengupta D (1981)
Role of imipramine and desipramine in counteracting diazepam induced changes of adenosine-triphosphatase and cholinesterase of human-fetal brain.
I J Ex Biol 19: 738-743 (30 Refs.)

5073. Dasettimo A, Primofio. G, Biagi G, Martini C, Zoppi M, Lucacchi. A (1982)
Specific-inhibition of benzodiazepine receptor-binding by some 6H-indolo [2,3-b] [1,8] naphthyridines.
Farmaco Sci 37: 740-746 (13 Refs.)

5074. Dasettimo A, Primofio. G, Ferrarin. PL, Mori C, Martini C, Pennacch. E, Lucacchi. A (1986)
Synthesis of new 6H-indolo [2,3-b] [1,8] naphthyridines and their specific-inhibition of benzodiazepine receptor.
Farmaco Sci 41: 577-585 (10 Refs.)

5075. Dasilva AMT, Easingto. C, Namath I, Quest JA, Hamosh P, Gillis RA (1986)
Cardiorespiratory effects of midazolam in the cat (meeting abstr.).
Fed Proc 45: 518 (1 Refs.)

5076. Dasilva AMT, Namath I, Easingto. C, Quest JA, Hamosh P, Gillis RA (1986)
Cardiorespiratory depression produced by i.v. administration of midazolam in cats (meeting abstr.).
Clin Res 34: 576 (no refs.)

5077. Dasta JF, Brier KL, Kidwell GA, Schonfel. SA, Couri D (1981)
Diazepam infusion in tetanus - correlation of drug levels with effect.
South Med J 74: 278-280 (18 Refs.)

5078. Date SK, Hemavath. KG Gulati OD (1984)
Investigation of the muscle-relaxant activity of nitrazepam.
Arch I Phar 272: 129-139 (16 Refs.)

5079. Daub D (1982)
A pharmacokinetically based infusion model for midazolam - a microprocessor controlled application form for the achievement of a constant plasma-level - comment (letter).
Anaesthesis 31: 468 (1 Refs.)

5080. Dauchot PJ, Berzina L, Staub F, Vanheeck. D (1982)
Is the hemodynamic-response to diazepam in coronary patients dependent on pre-existing levels of LVEDP (meeting abstr.).
Crit Care M 10: 224 (no refs.)

5081. Dauchot PJ, Stuab F, Berzina L, Vanheeck. D, Mackay W, Sirvaiti. R (1984)
Hemodynamic-response to diazepam - dependence on prior left-ventricular end-diastolic pressure (technical note).
Anesthesiol 60: 499-503 (22 Refs.)

5082. Dauthier C, Gaudy JH, Bonnet P (1981)
Comparative-study of the effects of diazepam and of fentanyl on blink reflex in the normal conscious human.
Ann Anesth 22: 317-321 (no refs.)

5083. Daval JL (1982)
(^{3}H)-labeled diazepam binding to synaptosomal membranes isolated from developing rat-brain - inhibition induced by purinergic derivatives and methylxanthines (meeting abstr.).
Dev Pharm T 4: 208 (2 Refs.)

5084. Daval JL, Barberis C, Vert P (1984)
Invitro and invivo displacement of [^{3}H]-labeled diazepam binding by purine derivatives in developing rat-brain.
Dev Pharm T 7: 169-176 (12 Refs.)

5085. Daval JL, Vert P (1986)
Effect of chronic exposure to methylxanthines on diazepam cerebral binding in female rats and their offsprings.
Dev Brain R 27: 175-180 (28 Refs.)

5086. Davidenko TI, Kotlyar II, Bondaren. GI, Bogatsky AV (1981)
Enzymatic nitrazepam and 2,4-dinitro-5H-11-p-R-phenyldibenzo-b, f-1,4-benzodiazepine reduction under cirrhosis affection of the rat-liver.
Dop Ukr B 1981: 56-59 (15 Refs.)

5087. Davidson AG (1984)
Assay of chlordiazepoxide and demoxepam in chlordiazepoxide formulations by difference spectrophotometry.
J Pharm Sci 73: 55-58 (21 Refs.)

5088. Davies AO (1982)
Oral diazepam premedication - effect on anxiety levels and succinylcholine-induced muscle pains (meeting abstr.).
Can Anae SJ 29: 501-502 (no refs.)

5089. Davies AO (1983)
Oral diazepam premedication reduces the incidence of postsuccinylcholine muscle pains.
Can Anae SJ 30: 603-606 (9 Refs.)

5090. Davies C, Steinberg H (1984)
A biphasic effect of chlordiazepoxide on animal locomotor-activity.
Neurosci L 46: 347-351 (22 Refs.)

5091. Davies JG, Rose AJ (1983)
A small double-blind comparison of ketazolam and diazepam in the treatment of anxiety by general-practitioners in Great-Britain.
Br J Clin P 37: 136-139   (1 Refs.)

5092. Davies LP (1982)
Benzodiazepine binding-sites in rat and guinea-pig heart-tissue (meeting abstr.).
Clin Exp Ph 9: 418-419   (3 Refs.)

5093. Davies LP, Chow SC (1984)
Effect of some potent adenosine uptake inhibitors on benzodiazepine binding in the CNS.
Neurochem I 6: 185-189   (20 Refs.)

5094. Davies LP, Chow SC, Johnston GA (1984)
Interaction of purines and related compounds with photoaffinity-labeled benzodiazepine receptors in rat-brain membranes (technical note).
Eur J Pharm 97: 325-329   (13 Refs.)

5095. Davies LP, Hambley JM (1983)
Diazepam inhibition of adenosine uptake in the CNS - lack of effect on adenosine kinase (technical note).
Gen Pharm 14: 307-309   (13 Refs.)

5096. Davies LP, Hambley JW, Johnston GA (1982)
Ethylenediamine as a gaba agonist - enhancement of diazepam binding and interaction with gaba receptors and uptake sites.
Neurosci L 29: 57-61   (10 Refs.)

5097. Davies LP, Huston V (1981)
Peripheral benzodiazepine binding-sites in heart and their interaction with dipyridamole (technical note).
Eur J Pharm 73: 209-211   (11 Refs.)

5098. Davies LP, Skerritt JH, Chow SC, Johnston GA (1983)
Interaction of purines with gaba-independent central but not peripheral benzodiazepine binding-sites (meeting abstr.).
Clin Exp Ph 10: 647-648   (2 Refs.)

5099. Davies MF, Esplin B, Capek R (1985)
The effects of benzodiazepines on spinal homosynaptic depression.
Neuropharm 24: 301-307   (14 Refs.)

5100. Davies MF, Esplin B, Capek R (1985)
A gabaergic component in homosynaptic depression in the spinal mono-synaptic pathway - a requirement for action of benzodiazepines.
Neuropharm 24: 309-316   (36 Refs.)

5101. Davies MF, Sasaki S, Carlen PL (1985)
Hippocampal CA1 neurons in slices acutely maintained in clonazepam exhibit hyperexcitability upon drug withdrawal (meeting abstr.).
Can J Neur 12: 175   (1 Refs.)

5102. Davis D, Grossman SH, Kitchell BB, Shand DG, Routledge PA (1985)
The effects of age and smoking on the plasma-protein binding of lignocaine and diazepam.
Br J Cl Ph 19: 261-265   (20 Refs.)

5103. Davis LG (1983)
Is a peptide the natural ligand for the benzodiazepine receptor?
In: Pharmacology of Benzodiazepines (Ed. Usdin E, Skolnick P, Tallmann jr JF, Greenblatt D, Paul SM)
Verlag Chemie, Weinheim Deerfield Beach Basel
p. 537-547

5104. Davis LG, Manning RW, Dawson WE (1984)
Putative endogenous ligands to the benzodiazepine receptor - what can they tell us.
Drug Dev R 4: 31-37   (33 Refs.)

5105. Davis LG, McIntosh H, Reker D (1981)
An endogenous ligand to the benzodiazepine receptor - preliminary evaluation of its bioactivity.
Pharm Bio B 14: 839-844   (46 Refs.)

5106. Davis LJ, Kayser S, Williams R (1984)
The influence of lorazepam and diazepam on the anticoagulant activity of warfarin (meeting abstr.).
Drug Intel 18: 509   (no Refs.)

5107. Davis LJ, Stagg RJ (1983)
Benzodiazepines.
Hosp Formul 18: 664   (* Refs.)

5108. Davis M (1983)
Potentiation of startle reflex behavior by anxiety - neural localization and attenuation by diazepam.
Psychoph B 19: 457-465   (18 Refs.)

5109. Davis N (1984)
Diazepam a factor in agitation (letter).
Clin Phrmcy 3: 111   (* Refs.)

5110. Davis NM, Brookes S, Gray JA, Rawlins JNP (1981)
Chlordiazepoxide and resistance to punishment.
Q J Exp P-B 33: 227-239   (30 Refs.)

5111. Davis WC, Ticku MK (1981)
Picrotoxinin and diazepam bind to 2 distinct proteins - further evidence that pentobarbital may act at the picrotoxinin site.
J Neurosc 1: 1036-1042   (32 Refs.)

5112. Davis WC, Ticku MK (1981)
Ethanol enhances diazepam-^{3}H binding at the benzodiazepine-gamma-aminobutyric acid receptor-ionophore complex.
Molec Pharm 20: 287-294   (35 Refs.)

5113. Davis WC, Ticku MK (1981)
Pentobarbital enhances diazepam-^{3}H binding to soluble receptors at the benzodiazepine-gaba-receptor-ionophore complex.
Neurosci L 23: 209-213   (13 Refs.)

5114. Davison K, Farquhar. RG, Khan MC, Majid A (1983)
A double-blind comparison of alprazolam, diazepam and placebo in the treatment of anxious out-patients.
Psychophar 80: 308-310   (10 Refs.)

5115. Davison K, Farquhar. RG, Khan MC, Majid A (1985)
A double-blind comparison of alprazolam, diazepam and placebo in the treatment of anxious out-patients.
Br J Cl Ph 19: 37-43   (9 Refs.)

5116. Davituliani DS, Koreli AG (1985)
Influences of diazepam, meprobamate and benactizine on the rabbits emotional responses elicited by stimulation of the hypothalamus.
Zh Vyss Ner 35: 952-956   (23 Refs.)

5117. Dawson D, Sear JW (1986)
Influence of induction of anesthesia with midazolam on the neuroendocrine response to surgery.
Anaesthesia 41: 268-271   (25 Refs.)

5118. Dawson GW, Jue SG, Brodgen RN (1984)
Alprazolam - a review of its pharmacodynamic properties and efficacy in the treatment of anxiety and depression (review).
Drugs 27: 132-147 (96 Refs.)

5119. Dawson RM (1986)
Methodology for benzodiazepine receptor-binding assays at physiological temperature - rapid change in equilibrium with falling temperature.
J Pharm Met 16: 349-354 (9 Refs.)

5120. Dawson RM, Poretski M (1983)
A comparison of the muscarinic cholinoceptors and benzodiazepine receptors of guinea-pig brain and rat-brain.
Neurochem I 5: 369-374 (35 Refs.)

5121. Deacon RMJ, McCulloc. AJ, Gardner CR (1986)
The effect of benzodiazepine agonists and inverse agonists in a rat-feeding model (meeting abstr.).
Psychophar 89: 56 (no Refs.)

5122. Deadman JM, Gregory SJ, Sheehan MS (1986)
Factors associated with the duration of benzodiazepine use in general-practice patients (meeting abstr.).
B Br Psycho 39: 72 (no Refs.)

5123. Deangelis L, Bertolis. M, Nardini G, Traversa U, Vertua R (1982)
Interaction of caffeine with benzodiazepines - behavioral-effects in mice.
Arch I Phar 255: 89-102 (11 Refs.)

5124. Deberdt R (1981)
Ketazolam (solatran) an open study of once-a-day treatment in ambulatory patients with anxiety.
J Int Med R 9: 69-73 (5 Refs.)

5125. Deblas AL, Sangames. L (1986)
Purification of an endogenous benzodiazepine-like substance from the mammalian brain (review).
Adv Bio Psy 42: 57-67 (30 Refs.)

5126. Deblas AL, Sangames. L (1986)
Demonstration and purification of an endogenous benzodiazepine from the mammalian brain with a monoclonal-antibody to benzodiazepines.
Life Sci 39: 1927-1936 (31 Refs.)

5127. Deblas AL, Sangames. L, Haney SA, Park D, Abraham CJ, Rayner CA (1985)
Monoclonal-antibodies to benzodiazepines.
J Neurochem 45: 1748-1753 (23 Refs.)

5128. Debonnel G, Demontig. C (1983)
Benzodiazepines selectively antagonize kainate-induced activation in the rat hippocampus.
Eur J Pharm 93: 45-54 (32 Refs.)

5129. Debruyne MM, Sinnema A, Verweij AMA (1982)
Hydrochloric-acid hydrolysis of bromazepam - identification and relevance of some additional products.
Pharm Week 4: 12-15 (6 Refs.)

5130. Debruyne MM, Sinnema A, Verweij AMA (1984)
Hydrolysis of clonazepam, flunitrazepam and nitrazepam by hydrochloric-acid - identification of some additional products.
Foren Sci I 24: 125-135 (* Refs.)

5131. Decarvalho LP, Grecksch G, Chapouth. G, Rossier J (1983)
Anxiogenic and non-anxiogenic benzodiazepine antagonists.
Nature 301: 64-66 (17 Refs.)

5132. Decarvalho LP, Venault P, Cavalhei. E, Kaijima M, Valin A, Dodd RH, Potier P, Rossier J, Chapouth. G (1983)
Distinct behavioral and pharmacological effects of 2 benzodiazepine antagonists - Ro 15-1788 and methyl beta-carboline (review).
Adv Bio Psy 38: 175-187 (29 Refs.)

5133. Decarvalho LP, Venault P, Potier MC, Dodd RH, Brown CL, Chapouth. G, Rossier J (1986)
3-(methoxycarbonyl)-amino-beta-carboline, a selective antagonist of the sedative effects of benzodiazepines.
Eur J Pharm 129: 323-332 (27 Refs.)

5134. Decastro J, Andrieu S, Dubois A, Vanheune. L (1981)
The use of midazolam for the induction, correction and potentiation of analgesic anesthesia based on alfentanil.
Arznei-For 31-2: 2251-2254 (8 Refs.)

5135. Deckert J, Kuhn W, Przuntek H (1984)
Endogenous benzodiazepine ligands in human cerebrospinal-fluid.
Peptides 5: 641-644 (25 Refs.)

5136. Deckert J, Kumar A, Marangos PJ (1986)
[^{3}H] Ro 5-4864 binding to the peripheral-type benzodiazepine site is inhibited by corticosteroids (meeting abstr.).
Fed Proc 45: 1724 (no Refs.)

5137. Deckert J, Marangos PJ (1986)
Hormonal interactions with benzodiazepine binding-sites invitro.
Life Sci 39: 675-683 (32 Refs.)

5138. Declerck AC, Oei LT, Arnoldus. W, Tedorsth. M (1985)
Alterations in transient visual-evoked potentials induced by clonazepam and sodium valproate.
Neuropsychb 14: 39-41 (6 Refs.)

5139. Decorte E, Toso R, Fajdiga T, Comisso G, Moimas F, Sega A, Sunjic V, Lisini A (1983)
Chiral 1,4-benzodiazepines .12. conformation in a solution of 7-chloro-5-phenyl-3(S)methyl-1,3-dihydro-2H-1,4-benzodiazepine.
J Hetero Ch 20: 1321-1327 (28 Refs.)

5140. Dede L (1983)
Effects of benzodiazepines on the development of rauscher leukemia and NK/LY lymphomas in mice.
IRCS-Bioch 11: 566 (5 Refs.)

5141. Defigueiredo R, Franchin. A, Martinho A, Hindmarch I (1981)
Differences in the effect of 2 benzodiazepines in the treatment of anxious outpatients.
Int Pharmac 16: 57-65 (30 Refs.)

5142. Degen J, Maierlen. H (1982)
Comparative pharmacokinetics and relative bioavailability of the active principles diazepam, acetylsalicylic acid, caffeine, and dihydroergotamine tartrate in a combination product.
Arznei-For 32-1: 289-293 (14 Refs.)

5143. Degier JJ, Thart BJ, Nelemans FA, Bergman H (1981)
Psychomotor performance and real driving performance of outpatients receiving diazepam.
Psychophar 73: 340-344   (22 Refs.)

5144. Degier JJ, Thart BJ, Wilting J (1983)
The role of buffer composition during equilibrium dialysis in determining concentrations of free diazepam in serum.
Meth Find E 5: 49-53   (15 Refs.)

5145. Degraeve N, Chollet C, Moutsche. J, Moutsche. M, Giletdel. J (1985)
Investigation of the potential mutagenic activity of benzodiazepines in mice (meeting abstr.).
Mutat Res 147: 290   (no Refs.)

5146. Dehlin O, Bjornson G (1983)
Triazolam as a hypnotic for geriatric-patients - a double-blind crossover comparison of nitrazepam and triazolam regarding effects on sleep and psychomotor performance.
Act Psyc Sc 67: 290-296   (22 Refs.)

5147. Dehlin O, Bjornson G, Borjesso. L, Abrahams. L, Smith RB (1983)
Pharmacokinetics of triazolam in geriatric-patients.
Eur J Cl Ph 25: 91-94   (18 Refs.)

5148. Dejong RH, Bonin JD (1981)
Benzodiazepines protect mice from local-anesthetic convulsions and deaths.
Anesth Anal 60: 385-389   (18 Refs.)

5149. Dejonghe F, Ameling EH, Jonkers F, Folkers C, Schwarz RV (1984)
Flurazepam and temazepam in the treatment of insomnia in a general-hospital population.
Pharmacops 17: 133-135   (15 Refs.)

5150. Dekempny RS, Pompei RM (1983)
Determination in urine of meprobamate and the benzodiazepines most commonly used in clinical medicine, by thin-layer chromatography (meeting abstr.).
J For Sci 23: 166-168   (no Refs.)

5151. Delgarza R, Evans S, Johanson CE (1987)
Discriminative stimulus properties of oxazepam in the pigeon.
Life Sci 40: 71-79   (19 Refs.)

5152. Delegarza R, Johanson CE, Schuster CR (1983)
Discriminative stimulus effects of oxazepam and pentobarbital (meeting abstr.).
Fed Proc 42: 620   (no Refs.)

5153. Delaguardia M, Rodilla F (1986)
Interaction of diazepam with surfactants - spectrophotometric and spectrofluorometric study.
J Mol Struc 143: 493-496   (5 Refs.)

5154. Delaiglesia FA, Barsoum N, Gough A, Mitchell L, Martin RA, Difonzo C, McGuire EJ (1981)
Carcinogenesis bioassay of prazepam (verstran) in rats and mice.
Tox Appl. Ph 57: 39-54   (28 Refs.)

5155. Delatorr. JC (1984)
Diazepam and caffeine - an effective combination in migraine (meeting abstr.).
Headache 24: 163   (2 Refs.)

5156. Delbarre B, Delbarre G, Ferger A (1985)
Effects of raubasine and yohimbine in relation to benzodiazepine receptors (meeting abstr.).
J Pharmacol 16: 560   (3 Refs.)

5157. Deleo D, Ceccarel. G (1986)
Antianxiety properties of lormetazepam - a double-blind crossover trial versus diazepam.
J Int Med R 14: 311-315   (16 Refs.)

5158. Deleon CM, Bezel R, Karrer W, Brandli O (1986)
Patients and physicians assessment of premedication for fiberoptic bronchoscopy - randomized study comparing midazolam and hydrocodonum.
Schw Med Wo 116: 1267-1272   (8 Refs.)

5159. Delgiudice MR, Gatta F, Pandolfi C, Settimj G (1982)
Synthesis of 2-amino and 3-amino-1,4-benzodiazepines.
Farmaco Sci 37: 343-352   (15 Refs.)

5160. Delia G (1982)
Benzodiazepines and effectiveness of ECT (letter).
Br J Psychi 140: 322-323   (3 Refs.)

5161. Delorenzo RJ, Burdette S, Holderne. J (1981)
Benzodiazepine inhibition of the calcium-calmodulin protein-kinase system in brain membrane.
Science 213: 546-549   (39 Refs.)

5162. Delorenzo RJ, Taft WC, Buckholz TM (1985)
Inhibition of purified calmodulin kinase-II by benzodiazepines - correlation with anticonvulsant potency (meeting abstr.).
Epilepsia 26: 525   (3 Refs.)

5163. Delpierre S, Jammes Y, Grimaud C, Dugue P, Arnaud A, Charpin J (1981)
Influence of anxiolytic drugs (prazepam and diazepam) on respiratory center output and CO_2 chemosensitivity in patients with lung-diseases.
Respiration 42: 15-20   (16 Refs.)

5164. Delporto JA, Masur J (1984)
The effects of alcohol, THC and diazepam in 2 different social settings - a study with human volunteers.
Res Comm P 9: 201-212   (14 Refs.)

5165. Delucia R (1982)
Inhibition of [^{3}H]-labeled adenosine binding by stereoisomers of oxazepam hemisuccinate in guinea-pig brain synaptosomes.
Gen Pharm 13: 357-359   (24 Refs.)

5166. Delvillar E, Sanchez E, Letelier ME, Vega P (1981)
Differential inhibition by diazepam and nitrazepam of UDP-glucuronyltransferases activities in rats.
Res Comm CP 33: 433-447   (28 Refs.)

5167. Del Zompo M, Bocchetta A, Corsini GU, Tallman JF, Gessa GL (1983)
Properties of Benzodiazepine Binding Sites in Peripheral Tissues.
In: Benzodiazepine Recognition Site Ligands. (Ed. Biggio G, Costa E)
Raven Press, New York, p. 239-248

5168. Del Zompo M, Cherilla C, Saavedra JM, Post RM, Tallman JF (1982)
Benzodiazepine binding-sites in kidney - alterations by diabetes insipidus (meeting abstr.).
Fed Proc 41: 1328 (1 Refs.)

5169. Del Zompo M, Post RM, Tallman JF (1983)
Properties of 2 benzodiazepine binding-sites in spinal-cord.
Neuropharm 22: 115-118 (25 Refs.)

5170. Del Zompo M, Saavedra JM, Chevilla. J, Post RM, Tallman JF (1984)
Peripheral benzodiazepine binding-sites in kidney - modifications by diabetes-insipidus.
Life Sci 35: 2095-2103 (27 Refs.)

5171. Demartino G, Massa S, Corelli F, Pantaleo. G, Fanini D, Palumbo G (1983)
CNS agents - neuropsychopharmacological effects of 5H-pyrrolo[2,1-c] [1,4]benzodiazepine derivatives.
Eur J Med C 18: 347-350 (22 Refs.)

5172. Demendon. MJ (1984)
Midazolam-induced hiccoughs (letter).
Br Dent J 157: 49 (1 Refs.)

5173. Dement W, Seidel W, Carskado. M (1982)
Daytime alertness, insomnia, and benzodiazepines.
Sleep 5: 28-45 (24 Refs.)

5174. Dement W, Seidel W, Carskadon M (1984)
Issues in the Diagnosis and Treatment of Insomnia.
In: Sleep Benzodiazepines and Performance - Experimental Methodologies and Research Prospects (Ed. Hindmarch I, Ott H, Roth T).
Springer, Berlin Heidelberg New York Tokyo, p. 11-43

5175. Dement W, Seidel W, Carskadon M, Bliwise D (1983)
Changes in daytime sleepiness/alertness with night-time benzodiazepines.
In: Pharmacology of Benzodiazepines (Ed. Usdin E, Skolnick P, Tallmann jr JF, Greenblatt D, Paul SM)
Verlag Chemie, Weinheim Deerfield Beach Basel p. 219-228

5176. Dencker SJ, Fasth BG (1986)
Combination of psychotherapy and drugs in the treatment of neurosis - a controlled comparison of bromazepam and thioridazine.
Act Psyc Sc 74: 569-575 (11 Refs.)

5177. Deng L, Ransom RW, Olsen RW (1986)
[^{3}H] muscimol photolabels the gamma-aminobutyric acid receptor-binding site on a peptide subunit destinct from that labeled with benzodiazepines.
Bioc Biop R 138: 1308-1314 (24 Refs.)

5178. Dennerstein L, Callan A, Warne G, Montalto J, Brown J, Burrows G, Fulton A, Notelovi. M (1984)
The effects of benzodiazepines on hormones in women with idiopathic hirsutism.
Prog Neur-P 8: 11-17 (14 Refs.)

5179. Dennis J, Hunt A (1985)
Prolonged use of nitrazepam for epilepsy in children with tuberous sclerosis.
Br Med J 291: 692-693 (4 Refs.)

5180. Dennis J, Hunt A (1985)
Prolonged use of nitrazepam for epilepsy in children with tuberous sclerosis (letter).
Br Med J 291: 1421 (2 Refs.)

5181. Denson DD, Myers JA, Thompson GA, Coyle DE (1984)
The influence of diazepam on the serum-protein binding of bupivacaine at normal and acidic pH.
Anesth Anal 63: 980-984 (19 Refs.)

5182. Denson DD, Myers JA, Thompson GA, Coyle DE (1986)
Diazepam and free plasma bupivacaine concentration - response (letter).
Anesth Anal 65: 314 (1 Refs.)

5183. Denver DR, Lagace A, Matte R (1985)
Psychometric evaluation of alcohol withdrawal syndrome treated with chlordiazepoxide tetrabramate (meeting abstr.).
Pharm Bio B 22: 1081 (no Refs.)

5184. Deonna T (1983)
Rectal diazepam in the management of febrile convulsions (letter).
Develop Med 25: 256-257 (5 Refs.)

5185. Depaula AJM (1984)
Comparative-study of lormetazepam and flurazepam in the treatment of insomnia.
Clin Ther 6: 500-508 (* Refs.)

5186. Depoortere H (1985)
A comparative EEG study of some benzodiazepine (BZD) and non-BZD sedative or hypnotic drugs.
Pharmacops 18: 17-19 (14 Refs.)

5187. Depoortere H, Decobert M (1983)
Selective antagonism of the sedative action of benzodiazepines by Ro-15-1788 (meeting abstr.).
J Pharmacol 14: 231 (6 Refs.)

5188. Derbyshire DR, Hunt PCW, Achola K, Smith G (1984)
Midazolam and induction of anesthesia (letter).
Anaesthesia 39: 69 (7 Refs.)

5189. Derbyshire DR, Hunt PCW, Achola K, Smith G (1984)
Midazolam and thiopentone - catecholamine and arterial-pressure responses to induction and tracheal intubation in the elderly (meeting abstr.).
Br J Anaest 56: 429 (3 Refs.)

5190. Derobertis E, Medina JH (1985)
Localization and heterogeneity of central benzodiazepine receptors (technical note).
Neurochem R 10: 857-863 (21 Refs.)

5191. Desager JP, Pourbaix S, Dumont E, Harvengt C (1984)
Metabolic interaction of cimetidine with alprazolam and triazolam after repeated doses (meeting abstr.).
Arch I Phar 270: 170 (no Refs.)

5192. Desai N, Taylorda. A, Barnett DB (1983)
The effects of diazepam and oxprenolol on short-term memory in individuals of high and low state anxiety.
Br J Cl Ph 15: 197-202 (24 Refs.)

5193. Descotes J, Laschi A, Tachon P, Tedone R, Evreux JC (1982)
Effects of variations in time and dose of diazepam injection on delayed-hypersensitivity.
J Immunoph 4: 279-284   (11 Refs.)

5194. Descotes J, Laschilo. A, Tachon P, Tedone R, Evreux JC (1983)
Diazepam and immune-response - invivo experimental-study (meeting abstr.).
J Pharmacol 14: 203   (no Refs.)

5195. Descotes J, Tedone R, Evreux JC (1982)
Suppression of humoral and cellular-immunity in normal mice by diazepam.
Immunol Let 5: 41-43   (10 Refs.)

5196. Descotes J, Tedone R, Evreux JC (1985)
Immunotoxicity of benzodiazepines - influence on contact hypersensitivity to picryl chlorid in mice.
J Tox Cl Ex 5: 309-313   (9 Refs.)

5197. Descours D, Festal D (1983)
Reactions of N-(omega-chloroalkanoyl)-carbonimidic dichlorides - a new synthesis of 2-oxo-1,2,3,4-tetrahydropyrimido [1,2-a] benzimidazoles, 2-oxo-2,3-dihydro-1H-imidazo [1,2-a] benzimidazoles, and 2-oxo-2,3,5,10-tetrahydro-1H-imidazo [1,2-b] [2,4] benzodiazepines (technical note).
Synthesis-S 1983: 1033-1036   (6 Refs.)

5198. Deshmukh A, Wittert W, Schnitzl. E, Mangurten HH (1986)
Lorazepam in the treatment of refractory neonatal seizures - a pilot-study.
Am J Dis Ch 140: 1042-1044   (14 Refs.)

5199. De Silva JAF (1983)
Determination of benzodiazepines in biological fluids.
In: Pharmacology of Benzodiazepines (Ed. Usdin E, Skolnick P, Tallmann jr JF, Greenblatt D, Paul SM)
Verlag Chemie, Weinheim Deerfield Beach Basel p. 239-256

5200. De Silva JAF (1983)
Microanalysis of drugs and metabolites in biological-fluids.
Pur A Chem 55: 1905-1924   (59 Refs.)

5201. De Silva JAF (1985)
Analytical strategies for therapeutic monitoring of drugs in biological-fluids (review).
J Chromat 340: 3-30   (62 Refs.)

5202. Desjardins PJ, Gallegos LT, Reynolds D, Kruger GO (1981)
Intravenous sedation with pentobarbital, diazepam and meperidine plus diazepam (meeting abstr.).
J Dent Res 60: 464   (no Refs.)

5203. Desjardins PJ, Moerschb. JM, Thompson DM, Thomas JR (1982)
Intravenous diazepam in humans - effects on acquisition and performance of response chains.
Pharm Bio B 17: 1055-1059   (19 Refs.)

5204. Desmond PV, Ghabrial H, Watson K, Harman P, Breen K, Mashford ML (1984)
Normal disposition of temazepam in cirrhosis and a significant enterohepatic circulation of this drug in man (meeting abstr.).
Gastroenty 86: 1316   (no Refs.)

5205. Desouza EB, Anholt RRH, Murphy KMM, Snyder SH, Kuhar MJ (1985)
Peripheral-type benzodiazepine receptors in endocrine organs - autoradiographic localization in rat pituitary, adrenal, and testis.
Endocrinol 116: 567-573   (49 Refs.)

5206. Desouza EB, Goeders NE, Kuhar MJ (1986)
Benzodiazepine receptors in rat-brain are altered by adrenalectomy.
Brain Res 381: 176-181   (42 Refs.)

5207. Desowitz RS, Palumbo NE, Tamashir. WK (1984)
Inhibition of the adverse reaction to diethylcarbamazine in dirofilaria-1mmitis-infected dogs by diazepam.
Tropenmed P 35: 50-52   (9 Refs.)

5208. Desponds G, Vanmelle G, Schellin. JL (1982)
Comparison of a patient-oriented package insert for benzodiazepines.
Schw Med Wo 112: 1376-1382   (32 Refs.)

5209. Dettli L (1983)
Benzodiazepines in the Treatment of Insomnia: Pharmacokinetic Considerations.
In: The Benzodiazepines - From Molecular Biology to Clinical Practice.
(Ed. Costa E).
Raven Press, New York, p. 201-223

5210. Devane CL, Stewart RB (1984)
Differences in diazepam and oxazepam (letter).
Arch G Psyc 41: 311   (3 Refs.)

5211. Devaud LL, Szot P, Murray TF (1986)
The proconvulsant action of pyrethroids and antagonism of this effect by PK 11195, the peripheral type benzodiazepine receptor ligand (meeting abstr.).
P Soc Exp M 181: 194   (no Refs.)

5212. Devenyi P, Harrison ML (1985)
Prevention of alcohol withdrawal seizures with oral diazepam loading.
Can Med A J 132: 798-800   (14 Refs.)

5213. Devia C, Brockleh. C, Faust B, Moerschb. JM (1986)
Effects of lorazepam, midazolam, and pentobarbital on a fixed-ratio discrimination in monkeys (meeting abstr.).
Fed Proc 45: 431   (no Refs.)

5214. Devoize JL, Grellier P, Durieux M, Tournilh. M (1984)
A diagnostic pitfall - accidental absorption of flunitrazepam (letter).
Presse Med 13: 2022   (no Refs.)

5215. Devries D, Ward LC, Wilce PA, Shanley BC (1986)
Effect of ethanol on the gaba-benzodiazepine receptor in brain (meeting abstr.).
Alc Alcohol 21: 70   (no Refs.)

5216. Devries H, Vanheneg. GM, Bakri A (1985)
The non-enzymatic reaction of the oxaziridine of chlordiazepoxide with glutathione - a detoxification (meeting abstr.).
Pharm Week 7: 296   (2 Refs.)

5217. Devries H, Vanheneg. GM, Wouters PJH (1983)
Correlations between photo-toxicity of some 7-chloro-1,4-benzodiazepines and their (photo) chemical properties.
Pharm Week 5: 302-307   (13 Refs.)

5218. Devry J, Slangen JL (1985)
The Ro 15-1788 cue - evidence for benzodiazepine agonist and inverse agonist properties.
Eur J Pharm 119: 193-197 (17 Refs.)

5219. Devry J, Slangen JL (1985)
Stimulus-control induced by benzodiazepine antagonist Ro 15-1788 in the rat (technical note).
Psychophar 85: 483-485 (5 Refs.)

5220. Devry J, Slangen JL (1986)
Differential interactions between chlordiazepoxide, pentobarbital and benzodiazepine antagonists Ro 15-1788 and CGS 8216 in a drug discrimination procedure.
Pharm Bio B 24: 999-1005 (24 Refs.)

5221. Devry J, Slangen JL (1986)
Specificity of chlordiazepoxide discrimination as a function of alternative training condition (meeting abstr.).
Psychophar 89: 45 (no Refs.)

5222. Devry J, Slangen JL (1986)
Effects of chlordiazepoxide training dose on the mixed agonist-antagonist properties of benzodiazepine receptor antagonist Ro-15-1788 in a drug discrimination procedure.
Psychophar 88: 177-183 (45 Refs.)

5223. Devry J, Slangen JL (1986)
Effects of training dose on discrimination and cross-generalization of chlordiazepoxide, pentobarbital and ethanol in the rat.
Psychophar 88: 341-345 (26 Refs.)

5224. Dewet BS (1983)
Urinary-incontinence associated with clonazepam therapy - comments (letter).
S Afr Med J 64: 230 (5 Refs.)

5225. Dewit H, Johanson CE (1983)
Preference for lorazepam in humans (meeting abstr.).
Fed Proc 42: 345 (no Refs.)

5226. Dewit H, Johanson CE, Uhlenhut. EH (1984)
The dependence potential of benzodiazepines.
Curr Med R 8: 48-59 (14 Refs.)

5227. Dewit H, Johanson CE, Uhlenhut. EH (1984)
Reinforcing properties of lorazepam in normal volunteers.
Drug Al Dep 13: 31-41 (15 Refs.)

5228. Dewit H, Uhlenhut. EH, Hedeker D, McCracke.SG, Johanson CE (1986)
Lack of preference for diazepam in anxious volunteers.
Arch G Psyc 43: 533-541 (32 Refs.)

5229. Dewit H, Uhlenhut. EH, Johanson CE (1984)
Lack of preference for flurazepam in normal volunteers.
Pharm Bio B 21: 865-869 (15 Refs.)

5230. Dewit H, Uhlenhut. EH, Johanson CE (1986)
Individual-differences in the reinforcing and subjective effects of amphetamine and diazepam.
Drug Al Dep 16: 341-360 (26 Refs.)

5231. Dewit H, Uhlenhut. EH, Pierri J, Johanson CE (1984)
Preference for pentobarbital and diazepam in normal volunteer subjects (meeting abstr.).
Fed Proc 43: 931 (no Refs.)

5232. Deyl Z, Desilva JAF (1985)
Drug level monitoring (editorial).
J Chromat 340: 1-2 (no Refs.)

5233. DFG - Deutsche Forschungsgemeinschaft (1983)
Gaschromatographische Retentionsindices toxikologisch relevanter Verbindungen.
Mitteilung I der Kommission für Klinisch-toxikologische Analytik.
Verlag Chemie, Weinheim

5234. DFG - Deutsche Forschungsgemeinschaft (1985)
Empfehlungen zum Nachweis von Suchtmitteln im Urin.
Mitteilung III der Kommission für Klinisch-toxikologische Analytik.
VCH-Verlagsgesellschaft, Weinheim

5235. DFG (Deutsche Forschungsgemeinschaft)/TIAFT (The International Association of Forensic Toxicologists (1985)
Gas-Chromatographic Retention Indices of Toxicologically Relevant Substances on SE-30 or OV-1.
VCH-Verlagsgesellschaft, Weinheim Deerfield Beach

5236. Dhar AK, Kutt H (1981)
Improved gas-chromatographic procedure for the determination of clonazepam levels in plasma using a nitrogen-sensitive detector.
J Chromat 222: 203-211 (19 Refs.)

5237. Dhasmana A, Mehrotra S, Gupta TK, Bhargava KP, Parmar SS, Barthwal JP (1984)
Synthesis of some substituted benzodiazepines as possible CNS depressant drugs.
Arznei-For 34-2: 943-945 (8 Refs.)

5238. Dhillon S, Ngwane E, Richens A (1982)
Rectal absorption of diazepam in epileptic children.
Arch Dis Ch 57: 264-267 (14 Refs.)

5239. Dhillon S, Oxley J, Richens A (1982)
Bioavailability of diazepam after intravenous, oral and rectal administration in adult epileptic patients.
Br J Cl Ph 13: 427-432 (14 Refs.)

5240. Dhillon S, Richens A (1981)
Bioavailability of rectally-administered diazepam in adult epileptic patients (meeting abstr.).
Br J Cl Ph 11: 437-438 (3 Refs.)

5241. Dhillon S, Richens A (1981)
Serum-protein binding of diazepam and its displacement by valproic acid invitro (letter).
Br J Cl Ph 12: 591-592 (14 Refs.)

5242. Dhillon S, Richens A (1981)
Pharmacokinetics of diazepam in epileptic patients and normal volunteers following intravenous administration.
Br J Cl Ph 12: 841-844 (13 Refs.)

5243. Dhillon S, Richens A (1982)
Valproic acid and diazepam interaction invivo.
Br J Cl Ph 13: 553-560 (32 Refs.)

5244. Dibner MD, Lampe RA, Davis LG (1982)
Benzodiazepine binding-sites in intact NG-108-15 cells (meeting abstr.).
Fed Proc 41: 1329 (no Refs.)

5245. Dibraccio M, Roma G, Balbi A, Ermili A (1985)
Research on 1,5-benzodiazepine .7. synthesis of derivatives of 1H-pyridino[2,3-b] [1,5] benzodiazepine.
Farmaco Sci 40: 391-403   (17 Refs.)

5246. Dick W (1984)
Combination anesthesia with midazolam (meeting abstr.).
Anaesthesis 33: 535   (no Refs.)

5247. Dietch J (1983)
The nature and extent of benzodiazepine abuse - an overview of recent literature.
Hosp Commun 34: 1139-1145   (81 Refs.)

5248. Digregorio GJ (1984)
Clinical-pharmacology .132. benzodiazepines.
Am Fam Phys 29: 256-259   (3 Refs.)

5249. Di Liberti I, O'Brien ML, Turner T (1975)
The use of physostigmine as an antidote in accidental diazepam intoxication.
J Pediat 86: 106-107

5250. Dimitriou EC, Logothet. JA, Paschali. M (1982)
A double-blind comparative-study of mianserin and a fixed combination of amitriptyline plus chlordiazepoxide (review).
Adv Bio Psy 32: 213-222   (20 Refs.)

5251. Dingemanse J, Breimer DD (1984)
Benzodiazepine receptors (review).
Pharm Int 5: 33-36   (11 Refs.)

5252. Dinnen A (1982)
Oxazepam withdrawal syndrome (letter).
Med J Aust 2: 220   (1 Refs.)

5253. Dionne RA (1981)
Diazepam-induced thrombophlebitis (letter).
J Am Dent A 102: 824+   (4 Refs.)

5254. Dionne RA, Driscoll EJ, Butler DP, Wirdzek PR, Sweet JP (1983)
Evaluation by thoracic impedance cardiography of diazepam, placebo, and 2 drug-combinations for intravenous sedation of dental outpatients.
J Oral Max 41: 782-788   (14 Refs.)

5255. Dionne RA, Driscoll EJ, Gelfman SS, Sweet JB, Butler DP, Wirdzek PR (1981)
Cardiovascular and respiratory response to intravenous diazepam, fentanyl, and methohexital in dental outpatients.
J Oral Surg 39: 343-349   (12 Refs.)

5256. Dionne RA, Goldstei. DS, Wirdzek PR (1984)
Effects of diazepam premedication and epinephrine-containing local-anesthetic on cardiovascular and plasma-catecholamine responses to oral-surgery.
Anesth Anal 63: 640-646   (13 Refs.)

5257. Dionne RA, Goldstei. DS, Wirdzek PR, Butler DP (1983)
Catecholamine responses to epinephrine containing local anesthetics and diazepam sedation (meeting abstr.).
J Dent Res 62: 213   (no Refs.)

5258. Diperri B, Calderin. G, Battiste. A, Raciti R, Toffano G (1983)
Phospholipid methylation increases diazepam-^{3}H and [^{3}H] gaba binding in membrane preparations of rat cerebellum.
J Neurochem 41: 302-308   (40 Refs.)

5259. Diperri B, Toffano G (1984)
Phospholipid methylation increases [^{3}H] diazepam and [^{3}H] gaba binding in membrane preparations from rat cerebellum.
Dev Neuros 17: 433-436   (16 Refs.)

5260. Director KL, Muniz CE (1982)
Diazepam in the treatment of extrapyramidal symptoms - a case-report.
J Clin Psy 43: 160-161   (8 Refs.)

5261. Dirksen MSC, Vree TB, Driessen JJ (1986)
Midazolam in the intensive-care unit (letter).
Drug Intel 20: 805-806   (4 Refs.)

5262. Ditzel PW, Kovar KA (1983)
Rausch- und Suchtmittel.
Dtsch.Apoth.Verlag,Stuttgart

5263. Divac I, Braestru. C, Nielsen M (1981)
Spiroperidol, naloxone, diazepam and QNB binding in the monkey cerebral-cortex.
Brain Res B 7: 469-477   (70 Refs.)

5264. Divoll M, Greenblatt DJ (1981)
Absolute bioavailability of oral and intramuscular diazepam (meeting abstr.).
Clin Pharm 29: 240-241   (no Refs.)

5265. Divoll M, Greenblatt DJ (1981)
Plasma-concentrations of temazepam, a 3-hydroxy benzodiazepine, determined by electron-capture gas-liquid-chromatography (technical note).
J Chromat 222: 125-128   (9 Refs.)

5266. Divoll M, Greenblatt DJ (1981)
Alcohol does not enhance diazepam absorption.
Pharmacol 22: 263-268   (8 Refs.)

5267. Divoll M, Greenblatt DJ (1981)
Binding of diazepam and desmethyldiazepam to plasma-protein - concentration-dependence and interactions.
Psychophar 75: 380-382   (12 Refs.)

5268. Divoll M, Greenblatt DJ (1982)
Effect of age and sex on lorazepam protein-binding (technical note).
J Pharm Pha 34: 122-123   (8 Refs.)

5269. Divoll MK, Greenblatt DJ (1985)
The admissibility of positive emit results as scientific evidence - counting facts, not heads.
J Cl Psych 5: 114-116   (10 Refs.)

5270. Divoll M, Greenblatt DJ, Ciraulo DA, Puri SK, Ho I, Shader RI (1982)
Clobazam kinetics - intrasubject variability and effect of food on absorption.
J Clin Phar 22: 69-73   (6 Refs.)

5271. Divoll M, Greenblatt DJ, Harmatz JS, Shader RI (1981)
Effect of age and gender on disposition of temazepam.
J Pharm Sci 70: 1104-1107   (18 Refs.)

5272. Divoll M, Greenblatt DJ, Harmatz JS, Shader RI (1982)
Effect of age and gender on the disposition of temazepam (meeting abstr.).
J Clin Phar 22: 5   (no Refs.)

5273. Divoll M, Greenblatt DJ, Lacasse Y, Shader RI (1981)
Benzodiazepine Overdosage: Plasma concentrations and clinical outcome.
Psychopharmacology 73: 381-383

5274. Divoll M, Greenblatt DJ, Ochs HR, Shader RI (1983)
Absolute bioavailability of oral and intramuscular diazepam - effects of age and sex.
Anesth Anal 62: 1-8   (47 Refs.)

5275. Divoll M, Greenblatt DJ, Shader RI (1982)
Liquid-chromatographic determination of chlordiazepoxide and metabolites in plasma.
Pharmacol 24: 261-266   (13 Refs.)

5276. Diwan BA, Rice JM, Ward JM (1986)
Tumor-promoting activity of benzodiazepine tranquilizers, diazepam and oxazepam, in mouse-liver.
Carcinogene 7: 789-794   (33 Refs.)

5277. Diwan BA, Rice JM, Ward JM, Jones AB (1986)
Promotion of hepatocellular neoplasms in mice by the benzodiazepine tranquilizers, diazepam and oxazepam (meeting abstr.).
P Am Ass Ca 27: 141   (no Refs.)

5278. Dixon AK (1982)
A possible olfactory component in the effects of diazepam on social-behavior of mice.
Psychophar 77: 246-252   (63 Refs.)

5279. Dixon D (1985)
Respiratory depression following midazolam (letter).
Anaesthesia 40: 922   (no Refs.)

5280. Dixon J, Power SJ, Grundy EM, Lumley J, Morgan M (1984)
Sedation for local-anesthesia - comparison of intravenous midazolam and diazepam (technical note).
Anaesthesia 39: 372-376   (7 Refs.)

5281. Dixon R (1982)
Radioimmunoassay of benzodiazepines.
Meth Enzym 84: 490-515   (32 Refs.)

5282. Dixon R, Cohen J (1983)
Steady-state plasma-concentration profiles and therapeutic response in anxious-depressed outpatients after administration of a chlordiazepoxide-amitriptyline combination (technical note).
J Cl Psych 3: 107-112   (17 Refs.)

5283. Dixon R, Glover W, Earley J (1981)
Specific radioimmunoassay for flunitrazepam (letter).
J Pharm Sci 70: 230-231   (10 Refs.)

5284. Dixon R, Lucek R, Todd, D, Walser A (1982)
Midazolam - radioimmunoassay for pharmacokinetic studies in man.
Res Comm CP 37: 11-20   (13 Refs.)

5285. Dixon RA, Kenyon C, Marsh DRG, Thornton JA (1986)
Midazolam in conservative dentistry - a crossover trial.
Anaesthesia 41: 276-281   (15 Refs.)

5286. Dmello GD, Duffy EAM, Miles SS (1985)
A conveyor belt task for assessing visuo-motor coordination in the marmoset (callithrix-jacchus) - effects of diazepam, chlorpromazine, pentobarbital and D-amphetamine.
Psychophar 86: 125-131   (38 Refs.)

5287. Dmitriev AV, Zaitsev AA (1981)
Influence of benzodiazepine tranquilizers on non-susceptive vegetative reactions in conscious cats.
Farmakol T 44: 650-654   (8 Refs.)

5288. Dobb GJ, Ukich A, Ilett KF, Dusci L (1986)
Does cimetidine inhibit the clearance of temazepam after an overdose (letter).
Med J Aust 145: 58-59   (12 Refs.)

5289. Dobbie JA (1982)
Oxazepam withdrawal syndrome (letter).
Med J Aust 1: 545   (no Refs.)

5290. Doble A (1982)
Gaba abolishes cooperativity between benzodiazepine receptors (technical note).
Eur J Pharm 83: 313-316   (8 Refs.)

5291. Doble A (1983)
Comparative thermodynamics of benzodiazepine receptor ligand interactions in rat neuronal membranes.
J Neurochem 40: 1605-1612   (37 Refs.)

5292. Doble A, Benavide. J, Ferris O, Bertrand P, Menager J, Vaucher N, Burgevin MC, Uzan A, Gueremy C, Lefur G (1985)
Dihydropyridine and peripheral type benzodiazepine binding-sites - subcellular-distribution and molecular-size determination.
Eur J Pharm 119: 153-167   (51 Refs.)

5293. Doble A, Iversen LL (1982)
Molecular-size of benzodiazepine receptor in rat-brain insitu - evidence for a functional dimer.
Nature 295: 522-523   (23 Refs.)

5294. Doble A, Iversen LL, Bowery NG, Hill DR, Hudson AL (1981)
6-hydroxydopamine decreases benzodiazepine but not gaba receptor-binding in rat cerebellum.
Neurosci L 27: 199-204   (27 Refs.)

5295. Doble A, Malgouri. C, Daniel M, Daniel N, Imbault F, Basbaum A, Uzan A, Gueremy C, Lefur G (1987)
Labeling of peripheral-type benzodiazepine binding-sites in human-brain with [^{3}H]PK-11195 - anatomical and subcellular-distribution.
Brain Res B 18: 49-61   (31 Refs.)

5296. Doble A, Turnbull MJ (1981)
Lack of effect of benzodiazepines on bicuculline-insensitive gaba-receptors in the field-stimulated guinea-pig VAS-deferens preparation (technical note).
J Pharm Pha 33: 267-268   (16 Refs.)

5297. Dodd RH, Ouannes C, Decarval. LP, Valin A, Venault P, Chapouth. G, Rossier J, Potier P (1985)
3-amino-beta-carboline derivatives and the benzodiazepine receptor - synthesis of a selective antagonist of the sedative action of diazepam (technical note).
J Med Chem 28: 824-828   (29 Refs.)

5298. Dodson ME, Young M (1982)
Fluctuations in plasma lorazepam levels during the first 6 hours after oral-administration (meeting abstr.).
Br J Cl Ph 14: 141-142 (1 Refs.)

5299. Doebler JA, Wall TJ, Martin LJ, Shith TMA, Anthony A (1985)
Effects of diazepam on soman-induced brain neuronal RNA depletion and lethality in rats.
Life Sci 36: 1107-1115 (36 Refs.)

5300. Doenicke A (1984)
Modern Trends in the Investigation of New Hypnotics in Anaesthesia.
In: Sleep Benzodiazepines and Performance - Experimental Methodologies and Research Prospects (Ed. Hindmarch I, Ott H, Roth T).
Springer, Berlin Heidelberg New York Tokyo, p. 119-132

5301. Doenicke A (1986)
Benzodiazepine in der Anästhesiologie.
In: Benzodiazepine - Rückblick und Ausblick (Ed. Hippius H, Engel RR, Laakmann G)
Springer, Berlin Heidelberg New York Tokyo, p. 203-213

5302. Doenicke A, Duka T, Dorow R, Hoehe M, Matussek N, Suttmann H (1984)
The effect of benzodiazepine on endocrinological parameters and changing of noradrenaline and cortisol in plasma - comparison with etomidate, diprivan, althesin and fentanyl (meeting abstr.).
Anaesthesis 33: 536-537

5303. Doenicke A, Suttmann H, Kapp W, Dorow R, Duka T (1984)
Antagonization of benzodiazepines with Ro-15-1788 - overview and some clinical experimental studies (meeting abstr.).
Anaesthesis 33: 527-628 (4 Refs.)

5304. Doenicke A, Suttmann H, Kapp W, Kugler J, Ebentheu. H (1984)
On the action of the benzodiazepine-antagonist Ro 15-1788.
Anaesthesis 33: 343-347 (8 Refs.)

5305. Doenicke A, Suttmann H, Kugler J, Kapp W, Wolf R (1982)
Pilot-study of a benzodiazepine antagonist (meeting abstr.).
Br J Anaest 54: 1131-1132 (1 Refs.)

5306. Dolenz G, Kollenz G (1982)
Mechanistic investigations with the aid of isotopic labeling .6. mechanism of the ring contraction of 1,5-dihydro-2H-1,5-benzodiazepine-2,3,4-triones.
Chem Ber 115: 593-600 (16 Refs.)

5307. Dolly FR, Block AJ (1982)
Effect of flurazepam on sleep-disordered breathing and nocturnal oxygen desaturation in asymptomatic subjects.
Am J Med 73: 239-243 (20 Refs.)

5308. Dolly FR, Block AJ (1982)
The effect of flurazepam on sleep-disordered breathing and nocturnal oxygen desaturation in asymptomatic subjects (meeting abstr.).
Am R Resp D 125: 107 (no Refs.)

5309. Dolzhenko AT, Komissar. IV (1984)
Gaba-ergic effects of harmane independent of its action on benzodiazepine receptors.
B Exp B Med 98: 1375-1377 (15 Refs.)

5310. Dominguez RA (1983)
The benzodiazepines - a current review for the nonpsychiatrist (review).
Hosp Formul 18: 1049+ (* Refs.)

5311. Dominguez RA, Goldstei. BJ (1985)
25 jears of benzodiazepine experience - clinical commentary on use, abuse, and withdrawal.
Hosp Formul 20: 1000+ (no Refs.)

5312. Dominguez RA, Goldstei. BJ (1985)
Brotizolam in elderly volunteers with insomnia (meeting abstr.).
J Clin Phar 25: 630 (no Refs.)

5313. Dominguez RA, Goldstei. BJ, Jacobson AF, Steinboo. RM (1986)
Comparative efficacy of estazolam, flurazepam, and placebo in outpatients with insomnia.
J Clin Psy 47: 362-365 (21 Refs.)

5314. Dominguez RA, Jacobson AF, Goldstei. BJ, Steinboo. RM (1983)
A crossover comparison of brotizolam and temazepam in the treatment of insomnia.
Curr Ther R 33: 372-379 (14 Refs.)

5315. Cominguez RA, Jacobson AF, Goldstei. BJ, Steinboo. RM (1984)
Comparison of triazolam and placebo in the treatment of insomnia in depressed-patients.
Curr Ther R 36: 856-865 (10 Refs.)

5316. Domino EF (1987)
Comparative seizure inducing properties of various cholinesterase-inhibitors - antagonism by diazepam and midazolam.
Neurotoxico 8: 113-122 (26 Refs.)

5317. Domino EF, Domino SE, Smith RE, Domino LE, Goulet JR, Domino KE, Zsigmond EK (1984)
Ketamine kinetics in unmedicated and diazepam-premedicated subjects.
Clin Pharm 36: 645-653 (17 Refs.)

5318. Domotor I, Racz R, Ungi I, Boros M (1986)
The effects of midazolam in anesthesia for open-heart surgery.
Act Therap 12: 13-21 (no Refs.)

5319. Donat P, Krsiak M (1985)
Effects of a combination of diazepam and scopolamine in animal-model of anxiety and aggression.
Activ Nerv 27: 307-308 (3 Refs.)

5320. Donat P, Krsiak M, Sulcova A (1986)
Synergistic effects of anticholinergic drugs and benzodiazepines on agonistic behavior (meeting abstr.).
J Pharmacol 17: 174 (no Refs.)

5321. Dooley JM, Tibbles JAR, Rumney PG, Dooley KC (1985)
Rectal lorazepam in the treatment of acute seizures in childhood (meeting abstr.)
Ann Neurol 18: 412-413 (no Refs.)

5322. Doongaji DR, Sheth AS, Apte JS, Desai AB, Vohara SA, Dabholka. S (1985)
A comparative-study of single and multiple doses of clobazam vs diazepam in anxiety neurosis.
Curr Ther R 37: 398-405 (6 Refs.)

5323. Dordain G, Decamps A, Lavarenn. J, Zarifian E (1983)
Favoring factors of convulsions during abrupt benzodiazepine withdrawal - a 16 case-study.
Therapie 38: 585-586 (no Refs.)

5324. Dordain G, Puech AJ, Simon P (1981)
Triazolam compared with nitrazepam and with oxazepam in insomnia - 2 double-blind, crossover studies analyzed sequentially.
Br J Cl Ph 11: 43-49 (9 Refs.)

5325. Dorian P, Sellers EM, Kaplan H, Greenblatt DJ, Aberneth. D (1983)
Triazolam-ethanol interaction (meeting abstr.).
Clin Pharm 33: 238 (no Refs.)

5326. Dorian P, Sellers EM, Kaplan HL, Hamilton C, Greenblatt DJ, Aberneth. D (1985)
Triazolam and ethanol interaction - kinetic and dynamic consequences.
Clin Pharm 37: 558-562 (25 Refs.)

5327. Dorman T (1983)
A multi-centre comparison of prazepam and diazepam in the treatment of anxiety.
Pharmathera 3: 433-440 (9 Refs.)

5328. Dornauer RJ, Aston R (1983)
Update - midazolam maleate, a new water-soluble benzodiazepine (technical note).
J Am Dent A 106: 650-652 (35 Refs.)

5329. Dorow R (1984)
Pharmacokinetic and Clinical Studies with a Benzodiazepine Radioreceptor Assay.
In: Sleep Benzodiazepines and Performance - Experimental Methodologies and Research Prospects (Ed. Hindmarch I, Ott H, Roth T).
Springer, Berlin Heidelberg New York Tokyo, p. 105-118

5330. Dorow R, Duka T, Noderer Y, Doenicke A (1984)
Withdrawal systems with high antagonist doses due to benzodiazepine pretreatment (meeting abstr.).
Anaesthesis 33: 528 (4 Refs.)

5331. Dorow R, Horowski R, Paschelk. G, Amin M (1983)
Severe anxiety induced by FG-7142, a beta-carboline ligand for benzodiazepine receptors (letter).
Lancet 2: 98-99 (14 Refs.)

5332. Dorow RG, Seidler J, Schneide. HH (1982)
A radioreceptor assay to study the affinity of benzodiazepines and their receptor-binding activity in human-plasma including their active metabolites.
Br J Cl Ph 13: 561-565 (24 Refs.)

5333. Dorward AJ, Berkin KE, Elliott JA, Stack BHR (1983)
A double-blind controlled-study comparing temazepam with papaveretum as premedication for fiberoptic bronchoscopy.
Br J Dis Ch 77: 60-65 (14 Refs.)

5334. Douse JMF (1984)
Trace analysis of benzodiazepine drugs in blood using deactivated amberlite XAD-7 porous polymer beads and silica capillary column gas-chromatography with electron-capture detection.
J Chromat 301: 137-154 (34 Refs.)

5335. Douse JMF (1984)
Trace analysis of benzodiazepines by silica capillary column gas-chromatography (meeting abstr.).
J For Sci 24: 404 (no Refs.)

5336. Downing RW, Rickels K (1980)
Responders and nonresponders to chlordiazepoxide and placebo - a discriminant function-analysis.
Prog Neuro 4: 405-415 (10 Refs.)

5337. Downing RW, Rickels K (1981)
Coffee consumption, cigarette-smoking and reporting of drowsiness in anxious patients treated with benzodiazepines or placebo.
Act Psyc Sc 64: 398-408 (29 Refs.)

5338. Downing RW, Rickels K (1981)
Hostility conflict and the effect of chlordiazepoxide on change in hostility level.
Comp Psychi 22: 362-367 (10 Refs.)

5339. Downing RW, Rickels K (1985)
Early treatment response in anxious outpatients treated with diazepam.
Act Psyc Sc 72: 522-528 (18 Refs.)

5340. Draper RJ, Daly I (1983)
Alprazolam and amitriptyline - a double-blind comparison of anxiolytic and anti-depressant activity.
Irish Med J 76: 453-456 (* Refs.)

5341. Draski LJ, Johnston JE, Isaacson RL (1985)
Nimodipines interactions with other drugs .2. diazepam.
Life Sci 37: 2123-2128 (16 Refs.)

5342. Dreifuss F, Farwell J, Homes G, Joseph C, Lockman L, Madsen JA, Minarcik CJ, Rothner AD, Shewmon DA (1986)
Infantile spasms - comparative trial of nitrazepam and corticotropin.
Arch Neurol 43: 1107-1110 (11 Refs.)

5343. Drewes LR, Mies G, Hossmann KA, Stocklin G (1987)
Blood-brain transport and regional distribution of bromo-benzodiazepine.
Brain Res 401: 55-59 (18 Refs.)

5344. Drexler G, Sieghart W (1984)
Evidence for association of a high-affinity avermectin binding-site with the benzodiazepine receptor.
Eur J Pharm 101: 201-207 (17 Refs.)

5345. Drexler G, Sieghart W (1984)
[^{35}S] tert-butylbicyclophosphorothionate and avermectin bind to different sites associated with the gamma-aminobutyric acid-benzodiazepine receptor complex.
Neurosci L 50: 273-277 (11 Refs.)

5346. Dreyfuss D, Shader RI, Harmatz JS, Greenblatt DJ (1986)
Kinetics and dynamics of single doses of oxazepam in the elderly - implications of absorption rate.
J Clin Psy 47: 511-514 (21 Refs.)

5347. Driessen JJ, Booij LHDJ, Crul JF, Vree TB (1983)
Comparison of thiopentone and midazolam for induction of anesthesia.
Anaesthesis 32: 478-482 (19 Refs.)

5348. Driessen JJ, Booij LHD, Vree TB, Crul JF (1981)
Midazolam as a sedative on regional anesthesia - preliminary-results.
Arznei-For 31-2: 2245-2247 (9 Refs.)

5349. Driessen JJ, Crul JF, Vree TB, Vanegmon. J, Booij LHDJ (1986)
Benzodiazepines and neuromuscular blocking-drugs in patients.
Act Anae Sc 30: 642-646 (15 Refs.)

5350. Driessen JJ, Vanegmon. J, Vree TB, Booij LHDJ, Crul JF (1985)
The invitro effects of benzodiazepines on the rat diaphragm - structure activity relationships.
Can J Physl 63: 444-448 (16 Refs.)

5351. Driessen JJ, Vree TB, Booij LHDJ, Vanderpo. FM, Crul JF (1984)
Effect of some benzodiazepines on peripheral neuromuscular function in the rat invitro hemidiaphragm preparation.
J Pharm Ph 36: 244-247 (19 Refs.)

5352. Driessen JJ, Vree TB, Vanegmon. J, Booij LHDJ, Crul JF (1984)
Invitro interaction of diazepam and oxazepam with pancuronium and suxamethonium.
Br J Anaest 56: 1131-1138 (15 Refs.)

5353. Driessen JJ, Vree TB, Vanegmon. J, Booij LHDJ, Crul JF (1985)
Interaction of some benzodiazepines and their solvents with vecuronium in the invivo rat sciatic nerve tibialis anterior muscle preparation.
Arch I Phar 273: 277-288 (21 Refs.)

5354. Driessen JJ, Vree TB, Vanegmon. J, Booij LHDJ, Crul JF (1985)
Interaction of midazolam with 2 non-depolarizing neuromuscular blocking-drugs in the rat invivo sciatic nerve tibialis anterior muscle preparation.
Br J Anaest 57: 1089-1094 (20 Refs.)

5355. Droge JHM, Wilting J, Janssen LHM (1982)
A comparative-study of some physicochemical properties of human-serum albumin samples from different sources .2. the characteristics of the N-B transition and the binding behavior with regard to warfarin and diazepam.
Bioch Pharm 31: 3781-3786 (40 Refs.)

5356. Drost RH, Plomp TA, Maes RAA (1982)
EMIT-ST drug detection system for screening of barbiturates and benzodiazepines in serum.
J Tox-Clin 19: 303-312 (9 Refs.)

5357. Drugan RC, Basile AS, Crawley JN, Paul SM, Skolnick P (1986)
Inescapable shock reduces [^{3}H] Ro 5-4864 binding to peripheral-type benzodiazepine receptors in the rat.
Pharm Bio B 24: 1673-1677 (40 Refs.)

5358. Drugan RC, Basile AS, Crawley JN, Paul SM, Skolnick P (1987)
Peripheral benzodiazepine binding-sites in the maudsley reactive rat - selective decrease confined to peripheral-tissues (technical note).
Brain Res B 18: 143-145 (9 Refs.)

5359. Drugan RC, Maier SF, Skolnick P, Paul SM, Crawley JN (1985)
An anxiogenic benzodiazepine receptor ligand induces learned helplessness (technical note).
Eur J Pharm 113: 453-457 (10 Refs.)

5360. Drummond AH (1985)
Chlordiazepoxide is a competitive thyrotropin-releasing-hormone receptor antagonist in GH3 pituitary-tumor cells.
Bioc Biop R 127: 63-70 (27 Refs.)

5361. Drury VWM (1985)
Benzodiazepines - a challenge to rational prescribing (review).
J Roy Col G 35: 86-88 (24 Refs.)

5362. Dubin WR, Weiss KJ, Dorn JM (1986)
Pharmacotherapy of psychiatric emergencies (review).
J Cl Psych 6: 210-222 (115 Refs.)

5363. Dubnick B, Lippa AS, Klepner CA, Coupet J, Greenbla, EN, Beer B (1983)
The separation of ^{3}H-labeled benzodiazepine binding-sites in brain and of benzodiazepine pharmacological properties.
Pharm Bio B 18: 311-318 (54 Refs.)

5364. Dubroeucq MC, Benavide. J, Doble A, Guilloux F, Allam D, Vaucher N, Bertrand P, Gueremy C, Renault C, Uzan A (1986)
Stereoselective inhibition of the binding of [^{3}H] PK 11195 to peripheral-type benzodiazepine binding-sites by a quinolinepropanamide derivative (technical note).
Eur J Pharm 128: 269-272 (12 Refs.)

5365. Duc TV, Vernay A (1985)
Validation of a process of detection of benzodiazepines in the urine by acid-extraction of their benzophenones and thin-layer chromatography.
Ann Biol Cl 43: 261-265 (12 Refs.)

5366. Ducailar J, Cadi N, Jullien Y, Griffe O (1981)
A double-blind-study of the effects of midazolam on sleep prior to surgery.
Arznei-For 31-2: 2239-2243 (7 Refs.)

5367. Ducailar J, Holzer J, Jullien Y, Passeron D (1983)
Hypnotic efficacy of midazolam in presurgical patients - a dose-finding study.
Br J Cl Ph 16: 129-132 (3 Refs.)

5368. Duceppe JS, Gauthier J (1984)
Synthesis of 5H-imidazo [2,1-c]pyrrolo[1,2-a][1,4]benzodiazepine.
J Hetero Ch 21: 1685-1687 (2 Refs.)

5369. Duceppe JS, Gauthier J (1985)
Synthesis of novel imidazo [1,2-a]pyrrolo[2,1-c][1,4]benzodiazepines and pyrimido [1,2-a]pyrrolo[2,1-c][1,4] benzodiazepines.
J Hetero Ch 22: 305-310 (8 Refs.)

5370. Dudek BC, Maio A, Phillips TJ, Perrone M (1986)
Naturalistic behavioral-assessment of anxiolytic properties of benzodiazepines and ethanol in mice.
Neurosci L 63: 265-270 (15 Refs.)

5371. Duffy SW (1983)
Psychological alternatives to long-term benzodiazepine use (letter).
J Roy Col G 33: 535 (1 Refs.)

5372. Duguay R, Lelorier J, Rochefor. JG, Messier R, Viguie F, Adamkiew. L (1985)
Efficacy and kinetics of clorazepate administered in a single daily dose in patients with anxiety.
Can J Psy 30: 414-417 (5 Refs.)

5373. Duka T, Ackenhei. M, Noderer J, Doenicke A, Dorow R (1986)
Changes in noradrenaline plasma-levels and behavioral-responses induced by benzodiazepine agonists with the benzodiazepine antagonist Ro-15-1788.
Psychophar 90: 351-357 (39 Refs.)

5374. Duka T, Cumin R, Haefely W, Herz A (1981)
Naloxone blocks the effect of diazepam and meprobamate on conflict behavior in rats.
Pharm Bio B 15: 115-117 (17 Refs.)

5375. Duka T, Holler L, Obenggya. R, Dorrow R (1986)
Initial human pharmacology of the neutral benzodiazepine receptor antagonist beta-carboline ZK 93 425 (meeting abstr.).
Br J Cl Ph 22: 228 (2 Refs.)

5376. Duka T, Millan MJ, Ulsamer B, Doenicke A (1982)
Naloxone attenuates the anxiolytic action of diazepam in man.
Life Sci 31: 1833-1836 (11 Refs.)

5377. Dulac O, Figueroa D, Rey E (1983)
Treatment of epilepsy in children with clobazam alone.
Presse Med 12: 1067-1069 (16 Refs.)

5378. Dumetz J, Vergoten G, Huvenne JP, Fleury G (1981)
Lattice-vibrations of crystalline diazepam (valium).
J Raman Sp 11: 221-224 (6 Refs.)

5379. Dundee JW (1982)
Plasma diazepam and lorazepam concentrations following oral-administration, with and without cimetidine (meeting abstr.).
Br J Cl Ph 14: 618 (no Refs.)

5380. Dundee JW (1983)
Abuse of benzodiazepines (editorial).
Br J Anaest 55: 1-2 (no Refs.)

5381. Dundee JW (1983)
The benzodiazepines - where next (editorial).
Br J Anaest 55: 261-262 (no Refs.)

5382. Dundee JW, Collier PS, Carlisle RJ, Harper KW (1986)
Prolonged midazolam elimination half-life.
Br J Cl Ph 21: 425-429 (15 Refs.)

5383. Dundee JW, Fee JPH (1984)
Diazepam or midazolam for endoscopy (letter).
Br Med J 288: 1614-1615 (9 Refs.)

5384. Dundee JW, Fee JPH (1986)
Diazepam and midazolam for sedation during bronchoscopy (letter).
Br J Anaest 58: 466 (4 Refs.)

5385. Dundee JW, Gamble JAS (1981)
Injectable benzodiazepines in anesthesia (meeting abstr.).
Br J Anaest 53: 118 (2 Refs.)

5386. Dundee J, Halliday NJ, Fee JPH (1984)
Midazolam in intensive-care (letter).
Br Med J 289: 1540 (7 Refs.)

5387. Dundee JW, Halliday NJ, Harper KW (1986)
Midazolam as an intravenous induction agent in the elderly (letter).
Anesth Anal 65: 1089-1090 (6 Refs.)

5388. Dundee JW, Halliday NJ; Harper KW, Brodgen RN (1984)
Midazolam - a review of its pharmacological properties and therapeutic use (review).
Drugs 28: 519-543 (186 Refs.)

5389. Dundee JW, Halliday NJ, Loughran PG (1984)
Variation in response to midazolam (meeting abstr.).
Br J Cl Ph 17: 645-646 (no Refs.)

5390. Dundee JW, Halliday NJ, Loughran PG (1984)
Age and sex as factors influencing the onset of action of intravenous midazolam (meeting abstr.).
Irish J Med 153: 225-226 (no Refs.)

5391. Dundee JW, Halliday NJ, Loughran PG, Harper KW (1984)
Some factors influencing the response to midazolam (meeting abstr.).
Br J Anaest 56: 804-805 (1 Refs.)

5392. Dundee JW, Halliday NJ, Loughran PG, Harper KW (1985)
The influence of age on the onset of anesthesia with midazolam.
Anaesthesia 40: 441-443 (12 Refs.)

5393. Dundee JW, Halliday NJ, McMurray TJ (1986)
Aspirin and probenecid pretreatment influences the potency of thiopentone and the onset of action of midazolam.
Eur J Anaes 3: 247-251 (no Refs.)

5394. Dundee JW, Halliday NJ, McMurray TJ, Harper KW (1986)
Pretreatment with opioids - the effect on thiopentone induction-requirements and on the onset of action of midazolam.
Anaesthesia 41: 159-161 (7 Refs.)

5395. Dundee JW, Kawar P (1982)
Consistency of action of midazolam (letter).
Anesth Anal 61: 544-545 (14 Refs.)

5396. Dundee JW, Kawar P (1983)
Benzodiazepines in anesthesia.
In: Pharmacology of Benzodiazepines (Ed. Usdin E, Skolnick P, Tallmann jr JF, Greenblatt D, Paul SM)
Verlag Chemie, Weinheim Deerfield Beach Basel
p. 313-328

5397. Dundee JW, Kawar P (1985)
Midazolam maleate and hydrochloride (letter).
Anesth Anal 64: 1223 (2 Refs.)

5398. Dundee JW, Kawar P, Gamble JAS, Brophy TO (1982)
Midazolam as a sedative in endoscopy (meeting abstr.).
Br J Anaest 54: 1136-1137 (2 Refs.)

5399. Dundee JW, Loughran PG (1984)
Plasma-binding may explain variation in response to intravenous midazolam - a hypothesis examined (meeting abstr.).
Irish J Med 153: 33   (3 Refs.)

5400. Dundee JW, McGowan WAW, Elwood RJ, Hildebra. PF (1982)
Plasma benzodiazepine concentrations following oral-administration, with and without H-2-receptor blockers (meeting abstr.).
Irish J Med 151: 413-414   (no Refs.)

5401. Dundee JW, Wilson CM, Robinson FP, Thompson EM, Elliott P (1985)
The effect of ranitidine on the hypnotic action of single doses of midazolam, temazepam and zopiclone (meeting abstr.).
Br J Cl Ph 19: 553-554   (3 Refs.)

5402. Dunn AJ, Guild AL, Kramarcy NR, Ware MD (1981)
Benzodiazepines decrease grooming in response to novelty but not ACTH or beta-endorphin.
Pharm Bio B 15: 605-608   (21 Refs.)

5403. Dunner DL, Ishiki D, Avery DH, Wilson LG, Hyde TS (1986)
Effect of alprazolam and diazepam on anxiety and panic attacks in panic disorder - a controlled-study.
J Clin Psy 47: 458-460   (5 Refs.)

5404. Dunwiddi. TV, Fredholm BB, Jonzon B, Sandberg G (1985)
The adenosine receptor activity of EMD 28422, a purine derivative with reported actions on benzodiazepine receptors.
Br J Pharm 84: 625-630   (19 Refs.)

5405. Duran JA, Hevia A, Serrano JS, Sanches A (1983)
Study of diazepam and triazolam in platelet-aggregation in the rat (meeting abstr.).
J Pharmacol 14: 567   (3 Refs.)

5406. Dusemund J (1983)
Isoindolo [2,1-c][2,3]benzodiazepines.
Arch Pharm 316: 110-114   (2 Refs.)

5407. Dusing R, Haberlan. D, Miederer SE (1983)
An unforeseen complication of oral flurazepam therapy.
Endoscopy 15: 362   (1 Refs.)

5408. Dutt MK, Thompson RP (1982)
Saline flush - a simple method of reducing diazepam-induced thrombophlebitis.
J Roy S Med 75: 231-233   (7 Refs.)

5409. Dutta P, Gherezgh. T, Lal H (1982)
Effects of chronic pentylenetetrazol (PTZ) and N-6-phenyliso-propyladenosine (PIA) treatments on the benzodiazepine and adenosine receptor-binding in rat-brain (meeting abstr.).
Fed Proc 41: 1329   (1 Refs.)

5410. Dvorak M (1980)
Growth, metabolic and adrenocortical effects of single and repeated administration of diazepam in piglets.
Act Vet B 49: 177-186   (no Refs.)

5411. Dvorkin AA, Andronat. SA, Gifeisma. TS, Simonov YA, Yavorsky AS, Pavlovsk. VI (1985)
The structure of 5-nitro-2-amino-benzophenone.
Dop Ukr B 8: 34-37   (15 Refs.)

5412. Dvorkin AA, Simonov YA, Malinows. TI, Adronat. SA, Yavorsky AS (1984)
The structures of some 1,4-benzodiazepines, 1,5-benzodiazocines and its derivatives (meeting abstr.).
Act Cryst A 40: 284   (2 Refs.)

5413. Dykstra L, Gmerek D, Woods J (1985)
Tail withdrawal in the rhesus-monkey- effects of morphine, U50,488 and tifluadom (meeting abstr.).
Fed Proc 44: 1721   (no Refs.)

5414. Eadie MJ (1984)
Currently available benzodiazepines .4. .
Med J Aust 141: 827-831   (25 Refs.)

5415. Earle M, Concas A, Yamamura HI (1986)
Characterization of high-affinity [^{3}H] triazolam binding in rat-brain (meeting abstr.).
Fed Proc 45: 663   (no Refs.)

5416. Earnest DL, Kazama RM, Monroe LL (1983)
Halazepam in the treatment of patients with anxiety and gastrointestinal disorders.
Psychoph B 19: 55-59   (7 Refs.)

5417. Eastley RJ, Fell D, Smith G (1986)
A comparative-study of diazepam with sustained-release diazepam as oral premedication in minor gynecological surgery.
Curr Med R 10: 235-240   (5 Refs.)

5418. Ebel S (1977)
Handbuch der Arzneimittel-Analytik.
Verlag Chemie, Weinheim.

5419. Ebel S (1979)
Synthetische Arzneimittel.
Verlag Chemie, Weinheim

5420. Ebel S, Langer BM, Schütz H (1977)
Verbesserter Nachweis für N-1-alkylierte 1,4-Benzodiazepine durch photolytische Abspaltung der N-Alkylgruppe.
Mikrochim Acta II. 261-277

5421. Ebel S, Roth HJ (1987)
Lexikon der Pharmazie.
Thieme, Stuttgart New York

5422. Ebel S, Schütz H (1977)
Untersuchungen zum Nachweis von Clonazepam und seinen Hauptmetaboliten (unter besonderer Berücksichtigung der dünnschichtchromatographischen Unterscheidung von Nitrazepam und dessen wichtigsten Stoffwechselprodukten).
Arzneim Forsch 27: 325-337

5423. Ebel S, Schütz H (1977)
Dünnschichtchromatographischer Nachweis wichtiger Pharmaka über primäre aromatische Aminogruppen als Schlüsselfragment.
Dtsch Apoth Ztg 117: 1605-1609

5424. Ebel S, Schütz H (1978)
Zur Analytik von Flunitrazepam (Rohypnol), einem neuen Benzodiazepinderivat, unter besonderer Berücksichtigung der Metaboliten.
Z Rechtsmed 81: 107-117

5425. Ebel S, Schütz H (1979)
Biotransformation der Benzodiazepine.
Pharm Unserer Zeit 8: 87-93

5426. Ebel S, Schütz H (1979)
Analytik und Synthese wichtiger 3-Hydroxy-5-phenyl-1,4-benzodiazepin-2-on-Derivate.
Arzneim Forsch 29: 1317-1325

5427. Ebersole JS, Chatt AG (1986)
Diazepam preferentially suppresses translaminarly recorded epileptiform responses in the superficial pyramidal layers of cat neocortex (meeting abstr.)
Epilepsia 27: 638-639   (1 Refs.)

5428. Eberts FS, Philopou. Y, Reineke LM, Vliek RW (1981)
Triazolam disposition.
Clin Pharm 29: 81-93   (21 Refs.)

5429. Eberts FS jr., Philopoulos Y, Reineke LM, Vliek RW, Metzler CM (1977)
Disposition of ketazolam, a new anxiolytic agent in man.
Pharmacologist 19: 165

5430. Echenne B, Cheminal R, Martin P, Peskine F, Rodiere M, Astruc J, Brunel D (1983)
Arch Fr Ped 40: 499-501   (12 Refs.)

5431. Eckert M, Ziegler WH, Cano JP, Bovey F, Amrein R, Coassolo P, Schalch E, Bruckhar. J (1983)
Pharmacokinetics and pharmacodynamics of flurazepam in man .1. pharmacokinetics of desalkylflurazepam and hydroxyethylflurazepam after a single intravenous-injection in comparison with orally-administered flurazepam.
Drug Exp Cl 9: 77-84   (13 Refs.)

5432. Edelen WBO (1981)
Dangers of intravenously administered diazepam (letter).
Am J Ophth 91: 278-279   (1 Refs.)

5433. Edge KR, Braude BM, Press P, Vanhasse. CH (1986)
Dissociative anesthesia for coronary-artery bypass-surgery using ketamine and midazolam - a case-report.
S Afr Med J 70: 624-625   (11 Refs.)

5434. Edinboro LE, Backer RC (1985)
Preliminary-report on the application of a high-performance liquid-chromatographic method for alprazolam in postmortem blood specimens.
J Anal Tox 9: 207-208   (5 Refs.)

5435. Edwards IR (1985)
Adverse reactions to vaginal pessaries, enalpril and triazolam (letter).
NZ Med J 98: 1094-1095   (no Refs.)

5436. Egan JM, Abernethy DR (1986)
Lorazepam analysis using liquid-chromatography - improved sensitivity for single-dose pharmacokinetic studies (technical note).
J Chromat 380: 196-201   (9 Refs.)

5437. Ehlers CL, Reed TK, Bloom FE (1985)
Monkey EEG spectra following low-dose ethanol resemble both morphine and diazepam (meeting abstr.).
Alc Clin Ex 9: 202   (no Refs.)

5438. Ehlers CL, Henrikse. SJ, Bloom FE (1981)
Levonantradol potentiates the anticonvulsant effects of diazepam and valproic acid in the kindling model of epilepsy.
J Clin Phar 21: 406-412   (23 Refs.)

5439. Ehlert FJ (1986)
Inverse agonists, cooperativity and drug-action at benzodiazepine receptors (review).
Trends Phar 7: 28-32   (14 Refs.)

5440. Ehlert FJ, Ragan P, Chen A, Roeske WR, Yamamura HI (1982)
Modulation of benzodiazepine receptor-binding-insight into pharmacological efficacy (technical note).
Eur J Pharm 78: 249-253   (10 Refs.)

5441. Ehlert FJ, Roeske WR, Braestru. C, Yamamura SH, Yamamura HI (1981)
Gamma-aminobutyric acid regulation of the benzodiazepine receptor - biochemical-evidence for pharmacologically different effects of benzodiazepines and propyl beta-carboline-3-carboxylate (technical note).
Eur J Pharm 70: 593-595   (5 Refs.)

5442. Ehlert FJ, Roeske WR, Gee KW, Yamamura HI (1983)
An allosteric model for benzodiazepine receptor function.
Bioch Pharm 32: 2375-2383   (70 Refs.)

5443. Ehlert FJ, Roeske WR, Yamamura I (1981)
Multiple benzodiazepine receptors and their regulation by gamma-aminobutyric acid.
Life Sci 29: 235-248   (31 Refs.)

5444. Ehlert FJ, Roeske WR, Yamamura HI (1982)
Complex binding-properties of the benzodiazepine receptor (meeting abstr.).
Fed Proc 41: 1634   (no Refs.)

5445. Ehlert FJ, Roeske WR, Yamamura SH, Yamamura HI (1981)
Benzodiazepine receptor-binding using [^{3}H]-labeled propyl beta-carboline-3-carboxylate (meeting abstr.).
Fed Proc 40: 310   (1 Refs.)

5446. Ehlert FJ, Roeske WR, Yamamura SH, Yamamura HI (1983)
The benzodiazepine receptor - complex binding-properties and the influence of gaba.
Adv Bio Psy 36: 209-220   (34 Refs.)

5447. Ehrin E, Johnstro. P, Stoneela. S, Nilsson JLG, Depaulis T, Farde L, Greitz T, Litton JE, Persson A, Sedvall G (1984)
C-11-labeling of ligands for PET studies of dopamine and benzodiazepine receptors (meeting abstr.).
J Label C R 21: 1161-1162   (9 Refs.)

5448. Ehrin E, Johnstro. P, Stoneela. S, Nilsson JLG, Persson A, Farde L, Sedvall G, Litton JE, Eriksson L, Widen L (1984)
Preparation and preliminary positron emission tomography studies of C-11-Ro 15-1788, a selective benzodiazepine receptor antagonist.
Act Pharm S 21: 183-188   (11 Refs.)

5449. Ehsanullah RS, Galloway DB, Gusterso. FR, Kingsbur. AW (1982)
A double-blind crossover study of diazepam rectal suppositories, 5 mg and 10 mg, for sedation in patients with advanced malignant disease.
Pharmathera 3: 215-220   (2 Refs.)

5450. Eichinger A, Sieghart W (1984)
Different breakdowns of different benzodiazepine-bonded protein through the incubation of brain membranes with trypsin (meeting abstr).
H-S Z Physl 365: 911   (2 Refs.)

5451. Eichinger A, Sieghart W (1984)
Photoaffinity-labeling of different benzodiazepine receptors at physiological temperature.
J Neurochem 43: 1745-1748 (17 Refs.)

5452. Eichinger A, Sieghart W (1985)
Differential degradation of different benzodiazepine binding-proteins by incubation of membranes from cerebellum or hippocampus with trypsin.
J Neurochem 45: 219-226 (23 Refs.)

5453. Eichinger A, Sieghart W (1986)
Postnatal-development of proteins associated with different benzodiazepine receptors.
J Neurochem 46: 173-180 (30 Refs.)

5454. Eimer M, Cable T, Gal P, Rothenbe. LA, McCue JD (1985)
Effects of clorazepate on breathlessness and exercise tolerance in patients with chronic air-flow obstruction.
J Fam Pract 21: 359-362 (11 Refs.)

5455. Einarson TR (1981)
Comment on lorazepam withdrawal (letter).
Drug Intel 15: 133-134 (11 Refs.)

5456. Einarson TR (1981)
Oxazepam withdrawal convulsions.
Drug Intel 15: 487-488 (9 Refs.)

5457. Einarson TR, Yoder ES (1982)
Triazolam psychosis - a syndrome.
Drug Intel 16: 330 (3 Refs.)

5458. Eisenberg RM (1982)
Short-term tolerance to morphine - effects of diazepam, phenobarbital, and amphetamine.
Life Sci 30: 1615-1623 (30 Refs.)

5459. Eisenberg RM (1985)
Effects of chronic treatment with diazepam, phenobarbital, or amphetamine on naloxone-precipitated morphine withdrawal.
Drug Al Dep 15: 375-381 (13 Refs.)

5460. Eisenberg RM (1985)
Diazepam dependence withdrawal as demonstrated by changes in plasma-corticosterone (meeting abstr.).
Fed Proc 44: 885 (no Refs.)

5461. Eisenberg RM (1985)
The occurrence of cross-tolerance between morphine and ethyl-ketocyclazocine using the tail-flick test - lack of effect of diazepam, phenobarbital, or amphetamine (review).
Life Sci 37: 915-922 (31 Refs.)

5462. Eisenberg RM (1987)
Diazepam withdrawal as demonstrated by changes in plasma-corticosterone - a role for the hippocampus.
Life Sci 40: 817-825 (28 Refs.)

5463. Eisenkraft JB, Dimich I, Miller R (1981)
Ketamine-diazepam anesthesia in a patient with carcinoid-syndrome.
Anaesthesia 36: 881-885 (33 Refs.)

5464. Eisenkraft JB, Miller R (1981)
Induction dose of midazolam (letter).
Br J Anaest 53: 318 (4 Refs.)

5465. Eisner M (1984)
Midazolam as premedication in gastroscopy.
Z Gastroent 22: 176-179 (17 Refs.)

5466. Eison MS (1986)
Lack of withdrawal signs of dependence following cessation of treatment or Ro-15-1788 administration to rats chronically treated with buspirone.
Neuropsychb 16: 15-18 (23 Refs.)

5467. Eison MS, Eison AS (1984)
Buspirone as a midbrain modulator - anxiolysis unrelated to traditional benzodiazepine mechanisms.
Drug Dev R 4: 109-119 (55 Refs.)

5468. Ejima A, Ogata H, Shibazak. T, Aoyagi N, Kaniwa N, Watanabe Y, Hayashi N, Aruga M, Amada I, Suwa K (1982)
Comparative studies on bioavailabilities of griseofulvin, diazepam, nalidixic-acid, indomethacin and pyridoxal-phosphate from their products in humans and beagle dogs (meeting abstr.).
J Pharmacob 5: 68 (no Refs.)

5469. Ekelund MC (1983)
The influence of dantrolene, diazepam, pentobarbital and 4-aminopyridine on shortening induced depression in isolated muscle-fibers of the frog.
Act Physl S 118: 317-327 (31 Refs.)

5470. Elfattah BA (1982)
Attempted preparation of certain benzodiazepines.
Pharmazie 37: 637-639 (13 Refs.)

5471. Elgamal SS, Boraie NA, Naggar VF (1986)
An invitro adsorption study of flurazepam on some antacids and excipients.
Pharm Ind 48: 1207-1210 (no Refs.)

5472. Elgoyhen AB, Adlergra. E (1986)
Inhibitive effect mechanism of benzodiazepines on isolated rat auricles (meeting abstr.).
Medicina 46: 591-592 (1 Refs.)

5473. Elhazmi MAF (1981)
Aspects of the interaction of thyroxine and its binding serum-proteins with 1,4-benzodiazepine tranquilizers.
Biochem Med 26: 191-198 (10 Refs.)

5474. Elie R, Caille G, Levasseu. FA, Gareau J (1983)
Comparative hypnotic activity of single doses of loprazolam, flurazepam, and placebo.
J Clin Phar 23: 32-36 (6 Refs.)

5475. Elie R, Lamontag. Y (1984)
Alprazolam and diazepam in the treatment of generalized anxiety.
J Cl Psych 4: 125-129 (17 Refs.)

5476. Elkhordagui LK, Saleh AM, Khalil SA (1980)
Diazepam-sodium salicylate solution - dilution with intravenous fluids, invitro hemolytic-activity and protein-binding.
Int J Pharm 7: 111-118 (21 Refs.)

5477. Elkhordagui LK, Saleh AM, Khalil SA (1987)
Adsorption of benzodiazepines on charcoal and its correlation with invitro and invivo data.
Pharm Act H 62: 28-32 (16 Refs.)

5478. Ellingse. PA (1983)
Double-blind trial of triazolam 0.5 mg vs nitrazepam 5 mg in outpatients.
Act Psyc Sc 67: 154-158 (10 Refs.)

5479. Ellinwood EH, Easler ME, Linnoila M, Molter DW, Heatherl. DG, Bjornsso. TD (1984)
Effects of oral-contraceptives on diazepam-induced psychomotor impairment.
Clin Pharm 35: 360-366   (29 Refs.)

5480. Ellinwood EH, Heatherl. DG (1985)
Benzodiazepines, the popular minor tranquilizers - dynamics of effect on driving skills.
Acc Anal Pr 17: 283-290   (46 Refs.)

5481. Ellinwood EH, Heatherl. DG, Nikaido AM, Bjornsso. TD, Kilts C (1985)
Comparative pharmacokinetics and pharmacodynamics of lorazepam, alprazolam and diazepam.
Psychophar 86: 392-399   (24 Refs.)

5482. Ellinwood EH, Linnoila M, Easler ME, Molter DW (1981)
Onset of peak impairment after diazepam and after alcohol.
Clin Pharm 30: 534-538   (23 Refs.)

5483. Ellinwood EH, Nikaido A, Heatherl. D (1984)
Diazepam - prediction of pharmacodynamics from pharmacokinetics (technical note).
Psychophar 83: 297-298   (9 Refs.)

5484. Ellinwood EH, Nikaido AM, Heatherl. DG, Bjornsso. TD (1987)
Benzodiazepine pharmacodynamics - evidence for biophase rate limiting mechanisms.
Psychophar 91: 168-174   (26 Refs.)

5485. Elliott P, Dundee JW, Collier PS, McClean E (1984)
The influence of 2-H2-receptor antagonists, cimetidine and ranitidine, on the systemic availability of temazepam (meeting abstr.).
Br J Anaest 56: 800-801   (3 Refs.)

5486. Elliott RL (1985)
Alprazolam in severe depression (letter).
J Clin Psy 46: 34   (3 Refs.)

5487. Elliott RL, Thomas BJ (1985)
A case-report of alprazolam-induced stuttering (technical note).
J Cl Psych 5: 159-160   (17 Refs.)

5488. Elmer GW, Remmel RP (1984)
Role of the intestinal microflora in clonazepam metabolism in the rat.
Xenobiotica 14: 829-840   (19 Refs.)

5489. Elmikatt. N (1981)
The effects of oral diazepam premedication on blood-gases.
Ann RC Surg 63: 429-431   (16 Refs.)

5490. Elmore RG, Hardin DK, Balke JME, Youngqui. RS, Erickson DW (1985)
Analyzing the effects of diazepam used in combination with ketamine.
Vet Med-US 80: 55-57   (5 Refs.)

5491. Elsabbag. HM, Elshabou. MH, Abdelale. HM (1985)
Physical-properties and stability of diazepam and phenobarbitone sodium tablets prepared with compactrol.
Drug Dev In 11: 1947-1955   (12 Refs.)

5492. Elshabouri SR (1986)
Spectrophotometric determination of nitrazepam in tablets (technical note).
Talanta 33: 743-744   (15 Refs.)

5493. Elshafei AK, Elkashef HS, Elkhawag. AM (1982)
Synthesis of 2-substituted 3-aryl heteroaryl-2, 3, 3a, 10-tetrahydro-4-methylpyrazolo [2,3-b] [1,5]benzodiazepines.
I J Chem B 21: 655-657   (27 Refs.)

5494. Elsworth JD, Dewar D, Glover V, Goodwin BL, Clow A, Sandler M (1986)
Purification and characterization of tribulin, an endogenous inhibitor of monoamine-oxidase and of benzodiazepine receptor-binding.
J Neural Tr 67: 45-56   (25 Refs.)

5495. Elwood RJ, Elliott P, Chestnut. WN, Hildebra. PF, Dundee JW (1983)
A comparison of the onset and duration of action of zopiclone with diazepam (meeting abstr.).
Br J Cl Ph 16: 216-217   (3 Refs.)

5496. Elwood RJ, Hildebra. PJ, Dundee JW, Collier PS (1983)
Influence of ranitidine on uptake of oral midazolam (meeting abstr.).
Br J Anaest 55: 241   (no Refs.)

5497. Elwood RJ, Hildebra. PJ, Dundee JW, Collier PS (1983)
Ranitidine influences the uptake of oral midazolam.
Br J Cl Ph 15: 743-745   (8 Refs.)

5498. Elwood RJ, Kawar P, Hildebra. PJ, Dundee JW (1983)
Hypnotic and sedative effect of oral temazepam and midazolam compared with diazepam (meeting abstr.).
Br J Cl Ph 15: 584   (2 Refs.)

5499. Elyazbi FA, Abdelhay MH, Korany MA (1986)
Spectrophotometric determination of some 1,4-benzodiazepines by use of orthogonal polynomials.
Pharmazie 41: 639-642   (8 Refs.)

5500. Elyazbi FA, Barary MH, Abdelhay MH (1985)
Determination of nitrazepam and dipotassium clorazepate in the presence of their degradation products using 2nd derivative spectrophotometry.
Int J Pharm 27: 139-144   (10 Refs.)

5501. Elyazbi FA, Korany MA, Bedair M (1985)
Application of derivative-differential UV spectrophotometry for the determination of oxazepam or phenobarbitone in the presence of dipyridamole (technical note).
J Pharm Bel 40: 244-248   (10 Refs.)

5502. Emerson TR, Pare CMB, Turner P, Hathway NR, Kaye CM, Sankey MC (1981)
The use of a beta-blocker (acebutolol, sectral) and a benzodiazepine (diazepam) in the treatment of anxiety.
Curr Ther R 29: 693-703   (38 Refs.)

5503. Emmettoglesby MW, Lal H, Harris CM, Mathis DA (1986)
Multiple precipitations of diazepam withdrawal are reliably detected in the pentylenetetrazol (PTZ) drug discrimination paradigm (meeting abstr.).
Fed Proc 45: 429   (1 Refs.)

5504. Emmettoglesby MW, Spencer DG, Elmesall. F, Lal H (1983)
The pentylenetetrazol model of anxiety detects withdrawal from diazepam in rats.
Life Sci 33: 161-168   (20 Refs.)

5505. Emmettoglesby M, Spencer D, Lewis M, Elmesall. F, Lal H (1983)
Anxiogenic aspects of diazepam withdrawal can be detected in animals (technical note).
Eur J Pharm 92: 127-130   (10 Refs.)

5506. Empson P (1985)
Alprazolam as an antidepressant (letter).
Aust NZ J P 19: 197   (3 Refs.)

5507. Emre M, Groner M, Groner R, Hofer D, Fisch HU (1986)
The benzodiazepine midazolam enhances visual backward-masking (meeting abstr.).
Experientia 42: 698   (no Refs.)

5508. Emrich HM (1986)
Zur Bedeutung von Benzodiazepinantagonisten in Klinik und Forschung.
In: Benzodiazepine - Rückblick und Ausblick (Ed. Hippius H, Engel RR, Laakmann G)
Springer, Berlin Heidelberg New York Tokyo, p. 41-46

5509. Emrich HM, Lund R (1985)
Effect of the benzodiazepine antagonist Ro 15-1788 on sleep after sleep withdrawal.
Pharmacops 18: 171-173   (10 Refs.)

5510. Emrich HM, Sondereg. P, Mai N (1984)
Action of the benzodiazepine antagonist Ro 15-1788 in humans after sleep withdrawal.
Neurosci L 47: 369-373   (11 Refs.)

5511. Emsley RA (1984)
Hazards of benzodiazepines (letter).
S Afr Med J 66: 870   (9 Refs.)

5512. Engel J, Hard E (1986)
Effects of ethanol and diazepam on ultrasonic crying in the neonatal rat (meeting abstr.).
Alc Alcohol 21: 8   (no Refs.)

5513. Engelhardt A (1986)
Brotizolam - foreword (editorial).
Arznei-For 36-1: 517   (no Refs.)

5514. English L, Pycock CJ, Roberts CJC, Shorsbre. E, Taberner PV (1982)
The interactions between ethanol and nitrazepam and temazepam on human psychomotor performance (meeting abstr.).
Br J Cl Ph 14: 620-621   (3 Refs.)

5515. Enkaku M, Kurita J, Tsuchiya T (1981)
A new photochemical synthetic route to 2,3-benzodiazepines from isoquinoline N-imides.
Heterocycle 16: 1923-1926   (15 Refs.)

5516. Enna SJ, Andree T (1983)
GABA receptor heterogeneity: Relationship to benzodiazepines.
In: Pharmacology of Benzodiazepines (Ed. Usdin E, Skolnick P, Tallmann jr JF, Greenblatt D, Paul SM)
Verlag Chemie, Weinheim Deerfield Beach Basel p. 121-132

5517. Enna SJ, Defrance JF (1980)
Glycine, gaba and benzodiazepine receptors (review or bibliog.).
Recep Rec B 9: 41+   (237 Refs.)

5518. Enna SJ, Yamamura HI (1980)
Neurotransmitter receptors .1. amino-acids, peptides and benzodiazepines - preface (editorial).
Recep Rec B 9: 6   (no Refs.)

5519. Enna SJ, Yamamura HI (1981)
Neurotransmitter receptors, PT 1, amino-acids, peptides and benzodiazepines (book review).
Br J Psychi 139: 372   (1 Refs.)

5520. Entman SS, Vaughn WK (1984)
Lack of relation of oral clefts to diazepam use in pregnancy (letter).
N Eng J Med 310: 1121-1122   (1 Refs.)

5521. Entwistle N, Owen P, Patterso. DA, Jones LV, Smith JA (1986)
The occurrence of chlordiazepoxide degradation products in sudden deaths associated with chlordiazepoxide overdosage.'
J For Sci 26: 45-54   (11 Refs.)

5522. Ereshefsky L (1984)
Buspirones advantages over benzodiazepine anxiolytics (editorial).
Clin Phrmcy 3: 654-655   (* Refs.)

5523. Erge R, Muller RK, Wehran HJ (1985)
HPLC systems for the separation of toxicologically relevant, organic-compounds (especially active substances of drugs) (review).
Pharmazie 40: 153-173   (887 Refs.)

5524. Eriksson E, Carlsson M, Nilsson C, Soderpal. B (1986)
Does alprazolam, in contrast to diazepam, activate alpha-2-adrenoceptors involved in the regulation of rat growth-hormone secretion.
Life Sci 38: 1491-1498   (50 Refs.)

5525. Eriksson T, Carlsson A, Hagman M (1981)
Effects of pentobarbital and diazepam on rat plasma amino-acid patterns.
N-S Arch Ph 317: 165-167   (9 Refs.)

5526. Erkola O, Salmenpe. M, Tammisto T (1980)
Does diazepam pretreatment prevent succinylcholine-induced fasciculations - a double-blind comparison of diazepam and tubocurarine pretreatments.
Anesth Anal 59: 932-934   (13 Refs.)

5527. Eroglu L, Keyeruys. M, Baykara S (1984)
Effects of lithium, diazepam and propranolol on brain Na^+-K^+-ATPase activity in stress-exposed mice.
Arznei-For 34-2: 762-763   (33 Refs.)

5528. Eroglu L, Tekol Y, Baykara S, Keyeruys. M (1982)
The effects of diazepam and lithium on the serotonin metabolism in stress-exposed rats.
Aggr Behav 8: 195-197   (8 Refs.)

5529. Erwin CW, Linnoila M, Hartwell J, Erwin A, Guthrie S (1986)
Effects of buspirone and diazepam, alone and in combination with alcohol, on skilled performance and evoked-potentials.
J Cl Psych 6: 199-209   (32 Refs.)

5530. Eser A, Ulsamer B, Doenicke A, Suttmann H, Ott H (1984)
Anxiolysis due to benzodiazepine and thalamonal (meeting abstr.).
Anaesthesis 33: 534   (1 Refs.)

5531. Essman EJ (1982)
Aggressive-behavior and benzodiazepine receptor changes in isolated male-mice.
Psychol Rep 51: 302   (6 Refs.)

5532. Essman EJ, Valzelli L (1981)
Brain benzodiazepine receptor changes in the isolated aggressive mouse.
Pharmacol R 13: 665-671   (35 Refs.)

5533. Estall LB, Cooper SJ (1986)
Benzodiazepine receptor-mediated effect of CGS-8216 on milk consumption in the non-deprived rat (technical note).
Psychophar 89: 477-479   (16 Refs.)

5534. Estervig DN, Wang RJ (1984)
Centriole non-separation after chlorpromazine or diazepam treatment, and in a mutant-cell line (meeting abstr.).
J Cell Biol 99: 445   (no Refs.)

5535. Etchegoy. GS, Cardinal. DP, Perez AE, Tamayo J, Perezpal. G (1986)
Binding and effects of catecholestrogens on adenylate-cyclase activity, and adrenoceptors, benzodiazepine and gaba receptors in guinea-pig hypothalamic membranes.
Eur J Pharm 129: 1-10   (41 Refs.)

5536. Evans JE, Browne TR, Kasdon DL, Szabo GK, Evans BA, Greenblatt DJ (1985)
Staggered stable isotope administration technique for study of drug distribution (technical note).
J Clin Phar 25: 309-312   (5 Refs.)

5537. Evans RL (1981)
New drug evaluations - alprazolam.
Drug Intel 15: 633-638   (15 Refs.)

5538. Evans RL, Nelson MV, Melethil SK, Hornstra RK, Townsend R, Smith RB (1986)
Evaluation of the potential pharmacokinetic interaction of lithium and alprazolam (meeting abstr.).
Drug Intel 20: 457-458   (no Refs.)

5539. Evenden JL, Robbins TW (1983)
Dissociable effects of D-amphetamine, chlordiazepoxide and alpha-flupenthixol on choice and rate measures of reinforcement in the rat.
Psychophar 79: 180-186   (18 Refs.)

5540. Evenden JL, Robbins TW (1985)
The effects of D-amphetamine, chlordiazepoxide and alpha-flupenthixol on food-reinforced tracking of a visual stimulus by rats.
Psychophar 85: 361-366   (19 Refs.)

5541. Fabre LF, Johnson PA, Greenblatt DJ (1984)
Drowsiness sedation levels in anxious neurotic outpatients.
Psychoph B 20: 128-136   (9 Refs.)

5542. Fabre LF, McLendon DM, Stephens AG (1981)
Comparison of the therapeutic effect, tolerance and safety of ketazolam and diazepam administered for 6 months to out-patients with chronic anxiety neurosis.
J Int Med R 9: 191-198   (7 Refs.)

5543. Fagan D, Scott DB, Tiplady B (1984)
A study of the effects of zimeldine on the pharmacokinetics and pharmacodynamics of temazepam in healthy-volunteers.
Psychophar 82: 252-255   (16 Refs.)

5544. Fagan DR, Illsley SS (1985)
Benzodiazepine hypnotics - a comparative review of recently approved agents (review).
Hosp Formul 20: 491+   (no Refs.)

5545. Fagerlund I, Hedqvist B, Skogsberg. U, Svensson M (1984)
A double-blind randomized control trial of diazepam (letter).
J Roy Col G 34: 248   (1 Refs.)

5546. Faibushevich AA, Kuramshi. RK, Yushkevi. AM, Kolesnik. SI (1986)
Determination of diazepam and its metabolites in the blood by microcolumn high-performance liquid-chromatography.
Farmakol T 49: 20-22   (no Refs.)

5547. Fairchild MD, Jenden DJ, Mickey MR, Yale C (1981)
Drug-specific EEG frequency-spectra and their time courses produced in the cat by anti-depressants and a benzodiazepine.
EEG Cl Neur 52: 81-88   (17 Refs.)

5548. Falch E, Jacobsen P, Krogsgaa. P, Curtis DR (1985)
Gaba-mimetic activity and effects on diazepam binding of aminosulfonic acids structurally related to piperidine-4-sulfonic acid.
J Neurochem 44: 68-75   (43 Refs.)

5549. Falch E, Krogsgaa. P, Jacobsen P, Engesgaa. A, Braestru. C, Curtis DR (1985)
Synthesis, gaba agonist activity and effects on gaba and diazepam binding of some N-substituted analogs of gaba.
Eur J Med C 20: 447-453   (42 Refs.)

5550. Falk JL, Tang M (1984)
Chlordiazepoxide injection elevates the NaCl solution acceptance-rejection function.
Pharm Bio B 21: 449-451   (22 Refs.)

5551. Falk JL, Tang M (1984)
Midazolam-induced increase in NaCl solution ingestion - differential effect of the benzodiazepine antagonists Ro-15-1788 and CGS-8216.
Pharm Bio B 21: 965-968   (41 Refs.)

5552. Falk JL, Tang M (1985)
Midazolam oral self-administration.
Drug Al Dep 15: 151-163   (35 Refs.)

5553. Faltus FJ (1984)
The positive effect of alprazolam in the treatment of 3 patients with borderline personality-disorder.
Am J Psychi 141: 802-803   (9 Refs.)

5554. Fancourt GJ, Gastlede. CM (1986)
The use of benzodiazepines in the elderly (letter).
Br J Hosp M 36: 149   (no Refs.)

5555. Fancourt G, Castlede. M (1986)
The use of benzodiazepines with particular reference to the elderly.
Br J Hosp M 35: 321-326   (74 Refs.)

5556. Fanelli RJ, McNamara JO (1983)
Kindled seizures result in decreased responsiveness of benzodiazepine receptors to gamma-aminobutyric acid (gaba).
J Pharm Exp 226: 147-150   (25 Refs.)

5557. Fanelli RJ, McNamara JO (1986)
Effects of age on kindling and kindled seizure-induced increase of benzodiazepine receptor-binding.
Brain Res 362: 17-22   (21 Refs.)

5558. Fanelli RJ, McNamara JO (1986)
Effects of age on kindling and kindled seizure-induced increase of benzodiazepine receptor-binding.
Brain Res 362: 17-22   (21 Refs.)

5559. Fann WE, Crocofsk. VC, Leslie CM, Cephus P, Crabtree WB (1986)
A trial of 2 benzodiazepines in acute alcohol withdrawal states.
Curr Ther R 40: 218-224   (5 Refs.)

5560. Fann WE, Garcia J, Richman BW (1983)
High-dose benzodiazepine therapy in hospitalized anxious patients.
J Clin Phar 23: 100-105   (4 Refs.)

5561. Fann WE, Pitts WM, Wheless JC (1982)
Pharmacology, efficacy, and adverse-effects of halazepam, a new benzodiazepine.
Pharmacothe 2: 72-79   (36 Refs.)

5562. Fann WE, Richman BW, Pitts WM (1982)
Halazepam in the treatment of recurrent anxiety attacks in chronically anxious out-patients - a double-blind placebo controlled-study.
Curr Ther R 32: 906-910   (7 Refs.)

5563. Farb DH, Borden LA, Chan CY, Czajkows. CM, Gibbs TT, Schiller GD (1984)
Modulation of neuronal function through benzodiazepine receptors - biochemical and electrophysiological studies of neurons in primary monolayer cell-culture.
Ann NY Acad 435: 1-31   (33 Refs.)

5564. Farb DH, Czajows. CM, Borden LA, Schiller GD, Gibbs TT (1986)
Turnover of the benzodiazepine gamma-aminobutyric acid receptor complex determined insitu (review).
Adv Bio Psy 41: 51-66   (25 Refs.)

5565. Farber D, Wasterla. CG (1982)
Diazepam inhibits kindling and calcium-stimulated and calmodulin-stimulated phosphorylation of synaptic membrane-proteins (meeting abstr.).
Ann Neurol 12: 94   (no Refs.)

5566. Fares F, Barami S, Brandes JM, Gavish M (1987)
Gonadotropin-induced and estrogen-induced increase of peripheral-type benzodiazepine binding-sites in the hypophyseal-gebutak axis of rats.
Eur J Pharm 133: 97-102   (29 Refs.)

5567. Fares F, Gavish M (1986)
Characterization of peripheral benzodiazepine binding-sites in human term placenta.
Bioch Pharm 35: 227-230   (29 Refs.)

5568. Fargeas MJ, Fioramon. J, Bueno L (1984)
Time-related effects of benzodiazepines on intestinal motility in conscious dogs (technical note).
J Pharm Pha 36:130-132   (21 Refs.)

5569. Fariello RG, Deluca D (1984)
An open pilot-study of alprazolam on medically intractable seizures (meeting abstr.).
Epilepsia 25: 657   (no Refs.)

5570. Faroqui MH, Cole M, Curran J (1983)
Buprenorphine, benzodiazepines and respiratory depression (letter).
Anaesthesia 38: 1002-1003   (8 Refs.)

5571. Farrell K (1986)
Benzodiazepines in the treatment of children with epilepsy.
Epilepsia 27: 45-51   (59 Refs.)

5572. Farrell K, Jan JE, Julian JV, Betts TA, Wong PK (1984)
Clobazam in children with intractable seizures (meeting abstr.).
Can J Neur 11: 335   (no Refs.)

5573. Farrell K, Jan JE, Julian JV, Betts TA, Wong PK (1984)
Clobazam in children with intractable seizures (meeting abstr.).
Epilepsia 25: 657   (no Refs.)

5574. Fatmi AA, Vaidya NA, Iturrian WB, Blanton CD (1984)
Synthesis of previously inaccessible quinazolines and 1,4-benzodiazepines as potential anticonvulsants.
J Med Chem 27: 772-778   (46 Refs.)

5575. Faull RLM, Villiger JW (1986)
Heterogeneous distribution of benzodiazepine receptors in the human striatum - a quantitative autoradiographic study comparing the pattern of receptor labeling with the distribution of acetylcholinesterase staining.
Brain Res 381: 153-158   (20 Refs.)

5576. Faull RLM, Villiger JW (1986)
Benzodiazepine receptors in the human spinal-cord - a detailed anatomical and pharmacological study.
Neuroscienc 17: 791-802   (30 Refs.)

5577. Favre B, Grange D, Fanco D, Ferrey G, Mahuzier G, Bismuth H (1982)
Encephalopathy after portacaval-shunt - diagnostic and predictive values of the electroencephalographic response after diazepam administration.
Gastro Cl B 6: 526-530   (11 Refs.)

5578. Fawcett JA, Kravitz HM (1982)
Alprazolam - pharmacokinetics, clinical efficacy, and mechanism of action.
Pharmacothe 2: 243-253   (100 Refs.)

5579. Fayatpicard J, Gardes JP, Loustala. JM, Gayral LF (1984)
A comparative-study of 2 hypnotics, flunitrazepam and triazolam on sleep - psychometric evaluation and pharmacokinetic correlation.
Ann Med Psy 142: 688-696   (* Refs.)

5580. Fazacker EJ, Randall NPC, Pleuvry BJ, Bradbroo. I, Mawer GE (1987)
The respiratory effects of oral ethyl loflazepate in volunteers.
Br J Cl Ph 23: 183-187   (11 Refs.)

5581. Fee JPH, Collier PS, Dundee JW (1986)
Bioavailability of 2 formulations of intravenous diazepam.
Act Anae Sc 30: 337-340   (19 Refs.)

5582. Fee JPH, Collier PS, Howard PJ, Dundee JW (1987)
Cimetidine and ranitidine increase midazolam bioavailability.
Clin Pharm 41: 80-84   (17 Refs.)

5583. Fee JPH, Dundee JW (1985)
Bioavailability of 3 preparations of injectable diazepam (meeting abstr.).
Act Anae Sc 29: 88   (1 Refs.)

5584. Fee JPH, Dundee JW, Collier PS, McClean E (1984)
Diazepam disposition following cimetidine or ranitidine (meeting abstr.).
Br J Cl Ph 17: 617-618   (5 Refs.)

5585. Fee JPH, Dundee JW, Collier PS, McClean E (1984)
Bioavailability of intravenous diazepam (letter).
Lancet 2: 813   (9 Refs.)

5586. Fee JPH, Dundee JW, McClean E (1984)
Plasma diazepam concentrations following intravenous valium and diazemuls (meeting abstr.).
Irish J Med 153: 227-228   (no Refs.)

5587. Fee JPH, Dundee JW, McClean E, Collier PS (1984)
Plasma diazepam concentrations following valium and diazemuls i.v. (meeting abstr.).
Br J Anaest 56: 1280   (3 Refs.)

5588. Fee JPH, McClean E, Collier PS, Dundee JW (1985)
Plasma diazepam concentrations following intravenous valium and valium miced micelles (meeting abstr.).
Br J Cl Ph 19: 581   (2 Refs.)

5589. Feely M (1983)
Long-term use of clobazam in refractory epilepsy (meeting abstr.).
Irish J Med 152: 318   (no Refs.)

5590. Feely M, Calvert R, Gibson J (1982)
Clobazam in the treatment of catamenial epilepsy (meeting abstr.).
Br J Cl Ph 13: 273-274   (3 Refs.)

5591. Feely M, Calvert R, Gibson J (1982)
Catamenial epilepsy as a model for testing a new anti-convulsant (clobazam) (meeting abstr.).
Irish J Med 151: 358-359   (no Refs.)

5592. Feely M, Calvert R, Gibson J (1982)
Clobazam in catamenial epilepsy - a model for evaluating anticonvulsants.
Lancet 2: 71-73   (9 Refs.)

5593. Feely M, Gibson J (1984)
Intermittent clobazam for catamenial epilepsy - tolerance avoided.
J Ne Ne Psy 47: 1279-1282   (7 Refs.)

5594. Feest T, Read D (1982)
Clonazepam - effective treatment for restless legs syndrome in uremia - reply (letter).
Br Med J 284: 510   (no Refs.)

5595. Feet PO, Larsen S, Robak OH (1985)
A double-blind study in out-patients with primary non-agitated depression treated with imipramine in combination with placebo, diazepam or dixyrazine.
Act Psyc Sc 72: 334-340   (18 Refs.)

5596. Fehske KJ, Müller WE (1981)
Characterization of the interaction of [^{3}H]-labeled propyl-beta carboline-3-carboxylate with the benzodiazepine receptor in the bovine central nervous-system (meeting abstr.).
H-S Z Physl 362: 1298   (5 Refs.)

5597. Fehske KJ, Müller WE (1982)
Beta-carboline inhibition of benzodiazepine receptor-binding invivo.
Brain Res 238: 286-291   (15 Refs.)

5598. Fehske KJ, Müller WE, Platt KL, Stillbau. AE (1981)
Inhibition of benzodiazepine receptor-binding by several tryptophan and indole-derivatives (technical note).
Bioch Pharm 30: 3016-3019   (17 Refs.)

5599. Fehske KJ, Zube I, Borbe HO, Wollert U, Müller WE (1982)
Beta-carboline binding indicates the presence of benzodiazepine receptor subclasses in the bovine central nervous-system.
N-S Arch Ph 319: 172-177   (36 Refs.)

5600. Feighner JP (1983)
Open label study of alprazolam in severely depressed inpatients.
J Clin Psy 44: 332-334   (9 Refs.)

5601. Feighner JP, Aden GC, Fabre LF, Rickels K, Smith WT (1983)
Comparison of alprazolam, imipramine, and placebo in the treatment of depression.
J Am Med A 249: 3057-3064   (19 Refs.)

5602. Feighner JP, Meredith CH, Frost NR, Chammas S, Hendrick. G (1983)
A double-blind comparison of alprazolam vs imipramine and placebo in the treatment of major depressive disorder.
Act Psyc Sc 68: 223-233   (16 Refs.)

5603. Feighner JP, Merideth CH, Hendrick. GA (1982)
A double-blind comparison of buspirone and diazepam in outpatients with generalized anxiety disorder.
J Clin Psy 43: 103-108   (8 Refs.)

5604. Feldbaum JS (1984)
Inadvertent benzodiazepine withdrawal (letter).
Am Fam Phys 30: 46+   (2 Refs.)

5605. Feldman MC (1986)
Paradoxical effects of benzodiazepines.
N C Med J 47: 311-312   (no Refs.)

5606. Feldman RG, Hayes MK, Browne TR (1981)
A double-blind comparison of clonazepam with placebo for refractory tonic-clonic seizures (meeting abstr.).
Neurology 31: 159   (no Refs.)

5607. Feldmeier C, Kapp W (1983)
Comparative clinical-studies with midazolam, oxazepam and placebo.
Br J Cl Ph 16: 151-155   (3 Refs.)

5608. Feldon J, Gray JA (1981)
The partial-reinforcement extinction effect after treatment with chlordiazepoxide.
Psychophar 73: 269-275   (23 Refs.)

5609. Feldon J, Gray JA (1981)
The partial-reinforcement extinction effect - influence of chlordiazepoxide in septal lesioned rats.
Psychophar 74: 280-289   (16 Refs.)

5610. Feldon J, Lerner T, Levin D, Myslobod. M (1983)
A behavioral examination of convulsant benzodiazepine and gaba antagonist, Ro-5-3663, and benzodiazepine-receptor antagonist Ro-15-1788.
Pharm Bio B 19: 39-41   (18 Refs.)

5611. Feldon J, Myslobod. M (1982)
Convulsant benzodiazepine Ro-5-3663 has anxiolytic properties.
Pharm Bio B 16: 689-691   (20 Refs.)

5612. Feldon J, Rawlins JNP, Gray JA (1982)
Discrimination of response-contingent and response-independent shock by rats - effects of medial and lateral septal-lesions and chlordiazepoxide.
Behav Neur 35: 121-138   (47 Refs.)

5613. Feldon J, Shemer A (1982)
Long-term behavioral-effects of chronic administration of chlordiazepoxide (meeting abstr.).
Isr J Med S 18: 557   (no Refs.)

5614. Feline A (1985)
The use of benzodiazepines (editorial).
Rev Prat 35: 3107   (no Refs.)

5615. Feline A, Legoc I (1985)
Benzodiazepines - prescription, consumption and addiction.
Sem Hop Par 61: 3171-3176   (no Refs.)

5616. Fell D (1985)
Diazepam premedication in children - reply (letter).
Anaesthesia 40: 816-817   (4 Refs.)

5617. Fell D (1986)
Rectal administration of diazepam (letter).
Br J Anaest 58: 361   (4 Refs.)

5618. Fell D, Gough MB, Northan AA, Henderso. CU (1985)
Diazepam premedication in children - plasma-levels and clinical effects.
Anaesthesia 40: 12-17   (11 Refs.)

5619. Feller DJ, Schroede. F, Bylund DB (1983)
Binding of flunitrazepam-^{3}H to the LM cell, a transformed murine fibroblast.
Bioch Pharm 32: 2217-2223   (60 Refs.)

5620. Feneck RO, Cook JH (1983)
Failure of diazepam to prevent the suxamethonium-induced rise in intraocular-pressure.
Anaesthesia 38: 120-127   (21 Refs.)

5621. Feneck RO, Cook JH (1983)
Diazepam and intraocular-pressure - reply (letter).
Anaesthesia 38: 815-816   (5 Refs.)

5622. Fenerty CA, Lindup WE (1985)
Inhibitory effect of norharmane and other beta-carbolines on the binding of L-tryptophan and diazepam to bovine albumin (meeting abstr.).
Bioch Soc T 13: 907-908   (5 Refs.)

5623. Fernandezguardiola A, Jurado JL, Solis H (1981)
The effect of triazolam on insomniac patients using a laboratory sleep evaluation.
Curr Ther R 29: 950-958   (16 Refs.)

5624. Fernandez-Arciniega MA, Hernandez L (1985)
Analytical properties of metaclazepam, a new 1,4-benzodiazepine.
Farmaco, Ed. Prat. 40: 81-86

5625. Fernando L, Sagi E (1986)
Alprazolam withdrawal syndrome (letter).
Can J Psy 31: 488   (2 Refs.)

5626. Ferrara N, Valentin. P, Sestito M, Deprisco F. Veniero AM, Canonico V, Breglio R, Rengo F (1985)
Comparison between brotizolam and nitrazepam in geriatric-patients - randomized and crossover double-blind clinical-study.
Curr Ther R 37: 295-308   (14 Refs.)

5627. Ferrarese C, Vaccarin. F, Mellstro. B, Guidotti A, Costa E (1986)
Subcellular location and depolarization-induced release of DBI (diazepam binding inhibitor) in rat-brain (meeting abstr.)
Fed Proc 45: 663   (no Refs.)

5628. Ferreri M, Alby JM (1982)
Anxiety-states and bromazepam.
Nouv Presse 11: 1728-1730   (no Refs.)

5629. Ferrari M, Corda MG, Guidotti A, Costa E (1984)
On a neuropeptide precursor of an anxiogenic putative ligand of benzodiazepine recognition site (meeting abstr.)
Fed Proc 43: 1092   (1 Refs.)

5630. Ferrero P, Costa E, Contitro. B, Guidotti A (1986)
A diazepam binding inhibitor (DBI)-like neuropeptide is detected in human-brain (technical note).
Brain Res 399: 136-142   (35 Refs.)

5631. Ferrero P, Guidotti A, Contitro. B, Costa E (1984)
A brain octadecaneuropeptide generated by tryptic digestion of DBI (diazepam binding inhibitor) functions as a proconflict ligand of benzodiazepine recognition sites (technical note).
Neuropharm 23: 1359-1362   (6 Refs.)

5632. Ferrero P, Guidotti A, Costa E (1984)
Increase in the BMAX of gamma-aminobutyric acid-A recognition sites in brain-regions of mice receiving diazepam.
P NAS Biol 81: 2247-2251   (24 Refs.)

5633. Ferrero P, Santi MR, Contitro. B, Costa E, Guidotti A (1986)
Study of an octadecaneuropeptide derived from diazepam binding inhibitor (DBI) - biological-activity and presence in rat-brain.
P NAS US 83: 827-831   (23 Refs.)

5634. Ferretti G, Ronchini P, Maini C, Cucinott. D (1980)
Effectiveness and tolerability of triazolam vs placebo in the treatment of geriatric-patients with insomnia.
Gior Geront 28: 808-815   (8 Refs.)

5635. Ferretti V, Bertolas. V, Gilli G, Borea PA (1985)
Stereochemistry of benzodiazepine-receptor ligands .2. structures of 2 2-arylpyrazolo [4,3-c]quinolin-3-ones - CGS 8216, $C_{16}H_{11}N_3O$, and CGS 9896, $C_{16}H_{10}ClN_3O$.
Act Cryst C 41: 107-110   (14 Refs.)

5636. Ferrillo F, Balestra V, Carta F, Nuvoli G, Pintus C, Rosadini G (1984)
Comparison between the central effects of camazepam and temazepam - computerized analysis of sleep recordings.
Neuropsychb 11: 72-76   (8 Refs.)

5637. Fichte K, Sastreyh. M, Studer A (1982)
Comparison of lormetazepam and flunitrazepam in general-practice.
Schw R Med 71: 430-435 (no Refs.)

5638. Fielding S, Lal H (1982)
A review of the animal pharmacology of clobazam - an update.
Drug Dev R 1982: 17-21 (21 Refs.)

5639. File SE (1980)
Effects of benzodiazepines and naloxone on food-intake and food preference in the rat.
Appetite 1: 215-224 (32 Refs.)

5640. File SE (1981)
Rapid development of tolerance to the sedative effects of lorazepam and triazolam in rats.
Psychophar 73: 240-245 (19 Refs.)

5641. File SE (1982)
Development and retention of tolerance to the sedative effects of chlordiazepoxide - role of apparatus cues.
Eur J Pharm 81: 637-643 (25 Refs.)

5642. File SE (1982)
The rat corticosterone response - habituation and modification by chlordiazepoxide.
Physl Behav 29: 91-95 (37 Refs.)

5643. File SE (1982)
Colony aggression - effects of benzodiazepines on intruder behavior.
Physl Psych 10: 413-416 (32 Refs.)

5644. File SE (1982)
Recovery from lorazepam tolerance and the effects of a benzodiazepine antagonist (Ro-15-1788) on the development of tolerance.
Psychophar 77: 284-288 (16 Refs.)

5645. File SE (1983)
Sedative effects of PK-9084 and PK-8165, alone and in combination with chlordiazepoxide.
Br J Pharm 79: 219-223 (6 Refs.)

5646. File SE (1983)
Strain differences in mice in the development of tolerance to the anti-pentylenetetrazole effects of diazepam.
Neurosci L 42: 95-98 (6 Refs.)

5647. File SE (1983)
Animal anxiety and the effects of benzodiazepines.
In: Pharmacology of Benzodiazepines (Ed. Usdin E, Skolnick P, Tallmann jr JF, Greenblatt D, Paul SM)
Verlag Chemie, Weinheim Deerfield Beach Basel
p. 355-363

5648. File SE (1983)
Variability in behavioral-responses to benzodiazepines in the rat.
Pharm Bio B 18: 303-306 (11 Refs.)

5649. File SE (1983)
Tolerance to the anti-pentylenetetrazole effects of diazepam in the mouse (technical note).
Psychophar 79: 284-286 (12 Refs.)

5650. File SE (1984)
Pro-convulsant and anti-convulsant properties of PK-11195, a ligand for benzodiazepine binding-sites - development of tolerance.
Br J Pharm 83: 471-476 (12 Refs.)

5651. File SE (1984)
Modification of seizures elicited by the benzodiazepine Ro 5-3663 - a comparison with picrotoxin (technical note).
J Pharm Pha 36:837-840 (16 Refs.)

5652. File SE (1984)
Behavioral-effects of pentylenetetrazole reversed by chlordiazepoxide and enhanced by Ro-15-1788.
N-S Arch Ph 326: 129-131 (13 Refs.)

5653. File SE (1984)
The stress of intruding - reduction by chlordiazepoxide.
Physl Behav 33: 345-347 (13 Refs.)

5654. File SE (1984)
Behavioral pharmacology of benzodiazepines.
Prog Neur-P 8: 19-31 (59 Refs.)

5655. File SE (1985)
What can be learned from the effects of benzodiazepines on exploratory-behavior (review).
Neurosci B 9: 45-54 (125 Refs.)

5656. File SE (1985)
Tolerance to the behavioral actions of benzodiazepines (review).
Neurosci B 9: 113-121 (84 Refs.)

5657. File SE (1986)
Effects of chlordiazepoxide on competition for a preferred food in the rat.
Beh Bra Res 21: 195-202 (11 Refs.)

5658. File SE (1986)
Effects of neonatal administration of diazepam and lorazepam on performance of adolescent rats in tests of anxiety, aggression, learning and convulsions.
Neurob Tox 8: 301-306 (20 Refs.)

5659. File SE (1986)
The effects of neonatal administration of clonazepam on passive-avoidance and on social, aggressive and exploratory-behavior of adolescent male-rats.
Neurob Tox 8: 447-452 (9 Refs.)

5660. File SE (1986)
Behavioral-changes persisting into adulthood after neonatal benzodiazepine administration in the rat.
Neurob Tox 8: 453-461 (23 Refs.)

5661. File SE, Bond AJ, Lister RG (1982)
Interaction between effects of caffeine and lorazepam in performance tests and self-ratings.
J Cl Psych 2: 102-106 (14 Refs.)

5662. File SE, Cooper SJ (1985)
Benzodiazepines and behavior (editorial).
Neurosci B 9: 1-3 (23 Refs.)

5663. File SE, Dingeman. J, Friedman HL, Greenblatt DJ (1986)
Chronic treatment with Ro 15-1788 distinguishes between its benzodiazepine antagonist, agonist and inverse agonist properties.
Psychophar 89: 113-117 (25 Refs.)

5664. File SE, Green AR, Nutt DJ, Vincent ND (1984)
On the convulsant action of Ro-5-4864 and the existence of a micromolar benzodiazepine binding-site in rat-brain.
Psychophar 82: 199-202 (17 Refs.)

5665. File SE, Greenblatt DJ, Martin IL, Brown C (1985)
Long-lasting anticonvulsant effects of diazepam in different mouse strains - correlations with brain concentrations and receptor occupancy.
Psychophar 86: 137-141   (10 Refs.)

5666. File SE, Lister RG (1982)
Do lorazepam-induced deficits in learning result from impaired rehearsal, reduced motivation or increased sedation.
Br J Cl Ph 14: 545-550   (16 Refs.)

5667. File SE, Lister RG (1982)
Beta-CCE and chlordiazepoxide reduce exploratory head-dipping and rearing - no mutual antagonism (technical note).
Neuropharm 21: 1215-1218   (10 Refs.)

5668. File SE, Lister RG (1983)
Does tolerance to lorazepam develop with once weekly dosing.
Br J Cl Ph 16: 645-650   (16 Refs.)

5669. File SE, Lister RG (1983)
Interactions of ethyl-beta-carboline-3-carboxylate and Ro-15-1788 with CGS-8216 in an animal-model of anxiety.
Neurosci L 39: 91-94   (13 Refs.)

5670. File SE, Lister RG (1985)
A comparison of the effects of lorazepam with those of propranolol on experimentally-induced anxiety and performance.
Br J Cl Ph 19: 445-451   (23 Refs.)

5671. File SE, Lister RG, Nutt DJ (1982)
The anxiogenic action of benzodiazepine antagonists.
Neuropharm 21: 1033-1037   (20 Refs.)

5672. File SE, Lister RG, Nutt DJ (1982)
Intrinsic actions of benzodiazepine antagonists.
Neurosci L 32: 165-168   (11 Refs.)

5673. File SE, Mabbutt PS, Pearce JB (1981)
How do benzodiazepines reduce formation of gastric stress-ulcers (meeting abstr.).
Br J Pharm 73: 228-229   (6 Refs.)

5674. File SE, Pearce JB (1981)
Benzodiazepines reduce gastric-ulcers induced in rats by stress.
Br J Pharm 74: 593-599   (19 Refs.)

5675. File SE, Pellow S (1983)
Anxiogenic action of a convulsant benzodiazepine - reversal by chlordiazepoxide (technical note).
Brain Res 278: 370-372   (13 Refs.)

5676. File SE, Pellow S (1984)
The anxiogenic action of FG-7142 in the social-interaction test is reversed by chlordiazepoxide and Ro-15-1788 but not by CGS-8216.
Arch I Phar 271: 198-205   (16 Refs.)

5677. File SE, Pellow S (1984)
The anxiogenic action of Ro 15-1788 is reversed by chronic, but not by acute, treatment with chlordiazepoxide (technical note).
Brain Res 310: 154-156   (21 Refs.)

5678. File SE, Pellow S (1984)
Behavioral-effects of PK-8165 that are not mediated by benzodiazepine binding-sites.
Neurosci L 50: 197-201   (11 Refs.)

5679. File SE, Pellow S (1985)
Does the benzodiazepine antagonist Ro-15-1788 reverse the actions of picrotoxin and pentylenetetrazole on social and exploratory-behavior.
Arch I Phar 277: 272-279   (14 Refs.)

5680. File SE, Pellow S (1985)
No cross-tolerance between the stimulatory and depressant actions of benzodiazepines in mice.
Beh Bra Res 17: 1-7   (10 Refs.)

5681. File SE, Pellow S (1985)
The anxiolytic but not the sedative properties of tracazolate are reversed by the benzodiazepine receptor antagonist, Ro 15-1788.
Neuropsychb 14: 193-197   (14 Refs.)

5682. File SE, Pellow S (1985)
The anxiogenic action of Ro-5-4864 in the social-interaction test - effect of chlordiazepoxide, Ro-15-1788 and CGS-8216.
N-S Arch Ph 328: 225-228   (31 Refs.)

5683. File SE, Pellow S (1985)
Chlordiazepoxide enhances the anxiogenic action of CGS-8216 in the social-interaction test - evidence for benzodiazepine withdrawal.
Pharm Bio B 23: 33-36   (29 Refs.)

5684. File SE, Pellow S (1985)
The effects of PK-11195, a ligand for benzodiazepine binding-sites, in animal tests of anxiety and stress.
Pharm Bio B 23: 737-741   (33 Refs.)

5685. File SE, Pellow S (1986)
Do the intrinsic actions of benzodiazepine receptor antagonists imply the existence of an endogenous ligand for benzodiazepine receptors (review).
Adv Bio Psy 41: 187-202   (56 Refs.)

5686. File SE, Pellow S (1986)
Intrinsic actions of the benzodiazepine receptor antagonist Ro-15-1788 (review).
Psychophar 88: 1-11   (121 Refs.)

5687. File SE, Pellow S, Jensen LH (1986)
Actions of the beta-carboline ZK-93426 in an animal test of anxiety and the holeboard - interactions with Ro 15-1788.
J Neural Tr 65: 103-114   (27 Refs.)

5688. File SE, Pellow S, Skelly AM, Nelson IA (1986)
Amnesic and anxiolytic effects of intravenous diazepam in dental anxiety.
Int Clin Ps 1: 66-73   (12 Refs.)

5689. File SE, Pellow S, Wilks L (1985)
The sedative effects of CL-218,872, like those of chlordiazepoxide, are reversed by benzodiazepine antagonists.
Psychophar 85: 295-300   (13 Refs.)

5690. File SE, Simmonds MA (1984)
Interactions of 2 phenylquinolines with picrotoxin and benzodiazepines invivo and invitro.
Eur J Pharm 97: 295-300   (11 Refs.)

5691. File SE, Simmonds MA, Beer B (1983)
Variability in responses to benzodiazepines.
Pharm Bio B 18: 293   (8 Refs.)

5692. File SE, Tucker JC (1983)
Lorazepam treatment in the neonatal rat alters submissive behavior in adulthood.
Neurob Tox 5: 289-294   (26 Refs.)

5693. File SE, Wilks L (1985)
Effects of acute and chronic treatment of the pro-convulsant and anti-convulsant actions of CL-218, 872, PK-8165 and PK-9084, putative ligands for the benzodiazepine receptor.
J Pharm Pha 37: 252-256   (15 Refs.)

5694. File SE, Wilks LJ (1986)
The effects of benzodiazepines in newborn rats suggest a function for type-2 receptors.
Pharm Bio B 25: 1145-1148   (12 Refs.)

5695. Fillenz M, Fung SC (1983)
Chlordiazepoxide and baclofen reduce voltage-dependent Ca^{2+} conductance by similar mechanisms in the rat (meeting abstr.).
J Physl Lon 345: 72   (3 Refs.)

5696. Fillingim JM (1982)
Double-blind evaluation of temazepam, flurazepam, and placebo in geriatric insomniacs.
Clin Ther 4: 369-380   (no Refs.)

5697. Fini A, Roda A, Chiarini A, Tartarin. A (1986)
Thermodynamic aspects of dissolution of some 1,4-benzodiazepines.
Pharm Act H 61: 54-58   (16 Refs.)

5698. Finkel JA (1987)
Diazepam in a patient with chronic-schizophrenia complicated by agoraphobia.
J Clin Psy 48: 33-34   (9 Refs.)

5699. Finkle BS (1983)
Benzodiazepine overdosage.
In: Pharmacology of Benzodiazepines (Ed. Usdin E, Skolnick P, Tallmann jr JF, Greenblatt D, Paul SM)
Verlag Chemie, Weinheim Deerfield Beach Basel
p. 619-628

5700. Finner E, Zeugner H (1987)
Effects of para-fluoro and meta-fluoro substitution of the 5-phenyl ring on its solution-state conformation in lactam-type 5-phenyl-1,4-benzodiazepines (technical note).
Arch Pharm 320: 179-182   (6 Refs.)

5701. Finner E, Zeugner H, Milkowsk. W (1984)
On 1,4-benzodiazepines and 1,5-benzodiazocines .4. on the conformation of the 5-pyridyl substituent of bromazepam (technical note).
Arch Pharm 317: 79-81   (7 Refs.)

5702. Finner E, Zeugner H, Milkowsk. W (1984)
On 1,4-benzodiazepines and 1,5-benzodiazocines .5. NMR-study on rotational-isomerism in a lactam-type 5-(2-fluorophenyl)-1,4-benzodiazepine (technical note).
Arch Pharm 317: 369-371   (11 Refs.)

5703. Finner E, Zeugner H, Milkowsk. W (1984)
On 1,4-benzodiazepines and 1,5-benzodiazocines .6. conformational equilibria in flunitrazepam due to sp^2-sp^2 carbon-carbon single bond rotational-isomerism (technical note).
Arch Pharm 317: 1050   (10 Refs.)

5704. Finner E, Zeugner H, Milkowsk. W (1985)
Conformation of medazepam in solution (technical note).
Arch Pharm 318: 1135-1137   (6 Refs.)

5705. Finucane BT (1981)
Thiopentone versus midazolam for induction of anesthesia - influence of diazepam premedication (meeting abstr.).
Can Anae SJ 28: 499-500   (no Refs.)

5706. Finucane BT, Judelman J, Braswell R (1982)
Comparison of thiopentone and midazolam for induction of anesthesia - influence of diazepam premedication.
Can Anae SJ 29: 227-230   (11 Refs.)

5707. Finucane TE (1984)
Flurazepam and other benzodiazepines (letter)-
Ann Int Med 101: 403-404   (5 Refs.)

5708. Fioretti P, Melis GB, Gambacci. M, Galbani P, Roncates. S (1986)
Evidence of specific benzodiazepine binding to myometrial membrane preparations from human pregnant uterus.
Act Obst Sc 65: 341-343   (16 Refs.)

5709. Fisch HU (1982)
Psychopharmaka-II - anxiolytics - benzodiazepine.
Ther Umsch 39: 821-823   (24 Refs.)

5710. Fisch HU, Baktir G, Karlagan. G, Bircher J (1986)
Excessive effects of benzodiazepines in patients with cirrhosis of the liver - a pharmacodynamic or a pharmacokinetic problem (meeting abstr.).
Pharmacops 19: 14   (7 Refs.)

5711. Fisch HU, Baktir G, Karlagan. G, Minder C, Bircher J (1986)
Excessive effects of benzodiazepines in liver-disease and in the aged - model experiments with triazolam (meeting abstr.).
Gerodontolo 5: 58   (no Refs.)

5712. Fisch HU, Groner M, Groner R, Menz C (1983)
Influence of diazepam and methylphenidate on identification of rapidly presented letter strings - diazepam enhances visual masking.
Psychophar 80: 61-66   (33 Refs.)

5713. Fisch HU, Wyler A, Baktir G, Karlagan. G, Bircher J (1984)
Effect of triazolam on flicker sensitivity at different frequencies (meeting abstr.).
Experientia 40: 644-645   (no Refs.)

5714. Fischbach R (1983)
Hypnotic efficacy and safety of midazolam and oxazepam in hospitalized female patients.
Br J Cl Ph 16: 157-160   (6 Refs.)

5715. Fischbach R (1983)
Efficacy and safety of midazolam and vesparax in treatment of sleep disorders.
Br J Cl Ph 16: 167-171   (11 Refs.)

5716. Fischer SM, Hardin LG, Slaga TJ (1983)
Diazepam inhibiton of phorbol ester tumor promotion.
Cancer Lett 19: 181-187   (10 Refs.)

5717. Fisher JB, Edgren BE, Mammel MC, Coleman JM (1985)
Neonatal apnea associated with maternal clonazepam therapy - a case-report.
Obstet Gyn 66: 34-35   (9 Refs.)

5718. Fisher JE, Iturrian WB (1984)
The benzodiazepine antagonist CGS 8216 produces audiogenic-seizures in CF-1 mice only during the critical period for audiosensitization (meeting abstr.).
Fed Proc 43: 570   (no Refs.)

5719. Fisher RJH, Dean BC (1985)
A multi-centre, double-blind trial in general-practice comparing the hypnotic efficacy and event profiles of flunitrazepam and temazepam.
Pharmathera 4: 231-235 (5 Refs.)

5720. Fisher S, Mansbrid. B, Lankford DA (1982)
Public judgments of information in a diazepam patient package insert.
Arch G Psyc 39: 707-711 (14 Refs.)

5721. Fisher TE, Davis LG, Tuchek JM, Johnson DD, Crawford RD (1985)
Benzodiazepine receptors and seizure susceptibility in epileptic fowl.
Can J Physl 63: 85-88 (20 Refs.)

5722. Fisher TE, Johnson DD, Tuchek JM, Crawford RD (1985)
Evidence for the pharmacological relevance of benzodiazepine receptors to anticonvulsant activity.
Can J Physl 63: 1477-1479 (16 Refs.)

5723. Fitos I, Simonyi M, Tegyey Z, Otvos L, Kajtar J, Kajtar M (1983)
Resolution by affinity-chromatography - stereoselective binding of racemic oxazepam esters to human-serum albumin (technical note).
J Chromat 259: 494-498 (14 Refs.)

5724. Fitos I, Tegyey Z, Simonyi M, Sjoholm I, Larsson T, Lagercra. C (1986)
Stereoselective binding of 3-acetoxy-1,4-benzodiazepine-2-ones and 3-hydroxy-1,4-benzodiazepine-2-ones to human-serum albumin - selective allosteric interaction with warfarin enantiomers.
Bioch Pharm 35: 263-269 (34 Refs.)

5725. Fitzal S, Grollkna. E, Langer W, Riegler R (1983)
Premedication with flunitrazepam, lormetazepam or pethidine-promethazine - psychometric study of subjective condition.
Anaesthesis 32: 295-303 (25 Refs.)

5726. Fitzgerald JE, Delaigle. FA, McGuire EJ (1984)
Carcinogenicity studies in rodents with ripazepam, a minor tranquilizing agent.
Fund Appl T 4: 178-190 (25 Refs.)

5727. Fjeldborg P, Hecht PS, Busted N, Nissen AB (1985)
The effect of diazepam pretreatment on the succinylcholine-induced rise in intraocular-pressure.
Act Anae Sc 29: 415-417 (14 Refs.)

5728. Flacke JW, Davis LJ, Flacke WE, Bloor BC, Vanetten AP (1985)
Effects of fentanyl and diazepam in dogs deprived of autonomic tone.
Anesth Anal 64: 1053-1059 (27 Refs.)

5729. Flaherty CF, Becker HC, Rowan GA, Voelker S (1984)
Effects of chlordiazepoxide on novelty-induced hyperglycemia and on conditioned hyperglycemia.
Physl Behav 33: 595-599 (29 Refs.)

5730. Flaherty CF, Grigson PS, Rowan GA (1986)
Chlordiazepoxide and the determinants of negative contrast.
Anim Lear B 14: 315-321 (29 Refs.)

5731. Flaherty CF, Rowan GA, Pohoreck. LA (1986)
Corticosterone, novelty-induced hyperglycemia, and chlordiazepoxide.
Physl Behav 37: 393-396 (29 Refs.)

5732. Flaitz CM, Nowak AJ (1983)
The anterograde amnesic effect of rectal diazepam in pedodontic patients (meeting abstr.).
J Dent Res 62: 175 (no Refs.)

5733. Flaitz CM, Nowak AJ, Hicks MJ (1986)
Evaluation of the anterograde amnesic effect of rectally administered diazepam in the sedated pedodontic patient.
J Dent Chil 53: 17-20 (15 Refs.)

5734. Flecknell PA, Mitchell M (1984)
Midazolam and fentanyl-fluanisone - assessment of anesthetic effects in laboratory rodents and rabbits.
Lab Animals 18: 143-146 (2 Refs.)

5735. Fleischhacker WW, Barnas C, Hackenbe. B (1986)
Epidemiology of benzodiazepine dependence.
Act Psyc Sc 74: 80-83 (22 Refs.)

5736. Fleming JAE (1983)
Triazolam abuse (letter).
Can Med A J 129: 324-325 (7 Refs.)

5737. Fleming JAE, Remick RA, Buchanan RA (1986)
Alprazolam and desipramine in moderately severe depression - reply (letter).
Can J Psy 31: 378 (2 Refs.)

5738. Fleming JA, Rungta K, Isomura T, McMillan MJ (1986)
Withdrawal regimen for triazolam-dependent patients (letter).
Can Med A J 134: 1230-1231 (8 Refs.)

5739. Fletcher JE, Rosenberg H, Hilf M (1984)
Effects of midazolam on directly stimulated muscle biopsies from control and malignant hyperthermia positive patients.
Can Anae SJ 31: 377-381 (11 Refs.)

5740. Foddai C, Ganadu ML, Crisponi G (1983)
A study of the binding of diazepam to serum albumins by T1 NMR measurements (technical note).
Bioch Pharm 32: 3241-3243 (22 Refs.)

5741. Fogassy E, Acs M, Toth G, Simon K, Lang T, Ladanyi L, Parkanyi L (1986)
Clarification of anomalous chiroptical behavior and determination of the absolute-configuration of 1-(3,4-dimethoxyphenyl)-4-methyl-5-ethyl-7,8-dimethoxy-5H-2,3-benzodiazepine.
J Mol Struc 147: 143-154 (9 Refs.)

5742. Fogel R, Kaplan RB, Allbee W, Gaginell. T (1984)
Diazepam enhances invivo water and ion absorption in the rat ileum (meeting abstr.).
Clin Res 32: 839 (no Refs.)

5743. Fogel R, Kaplan RB, Taylor R, Allbee W, Gaginell. T (1985)
Diazepam enhances invivo water and ion absorption in the rat ileum (meeting abstr.).
Gastroenty 88: 1385 (no Refs.)

5744. Follmer CH, Lum BKB (1982)
Protective action of diazepam and of sympathomimetic amines against amitriptyline-induced toxicity.
J Pharm Exp 222: 424-429 (16 Refs.)

5745. Foltin RW, Ellis S, Schuster CR (1985)
Specific antagonism by Ro-15-1788 of benzodiazepine-induced increases in food-intake in rhesus-monkeys.
Pharm Bio B 23: 249-252 (22 Refs.)

5746. Fong JC, Okada K, Goldstei. M (1982)
The effect of GTP on benzodiazepine receptors (technical note).
Eur J Pharm 77: 57-59 (10 Refs.)

5747. Fong J, Okada K, Goldstei. M (1982)
Effects of GTP and gaba on the benzodiazepine receptor-binding (meeting abstr.).
Fed Proc 41: 1328 (1 Refs.)

5748. Fong J, Okada K, Lew JY, Goldstei. M (1983)
Effect of gaba and benzodiazepine antagonists on [^{3}H] flunitrazepam binding to cerebral cortical membrane (technical note).
Brain Res 266: 152-154 (10 Refs.)

5749. Fontaine R (1985)
Clonazepam for panic disorders and agitation.
Psychosomat 26: 13-18 (14 Refs.)

5750. Fontaine R, Annable L, Beaudry P, Mercier P, Chouinar. G (1985)
Efficacy and withdrawal of 2 potent benzodiazepines - bromazepam and lorazepam.
Psychoph B 21: 91-92 (2 Refs.)

5751. Fontaine R, Annable L, Chouinar. G, Ogilvie RI (1983)
Bromazepam and diazepam in generalized anxiety - a placebo-controlled study with measurement of drug plasma-concentrations.
J Cl Psych 3: 80-87 (31 Refs.)

5752. Fontaine R, Bradwejn J (1981)
The effects of benzodiazepines (letter).
Am J Psychi 138: 536 (6 Refs.)

5753. Fontaine R, Chouinar. G (1984)
Antipanic effect of clonazepam (letter).
Am J Psychi 141: 149 (4 Refs.)

5754. Fontaine R, Chouinar. G, Annable L (1984)
Rebound anxiety in anxious patients after abrupt withdrawal of benzodiazepine treatment.
Am J Psychi 141: 848-852 (29 Refs.)

5755. Fontaine R, Chouinar. G, Annable L (1984)
Bromazepam and diazepam in generalized anxiety - a placebo-controlled study of efficacy and withdrawal.
Psychoph B 20: 126-127 (3 Refs.)

5756. Fontaine R, Mercier P, Beaudry P, Annable L, Chouinar. G (1986)
Bromazepam and lorazepam in generalized anxiety - a placebo-controlled study with measurement of drug plasma-concentrations.
Act Psyc Sc 74: 451-458 (28 Refs.)

5757. Forchetti CM, Corda MG, Guidotti A, Costa E (1982)
Purification and characterization of an endogenous ligand for the benzodiazepine receptors (meeting abstr.).
Fed Proc 41: 1636 (no Refs.)

5758. Fordyce G (1985)
The use of midazolam for intravenous sedation in general dental practice (letter).
Br Dent J 158: 278-279 (1 Refs.)

5759. Forrest AL (1983)
Buprenorphine and lorazepam (letter).
Anaesthesia 38: 598 (1 Refs.)

5760. Forrest ARW, Marsh I, Bradshaw C, Braich SK (1986)
Fatal temazepam overdoses (letter).
Lancet 2: 226 (5 Refs.)

5761. Forster A (1981)
Respiratory depression by midazolam and diazepam (meeting abstr.).
Arznei-For 31-2: 2226 (no Refs.)

5762. Forster A (1981)
Utilization of midazolam as an induction agent in anesthesia - study on volunteers (meeting abstr.).
Arznei-For 31-2: 2243 (no Refs.)

5763. Forster A, Gamulin Z, Morel D, Weiss V, Rouge JC (1984)
Respiratory depression following orally-administered flunitrazepam for preanesthetic medication in children (technical note).
Anesthesiol 61: 597-601 (21 Refs.)

5764. Forster A, Juge O, Morel D (1982)
Effects of midazolam on cerebral blood-flow in human volunteers.
Anesthesiol 56: 453-455 (15 Refs.)

5765. Forster A, Juge O, Morel D (1983)
Effects of midazolam on cerebral hemodynamics and cerebral vasomotor responsiveness to carbon-dioxide.
J Cerebr B 3: 246-249 (20 Refs.)

5766. Forster A, Morel D, Bachmann M, Gemperle M (1983)
Respiratory depressant effects of different doses of midazolam and lack of reversal with naloxone - a double-blind randomized study.
Anesth Anal 62: 920-924 (15 Refs.)

5767. Forster MJ, Retz KC, Popper MD, Lal H (1986)
Age-dependent enhancement of diazepam sensitivity is accelerated in new-zealand black mice.
Life Sci 38: 1433-1439 (30 Refs.)

5768. Forth W, Henschler D, Rummel W (1983)
Allgemeine und spezielle Pharmakologie und Toxikologie, 4. Aufl.
B.I. Wissenschaftsverlag, Mannheim Wien Zürich.

5769. Fouilladieu JL, Denfert J, Zerbib M, Yeganeh N, Baudin F, Conseill. C (1985)
Behavioral-disorders consecutive to benzodiazepine therapy.
Presse Med 14: 1009-1012 (14 Refs.)

5770. Fowler JM (1981)
A mechanism for the increased sensitivity to benzodiazepines in hepatocellular failure - evidence from an animal-model (meeting abstr.).
Gastroenty 80: 1359 (3 Refs.)

5771. Fowler SC, Lewis RM, Gramling SE, Nail GL (1983)
Chlordiazepoxide increases the force of 2 topographically distinct operant responses in rats.
Pharm Bio B 19: 787-790 (25 Refs.)

5772. Foy A, Drinkwat. V, March S, Mearrick P (1986)
Confusion after admission to hospital in elderly patients using benzodiazepines (technical note).
Br Med J 293: 1072 (5 Refs.)

5773. Fragen RJ, Caldwell NJ (1981)
Awakening characteristics following anesthesia induction with midazolam for short surgical procedures.
Arznei-For 31-2: 2261-2263 (7 Refs.)

5774. Fragen RJ, Funk DI, Avram MJ, Costello C, Debruine K (1983)
Midazolam versus hydroxyzine as intramuscular premedicant.
Can Anae SJ 30: 136-141 (9 Refs.)

5775. Fragen RJ, Hauch T (1981)
The effect of midazolam maleate and diazepam on intraocular-pressure in adults.
Arznei-For 31-2: 2273-2275 (10 Refs.)

5776. France RD, Krishnan KR (1983)
Alprazolam for endogenous-depression (letter).
Am J Psychi 140: 640-641 (4 Refs.)

5777. France RD, Krishnan KR (1984)
Alprazolam-induced manic reaction (letter).
Am J Psychi 141: 1127-1128 (5 Refs.)

5778. France RD, Krishnan RR (1984)
Behavioral toxicity with alprazolam (letter).
J Cl Psych 4: 294 (3 Refs.)

5779. Franceschi M, Ferinist. L, Mastrang. M, Smirne S (1983)
Clobazam in drug-resistant and alcoholic withdrawal seizures.
Clin Trials 20: 119-125 (* Refs.)

5780. Francis DA (1983)
Benzodiazepines and spasmodic torticollis (letter).
Arch Neurol 40: 325 (7 Refs.)

5781. Frank C, Tancredi V, Leonelli G, Avoli M, Brancati A (1983)
An electro-physiological analysis of interactions between benzodiazepines and inhibitory neurotransmitters (meeting abstr.).
EEG Cl Neur 56: 43 (no Refs.)

5782. Franzoni E, Carboni C, Lamberti. A (1983)
Rectal diazepam - a clinical and EEG study after a single dose in children.
Epilepsia 24: 35-41 (21 Refs.)

5783. Fraser AA, Ingram IM (1985)
Lorazepam dependence and chronic psychosis (letter).
Br J Psychi 147: 211 (3 Refs.)

5784. Fraser AD (1986)
Urinary screening for alprazolam metabolites with the EMIT d.a.u. benzodiazepine metabolite assay (meeting abstr.).
Clin Chem 32: 1053 (no Refs.)

5785. Fraser DG (1981)
Administration of diazepam by intravenous-infusion (letter).
J Am Dent A 102: 304+ (6 Refs.)

5786. Frati ME, Marrueco. L, Porta M, Martin ML, Laporte JR (1983)
Acute severe poisoning in spain - clinical outcome related to the implicated drugs.
Hum Toxicol 2: 625-632 (20 Refs.)

5787. Freedman M, Ingram HJ, Smuts JHL (1985)
Midazolam for induction of anesthesia in patients with porphyria (letter).
S Afr Med J 68: 212 (no Refs.)

5788. Freeman AM, Fleece L, Folks DG, Sokol RS, Hall KR, Pacifico AD, McGiffin DC, Kirklin JK, Zorn GL, Karp RB (1986)
Alprazolam treatment of post-coronary bypass anxiety and depression.
J Cl Psych 6: 39-41 (8 Refs.)

5789. Freeman GB, Thurmond JB (1985)
Brain amines and effects of chlordiazepoxide on motor-activity in response to stress.
Pharm Bio B 22: 665-670 (51 Refs.)

5790. Freeman GB, Thurmond JB (1986)
Monoamines and effects of chlordiazepoxide on the corticosterone response to stress.
Physl Behav 37: 933-938 (36 Refs.)

5791. Freeman JP, Duchamp DJ, Chideste. CG, Slomp G, Szmuszko. J, Raban M (1982)
A new thermal rearrangement in the 4-isoxazoline system - some chemical and stereochemical properties of a benzodiazepine oxide-ethyl propiolate adduct.
J Am Chem S 104: 1380-1386 (21 Refs.)

5792. Freinhar JP (1984)
Alprazolam and premenstrual syndrome (letter).
J Clin Psy 45: 526 (2 Refs.)

5793. Freinhar JP (1985)
Clonazepam treatment of a mentally-retarded woman (letter).
Am J Psychi 142: 1513 (5 Refs.)

5794. Freinhar JP (1986)
Clonazepam in the treatment of mentally-retarded persons - reply (letter).
Am J Psychi 143: 1324 (2 Refs.)

5795. Freinhar JP, Alvarez WA (1985)
Clonazepam - a novel therapeutic adjunct.
Int J Psy M 15: 321-328 (6 Refs.)

5796. Freinhar JP, Alvarez WH (1985)
Use of clonazepam in 2 cases of acute mania.
J Clin Psy 46: 29-30 (8 Refs.)

5797. Freinhar JP, Alvarez WA (1986)
Clonazepam treatment of organic brain syndromes in 3 elderly patients.
J Clin Psy 47: 525-526 (9 Refs.)

5798. French JF, Matlib MA (1987)
Peripheral type benzodiazepine receptor exists in vascular smooth-muscle (meeting abstr.).
Biophys J 51: 36 (no Refs.)

5799. French JM, Morinan A (1986)
Chlormethiazole-ethanol and chlordiazepoxide-ethanol interactions in the rat (meeting abstr.)
Br J Addict 81: 708 (no Refs.)

5800. Freuchen I, Ostergaa. J, Mikkelse. BO (1981)
Anesthesia with flunitrazepam and ketamine.
Br J Anaest 53: 827-830 (13 Refs.)

5801. Freuchen IB, Ostergaa. J, Mikkelse. Bo (1983)
Midazolam compared with thiopentone as in induction agent.
Curr Ther R 34: 269-273 (9 Refs.)

5802. Freund G (1982)
Decreased benzodiazepine receptors in cerebral-cortex of mice after prolonged ethanol-consumption (meeting abstr.).
Alc Clin Ex 6: 141 (no Refs.)

5803. Freund G, Ballinge. WE (1986)
Decrease of benzodiazepine receptors in frontal-cortex of alcoholics with normal brains at autopsy (meeting abstr.).
Alc Clin Ex 10: 110 (no Refs.)

5804. Freund HJ (1986)
Benzodiazepine als Muskelrelaxantien.
In: Benzodiazepine - Rückblick und Ausblick (Ed. Hippius H, Engel RR, Laakmann G)
Springer, Berlin Heidelberg New York Tokyo, p. 181-185

5805. Frey HH, Loscher H (1982)
Anticonvulsant potency of unmetabolized diazepam.
Pharmacol 25: 154-159 (6 Refs.)

5806. Frey HH, Philippi. HP, Scheuler W (1984)
Development of tolerance to the anticonvulsant effect of diazepam in dogs.
Eur J Pharm 104: 27-38 (23 Refs.)

5807. Freye E, Boeck G, Schaal M, Ciaramel. F (1986)
The benzodiazepine (+)-tifluadom (KC-6128), but not its optical isomer (KC-5911) induces opioid kappa receptor-related EEG power spectra and evoked-potential changes.
Pharmacol 33: 241-248 (27 Refs.)

5808. Freye E, Hartung E, Schenk GK (1983)
Tifluadom (KC-5103) induces suppression and latency changes on somatosensory evoked-potentials wich are reversed by opioid antagonists.
Life Sci 33: 537-540 (9 Refs.)

5809. Fricchione GL, Cassem NH, Hooberma. D, Hobson D (1983)
Intravenous lorazepam in neuroleptic-induced catatonia.
J Cl Psych 3: 338-342 (28 Refs.)

5810. Fride E, Dan Y, Gavish M, Weinstock M (1985)
Prenatal stress impairs maternal-behavior in a conflict situation and reduces hippocampal benzodiazepine receptors.
Life Sci 36: 2103-2109 (41 Refs.)

5811. Friedberg KD, Rüfer R (1985)
Benzodiazepine (Mannheimer Therapiegespräche).
Urban & Schwarzenberg, Wien München Baltimore

5812. Frieder B, Epstein S, Grimm VE (1984)
The effects of exposure to diazepam during various stages of gestation or during lactation on the development and behavior of rat pups.
Psychophar 83: 51-55 (14 Refs.)

5813. Frieder B, Grimm VE (1985)
Some long-lasting neurochemical effects of prenatal or early postnatal exposure to diazepam.
J Neurochem 45: 37-42 (31 Refs.)

5814. Frieder B, Meshorer A, Grimm VE (1984)
The effect of exposure to diazepam through the placenta or through the mothers milk - histological-findings in slices of rat-brain.
Neuropharm 23: 1099-1104 (25 Refs.)

5815. Friedlander M, Kearsley JH, Tattersa. MH (1981)
Oral lorazepam to improve tolerance of cytotoxic therapy (letter).
Lancet 1: 1316-1317 (1 Refs.)

5816. Friedlander ML, Kearsley JH, Sims K, Coates A, Hedley D, Raghavan D, Fox RM, Tattersa. MH (1983)
Lorazepam as an adjunct to anti-emetic therapy with haloperidol in patients receiving cytotoxic chemotherapy.
Aust NZ J M 13: 53-56 (8 Refs.)

5817. Friedman GD (1983)
Barbiturates, benzodiazepines and lung-cancer (letter).
Int J Epid 12: 375-376 (3 Refs.)

5818. Friedman H, Abernethy DR, Greenblatt DJ, Shader RI (1985)
Pharmacokinetics of diazepam and desmethyldiazepam in rat-brain und plasma (meeting abstr.).
J Clin Phar 25: 458 (no Refs.)

5819. Friedman H, Abernethy DR, Greenblatt DJ, Shader RI (1986)
The pharmacokinetics of diazepam and desmethyl-diazepam in rat-brain and plasma.
Psychophar 88: 267-270 (24 Refs.)

5820. Friedman H, Greenblatt DJ, Burstein ES, Harmatz JS, Shader RI (1986)
Population study of triazolam pharmacokinetics.
Br J Cl Ph 22: 639-642 (15 Refs.)

5821. Friedman H, Greenblatt DJ, Burstein E, Harmatz J, Shader RI (1986)
A polulation study of triazolam kinetics (meeting abstr.).
Clin Pharm 39: 193 (no Refs.)

5822. Friedman H, Greenblatt DJ, Burstein ES, Ochs HR (1986)
Underivatized measurement of bromazepam by gas-chromatography electron-capture detection with application to single-dose pharmacokinetics (technical note).
J Chromat 378: 473-477 (6 Refs.)

5823. Friedman H, Greenblatt DJ, Burstein ES, Scavone JM, Harmatz JS, Shader RI (1987)
Triazolam kinetics - effect of cimetidine, propranolol, and the combination (meeting abst.)
Clin Pharm 41: 206 (no Refs.)

5824. Friedman H, Greenblatt DJ, Shader RI (1986)
Single-dose peak plasma-concentration as a predictor of oral clearance (meeting abstr.).
Clin Pharm 39: 193 (no Refs.)

5825. Friedman H, Scavone JM, Greenblatt DJ (1986)
Physicochemical factors influencing tissue distribution of benzodiazepines (meeting abstr).
J Clin Phar 26: 557 (no Refs.)

5826. Friedman H, Ochs HR, Greenblatt DJ, Shader RI (1985)
Tissue distribution of diazepam and its metabolite desmethyldiazepam - a human autopsy study (meeting abstr.).
Clin Res 33: 282 (no Refs.)

5827. Friedman H, Ochs HR, Greenblatt DJ, Shader RI (1985)
Tissue distribution of diazepam and its metabolite desmethyldiazepam - a human autopsy study (technical note).
J Clin Phar 25: 613-615   (12 Refs.)

5828. Frings CS, Faulkner WR (1986)
Selected Methods of Emergency Toxicology.
AACC Press, Washington

5829. Frith CD, Richards. JT, Samuel M, Crow TJ, McKenna PJ (1984)
The effects of intravenous diazepam and hyoscine upon human-memory.
Q J Exp P-A 36: 133-144   (39 Refs.)

5830. Frith CD, Stevens M, Johnston. EC, Owens DGC (1984)
The effects of chronic treatment with amitriptyline and diazepam on electrodermal activity in neurotic outpatients.
Physl Psych 12: 247-252   (14 Refs.)

5831. Frithz G, Groppi W (1981)
Temazepam versus nitrazepam - a comparative trial in the treatment of sleep disturbances.
J Int Med R 9: 338-342   (9 Refs.)

5832. Fritsche P, Herwig U (1981)
Respiratory depression after diazepam-fentanyl anesthesia.
Anasth Int 16: 11-14   (no Refs.)

5833. Frost JJ, Dannals RF, Ravert HT, Wilson AA, Links JM, Trifilet. R, Snyder SH, Wagner HN (1985)
Imaging benzodiazepine receptors in man with ^{11}C-suriclone and positron emission tomography (meeting abstr.)
J Nucl Med 26: 52   (no Refs.)

5834. Frost JJ, Wagner HN, Dannals RF, Ravert HT, Wilson AA, Links JM, Rosenbau. AE, Trifilet. RR, Snyder SH (1986)
Imaging benzodiazepine receptors in man with [^{11}C-11] suriclone by positron emission tomography (technical note).
Eur J Pharm 122: 381-383   (5 Refs.)

5835. Fry JP, Magee RS (1982)
Binding of gaba and benzodiazepine receptor ligands in the spinal-cord of the mutant mouse sprawling (meeting abstr.).
J Physl Lon 325: 31-32   (4 Refs.)

5836. Fry JP, Magee RS (1983)
Fluctuations in the binding of a benzodiazepine receptor ligand during the estrous-cycle in the brain of the mouse (meeting abstr.).
J Physl Lon 334: 129-130   (2 Refs.)

5837. Fry JP, McHanwel. S (1982)
Elevated binding of gaba and benzodiazepine receptor ligands in the forebrain of the mutant mouse jimpy (meeting abstr.).
J Physl Lon 325: 32-33   (5 Refs.)

5838. Fry JP, Rickets C, Biscoe TJ (1985)
On the location of gamma-aminobutyrate and benzodiazepine receptors in the cerebellum of the normal C3H and lurcher-mutant mouse.
Neuroscienc 14: 1091-1101   (57 Refs.)

5839. Frydakaurimsky Z, Mullerfa. H (1981)
Tizanidine (DS 103-282) in the treatment of acute paravertebral muscle spasm - a controlled trial comparing tizanidine and diazepam.
J Int Med R 9: 501-505   (7 Refs.)

5840. Fryer RI (1983)
Benzodiazepine Ligand-Receptor Interactions.
In: The Benzodiazepines - From Molecular Biology to Clinical Practice.
(Ed. Costa E).
Raven Press, New York, p. 7-20

5841. Fryer RI, Cook C, Gilman NW, Walser A (1986)
Conformational shifts at the benzodiazepine receptor related to the binding of agonists antagonists and iverse agonists.
Life Sci 39: 1947-1957   (15 Refs.)

5842. Fryer RI, Leimgrub. W, Trybulsk. EJ (1982)
Quinazolines and 1,4-benzodiazepines .90. structure activity relationship between substituted 2-amino-N-(2-benzoyl-4-chlorophenyl)acetamides and 1,4-benzodiazepinones.
J Med Chem 25: 1050-1055   (11 Refs.)

5843. Frykholm B (1985)
Clonazepam antipsychotic effect in a case of schizophrenia-like psychosis with epilepsy and in 3 cases of atypical psychosis (technical note).
Act Psyc Sc 71: 539-542   (10 Refs.)

5844. Fuchino K (1982)
Effect of chronic treatment with diazepam during an infantile period on the functional-development of the central nervous-system in the rat.
Fol Pharm J 80: 505-515   (28 Refs.)

5845. Fuchs V, Burbes E, Coper H (1984)
The influence of haloperidol and aminooxyacetic acid on etonitazene, alcohol, diazepam and barbital consumption.
Drug Al Dep 14: 179-186   (24 Refs.)

5846. Fuchs V, Coper H (1986)
Kinetic characteristics of some neuronal receptors after combined treatment with diazepam and haloperidol.
Pharmacops 19: 308-309   (12 Refs.)

5847. Fuchs V, Coper H, Strauss S, Rommelsp. H (1986)
Diazepam attenuates the antagonism of haloperidol against apomorphine-induced stereotypic behavior after subchronic but not acute treatment in rats.
N-S Arch Ph 334: 133-137   (23 Refs.)

5848. Fujii T, Yamamoto N, Fuchino K (1983)
Functional alterations in the hypothalamic-pituitary-thyroid axis in rats exposed prenatally to diazepam.
Tox Lett 16: 131-137   (24 Refs.)

5849. Fujimoto M, Hashimot. SI, Takahash. S, Hirose K, Hatakeya. H, Okabayashi T (1984)
Detection and determination of active metabolites of 1-(2-ortho-chlorobenzoyl-4-chlorophenyl)-5-glycyl-aminomethyl-3-dimethylcarbamoyl-1H-1,2,4-triazole hydrochloride dihydrate (450191-S), in rat-tissues, using a radioreceptor assay for benzodiazepines.
Bioch Pharm 33: 1645-1651   (13 Refs.)

5850. Fujimoto M, Hirai K, Okabayashi T (1982)
Comparison of the effects of gaba and chloride-ion on the affinities of ligands for the benzodiazepine receptor.
Life Sci 30: 51-57   (22 Refs.)

5851. Fujimoto M, Kawasaki K, Matsushi. A, Okabayashi T (1982)
Ethyl beta-carboline-3-carboxylate reverses the diazepam effect on cerebellar cyclic-GMP (technical note).
Eur J Pharm 80: 259-262   (10 Refs.)

5852. Fujimoto M, Okabayashi T (1981)
Effect of picrotoxin on benzodiazepine receptors and gaba receptors with reference to the effect of Cl-ion.
Life Sci 28: 895-901   (17 Refs.)

5853. Fujimoto M, Okabayashi T (1982)
Good correlations between brain levels of benzodiazepines determined by radioreceptor-assay and central nervous-system activity.
Chem Pharm 30: 1014-1017   (15 Refs.)

5854. Fujimoto M, Okabayashi T (1983)
Influence of phospholipase treatments on ligand bindings to a benzodiazepine receptor GABA receptor chloride ionophore complex.
Life Sci 32: 2393-2400   (18 Refs.)

5855. Fukada H, Oka J, Saito K, Kudo Y (1987)
Ontogenetic and phylogenetic development of GABA and benzodiazepine receptors (meeting abstr.).
Jpn J Pharm 43: 18   (no Refs.)

5856. Fukuda T, Itoh K, Nose T (1981)
Antiulcerogenic action of 7-chloro-1-cyclopropylmethyl-1,3-dihydro-5-(2-fluorophenyl)-2H-1,4-benzodiazepine-2-one (KB-509), a new benzodiazepine derivative.
Fol Pharm J 77: 273-280   (5 Refs.)

5857. Fukuda T, Tsumagar. T (1984)
Effects of chronic haloperidol and chlordiazepoxide treatment on lateral hypothalamic self-stimulation behavior in rats.
Jpn J Pharm 34: 131-135   (16 Refs.)

5858. Fulton A, Burrows GD (1984)
Benzodiazepine anxiolytic action and affinities for serotonergic and adrenergic-receptors.
Prog Neur-P 8: 33-37   (9 Refs.)

5859. Fulton A, Norman TR, Burrows GD, Judd F (1983)
A comparison of the pharmacokinetics of midazolam in young and elderly psychiatric-inpatients (meeting abstr.).
Clin Exp Ph 10: 187   (no Refs.)

5860. Fundaro A, Ricci GS, Molineng. L (1983)
Action of caffeine, D-amphetamine, diazepam and imipramine in a dynamic behavioral situation.
Pharmacol R 15: 71-84   (11 Refs.)

5861. Fünfgeld EW (1985)
Treatment of insomnia - double-blind-study with triazolam and flunitrazepam.
Mün Med Woc 127: 293-297   (15 Refs.)

5862. Fung SC, Fillenz M (1983)
The role of pre-synaptic GABA and benzodiazepine receptors in the control of noradrenaline release in rat hippocampus.
Neurosci L 42: 61-66   (16 Refs.)

5863. Fung SC, Fillenz M (1984)
Multiple effects of drugs acting on benzodiazepine receptors.
Neurosci L 50: 203-207   (14 Refs.)

5864. Fung SC, Fillenz M (1985)
Effects of guanyl nucleotides on [^{3}H] flunitrazepam binding to rat hippocampal synaptic-membranes - equilibrium binding and dissociation kinetics.
J Neurochem 44: 233-239   (49 Refs.)

5865. Fung SC, Fillenz M (1985)
Studies on the mechanism of modulation of [^{3}H] noradrenaline release from rat hippocampal synaptosomes by gaba and benzodiazepine receptors.
Neurochem I 7: 95-101   (30 Refs.)

5866. Furness G, Boyle MM, Fee JPH (1986)
Temazepam elixir for premedication in pediatric ENT operations (meeting abstr.).
Br J Anaest 58: 811   (3 Refs.)

5867. Fyer AJ, Liebowit. MR, Gorman JM, Campeas R, Levin A, Davies SO, Goetz D, Klein DF (1987)
Discontinuation of alprazolam treatment in panic patients.
Am J Psychi 144: 303-308   (22 Refs.)

5868. Fynboe C, Christen. N, Halberg T, Hansen EA, Holm P, Knudsen JP, Lindhard. J, Maul B, Musaeus C, Nielsen MT (1981)
Bromazepam (lexotan) and chlorprothixene (taractan) in acute psychoneurotic anxiety - a randomized double-blind comparison in general practice concerning the effect and risk of treatment resumption.
Curr Ther R 30: 1014-1023   (17 Refs.)

5869. Gagen M, Gochnour D, Young D, Gaginell. T, Neidhart J (1984)
A randomized trial of metoclopramide and a combination of dexamethasone and lorazepam for prevention of chemotherapy-induced vomiting.
J Cl Oncol 2: 696-701   (12 Refs.)

5870. Gai N, Grimm VE (1982)
The effect of prenatal exposure to diazepam on aspects of postnatal-development and behavior in rats.
Psychophar 78: 225-229   (24 Refs.)

5871. Gaignault JC, Bidet D (1985)
Pharmacochemistry through the history of benzodiazepines .1.
Ann Pharm F 43: 321-328   (24 Refs.)

5872. Gaignault JC, Bidet D (1985)
Pharmacochemistry through the history of benzodiazepines .2.
Ann Pharm F 43: 427-438   (40 Refs.)

5873. Gaillard JM (1985)
Effects of a benzodiazepine antagonist on sleep and waking EEG (meeting abstr.).
EEG Cl Neur 61: 55-56   (no Refs.)

5874. Gaillard JM, Blois R (1983)
Effect of the benzodiazepine antagonist Ro 15-1788 on flunitrazepam-induced sleep changes.
Br J Cl Ph 15: 529-536   (23 Refs.)

5875. Gajewska M, Lugowska E, Ciszewsk. M, Rzedowsk. M (1981)
Complex-compounds of benzodiazepine derivatives .2. complex-compounds of chlordiazepoxide, oxazepam with zinc and cadmium styphanates.
Chem Anal 26: 517-525   (4 Refs.)

5876. Galdames D, Faure E, Pedraza L, Aguilera L, Saavedra I (1986)
Experience with clobazam in refractory epilepsies to the usual treatment (meeting abstr.).
Arch Biol M 19: 105 (no Refs.)

5877. Gale GD, Galloon S, Porter WR (1983)
Sublingual lorazepam - a better premedication.
Br J Anaest 55: 761-765 (9 Refs.)

5878. Gales NJ (1984)
Ketamine HCL and diazepam anesthesia of a leopard seal (hydrurga-leptonyx) for the biopsy of multiple fibromatous epulis (technical note).
Aust Vet J 61: 295-296 (4 Refs.)

5879. Galizio M, Perone M (1987)
Variable-interval schedules of timeout from avoidance - effects of chlordiazepoxide, CGS-8216, morphine, and naltrexone.
J Exp An Be 47: 115-126 (35 Refs.)

5880. Gall M, Kamdar BV (1981)
Synthesis of aminoalkyl-substituted imidazo [1,2-a] benzodiazepines and imidazo [1,5-a] benzodiazepines.
J Org Chem 46: 1575-1585 (73 Refs.)

5881. Gallager DW (1982)
Benzodiazepines and gamma-aminobutyric acid.
Sleep 5: 3-11 (63 Refs.)

5882. Gallager DW (1983)
Prenatal exposure to a benzodiazepine agonist, antagonist, and electroshock: Effects on postnatal development of benzodiazepine binding site and seizure threshold.
In: Pharmacology of Benzodiazepines (Ed. Usdin E, Skolnick P, Tallmann jr JF, Greenblatt D, Paul SM)
Verlag Chemie, Weinheim Deerfield Beach Basel p. 473-484

5883. Gallager DW, Heninger K, Heninger G (1986)
Periodic benzodiazepine antagonist administration prevents benzodiazepine withdrawal symptoms in primates.
Eur J Pharm 132: 31-38 (20 Refs.)

5884. Gallager DW, Lakoski JM, Gonsalve. SF, Rauch SL (1984)
Chronic benzodiazepine treatment decreases postsynaptic GABA sensitivity.
Nature 308: 74-77 (29 Refs.)

5885. Gallager DW, Malcolm AB, Anderson SA, Gonsalve. SF (1985)
Continuous release of diazepam - electrophysiological, biochemical and behavioral consequences.
Brain Res 342: 26-36 (40 Refs.)

5886. Gallager DW, Mallorga P, Oertel W, Henneber. R, Tallman J (1981)
Diazepam-^{3}H binding in mammalian central nervous-system - a pharmacological characterization.
J Neurosc 1: 218-225 (41 Refs.)

5887. Gallager DW, Mallorga P, Swaiman KF, Neale EA, Nelson PG (1981)
Effects of phenytoin on diazepam-^{3}H binding in dissociated primary cortical cell-culture.
Brain Res 218: 319-330 (34 Refs.)

5888. Gallager DW, Rauch SL, Malcolm AB (1984)
Alterations in a low affinity GABA-recognition site following chronic benzodiazepine treatment (technical note).
Eur J Pharm 98: 159-160 (5 Refs.)

5889. Gallager DW, Tallman JF (1983)
Consequences of benzodiazepine receptor occupancy.
Neuropharm 22: 1493-1498 (43 Refs.)

5890. Gallaher EJ, Gionet SE (1986)
The effects of ethanol on diazepam-resistant and diazepam-sensitive mice (meeting abstr.).
Alc Clin Ex 10: 110 (no Refs.)

5891. Gallaher EJ, Henauer SA, Jacques CJ, Holliste. LE (1986)
Benzodiazepine dependence in mice after ingestion of drug-containing food pellets.
J Pharm Exp 237: 462-467 (30 Refs.)

5892. Gallais H, Casanova P, Fabregat H (1983)
Midazolam and oxazepam in the treatment of insomnia in hospitalized-patients.
Br J Cl Ph 16: 145-149 (9 Refs.)

5893. Gallardo F, Areneda L, Cornejo G (1983)
Lorazepam as premedication for children undergoing dental treatment (meeting abstr.).
Arch Biol M 16: 200 (no Refs.)

5894. Gallardo F, Cornejo G, Auil B (1984)
Premedication with flunitrazepam, diazepam and placebo in the apprehensive child.
J Dent Chil 51: 208-210 (9 Refs.)

5895. Galletly DC (1985)
Venous tolerance to a mixed micelle preparation of diazepam - comparison with diazepam in an organic formulation and midazolam (meeting abstr.).
Clin Invest 8: 45 (no Refs.)

5896. Galletly DC, Wilson LF, Treuren BC, Boon BP (1985)
Diazepam mixed micelle - comparison with diazepam in propylene-glycol and midazolam.
Anaesth I C 13: 352-354 (6 Refs.)

5897. Gallo B, Alonso RM, Madariag. JM, Patriarc. GJ, Vire JC (1986)
Spectrophotometric study of acid-base-equilibrium of a thienotriazolodiazepine, brotizolam - determination in pharmaceutical formulations.
Anal Letter 19: 1853-1865 (18 Refs.)

5898. Gallo V, Wise BC, Vaccarin. F, Guidotti A (1985)
Gamma-aminobutyric acid and benzodiazepine-induced modulation of [^{35}S]-tert-butylbicyclophosphorothionate binding to cerebellar granule cells.
J Neurosc 5: 2432-2438 (40 Refs.)

5899. Galustyan GE, Ignatov YD (1983)
Changes in GABA transaminase-activity in rat-brain structures induced by benzodiazepine tranquilizers.
B Exp B Med 95: 75-77 (12 Refs.)

5900. Gamble JAS, Kawar P, Dundee JW, Moore J, Briggs LP (1981)
Evaluation of midazolam as an intravenous induction agent.
Anaesthesia 36: 868-873 (13 Refs.)

5901. Gammon DW, Lawrence LJ, Casida JE (1982)
Pyrethroid toxicology - protective effects of diazepam and phenobarbital in the mouse and the cockroach.
Tox Appl Ph 66: 290-296 (22 Refs.)

5902. Gamstorp I, Sedin G (1982)
Neonatal convulsions treated with continuous, intravenous-infusion of diazepam.
Upsal J Med 87: 143-149 (8 Refs.)

5903. Gamzu E, Perrone L, Keim KL, Davidson AB, Cook L (1982)
Differential anterograde amnesic effects of scopolamine and triazolam in mice (meeting abstr.).
Fed Proc 41: 1067 (2 Refs.)

5904. Ganshina TS (1980)
GABA-ergic mechanisms of cerebrovascular effects of phenazepam and diazepam.
B Exp B Med 90: 1385-1388 (13 Refs.)

5905. Garattini S, Mussini E, Randall LO (1973)
The Benzodiazepines.
Raven Press, New York

5906. Garcha HS, Rose IC, Stolerma. IP (1985)
Midazolam cue in rats - generalization tests with anxiolytic and other drugs.
Psychophar 87: 233-237 (19 Refs.)

5907. Garcia R, Sanchez E, Casanova D (1983)
Spectrophotometric technique for quantitative measurement of diazepam in blood and urine.
Rev Med Chi 111: 279-284 (11 Refs.)

5908. Gardaz JP (1981)
Clinical-study of midazolam maleate as a general anesthetic (meeting abstr.).
Arznei-For 31-2: 2244-2245 (no Refs.)

5909. Gardner CR (1981)
Effect of some anti-depressants and flurazepam on an invertebrate model of 5HT neurotransmission.
Drug Dev R 1: 245-253 (31 Refs.)

5910. Gardner CR (1984)
Agonist and inverse agonist effects of CL 218872 on benzodiazepine receptors.
Neurosci L 51: 1-6 (16 Refs.)

5911. Gardner CR (1985)
Inhibition of ultrasonic distress vocalizations in rat pups by chlordiazepoxide and diazepam.
Drug Dev R 5: 185-193 (20 Refs.)

5912. Gardner CR (1986)
Blockade of a putative GABA-mediated neurotransmission in the cerebellum by benzodiazepine receptor inverse agonists.
Comp Bioc C 85: 225-232 (35 Refs.)

5913. Gardner CR, Guy AP (1984)
A social-interaction model of anxiety sensitive to acutely administered benzodiazepines.
Drug Dev R 4: 207-216 (24 Refs.)

5914. Gardner DL, Cowdry RW (1985)
Alprazolam-induced dyscontrol in borderline personality-disorder (technical note).
Am J Psychi 142: 98-100 (11 Refs.)

5915. Garland WA, Miwa BJ (1983)
The (M-1)-ion in the negative chemical ionization mass-spectra of diazepam and nordiazepam.
Biomed Mass 10: 126-129 (16 Refs.)

5916. Garland WA, Miwa BJ, Dairman W, Kappell B, Chiueh MCC, Divoll M, Greenblatt DJ (1983)
Identification of 7-chloro-5-(2'-fluorophenyl)-2,3-dihydro-2-oxo-1H-1,4-benzodiazepine-1-acetaldehyde, a new metabolite of flurazepam in man (technical note).
Drug Meta D 11: 70-72 (16 Refs.)

5917. Garnier R, Medernac. C, Harbach S, Fournier E (1984)
Agitation and hallucinations in children with acute lorazepam poisoning - report of 65 cases.
Ann Pediat 31: 286-289 (* Refs.)

5918. Garnier R, Riboulet. G, Gastot A, Efthymio. ML (1982)
Acute lorazepam overdose - a retrospective study at the paris poison control center (january 1974 december 1981) (meeting abstr.).
Vet Hum Tox 24: 183-184 (no Refs.)

5919. Garnier R, Riboulet. G, Castot A, Efthymio. ML (1982)
Acute lorazepam overdose - a retrospective study at the paris-poison-control-center (january 1974 december 1981) (meeting abstr.).
Vet Hum Tox 24: 284 (no Refs.)

5920. Garrett KM, Tabakoff B (1983)
Effects of prenatal phenobarbital exposure on the development of benzodiazepine receptors (meeting abstr.).
Fed Proc 42: 346 (no Refs.)

5921. Garrett KM, Tabakoff B (1985)
The development of type-I and type-II benzodiazepine receptors in the mouse cortex and cerebellum.
Pharm Bio B 22: 985-992 (26 Refs.)

5922. Garrett KM, Tabakoff B (1986)
Effects of prenatal phenobarbital on benzodiazepine receptor development.
J Neurochem 47: 1154-1160 (31 Refs.)

5923. Garrett RL, Bourn WM (1985)
Convulsant component of a depressant benzodiazepine.
Life Sci 37: 1933-1939 (44 Refs.)

5924. Garvey AJ, McDevitt DG (1984)
Effects of single hypnotic doses of temazepam and triazolam on daytime performance and subjective appraisal of sleep (meeting abstr.).
Br J Cl Ph 17: 644 (3 Refs.)

5925. Garvey AJ, McDevitt DG, Salem SAM (1984)
Comparative-study of the psychomotor effects of atenolol, nadolol, propranolol and diazepam in man (meeting abstr.).
Br J Cl Ph 17: 216 (1 Refs.)

5926. Garvey MJ, Tollefso. GD (1986)
Prevalence of misuse of prescribed benzodiazepines in patients with primary anxiety disorder or major depression.
Am J Psychi 143: 1601-1603 (10 Refs.)

5927. Gastaut H (1981)
Effects of benzodiazepines in treatment of chronic epilepsy and comparison with other anticonvulsant drugs (meeting abstr.).
Epilepsia 22: 237-238 (no Refs.)

5928. Gath I, Baron E, Rogowski Z, Bental E (1981)
Computerized analysis of sleep recordings applied to drug-evaluation - midazolam in normal subjects.
Clin Pharm 29: 533-541   (27 Refs.)

5929. Gath I, Baron E, Rogowski Z, Bental E (1983)
Automatic scoring of polygraphic sleep recordings - midazolam in insomniacs.
Br J Cl Ph 16: 89-96   (20 Refs.)

5930. Gath I, Weidenfee. J, Collins GI, Hadad H (1984)
Electrophysiological aspects of benzodiazepine antagonists, Ro-15-1788 and Ro-15-3505.
Br J Cl Ph 18: 541-547   (17 Refs.)

5931. Gatrad AR (1982)
Dangers of intravenous diazepam in controlling fits in patients with raised intra-cranical pressure.
Br J Clin P 36: 189-191   (7 Refs.)

5932. Gatta F, Piazza D, Delgiudi. MR, Massotti M (1985)
Derivatives of 2,3-benzodiazepine.
Farmaco Sci 40: 942-955   (19 Refs.)

5933. Gauche WGG (1984)
Propranolol for the treatment of diazepam withdrawal symptoms (letter).
S Afr Med J 66: 870   (no Refs.)

5934. Gautier H (1984)
Chronic ventilatory effects of diazepam and barbiturates in conscious cats.
Eur J Pharm 100: 335-341   (23 Refs.)

5935. Gauthier S, Young SN, Baxter DW (1981)
Palatal myoclonus associated with a reduction of cerebrospinal 5-hydroxy-indole-acetic acid and responsive to clonazepam.
Can J Neur 8: 51-54   (15 Refs.)

5936. Gavish M (1983)
Protection of soluble benzodiazepine receptors from heat inactivation by gabaergic ligands.
Life Sci 33: 1479-1483   (14 Refs.)

5937. Gavish M, Avnimele. N, Feldon J, Myslobod. M (1985)
Prenatal chlordiazepoxide effects on metrazol seizures and benzodiazepine receptors density in adult albino-rats.
Life Sci 36: 1693-1698   (33 Refs.)

5938. Gavish M, Awad M, Fares F (1985)
Existence of sites for anions and divalent-cations in the solubilized gamma-aminobutyric acid benzodiazepine receptor complex.
J Neurochem 45: 760-765   (24 Refs.)

5939. Gavish M, Fares F (1985)
The effect of freezing and thawing or of detergent treatment on peripheral benzodiazepine binding - the possible existence of an endogenous ligand (technical note).
Eur J Pharm 107: 283-284   (5 Refs.)

5940. Gavish M, Fares F (1985)
Solubilization of peripheral benzodiazepine-binding sites from rat-kidney.
J Neurosc 5: 2889-2893   (26 Refs.)

5941. Gavish M, Okun F, Weizman A, Youdim MBH (1986)
Modulation of peripheral benzodiazepine binding-sites following chronic estradiol treatment (technical note).
Eur J Pharm 127: 147-151   (10 Refs.)

5942. Gavish M, Snyder SH (1981)
Gamma-aminobutyric acid and benzodiazepine receptors - copurification and characterization.
P Nas Biol 78: 1939-1942   (30 Refs.)

5943. Gavish M, Weizman A, Karp L, Tyano S, Tanne Z (1986)
Decreased peripheral benzodiazepine binding-sites in platelets of neuroleptic-treated schizophrenics.
Eur J Pharm 121: 275-279   (30 Refs.)

5944. Gavish M, Weizman A, Okun F, Youdim MBH (1986)
Modulatory effects of thyroxine treatment on central and peripheral benzodiazepine receptors in the rat.
J Neurochem 47: 1106-1110   (27 Refs.)

5945. Gayral LF (1982)
Variety and differences in activity of benzodiazepines.
Nouv Presse 11: 1668-1673   (36 Refs.)

5946. Geber WF, Rosenqui. T (1981)
Temporal alterations in tissue glycosaminoglycan charge availability following exposure to trypan blue, hydromorphone, cadmium sulfate, asbestos, and chlordiazepoxide (meeting abstr.).
Fed Proc 40: 667   (no Refs.)

5947. Gee KW, Brinton RE, Yamamure HI (1983)
PK 8165 and PK 9084, 2 quinoline derivatives with anxiolytic properties, antagonize the anti-convulsant effects of diazepam (technical note).
Brain Res 264: 168-172   (12 Refs.)

5948. Gee KW, Brington RE, Yamamura HI (1983)
CL-218872, PK-8165 and PK-9084 - selective anxiolytics that may act as partial agonist at the benzodiazepine receptor (meeting abstr.).
Fed Proc 42: 1161   (no Refs.)

5949. Gee KW, Brinton RE, Yamamura HI (1983)
CL-218872 antagonism of diazepam induced loss of righting reflex - evidence for partial agonistic activity at the benzodiazepine receptor.
Life Sci 32: 1037-1040   (10 Refs.)

5950. Gee KW, Ehlert FJ, Yamamura HI (1982)
The influence of temperature and gamma-aminobutyric acid on benzodiazepine receptor subtypes in the hippocampus of the rat.
Bioc Biop R 106: 1134-1140   (12 Refs.)

5951. Gee KW, Ehlert FJ, Yamamura HI (1983)
Differential effect of gamma-aminobutyric acid on benzodiazepine receptor subtypes labeled by [^{3}H]-labeled propyl beta-carboline-3-carboxy-late in rat-brain.
J Pharm Exp 225: 132-137   (24 Refs.)

5952. Gee KW, Horst WD, Obrien R, Yamamura HI (1982)
High-affinity inhibition of ^{3}H-labeled flunitrazepam binding to brain benzodiazepine receptors by CGS 9896, a novel pyrazoloquinoline.
Bioc Biop R 105: 457-461   (11 Refs.)

5953. Gee KW, Horst WD, Obrien R, Yamamura HI (1982)
CGS-9896 and CGS-8216 - 2 potent inhibitors of benzodiazepine (BZD) receptor-binding in the rat-brain (meeting abstr.).
Fed Proc 41: 1329   (no Refs.)

5954. Gee KW, Lawrence LJ, Yamamura HI (1985)
Differential modulation of ^{35}S-t-butylbicyclophosphorothionate (^{35}S-TBPS) binding in rat-brain by benzodiazepine (BZ) receptor ligands - effect of GABA and ligand efficacy (meeting abstr.).
Fed Proc 44: 1834 (no Refs.)

5955. Gee KW, Lawrence LJ, Yamamura HI (1986)
Modulation of the chloride ionophore by benzodiazepine receptor ligands - influence of gamma-aminobutyric acid and ligand efficacy.
Molec Pharm 30: 218-225 (31 Refs.)

5956. Gee KW, Morelli M, Yamamura HI (1982)
The effect of temperature on CL-218872 and propyl beta-carboline-3-carboxylate inhibition of [^{3}H]-labeled flunitrazepam binding in rat-brain.
Bioc Biop R 105: 1532-1537 (14 Refs.)

5957. Gee KW, Yamamura HI (1982)
Differentiation of benzodiazepine receptor agonist and antagonist - sparing of [^{3}H]-labeled benzodiazepine antagonist binding following the photolabeling of benzodiazepine receptors (technical note).
Eur J Pharm 82: 239-241 (5 Refs.)

5958. Gee KW, Yamamura HI (1982)
Regional heterogeneity of benzodiazepine receptors at 37°C - an invitro study in various regions of the rat-brain.
Life Sci 31: 1939-1945 (11 Refs.)

5959. Gee KW, Yamamura HI (1982)
A novel pyrazoloquinoline that interacts with brain benzodiazepine receptors - characterization of some invitro and invivo properties of CGS-9896.
Life Sci 30: 2245-2252 (20 Refs.)

5960. Gee KW, Yamamura HI (1983)
Selective Anxiolytics: Are the Actions Related to Partial "Agonist" Activity or a Preferential Affinity for Benzodiazepine Receptor Subtypes ?
In: Benzodiazepine Recognition Site Ligands (Ed. Biggio G, Costa E)
Raven Press, New York, p. 1-9

5961. Gee KW, Yamamura HI (1983)
Selective anxiolytics - are the actions related to partial agonist activity of a preferential affinity for benzodiazepine receptor subtypes (review).
Adv Bio Psy 38: 1-9 (35 Refs.)

5962. Gee KW, Yamamura HI (1983)
Benzodiazepine receptor heterogeneity: A consequence of multiple conformational states of a single receptor or multiple populations of structurally distinct macromolecules?
In: Pharmacology of Benzodiazepines (Ed. Usdin E, Skolnick P, Tallmann jr JF, Greenblatt D, Paul SM)
Verlag Chemie, Weinheim Deerfield Beach Basel p. 93-108

5963. Gee KW, Yamamura HI (1983)
Photoaffinity-labeling of benzodiazepine receptors in rat-brain with flunitrazepam alters the affinity of benzodiazepine receptor agonist but not antagonist binding.
J Neurochem 41: 1407-1413 (27 Refs.)

5964. Gee KW, Yamamura SH, Roeske WR, Yamamura HI (1984)
Benzodiazepine receptor heterogeneity - possible molecular-basis and functional-significance.
Fed Proc 43: 2767-2772 (44 Refs.)

5965. Gehlbach G, Faingold CL (1984)
Audiogenic-seizures and effects of GABA and benzodiazepines (BZDS) on inferior colliculus (IC) neurons in the genetically epilepsy prone (GEP) rat (meeting abstr.).
Fed Proc 43: 569 (no Refs.)

5966. Gehlert DR, Yamamura HI, Wamsley JK (1983)
Autoradiographic localization of peripheral benzodiazepine binding-sites in the rat-brain and kidney using [^{3}H]Ro 5-4864 (technical note).
Eur J Pharm 95: 329-330 (5 Refs.)

5967. Gehlert DR, Yamamura HI, Wamsley JK (1985)
Autoradiographic localization of peripheral-type benzodiazepine binding-sites in the rat-brain, heart and kidney.
N-S Arch Ph 328: 454-460 (38 Refs.)

5968. Gelb A (1984)
Benzodiazepines and polymorphonuclear leukocyte oxidative activity (letter).
Anesthesiol 61: 632-633 (3 Refs.)

5969. Geldmacher-von Mallinckrodt M (1976)
Einfache Untersuchungen auf Gifte im klinisch-chemischen Laboratorium.
Thieme, Stuttgart

5970. Geldmacher-von Mallinckrodt M (1983)
Klinisch-toxikologische Analytik - Denkschrift.
Verlag Chemie, Weinheim

5971. Geldmacher-von Mallinckrodt M, Mang U (1970)
Schnellnachweis von Metaboliten des Methaqualon und der Chlordiazepoxid-Gruppe im Urin.
Z Klin Chem Klin Biochem 8: 259-262

5972. Gelenberg AJ (1982)
Alprazolam - pharmacokinetics, clinical efficacy, and mechanism of action - commentary (editorial).
Pharmacothe 2: 253 (no Refs.)

5973. Geller E, Chernila. J, Halpern P, Niv D, Miller HI (1986)
Hemodynamics following reversal of benzodiazepine sedation with Ro-15-1788 in cardiac patients (meeting abstr.).
Anesthesiol 65: 49 (2 Refs.)

5974. Geller E, Halpern P, Leykin Y, Rudick V, Sorkine P (1986)
Midazolam infusion and benzodiazepine antagonist for sedation in ICU - a preliminary-report (meeting abstr.).
Anesthesiol 65: 65 (2 Refs.)

5975. Geller E, Silbiger A, Niv D, Nevo Y, Belhasse. B (1986)
The reversal of benzodiazepine sedation with Ro 15-1788 in brief procedures (meeting abstr.).
Anesthesiol 65: 357 (2 Refs.)

5976. Geller HM (1984)
The benzodiazepines - from molecular-biology to clinical-practice - Costa, E (book review,
Q Rev Biol 59: 218 (1 Refs.)

5977. Geller HM, Krespan B, Baldino F, Springfield S (1983)
Electrophysiological studies of benzodiazepine actions.
In: Pharmacology of Benzodiazepines (Ed.Usdin E, Skolnick P, Tallmann jr JF, Greenblatt D, Paul SM)
Verlag Chemie, Weinheim Deerfield Beach Basel p. 465-472

5978. Geller I, Hartmann RJ, Mendez V, Gause EM (1983)
Toluene inhalation and anxiolytic activity - possible synergism with diazepam (technical note).
Pharm Bio B 19: 899-903   (10 Refs.)

5979. Gelman S, Reves JG, Harris D (1983)
Circulatory responses to midazolam anesthesia - emphasis on canine splanchnic circulation.
Anesth Anal 62: 135-139   (22 Refs.)

5980. Gemmell L, Entress A (1985)
Use of moderate hypothermia and benzodiazepines in cerebral salvage (letter).
Crit Care M 13: 138   (4 Refs.)

5981. Gemperle M (1981)
Midazolam - symposium, Genf 26-28 june 1980 - introduction (editorial).
Arznei-For 31-2: 2178   (no refs.)

5982. Gemperle M (1981)
Midazolam - symposium, Genf 26-28 june 1980 - comclusions (editorial).
Arznei-For 31-2: 2279-2280   (no refs.)

5983. Gemperle M, Amrein R, Forster A, Fragen RJ, Reeves , Doenicke A, Kettler D, Gerecke , Ducailar J (1981)
Midazolam - symposium, Genf 26-28 june 1980 - discussion (discussion).
Arznei-For 31-2: 2276-2278   (no refs.)

5984. Gemperle M, Kapp W (1983)
Midazolam and anesthesia.
Br J Cl Ph 16: 187-190   (10 Refs.)

5985. Genovese RF, Dykstra LA (1986)
Tifluadom-induced analgesia in squirrel-monkeys (meeting abstr.).
Pharm Bio B 25: 306   (no Refs.)

5986. Gent JP, Bentley M, Feely M, Haigh JRM (1986)
Benzodiazepine cross-tolerance in mice extends to sodium valproate.
Eur J Pharm 128: 9-15   (32 Refs.)

5987. Gent JP, Feely MP, Haigh JRM (1985)
Differences between to tolerance characteristics of 2 anticonvulsant benzodiazepines.
Life Sci 37: 849-856   (28 Refs.)

5988. Gent JP, Haigh JRM (1983)
Development of tolerance to the anti-convulsant effects of clobazam (technical note).
Eur J Pharm 94: 155-158   (10 Refs.)

5989. Gent JP, Haigh JRM, Mehta A, Feely M (1984)
Studies on the nature of tolerance to the anticonvulsant effects of a 1,5-benzodiazepine, clobazam, in mice.
Drug Exp Cl 10: 867-875   (35 Refs.)

5990. Gentsch C, Lichtste. M, Feer H (1981)
^{3}H-labeled diazepam binding-sites in roman high-avoidance and low-avoidance rats.
Experientia 37: 1315-1316   (14 Refs.)

5991. Georgiev VP, Lazarova MB, Petkov VD, Kambouro. TS (1986)
Interactions between angiotensin-II, GABA and diazepam in convulsive seizures.
Neuropeptid 7: 329-336   (23 Refs.)

5992. Georgiev VP, Petkov VV (1982)
Influence of the benzodiazepines clonazepam and diazepam upon single and repeated administration with cyproheptadine, on apomorphine stereotypy.
Dan Bolg 35: 697-699   (6 Refs.)

5993. Gerald MC, Khan I (1984)
Benzodiazepines on trial (letter).
Br Med J 288: 1378   (4 Refs.)

5994. Gerecke M (1983)
Chemical-structure and properties of midazolam compared with other benzodiazepines.
Br J Cl Ph 16: 11-16   (32 Refs.)

5995. Gerhardsson M, Alfredss. L (1987)
Inutero exposure to benzodiazepines (letter).
Lancet 1: 628   (no Refs.)

5996. Gerhardt S, Liebman JM (1985)
Self-regulation of ICSS duration - effects of anxiogenic substances, benzodiazepine antagonists and antidepressants.
Pharm Bio B 22: 71-76   (35 Refs.)

5997. Gerken A, Holsboer F, Benkert O (1986)
Untersuchung über den Einfluß von Nordiazepam auf die Plasmakonzentration von Amitriptylin und Nortriptylin.
In: Benzodiazepine - Rückblick und Ausblick (Ed. Hippius H, Engel RR, Laakmann G)
Springer, Berlin Heidelberg New York Tokyo, p. 158-164

5998. Gerkens JF, Desmond PV, Schenker S, Branch RA (1981)
Hepatic and extra-hepatic glucuronidation of lorazepam in the dog.
Hepatology 1: 329-335   (no Refs.)

5999. Gerlach J, Bjorndal N, Christen. E (1984)
Methylphenidate, apomorphine, THIP, and diazepam in monkeys - dopamine-GABA behavior related to psychoses and tardive-dyskinesia.
Psychophar 82: 131-134   (21 Refs.)

6000. Gerner T, Myren J, Larsen S (1983)
Premedication in upper gastrointestinal endoscopy - a comparison of glucagon and atropine given in combination with diazepam and pethidine.
Sc J Gastr 18: 925-928   (4 Refs.)

6001. Gershengorn MC, Paul ME (1985)
Chlordiazepoxide antagonizes thyrotropin-releasing-hormone (TRH) - receptor interaction in rat pituitary (GHr) cells (meeting abstr.).
Clin Res 33: 533   (no Refs.)

6002. Gershengorn MC, Paul ME (1986)
Evidence for tight coupling of receptor occupancy by thyrotropin-releasing-hormone to phospholipase C-mediated phosphoinositide hydrolysis in rat pituitary-cells - use of chlordiazepoxide as a competitive antagonist.
Endocrinol 119: 833-839   (36 Refs.)

6003. Geschwinde T (1985)
Rauschdrogen - Marktformen und Wirkungsweisen.
Springer, Berlin Heidelberg New York Tokyo

6004. Ghabrial H, Desmond PV, Harman PJ, Mashford ML, Westwood B, Breen KJ, Gijsbers AJ (1983)
Temazepam pharmacokinetics in healthy-adults (meeting abstr.).
Clin Exp Ph 10: 668   (2 Refs.)

6005. Ghabrial H, Desmond PV, Watson KJR, Gijsbers AJ, Harman PJ, Breen KJ, Mashford ML (1986)
The effects of age and chronic liver-disease on the elimination of temazepam.
Eur J Cl Ph 30: 93-97   (32 Refs.)

6006. Gherezghiher T, Lal H (1982)
Blockade of anxiolytic efficacy of diazepam and des-methyl-clobazam (DMC) by ethyl 8-fluro-5,6-dihydro-5-methyl-6-oxo-4H-imidazo (1,5-a) (1,4) benzodiazepine-3-carboxylate (Ro 15-1788) (meeting abstr.).
Fed Proc 41: 1068   (2 Refs.)

6007. Gherezghiher T, Lal H (1982)
Ro-15-1788 selectively reverses antagonism of pentylenetetrazol-induced discriminative stimuli by benzodiazepines but not by barbiturates.
Life Sci 31: 2955-2960   (12 Refs.)

6008. Ghodsi S, Rosenber. HC (1981)
Effect of flurazepam in barbiturate withdrawal (meeting abstr.).
Fed Proc 40: 299   (no Refs.)

6009. Ghoneim MM; Hinrichs JV (1987)
Diazepam, behavior, and aging - increased sensitivity or lower baseline performance (meeting abstr.).
Clin Pharm 41: 209   (no Refs.)

6010. Ghoneim MM, Hinrichs JV, Chiang CK, Like WH (1986)
Pharmacokinetic and pharmacodynamic interactions between caffeine and diazepam.
J Cl Psych 6: 75-80   (26 Refs.)

6011. Ghoneim MM, Hinrichs JV, Mewaldt SP (1983)
Memory effects of diazepam (meeting abstr.).
Clin Pharm 33: 238   (no Refs.)

6012. Ghoneim MM, Hinrichs JV, Mewaldt SP (1984)
Dose-response analysis of the behavioral-effects of diazepam .1. learning and memory.
Psychophar 82: 291-295   (24 Refs.)

6013. Ghoneim MM, Hinrichs JV, Mewaldt SP (1986)
Comparison of 2 benzodiazepines with differing accumulation - behavioral-changes during and after 3 weeks of dosing.
Clin Pharm 39: 491-500   (36 Refs.)

6014. Ghoneim MM, Hinrichs JV, Noyes R, Anderson DJ (1984)
Behavioral-effects of diazepam and propranolol in patients with panic disorder and agoraphobia.
Neuropsychb 11: 229-235   (36 Refs.)

6015. Ghoneim MM, Korttila K, Chiang CK, Jacobs L, Schoenwa. RD, Mewaldt SP, Kayaba KO (1981)
Diazepam effects and kinetics in caucasians and orientals.
Clin Pharm 29: 749-756   (14 Refs.)

6016. Ghoneim MM, Mewaldt SP, Berie JL (1981)
Memory effects of single and 3-week.
Anaesthesia 36: 558-559   (no Refs.)

6017. Ghoneim MM, Mewaldt SP, Berie JL, Hinrichs JV (1981)
Memory and performance effects of single and 3-week administration of diazepam.
Psychophar 73: 147-151   (15 Refs.)

6018. Ghoneim MM, Mewaldt SP, Hinrichs JV (1983)
Diazepam and memory - evidence for a memory transfer hypothesis (meeting abstr.).
Fed Proc 42: 1347   (no Refs.)

6019. Ghoneim MM, Mewaldt SP, Hinrichs JV (1984)
Behavioral-effects of oral versus intravenous administration of diazepam.
Pharm Bio B 21: 231-236   (24 Refs.)

6020. Ghoneim MM, Mewaldt SP, Hinrichs JV (1984)
Dose-response analysis of the behavioral-effects of diazepam .2. psychomotor performance, cognition and mood.
Psychophar 82: 296-300   (22 Refs.)

6021. Giacconi P, Rossi E, Stradi R, Eccel R (1982)
A new approach to the 1,4-benzodiazepine ring-system.
Synthesis-S 1982: 789-791   (12 Refs.)

6022. Giannini AJ, Seng C, Price WA (1985)
Wernicke-Korsakoff syndrome associated with chronic benzodiazepine abuse (letter).
J Cl Psych 5: 185-186   (10 Refs.)

6023. Gibbs TT, Chan CY, Czajkows. CM, Farb DH (1985)
Benzodiazepine receptor photoaffinity-labeling - correlation of function with binding.
Eur J Pharm 110: 171-180   (27 Refs.)

6024. Gibbs TT, Chan CY, Farb DH (1986)
Correlative binding and electrophysiological studies of the photoaffinity-labeled benzodiazepine receptor.
Ann NY Acad 463: 183-185   (9 Refs.)

6025. Gielsdorf W, Molz KH, Hausleitner HJ, Achtert G, Philipp.P (1986)
Pharmacokinetic profile of metaclazepam (talis), a new 1,4-benzodiazepine - influence of different dosage regimens on the pharmacokinetic profile of metaclazepam and its main metabolite under steady-state conditions.
Eur J Drug 11: 205-210   (14 Refs.)

6026. Giffin JP, Cottrell JE, Shwiry B, Hartung J, Epstein J, Lim K (1984)
Intracranial-pressure, mean arterial-pressure, and heart-rate following midazolam or thiopental in humans with brain-tumors (technical note).
Anesthesiol 60: 491-494   (20 Refs.)

6027. Giles HG, Sellers EM, Naranjo CA, Frecker RC, Greenblatt DJ (1981)
Disposition of intravenous diazepam in young men and women.
Eur J Cl Ph 20: 207-213   (30 Refs.)

6028. Gill MW, Schatz RA (1985)
The effect of diazepam on brain levels of S-adenosyl-L-methionine and S-adenosyl-L-homocysteine - possible correlation with protection from methionine sulfoximine seizures.
Res Comm CP 50: 349-363   (46 Refs.)

6029. Gill R, Law B, Gibbs JP (1986)
High-performance liquid-chromatography systems for the separation of benzodiazepines and their metabolites.
J Chromat 356: 37-46   (20 Refs.)

6030. Gill R, Marshall GR, Kemp J, Iversen SD (1986)
A comparison of invitro and invivo techniques for evaluating interaction of potential anti-convulsant drugs at the benzodiazepine/GABA receptor complex (technical note).
Atla-Alt L 13: 292-294   (no Refs.)

6031. Gill TS, Guram MS, Geber WF (1981)
Comparative-study of the teratogenic effects of chlordiazepoxide and diazepam in the fetal hamster.
Life Sci 29: 2141-2147   (15 Refs.)

6032. Gilman EA, Borovoy M (1983)
Lorazepam (ativan) - an intravenous sedative in pediatric surgery.
J Am Pod AS 73: 307-310   (* Refs.)

6033. Gilmartin JJ, Corris PA, Stone TN, Gibson GJ (1984)
Effects of diazepam and chlormethiazole on ventilatory control in normal subjects (meeting abstr.)
Clin Sci 67: 8   (no Refs.)

6034. Gilmore HE, Veale LA, Darras BT, Dionne RE, Rabe EF, Singer WD (1984)
Lorazepam treatment of childhood status epilepticus (meeting abstr.).
Ann Neurol 16: 377   (no Refs.)

6035. Gilpin RK, Pachla LA (1985)
Pharmaceuticals and related drugs (review).
Analyt Chem 57: 29-46   (693 Refs.)

6036. Ginestet D, Kapsambe. V (1982)
What to think about the long-term prescription of benzodiazepines.
Gaz Med Fr 89: 3201-3204   (no Refs.)

6037. Gioia B, Arlandin. E, Giacconi P, Rossi E, Stradi R (1984)
Electron-impact mass-spectrometry of some amino derivatives of 1,4-benzodiazepines.
Biomed Mass 11: 408-414   (8 Refs.)

6038. Giordano F (1986)
Molecular-structure of tibezonium iodide and its comparison with other benzodiazepine systems.
Farmaco Sci 41: 689-700   (15 Refs.)

6039. Giovannitti JA, Hentelef. HB, Bennett CR (1982)
Cardiorespiratory effects of meperidine, diazepam, and methohexital conscious sedation.
J Oral Max 40: 92-95   (29 Refs.)

6040. Gitsch E, Philipp K, Schonbau. M (1982)
Intra-natal administration of midazolam.
Z Gebu Peri 186: 46-49   (27 Refs.)

6041. Giurgea CE, Greindl MG, Preat S (1982)
Experimental dyspnea induced by 1,4-benzodiazepines but not by 1,5-benzodiazepines.
Drug Dev R 1982: 23-31   (16 Refs.)

6042. Givens RS, Gingrich J, Mecklenb. S (1986)
Photochemistry of flunitrazepam - a product and model study.
Int J Pharm 29: 67-72   (23 Refs.)

6043. Glaser C, Moreland AF (1984)
Evaluation of ketamine, ketamine-xylazine, and ketamine-diazepam anesthesia in the ferret (mustela, puturius, furo) (meeting abstr.).
Lab Anim Sc 34: 515   (no Refs.)

6044. Glaser JW, Blanton PL, Thrash WJ (1982)
Incidence and extent of vanous sequelae with intravenous diazepam utilizing a standardized conscious sedation technique.
J Periodont 53: 700-703   (11 Refs.)

6045. Gleeson D, Rose JDR, Smith PM (1983)
A prospective randomized controlled trial of diazepam (valium) vs emulsified diazepam (diazemuls) as a premedication for upper gastrointestinal endoscopy (technical note).
Br J Cl Ph 16: 448-450   (7 Refs.)

6046. Glinz R, Richards JG, Mohler H (1986)
Invivo binding characteristics of benzodiazepine receptor ligands - quantitative autoradiography and image-analysis (meeting abstr.).
Experientia 42: 698-699   (no Refs.)

6047. Glisson SN, Belusko RJ, Kubak MA, Hieber MF (1983)
Decreased catecholamine and cortisol responses with midazolam (meeting abstr.).
Fed Proc 42: 1126   (no Refs.)

6048. Glover M (1986)
Benzodiazepines and the behavior therapist - managing withdrawal and the problems of concurrent treatment with these drugs (letter).
Behav Psych 14: 263-264   (1 Refs.)

6049. Glover V, Bhattach. SK, Sandler M, File SE (1981)
Benzodiazepines reduce stress-augmented increase in rat urine monoamine-oxidase inhibitor.
Nature 292: 347-349   (8 Refs.)

6050. Glushankov PG, Buldakov. SL, Skrebits. VG, Saakyan SA (1982)
Effect of diazepam on reactivity of hippocampal-neurons during blockade of the GABA-ergic system.
B Exp B Med 94: 1360-1363   (11 Refs.)

6051. Glushankov PG, Skrebits. VG (1983)
Effect of the specific benzodiazepine antagonist Ro 15-1788 on inhibition of hippocampal unit-activity evoked by phenazepam.
B Exp B Med 96: 1569-1572   (12 Refs.)

6052. Gob E, Barankay A, Spath P, Richter JA (1982)
Hemodynamic-effect of anesthesia induction with midazolam-fentanyl in patients suffering from coronary heart-disease - bolus or perfusor application (meeting abstr.).
Anaesthesis 31: 493-494   (2 Refs.)

6053. Gob E, Spath P, Barankay A, Richter JA (1984)
Total intravenous anesthesia with alfentanil-midazolam (AL-M) versus fentanyl-flunitrazepam (FE-5) in coronary surgery (meeting abstr.).
Anaesthesis 33: 463   (3 Refs.)

6054. Goddard CP (1984)
A novel I-125 radioimmunoassay for benzodiazepines in blood and urine (meeting abstr.).
J For Sci 24: 334   (no Refs.)

6055. Goddard CP, Stead AH, Mason PA, Law B, Moffat AC, McBrien M, Cosby S (1986)
An I-125 radioimmunoassay for the direct detection of benzodiazepines in blood and urine.
Analyst 111: 525-529   (20 Refs.)

6056. Godtlibs. OB, Jerko D, Gordeladze JO, Bredesen JE, Matheson I (1986)
Residual effect of single and repeated doses of midazolam and nitrazepam in relation to their plasma-concentrations.
Eur J Cl Ph 29: 595-600   (29 Refs.)

6057. Goebel KJ (1982)
Gas-chromatographic identification of low boiling compounds by means of retention indexes using a programmable pocket calculator.
J Chromat 235: 119-127 (41 Refs.)

6058. Goeders NE, Desouza EB, Kuhar MJ (1986)
Benzodiazepine receptor GABA ratios - regional differences in rat-brain and modulation by adrenalectomy (technical note).
Eur J Pharm 129: 363-366 (10 Refs.)

6059. Goeders NE, Horst WD, Obrien R, Bautz G, Kuhar MJ (1985)
Benzodiazepine receptor-binding with a new ligand, Ro-22-8515 (technical note).
Eur J Pharm 113: 147-148 (5 Refs.)

6060. Goeders NE, Kuhar MJ (1985)
Benzodiazepine receptor-binding invivo with [^{3}H] Ro-15-1788.
Life Sci 37: 345-355 (39 Refs.)

6061. Goethe JW, Edelman SL (1985)
Chlordiazepoxide toxicity in limbitrol overdose (letter).
Am J Psychi 142: 774 (4 Refs.)

6062. Goetzke E, Findeise. P, Welbers IB (1983)
Efficacy and tolerance - comparative studies with brotizolam and flunitrazepam.
Br J Cl Ph 16: 397-402 (6 Refs.)

6063. Goetzke E, Findeise. P, Welbers IB (1983)
Comparative-study on the efficacy of and the tolerance to the triazolodiazepines, triazolam and brotizolam.
Br J Cl Ph 16: 407-412 (12 Refs.)

6064. Gogolak G, Stumpf C, Huck S (1985)
Differentiation of drug-induced rhythmical activities in the rabbits brain by a benzodiazepine antagonist.
Arznei-For 35: 233-236 (21 Refs.)

6065. Goldberg HL (1984)
Benzodiazepine and nonbenzodiazepine anxiolytics.
Psychopath 17: 45-55 (30 Refs.)

6066. Goldberg ME, Salama AI, Patel JB, Malick JB (1983)
Novel non-benzodiazepine anxiolytics.
Neuropharm 22: 1499-1504 (32 Refs.)

6067. Goldberg SC, Ettigi P, Schulz PM, Hamer RM, Hayes PE, Friedel RO (1986)
Alprazolam versus imipramine in depressed out-patients with neurovegetative signs.
J Affect D 11: 139-145 (12 Refs.)

6068. Goldberg SR, Spealman RD (1983)
Suppression of behavior by intravenous injections of nicotine or by electric shocks in squirrel-monkeys - effects of chlordiazepoxide and mecamylamine.
J Pharm Exp 224: 334-340 (24 Refs.)

6069. Goldbloo. D, Chouinar. G (1984)
Clonazepam in the treatment of neuroleptic-induced somnambulism (letter).
Am J Psychi 141: 1486 (3 Refs.)

6070. Goldfarb G, Belghiti J (1984)
Benzodiazepines and polymorphonuclear leukocyte oxidative activity - reply (letter).
Anesthesiol 61: 633 (2 Refs.)

6071. Goldfarb G, Belghiti J, Gautero H, Boivin P (1984)
Invitro effect of benzodiazepines on polymorphonuclear leukocyte oxidative activity.
Anesthesiol 60: 57-60 (22 Refs.)

6072. Goldmann L (1985)
Diazepam premedication in children (letter).
Anaesthesia 40: 816 (3 Refs.)

6073. Goldman ME, Weber RJ, Newman AH, Rice KC, Skolnick P, Paul SM (1986)
High-performance fast affinity chromatographic purification of anti-benzodiazepine antibodies (technical note).
J Chromat 382: 264-269 (4 Refs.)

6074. Goldstein DS, Dionne R, Sweet J, Gracely R, Brewer B, Gregg R, Keiser HR (1982)
Circulatory, plasma-catecholamine, cortisol, lipid, and psychological responses to a real-life stress (third molar extractions) - effects of diazepam sedation and of inclusion of epinephrine with the local-anesthetic.
Psychos Med 44: 259-272 (31 Refs.)

6075. Goldstein JM, Sutton EB, Malick JB (1986)
Interactions of Ro 15-1788, CGS 8216 and diazepam on head turning in rats.
Life Sci 38: 459-463 (29 Refs.)

6076. Goldstein PC, Simpson G, Jubanyik K (1985)
Treatment effects of clonazepam upon neuropsychological and psychiatric concomitants of meiges syndrome (meeting abstr.).
J Cl Exp N 7: 647 (no Refs.)

6077. Goldstein S (1986)
Sequential treatment of panic disorder with alprazolam and imipramine (letter).
Am J Psychi 143: 1634 (3 Refs.)

6078. Golombok S, Lader M (1984)
The psychopharmacological effects of premazepam, diazepam and placebo in healthy-human subjects.
Br J Cl Ph 18: 127-133 (7 Refs.)

6079. Golombok S, Moodley P, Lader M (1986)
The cognitive effects of chronic benzodiazepine administration (meeting abstr.).
Br J Addict 81: 707-708 (no Refs.)

6080. Golubev SN, Kondrash. YD, Ryzhov MG (1984)
The crystal-structure of (S,R)-5-methylene-pyrrolidino [2,1-c] [1,4] benzodiazepine-11-one - refinement of the chemical and enantiometric composition.
Kristallogr 29: 736-740 (11 Refs.)

6081. Gomita Y, Ichimaru Y, Moriyama M (1983)
Effects of benzodiazepines on low rate responding for low current brain-stimulation rewards (technical note).
Jpn J Pharm 33: 498-502 (15 Refs.)

6082. Gomita Y, Morii M, Ichimaru Y, Moriyama M, Ueki S (1983)
Studies on behavioral and electroencephalographic effects of clobazam.
Fol Pharm J 82: 267-292 (18 Refs.)

6083. Gomita Y, Ueki S (1981)
Conflict situation based on intra-cranical self-stimulation behavior and the effect of benzodiazepines.
Pharm Bio B 14: 219-222 (11 Refs.)

6084. Gonsalves SF, Gallager DW (1985)
Spontaneous and Ro 15-1788-induced reversal of subsensitivity of GABA following chronic benzodiazepines.
Eur J Pharm 110: 163-170   (39 Refs.)

6085. Gonsalves SF, Gallager DW (1986)
Tolerance to anti-pentylenetetrazol effects following chronic diazepam.
Eur J Pharm 121: 281-284   (10 Refs.)

6086. Gonzalez JP, McCulloc. AJ, Nicholls PJ, Sewell RDE, Tekle A (1984)
Subacute benzodiazepine treatment - observations on behavioral tolerance and withdrawal.
Alc Alcohol 19: 325-332   (25 Refs.)

6087. Gonzalez Y, Fernande. MP, Sanchezf. F, Delrio J (1983)
Mediation of food transport, induced by diazepam in satiated rats, by endogenous opiates (meeting abstr.).
J Pharmacol 14: 557   (no Refs.)

6088. Gonzalez Y, Fernande. MP, Sanchezf. F, Delrio J (1984)
Antagonism of diazepam-induced feeding in rats by antisera to opioid-peptides.
Life Sci 35: 1423-1429   (39 Refs.)

6089. Good DC, Howard HD (1982)
Myoclonus in downs-syndrome treatment with clonazepam (letter).
Arch Neurol 39: 195   (3 Refs.)

6090. Good TJ, Andrews JS (1981)
The use of bonded-phase extraction columns for rapid sample preparation of benzodiazepines and metabolites from serum for HPLC analysis.
J Chrom Sci 19: 562-566   (9 Refs.)

6091. Goodman-Gilman A, Goodman LS, Gilman A (1980)
The Pharmacological Basis of Therapeutics. 6. Aufl.
MacMillan, New York

6092. Goodman WK, Charney DS, Price LH, Woods SW, Heninger GR (1986)
Ineffectiveness of clonidine in the treatment of the benzodiazepine withdrawal syndrome - report of 3 cases (technical note).
Am J Psychi 143: 900-903   (19 Refs.)

6093. Gorceix A, Kindynis S, Weiss C, Bicakova A (1982)
A study bromazepam in hospital practice.
Nouv Presse 11: 1702-1705   (no Refs.)

6094. Gordon G, Grundy EM, Alkhudha. D, Anderson DJ, Whitwam JG (1984)
Antagonism of the effects of midazolam on phrenic-nerve activity in the dog by Ro-15-1788 and Ro-15-3505.
Br J Anaest 56: 1161-1165   (16 Refs.)

6095. Gordon SM, Freeston LK, Collins AJ (1986)
Determination of temazepam and its major degradation products in soft gelatin capsules by isocratic reversed-phase high-performance liquid-chromatography (technical note).
J Chromat 368: 180-183   (6 Refs.)

6096. Gorenstein C, Gentil V (1983)
Residual and acute effects of flurazepam and triazolam in normal subjects (technical note).
Psychophar 80: 376-379   (28 Refs.)

6097. Gorenstein C, Gentil V, Ragazzo PC, Manzano G, Arruda PV, Peres CA (1986)
On the dose equivalence of flurazepam and triazolam.
Braz J Med 19: 173-182   (32 Refs.)

6098. Gossuin A, Maloteau. JM, Trouet A (1986)
Benzodiazepine receptors on cultured neurons - binding with different [^{3}H] ligands on homogenized and intact-cells.
Neurochem I 9: 383-390   (30 Refs.)

6099. Gothe B, Cherniac. NS, Williams L (1986)
Effect of hypoxia on ventilatory and arousal responses to CO_2 during NREM sleep with and without flurazepam in young-adults.
Sleep 9: 24-37   (40 Refs.)

6100. Gothe B, Levin S, Williams L, Cherniac. NS (1983)
Effect of flurazepam (F) on the ventilatory response to CO_2 rebreathing at 2 levels of O_2 in awake and sleeping subjects (meeting abstr.).
Am R Resp D 127: 105   (no Refs.)

6101. Gothe B, Levin S, Williams L, Cherniac. NS (1983)
Effects of hypoxia, hypercapnia and flurazepam (F) on arousal from sleep (meeting abstr.).
Am R Resp D 127: 237   (no Refs.)

6102. Gotman J, Gloor P, Olivier A, Quesney LF (1980)
The use of diazepam for lateralization in epileptic patients with intra-cerebral electrodes (meeting abstr.).
EEG Cl Neur 50: 218   (no Refs.)

6103. Gotman J, Gloor P, Quesney LF, Olivier A (1982)
Correlations between EEG changes induced by diazepam and the localization of epileptic spikes and seizures.
EEG Cl Neur 54: 614-621   (5 Refs.)

6104. Gotman J, Gloor P, Quesney LF, Olivier A (1983)
Correlations between EEG changes induced by diazepam and the localization of epileptic spikes and seizures (meeting abstr.).
EEG Cl Neur 56: 26   (no Refs.)

6105. Goto M, Hasebe Y, Kato K, Kaneko T, Fukuda H (1983)
Effects of valproic acid on spinal reflexes and [^{3}H]-labeled muscimol and [^{3}H]-labeled diazepam binding in brain membranes in rats.
J Pharmacob 6: 191-195   (25 Refs.)

6106. Goto M, Morishit. S, Fukuda H (1983)
Anti-convulsant action of diazepam in mice pretreated with caffeine.
J Pharmacob 6: 654-659   (23 Refs.)

6107. Goto M, Ono H, Matsumot. K, Kondo M, Fukuda H (1983)
Effects of zopiclone and benzodiazepines on spinal reflexes, anemic decerebrate rigidity and benzodiazepine binding.
Jpn J Pharm 33: 1241-1246   (16 Refs.)

6108. Goudie AJ (1981)
Stimulus properties of cocaine-chlordiazepoxide mixtures in rodents.
IRCS-Bioch 9: 663-664   (13 Refs.)

6109. Gough PA, Curry SH, Araujo OE, Robinson JD, Dallman JJ (1982)
Influence of cimetidine on oral diazepam elimination with measurement of subsequent cognitive change (technical note).
Br J Cl Ph 14: 739-742   (10 Refs.)

6110. Gove RI, Wiggins J, Stablefo. DE (1984)
The effect of nebulized lignocaine and intravenous diazepam on Po$_2$, air-flow, and cardiac-rhythm during fiberoptic bronchoscopy (meeting abstr.).
Clin Sci 66: 54-55   (no Refs.)

6111. Govoni S, Trabucch. M (1984)
Diazepam tolerance (letter).
Br Med J 289: 1073   (4 Refs.)

6112. Graczak LM, Vaughn LK, Quock RM (1986)
Influence of daily diazepam (DZ) treatment upon development of hypertension (HT) in young spontaneously hypertensive rats (SHR) (meeting abstr.).
Fed Proc 45: 1071   (no Refs.)

6113. Gram LF, Christen. L, Kristens. CB, Kraghsor. P (1984)
Suppression of plasma-cortisol after oral-administration of oxazepam in man (technical note).
Br J Cl Ph 17: 176-178   (10 Refs.)

6114. Gram LF, Christen. P (1986)
Benzodiazepine suppression of cortisol secretion - a measure of anxiolytic activity.
Pharmacops 19: 19-22   (22 Refs.)

6115. Gramsch C, Emrich HM, John S, Haas S, Beckmann H, Zaudig M, Vonzerss. D (1984)
The effect of neuroleptic treatment and of high dosage diazepam therapy on beta-endorphin immunoreactivity in plasma of schizophrenic-patients.
J Neural Tr 59: 133-141   (19 Refs.)

6116. Grandison L (1981)
Further characterization of benzodiazepine inhibition of prolactin secretion (meeting abstr.).
Fed Proc 40: 415   (no Refs.)

6117. Grandison L (1982)
Suppression of prolactin secretion by benzodiazepines invivo.
Neuroendocr 34: 369-373   (32 Refs.)

6118. Grandison L (1983)
Benzodiazepine receptors in the anterior-pituitary (meeting abstr.).
Neuroendo L 5: 156   (no Refs.)

6119. Grandison L (1983)
Actions of benzodiazepines on the neuro-endocrine system.
Neuropharm 22: 1505-1510   (35 Refs.)

6120. Grandison L, Cavagnin. F, Schmid R, Invitti C, Guidotti A (1982)
Gamma-aminobutyric acid-binding and benzodiazepine-binding sites in human anterior-pituitary tissue.
J Clin End 54: 597-601   (28 Refs.)

6121. Grant D, Crawford MH, Orourke RA (1981)
Effects of diazepam on the exercise electro-cardiogram (technical note).
Am Heart J 102: 465-466   (5 Refs.)

6122. Grant SJ, Galloway MP, Mayor R, Fenerty JP, Finkelst. MF, Roth RH, Redmond DE (1985)
Precipitated diazepam withdrawal elevates noradrenergic metabolism in primate brain.
Eur J Pharm 107: 127-132   (35 Refs.)

6123. Grasela TH, Antal EJ, Townsend RJ, Smith RB (1984)
A comparison of 2 methods for estimating population pharmacokinetic parameters of alprazolam (meeting abstr.).
Drug Intel 18: 499-500   (1 Refs.)

6124. Gratton G, Decorte E, Moimas F, Angeli C, Sunjic V (1985)
Enantioselectivity of the binding of (S) and (R)-7-chloro-1,3-dihydro-3-methyl-5-phenyl-2H-1,4-benzodiazepines to human-serum albumin.
Farmaco Sci 40: 209-217   (27 Refs.)

6125. Gratz I, Panidis IP, Ren JF, Ross J, Harman A, Mintz GS (1985)
Systemic and cardiac effects of diazepam and fentanyl during induction of anesthesia (meeting abstr.).
Clin Res 33: 189   (no Refs.)

6126. Graves NM, Kriel RL, Jonessae. C (1986)
Rectal administration of lorazepam (meeting abstr.).
Ann Neurol 20: 429   (no Refs.)

6127. Gray JA, Holt L, McNaughton N (1983)
Clinical Implications of the Experimental Pharmacology of the Benzodiazepines.
In: The Benzodiazepines - From Molecular Biology to Clinical Practice.
(Ed. Costa E).
Raven Press, New York p. 147-171

6128. Gray PW, Glaister D, Seeburg PH, Guidotti A, Costa E (1986)
Cloning and expression of CDNA for human diazepam binding inhibitor, a natural ligand of an allosteric regulatory site of the gamma-aminobutyric acid type-A receptor.
P NAS US 83: 7547-7551   (30 Refs.)

6129. Grayson RJ, Laine W (1982)
Intravenous sedation with diazepam.
J Am Pod As 72: 347-351   (no Refs.)

6130. Grecksch G, Decarval. LP, Venault P, Chapouth. G, Rossier J (1983)
Convulsions induced by submaximal dose of pentylenetetrazol in mice are antagonized by the benzodiazepine antagonist Ro 15-1788.
Life Sci 32: 2579-2584   (7 Refs.)

6131. Grecu I, Barbu S, Ghizdavu L (1980)
Pharmaceutical use of some activated bentonites .3. study of adsorption of nitrazepam and oxazepam on bentonites.
Ann Pharm F 38: 501-506   (8 Refs.)

6132. Greeley J, Cappell H (1985)
Associative control of tolerance to the sedative and hypothermic effects of chlordiazepoxide.
Psychophar 86: 487-493   (27 Refs.)

6133. Green AR, Mountfor. JA (1985)
Diazepam administration of mice prevents some of the changes in monoamine-mediated behavior produced by repeated electroconvulsive shock-treatment.
Psychophar 86: 190-193   (30 Refs.)

6134. Green AR, Nutt DJ, Cowen PJ (1982)
Using Ro 15-1788 to investigate the benzodiazepine receptor invivo - studies on the anticonvulsant and sedative effect of melatonin and the convulsant effect of the benzodiazepine Ro 05-3663 (technical note).
Psychophar 78: 293-295 (13 Refs.)

6135. Green CJ, Knight J, Precious S, Simpkin S (1981)
Ketamine alone and combined with diazepam or xylazine in laboratory-animals - a 10 year experience.
Lab Animals 15: 163-170 (41 Refs.)

6136. Green DW (1984)
Buprenorphine, benzodiazepines and respiratory depression (letter).
Anaesthesia 39: 287-288 (3 Refs.)

6137. Green JRB, Ravenscr. MM, Swan CHJ (1984)
Diazepam or midazolam for endoscopy (letter).
Br Med J 288: 1383 (1 Refs.)

6138. Green LM (1985)
The effect of diazepam on patients memory (letter).
J Cl Psych 5: 60 (1 Refs.)

6139. Green S, Hodges H (1986)
Differential-effects of dorsal raphe lesions and intraraphe GABA and benzodiazepines on conflict behavior in rats.
Behav Neur 46: 13-29 (25 Refs.)

6140. Green S, Hodges H (1986)
Anxiety and the effects of benzodiazepines - animal-models (meeting abstr.).
B Br Psycho 39: 76 (no Refs.)

6141. Green S, Hodges H (1986)
The lateral amygdala and benzodiazepine effects on conflict behavior in rats (meeting abstr.).
Psychophar 89: 5 (no Refs.)

6142. Greenberg DA, Cooper EC, Gordon A, Diamond I (1984)
Ethanol and the gamma-aminobutyric acid benzodiazepine receptor complex.
J Neurochem 42: 1062-1068 (43 Refs.)

6143. Greenber. WM (1986)
Are benzodiazepines anticholinergic (letter).
J Clin Psy 47: 393 (6 Refs.)

6144. Greenber. WM, Triana JP, Karajgi B (1986)
Lorazepam in the treatment of psychotic symptoms (letter).
Am J Psychi 143: 932 (5 Refs.)

6145. Greenblatt DJ (1981)
Clinical pharmacokinetics of oxazepam and lorazepam (review or bibliog.).
Clin Pharma 6: 89-105 (58 Refs.)

6146. Greenblatt DJ (1983)
Can plasma-levels of trazodone be measured - if so, what is the therapeutic range (letter).
J Cl Psych 3: 61-62 (2 Refs.)

6147. Greenblatt DJ (1985)
Elimination half-life of drugs - value and limitations (review).
Ann R Med 36: 421-427 (30 Refs.)

6148. Greenblatt DJ (1985)
Triazolam-cimetidine reaction - comment (letter).
Drug Intel 19: 679 (5 Refs.)

6149. Greenblatt DJ (1985)
The pharmacokinetization of psychiatry (editorial).
J Clin Phar 25: 239-240 (8 Refs.)

6150. Greenblatt DJ, Abernethy DR, Divoll M (1983)
Is volume of distribution at steady-state a meaningful kinetic variable.
J Clin Phar 23: 391-400 (34 Refs.)

6151. Greenblatt DJ, Abernethy DR, Divoll M, Harmatz JS, Shader RI (1983)
Pharmacokinetic properties of benzodiazepine hypnotics.
J Cl Psych 3: 129-132 (15 Refs.)

6152. Greenblatt DJ, Abernethy DR, Divoll M, Locniska. A, Harmatz JS, Shader RI (1984)
Noninteraction of temazepam and cimetidine (technical note).
J Pharm Sci 73: 399-401 (16 Refs.)

6153. Greenblatt DJ, Abernethy DR, Divoll M, Shader RI (1983)
Close correlation of acetaminophen clearance with that of conjugated benzodiazepines but not oxidized benzodiazepines.
Eur J Cl Ph 25: 113-115 (13 Refs.)

6154. Greenblatt DJ, Abernethy DR, Divoll M, Smith RB, Shader RI (1983)
Old-age, cimetidine, and disposition of alprazolam and triazolam (meeting abstr.).
Clin Pharm 33: 253 (no Refs.)

6155. Greenblatt DJ, Abernethy DR, Koepke HH, Shader RI (1984)
Interaction of cimetidine with oxazepam, lorazepam, and flurazepam.
J Clin Phar 24: 187-193 (16 Refs.)

6156. Greenblatt DJ, Abernethy DR, Locniska. A, Harmatz JS, Limjuco RA, Shader RI (1984)
Effect of age, gender, and obesity on midazolam kinetics.
Anesthesiol 61: 27-35 (37 Refs.)

6157. Greenblatt DJ, Abernethy DR, Locniska. A, Limjuco RA, Harmatz JS, Shader RI (1984)
Midazolam kinetics in old-age and obesity (meeting abstr.).
Clin Pharm 35: 244 (no Refs.)

6158. Greenblatt DJ, Abernethy DR, Locniska. A, Ochs HR, Harmatz JS, Shader RI (1985)
Nitrazepam kinetics in old-age and obesity (meeting abstr.).
Clin Pharm 37: 199 (no Refs.)

6159. Greenblatt DJ, Abernethy DR, Locniska. A, Ochs HR, Harmatz JS, Shader RI (1985)
Age, sex, and nitrazepam kinetics - relation to antipyrine disposition.
Clin Pharm 38: 697-703 (51 Refs.)

6160. Greenblatt DJ, Abernethy DR, Morse DS, Harmatz JS, Shader RI (1984)
The diazepam-cimetidine interaction - is it clinically important (meeting abstr.).
Clin Pharm 35: 245 (no Refs.)

6161. Greenblatt DJ, Abernethy DR, Morse DS, Harmatz JS, Shader RI (1984)
Clinical importance of the interaction of diazepam and cimetidine.
N Eng J Med 310: 1639-1643 (33 Refs.)

6162. Greenblatt DJ, Abernethy DR, Shader RI (1986)
Pharmacokinetic aspects of drug-therapy in the elderly.
Ther Drug M 8: 249-255 (76 Refs.)

6163. Greenblatt DJ, Arendt RM, Abernethy DR, Giles HG, Sellers EM, Shader RI (1983)
Invitro quantitation of benzodiazepine lipophilicity - relation to invivo distribution.
Br J Anaest 55: 985-989 (27 Refs.)

6164. Greenblatt DJ, Arendt RM, Shader RI (1984)
Pharmacodynamics of Benzodiazepines After Single Oral Doses: Kinetic and Physiochemical Correlates.
In: Sleep Benzodiazepines and Performance - Experimental Methodologies and Research Prospects (Ed. Hindmarch I, Ott H, Roth T).
Springer, Berlin Heidelberg New York Tokyo, p. 92-97

6165. Greenblatt DJ, Divoll M, Abernethy DR, Harmatz JS, Shader RI (1981)
Antipyrine kinetics in the elderly - prediction of benzodiazepine oxidizing capacity (meeting abstr.).
Clin Pharm 29: 249 (no Refs.)

6166. Greenblatt DJ, Divoll M, Abernethy DR, Harmatz JS, Shader RI (1982)
Antipyrine kinetics in the elderly - prediction of age-related-changes in benzodiazepine oxidizing capacity.
J Pharm Exp 220: 120-126 (44 Refs.)

6167. Greenblatt DJ, Divoll M, Abernethy DR, Locniska. A, Shader RI (1983)
Pharmacokinetics of benzodiazepine hypnotics.
Pharmacol 27: 70-75 (19 Refs.)

6168. Greenblatt DJ, Divoll M, Abernethy DR, Moschitt. LJ, Smith RB, Shader RI (1983)
Alprazolam kinetics in the elderly - relation to antipyrine disposition.
Arch G Psyc 40: 287-290 (22 Refs.)

6169. Greenblatt DJ, Divoll M, Abernethy DR, Moschitt. LJ, Smith RB, Shader RI (1983)
Reduced clearance of triazolam in old-age - relation to antipyrine oxidizing capacity.
Br J Cl Ph 15: 303-309 (31 Refs.)

6170. Greenblatt DJ, Divoll M, Abernethy DR, Ochs HR, Shader RI (1983)
Clinical pharmacokinetics of the newer benzodiazepines (review).
Clin Pharma 8: 233-252 (86 Refs.)

6171. Greenblatt DJ, Divoll M, Abernethy DR, Ochs HR, Shader RI (1983)
Benzodiazepine kinetics - implications for therapeutics and pharmacogeriatrics.
Drug Metab 14: 251-292 (66 Refs.)

6172. Greenblatt DJ, Divoll M, Abernethy DR, Shader RI (1982)
Physiologic changes in old-age - relation to altered drug disposition.
J Am Ger So 30: 6-10 (35 Refs.)

6173. Greenblatt DJ, Divoll M, Abernethy DR, Shader RI (1982)
Benzodiazepine hypnotics - kinetic and therapeutic options.
Sleep 5: 18-27 (35 Refs.)

6174. Greenblatt DJ, Divoll M, Harmatz JS, McClaugh. DS, Shader RI (1981)
Kinetics and clinical effects of flurazepam in young and elderly non-insomniacs.
Clin Pharm 30: 475-486 (29 Refs.)

6175. Greenblatt DJ, Divoll M, Harmatz JS, Shader RI (1981)
Desalkylflurazepam kinetics in the elderly following single and multiple doses of flurazepam (Dalmane) (meeting abstr.).
Clin Pharm 29: 249 (no Refs.)

6176. Greenblatt DJ, Divoll M, Harmatz JS, Shader RI (1982)
Pharmacokinetic comparison of sub-lingual lorazepam with intravenous, intramuscular, and oral lorazepam.
J Pharm Sci 71: 248-252 (9 Refs.)

6177. Greenblatt DJ, Divoll M, Moschitt. LJ, Shader RI (1981)
Electron-capture gas-chromatographic analysis of the triazolobenzodiazepines alprazolam and triazolam (technical note).
J Chromat 225: 202-207 (7 Refs.)

6178. Greenblatt DJ, Divoll M, Puri SK, Ho I, Zinny MA, Shader RI (1981)
Clobazam kinetics in the elderly.
Br J Cl Ph 12: 631-636 (11 Refs.)

6179. Greenblatt DJ, Divoll M, Puri SK, Ho I, Zinny MA, Shader RI (1983)
Reduced single-dose clearance of clobazam in elderly men predicts increased multiple-dose accumulation (review or bibliog.).
Clin Pharma 8: 83-94 (15 Refs.)

6180. Greenblatt DJ, Divoll M, Shader RI (1983)
Automated gas-chromatographic determination of plasma alprazolam concentrations (technical note).
J Cl Psych 3: 366-368 (3 Refs.)

6181. Greenblatt DJ, Ehrenber. BL, Harmatz JS, Gunderma. J, Scavone JM, Shader RI (1987)
Determinants of benzodiazepine dynamics after single i.v. doses - diazepam vs midazolam (meeting abstr.).
Clin Pharm 41: 243 (no Refs.)

6182. Greenblatt DJ, Engelkin. LR (1986)
Enterohepatic circulation of lorazepam clucuronide (meeting abstr.).
J Clin Phar 26: 545 (no Refs.)

6183. Greenblatt DJ, Harmatz JS, Dorsey C, Shader RI (1986)
Comparative kinetic and dynamic effects of alprazolam, lorazepam, prazepam, and placebo (meeting abstr.).
Clin Pharm 39: 196 (no Refs.)

6184. Greenblatt DJ, Harmatz JS, Zinny MA, Shader RI (1987)
Tapering attenuates post-triazolam rebound sleep disorder (meeting abstr.).
Clin Pharm 41: 214 (no Refs.)

6185. Greenblatt DJ, Laughren TP, Allen MD, Harmatz JS, Shader RI (1981)
Plasma diazepam and desmethyldiazepam concentrations during long-term diazepam therapy.
Br J Cl Ph 11: 35-40 (13 Refs.)

6186. Greenblatt DJ, Locniska. A, Ochs HR, Harmatz JS, Shader RI (1985)
Kinetics of intravenous and oral midazolam - interaction with cimetidine and ranitidine (meeting abstr.).
J Clin Phar 25: 460 (no Refs.)

6187. Greenblatt DJ, Locniska. A, Ochs HR, Lauven PM (1981)
Automated gas-chromatography for studies of midazolam pharmacokinetics.
Anesthesiol 55: 176-179 (12 Refs.)

6188. Greenblatt DJ, Locniska. A, Scavone JM, Blyden GT, Ochs HR, Harmatz JS, Shader RI (1986)
Absence of interaction of cimetidine and ranitidine with intravenous and oral midazolam.
Anesth Anal 65: 176-180 (26 Refs.)

6189. Greenblatt DJ, Locniska. A, Shader RI (1982)
Halazepam, another precursor of desmethyldiazepam (letter).
Lancet 1: 1358-1359 (7 Refs.)

6190. Greenblatt DJ, Locniska. A, Shader RI (1983)
Halazepam as a precursor of desmethyldiazepam - quantitation by electron-capture gas-liquid-chromatography.
Psychophar 80: 178-180 (8 Refs.)

6191. Greenblatt DJ, Locniska. A, Shader RI (1983)
Pilot pharmacokinetic study of brotizolam, a thienodiazepine hypnotic, using electron-capture gas-liquid-chromatography.
Sleep 6: 72-76 (8 Refs.)

6192. Greenblatt DJ, Murray TG, Audet PR, Locniska. A, Koepke HH, Walker BR (1983)
Multiple-dose kinetics and dialyzability of oxazepam in renal-insufficiency.
Nephron 34: 234-238 (11 Refs.)

6193. Greenblatt DJ, Ochs HR, Locniska. A, Lauven PM (1982)
Automated electron-capture gas-chromatographic analysis of flunitrazepam in plasma.
Pharmacol 24: 82-87 (10 Refs.)

6194. Greenblatt DJ, Sellers EM, Shader RI (1982)
Drug-therapy - drug disposition in old-age (review or bibliog.).
N Eng J Med 306: 1081-1088 (112 Refs.)

6195. Greenblatt DJ, Shader RI (1984)
Interaction of diazepam and cimetidine (letter).
N Eng J Med 311: 1700-1701 (6 Refs.)

6196. Greenblatt DJ, Shader RI (1986)
Long-term administration of benzodiazepines - pharmacokinetic versus pharmacodynamic tolerance.
Psychoph B 22: 416-423 (55 Refs.)

6197. Greenblatt DJ, Shader RI, Abernethy DR (1983)
Drug-therapy - current status of benzodiazepines .1.
N Eng J Med 309: 354-358 (67 Refs.)

6198. Greenblatt DJ, Shader RI, Abernethy DR (1983)
Drug-therapy - current status of benzodiazepines .2. (review).
N Eng J Med 309: 410-416 (113 Refs.)

6199. Greenblatt DJ, Shader RI, Abernethy DR, Ochs HR, Divoll M, Sellers EM (1983)
Benzodiazepines and the challenge of pharmacokinetic taxonomy.
In: Pharmacology of Benzodiazepines (Ed. Usdin E, Skolnick P, Tallmann jr JF, Greenblatt D, Paul SM)
Verlag Chemie, Weinheim Deerfield Beach Basel p. 257-269

6200. Greenblatt DJ, Shader RI, Divoll M, Harmatz JS (1981)
Benzodiazepines - a summary of pharmacokinetic properties.
Br J Cl Ph 11: 11-16 (35 Refs.)

6201. Greenblatt DJ, Shader RI, Divoll M, Harmatz JS (1984)
Adverse reactions to triazolam, flurazepam, and placebo in controlled clinical-trials.
J Clin Psy 45: 192-195 (23 Refs.)

6202. Greenhow EJ, Ladipo O (1985)
Determination of some 1,4-benzodiazepines and their tablet formulations by a catalymetric thermometric method.
Z Anal Chem 321: 485-489 (14 Refs.)

6203. Greenshaw AJ, Sanger DJ, Blackman DE (1983)
Effects of chlordiazepoxide on the self-regulated duration of lateral hypothalamic-stimulation in rats.
Psychophar 81: 236-238 (7 Refs.)

6204. Greenspa. D, Levin D (1985)
Use of clonazepam in a patient with schizo-affective disorder (letter).
Am J Psychi 142: 774-775 (3 Refs.)

6205. Greenspo. J, Leuchter RS, Semrad N (1984)
Lorazepam for chemotherapy-induced emesis (letter).
Arch In Med 144: 2432-2433 (5 Refs.)

6206. Greenste. RA, Welz WKR, Weisbrot M (1986)
Benzodiazepines in schizophrenia (letter).
Psychosomat 27: 799 (2 Refs.)

6207. Greenwood BK, Bradshaw EG (1983)
Preoperative-medication for day-case surgery - a comparison between oxazepam and temazepam.
Br J Anaest 55: 933-937 (20 Refs.)

6208. Gregg RV, Turner PA, Denson DD, Coyle DE (1986)
Does diazepam really reduce the cardiotoxic effects of high-dose i.v. bupivacaine (meeting abstr.).
Anesthesiol 65: 189 (no Refs.)

6209. Gregor P, Sellinge. OZ (1983)
Developmental-changes in protein carboxylmethylation and in the benzodiazepine receptor proteins in rat-brain.
Bioc Biop R 116: 1056-1063 (27 Refs.)

6210. Gregoretti SM, Uges DRA (1982)
Influence of oral atropine or hyoscine on the absorption of oral diazepam.
Br J Anaest 54: 1231-1234 (16 Refs.)

6211. Greiss KC, Fogari R (1980)
Double-blind clinical-assessment of alprazolam, a new benzodiazepine derivative, in the treatment of moderate to severe anxiety.
J Clin Phar 20: 693-699   (12 Refs.)

6212. Greizerstein HB (1982)
Ethanol and diazepam during pregnancy in the rat (meeting abstr.).
Alc Clin Ex 6: 143   (no Refs.)

6213. Greizerstein HB, Aldrich LK (1983)
Ethanol and diazepam effects on intrauterine growth of the rat.
Dev Pharm T 6: 409-418   (45 Refs.)

6214. Grewaal DS, Ahluwali. P, Singhal RL (1982)
Modification of hyperthyroidism induced changes in central GABA levels by diazepam.
Neuroendo L 4: 233-238   (21 Refs.)

6215. Grewal MS, Corser GC, Raynsfor. AD, Ambrose NS, Salt PJ (1986)
Recovery testing after sedation with midazolam or diazemuls for endoscopy (meeting abstr.).
Dig Dis Sci 31: 329   (no Refs.)

6216. Griffiths AN, Jones DM, Marshall RW, Allen EM, Richens A (1985)
A comparison of the psychomotor effects of zopiclone with 3 marketed benzodiazepines and placebo (meeting abstr.).
Br J Cl Ph 19: 584-585   (7 Refs.)

6217. Griffiths AN, Jones DM, Richens A (1986)
Zopiclone produces effects on human-performance similar to flurazepam, lormetazepam and triazolam.
Br J Cl Ph 21: 647-653   (15 Refs.)

6218. Griffiths AN, Marshall RW, Richens A (1984)
Tolerance to a sedative effect of diazepam after 6 nights nitrazepam pretreatment in man (meeting abstr.).
Br J Cl Ph 18: 305-306   (4 Refs.)

6219. Griffiths A, Tedeschi G, Smith AT, Richens A (1983)
The effect of repeated doses of temazepam and nitrazepam on human psychomotor performance (meeting abstr.).
Br J Cl Ph 15: 615-616   (3 Refs.)

6220. Griffith JL (1985)
Treatment of episodic behavioral-disorders with rapidly absorbed benzodiazepines (technical note).
J Nerv Ment 173: 312-315

6221. Griffith JL, Murray GB (1985)
Clorazepate in the treatment of complex partial seizures with psychic symptomatology (technical note).
J Nerv Ment 173: 185-186   (11 Refs.)

6222. Griffiths JW, Goudie AJ (1984)
Comparisons between conditioned taste-aversion induced by lithium and chlordiazepoxide in rats (meeting abstr.).
Psychophar 83: 4   (3 Refs.)

6223. Griffiths JW, Goudie AJ (1986)
Benzodiazepine tolerance - effects of response topography (meeting abstr.).
Psychophar 89: 17   (no Refs.)

6224. Griffiths JW, Goudie AJ (1986)
Analysis of the role of drug-predictive environmental stimuli in tolerance to the hypothermic effects of the benzodiazepine midazolam.
Psychophar 90: 513-521   (40 Refs.)

6225. Griffiths RR, Ator NA, Lukas SE, Brady JV (1983)
Experimental abuse liability assessment of benzodiazepines.
In: Pharmacology of Benzodiazepines (Ed. Usdin E, Skolnick P, Tallmann jr JF, Greenblatt D, Paul SM)
Verlag Chemie, Weinheim Deerfield Beach Basel
p. 609-618

6226. Griffiths RR, Bigelow GE, Liebson I (1983)
Differential effects of diazepam and pentobarbital on mood and behavior.
Arch G Psyc 40: 865-873   (35 Refs.)

6227. Griffiths RR, Lamb RJ, Ator NA, Roache JD, Brady JV (1985)
Relative abuse liability of triazolam - experimental assessment in animals and humans (review).
Neurosci B 9: 133-151   (167 Refs.)

6228. Griffiths RR, Lukas SE, Bradford LD, Brady JV, Snell JD (1981)
Self-injection of barbiturates and benzodiazepines in baboons.
Psychophar 75: 101-109   (36 Refs.)

6229. Griffiths RR, McLeod DR, Bigelow GE, Liebson IA, Roache JD (1984)
Relative abuse liability of diazepam and oxazepam - behavioral and subjective dose effects.
Psychophar 84: 147-154   (31 Refs.)

6230. Griffiths RR, McLeod DR, Bigelow GE, Liebson IA, Roache JD, Nowowies. P (1984)
Comparison of diazepam and oxazepam - preference, liking and extent of abuse.
J Pharm Exp 229: 501-508   (28 Refs.)

6231. Griffiths WC, Femino J, Camara P (1986)
Diazepam metabolism at high dosage in drug-abusers (meeting abstr.).
Ann Clin L 16: 341-342   (no Refs.)

6232. Grigoleit HG, Hajdu P, Hundt HKL, Koeppen D, Malerczy. V, Meyer BH, Müller FO, Witte PU (1983)
Pharmacokinetic aspects of the interaction between clobazam and cimetidine (technical note).
Eur J Cl Ph 25: 139-142   (19 Refs.)

6233. Grigor JMG (1982)
Oxazepam withdrawal syndrome (letter).
Med J Aust 1: 287-288   (no Refs.)

6234. Grillage M (1986)
Neurotic depression accompanied by somatic symptoms - a double-blind comparison of flupentixol and diazepam in general-practice.
Pharmathera 4: 561-570   (7 Refs.)

6235. Grimm VE, Hershkow. M (1981)
The effect of chronic diazepam treatment on discrimination performance and flunitrazepam-^{3}H binding in the brains of shocked and non-shocked rats.
Psychophar 74: 132-136   (26 Refs.)

6236. Grimm VE, Jancourt A (1983)
The effects of chronic diazepam treatment on body-weight and food-intake in rats.
Int J Neurs 18: 127-135   (17 Refs.)

6237. Grimm VE, McAllist. KH, Brain PF (1984)
An attempt to determine whether perinatally administered diazepam has lasting effects on murine aggression (meeting abstr.).
Aggr Behav 10: 155   (no Refs.)

6238. Grimm VE, McAllist. KH, Brain PF, Benton D (1984)
An ethological analysis of the influence of perinatally-administered diazepam on murine behavior.
Comp Bioc C 79: 291-293   (16 Refs.)

6239. Grinev An, Krichevs. ES, Romanova OB, Ermakov AI, Sokolov IK, Mashkovs. MD (1983)
Synthesis and pharmacological study of 1,3-dihydro-1,3-dimethyl-5-phenyl-7-nitro-2H-1,4-benzodiazepine-2-one.
Khim Far Zh 17: 1300-1304   (10 Refs.)

6240. Gringras M, Beaumont G, Ankier SI (1984)
A comparison of the hypnotic activity of loprazolam, temazepam and placebo in general-practice.
J Int Med R 12: 10-16   (4 Refs.)

6241. Groh B, Müller WE (1985)
A comparison of the relative invitro and invivo binding affinities of various benzodiazepines and related-compounds for the benzodiazepine receptor and for the peripheral benzodiazepine binding-site (letter).
Res Comm CP 49: 463-466   (6 Refs.)

6242. Gross JB (1986)
Diazepam depresses the ventilatory response to carbon-dioxide (letter).
Anesthesiol 65: 348   (5 Refs.)

6243. Gross JB, Caldwell CB, Edwards MW (1985)
Induction dose-response curves for midazolam and ketamine in premedicated ASA class-III and class-IV patients.
Anesth Anal 64: 795-800   (25 Refs.)

6244. Gross JB, Edwards MW, Caldwell CB (1985)
Dose-response curves for midazolam induction in premedicated ASA PS III and IV patients (meeting abstr.).
Anesth Anal 64: 224   (4 Refs.)

6245. Gross JB, Smith LD, Smith TC (1981)
Ventilatory response to carbon-dioxide after intravenous diazepam (meeting abstr.).
Anesth Anal 60: 250-251   (2 Refs.)

6246. Gross JB, Smith L, Smith TC (1982)
Time course of ventilatory response to carbon-dioxide after intravenous diazepam.
Anesthesiol 57: 18-21   (8 Refs.)

6247. Gross JB, Zebrowsk. ME, Carel WD, Gardner S, Smith TC (1983)
Time course of ventilatory depression after thiopental and midazolam in normal subjects and in patients with chronic obstructive pulmonary-disease.
Anesthesiol 58: 540-544   (6 Refs.)

6248. Grossman SH, Davis D, Kitchell BB, Shand DG, Routledg. PA (1982)
Diazepam and lidocaine plasma-protein binding in renal-disease.
Clin Pharm 31: 350-357   (34 Refs.)

6249. Grote B (1984)
Amnesia due to benzodiazepines (meeting abstr.).
Anaesthesis 33: 531   (no Refs.)

6250. Grote B, Doenicke A, Kugler J, Suttmann H, Loos A (1981)
Intramuscular application of midazolam - its effect upon CNS and respiration.
Arznei-For 31-2: 2224-2225   (5 Refs.)

6251. Grote H, Meiertob. M, Reinauer H (1981)
Simple serum treatment for the quantitative-determination of clonazepam by gas-chromatography (technical note).
Z Anal Chem 307: 31-32   (15 Refs.)

6252. Groves JA, Smyth WF (1981)
Polarographic study of flurazepam and its major metabolites.
Analyst 106: 890-897   (13 Refs.)

6253. Groves ND, Rees JL, Rosen M (1986)
Effect of benzodiazepines on laryngeal reflexes (meeting abstr.).
Br J Anaest 58: 128   (3 Refs.)

6254. Grüner O (1985)
Alcohol and driving ability.
Nervenheilk 4: 69-73   (14 Refs.)

6255. Guarneri P, Corda MG, Concas A, Biggio G (1981)
Kainic acid-induced lesion of rat retina - differential effect on cyclic GMP and benzodiazepine and GABA receptors (technical note).
Brain Res 209: 216-220   (20 Refs.)

6256. Guarneri P, Corda MG, Concas A, Salis M, Calderin. G, Toffano G, Biggio G (1982)
Age-related-changes of benzodiazepine and GABA binding-sites in the rat rettina.
Neurobiol A 3: 227-231   (21 Refs.)

6257. Guazzell. M, Rocca R, Lattanzi L, Bandetti. R, Starnini S, Maggini C (1987)
Assessment of daytime somnolence induced by flurazepam and flunitrazepam in healthy-subjects (meeting abstr.).
EEG Cl Neur 66: 28   (no Refs.)

6258. Gudgeon AC, Hindmarc. I (1983)
Midazolam - effects on psychomotor performance and subjective aspects of sleep and sedation in normal volunteers.
Br J Cl Ph 16: 121-126   (9 Refs.)

6259. Gue M, Bueno L (1986)
Diazepam and muscimol blockade of the gastrointestinal motor disturbances induced by acoustic stress in dogs.
Eur J Pharm 131: 123-127   (18 Refs.)

6260. Guentert TW (1984)
Time-dependence in benzodiazepine pharmacokinetics - mechanisms and clinical-significance (review).
Clin Pharma 9: 203-210   (32 Refs.)

6261. Guerremillo M, Challier JC, Rey E, Nandakum. M, Richard MO, Olive G (1982)
Maternofetal transfer of 2 benzodiazepines - effect of plasma-protein binding and placental uptake.
Dev Pharm T 4: 158-172   (29 Refs.)

6262. Gugler R, Jensen JC (1984)
Omeprazole inhibits elimination of diazepam (letter).
Lancet 1: 969   (6 Refs.)

6263. Gugler R, Jensen JC (1985)
Omeprazole inhibits oxidative drug-metabolism - studies with diazepam and phenytoin invivo and 7-ethoxycoumarin invitro.
Gastroenty 89: 1235-1241   (35 Refs.)

6264. Guidotti A (1984)
Endacoids for the benzodiazepine recognition sites (meeting abstr.).
Drug Dev R 4: 448   (no Refs.)

6265. Guidotti A, Corda MG, Costa E (1983)
Strategies for the Isolation and Characterization of an Endogenous Effector of the Benzodiazepine Recognition Sites.
In: Benzodiazepine Recognition Site Ligands (Ed. Biggio G, Costa E)
Raven Press, New York, p. 95-103

6266. Guidotti A, Corda MG, Costa E (1983)
Strategies for the isolation and characterization of an endogenous effector of the benzodiazepine recognition sites (review).
Adv Bio Psy 38: 95-103   (21 Refs.)

6267. Guidotti A, Corda MG, Costa E (1983)
Isolation, characterization and purification to homogeneity of an endogenous peptide agonist of benzodiazepine receptors (meeting abstr.).
Fed Proc 42: 2009   (no Refs.)

6268. Guidotti A, Corda MG, Forchett. MC, Konkel D, Costa E (1983)
Purification and characterization of an endogenous effector for benzodiazepine (BZD) recognition sites located in brain (meeting abstr.).
Fed Proc 42: 346   (no Refs.)

6269. Guidotti A, Ferrero P, Fujimoto M, Santi RM, Costa E (1986)
Studies on endogenous ligands (endacoids) for the benzodiazepine beta-carboline binding-sites (review).
Adv Bio Psy 41: 137-148   (25 Refs.)

6270. Guidotti A, Forchett. CM, Corda MG, Konkel D, Bennett CD, Costa E (1983)
Isolation, characterization, and purification to homogeneity of an endogenous polypeptide with agonistic action on benzodiazepine receptors.
P NAS Biol 80: 3531-3535   (32 Refs.)

6271. Guidotti A, Forchetti CM, Ebstein B, Costa E (1983)
Purification and characterization of an endogenous peptide putative effector for the benzodiazepine recognition site.
In: Pharmacology of Benzodiazepines (Ed. Usdin E, Skolnick P, Tallmann jr JF, Greenblatt D, Paul SM)
Verlag Chemie, Weinheim Deerfield Beach Basel p. 529-535

6272. Guidotti A, Hanbauer I (1986)
Participation of GABA benzodiazepine receptor system in the adrenal chromaffin cell-function (review).
Adv Bio Psy 42: 165-172   (20 Refs.)

6273. Guidotti A, Santi MR, Berkovic. A, Ferrares. C, Costa E (1986)
Structure-activity relationship of peptide-fragments derived from DBI (diazepam binding inhibitor), a putative endogenous ligand of benzodiazepine recognition sites.
Clin Neurop 9: 217-219   (6 Refs.)

6274. Guilarte TR, Block LD (1987)
3-hydroxykynurenine interacts with benzodiazepine receptors - implications to seizures associated with neonatal vitamin-B-6 deficiency (meeting abstr.).
Fed Proc 46: 575   (3 Refs.)

6275. Guilleminault C, Cummiskey J, Silvestri R (1983)
Benzodiazepines and respiration during sleep.
In: Pharmacology of Benzodiazepines (Ed. Usdin E, Skolnick P, Tallmann jr JF, Greenblatt D, Paul SM)
Verlag Chemie, Weinheim Deerfield Beach Basel p. 229-236

6276. Guilleminault C, Silvestri R, Mondini S, Coburn S (1984)
Aging and sleep-apnea - action of benzodiazepine, acetazolamide, alcohol, and sleep-deprivation in a healthy elderly group.
J Gerontol 39: 655-661   (23 Refs.)

6277. Guiora AZ, Acton WR, Erard R, Strickla. FW (1980)
The effects of benzodiazepine (valium) on permeability of language ego boundaries.
Lang Learn 30: 351-363   (32 Refs.)

6278. Gulati A, Srimal RC, Dhawan BN, Agarwal AK, Seth PK (1986)
Upregulation of brain benzodiazepine receptors by electroconvulsive shocks.
Pharmacol R 18: 581-589   (19 Refs.)

6279. Gunawan S, Treiman DM (1986)
Pharmacokinetics of lorazepam in the treatment of status epilepticus (meeting abstr.).
Epilepsia 27: 641   (2 Refs.)

6280. Gunda TE, Eneback C (1983)
Simple preparation of azetidino-[1,2-d] benzodiazepines (technical note).
Act Chem B 37: 75-76   (10 Refs.)

6281. Gupta MB, Nath R, Gupta GP, Bhargava KP (1985)
A study of the anti-ulcer activity of diazepam and other tranquillosedatives in albino-rats.
Clin Exp Ph 12: 61-66   (15 Refs.)

6282. Gupta RC (1984)
Acute malathion toxicosis and related enzymatic alterations in bubalus-bubalis - antidotal treatment with atropine, 2-PAM, and diazepam.
J Tox Env H 14: 291-303   (30 Refs.)

6283. Gupta RL, Lal G, Juneja TR, Murthy MSS, Anjaria KB, Shankara. N (1983)
Mutagenicity studies of nitrazepam and its metabolite in salmonella microsome test (technical note).
Current Sci 52: 424-426   (16 Refs.)

6284. Guram MS, Gill TS, Geber WF (1982)
Comparative teratogenicity of chlordiazepoxide, amitriptyline, and a combination of the 2 compounds in the fetal hamster.
Neurotoxico 3: 83-90   (23 Refs.)

6285. Guslandi M, Evangeli. A, Testoni PA, Tittobel. A (1981)
Clinical evaluation of octatropine methylbromide plus diazepam (valpinax) in the treatment of irritable bowel syndrome.
Clin Trials 18: 138-144   (no Refs.)

6286. Gustafson JH, Mulligan ME, Willner MM, Enthoven D (1982)
Librax (chlordiazepoxide HCl and clidinium bromide) as an antisecretory agent - comparative studies with its components and placebo (meeting abstr.).
Am J Gastro 77: 686 (no Refs.)

6287. Gustafson JH, Weissman L, Weinfeld RE, Holazo AA, Khoo KC, Kaplan SA (1981)
Clinical bioavailability evaluation of a controlled release formulation of diazepam.
J Phar Biop 9: 679-691 (4 Refs.)

6288. Gut JP, Laurent JP, Merz WA (1986)
Current prospects of benzodiazepines.
Therapie 41: 31-35 (10 Refs.)

6289. Guterman B, Sebastia. P, Sodha N (1981)
Recovery from alpha-coma after lorazepam overdose.
Clin Electr 12: 205-208 (9 Refs.)

6290. Guthrie SK, Lane EA (1986)
Reinterpretation of the pharmacokinetic mechanism of oral benzodiazepine ethanol interaction.
Alc Clin Ex 10: 686-690 (24 Refs.)

6291. Guzman F, Cain M, Larschei. P, Hagen T, Cook JM, Schweri M, Skolnick P. Paul SM (1984)
Biomimetic approach to potential benzodiazepine receptor agonists and antagonists.
J Med Chem 27: 564-570 (56 Refs.)

6292. Haagensen RE (1985)
Rectal premedication in children - comparison of diazepam with a mixture of morphine, scopolamine and diazepam.
Anaesthesia 40: 956-959 (14 Refs.)

6293. Haas S (1983)
Treatment of Schizophrenia with Benzodiazepines: Experiences with High-Dose Diazepam.
In: The Benzodiazepines - From Molecular Biology to Clinical Practice.
(Ed. Costa E).
Raven Press, New York, p. 383-388

6294. Haas S (1984)
Benzodiazepine - application possibilities in the therapy of depressions (editorial).
Mün Med Woc 126: 129-130 (no Refs.)

6295. Haas S, Emrich HM, Beckmann H (1982)
Analgesic and euphoric effects of high-dose diazepam in schizophrenia.
Neuropsychb 8: 123-128 (23 Refs.)

6296. Habermann E, Löffler H (1983)
Spezielle Pharmakologie als Basis der Arzneitherapie, 4. Aufl.
Springer, Berlin Heidelberg New York

6297. Haberstumpf H, Mayer U, Gossler K (1981)
Micromethod for the quantitative-determination of diazepam (valium) in different calf-lens compartments by HPLC.
Z Anal Chem 307: 400-403 (5 Refs.)

6298. Hack G, Stoeckel H (1981)
Benzodiazepine zur Prämedikation und bei Regional- und Allgemeinanästhesie.
Anästh Intensivther Notfallmed 16: 128-134

6299. Hacki M (1986)
Amnestic episodes after taking the hypnotic midazolam - effect of side-effect.
Schw Med Wo 116: 42-44 (7 Refs.)

6300. Haeckel R (1979)
Rationalisierung des medizinischen Laboratoriums.
GIT-Verlag, Darmstadt

6301. Haefely W (1983)
Antagonists of Benzodiazepines: Functional Aspects.
In: Benzodiazepine Recognition Site Ligands (Ed. Biggio G, Costa E)
Raven Press, New York, p. 73-93

6302. Haefely W (1983)
Antagonists of benzodiazepines - functional-aspects (review).
Adv Bio Psy 38: 73-93 (139 Refs.)

6303. Haefely W (1983)
The biological basis of benzodiazepine actions.
J Psych Dr 15: 19-39 (85 Refs.)

6304. Haefely W (1983)
Benzodiazepine receptors: Summary and commentary.
In: Pharmacology of Benzodiazepines (Ed. Usdin E, Skolnick P, Tallmann jr JF, Greenblatt D, Paul SM)
Verlag Chemie, Weinheim Deerfield Beach Basel p. 175-184

6305. Haefely W (1983)
Neurophysiology of benzodiazepines: Summary.
In: Pharmacology of Benzodiazepines (Ed. Usdin E, Skolnick P, Tallmann jr JF, Greenblatt D, Paul SM)
Verlag Chemie, Weinheim Deerfield Beach Basel p. 509-516

6306. Haefely W (1984)
Benzodiazepine interactions with GABA receptors.
Neurosci L 47: 201-206 (5 Refs.)

6307. Haefely W (1985)
Pharmacology of benzodiazepine antagonists.
Pharmacops 18: 163-166 (31 Refs.)

6308. Haefely W (1986)
Role of benzodiazepine antagonists (meeting abstr.).
Pharmacops 19: 7 (1 Refs.)

6309. Haefely W (1986)
Biological basis of drug-induced tolerance, rebound, and dependence - contribution of recent research on benzodiazepines.
Pharmacops 19: 353-361 (40 Refs.)

6310. Haefely WE (1986)
The benzodiazepine receptor and its clinically useful ligands.
Clin Neurop 9: 398-400 (13 Refs.)

6311. Haefely W, Bonetti EP, Burkard WP, Cumin R, Laurent JP, Möhler H, Pieri L, Polc P, Richards JG, Schaffner R, Scherschlicht R (1983)
Benzodiazepine Antagonists.
In: The Benzodiazepines - From Molecular Biology to Clinical Practice (Ed. Costa E).
Raven Press, New York, p. 137-146

6312. Haefely W, Polc P, Pieri L, Schaffner R, Laurent JP (1983)
Neuropharmacology of Benzodiazepines: Synaptic Mechanisms and Neural Basis of Action.
In: The Benzodiazepines - From Molecular Biology to Clinical Practice (Ed. Costa E).
Raven Press, New Yor, p. 21-66

6313. Haga K, Osuga K, Nakanish. A, Tsumagar. T (1984)
Antiulcer activity of clotiazepam in rats.
Jpn J Pharm 34: 381-387 (17 Refs.)

6314. Hagen TJ, Guzman F, Schultz C, Cook JM, Skolnick P, Shannon HE (1986)
Synthesis of 3,6-disubstituted beta-carbolines which possess either benzodiazepine antagonist or agonist activity.
Heterocycle 24: 2845-2855 (31 Refs.)

6315. Hagen TJ, Skolnick P, Cook JM (1987)
Synthesis of 6-substituted beta-carbolines which behave as benzodiazepine receptor antagonists or inverse agonists (meeting abstr.).
Abs Pap ACS 193: 35-Medi (no Refs.)

6316. Haigh JRM, Feely M, Gent JP (1986)
Tolerance to the anticonvulsant effect of clonazepam in mice - no concurrent change in plasma-concentration (technical note).
J Pharm Pha 38: 931-934 (16 Refs.)

6317. Haigh JRM, Gent JP, Calvert R (1984)
Plasma-concentrations of clobazam and its N-desmethyl metabolite - protection against pentetrazol-induced convulsions in mice (technical note).
J Pharm Pha 36: 636-638 (9 Refs.)

6318. Haigh JRM, Pullar T, Gent JP, Dailley C, Feely M (1987)
N-desmethylclobazam - a possible alternative to clobazam in the treatment of refractory epilepsy.
Br J Cl Ph 23: 213-218 (21 Refs.)

6319. Hailey DM (1974)
Chromatography of the 1,4-benzodiazepines.
J Chromatogr 98: 527-568

6320. Hajek I, Buresova M, Jakoubek B (1981)
Protein-synthesis in muscles of infant rats after repeated administration of ACTH and diazepam (meeting abstr.).
Physl Bohem 30: 170 (no Refs.)

6321. Haldemann G, Weber J (1981)
Induction of anesthesia with midazolam, with special consideration of the effect on the systolic-time intervals.
Arznei-For 31-2: 2247-2251 (14 Refs.)

6322. Hall DB, Freas W, Bowen KA, Wessel RF, Muldoon SM (1987)
The effect of diazepam on the peripheral adrenergic neuroeffector junction of the dog (meeting abstr.).
Fed Proc 46: 553 (no Refs.)

6323. Hall JH, Marshall PC (1983)
Clonazepam therapy in reading epilepsy - reply (letter).
Neurology 33: 117-118 (4 Refs.)

6324. Hall N, Edmondso. HD (1983)
The etiology and psychology of dental fear - a 5-year study of the use of intravenous diazepam in its management.
Br Dent J 154: 247-252 (27 Refs.)

6325. Hall RCW, Zisook S (1981)
Paradoxical reactions to benzodiazepines.
Br J Cl Ph 11: 99-104 (55 Refs.)

6326. Hallett C, Dean BC (1983)
Flunitrazepam - acute benefit-risk assessment in general-practice.
J Int Med R 11: 338-342 (5 Refs.)

6327. Hallett C, Dean BC (1984)
Bromazepam - acute benefit-risk assessment in general-practice.
Curr Med R 8: 683-688 (4 Refs.)

6328. Halliday NJ, Dundee JW, Carlisle RJ, Moore J, McCaffer. DF, Woolfson AD (1986)
Experiences with i.v. temazepam (meeting abstr.).
Br J Anaest 58: 810-811 (2 Refs.)

6329. Halliday NJ, Dundee JW, Collier PS, Loughran PG, Harper KW (1985)
Influence of plasma-proteins on the onset of hypnotic action of intravenous midazolam.
Anaesthesia 40: 763-766 (6 Refs.)

6330. Halliday NJ, Dundee JW, Collier PS, Howard PJ (1985)
Effects of aspirin pretreatment on the invitro serum binding of midazolam (meeting abstr.).
Br J Cl Ph 19: 581-582 (1 Refs.)

6331. Halliday NJ, Dundee JW, Fee JPH (1984)
Diazepam tolerance (letter).
Br Med J 289: 1072-1073 (9 Refs.)

6332. Halliday NJ, Dundee JW, Harper KW (1985)
Influence of fentanyl and alfentanil pretreatment on the action of midazolam (meeting abstr.).
Br J Anaest 57: 351 (1 Refs.)

6333. Halliday NJ, Dundee JW, Harper KW, Loughran PG (1984)
The effect of pretreatment with fentanyl and alfentanil on the action of midazolam (meeting abstr.).
Irish J Med 153: 401-402 (1 Refs.)

6334. Halliday NJ, Dundee JW, Harper KW, Loughran PG (1985)
The effect of plasma-protein binding on the onset of action of midazolam (meeting abstr.).
Irish J Med 154: 328-329 (no Refs.)

6335. Hallstrom C, Lader M (1981)
Benzodiazepine withdrawal phenomena.
Int Pharmac 16: 235-244 (18 Refs.)

6336. Hallstrom C, Lader M (1982)
The incidence of benzodiazepine dependence in long-term users.
J Psych Tr 4: 293-296 (10 Refs.)

6337. Hallstrom C, Treasade. I. Edwards JG, Lader M (1981)
Diazepam, propranolol and their combination in the management of chronic anxiety.
Br J Psychi 139: 417-421 (11 Refs.)

6338. Hama Y, Ebadi M (1986)
The nullification by diazepam of haloperidol-induced increases in the level of striatal dopamine but not in the activity of glutamic-acid decarboxylase.
Neuropharm 25: 1235-1242   (47 Refs.)

6339. Hambley JW, Johnston GA, Shaw J, Macdonal. JG (1986)
Do benzodiazepine receptors in heart and kidney alter with hypertrophy (meeting abstr.).
Aust NZ J M 16: 565   (no Refs.)

6340. Hamdy NAT, Kennedy HJ, Nicholl J, Triger DR (1986)
Sedation for gastroscopy - a comparative-study of midazolam and diazemuls in patients with and without cirrhosis.
Br J Cl Ph 22: 643-647   (17 Refs.)

6341. Hamilton C, Sellers EM, Sullivan JT, Kaplan HL, Naranjo CA (1986)
Comparative neurologic effects of diazepam (D) and suriclone (S), a cyclopyrrolone anxiolytic (meeting abstr.).
Clin Pharm 39: 198   (no Refs.)

6342. Hamilton JT, Stone PA (1982)
The effect of a benzodiazepine, flurazepam, on the response of invitro skeletal-muscle preparations to muscle-relaxants - are purines or their receptors involved.
Can J Physl 60: 877-884   (29 Refs.)

6343. Hamilton MJ, Bush M, Smith P, Peck AW (1982)
The effects of burpropion, a new anti-depressant drug, and diazepam, and their interaction in man.
Br J Cl Ph 14: 791-797   (15 Refs.)

6344. Hammond JR (1985)
Photoaffinity-labeling of benzodiazepine receptors - lack of effect on ligand-binding to the nucleoside transport-system (technical note).
J Neurochem 45: 1327-1330   (19 Refs.)

6345. Hammond JR, Jarvis SM, Paterson AR, Clanacha. AS (1983)
Benzodiazepine inhibition of nucleoside transport in human-erythrocytes.
Bioch Pharm 32: 1229-1235   (33 Refs.)

6346. Hammond JR, Martin IL (1986)
Solubilization of the benzodiazepine gamma-aminobutyric acid receptor complex - comparison of the detergents octylglucopyranoside and 3-[(3-cholamidopropyl)-dimethylammonio]-1-propanesulfonate (chaps)
J Neurochem 47: 1161-1171   (46 Refs.)

6347. Hammond JR, Paterson AR, Clanacha. AS (1981)
Benzodiazepine inhibition of site-specific binding of nitrobenzylthioinosine, an inhibitor of adenosine transport.
Life Sci 29: 2207-2214   (24 Refs.)

6348. Hammond JR, Williams EF, Clanacha. AS (1985)
Affinity of calcium-channel inhibitors, benzodiazepines, and other vasoactive compounds for the nucleoside transport-system.
Can J Physl 63: 1302-1307   (36 Refs.)

6349. Hamon M, Soubrie P (1983)
Searching for endogenous ligand(s) of central benzodiazepine receptors (review).
Neurochem I 5: 663-672   (60 Refs.)

6350. Hamor TA, Martin IL (1983)
The benzodiazepines (review).
Prog Med Ch 20: 157-223   (354 Refs.)

6351. Hancock BG, Black CD (1985)
Effect of a polyethylene-lined administration set on the availability of diazepam injection.
Am J Hosp P 42: 335-339   (14 Refs.)

6352. Handley SL, Singh L (1986)
Involvement of the locus coeruleus in the potentiation of the quipazine-induced head-twitch response by diazepam and beta-adreno-ceptor agonists.
Neuropharm 25: 1315-1321   (46 Refs.)

6353. Hanekamp HB, Voogt WH, Frei RW, Bos P (1981)
Continuous-flow alternating-current polarographic detection of nitrazepam in liquid-chromatography (review or bibliog.).
Analyt Chem 53: 1362-1365   (25 Refs.)

6354. Hannaman PK, Kilpatri. BF, Johnson DN (1986)
AHR-11797 - a novel benzodiazepine receptor antagonist (meeting abstr.).
Fed Proc 45: 1724   (no Refs.)

6355. Hansen S, Ferreira A, Selart ME (1985)
Behavioral similarities between mother rats and benzodiazepine-treated non-maternal animals.
Psychophar 86: 344-347   (37 Refs.)

6356. Hansson O, Olsson I (1983)
Minidose benzodiazepine in anti-epileptic treatment (meeting abstr.).
Neuropediat 14: 129   (no Refs.)

6357. Hantray P, Guibert B, Tacke U, Kaijima M, Dodd R, Prenant C, Sastre J, Comar D, Naquet R, Maziere M (1985)
Invivo rapid changes in benzodiazepine binding following experimental seizures - a pet study (meeting abstr.).
EEG Cl Neur 61: 56-57   (2 Refs.)

6358. Hantraye P, Kaijima M, Prenant C, Guibert B, Sastre J, Crouzel M, Naquet R, Comar D, Maziere M (1984)
Central type benzodiazepine binding-sites - a positron emission tomography study in the baboons brain.
Neurosci L 48: 115-120   (19 Refs.)

6359. Hantraye P, Maziere B, Maziere M, Fukuda H, Naquet R (1986)
Dopaminergic and benzodiazepine receptors studied invivo by PET.
J Physl Par 81: 278-282   (13 Refs.)

6360. Haram K, Lund T, Sagen N, Boe OE (1981)
Comparison of thiopentone and diazepam as induction-agents of anesthesia for cesarean-section.
Act Anae Sc 25: 470-476   (46 Refs.)

6361. Hard E, Engel J, Larsson K, Musi B (1985)
Effect of diazepam, apomorphine and haloperidol on the audiogenic immobility reaction and on the open-field behavior.
Psychophar 85: 106-110   (28 Refs.)

6362. Hardy RH (1983)
Doxapram and diazepam (letter).
Br Med J 286: 1445   (3 Refs.)

6363. Hare SA (1983)
A controlled trial of brotizolam versus fluni-
trazepam as a hypnotic (letter).
S Afr Med J 64: 846   (1 Refs.)

6364. Hare SA, Sonnenfe. ED (1983)
A controlled trial of brotizolam versus fluni-
trazepam as a hypnotic.
S Afr Med J 64: 277-278   (5 Refs.)

6365. Hargreav. J (1986)
Comparison of oral midazolam and temazepam
with placebo as premedication for day case
patients (meeting abstr.).
Br J Anaest 58: 1338   (1 Refs.)

6366. Hargreaves KM, Dionne RA, Mueller GP, Goldstei.
DS, Dubner R (1986)
Naloxone, fentanyl, and diazepam modify plasma
beta-endorphin levels during surgery.
Clin Pharm 40: 165-171   (59 Refs.)

6367. Hargreaves WA, Tyler J, Weinberg JA, Sorensen
JL, Benowitz N (1983)
(-)-alpha-acetylmethadol effects on alcohol
and diazepam use, sexual function and cardiac-
function.
Drug Al Dep 12: 323-332   (16 Refs.)

6368. Haring P, Stahli C, Schoch P, Takacs B,
Staeheli. T, Mohler H (1985)
Monoclonal-antibodies reveal structural
homogeneity of gamma-aminobutyric acid benzo-
diazepine receptors in different brain-areas.
P NAS US 82: 4837-4841   (23 Refs.)

6369. Hariton C, Jadot G, Mesdjian E, Cano JP,
Mandel P (1985)
Valproate increases diazepam impregnation
selectively in CNS of the rat after subchronic
administration.
Life Sci 37: 1343-1349   (22 Refs.)

6370. Hariton C, Jadot G, Mesdjian E, Mandel P
(1985)
Diazepam - kinetic profiles in various brain-
areas, plasma and erythrocytes after chronic
administration in the rat.
Eur J Drug 10: 105-111   (19 Refs.)

6371. Hariton C, Jadot G, Mesdjian E, Valli M,
Bouyard P, Mandel P (1983)
Diazepam - kinetic profile of brain-areas
distribution after chronic administration -
plasmatic and erythrocytic levels relationship.
J Pharmacol 14: 425-436   (19 Refs.)

6372. Hariton C, Jadot G, Mesdjian E, Valli M,
Bouyard P, Mandel P (1984)
The effects of sodium valproate on plasma,
erythrocytic and cerebral kinetics of diazepam
in the rat (meeting abstr.).
J Pharmacol 15: 250-251   (4 Refs.)

6373. Hariton C, Jadot G, Mesdjian E, Valli M,
Bruguero. B, Bouyard P, Mandel P (1983)
Pharmacokinetic study of the cerebral regional
distribution of diazepam after chronic admi-
nistration - correlations with the intraery-
throcytic and plasma-levels (meeting abstr.).
J Pharmacol 14: 234-235   (4 Refs.)

6374. Hariton C, Jadot G, Valli M, Mesdjian E,
Mandel P (1985)
Effects of sodium valproate on diazepam - kine-
tic profiles in plasma, erythrocytes, and
different brain-areas in the rat.
Epilepsia 26: 74-80   (26 Refs.)

6375. Hariton C, Valli M, Courtier. A, Mesdjian E,
Baret A, Jadot G (1984)
Neuro-endocrine effects of sodium valproate
diazepam association in the male-rat (techni-
cal note).
J Pharmacol 15: 137-142   (12 Refs.)

6376. Harper KW, Collier PS, Dundee JW, Elliott P,
Halliday NJ, Lowry KG (1984)
Age and nature of operation influence the
pharmacokinetics of midazolam (meeting abstr.).
Br J Anaest 56: 1288-1289   (no Refs.)

6377. Harper KW, Collier PS, Dundee JW, Elliott P,
Halliday NJ; Lowry KG (1985)
Age and nature of operation influence the
pharmacokinetics of midazolam.
Br J Anaest 57: 866-871   (19 Refs.)

6378. Harper KW, Elliott P, McClean E, Dundee JW
(1984)
The influence of major surgery on elimination
half-life of midazolam (meeting abstr.).
Irish J Med 153: 227   (no Refs.)

6379. Harrer G (1986)
Benzodiazepine als therapeutische Adjuvantien
(1986).
In: Benzodiazepine - Rückblick und Ausblick
(Ed. Hippius H, Engel RR, Laakmann G).
Springer, Berlin Heidelberg New York Tokyo,
p. 165-172

6380. Harris AL, McIntyre N (1981)
Interaction of phenelzine and nitrazepam in a
slow acetylator (letter).
Br J Cl Ph 12: 254-255   (5 Refs.)

6381. Harris D (1985)
Midazolam in dentistry (letter).
Br Dent J 158: 158   (2 Refs.)

6382. Harris E (1982)
Difference between benzodiazepines - reply
(letter).
Am J Nurs 82: 1368-1369   (no Refs.)

6383. Harris PA (1981)
Oral temazepam and i.v. diazepam (letter).
Br J Anaest 53: 551   (1 Refs.)

6384. Harris PA (1984)
Midazolam in dentistry (letter).
Br Dent J 156: 349   (no Refs.)

6385. Harris PA (1984)
Scheduling benzodiazepines (letter).
Lancet 1: 797   (1 Refs.)

6386. Harris QLG, Lewis SJ, Young NA, Vajda FJE,
Jarrott B (1987)
Microcomputer analysis techniques for evaluation
of benzodiazepine effects on rat electrocorti-
cogram (technical note).
EEG Cl Neur 66: 331-334   (15 Refs.)

6387. Harrison C, Subhan Z, Hindmarc. I (1985)
Residual effects of zopiclone and benzodiazepine
hypnotics on psychomotor performance related
to car driving.
Drug Exp Cl 11: 823-829   (32 Refs.)

6388. Harrison M, Busto U, Naranjo CA, Kaplan HL,
Sellers EM (1984)
Diazepam tapering in detoxification for high-
dose benzodiazepine abuse.
Clin Pharm 36: 527-533   (25 Refs.)

6389. Harrison NL, Simmonds MA (1983)
The picrotoxin-like action of a convulsant benzodiazepine, Ro5-3663 (technical note).
Eur J Pharm 87: 155-158   (14 Refs.)

6390. Harrison RN, Mackay AD, Shepherd HA (1981)
Fiberoptic gastroscopy and intravenous diazepam - their combined effect on arterial oxygen-saturation.
Pharmathera 2: 565-567   (no Refs.)

6391. Harry TVA (1981)
Oxazepam - drug of choice for aggressive patients (letter).
Br Med J 282: 226   (7 Refs.)

6392. Harsing LG, Yang HYT, Costa E (1982)
Evidence for a gamma-aminobutyric acid (GABA) mediation in the benzodiazepine inhibition of the release of MET 5-enkephalin elicited by depolarization.
J Pharm Exp 220: 616-620   (25 Refs.)

6393. Hart BL (1985)
Behavioral indications for phenothiazine and benzodiazepine tranquilizers in dogs.
J Am Vet Me 186: 1192-1194   (12 Refs.)

6394. Hartley LR, Spencer J, Moir S (1982)
Diazepam and self or externally paced letter matching tasks (review or bibliog.).
Prog Neur-P 6: 185-192   (10 Refs.)

6395. Hartley LR, Spencer J, Williams. J (1982)
Anxiety, diazepam and retrieval from semantic memory.
Psychophar 76: 291-293   (12 Refs.)

6396. Hartmann E (1983)
Insomnia.
In: Pharmacology of Benzodiazepines (Ed. Usdin E, Skolnick P, Tallmann jr JF, Greenblatt D, Paul SM)
Verlag Chemie, Weinheim Deerfield Beach Basel
p. 187-198

6397. Hartmann E, Lindsley JG, Spinwebe. C (1983)
Chronic insomnia - effects of tryptophan, flurazepam, secobarbital, and placebo.
Psychophar 80: 138-142   (23 Refs.)

6398. Hartmann RJ, Geller I (1982)
Effects of buspirone and diazepam on experimentally induced conflict in cynomolgus monkeys (meeting abstr.).
Fed Proc 41: 1637   (no Refs.)

6399. Hartse KM, Thornby JI, Karacan I, Williams RL (1983)
Effects of brotizolam, flurazepam and placebo upon nocturnal auditory arousal thresholds.
Br J Cl Ph 16: 355-364   (16 Refs.)

6400. Hartung M, Gaertner HJ, Paulwebe. P (1983)
Experimental investigation on the activity of the triazolo-benzodiazepine GP-55-129 compared with diazepam and placebo in healthy-volunteers.
Arznei-For 33-1: 467-469   (11 Refs.)

6401. Harzer K, Barchet R (1977)
Analyse von Benzodiazepinen und deren Hydrolysenprodukte, den Benzophenonen, durch Hochdruckflüssigkeitschromatographie in umgekehrter Phase und ihre Anwendung auf biologisches Material.
J Chromatogr 132: 83-90

6402. Hasday JD, Karch FE (1981)
Benzodiazepine prescribing in a family medicine center.
J Am Med A 246: 1321-1325   (15 Refs.)

6403. Hashiyam. T, Inoue H, Takeda M, Murata S, Nagao T (1985)
Reactions of 3-phenylglycidic esters .5. reaction of methyl 3-(4-methoxyphenyl)glycidate with 2-nitroaniline and synthesis of 1,5-benzodiazepine derivatives.
Chem Pharm 33: 2348-2358   (16 Refs.)

6404. Haskell D, Cole JO, Schniebo. S, Lieberma. B (1986)
A survey of diazepam patients.
Psychoph B 22: 434-438   (7 Refs.)

6405. Haskins SC, Farver TB, Patz JD (1986)
Cardiovascular changes in dogs given diazepam and diazepam-ketamine.
Am J Vet Re 47: 795-798   (10 Refs.)

6406. Hassel P (1985)
Experimental comparison of low-doses of 1,5-mg fluspirilene and bromazepam in out-patients with psychovegetative disturbances.
Pharmacops 18: 297-302   (31 Refs.)

6407. Hasselstrom L, Ravnborg M, Ostergaa. D (1985)
Preanesthetic medication with peroral and rectal diazepam - a comparative study (meeting abstr.).
Act Anae Sc 29: 92   (no Refs.)

6408. Hatayama T, Yamaguch. H, Ohyama M (1984)
Acute behavioral-effects of a single dosage of temazepam and nitrazepam on reactive skills.
Jpn Psy Res 26: 201-209   (18 Refs.)

6409. Hatton MN, Williams D, Weis FR, Engl R, Ziter W (1987)
A double-blind study of sufentanil vs diazepam for conscious sedation (meeting abstr.).
J Dent Res 66: 160   (no Refs.)

6410. Hattori H, Ito M, Mikawa H (1985)
Gamma-aminobutyric acid, benzodiazepine binding-sites and gamma-aminobutyric acid concentrations in epileptic el mouse-brain.
Eur J Pharm 119: 217-223   (33 Refs.)

6411. Hattori K, Akaike N, Oomura Y (1984)
Facilitatory interaction among GABA, diazepam and pentobarbital actions (meeting abstr.).
Fol Pharm J 84: 8-9   (no Refs.)

6412. Hattori K, Oomura Y, Akaike N (1986)
Diazepam action on gamma-aminobutyric acid-activated chloride currents in internally perfused frog sensory neurons.
Cell Mol N 6: 307-323   (58 Refs.)

6413. Haug T (1983)
Neuro-pharmacological specificity of the diazepam stimulus complex - effects of agonists and antagonists.
Eur J Pharm 93: 221-227   (29 Refs.)

6414. Haug T (1984)
Tolerance to the depressant effects of diazepam in the drug discrimination paradigm.
Pharm Bio B 21: 409-415   (22 Refs.)

6415. Haug T, Gotestam KG (1981)
2 opposite effects of diazepam on fear by differential training in the CER-paradigm.
Psychophar 75: 110-113   (7 Refs.)

6416. Haug T, Gotestam KG (1982)
The diazepam stimulus complex - specificity in a rat model.
Eur J Pharm 80: 225-230 (8 Refs.)

6417. Hauri P, Roth T, Sateia M, Zorick F (1983)
Sleep laboratory and performance evaluation of midazolam in insomniacs.
Br J Cl Ph 16: 109-114 (4 Refs.)

6418. Haus M (1985)
Hazards of benzodiazepines (letter).
S Afr Med J 67: 79-80 (11 Refs.)

6419. Hausbrandt F, Gstirner F (1978)
Handbuch der Störwirkungen durch Pharmaka. 2. Aufl.
Verlag für Medizin, Heidelberg

6420. Havasi G, Gintauta. J, Havasi I (1981)
Reversibility of diazepam overdose by physostigmine in animals (meeting abstr.).
Can Anae SJ 28: 497-498 (no Refs.)

6421. Havasi G, Gintauta. J, Warren PR, Havasi I (1981)
Experimental-study of reversability of diazepam overdose by physostigmine or galanthamine (meeting abstr.).
Crit Care M 9: 283 (no Refs.)

6422. Havasi G, Gintauta. J, Warren PR, Havasi I, Thomas ET, Racz GB (1981)
Reversibility of diazepam overdose by physostigmine.
P West Ph S 24: 109-112 (5 Refs.)

6423. Haver VM, Porter WH, Dorie LD, Lea JR (1986)
Simplified high-performance liquid-chromatographic method for the determination of clonazepam and other benzodiazepines in serum.
Ther Drug M 8: 352-357 (14 Refs.)

6424. Havoundj. H, Cohen RM, Paul SM, Skolnick P (1986)
Differential sensitivity of central and peripheral type benzodiazepine receptors to phospholipase-A2.
J Neurochem 46: 804-811 50 Refs.)

6425. Havoundj. H, Paul SM, Skolnick P (1986)
Rapid, stress-induced modification of the benzodiazepine receptor-coupled chloride ionophore (technical note).
Brain Res 375: 401-406 (31 Refs.)

6426. Havoundj. H, Paul SM, Skolnick P (1986)
Acute, stress-induced changes in the benzodiazepine gamma-aminobutyric acid receptor complex are confined to tne chloride ionophore.
J Pharm Exp 237: 787-793 (38 Refs.)

6427. Havoundj. H, Reed GF, Paul SM, Skolnick P (1987)
Protection against the lethal effects of pentobarbital in mice by a benzodiazepine receptor inverse agonist, 6,7-dimethoxy-4-ethyl-3-carbomethoxy-beta-carboline.
J Clin Inv 79: 473-477 (42 Refs.)

6428. Havoundj. H, Skolnick P (1986)
A quantitatiave relationship between Cl-enhanced [^{3}H]flunitrazepam and [^{35}S]tert-butylbicyclophosphorothionate binding to the benzodiazepine GABA receptor chloride ionophore.
Mol Brain R 1: 281-287 (25 Refs.)

6429. Hawkesford JE, Still DM, Brown JH (1981)
A comparison of the anxiolytic effect of inhaled N_2O-O_2 and intravenous diazepam in patients undergoing minor oral-surgery (meeting abstr.).
J Dent Res 60: 1080 (no Refs.)

6430. Hawksworth G, Betts T, Crowe A, Knight R, Nyemitei. I, Parry K, Petrie JC, Raffle A, Parsons A (1984)
Diazepam beta-adrenoceptor antagonist interactions.
Br J Cl Ph 17: 69-76 (21 Refs.)

6431. Hayman LA, Pagani JJ, Bigelow RH, Libshitz HI, Lepke RA, Wallace S (1983)
The patho-physiology of contrast induced seizures in patients with brain metastases undergoing cerebral computed-tomography and the value of diazepam prophylaxis in their prevention (meeting abstr.).
J Comput As 7: 205-206 (no Refs.)

6432. Hayner GN, Inaba DS (1983)
A pharmacological aproach to outpatient benzodiazepine detoxification.
J Psych Dr 15: 99-104 (6 Refs.)

6433. Healey ML, Pickens RW (1983)
Diazepam dose preference in humans.
Pharm Bio B 18: 449-456 (16 Refs.)

6434. Healey M, Pickens R, Meisch R, McKenna T (1983)
Effects of clorazepate, diazepam, lorazepam and placebo on human-memory.
J Clin Psy 44: 436-439 (23 Refs.)

6435. Heath GF, Rech RH (1985)
Diazepam ethanol interaction - initial treatment and combined treatment effects.
Prog Neur-P 9: 703-708 (4 Refs.)

6436. Heazlewood RL, Lemass RWJ (1984)
Simple high-performance liquid-chromatographic assay for the routine monitoring of clonazepam in plasma (technical note).
J Chromat 336: 229-233 (4 Refs.)

6437. Hebebran. J. Friedl W, Lentes KU, Propping P (1986)
Qualitative variation of photolabeled benzodiazepine receptors in different species.
Neurochem I 8: 267-271 (23 Refs.)

6438. Hebebrand J, Friedl W, Propping P (1986)
Is the GABA benzodiazepine receptor an iso-receptor complex (meeting abstr.).
Bio Chem HS 367: 1113-1114 (6 Refs.)

6439. Hebebrand J, Friedl W, Unversag. B, Propping P (1986)
Benzodiazepine receptor subunits in avian brain.
J Neurochem 47: 790-793 (14 Refs.)

6440. Hecquet S, Puech AJ, Lecrubie. Y (1984)
Double-blind study, alprazolam versus lorazepam in ambulatory anxious patients.
Therapie 39: 253-261 (12 Refs.)

6441. Hedemark L, Kronenbe. R (1981)
Ventilatory responses to hypoxia and CO_2 during natural and flurazepam-induced sleep in normal adults (meeting abstr.).
Chest 80: 366 (no Refs.)

6442. Hedemark LL, Kronenbe. RS (1983)
Flurazepam attenuates the arousal response to CO_2 during sleep in normal subjects.
Am R Resp D 128: 980-983 (23 Refs.)

6443. Heidler I, Mares J, Mares P, Trojan S (1982)
Influence of clonazepam on cortical self-sustained afterdischarges during ontogenesis in rats.
Activ Nerv 24: 247-248 (3 Refs.)

6444. Heidler I, Mares J, Mares P, Trojan S (1982)
The influence of clonazepam on initial phases of kindling induced by cortical stimulation (meeting abstr.).
Physl Bohem 31: 262-263 (2 Refs.)

6445. Heidler I, Mares J, Mares P, Urbanova M (1983)
The influence of clonazepam on transfer during initial phases of kindling.
Activ Nerv 25: 206-207 (2 Refs.)

6446. Heidler I, Mares J, Trojan S (1985)
Utilization of benzodiazepines for the study of the experimental epileptic seizures (technical note).
Activ Nerv 27: 224 (2 Refs.)

6447. Heidler I, Trojan S (1985)
Preventive administration lowers the antiepileptic effect of benzodiazepines on self-sustained after-discharge.
Activ Nerv 27: 313-314 (1 Refs.)

6448. Heidrich H, Ott H, Beach RC (1981)
Lormetazepam - a benzodiazepine derivative without hangover effect a double-blind-study with chronic insomniacs in a general-practice setting.
Int J Cl Ph 19: 11-19 (12 Refs.)

6449. Heikkila H, Jalonen J, Arola M, Kanto J, Laaksone. V (1984)
Midazolam as adjunct to high-dose fentanyl anesthesia for coronary-artery bypass-grafting operation.
Act Anae Sc 28: 683-689 (21 Refs.)

6450. Heikkila H, Jalonen J, Arola M, Kanto J, Oja R (1983)
The effects of midazolam on the hemodynamics and oxygen transportation in patients with coronary-artery disease (meeting abstr.).
Act Anae Sc 27: 66 (no Refs.)

6451. Heikkila H, Jalonen J, Laaksone. V, Arola M, Oja R (1984)
Lorazepam and high-dose fentanyl anesthesia - effects on hemodynamics and oxygen transportation in patients undergoing coronary revascularization.
Act Anae Sc 28: 357-361 (15 Refs.)

6452. Heiman EM, Wood G (1981)
Patient characteristics and clinician attitudes influencing the prescribing of benzodiazepines.
J Clin Psy 42: 71-73 (10 Refs.)

6453. Heimann H (1986)
Zukunftsperspektiven.
In: Benzodiazepine - Rückblick und Ausblick (Ed. Hippius H, Engel RR, Laakmann G).
Springer, Berlin Heidelberg New York Tokyo, p. 154-157

6454. Heinze HJ, Munte TF, Kunkel H, Dickmann D (1985)
Methodological aspects of CNV-analysis of drug effects (diazepam and caffeine).
EEG-EMG 16: 69-74 (12 Refs.)

6455. Heinze HJ, Munte TF, Kunkel H, Scholz M (1986)
The effects of diazepam and caffeine on CNV with regard to the emotional lability of subjects (meeting abstr.).
EEG Cl Neur 63: 27 (no Refs.)

6456. Heipertz W, Hempel V, Eichinge. V, Vontin H (1984)
Comparison of the amnesic effect of intravenous flunitrazepam and lormetazepam doses (meeting abstr.).
Anaesthesis 33: 471 (1 Refs.)

6457. Heishman SJ, Thurmond JB (1987)
Serotonergic involvement in the development of tolerance to the sedative effect of benzodiazepines (meeting abstr.).
Fed Proc 46: 1301 (no Refs.)

6458. Heizmann P, Eckert M, Ziegler WH (1983)
Pharmacokinetics and bioavailability of midazolam in man.
Br J Cl Ph 16: 43-49 (5 Refs.)

6459. Heizmann P, Geschke R, Zinapold K (1984)
Determination of bromazepam in plasma and of its main metabolites in urine by reversed-phase high-performance liquid-chromatography.
J Chromat 310: 129-137 (8 Refs.)

6460. Heizmann P, Ziegler WH (1981)
Excretion and metabolism of ^{14}C-labeled midazolam in humans following oral dosing.
Arznei-For 31-2: 2220-2223 (1 Refs.)

6461. Helcl I, Lupolove. R, Buch JP, Amrein R (1981)
Evaluation of the efficacy and tolerance of orally-administered midazolam as hypnotic agent compared with oxazepam in the treatment of insomnia of mild to moderate severity.
Arznei-For 31-2: 2284-2287 (4 Refs.)

6462. Heller H, Steger W (1983)
Treatment of psychovegetative and psychosomatic-disorders - combined double-blind-study with dipotassium clorazepate and bromazepam.
Mün Med Woc 125: 715 (no Refs.)

6463. Heller W, Fuhrer G, Kuhner M, Seiffer U, Vontin H (1986)
Hemostasiological investigations under the use of midazolam-ketamine.
Anaesthesis 35: 419-422 (8 Refs.)

6464. Heller Y, Deleze G, Spahr A, Kuchler H, Dewolff E (1986)
The syndrome of diazepam weaning in an infant (meeting abstr.).
Helv Paed A 41: 233 (no Refs.)

6465. Hellevuo K, Kiianmaa K (1986)
Barbital and lorazepam in the AT and ANT rats - motor-performance and brain monoamine effects (meeting abstr.).
Alc Alcohol 21: 68 (no Refs.)

6466. Hellevuo K, Kiianmaa K, Juhakosk. A, Kim C (1987)
Intoxicating effects of lorazepam and barbital in rat lines selected for differential sensitivity to ethanol.
Psychophar 91: 263-267 (24 Refs.)

6467. Hemmingsen R, Braestru. C, Nielsen M, Barry DI (1981)
The GABA-benzodiazepine receptor complex during ethanol intoxication and withdrawal in the rat (meeting abstr.).
Eur J Cl In 11: 14   (no Refs.)

6468. Hemmingsen R, Braestru. C, Nielsen M, Barry DI (1982)
The benzodiazepine-GABA receptor complex during severe ethanol intoxication and withdrawal in the rat.
Act Psyc Sc 65: 120-126   (32 Refs.)

6469. Hemminki E, Bruun K, Jensen TO (1983)
Use of benzodiazepines in the nordic countries in the 1960s and 1970s.
Br J Addict 78: 415-428   (15 Refs.)

6470. Hemnani TJ, Khan LM, Patiki VP, Dashputr. PG (1983)
Effect of diphenylhydantoin with diazepam on electroseizure and chemoseizure susceptibility in mice.
I J Med Res 77: 521-524   (16 Refs.)

6471. Hempel V, Eichinge. V, Heipertz W, Vontin H (1984)
Blood-gas in patients with healthy lungs after intravenous administration of lormetazepam and flunitrazepam (meeting abstr.).
Anaesthesis 33: 533   (no Refs.)

6472. Hempelmann G, Müller H, Kling D, Boldt J (1984)
Hemodynamics after benzodiazepine administration (meeting abstr.).
Anaesthesis 33: 531-532   (no Refs.)

6473. Hemphill DG, Hahn N, Breutzma. D (1985)
Evaluation of the serum benzodiazepine screen method for the DUPONT ACA discrete clinical analyzer (meeting abstr.).
Clin Chem 31: 919   (no Refs.)

6474. Henauer S, Lombrozo L, Holliste. LE (1984)
Circadian variations of lorazepam-induced neurologic deficits.
Life Sci 35: 2193-2197   (9 Refs.)

6475. Henauer SA, Gallaher EJ, Holliste. LE (1984)
Long-lasting single-dose tolerance to neurologic deficits induced by diazepam.
Psychophar 82: 161-163   (13 Refs.)

6476. Henauer SA, Holliste. LE, Gillespi. HK, Moore F (1983)
Theophylline antagonizes diazepam-induced psychomotor impairment.
Eur J Cl Ph 25: 743-747   (23 Refs.)

6477. Henauer SA, Lombrozo L, Holliste. LE (1984)
Functional tolerance to alprazolam-induced neurologic deficits in mice.
Life Sci 35: 2065-2070   (17 Refs.)

6478. Henderson JG (1982)
Value of a single night-time dose of potassium clorazepate in anxiety - a controlled trial comparison with diazepam.
Scot Med J 27: 292-296   (10 Refs.)

6479. Hendler N, Long D (1981)
The effects of benzodiazepines - reply (letter)
Am J Psychi 138: 536-537   (5 Refs.)

6480. Hendrix GH, Gensini G, Ludbrook PA (1984)
A comparison of midazolam and diazepam with meperidine pretreatment for sedation during cardiac-catheterization (meeting abstr.).
Clin Res 32: 174   (no Refs.)

6481. Hendrix GH, Usher BW (1983)
A comparison of midazolam and diazepam for sedation during cardiac-catheterization (meeting abstr.).
Clin Res 31: 706   (no Refs.)

6482. Henke PG (1984)
The anterior cingulate cortex and stress - effects of chlordiazepoxide on unit-activity and stimulation-induced gastric pathology in rats.
Int J Psycp 2: 23-32   (39 Refs.)

6483. Henn FA, Henn SW (1981)
Cellular-localization of diazepam receptors (meeting abstr.).
J Psych Res 16: 134   (no Refs.)

6484. Hennart D, Dholland. A, Primodub. J (1982)
The hemodynamic-effects of flunitrazepam in anesthetized patients with valvular or coronary-artery lesions.
Act Anae Sc 26: 183-188   (28 Refs.)

6485. Hennies OL (1981)
A new skeletal-muscle relaxant (DS-103-282) compared to diazepam in the treatment of muscle spasm of local origin.
J Int Med R 9: 62-68   (5 Refs.)

6486. Hennis PJ, Vanhaast. FA, Mulder AJ (1986)
Efficacy of Ro 15-1788, a benzodiazepine antagonist, after midazolam-alfentanil anesthesia in man (meeting abstr.).
Pharm Week 8: 307   (1 Refs.)

6487. Henry S, Legendre B, Souleau C, Puisieux F, Duchene D (1983)
Solid dispersions - study of co-fused tablets made from diazepam and polyethylene-glycol 4000.
Pharm Act H 58: 9-13   (11 Refs.)

6488. Henthorn TK, Tybring G, Sawe J, Bertilss. L (1986)
Relationship between debrisoquine hydroxylation and plasma kinetics of diazepam, desmethyldiazepam and oxazepam (meeting abstr.).
Act Pharm T 59: 114   (no Refs.)

6489. Herberg LJ, Montgome. AM, File SE, Pellow S, Stephens DN (1986)
Effect on hypothalamic self-stimulation of the novel beta-carbolines ZK-93-426 (a benzodiazepine receptor antagonist) and ZK-91-296 (a putative partial agonist).
J Neural Tr 66: 75-84   (26 Refs.)

6490. Herberg LJ, Williams SF (1983)
Anti-conflict and depressant effects by GABA agonists and antagonists, benzodiazepines and non-gabergic anti-convulsants on self-stimulation and locomotor-activity.
Pharm Bio B 19: 625-633   (70 Refs.)

6491. Herbert M, Standen PJ, Short AH, Birmingh. AT (1983)
A comparison of some psychological and physiological-effects exerted by zetidoline (DL 308) and by oxazepam.
Psychophar 81: 335-339   (11 Refs.)

6492. Herblin WF (1986)
Characterization of benzodiazepine binding-sites after short-wave photo-affinity labeling with flunitrazepam.
Life Sci 38: 507-514 (18 Refs.)

6493. Herblin WF, Mechem CC (1984)
Short-wave ultraviolet-irradiation increases photo-affinity labeling of benzodiazepine sites.
Life Sci 35: 317-324 (10 Refs.)

6494. Herling S (1983)
Naltrexone blocks the response-latency increasing effects but not the discriminative effects of diazepam in rats (technical note).
Eur J Pharm 88: 121-124 (11 Refs.)

6495. Herling S, Shannon HE (1982)
Discriminative stimulus effects of benzodiazepines (BZ) in the rat (meeting abstr.).
Fed Proc 41: 1637 (1 Refs.)

6496. Herling S, Shannon HE (1982)
Ro 15-1788 antagonizes the discriminative stimulus effects of diazepam in rats but not similar effects of pentobarbital.
Life Sci 31: 2105-2112 (16 Refs.)

6497. Herman ZS, Kowalski J (1983)
The effect of a single temazepam administration on enkephalin content in the striatum and hypothalamus of the rat.
Pol J Phar 35: 265-269 (17 Refs.)

6498. Hernandezmendez J, Gonzalez. C, Gonzalez. MI (1983)
Study of the nickel bromazepam complex by differential pulse polarography and determination of nickel (technical note).
Analyt Chim 153: 331-335 (10 Refs.)

6499. Hernandezmendez J, Gonzalez. C, Gonzalez. MI (1985)
Metal-complexes of 1,4-benzodiazepines .1. spectrophotometric study of the nickel (II) bromazepam complex.
Microchem J 31: 94-101 (12 Refs.)

6500. Hernandez MS, Hentsche. HD, Fichte K (1981)
Comparative efficacy of lormetazepam (noctamid) and diazepam (valium) in 100 out-patients with insomnia.
J Int Med R 9: 199-202 (15 Refs.)

6501. Herr GP, Conner JT, Schehl D, Dorey F (1982)
Comparison of i.m. diazepam and hydroxyzine as premedicants.
Br J Anaest 54: 3-9 (11 Refs.)

6502. Herrerias JM, Bonet M (1984)
Esophagitis due to diazepam (letter).
Med Clin 83: 690 (* Refs.)

6503. Hertz L, Bender AS, Richards. JS (1983)
Benzodiazepines and beta-adrenergic binding to primary cultures of astrocytes and neurons.
Prog Neur-P 7: 681-686 (36 Refs.)

6504. Hertzber. RP, Hecht SM, Reynolds VL, Molineux IJ, Hurley LH (1986)
DNA-sequence specificity of the pyrrolo [1,4] benzodiazepine antitumor antibiotics - methidiumpropyl-edta-iron(II) footprinting analysis of DNA-binding sites for anthramycin and related drugs.
Biochem 25: 1249-1258 (56 Refs.)

6505. Herve F, Rajkowsk. K, Martin MT, Dessen P, Cittanov. N (1984)
Drug-binding properties of rat alpha-1-fetoprotein - binding of warfarin, phenylbutazone, azapropazone, diazepam, digitoxin and cholic-acid.
Biochem J 221: 401-406 (34 Refs.)

6506. Herxheimer A (1982)
Driving under the influence of oxazepam-guilt without responsibility (editorial).
Lancet 2: 223 (2 Refs.)

6507. Herzberg L (1985)
Management of hemifacial spasm with clonazepam (letter).
Neurology 35: 1676-1677 (9 Refs.)

6508. Hetmar O, Nielsen M, Braestru. C (1983)
Decreased number of benzodiazepine receptors in frontal-cortex of rat-brain following long-term lithium treatment.
J Neurochem 41: 217-221 (26 Refs.)

6509. Heuser I, Benkert O (1986)
Lorazepam for a short-term alleviation of mutism (letter).
J Cl Psych 6: 62 (2 Refs.)

6510. Heusner JE, Bosmann HB (1981)
GABA stimulation of diazepam-^{3}H binding in aged mice.
Life Sci 29: 971-974 (19 Refs.)

6511. Heusner JE, Bosmann HB (1982)
Benzodiazepine binding-studies in young and old mice (meeting abstr.).
Gerontol 22: 99 (no Refs.)

6512. Hewett C, Ellenber. J, Kollmer H, Kreuzer H, Niggesch. A, Stotzer H (1986)
Safety assessment of brotizolam.
Arznei-For 36-1: 592-596 (9 Refs.)

6513. Hicks P, Rolsten C, Harringt. C, Davis C, Schoolar J, Samorajs. T (1983)
The effect of age on diazepam pharmacokinetics (meeting abstr.).
Age 6: 132 (no Refs.)

6514. Hicks R, Dysken MW, Davis JM, Lesser J, Ripeckyj A, Lazarus L (1981)
The pharmacokinetics of psychotropic medication in the elderly - a review (review or bibliog.).
J Clin Psy 42: 374-385 (197 Refs.)

6515. Higgitt AC, Lader MH, Fonagy P (1985)
Clinical management of benzodiazepine dependence (review).
Br Med J 291: 688-690 (31 Refs.)

6516. Higgitt AC, Lader MH, Fonagy P (1985)
Clinical management of benzodiazepine dependence - reply (letter).
Br Med J 291: 1202 (5 Refs.)

6517. Higgitt A, Lader M, Fonagy P (1986)
The effects of the benzodiazepine antagonist Ro 15-1788 on psychophysiological performance and subjective measures in normal subjects.
Psychophar 89: 395-403 (44 Refs.)

6518. Hilbert JM, Chung M, Maier G, Gural R, Symchowi. S, Zampagli. N (1984)
Effect of sleep on quazepam kinetics.
Clin Pharm 36: 99-104 (12 Refs.)

6519. Hilbert JM, Chung M, Radwansk. E, Gural R, Symchowi. S, Zampagli. N (1984)
Quazepam kinetics in the elderly.
Clin Pharm 36: 566-569   (17 Refs.)

6520. Hilbert JM, Gural RP, Symchowi. S, Zampagli. N (1984)
Excretion of quazepam into human-breast milk.
J Clin Phar 24: 457-462   (15 Refs.)

6521. Hilbert JM, Iorio L, Moritzen V, Barnett A, Symchowi. S, Zampagli. N (1986)
Relationships of brain and plasma-levels of quazepam, flurazepam, and their metabolites with pharmacological activity in mice.
Life Sci 39: 161-168   (20 Refs.)

6522. Hilbert JM, Ning JM, Murphy G, Jimenez A, Zampagli. N (1984)
Gas-chromatographic determination of quazepam and 2 major metabolites in human-plasma.
J Pharm Sci 73: 516-519   (12 Refs.)

6523. Hilbert JM, Ning J, Symchowi. S, Zampagli. N (1986)
Placental-transfer of quazepam in mice.
Drug Meta D 14: 310-312   (16 Refs.)

6524. Hilbert J, Pramanik B, Symchowicz S, Zampagli. N (1984)
The disposition and metabolism of a hypnotic benzodiazepine, quazepam, in the hamster and mouse.
Drug Meta D 12: 452-459   (13 Refs.)

6525. Hildebrand PJ, Elwood RJ, Dundee JW, McLean E (1983)
Some factors influencing the uptake of midazolam (meeting abstr.).
Br J Anaest 55: 247   (1 Refs.)

6526. Hildebrand PJ, Elwood RJ, McClean E, Dundee JW (1983)
Intramuscular and oral midazolam - some factors influencing uptake (technical note).
Anaesthesia 38: 1220-1221   (5 Refs.)

6527. Hilfiker O, Kettler D (1981)
The effect of midazolam on general hemodynamics and cerebral blood-flow in animals and man.
Arznei-For 31-2: 2236-2237   (no Refs.)

6528. Hill AB, Müller BJ, Samra S, Kirsh M (1985)
The hemodynamic-effects of lorazepam as an adjunct to fentanyl oxygen anesthesia (meeting abstr.).
Anesth Anal 64: 228   (4 Refs.)

6529. Hill CM (1984)
Midazolam in dentistry (letter).
Br Dent J 156: 240   (1 Refs.)

6530. Hill HF, Watanabe Y, Shibuya T (1984)
Differential, postnatal ontogeny of opiate and benzodiazepine receptor subtypes in rat cerebral-cortex - binding characteristics of tifluadom and brotizolam.
Jpn J Pharm 36: 15-21   (24 Refs.)

6531. Hill SY, Goodwin DW, Reichman JB, Mendelso. WB, Hopper δ (1982)
A comparison of 2 benzodiazepine hypnotics administered with alcohol.
J Clin Psy 43: 408-410   (20 Refs.)

6532. Hiltunen AJ, Jarbe TUC (1986)
Discrimination of Ro-11-6896, chlordiazepoxide and ethanol in gerbils - generalization and antagonism tests.
Psychophar 89: 284-290   (43 Refs.)

6533. Himberg JJ (1982)
Optimization and Validation of Gas-Chromatographic Drug Assays for Pharmacokinetic Studies. A Model Study with four Benzodiazepines.
Academic Dissertation, Helsinki

6534. Hindmarch I (1983)
Measuring the side-effects of psychoactive-drugs - a pharmacodynamic profile of alprazolam.
Alc Alcohol 18: 361-367   (18 Refs.)

6535. Hindmarch I (1984)
Subjective aspects of the effects of benzodiazepines on sleep and early morning behavior.
Irish J Med 153: 272-278   (4 Refs.)

6536. Hindmarch I (1984)
Psychological Performance Models as Indicators of the Effects of Hypnotic Drugs on Sleep.
In: Sleep Benzodiazepines and Performance - Experimental Methodologies and Research Prospects (Ed. Hindmarch I, Ott H, Roth T).
Springer, Berlin Heidelberg New York Tokyo, p. 58-68

6537. Hindmarch I, Gudgeon AC (1982)
Loprazolam (HR158) and flurazepam with ethanol compared on tests of psychomotor ability.
Eur J Cl Ph 23: 509-512   (18 Refs.)

6538. Hindmarch I, Lal H, Stonier PD (1982)
Pharmacology of clobazam - international-symposium on clobazam university-of-York april 13-15, 1981 - preface (editorial).
Drug Dev R 1982: U 1   (no Refs.)

6539. Hindmarch I, Ott H (1984)
Sleep, Benzodiazepines and Performance: Issues and Comments.
In: Sleep Benzodiazepines and Performance - Experimental Methodologies and Research Prospects (Ed. Hindmarch I, Ott H, Roth T).
Springer, Berlin Heidelberg New York Tokyo, p. 194-202

6540. Hindmarch I, Ott H, Roth T (1984)
Sleep Benzodiazepines and Performance - Experimental Methodologies and Research Prospects (Psychopharmacology Supplementum 1).
Springer, Berlin Heidelberg New York Tokyo.

6541. Hindmarch I, Subhan Z (1983)
The effects of midazolam in conjunction with alcohol on sleep, psychomotor performance and car driving ability.
Int J Cl P 3: 323-329   (18 Refs.)

6542. Hino K (1987)
Effect of soluble chlordiazepoxide on spontaneous motor-activity of suckling rats (meeting abstr.).
Jpn J Pharm 43: 74   (no Refs.)

6543. Hino O, Kitagawa T (1982)
Effect of diazepam on hepatocarcinogenesis in the rat.
Tox Lett 11: 155-157   (14 Refs.)

6544. Hinrichs JV, Ghoneim MM, Mewaldt SP (1984)
Diazepam and memory - retrograde facilitation produced by interference reduction.
Psychophar 84: 158-162   (15 Refs.)

6545. Hinrichs JV, Mewaldt SP, Ghoneim MM (1982)
Tetrograde enhancement of recall with diazepam (meeting abstr.).
B Psychon S 20: 140-141 (no Refs.)

6546. Hinrichs JV, Mewaldt SP, Ghoneim MM, Berie JL (1981)
Diazepam and human-memory - acquisition vs retention (meeting abstr.).
B Psychon S 18: 80 (no Refs.)

6547. Hinrichs JV, Mewaldt SP, Ghoneim MM, Berie JL (1982)
Diazepam and learning - assessment of acquisition deficits.
Pharm Bio B 17: 165-170 (7. Refs.)

6548. Hippius H, Emrich HM (1985)
Benzodiazepines - agonists and antagonists - introduction (editorial).
Pharmacops 18: 155 (no Refs.)

6549. Hippius H, Engel RR, Laakmann G (1986)
Benzodiazepine - Rückblick und Ausblick.
Springer, Berlin Heidelberg New York Tokyo

6550. Hippius H, Ruther E (1982)
Benzodiazepine - 1st choice medication (editorial).
Mün Med Woc 124: 16+ (no Refs.)

6551. Hirata Y, Nakano M, Somiya K, Nagai A, Asano S (1982)
Treatment of status epilepticus with diazepam - effectiveness and adverse reactions (meeting abstr.).
Brain Devel 4: 254 (no Refs.)

6552. Hirayama H, Kasuya Y, Suga T (1983)
High-performance liquid-chromatographic determination of bromazepam in human-plasma (technical note).
J Chromat 277: 414-418 (5 Refs.)

6553. Hiremath SP, Hiremath DM, Purohit MG (1984)
Synthesis of substituted indolo [3,2-b] [1,5] benzodiazepine derivatives.
I J Chem B 23: 930-933 (13 Refs.)

6554. Hirlinger WK, Wick C, Wollinsk. KH, Stodtmei. R (1984)
Comparative-study of the behavior of intra-ocular-pressure during narcotic introduction with diazepam and midazolam (meeting abstr.).
Anaesthesis 33: 454 (no Refs.)

6555. Hironaka T, Fuchino K, Fujii T (1983)
The benzodiazepine receptor and receptor tolerance produced by chronic treatment of diazepam.
Jpn J Pharm 33: 95-102 (30 Refs.)

6556. Hironaka T, Fuchino K, Fujii T (1984)
Absorption of diazepam and its transfer through the blood-brain-barrier after intraperitoneal administration in the rat.
J Pharm Exp 229: 809-815 (40 Refs.)

6557. Hirose A, Kato T, Karai N, Katsuyam. M, Nakamura M, Katsube J (1985)
The role of central serotonergic neuron system in the pharmacological actions of benzodiazepines (BZS) (meeting abstr.).
Jpn J Pharm 39: 356 (no Refs.)

6558. Hirose K, Matsushi. A, Eigyo M, Jyoyama H, Fujita A, Tsukinok. Y, Shiomi T, Matsubar. K (1981)
Pharmacology of 2-o-chlorobenzoyl-4-chloro-N-methyl-N-alpha-glycylglycinanilide hydrate (45-0088-S), a compound with benzodiazepine-like properties.
Arznei-For 31-1: 63-69 (16 Refs.)

6559. Hirsch JD (1981)
Regional changes in ^{3}H-diazepam binding in the brains of mice after removal of the olfactory bulbs.
Exp Neurol 72: 91-98 (30 Refs.)

6560. Hirsch JD (1982)
Photolabeling of benzodiazepine receptors spares ^{3}H-propyl beta-carboline binding.
Pharm Bio B 16: 245-248 (18 Refs.)

6561. Hirsch JD (1984)
Pharmacological and physiological-properties of benzodiazepine binding-sites in rodent brown adipose-tissue.
Comp Bioc C 77: 339-343 (29 Refs.)

6562. Hirsch JD (1984)
Peripheral and central-type benzodiazepine binding-sites in mammalian ocular-tissues (letter).
Exp Eye Res 38: 101-104 (12 Refs.)

6563. Hirsch JD, Garrett KM, Beer B (1985)
Heterogeneity of benzodiazepine binding-sites - a review of recent research.
Pharm Bio B 23: 681-685 (51 Refs.)

6564. Hirsch JD, Kochman RL (1983)
Calcium alters divalent-cation modulation of brain benzodiazepine receptors.
Arch I Phar 265: 211-218 (17 Refs.)

6565. Hirsch JD, Kochman RL (1984)
Occupation of brain receptors by benzodiazepines and beta-carbolines - multiple mechanisms and responses.
Drug Dev R 4: 39-50 (40 Refs.)

6566. Hirsch JD, Kochman RL, Sumner PR (1982)
Heterogeneity of brain benzodiazepine receptors demonstrated by [^{3}H]-labeled propyl beta-carboline-3-carboxylate binding.
Molec Pharm 21: 618-628 (30 Refs.)

6567. Hirsch JD, Lydigsen JL (1981)
Binding of beta-carboline-3-carboxylic acid ethyl-ester to mouse-brain benzodiazepine receptors invivo (technical note).
Eur J Pharm 72: 357-360 (9 Refs.)

6568. Hiss J, Hepler BR, Falkowsk. AJ, Sunshine I (1982)
Fatal bradycardia after intentional overdose of cimetidine and diazepam (letter).
Lancet 2: 982 (12 Refs.)

6569. Hjortso E, Mondorf T (1982)
Does oral premedication increase the risk of gastric aspiration - a study to compare the effect of diazepam given orally and intramuscularly on the volume and acidity of gastric aspirate.
Act Anae Sc 26: 505-506 (5 Refs.)

6570. Ho CY, Hageman WE, Persico FJ (1986)
Indolo [2,1-c][1,4] benzodiazepines - a new class of antiallergic agents (technical note).
J Med Chem 29: 1118-1121 (21 Refs.)

6571. Ho PC, Triggs EJ, Heazlewo. V, Bourne DWA (1983)
Determination of nitrazepam and temazepam in plasma by high-performance liquid-chromatography.
Ther Drug M 5: 303-307   (11 Refs.)

6572. Hoar PF, Nelson NT, Mangano DT, Bainton CR, Hickey RF (1981)
Adrenergic response to morphine-diazepam anesthesia for myocardial revascularization.
Anesth Anal 60: 406-411   (28 Refs.)

6573. Hobi V, Dubach UC, Skreta M, Forgo J, Riggenba. H (1981)
The effect of bromazepam on psychomotor activity and subjective mood.
J Int Med R 9: 89-97   (36 Refs.)

6574. Hobi V, Dubach UC, Skreta M, Forgo I, Riggenba. H (1982)
The sub-acute effect of bromazepam on psychomotor activity and subjective mood.
J Int Med R 10: 140-146   (29 Refs.)

6575. Hobi V, Kielholz P, Dubach UC (1981)
The effect of bromazepam on fitness to drive.
Mün Med Woc 123: 1585-1588   (8 Refs.)

6576. Hobush D, Arndt R, Roman E, Kultz J, Knaape H, Kammann H (1982)
The treatment with clonazepam (antelepsin) of therapeutically resistant epileptic paroxysms in childhood.
Zh Nevr Ps 82: 1563-1566   (no Refs.)

6577. Hock FJ, Kruse HJ (1982)
Differential effects of psychotropic-drugs on ECS-induced amnesia in a passive-avoidance task - anxiolytic drugs - diazepam versus clobazam.
IRCS-Bioch 10: 221-222   (7 Refs.)

6578. Hodges H, Baum S, Taylor P, Green S (1986)
Behavioral and pharmacological dissociation of chlordiazepoxide effects on discrimination and punished responding.
Psychophar 89: 155-161   (20 Refs.)

6579. Hodges HM, Green SE (1981)
Evidence of a role for GABA in benzodiazepine effects on food preference in rats.
Psychophar 75: 305-310   (19 Refs.)

6580. Hodges HM, Green S (1984)
Evidence for the involvement of brain GABA and serotonin systems in the anticonflict effects of chlordiazepoxide in rats.
Behav Neur 40: 127-154   (37 refs.)

6581. Hodges HMH, Green SE (1985)
Effects of chlordiazepoxide on cued radial maze performance in rats (meeting abstr.).
B Br Psycho 38: 36   (no Refs.)

6582. Hodges H, Green S (1986)
Effects of chlordiazepoxide on cued radial maze performance in rats.
Psychophar 88: 460-466   (17 Refs.)

6583. Hodges HM, Green SE, Crewes H, Mathers I (1981)
Effects of chronic chlordiazepoxide treatment on novel and familiar food preference in rats.
Psychophar 75: 311-314   (17 Refs.)

6584. Hoehnsaric R, McLeod DR (1986)
Physiological and performance responses to diazepam - 2 types of effects.
Psychoph B 22: 439-443   (14 Refs.)

6585. Hoes MJAJM (1985)
Clinical-selection criteria for hypnotics.
Tijd Ther G 10: 882-888   (39 Refs.)

6586. Hofer P, Scollola. G (1984)
Diagnostic and therapeutic use of benzodiazepine-antagonist Ro-15-1788 in deliberate medicinal intoxication (meeting abstr.).
Schw Med Wo 114: 1860-1861   (no Refs.)

6587. Hofer P, Scollola. G (1985)
Benzodiazepine antagonist Ro 15-1788 in self-poisoning - diagnostic and therapeutic use.
Arch In Med 145: 663-664   (8 Refs.)

6588. Hoffman BF, Shugar G (1982)
Benzodiazepines - uses and abuses.
Can Fam Phy 28: 1630+   (no Refs.)

6589. Hoffman WE, Albrecht RF, Miletich DJ, Hagen TJ, Cook JM (1986)
Cerebrovascular and cerebral metabolic effects of physostigmine, midazolam, and a benzodiazepine antagonist.
Anesth Anal 65: 639-644   (34 Refs.)

6590. Hoffman WE, Feld JM, Larschei. P, Cook JM, Albrecht RF, Miletich DJ (1984)
Cerebrovascular and cerebral metabolic effects of flurazepam and a benzodiazepine antagonist, 3-hydroxymethyl-beta-carboline.
Eur J Pharm 106: 585-591   (14 Refs.)

6591. Hoffman WE, Miletich DJ, Albrecht RF (1986)
The cerebrovascular and cerebral metabolic effects of midazolam and its interaction with N_2O (meeting abstr.).
Anesthesiol 65: 355   (4 Refs.)

6592. Hoffman WE, Miletich DJ, Albrecht RF (1986)
The effects of midazolam on cerebral blood-flow and oxygen-consumption and its interaction with nitrous-oxide.
Anesth Anal 65: 729-733   (16 Refs.)

6593. Hofling S (1986)
Midazolam, diazepam and placebo as premedication for regional anesthesia (letter).
Br J Anaest 58: 1203-1204   (1 Refs.)

6594. Hofmann RF, Weiler HH (1983)
Lorazepam and nalbuphine as local-anesthetic ophthalmic surgery premedications.
Ann Ophthal 15: 64-66   (no Refs.)

6595. Hohjo M, Miura H, Minagawa K, Ishidate T, Mizuno S, Shirai H, Sunaoshi W, Bandoh Y (1986)
A clinical-study on the effectiveness of intermittent therapy with oral diazepam syrups for the prevention of recurrent febrile convulsions - a preliminary-report (meeting abstr.).
Brain Devel 8: 559-560   (no Refs.)

6596. Holck M, Osterrie. W (1985)
The peripheral, high-affinity benzodiazepine binding-site is not coupled to the cardiac Ca^{2+} channel.
Eur J Pharm 118: 293-301   (23 Refs.)

6597. Holden CGP (1985)
The use of midazolam for intravenous sedation in general dental practice (letter).
Br Dent J 158: 198 (1 Refs.)

6598. Hollister LE (1981)
Benzodiazepines - an overview (review or bibliog.).
Br J Cl Ph 11: 117-119 (14 Refs.)

6599. Hollister LE (1983)
The pre-benzodiazepine era.
J Psych Dr 15: 9-13 (no Refs.)

6600. Hollister LE (1983)
Principles of therapeutic applications of benzodiazepines.
J Psych Dr 15: 41-44 (4 Refs.)

6601. Hollister LE (1983)
Pharmacology and clinical use of benzodiazepines.
In: Pharmacology of Benzodiazepines (Ed. Usdin E, Skolnick P, Tallmann jr JF, Greenblatt D, Paul SM).
Verlag Chemie, Weinheim Deerfield Beach Basel, p. 29-35

6602. Hollister LE (1984)
Selection of benzodiazepines.
Tijd Ther G 9: 416-422 (* Refs.)

6603. Hollister LE (1985)
Benzodiazepines divided - a multidisciplinary review - trimble, MR (book review).
J Nerv Ment 173: 381 (1 Refs.)

6604. Hollister LE, Conley FK, Britt RH, Shuer L (1981)
Long-term use of diazepam.
J Am Med A 246: 1568-1570 (11 Refs.)

6605. Holloway A, Logan DA (1987)
Efficacy of Ro 15-1788 (anexate-(R)) in reversing benzodiazepine sedation after endoscopy (meeting abstr.).
Anaesth I C 15: 114 (no Refs.)

6606. Holloway AM, Brockutn. JG, Sommervi. TE, Pavy TJG (1982)
Midazolam, a new intravenous induction agent for anesthesia.
S Afr Med J 61: 274-276 (7 Refs.)

6607. Holloway AM, Jordaan DG, Brockutn. JG (1982)
Midazolam for the intravenous induction of anesthesia in children.
Anaesth I C 10: 340-343 (9 Refs.)

6608. Holloway FA, Modrow HE, Michaeli. RC (1985)
Methylxanthine discrimination in the rat - possible benzodiazepine and adenosine mechanisms.
Pharm Bio B 22: 815-824 (67 Refs.)

6609. Hollywood F, Khan ZU, Scriven EFV, Smalley RK, Suschitz. H, Thomas DR, Hull R (1982)
Photolysis of quinolyl and isoquinolyl azides in the presence of methoxide ions - synthesis of benzodiazepines and pyridoazepines.
J Chem S P11982: 431-433 (9 Refs.)

6610. Holmes CM, Galletly DG (1982)
Midazolam fentanyl - a total intravenous technique for short procedures (technical note).
Anaesthesia 37: 761-765 (6 Refs.)

6611. Holmes W, Bali IM, Dundee JW (1986)
Aminophylline - an antagonist to midazolam (meeting abstr.)
Irish J Med 155: 137 (1 Refs.)

6612. Holohean AM, Huerta P, Michaeli. RC, Modrow HE, Holloway FA (1984)
Antagonism of the chlordiazepoxide discriminative stimulus (meeting abstr.).
Fed Proc 43: 930 (no Refs.)

6613. Holt RJ (1984)
Alprazolam reversal of reserpine-induced depression in patients with compensated tardive-dyskinesia.
Drug Intel 18: 311-312 (21 Refs.)

6614. Holzbecher M, Ellenber. HA (1981)
Simultaneous determination of diphenhydramine, methaqualone, diazepam and chlorpromazine in liver by use of enzyme digestion - a comparison of digestion procedures.
J Anal Tox 5: 62-64 (17 Refs.)

6615. Hommer DW (1986)
Sleep, benzodiazepines and performance - experimental methodologies and research prospects - Hindmarch I, Ott H, Roth T (book review).
Cont Psycho 31: 148-149 (1 Refs.)

6616. Hommer DW, Matsuo V, Wolkowit. O, Chrousos G, Greenblatt DJ, Weingart. H, Paul SM (1986)
Benzodiazepine sensitivity in normal human-subjects.
Arch G Psyc 43: 542-551 (61 Refs.)

6617. Honer WG, Rosenber. RG, Turey M, Fisher WA (1986)
Respiratory-failure after clonazepam and amobarbital (letter).
Am J Psychi 143: 1495 (4 Refs.)

6618. Honore T, Nielsen M, Braestru. C (1983)
Binding of ^{3}H DMCM to benzodiazepine receptors - chloride dependent allosteric regulation mechanisms.
J Neural Tr 58: 83-98 (34 Refs.)

6619. Honore T, Nielsen M, Braestru. C (1984)
Barbiturate shift as a tool for determination of efficacy of benzodiazepine-receptor ligands.
Eur J Pharm 100: 103-107 (23 Refs.)

6620. Honore T, Nielsen M, Braestru. C (1984)
Specific ^{3}H DMCM binding to a non-benzodiazepine binding-site after silver ion treatment of rat-brain membranes.
Life Sci 35: 2257-2267 (11 Refs.)

6621. Hooper WD, Roome JA, King AR, Smith MT, Eadie MJ, Dickinso. RG (1985)
Simple and reliable determination of bromazepam in human-plasma by high-performance liquid-chromatography (technical note).
Analyt Chim 177: 267-271 (10 Refs.)

6622. Hopes H, Debus G (1984)
Studies on the combined effects of oxazolam and alcohol on achievement and mood of healthy-volunteers.
Arznei-For 34-2: 921-926 (21 Refs.)

6623. Hopkins DR, Sethi KBS, Mucklow JC (1982)
Benzodiazepine withdrawal in general-practice.
J Roy Col G 32: 758-762 (* Refs.)

6624. Hoppu K, Santavuo. P (1981)
Diazepam rectal solution for home treatment of acute seizures in children.
Act Paed Sc 70: 369-372   (11 Refs.)

6625. Horan PJ, Ho IK (1987)
Differential interactions between narcotic analgesics and diazepam (meeting abstr.).
Fed Proc 46: 383   (no Refs.)

6626. Hornyak I, Szekelyh. L (1980)
Determination of 2-Amino-5-nitrobenzophenone contamination in nitrazepam by low-temperature spectrophosphorimetry (technical note).
Analyt Chim 120: 415-417   (9 Refs.)

6627. Horowski R (1983)
Benzodiazepine for sleeping disorders - there are still therapeutic reservations (editorial).
Mün Med Woc 125: 18+   (no Refs.)

6628. Horowski R, Dorow R (1982)
The significance of pharmacokinetic finds for the clinical effect of benzodiazepines.
Internist 23: 632-640   (18 Refs.)

6629. Horrobin DF (1981)
Diazepam as tumor promoter (letter).
Lancet 1: 277-278   (9 Refs.)

6630. Horrobin DF (1981)
Diazepam and breast-cancer (letter).
Lancet 1: 1322   (5 Refs.)

6631. Horrobin DF (1982)
Diazepam and cancer (letter).
Lancet 2: 223   (1 Refs.)

6632. Horrobin DF, Trosko JE (1981)
The possible effect of diazepam on cancer development and growth.
Med Hypoth 7: 115-125   (69 Refs.)

6633. Horseau C, Brion S (1982)
Clinical-trial of bromazepam - 34 cases.
Nouv Presse 11: 1741-1743   (no Refs.)

6634. Horton RW, Prestwic. SA, Meldrum BS (1982)
Gamma-aminobutyric acid and benzodiazepine binding-sites in audiogenic seizure-susceptible mice.
J Neurochem 39: 864-870   (35 Refs.)

6635. Horvath M, Frantik E, Krekule P (1981)
Diazepam impairs alertness and potentiates the similar effect of toluene.
Activ Nerv 23: 177-179   (9 Refs.)

6636. Hoshi K, Senda N, Fujino S, Ueno K, Omori S, Igarashi T, Kitagawa H, Kitagawa H (1986)
Influence of drug-metabolizing enzyme-system by repeated administration of amitriptyline alone and in combination with perphenazine, diazepam or nitrazepam (meeting abstr.).
Act Pharm T 59: 94   (no Refs.)

6637. Hosie HE, Brook IM, Nimo WS (1986)
Sedation for minor oral-surgery - a comparison of oral temazepam and i.v. diazemuls (meeting abstr.).
J Dent Res 65: 494   (no Refs.)

6638. Houghton DJ (1983)
Use of lorazepam as a premedicant for cesarean-section - an evaluation of its effects on the mother and the neonate.
Br J Anaest 55: 767-711   (16 Refs.)

6639. Hoviviander M, Aaltonen L, Kangas L, Kanto J (1982)
Flunitrazepam as an induction agent in elderly, poor-risk patients.
Act Anae Sc 26: 507-510   (15 Refs.)

6640. Hoviviander M, Kanto J, Scheinin H, Scheinin M (1985)
Tofisopam and midazolam - differences in clinical effects and in changes of CSF monoamine metabolites (technical note).
Br J Cl Ph 20: 492-496   (20 Refs.)

6641. Howard PJ, McClean E, Dundee JW (1985)
The estimation of midazolam, a water-soluble benzodiazepine by gas-liquid chromatography.
Anaesthesia 40: 664-668   (4 Refs.)

6642. Hoyumpa AM, Patwardh. R, Maples M, Desmond PV, Johnson RF, Sinclair AP, Schenker S (1981)
Effect of short-term ethanol administration on lorazepam clearance.
Hepatology 1: 47-53   (no Refs.)

6643. Hrbek J, Macakova j, Komenda S, Siroka A, Prochazk. A, Rypka M (1985)
Effect of ethanol and its interaction with diazepam and meclophenoxate on verbal-learning.
Activ Nerv 27: 275-276   (2 Refs.)

6644. Hsi RSP, Stolle WT (1981)
Synthesis of ^{14}C-labeled 1,4-benzodiazepines .4. ^{13}C and ^{14}C-labeled 8-chloro-1-(2-dimethylamino)ethyl-6-phenyl-4H-sigma-triazolo [4,3-a][1,4]-benzodiazepine tosylate.
J Label C R 18: 881-888   (12 Refs.)

6645. Hsieh MT (1982)
The involvement of mono-aminergic and gabaergic systems in locomotor inhibition produced by clobazam and diazepam in rats.
Int J Cl Ph 20: 227-235   (30 Refs.)

6646. Hsu TC, Liang JC, Shirley LR (1983)
Aneuploidy induction by mitotic arrestants - effects of diazepam on diploid chinese-hamster cells.
Mutat Res 122: 201-209   (13 Refs.)

6647. Hu WY, Reiffenstein RJ, Wong L (1987)
Interaction between flurazepam and ethanol.
Alc Drug Re 7: 107-117   (no Refs.)

6648. Hubbard JW, Schutt WA, Kobrin SS, Smith RD, Wolf PS (1986)
The effects of triazolam on PAF-induced hypotension in the conscious rat (meeting abstr.).
Fed Proc 45: 197   (1 Refs.)

6649. Hughes LM, Wasserma. EA, Hinrichs JF (1984)
Chronic diazepam administration and appetitive discrimination-learning - acquisition versus steady-state performance in pigeons.
Psychophar 84: 318-322   (14 Refs.)

6650. Hughes RN (1981)
Oxprenolol and diazepam effects on activity, novelty preference and timidity in rats.
Life Sci 29: 1089-1092   (21 Refs.)

6651. Hughes RRL, Hart DM, Laing M (1986)
Lormetazepam or triazolam as night sedation before surgery.
Br J Clin P 40: 279-281 (10 Refs.)

6652. Hughes TJ, Thornton JA (1982)
Midazolam as an intravenous induction agent (letter).
Anaesthesia 37: 465 (2 Refs.)

6653. Hullihan JP, Spector S, Taniguch. T, Wang JKT (1983)
The binding of [^{3}H]-labeled diazepam to guinea-pig ileal longitudinal muscle and the invitro inhibition of contraction by benzodiazepines.
Br J Pharm 78: 321-327 (18 Refs.)

6654. Hullihan JP, Taniguch. T, Spector S (1981)
Effect of benzodiazepines on the longitudinal muscle of guinea-pig ileum - a peripheral type diazepam receptor mediated inhibition of contraction (meeting abstr.).
Fed Proc 40: 666 (no Refs.)

6655. Humpel M (1983)
Pharmacokinetics and biotransformation of the new benzodiazepines, lormetazepam, in man .3. repeated administration and transfer to neonates via breast-milk - reply (letter).
Eur J Cl Ph 24: 139-140 (no Refs.)

6656. Humpel M, Stoppell. I, Milia S, Rainer E (1982)
Pharmacokinetics and biotransformation of the new benzodiazepine, lormetazepam, in man .3. repeated administration and transfer to neonates via breast-milk.
Eur J Cl Ph 21: 421-425 (11 Refs.)

6657. Hunkeler W, Mohler H, Pieri L, Polc P, Bonetti EP, Cumin R, Schaffne. R, Haefely W (1981)
Selective antagonists of benzodiazepines.
Nature 290: 514-516 (20 Refs.)

6658. Hunninghake D, Wallace RB, Reiland S, Barrettc. E, Wahl P, Hoover J, Heiss G (1981)
Alterations of plasma-lipid and lipoprotein levels associated with benzodiazepine use - the LRC program prevalence study.
Atheroscler 40: 159-165 (19 Refs.)

6659. Hunt P (1982)
Benzodiazepine receptors - evidence for heterogeneity.
Drug Dev R 1982: 13-16 (24 Refs.)

6660. Hunt P, Clements. S (1981)
A steroid derivative, R-5135, antagonizes the GABA-benzodiazepine receptor interaction.
Neuropharm 20: 357-361 (22 Refs.)

6661. Hunter AB, Wardleys. B, Halsey MJ (1987)
Pressure reversal of sedation produced by benzodiazepines (meeting abstr.).
Br J Anaest 59: 128-129 (2 Refs.)

6662. Hunter AR (1984)
Idiopathic alveolar hypoventilation in lebers disease - unusual sensitivity to mild analgesics and diazepam.
Anaesthesia 39: 781-783 (14 Refs.)

6663. Hupp JR, Becker LE (1987)
Midazolam induced amnesia during sedation for oral-surgery (meeting abstr.).
J Dent Res 66: 338 (no Refs.)

6664. Huppert PT (1986)
Benzodiazepine dependence (letter).
Med J Aust 145: 359 (1 Refs.)

6665. Hurley LH, Needhamv. DR (1986)
Covalent binding of antitumor antibiotics in the minor groove of DNA - mechanism of action of CC-1065 and the pyrrolo(1,4)benzodiazepines (review).
Acc Chem Re 19: 230-237 (56 Refs.)

6666. Hurley LH, Thurston DE (1984)
Pyrrolo(1,4)benzodiazepine antitumor antibiotics - chemistry, interaction with DNA, and biological implications (review).
Pharm Res (2): 52-59 (60 Refs.)

6667. Huscher C, Magni G, Salmi A, Bossini S, Felini C, Besozzi F, Deleo D (1985)
Ranitidine versus ranitidine and prazepam in the short-term treatment of duodenal-ulcer - a double-blind controlled trial.
Eur J Cl Ph 28: 177-180 (24 Refs.)

6668. Husum B, Wulf HC, Niebuhr E, Rasmusse. JA (1985)
SCE in lymphocytes of patients treated with single, large doses of diazepam.
Mutat Res 155: 71-73 (8 Refs.)

6669. Hutschenreuter K, Altmayer P, Buch HP (1984)
Historical review of intravenous benzodiazepine (meeting abstr.).
Anaesthesis 33: 526 (5 Refs.)

6670. Huttel MS, Bang U (1985)
Sublingual flunitrazepam for premedication.
Act Anae Sc 29: 209-211 (9 Refs.)

6671. Huttel MS, Bang U, Flachs H (1985)
Plasma-concentrations of flunitrazepam following oral and sublingual premedication (meeting abstr.).
Act Anae Sc 29: 92 (no Refs.)

6672. Huttel MS, Bang U, Flachs H (1986)
Plasma-concentrations of flunitrazepam (rohypnol) following oral and sublingual administration.
Int J Cl Ph 24: 221-223 (7 Refs.)

6673. Huttel MS, Jensen S, Olesen AS (1981)
Midazolam for induction of anesthesia (meeting abstr.).
Act Anae Sc 25: 60 (no Refs.)

6674. Huttel MS, Jensen S, Olesen AS (1981)
Sequelae after i.v. injection of diazemuls and midazolam (meeting abstr.).
Act Anae Sc 25: 100 (no Refs.)

6675. Huupponen R, Koulu M, Pihlajam. K, Makinen P (1986)
Evidence for the involvement of the opiate-receptors in the diazepam-induced human growth-hormone secretion (technical note).
Hormone Met 18: 721-722 (10 Refs.)

6676. Hwang EC, Vanwoert MH (1981)
Role of prostaglandins in the anti-myoclonic action of clonazepam (technical note).
Eur J Pharm 71: 161-164 (10 Refs.)

6677. Hwang PA, Burnham WM, Kish SJ, Hoffman HJ, Becker LE, Murphy EG (1986)
Benzodiazepine-receptor activity in human epileptogenic cortical tissue (meeting abstr.).
Can J Neur 13: 189-190 (no Refs.)

6678. Hwang P, Burnham WM, Wee E, Gagalang E (1986)
Cortical benzodiazepine - receptor (BZ-R) changes in kainic acid seizures parallel human epileptogenic tissue (meeting abstr.).
Epilepsia 27: 621   (no Refs.)

6679. Hymowitz N (1981)
Effects of diazepam on schedule-controlled and schedule-induced behavior under signaled and unsignaled shock.
J Exp An Be 36: 119-132   (21 Refs.)

6680. Hymowitz N, Abramson M (1983)
Effects of diazepam on responding suppressed by response-dependent and independent electric-shock delivery.
Pharm Bio B 18: 769-776   (17 Refs.)

6681. Hynek K, Cerny M, Posmurov. M (1981)
The EEG correlates of diazepam-induced amnesia (meeting abstr.).
EEG Cl Neur 52: 16   (no Refs.)

6682. Iacono WG, Boisvenu GA, Fleming JA (1984)
Effects of diazepam and methylphenidate on the electrodermal detection of guilty knowledge.
J Appl Psyc 69: 289-299   (31 Refs.)

6683. Iadarola MJ, Fanelli RJ, McNamara JO, Wilson WA (1985)
Comparison of the effects of diphenylbarbituric acid, phenobarbital, pentobarbital and secobarbital on GABA-mediated inhibition and benzodiazepine binding.
J Pharm Exp 232: 127-133   (37 Refs.)

6684. Ibba M, Mennini T, Testa R (1985)
Enhancement of diazepam activities induced by denzimol in mice.
Pharmacol R 17: 95-103   (21 Refs.)

6685. Ichimaru Y, Moriyama M, Gomita Y, Watanabe S (1982)
Operant-conditioning of VI-schedule maintained by self-stimulation and psychotropic-drugs .1. effect of diazepam (meeting abstr.).
Fol Pharm J 80: 1-2   (no Refs.)

6686. Ichimaru Y, Moriyama M, Gomita Y (1984)
Gastric lesions produced by conditioned emotional stimuli in the form of affective communication and effects of benzodiazepines.
Life Sci 34: 187-192   (19 Refs.)

6687. Ichitani Y, Iwasaki T (1984)
Discrimination reversal-learning in rats under the treatment of chlordiazepoxide - effect of overtraining.
Jpn J Psych 55: 176-180   (10 Refs.)

6688. Ichitani Y, Iwasaki T, Satoh T (1985)
Effects of naloxone and chlordiazepoxide on lateral hypothalamic self-stimulation in rats.
Physl Behav 34: 779-782   (18 Refs.)

6689. Ida Y, Tanaka M, Roth RH (1987)
Temporary activation of the mesoprefrontal dopaminergic-neurons in early phase of stress - pretreatment effects of diazepam and Ro 15-1788 (meeting abstr.).
Jpn J Pharm 43: 55   (no Refs.)

6690. Ida Y, Tanaka M, Roth RH (1987)
Increases in noradrenaline metabolism in rat-brain regions by anxiogenic beta-carboline FG 7142-antagonism by Ro 15-1788 and clonidine (meeting abstr.).
Jpn J Pharm 43: 278   (no Refs.)

6691. Ida Y, Tanaka M, Tsuda A, Hoaki Y, Nagasaki N (1984)
The effect of diazepam on noradrenaline turnover in brain-regions of stressed and non-stressed rats (meeting abstr.).
Neurochem R 9: 1167   (no Refs.)

6692. Ida Y, Tanaka M, Tsuda A, Tsujimar. S, Nagasaki N (1985)
Attenuating effect of diazepam on stress-induced increases in noradrenaline turnover in specific brain-regions of rats - antagonism by Ro-15-1788.
Life Sci 37: 2491-2498   (31 Refs.)

6693. Ida Y, Tanaka M, Tsuda A, Tsujimar. S, Nagasaki N (1986)
The attenuating effect of diazepam on stress-induced increases in noradrenaline turnover in rat-brain regions - antagonism by Ro-15-1788 and picrotoxin (meeting abstr.).
Neurochem R 11: 104-105   (no Refs.)

6694. Ida Y, Tanaka M, Tsuda A, Tsujimar. S, Satoh H, Nobuyuki N (1985)
Attenuating effect of diazepam on stress-induced increases in noradrenaline turnover in rat-brain regions - interaction with picrotoxin (meeting abstr.).
Jpn J Pharm 39: 230   (no Refs.)

6695. Ida Y, Tanaka M, Tsuda A, Ushijima I, Tsujimar. S, Nagasaki N (1984)
The effect of diazepam on stress-induced increases in noradrenaline turnover in rat-brain regions (meeting abstr.).
Jpn J Pharm 36: 328   (no Refs.)

6696. Idemudia SO, Mathis DA, Harris CM, Lal H (1987)
Pharmacological evidence for a gabaergic deficit produced by chronic diazepam (meeting abstr.).
P Soc Exp M 184: 364   (1 Refs.)

6697. Idvall J, Aronsen KF, Stenberg P, Paalzow L (1983)
Pharmacodynamic and pharmacokinetic interactions between ketamine and diazepam.
Eur J Cl Ph 24: 337-343   (18 Refs.)

6698. Igari Y, Sugiyama Y, Sawada Y, Iga T, Hanano M (1982)
Tissue distribution of ^{14}C-labeled diazepam and its metabolites in rats.
Drug Meta D 10: 676-679   (15 Refs.)

6699. Igari Y, Sugiyama Y, Sawada Y, Iga T, Hanano M (1983)
Prediction of diazepam disposition in the rat and man by a physiologically based pharmacokinetic model.
J Phar Biop 11: 577-593   (38 Refs.)

6700. Igari Y, Sugiyama Y, Sawada Y, Iga T, Hanano M (1984)
Invitro and invivo assessment of hepatic and extrahepatic metabolism of diazepam in the rat (technical note).
J Pharm Sci 73: 826-828   (34 Refs.)

6701. Igari Y, Sugiyama Y, Sawada Y, Iga T, Hanano M (1985)
Kinetics of receptor occupation and anticonvulsive effects of diazepam in rats.
Drug Meta D 13: 102-106   (20 Refs.)

6702. Ihalainen O, Viukari M, Jaaskela. J, Helkala E, Malkki M (1981)
Lorazepam, temazepam, placebo and assessment visits in psychiatric out-patients with anxiety.
Pharmathera 2: 628-636 (no Refs.)

6703. Iisalo E, Kanto J, Aaltonen L, Makela J (1984)
Flunitrazepam as an induction agent in children - a clinical and pharmacokinetic study.
Br J Anaest 56: 899-902 (20 Refs.)

6704. Iivanainen M, Himberg JJ (1982)
Valproate and clonazepam in the treatment of severe progressive myoclonus epilepsy.
Arch Neurol 39: 236-238 (20 Refs.)

6705. Ikeda H, Robbins J (1986)
Benzodiazepine action at retinal ganglion-cells in the rat and cat (meeting abstr.).
J Physl Lon 377: 43 (2 Refs.)

6706. Ikeda H, Robbins J (1986)
The lack of benzodiazepine effects on the electroretinogram of the rat (meeting abstr.).
J Physl Lon 372: 45 (6 Refs.)

6707. Ikeda M, Nagai T (1984)
Physicochemical studies on benzodiazepino-oxazoles .2. kinetics of hydrolysis of oxazolam in aqueous-solution.
Chem Pharm 32: 1080-1090 (20 Refs.)

6708. Ikeda M, Nagatsu T (1985)
Effect of short-term swimming stress and diazepam on 3,4-dihydroxyphenylacetic acid (DOPAC) and 5-hydroxyindoleacetic acid (5-HIAA) levels in the caudate-nucleus - an invivo voltammetric study.
N-S Arch Ph 331: 23-26 (15 Refs.)

6709. Ikonomid. C, Turski L, Klockget. T, Schwarz M, Sontag KH (1985)
Effects of methyl beta-carboline-3-carboxylate, Ro-15-1788 and CGS-8216 on muscle tone in genetically spastic rats.
Eur J Pharm 113: 205-213 (46 Refs.)

6710. Ikuta J, Yamauchi Y, Shimizu S (1982)
Effect of prazepam on experimental hypertensive models.
Fol Pharm J 79: 581-589 (12 Refs.)

6711. Imafuku K, Yamane A, Matsumur. H (1981)
Reactions of 3-acetyltropolone methyl ethers with ortho-phenylenediamine - formation of cyclohepta[b][1,5]benzodiazepine.
J Hetero Ch 18: 335-338 (11 Refs.)

6712. Imlah NW (1985)
An evaluation of alprazolam in the treatment of reactive or neurotic (secondary) depression.
Br J Psychi 146: 515-519 (11 Refs.)

6713. Imperato A, Porceddu ML, Morelli M, Fossarel. M, Dichiara G (1981)
Benzodiazepines prevent kainate-induced loss of gabaergic and cholinergic neurons in the chick retina (technical note).
Brain Res 213: 205-210 (21 Refs.)

6714. Inomata N, Inoue M, Yakushij. T, Tokutomi N, Akaike N (1985)
Facilitatory mechanisms of diazepam and pentobarbital on the GABA-induced Cl-currents (meeting abstr.).
Jpn J Pharm 39: 178 (no Refs.)

6715. Inotsume N, Fujii J, Nakano M (1986)
Plasma-concentration profile of diazepam after oral-administration of the open-ring form of diazepam to man (technical note).
Chem Pharm 34: 937-940 (11 Refs.)

6716. Inoue M, Tokutomi N, Akaike N (1985)
Facilitation of GABA-induced Cl-current by pentobarbital and diazepam (meeting abstr.).
Fol Pharm J 86: 48 (no Refs.)

6717. Inoue O, Akimoto Y, Hashimot. K, Yamasaki T (1985)
Alterations in biodistribution of ^{3}H-Ro 15-1788 in mice by acute stress - possible changes in invivo binding availability of brain benzodiazepine receptor.
Int J Nuc M 12: 369-374 (14 Refs.)

6718. Inoue O, Akimoto Y, Hashimot. K, Yamasaki T (1986)
Invivo estimation of changes in brain benzodiazepine receptor function by forced swimming (meeting abstr.)
Neurochem R 11: 96-97 (no Refs.)

6719. Inoue O, Shinotoh H, Ito T, Suzuki K, Hashimot. K, Yamasaki T (1985)
Invivo study of drug-interaction with brain benzodiazepine receptor (meeting abstr.).
J Nucl Med 26: 104 (no Refs.)

6720. Inoue T, Niwaguch. T (1985)
Determination of nitrazepam and its main metabolites in urine by thin-layer chromatography and direct densitometry.
J Chromat 339: 163-169 (13 Refs.)

6721. Insel TR, Hill JL, Mayor RB (1986)
Rat pup ultrasonic isolation calls - possible mediation by the benzodiazepine receptor complex.
Pharm Bio B 24: 1263-1267 (49 Refs.)

6722. Insel TR, Ninan PT, Aloi J, Jimerson DC, Skolnick P, Paul SM (1984)
A benzodiazepine receptor-mediated model of anxiety - studies in nonhuman-primates and clinical implications.
Arch G Psyc 41: 741-750 (59 Refs.)

6723. Iorio LC, Barnett A, Billard W (1984)
Selective affinity of 1-N-trifluoroethyl benzodiazepines for cerebellar type 1 receptor-sites.
Life Sci 35: 105-113 (22 Refs.)

6724. Ishii K, Kano T, Akutagaw. M, Makino M, Tanaka T, Ando J (1982)
Effects of flurazepam and diazepam in isolated guinea-pig taenia-coli and longitudinal muscle (technical note).
Eur J Pharm 83: 329-333 (10 Refs.)

6725. Ishii K, Kano T, Ando J (1983)
Pharmacological effects of flurazepam and diazepam on isolated canine arteries.
Jpn J Pharm 33: 65-71 (30 Refs.)

6726. Ishikawa A, Sakuma N, Nagashim. T, Kohsaka S, Kajii N (1985)
Clonazepam monotherapy for epilepsy in childhood.
Brain Devel 7: 610-613 (6 Refs.)

6727. Ishikawa K, Igarashi M (1984)
Effect of diazepam on vestibular compensation in squirrel-monkeys.
Arch Oto-Rh 240: 49-54 (20 Refs.)

6728. Ishikawa M, Kudo Y, Fukuda H (1981)

The effect of diazepam on nystagmus induced by stimulation of the lateral geniculate-body in the rabbit.

Neuropharm 20: 435-439 (20 Refs.)

6729. Ishiko J, Inagaki C, Takaori S (1983)

Effects of diazepam, nitrazepam and brotizolam on dopamine turnover in the olfactory tubercle, nucleus accumbens and caudate-nucleus of rats (technical note).

Jpn J Pharm 33: 706-708 (13 Refs.)

6730. Ishikura M, Mori M, Ikeda T, Terashim. M, Ban Y (1982)

New synthesis of diazepam and the related 1,4-benzodiazepines by means of palladium-catalyzed carbonylation.

J Org Chem 47: 2456-2461 (20 Refs.)

6731. Ishikura M, Terashim. M, Mori M (1982)

A new synthesis of 1,4-benzodiazepine by the palladium catalyzed carbonylation (meeting abstr.).

Heterocycle 19: 191 (2 Refs.)

6732. Itil TM, Cabana B, Purich E, Songar A, Eralp E, Shagass C, Cazzullo CL, Chien CP (1985)

Relative bioavailability following single oral doses of 2 generic products of diazepam relative to valium using both standard plasma-levels and computer-analyzed electroencephalography measurements.

Integr Psyc 3: 24-41 (55 Refs.)

6733. Itil TM, Schneide. SJ, Fredrick. JW (1981)

The replicability of the psychophysiological effects of diazepam (technical note).

Biol Psychi 16: 65-70 (11 Refs.)

6734. Itil TM, Shrivast. RK, Collins DM, Michael ST, Dayican G, Itil KZ (1983)

A double-blind-study comparing the efficacy and safety of a single bedtime dose of halazepam with clorazepate and placebo in anxious outpatients.

Curr Ther R 34: 441-452 (17 Refs.)

6735. Ito M, Kennedy C, Sokoloff L (1982)

Effects of diazepam on local cerebral glucose-utilization in the rat (meeting abstr.).

Neurology 32: 103 (no Refs.)

6736. Ito Y, Kuriyama K (1983)

Biochemical-pharmacological properties of solubilized GABA and benzodiazepine receptors (meeting abstr.).

Neurochem R 8: 822 (no Refs.)

6737. Itoh H, Takahash. R, Miura S (1980)

Alprazolam, a new type anxiolytic in neurotic patients - a pilot-study.

Int Pharmac 15: 344-349 (10 Refs.)

6738. Itoh T, Yoshida H, Masuda Y, Saito H, Itsukaic. O (1984)

Effects of repeated administration with a combination of cerulein and amitriptyline, diazepam or pimozide on the spontaneous motor-activity in mice (meeting abstr.).

Jpn J Pharm 36: 158 (no Refs.)

6739. Ivancova J, Dlabac V, Stika L (1981)

Consumption of diazepam, nitrazepam and barbiturates in 5 large hospitals in prague by defined daily doses per bed day.

Activ Nerv 23: 267-269 (6 Refs.)

6740. Iwata H, Nakayama K, Matsuda T, Baba A (1984)

Effect of taurine on a benzodiazepine-GABA-chloride ionophore receptor complex in rat-brain membranes.

Neurochem R 9: 535-544 (38 Refs.)

6741. Izquierdo I (1986)

Interactions between methylxanthines and benzodiazepine binding-sites.

Trends Phar 7: 256 (3 Refs.)

6742. Jack ML, Colburn WA (1983)

Pharmacokinetic model for diazepam and its major metabolite desmethyldiazepam following diazepam administration.

J Pharm Sci 72: 1318-1323 (24 Refs.)

6743. Jack ML, Colburn WA, Spirt NM, Bautz G, Zanko M, Horst WD, Obrien RA (1983)

A pharmacokinetic pharmacodynamic receptor-binding model to predict the onset and duration of pharmacological activity of the benzodiazepines.

Prog Neur-P 7: 629-635 (24 Refs.)

6744. Jack WAD (1985)

Midazolam in dentistry (letter).

Br Dent J 158: 319 (no Refs.)

6745. Jackson HC, Sewell RDE (1984)

The role of opioid receptor sub-types in tifluadom-induced feeding.

J Pharm Pha 36: 683-686 (27 Refs.)

6746. Jackson HC, Sewell RDE (1985)

Involvement of endogenous enkephalins in the feeding response to diazepam (technical note).

Eur J Pharm 107: 389-391 (9 Refs.)

6747. Jackson MR, Harris PA (1981)

Diazepam and tumor promotion (letter).

Lancet 1: 445 (11 Refs.)

6748. Jacobsen D, Frederic. PS, Knutsen KM, Sorum Y, Talseth T, Odegaard OR (1984)

A prospective-study of 1212 cases of acute-poisoning - general epidemiology.

Hum Toxicol 3: 93-106 (27 Refs.)

6749. Jacobson AF, Domingue. RA, Goldstei. BJ, Steinboo. RM (1985)

Comparison of buspirone and diazepam in generalized anxiety disorder.

Pharmacothe 5: 290-296 (30 Refs.)

6750. Jacobsen AF, Domingue. RA, Goldstei. BJ, Steinboo. RM (1986)

Efficacy of brotizolam in geriatric-patients with insomnia.

Curr Ther R 39: 528-536 (15 Refs.)

6751. Jacobson AF, Goldstei. BJ, Domingue. RA, Steinboo. RM (1983)

A placebo-controlled, double-blind comparison of clobazam and diazepam in the treatment of anxiety.

J Clin Psy 44: 296-300 (15 Refs.)

6752. Jacqmin P, Delcour V, Lesne M (1986)

Selective affinity of one enantiomer of suriclone demonstrated by a binding assay with benzodiazepine receptors.

Arch I Phar 282: 26-32 (4 Refs.)

6753. Jacqmin P, Lesne M (1982)

Measurement of benzodiazepines by radioimmunoassay and radioreceptor assay in biological samples (meeting abstr.).

Ann Biol Cl 40: 480-481 (3 Refs.)

6754. Jacqmin P, Lesne M (1982)
   The use of benzodiazepines CNS receptors for the quantitative-determination of these drugs in biological samples.
   Arch I Phar 259: 333-334   (6 Refs.)

6755. Jacqmin P, Lesne M (1984)
   Estimation of the affinity and the intrinsic activity of benzodiazepine agonists and antagonists by differential binding-studies (meeting abstr.).
   Arch I Phar 268: 169   (no Refs.)

6756. Jacqmin P, Lesne M (1984)
   Contribution of metabolites in the pharmacological activity of the benzodiazepines (meeting abstr.).
   Arch I Phar 270: 173   (no Refs.)

6757. Jacqmin P, Lesne M (1984)
   Comparison between radioimmunoassay and radioreceptor-assay for the measurement of benzodiazepines in biological samples.
   J Pharm Bel 39: 5-14   (42 Refs.)

6758. Jacqmin P, Lesne M (1985)
   Benzodiazepines - pharmacodynamic aspects (review).
   J Pharm Bel 40: 35-54   (89 Refs.)

6759. Jacqmin P, Wibo M, Lesne M (1986)
   Classification of benzodiazepine receptor agonists, inverse agonists and antagonists using bicuculline in an invitro test.
   J Pharmacol 17: 139-145   (31 Refs.)

6760. Jaeger A, Lugnier A, Kopfersc. J, Jaegle ML, Mangin P, Flesch F, Sauder PH (1985)
   Toxicokinetic study of triazolam in acute intoxication (meeting abstr.).
   J Tox-Clin 23: 423   (no Refs.)

6761. Jaffe JH, Ciraulo DA, Nies A, Dixon RB, Monroe LL (1983)
   Abuse potential of halazepam and of diazepam in patients recently treated for acute alcohol withdrawal.
   Clin Pharm 34: 623-630   (22 Refs.)

6762. Jaffe J, Ciraulo D, Nies A, Monroe L (1983)
   A comparison of the relative abuse potential of halazepam and diazepam in patients recently treated for acute alcohol withdrawal (meeting abstr.).
   Clin Pharm 33: 239   (no Refs.)

6763. Jaffe K, Barnshaw HD, Weingour. R, Kennedy M (1984)
   Comparison of alprazolam with imipramine and placebo (letter).
   J Am Med A 251: 215   (3 Refs.)

6764. Jaffe R, Gibson E (1986)
   Clonazepam withdrawal psychosis (letter).
   J Cl Psych 6: 193   (8 Refs.)

6765. Jäger U, Hruby K, Haubenst. A, Fasching I (1984)
   Comparative clinical toxicology of 5 benzodiazepine derivatives.
   Nervenarzt 55: 150-153   (25 Refs.)

6766. Jahnsen H, Laursen AM (1981)
   The effects of a benzodiazepine on the hyperpolarizing and the depolarizing responses of hippocampal cells to GABA (technical note).
   Brain Res 207: 214-217   (11 Refs.)

6767. Jakobsen CJ, Jensen JJ, Hansen W, Grabe N (1986)
   Oral lormetazepam in premedication - a comparison with diazepam (technical note).
   Anaesthesia 41: 870-873   (7 Refs.)

6768. Jakobsen H, Hertz JB, Johansen JR, Hansen A, Kolliker K (1985)
   Premedication before day surgery - a double-blind comparison of diazepam and placebo.
   Br J Anaest 57: 300-305   (11 Refs.)

6769. Jallad NS, Weidler DJ, Garg DC, Katz I, Brisson J, Sherman D (1983)
   Comparative bioavailability of 2 formulations of chlordiazepoxide-hydrochloride (meeting abstr.).
   Clin Res 31: 249   (no Refs.)

6770. James DS (1985)
   Survey of hypnotic drug-use in nursing-homes.
   J Am Ger So 33: 436-439   (19 Refs.)

6771. James I, Savage I (1984)
   Beneficial effect of nadolol on anxiety-induced disturbances of performance in musicians - a comparison with diazepam and placebo.
   Am Heart J 108: 1150-1155   (5 Refs.)

6772. James RTD, Dean BC (1983)
   Reducing the risk - barbiturate substitution with a benzodiazepine.
   Pharmathera 3: 464-467   (5 Refs.)

6773. James RTD, Dean BC (1985)
   Comparison of limbitrol (chlordiazepoxide amitriptyline) and amitriptyline alone as a single night-time dose for the treatment of depression with anxiety.
   J Int Med R 13: 84-87   (9 Refs.)

6774. James V, Gardner CR (1985)
   Actions and interactions of benzodiazepine agonists, antagonists and inverse agonists on suprahyoid muscle twitching.
   Eur J Pharm 113: 233-238   (27 Refs.)

6775. Janicki P, Libich J, Szreniaw. Z (1983)
   Effects of new benzodiazepine estazolam on ecog pattern and maximal electroshock (MES) in the rat (technical note).
   Activ Nerv 25: 69-72   (4 Refs.)

6776. Jansen EC, Wachowia. G, Munsters. J, Valentin N (1985)
   Postural stability after oral premedication with diazepam (technical note).
   Anesthesiol 63: 557-559   (10 Refs.)

6777. Janssen LHM, Droge JHM, Durlinge. FC, Fruytier FJ (1985)
   The pH-dependence of the thermodynamics of the interaction of diazepam with human-serum albumin.
   J Biol Chem 260: 1442-1445   (28 Refs.)

6778. Jardine AD, Nithiana. S, Hall J (1983)
   Meptazinol-midazolam combination for post-operative analgesia and sedation (letter).
   Lancet 2: 395   (6 Refs.)

6779. Jarvis MF, Krieger M, Cohen G, Wagner GC (1985)
   The effects of phencyclidine and chlordiazepoxide on target biting of confined male-mice.
   Aggr Behav 11: 201-205   (12 Refs.)

6780. Javaid JI, Liskevyc. U (1986)
Quantitative-analysis of alprazolam in human-plasma by combined capillary gas-chromatography negative-ion chemical ionization mass-spectrometry.
Biomed Env 13: 129-132   (9 Refs.)

6781. Jawad S, Oxley J, Wilson J, Richens A (1986)
A pharmacodynamic evaluation of midazolam as an antiepileptic compound.
J Ne Ne Psy 49: 1050-1054   (11 Refs.)

6782. Jawad S, Richens A, Oxley J (1984)
Single dose pharmacokinetic study of clobazam in normal volunteers and epileptic patients.
Br J Cl Ph 18: 873-877   (12 Refs.)

6783. Jawad S, Richens A, Oxley J (1984)
Pharmacodynamic and clinical-evaluation of midazolam in epilepsy (meeting abstr.).
Act Neur Sc 70: 219   (no Refs.)

6784. Jedeikin R, Menutti D, Bruderma. I, Hoffman S (1985)
Prolonged respiratory center depression after alcohol and benzodiazepines (technical note).
Chest 87: 262-264   (10 Refs.)

6785. Jedrycho. M, Nilsson E, Bieck PR (1986)
Metabolic-fate of CGS-8216, a benzodiazepine receptor antagonist, in rat and in man (letter).
Psychophar 88: 529-530   (1 Refs.)

6786. Jeevanjee F, Johnson AM, Loudon JM, Nicholas. JM (1984)
Enhancement of [³H]-labeled flunitrazepam binding by mianserin, invivo.
Neurosci L 46: 305-309   (16 Refs.)

6787. Jeffries JJ, Rosenbla. H (1983)
Withdrawal seizures after high-dose diazepam (letter).
Can J Psy 28: 235   (5 Refs.)

6788. Jenck F, Schmitt P (1984)
Role of opiates and benzodiazepines in the control of centrally-induced aversive effects (meeting abstr.).
Beh Bra Res 12: 200-201   (no Refs.)

6789. Jenner P, Marsden CD, Pratt J (1981)
Actions of benzodiazepines and other anticonvulsants on 5ht turnover in mouse-brain (meeting abstr.).
Br J Pharm 74: 812-813   (4 Refs.)

6790. Jensen HH, Hutching. B (1984)
Conditioned emotional responses with diazepam in normal subjects - a psychophysiological study of state dependent learning (meeting abstr.).
B Br Psycho 37: 64   (no Refs.)

6791. Jensen HH, Poulsen JC (1982)
Amnesic effects of diazepam - drug-dependence explained by state-dependent learning.
Sc J Psycho 23: 107-111   (17 Refs.)

6792. Jensen K, Tfelthan. P, Vendsbor. P, Lauritze. M, Olesen J (1982)
Chlormezanone in the treatment of migraine attacks - a double-blind comparison with diazepam and placebo.
Act Neur Sc 65: 81-82   (3 Refs.)

6793. Jensen KS, Stimpel H, Pedersen T (1982)
The effect of diazepam on unstimulated and on stimulated gastric-secretion.
Dan Med B 29: 42-43   (3 Refs.)

6794. Jensen LH, Petersen EN (1983)
Bidirectional effects of benzodiazepine receptor ligands against picrotoxin-induced and pentylenetetrazol-induced seizures.
J Neural Tr 58: 183-191   (38 Refs.)

6795. Jensen LH, Petersen EN, Braestru. C (1983)
Audiogenic-seizures in DBA/2 mice discriminate sensitively between low efficacy benzodiazepine receptor agonists and inverse agonists.
Life Sci 33: 393-399   (16 Refs.)

6796. Jensen LH, Petersen EN, Braestru. C, Honore T, Kehr W, Stephens DN, Schneide. H, Seidelma. D, Schmiech. R (1984)
Evaluation of the beta-carboline ZK 93426 as a benzodiazepine receptor antagonist.
Psychophar 83: 249-256   (32 Refs.)

6797. Jensen MS, Lambert JDC (1984)
Modulation of responses to the GABA-mimetics thip and piperidine-4-sulfonic acid by pharmacological manipulation of the benzodiazepine receptor in cultured mouse neurons (meeting abstr.).
Act Physl S 120: 29   (3 Refs.)

6798. Jensen MS, Lambert JDC (1984)
Modulation of the responses to the GABA-mimetics, thip and piperidine-4-sulphonic acid, by agents which interact with benzodiazepine receptors - an electrophysiological study on cultured mouse neurons.
Neuropharm 23: 1441-1450   (35 Refs.)

6799. Jensen MS, Lambert JDC (1986)
Electrophysiological studies in cultured mouse CNS neurons of the actions of an agonist and an inverse agonist at the benzodiazepine receptor.
Br J Pharm 88: 717-731   (56 Refs.)

6800. Jensen PK, Abild K, Poulsen MN (1983)
Serum concentration of clonazepam after rectal administraiton.
Act Neur Sc 68: 417-420   (14 Refs.)

6801. Jensen S, Huttel MS, Olesen AS (1981)
Venous complications after i.v. administration of diazemuls (diazepam) and dormicum (midazolam).
Br J Anaest 53: 1083-1085   (9 Refs.)

6802. Jensen S, Kirkegaa. L, Andersen BN (1985)
Benzodiazepine antagonist Ro-15-1788 randomized clinical investigation of Ro-15-1788 in reversing the central effects of flunitrazepam (meeting abstr.).
Act Anae Sc 29: 89   (no Refs.)

6803. Jensen S, Schouole. A, Huttel MS (1982)
Use of midazolam as an induction agent - comparison with thiopentone.
Br J Anaest 54: 605-607   (8 Refs.)

6804. Jeretin S, Srnic S, Modhwadi. D (1986)
Ketamine flunitrazepam - an alternative method of intravenous anesthesia.
Anaesthesis 35: 616-622   (15 Refs.)

6805. Jerome CP, Golub MS, Cardinet GH, Hendrick. AG (1981)
Effects of acute and chronic diazepam administration during pregnancy on neonate rhesus-monkeys (meeting abstr.).
Tetratology 23: 43 (no Refs.)

6806. Jiang ZG (1981)
A comparison of the effects of flurazepam on gamma-aminobutyric acid mediated depression of cerebellar and cerebral cortical-neurons (technical note).
Can J Physl 59: 595-598 (21 Refs.)

6807. Jimerson DC, Vankamme. DP, Post RM, Docherty JP, Bunney WE (1982)
Diazepam in schizophrenia - a preliminary double-blind trial.
Am J Psychi 139: 489-491 (10 Refs.)

6808. Jin HL, Zhang YL, Guo Y, Jin S (1986)
HPLC separation of isomers of tetrahydro-1,5-benzothiazepines and tetrahydro-1,5-benzodiazepines.
Chromatogr 22: 153-156 (8 Refs.)

6809. Job RFS (1982)
Does diazepam affect driving ability (editorial).
Med J Aust 1: 89-91 (21 Refs.)

6810. Job RFS (1982)
Diazepam and driving - reply (letter).
Med J Aust 2: 265 (4 Refs.)

6811. Jobling M, Stein G (1986)
Lorazepam in resistant mania (letter).
Lancet 1: 510 (3 Refs.)

6812. Jochemsen R (1983)
Clinical pharmacokinetics of benzodiazepine hypnotics (technical note).
Pharm Week 5: 258-259 (9 Refs.)

6813. Jochemsen R, Breimer DD (1981)
Assay of triazolam in plasma by capillary gaschromatography (technical note).
J Chromat 223: 438-444 (6 Refs.)

6814. Jochemsen R, Breimer DD (1982)
Assay of flunitrazepam, temazepam and desalkylflurazepam in plasma by capillary gaschromatography with electron-capture detection (technical note).
J Chromat 227: 199-206 (16 Refs.)

6815. Jochemsen R, Breimer DD (1984)
Pharmacokinetics of benzodiazepines - metabolic pathways and plasma-level profiles.
Curr Med R 8: 60-79 (66 Refs.)

6816. Jochemsen R, Breimer DD (1984)
Pharmacokinetics of benzodiazepine hypnotics in man (review).
Pharm Int 5: 244-248 (5 Refs.)

6817. Jochemsen R, Breimer DD (1986)
Pharmacokinetics of temazepam compared with other benzodiazepine hypnotics - some clinical consequences.
Act Psyc Sc 74: 20-31 (59 Refs.)

6818. Jochemsen R, Hogendoo. JJ, Dingeman. J, Hermans J, Boeijing. JK, Breimer DD (1982)
Pharmacokinetics and bioavailability of intravenous, oral, and rectal nitrazepam in humans.
J Phar Biop 10: 231-245 (15 Refs.)

6819. Jochemsen R, Horbach GJM, Breimer DD (1982)
Assay of nitrazepam and triazolam in plasma by a radioreceptor technique and comparison with a gaschromatographic method.
Res Comm CP 35: 259-273 (10 Refs.)

6820. Jochemsen R, Kato G, Ruhland M (1986)
Benzodiazepine receptor occupation and pharmacological effects of metaclazepam, a new benzodiazepine.
Drug Dev R 9: 115-124 (19 Refs.)

6821. Jochemsen R, Vanbeuse. BR, Spoelstr. P, Janssens AR, Breimer DD (1983)
Effect of age and liver-cirrhosis on the pharmacokinetics of nitrazepam.
Br J Cl Ph 15: 295-302 (40 Refs.)

6822. Jochemsen R, Vanboxte. CJ, Breimer DD (1982)
Comparative pharmacokinetics of 5 hypnotic benzodiazepines on healthy-volunteers.
Nouv Presse 11: 2965-2966 (3 Refs.)

6823. Jochemsen R, Vanboxte. CJ, Hermans J, Breimer DD (1983)
Kinetics of 5 benzodiazepine hypnotics in healthy-subjects.
Clin Pharm 34: 42-47 (28 Refs.)

6824. Jochemsen R, Vandergr. M, Boeijing. JK, Breimer DD (1982)
Influence of sex, menstrual-cycle and oral contraception on the disposition of nitrazepam.
Br J Cl Ph 13: 319-324 (21 Refs.)

6825. Jochemsen R, Vanrijn PA, Hazelzet TG, Breimer DD (1983)
Assay of midazolam and brotizolam in plasma by a gas-chromatographic and a radioreceptor technique.
Pharm Week 5: 308-312 (14 Refs.)

6826. Jochemsen R, VanrijnPA, Hazelzet TG, Vanboxte. CJ, Breimer DD (1986)
Comparative pharmacokinetics of midazolam and loprazolam in healthy-subjects after oral-administration.
Biopharm Dr 7: 53-61 (18 Refs.)

6827. Jochemsen R, Wesselma. JG, Vanboxte. CJ, Hermans J, Breimer DD (1983)
Comparative pharmacokinetics of brotizolam and triazolam in healthy-subjects.
Br J Cl Ph 16: 291-297 (14 Refs.)

6828. Johansen J, Taft WC, Yang J, Kleinhau. AL, Delorenz. RJ (1985)
Inhibition of Ca^{2+} conductance in identified leech neurons by benzodiazepines.
P NAS US 82: 3935-3939 (32 Refs.)

6829. Johanson CE (1983)
Reinforcing properties of lorazepam and flurazepam in rhesus-monkeys (meeting abstr.).
Fed Proc 42: 345 (no Refs.)

6830. Johanson CE (1984)
Effects of Ro 15-1788 on the self-administration of lorazepam, flurazepam, pentobarbital and cocaine in rhesus-monkeys (meeting abstr.).
Fed Proc 43: 931 (no Refs.)

6831. Johanson CE (1987)
Benzodiazepine self-administration in rhesus-monkeys - estazolam, flurazepam and lorazepam.
Pharm Bio B 26: 521-526 (27 Refs.)

6832. Johanson CE, Schuster CR (1986)
The effects of Ro 15-1788 on anxiolytic self-administration in the rhesus-monkey.
Pharm Bio B 24: 855-859   (16 Refs.)

6833. John J, Roy A, Verghese A (1983)
Clobazam and diazepam as anxiolytics and their effect on motor coordination.
Curr Ther R 33: 990-996   (10 Refs.)

6834. Johnson DAW (1983)
Symptom response in a double-blind comparison of flupentixol, nortriptyline and diazepam in neurotic depression.
J Int Biom 4: 19-28   (24 Refs.)

6835. Johnson DAW (1985)
The use of benzodiazepines in depression.
Br J Cl Ph 19: 31-35   (33 Refs.)

6836. Johnson DN, Kilpatri. BF, Hannaman PK (1986)
AHR-11797 - a novel benzodiazepine antagonist (meeting abstr.).
Fed Proc 45: 674   (no Refs.)

6837. Johnson LC, Mitler MM, Dement WC (1985)
Comparative hypnotic effects of flurazepam, triazolam, and placebo - another look (letter).
J Cl Psych 5: 180-181   (7 Refs.)

6838. Johnson LC, Spinwebe. CL (1981)
Effects of a short-acting benzodiazepine on EEG during sleep (meeting abstr.).
EEG Cl Neur 51: 36   (no Refs.)

6839. Johnson LC, Spinwebe. CL (1981)
Effect of a short-acting benzodiazepine on brain electrical-activity during sleep.
EEG Cl Neur 52: 89-97   (31 Refs.)

6840. Johnson LC, Spinwebe. CL (1984)
EEG sleep changes during chronic use of 2 benzodiazepines (meeting abstr.).
EEG Cl Neur 57: 59   (no Refs.)

6841. Johnson LC, Spinwebe. CL (1985)
Benzodiazepine activity - the sleep electroencephalogram and daytime performance.
Clin Neurop 8: 101-111   (24 Refs.)

6842. Johnson LC, Spinwebe. CL, Seidel WF, Dement WC (1983)
Sleep spindle and delta changes during chronic use of a short-acting and a long-acting benzodiazepine hypnotic.
EEG Cl Neur 55: 662-667   (21 Refs.)

6843. Johnson LC, Spinwebe. CL, Webb SC, Muzet AG (1987)
Dose level effects of triazolam on sleep and response to a smoke detector alarm.
Psychophar 91: 397-402   (21 Refs.)

6844. Johnson MD, Morgan JI, Bianchin. P, Spector S (1985)
Mechanism of ODC induction by peripheral type benzodiazepines in PC 12 cells (meeting abstr.).
Fed Proc 44: 880   (no Refs.)

6845. Johnson MD, Wang JKT, Morgan JI, Spector S (1984)
Modulation of ^{3}H-Ro-5-4864 binding in friend-erythroleukemia cells after exposure to benzodiazepines (meeting abstr.).
Fed Proc 43: 1037   (no Refs.)

6846. Johnson MD, Wang JKT, Morgan JI, Spector S (1986)
Down-regulation of [^{3}H]Ro-5-4864 binding-sites after exposure to peripheral-type benzodiazepines invitro.
J Pharm Exp 238: 855-859   (28 Refs.)

6847. Johnson RW, Yamamura HI (1981)
Fractionation of murine brain homogenates by isopycnic centrifugation - evidence for benzodiazepine receptor heterogeneity (meeting abstr.).
Fed Proc 40: 311   (1 Refs.)

6848. Johnstone EC (1986)
Clobazam - human psychopharmacology and clinical-applications - Hindmarch I, Stonier PD, Trimble MR (book review).
Br J Psychi 149: 397   (1 Refs.)

6849. Johnstone EC, Bourne RC, Crow TJ, Frith CD, Gamble S, Lofthous. R, Owen F, Owens DGC, Robinson J, Stevens M (1981)
The relationships between clinical-response, psychophysiological variables and plasma-levels of amitriptyline and diazepam in neurotic outpatients.
Psychophar 72: 233-240   (34 Refs.)

6850. Johnstone EC, Deakin JFW, Lawler P, Frith CD, Stevens M, McPherso. K, Crow TJ (1982)
Benzodiazepines and effectiveness of ECT (letter).
Br J Psychi 141: 314-315   (19 Refs.)

6851. Johnstone M (1981)
Effect of maternal lorazepam on the neonate (letter).
Br Med J 282: 1973   (2 Refs.)

6852. Johnstone MJ (1982)
The effect of lorazepam on neonatal feeding-behavior at term.
Pharmathera 3: 259-262   (11 Refs.)

6853. Jokinen K, Koskinen T, Selonen R (1984)
Flupentixol versus diazepam in the treatment of psychosomatic-disorders - a double-blind, multi-centre trial in general-practice.
Pharmathera 3: 573-581   (12 Refs.)

6854. Joly D, Sanger DJ (1985)
The inhibiting effect of benzodiazepines on the acquisition of conditioned fear in mice related to a serotoninergic mechanism (meeting abstr.).
J Pharmacol 16: 502   (no Refs.)

6855. Joly D, Sanger DJ, Zivkovic B (1986)
The effect of zolpidem, a new imidazopyridine with hypnotic activity, on the acquisition of conditioned fear in the mouse - comparison between triazolam and CL-218.872 (meeting abstr.).
J Pharmacol 17: 397   (no Refs.)

6856. Joly D, Sanger DJ, Zivkovic B (1986)
The effects of zolpidem, a new imidazopyridine hypnotic acting at benzodiazepine binding-sites, on the acquisition of learned fear in mice (meeting abstr.).
Psychophar 89: 19   (no Refs.)

6857. Jones AL, Cameron IR (1985)
The effect of promethazine and diazepam on normal respiratory control (meeting abstr.).
Clin Sci 69: 6   (2 Refs.)

6858. Jones AL, Cameron IR (1986)
The effect of promethazine and diazepam on respiratory control in breathless patients (meeting abstr.).
Clin Sci 70: 63 (3 Refs.)

6859. Jones BD, Chouinar. G (1985)
Clonazepam in the treatment of recurrent symptoms of depression and anxiety in a patient with systemic lupus-erythematosus.
Am J Psychi 142: 354-355 (9 Refs.)

6860. Jones BJ, Oakley NR (1981)
The differential invitro and invivo potencies of ethyl-beta-carboline-3-carboxylate, a potent inhibitor of benzodiazepine receptor-binding (meeting abstr.).
Br J Pharm 74: 223-224 (3 Refs.)

6861. Jones DR, Hall SD, Jackson EK, Branch RA, Wilkinso. GR (1985)
Cerebral uptake of benzodiazepines - effects of lipophilicity and plasma-protein binding (meeting abstr.).
Fed Proc 44: 1118 (no Refs.)

6862. Jones MT, Gillham B, Beckford U, Dornhors. A, Abraham RR, Seed M, Wynn V (1981)
Effect of treatment with sodium valproate and diazepam on plasma corticotropin in nelsons syndrome.
Lancet 1: 1179-1181 (13 Refs.)

6863. Jones R (1982)
Response of patients to upper - gastro-intestinal endoscopy - effect of inherent personality-traits and premedication with diazepam (letter).
Br Med J 285: 512-513 (1 Refs.)

6864. Jones SD (1982)
Prescribing of benzodiazepines (letter).
J Am Med A 247: 1936 (5 Refs.)

6865. Jones SD (1984)
Withdrawal from benzodiazepines (letter).
J Am Med A 251: 2928 (5 Refs.)

6866. Jones SD (1984)
Triazolam and tricyclics (letter).
J Clin Psy 45: 443 (5 Refs.)

6867. Jones TR, McKnight GT (1985)
Use of intravenous diazepam in patients on chronic-hemodialysis undergoing surgery.
Am Surg 51: 291-292 (6 Refs.)

6868. Jonzon B, Fredholm BB (1982)
Interaction of desipramine and diazepam with adenosine mechanisms (meeting abstr.).
Act Physl S 114: 36 (2 Refs.)

6869. Jos CJ, Schneide. R, Gannon P (1985)
Diazepam in the treatment of hallucinations (letter).
Am J Psychi 142: 1130-1131 (4 Refs.)

6870. Jost U, Schmid A, Ruppert M (1982)
Physostigmine reversal of central anticholinergic syndrome induced by midazolam fentanyl, benzoctamine buprenorphine and etomidate carticaine or by atropine promethazine pethidine for premedication.
Anaesthesis 31: 21-24 (26 Refs.)

6871. Jost U (1983)
Anesthesiological experiences with midazolam and alfentanil (meeting abstr.).
Anaesthesis 32: 326 (no Refs.)

6872. Jost U (1984)
Clinical-experiences with intravenously-administered benzodiazepines, midazolam and lormetazepam in anesthetic introduction (meeting abstr.).
Anaesthesis 33: 536 (4 Refs.)

6873. Jovanovic D, Jandric D (1986)
Alcohol-benzodiazepine self-poisonings (meeting abstr.).
Act Pharm T 59: 224 (no Refs.)

6874. Jovanovic UJ, Dreyfus JF (1983)
Polygraphical sleep recordings in insomniac patients under zopiclone or nitrazepam.
Pharmacol 27: 136-145 (5 Refs.)

6875. Joyce JR, Bal TS, Ardrey RE, Stevens HM, Moffat AC (1984)
The decomposition of benzodiazepines during analysis by capillary gas-chromatography mass-spectrometry.
Biomed Mass 11: 284-289 (13 Refs.)

6876. Judd FK, Burrows GD (1986)
Clonazepam in the treatment of panic disorder (letter).
Med J Aust 145: 59 (7 Refs.)

6877. Judd FK, Norman TR, Marriott PF, Burrows GD (1986)
A case of alprazolam-related hepatitis (letter).
Am J Psychi 143: 388-389 (5 Refs.)

6878. Juergens SM, Morse RM (1987)
Alprazolam - a spectrum of dependence (meeting abstr.).
Alc Clin Ex 11: 96 (no Refs.)

6879. Juhl RP, Daughert. VM, Kroboth PD (1984)
Incidence of next-day anterograde amnesia caused by flurazepam hydrochloride and triazolam.
Clin Phrmcy 3: 622-625 (* Refs.)

6880. Juhl RP, Vanthiel DH, Dittert LW, Smith RB (1984)
Alprazolam pharmacokinetics in alcoholic liver-disease.
J Clin Phar 24: 113-119 (13 Refs.)

6881. Jurna I (1984)
Depression of nociceptive sensory activity in the rat spinal-cord due to the intrathecal administration of drugs - effect of diazepam.
Neurosurger 15: 917-920 (41 Refs.)

6882. Kabes J, Kabesova L (1984)
Clinical properties of dipotassium clorazepate.
Activ Nerv 26: 219-220 (no Refs.)

6883. Kabra PM, Nzekwe EU (1985)
Liquid-chromatographic analysis of clonazepam in human-serum with solid-phase (Bond-Elut) extraction.
J Chromat 341: 383-390 (26 Refs.)

6884. Kabuto M, Namura I, Saitoh Y (1986)
Nocturnal enhancement of plasma melatonin could be suppressed by benzodiazepines in humans (technical note).
Endocr Jpn 33: 405-414 (14 Refs.)

6885. Kahan BB, Haskett RF (1984)
Lorazepam withdrawal and seizures (letter).
Am J Psychi 141: 1011-1012 (4 Refs.)

6886. Kahn JP, Puertoll. M, Schane MD, Klein DF (1987)
Schizophrenia, panic anxiety, and alprazolam (letter).
Am J Psychi 144: 527-528 (5 Refs.)

6887. Kahn JP, Stevenso. E, Topol P, Klein DF (1986)
Agitated depression, alprazolam, and panic anxiety.
Am J Psychi 143: 1172-1173 (9 Refs.)

6888. Kahn RJ, Lipman R (1987)
Efficacy of imipramine and chlordiazepoxide in depressive and anxiety disorders questioned - reply (letter).
Arch G Psyc 44: 97-98 (3 Refs.)

6889. Kahn RJ, McNair DM, Lipman RS, Covi L, Rickels K, Downing R, Fisher S, Frankent. LM (1986)
Imipramine and chlordiazepoxide in depressive and anxiety disorders .2. efficacy in anxious outpatients.
Arch G Psyc 43: 79-85 (30 Refs.)

6890. Kaieda R, Maekawa T, Takeshit. H, Maruyama Y, Shimizu H, Shimoji K (1981)
Effects of diazepam on evoked electrospinogram and evoked electromyogram in man.
Anesth Anal 60: 197-200 (13 Refs.)

6891. Kaijima M, Dacostar. L, Dodd RH, Rossier J, Naquet R (1984)
Hypnotic action of ethyl beta-carboline-3-carboxylate, a benzodiazepine receptor antagonist, in cats (technical note).
EEG Cl Neur 58: 277-281 (28 Refs.)

6892. Kaijima M, Lasalle GL, Rossier J (1983)
The partial benzodiazepine agonist properties of Ro 15-1788 in pentylenetetrazol-induced seizures in cats (technical note).
Eur J Pharm 93: 113-115 (5 Refs.)

6893. Kaim B (1982)
Clonazepam in tourettes syndrome (meeting abstr.).
Drug Dev R 2: 501 (no Refs.)

6894. Kaim B (1983)
A case of gilles-de-la-tourettes syndrome treated with clonazepam.
Brain Res B 11: 213-214 (14 Refs.)

6895. Kales A (1983)
Benzodiazepines in the treatment of insomnia.
In: Pharmacology of Benzodiazepines (Ed. Usdin E, Skolnick P, Tallmann jr JF, Greenblatt D, Paul SM)
Verlag Chemie, Weinheim Deerfield Beach Basel p. 199-217

6896. Kales A, Bixler EO, Soldatos CR, Velabuen. A, Jacoby J, Kales JD (1982)
Quazepam and flurazepam - long-term use and extended withdrawal.
Clin Pharm 32: 781-788 (26 Refs.)

6897. Kales A, Bixler EO, Soldatos CR, Jacoby JA, Kales JD (1986)
Lorazepam - effects on sleep and withdrawal phenomena.
Pharmacol 32: 121-130 (73 Refs.)

6898. Kales A, Bixler EO, Soldatos CR, Velabuen. A, Jacoby JA, Kales JD (1986)
Quazepam and temazepam - effects of short-term and intermediate-term use and withdrawal.
Clin Pharm 39: 345-352 (65 Refs.)

6899. Kales A, Bixler EO, Velabuen. A, Soldatos CR, Niklaus DE, Manfredi RL (1986)
Comparison of short and long half-life benzodiazepine hypnotics - triazolam and quazepam.
Clin Pharm 40: 378-386 (53 Refs.)

6900. Kales A, Soldatos CR, Bixler EO, Goff PJ, Velabuen. A (1983)
Midazolam - dose-response studies of effectiveness and rebound insomnia.
Pharmacol 26: 138-149 (30 Refs.)

6901. Kales A, Soldatos CR, Bixler EO, Kales JD (1983)
Early morning insomnia with rapidly eliminated benzodiazepines.
Science 220: 95-97 (21 Refs.)

6902. Kales JD, Kales A, Soldatos CR (1985)
Quazepam - sleep laboratory studies of effectiveness and withdrawal.
Clin Neurop 8: 55-62 (77 Refs.)

6903. Kalichman MW (1985)
Anticonvulsant and convulsant properties of flurazepam (technical note).
Neuropharm 24: 1127-1130 (10 Refs.)

6904. Kalkman CJ, Leyssius AT, Hesselin. EM, Bovill JG (1986)
Effects of etomidate or midazolam on median nerve somatosensory evoked-potentials (meeting abstr.).
Anesthesiol 65: 356 (2 Refs.)

6905. Kamata K, Monden S, Nakamura M, Inaba M (1986)
The influence of adrenocortical hormone on diazepam-induced polyphagia (meeting abstr.).
Jpn J Pharm 40: 221 (no Refs.)

6906. Kamayachi S, Hashimot. K, Fujino O, Fujita T, Yuge K, Yamashit. M, Kato K, Yasuda T, Takizawa Y (1982)
Serum levels of diazepam following rectal administration of suppositories and solutions (meeting abstr.).
Brain Devel 4: 160 (no Refs.)

6907. Kamayachi S, Hashimot. K. Fujita T, Futagami S, Fujino O, Ueda Y (1983)
A clinical pharmacological study of diazepam following intravenous, oral and rectal administration (meeting abstr.).
Brain Devel 5: 196 (no Refs.)

6908. Kamburg RA, Zimakova IE (1982)
Protective effect of the psychotropic-drugs - diazepam, sodium hydroxybutyrate and mebicar in experimental arrhythmias.
Farmakol T 45: 16-19 (16 Refs.)

6909. Kameyama T, Nagasaka M (1982)
Effects of apomorphine and diazepam on a quickly learned conditioned suppression in rats.
Pharm Bio B 17: 59-63 (32 Refs.)

6910. Kamin RA, Walters MI (1983)
An HPLC method for diazepam, chlordiazepoxide, and methaqualone in serum (meeting abstr.).
Clin Chem 29: 1203 (no Refs.)

6911. Kaminer Y, Modai I (1984)
Parenteral abuse of diazepam - a case-report.
Drug Al Dep 14: 63-65 (8 Refs.)

6912. Kamp CW, Morgan WW (1982)
Benzodiazepines suppress the light response of retinal dopaminergic-neurons invivo (technical note).
Eur J Pharm 77: 343-346 (10 Refs.)

6913. Kamp HD, Naujoks B (1984)
The interaction of diazepam-fentanyl and diazepam-tramadol anesthesias in postoperative respiration (meeting abstr.).
Anaesthesis 33: 470 (no Refs.)

6914. Kanai H, Inouye V, Goo R (1984)
Anomalous infrared-spectra of diazepam in potassium-bromide pellets prepared from chloroform solutions (technical note).
Analyt Chim 162: 427-430 (8 Refs.)

6915. Kaneko S, Kurahash. K, Fujita S, Fukushim. Y, Sato T, Hill RG (1983)
Potentiation of GABA by midazolam and its therapeutic effect against status epilepticus.
Fol Psychi 37: 307-309 (* Refs.)

6916. Kaneko T, Ono H, Fukuda H (1981)
Decrease in effects of muscimol on the dorsal root after repeated administration of diazepam in rats.
J Pharmacob 4: 947-951 (24 Refs.)

6917. Kaneko T, Ozaki S, Yamatsu K (1981)
Combined effect of flunitrazepam on activities of anesthetics and analgesics in mice and rats.
Fol Pharm J 77: 383-395 (30 Refs.)

6918. Kaneko T, Shimada A, Yanagita T (1985)
Interaction of nicotine with diazepam in rats (meeting abstr.).
Fol Pharm J 86: 4-5 (no Refs.)

6919. Kaneko T, Wong H, Doyle TW (1984)
A synthetic method for pyrrolo[1,4]-benzodiazepine antitumor antibiotics (meeting abstr.).
Heterocycle 21: 434 (no Refs.)

6920. Kaneko T, Wong H, Doyle TW (1984)
A total synthesis of chicamycin-A - a new pyrrolo[1,4]benzodiazepine antitumor agent (letter).
J Antibiot 37: 300-302 (10 Refs.)

6921. Kangas L, Breimer DD (1981)
Clinical pharmacokinetics of nitrazepam (review or bibliog.).
Clin Pharma 6: 346-366 (106 Refs.)

6922. Kangas L, Kanto J, Pakkanen A (1982)
A pharmacokinetic and pharmacodynamic study of flunitrazepam.
Int J Cl Ph 20: 585-588 (21 Refs.)

6923. Kaniewska T (1983)
Methods of detection and estimation of neurotropic drugs in blood of persons driving motor vehicles .2. detection and determination in blood of some derivatives of benzodiazepine by means of gas-chromatography.
Act Pol Ph 40: 445-453 (25 Refs.)

6924. Kannan V (1981)
Diazepam test of growth-hormone secretion.
Hormone Met 13: 390-393 (12 Refs.)

6925. Kanowski S (1986)
Benzodiazepine in der Gerontopsychiatrie.
In: Benzodiazepine - Rückblick und Ausblick (Ed. Hippius H, Engel RR, Laakmann G)
Springer, Berlin Heidelberg New York Tokyo, p. 131-138

6926. Kanto J (1981)
Benzodiazepines as oral premedicants.
Br J Anaest 53: 1179-1188 (90 Refs.)

6927. Kanto J (1986)
The use of oral benzodiazepines as premedications - the usefulness of temazepam.
Act Psyc Sc 74: 159-166 (54 Refs.)

6928. Kanto J, Aaltonen L, Erkkola R, Aarimaa L (1984)
Pharmacokinetics and sedative effect of midazolam in connection with cesarean-section performed under epidural analgesia.
Act Anae Sc 28: 116-118 (15 Refs.)

6929. Kanto J, Aaltonen L, Himberg JJ, Hovivian. M (1986)
Midazolam as an intravenous induction agent in the elderly - a clinical and pharmacokinetic study.
Anesth Anal 65: 15-20 (33 Refs.)

6930. Kanto J, Allonen H (1983)
Pharmacokinetics and the sedative effect of midazolam.
Int J Cl Ph 21: 460-463 (20 Refs.)

6931. Kanto J, Himberg JJ, Heikkila H, Arola M, Jalonen J, Laaksone. V (1985)
Midazolam kinetics before, during and after cardiopulmonary bypass-surgery.
Int J Cl P 5: 123-126 (10 Refs.)

6932. Kanto J, Kangas L, Aaltonen L, Hilke H (1981)
Effect of age on the pharmacokinetics and sedative effect of flunitrazepam.
Int J Cl Ph 19: 400-404 (30 Refs.)

6933. Kanto J, Kangas L, Leppanen T (1982)
A comparative-study of the clinical effects of oral flunitrazepam, medazepam, and placebo.
Int J Cl Ph 20: 431-433 (16 Refs.)

6934. Kanto J, Kangas L, Leppanen T, Mansikka M, Sibakov ML (1982)
Tofizopam - a benzodiazepine derivative without sedative effect.
Int J Cl Ph 20: 309-312 (12 Refs.)

6935. Kanto J, Klotz U (1982)
Intravenous benzodiazepines as anesthetic agents - pharmacokinetics and clinical consequences (review or bibliog.).
Act Anae Sc 26: 554-569 (194 Refs.)

6936. Kanto J, Leppanen T, Kangas L (1984)
Oral flunitrazepam compared with oral pentobarbital plus intramuscular atropine and pethidine (meperidine) for premedication.
Anaesthesis 33: 133-136 (17 Refs.)

6937. Kanto J, Sellmann R, Haataja M, Hurme P (1978)
Plasma and urine concentrations of diazepam and its metabolites in children, adults and in diazepamintoxicated patients.
Int Clin Pharmacol 16: 258-264

6938. Kanto J, Sjovall S, Erkkola R, Himberg JJ, Kangas L (1983)
Placental-transfer and maternal midazolam kinetics.
Clin Pharm 33: 786-791 (12 Refs.)

6939. Kanto J, Sjovall S, Vuori A (1982)
Effect of different kinds of premedication on the induction properties of midazolam.
Br J Anaest 54: 507-511 (14 Refs.)

6940. Kanto JH (1982)
Use of benzodiazepines during pregnancy, labor and lactation, with particular reference to pharmacokinetic considerations (review or bibliog.).
Drugs 23: 354-380 (112 Refs.)

6941. Kanto JH (1985)
Midazolam - the first water-soluble benzodiazepine pharmacology, pharmacokinetics and efficacy in insomnia and anesthesia.
Pharmacothe 5: 138-155 (162 Refs.)

6942. Kantor SJ (1986)
A difficult alprazolam withdrawal (letter).
J Cl Psych 6: 124-125 (7 Refs.)

6943. Kaplan SA, Jack ML (1983)
Metabolism of the Benzodiazepines: Pharmacokinetic and Pharmacodynamic Considerations.
In: The Benzodiazepines - From Molecular Biology to Clinical Practice.(Ed. Costa E).
Raven Press, New York, p. 173-199

6944. Kapoor W, Carey P, Karpf M (1981)
Induction of lactic-acidosis with intravenous diazepam in a patient with tetanus (technical note).
Arch In Med 141: 944-945 (10 Refs.)

6945. Kapp W (1981)
Pharmakologische und toxikologische Aspekte zu Benzodiazepinen.
Anästh Intensivther Notfallmed 16: 125-127

6946. Kar RN, Das RK (1983)
Cytogenetic effect of chlordiazepoxide on the bone-marrow cells of swiss mice invivo.
Cytobios 36: 73-82 (34 Refs.)

6947. Kar RN, Das RR (1984)
Induction of sperm head abnormalities in mice by three tranquilizers.
Excerpta Med Sect 52: 1-2

6948. Karacan I, Orr W, Roth T, Kramer M, Thornby J, Bingham S, Kay D (1981)
Dose-related effects of flurazepam on human sleep-waking patterns.
Psychophar 73: 332-339 (30 Refs.)

6949. Karasek K, Palatyns. A (1986)
Evaluation of usefulness of the ketamine-diazepam anesthesia in gynecologic laparoscopy.
Anaesthesis 35: 365-368 (12 Refs.)

6950. Kardos J, Guidotti A, Costa E (1987)
GABA receptor-dependent $^{36}Cl(-)$ fluxes in primary cultures of rat cerebellar neurons - modulation by benzodiazepines (BZS) (meeting abstr.).
Fed Proc 46: 633 (no Refs.)

6951. Kardos J, Hajos F, Simonyi M (1984)
Differential localization of GABA-dependent and GABA-independent benzodiazepine binding-sites within synapses of rat cerebral-cortex.
Neurosci L 48: 355-359 (9 Refs.)

6952. Kardos J, Kovacs I, Simonyi M (1985)
Medium isotope effect in ^{3}H-diazepam binding to benzodiazepine receptors of synaptic-membranes (technical note).
J Neurochem 45: 644-646 (12 Refs.)

6953. Kardos J, Samu J, Ujszaszi K, Nagy J, Kovacs I, Visy J, Maksay G, Simonyi M (1984)
Cu^{2+} is the active principle of an endogenous substance from porcine cerebral-cortex which antagonizes the anticonvulsant effect of diazepam.
Neurosci L 52: 67-72 (24 Refs.)

6954. Kargas GA, Kargas SA, Bruyere HJ, Gilbert EF, Opitz JM (1985)
Perinatal-mortality due to interaction of diphenhydramine and temazepam (letter).
N Eng J Med 313: 1417-1418 (9 Refs.)

6955. Karmali RA, Muse P, Allen G, Louis T (1982)
Macrophage production of prostaglandins - effects of fetal calf serum and diazepam - use of an improved method for extracting 6-keto-PGF1-alpha.
Pros Leuk M 8: 565-577 (23 Refs.)

6956. Karobath M (1983)
Endogenous ligand(s) of benzodiazepine receptors (editorial).
Neurochem I 5: 673-674 (3 Refs.)

6957. Karobath M, Supavila. P (1982)
Distinction of benzodiazepine agonists from antagonists by photoaffinity-labeling of benzodiazepine receptors invitro.
Neurosci L 31: 65-69 (13 Refs.)

6958. Karobath M, Supavila. P (1985)
Interaction of benzodiazepine receptor agonists and inverse agonists with the GABA benzodiazepine receptor complex.
Pharm Bio B 23: 671-674 (21 Refs.)

6959. Karobath M, Supavilai P, Borea PA (1983)
Distinction of Benzodiazepine Receptor Agonists and Inverse Agonists by Binding Studies in Vitro.
In: Benzodiazepine Recognition Site Ligands (Ed. Biggio G, Costa E)
Raven Press, New York, p. 37-45

6960. Karobath M, Supavila. P, Borea PA (1983)
Distinction of benzodiazepine receptor agonists and inverse agonists by binding-studies invitro (review).
Adv Bio Psy 38: 37-45 (28 Refs.)

6961. Karson CN, Weinberg. DR, Bigelow L, Wyatt RJ (1982)
Clonazepam treatment of chronic-schizophrenia - negative results in a double-blind, placebo-controlled trial.
Am J Psychi 139: 1627-1628 (10 Refs.)

6962. Kasama T, Fujii Y, Aida Y, Mayuzumi K, Mayuzumi Y, Goto M, Gomita Y, Moriyama M, Ichimaru Y (1983)
Pharmacological action of bromazepam suppository.
Fol Pharm J 81: 149-165 (22 Refs.)

6963. Kasandschieva P, Mondesch. D, Juchnovs. I, Nikolov I (1981)

1,4-benzodiazepines .7. on the mechanism of the polarographic-reduction of some benzodiazepinic bromides.

Arch Pharm 314: 493-503 (4 Refs.)

6964. Kasuya M, Oka J, Fukuda H (1985)

Characterization of interactions between components in GABA-benzodiazepine-barbiturates receptor complex (meeting abstr.).

Jpn J Pharm 39: 233 (no Refs.)

6965. Katafuchi Y, Aoki N, Yano E, Matsuish. T, Yamashit. F, Haraguch. H (1982)

Clinical pharmacokinetics of nitrazepam using high-pressure liquid-chromatography (meeting abstr.).

Brain Devel 4: 261 (no Refs.)

6966. Kataoka Y, Shibata K, Gomita Y, Ueki S (1982)

The mammillary body is a potential site of antianxiety action of benzodiazepines (technical note).

Brain Res 241: 374-377 (27 Refs.)

6967. Kataoka Y, Yamshit. K, Ohta H, Niwa M, Ueki S (1986)

Multiple benzodiazepine receptor localization in the brain areas involved in the anticonflict action of benzodiazepines (meeting abstr.).

Jpn J Pharm 40: 187 (no Refs.)

6968. Katz RA (1987)

The effect of diazepam on palate formation in the rat (meeting abstr.).

J Dent Res 66: 104 (no Refs.)

6969. Katzman NJ, Herling S, Shannon HE (1983)

Discriminative properties of pentobarbital (PB) - comparisons with benzodiazepines (BZ) and other sedative-hypnotics in rats (meeting abstr.).

Fed Proc 42: 344 (1 Refs.)

6970. Katzman NJ, Shannon HE (1985)

Differential diazepam-antagonist effects of the benzodiazepine receptor ligand CGS-9895 in rodents.

J Pharm Exp 235: 589-595 (35 Refs.)

6971. Kaufman DW, Shapiro S, Slone D, Rosenber. L, Helmrich SP, Miettine. OS, Stolley PD, Levy M, Schotten. D (1982)

Diazepam and the risk of breast-cancer.

Lancet 1: 537-539 (11 Refs.)

6972. Kaufman E (1983)

Benzodiazepine receptors (technical note).

West J Med 138: 405-406 (5 Refs.)

6973. Kaupp G, Knichala B (1985)

Quantitative [1,3,2,3]-elimination of water from oxazepam.

Chem Ber 118: 462-467 (16 Refs.)

6974. Kavaliers M, Hirst M (1986)

An octadecaneuropeptide (ODN) derived from diazepam binding inhibitor increases aggressive interactions in mice (technical note).

Brain Res 383: 343-349 (36 Refs.)

6975. Kavey NB, Altshule. KZ (1983)

Flurazepam and the sleep of herniorrhaphy patients.

J Clin Phar 23: 199-208 (17 Refs.)

6976. Kawabata Y, Kobayash. H, Kontani H, Koshiura R (1986)

The effect of diazepam on urinary-bladder contraction accompanied by micturiton in rats (meeting abstr.).

Jpn J Pharm 40: 282 (no Refs.)

6977. Kawar P, Briggs LP, Bahar M, McIlroy PDA, Dundee JW, Merrett JD, Nesbitt GS (1982)

Anaesthesia 37: 305-308 (12 Refs.)

6978. Kawar P, Carson IW, Lyons SM, Clarke RSJ, Dundee JW (1983)

Hemodynamic-changes during induction of anesthesia with midazolam and diazepam (valium) in patients undergoing aorto coronary-bypass surgery (meeting abstr.).

Br J Anaest 55: 915-916 (2 Refs.)

6979. Kawar P, Carson IW, Clare RSJ, Dundee JW, Lyons SM (1985)

Hemodynamic-changes during induction of anesthesia with midazolam and diazepam (valium) in patients undergoing coronary-artery by-pass-surgery.

Anaesthesia 40: 767-771 (11 Refs.)

6980. Kawar P, Carson IW, Lyons SM, Clarke RSJ, Dundee JW (1983)

Comparative-study of hemodynamic-changes during induction of anesthesia with midazolam and diazepam (valium) in patients undergoing coronary-artery bypass-surgery (meeting abstr.).

Irish J Med 152: 215 (1 Refs.)

6981. Kawar P, Dundee JW, Briggs LP (1982)

Venous sequelae following i.v. anesthetics and benzodiazepines (meeting abstr.).

Br J Anaest 54: 233 (3 Refs.)

6982. Kawar P, Dundee JW, Briggs LP (1982)

Venous sequelae following intravenous anesthetics and benzodiazepines (meeting abstr.).

Irish J Med 151: 98 (3 Refs.)

6983. Kawar P, Dundee JW, Brophy tO, Porter KG, Hunter EK (1984)

Midazolam - an alternative to diazepam as an intravenous hypnotic for endoscopy (meeting abstr.).

Br J Cl Ph 17: 221-222 (2 Refs.)

6984. Kawar P, McGimpse. JG, Gamble JAS, Browne ES (Dundee JW (1982)

Midazolam as a sedative in dentistry (meeting abstr.).

Br J Anaest 54: 1137 (2 Refs.)

6985. Kawar P, Porter KG, Hunter EK, McLaughl. J, Dundee JW, Brophy TO (1984)

Midazolam for upper gastrointestinal endoscopy.

Ann RC Surg 66: 283-285 (15 Refs.)

6986. Kawasaki K, Kodama M, Matsushi. A (1984)

An imidazodiazepine derivative, Ro-15-1788, behaves as a weak partial agonist in the crossed extensor reflex.

Eur J Pharm 102: 147-150 (14 Refs.)

6987. Kawasaki K, Kodama M, Matsushi. A (1986)

Supraspinal depressant action of diazepam on the crossed extensor reflex.

Neurosci L 63: 175-179 (9 Refs.)

6988. Kawasaki K, Matsushi. A (1981)
Sensitive depressant effect of benzodiazepines on the crossed extensor reflex in chloralose-anesthetized rats.
Life Sci 28: 1391-1398 (23 Refs.)

6989. Kawasaki K, Matsushi. A (1983)
Ethyl beta-carboline-3-carboxylate antagonizes the inhibitory effect of diazepam on the crossed extensor reflex (technical note).
Jpn J Pharm 33: 694-697 (10 Refs.)

6990. Kawasaki K, Matsushi. A, Satoh H, Takagi H (1984)
Inhibitory action of benzodiazepines on single neuronal-activity in the lateral vestibular nucleus of the rat (meeting abstr.).
Fol Pharm J 83: 10-11 (no Refs.)

6991. Kawasaki K, Murata S, Kodama M, Eigyo M, Matsushi. A (1985)
Pharmacological profile of benzodiazepine inverse agonist (meeting abstr.).
Jpn J Pharm 39: 148 (no Refs.)

6992. Kawasaki K, Murata S, Matsushi. A (1984)
Ro 15-1788 behaves as a partial agonist in the crossed extensor reflex (meeting abstr.).
Jpn J Pharm 36: 319 (no Refs.)

6993. Kawazu Y, Nakano S, Ogawa N, Taeuber K (1983)
Clobazam and diazepam - the differential effects on psychomotor performance and subjective feelings in normal volunteers with high neuroticism level.
Drug Dev R 3: 371-377 (14 Refs.)

6994. Kay B (1984)
Buprenorphine, benzodiazepines and respiratory depression (letter).
Anaesthesia 39: 491-492 (1 Refs.)

6995. Kay CR (1984)
Bromazepam, a new anxiolytic - a comparative-study with diazepam in general-practice.
J Roy Col G 34: 509-512 (8 Refs.)

6996. Keane PE, Boutin D, Bornia J, Morre M (1983)
Effects of CL-218872, a triazolopyridazine on benzodiazepine receptors and the synthesis of gamma-aminobutyric acid in the mouse (meeting abstr.)
J Pharmacol 14: 248 (3 Refs.)

6997. Keane PE, Simiand J, Morre M (1984)
The quinolines PK-8165 and PK-9084 possess benzodiazepine-like activity invitro but not invivo.
Neurosci L 45: 89-93 (19 Refs.)

6998. Keegan C, Wang N, Heiman D, Simpson J, Backes D, Aden M (1986)
The detection of benzodiazepines in urine by fluorescence polarization immunoassay (FPIA) (meeting abstr.).
Clin Chem 32: 1055 (no Refs.)

6999. Keim KL, Sullivan JW, Anderson C, Glinka S, Gold L, 'Pietrusi. N, Sepinwal. J (1984)
Neuropharmacologic and anticonflict benzodiazepine (BZD) agonist effects of CGS-9896 - possible rat mouse-species differences (meeting abstr.)
Fed Proc 43: 930 (2 Refs.)

7000. Keim KL, Zavatsky E, Gamzu E (1982)
EEG and amnestic effects of 1,4-benzodiazepines, 1,5-benzodiazepines, or 3,4-benzodiazepines (BZ) compared to non-BZ anxiolytics (meeting abstr.).
Fed Proc 41: 1067 (2 Refs.)

7001. Keipert S, Alde D (1986)
Interactions between macromolecular adjuvants and drugs .25. the influence of cellulose ethers on dissolution characteristics of benzodiazepines.
Pharmazie 41: 845-849 (22 Refs.)

7002. Keipert S, Voigt R (1986)
Interactions between macromolecular adjuvants and drugs .24. the improvement of the dissolution characteristics of benzodiazepine derivatives by polyvinylpyrrolidon.
Pharmazie 41: 400-404 (28 Refs.)

7003. Keller HH (1981)
Antagonism by Ro 15-1788 of the effects of diazepam on the dopamine turnover in rat-brain (meeting abstr.).
Experientia 37: 672 (no Refs.)

7004. Keller JR, Sellers EM, Nguyen H, Wu Ph (1986)
2 novel pyrazolopyrimidines - binding on the human-platelet peripheral benzodiazepine site (meeting abstr.).
Clin Invest 9: 20 (no Refs.)

7005. Kellner R, Silverbe. L, Bennett J, Greenshe. A (1985)
First-night effects of triazolam in insomnia.
Curr Ther R 37: 619-625 (10 Refs.)

7006. Kellogg C, Ison JR, Miller RK (1983)
Prenatal diazepam exposure - effects on auditory temporal resolution in rats.
Psychophar 79: 332-337 (29 Refs.)

7007. Kellogg C, Retell T (1985)
Prenatal diazepam exposure induces a lasting reduction in ^{3}H norepinephrine release in the hypothalamus (meeting abstr.).
Int J Dev N 3: 439 (no Refs.)

7008. Kellogg CK, Retell TM (1986)
Release of ^{3}H norepinephrine - alteration by early developmental exposure to diazepam.
Brain Res 366: 137-144 (21 Refs.)

7009. Kellogg CK, Simmons RD, Miller RK, Ison JR (1985)
Prenatal diazepam exposure in rats - long-lasting functional-changes in the offspring.
Neurob Tox 7: 483-488 (32 Refs.)

7010. Kelly H, Huggett A, Dawling S (1982)
Liquid-chromatographic measurement of nitrazepam in plasma.
Clin Chem 28: 1478-1481 (19 Refs.)

7011. Kelly PAT, Ford I, McCulloc. J (1986)
The effect of diazepam upon local cerebral glucose use in the conscious rat.
Neuroscienc 19: 257-265 (41 Refs.)

7012. Kelly RC, Krent L, Sunshine I, Balter MB (1982)
Association of benzodiazepines with death in a major metropolitan area.
J Anal Tox 6: 91-96 (21 Refs.)

7013. Kemner JM, Snodgras. WR, Worley SE, Hodges GR, Melethil S, Highnite CE, Tschanz C (1984)
Effect of oxygen-carrying resuscitation fluids on the pharmacokinetics of antipyrine, diazepam, penicillin, and sulfamethazine in rats.
Res Comm CP 46: 381-400 (19 Refs.)

7014. Kenakin TP (1982)
The potentiation of cardiac responses to adenosine by benzodiazepines.
J Pharm Exp 222: 752-758 (37 Refs.)

7015. Kenessey A, Graf L, Paldihar. P, Lang T (1987)
Interaction of 2,3-benzodiazepines with peripheral benzodiazepine receptors.
Pharmacol R 19: 1-14 (35 Refs.)

7016. Kenessey A, Lang T, Graf L (1981)
Demonstration of an endogenous, highly potent, noncompetitive protein inhibitor(s) of ^{3}H diazepam binding in bovine brain.
Int J Pept 18: 103-106 (13 Refs.)

7017. Kennedy BP, Leonard BE (1982)
Effect of clobazam and other benzodiazepines on gamma-aminobutyric acid (GABA)-turnover in stressful and non-stressful situations.
Drug Dev R 1982: 101-115 (17 Refs.)

7018. Kenny RA, Kafetz K, Cox M, Impallom. M, Timmers J (1984)
Impaired nitrazepam metabolism in hypothyroidism.
Postg Med J 60: 296-297 (5 Refs.)

7019. Keranen T, Sivenius J (1983)
Side-effects of carbamazepine, valproate and clonazepam during long-term treatment of epilepsy.
Act Neur Sc 68: 69-80 (92 Refs.)

7020. Kerry RJ, McDermot. CM (1983)
Alprazolam in the treatment of neurotic anxiety.
Pharmathera 3: 451-455 (10 Refs.)

7021. Kertesz A, Falkay G, Boros M (1985)
The effects of benzodiazepines as anesthesia inducing agents on plasma-cortisol level in elective hysterectomy.
Act Med Hu 42: 145-152 (no Refs.)

7022. Kertesz A, Tekulics A, Farago M, Boros M (1985)
Course of plasma-cortisol in the course of diazepam, flunitrazepam and midazolam (meeting abstr.).
Anaesthesis 34: 145-146 (no Refs.)

7023. Keshavan MS (1987)
Clonidine in benzodiazepine withdrawal (letter).
Am J Psychi 144: 530 (6 Refs.)

7024. Keshavan MS, Crammer JL (1985)
Clonidine in benzodiazepine withdrawal (letter).
Lancet 1: 1325-1326 (4 Refs.)

7025. Ketelaars CE, Bruinvel. J (1986)
Baclofen-benzodiazepine relationship (meeting abstr.).
Pharm Week 8: 273 (no Refs.)

7026. Ketelaars CE, Bruinvel. J (1986)
Possible interactions between GABA-B and benzodiazepine receptors (meeting abstr.).
Psychophar 89: 20 (no Refs.)

7027. Ketter T, Chun D, Lu F (1986)
Alprazolam in the treatment of compulsive symptoms (letter).
J Cl Psych 6: 59-60 (3 Refs.)

7028. Khalil M, Gonnet C (1983)
Liquid-chromatography in toxicological analysis .2. analysis of anti-convulsants - ethosuximide, phenobarbital, DPH, Carbamazepin, diazepam.
Analysis 11: 513-519 (17 Refs.)

7029. Khan AR (1983)
Diazepam receptor in frog-muscle fibers (technical note).
Act Physl S 118: 95-96 (4 Refs.)

7030. Khan AR, Edman KAP (1983)
Diazepam, a highly effective twitch potentiator in isolated muscle-fibers of the frog.
Act Physl S 117: 533-539 (19 Refs.)

7031. Kharkevich DA, Sinitsyn LN, Churyuka. VV, Fisenko VP, Chichenk. ON, Alyautdi. RN, Kasparov SA (1983)
Effect of benzodiazepines on interneuronal transmission in afferent systems and their antagonism with Ro 15-1788.
Farmakol T 46: 14-19 (17 Refs.)

7032. Kida M, Greensha. AJ, Sanger DJ, Blackman DE (1981)
The effects of D-amphetamine and chlordiazepoxide on responding maintained by a multiple schedule of food and electrical brain-stimulation in rats.
Psychol Rec 31: 349-356 (16 Refs.)

7033. Kilts CD, Commissa. RL, Cordon JJ, Rech RH (1982)
Lack of central 5-hydroxytryptamine influence on the anti-conflict activity of diazepam.
Psychophar 78: 156-164 (53 Refs.)

7034. Kim KC (1984)
Anticonvulsant effects of yohimbine and diazepam on convulsions induced by lidocaine (meeting abstr.).
Fed Proc 43: 569 (no Refs.)

7035. Kimura M, Nishio T, Satoh J, Ueno M, Horikosh. I (1983)
Langmuir isotherms of diazepam on glass surfaces (technical note).
Chem Pharm 31: 1408-1410 (6 Refs.)

7036. Kimura N, Hattanma. Y, Takano K, Kamei J, Hukuhara T (1982)
Fol Pharm J 79: 74 (no Refs.)

7037. Kinberber B, Wahrgren P (1982)
Determination of benzodiazepines in serum by high-performance liquid-chromatography using radially compressed columns and an aqueous methanolic mobile phase.
Anal Lett B 15: 549-557 (6 Refs.)

7038. King DA, Bouton ME, Musty RE (1987)
Associative control of tolerance to the sedative effects of a short-acting benzodiazepine.
Behav Neuro 101: 104-114 (62 Refs.)

7039. King GL, Knox JJ, Dingledi. R (1985)
Reduction of inhibition by a benzodiazepine antagonist, Ro 15-1788, in the rat hippocampal slice.
Neuroscienc 15: 371-378 (45 Refs.)

7040. King LA (1982)
Synergistic effect of benzodiazepines in fatal amitriptyline poisonings (letter).
Lancet 2: 982-983   (3 Refs.)

7041. King RE, Zung, WWK (1981)
A double-blind clinical comparison of prazepam, lorazepam, diazepam and placebo in the treatment of anxiety in a private medical outpatient practice.
Curr Ther R 29: 915-924   (6 Refs.)

7042. King RG, Olsen RW (1984)
Solubilization of convulsant barbiturate binding-activity on the gamma-aminobutyric acid benzodiazepine receptor complex.
Bioc Biop R 119: 530-536   (20 Refs.)

7043. Kinscheck IB, Watkins LR, Mayer DJ (1984)
Fear is not critical to classically-conditioned analgesia - the effects of periaqueductal gray lesions and administration of chlordiazepoxide.
Brain Res 298: 33-44   (53 Refs.)

7044. Kirchmair W, Drexel H (1983)
Respiratory arrest in a 19-year-old patient following low-dose benzodiazepines.
Mün Med Woc 125: 941-942   (4 Refs.)

7045. Kirk RC, Blampied NM (1986)
Conditioned suppression of licking - effects of diazepam, propranolol and atenolol administration (meeting abstr.).
Aust Psychl 21: 134   (no Refs.)

7046. Kirk WT, Griffith. RR (1986)
Amnestic properties of the benzodiazepines (meeting abstr.).
Pharm Bio B 25: 308   (no Refs.)

7047. Kirkegaard L, Knudsen L, Jensen S, Kruse A (1986)
Benzodiazepine antagonist Ro-15-1788 - antagonism of diazepam sedation in outpatients undergoing gastroscopy.
Anaesthesia 41: 1184-1188   (8 Refs.)

7048. Kirkham TC, Cooper SJ (1986)
Novel anorectic actions of the benzodiazepine receptor inverse agonist CGS 8216 (meeting abstr.).
Psychophar 89: 20   (no Refs.)

7049. Kirkness EF, Turner AJ (1985)
The gamma-aminobutyrate benzodiazepine receptor from pig cerebral-cortex - purification and characterization (meeting abstr.).
Bioch Soc T 13: 1211-1212   (8 Refs.)

7050. Kirkness EF, Turner AJ (1986)
The gamma-aminobutyrate benzodiazepine receptor from pig brain- enhancement of gamma-aminobutyrate-receptor binding by the anesthetic propanidid.
Biochem J 233: 259-264   (35 Refs.)

7051. Kirkness EF, Turner AJ (1986)
The gamma-aminobutyrate benzodiazepine receptor from pig brain - purification and characterization of the receptor complex from cerebral-cortex and cerebellum.
Biochem J 233: 265-270   (26 Refs.)

7052. Kish SJ, Fox IH, Kapur BM, Lloyd K, Hornykie. O (1985)
Brain benzodiazepine receptor-binding and purine concentration in lesch-nyhan syndrome.
Brain Res 336: 117-123   (29 Refs.)

7053. Kish SJ, Perry TL, Hornykie. O (1984)
Benzodiazepine receptor-binding in cerebellar cortex - observations in olivopontocerebellar atrophy.
J Neurochem 42: 466-469   (24 Refs.)

7054. Kish SJ, Perry TL, Sweeney VP, Hornykie. O (1985)
Brain gamma-aminobutyric acid and benzodiazepine receptor-binding in dialysis encephalopathy.
Neurosci L 58: 241-244   (14 Refs.)

7055. Kish SJ, Shannak KS, Perry TL, Hornykie. O (1983)
Neuronal [^{3}H]-labeled benzodiazepine binding and levels of GABA, glutamate, and taurine are normal in huntingtons-disease cerebellum (technical note).
J Neurochem 41: 1495-1497   (13 Refs.)

7056. Kish SJ, Sperk G, Hornykie. O (1983)
Alterations in benzodiazepine and GABA receptor-binding in rat-brain following systemic injection of kainic acid.
Neuropharm 22: 1303-1309   (46 Refs.)

7057. Kiss J, Astolfi E, Loudet O (1984)
Benzodiazepines - abstinency syndrome.
Prens Med A 71: 550-552   (* Refs.)

7058. Kitagawa YF, Katahira M, Tanaka E, Yoshida T, Kuroiwa Y (1984)
Evaluation of enzyme-induction with temazepam using trimethadione as an indicator (meeting abstr.).
Fol Pharm J 83: 100   (no Refs.)

7059. Kladnitskii AV, Mukhin AG (1984)
Endogenous inhibitors of specific benzodiazepine binding in the bovine cerebral-cortex.
B Exp B Med 98: 1366-1368   (13 Refs.)

7060. Klaubert DH, Bell SC, Pattison TW (1985)
Synthesis of 5H-tetrazolo[5,1-c][1,4]benzodiazepines.
J Hetero Ch 22: 333-336   (18 Refs.)

7061. Klebel E, Saam R (1984)
Changes in performance and in subjective wellbeing of patients with psychoneurotic disorders under treatment with prazepam.
Med Welt 35: 740-746   (no Refs.)

7062. Klein CM, Laucam CA (1985)
Simple thin-layer chromatographic method for the investigation of 6 related-compounds in flurazepam hydrochloride and its capsules.
J Chromat 350: 273-278   (11 Refs.)

7063. Klein E, Uhde TW, Post RM (1986)
Preliminary evidence for the utility of carbamazepine in alprazolam withdrawal.
Am J Psychi 143: 235-236   (10 Refs.)

7064. Klein E, Uhde TW, Post RM (1987)
Carbamazepine, alprazolam withdrawal, and panic disorder - reply (letter).
Am J Psychi 144: 266   (5 Refs.)

7065. Klein HE (1985)
Benzodiazepines in the treatment of anxiety syndromes.
Med Welt 36: 1185-1190   (no Refs.)

7066. Klein HE (1986)
Benzodiazepine in Kombination mit Antidepressiva und Neuroleptika.
In: Benzodiazepine - Rückblick und Ausblick (Ed. Hippius H, Engel RR, Laakmann G)
Springer, Berlin Heidelberg New York Tokyo, p. 173-180

7067. Klein H, Rüther E (1985)
Benzodiazepine in der Therapie von Schlafstörungen.
In: Benzodiazepine (Mannheimer Therapiegespräche) (Ed. Friedberg KD, Rüfer R)
Urban & Schwarzenberg, Wien München Baltimore, p. 61-70

7068. Klein MJ, Patat A, Manuel C (1986)
Effects on memory and psychomotor performance induced in healthy-volunteers by 3 benzodiazepine hypnotics (triazolam, flunitrazepam and loprazolam).
Therapie 41: 299-304 (35 Refs.)

7069. Kleinberger G, Grimm G, Laggner A, Druml W, Lenz K, Schneewe. B (1985)
Weaning patients from mechanical ventilation by benzodiazepine antagonist Ro 15-1788 (letter).
Lancet 2: 268-269 (2 Refs.)

7070. Kleindienstvanderbeke G (1984)
Information-processing and benzodiazepines.
Neuropsychb 12: 238-243 (17 Refs.)

7071. Kleindienst G, Usinger P (1984)
Diazepam sedation is not antagonized completely by aminophylline (letter).
Lancet 1: 113 (1 Refs.)

7072. Kleinerman RA, Rinton LA, Hoover R, Fraumeni JF (1981)
Diazepam and breast-cancer (letter)
Lancet 1: 1153 (7 Refs.)

7073. Kleinerman RA, Brinton LA, Hoover R, Fraumeni JF (1984)
Diazepam use and progression of breast-cancer.
Cancer Res 44: 1223-1225 (10 Refs.)

7074. Kleinrok Z, Kolasa K, Szurska G (1980)
Preliminary studies on the central action of new 1,5-benzodiazepine derivatives.
Pol J Phar 32: 247-260 (31 Refs.)

7075. Klem K, Murray GR, Laake K (1986)
Pharmacokinetics of temazepam in geriatric-patients (technical note).
Eur J Cl Ph 30: 745-747 (12 Refs.)

7076. Kley H, Scheidem. U, Bering B, Müller WE (1983)
Reverse stereoselectivity of opiate and benzodiazepine receptors for the opioid benzodiazepine tifluadom (technical note).
Eur J Pharm 87: 503-504 (5 Refs.)

7077. Klopfenstein C (1981)
Midazolam as oral premedication in local-anesthesia - a double-blind-study comparing the sedative, anxiolytic and amnestic effects of midazolam with diazepam and placebo (meeting abstr.).
Arznei-For 31-2: 2238 (no Refs.)

7078. Klotz KL, Bocchett. A, Neale JH, Thomas JW, Tallman JF (1984)
Proteolytic degradation of neuronal benzodiazepine binding-sites.
Life Sci 34: 293-299 (31 Refs.)

7079. Klotz U (1981)
Determination of bromazepam by gas-liquid-chromatography and its application for pharmacokinetic studies in man (technical note).
J Chromat 222: 501-506 (9 Refs.)

7080. Klotz U (1983)
Drug interactions with benzodiazepines.
In: Pharmacology of Benzodiazepines (Ed. Usdin E, Skolnick P, Tallmann jr JF, Greenblatt D, Paul SM)
Verlag Chemie, Weinheim Deerfield Beach Basel p. 299-311

7081. Klotz U (1983)
Clinical Pharmacokinetics of Benzodiazepines.
In: The Benzodiazepines - From Molecular Biology to Clinical practice. (Ed. Costa E).
Raven Press, New Yor, p. 247-252

7082. Klotz U (1983)
Effect kinetics of midazolam, a new hypnotic benzodiazepine (meeting abstr.).
H-S Z Physl 364: 344-345 (no Refs.)

7083. Klotz U (1984)
Klinische Pharmakokinetik, 2. Aufl.
Gustav Fischer, Stuttgart New York

7084. Klotz U (1984)
Clinical Pharmacology of Benzodiazepines.
In: Progress in Clinical Biochemistry and Medicine.
Springer, Berlin Heidelberg New York Tokyo, p. 117-167

7085. Klotz U (1984)
Effect of age and some medications on the pharmacology of benzodiazepine (meeting abstr.).
Anaesthesis 33: 529 (no Refs.)

7086. Klotz U (1985)
Tranquillantien - Therapeutischer Einsatz und Pharmakologie.
Wiss. Verlagsges., Stuttgart

7087. Klotz U (1985)
Allgemeine Pharmakologie der Benzodiazepine.
In: Benzodiazepine in der Anästhesiologie (Ed. Langrehr D)
Urban & Schwarzenberg, München Wien Baltimore, S. 1-17

7088. Klotz U (1985)
Estimation of the blood-plasma concentration ratio of diazepam in the rat (letter).
J Phar Biop 13: 347-348 (4 Refs.)

7089. Klotz U (1986)
Klinische Pharmakologie der Benzodiazepine.
In: Benzodiazepine - Rückblick und Ausblick (Ed. Hippius H, Engel RR, Laakmann G)
Springer, Berlin Heidelberg New York Tokyo, p. 32-40

7090. Klotz U, Arvella P, Rosenkra. B (1985)
Once daily administration of cimetidine and ranitidine - does it affect the disposition of midazolam (meeting abstr.).
Am J Gastro 80: 863 (no Refs.)

7091. Klotz U, Arvela P, Rosenkra. B (1985)
Interaction study of diazepam (D) and procainamide (PA with the new H2-receptor antagonist famotidine (F) (meeting abstr.).
Clin Pharm 37: 205 (no Refs.)

7092. Klotz U, Arvela P, Rosenkra. B (1985)
Effect of single doses of cimetidine and ranitidine on the steady-state plasma-levels of midazolam.
Clin Pharm 38: 652-655 (16 Refs.)

7093. Klotz U, Arvela P, Rosenkra. B (1985)
Famotidine, a new H2-receptor antagonist, does not affect hepatic elimination of diazepam or tubular secretion of procainamide.
Eur J Cl Ph 28: 671-675 (29 Refs.)

7094. Klotz U, Dammann HG, Gottlieb WR, Walter TA, Keohane P (1987)
Nizatidine (300 mg nocte) does not interfere with diazepam pharmacokinetics in man (letter).
Br J Cl Ph 23: 105-106 (2 Refs.)

7095. Klotz U, Duka, Dorow R, Doenicke A (1985)
Flunitrazepam and lormetazepam do not affect the pharmacokinetics of the benzodiazepine antagonist Ro-15-1788 (technical note).
Br J Cl Ph 19: 95-98 (17 Refs.)

7096. Klotz U, Kangas L, Kanto J (1980)
Clinical Pharmacokinetics of Benzodiazepines.
Gustav Fischer, Stuttgart New York

7097. Klotz U, Mikus G, Zekorn C, Eichelba. M (1986)
Pharmacokinetics of midazolam in relation to polymorphic sparteine oxidation (meeting abstr.).
Act Pharm T 59: 117 (no Refs.)

7098. Klotz U, Mikus G, Zekorn C, Eichelba. M (1986)
Pharmacokinetics of midazolam in relation to polymorphic sparteine oxidation (letter).
Br J Cl Ph 22: 618-620 (11 Refs.)

7099. Klotz U, Reimann I (1981)
Elevation of steady-state diazepam levels by cimetidine.
Clin Pharm 30: 513-517 (19 Refs.)

7100. Klotz U, Reimann I (1981)
Clearance of diazepam can be impaired by its major metabolite desmethyldiazepam (technical note).
Eur J Cl Ph 21: 161-163 (16 Refs.)

7101. Klotz U, Reimann IW (1984)
Chronopharmacokinetic study with prolonged infusion of midazolam (review).
Clin Pharma 9: 469-474 (22 Refs.)

7102. Klotz U, Reimann IW (1984)
Pharmacokinetic and pharmacodynamic interaction study of diazepam and metoprolol.
Eur J Cl Ph 26: 223-226 (17 Refs.)

7103. Klotz U, Reimann IW, Ohnhaus EE (1983)
Effect of ranitidine on the steady-state pharmacokinetics of diazepam.
Eur J Cl Ph 24: 357-360 (26 Refs.)

7104. Klotz U, Ziegler G (1982)
Physiologic and temporal variation in hepatic elimination of midazolam.
Clin Pharm 32: 107-112 (27 Refs.)

7105. Klotz U, Ziegler G, Ludwig L, Reimann IW (1985)
Pharmacodynamic interaction between midazolam and a specific benzodiazepine antagonist in humans.
J Clin Phar 25: 400-406 (23 Refs.)

7106. Klotz U, Ziegler G, Reimann IW (1984)
Pharmacokinetics of the selective benzodiazepine antagonist Ro 15-1788 in man (technical note).
Eur J Cl Ph 27: 115-117 (9 Refs.)

7107. Klotz U, Ziegler G, Rosenkra. B, Mikus G (1986)
Does the benzodiazepine antagonist Ro 15-1788 antagonize the action of ethanol.
Br J Cl Ph 22: 513-520 (19 Refs.)

7108. Kluge S, Müller M, Baehnisc. S, Fischer W (1986)
Influencing the labyrinth behavior of rats by anticonvulsive acting drugs - comparison of propanolol, phenobarbital, phenotoin and diazepam (technical note).
Pharmazie 41: 297-298 (12 Refs.)

7109. Kmetec V, Mrhar A, Karba R, Kozjek F (1984)
Evaluation of drug stability data by analog-hybrid computer - application to lorazepam.
Int J Pharm 21: 211-218 (10 Refs.)

7110. Knaacksteinegger R, Schou J (1987)
Therapy of paradoxical reactions to midazolam during regional anesthesia.
Anaesthesis 36: 143-146 (27 Refs.)

7111. Knab B, Engelsit. P (1983)
The many facets of poor sleep.
Neuropsychb 10: 141-147 (56 Refs.)

7112. Knuchel M, Ochs HR (1984)
The newer benzodiazepines.
Med Welt 35: 74-80 (no Refs.)

7113. Knuchel M, Ochs HR, Verburgo. B, Labedzki L, Greenblatt DJ (1987)
Interactions of ranitidine and cimetidine with midazolam during intravenous and oral administration.
Med Welt 38: 244-248 (no Refs.)

7114. Knudsen FU (1985)
Recurrence risk after first febrile seizure and effect of short-term diazepam prophylaxis.
Arch Dis Ch 60: 1045-1049 (19 Refs.)

7115. Knudsen FU (1985)
Effective short-term diazepam prophylaxis in febrile convulsions.
J Pediat 106: 487-490 (17 Refs.)

7116. Knyazev GG, Nikiforo. AF, Tolochko ZS, Mikhailo. VV (1983)
Effect of diazepam on the rat conditioned behavior and the central noradrenergic system reactivity.
Farmakol T 46: 15-17 (16 Refs.)

7117. Koch H (1983)
New drugs - Ro 15-1788 - selective antagonist to the benzodiazepines.
Pharm Int 4: 27-28 (17 Refs.)

7118. Koch H (1983)
Midazolam - a benzodiazepine for inducing anesthesia (technical note).
Pharm Int 4: 194-195 (3 Refs.)

7119. Koch H (1986)
Triazolam - benzodiazepine shifting the circadian clock.
Pharm Int 7: 239-240 (2 Refs.)

7120. Koch H (1986)
Brotizolam - sleep-inducing agent with novel diazepine structure.
Pharm Int 7: 293-294 (1 Refs.)

7121. Kochman RL, Hirsch JD (1982)
Thermodynamic changes associated with benzodiazepine and alkyl beta-carboline-3-carboxylate binding to rat-brain homogenates.
Molec Pharm 22: 335-341 (32 Refs.)

7122. Kochman RL, Hirsch JD, Clay GA (1981)
Changes in diazepam-³H receptor-binding after sub-acute ethanol administration.
Res Comm S 2: 135-144 (22 Refs.)

7123. Kochman RL, Sepulved. CK (1986)
Aging does not alter the sensitivity of benzodiazepine receptors to GABA modulation (technical note).
Neurobiol A 7: 363-365 (17 Refs.)

7124. Kochs E, Amesch JS (1986)
Antagonism of midazolam sedation by Ro 15-1788 - effect on acoustical evoked-responses (meeting abstr.).
Anesthesiol 65: 359 (1 Refs.)

7125. Kochs E, Treede RD, Esch JSA (1986)
Myoclonus-specific SSEP changes under the influence of etomidate in comparison with midazolam (meeting abstr.).
Anaesthesis 35: 134 (1 Refs.)

7126. Kocisova J, Sram RJ (1985)
The mutagenic activity of diazepam (meeting abstr.).
Mutat Res 147: 304 (no Refs.)

7127. Kocur J, Rydzynsk. Z, Duszyk S, Trendak W (1984)
Bromazepam in behavioral disturbances in children.
Activ Nerv 26: 258-259 (no Refs.)

7128. Koe BK (1983)
Enhancement of benzodiazepine binding by progabide (SL-76002) and SL-75102.
Drug Dev R 3: 421-432 (33 Refs.)

7129. Koe BK, Kondrata. E, Lebel LA, Minor KW (1985)
Biochemical-evidence for a new benzodiazepine receptor antagonist.
Drug Dev R 6: 385-390 (21 Refs.)

7130. Koe BK, Lebel LA (1983)
Constrasting effects of ethyl beta-carboline-3-carboxylate (beta-CCE) and diazepam on cerebellar cyclic-GMP content and antagonism of both effects by Ro 15-1788, a specific benzodiazepine receptor blocker.
Eur J Pharm 90: 97-102 (18 Refs.)

7131. Koe BK, Milne GM, Weissman A, Johnson MR, Melvin LS (1985)
Enhancement of brain ³H flunitrazepam binding and analgesic activity of synthetic cannabimimetics.
Eur J Pharm 109: 201-212 (38 Refs.)

7132. Koe BK, Minor KW, Kondrata. E, Lebel LA, Koch SW (1986)
Enhancement of benzodiazepine binding by methaqualone and related quinazolinones.
Drug Dev R 7: 255-268 (42 Refs.)

7133. Koe BK, Weissman A (1981)
Facilitation of benzodiazepine binding by levonantradol.
J Clin Phar 21: 397-405 (12 Refs.)

7134. Koenigbauer MJ, Assenza SP, Willough. RC, Curtis MA (1987)
Trace analysis of diazepam in serum using microbore high-performance liquid-chromatography and online preconcentration.
J Chrom-Bio 413: 161-169 (15 Refs.)

7135. Koepke HH, Gold RL, Linden ME, Lion JR, Rickels K (1982)
Multi-center controlled-study of oxazepam in anxious elderly outpatients.
Psychosomat 23: 641-645 (18 Refs.)

7136. Koeppen D (1984)
Memory and benzodiazepines - animal and human studies with 1,4-benzodiazepines and clobazam (1,5-benzodiazepine).
Drug Dev R 4: 555-566 (56 Refs.)

7137. Koeppen D, Netter P, Fischer C (1985)
Individual-differences in the effects of clobazam on memory functions - clobazam and memory.
Pharmacops 18: 12-14 (17 Refs.)

7138. Koeppen D, Siegfrie. K, Taeuber K, Badian M, Malerczy. V, Sittig W (1982)
Anterograde and retrograde memory impairment following acute administration of clobazam and lorazepam (meeting abstr.).
Arznei-For 32-2: 879 (no Refs.)

7139. Koffer H, Reichman RT, Rosenzwo. SL, Sheaffer SL, Weiss SM (1983)
Comparative-study of estazolam (E), flurazepam (F) and placebo (P) in presurgical patients complaining of insomnia (meeting abstr.).
Clin Pharm 33: 240 (no Refs.)

7140. Köhlerschmidt H, Bohn G (1983)
Radioimmunoassay for determination of prazepam and its metabolites.
Foren Sci I 22: 243-248 (* Refs.)

7141. Kohn JY, Choi DW (1986)
Diazepam and phenobarbital do not antagonize glutamate neurotoxicity in cortical cell-culture (meeting abstr.).
Neurology 36: 326 (no Refs.)

7142. Koike M, Fataguch. S, Norikura R, Yoshimor. T, Nakanish. M, Takahash. S, Sugeno K (1985)
Absorption, distribution, metabolism and excretion of a new sleep inducer, 450191-S, a 1H-1,2,4,-triazolyl benzophenone derivative (meeting abstr.).
J Pharmacob 8: 147 (no Refs.)

7143. Koike M, Futaguch. S, Sugeno K, Touchi A, Matsubar. T (1986)
Autoinduction of 450191-S, a new sleep inducer of 1H-1,2,4-triazolyl benzophenone derivative, in dogs.
J Pharmacob 9: 909-916 (19 Refs.)

7144. Koike M, Mizobuch. M, Takahash. S (1986)
Identification of novel N-glucuronides in rat bile after administration of 450191-S, a 1H-1,2,4-triazolyl benzophenone derivative.
J Pharmacob 9: 578-584   (6 Refs.)

7145. Koike M, Nakanish. M, Sugeno K (1986)
Uptake of 450191-S, a 1H-1,2,4-triazolyl benzophenone derivative, in the everted sac of rat small-intestine - role of intestinal aminopeptidases.
J Pharmacob 9: 513-516   (7 Refs.)

7146. Koike M, Norikura R, Sugeno K (1986)
Intestinal activation of a new sleep inducer 450191-S, a 1H-1,2,4-triazolyl benzophenone derivative, in rats.
J Pharmacob 9: 315-320   (12 Refs.)

7147. Koike M, Norikura R, Sugeno K (1986)
Effect of food on absorption of 450191-S, a 1H-1,2,4-triazolyl benzophenone derivative from rat small-intestine.
J Pharmacob 9: 447-452   (11 Refs.)

7148. Koike M, Norikura R, Yoshimor. T, Futaguch. S, Sugeno K (1986)
Biopharmaceutical characterization of 450191-S, a ring-opened derivative of 1,4-benzodiazepine .1. active metabolite levels in rat plasma.
J Pharmacob 9: 563-569   (11 Refs.)

7149. Kolasa K, Consolo S, Forloni G, Garattin. S, Ladinsky H (1985)
Blockade of the diazepam-induced increase in rat striatal acetylcholine content by the specific benzodiazepine antagonists ethyl-beta-carboline-3-carboxylate and Ro-15-1788 (technical note).
Brain Res 336: 342-345   (29 Refs.)

7150. Kolata RJ (1986)
Induction of anesthesia using intravenous diazepam ketamine in dogs.
Canin Pract 13: 8-10   (no Refs.)

7151. Kolata RJ (1986)
Induction of anesthesia using diazepam ketamine in dogs with complete heart-block - a preliminary-report.
Vet Surgery 15: 339-341   (10 Refs.)

7152. Kolde G, Czarnetz. BM (1983)
High-doses of metoclopramide versus lorazepam for treatment of gastrointestinal side-effects caused by cystostatic agents (letter).
Deut Med Wo 108: 1337-1338   (4 Refs.)

7153. Koldobsky NM, Hofmann E (1984)
Clinical-study of a new psycho-pharmaceutical for association - nomifensin and clobazam.
Prens Med A 71: 370-373   (* Refs.)

7154. Kolin IS, Linet OI (1981)
Double-blind comparison of alprazolam and diazepam for sub-chronic withdrawal from alcohol.
J Clin Psy, 42: 169-173   (14 Refs.)

7155. Kolis SJ, Woo GK, Williams TH, Sasso GJ, Schwartz MA (1981)
Phenolic metabolites of midazolam in rat bile (meeting abstr.).
Fed Proc 40: 733   (no Refs.)

7156. Kölle EU (1981)
Zur Pharmakokinetik nach oraler Gabe von Prazepam.
Fortschr Med 99: 874-879

7157. Kollmann P, Octave JN, Maloteau. JM, Trouet A (1986)
Solubilization of benzodiazepine receptor from human cerebral-cortex (meeting abstr.).
Arch I Phys 94: 81   (3 Refs.)

7158. Komiskey HL, Buck MA, Mundinge. KL, McSweene. FK, Farmer VA, Dougan JD (1986)
Diazepam elicits an age-related anti-conflict and CNS depressant effect in the rat (meeting abstr.).
Fed Proc 45: 675   (2 Refs.)

7159. Komiskey HL, Cook TM, Lin CF, Hayton WL (1981)
Impairment of learning or memory in the mature and old rat by diazepam (technical note).
Psychophar 73: 304-305   (8 Refs.)

7160. Komiskey HL, MacFarla. MF (1983)
Aging - effect on neuronal and non-neuronal benzodiazepine binding-sites.
Neurochem R 8: 1135-1141   (25 Refs.)

7161. Komiskey HL, Meyers MB (1984)
Effect of aging, ethanol and pentobarbital on ^{3}H-labeled flunitrazepam and ^{35}S-butyl-bicyclophosphorothionate (TBPS) binding in a solubilized barbiturate-enhanced benzodiazepine-gabareceptor complex (meeting abstr.).
Fed Proc 43: 947   (no Refs.)

7162. Komiskey HL, Rahman A, Weisenbu. WP, Hayton WL, Zobrist RH, Silvius W (1985)
Extraction, separation, and detections of ^{14}C diazepam and ^{14}C-metabolites from brain-tissue of mature and old rats.
J Anal Tox 9: 131-133   (25 Refs.)

7163. Konishi M, Hirai K, Mori Y (1982)
Kinetics and mechanism of the equilibrium reaction of triazolam in aqueous-solution.
J Pharm Sci 71: 1328-1334   (24 Refs.)

7164. Konishi M, Mori Y, Hirai K (1982)
Simultaneous determination of triazolo-benzophenone [2',5-dichloro-2-(3-glycylaminomethyl-5-methyl-4H-1,2,4-triazol-4-yl)-benzophenone] and its major blood metabolite, triazolam, in monkey plasma by electron-capture gas-liquid-chromatography.
J Chromat 229: 355-363   (16 Refs.)

7165. Koob GF, Braestru. C, Britton KT (1986)
The effects of FG-7142 and Ro-15-1788 on the release of punished responding produced by chlordiazepoxide and ethanol in the rat.
Psychophar 90: 173-178   (31 Refs.)

7166. Koob GF, Thatcher. K (1985)
The role of the GABA benzodiazepine complex in the anxiolytic actions of ethanol (meeting abstr.).
Alc Clin Ex 9: 204   (no Refs.)

7167. Koob GF, Thatcher. K, Britton DR, Roberts DCS, Bloom FE (1984)
Destruction of the locus coeruleus or the dorsal NE bundle does not alter the release of punished responding by ethanol and chlordiazepoxide.
Physl Behav 33: 479-485   (30 Refs.)

7168. Korany MA, Haller R (1982)
Spectrophotometric determination of oxazepam and dipyridamole in 2-component mixtures.
J AOAC 65: 144-147   (12 Refs.)

7169. Koreli A, Davituli. D (1984)
Influences of benzodiazepines on hypothalamically elicited emotional responses in the rabbit (technical note).
Physl Behav 33: 339-341   (13 Refs.)

7170. Koremblit E, Ulens E, Grill C, Lopez C, Paglilia JM (1983)
Double-blind-study evaluation by injectable lorazepam vs diazepam in delivery.
Prens Med A 70: 606-612   (* Refs.)

7171. Korneev AY, Dubova LG, Mukhin AG (1983)
Stimulation of specific binding of diazepam with muscimol in intensively washed rat-brain membranes.
B Exp B Med 95: 825-827   (13 Refs.)

7172. Korneev AY, Faktor MI (1983)
Demonstration of an endogenous inhibitor of benzodiazepine receptor-binding.
B Exp B Med 96: 954-955   (8 Refs.)

7173. Korneev AY, Lideman RR (1981)
Physico-chemical heterogeneity of GABA-receptors and elucidation of their molecular relationship with benzodiazepine receptors.
Zh Nevr Ps 81: 1661-1662   (10 Refs.)

7174. Korneev AY, Mukhin AG, Faktor MI (1982)
Molecular mechanisms involved in the pharmacological action of benzodiazepines.
VA Med Nauk 1982: 20-28   (no Refs.)

7175. Korneyev AY (1982)
Characterization of solubilized benzodiazepine and muscimol binding-sites from rat-brain.
Neuropharm 21: 1355-1358   (10 Refs.)

7176. Korneyev AY (1983)
Benzodiazepines stimulate muscimol receptor-binding in an Ro 15-1788 reversible manner.
Eur J Pharm 90: 227-230   (10 Refs.)

7177. Korneyev AY, Belonogo. OB, Lideman RR (1984)
Single class of muscimol binding-sites in the solubilized gamma-aminobutyrate-benzodiazepine receptor complex.
Neuroscienc 13: 1347-1352   (22 Refs.)

7178. Korneyev AY, Belonogo. OB, Zuzin VN (1985)
Differences in the properties of bovine brain benzodiazepine receptors in the cerebellum and hippocampus revealed after reduction of disulfide bonds.
Neurosci L 61: 279-284   (15 Refs.)

7179. Korneyev AY, Factor MAI (1981)
Increase of benzodiazepine binding to the membranes isolated in the presence of diazepam (technical note).
Eur J Pharm 71: 127-130   (9 Refs.)

7180. Korneyev AY, Factor MI (1983)
Change in B_{max} and K_D for ^3H flunitrazepam observed in the course of washing rat-brain tissue with distilled water.
Molec Pharm 23: 310-314   (11 Refs.)

7181. Korosi J, Lang T, Sohar P, Neszmely. A, Horvath G, Zolyomi G (1984)
Heterocyclic-compounds .6. formation of isomers upon acylation of compounds having a 1-aryl-4-methyl-5H-2,3-benzodiazepine skeleton.
Chem Ber 117: 1476-1486   (18 Refs.)

7182. Korotkina RN, Papin AA, Karelin AA (1983)
Effect of phenazepam and diazepam on occurrence of histidase and urokinase in blood.
Vop Med Kh 29: 93-96   (12 Refs.)

7183. Korotkina RN, Papin AA, Karelin AA (1985)
Effect of benzodiazepines in 5'-nucleotidase activity of rat-brain.
B Exp B Med 100: 1366-1368   (12 Refs.)

7184. Korotkina RN, Panin AA, Karelin AA (1986)
Effect of benzodiazepines on AMP-deaminase and adenosine-deaminase activity in rat-brain tissue invivo.
B Exp B Med 102: 917-920   (13 Refs.)

7185. Korotkov KO, Zhulin VV, Krugliko RI (1981)
Binding of ^3H-labeled diazepam by cerebral cortical synaptic-membranes during conditioning in rats.
B Exp B Med 92: 1668-1670   (15 Refs.)

7186. Korttila K, Tarkkane. J (1985)
Comparison of diazepam and midazolam for sedation during local-anesthesia for bronchoscopy.
Br J Anaest 57: 581-586   (25 Refs.)

7187. Korttila K, Tarkkane. J (1986)
Diazepam and midazolam for sedation during bronchoscopy (letter).
Br J Anaest 58: 466-467   (8 Refs.)

7188. Korttila K, Tarkkane. L, Aittomak. J, Hyoty P, Auvinen J (1981)
The influence of intramuscularly administered pethidine on the amnesic effects of intravenous diazepam during intravenous regional anesthesia.
Act Anae Sc 25: 323-327   (17 Refs.)

7189. Korttila K, Tarkkane. L, Kuurne T, Himberg JJ, Abbondat. G (1982)
Unpredictable central nervous-system effects after lorazepam premedication for neurosurgery.
Act Anae Sc 26: 213-216   (21 Refs.)

7190. Kosoi MY (1981)
Anticonvulsant action of N-dipropyl acetate in conjunction with benzodiazepines, phenobarbital, and phenytoin.
B Exp B Med 91: 496-498   (16 Refs.)

7191. Kostowski W, Malatyns. E, Plaznik A, Dyr W, Danysz W (1986)
Comparative studies on antidepressant action of alprazolam in different animal-models.
Pol J Phar 38: 471-481   (23 Refs.)

7192. Kostowski W, Plaznik A, Pucilows. O, Trzaskow. E, Lipinska T (1981)
Some behavioral-effects of chlorodesmethyl-diazepam and lorazepam.
Pol J Phar 33: 597-602   (12 Refs.)

7193. Kostowski W, Valzelli L, Baiguerr. G (1986)
Effect of chronic administration of alprazolam and adinazolam on clonidine-induced or apomorphine-induced aggression in laboratory rodents.
Neuropharm 25: 757-761   (40 Refs.)

7194. Kostowski W, Valzelli L, Kozak W (1983)
Chlordiazepoxide antagonizes locus coeruleus-mediated suppression of muricidal aggression (technical note).
Eur J Pharm 91: 329-330   (5 Refs.)

7195. Kothary SP, Brown ACD, Pandit UA, Samra SK Pandit SK (1981)
Time course of anti-recall effect of diazepam and lorazepam following oral-administration.
Anesthesiol 55: 641-644 (9 Refs.)

7196. Kotrly KJ, Ebert TJ, Vucins EJ, Roerig DL, Kampine JP (1984)
Baroreceptor reflex control of heart-rate during morphine-sulfate, diazepam, N_2O/O_2 anesthesia in humans.
Anesthesiol 61: 558-563 (40 Refs.)

7197. Kotrly KJ, Ebert TJ, Vucins EJ, Roerig DL, Kampine JP (1984)
Baroreceptor reflex control of heart-rate during morphine-sulfate diazepam N_2O/O_2 and fentanyl diazepam N_2O-O_2 anestesia in man (meeting abstr.).
Anesth Anal 63: 237 (4 Refs.)

7198. Kotrly KJ, Ebert TJ, Vucins EJ, Roerig DL, Stadnick. A, Kampine JP (1986)
Effects of fentanyl-diazepam-nitrous oxide anesthesia on arterial baroreflex control of heart-rate in man.
Br J Anaest 58: 406-414 (59 Refs.)

7199. Kotzampassi K, Kapanide. N, Zampouri A, Sofianos E, Elefther. E (1986)
Is diazepam necessary for upper gastrointestinal endoscopy - a photoplethysmographic study (meeting abstr.).
Dig Dis Sci 31: 256 (no Refs.)

7200. Koudogbo B, Asseko MC, Mbina CN, Laguerre. V (1986)
Antidotic action way of diazepam in the treatment of chloroquine intoxications.
J Tox Cl Ex 6: 307-312 (no Refs.)

7201. Koulu M, Aaltonen L, Kanto J (1982)
The effect of oral flunitrazepam on the secretion of human growth-hormone (letter).
Act Pharm T 50: 316-317 (8 Refs.)

7202. Koulu M, Huuppone. R, Pihlajam. K, Makinen P (1985)
Suppressive effect of naloxone on diazepam stimulated human growth-hormone (GH) secretion (meeting abstr.).
Act Endocr 109: 140 (no Refs.)

7203. Koulu M, Pihlajam. K, Huuppone. R (1982)
The effect of diazepam on the alpha-adrenergic control of human growth-hormone (GH) secretion (meeting abstr.).
Act Physl S1982: 35 (1 Refs.)

7204. Koulu M, Pihlajam. K, Huuppone. R (1983)
Effect of the benzodiazepine derivative, diazepam, on the clonidine stimulated human growth-hormone secretion (technical note).
J Clin End 56: 1316-1318 (21 Refs.)

7205. Kovar KA, Kaiser C (1986)
Benzodiazepine salts .2. thienoderivatives, triazoloderivatives and 2'-halogen derivatives.
Pharm Act H 61: 42-46 (14 Refs.)

7206. Kovar KA, Linden D (1983)
Colored salts of benzodiazepines.
Pharm Act H 58: 66-71 (13 Refs.)

7207. Kovar KA, Linden D, Breitmai. E (1981)
^{13}C displacements and CH coupling-constants of 1,4-benzodiazepine (technical note).
Arch Pharm 314: 186-190 (2 Refs.)

7208. Kovar KA, Linden D, Breitmai. E (1983)
Benzodiazepines .2. NMR-studies on conformations of benzodiazepines.
Arch Pharm 316: 834-845 (19 Refs.)

7209. Koves G, Wells J (1986)
The quantitation of triazolam in postmortem blood by gas-chromatography negative-ion chemical ionization mass-spectrometry.
J Anal Tox 10: 241-244 (15 Refs.)

7210. Kowaluk EA, Roberts MS, Polack AE (1983)
Factors affecting the availability of diazepam stored in plastic bags and administered through intravenous sets.
Am J Hosp P 40: 417-423 (28 Refs.)

7211. Kowaluk EA, Roberts MS, Polack AE (1983)
The availability of diazepam from plastic intravenous delivery systems (meeting abstr.).
Anaesth I C 11: 73 (no Refs.)

7212. Kowaluk EA, Roberts MS, Polack AE (1985)
Comparison of models describing the sorption of nitroglycerin and diazepam by plastic infusion systems - diffusion and compartment models.
J Pharm Sci 74: 625-633 (30 Refs.)

7213. Kozu T (1984)
High-performance liquid-chromatographic determination of nitrazepam and its metabolites in human-urine (technical note).
J Chromat 310: 213-218 (11 Refs.)

7214. Kraft TB, Venema J, Cornelis. PJ (1984)
Brotizolam in psychiatric insomnia - a controlled comparison with flurazepam in hospital patients.
Tijd Ther G 9: 29-32 (* Refs.)

7215. Kraghhan. U (1983)
Relations between high-affinity binding-sites for L-tryptophan, diazepam, salicylate and phenol red on human-serum albumin.
Biochem J 209: 135-142 (26 Refs.)

7216. Kral K, Kainz G (1983)
Simultaneous determination of isosorbide dinitrate and diazepam in pharmaceutical preparations by HPLC with electrochemical detection.
Z Anal Chem 316: 497-500 (12 Refs.)

7217. Krämer G (1985)
Benzodiazepine als Antikonvulsiva und Muskelrelaxantien.
In: Benzodiazepine (Mannheimer Therapiegespräche) (Ed. Friedberg KD, Rüfer R)
Urban & Schwarzenberg, Wien München Baltimore, p. 71-99

7218. Kramer G, Luder G, Lowitzsc. K (1984)
Effect of tetrazepam (musaril) on EEG and blink reflexes (meeting abstr.).
EEG Cl Neur 57: 33 (no Refs.)

7219. Kramer M (1982)
Dose-response effects of alprazolam on sleep architecture in normal subjects.
Curr Ther R 31: 960-968 (15 Refs.)

7220. Kramer M, Bonnet M, Schoen LS, Dexter JR (1985)
Efficacy and safety of midazolam 7,5 mg in geriatric insomniacs.
Curr Ther R 38: 414-422 (25 Refs.)

7221. Kramer M, Schoen LS (1984)
Problems in the use of long-acting hypnotics in older patients (technical note).
J Clin Psy 45: 176-177   (8 Refs.)

7222. Kramer M, Schoen LS, Scharf M (1984)
Effects of alprazolam on sleep and performance in geriatric insomniacs.
Curr Ther R 36: 67-76   (9 Refs.)

7223. Kramp P, Hemmings. R, Barry DI (1982)
Benzodiazepies used in the treatment of delirium tremens, mode of action - a hypothesis (meeting abstr.).
Act Pharm T 51: 15   (no Refs.)

7224. Krantz P, Wannerbe. O (1981)
Occurrence of barbiturate, benzodiazepine, meprobamate, methaqualone and phenothiazine in car occupants killed in traffic accidents in the south of sweden.
Foren Sci I 18: 141-147   (no Refs.)

7225. Krassner MB (1982)
Focus on temazepam (letter).
Hosp Formul 17: 1662   (no Refs.)

7226. Krauer B, Nau H, Dayer P, Bischof P, Anner R (1986)
Serum-protein binding of diazepam and propranolol in the fetomaternal unit from early to late pregnancy.
Br J Obst G 93: 322-328   (19 Refs.)

7227. Kraus GA, Yue S (1983)
Amidoalkylation reactions of anilines - a direct synthesis of benzodiazepines.
J Org Chem 48: 2936-2937   (9 Refs.)

7228. Kraus VMB, Dasheiff RM, Fanelli RJ, McNamara JO (1983)
Benzodiazepine receptor declines in hippocampal-formation following limbic seizures.
Brain Res 277: 305-309   (18 Refs.)

7229. Kraynack B, Gintauta. J, Hughston T, Deshan D (1981)
Failure of naloxone to antagonize diazepam induced marcosis in rats.
P West Ph S 24: 189-190   (6 Refs.)

7230. Krebsroubicek E, Poelding. W (1986)
Clinical aspects of benzodiazepines.
Psychiat Pr 13: 191-194   (4 Refs.)

7231. Krespan B, Springfi. SA, Haas H, Geller HM (1984)
Electrophysiological studies on benzodiazepine antagonists.
Brain Res 295: 265-274   (39 Refs.)

7232. Kress JJ, Maheo M, Cledes A, Chastain. A, Conan P (1982)
Clinical-trial of bromazepam in hospital psychiatry.
Nouv Presse 11: 1735-1737   (no Refs.)

7233. Kretz FJ, Liegl M, Heinemey. G (1984)
Rectal narcotic introduction in small children with diazepam and midazolam (meeting abstr.).
Anaesthesis 33: 454   (no Refs.)

7234. Krieger J, Mangin P, Kurtz D (1983)
Effects of midazolam on sleep in normal subjects.
Arznei-For 33-2: 1000-1002   (19 Refs.)

7235. Krieger J, Mangin P, Kurtz D (1983)
Effects of midazolam on sleep in normal subjects.
Br J Cl Ph 16: 79-80   (2 Refs.)

7236. Krieger J, Perianu M, Bertagna C, Mangin P, Kurtz D (1983)
Hypnotic benzodiazepines - relationship between sleep parameters and pharmacokinetics of loprazolam.
Drug Dev R 3: 143-152   (21 Refs.)

7237. Kriel RL, Cloyd J (1982)
Clonazepam and pregnancy (technical note).
Ann Neurol 11: 544   (5 Refs.)

7238. Kris MG, Gralla RJ, Clark RA, Tyson LB, Fiore JJ, Kelsen DP, Groshen S (1985)
Consecutive dose-finding trials adding lorazepam to the combination of metoclopramide plus dexamethasone - improved subjective effectiveness over the combination of diphenhydramine plus metoclopramide plus dexamethasone.
Canc Tr Rep 69: 1257-1262   (27 Refs.)

7239. Kroboth PD, Juhl RP (1983)
Triazolam (halcion, the upjohn-company).
Drug Intel 17: 495-500   (52 Refs.)

7240. Kroboth PD, Smith RB, Rault R, Silver MR, Sorkin MI, Puschett JB, Juhl RP (1985)
Effects of end-stage renal-disease and aluminum hydroxide on temazepam kinetics.
Clin Pharm 37: 453-459   (36 Refs.)

7241. Kroboth PD, Smith RB, Rault R, Sorkin M, Silver MR, Puschett JB, Juhl RP (1983)
Pharmacokinetics and psychomotor effects of triazolam (TR) in dialysis patients and the effect of aluminum hydroxide on TR absorption (meeting abstr.).
Drug Intel 17: 447   (no Refs.)

7242. Kroboth PD, Smith RB, Silver MR, Rault R, Sorkin MI, Puschett JB, Juhl RP (1985)
Effects of end stage renal-disease and aluminum hydroxide on triazolam pharmacokinetics (technical note).
Br J Cl Ph 19: 839-842   (11 Refs.)

7243. Kroboth PD, Smith RB, Silver MR, Sorkin M, Rault R, Phillips JP, Juhl RP (1984)
Temazepam pharmacokinetics in dialysis patients and the effect of aluminum hydroxide on its absorption (meeting abstr.).
Clin Pharm 35: 253   (no Refs.)

7244. Kroboth PD, Smith RB, Sorkin MI, Silver MR, Rault R, Garry M, Juhl RP (1984)
Triazolam protein-binding and correlation with alpha-1 acid glycoprotein concentration.
Clin Pharm 36: 379-383   (24 Refs.)

7245. Kroboth PD, Smith RB, Stoehr GP, Juhl RP (1985)
Pharmacodynamic evaluation of the benzodiazepine oral-contraceptive interaction.
Clin Pharm 38: 525-532   (25 Refs.)

7246. Kroboth PD, Smith RB, Vanthiel DH, Juhl RP (1986)
Daytime effects and pharmacokinetics of triazolam and flurazepam following nighttime administration to patients with liver-disease and normal subjects (meeting abstr.).
Drug Intel 20: 459   (no Refs.)

7247. Kroboth PD, Stoehr GP, Smith RB, Fusca JM, Phillips JP, Juhl RP (1984)
The effect of 4 Benzodiazepines on psychomotor performance (meeting abstr.).
Drug Intel 18: 502 (no Refs.)

7248. Kromann B, Jorgense. J, Larsen S (1982)
Diazepam in an oil emulsion (letter).
Anesth Anal 61: 544 (4 Refs.)

7249. Kronevi T, Ljungber. S (1983)
Sequelae following intra-arterially injected diazepam formulations.
Act Pharm S 20: 389-396 (8 Refs.)

7250. Krueger H (1986)
Comparison of the effect of flurazepam, brotizolam and alcohol on psychomotor performance.
Arznei-For 36-1: 616-620 (22 Refs.)

7251. Krueger H, Müllerli. W (1983)
Residual effects of flurazepam and brotizolam on psychomotor performance.
Br J Cl Ph 16: 347-351 (11 Refs.)

7252. Krueger H, Tauber C, Müllerli. W (1981)
Physiological study about the effect of prazepam during psychophysical load.
Arb Soz Pr 16: 180-183 (no Refs.)

7253. Kruger AE, Foelofse JA (1983)
Precautions against intraocular-pressure changes during endotracheal intubation - a comparison of pretreatment with intravenous lignocaine and diazepam.
S Afr Med J 63: 887-888 (15 Refs.)

7254. Kruse H (1982)
Clobazam - induction of hyper-locomotion in a new non-automazized device for measuring motor-activity and exploratory-behavior in mice - comparison with diazepam and critical-evaluation of the results with an automazized hole-board apparatus (planche a trous).
Drug Dev R 1982: 145-151 (9 Refs.)

7255. Kruse HJ, Hock FJ, Rackur G (1983)
Nootropic activity of clobazam, HR-001 and HR-175 - lack of correlation to anti-convulsant activity (meeting abstr.).
Fed Proc 42: 1161 (no Refs.)

7256. Kruse HJ, Kuch H (1985)
Etifoxine - evaluation of its anticonvulsant profile in mice in comparison with sodium valproate, phenytoin and clobazam.
Arznei-For 35: 133-135 (11 Refs.)

7257. Kruse HJ, Kuch H (1986)
Potentiation of clobazams anticonvulsant activity by etifoxine, a non-benzodiazepine tranquilizer, in mice - comparison studies with sodium valproate.
Arznei-For 36-2: 1320-1322 (8 Refs.)

7258. Krutakkr. H, Domino EF (1985)
Comparative effects of diazepam and midazolam on paraoxon toxicity in rats (technical note).
Tox Appl Ph 81: 545-550 (20 Refs.)

7259. Krutakkrol H, Domino EF (1986)
Comparative effects of diazepam and midazolam on paraoxon toxicity in rats (meeting abstr.).
Fed Proc 45: 343 (no Refs.)

7260. Kryzhanovskii GN, Grafova VN, Danilova EI (1984)
Effect of benzodiazepines on neuropathological syndromes of spinal origin.
B Exp B Med 97: 27-31 (21 Refs.)

7261. Kryzhanovskii GN, Makulkin RF, Shandra AA, Lobasyuk BA, Lebedyuk MN (1980)
Formation of and effect of diazepam on a cortical epileptic complex after brain section at different levels.
B Exp B Med 90: 1193-1198 (13 Refs.)

7262. Kryzhanovskii GN, Shandra AA (1985)
Effect of diazepam, carbamazepine, sodium valproate, and their combinations with vitamins on epileptic activity.
B Exp B Med 100: 1498-1500 (15 Refs.)

7263. Kryshanovsky GN, Shandra AA (1985)
The influence of diazepam and nicotinamide on seizures of different origin.
Farmakol T 48: 21-25 (18 Refs.)

7264. Kubota A, Kuwahara A, Hakkei M, Nakamura K (1986)
Drug-dependence tests on a new anesthesia inducer, midazolam.
Fol Pharm J 88: 125-158 (39 Refs.)

7265. Kubota K, Matsuda I, Sugaya K, Uruno T (1986)
Cholecystokinin antagonism by benzodiazepines in the food-intake in mice.
Physl Behav 36: 175-178 (19 Refs.)

7266. Kubota K, Sugaya K (1987)
Cholecystokinin antagonism by benzodiazepines and benzodiazepine receptor ligands (meeting abstr.).
Jpn J Pharm 43: 11 (no Refs.)

7267. Kubota K, Sugaya K, Fujii F, Itonaga M, Sunagane N (1985)
Inhibition of cholecystokinin response in the gallbladder by dibenamine and its protection by benzodiazepines (technical note).
Jpn J Pharm 39: 274-276 (11 Refs.)

7268. Kubota K, Sugaya K, Fujii F, Uruno T (1985)
Studies on the antagonism between cholecystokinin and benzodiazepines .5. protection of alkylation of cholecystokinin receptor by benzodiazepines (meeting abstr.).
Jpn J Pharm 39: 163 (no Refs.)

7269. Kubota K, Sugaya K, Matsuda I, Itonaga M, Sun FY (1986)
Cholecystokinin antagonism by benzodiazepines - a new approach to the mechanism of action of benzodiazepines (meeting abstr.).
J Pharmacob 9: 100 (no Refs.)

7270. Kubota K, Sugaya K, Matsuda I, Itonaga M, Uruno T (1986)
Studies on cholecystokinin antagonism by benzodiazepines - antagonism between cerulein and benzodiazepines (meeting abstr.).
Fol Pharm J 87: 76 (no Refs.)

7271. Kubota K, Sugaya K, Matsuda I, Matsuoka Y, Itonaga M (1985)
Cerulein antagonism by benzodiazepines in the food-intake in mice (technical note).
Jpn J Pharm 39: 120-122 (9 Refs.)

7272. Kubota K, Sugaya K, Matsuda I, Matsuoka Y, Terawaki Y (1985)
Reversal of antinociceptive effect of cholecystokinin by benzodiazepines and a benzodiazepine antagonist, Ro-15-1788.
Jpn J Pharm 37: 101-105   (16 Refs.)

7273. Kubota K, Sugaya K, Sunagane N, Matsuda I, Uruno T (1985)
Cholecystokinin antagonism by benzodiazepines in the contractile response of the isolated guinea-pig gallbladder.
Eur J Pharm 110: 225-231   (19 Refs.)

7274. Kubota K, Sugaya K, Uruno T, Sunagane N, Matsuoka Y, Matsuda I (1984)
Studies on the antagonism between cholecystokinin and benzodiazepines .3. antagonism in the central action (meeting abstr.).
Jpn J Pharm 36: 131   (1 Refs.)

7275. Kubota K, Sun FY, Sugaya K, Sunagane N (1986)
Reversal of antinociceptive effect of cerulein by benzodiazepine.
J Pharmacob 9: 428-431   (15 Refs.)

7276. Kubova H, Mares P (1986)
Clonazepam suppresses the potentiation of thalamocortical responses.
Activ Nerv 28: 320-321   (2 Refs.)

7277. Kudo Y (1962)
Hypnotic effects of a benzodiazepine derivative - a clinical observation.
Int Pharmac 17: 49-64   (6 Refs.)

7278. Kudo Y, Akiyoshi E (1986)
Augmentation of taurine-induced depolarization by diazepam and pentobarbital on the frog primary afferent terminal (meeting abstr.).
Fol Pharm J 87: 73-74   (no Refs.)

7279. Kugler J (1983)
Difference of effects of 2 galenically different oxazepam formulations in the EEG.
Arznei-For 33-2: 1310-1313   (13 Refs.)

7280. Kuhar MK (1983)
Radiohistochemical localization of benzodiazepine receptors.
In: Pharmacology of Benzodiazepines (Ed. Usdin E, Skolnick P, Tallmann jr JF, Greenblatt D, Paul SM)
Verlag Chemie, Weinheim Deerfield Beach Basel
p. 149-154

7281. Kuhn FJ (1986)
Effects of brotizolam on the sleep-waking cycle of the cat.
Arznei-For 36-1: 522-527   (21 Refs.)

7282. Kuhn H, Keller P, Kovacs E, Steiger A (1981)
Lack of correlation between melanin affinity and letinopathy in mice and cats treated with chloroquine or flunitrazepam.
A Graefes A 216: 177-190   (39 Refs.)

7283. Kuhn W, Neuser D, Przuntek H (1981)
Diazepam-^{3}H displacing activity in human cerebrospinal-fluid (technical note).
J Neurochem 37: 1045-1047   (13 Refs.)

7284. Kuhnhold M, Liepmann H (1984)
Problems in the separation of isomeric 2-aminobenzophenones as intermediates in the preparation of anellated 1,4-benzodiazepines.
Z Anal Chem 318: 241-242   (4 Refs.)

7285. Kuhnz W, Nau H (1983)
Differences in invitro binding of diazepam and N-desmethyldiazepam to maternal and fetal plasma-proteins at birth - relation to free fatty-acid concentration and other parameters.
Clin Pharm 34: 220-226   (34 Refs.)

7286. Kuhnz W, Nau H, Jagerrom. E, Rating D, Helge H (1983)
Development of protein-binding of diazepam, valproic acid, carbamazepine, and their major metabolites (meeting abstr.).
Epilepsia 24: 252   (no Refs.)

7287. Kulberg A (1986)
Substance abuse - clinical-identification and management (review).
Ped Clin NA 33: 325-361   (118 Refs.)

7288. Kulik FA, Wilbur R (1986)
High-dose alprazolam in schizophrenia (letter).
J Cl Psych 6: 191-192   (6 Refs.)

7289. Kulikowski JJ, McGlone FF, Kranda K, Ott H (1984)
Are the amplitudes of Visual Evoked Potentials Sensitive Indices of Hangover Effects After Repeated Doses of Benzodiazepines ?
In: Sleep Benzodiazepines and Performance - Experimental Methodologies and Research Prospects (Ed. Hindmarch I, Ott H, Roth T).
Springer, Berlin Heidelberg New York Tokyo,
p. 154-164

7290. Kulikowski RR (1982)
Effects of diazepam on cultured heart cell-shape and cytoskeleton (meeting abstr.).
Anat Rec 202: 104-105   (no Refs.)

7291. Kulkarni SK, Jog MV (1983)
Facilitation of diazepam action by anti-convulsant agents against picrotoxin induced convulsions.
Psychophar 81: 332-334   (9 Refs.)

7292. Kulkarni YD, Abdi SHR, Sharma VL, Dua PR, Skanker G (1985)
Substituted benzophenones as possible prodrug forms of benzodiazepine anxiolytics (technical note).
J Indian Ch 62: 558-560   (10 Refs.)

7293. Külpmann WR (1984)
Clinical-toxicological analysis of acute sleeping pill intoxication.
Internist 25: 60-67   (50 Refs.)

7294. Kumagai K, Okuyama M, Tokushig. Y, Kawasaki C, Yokoi S, Horita H, Hoashi E, Maekawa K (1982)
Clinical-experience of diazepam suppositories (meeting abstr.).
Brain Devel 4: 305   (no Refs.)

7295. Kumana CR, Lauder IJ, Chan YM, Ko W, Lin HJ (1986)
Body-fat explains inter-ethnic differences in apparent volume of distribution of diazepam (meeting abstr.).
Act Pharm T 59: 191   (no Refs.)

7296. Kumana CR, Lauder IJ, Chan M, Ko W, Lin HJ (1987)
Differences in diazepam pharmacokinetics in chinese and white causasians - relation to body lipid stores (technical note).
Eur J Cl Ph 32: 211-215   (21 Refs.)

7297. Kumar A, Thurmon JC, Nelson DR, Benson GJ, Tranquil. WJ (1983)
Response of goats to ketamine-hydrochloride with and without premedication of atropine, acetylpromazine, diazepam, or xylazine.
Vet Med/SAC 78: 955-960   (33 Refs.)

7298. Kumar D, Khan AA, Sahay PN (1983)
Evaluation of diazepam in combination with thiopental sodium and pentobarbital sodium in dogs.
I Vet J 60: 350-354   (14 Refs.)

7299. Kumar R, Mac DS, Gabriell. WF, Goodwin DW (1987)
Anxiolytics and memory - a comparison of lorazepam and alprazolam.
J Clin Psy 48: 158-160   (5 Refs.)

7300. Kunchand. J, Kulkarni SK (1986)
Apparent PA2 estimation of benzodiazepine receptor antagonists.
Meth Find E 8: 553-555   (19 Refs.)

7301. Kunchand. J, Kulkarni SK (1986)
Reversal by alpha-2 agonists of diazepam withdrawal hyperactivity in rats.
Psychophar 90: 198-202   (28 Refs.)

7302. Kunchandy J, Kulkarni SK (1987)
Involvement of central type benzodiazepine and GABA receptor in the protective effect of benzodiazepines in stress-induced gastric-ulcers in rats.
Arch I Phar 285: 129-136   (13 Refs.)

7303. Kunchandy J, Kulkarni SK (1987)
Naloxone-sensitive and GABA receptor mediated analgesic response of benzodiazepines in mice.
Meth Find E 9: 95-99   (25 Refs.)

7304. Kunchandy J, Kulkarni SK, Shukla VK (1987)
Autonomic hyperactivity on diazepam withdrawal in rats.
I J Ex Biol 25: 115-117   (no Refs.)

7305. Kurasawa Y, Okamoto Y, Ogura K, Takada A (1985)
Facile synthesis of novel 3-quinoxalinyl-1,5-benzodiazepines via ring transformation - stable tautomers in the 1,5-benzodiazepin-2-one ring-system.
J Hetero Ch 22: 661-664   (15 Refs.)

7306. Kurasawa Y, Satoh J, Ogura M, Okamoto Y, Takada A (1984)
A convenient synthesis of novel 3-quinoxalinyl-1,5-benzodiazepines - stable tautomers in 1,5-benzodiazepin-2-one ring-system.
Heterocycle 22: 1531-1535   (10 Refs.)

7307. Kurasawa Y, Shimabuk. S, Okamoto Y, Ogura K, Takada A (1985)
Synthesis of novel 3-substituted 1,5-benzodiazepine derivatives.
J Hetero Ch 22: 1135-1136   (8 Refs.)

7308. Kurasawa Y, Shimabuk. S, Okamoto Y, Takada A (1985),
Ring transformation of a 3-quinoxalinyl-1,5-benzodiazepine into novel 3-(benzimidazol-2-ylmethylene)-2-oxo-1,2,3,4-tetrahydroquinoxaline - convenient synthesis of novel 2,3-fused quinoxalines.
Heterocycle 23: 65-70   (8 Refs.)

7309. Kurasawa Y, Shimabuk. S, Okamoto Y, Takada A (1985)
Synthesis of novel quinoxalines by ring transformation of 3-quinoxalinyl-1,5-benzodiazepine.
J Hetero Ch 22: 1461-1464   (11 Refs.)

7310. Kurasawa Y, Takada A (1985)
Synthesis of novel quinoxalinyl-1,5-benzodiazepines by ring transformations (meeting abstr.).
Heterocycle 23: 199   (no Refs.)

7311. Kuribara H, Furusawa K, Tadokoro S (1986)
Effects of diazepam and methamphetamine on the conflict behavior under operant situation in mice.
ASIA P J Ph 1: 29-31   (no Refs.)

7312. Kuribara H, Tadokoro S (1984)
Conditioned lever-press avoidance-response in mice - acquisition processes and effects of diazepam.
Psychophar 82: 36-40   (32 Refs.)

7313. Kuribara H, Tadokoro S (1986)
Effects of diazepam and pentobarbital on discrete leverpress avoidance-response in mice - role of baseline performances (meeting abstr.).
Fol Pharm J 87: 3   (no Refs.)

7314. Kurita J, Enkaku M, Tsuchiya T (1982)
Studies on diazepines .19. photochemical-synthesis of 2,3-benzodiazepines from isoquinoline N-imides.
Chem Pharm 30: 3764-3769   (24 Refs.)

7315. Kurita J, Enkaku M, Tsuchiya T (1983)
Studies on diazepines .20. acylations of 1H-1,2-thienodiazepines and 1H-1,2-benzodiazepines.
Chem Pharm 31: 3684-3690   (26 Refs.)

7316. Kurita J, Enkaku M, Tsuchiya T (1983)
Synthesis of the first examples of N-unsubstituted 1,3-benzodiazepines.
Heterocycle 20: 2173-2176   (18 Refs.)

7317. Kuriyama K, Ito Y (1983)
Some characteristics of solubilized and partially purified cerebral GABA and benzodiazepine receptors (review).
Adv Bio Psy 37: 59-70   (37 Refs.)

7318. Kuriyama K, Taguchi J (1984)
Purification of gamma-aminobutyric acid (GABA) and benzodiazepine receptors from rat-brain using benzodiazepine-affinity column chromatography (review).
Adv Exp Med 175: 221-233   (33 Refs.)

7319. Kuriyama K, Ueno E (1983)
Endogenous modulating mechanism of cerebral benzodiazepine receptor - roles of membrane phospholipids.
Adv Bio Psy 36: 221-231   (34 Refs.)

7320. Kuriyama K, Yoneda Y, Ohkuma S (1984)
Effect of alcohol on cerebral GABA-ergic neurons and benzodiazepine receptor (meeting abstr.).
Alc Clin Ex 8: 101   (no Refs.)

7321. Kurlan R, Shoulson I (1983)
Familial paroxysmal dystonic choreoathetosis and response to alternate-day oxazepam therapy (technical note).
Ann Neurol 13: 456-457   (12 Refs.)

7322. Kuroiwa M, Inotsume N, Iwaoku R, Nakano M (1985)
Reduction of clonazepam with enteric bacteria.
Yakugaku Za 105: 960-965   (12 Refs.)

7323. Kuroiwa M, Inotsume N, Nakano M (1985)
Reduction of flunitrazepam with enteric bacteria.
Yakugaku Za 105: 1184-1187   (9 Refs.)

7324. Kuroiwa M, Inotsume N, Nakano M (1986)
Reduction of nitrazepam and nimetazepam with enteric bacteria.
Yakugaku Za 106: 414-419   (9 Refs.)

7325. Kurono Y, Kuwayama T, Kamiya K, Yashiro T, Ikeda K (1985)
The behavior of 1,4-benzodiazepine drugs in acidic media .2. kinetics and mechanism of the acid-base-equilibrium reaction of oxazolam.
Chem Pharm 33: 1633-1640   (11 Refs.)

7326. Kurowski M, Ott H, Herrmann WM (1982)
Relationship between EEG dynamics and pharmacokinetics of the benzodiazepine lormetazepam.
Pharmacopsy 15: 77-83   (35 Refs.)

7327. Kuruvilla A, Stephen PM (1983)
Study on the anti-arrhythmic effects of some centrally acting drugs - benzodiazepines.
I J Ex Biol 21: 23-26   (26 Refs.)

7328. Kuruvilla A, Stephen PM (1984)
Effect of chlordiazepoxide on experimentally induced centrogenic arrhythmias in anesthetized dogs.
I J Ex Biol 22: 653-656   (13 Refs.)

7329. Kusaka M, Suemitsu K (1981)
Studies on benzodiazepine tolerance .1. muscle-relaxant activity as an indicator of benzodiazepine tolerance (meeting abstr.).
Fol Pharm J 78: 58   (no Refs.)

7330. Kuschinsky G, Lüllmann H (1986)
Kurzes Lehrbuch der Pharmakologie und Toxikologie, 11. Aufl.
Thieme, Stuttgart New York.

7331 Kushiku K, Morishit. H, Furukawa T, Kitagawa H, Ueno K, Kitagawa H, Kohei H (1986)
Effects of brotizolam on cardiovascular functions and autonomic nervous-system.
Arznei-For 36-1: 552-559   (19 Refs.)

7332. Kuwayama T, Kurono Y, Muramats. T, Yashiro T, Ikeda K (1986)
The behavior of 1,4-benzodiazepine drugs in acidic media .5. kinetics of hydrolysis of flutazolam and haloxazolam in aqueous-solution.
Chem Pharm 34: 320-326   (14 Refs.)

7333. Kuwayama T, Yashiro T (1984)
The behavior of 1,4-benzodiazepine drugs in the acidic media .1. proton and ^{13}C nuclear magnetic-resonance spectra of oxazolam, cloxazolam and haloxazolam in the acidic media.
Yakugaku Za 104: 607-613   (17 Refs.)

7334. Kuwayama T, Yashiro T (1985)
The behavior of 1,4-benzodiazepine drugs in acidic media .3. ^{13}C nuclear magnetic-resonance spectra of flutazolam in acidic aqueous-solution.
Chem Pharm 33: 4528-4535   (11 Refs.)

7335. Kuwayama T, Yashiro T (1985)
The behavior of 1,4-benzodiazepine drugs in acidic media .4. proton and ^{13}C nuclear magnetic-resonance spectra of diazepam and fludiazepam in acidic aqueous-solution.
Chem Pharm 33: 5503-5510   (16 Refs.)

7336. Kuwayama T, Yashiro T, Kurono Y, Ikeda K (1986)
The behavior of 1,4-benzodiazepine drugs in acidic media .6. hydrogen-exchange reaction and proton and ^{13}C nuclear magnetic-resonance spectra of estazolam.
Chem Pharm 34: 2994-2998   (14 Refs.)

7337. Laakmann G, Blaschke D, Hippius H, Messerer D (1986)
Wirksamkeits- und Verträglichkeitsvergleich von Alprazolam gegen Amitryptylin bei der Behandlung von depressiven Patienten in der Praxis des niedergelassenen Allgemein- und Nervenarztes.
In: Benzodiazepine - Rückblick und Ausblick (Ed. Hippius H, Engel RR, Laakmann G)
Springer, Berlin Heidelberg New York Tokyo, p. 139-147

7338. Laakmann G, Treusch J, Eichmeie. A, Schmauss M, Treusch U, Wahlster U (1982)
Inhibitory effect of phentolamine on diazepam-induced growth-hormone secretion and lack of effect of diazepam on prolactin secretion in man.
Psychoneuro 7: 135-139   (29 Refs.)

7339. Laakmann G, Treusch J, Schmauss M, Schmitt E, Treusch U (1982)
Comparison of growth-hormone stimulation induced by desimipramine, diazepam and metaclazepam in man.
Psychoneuro 7: 141-146   (13 Refs.)

7340. Laakmann G, Wittmann M, Gugath M, Mueller OA, Treusch J, Wahlster U, Stalla GK (1984)
Effects of psychotropic-drugs (desimipramine, chlorimipramine, supiride and diazepam) on the human HPA axis.
Psychophar 84: 66-70   (32 Refs.)

7341. Lacey DJ, Singer WD, Horwitz SJ, Gilmore H (1986)
Lorazepam therapy of status epilepticus in children and adolescents (technical note).
J Pediat 108: 771-774   (13 Refs.)

7342. Lachnit KS, Proszows. E, Rieder L (1983)
Midazolam in the treatment of sleep disorders in geriatric-patients.
Br J Cl Ph 16: 173-177   (no Refs.)

7343. Lacko L, Wittke B (1984)
The affinities of benzodiazepines to the transport protein of glucose in human-erythrocytes.
Arznei-For 34-1: 403-407   (15 Refs.)

7344. Lader M (1981)
Benzodiazepines - panacea or poison.
Aust NZ J P 15: 1-9   (43 Refs.)

7345. Lader M (1983)
Dependence on benzodiazepines.
J Clin Psy 44: 121-127   (52 Refs.)

7346. Lader M (1984)
Short-term versus long-term benzodiazepine therapy.
Curr Med R 8: 120-126   (16 Refs.)

7347. Lader M (1984)
Benzodiazepine dependence.
Prog Neur-P 8: 85-95   (54 Refs.)

7348. Lader M (1985)
Benzodiazepine abuse and dependence - an overview.
Clin Neurop 8: 123-125   (9 Refs.)

7349. Lader M (1986)
A practical guide to prescribing hypnotic benzodiazepines (editorial).
Br Med J 293: 1048-1049   (9 Refs.)

7350. Lader M (1987)
Clinical-pharmacology of benzodiazepines (review).
Ann R Med 38: 19-28   (33 Refs.)

7351. Lader M, Frcka G (1987)
Subjective effects during administration and on discontinuation of zopiclone and temazepam in normal subjects.
Pharmacops 20: 67-71   (14 Refs.)

7352. Lader M, Lugaresi E, Richards. R (1985)
The benzodiazepines and insomnia - papers from symposia held at the VII world congress of psychiatry, Vienna, july 1983, and the 14th CINP congress, Florence, june 1984 - introduction (editorial).
Clin Neurop 8: 1   (no Refs.)

7353. Lader M, Melhuish A, Harris P (1982)
Residual effects of repeated doses of 0.5 and 1 mg flunitrazepam.
Eur J Cl Ph 23: 135-140   (11 Refs.)

7354. Lader M, Olajide D (1987)
A comparison of buspirone and placebo in relieving benzodiazepine withdrawal symptoms.
J Cl Psych 7: 11-15   (11 Refs.)

7355. Lader M, Petursso. H (1983)
Long-term effects of benzodiazepines.
Neuropharm 22: 527-533   (17 Refs.)

7356. Lader MH (1983)
Insomnia and short-acting benzodiazepine hypnotics.
J Clin Psy 44: 47-53   (24 Refs.)

7357. Lader MH, Higgitt AC (1986)
Management of benzodiazepine dependence - update 1986 (editorial).
Br J Addict 81: 7-10   (30 Refs.)

7358. Lader MH, Petursso. H (1981)
Benzodiazepine derivatives - side-effects and dangers (review or bibliog.).
Biol Psychi 16: 1195-1201   (40 Refs.)

7359. Lader MH, Ron M, Petursso. H (1984)
Computed axial brain-tomography in long-term benzodiazepine users (technical note).
Psychol Med 14: 203-206   (9 Refs.)

7360. Ladewig D (1983)
Abuse of benzodiazepines in western european-society - incidence and prevalence, motives, drug acquisition.
Pharmacopsy 16: 103-106   (4 Refs.)

7361. Ladewig D (1984)
Dependence liability of the benzodiazepines.
Drug Al Dep 13: 139-149   (48 Refs.)

7362. Ladewig D, Bänziger W, Löwenheck M (1981)
Tranquilizer-Abusus - Ergebnisse einer gesamtschweizerischen Enquete.
Schweiz Ärzteztg 62: 3203-3209

7363. Ladimer I (1980)
Trials and tribulations of triazolam (letter).
J Clin Phar 20: 701-702   (3 Refs.)

7364. Laegreid L, Olegard R, Wahlstro. J, Conradi N (1987)
Abnormalities in children exposed to benzodiazepines inutero (letter).
Lancet 1: 108-109   (2 Refs.)

7365. Laffont F, Cathala HP, Esnault S, Gilbert A, Minz M, Peytourg MA, Waisbord P (1982)
Effects in man of temazepam on an experimental insomnia created by methylphenidate (letter).
Biomed Phar 36: 263-266   (8 Refs.)

7366. Lafi A, Parry E, Parry JM (1986)
The activity of some benzodiazepines when assayed for their ability to induce aberrations of cell-division and chromosome-number (meeting abstr.).
Mutagenesis 1: 78   (1 Refs.)

7367. Lagier G (1985)
Possible withdrawal symptoms after prolonged treatment with benzodiazepines in man (toxicomania excluded).
Therapie 40: 51-57   (42 Refs.)

7368. Lahti RA, Barsuhn C (1980)
Benzodiazepines, stress and rat plasma corticosteroids - the role of indoleamines.
Res Comm P 5: 369-383   (8 Refs.)

7369. Laird HE, Duerson K, Buckley AR, Montgome. DW, Russell DH (1987)
Peripheral benzodiazepine (BZD) receptor enhances prolactin (PRL)-dependent mitogenesis in NB2 node lymphoma-cells (meeting abstr.).
Fed Proc 46: 528   (1 Refs.)

7370. Laitinen K, MacDonal. E, Saano V (1986)
Effects of diazepam, tofizopam or phenytoin during fetal development on subsequent behavior and benzodiazepine receptor characteristics in rats.
Arch Toxic 9: 51-54   (14 Refs.)

7371. Lajeunesse C (1986)
Benzodiazepine withdrawal.
Sem Hop Par 62: 3879-3882   (no Refs.)

7372. Lake APJ, Houston T (1983)
Effect of doxapram on heavy sedation produced by intravenous diazepam (letter).
Br Med J 286: 2061-2062   (4 Refs.)

7373. Lakic N, Pericic D, Manev H (1985)
Sex-differences in the plasma-corticosterone response of rats to diazepam and picrotoxin (meeting abstr.).
Per Biol 87: 417   (5 Refs.)

7374. Lakic N, Pericic D, Manev H (1986)
Mechanisms by which picrotoxin and a high-dose of diazepam elevate plasma-corticosterone level.
Neuroendocr 43: 331-335   (27 Refs.)

7375. Lakoski J; Aghajani. GK, Gallaghe. DW (1983)
Interaction of histamine H-2-receptor antagonists with GABA and benzodiazepine binding-sites in the CNS (technical note).
Eur J Pharm 88: 241-245   (14 Refs.)

7376. Lal GAV, Rao SB, Raviprak. AV, Bhuvanes. GS, Valiatha. MS (1986)

A preliminary-report on supplementation of general-anesthesia - pentazocine - diazepam (P-D), a non-narcotic drug-combination in porcine aortic grafting.

I Vet J 63: 28-32   (no Refs.)

7377. Lal H, Becker R, Alexande. P, Kucharsk. T (1982)

Successful treatment of ballism with diazepam (meeting abstr.).

Drug Dev R 2: 502   (no Refs.)

7378. Lal H, Emmettog. MW, Spencer DG, Elmesall. F (1983)

Evidence for behavioral signs analogous to anxiety caused by withdrawal from diazepam in the rat (meeting abstr.).

Fed Proc 42: 1166   (1 Refs.)

7379. Lal H, Emmettog. M, Spencer D, Elmesall. F (1984)

Subjective signs of precipitated withdrawal from triazolam (meeting abstr.).

Fed Proc 43: 931   (no Refs.)

7380. Lal H, Harris C (1985)

Interoceptive stimuli produced by an anxiogenic drug are mimicked by benzodiazepine antagonists in rats pretreated with isoniazid (technical note).

Neuropharm 24: 677-679   (10 Refs.)

7381. Lal H, Mann PA, Shearman GT, Lippa AS (1981)

Effect of acute and chronic pentylenetetrazol treatment on benzodiazepine and cholinergic receptor-binding in rat-brain.

Eur J Pharm 75: 115-119   (18 Refs.)

7382. Lal H, Shearman GT (1982)

Attenuation of chemically-induced anxiogenic stimuli as a novel method for evaluating anxiolytic drugs - a comparison of clobazam with other benzodiazepines.

Drug Dev R 1982: 127-134   (33 Refs.)

7383. Lal H, Singh M, Becker R, Nasralla. H, Pitman R (1981)

Long-term alleviation of tardive-dyskinesia with diazepam (meeting abstr.).

J Am Osteop 80: 759   (no Refs.)

7384. Lal H, Singh M, Becker R, Nasralla. H, Pigman R (1982)

Long-term alleviation of tardive-dyskinesia with diazepam (meeting abstr.).

Drug Dev R 2: 502   (no Refs.)

7385. Lalor JM, Verghese C, Waldmann CS, Frank M, Maynard DE, Lowe JR (1985)

Changes in the cerebral function analyzing monitor output compared with changing plasma-concentrations of midazolam (meeting abstr.).

Br J Anaest 57: 833   (2 Refs.)

7386. Lamb RJ, Griffiths RR (1984)

Precipitated and spontaneous withdrawal in baboons after chronic dosing with lorazepam and CGS-9896.

Drug Al Dep 14: 11-17   (10 Refs.)

7387. Lamb RJ, Griffiths RR (1985)

Effects of repeated Ro 15-1788 administration in benzodiazepine-dependent barboons (technical note).

Eur J Pharm 110: 257-261   (14 Refs.)

7388. Lamb RJ, Griffiths RR (1985)

Physical-dependence on benzodiazepines - spontaneous and precipitated withdrawal syndromes in the baboon (meeting abstr.).

Fed Proc 44: 1636   (no Refs.)

7389. Lambe R, Darragh A, Brick I, Oboyle C (1983)

Pharmacological antagonism of the cognitive psychomotor and amnesic effects of benzodiazepines in man (meeting abstr.).

Clin Pharm 33: 240   (no Refs.)

7390. Lambie DG, Johnson RH (1983)

Serum concentration of clonazepam and the therapeutic effect of the drug.

Act Neur Sc 67: 97-102   (14 Refs.)

7391. Landauer AA (1981)

Diazepam and driving ability.

Med J Aust 1: 624-626   (35 Refs.)

7392. Landauer AA (1982)

Diazepam and driving (letter).

Med J Aust 2: 265   (4 Refs.)

7393. Lander R, Elenbaas J (1983)

Adverse reactions with diazepam (letter).

Drug Intel 17: 630-631   (12 Refs.)

7394. Lane JD, Crenshaw CM, Guerin GF, Cherek DR, Smith JE (1982)

Changes in biogenic-amine and benzodiazepine receptors correlated with conditioned emotional response and its reversal by diazepam.

Eur J Pharm 83: 183-190   (31 Refs.)

7395. Lang JM, Vredevoe DL, Levy L (1983)

Prolonged pharmacological action of chlorpromazine, prochlorperazine, chlordiazepoxide, and lorazepam in lymphoma bearing mice (meeting abstr.).

P Am Ass Ca 24: 323   (1 Refs.)

7396. Langley DR, Thurston DE (1987)

A versatile and efficient synthesis of carbinolamine-containing pyrrolo[1,4]benzodiazepines via the cyclization of N-(2-aminobenzoyl)pyrrolidine-2-carboxaldehyde diethyl thioacetals - total synthesis of prothracarcin.

J Org Chem 52: 91-97   (34 Refs.)

7397. Langlois S, Kreeft JH, Chouinar. G, Rosschou. A, East S, Ogilvie RI (1987)

Midazolam - kinetics and effects on memory, sensorium, and hemodynamics.

Br J Cl Ph 23: 273-278   (10 Refs.)

7398. Langnickel R, Bluth R, Ott T (1986)

Actual knowledge of the benzodiazepine GABA receptor complex - perspectives of the development of highly specific neuropsychotropic drugs (review).

Pharmazie 41: 689-694   (134 Refs.)

7399. Langrehr D (1985)

Benzodiazepine in der Anästhesiologie.

Urban & Schwarzenberg, München Wien Baltimore

7400. Langrehr D (1985)

Ataranalgetische Kombinationen in der Anästhesiologie.

In: Benzodiazepine in der Anästhesiologie (Ed. Langrehr D)

Urban & Schwarzenberg, München Wien Baltimore, S. 46-70

7401. Langrehr D, Agoston S, Erdmann W, Newton D (1981)
Pharmacodynamics and reversal of benzodiazepine-ketamine ataranalgesia.
S Afr Med J 59: 425-428 (14 Refs.)

7402. Langrehr D, Erdmann W (1981)
Cardiovascular and respiratory effects of the combination of midazolam and ketamine.
Arznei-For 31-2: 2269-2273 (10 Refs.)

7403. Langslet A, Lunde PKM (1982)
Diazepam metabolite effects in preterm infants (meeting abstr.).
Pediat Res 16: 689 (no Refs.)

7404. Lapierre YD (1981)
Benzodiazepine withdrawal.
Can J Psy 26: 93-95 (19 Refs.)

7405. Lapierre YD (1982)
A critical flicker fusion (CFF) assessment of clobazam and diazepam in anxiety neurosis.
Pharmacopsy 15: 54-56 (7 Refs.)

7406. Lapierre YD (1983)
Are all benzodiazepines clinically equivalent.
Prog Neur-P 7: 641-646 (19 Refs.)

7407. Lapierre YD (1987)
Compounds binding to the benzodiazepine receptor complex - clinical-studies (meeting abstr.).
Int J Neurs 32: 652 (no Refs.)

7408. Lapierre YD, Bulmer DR, Oyewumi LK, Mauguin ML, Knott VJ (1983)
Comparison of chlormethiazole (heminevrin) and chlordiazepoxide (librium) in the treatment of acute alcohol withdrawal.
Neuropsychb 10: 127-130 (16 Refs.)

7409. Lapierre YD, Butter HJ (1983)
Benzodiazepine effect on information-processing in generalized anxiety disorder.
Neuropsychb 9: 88-93 (18 Refs.)

7410. Lapierre YD, Rastogi RB, Singhal RL (1981)
Neurochemical changes produced by acute treatment with clobazam, a new 1,5-benzodiazepine.
Gen Pharm 12: 261-266 (28 Refs.)

7411. Lapierre YD, Tremblay A, Gagnon A, Monpremi. P, Berliss H, Oyewumi LK (1982)
A therapeutic and discontinuation study of clobazam and diazepam in anxiety neurosis.
J Clin Psy 43: 372-374 (9 Refs.)

7412. Lapin IP (1981)
Nonspecific, non-selective and mild increase in the latency of pentylenetetrazol seizures produced by large doses of the putative endogenous ligands of the benzodiazepine receptor.
Neuropharm 20: 781-786 (15 Refs.)

7413. Lapin IP (1981)
Nicotinamide, inosine and hypoxanthine, putative endogenous ligands of the benzodiazepine receptor, opposite to diazepam are much more effective against kynurenine-induced seizures than against pentylenetetrazol-induced seizures.
Pharm Bio B 14: 589-593 (8 Refs.)

7414. Lapin IP (1983)
Diazepam, kynurenine, nicotinamide, purines and their pharmacological activity as ligands of benzodiazepine receptors.
Khim Far Zh 17: 395-401 (45 Refs.)

7415. Lapin IP (1983)
Structure-activity-relationships in kynurenine, diazepam and some putative endogenous ligands of the benzodiazepine receptors (review).
Neurosci B 7: 107-118 (77 Refs.)

7416. Lapin IP (1984)
Interaction between kynurenine and diazepam.
B Exp B Med 98: 1094-1097 (17 Refs.)

7417. Lapin IP (1985)
Dissimilarities and similarities in interactions of phenibut, baclofen and diazepam with phenylethylamine.
Farmakol T 48: 50-54 (16 Refs.)

7418. Lapka R, Cepelako. H, Rejholec V, Franc Z (1985)
Bioavailability of 2 formulations of triazolam.
Activ Nerv 27: 312-313 (no Refs.)

7419. Lapka R, Cepelako. H, Rejholec V, Franc Z (1986)
Bioavailability of 2 oral formulations of triazolam using radioreceptor assay.
Pharmazie 41: 256-257 (12 Refs.)

7420. Lara PF, Hueb WA, Paulillo LF, Ferreira A (1985)
Use of the association diazepam - propantheline - ergotamine in cardiac neurose treatment.
Radioch Act 38: 283-285 (7 Refs.)

7421. Lara RH, Delrosal PL, Ponce JC (1983)
Short-term study of quazepam 15 milligrams in the treatment of insomnia.
J Int Med R 11: 162-166 (2 Refs.)

7422. Larking P (1980)
Gas-chromatographic determination of clonazepam (technical note).
J Chromat 221: 399-402 (4 Refs.)

7423. Larsen R, Hilfiker O, Radke J, Sonntag H (1981)
The effects of midazolam on the general-circulation, cerebral blood-flow and cerebral oxygen-consumption in man.
Anaesthesis 30: 18-21 (9 Refs.)

7424. Lasagna L, Greenblatt DJ (1986)
More than skin deep - transdermal drug-delivery systems (editorial).
N Eng J Med 314: 1638-1639 (7 Refs.)

7425. Lasalle GL, Feldblum S (1982)
Reversal of the anti-convulsant effects of diazepam on amygdaloid-kindled seizures by a specific benzodiazepine antagonist - Ro 15-1788 (technical note).
Eur J Pharm 86: 91-93 (7 Refs.)

7426. Lasbenne. F, Seylaz J (1986)
Local cerebral blood-flow in gently restrained rats - effects of propranolol and diazepam.
Exp Brain R 63: 169-172 (17 Refs.)

7427. Laschi A, Descotes J, Tachon P, Evreux JC (1983)
Adverse influence of diazepam upon resistance to klebsiella-pneumoniae infection in mice.
Tox Lett 16: 281-284 (9 Refs.)

7428. Laskin JL, Williams. KG (1984)
An evaluation of the amnesic effects of diazepam sedation.
J Oral Max 42: 712-716 (19 Refs.)

7429. Laszlo J, Clark RA, Hanson DC, Tyson L, Crumpler L, Gralla R (1985)
Lorazepam in cancer-patients treated with cisplatin - a drug having antiemetic, amnesic, and anxiolytic effects.
J Cl Oncol 3: 864-869 (15 Refs.)

7430. Laszlo J, Cotanch P, Stoudemi. A (1984)
Lorazepam for chemotherapy-induced emesis - reply (letter).
Arch In Med 144: 2433 (3 Refs.)

7431. Laudanno OM, Bedini OA, Miguel PS, Cesolari JA (1986)
Benzodiazepine-GABA-B mechanism in the prevention of duodenal-ulcer by cysteamine (meeting abstr.).
Medicina 46: 510 (no Refs.)

7432. Laudanno OM, Bedini OA, Sanmigue. P, Cesolari JA (1986)
Gastric cytoprotection by benzodiazepine GABA-B agonists (meeting abstr.).
Dig Dis Sci 31: 57 (no Refs.)

7433. Lauer JA, Adams PM (1984)
Assessment of rat behavior following perinatal exposure to diazepam (meeting abstr.).
Tetratology 29: 5 (no Refs.)

7434. Laughren TP, Battey YW, Greenblatt DJ (1982)
Chronic diazepam treatment in psychiatric outpatients.
J Clin Psy 43: 461-462 (8 Refs.)

7435. Laughren TP, Battey Y, Greenblatt DJ, Harrop DS (1982)
A controlled trial of diazepam withdrawal in chronically anxious outpatients.
Act Psyc Sc 65: 171-179 (14 Refs.)

7436. Laurell H, Tornros J (1986)
The carry-over effects of triazolam compared with nitrazepam and placebo in acute emergency driving situations and in monotonous simulated driving.
Act Pharm T 58: 182-186 (6 Refs.)

7437. Laurence AS (1984)
Serum myoglobin and CPK changes following intermittent suxamethonium administration - effect of alcuronium, lignocaine and midazolam pretreatment (meeting abstr.).
Br J Anaest 56: 795-796 (2 Refs.)

7438. Laurence AS (1987)
Myalgia and biochemical-changes following intermittent suxamethonium administration - effects of alcuronium, lignocaine, midazolam and suxamethonium pretreatments on serum myoglobin, creatinine kinase and myalgia.
Anaesthesia 42: 503-510 (21 Refs.)

7439. Laurent D, Guenzet J (1983)
Kinetics of dipotassium clorazepate adsorption on amberlite IRA-401-S.
CR Ac S II 297: 251-254 (8 Refs.)

7440. Laurent JP (1981)
To 15-1788 reverses the effects of midazolam on multiunit activity recorded in encephale isole rats (meeting abstr.).
Experientia 37: 672 (no Refs.)

7441. Laurent JP, Mangold M, Humbel U, Haefely W (1983)
Reduction by 2 benzodiazepines and pentobarbital of the multiunit activity in substantia nigra, hippocampus, nucleus locus coeruleus and nucleus raphe dorsalis of encephale-isole rats.
Neuropharm 22: 501-511 (38 Refs.)

7442. Laureta HC, Villamay. CB, Gonzales RB (1984)
The effect of intravenous lorazepam on recall and anxiety in patients undergoing esophago-gastro-duodenoscopy compared to that of diazepam in a double-blind-study.
Phili J Int 22: 153-160 (8 Refs.)

7443. Laurian S, Gaillard JM, Le PK, Schopf J (1984)
Effects of a benzodiazepine antagonist on the diazepam-induced electrical brain activity modifications.
Neuropsychb 11: 55-58 (6 Refs.)

7444. Lauven PM (1982)
A pharmacokinetically based infusion model for midazolam - a microprocessor controlled application form for the achievement of a constant plasma-level - reply (letter).
Anaesthesis 31: 471-473 (9 Refs.)

7445. Lauven PM, Schwilde. H, Stoeckel H, Greenblatt DJ (1985)
The effects of a benzodiazepine antagonist Ro-15-1788 in the presence of stable concentrations of midazolam.
Anesthesiol 63: 61-64 (13 Refs.)

7446. Laufen PM, Stoeckel H, Ochs H (1981)
Pharmacokinetics of midazolam in man.
Anaesthesis 30: 280-283 (7 Refs.)

7447. Lauven PM, Stoeckel H, Schwilde. H (1982)
A microprocessor controlled infusion scheme for midazolam to achieve constant plasma-levels.
Anaesthesis 31: 15-20 (17 Refs.)

7448. Lauven PM, Stoeckel H, Schwilden H, Schüttler J (1981)
Klinische Pharmakokinetik von Midazolam, Flunitrazepam und Diazepam.
Anästh Intensivther Notfallmed 16: 135-142

7449. Laux G (1986)
Benefits and risks of therapy with benzodiazepines.
Mün Med Woc 128: 187-190 (no Refs.)

7450. Laux G, Koeppen D (1984)
Serum and cerebrospinal fluid concentration of clobazam and N-desmethylclobazam.
Int J Clin Pharmacol Ther Toxicol 22: 335-359

7451. Laux G, König W (1985)
Benzodiazepines - long-term use or abuse - results of an epidemiological-study.
Deut Med Wo 110: 1285-1290 (51 Refs.)

7452. Laux G, König W (1986)
Langzeiteinnahme und Abhängigkeit von Benzodiazepinen. Ergebnisse einer epidemiologischen Studie.
In: Benzodiazepine - Rückblick und Ausblick (Ed. Hippius H, Engel RR, Laakman G)
Springer, Berlin Heidelberg New York Tokyo, p. 226-233

7453. Laux G, König W, Pfaff G, Becker U, Bauerle R (1986)
Psychopharmacological combination treatment of endogenous depressions - adjuvant treatment with oxazolam of chlorprothixene.
Fortsch Med 104: 511-516 (no Refs.)

7454. Laux G, Puryear DA (1984)
Benzodiazepines - misuse, abuse and dependency.
Am Fam Phys 30: 139-147 (56 Refs.)

7455. Lawlor BA (1987)
Carbamazepine, alprazolam withdrawal, and panic disorder (letter).
Am J Psychi 144: 265-266 (3 Refs.)

7456. Lawrence LJ, Gee KW, Yamamura HI (1984)
Benzodiazepine anticonvulsant action - gamma-aminobutyric acid-dependent modulation of the chloride ionophore.
Bioc Biop R 123: 1130-1137 (20 Refs.)

7457. Lawson JIM, Milne MK (1981)
Intravenous sedation with diazepam and pentazocine - a study in dosage.
Br Dent J 151: 379-380 (6 Refs.)

7458. Laxenaire M, Kahn JP, Marchand P (1982)
A clinical-trial of bromazepam.
Nouv Presse 11: 1699-1701 (6 Refs.)

7459. Laznicek M, Lamka J, Kvetina J (1982)
On the interaction of diazepam with human, rat and mouse plasma-proteins and erythrocytes (technical note).
Bioch Pharm 31: 1455-1458 (17 Refs.)

7460. Le AD, Khanna JM, Kalant H, Grossi F (1986)
Tolerance to and cross-tolerance among ethanol, pentobarbital and chlordiazepoxide.
Pharm Bio B 24: 93-98 (46 Refs.)

7461. Leadbett. LM, Brumleve SJ, Parmar SS (1984)
The neurotransmitter involvement of serotonin as a possible mediator of the anticonvulsant activity of the benzodiazepines.
Res Comm P 9: 423-434 (30 Refs.)

7462. Leaf RC, Wnek DJ, Lamon S (1984)
Oxazepam induced mouse killing by rats (technical note).
Pharm Bio B 20: 311-313 (25 Refs.)

7463. Leah JD, Malik R, Curtis DR (1983)
Actions of midazolam in the spinal-cord of the cat.
Neuropharm 22: 1349-1356 (35 Refs.)

7464. Leander JD (1982)
Interaction of diazepam with meperidine or normeperidine on analgesia and lethality.
Pharm Bio B 16: 1005-1007 (13 Refs.)

7465. Leander JD (1984)
K-opioid diuretic effects of tifluadom, a benzodiazepine opioid agonist (technical note).
J Pharm Pha 36: 555-556 (5 Refs.)

7466. Lebowitz PW, Cote ME, Daniels AL, Bonventr. JV (1983)
Comparative renal effects of midazolam and thiopental in humans.
Anesthesiol 59: 381-384 (34 Refs.)

7467. Lebowitz PW, Cote ME, Daniels AL, Martyn JAJ, Teplick RS (1982)
Comparative cardiovascular effects of midazolam and thiopental in healthy patients (meeting abstr.).
Anesth Anal 61: 198-199 (2 Refs.)

7468. Lebowitz PW, Cote ME, Daniels AL, Martyn JAJ, Teplick RS, Davison JK, Sunder N (1983)
Cardiovascular effects of midazolam and thiopentone for induction of anesthesia in ill surgical patients.
Can Anae SJ 30: 19-23 (27 Refs.)

7469. Lebowitz PW, Cote ME, Daniels AL, Ramsey FM, Martyn JAJ, Teplick RS, Davison JK (1982)
Comparative cardiovascular effects of midazolam and thiopental in healthy patients.
Anesth Anal 61: 771-775 (35 Refs.)

7470. Lechin F, Vanderdi. B (1983)
Antimanic effect of clonazepam (letter).
Biol Psychi 18: 1511 (5 Refs.)

7471. Lechin F, Vanderdi. B, Gomez F, Arocha L, Acosta E (1982)
Effects of D-amphetamine, clonidine and clonazepam on distal colon motility in non-psychotic patients.
Res Comm P 7: 385-410 (57 Refs.)

7472. Lee HY, Keresztu. MF, Kosciuk MC, Nagele RG, Roisen FJ (1984)
Diazepam inhibits neurulation through its action on myosin-containing microfilaments in early chick-embryos.
Comp Bioc C 77: 331-334 (20 Refs.)

7473. Lee JN, Chen SS, Richens A, Menabawe. M, Chard T (1982)
Serum-protein binding of diazepam in maternal and fetal serum during pregnancy.
Br J Cl Ph 14: 551-554 (26 Refs.)

7474. Lee K, Taudorf K, Hvorslev V (1986)
Prophylactic treatment with valproic acid or diazepam in children with febrile convulsions.
Act Pead Sc 75: 593-597 (12 Refs.)

7475. Lee MJ, Clement JG (1980)
Respiratory depression produced by diazepam in cats - effect of anesthesia.
Arch I Phar 248: 289-293 (12 Refs.)

7476. Leeblundberg F, Napias C, Olsen RW (1981)
Dihydropicrotoxinin binding-sites in mammalian brain - interaction with convulsant and depressant benzodiazepines.
Brain Res 216: 399-408 (30 Refs.)

7477. Leeblundberg F, Olsen RW (1982)
Interactions of barbiturates of various pharmacological categories with benzodiazepine receptors.
Molec Pharm 21: 320-328 (38 Refs.)

7478. Leeblundberg F, Snowman A, Olsen RW (1980)
Barbiturate receptor-sites are coupled to benzodiazepine receptors.
P NAS Biol 77: 7468-7472 (30 Refs.)

7479. Leeblundberg F, Snowman A, Olsen RW (1981)
Perturbation of benzodiazepine receptor-binding by pyrazolopyridines involves picrotoxinin-barbiturate receptor-sites.
J Neurosc 1: 471-477 (31 Refs.)

7480. Leeblundberg LM, Olsen RW (1983)
Heterogeneity of benzodiazepine receptor interactions with gamma-aminobutyric acid and barbiturate receptor-sites.
Molec Pharm 23: 314-325   (30 Refs.)

7481. Lees G, Beadle DJ, Neumann R, Benson JA (1987)
Responses to GABA by isolated insect neuronal somata - pharmacology and modulation by a benzodiazepine and a barbiturate.
Brain Res 401: 267-278   (65 Refs.)

7482. Lees G, Neumann R, Beadle DJ, Benson JA (1985)
Flunitrazepam enhances responses induced by 4-aminobutyric acid and muscimol in freshly dissociated locust central neuronal somata (meeting abstr.).
Pest Sci 16: 534   (2 Refs.)

7483. Leeuwin RS (1984)
Interactions of cholinesterase-inhibitors and corticosteroids with the hypnotic effect of benzodiazepines in mice.
Arch I Phar 269: 34-41   (18 Refs.)

7484. Lefur G, Gueremy C, Uzan A (1986)
Occupation of central receptors of benzodiazepine and anxiety.
Therapie 41: 43-47   (33 Refs.)

7485. Lefur G, Guilloux F, Rufat P, Benavide. J, Uzan A, Renault C, Dubroeuc. MC, Gueremy C (1983)
Peripheral benzodiazepine binding-sites - effect of PK-11195, 1-(2-chlorophenyl)-N-methyl-(1-methylpropyl)-3 isoquinolinecarboxamide .2. invivo studies.
Life Sci 32: 1849-1856   (10 Refs.)

7486. Lefur G, Mizoule J, Burgevin MC, Ferris O, Heaulme M, Gauthier A, Gueremy C, Uzan A (1981)
Multiple benzodiazepine receptors - evidence of a dissociation between anti-conflict and anticonvulsant properties by PK 8165 and Pk 9084 (2 quinoline derivatives).
Life Sci 28: 1439-1448   (33 Refs.)

7487. Lefur G, Perrier ML, Vaucher N, Imbault F, Flamier A, Benavide. J, Uzan A, Renault C, Dubroeuc. MC, Gueremy C (1983)
Peripheral benzodiazepine binding-sites - effect of Pk-11195, 1-(2-chlorophenyl)-N-methyl-N-(1-methylpropyl)-3-isoquinoline-carboxamide .1. invitro studies.
Life Sci 32: 1839-1847   (8 Refs.)

7488. Lefur G, Vaucher N, Perrier ML, Flamier A, Benavide. J, Renault C, Dubroeuc. MC, Gueremy C, Uzan A (1983)
Differentiation between 2 ligands for peripheral benzodiazepine binding-sites, ^{3}H Ro5-4864 and PK-^{3}H 11195, by thermodynamic studies.
Life Sci 33: 449-457   (14 Refs.)

7489. Leger JM, Herrmann C, Danot G (1983)
A comparative trial of the effect of tiapride and lorazepam on memorizing capacities of patients over 60 years of age.
Sem Hop Par 59: 473-476   (12 Refs.)

7490. Leger JM, Herrmann C, Danot G, Malauzat D, Lomberti. ER (1984)
Double-blind comparative trial of the effect of lorazepam and tiapride on memorizing capacities of patients over 60 years of age.
Sem Hop Par 60: 932-936   (14 Refs.)

7491. Leger JM, Herrmann C, Malauzat D, Danot G, Lomberti. ER (1984)
Anxiolytics and mnemonic capacity of elderly people - a double-blind-study comparing tiapride and lorazepam.
Ann Med Psy 142: 696-702   (* Refs.)

7492. Legheand J, Cuisinau. G, Bernard N, Riotte M, Sassard J (1982)
Pharmacokinetics of intravenous camazepam in dogs.
Arznei-For 32-2: 752-756   (10 Refs.)

7493. Lehmann E, Hassel P, Thorner GW, Karrass W (1984)
An alternative therapy concept for the treatment of psychosomatic complaints - a controlled double-blind trial of fluspirilene versus bromazepam.
Fortsch Med 102: 1033-1036   (no Refs.)

7494. Lehmann J, Kraft G (1984)
Amphiphilic compounds .1. synthesis of 1-aryl, 1-aroyl and 1-benzyl-2,3,4,5-tetra-hydro-1H-1,4-benzodiazepines.
Arch Pharm 317: 595-606   (12 Refs.)

7495. Lehmann KA (1982)
A pharmacokinetically based infusion model for midazolam - a microprocessor controlled application form for the achievement of a constant plasma-level - bet infusion - cannons aimed at sparrows - comment (letter).
Anaesthesis 31: 469-470   (7 Refs.)

7496. Lehoulli. PF, Ticku MK (1987)
Benzodiazepine and beta-carboline modulation of GABA-stimulated ^{36}Cl-influx in cultured spinal-cord neurons (technical note).
Eur J Pharm 135: 235-238   (11 Refs.)

7497. Lehr E, Bokekuhn K, Danneber. P (1986)
Therapeutic safety studies of brotizolam in animals.
Arznei-For 36-1: 532-533   (11 Refs.)

7498. Leiter JC, Knuth SL, Krol RC, Bartlett D (1985)
The effect of diazepam on genioglossal muscle-activity in normal human-subjects.
Am R Resp D 132: 216-219   (23 Refs.)

7499. Leitner DS, Kelly DD (1984)
Potentiation of cold swim stress analgesia in rats by diazepam (technical note).
Pharm Bio B 21: 813-816   (23 Refs.)

7500. Leney J (1984)
Bromazepam, a new anxiolytic (letter).
J Roy Col G 34: 667   (1 Refs.)

7501. Lenfant M, Haumont J, Zavala F (1986)
Invivo immunomodulating activity of PK-1195, a structurally unrelated ligand for peripheral benzodiazepine binding-sites .1. potentiation in mice of the humoral response to sheep red blood-cells.
Int J Immun 8: 825-828   (20 Refs.)

7502. Lenfant M, Zavala F, Haumont J (1985)
Pharmacological activity on the humoral response in mice of peripheral and mixed type ligands of benzodiazepines binding-site and corresponding affinity for the macrophage (meeting abstr.).
Int J Immun 7: 319   (no Refs.)

7503. Lenfant M, Zavala F, Haumont J, Potier P (1985)
Presence of a peripheral type benzodiazepine binding-site on the macrophage - its possible role in immunomodulation.
CR AC S III 300: 309+ (13 Refs.)

7504. Lennane KJ (1982)
Oxazepam withdrawal syndrome (letter).
Med J Aust 1: 287 (3 Refs.)

7505. Lennane KJ (1982)
Oxazepam withdrawal syndrome - reply (letter).
Med J Aust 1: 545 (5 Refs.)

7506. Lennane KJ (1986)
Benzodiazepine dependence - reply (letter).
Med J Aust 145: 358-359 (3 Refs.)

7507. Lennane KJ (1986)
Treatment of benzodiazepine dependence .1. .
Med J Aust 144: 594-597 (39 Refs.)

7508. Lennane KJ (1987)
Treatment of benzodiazepine dependence - reply (letter).
Med J Aust 146: 112 (no Refs.)

7509. Lenox RH (1986)
Clinical-studies of alprazolam - neuro-endocrine and platelet interactions (meeting abstr.).
Int J Neurs 31: 23-24 (1 Refs.)

7510. Lenox RH, Shipley JE, Peyser JM, Williams JM, Weaver LA (1984)
Double-blind comparison of alprazolam versus imipramine in the inpatient treatment of major depressive-illness.
Psychoph B 20: 79-82 (10 Refs.)

7511. Lensmeyer G, Rajani C, Evenson MA (1981)
A reverse phase HPLC procedure for the simultaneous determination of 7 benzodiazepines in serum (meeting abstr.).
Clin Chem 27: 1103 (no Refs.)

7512. Lensmeyer GL, Rajani C, Evenson MA (1982)
Liquid-chromatographic procedure for simultaneous analysis for 8 benzodiazepines in serum (technical note).
Clin Chem 28: 2274-2278 (11 Refs.)

7513. Lentus KU, Friedl W, Hebebran. J, Propping P (1986)
Ultrathin-layer isoelectric-focusing of the photoaffinity labeled benzodiazepine receptor in calf brain - a new and simple method for the study of integral membrane-proteins (technial note).
Electrophor 7: 103-105 (10 Refs.)

7514. Lentes KU, Venter JC (1986)
Tryptic mapping and membrane topology of the benzodiazepine receptor alpha-subunit (meeting abstr.).
Fed Proc 45: 1738 (no Refs.)

7515. Leonard BE (1985)
Neuro-pharmacological profile of buspirone - a non-benzodiazepine anxiolytic with specific mid-brain modulating properties.
Br J Clin P 39: 74-82 (52 Refs.)

7516. Lepage JY, Blanloei. Y, Pinaud M, Helias J, Auneau C, Cozian A, Souron R (1986)
Hemodynamic-effects of diazepam, flunitrazepam, and midazolam in patients with ischemic heart-disease - assessment with a radionuclide approach.
Anesthesiol 65: 678-683 (26 Refs.)

7517. Lepola U, Kokko S, Nuutila J, Gordin A (1984)
Tiapride and chlordiazepoxide in acute alcohol withdrawal - a controlled clinical-trial.
Int J Cl P 4: 321-326 (14 Refs.)

7518. Leppik IE, Derivan AT, Homan RW, Walker J, Ramsay RE, Patrick B (1983)
Double-blind-study of lorazepam and diazepam in status epilepticus.
J Am Med A 249: 1452-1454 (19 Refs.)

7519. Lerner T, Feldon J, Myslobodsky MS (1986)
Amphetamine potentiation of anti-conflict action of chlordiazepoxide.
Pharm Bio B 24: 241-246 (48 Refs.)

7520. Leslie SW, Chandler LJ, Chweh AY, Swinyard EA (1986)
Correlation of the hypnotic potency of benzodiazepines with inhibition of voltage-dependent calcium-uptake into mouse-brain synaptosomes.
Eur J Pharm 126: 129-134 (24 Refs.)

7521. Leung FW, Guze PA (1983)
Diazepam withdrawal.
West J Med 138: 98-101 (38 Refs.)

7522. Leutner V (1976)
Schlaf und Schlafmittel.
Med Welt 27: 1-10

7523. Leutner V (1978)
Schlafen und Schlafen müssen.
Psycho 4: 207-214

7524. Leutner V (1980)
Zur Systematik und Pharmakologie der Schlafmittel.
Z Allg Med 56: 2460-2467

7525. Leutner V (1984)
Schlafmittel. Porträt einer Medikamentengruppe.
Editiones Roche, Basel

7526. Leutner V (1985)
Die Schlafstörung - ein Achsensymptom nur der Depression?
medwelt 36: H. 11, 290-96, H 12, 344-52

7527. Leutner V (1986)
Schlafstörung und Schlafmittel.
Editiones Roche, Basel

7528. Leutner V (1987)
Benzodiazepine - eine Standortbestimmung. Symp. Benzodiazepine in der Neurologie. Mannheim 4. und 5.10.1986,
Editiones Roche, Basel (in Vorb.)

7529. Levi F, Benavide. J, Quarterr. YT, Canton T, Uzan A, Gueremy C, Lefur G, Reinberg A (1986)
Circadian-rhythm in peripheral type benzodiazepine binding-sites in human-platelets (technical note).
Bioch Pharm 35: 2623-2625 (21 Refs.)

7530. Levin A, Schlebus. L (1985)
Mianserin is better tolerated and more effective in depression than a nomifensine-clobazam combination - a double-blind-study.
Act Psyc Sc 72: 75-80   (18 Refs.)

7531. Levin ER, Sharp B, Carlson HE (1984)
Failure to confirm consistent stimulation of growth-hormone by diazepam.
Hormone Res 19: 86-90   (15 Refs.)

7532. Levine B, Blanke RV, Valentou. JC (1983)
Postmortem stability of benzodiazepines in blood and tissues.
J Foren Sci 28: 102-115   (no Refs.)

7533. Levy AB (1984)
Delirium and seizures due to abrupt alprazolam withdrawal - case-report.
J Clin Psy 45: 38-39   (9 Refs.)

7534. Levy AB, Davis J, Bidder TG (1984)
Successful treatment of endogenous-depression with alprazolam in a patient with recent cardiac desease - case-report.
J Clin Psy 45: 480-481   (10 Refs.)

7535. Levy R, Plassche W, Riggs J, Shoulson I (1983)
Spinal myoclonus related to an arteriovenous malformation - response to clonazepam therapy.
Arch Neurol 40: 254-255   (19 Refs.)

7536. Levy RH, Lane EA, Guyot M, Brachetl. A, Cenraud B, Loiseau P (1983)
Analysis of parent drug-metabolite relationship in the presence of an inducer - application to the carbamazepine-clobazam interaction in normal man.
Drug Meta D 11: 286-292   (24 Refs.)

7537. Levy RJ, Krall RL (1984)
Treatment of status epilepticus with lorazepam.
Arch Neurol 41: 605-611   (31 Refs.)

7538. Lew TY, Tollefso. G (1983)
Chlorpromazine-induced neuroleptic malignant syndrome and its response to diazepam.
Biol Psychi 18: 1441-1446   (23 Refs.)

7539. Lewis B, Shlien R, Waye J, Knight R, Alderoty R (1987)
Diazepam versus midazolam (versed) in outpatient colonoscopy - a double-blind randomized study (meeting abstr.).
Gastroin En 33: 144-145   (no Refs.)

7540. Lewis R (1985)
Relief of chronic intractable hallucinosis in residual schizophrenia with oxazepam (letter).
Am J Psychi 142: 785   (3 Refs.)

7541. Lewis SW (1984)
Benzodiazepines on trial (letter).
Br Med J 288: 1378-1379   (3 Refs.)

7542. Leykin Y, Hochhaus. E, Zilbiger A, Geller E, Widne BA (1987)
The effects of diazepam, midazolam, flunitrazepam and the benzodiazepine antagonist Ro-15-1788 on the isolated rat-heart (meeting abstr.).
J Mol Cel C 19: 5   (no Refs.)

7543. Lheureux P, Askenasi R (1986)
Benzodiazepine antagonist Ro 15-1788 in self-poisoning (letter).
Arch In Med 146: 1241   (1 Refs.)

7544. Liao J, Belani K, Gilmour I, Buckley J (1986)
The comparison of cardiovascular toxicity of midazolam and valium (meeting abstr.).
Fed Proc 45: 200   (no Refs.)

7545. Libe ML, Bogdanov. ED, Rozenber. AE, Prilipko LL, Kagan VE, Kozlov YP (1981)
^{3}H-labeled serotonin and ^{3}H-labeled diazepam binding and lipid peroxidation in brain-cell membranes.
B Exp B Med 92: 1506-1508   (8 Refs.)

7546. Libert JP, Weber LD, Amoros C, Muzet A, Ehrhart J, Folleniu. M (1984)
Influence of triazolam on thermal heat-balance in poor sleepers.
Eur J Cl Ph 27: 173-179   (16 Refs.)

7547. Libeskind M, Lugagne F, Lunel J (1983)
Comparative-study of tiapride and diazepam-atropine as pre-medication for colonoscopy.
Ann Gastro 19: 267-269   (* Refs.)

7548. Libus J, Vacek M (1982)
Our experience with flunitrazepam.
Activ Nerv 24: 243-244   (6 Refs.)

7549. Libusova E, Libus J (1984)
Flunitrazepam as an activating EEG agent.
Activ Nerv 26: 57   (8 Refs.)

7550. Lichtensteiger W, Ribary U, Schlumpf M, Walter N (1986)
Persistent changes in catecholamine (CA) systems of rat-brain and retina after prenatal nicotine and diazepam treatment (meeting abstr.).
Teratology 34: 417   (no Refs.)

7551. Lidfors L, Ljungber. T, Enquist M, Ungerste. U (1985)
Do benzodiazepines have a specific effect on behavior suppressed by punishment or do they in a more unspecific way alter decision-making (meeting abstr.).
Act Physl S 124: 172   (4 Refs.)

7552. Liebowitz MR, Fyer AJ, Gorman JM, Campeas R, Levin A, Davies SR, Goetz D, Klein DF (1986)
Alprazolam in the treatment of panic disorders.
J Cl Psych 6: 13-20   (8 Refs.)

7553. Lilja M, Arvela P, Klintrup HE, Jounela AJ (1986)
Intake of alcohol and benzodiazepines and reliability of drug history in patients admitted to hospital (technical note).
Hum Toxicol 5: 281-282   (9 Refs.)

7554. Liljequist R, Mattila MJ, Linnoila M (1981)
Alterations in human-memory following acute maprotiline, diazepam and codeine administration (letter).
Act Pharm T 48: 190-192   (10 Refs.)

7555. Liljequist S, Engel J (1982)
Effects of diazepam and ethanol on punished responding of rats in a conflict test situation (meeting abstr.).
Act Pharm T 51: 3   (no Refs.)

7556. Lilyin ET, Drozdov ES, Evdokimo. LG, Vavilova TA, Kazanska. AV, Maryin MI (1984)
Psychophysiological reactions to diazepam in patients with chronic-alcoholism.
Sov Med 10: 96-98 (7 Refs.)

7557. Lin AJ, Hoch JM (1984)
Synthesis and characterization of 2-(2-hydroxyphenyl)-4-aryl-1,5-benzodiazepines (discussion).
Arznei-For 34-1: 640-642 (17 Refs.)

7558. Lin D, Becker K, Shapiro HM (1986)
Neurologic changes following epidural injection of potassium-chloride and diazepam - a case-report with laboratory correlations.
Anesthesiol 65: 210-212 (6 Refs.)

7559. Lin WN, Kelly AR (1983)
Improved micromethod for monitoring clonazepam in serum by HPLC (meeting abstr.).
Clin Chem 29: 1202 (no Refs.)

7560. Lina AA, Dauchot PJ, Anton AH, Komar G, Berk A (1986)
Influence of thiopental vs midazolam induction on epinephrine dysrhythmias under halothane anesthesia (meeting abstr.).
Anesthesiol 65: 29 (6 Refs.)

7561. Lindahl SGE, Charlton AJ, Hatch DJ, Norden NE (1985)
Endocrine response to surgery in children after premedication with midazolam or papaveretum.
Eur J Anaes 2: 369-377 (no Refs.)

7562. Lindahl S, Olsson AK, Thomson D (1981)
Rectal premedication in children - use of diazepam, morphine and hyoscine.
Anaesthesia 36: 376-379 (15 Refs.)

7563. Linde OK (1984)
Benzodiazepine: Viel zu viel Emotion!
Ärztl Praxis 36: 47, 1360-64

7564. Linder M (1983)
Psychiatric-problems of therapy with benzodiazepines (review).
Schw Med Wo 113: 654-658 (33 Refs.)

7565. Lindgren L, Saarniva. L (1985)
Comparison of paracetamol and aminophenazone plus diazepam suppositories for anxiety and pain relief after tonsillectomy in children.
Act Anae Sc 29: 679-682 (9 Refs.)

7566. Lindsay SJE, Yates JA (1985)
The effectiveness of oral diazepam in anxious child dental patients.
Br Dent J 159: 149-153 (25 Refs.)

7567. Lingjaerde O (1982)
Effect of the benzodiazepine derivative estazolam in patients with auditory hallucinations - a multicenter double-blind, crossover study.
Act Psyc Sc 65: 339-354 (21 Refs.)

7568. Lingjaerde O (1983)
Benzodiazepines in the Treatment of Schizophrenia.
In: The Benzodiazepines - From Molecular Biology to Clinical Practice.
(Ed. Costa E):
Raven Press, New York, 369-381

7569. Lingjaerde O (1986)
Effects of the benzodiazepine receptor ligands midazolam, Ro-15-1788, and Ro-5-4863, alone and in combinations, on platelet serotonin uptake.
Pharmacops 19: 15-18 (6 Refs.)

7570. Lingjaerde O (1987)
Actions and interactions of some benzodiazepine receptor ligands in the platelet serotonin uptake model (meeting abstr.).
Int J Neurs 32: 530 (1 Refs.)

7571. Lingjaerde O Bratlid T (1981)
Triazolam (halcion) versus flunitrazepam (rohypnol) against midwinter insomnia in northern norway.
Act Psyc Sc 64: 260-269 (9 Refs.)

7572. Lingjaerde O, Bratlid T, Westby OC, Gordelad. JO (1983)
Effect of midazolam, flunitrazepam, and placebo against midwinter insomnia in northern norway.
Act Psyc Sc 67: 118-129 (13 Refs.)

7573. Linnoila M (1983)
Benzodiazepines and Performance.
In: The Benzodiazepines - From Molecular Biology to Clinical Practice
(Ed. Costa E).
Raven Press, New York, p. 267-278

7574. Linnoila M, Ellinwood E (1983)
Effects of benzodiazepines on performance of healthy volunteers and anxious and elderly patients.
In: Pharmacology of Benzodiazepines (Ed. Usdin E, Skolnick P, Tallmann jr JF, Greenblatt D, Paul SM)
Verlag Chemie, Weinheim Deerfield Beach Basel p. 601-608

7575. Linnoila M, Erwin CW, Brendle A (1982)
Efficacy and side-effects of flunitrazepam and pentobarbital in severely insomniac patients.
J Clin Phar 22: 14-19 (21 Refs.)

7576. Linnoila M, Erwin CW, Brendle A, Logue P (1981)
Effects of alcohol and flunitrazepam on mood and performance in healthy-young men.
J Clin Phar 21: 430-435 (23 Refs.)

7577. Linnoila M, Erwin CW, Brendle A, Simpson D (1983)
Psychomotor effects of diazepam in anxious patients and healthy-volunteers.
J Cl Psych 3: 88-96 (40 Refs.)

7578. Lintin DJ (1983)
Painful intravenous injections of diazepam (letter).
Anaesthesia 38: 179 (3 Refs.)

7579. Lipinski JF, Cohen BM (1986)
Alprazolam-neuroleptic combination in schizophrenia (letter).
Am J Psychi 143: 1501 (6 Refs.)

7580. Lipman RS, Covi L, Rickels K, McNair DM, Downing R, Kahn RJ, Lasseter VK, Faden V (1986)
Imipramine and chlordiazepoxide in depressive and anxiety disorders .1. efficacy in depressed outpatients.
Arch G Psyc 43: 68-77 (41 Refs.)

7581. Lipp J, Dola T (1980)
Comparison of the efficacy of HS-6 versus HI-6 when combined with atropine, pyridostigmine and clonazepam for soman poisoning in the monkey.
Arch I Phar 246: 138-148   (9 Refs.)

7582. Lippa AS, Beer B, Meyerson LR (1982)
Recent developments in benzodiazepine receptors (meeting abstr.).
Abs Pap ACS 184: 60-Medi   (no Refs.)

7583. Lippa AS, Beer B, Sano MC, Vogel RA, Meyerson LR (1981)
Differential ontogeny of type-1 and type-2 benzodiazepine receptors.
Life Sci 28: 2343-2347   (20 Refs.)

7584. Lippa AS, Garrett KM, Tabakoff B, Beer B, Wennogle LP, Meyerson LR (1985)
Heterogeneity of brain benzodiazepine receptors - effects of physiological conditions.
Brain Res B 14: 189-195   (27 Refs.)

7585. Lippa AS, Jackson D, Wennogle LP, Beer B, Meyerson LR (1983)
Non-benzodiazepine agonists for benzodiazepine receptors.
In: Pharmacology of Benzodiazepines (Ed. Usdin E, Skolnick P, Tallmann jr JF, Greenblatt D, Paul SM)
Verlag Chemie, Weinheim Deerfield Beach Basel p. 431-440

7586. Lippa AS, Meyerson LR, Beer B (1982)
Molecular substrates of anxiety - clues from the heterogeneity of benzodiazepine receptors (review or bibliog.).
Life Sci 31: 1409-1417   (56 Refs.)

7587. Lippke KP, Müller WE, Schunack WG (1985)
Beta-carbolines as benzodiazepine receptor ligands .2. synthesis and benzodiazepine receptor affinity of beta-carboline-3-carboxylic acid-amides.
J Pharm Sci 74: 676-680   (16 Refs.)

7588. Lippke KP, Müller WE, Schunack W (1987)
Oligopeptides of beta-carboline-3-carboxylic acid - synthesis and benzodiazepine receptor affinity.
Arch Pharm 320: 145-153   (8 Refs.)

7589. Lippke KP, Schunack WG, Wenning W, Müller WE (1983)
Beta-carbolines as benzodiazepine receptor ligands .1. synthesis and benzodiazepine receptor interaction of esters of beta-carboline-3-carboxylic acid.
J Med Chem 26: 499-503   (25 Refs.)

7590. List WF, Ponhold H (1983)
Comparative-study of the effect of midazolam and hypnomidate on the cardiovascular-system.
Anaesthesis 32: 395-398   (8 Refs.)

7591. Lister RG (1985)
The amnesic action of benzodiazepines in man (review).
Neurosci B 9: 87-94   (89 Refs.)

7592. Lister RG, Abernethy DR, Greenblatt DJ, File SE (1983)
Methods for the determination of lorazepam and chlordiazepoxide and metabolites in brain-tissue - a comparison with plasma-concentrations in the rat.
J Chromat 277; 201-208   (20 Refs.)

7593. Lister RG, File SE (1983)
Performance impairment and increased anxiety resulting from the combination of alcohol and lorazepam.
J Cl Psych 3: 66-71   (22 Refs.)

7594. Lister RG, File SE (1983)
Changes in regional concentrations in the rat-brain of 5-hydroxytryptamine and 5-hydroxyindoleacetic acid during the development of tolerance to the sedative action of chlordiazepoxide (technical note).
J Pharm Pha 35: 601-603   (14 Refs.)

7595. Lister RG, File SE (1984)
The nature of lorazepam-induced amnesia.
Psychophar 83: 183-187   (34 Refs.)

7596. Lister RG, File SE (1986)
A late-appearing benzodiazepine-induced hypoactivity that is not reversed by a receptor antagonist.
Psychophar 88: 520-524   (19 Refs.)

7597. Lister RG, File SE (1987)
The effect of chlordiazepoxide on the habituation of exploration - interactions with the benzodiazepine antagonist Ro-15-1788.
Pharm Bio B 26: 631-634   (15 Refs.)

7598. Lister RG, File SE, Greenblatt DJ (1983)
The behavioral-effects of lorazepam are poorly related to its concentration in the brain.
Life Sci 32: 2033-2040   (14 Refs.)

7599. Lister RG, File SE, Greenblatt DJ (1983)
Functional tolerance to lorazepam in the rat.
Psychophar 81: 292-294   (20 Refs.)

7600. Lister RG, Greenblatt DJ, Abernethy DR, File SE (1984)
Pharmacokinetic studies on Ro-15-1788, a benzodiazepine receptor ligand, in the brain of the rat (technical note).
Brain Res 290: 183-186   (13 Refs.)

7601. Lister RG, Greenblatt DJ, File SE (1984)
A pharmacokinetic study of CGS-8216, a benzodiazepine receptor ligand, in the rat.
Psychophar 84: 420-422   (12 Refs.)

7602. Lister RG, Nutt DJ (1986)
Mice and rats are sensitized to the proconvulsant action of a benzodiazepine-receptor inverse agonist (FG 7142) following a single dose of lorazepam (technical note).
Brain Res 379: 364-366   (7 Refs.)

7603. Litchfield NB (1983)
Prolonged recovery after intravenous diazepam.
J Oral Max 41: 568-577   (25 Refs.)

7604. Litchfield NB (1983)
Venous complications of intravenous diazepam.
J Oral Max 41: 701-705   (18 Refs.)

7605. Little HJ (1983)
Recent advances in benzodiazepine pharmacology.
Alc Alcohol 18: 383-392   (80 Refs.)

7606. Little HJ (1984)
The effects of benzodiazepine agonists, inverse agonists and Ro 15-1788 on the responses of the superior cervical-ganglion to GABA invitro.
Br J Pharm 83: 57-68   (34 Refs.)

7607. Little HJ, Bichard AR (1984)
Differential-effects of the benzodiazepine antagonist Ro-15-1788 after general anaesthetic doses of benzodiazepines in mice.
Br J Anaest 56: 1153-1160   (53 Refs.)

7608. Little HJ, Nutt DJ, Taylor SC (1984)
Acute and chronic effects of the benzodiazepine receptor ligand FG 7142 - proconvulsant properties and kindling.
Br J Pharm 83: 951-958   (31 Refs.)

7609. Little HJ, Nutt DJ, Taylor SC (1986)
A short course of benzodiazepine treatment, in mice, causes a prolonged increase in sensitivity to benzodiazepine inverse agonists (meeting abstr.).
Br J Addict 81: 710   (no Refs.)

7610. Little HJ, Nutt DJ, Taylor SC (1986)
The effects of drugs acting at the GABA-receptor ionophore after chemical kindling with the benzodiazepine receptor ligand FG-7142.
Br J Pharm 88: 507-514   (35 Refs.)

7611. Little HJ, Nutt DJ, Taylor SC (1987)
Selective changes in the invivo effects of benzodiazepine receptor ligands after chemical kindling with FG 7142.
Neuropharm 26: 25-31   (23 Refs.)

7612. Little HJ, Taylor SC, Nutt DJ, Cowen PJ (1985)
The benzodiazepine antagonist, Ro 15-1788 does not decrease ethanol withdrawal convulsions in rats (technical note).
Eur J Pharm 107: 375-377   (10 Refs.)

7613. Liu S, Miller N, Waye JD (1984)
Retrograde-amnesia effects of intravenous diazepam in endoscopy patients.
Gastroin En 30: 340-342   (13 Refs.)

7614. Liu WF, Beaton JM (1986)
The effects of midazolam on water-reinforced operant-behavior in the rat (meeting abstr.).
Fed Proc 45: 429   (no Refs.)

7615. Livezey GT, Isaac L, Marczyns. TJ (1983)
Prenatal exposure to diazepam causes permanent deficits in learning and reward-induced EEG alpha-like activity in cats (meeting abstr.).
Fed Proc 42: 1347   (no Refs.)

7616. Livezey GT, Marczynski TJ, Isaac L (1986)
Prenatal diazepam - chronic anxiety and deficits in brain receptors in mature rat progeny.
Neurob Tox 8: 425-432   (29 Refs.)

7617. Livezey GT, Marczynski TJ, Isaac L (1986)
Enduring effects of prenatal diazepam on the behavior, EEG, and brain receptors of the adult cat progeny.
Neurotoxico 7: 319-333   (36 Refs.)

7618. Livezey GT, Marczynski TJ, McGrew EA, Beluhan FZ (1986)
Prenatal exposure to diazepam late postnatal teratogenic effect.
Neurob Tox 8: 433-440   (23 Refs.)

7619. Livezey GT, Radulova. M, Isaac L, Marczynski TJ (1985)
Prenatal exposure to diazepam results in enduring reductions in brain receptors and deep slow-wave sleep (technical note).
Brain Res 334: 361-365   (28 Refs.)

7620. Livingston JH, Brown JK (1987)
Non-convulsive status epilepticus resistant to benzodiazepines.
Arch Dis Ch 62: 41-44   (9 Refs.)

7621. Livingston JH, Brown JK, McInnes A (1986)
The effects of benzodiazepines on the EEG in intractable seizure disorders in childhood (meeting abstr.).
EEG Cl Neur 64: 63   (no Refs.)

7622. Lloyd HGE, Morgan PF, Perkins MN, Stone TW (1981)
Temperature-dependent characteristics of diazepam-^{3}H binding to rat cerebral-cortex (meeting abstr.).
Br J Pharm 74: 886-887   (3 Refs.)

7623. Lloyd KG, Bovier P, Broekkam. CL, Worms P (1981)
Reversal of the anti-aversive and anticonvulsant actions of diazepam, but not of progabide, by a selective antagonist of benzodiazepine receptors (technical note).
Eur J Pharm 75: 77-78   (5 Refs.)

7624. Lloyd KG, Depoorte. H, Scatton B, Schoemak. H, Zivkovic B, Manoury P, Langer SZ, Morselli PL, Bartholi. G (1985)
Non-benzodiazepine anxiolytics - potential activity of phenylpiperazines without ^{3}H-diazepam displacing action.
Pharm Bio B 23: 645-652   (41 Refs.)

7625. Lloydthomas AR, Booker PD (1986)
Infusion of midazolam in pediatric-patients after cardiac-surgery.
Br J Anaest 58: 1109-1115   (29 Refs.)

7626. Lo MMS, Niehoff DL, Kuhar JM, Snyder SH (1983)
Differential localization of type-I and type-II benzodiazepine binding-sites in substantia nigra.
Nature 306: 57-60   (39 Refs.)

7627. Lo MMS, Niehoff DL, Kuhar MJ, Snyder SH (1983)
Autoradiographic differentiation of multiple benzodiazepine receptors by detergent solubilization and pharmacologic specificity.
Neurosci L 39: 37-44   (15 Refs.)

7628. Lo MMS, Snyder SH (1983)
2 distinct solubilized benzodiazepine receptors - differential modulation by ions.
J Neurosc 3: 2270-2279   (27 Refs.)

7629. Lo MMS, Strittma. SM, Snyder SH (1982)
Physical separation and characterization of 2 types of benzodiazepine receptors.
P NAS Biol 79: 680-684   (20 Refs.)

7630. Lo MMS, Trifiletti RR, Snyder SH (1983)
Physical separation and characterization of two central benzodiazepine receptors.
In: Pharmacology of Benzodiazepines (Ed. Usdin E, Skolnick P, Tallmann jr JF, Greenblatt D, Paul SM)
Verlag Chemie, Weinheim Deerfield Beach Basel
p. 165-173

7631. Locniskar A, Greenblatt DJ, Harmatz JS, Zinny MA (1985)
Influence of famotidine and cimetidine on the pharmacokinetic properties of intravenous diazepam (meeting abstr.).
J Clin Phar 25: 459-460   (no Refs.)

7632. Locniskar A, Greenblatt DJ, Harmatz JS, Zinny MA, Shader RI (1986)
Interaction of diazepam with famotidine and cimetidine, 2 H-2 receptor antagonists.
J Clin Phar 26: 299-303   (29 Refs.)

7633. Locniskar A, Greenblatt DJ, Ochs HR (1985)
Simplified gas-chromatographic assay of underivatized nitrazepam in plasma (technical note).
J Chromat 337: 131-135   (9 Refs.)

7634. Locniskar A, Greenblatt DJ, Scavone JM, Shader RI (1986)
Effect of conjugated estrogens or tricyclic antidepressants on the kinetics of diazepam, alprazolam and lorazepam (meeting abstr.).
Clin Pharm 39: 208   (no Refs.)

7635. Locniskar A, Greenblatt DJ, Zinny M (1983)
Absolute bioavailability and effect of food and antacid on diazepam absorption from a slow-release preparation (meeting abstr.).
Clin Res 31: 677   (no Refs.)

7636. Locniskar A, Greenblatt DJ, Zinny MA, Harmatz JS, Shader RI (1984)
Absolute bioavailability and effect of food and antacid on diazepam absorption from a slow-release prepparation.
J Clin Phar 24: 255-263   (25 Refs.)

7637. Locock AR, Baker GB, Micetich RG, Coutts RT (1983)
Stereoisomeric tetrahydro-beta-carbolines differ in their interaction with rat-brain benzodiazepine receptors.
Prog Neur-P 7: 809-812   (11 Refs.)

7638. Locock RA, Baker GB, Micetich RG, Coutts RT, Benderly A (1982)
Interaction of beta-carbolines with the benzodiazepine receptor - structure-activity-relationships of amide derivatives of beta-carboline and tetrahydro-beta-carboline.
Prog Neur-P 6: 407-410   (8 Refs.)

7639. Loew GH, Nienow J, Lawson JA, Toll L, Uyeno ET (1985)
Theoretical structure-activity studies of beta-carboline analogs - requirements for benzodiazepine receptor affinity and antagonist activity.
Molec Pharm 28: 17-31   (40 Refs.)

7640. Loew GH, Nienow JR, Poulsen M (1984)
Theoretical structure-activity studies of benzodiazepine analogs - requirements for receptor affinity and activity.
Molec Pharm 26: 19-34   (33 Refs.)

7641. Loffler B, Kneffel P, Rothhaus R (1984)
Lormetazepam and etomidate in comparison with midazolam in anesthetic introduction in the clinical routine - a study on 100 patients (meeting abstr.).
Anaesthesis 33: 535-536   (no refs.)

7642. Lohmann H, Vondelbr. O, Findeise. P (1983)
Comparative studies on the efficacy of brotizolam and nitrazepam - a multi-centre study.
Br J Cl Ph 16: 403-406   (5 Refs.)

7643. Loke WH, Hinrichs JV, Ghoneim MM (1985)
Caffeine and diazepam - separate and combined effects on mood, memory, and psychomotor performance.
Psychophar 87: 344-350   (35 Refs.)

7644. Longbottom RT, Pleuvry BJ (1984)
Respiratory and sedative effects of triazolam in volunteers.
Br J Anaest 56: 179-185   (18 Refs.)

7645. Looenen AJM, Soeagnie CJ, Soudijn W (1982)
Halopemide and benzodiazepine binding-sites.
Arch I Phar 258: 51-59   (32 Refs.)

7646. Lopatinskaya KY, Sheinkma. AK (1985)
Novel recyclization of 1,4-diacetyl-1,2,3,4-tetrahydroquinoxalines into 1,5-benzodiazepines (letter).
Khim Getero 1: 132   (1 Refs.)

7647. Lope ES, Tanarro FJH (1982)
Clonazepam therapy in a case of primary reading epilepsy (letter).
Arch Neurol 39: 455   (6 Refs.)

7648. Lopez J (1981)
Physostigmine reversal of diazepam-induced respiratory arrest - report of case.
J Oral Surg 39: 539-541   (26 Refs.)

7649. Lopez MJ, Borges C (1981)
A comparative double-blind study of a new hypnotic RU-31158 versus flurazepam in prolonged administration.
Inv Med Int 8: 26-36   (no Refs.)

7650. Lorizio A, Salsa F (1986)
The effectiveness of oral midazolam as a hypnotic compared with lorazepam.
Pharmathera 4: 463-471   (50 Refs.)

7651. Löscher W (1982)
Rapid gas-chromatographic measurement of diazepam and its metabolites desmethyldiazepam, oxazepam, and 3-hydroxydiazepam (temazepam) in small samples of plasma.
Ther Drug M 4: 315-318   (19 Refs.)

7652. Löscher W, Altahan FJO (1983)
Rapid gas-chromatographic assay of underivatized clonazepam in plasma.
Ther Drug M 5: 229-233   (16 Refs.)

7653. Löscher W, Frey HH (1981)
Pharmacokinetics of diazepam in the dog.
Arch I Phar 254: 180-195   (24 Refs.)

7654. Löscher W, Schwark WS (1985)
Development of tolerance to the anticonvulsant effect of diazepam im amygdala-kindled rats.
Exp Neurol 90: 373-384   (30 Refs.)

7655. Lossius R, Dietrich. P, Lunde PKM (1985)
Effect of clorazepate in spasticity and rigidity - a quantitative study of reflexes and plasma-concentrations.
Act Neur Sc 71: 190-194   (15 Refs.)

7656. Lotz W (1982)
Benzodiazepine antagonist Ro 15-1788 counteracts the prolactin lowering effects of other benzodiazepines in rats.
Neuroendocr 35: 32-36   (49 Refs.)

7657. Loughnan BA, Cohen DG, Frank M, Maynard DE, Rutherfo. CF (1986)
Changes in the cerebral function analyzing monitor compared with changing plasma-concentrations of midazolam during a continuous infusion of midazolam (meeting abstr.).
Br J Anaest 58: 129   (3 Refs.)

7658. Loughnan BL, Sebel PS, Thomas D, Rutherfo. CF, Rogers H (1987)
Evoked-potentials following diazepam or fentanyl (technical note).
Anaesthesia 42: 195-198   (10 Refs.)

7659. Lounasmaa M, Saano V, Airaksin. MM, Jokela R, Huhtikan. A (1986)
Indoloquinolizidines, formal derivatives of tetrahydro-beta-carbolines, show selective affinity for benzodiazepine, tryptamine and serotonin binding-sites in rat-brain (technical note).
Neuropharm 25: 915-918   (17 Refs.)

7660. Loveridg. P (1981)
More on diazepam (letter).
Can Fam Phy 27: 1684-1685   (no Refs.)

7661. Loveridg. P (1984)
Benzodiazepine dependence (letter).
Can Fam Phy 30: 985   (* Refs.)

7662. Loveridge PL (1981)
Physical-dependence on diazepam.
Can Fam Phy 27: 1109-1111   (no Refs.)

7663. Lowenstein PR, Aguilar JSO, Sabato UC (1982)
Effects of pentoxyfylline on the benzodiazepine and muscarinic receptors of the cerebral-cortex of the rat (meeting abstr.).
Act Physl L 32: 91   (no Refs.)

7664. Lowenstein PR, Aguilar JSO, Sabato UC (1985)
Effects of the methylxanthine derivative pentoxifylline on benzodiazepine and muscarinic binding-sites in rat cerebral-cortex.
Act Phys Ph 35: 431-439   (23 Refs.)

7665. Lowenstein PR, Cardinal. DP (1982)
Benzodiazepine receptor-sites in bovine pineal (technical note).
Eur J Pharm 86: 287-289   (10 Refs.)

7666. Lowenstein PR, Cardinal. DP (1982)
Benzodiazepine receptors in endocrine glands, their characterization in the pineal-gland, hypophysis and testicle (meeting abstr.).
Medicine 42: 881-882   (no Refs.)

7667. Lowenstein PR, Cardinal. DP (1983)
Benzodiazepine and beta-carboline receptors in the bovine pineal-gland (meeting abstr.).
Act Physl L 33: 58-59   (no Refs.)

7668. Lowenstein PR, Cardinal. DP (1983)
Characterization of flunitrazepam and beta-carboline high-affinity binding in bovine pineal-gland.
Neuroendocr 37: 150-154   (34 Refs.)

7669. Lowenstein PR, Rosenste. R, Caputti E, Cardinal. DP (1983)
The effects of GABA on benzodiazepine receptors in the human cerebral-cortex and pineal-gland (meeting abstr.).
Medicine 43: 762   (no Refs.)

7670. Lowenstein PR, Rosenste. R, Caputti E, Cardinal. DP (1984)
Benzodiazepine binding-sites in human pineal-gland.
Eur J Pharm 106: 399-403   (10 Refs.)

7671. Lowenstein P, Rosenste. R, Caputti E, Cardinal. DP (1984)
Benzodiazepine binding-sites in human pineal-gland (meeting abstr.).
J Steroid B 20: 1459   (no Refs.)

7672. Lowenstein PR, Rosenste. R, Cardinal. DP (1984)
The effect of pinealectomy and melatonin injection of the concentration of benzodiazepine receptors in the cerebral-cortex of the rat (meeting abstr.).
Act Phys Ph 34: 448   (no Refs.)

7673. Lowenstein PR, Rosenste. R, Cardinal. DP (1985)
Melatonin reverses pinealectomy-induced decrease of benzodiazpine binding in rat cerebral-cortex.
Neurochem I 7: 675-681   (42 Refs.)

7674. Lowenstein PR, Solveyra CG, Cardinal. DP (1984)
Micromolar benzodiazepine binding-sites of central type characteristics are present in the cerebral-cortex of the rat (letter).
Act Phys Ph 34: 441-443   (5 Refs.)

7675. Lowenstein PR, Solveyra CG, Cardinal. DP (1984)
Receptors and biological effects of benzodiazepine in the pineal-gland of the rat (meeting abstr.).
Act Phys Ph 34: 455   (no Refs.)

7676. Lowenstein PR, Solveyra CG, Cardinal. DP (1984)
Intracellular-distribution of ^{3}H flunitrazepam (^{3}H-FNZP) in the cerebral-cortex of the rat (meeting abstr.).
Act Phys Ph 34: 465-466   (no Refs.)

7677. Lowenstein PR, Solveyra CG, Cardinal. DP (1984)
Invitro uptake of benzodiazepines by rat pineal-gland.
J Pineal R 1: 207-213   (18 Refs.)

7678. Lowenstein PR, Solveyra CG, Sarmient. MI, Cardinal. DP (1985)
Benzodiazepines decrease norepinephrine release from rat pineal nerves by acting on peripheral type binding-sites.
Act Phys Ph 35: 441-449   (23 Refs.)

7679. Lowry KG, Dundee JW, McClean E, Lyons SM, Carson IW, Orr IA (1985)
Pharmacokinetics of diazepam and midazolam when used for sedation following cardiopulmonary bypass.
Br J Anaest 57: 883-885   (16 Refs.)

7680. Lowry KG, Lyons SM, Carson IW, Orr IA, Dundee JW (1984)
Midazolam v diazepam for sedation in a cardiac surgical intensive-care unit (meeting abstr.).
Br J Anaest 56: 1288   (1 Refs.)

7681. Luabeya MK, Maloteau. JM, Laduron PM (1984)
Regional and cortical laminar distributions of serotonin-S2, benzodiazepine, muscarinic, and dopamine-D2 receptors in human-brain.
J Neurochem 43: 1068-1071   (19 Refs.)

7682. Lucas D, Menez JF, Daniel JY, Bardou LG, Floch HH (1986)
Acetaldehyde adducts with serum-proteins - effect on diazepam and phenytoin binding.
Pharmacol 32: 134-140   (29 Refs.)

7683. Lucki I, Moyer JA, Muth EA (1985)
Blockade of the anticonflict effects of lorazepam and diazepam by the monoamine-oxidase inhibitor phenelzine (meeting abstr.).
Fed Proc 44: 885   (no Refs.)

7684. Lucki I, Rickels K (1986)
Differential effects of the anxiolytic drugs diazepam and buspirone on memory (meeting abstr.).
Psychophar 89: 55   (no Refs.)

7685. Lucki I, Rickels K (1986)
The behavioral-effects of benzodiazepines following long-term use.
Psychoph B 22: 424-433   (34 Refs.)

7686. Lucki I, Rickels K, Geller AM (1985)
Psychomotor performance following the long-term use of benzodiazepines.
Psychoph B 21: 93-96   (5 Refs.)

7687. Lucki I, Rickels K, Geller AM (1986)
Chronic use of benzodiazepines and psychomotor and cognitive test-performance.
Psychophar 88: 426-433   (38 Refs.)

7688. Lucki I, Rickels K, Giesecke MA, Geller A (1987)
Differential-effects of the anxiolytic drugs, diazepam and buspirone, on memory function.
Br J Cl Ph 23: 207-211   (23 Refs.)

7689. Ludewig R, Lohs KH (1987)
Akute Vergiftungen, 7. Aufl.
Gustav Fischer, Stuttgart.

7690. Lueddens HW, Newman AH, Rice KC, Skolnick P (1986)
AHN 086 - an irreversible ligand of peripheral benzodiazepine receptors.
Molec Pharm 29: 540-545   (27 Refs.)

7691. Lueddens HW, Skolnick P (1987)
Peripheral-type benzodiazepine receptors in the kidney - regulation of radioligand binding by anions and dids.
Eur J Pharm 133: 205-214   (36 Refs.)

7692. Luesley DM, Terry PB, Chan KK (1985)
High-dose intravenous metoclopramide and intermittent intramuscular prochlorperazine and diazepam in the management of emesis induced by cis-dichlorodiammineplatinum.
Can Chemot 14: 250-252   (10 Refs.)

7693. Luk KC, Stern L, Weigele M, Obrien RA, Spirt N (1983)
Isolation and identification of diazepam-like compounds from bovine urine.
J Nat Prod 46: 852-861   (47 Refs.)

7694. Lukas SE, Griffith. RR (1982)
Precipitated withdrawal in diazepam-treated baboons by a benzodiazepine receptor antagonist (meeting abstr.).
Fed Proc 41: 1542   (no Refs.)

7695. Lukas SE, Griffith. RR (1982)
Precipitated withdrawal by a benzodiazepine receptor antagonist (Ro-15-1788) after 7 days of diazepam.
Science 217: 1161-1163   (26 Refs.)

7696. Lukas SE, Griffith. RR (1984)
Precipitated diazepam withdrawal in baboons - effects of dose and duration of diazepam exposure.
Eur J Pharm 100: 163-171   (29 Refs.)

7697. Lukas SE, Hienz RD, Brady JV (1985)
Effects of diazepam and triazolam on auditory and visual thresholds and reaction-times in the baboon.
Psychophar 87: 167-171   (40 Refs.)

7698. Lukashev ME, Plashkev. YG, Dyomushk. VP (1985)
Heterogeneity of benzodiazepine receptors from bovine cerebellum.
Biol Memb 2: 507-509   (10 Refs.)

7699. Lukeman DS, Fanestil DD (1987)
Interactions of diuretics with the renal benzodiazepine binding-site (BBS) (meeting abstr.).
Kidney Int 31: 278   (1 Refs.)

7700. Lukeman S, Fanestil D (1986)
Subcellular-localization and displacement by diuretics of the peripheral benzodiazepine binding-site (PBS) from rat-kidney (meeting abstr.).
Fed Proc 45: 801   (no Refs.)

7701. Lummis SCR, Sattelle DB (1985)
Binding-sites for 4-aminobutyric acid and benzodiazepines in the central nervous-system of insects (meeting abstr.).
Pest Sci 16: 695-697   (7 Refs.)

7702. Lummis SCR, Sattelle DB (1986)
Binding-sites for ^{3}H-GABA, ^{3}H-flunitrazepam and ^{35}S-TBPS in insect CNS.
Neurochem I 9: 287-293   (27 Refs.)

7703. Lund J (1981)
Radioreceptor assay for benzodiazepines in biological-fluids using a new dry and stable receptor preparation.
Sc J Cl Inv 41: 275-280   (21 Refs.)

7704. Lund R (1984)
Medikamentöse Behandlung von Schlafstörungen.
Internist 25: 9, 543-46

7705. Lundgren G, Nordgren I, Karlen B, Jacobsso. G (1987)
Effects of diazepam on blood choline and acetylcholine turnover in brain of mice.
Pharm Tox 60: 96-99   (13 Refs.)

7706. Lundgren S (1985)
Comparison of rectal diazepam and subcutaneous morphine-scopolamine administration for outpatient sedation in minor oral-surgery.
Act Anae Sc 29: 674-678   (19 Refs.)

7707. Lundgren S, Rosenqui. JB (1983)
Amnesia, pain experience, and patient satisfaction after sedation with intravenous diazepam.
J Oral Max 41: 99-102   (11 Refs.)

7708. Lundgren S, Rosenqui. J (1983)
Intraindividual comparison between intravenous diazepam and rectal diazepam solution for sedation in outpatient oral-surgery (meeting abstr.).
Swed Dent J 7: 250   (no Refs.)

7709. Lundgren S, Rosenqui. JB (1984)
Comparison of sedation, amnesia, and patient comfort produced by intravenous and rectal diazepam.
J Oral Max 42: 646-650   (12 Refs.)

7710. Lundgren S, Rosenqui. JB (1985)
Intravenous diazepam versus diazepam in rectal solution - a randomized crossover study in oral-surgery sedation (meeting abstr.).
Int J Or Su 14: 104-105 (no Refs.)

7711. Lundgren S, Rosenqui. JB (1986)
Intravenous or rectal diazepam for outpatient sedation in minor oral-surgery.
Int J Or M 15: 541-548 (17 Refs.)

7712. Lupolover R, Ballmer U, Helcl J, Escher J, Pavletic B (1983)
Efficacy and safety of midazolam and oxazepam in insomniacs.
Br J Cl Ph 16: 139-143 (4 Refs.)

7713. Lupolover R, Buch JP (1981)
Evaluation of efficacy and safety of midazolam administered orally in sleep disorders - a dose-finding study.
Arznei-For 31-2: 2281-2283 (1 Refs.)

7714. Lupolove. Y, Safran AB, Desangle. D, Deweisse C, Meyer JJ, Bousquet A, Assimaco. A (1984)
Evaluation of visual function in healthy-subjects after administration of Ro-15-1788 (technical note).
Eur J Cl Ph 27: 505-507 (9 Refs.)

7715. Luque AG, Crespo FM, Aguilar M, Delacues. FS (1983)
Effect of tofizopan and sodium valproate on the nonanxiolytic effects of diazepam (meeting abstr.).
J Pharmacol 14: 562 (no Refs.)

7716. Luque AG, Toro AG, Cortes JPD, Delacues. FS (1983)
Comparative effects of tofizopan, GABA and diazepam on the specific union of ^{3}H-flunitrazepam in the cerebrum of the rat (meeting abstr.).
J Pharmacol 14: 564 (1 Refs.)

7717. Luscombe DK (1984)
Lormetazepam - Plasma Concentrations in Volunteers Following Sublingual and Oral Dosing.
In: Sleep Benzodiazepines and Performance - Experimental Methodologies and Research Prospects (Ed. Hindmarch I, Ott H, Roth T).
Springer, Berlin Heidelberg New York Tokyo, p. 98-104

7718. Luzzani F, Colombo G, Diena A, Glasser A (1983)
Heterogeneity of benzodiazepine binding-sites in cat spinal-cord.
IRCS-Bioch 11: 901-902 (6 Refs.)

7719. Luzzani F, Colombo G, Glasser A (1983)
Different effect of premazepam on the modulation of ^{3}H-labeled flunitrazepam binding by GABA in rat cortex cerebellum.
IRCS-Bioch 11: 392-393 (12 Refs.)

7720. Luzzani F, Colombo G, Glasser A (1984)
Central benzodiazepine receptors in the spinal-cord and other regions of the CNS of the cat.
Neuropharm 23: 1137-1140 (21 Refs.)

7721. Luzzi S, Spagnesi S, Franchim. S, Rosi E, Ciuffi M, Zilletti L (1986)
Diazepam potentiates GABA-contraction in guinea-pig ileum.
Arch I Phar 279: 29-39 (28 Refs.)

7722. Lydiard RB, Howell EF, Laraia MT, Ballenge. JC (1987)
Sexual side-effects of alprazolam (letter).
Am J Psychi 144: 254-255 (2 Refs.)

7723. Lydiard RB, Laraia MT, Ballenge. JC, Howell EF (1987)
Emergence of depressive symptoms in patients receiving alprazolam for panic disorder.
Am J Psychi 144: 664-665 (10 Refs.)

7724. Lynch T, Power P, Prasad HC (1981)
Comparison of oral and rectal diazepam (valium) in the treatment of insomnia associated with anxiety in the elderly.
J Irish C P 11: 73-75 (no Refs.)

7725. Lynn EJ (1985)
Triazolam addiction (letter).
Hosp Commun 36: 779-780 (5 Refs.)

7726. Mac DS, Kumar R, Goodwin DW (1985)
Anterograde amnesia with oral lorazepam.
J Clin Psy 46: 137-138 (8 Refs.)

7727. Macdonald JF, Barker JL (1982)
Multiple actions of picomolar concentrations of flurazepam on the excitability of cultured mouse spinal neurons.
Brain Res 246: 257-264 (18 Refs.)

7728. Macdonald RL (1987)
GABA picrotoxin benzodiazepine receptors (meeting abstr.).
Int J Neurs 32: 910-911 (no Refs.)

7729. Macdonald RL, Weddle MG, Gross RA (1986)
Benzodiazepine, beta-carboline, and barbiturate actions on GABA responses (review).
Adv Bio Psy 41: 67-78 (50 Refs.)

7730. Macgilch. AJ, Birnie GG, Cook A, Scobie G, Murray T, Watkinso. G, Brodie MJ (1986)
Pharmacokinetics and pharmacodynamics of intravenous midazolam in patients with severe alcoholic cirrhosis.
GUT 27: 190-195 (26 Refs.)

7731. Machata G, Vycudilik W (1975)
Bestimmung von sauren Giften in Harn oder Blut.
Angew Chromatogr 24

7732. Machula AI, Barkov NK, Fisenko VP (1982)
Differentation of visual signals by animals under the effect of benzodiazepine tranquilizers.
Farmakol T 45: 13-15 (11 Refs.)

7733. Macintosh D (1983)
Risk with intravenous diazepam (letter).
NZ Med J 96: 677 (3 Refs.)

7734. Macintosh D (1983)
Risks with intravenous diazepam (letter).
NZ Med J 96: 811 (1 Refs.)

7735. Mack RB (1982)
Jelly beans for the middle-class - benzodiazepines.
N C Med J 43: 505-506 (no Refs.)

7736. Mackinnon GL, Parker WA (1982)
Benzodiazepine withdrawal syndrome - a literature-review and evaluation.
Am J Drug A 9: 19-33 (67 Refs.)

7737. Macklon AF, Barton M, James O, Rawlins MD (1980)
The effect of age on the pharmacokinetics of diazepam.
Clin Sci 59: 479-483 (14 Refs.)

7738. Macleod N (1981)
Triazolam - monitored release in the united-kingdom.
Br J Cl Ph 11: 51-53 (no Refs.)

7739. Macleod N (1983)
Comparison of benzodiazepines (letter).
Scot Med J 28: 101-102 (1 Refs.)

7740. Macy DW, Gasper PW (1985)
Diazepam induced eating in anorexic cats.
J Am Anim H 21: 17-20 (31 Refs.)

7741. Maderdrut JL, Oppenheim. RW, Reitzel JL (1983)
Behavioral-analysis of benzodiazepine-mediated inhibition in the early chick-embryo (technical note).
Brain Res 289: 385-390 (40 Refs.)

7742. Madler C, Morawetz R, Parth P, Peter K, Poppel E (1985)
Laterality differences in nociception - the effect of flunitrazepam on experimentally induced pain (meeting abstr.).
Act Anae Sc 29: 94 (no Refs.)

7743. Madorsky JG (1983)
The role of benzodiazepines in the management of neurological and muscular disorders.
J Psych Dr 15: 45-48 (15 Refs.)

7744. Madrid HG, Vildosol. RB, Madrid RG (1985)
Gravimetric-determination of diazepam and medazepam by use of sodium tetraphenylbore (technical note).
J Pharm Bel 40: 435-438 (13 Refs.)

7745. Magni VC, Frost RA, Leung JWC, Cotton PB (1983)
A randomized comparison of midazolam and diazepam for sedation in upper gastrointestinal endoscopy.
Br J Anaest 55: 1095-1101 (19 Refs.)

7746. Mahajan RP, Grover VK, Munjal VP, Singh H (1987)
Double-blind comparison of lidocaine, tubocurarine and diazepam pretreatment in modifying intraocular-pressure increases.
Can J Anaes 34: 41-45 (28 Refs.)

7747. Maiewski SF, Larschei. P, Cook JM, Mueller GP (1985)
Evidence that a benzodiazepine receptor mechanism regulates the secretion of pituitary beta-endorphin in rats.
Endocrinol 117: 474-480 (41 Refs.)

7748. Maillet J, Perier JF, Girard P, Maillet Forest A, Deligne P (1982)
Effects of flunitrazepam on intraocular-pressure.
J Fr Ophtal 5: 335-338 (12 Refs.)

7749. Majeauch. D (1986)
Lorazepam and manic agitation (letter).
Am J Psychi 143: 1189 (2 Refs.)

7750. Majewska MD, Chuang DM (1985)
Benzodiazepines enhance the muscimol-dependent activation of phospholipase-A2 in glioma C6-cells.
J Pharm Exp 232: 650-655 (29 Refs.)

7751. Makino M, IshiiK, Kurobe Y, Kano T, Tanaka T, Ando J (1986)
The effects of benzodiazepines, on BA-induced automaticity in isolated atria of the guinea-pig (meeting abstr.).
Jpn J Pharm 40: 195 (no Refs.)

7752. Makino M, Kurobe Y, Ishii K, Kanto T, Tanaka T, Ando J (1984)
Pharmacological studies of benzodiazepines .2. effects on the heart (meeting abstr.).
Jpn J Pharm 36: 279 (no Refs.)

7753. Makino M, Kurobe Y, Ishii K, Tanaka T, Ando J (1985)
Pharmacological studies of benzodiazepines - effects on the heart .3. (meeting abstr.).
Jpn J Pharm 39: 289 (no Refs.)

7754. Maksay G, Kardos J, Simonyi M, Tegyey Z, Otvos L (1981)
Specific binding of racemic oxazepam esters to rat-brain synaptosomes and the influence of bioactivation by esterases.
Arznei-For 31-1: 979-981 (34 Refs.)

7755. Maksay G, Nielsen M, Simonyi M (1986)
The enhancement of diazepam and muscimol binding by pentobarbital and (+)-etomidate - size of the molecular arrangement estimated by electron-irradiation inactivation of rat cortex.
Neurosci L 70: 116-120 (10 Refs.)

7756. Maksay G, Otvos L (1983)
Bioactivation of prodrugs - structure-pharmacokinetic correlations of benzodiazepine esters (review).
Drug Metab 14: 1165-1192 (83 Refs.)

7757. Maksay G, Palosi E, Tegyey Z, Otvos L (1981)
Oxazepam esters .3. intrinsic activity, selectivity, and prodrug effect.
J Med Chem 24: 499-502 (25 Refs.)

7758. Maksay G, Simonyi M (1985)
Benzodiazepine anticonvulsants accelerate and beta-carboline convulsants decelerate the kinetics of ^{35}S TBPS binding at the chloride ionophore (technical note).
Eur J Pharm 117: 275-278 (9 Refs.)

7759. Maksay G, Ticku MK (1983)
The protective effect of the ligands of the benzodiazepine-GABA receptor complex from inactivation by group-selective modification (meeting abstr.).
Fed Proc 42: 1162 (1 Refs.)

7760. Maksay G, Ticku MK (1984)
Characterization of gamma-aminobutyric acid benzodiazepine receptor complexes by protection against inactivation by group-specific reagents.
J Neurochem 42: 1715-1727 (35 Refs.)

7761. Malacrida R, Fritz ME (1986)
Experience with continous infusion of midazolam and reversal of sedation with Ro 15-1788 (anexate) in polytraumatized ICU patients.
Hexagon Roche, Workshop Basel, Jan. 1986, S. 35-38

7762. Male CG, Johnson HD (1983)
Psychomotor performance after benzodiazepine premedication and general-anesthesia (meeting abstr.).
Br J Anaest 55: 1159 (2 Refs.)

7763. Male CG, Johnson HD (1984)
Oral benzodiazepine premedication in minor gynecological surgery.
Br J Anaest 56: 499-507 (18 Refs.)

7764. Maling T, Moon P, Taylor C (1985)
Pharmacodynamic comparisons of midazolam and triazolam in elderly patients (meeting abstr.).
NZ Med J 98: 295 (no Refs.)

7765. Mallach HJ, Hartmann H, Schmidt V (1987)
Alkoholwirkung beim Menschen. Pathophysiologie, Nachweis, Intoxikation, Wechselwirkungen.
Georg Thieme Verlag, Stuttgart New York

7766. Mallach HJ, Schmidt V (1982)
Untersuchungen zur Prüfung der Wechselwirkung zwischen Alkohol und einem neuen 1,4-Benzodiazepin (Metaclazepam)
1. Mitteilung: Verhalten und Kinetik
Blutalkohol 19: 416-442

7767. Mallach HJ, Schmidt V, Schenle D, Dietz K (1983)
Untersuchungen zur Prüfung der Wechselwirkung zwischen Alkohol und einem neuen 1,4-Benzodiazepin (Metaclazepam)
2. Mitteilung: Psychophysische Leistungsfähigkeit.
Blutalkohol 20: 196-220

7768. Mallet E, Demenibu. CH, Pellerin MA, Menard JF (1983)
Diazepam and febrile convulsions in children (letter).
Presse Med 12: 238 (no Refs.)

7769. Mallorga P, Ebel C, Rothsche. BF (1983)
Diazepam-^{3}H binding-sites on chick neurons in primary culture.
Neurosci L 39: 45-50 (22 Refs.)

7770. Malminen O, Kontro P (1985)
Actions of taurine on the GABA-benzodiazepine receptor complex in rat-brain membranes (meeting abstr.).
Act Neur Sc 72: 245 (4 Refs.)

7771. Malminen O, Kontro P (1986)
Modulation of GABA-benzodiazepine receptor complex by taurine in rat-brain membranes.
Neurochem R 11: 85-94 (30 Refs.)

7772. Malsch U, Lehrl S, Labatzki E, Müllerje. W, Zimmerma. J, Albiez R, Stelzer HG, Blaha L (1984)
Morning intake of tranquilizers - multicentric double-blind-study with prazepam and diazepam.
Med Welt 35: 829-834 (no Refs.)

7773. Maltby JR, Hamilton RC (1981)
Comparison of midazolam and thiopentone as induction-agents for general-anesthesia (meeting abstr.).
Can Anae SJ 28: 500 (no Refs.)

7774. Mamelak M, Csima A, Price V (1984)
A comparative 25-night sleep laboratory study on the effects of quazepam and triazolam on chronic insomniacs.
J Clin Phar 24: 65-75 (18 Refs.)

7775. Mamelak M, Csima A, Price V (1985)
Effects of quazepam and triazolam on the sleep of chronic insomniacs - a comparative 25-night sleep laboratory study.
Clin Neurop 8: 63-73 (7 Refs.)

7776. Man GCW, Hsu K, Sproule BJ (1986)
Effect of alprazolam on exercise and dyspnea in patients with chronic obstructive pulmonary-disease.
CHEST 90: 832-836 (12 Refs.)

7777. Manchikanti L (1984)
Diazepam does not prevent succinylcholine-induced fasciculations and myalgia - a comparative-evaluation of the effect of diazepam and D-tubocurarine pretreatments.
Act Anae Sc 28: 523-528 (21 Refs.)

7778. Manchon M, Kopp N, Bobillie. P, Miachon S (1985)
Autoradiographic and quantitative study of benzodiazepine-binding sites in human hippocampus.
Neurosci L 62: 25-30 (24 Refs.)

7779. Manchon M, Kopp N, Rouzioux JM, Miachon S (1986)
Study of benzodiazepine binding-sites in suicides hippocampus.
CR Ac S III 302: 131-134 (22 Refs.)

7780. Manchon M, Miachon S, Verdier MF, Kopp N, Rouzioux JM (1985)
Study of the binding sites of benzodiazepine in the hippocampus of the normal human-brain (meeting abstr.).
Ann Biol Cl 43: 695 (no Refs.)

7781. Manchon M, Verdier MF, Pallud P, Vialle A, Beseme F, Bienvenu J (1985)
Evaluation of emit-tox enzyme-immunoassay for the analysis of benzodiazepines in serum-usefulness and limitations in an emergency laboratory.
J Anal Tox 9: 209-212 (7 Refs.)

7782. Mandel S, Au S, Rudnick M (1982)
Clonazepam in dialysis encephalopathy (letter).
J Am Med A 247: 1810-1811 (4 Refs.)

7783. Mangini RJ (1982)
Cimetidine-benzodiazepine interactions (letter).
Am J Hosp P 39: 236 (5 Refs.)

7784. Manley PW, Rees CW, Storr RC (1983)
Formation of 3H-1,3-benzodiazepines by cyclo-addition of 1,3-oxazol-5-ones to 2-phenylbenz-azete.
J Chem S Ch 1983: 1007-1008 (12 Refs.)

7785. Mansbach RS, Stanley JA, Barrett JE (1984)
Ro-15-1788 and BETA-CCE selectively eliminate diazepam-induced feeding in the rabbit.
Pharm Bio B 20: 763-766 (29 Refs.)

7786. Mansbridge B, Fisher S (1984)
Public knowledge and attitudes about diazepam.
Psychophar 82: 225-228 (16 Refs.)

7787. Mantegazza P, Parenti M, Tammiso R, Vita P, Zambotti F, Zonta N (1982)
Modification of the antinociceptive effect of morphine by centrally administered diazepam and midazolam.
Br J Pharm 75: 569-572 (23 Refs.)

7788. Mantione C (1984)
Are there endocoids for peripheral-type benzodiazepine binding-sites (meeting abstr.).
Drug Dev R 4: 456 (no Refs.)

7789. Mantione CR, Weissman BA, Goldman ME, Paul SM, Skolnick P (1984)
Endogenous inhibitors of ^{3}H-4'-chlorodiazepam (Ro-5-4864) binding to peripheral sites for benzodiazepines.
FEBS Letter 176: 69-74   (22 Refs.)

7790. Manttari M, Malkonen M, Manninen V (1982)
Effect of diazepam on endothelial permeability, plasma-lipids and lipoproteins in cholesterol-fed rabbits.
Act Med Sc 1982: 109-113   (26 Refs.)

7791. Marangos PJ, Crawley JN (1982)
Chronic benzodiazepine treatment increases ^{3}H muscimol binding in mouse-brain.
Neuropharm 21: 81-84   (19 Refs.)

7792. Marangos PJ, Martino AM (1981)
Studies on the relationship of gamma-aminobutyric acid-stimulated diazepam binding and the gamma-aminobutyric acid receptor.
Molec Pharm 20: 16-21   (28 Refs.)

7793. Marangos PJ, Martino AM, Paul SM, Skolnick P (1981)
The benzodiazepines and inosine antagonize caffeine-induced seizures.
Psychophar 72: 269-273   (26 Refs.)

7794. Marangos PJ, Patel J (1981)
Properties of ^{3}H beta-carboline-3-carboxylate ethyl-ester binding to the benzodiazepine receptor.
Life Sci 29: 1705-1714   (31 Refs.)

7795. Marangos PJ, Patel J, Boulenge. JP, Clarkros. R (1982)
Characterization of peripheral-type benzodiazepine binding-sites in brain using (^{3}H)-labeled Ro-5-4864.
Molec Pharm 22: 26-32   (32 Refs.)

7796. Marangos PJ, Patel J, Hirata F, Sondhein D, Paul SM, Skolnick P, Goodwin FK (1981)
Inhibition of diazepam binding by tryptophan derivatives including melatonin and its brain metabolite N-acetyl-5-methoxy kynurenamine.
Life Sci 29: 259-267   (23 Refs.)

7797. Marangos PJ, Patel J, Skolnick P, Paul SM (1983)
Endogenous "benzodiazepine-like" agents.
In: Pharmacology of Benzodiazepines (Ed. Usdin E, Skolnick P, Tallmann jr JF, Greenblatt D, Paul SM)
Verlag Chemie, Weinheim Deerfield Beach Basel p. 519-527

7798. Marangos PJ, Paul SM, Parma AM, Skolnick P (1981)
Inhibition of gamma-aminobutyric acid stimulated diazepam-^{3}H binding by benzodiazepine receptor ligands (technical note).
Bioch Pharm 30: 2171-2174   (24 Refs.)

7799. Marangos PJ, Trams E, Clarkros. RL, Paul SM, Skolnick P (1981)
Anticonvulsant doses of inosine result in brain levels sufficient to inhibit ^{3}H-diazepam binding.
Psychophar 75: 175-178   (20 Refs.)

7800. Marano F, Santamar. A, Fries W (1984)
Effects of diazepam on mitosis and basal body duplication of synchronously dividing flagellate cells.
Bio Cell 50: 163-172   (15 Refs.)

7801. Marano F, Santamar. A, Fries W (1984)
Effects of diazepam on mitosis and basal body duplication of synchronously dividing flagellate cells.
J Submic Cy 16: 125   (3 Refs.)

7802. Marcel D, Bardelay C, Hunt PF (1986)
Lesion of noradrenergic neurons with DSP4 does not modify benzodiazepine receptor-binding in cortex and hippocampus of rat.
Neuropharm 25: 283-286   (15 Refs.)

7803. Marcel D, Weissman. D, Mach E, Pujol FJ (1986)
Benzodiazepine binding-sites - localization and characterization in the limbic system of the rat-brain.
Brain Res B 16: 573-596   (73 Refs.)

7804. Marcucci F, Kirchner H, Krammer PH (1981)
Production of interferon-gamma (IFN-GAMMA) by a murine T-cell clone from long-term cultures (meeting abstr.).
Immunobiol 159: 89-90   (no Refs.)

7805. Marcus GB (1984)
Midazolam-induced hiccoughs (letter).
Br Dent J 157: 189-190   (1 Refs.)

7806. Marcy R, Quermonn. MA, Raoul J, Nammatha. B, Smida A (1985)
Skin-conductance reaction (SCR)-habituation test, a tool to detect anxiolytic activity - its justification by the correlation between SCR-habituation test activities and specific binding potencies in benzodiazepines (review).
Prog Neur-P 9: 387-391   (6 Refs.)

7807. Marczynski TJ, Livezey GT (1986)
Prenatal exposure to diazepam - chronic anxiety, enduring deficits in EEG patterns, working spatial memory and brain receptors in adult one-year old cats and 6 months old rat progeny (meeting abstr.).
Neurotoxico 7: 359-360   (no Refs.)

7808. Mares P, Fischer J, Stach R (1983)
Influence of clonazepam on thalamocortical phenomena in rats (technical note).
Activ Nerv 25: 74-80   (16 Refs.)

7809. Mares P, Schicker. R, Cellerov. M, Hruby M, Toberny M (1987)
Influence of clonazepam on cortical epileptogenic foci in the rat.
Activ Nerv 29: 36-44   (20 Refs.)

7810. Mares P, Seidl J (1982)
Anti-metrazol effects of nitrazepam during ontogenesis in the rat.
Act Bio Med 41: 251-253   (7 Refs.)

7811. Mares P, Zouhar A (1981)
Influence of clonazepam and ethosuximide on electrocorticographic patterns of minimal metrazol seizures during ontogenesis in rats (meeting abstr.).
EEG Cl Neur 52: 17   (no Refs.)

7812. Mares P, Zouhar A (1981)
Influence of clonazepam and ethosuximide on the electrocorticographic pattern induced by metrazol during ontogenesis in rats (meeting abstr.).
Physl Bohem 30: 441-442   (1 Refs.)

7813. Mares P, Zouhar A (1982)
Influence of clonazepam and ethosuximide on ecog pattern induced by metrazol during ontogenesis in rats.
Activ Nerv 24: 1-8   (17 Refs.)

7814. Marescaux C, Bonardi JM, Rumbach L, Warter JM, Juif J, Michelet. G (1981)
Stupor due to sodium valproate - immediate arousal after intravenous diazepam.
Rev Neurol 137: 635-638   (4 Refs.)

7815. Marescaux C, Michelet. G, Vergnes M, Depaulis A, Rumbach L, Warter JM (1984)
Biphasic effects of Ro 15-1788 on spontaneous petit mal-like seizures in rats.
Eur J Pharm 102: 355-359   (28 Refs.)

7816. Marescaux C, Michelet. G, Vergnes M, Rumbach L, Warter JM (1985)
Diazepam antagonizes gabamimetics in rats with spontaneous petit mal-like epilepsy.
Eur J Pharm 113: 19-24   (39 Refs.)

7817. Margary JJ, Rosenbaum NL, Partridg. M, Shankar S (1986)
Local complications following intravenous benzodiazepines in the dorsum of the hand - a comparison between midazolam and diazemuls in sedation for dentistry (technical note).
Anaesthesia 41: 205-207

7818. Marietta CA, Eckardt MJ, Campbell GA, Majchrow. E, Weight FF (1986)
Glucose-uptake in brain during withdrawal from ethanol, phenobarbital, and diazepam.
Alc Clin Ex 10: 233-236   (31 Refs.)

7819. Mariotti M, Ongini E (1983)
Differential effects of benzodiazepines on EEG activity and hypnogenic mechanisms of the brain-stem in cats.
Arch I Phar 264: 203-219   (31 Refs.)

7820. Mark JB, Greenber. LM (1983)
Intraoperative awareness and hypertensive crisis during high-dose fentanyl diazepam oxygen anesthesia.
Anesth Anal 62: 698-700   (15 Refs.)

7821. Mark SL (1984)
Agoraphobia and panic disorder - treatment with alprazolam.
Tex Med 80: 50-52   (* Refs.)

7822. Markiewicz K, Cholewa M, Kojtych A (1981)
The effect of amphetamine and diazepam on the restitution after the effort in healthy-subjects.
Act Med Pol 22: 141-150   (no Refs.)

7823. Marks J (1978)
The Benzodiazepines. Use, Overuse, Misuse, Abuse.
Lancaster: MTP Press

7824. Marks J (1981)
The benzodiazepines - use and abuse - current status.
Pharm Int 2: 84-87   (11 Refs.)

7825. Marks J (1983)
The benzodiazepines - an international perspective.
J Psych Dr 15: 137-149   (64 Refs.)

7826. Marks J (1983)
The benzodiazepines - for good or evil.
Neuropsychb 10: 115-126   (76 Refs.)

7827. Marks J (1985)
Clinical management of benzodiazepine dependence (letter).
Br Med J 291: 1201-1202   (6 Refs.)

7828. Marks J (1985)
Die Benzodiazepine, Gebrauch und Mißbrauch.
Editiones Roche, Basel

7829. Marley RJ, Wehner JM (1986)
Differential modulation of benzodiazepine binding correlated with resistance to GABA-related seizures (meeting abstr.).
Behav Genet 16: 626-627   (1 Refs.)

7830. Marley RJ, Wehner JM (1987)
GABA enhancement of flunitrazepam binding in mice selectively bred for differential sensitivity to ethanol.
Alc Drug Re 7: 25-32   (no Refs.)

7831. Marley RJ, Wehner JM (1987)
Correlation between the enhancement of flunitrazepam binding by GABA and seizure susceptibility in mice.
Life Sci 40: 2215-2224   (46 Refs.)

7832. Maroy B, Moullot P (1986)
Esophageal burn due to clorazepate dipotassium (tranxene) (letter).
Gastroin En 32: 240   (6 Refs.)

7833. Marquardt H, Todaro GJ, Shoyab M (1986)
Complete amino-acid sequences of bovine and human endozepines - homology with rat diazepam binding inhibitor.
J Bil Chem 261: 9727-9731   (12 Refs.)

7834. Marquezorozco MC, Gazcaram. V, Marquezo. A (1983)
Ultrastructural alterations of fetal mice heart produced by treatment with diazepam during gestation.
P West Ph S 26: 83-84   (10 Refs.)

7835. Marrosu F, Marchi A, Demartin. MR, Saba G, Gessa GL (1985)
Aminophylline antagonizes diazepam-induced anesthesia and EEG changes in humans.
Psychophar 85: 69-70   (10 Refs.)

7836. Marshall PC, Hall JH (1981)
Clonazepam therapy in reading epilepsy - reply (letter).
Neurology 31: 233-234   (2 Refs.)

7837. Marijena ID, Ruiz LD, Vivas LM, Arce A (1984)
Increased concentration benzodiazepine in the cerebral hemisphere after beginning passive-avoidance (meeting abstr.).
Act Phys Ph 34: 466   (2 Refs.)

7838. Martin CD, Chan SC (1986)
Distribution of temazepam in body-fluids and tissues in lethal overdose.
J Anal Tox 10: 77-78   (2 Refs.)

7839. Martin DF, Tweedle DEF (1983)
Venous complications of 2 diazepam preparations relatead to size of vein.
Br J Anaest 55: 779-781   (5 Refs.)

7840. Martin IL (1980)
Endogenous ligands for benzodiazepine receptors.
Trends Neur 3: 299-301   (8 Refs.)

7841. Martin IL (1982)
The benzodiazepines - recent trends (editorial).
Psychol Med 12: 689-693   (20 Refs.)

7842. Martin IL (1983)
   The benzodiazepines - a critical-review.
   Prog Neur-P 7: 421-426   (39 Refs.)

7843. Martin IL (1983)
   The GABA-benzodiazepine receptor complex.
   Prog Neur-P 7: 433-436   (27 Refs.)

7844. Martin IL (1984)
   The benzodiazepine receptor - functional complexity (review).
   Trends Phar 5: 343-347   (20 Refs.)

7845. Martin IL, Brown CL (1983)
   Interactions of Different Ligand Classes with the Benzodiazepine Receptor.
   In: Benzodiazepine Recognition Site Ligands (Ed. Biggio G, Costa E)
   Raven Press, New York, p. 65-72

7846. Martin IL, Brown CL (1983)
   Interactions of different ligand classes with the benzodiazepine receptor (review).
   Adv Bio Psy 38: 65-72   (40 Refs.)

7847. Martin IL, Brown CL, Doble A (1983)
   Multiple benzodiazepine receptors - structures in the brain or structures in the mind - a critical-review (review).
   Life Sci 32: 1925-1933   (53 Refs.)

7848. Martin IL, Doble A (1983)
   The benzodiazepine receptor in rat-brain and its interaction with ethyl beta-carboline-3-carboxylate.
   J Neurochem 40: 1613-1619   (12 Refs.)

7849. Martin JR, Oettinge. R, Driscoll P, Buzzi R, Bettig K (1982)
   Effects of chlordiazepoxide and imipramine on maze patrolling within 2 different maze configurations by psychogenetically selected lines of rats.
   Psychophar 78: 58-62   (34 Refs.)

7850. Martin LJ, Doebler JA, Shih TM, Anthony A (1985)
   Protective effect of diazepam pretreatment on soman-induced brain lesion formation (technical note).
   Brain Res 325: 287-289   (12 Refs.)

7851. Martin MI, Aleixand. MA, Colado MI, Dejalon PDG (1983)
   Effect of benzodiazepines in the longitudinal fiber preparation - myenteric plexus of the ileum of the guinea-pig (meeting abstr.).
   J Pharmacol 14: 565   (no Refs.)

7852. Martin MIG, Perez CG, Mendez JH (1986)
   Metal-complexes of 1,4-benzodiazepines .3. polarographic-determination of zinc in the presence of bromazepan.
   An Quim B 82: 71-75   (14 Refs.)

7853. Martin SM (1985)
   The effect of diazepam on body-temperature change in humans during cold-exposure (technical note).
   J Clin Phar 25: 611-613   (12 Refs.)

7854. Martin WR, McNichol. LF, Cherian S (1982)
   Diazepam and pentobarbital dependence in the rat.
   Life Sci 31: 721-730   (16 Refs.)

7855. Martinez D, Gimenez P (1981)
   Determination of benzodiazepines by derivative spectroscopy.
   J Anal Tox 5: 10-13   (5 Refs.)

7856. Martinez HT, Serna CT (1982)
   Short-term treatment with quazepam of insomnia in geriatric-patients.
   Clin Ther 5: 174-178   (no Refs.)

7857. Martini C, Gervasio T, Lucacchini A, Dasettim. A, Primofio. G, Marini AM (1985)
   Specific-inhibition of benzodiazepine receptor-binding by some N-(indol-3-ylglyoxylyl)amino acid-derivatives (technical note).
   J Med Chem 28: 506-509   (11 Refs.)

7858. Martini C, Giannacc. G, Lucacchini A (1983)
   Solubilization of rat-kidney benzodiazepine binding-sites.
   Bioc Biop A 728: 289-292   (9 Refs.)

7859. Martini C, Lucacchini A (1981)
   Purification and partial characterization of the benzodiazepine receptor (meeting abstr.).
   Ital J Bioc 30: 491-492   (2 Refs.)

7860. Martini C, Lucacchini A (1982)
   Inactivation of benzodiazepine binding-sites by N-ethylmaleimide (technical note).
   J Neurochem 38: 1768-1770   (7 Refs.)

7861. Martini C, Lucacchini A (1986)
   Characterization of central and peripheral benzodiazepine receptors.
   Ital J Bioc 35: 138-139   (3 Refs.)

7862. Martini C, Lucacchini A, Hrelia S, Rossi CA (1986)
   Central-type and peripheral-type benzodiazepine receptors (review).
   Adv Bio Psy 41: 1-10   (18 Refs.)

7863. Martini C, Lucacchini A, Ronca G (1981)
   Benzodiazepines inhibit lactate-dehydrogenase.
   B Mol Biol 6: 1-5   (14 Refs.)

7864. Martini C, Lucacchini A, Ronca G (1981)
   Specific adsorbents for affinity chromatography of benzodiazepine binding-proteins.
   Prep Bioch 11: 487-499   (14 Refs.)

7865. Martini C, Lucacchini A, Ronca G, Hrelia S, Rossi CA (1982)
   Isolation of putative benzodiazepine receptors from rat-brain membranes by affinity chromatography.
   J Neurochem 38: 15-19   (10 Refs.)

7866. Martini C, Pennacch. E, Lucacchini A (1983)
   Chemical modification of benzodiazepine receptor (meeting abstr.).
   Ital J Bioc 32: 290-291   (2 Refs.)

7867. Martini C, Rigacci T, Lucacchini A (1983)
   ^{3}H-muscimol binding-site on purified benzodiazepine receptor (technical note).
   J Neurochem 41: 1183-1185   (12 Refs.)

7868. Martinius J (1986)
   Benzodiazepine als Sedativa und Antikonvulsiva in der Kinder- und Jugendpsychiatrie.
   In: Benzodiazepine - Rückblick und Ausblick (Ed. Hippius H , Engel RR, Laakmann G)
   Springer, Berlin Heidelberg New York Tokyo, p. 111-113

7869. Martino V, Mas M, Davidson JM (1987)
Chlordiazepoxide facilitates erections and inhibits seminal emission in rats.
Psychophar 91: 85-89 (32 Refs.)

7870. Martucci N, Manna V, Agnoli A (1987)
A clinical and neurophysiological evaluation of clotiazepam, a new thienodiazepine derivative.
Int Clin Ps 2: 121-128 (11 Refs.)

7871. Marty J, Gauzit R, Lefevre P, Couderc E, Farinott. F, Henzel C, Desmonts JM (1986)
Effects of diazepam and midazlam on baroreflex control of heart-rate and on sympathetic activity in humans.
Anesth Anal 65: 113-119

7872. Marty J, Nitenber. A, Blanchet F, Zouiouec. S, Desmonts JM (1983)
Effects of flunitrazepam (F) on myocardial performance and coronary circulation (meeting abstr.).
Inten Car M 9: 186 (no Refs.)

7873. Marty J, Nitenber. A, Blanchet F, Zouiouec. S, Desmonts JM (1986)
Effects of midazolam on the coronary circulation in patients with coronary-artery disease.
Anesthesiol 64: 206-210 (16 Refs.)

7874. Martyn JAJ, Abernethy DR, Greenblatt DJ (1984)
Plasma-binding of drugs after severe burn injury (meeting abstr.).
Anesth Anal 63: 247 (8 Refs.)

7875. Martyn JAJ, Greenblatt DJ, Quinby WC (1983)
Diazepam kinetics in patients with severe burns.
Anesth Anal 62: 293-297 (25 Refs.)

7876. Maruyama K, Nishigor. H, Iwatsuru M (1985)
Characterization of the benzodiazepine binding-site (diazepam site) on human-serum albumin.
Chem Pharm 33: 5002-5012 (29 Refs.)

7877. Maruyama K, Nishigor. H, Iwatsuru M (1987)
Characterization of diazepam-site on human-serum albumin (meeting abstr.).
J Pharmacob 10: 67 (no Refs.)

7878. Maruyama Y, Shimizu H, Kaieda R, Kuribaya. H, Shimoji K (1981)
Human spinal-cord potentials affected by thiamylal, diazepam and morphine (meeting abstr.).
EEG Cl Neur 52: 50 (no Refs.)

7879. Mascher H, Nitsche V, Schütz H (1984)
Separation, isolation and identification of optical isomers of 1,4-benzodiazepine glucuronides from biological-fluids by reversed-phase high-performance liquid-chromatography.
J Chromat 306: 231-239 (17 Refs.)

7880. Mason JC (1985)
The interdiction of diazepam provision.
Milit Med 150: 376-377 (3 Refs.)

7881. Mason NA, Cline S, Hyneck ML, Berardi RR, Ho NFH, Flynn GL (1981)
Factors affecting diazepam infusion - solubility, administration-set composition, and flow-rate.
Am J Hosp P 38: 1449-1454 (13 Refs.)

7882. Masotti RE (1982)
Lorazepam in prolonged seizure activity in children (meeting abstr.).
Can J Neur 9: 276 (no Refs.)

7883. Massa S, Demartin. G, Corelli F (1982)
Pyrrolo(1,4)benzodiazepines .3. synthesis of 5,11-dioxo-1,10,11,11a-tetrahydro-2-vinyl-5H-pyrrolo(2,1c)(1,4)benzodiazepine.
J Hetero Ch 19: 1497-1499 (4 Refs.)

7884. Massaut J, Dholland. A, Barvais L, Duboispr. J (1983)
Hemodynamic-effects of midazolam in the anesthetized patient with coronary-artery disease.
Act Anae Sc 27: 299-302 (21 Refs.)

7885. Masse J, Chauvet A, Demaury G, Terol A (1985)
Thermoanalytic study of psychotropic substances .4. lorazepam and oxazepam.
Thermoc Act 96: 189-206 (18 Refs.)

7886. Massot JE, Tobolli JE (1983)
Double-blind-study by comparing the effect of triazolam and nitrazepam on the sleep of usual insomniac patients.
Prens Med A 70: 340-345 (* Refs.)

7887. Massotti M (1985)
Electroencephalographic investigations in rabbits of drugs acting at GABA-benzodiazepine-barbiturate picrotoxin receptors complex.
Pharm Bio B 23: 661-670 (64 Refs.)

7888. Massotti M, Guidotti A, Costa E (1981)
Characterization of benzodiazepine and gamma-aminobutyric recognition sites and their endogenous modulators.
J Neurosc 1: 409-418 (44 Refs.)

7889. Massotti M, Lucanton. D (1986)
The peripheral benzodiazepine receptor ligand Ro-5-4864 induces supraspinal convulsions in rabbits - reversal by the central benzodiazepine antagonist Ro-15-1788.
Psychophar 88: 336-340 (33 Refs.)

7890. Massotti M, Lucanton. D, Caporali MG, Mele L, Gatta F (1985)
Supraspinal convulsions induced by inverse benzodiazepine agonists in rabbits.
J Pharm Exp 234: 274-279 (43 Refs.)

7891. Matalon R, Michals K, Naidu S (1981)
Treatment of non-ketotic hyperglycinemia with diazepam, choline and folic-acid (meeting abstr.).
Pediat Res 15: 636 (no Refs.)

7892. Matalon R, Michals K, Naidu S, Hughes J (1982)
Treatment of non-ketotic hyperglycinemia with diazepam, choline and folic-acid.
J Inh Met D 5: 3-5 (15 Refs.)

7893. Matalon R, Naidu S, Hughes JR, Michals K (1983)
Non-ketotic hyperglycinemia - treatment with diazepam - a competitor for glycine receptors.
Pediatrics 71: 581-584 (26 Refs.)

7894. Matalon R, Naidu S, Michals K (1981)
Treatment of non-ketotic hyperglycinemia with diazepam, choline, and folic-acid (meeting abstr.).
Ann Neurol 10: 290-291 (no Refs.)

7895. Matejcek M, Neff G, Abt K, Wehrli W (1983)
Pharmaco-EEG and psychometric study of the effect of single doses of temazepam and nitrazepam.
Neuropsychb 9: 52-65 (8 Refs.)

7896. Mathew RJ, Wilson WH, Daniel DG (1985)
The effect of non-sedating doses of diazepam on regional cerebral blood-flow.
Biol Psychi 20: 1109-1116 (34 Refs.)

7897. Mathews HML, Carlisle RJ, Fee JPH (1986)
Failure of aminophylline or doxapram to antagonize midazolam-induced sedation (meeting abstr.).
Br J Anaest 58: 1333-1334 (4 Refs.)

7898. Mathews HML, Carson IW, Collier PS, Dundee JW, Fitzpatr. K. Howard PJ, Lyons SM, Orr IA (1987)
Midazolam sedation following open-heart surgery.
Br J Anaest 59: 557-560 (6 Refs.)

7899. Mathews HML, Carson IW, Lyons SM, Orr IA, Dundee JW (1987)
Plasma midazolam levels in children receiving midazolam infusion following open-heart surgery (meeting abstr.).
Br J Cl Ph 23: 634-635 (4 Refs.)

7900. Mathews HML, Orr IA, Lyons SM, Carson IW, Collier PS, Howard PJ, Dundee JW (1987)
Pharmacokinetics of midazolam in children undergoing heart-surgery (meeting abstr.).
Br J Cl Ph 23: 635 (4 Refs.)

7901. Mathot F, Bonnard J, Paris P, Bosly J (1982)
Reliable continuous-i.v. perfusion system for diazepam.
J Pharm Bel 37: 153-156 (7 Refs.)

7902. Mathot F, Paris P, Hans P (1983)
System for intravenous-infusion of nitroglycerin and diazepam (letter).
Am J Hosp P 40: 948 (3 Refs.)

7903. Matla J, Langwins. R (1982)
Effect of benzodiazepines on the central action of narcotic analgesics.
Pol J Phar 34: 135-144 (32 Refs.)

7904. Matlib MA (1985)
Specificity of action of diltiazem and clonazepam on sodium-calcium ion-exchange in heart-mitochondria (meeting abstr.).
Fed Proc 44: 715 (1 Refs.)

7905. Matlib MA (1986)
The specificity and the mechanism of action of benzodiazepines and benzothiazepines on Na^+-induced Ca^{2+} release from heart-mitochondria (meeting abstr.).
Biophys J 49: 206 (no Refs.)

7906. Matlib MA, Doane JD, Sperelak. N, Riccippo. F (1985)
Clonazepam and diltiazem both inhibit sodium-calcium exchange of mitochondria, but only diltiazem inhibits the slow action-potentials of cardiac muscles.
Bioc Biop R 128: 290-296 (17 Refs.)

7907. Matlib MA, Lee SW, Depover A, Schwartz A (1983)
A specific inhibitory action of certain benzothiazepines and benzodiazepines on the sodium-calcium exchange process of heart and brain mitochondria (technical note).
Eur J Pharm 89: 327-328 (5 Refs.)

7908. Matlib MA, Schwartz A (1983)
Selective effects of diltiazem, a benzothiazepine calcium channel blocker, and diazepam, and other benzodiazepines on the Na^+/Ca^{2+} exchange carrier system of heart and brain mitochondria.
Life Sci 32: 2837-2842 (27 Refs.)

7909. Matsokis N, Dalezios Y (1986)
Comparative aspects of cerebellar ^{3}H-flunitrazepam and ^{3}H-GABA-binding.
Gen Pharm 17: 689-693 (26 Refs.)

7910. Matsubara K, Matsushi. A (1982)
Changes in ambulatory activities and muscle-relaxation in rats after repeated doses of diazepam.
Psychophar 77: 279-283 (25 Refs.)

7911. Matsubara K, Shiomi T, Eigyo M, Matsushi. A (1987)
Effects of S-135, a non-benzodiazepine inverse agonist, on impaired learning and memory in mice and rats (meeting abstr.).
Jpn J Pharm 43: 78 (no Refs.)

7912. Matsubara T, Touchi A, Yamada N, Nishiyam. S (1985)
Effect of a new sleep inducer, 1H-1, 2, 4-triazolyl benzophenone derivative, 450191-S on rat-liver drug-metabolizing enzyme-system.
Fol Pharm J 86: 115-127 (34 Refs.)

7913. Matsumoto K, Fukuda H (1982)
Stimulatory and protective effects of benzodiazepines on GABA receptors (meeting abstr.).
Fol Pharm J 79: 76 (no Refs.)

7914. Matsumoto K, Fukuda H (1982)
Stimulatory and protective effects of benzodiazepines on GABA receptors labeled with ^{3}H-muscimol.
Life Sci 30: 935-943 (18 Refs.)

7915. Matsumoto K, Fukuda H (1982)
Anisatin modulation of GABA-induced and pentobarbital-induced enhancement of diazepam binding in rat-brain.
Neurosci L 32: 175-179 (11 Refs.)

7916. Matsumoto K, Kasuya M, Fukuda H (1986)
Ivermectin modulation of benzodiazepine receptors and the influence of anion transport blockers upon it (meeting abstr.).
Fol Pharm J 87: 75-76 (no Refs.)

7917. Matsumoto K, Kasuya M, Fukuda H (1986)
DIDS, an anion transport blocker, modulates ivermectin-induced enhancement of benzodiazepine receptor-binding in rat-brain.
Gen Pharm 17: 519-523 (22 Refs.)

7918. Matsumoto K, Saito K, Fukuda H (1983)
Centrally specific and GABA-insensitive inhibition of benzodiazepine binding by prostaglandins (A1, A2 and B2).
J Pharmacob 6: 784-786 (11 Refs.)

7919. Matsumoto K, Saitoh KI, Fukuda H (1985)
Gamma-aminobutyric acid and benzodiazepine receptor interaction (meeting abstr.).
J Pharmacob 8: 105 (no Refs.)

7920. Matsunaga T, Shiraish. T, Kubo T (1983)
Differential effects of diazepam upon vestibulo-oculomotor and visual-oculomotor responses in the rabbit.
Act Oto-Lar 1983: 33-39 (21 Refs.)

7921. Matsuo M, Taniguch. K, Ueda I (1982)
Neurotropic and psychotropic agents .4. synthesis and pharmacological properties of 7-chloro-5-(2-chlorophenyl)-2-(2-dimethyl-aminoethylthio)-3H-1,4-benzodiazepine and related compounds.
Chem Pharm 30: 1141-1150   (25 Refs.)

7922. Matsuo M, Taniguch. K, Ueda I (1982)
Neurotropic and psychotropic agents .7. synthesis and pharmacological properties of 2-(alkoxyalkylamino)-3H-1,4-benzodiazepines (technical note).
Chem Pharm 30. 1481-1484   (11 Refs.)

7923. Matthew CB, Hubbard RW, Francesc. R (1986)
Carbamate induced performance decrement restored with diazepam and atropine in rats (meeting abstr.).
Fed Proc 45: 408   (no Refs.)

7924. Matthew CB, Hubbard RW, Francesc. RP, Thomas GJ (1987)
Carbamates, atropine, and diazepam - effects on performance in the running rat (meeting abstr.).
Fed Proc 46: 681   (no Refs.)

7925. Matthew E, Laskin JD, Zimmerma. EA, Weinstei. IB, Hsu KC, Engelhar. DL (1981)
Benzodiazepines have high-affinity binding-sites and induce melanogenesis in B16-C3 melanoma-cells.
P Nas Biol 78: 3935-3939   (40 Refs.)

7926. Matthew E, Parfitt A, Engelhar. DL, Zimmerma. EA (1981)
High-affinity binding-sites for benzodiazepines in the pineal-gland (meeting abstr.).
Neurology 31: 165   (1 Refs.)

7927. Matthew E, Parfitt AG, Sugden D, Engelhar. DL, Zimmerma. EA, Klein DC (1984)
Benzodiazepines - rat pinealocyte binding-sites and augmentation of norepinephrine-stimulated N-acetyltransferase activity.
J Pharm Exp 228: 434-438   (33 Refs.)

7928. Matthews HP, Drummond LM (1987)
Obsessive-compulsive disorder - a complication of benzodiazepine withdrawal (letter).
Br J Psychi 150: 272   (5 Refs.)

7929. Mattila M, Seppala T, Mattila MJ (1986)
Combined effects of buspirone and diazepam on objective and subjective tests of performance in healthy-volunteers.
Clin Pharm 40: 620-626   (30 Refs.)

7930. Mattila MAK, Hyvonen EA (1981)
The effect of flunitrazepam on peripheral volume pulse (meeting abstr.).
Act Anae Sc 25: 62   (no Refs.)

7931. Mattila MAK, Hynynen KH, Eronen R, Heikkine. S, Hyvonen EA, Pekkola PO, Backstro. MH (1981)
Diazepam dosage and timing in ketamine combination anesthesia - a double-blind-study.
Anaesthesis 30: 500-503   (25 Refs.)

7932. Mattila MAK, Larni HM (1981)
The effect of diazepam on methohexitone short anesthesia - a clinical double-blind investigation.
Curr Med R 7: 171-178   (24 Refs.)

7933. Mattila MAK, Rossi ML, Ruoppi MK, Korhonen M, Larni HM, Kortelai. S (1981)
Reduction of venous sequelae of i.v. diazepam with a fat emulsion as solvent.
Br J Anaest 53: 1265-1268   (15 Refs.)

7934. Mattila MAK, Ruoppi MK, Ahlstrom. E, Larni HM, Pekkola PO (1981)
Diazepam in rectal solution as premedication in children, with special reference to serum concentrations.
Br J Anaest 53: 1269-1272   (18 Refs.)

7935. Mattila MAK, Salmela J, Vaananen A, Kylmamaa T (1985)
Midazolam vs lorazepam and placebo as hypnotic premedication before surgery - a controlled, double-blind-study.
Drug Exp Cl 11: 841-844   (8 Refs.)

7936. Mattila MAK, Suistoma. M (1984)
Intravenous premedication with diazepam - a comparison between 2 vehicles.
Anaesthesia 39: 879-882   (15 Refs.)

7937. Mattila MAK, Suurinke. S, Saila K, Himberg JJ (1983)
Midazolam and fat-emulsion diazepam as intramuscular premedication - a double-blind clinical-trial.
Act Anae Sc 27: 345-348   (16 Refs.)

7938. Mattila MAK, Suurinke. S, Saila K, Himberg JJ (1983)
The efficacy and plasma-concentrations of flunitrazepam after oral or intramuscular premedication.
Int J Cl Ph 21: 284-286   (12 Refs.)

7939. Mattila MJ (1984)
Interactions of benzodiazepines on psychomotor-skills.
Br J Cl Ph 18: 21-26   (37 Refs.)

7940. Mattila MJ, Aranko K, Mattila ME, Stromber. C (1984)
Objective and subjective assessment of hangover during subacute administration of temazepam and nitrazepam to healthy-subjects.
Eur J Cl Ph 26: 375-380   (16 Refs.)

7941. Mattila MJ, Koski J, Stromber. C (1986)
Acute and subacute effects of ORG-2305 and diazepam on psychomotor performance in man (meeting abstr.).
Br J Cl Ph 21: 89   (1 Refs.)

7942. Mattila MJ, Koski J, Stromber. C (1987)
Acute and subchronic effects of ORG-2305 and diazepam on psychomotor performance in man.
Br J Cl Ph 23: 219-227   (24 Refs.)

7943. Mattila MJ, Mattila M, Konno K (1986)
Acute und subacute actions on human-performance and interactions with diazepam of temelastine (SK- and F93944) and diphenhydramine.
Eur J Cl Ph 31: 291-298   (24 Refs.)

7944. Mattila MJ, Mattila M, Tuomaine. P (1985)
Acute pharmacokinetic and pharmacodynamic comparison of 2 different formulations of temazepam.
Med Biol 63: 21-27   (26 Refs.)

7945. Mattila MJ, Nuotto E (1983)
Diazepam caffeine antagonism on psychomotor-skills in man (meeting abstr.).
Br J Cl Ph 15: 585   (2 Refs.)

7946. Mattila MJ, Nuotto E (1983)
Caffeine and theophylline counteract diazepam effects in man.
Med Biol 61: 337-343   (26 Refs.)

7947. Mattila MJ, Palva E, Savolain. K (1982)
Caffeine antagonizes diazepam effects in man (technical note).
Med Biol 60: 121-123   (6 Refs.)

7948. Mattmann P, Loepfe M, Scheitli. T, Schmidli. D, Gerne M, Strauch I, Lehmann D, Borbely AA (1982)
Daytime residual effects and motor-activity after 3 benzodiazepine hypnotics.
Arznei-For 32-1: 461-465   (29 Refs.)

7949. Matula TI, Downie R (1983)
Evaluation of diazepam and oxazepam in invitro microbial mutagenicity tests and in an invivo promoter assay (meeting abstr.).
Env Mutagen 5: 478   (2 Refs.)

7950. Maunuksela EL, Rajantie J, Siimes MA (1986)
Flunitrazepam-fentanyl-induced sedation and analgesia for bone-marrow aspiration and needle-biopsy in children.
Act Anae Sc 30: 409-411   (6 Refs.)

7951. Maupas B, Fleury MB (1981)
Acid-base-equilibrium given by 1,4-benzodiazepines in water-alcohol solution - effect on behavior at mercury-electrode.
Electr Act 26: 399-408   (15 Refs.)

7952. Maupas B, Fleury MB (1982)
Analysis of acid-base equilibria of 1-4 benzodiazepines - influence of mesomeric and steric effects.
Analusis 10: 187-196   (10 Refs.)

7953. Maupas B, Fleury MB (1982)
Incidence of the dehydration step on the electrochemical behavior of 3-hydroxy 2-one benzodiazepine compounds (oxazepam and lorazepam) in aqueous acid-media at the mercury-electrode.
Electr Act 27: 141-147   (13 Refs.)

7954. Maurer H, Pfleger K (1981)
Determination of 1,4-benzodiazepines and 1,5-benzodiazepines in urine using a computerized gas chromatographic-mass spectrometric technique.
J Chromat 222: 409-419   (6 Refs.)

7955. Maxion H, Jacobi P, Schneider E (1975)
Efficiency of Flunitrazepam (Ro 5-4200) or, of Which Value Are Subjective Items in Sleep Research?
In: Sleep Research (Ed. Chase MH, Stern WC, Walter PL)
Brain Inf. Serv, Los Angeles, Vol. 4, p. 108

7956. Mayerhoff D, Vitalher. J, Lesser M (1986)
Alprazolam-induced manic reaction (letter).
NY St J Med 86: 320   (10 Refs.)

7957. Mayr J, Palla H, Sarochan A (1984)
Comparison of 2 intravenous benzodiazepines as an accompanying medication in local-anesthesia (meeting abstr.).
Anaesthesis 33: 537-538   (no Refs.)

7958. Maza ME, Galindez M, Martinez R, Cortes E (1982)
Mass-spectral fragmentation patterns of 1,5-benzodiazepines .1. ortho-effects of R^2-substituent on 2-(ortho-R^2-aniline)-4-(para-R^1-phenyl)-3H-1,5-benzodiazepines.
J Hetero Ch 19: 107-111   (9 Refs.)

7959. Maziere M (1986)
Invivo studies of benzodiazepine receptors in baboon and human-brain under normal and pathological conditions (meeting abstr.).
Int J Neurs 31: 224   (3 Refs.)

7960. Maziere M, Hantraye P, Camsonne R, Prenant C, Sastre J, Crouzel C (1984)
C-11 benzodiazepine (BDZ) ligands for positron emission tomography (PET) studies (meeting abstr.).
J Label C R 21: 1157-1158   (5 Refs.)

7961. Maziere M, Hantraye P, Kaijima M, Dodd R, Guibert B, Prenant C, Sastre J, Crouzel M, Comar D, Naquet R (1985)
Visualization by positron emission tomography of the apparent regional heterogeneity of central type benzodiazepine receptors in the brain of living baboons.
Life Sci 36: 1609-1616   (16 Refs.)

7962. Maziere M, Hantraye P, Prenant C, Sastre J, Comar D (1984)
Synthesis of ethyl 8-fluoro-5,6-dihydro-5-(C-11)methyl-6-oxo-4H-imidazo(1,5a)(1,4)benzodiazepine-3-carboxylate (Ro 15.1788-11C) - a specific radioligand for the invivo study of central benzodiazepine receptors by positron emission tomography.
Int J A Rad 35: 973-976   (14 Refs.)

7963. Maziere M, Prenant C, Sastre J, Crouzel M, Comar D, Hantraye P, Kaisima M, Guibert B, Naquet R (1983)
Ro-15-1788-C11 and flunitrazepam-C-11 - 2 coordinants for the study of benzodiazepines binding-sites by positron emission tomography.
CR Ac S III 296: 871+   (12 Refs.)

7964. Mazue G, Remandet B, Gouy D, Berthe J, Roncucci R, Williams GM (1982)
Limited invivo bioassays on some benzodiazepines - lack of experimental initiating or promoting effect of the benzodiazepine tranquilizers diazepam, clorazepate, oxazepam and lorazepam.
Arch I Phar 257: 59-65   (19 Refs.)

7965. Mazurkiewiczkwilecki IM (1981)
Effect of diazepam on stress-induced changes in brain histamine.
Pharm Bio B 14: 333-338   (70 Refs.)

7966. Mazurkiewiczkwilecki IM, Baddoo P (1986)
Brain histamine regulation following chronic diazepam treatment and stress.
Pharm Bio B 24: 513-517   (63 Refs.)

7967. Mazzocchi PH, Schuda AD (1985)
A photochemical route to pyrrolo(1,4)benzodiazepine antitumor antibiotics.
Heterocycle 23: 1603-1606   (29 Refs.)

7968. Mbumaston-Dolf P (1983)
Vergiftungen mit Valium.
Schweiz Apoth Ztg 121: 379-383

7969. McAllister KH, Brain PF (1984)
The effects of diazepam upon behavior in a standard opponent test depend upon the lighting conditions employed.
IRCS-Bioch 12: 1113-1114 (5 Refs.)

7970. McAlpine CJ, Ankier SI, Elliott CSC (1984)
A multicenter hospital study to compare the hypnotic efficacy of loprazolam and nitrazepam.
J Int Med R 12: 229-237 (15 Refs.)

7971. McAlpine C (1986)
Erythema multiforme-like reaction to oxazepam (letter).
Br Med J 293: 510 (no Refs.)

7972. McAteer EJ, Dixon J (1984)
Intramuscular midazolam - a comparison of midazolam with papaveretum and hyoscine for intramuscular premedication.
Anaesthesia 39: 1177-1182 (9 Refs.)

7973. McAuley DM, Oneill MP, Moore J, Dundee JW (1982)
Lorazepam premedication for labor.
Br J Obst G 89: 149-154 (20 Refs.)

7974. McCafferty DF, Woolfson AD, Launchbu. AP (1986)
Stability of temazepam in parenteral formulations.
Int J Pharm 31: 9-13 (15 Refs.)

7975. McCafferty DF, Woolfson AD, Halliday NJ, Launchbu. AP (1986)
Temazepam, parenteral formulations (meeting abstr.).
Br J Anaest 58: 810 (2 Refs.)

7976. McCammon RL, Hilgenbe. JC, Stoeltin. RK (1981)
Effect of propranolol on circulatory responses to diazepam nitrous oxide induction and intubation (meeting abstr.).
Anesth Anal 60: 265-266 (1 Refs.)

7977. McCammon RL, Hilgenbe. JC, Stoeltin. RK (1981)
Effect of propranolol on circulatory responses to induction of diazepam nitrous oxide anesthesia and to endotracheal intubation.
Anesth Anal 60: 579-583 (10 Refs.)

7978. McCarley RW (1982)
Advances in benzodiazepine research - receptors, kinetics, and clinical hypnotic use - introduction (editorial).
Sleep 5: 1-2 (no Refs.)

7979. McCarthy KD, Hardn TK (1981)
Identification of 2 benzodiazepine binding-sites on cells cultured from rat cerebral-cortex.
J Pharm Exp 216: 183-191 (31 Refs.)

7980. McClelland GR, Loudon JM; Raptopou. P (1987)
Paroxetine and oxazepam - effects on psychomotor performance (meeting abstr.).
Br J Cl Ph 23: 117 (3 Refs.)

7981. McClelland GR, Sutton JA (1985)
Pilot investigation of the quantitative EEG and clinical effects of ketazolam and the novel antiemetic nonabine in normal subjects.
Psychophar 85: 306-308 (12 Refs.)

7982. McCloskey TC, Beshears J, Halas N, Commissa. RL (1987)
Potentiation of the anti-conflict effects of diazepam by AOAA (meeting abstr.).
Fed Proc 46: 1302 (no Refs.)

7983. McClure JA, Lycett P, Baskervi. JC (1982)
Diazepam as an anti-motion sickness drug.
J Otolaryng 11: 253-259 (no Refs.)

7984. McClure JA, Willett JM (1980)
Lorazepam and diazepam in the treatment of benign paroxysmal vertigo.
J Otolaryng 9: 472-477 (no Refs.)

7985. McClure JH, Brown DT, Wildsmit. JA (1983)
Comparison of midazolam and diazepam as intravenous sedation during spinal-anesthesia (meeting abstr.).
Br J Anaest 55: 247-248 (2 Refs.)

7986. McClure JH, Brown DT, Wildsmit. JA (1983)
Comparison of the i.v. administration of midazolam and diazepam as sedation during spinal-anesthesia.
Br J Anaest 55: 1089-1093 (8 Refs.)

7987. McConnell JB, Curry SH, Davis M, Williams R (1982)
Clinical effects and metabolism of diazepam in patients with chronic liver-disease.
Clin Sci 63: 75-80 (27 Refs.)

7988. McCormick GY, White WJ, Zagon IS, Lang CM (1984)
Effects of diazepam on arterial blood-gas concentrations and pH of adult-rats acutely and chronically exposed to methadone.
J Pharm Exp 230: 353-359 (42 Refs.)

7989. McCormick J (1983)
A double-blind randomized control trial of diazepam.
J Roy Col G 33: 635-636 (2 Refs.)

7990. McCormick SR, Nielsen J, Jatlow P (1984)
Quantification of alprazolam in serum or plasma by liquid-chromatography.
Clin Chem 30: 1652-1655 (13 Refs.)

7991. McCormick SR, Nielsen J, Jatlow PI (1985)
Alprazolam overdose - clinical findings and serum concentrations in 2 cases.
J Clin Psy 46: 247-248 (14 Refs.)

7992. McCormick WO (1986)
Alprazolam and desipramine in moderately severe depression (letter).
Can J Psy 31: 378 (1 Refs.)

7993. McCurdy HH, Lewellen LJ, Cagle JC (1981)
A rapid procedure for the screening and quantitation of barbiturates, diazepam, desmethyldiazepam and methaqualone.
J Anal Tox 5: 253-257 (6 Refs.)

7994. McCurdy L (1984)
Benzodiazepines in the treatment of acute anxiety.
Curr Med R 8: 115-119 (7 Refs.)

7995. McDonald CF, Thomson SA, Scott NC, Scott W, Grant IWB, Crompton GK (1986)
Benzodiazepine-opiate antagonism - a problem in intensive-care therapy.
Inten Car M 12: 39-42 (13 Refs.)

7996. McDonnell SM, Kenney RM, Meckley PE, Garcia MC (1985)
Conditioned suppression of sexual-behavior in stallions and reversal with diazepam.
Physl Behav 34: 951-956   (19 Refs.)

7997. McDonnell SM, Kenney RM, Meckley PE, Garcia MC (1986)
Nove environment suppression of stallion sexual-behavior and effects of diazepam (technical note).
Physl Behav 37: 503-505   (6 Refs.)

7998. McElnay JC, Passmore SM, Rainey EA, Darcy PF (1986)
Temazepam in human-milk and plasma (meeting abstr.).
Act Pharm T 59: 182   (no Refs.)

7999. McElroy JF, Feldman RS (1982)
Generalization between benzodiazepine-elicited and triazolopyridazine-elicited dicriminative cues.
Pharm Bio B 17: 709-713   (24 Refs.)

8000. McElroy JF, Feldman RS, Meyer JS (1986)
A comparison between chlordiazepoxide and CL-218, 872, a synthetic non-benzodiazepine ligand for benzodiazepine receptors, on serotonin and catecholamine turnover in brain.
Psychophar 88: 105-108   (29 Refs.)

8001. McElroy JF, Fleming RL, Feldman RS (1985)
A comparison between chlordiazepoxide and CL 218, 872 - a synthetic nonbenzodiazepine ligand for benzodiazepine receptors on spontaneous locomotor-activity in rats.
Psychophar 85: 224-226   (15 Refs.)

8002. McElroy JF, Miller JM, Meyer JS (1987)
Comparison of the effects of chlordiazepoxide and CL 218,872 on serum corticosterone concentrations in rats.
Psychophar 91: 467-472   (43 Refs.)

8003. McEvoy JP, Lohr JB (1984)
Diazepam for catatonia.
Am J Psychi 141: 284-285   (10 Refs.)

8004. McGeown MG, Delargy H, Temple DJ (1982)
Metabolism of flurazepam in patients with chronic renal-failure - major urinary metabolite present in serum for up to 3 days after a single dose (meeting abstr.).
Kidney Int 21: 669   (no Refs.)

8005. McGimpsey JG, Kawar P, Gamble JAS, Browne ES, Dundee JW (1983)
Midazolam in dentistry.
Br Dent J 155: 47-50   (30 Refs.)

8006. McGonigal P, Schofiel. CN (1984)
Antagonists to the benzodiazepines.
Br Dent J 157: 392-393   (28 Refs.)

8007. McGonigal PJ, Scholfie. CN (1985)
Antagonists to the benzodiazepines (letter).
Br Dent J 158: 318   (6 Refs.)

8008. McGovern I (1986)
Advertising and benzodiazepines (letter).
Med J Aust 145: 179   (1 Refs.)

8009. McGowan WAW, Dundee JW (1982)
The effect of intravenous cimetidine on the absorption of orally-administered diazepam and lorazepam.
Br J Cl Ph 14: 207-211   (26 Refs.)

8010. McInnes GT, Bunting EA, Ings RMJ, Robinson J, Ankier SI (1985)
Pharmacokinetics and pharmacodynamics following single and repeated nightly administrations of loprazolam, a new benzodiazepine hypnotic.
Br J Cl Ph 19: 649-656   (19 Refs.)

8011. McIntyre DC, Pusztay W, Edson N (1982)
Effects of flurazepam on kindled amygdala convulsions in catecholamine-depleted rats.
Exp Neurol 77: 78-85   (28 Refs.)

8012. McIntyre TD, Alpern HP (1986)
Thiopental, phenobarbital, and chlordiazepoxide induce the same differences in narcotic reaction as ethanol in long-sleep and short-sleep selectively-bred mice.
Pharm Bio B 24: 895-898   (20 Refs.)

8013. McIntyre TD, Alpern HP (1986)
Gabaergic drugs can enhance or attenuate chlordiazepoxide-induced sleep time in a heterogeneous strain of mice.
Pharm Bio B 25: 1077-1081   (44 Refs.)

8014. McKenzie SG (1981)
Reactions to diazepam (letter).
Can Fam Phy 27: 1471-1472   (no Refs.)

8015. McKenzie SG (1983)
Introduction to the pharmacokinetics and pharmacodynamics of benzodiazepines.
Prog Neur-P 7: 623-627   (5 Refs.)

8016. McManus IC, Ankier SI, Norfolk J, Phillips M, Priest RG (1983)
Effects on psychological performance of the benzodiazepine, loprazolam, alone and with alcohol.
Br J Cl Ph 16: 291-300   (26 Refs.)

8017. McMillan DE (1982)
Effects of chemicals on delayed matching behavior in pigeons .2. tolerance to the effects of diazepam and cross tolerance to phencyclidine (technical note).
Neurotoxico 3: 138-141   (6 Refs.)

8018. McNamara JO, Fanelli RJ, Valdes F (1983)
The benzodiazepine receptor: A molecular pharmacologic tool for study of kindled epilepsy.
In: Pharmacology of Benzodiazepines (Ed. Usdin E, Skolnick P, Tallmann jr JF, Greenblatt D, Paul SM)
Verlag Chemie, Weinheim Deerfield Beach Basel p. 365-373

8019. McNaughton N (1985)
Chlordiazepoxide and successive discrimination - different effects on acquisition and performance.
Pharm Bio B 23: 487-494   (17 Refs.)

8020. McNaughton N, Gray JA (1983)
Pavlovian counterconditioning is unchanged by chlordiazepoxide or by septal-lesions.
Q J Exp P-B 35: 221-233   (25 Refs.)

8021. McNaughton N, Morris RGM (1987)
Chlordiazepoxide, an anxiolytic benzodiazepine, impairs place navigation in rats.
Beh Bra Res 24: 39-46   (30 Refs.)

8022. McNett WG, Kulikows. RR (1984)
Diazepam-induced changes in cytoskeletal proteins of cultured chick heart fibroblasts (meeting abstr.).
Biophys J 45: 356   (no Refs.)

8023. McNicholas LF, Martin WR (1982)
Effects of Ro 15-1788 (Ro)(ethyl 8-fluoro-5,6-dihydro-5-methyl-6-oxo-4H-imidazo (1,5-a)(1,4) benzodiazepine-3-carboxylate), a benzodiazepine antagonist, in diazepam (DZ)-dependent rats (meeting abstr.).
Fed Proc 41: 1639   (no Refs.)

8024. McNicholas LF, Martin WR (1982)
The effect of a benzodiazepine antagonist, Ro 15-1788, in diazepam dependent rats.
Life Sci 31: 731-737   (13 Refs.)

8025. McNicholas LF, Martin WR (1983)
Plasma-levels of benzodiazepines in diazepam (D) and lorazepam (L) dependent dogs during withdrawal (meeting abstr.).
Fed Proc 42: 1164   (1 Refs.)

8026. McNicholas LF, Martin WR (1986)
Benzodiazepine antagonist, CGS-8216, in diazepam-dependent or pentobarbital-dependent and non-dependent rats.
Drug Al Dep 17: 339-348   (18 Refs.)

8027. McNicholas LF, Martin WR, Cherian S (1983)
Physical-dependence on diazepam and lorazepam in the dog.
J Pharm Exp 226: 783-789   (43 Refs.)

8028. McPherson SE, Loo P, Braunwal. A, Wood PL (1987)
Enhancement of the invivo binding of ^3H-flunitrazepam by the atypical neuroleptic, clozapine (technical note).
Neuropharm 26: 265-269   (11 Refs.)

8029. Meacham RH, Kick CJ, Sisenwin. SF, Ruelius HW (1984)
Inhibition of ciramadol glucuronidation by benzodiazepines (meeting abstr.).
Clin Pharm 35: 259   (no Refs.)

8030. Meacham RH, Sisenwine SF, Liu AL, Kick CJ, Barinov I, Ruelius HW (1986)
Inhibition of ciramadol glucuronidation by benzodiazepines.
Drug Meta D 14: 430-436   (35 Refs.)

8031. Means JR, Chengeli. CP, Jasty V (1982)
Testicular toxicity induced by oral-administration of SC-32855, a 1,4-benzodiazepine, in the dog (letter).
Res Comm CP 37: 317-320   (4 Refs.)

8032. Mearrick PT, Chahl JS (1985)
Screening for benzodiazepines in urine after hydrolysis of glucuronide conjugates (letter).
Clin Chem 31: 152   (1 Refs.)

8033. Mecarell. O, Defeo MR, Cherubin. E, Ricci GF (1984)
Effects of diazepam on strychnine epileptogenic focus in maturing curarized or anesthetized rats (meeting abstr.).
EEG Cl Neur 58: 61   (no Refs.)

8034. Medd BH (1983)
The benzodiazepines - public-health, social and regulatory issues - an industry perspective.
J Psych Dr 15: 127-135   (23 Refs.)

8035. Medina JH, Derobert. E (1984)
Taurine modulation of the benzodiazepine-gamma-aminobutyric acid receptor complex in brain membranes.
J Neurochem 42: 1212-1217   (26 Refs.)

8036. Medina JH, Derobertis E (1985)
Benzodiazepine receptor and thyroid-hormones - invivo and invitro modulation.
J Neurochem 44: 1340-1344   (15 Refs.)

8037. Medina JH, Derobertis E, Novas ML, Pena C, Paladini AC (1986)
Endogenous benzodiazepine binding inhibitors from bovine cerebral-cortex - isolation and purification (review).
Adv Bio Psy 41: 149-160   (21 Refs.)

8038. Medina JH, Novas ML (1983)
Parallel changes in brain flunitrazepam binding and density of noradrenergic innervation.
Eur J Pharm 88: 377-382   (15 Refs.)

8039. Medina JH, Novas ML, Derobertis E (1983)
Chronic Ro-15-1788 treatment increases the number of benzodiazepine receptors in rat cerebral-cortex and hippocampus (technical note).
Eur J Pharm 90: 125-128   (10 Refs.)

8040. Medina JH, Novas ML, Derobertis E (1983)
Changes in benzodiazepine receptors by acute stress - different effect of chronic diazepam or Ro 15-1788 treatment.
Eur J Pharm 96: 181-185   (13 Refs.)

8041. Medina JH, Novas ML, Derobertis E (1983)
Heterogeneity of benzodiazepine receptors - experimental differences between flunitrazepam-^3H and ^3H-ethyl-beta-carboline-3-carboxylate binding-sites in rat-brain membranes.
J Neurochem 41: 703-709   (34 Refs.)

8042. Medina JH, Novas ML, Derobertis E (1986)
Regulation of the benzodiazepine receptor - invivo and invitro experiments (review).
Adv Bio Psy 41: 107-120   (23 Refs.)

8043. Medina JH, Novas ML, Derobertis E, Pena C, Paladini AC (1986)
Identification of a potent endogenous benzodiazepine binding inhibitor from bovine cerebral-cortex (review).
Adv Bio Psy 42: 47-56   (14 Refs.)

8044. Medina JH, Novas ML, Wolfman CNV, Destein ML, Derobertis E (1983)
Benzodiazepine receptors in rat cerebral-cortex and hippocampus undergo rapid and reversible changes after acute stress.
Neuroscienc 9: 331-335   (22 Refs.)

8045. Medina JH, Pena C, Novas ML, Paladini AC, Derobertis E (1986)
Molecular aspects of anxiety - normal-butyl beta-carboline 3 carboxylate, an endogenous ligand of the benzodiazepine receptor (meeting abstr.).
Arch Biol M 19: 150   (1 Refs.)

8046. Medina JH, Tumilasc. O, Derobertis E (1984)
Thyroid-hormones regulate benzodiazepine receptors in rat cerebral-cortex.
IRCS-Bioch 12: 158-159   (7 Refs.)

8047. Meert TF (1986)
A comparative-study of the effects of ritanserin (R-55-667) and chlordiazepoxide on rat open-field behavior.
Drug Dev R 8: 197-204   (16 Refs.)

8048. Meert TF, Colpaert FC (1985)
Induction of shock-selfadministration by benzodiazepines (meeting abstr.).
Behav Proc 10: 319   (no Refs.)

8049. Meert TF, Colpaert FC (1986)
A study on the development of tolerance to the sedative, muscle-relaxant and anticonflict effects of chlordiazepoxide (meeting abstr.).
Psychophar 89: 23 (no Refs.)

8050. Meert TF, Colpaert FC (1986)
Pharmacological antagonism of the anticonflict effects of chlordiazepoxide (meeting abstr.).
Psychophar 89: 24 (no Refs.)

8051. Meert TF, Colpaert FC (1986)
The shock probe conflict procedure - a new assay responsive to benzodiazepines, barbiturates and related-compounds.
Psychophar 88: 445-450 (37 Refs.)

8052. Mees G, Ansay M (1982)
Benzodiazepine as a desinhibitor by cat.
Ann Med Vet 126: 371-372 (3 Refs.)

8053. Mehta AC (1984)
High-pressure liquid-chromatographic determination of some 1,4-benzodiazepines and their metabolites in biological-fluids - a review (review).
Talanta 31: 1-8 (85 Refs.)

8054. Mehta AK, Kulkami SK (1984)
Mechanism of potentiation by diazepam of adenosine response.
Life Sci 34: 81-86 (12 Refs.)

8055. Meibach RC, Mullane JF, Binstok G (1987)
A placebo-controlled multicenter trial of propranolol and chlordiazepoxide in the treatment of anxiety.
Curr Ther R 41: 65-76 (27 Refs.)

8056. Meiners BA, Salama AI (1982)
Enhancement of benzodiazepine and GABA binding by the novel anxiolytic, tracazolate.
Eur J Pharm 78: 315-322 (27 Refs.)

8057. Meiners BA, Salama AI (1985)
Enhancement of GABA binding by the benzodiazepine partial agonist CGS9896.
Eur J Pharm 119: 61-65 (17 Refs.)

8058. Mekel RCPM (1982)
Intra-arterial diazepam (letter).
S Afr Med J 62: 153-154 (4 Refs.)

8059. Melani F, Cecchi L, Filacchi. G (1984)
Synthesis of 5H-10,11-dihydropyrazolo(5,1-c)(1,4)benzodiazepinederivatives .2..
J Hetero Ch 21: 813-815 (3 Refs.)

8060. Melani F, Cecchi L, Palazzin. G, Filacchioni G, Martini C, Pennacch. E, Lucacchi. A (1986)
Pyrazolo(4,5-c)quinolines .2. synthesis and specific-inhibition of benzodiazepine receptor-binding (technical note).
J Med Chem 29: 291-295 (17 Refs.)

8061. Melchior CL, Garrett KM, Tabakoff B (1984)
A benzodiazepine antagonist action of CL-218,872.
Life Sci 34: 2201-2206 (21 Refs.)

8062. Melchior CL, Tabakoff B (1984)
Interaction between ethanol and compounds which act at the benzodiazepine receptor (meeting abstr.).
Alc Clin Ex 8: 107 (no Refs.)

8063. Melden MK, Saunders RN, Handley DA (1987)
Inhibitory profiles of triazolam, CV-6209 and SRI 63-441 (meeting abstr.).
Fed Proc 46: 738 (no Refs.)

8064. Meldrum BS, Chapman AG (1986)
Benzodiazepine receptors and their relationship to the treatment of epilepsy.
Epilepsia 27: 3-13 (77 Refs.)

8065. Meldrum BS, Croucher MJ (1982)
Anticonvulsant action of clobazam and desmethylclobazam in reflex epilepsy in rodents and baboons.
Drug Dev R 1982: 33-38 (15 Refs.)

8066. Meldrum LA, Bojarski JC, Calam J (1986)
Effects of benzodiazepines on responses of guinea-pig ileum and gallbladder and rat pancreatic acini to cholecystokinin.
Eur J Pharm 123: 427-432 (26 Refs.)

8067. Mele L, Sagratel. S, Massotti M (1984)
Chronic administration of diazepam to rats causes changes in EEG patterns and in coupling between GABA receptors and benzodiazepine binding-sites invitro.
Brain Res 323: 93-102 (49 Refs.)

8068. Mele PC, Mele JD, Denoble VJ (1985)
Rate-dependent effects of amphetamine and chlordiazepoxide on schedule-controlled responding (meeting abstr.).
Pharm Bio B 22: 1083 (no Refs.)

8069. Mellerio F (1986)
Electroencephalography and benzodiazepine withdrawal (meeting abstr.).
Therapie 41: 524 (no Refs.)

8070. Mellman TA, Uhde TW (1986)
Withdrawal syndrome with gradual tapering of alprazolam.
Am J Psychi 143: 1464-1466 (8 Refs.)

8071. Mellor CS, Jain VK (1982)
Diazepam withdrawal syndrome - its prolonged and changing nature.
Can Med A J 127: 1093-1096 (22 Refs.)

8072. Mellor CS, Jain VK (1983)
Diazepam withdrawal syndrome - reply (letter).
Can Med A J 129: 97+ (5 Refs.)

8073. Mellor JM, Pathiran. RN (1984)
Synthesis of bridged benzodiazepines by reaction of amines and hydrazine derivatives with 4,6-dibromomethyl-5,2,8-ethanylylidene-5H-1,9-benzodiazacycloundecine.
J Chem S P1 4: 753-759 (19 Refs.)

8074. Mellor JM, Pathiran. RN, Rawlins MF, Stibbard JH (1982)
Synthesis of bridged benzodiazepines by condensation of ortho-phenylenediamines with 4,6-dimethylbicyclo(3,3,1)nona-3,6-diene-2,8-dione.
J Chem R-S 1982: 70 (7 Refs.)

8075. Mellor JM, Pathiran. RN, Stibbard JH (1982)
Emission and absorption-spectra of some bridged 1,5-benzodiazepines.
Spect Act A 38: 389-392 (17 Refs.)

8076. Mellor JM, Pons BS, Stibbard JH (1982)
Synthesis of substituted barbaralanes by electrochemical reduction of bridged 1,5-benzodiazepines.
J Chem S P1 1981: 3097-3100 (8 Refs.)

8077. Melvin MA, Johnson BH, Quasha AL (1982)
Induction of anesthesia with midazolam decreases halothane MAC in humans.
Anesthesiol 57: 238-241 (15 Refs.)

8078. Mendels J (1985)
The role of low-dose benzodiazepines in the management of insomnia.
Clin Neurop 8: 91-96 (9 Refs.)

8079. Mendels J, Chernoff RW, Blatt M (1986)
Alprazolam as an adjunct to propranolol in anxious outpatients with stable angina-pectoris.
J Clin Psy 47: 8-11 (18 Refs.)

8080. Mendels J, Schless AP (1986)
Comparative efficacy of alprazolam, imipramine, and placebo administered once a day in treating depressed-patients.
J Clin Psy 47: 357-361 (15 Refs.)

8081. Mendels J, Stern S (1983)
Evaluation of the short-term treatment of insomnia in out-patients with 15 milligrams of quazepam.
J Int Med R 11: 155-161 (9 Refs.)

8082. Mendels J, Wasserma. TW, Michals TJ, Fine EW (1985)
Halazepam in the management of acute alcohol withdrawal syndrome.
J Clin Psy 46: 172-174 (9 Refs.)

8083. Mendelson WB (1984)
The benzodiazepine receptor and sleep.
Psychiat D 2: 161-177 (47 Refs.)

8084. Mendelson WB, Cain M, Cook JM, Paul SM, Skolnick P (1983)
A benzodiazepine receptor antagonist decreases sleep and reverses the hypnotic actions of flurazepam.
Science 219: 414-416 (22 Refs.)

8085. Mendelson WB, Davis T, Paul SM, Skolnick P (1983)
Do benzodiazepine receptors mediate the anti-conflict action of pentobarbital
Life Sci 32: 2241-2246 (18 Refs.)

8086. Mendelson WB, Garnett D, Gillin JC (1981)
Flurazepam-induced sleep apnea syndrome in a patient with insomnia and mild sleep-related respiratory changes (technical note).
J Nerv Ment 169: 261-264 (5 Refs.)

8087. Mendelson WB, Martin JV, Wagner R, Rosenberr. C, Skolnick P, Weissman BA, Squires R (1985)
Are the toxicities of pentobarbital and ethanol mediated by the GABA-benzodiazepine receptor-chloride ionophore complex.
Eur J Pharm 108: 63-70 (29 Refs.)

8088. Mendelson WB, Owen C, Skolnick P, Paul SM, Martin JV, Ko G, Wagner R (1984)
Nifedipine blocks sleep induction by flurazepam in the rat.
Sleep 7: 64-68 (10 Refs.)

8089. Mendelson WB, Paul SM, Skolnick P (1983)
Benzodiazepine receptors and the sedative/hypnotic actions of flurazepam.
In: Pharmacology of Benzodiazepines (Ed. Usdin E, Skolnick P, Tallmann jr JF, Greenblatt D, Paul SM)
Verlag Chemie, Weinheim Deerfield Beach Basel
p. 375-381

8090. Mendelson WB, Skolnick P, Martin JV, Luu MD, Wagner R, Paul SM (1984)
Diazepam-stimulated increases in the synaptosomal uptake of $^{45}Ca^{2+}$ - reversal by dihydropyridine calcium-channel antagonists (technical note).
Eur J Pharm 104: 181-183 (10 Refs.)

8091. Mendelson WB, Weingart. H, Greenblatt DJ, Garnett D, Gillin JC (1982)
A clinical-study of flurazepam.
Sleep 5: 350-360 (17 Refs.)

8092. Mendez JH, Perez CG, Martin MIG (1984)
Metal-complexes of 1,4-benzodiazepines .4. spectrophotometric study of palladium with bromazepam and flurazepam.
An Quim B 80: 390-394 (11 Refs.)

8093. Menke G, Pfister P, Sauerwei. S, Rietbroc. I, Woodcock BG, Rietbroc. N (1987)
Age-dependence and free fatty-acid modulation of binding-kinetics at the benzodiazepine binding-site of serum-albumin in neonates and adults determined using fast reaction methods.
Br J Cl Ph 23: 439-445 (30 Refs.)

8094. Mennini T (1986)
Is GABA-stimulated ^3H flunitrazepam binding modulated by benzodiazepine receptor ligands (letter)
J Neurochem 46: 1326-1327 (3 Refs.)

8095. Mennini T, Abbiati A, Caccia S, Cotecchi. S, Gomez A, Garattin. S (1982)
Brain levels of tofizopam in the rat and relationship with benzodiazepine receptors.
N-S Arch Ph 321: 112-115 (16 Refs.)

8096. Mennini T, Barone D, Gobbi M (1985)
Invivo interaction of premazepam with benzodiazepine receptors - relation to its pharmacological effects.
Psychophar 86: 464-467 (19 Refs.)

8097. Mennini T, Ceci A, Caccia S, Garattin. S, Masturzo P, Salmona M (1984)
Diazepam increases membrane fluidity of rat hippocampus synaptosomes.
Febs Letter 173: 255-258 (15 Refs.)

8098. Mennini T, Cotecchi. S, Caccia S, Garattin. S (1982)
Does ethyl-beta-carboline-3-carboxylate interact with mouse-brain benzodiazepine receptors invivo (technical note).
J Pharm Pha 34: 394-395 (6 Refs.)

8099. Mennini T, Cotecchi. S, Caccia S, Garattin. S (1982)
Benzodiazepines - relationship between pharmacological activity in the rat and invivo receptor-binding.
Pharm Bio B 16: 529-532 (20 Refs.)

8100. Mennini T, Garattin. S (1982)
Benzodiazepine receptors - correlation with pharmacological responses in living animals (review or bibliog.).
Life Sci 31: 2025-2035 (84 Refs.)

8101. Mennini T, Garattin. S (1983)

Benzodiazepines receptor-binding invivo - pharmacokinetic and pharmacological significance (review).

Adv Bio Psy 38: 189-199 (20 Refs.)

8102. Mennini T, Garattini S (1983)

Benzodiazepines Receptor Binding In Vivo: Pharmacokinetic and Pharmacological Significance.

In: Benzodiazepine Recognition Site Ligands (Ed. Biggio G, Costa E)

Raven Press, New York, p. 189-199

8103. Mennini T, Gobbi M, Garattini S (1984)

Increased number of brain benzodiazepine receptors after invivo administration of estazolam to rats (technical note).

J Pharm Pha 36: 621-622 (12 Refs.)

8104. Mennini T, Gobbi M, Testa R (1984)

Effects of denzimol on benzodiazepine receptors in the CNS - relationship between the enhancement of diazepam activity and benzodiazepine binding-sites induced by denzimol in the rat.

Life Sci 35: 1811-1820 (22 Refs.)

8105. Nenon MK, Vivonia CA (1981)

Serotonergic drugs, benzodiazepines and baclofen block muscimol-induced myoclonic jerks in a strain of mice.

Eur J Pharm 73: 155-161 (27 Refs.)

8106. Menon MK; Vivonia CA, Haddox VG (1981)

A new method for the evaluation of benzodiazepines based on their ability to block muscimol-induced myoclonic jerks in mice.

Psychophar 75: 291-293 (8 Refs.)

8107. Meola JM, Rosano TG, Swift T (1981)

Thin-layer chromatography, with fluorescence detection, of benzodiazepines and tricyclic anti-depressants in serum from emergency-room patients (technical note).

Clin Chem 27: 1254-1255 (4 Refs.)

8108. Meredith TJ, Vale JA (1985)

Poisoning due to psychotropic agents (review).

Advers Drug 4: 83-126 (366 Refs.)

8109. Mereu G, Biggio G (1983)

Effect of agonists, Inverse Agonists, and Antagonists of Benzodiazepine Receptors on the Firing Rate of Substantia Nigra Pars Reticulata Neurons.

In: Benzodiazepine Recognition Site Ligands (Ed. Biggio G, Costa E)

Raven Press, New York, p. 201-209

8110. Mereu G, Biggio G (1983)

Effect of agonists, inverse agonists, and antagonists of benzodiazepine receptors on the firing rate of substantia nigra pars reticulata neurons (review).

Adv Bio Psy 38: 201-209 (31 Refs.)

8111. Mereu G, Corda MG, Carcangi. P, Giorgi O, Biggio G (1987)

The beta-carboline ZK-93423 inhibits reticulata neurons - an effect reversed by benzodiazepine antagonists.

Life Sci 40: 1423-1430 (29 Refs.)

8112. Mereu G, Fanni B, Serra M, Concas A, Biggio G (1983)

Beta-carbolines activate neurons in the substantia nigra pars reticulata - an effect reversed by diazepam and Ro 15-1788 (technical note).

Eur J Pharm 96: 129-132 (11 Refs.)

8113. Mereu G, Passino N, Carcangi. P, Boi V, Gessa GL (1987)

Electrophysiological evidence that Ro 15-4513 is a benzodiazepine receptor inverse agonist (technical note).

Eur J Pharm 135: 453-454 (5 Refs.)

8114. Merikangas JR, Merikang. KR, Kopp U, Hanin I (1985)

Blood choline and response to clonazepam and haloperidol in tourettes syndrome.

Act Psyc Sc 72: 395-399 (22 Refs.)

8115. Merlo F, Lion P (1985)

Study of the rapid EEG activity induced by midazolam.

Curr Ther R 38: 798-807 (7 Refs.)

8116. Mernoff ST, Cherwins. HM, Becker JW, Deblas AL (1983)

Solubilization of brain benzodiazepine receptors with a zwitterionic detergent - optimal preservation of their functional interaction with the GABA receptors.

J Neurochem 41: 752-758 (32 Refs.)

8117. Merz WA, Ballmer U (1983)

Symptoms of the barbiturate benzodiazepine withdrawal syndrome in healthy-volunteers - standardized assessment by a newly developed self-rating scale.

J Psych Dr 15: 71-84 (18 Refs.)

8118. Merz WA, Ballmer U (1986)

Are specific symptoms of benzodiazepine withdrawal specific symptoms of anxiety (meeting abstr.).

Int J Neurs 31: 104 (no Refs.)

8119. Merz WA, Stabl M, Hellster. K (1987)

Acute effects of tolerability of the partial benzodiazepine agonist Ro 23-0364 in healthy-volunteers .2. (meeting abstr.).

Int J Neurs 32: 813-814 (no Refs.)

8120. Mestre M, Belin C, Uzan A, Renault C, Dubroeuc. MC, Gueremy C, Lefur G (1986)

Modulation of voltage-operated, but not receptor-operated, calcium channels in the rabbit aorta by PK-11195, an antagonist of peripheral-type benzodiazepine receptors.

J Cardio Ph 8: 729-734 (22 Refs.)

8121. Mestre M, Bouetard G, Uzan A, Gueremy C, Renault C, Dubroeuc. MC, Lefur G (1985)

PK-11195, an antagonist of peripheral benzodiazepine receptors, reduces ventricular arrhythmias during myocardial ischemia and reperfusion in the dog (technical note).

Eur J Pharm 112: 257-260 (11 Refs.)

8122. Mestre M, Carriot T, Belin C, Uzan A, Renault C, Dubroeuc. MC, Gueremy C, Doble A, Lefur G (1985)

Electrophysiological and pharmacological evidence that peripheral type benzodiazepine receptors are coupled to calcium channels in the heart.

Life Sci 36: 391-400 (17 Refs.)

8123. Mestre M, Carriot T, Belin C, Uzan A, Renault C, Dubroeuc. MC, Gueremy C, Levur G (1984)
Electrophysiological and pharmacological characterization of peripheral benzodiazepine receptors in a guinea-pig heart preparation.
Life Sci 35: 953-962   (16 Refs.)

8124. Mestre M, Carriot T, Neliat G, Uzan A, Renault C, Dubroeuc. MC, Gueremy C, Doble A, Lefur G (1986)
PK-11195, an antagonist of peripheral type benzodiazepine receptors, modulates BAY K8644 sensitive but not beta-receptor or H-2-receptor sensitive voltage operated calcium channels in the guinea-pig heart.
Life Sci 39: 329-339   (19 Refs.)

8125. Methot C, Deutsch R (1984)
The Effect of diazepam on a conditioned emotional response in the rat.
Pharm Bio B 20: 495-499   (37 Refs.)

8126. Metlas RM, Horvat AI, Nikezic GS, Cetkovic SS, Boskovic BD (1984)
Acetylcholine synthesis and release by brain cortex synaptosomes of rats treated with diazepam.
Iug Physl P 20: 213-218   (15 Refs.)

8127. Mewaldt SP, Ghoneim MM, Hinrichs JV (1986)
The behavioral actions of diazepam and oxazepam are similar.
Psychophar 88: 165-171   (29 Refs.)

8128. Mewaldt SP, Hinrichs JV, Ghoneim MM (1982)
Diazepam and retention - distinguishing between short-term and long-term-memory (meeting abstr.).
B Psychon S 20: 140   (no Refs.)

8129. Mewaldt SP, Hinrichs JV, Ghoneim MM (1983)
Diazepam and memory - support for a duplex model of memory.
Mem Cognit 11: 557-564   (21 Refs.)

8130. Mewaldt SP, Hinrichs JV, Ghoneim MM (1984)
Diazepam and memory - tests of a rehearsal deficit hypothesis (meeting abstr.).
B Psychon S 22: 276   (no Refs.)

8131. Meyboom RHB (1986)
The use of benzodiazepines in the elderly (letter).
Br J Hosp M 36: 149   (no Refs.)

8132. Meyer BH, Weis OF, Muller FO (1984)
Antagonism of diazepam by aminophylline in healthy-volunteers.
Anesth Anal 63: 900-902   (4 Refs.)

8133. Meyer BR (1982)
Benzodiazepines in the elderly.
Med Clin NA 66: 1017-1035   (79 Refs.)

8134. Meyer BR, Lewin M, Pasmanti. M, Lonski L, Reidenbe. MM (1983)
Clinical-trial of diazepam or scopolamine with metoclopramide to ameliorate cis-platinum induced emesis (meeting abstr.).
Clin Pharm 33: 222   (no Refs.)

8135. Meyers C, Vranckx C, Elgen K (1985)
Psychosomatic-disorders in general-practice - comparisons of treatment with flupentixol, diazepam and sulpiride.
Pharmathera 4: 244-250   (9 Refs.)

8136. Meyers MB, Komiskey HL (1985)
Aging - effect on the interaction of ethanol and pentobarbital with the benzodiazepine-GABA receptor-ionophore complex.
Brain Res 343: 262-267   (48 Refs.)

8137. Meyerson LR, Sano MC, Critchet. DJ, Beer B, Lippa AS (1981)
Lateral olfactory tract lesions reveal neuronal localization of benzodiazepine recognition sites (technical note).
Eur J Pharm 71: 147-150   (10 Refs.)

8138. Michael KA, Lehman ME, Amerson AB (1984)
Diazepam infusions (discussion).
Drug Intel 18: 214-215   (27 Refs.)

8139. Michalk S, Moncorge C, Fichelle A, Farinott. R, Desmonts JM (1986)
Long-term midazolam infusion for basal sedation in intensive-care - a clinical and pharmacokinetic study (meeting abstr.).
Anesthesiol 65: 66   (3 Refs.)

8140. Miczek KA (1986)
Disinhibition of aggression - role of serotonin, benzodiazepine receptors, opioid-peptides (meeting abstr.).
Int J Neurs 31: 60-61   (no Refs.)

8141. Miczek KA, Debold JF, Winslow JT (1986)
Ethological analysis of aggression - mechanisms for effects of alcohol and benzodiazepines (meeting abstr.).
Psychophar 89: 24   (no Refs.)

8142. Miernik A, Lavergne M, Santamar. A, Marano F (1984)
Study on the antimitotic properties of some benzodiazepines (meeting abstr.).
Bio Cell 52: 108   (1 Refs.)

8143. Miernik A, Santamar. A, Marano F (1986)
The antimitotic activities of some benzodiazepines (technical note).
Experientia 42: 956-958   (7 Refs.)

8144. Mikkelsen B, Berggree. P, Joensen P, Kristens. O, Kohler O, Mikkelse. BO (1981)
Clonazepam (RIVOTRIL) and carbamazepine (TEGRETOL) in psychomotor epilepsy - a randomized multi-center trial.
Epilepsia 22: 415-420   (22 Refs.)

8145. Mikus P (1982)
Effect on vigilance after single administration of clobazam.
Arznei-For 32-2: 1496-1501   (8 Refs.)

8146. Milani H, Graeff FG (1985)
Anti-aversive action of midazolam injected into the medial hypothalamus of the rat (meeting abstr.).
Braz J Med 18: 656   (no Refs.)

8147. Miles DF (1981)
The only cure for life (except maybe benzodiazepines) (letter).
Med J Aust 1: 381   (no Refs.)

8148. Miles LE, Dement WC (1980)
Sleep and aging (review or bibliog.).
Sleep 3: 5+   (552 Refs.)

8149. Milkowsk. W, Liepmann H, Zeugner H, Ruhland M, Tulp M (1985)
1,4-benzodiazepines and 1,5-benzodiazocines .7. synthesis and biological-activity.
Eur J Med C 20: 345-358   (34 Refs.)

8150. Miller DL, Wall RT (1987)
Fentanyl and diazepam for analgesia and sedation during radiologic special procedures (review).
Radiology 162: 195-198   (27 Refs.)

8151. Miller E (1986)
Benzodiazepines and the behavior therapist - managing withdrawal and the problems of concurrent treatment with these drugs.
Behav Psych 14: 1-12   (14 Refs.)

8152. Miller F, Whitcup S (1986)
Benzodiazepine use in psychiatrically hospitalized elderly patients (letter).
J Cl Psych 6: 384-385   (6 Refs.)

8153. Miller LG, Abernethy DR, Greenblatt DJ, Luu MD, Paul SM (1987)
Kinetics, brain uptake, and receptor-binding of flurazepam and metabolites (meeting abstr.).
Fed Proc 46: 1299   (no Refs.)

8154. Miller LG, Barnhill JG, Greenblatt DJ, Shader RI (1987)
The mechanism of chronic tolerance to benzodiazepines (meeting abstr.).
Clin Res 35: 579   (no Refs.)

8155. Miller LG, Friedman H, Greenblatt DJ (1987)
Measurement of clonazepam by electron-capture gas-liquid-chromatography with application to single-dose pharmacokinetics.
J Anal Tox 11: 55-57   (8 Refs.)

8156. Miller LG, Greenblatt DJ, Paul SM, Shader RI (1987)
Benzodiazepine receptor occupancy invivo - correlation with brain concentrations and pharmacodynamic actions.
J Pharm Exp 240: 516-522   (36 Refs.)

8157. Miller LG, Greenblatt DJ, Shader RI (1987)
Benzodiazepine receptor-binding - influence of physiologic and pharmacologic factors (review).
Biopharm Dr 8: 103-114   (108 Refs.)

8158. Miller LG, Ochs HR, Greenblatt DJ, Shader RI (1986)
Actual vs reported benzodiazepine use among medical outpatients (meeting abstr.).
J Clin Phar 26: 546   (no Refs.)

8159. Miller ME, Garland WA, Min BH, Ludwick BT, Ballard RH, Levy RH (1981)
Clonazepam acetylation in fast and slow acetylators.
Clin Pharm 30: 343-347   (22 Refs.)

8160. Miller R (1983)
Benzodiazepines.
Mt Sinai J 50: 289-294   (53 Refs.)

8161. Miller WC, McCurdy L (1984)
A double-blind comparison of the efficacy and safety of lorazepam and diazepam in the treatment of the acute alcohol withdrawal syndrome.
Clin Ther 6: 364-371   (* Refs.)

8162. Milligan DW, Howard MR, Judd A (1987)
Premedication with lorazepam before bone-marrow biopsy (technical note).
J Clin Path 40: 696-698   (7 Refs.)

8163. Milligan N, Dhillon S, Oxley J, Richens A (1982)
Absorption of diazepam from the rectum and its effect on interictal spikes in the EEG.
Epilepsia 23: 323-331   (26 Refs.)

8164. Milligan N, Dhillon S, Richens A, Oxley J (1981)
Rectal diazepam in the treatment of absence status - a pharmacodynamic study.
J Ne Ne Psy 44: 914-917   (12 Refs.)

8165. Milligan NM, Dhillon S, Griffith. A Oxley J, Richens A (1984)
A clinical-trial of single dose rectal and oral-administration of diazepam for the prevention of serial seizures in adult epileptic patients.
J Ne Ne Psy 47: 235-240   (16 Refs.)

8166. Mills T, Price WN, Price PT, Roberson JC (1982)
Instrumental Data for Drug Analysis, Vol. I.
Elsevier, New York Amsterdam Oxford

8167. Mills T, Price WN, Roberson JC (1984)
Instrumental Data for Drug Analysis, Vol. II.
Elsevier, New York Amsterdam Oxford

8168. Milonas I, Karoutas G (1981)
Single-fiber EMG in patients with myasthenia-gravis - findings before and after the administration of tensilon and diazepam (meeting abstr.).
Muscle Nerv 4: 254   (no Refs.)

8169. Milonas I, Kountour. D, Muller E (1981)
The jitter-phenomenon in myasthenia gravis and the influence of diazepam - an electro-myographic study of single muscle-fiber.
EEG-EMG 12: 183-184   (no Refs.)

8170. Mimaki T, Abe J, Onoe S, Tagawa T, Ono J, Yabuuchi H, Kamio M (1984)
Clorazepate therapy for refractory seizures in children (meeting abstr.).
Brain Devel 6: 200   (no Refs.)

8171. Mimaki T, Onoe S, Tagawa T, Ono J, Nagai T, Tanaka J, Yabuuchi H (1985)
Effects of sodium valproate and salicyclic acidon serum-protein binding of ^{14}C-diazepam (meeting abstr.).
Brain Devel 7: 190   (no Refs.)

8172. Mimaki T, Tagawa T, Ono J, Tanaka J, Terada H, Itoh N, Yabuuchi H (1984)
Antiepileptic effect and serum levels of clorazepate on children with refractory seizures.
Brain Devel 6: 539-544   (7 Refs.)

8173. Mimaki T, Tagawa T, Ono J, Tanaka J, Terada H, Yabuuchi H (1985)
Effects of antiepileptic drugs and fatty-acids on serum-protein binding of ^{14}C-diazepam.
Fol Psychi 39: 445-446   (no Refs.)

8174. Mimaki T, Yabuuchi H, Laird HE, Yamamura HI (1983)
Effect of seizures on benzodiazepine receptors in rat-brain (meeting abstr.).
Brain Devel 5: 197   (no Refs.)

8175. Mimaki T, Yabuuchi H, Laird H, Yamamura HI (1984)
Effects of seizures and antiepileptic drugs on benzodiazepine receptors in rat-brain.
Pediat Phar 4: 205-211   (16 Refs.)

8176. Mimaki T, Yamamura HI, Yabuuchi H (1982)
Effects of anti-epileptic drugs on benzodiazepine receptors in rat-brain (meeting abstr.).
Brain Devel 4: 261   (no Refs.)

8177. Minagawa K, Miura H (1981)
Plasma-concentrations of diazepam and N-desmethyldiazepam in infants with febrile convulsions after single rectal administration by suppository and in solution (meeting abstr.).
Brain Devel 3: 107   (no Refs.)

8178. Minagawa K, Miura H, Kaneko T, Sudo Y (1982)
Plasma-concentrations of diazepam and N-desmethyldiazepam in infants with febrile convulsions after single rectal administrations of diazepam suppositories or solutions (meeting abstr.).
Brain Devel 4: 249   (no Refs.)

8179. Minagawa K, Miura H, Mizuno S, Shirai H (1986)
Pharmacokinetics of rectal diazepam in the prevention of recurrent febrile convulsions.
Brain Devel 8: 53-59   (41 Refs.)

8180. Minan PT (1984)
Anxyolytic action of benzodiazepines (technical note).
Biomed Phar 38: 69   (2 Refs.)

8181. Minchin MCW, Nutt DJ (1983)
Studies on ^{3}H-diazepam and ethyl-beta-carboline-^{3}H-carboxylate binding to rat-brain invivo .1. regional variations in displacement.
J Neurochem 41: 1507-1512 (24 Refs.)

8182. Mindus P, Ehrin E, Ericsson L, Farde L, Hedstrom CG, Litton J, Persson A, Sedvall G (1986)
Central benzodiazepine receptor-binding studied with ^{11}C labeled Ro-15-1788 and positron emission tomography.
Pharmacops 19: 2-3   (7 Refs.)

8183. Minuk GY, Sarjeant EJ (1985)
The effect of (A) neomycin and lactulose treatment on portal and systemic plasma GABA levels in rats and (B) diazepam, phenobarbital and pH changes on ^{3}H-GABA binding to isolated rat hepatocytes (meeting abstr.).
Hepatology 5: 948   (no Refs.)

8184. Minuk GY, Sarjeant EJ (1986)
The effect of (A) neomycin and lactulose treatment on portal and systemic plasma GABA levels in rats and (B) diazepam, phenobarbital and pH changes on ^{3}H-GABA binding to isolated rat hepatocytes (meeting abstr.).
Clin Invest 9: 51   (no Refs.)

8185. Mirakhur KK, Khanna AK, Prasad B (1984)
Diazepam as a sedative in calves.
Agri-Pract 5: 29-32   (* Refs.)

8186. Miranda D, Langrehr D (1985)
Benzodiazepine in der Intensivmedizin.
In: Benzodiazepine in der Anästhesiologie (Ed. Langrehr D)
Urban & Schwarzenberg, München Wien Baltimore, S. 97-111

8187. Mireles R, Leppik IE (1984)
Clonazepam and valproate comedication without exacerbation of seizures (meeting abstr.).
Epilepsia 25: 643-644   (1 Refs.)

8188. Mireles R, Leppik IE (1985)
Valproate and clonazepam comediaction in patients with intractable epilepsy.
Epilepsia 26: 122-126   (17 Refs.)

8189. Mirzoyan RS, Ganshina TS, Kosarev IV, Bendikov EA (1980)
Effect of diazepam and phenazepam on nervous regulation of the cerebral-circulation.
B Exp B Med 90: 1221-1225 (14 Refs.)

8190. Mishra AK, Gode KD (1985)
Polarographic assay of nitrazepam formulations.
Analyst 110: 1105-1109   (29 Refs.)

8191. Misurec J, Nahunek K (1981)
EEG changes after bromazepam - a double-blind crossover study in healthy-volunteers using computerized EEG.
Activ Nerv 23: 182-184   (5 Refs.)

8192. Mitchell R, Wilson LE (1983)
Effects of GABA receptor agonists on ^{3}H-flunitrazepam binding to rat cerebellar and hippocampal membranes (technical note).
Neuropharm 22: 935-938   (12 Refs.)

8193. Mitchell R, Wilson L (1984)
Differential modulation by muscimol of ^{3}H-flunitrazepam binding to benzodiazepine binding-site subtypes.
Neurochem I 6: 387-392   (20 Refs.)

8194. Mitler MM, Browman CP, Menn SJ, Gujavart. K, Timms RM (1986)
Nocturnal myoclonus - treatment efficacy of clonazepam and temazepam.
Sleep 9: 385-392   (19 Refs.)

8195. Mitler MM; Seidel WF, Vandenho. J, Greenblatt DJ, Dement WC (1984)
Comparative hypnotic effects of flurazepam, triazolam, and placebo - a long-term simultaneous nighttime and daytime study.
J Cl Psych 4: 2-13   (24 Refs.)

8196. Mitsui T, Fujimura Y (1987)
Determination of barbiturates and benzodiazepines as the para-methylbenzyl derivatives using HPLC.
Eisei Kagak 33: 113-117   (no Refs.)

8197. Mitsui T, Matsuoka T, Fujimura Y (1985)
Spectrophotometric determination of drugs by ion association reagents - determination of medazepam and sulfisomidine.
Bunseki Kag 34: 72-76   (6 Refs.)

8198. Mittal SR, Mathur AK (1986)
Drug-interaction between metoprolol and chlordiazepoxide (technical note).
Int J Card 13: 372-374   (2 Refs.)

8199. Miura H, Minagawa K (1982)
Effectiveness and plasma-level of clonazepam in the control of partial seizures (meeting abstr.).
Brain Devel 4: 160   (no Refs.)

8200. Miura H, Minagawa K, Mizuno S, Shirai H (1985)
Effectiveness and plasma-levels of clonazepam monotherapy in the control of partial seizures in children.
Fol Psychi 39: 405-406   (no Refs.)

8201. Miura H, Minagawa K, Mizuno S, Shirai H (1986)
Effectiveness and plasma-levels of clonazepam in the treatment of absence seizures.
Jpn J Psy N 40: 479-480   (no Refs.)

8202. Miura H, Minagawa K, Yagi J (1983)
Effectiveness and plasma-level of clonazepam in the control of partial seizures - a further study (meeting abstr.).
Brain Devel 5: 68-69   (no Refs.)

8203. Miura H, Minagawa K, Yagi J (1983)
Pharmacokinetics of rectal administration of diazepam in infants with febrile convulsions (meeting abstr.).
Brain Devel 5: 343   (no Refs.)

8204. Miura H, Minagawa K, Yagi J (1984)
Pharmacokinetics of rectal administration of diazepam solutions in infants with febrile convulsions (meeting abstr.).
Brain Devel 6: 200   (no Refs.)

8205. Miura H, Minagawa K, Yagi J (1984)
Comparative-study of sodium valproate and clonazepam in the treatment of absence seizures (meeting abstr.).
Brain Devel 6: 419-420   (no Refs.)

8206. Miwa BJ, Garland WA, Blumenth. P (1981)
Determination of flurazepam in human-plasma by gas chromatography-electron capture negative chemical ionization mass-spectrometry (review or bibliog.).
Analyt Chem 53: 793-797   (19 Refs.)

8207. Miyadera T, Hata T, Tamura C, Tachikaw. R (1981)
Synthesis of a tricyclic benzodiazepine derivative from chlordiazepoxide and X-ray crystallographic analysis of a rearrangement product, the indolenine derivative.
Chem Pharm 29: 2193-2198   (8 Refs.)

8208. Miyamae H, Obata A, Kawazura H (1982)
Structure of trans-dichlorobis(7-chloro-1,3-dihydro-1-methyl-5-phenyl-2H-1,4-benzodiazepin-2-one)copper(II), the copper(II) complex of diazepam (technical note).
Act Cryst B 38: 272-274   (4 Refs.)

8209. Miyoshi R, Kito S, Itoga E, Matsubay. H (1983)
Relationship between ^{3}H-labeled flunitrazepam binding-sites and distribution of GAD-like immunoreactivity within the rat-brain (meeting abstr.).
Act Hist Cy 16: 667   (no Refs.)

8210. Miyoshi R, Kito S, Itoga E, Matsubay. H (1984)
Relationship between ^{3}H flunitrazepam binding-sites and distribution of GAD-like immunoreactivity within the rat-brain (meeting abstr.).
Jpn J Pharm 36: 327   (no Refs.)

8211. Miyoshi R, Kito S, Mizuno K (1985)
Autoradiographic studies on benzodiazepine receptor subtypes in the rat-brain.
Jpn J Pharm 38: 281-285   (13 Refs.)

8212. Mizoule J, Gauthier A, Uzan A, Renault C, Dubroeuc. MC, Gueremy C, Lefur G (1985)
Opposite effects of 2 ligands for peripheral type benzodiazepine binding-sites, PK-11195 and Ro-5-4864, in a conflict situation in the rat.
Life Sci 36: 1059-1068   (42 Refs.)

8213. Mizoule J, Rataud J, Uzan A, Mazadier M, Daniel M, Gauthier A, Ollat C, Gueremy C, Renault C, Dubroeuc. MC (1984)
Pharmacological evidence that PK-8165 behaves as a partial agonist of brain type benzodiazepine receptors.
Arch I Phar 271: 189-197   (26 Refs.)

8214. Mizuno S, Miura H, Minagawa K, Shirai H (1985)
A pharmacokinetic study on the effectiveness of intermittent oral diazepam in the prevention of recurrent febrile convulsions (meeting abstr.).
Brain Devel 7: 257   (no Refs.)

8215. Mizuno S, Miura H, Minagawa K, Shirai H (1986)
A pharmacokinetic study on the effectiveness of rectal administration of diazepam in solutions - a comparison with intravenous administration (meeting abstr.).
Brain Devel 8: 166   (no Refs.)

8216. Mizuno S, Miura H, Minagawa K, Shirai H (1986)
Prognosis of west syndrome with combination therapy with ACTH and clonazepam (meeting abstr.).
Brain Devel 8: 306-307   (no Refs.)

8217. Mizuno S, Ogawa N, Mori A (1982)
Super-high-affinity binding-site for ^{3}H diazepam in the presence of Co^{2+}, Ni^{2+}, Cu^{2+}, or Zn^{2+}.
Neurochem R 7: 1487-1493   (13 Refs.)

8218. Mizuno S, Ogawa N, Mori A (1983)
Novel binding-site for diazepam-^{3}H in the presence of Co^{2+}, Ni^{2+}, Cu^{2+}, or Zn^{2+} (meeting abstr.).
Neurochem R 8: 778   (no Refs.)

8219. Mizuno S, Ogawa N, Mori A (1983)
Differential effects of some transition-metal cations on the binding of beta-carboline-3-carboxylate and diazepam.
Neurochem R 8: 873-880   (17 Refs.)

8220. Mizuno S, Ogawa N, Mori A (1984)
Lack of specificity in cation effects on solubilized benzodiazepine receptor.
Neurochem R 9: 1729-1735   (14 Refs.)

8221. Mizuno S, Ogawa N, Nukina I, Mori A (1984)
Reduction of benzodiazepine receptor affinity by acute administration of diazepam in combination with phenobarbital.
Res. Comm S 5: 77-80   (11 Refs.)

8222. Mizutani T, Wagi K, Terai Y (1981)
Estimation of diazepam adsorbed on glass surfaces and silicone-coated surfaces as models of surfaces of containers (technical note).
Chem Pharm 29: 1182-1183   (10 Refs.)

8223. Mocchett. I, Einstein R, Brosius J (1986)
Putative diazepam binding inhibitor peptide - CDNA clones from rat.
P NAS US 83: 7221-7225   (43 Refs.)

8224. Mocchetti I, Miyata M, Guidotti A, Costa E (1987)
Changes in neuropeptide turnover in the tolerance to morphine and benzodiazepine (meeting abstr.).
Fed Proc 46: 1125   (no Refs.)

8225. Modell JG (1985)

Benzodiazepines in the management of psychotic agitation (letter).

J Clin Psy 46: 506   (1 Refs.)

8226. Modell JG (1986)

Further experience and observations with lorazepam in the management of behavioral agitation (letter).

J Cl Psych 6: 385-387   (4 Refs.)

8227. Modell JG, Lenox RH, Weiner S (1985)

Inpatient clinical-trial of lorazepam for the management of manic agitation (technical note).

J Cl Psych 5: 109-113   (14 Refs.)

8228. Modestin J (1985)

Neuroleptics and benzodiazepines (letter).

Deut Med Wo 110:1752   (no Refs.)

8229. Moerschbaecher JM, Faust B, Brockleh. C, Devia C (1987)

Effects of triazolam on the retention of conditional discriminations in monkeys (meeting abstr.).

Fed Proc 46: 1131   (1 Refs.)

8230. Moeschlin S (1986)

Klinik und Therapie der Vergiftungen, 7. Aufl.

Thieme, Stuttgart New York

8231. Moffat AC (1986)

Clarke's Isolation and Identification of Drugs (Senior Consult. Ed. Moffat AC, Consult. Eds. Jackson JV, Moss MS, Widdop B).

The Pharmaceutical Press, London

8232. Moffett A, Scott DF (1982)

Lorazepam - de-activating effects on the EEG in epilepsy (meeting abstr.).

EEG Cl Neur 53: 48   (1 Refs.)

8233. Moffett A, Scott DF (1984)

Stress and epilepsy - the value of a benzo-diazepine-lorazepam.

J Ne Ne Psy 47: 165-167   (6 Refs.)

8234. Mogensen F, Müller D, Valentin N (1986)

Glycopyrrolate during ketamine diazepam anesthesia - a double-blind comparison with atropine.

Act Anae Sc 30: 332-336   (25 Refs.)

8235. Mohiuddin G, Reddy PS, Ahmed K, Ratnam CV (1986)

Recent advances in the synthesis of annelated 1,4-benzodiazepines (review).

Heterocycle 24: 3489-3540   (216 Refs.)

8236. Mohiuddin G, Satyanar. P, Ahmed K, Ratnam CV (1985)

Electron-impact mass-spectra of some 3H-1,4-benzodiazepine-2,5-(1H,4H)-diones (technical note).

Org Mass Sp 20: 787-788   (1 Refs.)

8237. Möhler H (1981)

Benzodiazepine receptors - are there endogenous ligands in the brain.

Trends Phar 2: 116-119   (20 Refs.)

8238. Möhler H (1982)

Zum Wirkungsmechanismus der Benzodiazepine.

In: Anästhesie bei Epileptikern und Behandlung des status epilepticus (Ed. Opitz A, Degen R, Kugler J)

Editiones Roche, S. 233-36

8239. Möhler H (1982)

Benzodiazepine receptors - differential interaction of benzodiazepine agonist and antagonists after photoaffinity-labeling with flunitrazepam (technical note).

Eur J Pharm 80: 435-436   (4 Refs.)

8240. Möhler H (1982)

Benzodiazepine-receptor and GABA-receptors (meeting abstr.).

Z Anal Chem 311: 342   (no Refs.)

8241. Möhler H (1983)

Benzodiazepine Receptors: Differential Ligand Interactions and Purification of the Receptor Protein.

In: Benzodiazepine Recognition Site Ligands (Ed. Biggio G, Costa E)

Raven Press, New York, p. 47-56

8242. Möhler H (1983)

Benzodiazepine receptors - mode of interaction of agonists and antagonists (review).

Adv Bio Psy 37: 247-254   (41 Refs.)

8243. Möhler H (1983)

Benzodiazepine receptors - a gain-control system of GABAergic synaptic transmission (meeting abstr.).

H-S Z Physl 364: 1272   (4 Refs.)

8244. Möhler H (1984)

The effect mechanism of benzodiazepine (meeting abstr.).

Anaesthesis 33: 527   (2 Refs.)

8245. Möhler H, Burkard WP, Keller HH, Richards JG, Haefeley W (1981)

Benzodiazepine antagonist Ro 15-1788 - binding characteristics and interaction with drug-induced changes in dopamine turnover and cerebellar CGMP levels.

J Neurochem 37: 714-722   (36 Refs.)

8246. Möhler H, Richards JG (1981)

Autoradiographical localization of Ro-^{3}H 15-1788, a selective benzodiazepine antagonist, in rat-brain invitro (meeting abstr.).

Br J Pharm 74: 813-814   (4 Refs.)

8247. Möhler H, Richards JG (1981)

Agonist and antagonist benzodiazepine receptor interaction invitro.

Nature 294: 763-765   (30 Refs.)

8248. Möhler H, Richards JG (1983)

Benzodiazepine Receptors in the Central Nervous System.

In: The Benzodiazepines - From Molecular Biology to Clinical Practice (Ed. Costa E).

Raven Press, New York, p. 93-116

8249. Möhler H, Richards JG, Wu JY (1981)

Auto-radiographic localization of benzodiazepine receptors in immunocytochemically identified gamma-aminobutyrergic synapses.

P NAS Biol 78: 1935-1938   (19 Refs.)

8250. Möhler H, Schoch P, Richards JG, Haring P, Stahli C, Takacs B (1985)

The GABA benzodiazepine receptor complex - characterization by monoclonal-antibodies (meeting abstr.).

Bio Chem HS 366: 329   (3 Refs.)

8251. Möhler H, Sieghard W, Polc P, Bonetti EP, Hunkeler W (1983)
Differential interaction of agonists and antagonists with benzodiazepine receptors.
In: Pharmacology of Benzodiazepines (Ed. Usdin E, Skolnick P, Tallmann jr JF, Greenblatt D, Paul SM)
Verlag Chemie, Weinheim Deerfield Beach Basel, p. 63-70

8252. Möhler H, Sieghart W, Richards JG, Hunkeler W (1984)
Photoaffinity-labeling of benzodiazepine receptors with a partial inverse agonist (technical note).
Eur J Pharm 102: 191-192 (5 Refs.)

8253. Mohr N, Budzikie. H (1982)
Bacterial constituents .13. tilivalline, a new pyrrolo(2,1)(1,4)benzodiazepine metabolite from klebsiella.
Tetrahedron 38: 147-152 (22 Refs.)

8254. Moingeon P, Bidart JM, Alberici GF, Bohuon C (1983)
Characterization of a peripheral-type benzodiazepine binding-site on human circulating lymphocytes (technical note).
Eur J Pharm 92: 147-149 (10 Refs.)

8255. Moingeon P, Dessaux JJ; Fellous R, Alberici GF, Bidart JM, Motte P, Bohuon C (1984)
Benzodiazepine receptors on human-blood platelets.
Life Sci 35: 2003-2009 (24 Refs.)

8256. Mokler DJ, Nelson BD, Harris LS, Rosecran. JA (1985)
The role of benzodiazepine receptors in the discriminative stimulus properties of delta-9-tetrahydrocannabinol (THC) (meeting abstr.).
Fed Proc 44: 1471 (no Refs.)

8257. Mokler DJ, Nelson BD, Harris LS, Rosecran. JA (1986)
The role of benzodiazepine receptors in the discriminative stimulus properties of delta-9-tetrahydrocannabinol.
Life Sci 38: 1581-1589 (22 Refs.)

8258. Mokler DJ, Rech RH (1983)
Naloxone antagonizes the anti-conflict effects of diazepam in rats (meeting abstr.).
Fed Proc 42: 1161 (1 Refs.)

8259. Mokler DJ, Rech RH (1985)
Mechanisms of the initial treatment phenomenon to diazepam in the rat.
Psychophar 87: 242-246 (14 Refs.)

8260. Molander L (1982)
Effect of melperone, chlorpromazine, haloperidol, and diazepam on experimental anxiety in normal subjects.
Psychophar 77: 109-113 (41 Refs.)

8261. Moldenhauer R, Ricker G, Michaels A, Litzke LF (1985)
Combined use of atropine, diazepam, and ketamine for anesthesia of dwarf goat.
Monats Vet 40: 817-820 (30 Refs.)

8262. Moldofsky H, Tullis C, Quance G, Lue FA (1986)
Nitrazepam for periodic movements in sleep (sleep-related myoclonus).
Can J Neur 13: 52-54 (19 Refs.)

8263. Molnar B (1984)
The use of alprazolam (letter).
Aust NZ J P 18: 191 (6 Refs.)

8264. Molz KH, Gielsdorf W, Rasper J, Jaeger H, Hausleites JK, Achtert G, Philipp P (1985)
Comparison of the pharmacokinetic profile of metaclazepam in old and young volunteers (technical note).
Eur J Cl Ph 29: 247-249 (16 Refs.)

8265. Monaco V, Bonfante A (1985)
Long-term use of doxefazepam, a new hypnotic benzodiazepine.
Curr Ther R 37: 626-647 (17 Refs.)

8266. Mondelo N, Perez C, Stefano FJE, Arnaiz JL (1984)
Pharmacological activity of 1-alkylsulfonyl-aryl-2H-1,4-benzodiazepine-2-ones (meeting abstr.).
Act Phys Ph 34: 456 (no Refs.)

8267. Monden S, Kamata K, Nakamura M, Inaba M (1986)
Effect of hydroxyzine on diazepam-induced increase in food-consumption and water-drinking (meeting abstr.).
Fol Pharm J 87: 69 (no Refs.)

8268. Monmaur P (1981)
Phasic hippocampal activity during paradoxical sleep in the rat - selective suppression after diazepam administration.
Experientia 37: 261-262 (19 Refs.)

8269. Montagna P, Debianch. LS, Zucconi M, Cirignot. F, Lugaresi E (1984)
Clonazepam and vibration in restless legs syndrome (technical note).
Act Neur Sc 69: 428-430 (13 Refs.)

8270. Montaldo S, Serra M, Concas A, Corda MG, Mele S, Biggio G (1984)
Evidence for the presence of benzodiazepine receptor subclasses in different areas of the human-brain.
Neurosci L 52: 263-268 (17 Refs.)

8271. Montandon A, Skreta M, Riggenba. H, Ward J (1986)
Comparison of controlled-release diazepam capsules and placebo in patients in general-practice.
Curr Med R 10: 10-16 (14 Refs.)

8272. Montastruc JL (1983)
Somniferes - barbiturates or benzodiazepines - pharmacologic reflections on the choice.
Nouv Rev M 1: 863+ (* Refs.)

8273. Montgomery MT, Nishioka GJ, Rugh JD, Thrash WJ (1986)
Effect of diazepam on nocturnal masticatory muscle-activity (meeting abstr.).
J Dent Res 65: 180 (no Refs.)

8274. Monti JM (1981)
Sleep laboratory and clinical studies of the effects of triazolam, flunitrazepam and flurazepam in insomniac patients (review or bibliog.).
Meth Find E 3: 303-326 (145 Refs.)

8275. Monti JM (1987)
The use of midazolam for the treatment of insomnia (meeting abstr.).
Act Phys Ph 37: 178-179 (no Refs.)

8276. Monti JM, Alterwai. P, Debellis J (1987)
Comparative double-blind clinical-study of midazolam, methaqualone, and placebo in outpatients with slight-to-moderate insomnia.
Curr Ther R 41: 437-443 (8 Refs.)

8277. Monti JM, Alterwai. P, Debellis J, Altier H, Pellejer. T, Monti D (1987)
Short-term sleep laboratory evaluation of midazolam in chronic insomniacs - preliminary-results.
Arznei-For 37-1: 54-57 (15 Refs.)

8278. Monti JM, Debellis J, Alterwai. P, Dangelo L (1983)
Midazolam and sleep in insomniac patients.
Br J Cl Ph 16: 87-88 (3 Refs.)

8279. Monti JM, Debellis J, Gratadou. E, Alterwai. P, Altier H, Dangelo L (1982)
Sleep laboratory study of the effects of midazolam in insomniac patients.
Eur J Cl Ph 21: 479-484 (16 Refs.)

8280. Moodley P, Golombok S, Lader M (1985)
Effects of clorazepate dipotassium and placebo on psychomotor-skills.
Perc Mot Sk 61: 1121-1122 (7 Refs.)

8281. Moodley P, Lader M (1986)
Management of benzodiazepine dependence.
S Afr Med J 69: 563-564 (25 Refs.)

8282. Moon CAL (1984)
Accumulation of midazolam in patients receiving mechanical ventilation (letter).
Br Med J 289: 1309 (no Refs.)

8283. Moon CAL, Ankier SI, Hayes G (1985)
Early morning insomnia and daytime anxiety - a multicenter general-practice study comparing loprazolam and triazolam.
Br J Clin P 39: 352-358 (13 Refs.)

8284. Moon CAL, Hindmarc. I (1983)
The effects of a hypnotic, temazepam, on aspects of sleep and performance following waking of shift workers.
Drug Exp Cl 9: 849-852 (16 Refs.)

8285. Mooney JJ, Cole JO, Schatzbe. AF, Gerson B, Schildkr. JJ (1985)
Pretreatment urinary MHPG levels as predictors of antidepressant responses to alprazolam.
Am J Psychi 142: 366-367 (8 Refs.)

8286. Mooney JJ, Schatzbe. AF, Cole JO, Kzuka PP, Schildkr. JJ (1985)
Enhanced signal transduction by adenylate-cyclase in platelet membranes of patients showing antidepressant responses to alprazolam - preliminary data.
J Psych Res 19: 65-75 (38 Refs.)

8287. Moore C (1982)
Oxazepam withdrawal syndrome (letter).
Med J Aust 2: 220 (1 Refs.)

8288. Moore S, Bonnet M, Kramer M, Roth T (1981)
A dose-response study of the hypnotic effectiveness of ketazolam in normal subjects.
Curr Ther R 29: 704-713 (10 Refs.)

8289. Morag M, Myslobod. M (1982)
Benzodiazepine antagonists abolish electro-physiological effects of sodium valproate in the rat.
Life Sci 30: 1671-1677 (32 Refs.)

8290. Morales HR, Bulbarel. A, Contrera. R (1986)
New synthesis of dihydro-1 and tetrahydro-1,5-benzodiazepines by reductive condensation of o-phenylenediamine and ketones in the presence of sodium-borohydride.
Heterocycle 24: 135-139 (11 Refs.)

8291. Moran CG, Graham GP (1986)
Adverse skin reaction to midazolam (letter).
Br Med J 293: 822-823 (1 Refs.)

8292. Morel DR, Forster A, Bachmann M, Suter PM (1984)
Effect of intravenous midazolam on breathing pattern and chest wall mechanics in humans.
J App Physl 57: 1104-1110 (30 Refs.)

8293. Morel D, Forster A, Gardaz JP, Suter PM, Gemperle M (1981)
Comparative hemodynamic and respiratory effects of midazolam and flunitrazepam as induction-agents in cardiac-surgery.
Arznei-For 31-2: 2264-2267 (24 Refs.)

8294. Moreland AF, Glaser C (1985)
Evaluation of ketamine, ketamine-xylazine and ketamine-diazepam anesthesia in the ferret.
Lab Anim Sc 35: 287-290 (12 Refs.)

8295. Morelli M, Gee KW, Yamamura HI (1982)
The effect of GABA on invitro binding of 2 novel non-benzodiazepines, PK-8165 and CGS-8216, to benzodiazepine receptors in the rat-brain.
Life Sci 31: 77-81 (9 Refs.)

8296. Moreno JI (1980)
Comparative clinical-trial of clobazam versus lorazepam in cardiology.
Inv Med Int 7: 292-301 (no Refs.)

8297. Morgan DD, Robinson JD, Mendenha. CL (1981)
Clinical pharmacokinetics of chlordiazepoxide in patients with alcohol hepatitis.
Eur J Cl Ph 19: 279-285 (34 Refs.)

8298. Morgan JI, Johnson MD, Wang JKT, Sonnenfe. KH, Spector S (1985)
Peripheral-type benzodiazepines influence ornithine decarboxylase levels and neurite outgrowth in PC 12 cells.
P NAS US 82: 5223-5226 (35 Refs.)

8299. Morgan J, Spector S (1986)
Peripheral benzodiazepines, cell-growth and proto-oncogene expression (meeting abstr.).
J Cell Bioc S10B: 97 (4 Refs.)

8300. Morgan JP (1983)
Cultural and medical attitudes toward benzo-diazepines - conflicting metaphors.
J Psych Dr 15: 115-120 (22 Refs.)

8301. Morgan K (1982)
Effect of low-dose nitrazepam on performance in the elderly (letter).
Lancet 1: 516 (3 Refs.)

8302. Morgan K (1984)
Effects of Two Benzodiazepines on the Speed and Accuracy of Perceptual-Motor Performance in the Elderly.
In: Sleep Benzodiazepines and Performance - Experimental Methodologies and Research Prospects (Ed. Hindmarch I, Ott H, Roth T). Springer, Berlin Heidelberg New York Tokyo, p. 79-83

8303. Morgan K (1985)
Effects of repeated dose nitrazepam and lormetazepam on psychomotor performance in the elderly.
Psychophar 86: 209-211   (10 Refs.)

8304. Morgan K, Adam K, Oswald I (1984)
Effects of loprazolam and of triazolam on psychological functions.
Psychophar 82: 386-388   (6 Refs.)

8305. Morgan M, Thrash WJ, Blanton PL, Glaser JJ (1983)
Incidence and extent of venous sequelae with intravenous diazepam utilizing a standardized conscious sedation technique .2. effects of injection site.
J Periodont 54: 680-684   (9 Refs.)

8306. Morgan PF, Lloyd HGE, Stone TW (1983)
Benzodiazepine inhibition of adenosine uptake is notprevented by benzodiazepine antagonists.
Eur J Pharm 87: 121-126   (33 Refs.)

8307. Morgan PF, Lloyd HGE, Stone TW (1983)
Inhibition of adenosine accumulation by a CNS benzodiazepine antagonist (Ro 15-1788) and a peripheral benzodiazepine receptor ligand (Ro 05-4864).
Neurosci L 41: 183-188   (24 Refs.)

8308. Morgan PF, Stone TW (1982)
Ethylenediamine and GABA potentiation of ^{3}H-labeled diazepam binding to benzodiazepine receptors in rat cerebral-cortex.
J Neurochem 39: 1446-1451   (20 Refs.)

8309. Morgan PF, Stone TW (1982)
Nanomolar concentrations of propranolol inhibit GABA-stimulated benzodiazepine binding to rat cerebral-cortex.
Neurosci L 29: 159-162   (11 Refs.)

8310. Morgan PF, Stone TW (1983)
Structure-activity studies on the potentiation of benzodiazepine receptor-binding by ethylenediamine analogs and derivatives.
Br J Pharm 79: 973-978   (32 Refs.)

8311. Morgan PF, Stone TW (1983)
The effect of ethylenediamine analogs on invitro benzodiazepine binding in the rat cerebral-cortex (meeting abstr.).
J Physl Lon 340: 56-57   (3 Refs.)

8312. Morgan PF, Stone TW (1983)
Actions of 6-aminonicotinamide on benzodiazepine receptors in rat CNS.
Neurosci L 40: 51-54   (14 Refs.)

8313. Morgan PF, Stone TW (1986)
Inhibition by benzodiazepines and beta-carbolines of brief (5 seconds) synaptosomal accumulation of ^{3}H-adenosine (technical note).
Bioch Pharm 35: 1760-1762   (25 Refs.)

8314. Morgan PK (1984)
Clorazepate (letter).
Am Fam Phys 29: 45+   (1 Refs.)

8315. Mori M, Ishikura M, Terashim. M, Kimura M, Ban Y (1984)
New synthesis of 1,4-benzodiazepine derivatives via palladium catalyzed carbonylation (meeting abstr.).
Heterocycle 21: 411   (no Refs.)

8316. Mori M, Kimura M, Uozumi Y, Ban Y (1985)
A one-step synthesis of 1,4-benzodiazepines - synthetic studies on neothramycin.
Tetrahedr L 26: 5947-5950   (17 Refs.)

8317. Mori M, Purvanec. GE, Ishikura M, Ban Y (1984)
New synthesis of pyrrolo-1,4-benzodiazepines by utilizing palladium-catalyzed carbonylation.
Chem Pharm 32: 3840-3847   (20 Refs.)

8318. Morillas MG, Extremer. BG, Erill S (1982)
Binding of sulfisoxazol, diazepam and digitoxin to plasma-proteins in patients with chronic hepatopathy (meeting abstr.).
J Pharmacol 13: 137   (no Refs.)

8319. Morin AM (1984)
Beta-carboline kindling of the benzodiazepine receptor (technical note).
Brain Res 321: 151-154   (17 Refs.)

8320. Morin AM (1986)
Ro 15-1788 suppresses the development of kindling through the benzodiazepine receptor.
Brain Res 397: 259-264   (30 Refs.)

8321. Morin AM, Tanaka IA, Wasterla. CG (1981)
Norharman inhibition of diazepam-^{3}H binding in mouse-brain.
Life Sci 28: 2257-2263   (19 Refs.)

8322. Morin AM, Watson AL, Wasterla. CG (1983)
Kindling of seizures with norharman, a beta-carboline ligand of benzodiazepine receptors (technical note).
Eur J Pharm 88: 131-134   (10 Refs.)

8323. Morino A, Nakamura A, Nakanish. K, Tatewaki N, Sugiyama M (1985)
Species-differences in the disposition and metabolism of camazepam.
Xenobiotica 15: 1033-1043   (22 Refs.)

8324. Morino A, Nakanish. K, Nakamura A, Tatewaki N, Kimura K, Sugiyama N (1984)
Kinetic study on pharmacologic response and drug disposition in the presence of active metabolites - application to camazepam (meeting abstr.).
J Pharmacob 7: 78   (no Refs.)

8325. Morino A, Sasaki H, Mukai H, Sugiyama M (1986)
Receptor-mediated model relating anticonvulsant effect to brain levels of camazepam in the presence of its active metabolites.
J Phar Biop 14: 309-321   (19 Refs.)

8326. Morino A, Sugiyama M (1985)
Relation between time courses of pharmacological effects and of plasma-levels of camazepam and its active metabolites in rats.
J Pharmacob 8: 597-606   (13 Refs.)

8327. Morishita H, Furukawa T (1985)
Possible mechanisms involved in rise of heart-rate induced by benzodiazepine derivative (CM 6913) in unanesthetized rabbits (meeting abstr.).
Jpn J Pharm 39: 131 (no Refs.)

8328. Morishita S, Goto M, Fukuda H (1984)
Brain cyclic-nucleotides and the development of convulsion, with reference to the anticonvulsant activity of diazepam.
Gen Pharm 15: 379-383 (14 Refs.)

8329. Morishita SI, Goto M, Fukuda H (1986)
Cerebellar cyclic-nucleotides and the development of convulsion, with reference to the anticonvulsant activity of diazepam.
Gen Pharm 17: 343-346 (17 Refs.)

8330. Morita Y, Miyoshi K (1982)
Effect of benzodiazepine derivatives on amygdaloid-kindled convulsion (meeting abstr.).
Fol Psychi 36: 456 (* Refs.)

8331. Morita Y, Shinkuma D, Shibagak. N, Miyoshi K (1982)
Effect of benzodiazepine derivatives on amygdaloid-kindled convulsion.
Fol Psychi 36: 391-399 (* Refs.)

8332. Moritoki H, Fukuda H, Kotani M, Ueyama T, Ishida Y, Takei M (1985)
Possible mechanism of action of diazepam as an adenosine potentiator.
Eur J Pharm 113: 89-98 (38 Refs.)

8333. Moritoki H, Ueyama T, Kotani M, Ishida Y (1984)
Benzodiazepines as adenosine potentiators in guinea-pig atria (meeting abstr.).
Jpn J Pharm 36: 261 (no Refs.)

8334. Moriya K, Yamaguch. T, Hiroshig. T (1981)
Changes in sensitivity to pentobarbital, diazepam and caffeine produced by cold-acclimation in rats (meeting abstr.).
Int J Biom 25: 95 (no Refs.)

8335. Moriyama M, Ichimaru Y, Gomita Y (1983)
Behavioral suppression on interacranial reward-punishment and effects of benzodiazepines (meeting abstr.).
Fol Pharm J 82: 41 (no Refs.)

8336. Moriyama M, Ichimaru Y, Gomita Y (1984)
Behavioral suppression using interacranial reward and punishment - effects of benzodiazepines.
Pharm Bio B 21: 773-778 (25 Refs.)

8337. Morley JE, Levine AS, Grace M, Kneip J, Zeugner H (1983)
The effect of the opioid-benzodiazepine, tifluadom, on ingestive behaviors.
Eur J Pharm 93: 265-269 (28 Refs.)

8338. Mormede P, Dantzer R, Perio A (1984)
Relationship of the effects of the benzodiazepine derivative clorazepate on corticosterone secretion with its behavioral actions - antagonism by Ro-15-1788.
Pharm Bio B 21: 839-843 (26 Refs.)

8339. Moro ME, Velazoue. MM, Cachaza JM, Rodrigue. LJ (1986)
Solubility of diazepam and prazepam in aqueous non-ionic surfactants (technical note).
J Pharm Pha 38: 294-296 (10 Refs.)

8340. Morphy MA (1986)
A double-blind comparison of alprazolam and placebo in the treatment of anxious schizophrenic outpatients.
Curr Ther R 40: 551-560 (36 Refs.)

8341. Morris E (1982)
Intra-arterial diazepam (letter).
S Afr Med J 62: 885 (3 Refs.)

8342. Morris ME, Parker WA (1981)
Compatibility of chlordiazepoxide HCl injection following dilution.
Can J Ph Sc 16: 43-45 (21 Refs.)

8343. Morrison G, Chiang ST, Koepke HH, Walker BR (1984)
Effect of renal impairment and hemodialysis on lorazepam kinetics.
Clin Pharm 35: 646-652 (30 Refs.)

8344. Morrison JF, Taylor RG, Simpson FG, Arnold AG (1987)
Premedication for fiberoptic bronchoscopy - a comparison of neuroleptanalgesia, diazepam and papaveretum (meeting abstr.).
Thorax 42: 223 (no Refs.)

8345. Morse DS, Abernethy DR, Greenblatt DJ (1985)
Methodologic factors influencing plasma-binding of alpha-1-acid glycoprotein-bound and albumin-bound drugs.
Int J Cl Ph 23: 535-539 (28 Refs.)

8346. Mos J, Olivier B (1986)
Ethopharmacological analysis of the pro-aggressive action of low-doses of benzodiazepines in rats (meeting abstr.).
Psychophar 89: 25 (no Refs.)

8347. Mos J, Olivier B (1986)
Ro-15-1788 does not influence postpartum aggression in lactating female rats (technical note).
Psychophar 90: 278-280 (12 Refs.)

8348. Mos J, Olivier B, Vanoorsc. R (1987)
Maternal aggression towards different sized male opponents - effect of chlordiazepoxide treatment of the mothers and D-amphetamine treatment of the intruders.
Pharm Bio B 26: 577-584 (16 Refs.)

8349. Moschitto LJ, Greenblatt DJ (1983)
Concentration-independent plasma-protein binding of benzodiazepines (technical note).
J Pharm Pha 35: 179-180 (10 Refs.)

8350. Moschitto LJ, Greenblatt DJ, Divoll M, Abernethy DR, Smith RB, Shader RI (1981)
Alprozolam kinetics in the elderly - relation to antipyrine disposition (meeting abstr.).
Clin Pharm 29: 267 (no Refs.)

8351. Moser L, Plum H, Buckmann M (1984)
Interactions of a new antihistamine with diazepam and alcohol - a traffic psychological-study.
Med Welt 35: 296-299 (no Refs.)

8352. Moskowitz H, Smiley A (1982)
Effects of chronically administeres buspirone and diazepam on driving-related skills performance.
J Clin Psy 43: 45-55 (9 Refs.)

8353. Moskovits PE (1983)

Diazepam and intraocular-pressure (letter).

Anaesthesia 38: 814 (2 Refs.)

8354. Motion KR, Kunro DP, Sharp JT, Walkinsh. MD (1984)

The acylation of 5H-2,3-benzodiazepines - reactions of 4-phenyl-5H-2,3-benzodiazepine with acyl chlorides to give N-acylamino-isoquinolines and or acylated dimers - x-ray molecular-structure of 5,14-diacetyl-4,5,8,9-tetrahydro-2,7-diphenyl-4,8-O-benzeno-3,9-imino-3H-3,5,6-benzotriazacycloundecine.

J Chem S P1 9: 2027-2033 (8 Refs.)

8355. Mouradia. MD, Penovich PE (1985)

Spindle coma in benzodiazepine toxicity - case-report.

Clin Electr 16: 213-218 (24 Refs.)

8356. Mouradia. MM, Penovitc. PE (1985)

Spindle coma in benzodiazepine toxicity (meeting abstr.).

EEG Cl Neur 61: 61-62 (no Refs.)

8357. Mousah H, Jacqmin P, Lesne M (1986)

Effect of bicuculline and GABA modulin on the interaction of GABA and benzodiazepine with their respective receptors (meeting abstr.).

Arch I Phar 280: 333 (no Refs.)

8358. Mousah H, Jacqmin P, Lesne M (1986)

Modulation of ligands binding to the benzodiazepine receptor by an endogenous inhibitor (GABA-modulin) and bicuculline.

J Pharmacol 17: 657-663 (17 Refs.)

8359. Mousah H, Jacqmin P, Lesne M (1986)

Interaction of carbolines and some GABA receptor ligands with the GABA and the benzodiazepine receptors.

J Pharmacol 17: 686-691 (19 Refs.)

8360. Moutschen J, Gilotdel. J, Moutsche. M (1987)

Glastogenic effects of benzodiazepines in a nigella-damascena seed test.

Envir Exp B 27: 227-231 (18 Refs.)

8361. Mrongovius R, Neugebau. M, Rucker G (1984)

Analgesic activity and metabolism in the mouse of morazone, famprofazone and related pyrazolones.

Eur J Med C 19: 161-166 (17 Refs.)

8362. Mueller C, Mann R, Nicholls B, Naranjo C, Cappell H (1984)

Diazepam-impaired human-memory - is long-term-memory consolidation disrupted (meeting abstr.).

Pharm Bio B 20: 986-987 (no Refs.)

8363. Mueser T, Isaac L, Radulova. M (1983)

Neither rem-sleep deprivation nor rebound influences diazepam-^{3}H binding in rat-brain.

Physl Behav 31: 237-239 (12 Refs.)

8364. Mughal TI (1983)

Improved tolerance of cyto-toxic chemotherapy with lorazepam - a pilot-study.

Oncology 40: 392-394 (7 Refs.)

8365. Muir AKS, Codding PW (1984)

Structural studies of benzodiazepine antagonists (meeting abstr.).

Act Cryst A 40: 62 (1 Refs.)

8366. Muir WW, Sams RA, Huffman RH, Noonan JS (1982)

Pharmacodynamic and pharmacokinetic properties of diazepam in horses.

Am J Vet Re 43: 1756-1762 (25 Refs.)

8367. Mukherjee PK (1983)

A comparison of the efficacy and tolerability of clobazam and chlordiazepoxide in the treatment of acute withdrawal from alcohol in patients with primary alcoholism.

J Int Med R 11: 205-211 (18 Refs.)

8368. Mullen KD, Martin JV, Bassett ML, Zaharevi. D, Mendelso. WB, Jones EA (1986)

Hepatic-encephalopathy - a syndrome modulated by an endogenous benzodiazepine receptor ligand (meeting abstr.).

Hepatology 6: 1221 (2 Refs.)

8369. Müller E (1985)

Benzodiazepine receptor interactions of arfendazam, a novel 1,5-benzo-diazepine.

Pharmacops 18: 10-11 (7 Refs.)

8370. Müller H, Gerlach H, Boldt J, Borner U, Hild P, Oehler KU, Zierski J, Hempelma. G (1986)

Treatment of spasticity with spinal morphine or midazolam - invitro-experiments, animal studies and clinical investigations on compatibility and efficacy.

Anaesthesis 35: 306-316 (49 Refs.)

8371. Müller H, Schleuss. E, Stoyanov M, Kling D, Hempelma. G (1981)

Hemodynamic-effects and characteristics of midazolam during induction of anesthesia.

Arznei-For 31-2: 2227-2232 (25 Refs.)

8372. Müller RK (1976)

Die toxikologische Analyse.

Steinkopf, Dresden

8373. Müller W, Stauss U (1982)

7-membered heterocyclics .29. synthesis of 1,2-annelated 1,4-benzodiazepines and 4,1-benzoxazepines.

Helv Chim A 65: 2118-2132 (12 Refs.)

8374. Müller WE (1980)

Der Benzodiazepinrezeptor.

Dtsch Med Wochenschr 105: 69-71

8375. Müller WE (1981)

The benzodiazepine receptor - a summary (meeting abstr.).

H-S Z Physl 362: 1297 (8 Refs.)

8376. Müller WE (1981)

Der Benzodiazepinrezeptor: Eigenschaften und Bedeutung für Pharmakologie, Psychiatrie und Neurologie.

Med Monatsschr Pharmaz 4: 174-184

8377. Müller WE (1981)

The benzodiazepine receptor - an update (review or bibliog.).

Pharmacol 22: 153-161 (63 Refs.)

8378. Müller WE (1982)

Beta-carbolines as ligands of the benzodiazepine receptor (meeting abstr.).

H-S Z Physl 363: 1284-1285 (5 Refs.)

8379. Müller WE (1982)

Molekularer Wirkungsmechanismus der Benzodiazepine.

Münch Med Wochenschr 124: 879-884

8380. Müller WE (1983)

The interaction of arfendazam, a novel 1,5-benzodiazepine, with benzodiazepine receptors invitro and invivo (meeting abstr.).

H-S Z Physl 364: 1278-1279 (4 Refs.)

8381. Müller WE (1985)

Neuere Erkenntnisse zum Wirkungsmechanismus der Benzodiazepine: Benzodiazepinrezeptoren.

In: Benzodiazepine (Mannheimer Therapiegespräche) (Ed. Friedberg KD, Rüfer R).

Urban & Schwarzenberg, Wien München Baltimore, p. 17-31

8382. Müller WE (1985)

Pharmakodynamik der Benzodiazepine.

In: Benzodiazepine in der Anästhesiologie (Ed. Langrehr D)

Urban & Schwarzenberg, München Wien Baltimore, S. 34-35

8383. Müller WE (1986)

Die Wirkung der Benzodiazepine auf neuronaler Ebene.

In: Benzodiazepine - Rückblick und Ausblick (Ed. Hippius H, Engel RR, Laakmann G)

Springer, Berlin Heidelberg New York Tokyo, p. 1-10

8384. Müller WE, Borbe HO, Fehske KJ, Wollert U (1981)

Benzodiazepine receptor-binding in the bovine central nervous-system as demonstrated by the specific binding of ^{3}H propyl-beta-carboline-3-carboxylate and of flunitrazepam-^{3}H (meeting abstr.).

H-S Z Physl 362: 225 (4 Refs.)

8385. Müller WE, Groh B, Bub O, Hofmann HP, Kreiskot. H (1986)

Invitro and invivo studies of the mechanism of action of arfendazam, a novel 1,5-benzodiazepine.

Pharmacops 19: 314-315 (11 Refs.)

8386. Müller WE, Ickstadt A, Hopf HC (1985)

Peripheral benzodiazepine binding-sites on striated muscles of the rat - properties and effect of denervation.

J Neural Tr 61: 35-42 (17 Refs.)

8387. Müller WE, Stillbau. AE (1983)

Benzodiazepine hypnotics - time course and potency of benzodiazepine receptor occupation after oral application.

Pharm Bio B 18: 545-549 (18 Refs.)

8388. Müller-Oerlinghausen B (1985)

Clinical-pharmacology of benzodiazepines.

Med Welt 36: 1191-1194 (no Refs.)

8389. Müller-Oerlinghausen B (1985)

Pharmakokinetik und Stoffwechsel der Benzodiazepine.

In: Benzodiazepine (Mannheimer Therapiegespräche) (Ed. Friedberg KD, Rüfer R)

Urban & Schwarzenberg, Wien München Baltimore, p. 32-50

8390. Müller-Oerlinghausen B (1986)

Prescription and misuse of benzodiazepines in the federal-republic-of-germany.

Pharmacops 19: 8-13 (18 Refs.)

8391. Müller-Oerlinghausen B (1987)

Benzodiazepine abuse (letter).

Deut Med Wo 112: 978 (no Refs.)

8392. Mulvihill MN, Suljagap. K. Falkenst. J, Ehr AP (1985)

Patterns of diazepam prescribing in primary care - a case control study.

Mt Sinai J 52: 276-280 (18 Refs.)

8393. Munjack DJ, Crocker B (1986)

Alprazolam-induced ejaculatory inhibition (letter).

J Cl Psych 6: 57-58 (14 Refs.)

8394. Munn R, Camfield C, Camfield P, Dooley J (1987)

Clobazam for refractory childhood seizure disorders - a valuable add-on drug (meeting abstr.).

Can J Neur 14: 205 (no Refs.)

8395. Munro DP, Sharp JT (1982)

The acylation of 5H-2,3-benzodiazepines.

Tetrahedr L 23: 345-348 (6 Refs.)

8396. Munro DP, Sharp JT (1984)

The acylation of 5H-2,3-benzodiazepines and 4H-thieno(2,3-d)(1,2)diazepines and 8H-thieno(3,2-d)(1,2)diazepines - reactions with acid anhydrides and nucleophiles to give fused 7-substituted 1-acyl-1,2-diazepines.

J Chem S P1 5: 1133-1136 (18 Refs.)

8397. Munte TF, Heinze HJ, Kunkel H, Scholz M (1984)

Personality-traits influence the effects of diazepam and caffeine on CNV magnitude.

Neuropsychb 12: 60-67 (19 Refs.)

8398. Mura P, Liguori A, Bramanti G (1987)

Influence of pH on invitro diazepam absorption.

Pharm Act H 62: 88-92 (15 Refs.)

8399. Muraki T, Yamazoe Y, Kato R (1984)

Inhibition of benzodiazepine and GABA-receptor binding by amino-gamma-carbolines and other amino-acid pyrolysate mutagens.

Eur J Pharm 98: 35-44 (35 Refs.)

8400. Murday HK, Hack G, Hermanns E, Rudolph A (1985)

Hemodynamic-effects of a combination of etomidate, flunitrazepam or midazolam with fentanyl for induction of anesthesia in patients with valvular lesions of the heart.

Anasth Int 20: 175-178 (5 Refs.)

8401. Muroi K, Sasaki R, Miura Y (1984)

The effect of diazepam on 12-0-tetradecanoyl phorbol 13-acetate (TPA)-induced differentiation of HL-60-cells (meeting abstr.).

J Leuk Biol 36: 247 (no Refs.)

8402. Murphy JE, Ankier SI (1984)

A comparison of the hypnotic activity of loprazolam, flurazepam and placebo.

Br J Clin P 38: 141-148 (7 Refs.)

8403. Murphy JV, Kovnar E, Sawasky F (1986)

6 unexpected deaths in patients receiving nitrazepam (meeting abstr.).

Ann Neurol 20: 426 (no Refs.)

8404. Murphy MJ, Yamada T (1981)

Clonazepam therapy in reading epilepsy (letter).

Neurology 31: 233 (1 Refs.)

8405. Murphy SM, Owen RT, Tyrer PJ (1984)
Withdrawal symptoms after 6 weeks treatment with diazepam (letter).
Lancet 2: 1389   (8 Refs.)

8406. Murray D, Cleary D (1984)
Recommendations for data sheets on benzodiazepines ignored (letter).
Br Med J 288: 717   (2 Refs.)

8407. Murray JB (1984)
Effects of valium and librium on human psychomotor and cognitive functions (review).
Genet Psych 109: 167+   (285 Refs.)

8408. Murray JB (1985)
New psychoactive-drugs (review).
Genet Soc G 111: 429+   (201 Refs.)

8409. Murray TG, Chiang ST, Koepke HH, Walker BR (1981)
Renal-disease, age, and oxazepam kinetics.
Clin Pharm 30: 805-809   (21 Refs.)

8410. Murri L, Bardi C, Arena R, Ioppoli C, Ciampini M, Michetti F (1984)
A comparison between lormetazepam and flunitrazepam in insomniac patients affected by chronic cerebrovascular disorders.
Curr Ther R 35: 113-118   (10 Refs.)

8411. Murri L, Massetan. R, Manniron. A, Bonanni E, Guidi M, Zampieri A (1987)
Effect of clotiazepam on sleep in normal subjects.
Res Comm P 12: 9-18   (16 Refs.)

8412. Musch HR, Ruhland M (1982)
Benzodiazepine - ethanol interaction in mice and rats (meeting abstr.).
Arznei-For 32-2: 904   (6 Refs.)

8413. Mutschler E (1986)
Arzneimittelwirkungen, 5. Aufl.
Wiss. Verlagsges., Stuttgart

8414. Muzet A, Johnson LC, Spinwebe. CL (1982)
Benzodiazepine hypnotics increase heart-rate during sleep.
Sleep 5: 256-261   (20 Refs.)

8415. Myllyla VV, Toivakka E, Hokkanen E, Satomaa O (1982)
Effect of diazepam and tofizopam on single-fiber EMG findings in myasthenic patients and healthy-subjects.
Curr Ther R 31: 673-678   (11 Refs.)

8416. Myslobodsky M, Feldon J, Lernert T (1983)
Anti-conflict action of sodium valproate - interaction with convulsant benzodiazepine (Ro 5-3663) and imidazodiazepine (Ro 15-1788).
Life Sci 33: 317-321   (28 Refs.)

8417. Myslobodsky MS, Levin D, Morag M (1984)
Antiepileptic effects of amphetamine may require GABA (benzodiazepine) activity.
Life Sci 34: 1591-1596   (36 Refs.)

8418. Nagasaka M, Kameyama T (1983)
Effects of diazepam, meprobamate, chlorpromazine and apomorphine on a quickly learned conditioned suppression in mice.
J Pharmacob 6: 523-526   (13 Refs.)

8419. Nagata R, Izumi K, Koja T, Shimizu T, Fukuda T (1986)
Veratramine-induced behavior in mice - effects of benzodiazepines and other drugs affecting GABAergic or serotonergic functions (meeting abstr.)
Jpn J Pharm 40: 86   (no Refs.)

8420. Nagatani T, Sugihara T, Kodaira R (1984)
The effect of diazepam and of agents which change GABAergic functions in immobility in mice.
Eur J Pharm 97: 271-275   (10 Refs.)

8421. Nagele RG, Pietrolu. JF, Kosciuk MC, Lee H, Roisen FJ (1983)
Diazepam inhibits the spreading of chick-embryo fibroblasts.
Exp Cell Re 143: 153-162   (26 Refs.)

8422. Nagele RG, Pietrolu. JF, Lee H, Roisen F (1981)
Diazepam-induced neural tube closure defects in explanted early chick-embryos.
Tetratology 23: 343-349   (22 Refs.)

8423. Nagele R, Yorke G, Lee HY, Roisen F (1981)
An ultrastructural-study of the effects of diazepam-induced myosin depletion on neuronal development (meeting abstr.).
Anat Rec 199: 179-180   (1 Refs.)

8424. Naggar VF (1981)
An invitro study of the interaction between diazepam and some antacids or excipients.
Pharmazie 36: 114-117   (27 Refs.)

8425. Nagy A, Lajtha A (1983)
Thyroid-hormones and derivatives inhibit flunitrazepam binding.
J Neurochem 40: 414-417   (10 Refs.)

8426. Nagy BR, Dillman CE (1981)
Case-report of unusual diazepam abstinence syndrome (technical note).
Am J Psychi 138: 694-695   (10 Refs.)

8427. Nagy J, Decsi L (1979)
Physostigmine as an antidote in acute diazepam intoxication.
Acta Physiol Acad Sci Hung 53: 197

8428. Nagy J, Kardos J, Maksay G, Simonyi M (1981)
An endogenous substance from porcine brain antagonizes the anticonvulsant effect of diazepam (technical note).
Neuropharm 20: 529-533   (10 Refs.)

8429. Nahunek K, Kuliskov. O, Slama B (1981)
Experimental comparison of the effect of natriumvalproate and bromazepam at a single application to healthy-volunteers.
Activ Nerv 23: 189-191   (7 Refs.)

8430. Nahunek K, Svestka J, Buresova A, Ceskova E, Rysanek R, Novotna H (1985)
Clinical-experience with bromazepam in endogenous depressions.
Activ Nerv 27: 306-307   (8 Refs.)

8431. Naidu S, Gruener G, Brazis PW (1983)
Clorazepate, an excellent adjunct in multiple-spike and slow-wave abnormality (meeting abstr.).
Epilepsia 24: 253   (no Refs.)

8432. Nair NPV, Schwartz G, Suranyic. B (1982)
A comparison of halazepam and oxazepam in the treatment of moderate to severe anxiety.
Curr Ther R 32: 885-894 (7 Refs.)

8433. Nair NPV, Singh AN, Lapierre Y, Saxena BM, Nestoros JN, Schwartz G (1982)
Ketazolam in the treatment of anxiety - a standard-controlled and placebo-controlled study.
Curr Ther R 31: 679-691 (11 Refs.)

8434. Najim RA, Alessa LY, Aljibour. LM (1987)
Benzodiazepine-induced hyperglycemia.
Med Sci R B 15: 95-96 (no Refs.)

8435. Nakamura A, Tatewaki N, Morino A, Sugiyama M (1986)
The metabolic-fate of camazepam in rats.
Xenobiotica 16: 1079-1089 (17 Refs.)

8436. Nakamura K, Hayashi T, Nakamura K (1984)
Effects of bromazepam on cerebral neuronal-activity in male wistar rats with immobilized stress.
Fol Pharm J 83: 401-412 (37 Refs.)

8437. Nakamura K, Ozawa Y (1981)
A metrical analysis of exploratory-behavior in mice - effects of methamphetamine and diazepam.
Fol Pharm J 78: 1-8 (14 Refs.)

8438. Nakamura M, Carney JM (1983)
Interactions of acute and chronic caffeine doses with chlordiazepoxide doses under a DRL schedule of food reinforcement in rats (meeting abstr.).
Fed Proc 42: 345 (no Refs.)

8439. Nakamura M, Carney JM (1983)
Separation of clonazepam-induced head twitches and muscle-relaxation in mice.
Pharm Bio B 19: 549-552 (20 Refs.)

8440. Nakamura M, Carney JM (1984)
Antagonism by CGS-8216 and Ro-15-1788, benzodiazepines antagonists, of the action of chlordiazepoxide on a timing behavior in rats.
Pharm Bio B 21: 381-385 (17 Refs.)

8441. Nakamura Y, Mizuguch. M, Tamagawa K, Komiya K, Hayasaka K, Tada K (1985)
A case of nonketotic hyperglycinemia - treatment with diazepam and a high-dose of pyridoxine (meeting abstr.).
Brain Devel 7: 233 (no Refs.)

8442. Nakano S, Watanabe H, Nagai K, Ogawa N (1984)
Circadian stage-dependent changes in diazepam kinetics.
Clin Pharm 36: 271-277 (30 Refs.)

8443. Nakatsuka I, Shimizu H, Asami Y, Katoh T, Hirose A, Yoshitak. A (1984)
Benzodiazepines and their metabolites - relationship between binding-affinity to the benzodiazepine receptor and pharmacological activity.
Life Sci 36: 113-119 (14 Refs.)

8444. Nakayama K, Matsuda T, Baba A (1984)
Effect of taurine on benzodiazepine receptors in rat-brain membranes (meeting abstr.).
Fol Pharm J 83: 3 (no Refs.)

8445. Nakazumi H, Endo T, Nakaue T, Kitao T (1985)
Synthesis of 4,10-dihydro-4,10-dioxo-1H(1)benzothiopyrano(3,2-b)pyridine and 7-oxo-7,13-dihydro(1)benzothiopyrano(2,3-b)-1,5-benzodiazepine.
J Hetero Ch 22: 89-92 (17 Refs.)

8446. Namura I, Sakurai Y, Takahash. Y, Yamazaki K, Saito Y (1985)
A study of the mechanism of induced-sleep process using benzodiazepine and its antagonist Ro-15-1788 (meeting abstr.).
EEG Cl Neur 60: 5 (no Refs.)

8447. Nandakumaran M, Rey E, Helou A, Challier JC, Delautur. D, Francoua. C, Guerremi. M, Chavinie J, Olive G (1982)
Materno-fetal placental-transfer of clobazam and norclobazam in late gestation.
Dev Pharm T 4: 135-143 (21 Refs.)

8448. Naquet IA, Davies MF, Brunham MW, Carlen PL (1985)
EEG abnormalities including epileptiform activity in rats induced by chronic high-dose clonazepam administration, withdrawal or benzodiazepine blocker administration (meeting abstr.).
Can J Neur 12: 175 (no Refs.)

8449. Naruse T, Asami T (1987)
Intravenous self-administration of diazepam in rats.
Eur J Pharm 135: 365-373 (16 Refs.)

8450. Naruse T, Asami T, Ikeda N, Ohmura I (1985)
Cross dependence liability between diazepam, ethanol and pentobarbital in the intravenous self-administration method in rats (meeting abstr.).
Jpn J Pharm 39: 368 (1 Refs.)

8451. Naruse T, Asami T, Koizumi Y, Ohmura I (1987)
Diazepam-induced hyperphagia after repeated-intravenous administration in rats (meeting abstr.).
Jpn J Pharm 43: 219 (no Refs.)

8452. Naruse T, Asami T, Maki E (1984)
Dependence liability of diazepam in the intravenous self-administration method in rats (meeting abstr.).
Jpn J Pharm 36: 214 (no Refs.)

8453. Nassr DG (1986)
Paradoxical response to nitrazepam in a patient with hypersomnia secondary to nocturnal myoclonus (letter).
J Cl Psych 6: 121-122 (3 Refs.)

8454. Nastuneak J, Strakova J, Peterkov. M, Roubal Z (1981)
Chromatographic (TLC) stating of residues of diazepam in organs and muscles of calves, and in the milk of cows after administration of the preparation diazepam-spofa suspension ad usum vet.
Biol Chemz 17: 255-262 (4 Refs.)

8455. Nastuneak J, Strakova J, Sevcik B, Skarka P, Sestakov. I (1982)
Evaluation of the effectiveness of the preparation diazepam spofa premix and usum veterinarium and of its residues in tissues and milk.
Biol Chemz 18: 263-273 (31 Refs.)

8456. Nathan RG, Robinson D, Cherek DR, Davison S, Sebastia. S, Hack M (1985)
Long-term benzodiazepine use and depression (letter).
Am J Psychi 142: 144-145   (5 Refs.)

8457. Nathan RG, Robinson D, Cherek DR, Sebastia. CS, Hack M, Davison S (1986)
Alternative treatments for withdrawing the long-term benzodiazepine user - a pilot-study.
Int J Addic 21: 195-211   (41 Refs.)

8458. Nation RL, Hackett LP, Dusci LJ (1983)
Uptake of clonazepam by plastic intravenous-infusion bags and administration sets (technical note).
Am J Hosp P 40: 1692-1693   (6 Refs.)

8459. Nau H, Luck W, Kuhnz W (1984)
Decreased serum-protein binding of diazepam and its major metabolite in the neonate during the 1st postnatal week relate to increased free fatty-acid levels (technical note).
Br J Cl Ph 17: 92-98   (41 Refs.)

8460. Nau H, Luck W, Kuhnz W, Wegener S (1983)
Serum-protein binding of diazepam, desmethyldiazepam, furosemide, indomethacin, warfarin, and phenobarbital in human-fetus, mother, and newborn-infant.
Pediat Phar 3: 219-227   (30 Refs.)

8461. Naughton N, Anderson ST, Hoffman WE, Cook JM, Larschei. P (1984)
Interactions of central benzodiazepine and barbiturate receptors (meeting abstr.).
Fed Proc 43: 947   (no Refs.)

8462. Naughton N, Hoffman WE, Larschei. P, Cook JM, Albrecht RF, Miletich DJ (1985)
A benzodiazepine antagonist inhibits the cerebral metabolic and respiratory depressant effects of fentanyl.
Life Sci 36: 2239-2245   (23 Refs.)

8463. Nauta J, Stanley TH, Delange S, Koopman D, Spierdij. J, Vankleef J (1983)
Anesthetic induction with alfentanil - comparison with thiopental, midazolam, and etomidate.
Can Anae SJ 30: 53-60   (23 Refs.)

8464. Nawojski A, Nawrocka W, Liszkiew. H (1983)
Acylated derivatives of 1,5-benzodiazepines.
Pol J Phar 35: 531-537   (17 Refs.)

8465. Nawojski A, Nawrocka W, Liszkiew. H (1985)
5-carboxylic derivatives of some 1,5-benzodiazepines.
Pol J Phar 37: 69-72   (5 Refs.)

8466. Naylor HC, Burlingh. AN (1985)
Pharmacokinetics of diazepam emulsion (letter).
Lancet 1: 518-519   (2 Refs.)

8467. Naylor MW, Grunhaus L, Cameron O (1987)
Myoclonic seizures after abrupt withdrawal from phenelzine and alprazolam.
J Nerv Ment 175: 111-114   (44 Refs.)

8468. Neamtu M, Leucuta S (1980)
Physicochemical study of diazepam and hydrophilic excipients interaction.
Ann Pharm F 38: 507-511   (7 Refs.)

8469. Neiman R (1983)
A generic benzodiazepine (letter).
Postgr Med 73: 52   (1 Refs.)

8470. Nelson DC, Schenker S, Hoyumpa AM, Speeg KV, Avant GR (1981)
The effects of cimetidine on chlordiazepoxide elimination in cirrhosis (meeting abstr.).
Clin Res 29: 824   (no Refs.)

8471. Nelson LR, Potthoff AD, Ellison GD (1983)
Increased consumption of diazepam during continuous amphetamine administration.
Pharm Bio B 18: 863-865   (14 Refs.)

8472. Nelson RC (1986)
Addiction liability of benzodiazepines and buspirone - comment (letter).
Drug Intel 20: 233-234   (7 Refs.)

8473. Nestoros JN (1980)
Benzodiazepines in schizophrenia - a need for reassessment.
Int Pharmac 15: 171-179   (46 Refs.)

8474. Nestoros JN (1982)
Benzodiazepine and GABA receptors are functionally related - further electro-physiological evidence invivo.
Prog Neur-P 6: 417-420   (21 Refs.)

8475. Nestoros JN (1987)
High-dose benzodiazepine treatment of schizophrenia update (meeting abstr.).
Int J Neurs 32: 687   (no Refs.)

8476. Nestoros JN, Nair NPV, Pulman JR, Schwartz G, Bloom D (1983)
High-doses of diazepam improve neuroleptic-resistant chronic-schizophrenic patients.
Psychophar 81: 42-47   (28 Refs.)

8477. Nestoros JN, Suranyic. BE, Spees RC, Schwartz G, Nair NPV (1982)
Diazepam in high-doses is effective in schizophrenia.
Prog Neur-P 6: 513-516   (15 Refs.)

8478. Neszmelyi A, Lang T, Korosi J (1983)
Heterocyclic-compounds .4. structure of the salts of 1-(3,4-dimethoxyphenyl)-7,8-dimethoxy-5-ethyl-4-methyl-5H-2,3-benzodiazepine.
Act Chim Hu 114: 293-300   (17 Refs.)

8479. Neville BGR (1985)
Prolonged use of nitrazepam for epilepsy in children with tuberous sclerosis (letter).
Br Med J 291: 1050   (1 Refs.)

8480. Newgreen DB, George LJW, Lloyd AIK (1986)
Prescribing and dispensing of benzodiazepines by pharmacists.
Med J Aust 144: 370-371   (4 Refs.)

8481. Newman LM, Curran MA, Becker GL (1986)
Effects of chronic alcohol intake on anesthetic responses to diazepam and thiopental in rats.
Anesthesiol 65: 196-200   (21 Refs.)

8482. Newman LM, Hoffman WE, Miletich DJ, Albrecht RF, Prekezes C, Anderson S (1985)
Regional blood-flow and cerebral metabolic changes during alcohol withdrawal and following midazolam therapy.
Anesthesiol 63: 395-400   (37 Refs.)

8483. Newsom JA, Seymour RB (1983)
Benzodiazepines and the treatment of alcohol-abuse.
J Psych Dr 15: 97-98   (2 Refs.)

8484. Newton DW, Driscoll DF, Goudreau JL, Ratanama. S (1981)
Solubility characteristics of diazepam in aqueous admixture solutions - theory and practice.
Am J Hosp P 38: 179-182   (49 Refs.)

8485. Newton DW, Narducci WA, Leet WA (1983)
Lorazepam solubility in and sorption from intravenous admixture solutions.
Am J Hosp P 40: 424-427   (26 Refs.)

8486. Nguyen H, Sellers EM, Keller JR, Wu PH (1986)
Peripheral-type benzodiazepine receptors in genetic mutant emotional mice (meeting abstr.).
Clin Invest 9: 115   (no Refs.)

8487. Nicholson AN (1983)
Proceedings of the ist international sleep symposium on midazolam - papers presented at a symposium held on 21-26 june, 1981 in St.-Moritz, Switzerland - foreward (editorial).
Br J Cl Ph 16: 1   (no Refs.)

8488. Nicholson AN (1983)
Hypnotic activity of lormetazepam and camazepam - reply (letter).
Br J Cl Ph 15: 573-575   (7 Refs.)

8489. Nicholson AN, Pascoe PA, Spencer MB, Stone BM, Roehrs T, Roth T (1986)
Sleep after a transmeridan flight - use of a rapidly eliminated hypnotic (brotizolam) (meeting abstr.)
Br J Cl Ph 22: 225-226   (1 Refs.)

8490. Nicholson AN, Spencer MB (1982)
Psychological impairment and low-dose benzodiazepine treatment (technical note).
Br Med J 285: 99   (2 Refs.)

8491. Nicholson AN, Stone BM (1982)
Hypnotic activity and effects on performance of lormetazepam and camazepam - analogs of temazepam.
Br J Cl Ph 13: 433-439   (9 Refs.)

8492. Nicholson AN, Stone BM (1983)
Midazolam - sleep and performance studies in middle-age.
Br J Cl Ph 16: 115-119   (5 Refs.)

8493. Nicholson AN, Stone BM, Pascoe PA (1982)
Hypnotic efficacy in middle-age.
J Cl Psych 2: 118-121   (18 Refs.)

8494. Niehoff DL, Kuhar MJ (1983)
Benzodiazepine receptors - localization in rat amygdala.
J Neurosc 3: 2091-2097   (34 Refs.)

8495. Niehoff DL, Mashal RD, Horst WD, Obrien RA, Palacios JM, Kuhar MJ (1982)
Binding of a radiolabeled triazolopyridazine to a subtype of benzodiazepine receptor in the rat cerebellum.
J Pharm Exp 221: 670-675   (52 Refs.)

8496. Niehoff DL, Mashal RD, Kuhar MJ (1983)
Benzodiazepine receptors - preferential stimulation of type-1 receptors by pento-barbital (technical note).
Eur J Pharm 92: 131-134   (14 Refs.)

8497. Niehoff DL, Whitehou. PJ (1983)
Multiple benzodiazepine receptors - autoradiographic localization in normal human amygdala.
Brain Res 276: 237-245   (34 Refs.)

8498. Nielsen EB, Jepsen SA, Nielsen M, Braestru. C (1985)
Discriminative stimulus properties of methyl 6,7-dimethoxy-4-ethyl-beta-carboline-3-carboxylate (DMCM), an inverse agonist at benzodiazepine receptors.
Life Sci 36: 15-23   (21 Refs.)

8499. Nielsen EB, Valentin. JD, Holohean AM, Appel JB (1983)
Benzodiazepine receptor mediated discrimination cues - effects of GABA-ergic drugs and inverse agonists.
Life Sci 33: 2213-2220   (24 Refs.)

8500. Nielsen M, Braestru. C (1984)
Target size of brain benzodiazepine receptor, GABA receptor and ^{35}S-TBPS binding-sites.
Dev Neuros 17: 429-432   (10 Refs.)

8501. Nielsen M, Braestru. C, Fog R, Munkvad I (1982)
Brain Benzodiazepine receptors.
TIJD Genees 7: 97-104   (no Refs.)

8502. Nielsen M, Honore T, Braestru. C (1983)
Enhanced binding of the convulsive ligand DMCM to high-energy irradiated benzodiazepine receptors - evidence of complex receptor structure (technical note).
Bioch Pharm 32: 177-180   (16 Refs.)

8503. Nielsen M, Honore T, Braestrup C (1985)
Radiation inactivation of brain ^{35}S tert-butylbicyclophosphorothionate binding-sites reveals complicated molecular arrangements of the GABA benzodiazepine receptor chloride channel complex.
Bioch Pharm 34: 3633-3642   (56 Refs.)

8504. Nielsenkudsk F, Jensen TS, Magnusse. I, Jakobsen P, Jensen PB, Mondrup K, Petersen T (1983)
Pharmacokinetics and bioavailability of intravenous and intramuscular lorazepam with an adjunct test of the inattention effect in humans.
Act Pharm T 52: 121-127   (29 Refs.)

8505. Niemand D, Martinel. S, Arvidsso. S, Ekstromj. B, Svedmyr N (1986)
Adenosine in the inhibition of diazepam sedation by aminophylline.
Act Anae Sc 30: 493-495   (11 Refs.)

8506. Niemand D, Martinel. S, Arvidsso. S, Svedmyr N, Ekstromj. B (1984)
Aminophylline inhibition of diazepam sedation - is adenosine blockade of GABA-receptors the mechanism (letter).
Lancet 1: 463-464   (8 Refs.)

8507. Nieto J, Posadasa. A (1984)
Effects of chlordiazepoxide on food anti-cipation, drinking and other behaviors in food-deprived and satiated rats.
Pharm Bio B 20: 39-44   (29 Refs.)

8508. Nikaido AM, Ellinwoo. EH, Heather 1. DG (1985)
Comparative pharmacokinetics and pharmacodynamics of diazepam in the healthy elderly (meeting abstr.).
Gerontol 25: 85-86   (no Refs.)

8509. Nikolova M, Ivanov T, Ivanova N, Vankov S, Nikolov R (1982)
1,4-benzodiazepines .8. central depressive activity and spasmolytic action of isoquino-(2,1-d)(1,4)benzodiazepines - structure-activity-relationships.
Farmaco Sci 37: 555-565   (10 Refs.)

8510. Nilsson A, Lee PFS, Revenas B (1984)
Midazolam as induction agent prior to inhalational anesthesia - a comparison with thiopentone.
Act Anae Sc 28: 249-251   (12 Refs.)

8511. Nilsson A, Tamsen A, Persson P (1985)
Midazolam in total intravenous anesthesia (meeting abstr.).
Act Anae Sc 29: 89   (no Refs.)

8512. Nilsson A, Tamsen A, Persson P (1986)
Midazolam-fentanyl anesthesia for major surgery - plasma-levels of midazolam during prolonged total intravenous anesthesia.
Act Anae Sc 30: 66-69   (17 Refs.)

8513. Nilsson E, Himberg JJ (1982)
Physostigmine for postoperative somnolence after diazepam nitrous oxide anesthesia.
Act Anae Sc 26: 9-14   (31 Refs.)

8514. Nimmo WS (1981)
Oral temazepam and i.v. diazepam - reply (letter).
Br J Anaest 53: 551   (3 Refs.)

8515. Ninan PT, Insel TM, Cohen RM, Cook JM, Skolnick P, Paul SM (1982)
Benzodiazepine receptor mediated experimental anxiety in primates.
Science 218: 1332-1334   (25 Refs.)

8516. Nininger JE, Ingber P, Bryant SG (1981)
Hazards of mistaking haloperidol for diazepam (letter).
Am J Psychi 138: 1130   (3 Refs.)

8517. Nishikawa T, Cantor EH, Spector S (1985)
Isolation of an endogenous ligand for the peripheral-type benzodiazepine (PBZ) binding-site.
Fed Proc 44: 1830   (no Refs.)

8518. Nishimura H, Tsuda A, Oguchi M, Shirao I, Ida Y, Tanaka M (1987)
Effects of rope-suspending and drug administration (yohimbine, diazepam) on behavior inforced swimming rats (meeting abstr.).
Jpn J Pharm 43: 220   (no Refs.)

8519. Nissen G (1986)
Benzodiazepine in der Behandlung von Angstsyndromen in der Kinder- und Jugendpsychiatrie.
In: Benzodiazepine - Rückblick und Ausblick (Ed. Hippius H, Engel RR, Laakmann G)
Springer, Berlin Heidelberg New York Tokyo, p. 114-120

8520. Nistri A, Berti C (1983)
Potentiating action of midazolam on GABA-mediated responses and its antagonism by Ro-14-7437 in the frog spinal-cord.
Neurosci L 39: 199-204   (16 Refs.)

8521. Nistri A, Berti C (1984)
Influence of benzodiazepines on GABA-evoked responses of amphibian brain and spinal neurons invitro.
Neuropharm 23: 851-852   (5 Refs.)

8522. Nistri A, Berti C (1984)
GABA-induced depolarizing responses of the frog spinal-cord can be either enhanced or antagonized by the benzodiazepine midazolam and the methylxanthine caffeine.
Neurosci L 47: 277-281   (12 Refs.)

8523. Nitenberg A, Marty J, Blanchet F, Zouiouec. S, Baury A, Desmonts JM (1983)
Effects of flunitrazepam on left-ventricular performance, coronary hemodynamics and myocardial-metabolism in patients with coronary-artery disease.
Br J Anaest 55: 1179-1184   (17 Refs.)

8524. Niv D, Whitwam JG, Loh L (1983)
Depression of nociceptive sympathetic reflexes by the intrathecal administration of midazolam.
Br J Anaest 55: 541-547   (22 Refs.)

8525. Niznik HB, Burnham WM, Kish SJ (1984)
Benzodiazepine receptor-binding following amygdala-kindled convulsions - differing results in washed and unwashed brain membranes.
J Neurochem 43: 1732-1736   (22 Refs.)

8526. Niznik HB, Kish SJ, Burnham WM (1983)
Decreased benzodiazepine receptor-binding in amygdala-kindled rat brains.
Life Sci 33: 425-430   (41 Refs.)

8527. Moda Y, Uematsu F, Hara M, Fukuyama Y (1984)
Prophylaxis of febrile convulsions with a diazepam suppository (meeting abstr.).
Brain Devel 6: 70   (no Refs.)

8528. Nokubo M, Tsuchiya M (1983)
The effects of phenobarbital, spironolactone and diazepam on hepatic 3-hydroxy-3-methyl-glutaryl co-enzyme a reductase-activity in male and female rats.
Chem Pharm 31: 4147-4151   (19 Refs.)

8529. Nonaka KO, Decastro. E, Antunesr. J (1986)
Benzodiazepine receptor involvement in prolactin rise induced by immobilization stress (meeting abstr.).
Braz J Med 19: 549   (no Refs.)

8530. Nonaka K, Nakazawa Y, Kotorii T, Ohkawa T, Sakurada H, Sakamoto T, Imatoh N, Ohshima H, Hasuzawa H (1983)
Diazepam and memory disturbance (meeting abstr.).
EEG Cl Neur 56: 57   (no Refs.)

8531. Norberg L, Wahlstro. G (1982)
Pharmacologic interaction of hexobarbital with thiopental and flurazepam in male-rats (meeting abstr.).
Act Pharm T 51: 9   (2 Refs.)

8532. Nordgren I, Lundgren G, Karlen B (1987)
Effects of diazepam on muscarinic acetylcholine-receptor binding invivo and on oxotremorine-induced tremor and hypothermia in mice.
Pharm Tox 60: 258-261 (9 Refs.)

8533. Norman TR, Burrows GD (1984)
Plasma-concentrations of benzodiazepines - a review of clinical findings and implications.
Prog Neur-P 8: 115-126 (66 Refs.)

8534. Norman TR, Burrows GD (1986)
Anxiety and the benzodiazepine receptor (review).
Prog Brain 65: 73-90 (169 Refs.)

8535. Norman TR, Fulton A, Burrows GD, Davies B (1984)
An open evaluation of midazolam as a hypnotic.
Curr Ther R 36: 461-467 (12 Refs.)

8536. Norrell LY, Tabor RD, Kinnier WJ (1983)
Neurochemical properties of AHR-9377 (N,N-dimethyl-6-phenyl-11 H-pyrido-(2,3-b)(1,4) benzodiazepine-11-propanamine, (E)-butenedioate (11), a potential new anti-depressant (meeting abstr.).
Fed Proc 42: 1163 (no Refs.)

8537. Norris P, Sonnex TS (1986)
Generalized lichenoid drug eruption associated with temazepam (letter).
Br Med J 293: 510 (1 Refs.)

8538. Morris RT, Richards IS, Petterso. DS (1981)
Treatment of ovine annual ryegrass toxicity with chlordiazepoxide - a field evaluation (letter).
Aust Vet J 57: 302-303 (1 Refs.)

8539. Norstrand IF, Debons AF, Libbin RM, Slade WR (1983)
Effect of inhibition of purine enzymes on benzodiazepine binding in the human-brain (technical note).
Enzyme 29: 61-65 (16 Refs.)

8540. North DS, Retzinge. T, Thompson JD (1984)
Diazepam a factor in agitation (letter).
Clin Phrmcy 3: 111+ (* Refs.)

8541. Novack GD, Owenburg KM (1984)
Flurazepam and triazolam - dose-response and time-response evaluation on cat sleep.
EEG Cl Neur 57: 277-288 (21 Refs.)

8542. Novas ML, Medina JH, Calvo D, Derobert. E (1987)
Increase of peripheral type benzodiazepine binding-sites in kidney and olfactory-bulb in acutely stressed rats (technical note).
Eur J Pharm 135: 243-246 (10 Refs.)

8543. Novas ML, Medina JH, Derobert. E (1983)
Benzodiazepine receptors in the rat hippocampal-formation - action of catecholaminergic, serotoninergic and commissural denervation.
Neuroscienc 8: 459+ (24 Refs.)

8544. Novas ML, Wolfman C, Destein ML, Medina JH, Derobert. E (1983)
Changes in the specific fication of benzodiazepines after acute stress (meeting abstr.).
Act Physl L 33: 58 (no Refs.)

8545. Novikov VE, Kozlov SN, Yasnetso. VS (1984)
Effects of benzodiazepine and GABA derivatives on some indicators of energy-metabolism under brain edema.
Farmakol T 47: 35-38 (17 Refs.)

8546. Noyes R, Anderson DJ, Clancy J, Crowe RR, Slymen DJ, Ghoneim MM; Hinrichs JV (1984)
Diazepam and propranolol in panic disorder and agoraphobia.
Arch G Psyc 41: 287-292 (34 Refs.)

8547. Noyes R, Clancy J, Coryell WH, Crowe RR, Chaudhry DR, Domingo DV (1985)
A withdrawal syndrome after abrupt discontinuation of alprazolam.
Am J Psychi 142: 114-116 (10 Refs.)

8548. Noyes R, Perry PJ, Crowe RR, Coryell WH, Clancy J, Yamada T, Gabel J (1986)
Seizures following the withdrawal of alprazolam.
J Nerv Ment 174: 50-52 (20 Refs.)

8549. Nugent M, Artru AA, Michenfe. JD (1982)
Cerebral metabolic, vascular and protective effects of midazolam maleate - comparison to diazepam.
Anesthesiol 56: 172-176 (23 Refs.)

8550. Nuller JL, Tochilov VA, Shirokov VD (1982)
The use of a diazepam test for the study of depressive state structure and for choice of therapy.
Biol Psychi 17: 791-797 (13 Refs.)

8551. Numata H, Tsuda T, Wakasa Y, Oka T, Yanagita T (1986)
Studies on drug-dependence .49. benzodiazepine receptor-binding in rats physically dependent on diazepam or barbital (meeting abstr.).
Jpn J Pharm 40: 274 (no Refs.)

8552. Nunn DJ, Robertso. HA, Peterson MR (1983)
Elevated benzodiazepine receptor density in forebrain of the mutant mouse trembler (TRJ) (technical note).
Exp Neurol 82: 245-247 (7 Refs.)

8553. Nuotto E, Seppala T (1984)
Phenylpropanolamine counteracts diazepam effects in psychophysiological tests.
Curr Ther R 36: 606-616 (32 Refs.)

8554. Nutt D (1983)
Pharmacological and behavioral-studies of benzodiazepine antagonists and contragonists (review).
Adv Bio Psy 38: 153-173 (80 Refs.)

8555. Nutt D (1983)
Pharmacological and Behavioral Studies of Benzodiazepine Antagonists and Contragonists.
In: Benzodiazepine Recognition Site Ligands (Ed. Biggio G, Costa E)
Raven Press, New York, p. 153-173

8556. Nutt D (1986)
Benzodiazepine dependence in the clinic - reason for anxiety.
Trends Phar 7: 457-460 (37 Refs.)

8557. Nutt DJ, Cowen PJ, Franklin M, Murdock P, Gosden B, Fraser S (1986)
The effect of diazepam on indexes of 5-HT function in man.
Pharm Bio B 24: 1491-1495 (20 Refs.)

8558. Nutt DJ, Cowen PJ, Little HJ (1982)
Unusual interactions of benzodiazepine receptor antagonists.
Nature 295: 436-438   (23 Refs.)

8559. Nutt DJ, Franklin M, Gosden B, Murdock P (1986)
The effect of diazepam on indexes of alpha-2-adrenoceptor function in man (meeting abstr.).
Br J Cl Ph 21: 588   (4 Refs.)

8560. Nutt DJ, Fraser S, Gosden B, Stump K, Elliott JM (1985)
Benzodiazepines and human-platelet receptor-binding (meeting abstr.).
Br J Cl Ph 19: 554-555   (6 Refs.)

8561. Nutt D, Hackman A, Hawton K (1986)
Increased sexual function in benzodiazepine withdrawal (letter).
Lancet 2: 1101-1102   (9 Refs.)

8562. Nutt D, Little H (1984)
Kindling produced by a benzodizepine receptor contragonist (inverse agonist).
Dev Neuros 17: 443-447   (16 Refs.)

8563. Nutt DJ, Little H (1986)
Benzodiazepine-receptor mediated convulsions in infant rats - effects of beta-carbolines.
Pharm Bio B 24: 841-844   (12 Refs.)

8564. Nutt DJ, Little HJ, Taylor SC, Minchin MCW (1984)
Investigating benzodiazepine receptor function invivo using an intravenous-infusion of DMCM (technical note).
Eur J Pharm 103: 359-362   (10 Refs.)

8565. Nutt DJ, Minchin MCW (1983)
Studies on diazepam-^{3}H and ethyl-beta-carboline-^{3}H carboxylate binding to rat-brain invivo .2. effects of electroconvulsive shock.
J Neurochem 41: 1513-1517   (19 Refs.)

8566. Nutt DJ, Molyneux SJ (1986)
The effect of diazepam on plasma-free MHPG (3-methoxy-4-hydroxy phenylglycol)n in man (meeting abstr.).
Br J Cl Ph 22: 230   (7 Refs.)

8567. Nutt D, Molyneux S (1987)
Benzodiazepines, plasma MHPG and alpha-2-adrenoceptor function in man.
Int Clin Ps 2: 151-157   (26 Refs.)

8568. Oakley NR, Jones BJ (1983)
Buspirone enhances ^{3}H-labeled flunitrazepam binding invivo (technical note).
Eur J Pharm 87: 499-500   (3 Refs.)

8569. Oakley NR, Jones BJ, Straugha. DW (1984)
The benzodiazepine receptor ligand CL 218.872 has both anxiolytic and sedative properties in rodents.
Neuropharm 23: 797-802   (17 Refs.)

8570. Obata T, Yamamura HI (1986)
The effect of benzodiazepines and beta-carbolines on GABA-stimulated chloride influx by membrane-vesicles from the rat cerebral-cortex.
Bioc Biop R 141: 1-6   (13 Refs.)

8571. Obata T, Yamamura HI (1987)
Inhibition of GABA-stimulated chloride influx by the convulsant benzodiazpines Ro 5-3663 and Ro 5-4864 into membrane-vesicles from rat cerebral-cortex (technical note).
Eur J Pharm 136: 447-448   (4 Refs.)

8572. Obata T, Yamamura HI (1987)
Modulation of GABA-stimulated chloride influx in membrane-vesicles from rat cerebral-cortex by benzodiazepines and beta-carbolines (meeting abstr.).
Fed Proc 46: 1300   (no Refs.)

8573. Obeirne GB, Williams DC (1984)
Binding of benzodiazepines to blood-platelets from various species (technical note).
Bioch Pharm 33: 1568-1571   (20 Refs.)

8574. Obeirne GB, Williams DC (1986)
Enrichment of rat-liver and kidney peripheral-type benzodiazepine-binding sites in plasma membrane-derived fractions (meeting abstr.).
Bioch Soc T 14: 594-595   (6 Refs.)

8575. Oblowitz H, Robins AH (1983)
The effect of clobazam and lorazepam on the psychomotor performance of anxious patients.
Br J Cl Ph 16: 95-99   (15 Refs.)

8576. Oboyle CA, Barry H, Fox E, Harris D, McCreary C (1987)
Benzodiazepine - induced event amnesia following a stressful surgical-procedure.
Psychophar 91: 244-247   (15 Refs.)

8577. Oboyle CA, Darragh A, Lambe R (1983)
Antagonism of the sedative effects of meclonazepam in man by Ro-15-1788 (meeting abstr.).
Irish J Med 152: 210-211   (2 Refs.)

8578. Oboyle CA, Darragh A, Lambe R, Brick I, Taffe B, Wynne R (1982)
Ro-15-1788 antagonizes diazepam induced amnesia without altering bioavailability (meeting abstr.).
Irish J Med 151: 415   (2 Refs.)

8579. Oboyle CA, Harris D (1984)
Poster communications sedative and anxiolytic effects of oral temazepam (meeting abstr.).
Irish J Med 153: 39-40   (2 Refs.)

8580. Oboyle CA, Harris D, Barry H, McCreary C, Bewley A, Fox E (1987)
Comparison of midazolam by mouth and diazepam i.v. in outpatient oral-surgery.
Br J Anaest 59: 746- 54   (26 Refs.)

8581. Oboyle C, Lambe R, Darragh A (1985)
Central effects in man of the novel schistosomicidal benzodiazepine meclonazepam.
Eur J Cl Ph 29: 105-108   (23 Refs.)

8582. Oboyle C, Lambe R, Darragh A, Taffe W, Brick I, Kenney M (1983)
Ro-15-1788 antagonizes the effects of diazepam in man without affecting its bioavailability.
Br J Anaest 55: 349-356   (37 Refs.)

8583. Oboyle CA, Harris D, Barry H (1986)
Sedation in outpatient oral-surgery - comparison of temazepam by mouth and diazepam i.v.
Br J Anaest 58: 378-384   (34 Refs.)

8584. Oboyle CA, Harrid D, Barry H, Cullen J (1985)
Benzodiazepine anxiolysis in real-life stress - oral temazepam and intravenous diazepam in oral-surgery (meeting abstr.)
Br J Cl Ph 19: 582-583   (2 Refs.)

8585. Oboyle CA, Harris D, Barry H, Cullen JH (1986)
Differential effect of benzodiazepine sedation in high and low anxious patients in a real life stress setting.
Psychphar 88: 226-229   (12 Refs.)

8586. Oboyle CA, Murray F, Lennon J, Kinsella A, Crowe J (1985)
Multivariate assessment of oral benzodiazepine anxiolysis in endoscopy (meeting abstr.).
Br J Cl Ph 20: 527   (2 Refs.)

8587. Obrien JE, Meyer RE, Thoms DC (1983)
Double-blind comparison of lorazepam and diazepam in the treatment of the acute alcohol abstinence syndrome.
Curr Ther R 34: 825-831   (6 Refs.)

8588. Obrien RA, Schlosse. W, Spirt NM, Franco S, Horst WD, Polc P, Bonetti EP (1981)
Antagonism of benzodiazepine receptors by ß-carbolines.
Life Sci 29: 75-82   (26 Refs.)

8589. Ochs HR (1981)
Plasmaspiegelverhalten von Diazepam nach hohen Dosen in der Intensivmedizin.
Anästh Intensivther Notfallmed 16: 143-145

8590. Ochs HR (1983)
Benzodiazepines - pharmacokinetic properties (review).
Klin Woch 61: 213-224   (79 Refs.)

8591. Ochs HR, Anda L, Eichelba. M, Greenblatt DJ (1985)
Diltiazem, verapamil, and quinidine in patients with chronic aterial-fibrillation.
J Clin Phar 25: 204-209   (30 Refs.)

8592. Ochs HR, Greenblatt DJ (1983)
Interaction of triazolam with ethanol and isoniazid (meeting abstr.).
Clin Pharm 33: 241   (no Refs.)

8593. Ochs HR, Greenblatt DJ, Abernethy DR (1984)
Propranolol impairs diazepam oxidation but not lorazepam conjugation (meeting abstr.).
Clin Pharm 35: 263   (no Refs.)

8594. Ochs HR, Greenblatt DJ, Abernethy DR, Arendt RM, Gerloff J, Eichelkr. W, Hahn N (1985)
Cerebrospinal-fluid uptake and peripheral distribution of centrally acting drugs - relation to lipid solubility (technical note).
J Pharm Pha 37: 428-431   (36 Refs.)

8595. Ochs HR, Greenblatt DJ, Abernethy DR, Divoll M (1981)
Diazepam kinetics in chronic renal-failure (meeting abstr.).
Clin Pharm 29: 270   (no Refs.)

8596. Ochs HR, Greenblatt DJ, Arendt RM, Hubbel W, Shader RI (1984)
Pharmacokinetic noninteraction of triazolam and ethanol (technial note).
J Cl Psych 4: 106-107   (11 Refs.)

8597. Ochs HR, Greenblatt DJ, Backer C, Locniska. A, Hahn N (1987)
Hepatic versus gastrointestinal presystemic extraction of oral midazolam (meeting abstr.).
Clin Pharm 41: 159   (no Refs.)

8598. Ochs HR, Greenblatt DJ, Burstein ES (1987)
Lack of influence of cigarette-smoking on triazolam pharmacokinetics.
Br J Cl Ph 23: 759-763   (23 Refs.)

8599. Ochs HR, Greenblatt DJ, Divoll M, Abernethy DR, Feyerabe. H, Dengler HJ (1981)
Diazepam kinetics in relation to age and sex.
Pharmacol 23: 24-30   (12 Refs.)

8600. Ochs HR, Greenblatt DJ, Eckardt B, Harmatz JS, Shader RI (1983)
Repeated diazepam dosing in cirrhotic patients - cumulation and sedation.
Clin Pharm 33: 471-476   (13 Refs.)

8601. Ochs HR, Greenblatt DJ, Friedman H, Burstein ES, Locniska. A, Harmatz JS, Shader RI (1987)
Bromazepam pharmacokinetics - influence of age, gender, oral-contraceptives, cimetidine, and propranolol.
Clin Pharm 41: 562-570   (46 Refs.)

8602. Ochs HR, Greenblatt DJ, Friedman H, Burstein ES, Verburgo. B (1986)
Bromazepam pharmacokinetics - influence of age, gender, oral-contraceptives, cimetidine, and propranolol (meeting abstr.).
J Clin Phar 26: 556   (no Refs.)

8603. Ochs HR, Greenblatt DJ, Gugler R, Muntefer. G, Locniska. A, Abernethy DR (1983)
Cimetidine impairs nitrazepam clearance.
Clin Pharm 34: 227-230   (17 Refs.)

8604. Ochs HR, Greenblatt DJ, Heuer H (1984)
Is temazepam an accumulating hypnotic.
J Clin Phar 24: 58-64   (21 Refs.)

8605. Ochs HR, Greenblatt DJ, Kaschell HJ, Klehr U, Divoll M, Abernethy DR (1981)
Diazepam kinetics in patients with renal-insufficiency or hyperthyroidism.
Br J Cl Ph 12: 829-832   (15 Refs.)

8606. Ochs HR, Greenblatt DJ, Klehr U (1984)
Disposition of oxazepam in patients on maintenance hemodialysis.
Klin Woch 62: 765-767   (14 Refs.)

8607. Ochs HR, Greenblatt DJ, Knuchel M (1983)
Differential effect of isoniazid on triazolam oxidation and oxazepam conjugation.
Br J Cl Ph 16: 743-746   (17 Refs.)

8608. Ochs HR, Greenblatt DJ, Knuchel M (1985)
Kinetics of diazepam, midazolam, and lorazepam in cigarette smokers.
Chest 87: 223-226   (26 Refs.)

8609. Ochs HR, Greenblatt DJ, Knuchel M (1986)
Effect of cirrhosis and renal-failure on the kinetics of clotiazepam.
Eur J Cl Ph 30: 89-92   (20 Refs.)

8610. Ochs HR, Greenblatt DJ, Labedzki L, Smith RB (1986)
Alprazolam kinetics in patients with renal-insufficiency (technical note).
J Cl Psych 6: 292-294   (13 Refs.)

8611. Ochs HR, Greenblatt DJ, Lauven PM, Stoeckel H, Rommelsh. K (1982)
Kinetics of high-dose i.v. diazepam.
Br J Anaest 54: 849-852   (15 Refs.)

8612. Ochs HR, Greenblatt DJ, Locniska. A, Weinbren. J (1986)
Influence of propranolol coadministration or cigarette-smoking on the kinetics of desmethyldiazepam following intravenous clorazepate.
Klin Woch 64: 1217-1221   (24 Refs.)

8613. Ochs HR, Greenblatt DJ, Luttkenh. M, Verburgo. E (1984)
Single and multiple dose kinetics of clobazam, and clinical effects during multiple dosage.
Eur J Cl Ph 26: 499-503   (20 Refs.)

8614. Ochs HR, Greenblatt DJ, Matlis R, Weinbren. J (1985)
Interaction of ibuprofen with the H_2-receptor antagonists ranitidine and cimetidine (meeting abstr.).
Am J Gastro 80: 866   (no Refs.)

8615. Ochs HR, Greenblatt DJ, Matlis R, Weinbren. J (1985)
Interaction of ibuprofen with the H_2-receptor antagonists ranitidine and cimetidine.
Clin Pharm 38: 648-651   (16 Refs.)

8616. Ochs HR, Greenblatt DJ, Otten H (1981)
Disposition of oxazepam in relation to age, sex, and cigarette-smoking.
Klin Woch 59: 899-903   (23 Refs.)

8617. Ochs HR, Greenblatt DJ, Roberts GM, Dengler HJ (1981)
Interaction of diazepam with anti-tuberculosis drugs (meeting abstr.).
Clin Pharm 29: 270   (no Refs.)

8618. Ochs HR, Greenblatt DJ, Roberts GM, Dengler HJ (1981)
Diazepam interaction with anti-tuberculosis drugs.
Clin Pharm 29: 671-678   (18 Refs.)

8619. Ochs HR, Greenblatt DJ, Shader I (1986)
Absence of interaction of cimetidine and ranitidine with intravenous and oral midazolam (meeting abstr.).
Dig Dis Sci 31: 194   (no Refs.)

8620. Ochs HR, Greenblatt DJ, Verburgo. B (1984)
Propranolol interactions with diazepam, lorazepam, and alprazolam.
Clin Pharm 36: 451-455   (15 Refs.)

8621. Ochs HR, Greenblatt DJ, Verburgo. B (1985)
Effect of alprazolam on digoxin kinetics and creatinine clearance.
Clin Pharm 38: 595-598   (23 Refs.)

8622. Ochs HR, Greenblatt DJ, Verburgo. B, Harmatz JS, Grehl H (1984)
Disposition of clotiazepam - influence of age, sex, oral-contraceptives, cimetidine, isoniazid and ethanol.
Eur J Cl Ph 26: 55-59   (20 Refs.)

8623. Ochs HR, Greenblatt DJ, Verburgh. B, Locniska. A (1984)
Comparative single-dose kinetics of oxazolam, prazepam, and clorazepate - 3 precursors of desmethyldiazepam.
J Clin Pharm 24: 446-451   (14 Refs.)

8624. Ochs HR, Greenblatt DJ, Verburgo. B, Matlis R (1986)
Temazepam clearance unaltered in cirrhosis.
Am J Gastro 81: 80-84   (29 Refs.)

8625. Ochs HR, Locniska. A, Greenblatt DJ (1986)
Desmethyldiazepam kinetics - influence of propranolol coadministration or cigarette-smoking (meeting abstr.).
J Clin Phar 26: 556   (no Refs.)

8626. Ochs HR, Matlis R, Greenblatt DJ, Verburgo. B (1985)
Temazepam clearance unaltered in cirrhosis (meeting abstr.).
J Clin Phar 25: 469   (no Refs.)

8627. Ochs HR, Otten H, Greenblatt DJ, Dengler HJ (1982)
Diazepam absorption - effects of age, sex, and billroth gastrectomy.
Dig Dis Sci 27: 225-230   (18 Refs.)

8628. Ochs HR, Rauh HW, Greenblatt DJ, Kaschell HJ (1984)
Clorazepate dipotassium and diazepam in renal-insufficiency - serum concentrations and protein-binding of diazepam and desmethyldiazepam.
Nephron 37: 100-104   (9 Refs.)

8629. Ochs HR, Steinhau. E, Locniska. A, Knuchel M, Greenblatt DJ (1982)
Desmethyldiazepam kinetics after intravenous, intramuscular, and oral-administration of clorazepate dipotassium.
Klin Woch 60: 411-415   (12 Refs.)

8630. Ochs HR, Verburg-Ochs B (1983)
Klinische Klassifizierung der Benzodiazepine nach kinetisch-pharmakologischen Gesichtspunkten.
Med Welt 34: 207-211

8631. Ochs MW, Tucker MR, White RP (1986)
A comparison of amnesia in outpatients sedated with midazolam or diazepam alone or in combination with fentanyl during oral-surgery.
J Am Dent A 113: 894-897   (27 Refs.)

8632. Ochs M, Tucker M, White R (1986)
Comparison of midazolam and diazepam as intravenous sedatives (meeting abstr.).
J Dent Res 65: 229   (no Refs.)

8633. Oconnor RD, Remaley WT (1981)
Alcohol and benzodiazepine dependence - management of withdrawal syndromes (meeting abstr.).
Alc Clin Ex 5: 163   (no Refs.)

8634. Oconnor WT, Earley B, Leonard BE (1985)
Antidepressant properties of the triazolobenzodiazepines alprazolam and adinazolam - studies on the olfactory bulbectomized rat model of depression.
Br J Cl Ph 19: 45-56   (35 Refs.)

8635. Ody R (1985)
Treatment with benzodiazepines - a balance (letter).
Nervenarzt 56: 51   (1 Refs.)

8636. Oehler J, Jahkel M, Schmidt J (1985)
Influence of lithium, carbamazepine, cavalproat and diazepam on the behavior of mice under conditions of social-isolation.
Biomed Bioc 44: 1523-1530   (23 Refs.)

8637. Oellerich M (1979)
Anwendung der EMIT-Technik beim Drogenscreening.
In: Praktische Anwendung des Enzymimmunoassays in klinischer Chemie und Serologie (Ed. Vogt W).
Thieme Verlag, Stuttgart, p. 66-75, sowie pers. Mitteilung.

8638. Oelschläger H (1986)
Pharmakokinetik alter und neuer Benzodiazepine.
In: Benzodiazepine - Rückblick und Ausblick (Ed. Hippius H, Engel RR, Laakmann G).
Springer, Berlin Heidelberg New York Tokyo, p. 19-33

8639. Oelschläger H, Draisbac. R (1987)
Electrochemical-behavior (DCP, DPP) of alprazolam (TAFIL) and assay of its formulations .29. drug analysis by polarographic methods.
Z Anal Chem 326: 127-131   (20 Refs.)

8640. Oelschläger H, Fedai I (1987)
Analyses of drugs by polarographic methods .28. electroanalysis of quazepam (7-chloro-5-(2-fluorophenyl)-1,3-dihydro-1-(2.2.2-trifluoroethyl)-2H-1,4-benzodiazepine-2-thione).
Arch Pharm 320: 171-179   (10 Refs.)

8641. Oelschläger H, Sengun IF (1984)
Analyses of drugs by polarography .23. determination by polarography (DPP and CRP) of triazolam in plasma and serum.
Arch Pharm 317: 69-73   (10 Refs.)

8642. Oelschläger H, Sengun FI, Kruskopf J (1983)
Electrochemical behavior (DCP, DPP, CRP) of triazolam (halcion) and assay of its formulations .22. drug analysis by polarographic methods.
Z Anal Chem 315: 53-56   (27 Refs.)

8643. Offerhaus L (1980)
Trials and tribulations of triazolam (letter).
J Clin Phar 20: 700-701   (7 Refs.)

8644. Oflaherty S, Evans M, Epps A, Buchanan N (1985)
Choreoathetosis and clonazepam (letter).
Med J Aust 142: 453   (5 Refs.)

8645. Ogata H, Aoyagi N, Kaniwa N, Koibuchi M, Shibazak. T, Ejima A (1982)
The bioavailability of diazepam from uncoated tablets in humans .2. effect of gastric fluid acidity.
Int J Cl Ph 20: 166-170   (6 Refs.)

8646. Ogata H, Aoyagi N, Kaniwa N, Koibuchi M, Shibazak. T, Ejima A, Shimamot. T, Yashiki T, Ogawa Y, Uda Y (1982)
Correlation of the bioavailability of diazepam from uncoated tablets in beagle dogs with its dissolution rate and bioavailability in humans.
Int J Cl Ph 20: 576-581   (6 Refs.)

8647. Ogata H, Aoyagi N, Kaniwa N, Koibuchi M, Shibazak. T, Ejima A, Tsuji S, Kawazu Y (1982)
The bioavailability of diazepam from uncoated tablets in humans .1. correlation with the dissolution rates of the tablets.
Int J Cl Ph 20: 159-165   (17 Refs.)

8648. Ogawa N, Mizuno S, Tsukamot. S, Mori A (1984)
Relationships of structure to binding of gamma-aminobutyric acid (GABA) and related compounds with the GABA and benzodiazepine receptors.
Res Comm CP 43: 355-368   (19 Refs.)

8649. Ogawa N, Mori A (1984)
Beta-carbolines - endogenous ligands for the benzodiazepine receptor.
Fol Psychi 38: 207-211   (6 Refs.)

8650. Ogawa N, Namiki M, Kusunoki T, Fujii S (1985)
A comparison of alprazolam, gefarnate and their combination in treatment of peptic-ulcer patients - an application of life table analysis.
Int J Cl Ph 23: 109-111   (8 Refs.)

8651. Ogden GR (1984)
Midazolam in dentistry (letter).
Br Dent J 156: 386   (no Refs.)

8652. Ogle CW, Dai S (1981)
The effects of naloxone on diazepam-induced hypnosis in mice.
IRCS-Bioch 9: 970-971   (8 Refs.)

8653. Oguchi K, Arakawa K, Nelson SR, Samson F (1982)
The influence of droperidol, diazepam, and physostigmine on ketamine-induced behavior and brain regional glucose-utilization in rat.
Anesthesiol 57: 353-358   (23 Refs.)

8654. Oguchi M, Ida Y, Tsuda A, Sirao I, Gondoh Y, Tanaka M (1987)
Effects of diazepam on yohimbine-induced increases in noradrenaline turnover in rat-brain (meeting abstr.).
Jpn J Pharm 43: 268   (no Refs.)

8655. Ogunleye OT, Ejiwunmi AB (1984)
Influence of diazepam on thyroid-function tests in normal nigerians.
Int J Nuc M 11: 203-204   (5 Refs.)

8656. Ohanlon JF, Haak TW, Blaauw GJ, Riemersm. JB (1982)
Diazepam impairs lateral position control in highway driving.
Science 217: 79-81   (8 Refs.)

8657. Ohanna N, Peled R, Rubin AHE, Zomer J, Lavie P (1985)
Periodic legmovements in sleep - effect of clonazepam treatment (technical note).
Neurology 35: 408-411   (13 Refs.)

8658. Ohnhaus EE, Brockmei. N, Dylewicz P (1985)
Enzyme-induction and diazepam metabolism (meeting abstr.).
Clin Pharm 37: 218   (no Refs.)

8659. Oishi R, Nishibor. M, Itoh Y, Saeki K (1986)
Diazepam-induced decrease in histamine turnover in mouse-brain.
Eur J Pharm 124: 337-342   (21 Refs.)

8660. Oishi R, Nishibor. M, Itoh Y, Saeki K (1986)
Effect of diazepam on histamine turnover in the mouse-brain (meeting abstr.).
Jpn J Pharm 40: 252   (no Refs.)

8661. Oka JI, Fukuda H, Kudo Y (1981)
The immaturity of interactions between GABA and benzodiazepine binding-sites in the frog spinal-cord.
Gen Pharm 12: 385-389   (20 Refs.)

8662. Oka JI, Hicks TP (1986)
Effects of benzodiazepines on response properties of neurons in S1 cortex (meeting abstr.).
Can J Physl 64: 19 (1 Refs.)

8663. Oka JI, Jang EK, Hicks TP (1986)
Benzodiazepine receptor involvement in the control of receptive-field size and responsiveness in primary somatosensory cortex (technical note).
Brain Res 376: 194-198 (14 Refs.)

8664. Okada K, Yamazaki K, Yago C, Innami H, Ohmura A (1985)
Antagonism of diazepam by aminophylline (meeting abstr.).
Act Anae Sc 29: 89 (no Refs.)

8665. Okamoto M, Aaronson L, Hinman D (1983)
Comparison of effects of diazepam on barbiturate and on ethanol withdrawal.
J Pharm Exp 225: 589-594 (24 Refs.)

8666. Okamoto M, Rao SN, Aaronson LM, Walewski JL (1985)
Ethanol drug-interaction with chlordiazepoxide and pentobarbital.
Alc Clin Ex 9: 516-521 (27 Refs.)

8667. Okamoto Y, Kurasawa Y, Takada A, Takagi K (1985)
Ring transformation of 4-amino-1H-1,5-benzodiazepine-3-carbonitrile .3. synthesis and degradation of 3-amino-3-(2-substituted benzimidazol-1-yl)-2-(2-phenyl-1,1-diazanediylmethyl)-2-propenenitrile-hydroxyl group-promoted C-N bond fission.
J Hetero Ch 22: 1719-1721 (10 Refs.)

8668. Okamoto Y, Togo I, Kurasawa Y, Takagi K (1986)
Ring transformation of 4-amino-1H-1,5-benzodiazepine-3-carbonitrile .4. conversion of 4-amino-1H-1,5-benzodiazepine-3-carbonitrile to pyrazolo(3,4-d)pyrimidines, pyrimido (1,6-a)benzimidazole, and pyrazolo(3',4'-4,5)pyrimido(1,6-a)benzimidazoles.
J Hetero Ch 23: 1829-1831 (4 Refs.)

8669. Okamoto Y, Ueda T, Takagi K (1983)
Ring transformation of 4-amino-1H-1,5-benzodiazepine-3-carbonitrile .2. formation of ring-opened hydrazine adducts (technical note).
Chem Pharm 31: 2114-2119 (7 Refs.)

8670. Okazaki MM, Madras BK, Livingst. KE, Spero L, Burnham WM (1983)
Enhancement of phenytoin-^{3}H binding by diazepam and (+) bicuculline.
Life Sci 33: 409-414 (11 Refs.)

8671. Oki J, Tasaki T, Cho K, Yoshioka H (1984)
Sodium valproate and clonazepam in the treatment of intractable epilepsies (meeting abstr.).
Brain Devel 6: 202 (no Refs.)

8672. Oki K, Sukamoto T, Ito K, Nose T (1984)
Invitro and exvivo inhibition by flutoprazepam of ^{3}H-flunitrazepam binding to mouse-brain receptors.
Arch I Phar 269: 180-186 (13 Refs.)

8673. Okimura T, Nagata I (1986)
Effect of benzodiazepine derivatives .1. augmentation of t-cell-dependent antibody-response by diazepam in mouse spleen-cells.
J Immunoph 8: 327-346 (22 Refs.)

8674. Okiyama M, Ohkawara S, Ueno K, Igarashi T, Ohmori S, Kitagawa H, Kitagawa H (1986)
Drug-interaction between imipramine and benzodiazepines (meeting abstr.).
Act Pharm T 59: 93 (no Refs.)

8675. Okiyama M, Ohmori S, Ueno K, Igarashi T, Kitagawa H (1985)
Diazepam enhances the bioavailability of imipramine in rats.
Res Comm P 10: 189-206 (15 Refs.)

8676. Okiyama M, Ohmori S, Ueno K, Igarashi T, Satoh T, Kitagawa H (1984)
Preclinical study on the drug-interaction of imipramine and diazepam (meeting abstr.).
Fol Pharm J 83: 92 (no Refs.)

8677. Okiyama M, Ohmori S, Ueno K, Igarashi T, Satoh T, Kitagawa H (1984)
Preclinical study on the drug-interaction of imipramine and diazepam (meeting abstr.).
Fol Pharm J 84: 110-111 (no Refs.)

8678. Okiyama M, Ueno K, Ohkawara S, Ohmori S, Igarashi T, Kitagawa H (1986)
Effects of combined administration of diazepam and imipramine hydrochloride in rats.
J Pharm Sci 75: 1071-1075 (13 Refs.)

8679. Olajide D, Lader M (1984)
Depression following withdrawal from long-term benzodiazepine use - a report of 4 cases (technical note).
Psychol Med 14: 937-940 (18 Refs.)

8680. Olajide D, Lader M (1987)
A comparison of buspirone, diazepam, and placebo in patients with chronic anxiety-states.
J Cl Psych 7: 148-152 (16 Refs.)

8681. Oldenhof HG, Dejong M, Steenhoe. A, Janknegt R (1987)
Clinical pharmacokinetics of midazolam (M) in intensive-care patients (meeting abstr.).
Pharm Week 9: 190 (no Refs.)

8682. Olive G, Rey E (1982)
Pharmacokinetics properties of benzodiazepines.
Nouv Presse 11: 2957-2964 (5 Refs.)

8683. Olivier B, Mos J, Vanoorsc. R (1985)
Maternal aggression in rats - effects of chlordiazepoxide and fluprazine.
Psychophar 86: 68-76 (37 Refs.)

8684. Olivier B, Mos J, Vanoorsc. R (1986)
Maternal aggression in rats - lack of interaction between chlordiazepoxide and fluprazine.
Psychophar 88: 40-43 (15 Refs.)

8685. Olsen RW (1981)
GABA-benzodiazepine-barbiturate receptor interactions (review or bibliog.).
J Neurochem 37: 1-13 (144 Refs.)

8686. Olsen RW, Fischer JB, King RG, Ransom JY, Stauber GB (1984)
Purification of the GABA benzodiazepine barbiturate receptor complex.
Neuropharm 23: 853-854 (10 Refs.)

8687. Olsen RW, Jones I, Seyfried TN, McCabe RT, Wamsley JK (1985)
Benzodiazepine receptor-binding deficit in audiogenic seizure-susceptible mice (meeting abstr.).
Fed Proc 44: 1106 (no Refs.)

8688. Olsen RW, Leeb-Lundberg F, Snowman A, Stehenson FA (1983)
Barbiturate interactions with the benzodiazepine-GABA receptor complex in mammalian brain.
In: Pharmacology of Benzodiazepines (Ed. Usdin E, Skolnick P, Tallmann jr JF, Greenblatt D, Paul SM)
Verlag Chemie, Weinheim Deerfield Beach Basel p. 155-163

8689. Olsen RW, Snowman AM (1985)
Avermectin-B1A modulation of gamma-aminobutyric acid benzodiazepine receptor-binding in mammalian brain.
J Neurochem 44: 1074-1082   (39 Refs.)

8690. Olsen RW, Stauber GB, King RG, Yang J, Dilber A (1986)
Structure and function of the barbiturate-modulated benzodiazepine GABA receptor protein complex (review).
Adv Bio Psy 41: 21-32   (46 Refs.)

8691. Olsen RW, Wamsley JK, McCabe RT, Lee RJ, Lomax P (1985)
Benzodiazepine-gamma-aminobutyric acid receptor deficit in the midbrain of the seizure-susceptible gerbil.
P NAS US 82: 6701-6705   (32 Refs.)

8692. Olsen RW, Wong EHF, Stauber GB, Murakami D, King RG, Fischer JB (1984)
Biochemical-properties of the GABA barbiturate benzodiazepine receptor chloride ion channel complex (review).
Adv Exp Med 175: 205-219   (53 Refs.)

8693. Olsen RW, Yang J, King RG, Dilber A, Stauber GB, Ransom RW (1986)
Barbiturate and benzodiazepine modulation of GABA receptor-binding function.
Life Sci 39: 1969-1976   (61 Refs.)

8694. Olson KR, Yin L, Osterloh J, Tani A (1985)
Coma caused by trivial triazolam overdose.
Am J Emer M 3: 210-211   (8 Refs.)

8695. Ong BY, Pickerin. BG, Palahniu. RJ, Cumming M (1981)
Lorazepam and diazepam as adjuncts to epidural-anesthesia for cesarean-section (meeting abstr.).
Can Anae SJ 28: 502-503   (no Refs.)

8696. Ong BY, Pickerin. BG, Palahniu. RJ, Cumming M (1982)
Lorazepam and diazepam as adjuncts to epidural-anesthesia for cesarean-section.
Can Anae SJ 29: 31-34   (12 Refs.)

8697. Ongini E (1983)
Behavioral and EEG effects of benzodiazepines and their antagonists in the cat (review).
Adv Bio Psy 38: 211-225   (46 Refs.)

8698. Ongini E (1983)
Behavioral and EEG effects of Benzodiazepines and Their Antagonists in the Cat.
In: Benzodiazepine Recognition Site Ligands (Ed. Biggio G, Costa E)
Raven Press, New York, p. 211-225

8699. Ongini E (1984)
Differential pharmacological effects of ligands for benzodiazepine recognition sites.
Dev Neuros 17: 425-428   (10 Refs.)

8700. Ongini E, Barnett A (1985)
Hypnotic specificity of benzodiazepines.
Clin Neurop 8: 17-25   (31 Refs.)

8701. Ongini E, Barzaghi C, Marzanat. M (1983)
Intrinsic and antagonistic effects of beta-carboline FG-7142 on behavioral and EEG actions of benzodiazepines and pentobarbital in cats (technical note).
Eur J Pharm 95: 125-129   (10 Refs.)

8702. Ongini E, Iuliano E, Fumagall. R, Racagni G (1981)
Effects of quazepam and flurazepam on GABA-ergic transmission in mouse cerebellum - relationship between biochemical and behavioral activity.
Pharmacol R 13: 955-965   (19 Refs.)

8703. Ongini E, Iuliano E, Racagni G (1982)
Cerebellar cyclic-GMP and behavioral-effects after acute and repeated administration of benzodiazepines in mice.
Eur J Pharm 80: 185-190   (23 Refs.)

8704. Ongini E, Mariotti M, Mancia M (1982)
Effects of a new benzodiazepine hypnotic (quazepam SCH-16134) on EEG synchronization and sleep-inducing mechanisms in cats.
Neuropharm 21: 405-412   (29 Refs.)

8705. Ongini E, Marzanat. M, Bamonte F, Monopoli A, Guzzon V (1985)
A beta-carboline antagonizes benzodiazepine actions but does not precipitate the abstinence syndrome in cats.
Psychophar 86: 132-136   (27 Refs.)

8706. Ongini E, Parravic. L, Bamonte F (1981)
Effects of physostigmine on benzodiazepine toxicity.
Arch I Phar 253: 164-176   (22 Refs.)

8707. Ongini E, Parravic. L, Bamonte F, Guzzon V, Iorio LC, Barnett A (1982)
Pharmacological studies with quazepam, a new benzodiazepine hypnotic.
Arznei-For 32-2: 1456-1462 (17 Refs.)

8708. Onglee A, Sylveste. L, Wasley JWF (1983)
Synthesis of 1,3,4,14b-tetrahydro-2H,10H-pyrazino[1,2-a]-pyrrolo[2,1-c][1,4] benzodiazepines.
J Hetero Ch 20: 1565-1569   (21 Refs.)

8709. Ono H, Morishit. S, Kasuya M, Kobayash. M, Miyamoto M, Oka j, Goto M, Fukuda H (1987)
Comparison of the effects of the new anxiolytic suriclone and benzodiazepines on motor function and electroencephalogram.
Arznei-For 37-1: 384-388   (11 Refs.)

8710. Onodera H, Sato G, Kogure K (1987)
GABA and benzodiazepine receptors in the gerbil brain after transient ischemia - demonstration by quantitative receptor autoradiography.
J Cerebr B 7: 82-88   (26 Refs.)

8711. Onyeama WPJ (1984)
A comparative-evaluation of 2 benzodiazepines in the management of anxiety neurosis.
Curr Ther R 36: 468-472   (2 Refs.)

8712. Opdahl H, Aakvaag A (1981)
Hormonal changes during and after major intra-abdominal vascular surgery and a comparison of fentanyl-diazepam anesthesia with and without epidural block (meeting abstr.).
Act Anae Sc 25: 81   (no Refs.)

8713. Opler LA, Mickley D (1986)

Alprazolam in the treatment of bulimia (letter).

J Clin Psy 47: 49 (4 Refs.)

8714. Oriowo MA (1983)

Inhibition of sympathetic neurotransmission in the rat anococcygeus muscle by diazepam.

J Pharm Pha 35: 511-515 (23 Refs.)

8715. Orlov VD, Desenko SM (1985)

Derivatives of 2,3-dihydro-1H-1,5-benzodiazepine from substituted 1,2-phenylenediamines and acetylarenes.

Khim Getero 12: 1673-1678 (7 Refs.)

8716. Orlov VD, Desenko SM, Kiroga K (1987)

Aromatic derivatives 2,3-dihydro-1H-1,5-benzodiazepine.

Khim Getero 3: 370-375 (13 Refs.)

8717. Orlov VD, Desenko SM, Kolos NN (1984)

Synthesis and properties of 2,2,4-trisubstituted 2,3-dihydro-1H-1,5-benzodiazepines.

Khim Getero 1: 126-131 (11 Refs.)

8718. Orlov VD, Kolos NN, Abramov AF (1984)

Conformational-analysis of aromatic derivatives of 2,3-dihydro-1H-1,5-benzodiazepine.

Khim Getero 12: 1662-1666 (12 Refs.)

8719. Orlov VD, Kolos NN, Desenko SM, Lavrushi. VF (1982)

Chemical-transformations of 2,4-diaryl-2,3-dihydro-1H-1,5-benzodiazepines.

Khim Getero 1982: 830-836 (15 Refs.)

8720. Osterheld K, Prajsnar B, Binder H, Classen A (1981)

Reduction of (2-nitrobenzyl)cyclimmonium and (2-nitrophenacyl)cylimmonium salts - syntheses of the isoquino [1,2-b]quinazoline and isoquino[1,2-b][1,3]benzodiazepine system.

Chem Zeitun 105: 355-358 (12 Refs.)

8721. Ostrovskaya RU (1984)

Differences in the mechanism of antihypoxic action of benzodiazepine receptor agonists and muscimol.

B Exp B Med 98: 1363-1366 (15 Refs.)

8722. Ostrovskaya RU, Molodavk. GM (1985)

Antagonism of Ro-15-1788 with benzodiazepines with respect to effect on motivated aggression and analgesic action.

B Exp B Med 99: 471-474 (14 Refs.)

8723. Osullivan G, Wade DN (1987)

Safety and efficacy of the benzodiazepine antagonist Ro 15-1788 in the reversal of overdosed and sedated patients (meeting abstr.).

Anaesth I C 15: 114 (no Refs.)

8724. Oswald I (1983)

Hypnotic activity of lormetazepam and camazepam (letter).

Br J Cl Ph 15: 573 (1 Refs.)

8725. Oswald I (1984)

Hypnotic Drugs for 1984.

In: Sleep Benzodiazepines and Performance - Experimental Methodologies and Research Prospects (Ed. Hindmarch I, Ott H, Roth T).

Springer, Berlin Heidelberg New York Tokyo, p. 84-91

8726. Oswald I (1985)

Withdrawal symptoms and rebound anxiety after 6 week course of diazepam (letter).

Br Med J 291: 280 (2 Refs.)

8727. Oswald I (1985)

Withdrawal symptoms and rebound anxiety after 6 week course of diazepam (letter).

Br Med J 290: 1827 (4 Refs.)

8728. Oswald I (1986)

The use of benzodiazepines in the elderly (letter).

Br J Hosp M 36: 149 (1 Refs.)

8729. Oswald I (1986)

Hypnotic benzodiazepines (letter).

Br Med J 293: 1439 (4 Refs..)

8730. Oswald I, Adam K (1987)

Triazolam 0,5 mg as an hypnotic causes daytime anxiety (meeting abstr.).

Act Phys Ph 37: 182 (no Refs.)

8731. Oswald I, French C, Adam K, Gilham J (1982)

Benzodiazepine hypnotics remain effective for 24 weeks.

Br Med J 284: 860-863 (10 Refs.)

8732. Otani K, Nordin C, Bertilsson L (1987)

No interaction of diazepam on amitriptyline disposition in depressed-patients (technical note).

Ther Drug M 9: 120-122 (13 Refs.)

8733. Othmer SC, Othmer E, Varanka TM, Strong DM (1985)

Refractory migraine headache controlled with alprazolam - case-report.

J Clin Psy 46: 494-495 (4 Refs.)

8734. Ott H (1984)

Are Electroenceephalographic and Psychomotor Measures Sensitive in Detecting Residual Sequelae of Benzodiazepine Hypnotics ?

In: Sleep Benzodiazepines and Performance - Experimental Methodologies and Research Prospects (Ed. Hindmarch I, Ott H, Roth T).

Springer, Berlin Heidelberg New York Tokyo, p. 133-151

8735. Ott H, Cristea R, Fichte K (1982)

Critical flicker fusion frequency (CFF) - the method of limits and the forced choice method - a comparison of pharmacoliability with amitriptyline, diazepam, methylphenidate and placebo.

Pharmacopsy 15: 16-20 (4 Refs.)

8736. Otteni JC (1986)

Intravenous diazepam - beware of apnea (letter).

Presse Med 15: 81 (5 Refs.)

8737. Ottonson D, Swerup C (1982)

Diazepam increases miniature inhibitory postsynaptic potentials in the crustacean stretch receptor (meeting abstr.).

Act Physl 1982: 39 (3 Refs.)

8738. Ottosson JO (1982)

ECT with benzodiazepines (letter).

Br J Psychi 141: 103 (4 Refs.)

8739. Ouslander JG (1981)

Drug-therapy in the elderly (review or bibliog.).

Ann Int Med 95: 711-722 (145 Refs.)

8740. Overall JE, Biggs J, Jacobs M, Holden K (1987)
Comparison of alprazolam and imipramine for treatment of outpatient depression.
J Clin Psy 48: 15-19 (17 Refs.)

8741. Overall JE, Donachie ND, Faillace LA (1987)
Implications of restrictive diagnosis for compliance to antidepressant drug-therapy - alprazolam versus imipramine.
J Clin Psy 48: 51-54 (14 Refs.)

8742. Overweg J, Binnie CD (1983)
Benzodiazepines in Neurological Disorders.
In: The Benzodiazepines - From Molecular Biology to Clinical Practice (Ed. Costa E).
Raven Press, New York, 339-347

8743. Owen F, Poulter M, Waddingt. JL, Mashall RD, Crow TJ (1983)
Ro-5-4864-^{3}H and flunitrazepam-^{3}H binding in kainate-lesioned rat striatum and in temporal cortex of brains from patients with senile dementia of the alzheimer type (technical note).
Brain Res 278: 373-375 (12 Refs.)

8744. Owen JA (1983)
Triazolam for short-term management of insomnia (review).
Hosp Formul 18: 384+ (* Refs.)

8745. Owen JA (1983)
Alprazolam a new benzodiazepine approved for anxiety disorders.
Hosp Formul 18: 950+ (* Refs.)

8746. Owen RT (1984)
Benzodiazepines on trial (letter).
Br Med J 288: 1617 (2 Refs.)

8747. Owen RT, Tyrer P (1983)
Benzodiazepine dependence - a review of the evidence (review).
Drugs 25: 385-398 (85 Refs.)

8748. Ozoe Y, Matsumur. F (1986)
Effects of diazepam and chlordimeform analogs on the german and the american cockroaches.
Pest Bioch 26: 253-262 (22 Refs.)

8749. Ozoe Y, Mochida K, Nakamura T, Yoyama A, Matsumur. F (1987)
Actions of benzodiazepines on the housefly - binding to thorax abdomen extracts and biological effects.
Comp Bioc C 87: 187-191 (34 Refs.)

8750. Pacifici GM, Gustafss. LL, Sawe J, Rane A (1986)
Metabolic interaction between morphine and various benzodiazepines.
Act Pharm T 58: 249-252 (8 Refs.)

8751. Pacifici GM, Rane A (1981)
Inhibition of morphine glucuronidation by oxazepam in human-fetal liver-microsomes.
Drug Meta D 9: 569-572 (14 Refs.)

8752. Pacifici GM, Taddeucc. G, Rane A (1984)
Clonazepam Serum-protein binding during development.
Clin Pharm 35: 354-359 (44 Refs.)

8753. Padfield N (1985)
Temazepam premedication for children (letter).
Anaesthesia 40: 1138 (1 Refs.)

8754. Padfield NL, Twohig MM, Fraser ACL (1986)
Temazepam and trimeprazine compared with placebo as premedication in children - an investigation extended into the first 2-weeks at home.
Br J Anaest 58: 487-493 (26 Refs.)

8755. Padwa A, Nahm S (1981)
Intramolecular 1,1-cycloaddition of nitrilimines as a route to benzodiazepines and cyclopropa[c]cinnolines.
J Org Chem 46: 1402-1409 (48 Refs.)

8756. Pagani JJ, Hayman LA, Bigelow RH, Libshitz HI, Lepke RA (1984)
Prophylactic diazepam in prevention of contrast media-associated seizures in glioma patients undergoing cerebral computed-tomography.
Cancer 54: 2200-2204 (20 Refs.)

8757. Pagani JJ, Hayman LA, Bigelow RH, Libshitz HI, Lepke RA, Wallace S (1983)
Diazepam prophylaxis of contrast-media induced seizures during computed-tomography of patients with brain metastases.
Am J Roentg 140: 787-792 (28 Refs.)

8758. Paiva T, Nunes JS, Moreira A, Santos J, Teixeira J, Barbosa A (1982)
Effects of frontalis EMG biofeedback and diazepam in the treatment of tension headache.
Headache 22: 216-220 (20 Refs.)

8759. Pakes GE, Brodgen RN, Heel RC, Speight TM, Avery GS (1981)
Triazolam - a review of its pharmacological properties and therapeutic efficacy in patients with insomnia.
Drugs 22: 81-110 (131 Refs.)

8760. Pakkanen A, Kangas L, Kanto J (1981)
A comparative-study on the clinical effects of flunitrazepam and oxazepam as oral premedication.
Int J Cl Ph 19: 275-278 (23 Refs.)

8761. Pakkanen A, Kanto J (1982)
Midazolam compared with thiopentone as an induction agent.
Act Anae Sc 26: 143-146 (13 Refs.)

8762. Pakuts AP, Downie RH, Matula TI (1983)
A rapid HPLC analysis of diazepam in animal feed.
J Liq Chrom 6: 2557-2564 (8 Refs.)

8763. Pala F, Addario C, Magalini SI (1986)
A brief report on 218 consecutive cases of benzodiazepine poisoning.
J Tox Cl Ex 6: 267-268 (no Refs.)

8764. Palacios JM, Kuhar MJ (1981)
Ontogeny of high-affinity GABA and benzodiazepine receptors in the rat cerebellum - an autoradiographic study.
Dev Brain R 2: 531-539 (26 Refs.)

8765. Palacios JM, Wamsley JK, Kuhar MJ (1981)
GABA, benzodiazepine and histamine-H1 receptors in the guinea-pig cerebellum - effects of kainic acid injections studied by auto-radiographic methods (technical note).
Brain Res 214: 155-162 (30 Refs.)

8766. Palaoglu O, Ayhan IH (1986)
The possible role of benzodiazepine receptors in morphine analgesia (technical note).
Pharm Bio B 25: 215-217 (13 Refs.)

8767. Paldihar. P, Graf L, Kenessey A, Lang T (1985)
Enhancement of low affinity ^{3}H-GABA binding by diazepam and a new 2,3-benzodiazepine (technical note).
Eur J Pharm 109: 305-306 (5 Refs.)

8768. Palmer MC, Colls BM (1987)
High-dose metoclopramide, dexamethasone and lorazepam - an effective antiemetic combination in the management of cyto-toxic induced nausea and vomiting (meeting abstr.).
Med Ped Onc 15: 152 (no Refs.)

8769. Palva ES (1985)
Gender-related differences in diazepam effects on performance.
Med Biol 63: 92-95 (16 Refs.)

8770. Palva ES, Linnoila M, Routledg. P, Seppala T (1982)
Actions and interactions of diazepam and alcohol on psychomotor-skills in young and middle-aged subjects.
Act Pharm T 50: 363-369 (19 Refs.)

8771. Pan HS, Penney JB, Young AB (1984)
Characterization of benzodiazepine receptor changes in substantia nigra, globus pallidus and entopenducular nucleus after striatal lesions.
J Pharm Exp 230: 768-775 (55 Refs.)

8772. Pan HS, Penney JB, Young AB (1985)
Gamma-aminobutyric acid and benzodiazepine receptor changes induced by unilateral 6-hydroxydopamine lesions of the medial forebrain-bundle.
J Neurochem 45: 1396-1404 (78 Refs.)

8773. Pande AC (1987)
Sublingual lorazepam use (letter).
Can J Psy 32: 328 (5 Refs.)

8774. Pandey SK, Sharma IJ (1986)
Diazepam-pentazocine induced clinical and hematological-changes in canine surgical patients (technical note).
I J Anim Sc 56: 949-951 (no Refs.)

8775. Pandit UA, Kothary SP, Samra SK, Domino EF, Pandit SK (1983)
Physostigmine fails to reverse clinical, psychomotor, or EEG effects of lorazepam.
Anesth Anal 62: 679-685 (29 Refs.)

8776. Panula E, Heikkine. H, Lehtinen M, Ahtee L (1986)
Comparison of the effects of taurine derivatives on benzodiazepine binding to rat cortex membranes (meeting abstr.).
J Pharmacol 17: 200 (no Refs.)

8777. Papageorgiou C, Levis G, Kondou I, Moulopou. S (1982)
Free fatty-acids, central nervous-system and bromazepam.
J Clin Chem 20: 49-55 (28 Refs.)

8778. Papini M, Guerri S, Montigia. C (1981)
Anti-convulsive effects of medazepam (meeting abstr.).
EEG Cl Neur 51: 13 (no Refs.)

8779. Papini M, Montigia. C, Rossi L, Amantini A, Zaccara G, Fabiani D, Favilla A, Lambrusc. P (1981)
Preliminary-report on antiepileptic activity of clobazam (meeting abstr.).
EEG Cl Neur 51: 14 (no Refs.)

8780. Pappas BA, Anisman H, Ings R, Hill DA (1983)
Acute exposure to pulsed microwaves affects neither pentylenetetrazol seizures in the rat nor chlordiazepoxide protection against such seizures.
Radiat Res 96: 486-496 (14 Refs.)

8781. Pappas BA, Vogel RA, Wilson JH, Mueller RA, Breese GR (1981)
Drug alterations of punished responding after chlordiazepoxide - possible screen for agents useful in minimal brain-dysfunction.
Pharm Bio B 15: 743-746 (22 Refs.)

8782. Pappas BA, Walsh P (1983)
Behavioral-comparison of pentylenetetrazol, clonidine, chlordiazepoxide and diazepam in infant rats.
Pharm Bio B 19: 957-961 (16 Refs.)

8783. Parier JL (1986)
Delorazepam - pharmacokinetics and dose regimen in the elderly compared with adults (meeting abstr.).
Act Pharm T 59: 100 (no Refs.)

8784. Paris P, Hans P, Mathot F (1982)
A perfusion system for diazepam (technical note).
Crit Care M 10: 608-609 (4 Refs.)

8785. Park SY, Oh KO, Cheong DK (1987)
Effect of diazepam on stress-induced changes in catecholamine contents of rat-brain regions (meeting abstr.).
J Dent Res 66: 938 (no Refs.)

8786. Parker WA, Maclachl. RA (1984)
Prolonged hypnotic response to triazolam-cimetidine combination in an elderly patient.
Drug Intel 18: 980-981 (12 Refs.)

8787. Parrott AC (1982)
The effects of clobazam upon critical flicker fusion thresholds - a review.
Drug Dev R 1982: 57-66 (24 Refs.)

8788. Parrott AC, Davies S (1983)
Effects of a 1,5-benzodiazepine derivative upon performance in an experimental stress situation (technical note).
Psychophar 79: 367-369 (14 Refs.)

8789. Parrott AC, Hindmarc. I, Stonier PD (1982)
Nomifensine, clobazam and HOE 8476 - effects on aspects of psychomotor performance and cognitive-ability.
Eur J Cl Ph 23: 309-313 (28 Refs.)

8790. Parrott AC, Kentridg. R (1982)
Personal constructs of anxiety under the 1,5-benzodiazepine derivative clobazam related to trait-anxiety levels of the personality.
Psychophar 78: 353-357 (27 Refs.)

8791. Pasch T (1981)
The use of flunitrazepam in ICU patients.
Anasth Int 16: 145-149 (no Refs.)

8792. Pascoe JP, Gallaghe. M, Kapp BS (1983)
Benzodiazepine effects on heart-rate conditioning in the rabbit.
Psychophar 79: 256-261 (40 Refs.)

8793. Pascoe MD (1981)
Clonazepam in dialysis encephalopathy (letter).
Ann Neurol 9: 200 (2 Refs.)

8794. Pasini FL, Ceccatel. L, Capecchi PL, Orrico A, Pasqui AL, Diperri T (1987)

Benzodiazepines inhibit invitro free-radical formation from human-neutrophils induced by FMLP and A 2318 7.

Immunoph Im 9: 101-114   (26 Refs.)

8795. Pasternak SJ, Heller MB (1985)

Endotracheal diazepam in status epilepticus (letter).

Ann Emerg M 14: 485-486   (1 Refs.)

8796. Pastor G, Bernard PS, Liebman JM (1985)

CGS-8216, a benzodiazepine antagonist, reduces feeding in rats (meeting abstr.).

Fed Proc 44: 724   (2 Refs.)

8797. Patat A, Foulhoux P (1985)

Effect on postural sway of various benzodiazepine tranquilizers.

Br J Cl Ph 20: 9-16   (45 Refs.)

8798. Patat A, Foulhoux P, Klein MJ (1986)

Residual effects of 3 benzodiazepine hypnotics assessed by posturography recordings.

Therapie 41: 443-447   (32 Refs.)

8799. Patel DJ, Wong HYC, Newman HAI, Nighting. TE, Frasinel C, Johnson FB, Patel S, Coleman B (1982)

Effect of valium (diazepam) on experimental atherosclerosis in roosters.

Artery 10: 237-249   (15 Refs.)

8800. Patel DJ, Wong HYC, Nighting. TE, Frasinel C, Coleman B (1981)

Effect of diazepam on experimental atherosclerosis (meeting abstr.).

Arterioscle 1: 60   (no Refs.)

8801. Patel J, Marangos PJ (1982)

Differential effects of GABA on peripheral and central type benzodiazepine binding-sites in brain.

Neurosci L 30: 157-160   (14 Refs.)

8802. Patel J, Marangos PJ, Goodwin FK (1981)

Ethyl-labeled beta-carboline-3-carboxylate binding to the benzodiazepine receptor is not affected by GABA (technical note).

Eur J Pharm 72: 419-420   (5 Refs.)

8803. Patel J, Marangos PJ; Skolnick P, Paul SM, Martino AM (1982)

Benzodiazepines are weak inhibitors of ^{3}H-nitrobenzylthioinosine binding to adenosine uptake sites in brain.

Neurosci L 29: 79-82   (13 Refs.)

8804. Patel JB, Malick JB (1982)

Pharmacological properties of tracazolate - a new non-benzodiazepine anxiolytic agent.

Eur J Pharm 78: 323-333   (22 Refs.)

8805. Patel JB, Rinarell. C, Malick JB (1987)

A simple and rapid method of inducing physical-dependence with benzodiazepines in mice (meeting abstr.).

Fed Proc 46: 1300   (no Refs.)

8806. Patel JB, Stengel J, Malick JB, Enna SJ (1984)

Neurochemical characteristics of rats distinguished as benzodiazepine responders and non-responders in a new conflict test.

Life Sci 34: 2647-2653   (17 Refs.)

8807. Pathy MSJ, Bayer AJ, Stoker MJ (1986)

A double-blind comparison of chlormethiazole and temazepam in elderly patients with sleep disturbances.

Act Psyc Sc 73: 99-103   (14 Refs.)

8808. Patra A, Mukhopad. AK, Mitra AK, Acharyya AK (1981)

^{13}C-NMR signals of some benzodiazepine drugs.

OMR-Org Mag 15: 99-101   (4 Refs.)

8809. Patterson SE (1986)

Determination of temazepam in plasma and urine by high-performance liquid-chromatography using disposable solid-phase extraction columns (technical note).

J Pharm B 4: 271-274   (9 Refs.)

8810. Patthy M, Salat J (1981)

High-performance liquid-chromatographic determination of grandaxin-(a 2,3-benzodiazepine) and its trace impurities (technical note).

J Chromat 210: 159-162   (4 Refs.)

8811. Patwardhan R, Johnson R, Sinclair A, Schenker S, Speeg KV (1981)

Lack of tolerance and rapid recovery of cimetidine-inhibited chlordiazepoxide (librium) elimination in man (meeting abstr.).

Gastroenty 80: 1344   (no Refs.)

8812. Patwardhan RV, Johnson RF, Sinclair AP, Schenker S, Speeg KV (1981)

Lack of tolerance and rapid recovery of cimetidine-inhibited chlordiazepoxide (librium) elimination.

Gastroenty 81: 547-551   (17 Refs.)

8813. Patwardhan RV, Mitchell MC, Johnson RF, Schenker S (1983)

Differential effects of oral-contraceptive steroids on the metabolism of benzodiazepines.

Hepatology 3: 248-253   (34 Refs.)

8814. Pau H (1985)

Brown disk-shaped deposits in the lens following long-term intake of diazepam (valium).

Klin Monats 187: 219-220   (14 Refs.)

8815. Paul BK, McCloske. TC, Commissa. RL (1986)

Buspirone effects in an animal conflict procedure - comparison with benzodiazepines (meeting abstr.).

Fed Proc 45: 674   (no Refs.)

8816. Paul HH, Sapper H, Lohmann W, Kalinowski HO (1983)

^{13}C-NMR-spectra of 1,4-benzodiazepines - influence of the 7-substituent.

OMR-Org Mag 21: 319-321   (19 Refs.)

8817. Paul SM, Kempner ES, Skolnick P (1981)

Insitu molecular-weight determination of brain and peripheral benzodiazepine binding-sites (technical note).

Eur J Pharm 76: 465-466   (5 Refs.)

8818. Paul SM, Luu MD, Skolnick P (1983)

The effect of benzodiazepines on presynaptic calcium transport.

In: Pharmacology of Benzodiazepines (Ed. Usdin E, Skolnick P, Tallmann jr JF, Greenblatt D, Paul SM)

Verlag Chemie, Weinheim Deerfield Beach Basel p. 87-92

8819. Paul SM, Marangos PJ, Skolnick P (1981)
The benzodiazepine - GABA - chloride ionophore receptor complex - common site of minor tranquilizer action.
Biol Psychi 16: 213-229   (32 Refs.)

8820. Paul SM, Skolnick P (1987)
Nonbenzodiazepine anxiolytics and the benzodiazepine receptor (meeting abstr.).
Int J Neur 32: 651-652   (no Refs.)

8821. Paulmann F (1986)
Treatment of depressive-disorders - a clinical-trial of the relative efficacy of flupentixol in comparison to bromazepam.
Fortsch Med 104: 218-222   (no Refs.)

8822. Paulson BA, Becker LD, Way WL (1983)
The effects of intravenous lorazepam alone and with meperidine on ventilation in man.
Act Anae Sc 27: 400-402   (16 Refs.)

8823. Pavone F, Castella. C (1985)
Effects of tifluadom on passive-avoidance behavior in DBA/2 mice.
Beh Bra Res 15: 177-181   (16 Refs.)

8824. Pawlikowski M, Pawlikow. A, Stephien H (1987)
Effects of benzodiazepines on anterior-pituitary cell-proliferation.
Neuroendo L 9: 43-49   (14 Refs.)

8825. Pawlikowski M, Stephien H, Kunertra. J (1986)
Rat hypothalamus contains an antimitogenic factor acting via benzodiazepine receptors.
Exp Clin En 88: 270-274   (16 Refs.)

8826. Pawlikowski M, Stepien H, Kunertra. J (1986)
Diazepam inhibits proliferation of the mouse spleen lymphocytes invitro.
Pol J Phar 38: 167-170   (18 Refs.)

8827. Pawlikowski M, Stephien H, Mrozwasi. Z, Pawlikow. A (1987)
Effects of diazepam on cell-proliferation in cerebral-cortex, anterior-pituitary and thymus of developing rats.
Life Sci 40: 1131-1135   (14 Refs.)

8828. Payne KA, Heydenry. JJ, Kruger TC, Samuels G (1986)
Midazolam premedication in pediatric anesthesia.
S Afr Med J 70: 657-659   (20 Refs.)

8829. Pazdernik T, Nelson S, Cross R, Churchil. L, Hammons S, Giesler M, Samson F (1985)
Diazepam blocks many seizure-induced brain changes (meeting abstr.).
Fed Proc 44: 1106   (no Refs.)

8830. Pazos A, Cymerman U, Probst A, Palacios JM (1986)
Peripheral benzodiazepine binding-sites in human-brain and kidney - autoradiographic studies.
Neurosci L 66: 147-152   (24 Refs.)

8831. Peabody CA, Thiemann S, Thompson JM, Miller TP, Taylor JL, Petersen RC, Tinklenberg JR (1985)
Residual effects of flurazepam and triazolam in alcoholic subjects.
Curr Ther R 37: 822-829   (17 Refs.)

8832. Peachey JE, Naranjo CA (1984)
The role of drugs in the treatment of alcoholism.
Drugs 27: 171-182   (40 Refs.)

8833. Pearlman T (1984)
Withdrawal symptoms after long-term treatment with flurazepam (letter).
Am J Psychi 141: 138-139   (2 Refs.)

8834. Pecknold JC, Fleury D (1986)
Alprazolam-induced manic episode in 2 patients with panic disorder.
Am J Psychi 143: 652-653   (9 Refs.)

8835. Pecknold JC, McClure DJ, Appeltau. L, Wrzesins. L, Allan T (1982)
Treatment of anxiety using fenobam (a non-benzodiazepine) in a double-blind standard (diazepam) placebo-controlled study.
J Cl Psych 2: 129-133   (9 Refs.)

8836. Pecknold JC, McClure DJ, Fleuri D, Chang H (1982)
Benzodiazepine withdrawal effects.
Prog Neur-P 6: 517-522   (32 Refs.)

8837. Pecknold JC, McClure DJ, Fleury D, Chang H, Elie R (1982)
A controlled comparative-study of halazepam in anxiety.
Curr Ther R 32: 895-905   (5 Refs.)

8838. Pecknold JC, Swinson RP (1986)
Taper withdrawal studies with alprazolam in patients with panic disorder and agoraphobia.
Psychoph B 22: 173-176   (7 Refs.)

8839. Pedemonte M, Velluti R (1984)
The efferent system and auditory sensory input - slow sleep, benzodiazepines (meeting abstr.).
Arch Biol M 17: 167   (no Refs.)

8840. Pedersen T (1981)
Ketamine as continuous intravenous-infusion combined with diazepam in non-abdominal surgery - a randomized double-blind-study.
Anaesthesis 30: 111-114   (21 Refs.)

8841. Pedigo NW, Schoemak. H, Morelli M, McDougal JN, Malick JB, Burks TF, Yamamura HI (1981)
Benzodiazepine receptor-binding in young, mature and senescent rat-brain and kidney.
Neurobiol A 2: 83-88   (35 Refs.)

8842. Pegon Y, Pourcher E, Vallon JJ (1982)
Evaluation of the EMIT TOX enzyme immunoassay for toxicological analysis of benzodiazepines in serum.
J Anal Tox 6: 1-3   (17 Refs.)

8843. Pellow S, Chopin P, File SE (1985)
Are the anxiogenic effects of yohimbine mediated by its action at benzodiazepine receptors.
Neurosci L 55: 5-9   (20 Refs.)

8844. Pellow S, File SE (1984)
Behavioral actions of Ro-5-4864 - a peripheral-type benzodiazepine (review).
Life Sci 35: 229-240   (90 Refs.)

8845. Pellow S, File SE (1984)
Characteristics of an atypical benzodiazepine, Ro-5-4864 (review).
Neurosci B 8: 405-413   (108 Refs.)

8846. Pellow S, File SE (1985)
Pro convulsant and anti-convulsant drug effects in combination with the convulsant benzodiazepine Ro-5-4864.
J Pharm Pha 37: 560-563   (31 Refs.)

8847. Pellow S, File SE (1985)
The effects of putative anxiogenic compounds (FG-7142, CGS-8216 and Ro-15-1788) on the rat corticosterone response.
Physl Behav 35: 587-590 (34 Refs.)

8848. Pellow S, File SE (1986)
The effects of tofisopam, a 3,4-benzodiazepine, in animal-models of anxiety, sedation, and convulsions.
Drug Dev R 7: 61-73 (35 Refs.)

8849. Pellow S, File SE, Herberg LJ (1984)
Intracranial self-stimulation distinguishes between 2 benzodiazepine antagonists.
Neurosci L 47: 173-177 (21 Refs.)

8850. Pellow S, Herberg LJ, File SE (1986)
Antagonism of the effects of the atypical benzodiazepine, Ro 5-4864 on intracranial self-stimulation in the rat.
Pharm Bio B 24: 193-197 (31 Refs.)

8851. Pena C, Medina JH, Novas ML, Paladini AC, Derobert. E (1986)
Isolation and identification in bovine cerebral-cortex of normal butyl beta-carboline-3-carboxylate, a potent benzodiazepine binding inhibitor.
P NAS US 83: 4952-4956 (21 Refs.)

8852. Pena MIA, Lope ES (1986)
Determination of clobazam and its N-demethyl metabolite in serum of epileptic patients.
J Clin Chem 24: 647-650 (10 Refs.)

8853. Penders JMA, Zelvelde. WG (1982)
A double-blind crossover trial of flurazepam (dalmane) and flunitrazepam (rohypnol).
Tijd Genees 7: 1353-1358 (no Refs.)

8854. Peng DR, Birgersson C, Vonbahr C, Rane A (1984)
Polymorphic acetylation of 7-amino-clonazepam in human-liver cytosol.
Pediat Phar 4: 155-159 (16 Refs.)

8855. Peng DR, Petters I, Rane A (1984)
Nitroreduction of clonazepam in human-fetal liver-microsomes and hepatocyte cultures.
Bioch Soc T 12: 39-42 (18 Refs.)

8856. Pentz R, Strubelt O, Gehlhoff C (1979)
Therapeutische, toxische und letale Arzneimittelkonzentrationen im menschlichen Plasma.
Dtsch Ärztebl 43: 2815-2820

8857. Perera KMH, Tulley M, Jenner FA (1987)
The use of benzodiazepines among drug-addicts.
Br J Addict 82: 511-515 (13 Refs.)

8858. Perez C, Cruciani R, Rubio MC, Stefano FJE (1984)
Fixation of ^{3}H-diazepam and ^{3}H-GABA in the submaxillary-gland of the rat - absence of the GABA system (meeting Abstr.).
Act Phys Ph 34: 456-457 (no Refs.)

8859. Perez C, Cruciani R, Rubio MC, Stefano FJE (1985)
Benzodiazepine binding-sites in rat submaxillary-gland - absence of markers of GABA system.
Comp Bioc C 82: 451-456 (33 Refs.)

8860. Perez C, Rubio MC (1981)
Influence of diazepam on the GABA-ergic system (meeting abstr.).
Act Physl L 31: 55 (no Refs.)

8861. Perez C, Rubio MC (1981)
Effects of chronic treatment of rats with diazepam on GABA-ergic system.
Gen Pharm 12: 489-492 (19 Refs.)

8862. Perez R, Matus P (1986)
Comparative studies on cardiovascular and respiratory effects of fentanyl and pentazocin in combination with flunitrazepam in neuroleptic analgesia in the dog.
J Vet Med A 33: 219-230 (37 Refs.)

8863. Perezric. C, Gomezramos P (1984)
Histological study of ibotenic acid-induced modifications of rat retina and their attenuation by diazepam.
Cell Tis Re 238: 81-85 (17 Refs.)

8864. Perezrincon H, Alvarezr. JM, Trujillo A (1981)
A comparative double-blind-study between ketazolam and lorazepam in the treatment of anxiety.
Curr Ther R 29: 936-942 (10 Refs.)

8865. Pericic D, Lakic N, Manev H (1984)
Effect of diazepam on plasma-corticosterone levels.
Psychophar 83: 79-81 (26 Refs.)

8866. Perio A, Calassi R, Sigault G, Chambon JP, Biziere K (1986)
Investigation of a new benzodiazepine receptor ligand (meeting abstr.).
Psychophar 89: 27 (2 Refs.)

8867. Perio A, Dantzer R (1983)
Behavioral demonstration of the partial agonistic properties of Ro-15 1788, an antagonist of the benzodiazepine receptor (meeting abstr.).
J Pharmacol 14: 241 (no Refs.)

8868. Perrault G, Morel E, Zivkovic B (1986)
Pharmacological evidence for the existence of 2 types of benzodiazepines receptors (meeting abstr.).
Psychophar 89: 27 (3 Refs.)

8869. Perret J, Zagala A, Gaio JM, Hommel M, Meaulle F, Pellat J, Pollak P (1982)
Bromazepam in anxiety - clinical evaluation.
Nouv Presse 11: 1722-1724 (11 Refs.)

8870. Perrier F (1982)
Results of a cooperative study of bromazepam involving 3401 ambulatory psychiatric-patients and 8191 patients from general-practice.
Nouv Presse 11: 1747-1751 (no Refs.)

8871. Perrier PR, Kesselri. UW (1983)
Quantitative assessment of the effect of some excipients on nitrazepam stability in binary powder mixtures (technical note).
J Pharm Sci 72: 1072-1074 (14 Refs.)

8872. Perry PJ (1985)
Assessment of addiction liability of benzodiazepines and buspirone (editorial).
Drug Intel 19: 657-659 (37 Refs.)

8873. Perry PJ, Stambaug. RL, Tsuang MT, Smith RE (1981)
Sedative-hypnotic tolerance testing and withdrawal comparing diazepam to barbiturates.
J Cl Psych 1: 289-296 (no Refs.)

8874. Perry SW, Wu A (1984)

Rationale for the use of hypnotic agents in a general-hospital.

Ann Int Med 100: 441-446 (30 Refs.)

8875. Persson A, Ehrin E, Eriksson L, Farde L, Hedstrom CG, Litton JE, Mindus P, Sedvall G (1985)

Imaging of ^{11}C-labeled Ro 15-1788 binding to benzodiazepine receptors in the human-brain by positron emission tomography.

J Psych Res 19: 609+ (26 Refs.)

8876. Persson A, Ehrin E, Farde L, Mindus P, Sedvall G (1986)

Quantitative pet-scan studies of benzodiazepine receptors in the brain of healthy-human subjects and psychiatric-patients using ^{11}C-Ro 15-1788 (meeting abstr.).

Int J Neurs 31: 223-224 (no Refs.)

8877. Persson P, Nilsson A, Hartvig P, Tamsen A (1987)

Pharmacokinetics of midazolam in total i.v. anesthesia.

Br J Anaest 59: 548-556 (25 Refs.)

8878. Pert CB, Costa T, Rodbard D, Pert A (1983)

In vitro effects of anions and temperature: clues to benzodiazepine receptor function.

In: Pharmacology of Benzodiazepines (Ed. Usdin E, Skolnick P, Tallmann jr JF, Greenblatt D, Paul SM)

Verlag Chemie, Weinheim Deerfield Beach Basel p. 561-566

8879. Perucca E, Ruprah M, Richens A (1981)

Decreased serum-protein binding of diazepam and valproic acid in pregnant-women (meeting abstr.).

Br J Cl Ph 12: 276 (3 Refs.)

8880. Petcher TJ, Widmer A, Maetzel U, Zeugner H (1985)

Structures of tifluadom [5-(2-fluorophenyl)-1-methyl-2-(3-thenoyl-aminomethyl)-2,3-dihydro-1H-1,4-benzodiazepine] hydrochloride, $C_{22}H_{21}FN_3OS^+Cl^-$, and of(+)-tifluadom para-toluene-sulfonate, $C_{22}H_{21}FN_3OS^+C_7H_7O_3S^-$, and the absolute-configuration of the latter.

Act Cryst C 41: 909-912 (11 Refs.)

8881. Peters CG, Brunton JT (1982)

Comparative-study of lorazepam and trimeprazine for oral premedication in pediatric anesthesia.

Br J Anaest 54: 623-628 (16 Refs.)

8882. Pedersen C, Ward C, Gaff S, Usategui M (1987)

ABUSCREEN RIA for detection of benzodiazepines and their metabolites (meeting abstr.).

Clin Chem 33: 973 (no Refs.)

8883. Petersen EN (1983)

DMCM - a potent convulsive benzodiazepine receptor ligand.

Eur J Pharm 94: 117-124 (24 Refs.)

8884. Petersen EN, Braestru. C, Scheelkr. J (1985)

Evidence that the anticonflict effect of midazolam in amygdala is mediated by the specific benzodiazepine receptors.

Neurosci L 53: 285-288 (10 Refs.)

8885. Petersen EN, Jensen LH (1984)

Proconflict effect of benzodiazepine receptor inverse agonists and other inhibitors of GABA function.

Eur J Pharm 103: 91-97 (47 Refs.)

8886. Petersen EN, Jensen LH (1987)

Chronic treatment with lorazepam and FG-7142 may change the effects of benzodiazepine receptor agonists, antagonists and inverse agonists by different mechanisms.

Eur J Pharm 133: 309-317 (40 Refs.)

8887. Petersen EN, Jensen LH, Drejer J, Honore T (1986)

New perspectives in benzodiazepine receptor pharmacology.

Pharmacops 19: 4-6 (11 Refs.)

8888. Petersen EN, Jensen LH, Honoré T, Braestrup C (1983)

Differential Pharmacological Effects of Benzodiazepine Receptor Inverse Agonists.

In: Benzodiazepine Recognition Site Ligands (Ed. Biggio G, Costa E)

Raven Press, New York, p. 57-64

8889. Petersen EN, Jensen LH, Honore T, Braestrup C (1983)

Differential pharmacological effects of benzodiazepine receptor inverse agonists (review).

Adv Bio Psy 38: 57-64 (24 Refs.)

8890. Petersen EN, Jensen LH, Honore T, Braestrup C, Kehr W, Stephens DN, Wachtel H, Seidelma. D, Schmiech. R (1984)

ZK 91296, a partial agonist at benzodiazepine receptors.

Psychophar 83: 240-248 (46 Refs.)

8891. Petersen EN, Paschelk. G, Kehr W, Nielsen M, Braestrup C (1982)

Does the reversal of the anti-conflict effect of phenobarbital by beta-CCE and FG-7142 indicate benzodiazepine receptor-mediated anxiogenic properties (technical note).

Eur J Pharm 82: 217-221 (11 Refs.)

8892. Peterson GN (1985)

Lorazepam use and catatonic syndrome (letter).

J Cl Psych 5: 359-360 (1 Refs.)

8893. Peterson SL (1986)

Glycine potentiates the anticonvulsant action of diazepam and phenobarbital in kindled amygdaloid seizures of rats.

Neuropharm 25: 1359-1363 (28 Refs.)

8894. Peterson SL, Frye GD (1987)

Glycine potentiates diazepam anticonvulsant activity in electroshock seizures of rats - possible sites of interaction in the brain-stem.

Brain Res B 18: 715-721 (33 Refs.)

8895. Petkov VV (1981)

Cataleptogenic effects of clonazepam administered in combination with haloperidol and cyproheptadine on intact rats and on rats with lesions of the dorsal and medial raphe nuclei.

Dan Bolg 34: 273-276 (9 Refs.)

8896. Petkov VV (1983)

Effects of diazepam and bromocryptine on the explorative behavior of aggressive rats with isolation syndrome.

Dan Bolg 36: 685-687 (8 Refs.)

8897. Petkov VV, Georgiev VP (1982)

Effects of single and repeated clonazepam and diazepam application alone and in combination with cyproheptadine in rat open-field behavior.

Dan Bolg 35: 537-539 (5 Refs.)

8898. Petkov VV, Yanev S (1982)
Brain benzodiazepine receptor changes in rats with isolation syndrome.
Pharmacol R 14: 739-744 (22 Refs.)

8899. Petkov VV, Yanev S, Grahovsk. T, Konstant. E (1985)
Benzodiazepine, opiate and dopamine receptor changes in the brain of rats with isolation syndrome (meeting abstr.).
Beh Bra Res 16: 220-221 (no Refs.)

8900. Petrack B, Czernik AJ, Cassidy JP, Bernard P, Yokoyama N (1983)
Benzodiazepine receptor ligands with opposing pharmacologic actions (review).
Adv Bio Psy 38: 129-137 (31 Refs.)

8901. Petrack B, Czernik AJ, Cassidy JP, Bernard P, Yokoyama N (1983)
Benzodiazepine Receptor Ligands with Opposing Pharmacologic Actions.
In : Benzodiazepine Recognition Site Ligands (Ed. Biggio G, Costa E)
Raven Press, New York, p. 129-137

8902. Petraglia F, Bakalaki. S, Facchine. F, Volpe A, Müller EE, Genazzan. AR (1986)
Effects of sodium valproate and diazepam on beta-endorphin, beta-lipotropin and cortisol secretion induced by hypoglycemic stress in humans.
Neuroendocr 44: 320-325 (39 Refs.)

8903. Petrie WM (1983)
Drug-treatment of anxiety and agitation in the aged.
Psychoph B 19: 238-246 (110 Refs.)

8904. Petrillo P, Amato M, Tavani A (1985)
The interaction of the 2 isomers of the opioid benzodiazepine tifluadom with mu-binding, delta-binding, and kappa-binding sites and their analgesic and intestinal effects in rats.
Neuropeptid 5: 403-406 (9 Refs.)

8905. Petrov VE (1987)
Effect of haloperidol, diazepam and sodium oxybutyrate on the antinociceptive activity of opioid agonists at their intrathecal administration.
Farmakol T 50: 23-26 (13 Refs.)

8906. Petrusek RL, Anderson GL, Garner TF, Fannin QL, Kaplan DJ, Zimmer SG, Hurley LH (1981)
Pyrrolo [1,4]benzodiazepine antibiotics - proposed structures and characteristics of the invitro deoxyribonucleic-acid adducts of anthramycin, tomaymycin, sibiromycin, and neothramycin-A and neothramycin-B.
Biochem 20: 1111-1119 (56 Refs.)

8907. Petters I, Peng DR, Rane A (1984)
Quantitation of clonazepam and its 7-amino and 7-acetamido metabolites in plasma by high-performance liquid-chromatography.
J Chromat 306: 241-248 (10 Refs.)

8908. Petti TA, Fish B, Shapiro T, Cohen IL, Campbell M (1982)
Effects of chlordiazepoxide in disturbed-children - a pilot-study (technical note).
J Cl Psych 2: 270-273 (15 Refs.)

8909. Pettigrew FP, Tremblay M, Fielding W, Taylor AW (1987)
Effect of diazepam on metabolic indexes in sedentary and exercise-trained rats (meeting abstr.).
Fed Proc 46: 1442 (no Refs.)

8910. Pettorossi VE, Troiani D, Petrosin. L (1982)
Diazepam enhances cerebellar inhibition on vestibular neurons.
Act Oto-Lar 93: 363-373 (31 Refs.)

8911. Petursson H (1982)
Benzodiazepines - a review of research results, 1980 - Szara SF, Ludford JP (book review).
Br J Addict 77: 326 (1 Refs.)

8912. Petursson H, Bhattach. SK, Glover V, Sandler M, Lader MH (1982)
Urinary monoamine-oxidase inhibitor and benzodiazepine withdrawal.
Br J Psychi 140: 7-10 (11 Refs.)

8913. Petursson H, Bond PA, Smith B, Lader MH (1983)
Monoamine metabolism during chronic benzodiazepine treatment and withdrawal.
Biol Psychi 18: 207-213 (18 Refs.)

8914. Petursson H, Gudjonss. GH, Lader MH (1983)
Psychometric performance during withdrawal from long-term benzodiazepine treatment.
Psychophar 81: 345-349 (12 Refs.)

8915. Petursson H, Lader MH (1981)
Benzodiazepine dependence (review or bibliog.).
Br J Addict 76: 133-145 (108 Refs.)

8916. Petursson H, Lader MH (1981)
Withdrawal from long-term benzodiazepine treatment.
Br Med J 283: 643-645 (15 Refs.)

8917. Petursson H, Lader MH (1981)
Withdrawal reaction from clobazam (technical note).
Br Med J 282: 1931-1932 (5 Refs.)

8918. Petursson H, Lader MH (1981)
Breaking off longterm treatment with benzodiazepines (technical note).
Gaz Med Fr 88: 18+ (no Refs.)

8919. Petursson H, Lader MH (1982)
Psychological impairment and low-dose benzodiazepine treatment (letter).
Br Med J 285: 815-816 (4 Refs.)

8920. Petursson H, Shur E, Checkley S, Slade A, Lader MH (1981)
A neuro-endocrine approach to benzodiazepine tolerance and dependence (letter).
Br J Cl Ph 11: 526-528 (14 Refs.)

8921. Pfeifer S (1975-1983)
Biotransformation von Arzneimitteln. Bd 1-5,
Volk und Gesundheit, Berlin

8922. Pfleger K, Maurer H, Weber A (1985)
Mass Spectral and GC Data of Drugs, Poisons and Their Metabolites, Vol. I and II.
VCH-Verlagsgesellschaft, Weinheim Deerfield Beach

8923. Philbrook FA, Hatt DL (1983)

A pre-marketing multicenter trial of lorazepam injection.

Clin Ther 5: 234-242   (* Refs.)

8924. Philip BK (1987)

Hazards of amnesia after midazolam in ambulatory surgical patients (letter).

Anesth Anal 66: 97-98   (4 Refs.)

8925. Philipp E, Kapp W (1983)

Comparative-study of midazolam and vesparax in moderate or severe insomnia in female surgical patients.

Br J Cl Ph 16: 161-165   (2 Refs.)

8926. Philipp M, Buller R (1986)

Klassifikatorische Probleme von Mißbrauch und körperlicher Abhängigkeit bei Benzodiazepinen.

In: Benzodiazepine - Rückblick und Ausblick (Ed. Hippius H, Engel RR, Laakmann G)

Springer, Berlin Heidelberg New York Tokyo, p. 234-241

8927. Phillips JP, Antal EJ, Smith RB (1986)

A pharmacokinetic drug-interaction between erythromycin and triazolam (technical note).

J Cl Psych 6: 297-299   (8 Refs.)

8928. Phillips R, Plaa GL (1981)

Biliary-excretion of diazepam in rats - influence of the route of administration and dosage.

Arch I Phar 253: 180-191   (12 Refs.)

8929. Phillis JW (1984)

Adenosines role in the central actions of the benzodiazepines.

Prog Neur-P 8: 495-502   (66 Refs.)

8930. Phillis JW, Stair RE (1987)

Ro 15-1788 both antagonizes and potentiates adenosine-evoked depression of cerebral cortical-neurons.

Eur J Pharm 136: 151-156   (35 Refs.)

8931. Phillis JW, Wu PH (1983)

Adenosine and benzodiazepine action.

In: Pharmacology of Benzodiazepines (Ed. Usdin E, Skolnick P, Tallmann jr JF, Greenblatt D, Paul SM)

Verlag Chemie, Weinheim Deerfield Beach Basel p. 497-507

8932. Phillis JW, Wu PH; Bender AS (1981)

Inhibition of adenosine uptake into rat-brain synaptosomes by the benzodiazepines.

Gen Pharm 12: 67-70   (39 Refs.)

8933. Phillis JW, Wu PH, Coffin VL (1983)

Inhibition of adenosine uptake into rat-brain synaptosomes by prostaglandins, benzodiazepines and other centrally active compounds.

Gen Pharm 14: 475-479   (41 Refs.)

8934. Philo R, Berkowit. AS (1984)

Subcutaneous diazepam implants counteract short-photoperiod induction of testicular regression in mesocricetus-auratus, the golden-hamster (meeting abstr.).

Anat Rec 208: 139   (no Refs.)

8935. Picker M, Leibold L, Endsley B, Poling A (1986)

Effects of clonazepam and ethosuximide on the responding of pigeons under a fixed-consecutive-number schedule with and without an external discriminative stimulus.

Psychophar 88: 325-330   (18 Refs.)

8936. Picker M, Poling A (1984)

Effects of anticonvulsants on learning - performance of pigeons under a repeated acquisition procedure when exposed to phenobarbital, clonazepam valproic acid, ethosuximide and phenytoin.

J Pharm Exp 230: 307-316   (29 Refs.)

8937. Picker M, White W, Poling A (1985)

Effects of phenobarbital, clonazepam, valproic acid, ethosuximide, and phenytoin on the delayed matching-to-sample performance of pigeons.

Psychophar 86: 494-498   (30 Refs.)

8938. Pickup ME, Rogers MS, Launchbu. AP (1984)

Temazepam elixir - comparative bioavailability with a capsule formulation.

Int J Pharm 22: 311-319   (7 Refs.)

8939. Pierce DM, Franklin RA (1983)

The classification of benzodiazepine hypnotics (letter).

Br J Cl Ph 16: 345-346   (13 Refs.)

8940. Pieri L (1983)

Pre-clinical pharmacology of midazolam.

Br J Cl Ph 16: 17-27   (25 Refs.)

8941. Pieri L, Biry P (1985)

Isoniazid-induced convulsions in rats - effects of Ro 15-1788 and beta-CCE.

Eur J Pharm 112: 355-362   (28 Refs.)

8942. Pieri L, Schaffne. R, Schersch. R, Polc P, Sepinwal. J, Davidson A, Mohler H, Cumin R, Daprada M, Burkard WP (1981)

Pharmacology of midazolam.

Arznei-For 31-2: 2180-2201 (59 Refs.)

8943. Pies R (1981)

Absorption of benzodiazepines from muscle (letter).

J Am Med A 246: 1546   (2 Refs.)

8944. Pies R (1982)

Value of once daily dosing of diazepam questioned - and defended (letter).

J Cl Psych 2: 355   (5 Refs.)

8945. Pies R (1983)

Alprazoalm for panic disorder and depression (letter).

Am J Psychi 140: 640   (5 Refs.)

8946. Piesiurs. B, Strehlow U, Poser W (1986)

Mortality of patients dependent on benzodiazepines.

Act Psyc Sc 73: 330-335   (19 Refs.)

8947. Pietrogrande MC, Bighi C, Borea PA, Barbaro AM, Guerra MC, Biagi GL (1985)

Relationship between log K'-values of benzodiazepines and composition of the mobile phase.

J Liq Chrom 8: 1711-1729   (27 Refs.)

8948. Pilotto R, Singer G, Overstre. D (1984)

Self-injection of diazepam in naive rats - effects of dose, schedule and blockade of different receptors.

Psychophar 84: 174-177   (29 Refs.)

8949. Pinnock CA, Fell D)1987)

Triazolam premedication (letter).

Anaesthesia 42: 316   (5 Refs.)

8950. Pinnock CA, Fell D, Hunt PCW, Miller R, Smith G (1985)

A comparison of triazolam and diazepam as premedication agents for minor gynecological surgery.

Anaesthesia 40: 324-328 (17 Refs.)

8951. Pinsker H, Suljagap. K (1984)

Use of benzodiazepines in primary-care geriatric-patients.

J Am Ger So 32: 596-597 (10 Refs.)

8952. Piper DC, Meldrum BS, Gardner CR (1981)

Anticonvulsant activity of a new 1,4-benzodiazepine in rodents and the baboon papio-papio.

Drug Dev R 1: 77-82 (10 Refs.)

8953. Pirovano I, Ali RK, Ijzerman AP (1986)

Cholesterol - an endogenous ligand for peripheral benzodiazepine binding-sites (meeting abstr.).

Pharm Week 8: 337 (no Refs.)

8954. Pitkanen A, Saano V, Hyvonen K, Airaksin. MM, Riekkine. PJ (1985)

GABA, benzodiazepine, and picrotoxinin receptor-binding in cobalt epilepsy of rats (meeting abstr.).

Epilepsia 26: 525 (no Refs.)

8955. Pitkanen A, Saano V, Hyvonen K, Airaksin. MM, Riekkine. PJ (1987)

Decreased GABA, benzodiazepine, and picrotoxinin receptor-binding in brains of rats after cobalt-induced epilepsy.

Epilepsia 28: 11-16 (21 Refs.)

8956. Pittmiller P (1982)

Reversal of flunitrazepam-induced drowsiness with naloxone (letter).

Anaesthesia 37: 1216 (1 Refs.)

8957. Pittmiller P (1986)

Pilot-study on midazolam as an induction agent for minor surgical-procedures.

W I Med J 35: 44-45 (no Refs.)

8958. Pitts WM, Fann WE, Sajadi C, Snyder S (1983)

Alprazolam in older depressed inpatients.

J Clin Psy 44: 213-215 (15 Refs.)

8959. Platt D (1984)

Pharmacotherapy and the elderly.

Internist 25: 491-500 (54 Refs.)

8960. Platz WE (1986)

Mißbrauchshäufigkeit von Tranquilizern bei stationär behandelten Abhängigkeitskranken.

In: Benzodiazepine - Rückblick und Ausblick (Ed. Hippius H, Engel RR, Laakmann G)

Springer, Berlin Heidelberg New York Tokyo, p. 242-252

8961. Platz WE (1987)

The change from benzodiazepines to buspirone with patients with anxiety-symptoms (meeting abstr.).

Int J Neurs 32: 432 (no Refs.)

8962. Plettenberg H, Gielsdor. W, Jaeger H, Huther KJ (1983)

Comparative-study of the bioavailability and pharmacokinetics of 2 oxazepam preparations by high-pressure liquid-chromatography.

Arznei-For 33-2: 1308-1310 (14 Refs.)

8963. Plevova J, Bolelouc. Z, Ticha H, Bartosov. O (1982)

Medazepam response in neurotic women and cattells personality-factors.

Activ Nerv 24: 240-242 (6 Refs.)

8964. Pockberger H, Petsche H, Rappelsb. P (1981)

The effect of clonazepam on visual evoked-potentials of the rabbit.

EEG-EMG 12: 14-20 (no Refs.)

8965. Pockberger H, Petsche H, Rappelsb. P (1981)

Influence of clonazepam on interictal penicillin-spikes.

EEG-EMG 12: 69-75 (no Refs.)

8966. Pointis D, Borenste. P (1985)

The mesencephalic locomotor region in cat - effects of local applications of diazepam and gamma-aminobutyric acid.

Neurosci L 53: 297-302 (20 Refs.)

8967. Poklis A (1981)

An evaluation of EMIT-dau benzodiazepine metabolite assay for urine drug screening.

J Anal Tox 5: 174-176 (13 Refs.)

8968. Poklis A, Gantner GE (1981)

Drug deaths in St.-Louis city and county - a brief survey, 1977-1979.

Clin Toxic 18: 141-147 (15 Refs.)

8969. Polc P (1981)

Effects of the selective benzodiazepine antagonist Ro 15-1788 on the cat spinal-cord (meeting abstr.).

Experientia 37: 674 (no Refs.)

8970. Polc P, Bonetti EP, Cumin R, Laurent JP, Pieri L, Schaffner R, Sherschlicht R (1983)

Neuropharmacology of the selective benzodiazepine antagonist Ro 15-1788.

In: Pharmacology of Benzodiazepines (Ed. Usdin E, Skolnick P, Tallmann jr JF, Greenblatt D, Paul SM)

Verlag Chemie, Weinheim Deerfield Beach Basel p. 405-416

8971. Polc P, Bonetti EP, Pieri L, Cumin R, Angioi RM, Mohler H, Haefely WE (1981)

Caffeine antagonizes several central effects of diazepam.

Life Sci 28: 2265-2275 (29 Refs.)

8972. Polc P, Bonetti EP, Schaffne. R, Haefely W (1982)

A 3-state model of the benzodiazepine receptor explains the interactions between the benzodiazepine antagonist Ro 15-1788, benzodiazepine tranquilizers, beta-carbolines, and phenobarbitone.

N-S Arch Ph 321: 260-264 (34 Refs.)

8973. Polc P, Haefely W (1982)

Benzodiazepines enhance the bicuculline-sensitive part of recurrent renshaw inhibition in the cat spinal-cord.

Neurosci L 28: 193-197 (14 Refs.)

8974. Polc P, Laurent JP, Schersch. R, Haefely W (1981)

Electro-physiological studies on the specific benzodiazepine antagonist Ro 15-1788.

N-S Arch Ph 316: 317-325 (25 Refs.)

8975. Polc P, Ropert N, Wright DM (1981)
Ethyl beta-carboline-3-carboxylate antagonizes the action of GABA and benzodiazepines in the hippocampus (technical note).
Brain Res 217: 216-220   (17 Refs.)

8976. Pöldinger W (1983)
Triazolam and flunitrazepam - a crossover double-blind trial.
Ther Umsch 40: 810-816   (12 Refs.)

8977. Pöldinger W (1986)
Die Bedeutung der Benzodiazepinderivate in der Depressionsbehandlung.
In: Benzodiazepine - Rückblick und Ausblick (Ed. Hippius H, Engel RR, Laakmann G).
Springer, Berlin Heidelberg New York Tokyo, p. 148-153

8978. Pöldinger W, Wider F (1985)
Tranquilizer und Hypnotika.
Gustav Fischer, Stuttgart New York

8979. Poling A, Blakely E, White W, Picker M (1986)
Chronic effects of clonazepam, phenytoin, ethosuximide, and valproic acid on learning in pigeons as assayed by a repeated acquisition procedure.
Pharm Bio B 24: 1583-1586   (9 Refs.)

8980. Poling A, Picker M, Polder DV, Clark R (1986)
Chronic effects of ethosuximide, phenytoin, clonazepam, and valproic acid on the delayed-matching-to-sample performance of pigeons.
Psychophar 88: 301-304   (9 Refs.)

8981. Polivka Z, Holubek J, Metys J, Sedivy Z, Protiva M (1983)
Benzocycloheptenes and heterocyclic-analogs as potential-drugs .20. potential hypnotics and anxiolytics - 8-chloro-6-(2-chlorophenyl)-1-[4-(2-methoxyethyl)-piperazino]-methyl-4H-S-triazolo[4,3-a]-1,4-benzodiazepine and related compounds.
Coll Czech 48: 3433-3443   (26 Refs.)

8982. Polivka Z, Ryska M, Holubek J, Svatek E, Metys J, Protiva M (1983)
Benzocycloheptenes and heterocyclic-analogs as potential-drugs .19. potential hypnotics and anxiolytics in the 4H-S-triazolo[4,3-a]-1,4-benzodiazepine series - 8-chloro-6-(2-chlorophenyl)-1-[4-(2-methocyethyl)-piperazino]-4H-S-triazolo[4,3-a]-1,4-benzodiazepine and some related compounds.
Coll Czech 48: 2395-2410   (37 Refs.)

8983. Pollack MH, Rosenbau. JF, Tesar GE, Herman JB, Sachs GS (1987)
Clonazepam in the treatment of panic disorder and agoraphobia.
Psychoph B 23: 141-144   (17 Refs.)

8984. Pollack MH, Tesar GE, Rosenbau. JF, Spier SA (1986)
Clonazepam in the treatment of panic disorder and agoraphobia - a one-year follow-up (technical note).
J Cl Psych 6: 302-304   (7 Refs.)

8985. Pomara N, Stanley B, Block R, Berchou RC, Stanley M, Greenblatt DJ, Newton RE, Gershon S (1985)
Increased sensitivity of the elderly to the central depressant effects of diazepam.
J Clin Psy 46: 185-187   (8 Refs.)

8986. Pomara N, Stanley B, Block R, Guido J, Russ D, Berchou R, Stanley M, Greenblatt DJ, Newton RE, Gershon S (1984)
Adverse-effects of single therapeutic doses of diazepam on performance in normal geriatric subjects - relationship to plasma-concentrations.
Psychophar 84: 342-346   (28 Refs.)

8987. Pomara N, Stanley B, Block R, Guido J, Stanley M, Greenblatt DJ, Newton RE, Gershon S (1984)
Diazepam impairs performance in normal elderly subjects.
Psychoph B 20: 137-139   (12 Refs.)

8988. Pomerantz B, Nguyen P (1987)
Intrathecal diazepam suppresses nociceptive reflexes and potentiates electroacupuncture effects in pentobarbital-anesthetized rats.
Neurosci L 77: 316-320   (8 Refs.)

8989. Pond SM, Tong TG, Benowitz NL, Jacob P, Rigod J (1982)
Lack of effect of diazepam on methadone metabolism in methadone-maintained addicts.
Clin Pharm 31: 139-143   (20 Refs.)

8990. Pong SS, Dehaven R, Wang CC (1981)
Stimulations of benzodiazepine binding to rat-brain membranes and solubilized receptor complex by avermectin B1A and gamma-aminobutyric acid.
Bioc Biop A 646: 143-150   (29 Refs.)

8991. Ponnudur. R, Hurdley J (1986)
Bromazepam as oral premedication - a comparison with lorazepam (technical note).
Anaesthesia 41: 541-543   (6 Refs.)

8992. Popovici I, Dorneanu V, Cuciurea. R (1983)
Quantitative-determination of napotone and of diazepam with sodium tetrathiocyanatemercurate (II) (technical note).
Rev Chim 34: 935-937   (* Refs.)

8993. Popovici I, Dorneanu V, Cuciurea. R, Stefanes.E (1983)
Spectrophotometric dozing of some 1,4-benzo-diazepines with picric acid in aprotic medium (technical note)
Rev Chim 34: 554-555   (* Refs.)

8994. Popovici I, Dorneanu V, Cuciurea. R, Stefanes.E (1983)
Spectrophotometric dozing of some 1,4-benzo-diazepines with picric acid in aprotic medium (technical note).
Rev Chim 34: 653-654   (* Refs.)

8995. Popoviciu L, Corfariu O (1983)
Efficacy and safety of midazolam in the treatment of night terrors in children.
Br J Cl Ph 16: 97-102   (16 Refs.)

8996. Porceddu ML, Corda MG, Sanna E, Biggio G (1985)
Increase in nigral type-II benzodiazepine recognition sites following striatonigral denervation (technical note).
Eur J Pharm 112: 265-267   (10 Refs.)

8997. Porot M, Becamel G (1981)
Comparative-study of the hypnogenic action of bromazepam and flunitrazepam.
Ann Med Psy 139: 919-923   (no Refs.)

8998. Porot M, Maillot S, Becamel G (1981)
Have benzodiazepines an anxiolytic or an hypnogenic effect.
Ann Med Psy 139: 915-919   (no Refs.)

8999. Posadasandrews A, Nieto J, Burton MJ (1983)
Clordiazepoxide induced eating - hunger or voracity.
P West Ph S 26: 409-412   (7 Refs.)

9000. Poser W (1984)
Benzodiazepine abuse and dependency.
Mün Med Woc 126: 1205-1209   (10 Refs.)

9001. Poser W, Poser S (1986)
Benzodiazepine abuse and dependency.
Internist 27: 738-745   (30 Refs.)

9002. Poser W, Kemper N, Poser S (1982)
Mißbrauch und Abhängigkeit bei Benzodiazepin-Hypnotika.
In: Benzodiazepine in der Behandlung von Schlafstörungen (Ed. Hippius H)
Upjohn GmbH, Heppenheim.

9003. Poser W, Poser S (1986)
Abusus und Abhängigkeit von Benzodiazepinen.
Internist 27: 738-745

9004. Poser W, Poser S, Kemper N (1983)
Benzodiazepin-Abhängigkeit: Gibt es Unterschiede zwischen den verschiedenen Substanzen?
In: Medikamentenabhängigkeit (Ed. Waldmann H)
Akademische Verlagsgesellschaft, Wiesbaden

9005. Poser W, Poser S, Roscher D, Argyraki. A (1983)
Do benzodiazepines cause cerebral atrophy (letter).
Lancet 1: 715   (9 Refs.)

9006. Poshival. VP (1981)
Etiologic study of the GABAergic mechanisms of diazepam tolerance.
Farmakol T 44: 546-550   (9 Refs.)

9007. Poshivalov VP (1985)
Pharmaco-ethology of aggression, defense and sociability - benzodiazepines, beta-carbolines and opiate-like peptides (meeting abstr.).
Aggr Behav 11: 182-183   (no Refs.)

9008. Post D (1983)
Schnelle gas-chromatographische Arzneimittel-erkennung.
Hüthig, Heidelberg

9009. Potier P, Dodd RH (1983)
Study of substances reacting with the receptor of benzodiazepines - an example of co-operation between chemists and pharmacists.
B Aca N Med 167: 695-708   (* Refs.)

9010. Potier P, Dodd RH (1983)
Studies of substances reacting with a benzodiazepines receptor - an example of collaboration between chemists and pharmacologists (meeting abstr.).
Sem Hop Par 59: 3167   (no Refs.)

9011. Pourbaix S, Desager JP, Hulhoven R, Smith RB, Harvengt C (1985)
Pharmacokinetic consequences of long-term coadministration of cimetidine and triazolobenzodiazepines, alprazolam and triazolam in healthy-subjects.
Int J Cl Ph 23: 447-451   (17 Refs.)

9012. Powell CL, Morin AM, Wasterla. CG (1984)
Effect of hypoxia-ischemia on benzodiazepine receptors in developing rat cerebral-cortex (meeting abstr.).
Ann Neurol 16: 397   (no Refs.)

9013. Power KG (1985)
Withdrawal symptoms and rebound anxiety after 6 week course of benzodiazepines - reply (letter).
Br Med J 290: 1827   (1 Refs.)

9014. Power KG, Jerrom DWA, Simpson RJ, Mitchell M (1985)
Controlled-study of withdrawal symptoms and rebound anxiety after 6 week course of diazepam for generalized anxiety.
Br Med J 290: 1246-1248   (25 Refs.)

9015. Power SJ, Chakraba. MK, Whitwam JG (1984)
Response to carbon-dioxide after oral midazolam and pentobarbital.
Anaesthesia 39: 1183-1187   (20 Refs.)

9016. Power SJ, Morgan M, Chakraba. MK (1983)
Carbon-dioxide response curves following midazolam and diazepam.
Br J Anaest 55: 837-841   (14 Refs.)

9017. Poyen B, Rodor F, Jouvebes. MH, Galland MC, Lots R, Jouglard J (1982)
Mental disturbances following ingestion of lorazepam.
Therapie 37: 675-678   (14 Refs.)

9018. Prado DL, Grecksch G, Chapouth. G, Rossier J (1983)
Anxiogenic properties in mice of some benzodiazepine antagonists (meeting abstr.).
Beh Bra Res 8: 267   (2 Refs.)

9019. Prado de Carvalho L, Venault P, Cavalheiro E, Kaijima M, Valin A, Dodd RH, Potier P, Rossier J, Chapouthier G (1983)
Distinct Behavioral and Pharmacological Effects of Two Benzodiazepine Antagonists: Ro 15-1788 and Methyl ß-Carboline.
In: Benzodiazepine Recognition Site Ligands (Ed. Biggio G, Costa E)
Raven Press, New York, p. 175-187

9020. Prato FS, Knill RL (1982)
Diazepam sedation reduces functional residual capacity and alters the distribution of ventilation in man (meeting abstr.).
Anesth Anal 61: 209-210   (1 Refs.)

9021. Prato FS, Knill RL (1983)
Diazepam sedation reduces functional residual capacity and alters the distribution of ventilation in man.
Can Anae SJ 30: 493-500   (30 Refs.)

9022. Pratt JA, Jenner P, Marsden CD (1985)
Comparison of the effects of benzodiazepines and other anticonvulsant drugs on synthesis and utilization of 5-HT in mouse-brain.
Neuropharm 24: 59-68   (36 Refs.)

9023. Preat V, Degerlac. J, Lans M, Roberfro. M (1987)
Promoting effect of oxazepam in rat hepatocarcinogenesis.
Carcinogene 8: 97-100   (23 Refs.)

9024. Preat V, Lans M, Degerlac. J, Taper H, Roberfro. M (1985)
Nafenopin and oxazepam are promoting the development of malignant liver-tumors in the triphasic protocol of rat hepatocarcinogenesis (meeting abstr.).
Arch I Phys 93: 47-48 (7 Refs.)

9025. Prescott LF (1983)
Safety of the Benzodiazepines.
In: The Benzodiazepines - From Molecular Biology to Clinical Practice (Ed. Costa E).
Raven Press, New York, p. 253-265

9026. Press JB, Hofmann CM, Eudy NH (1981)
Thiophene systems .5. thieno[3,4-b][1,5]benzoxazepines, thieno[3,4-b][1,5]benzothiazepines, and thieno[3,4-b][1,4]benzodiazepines as potential central nervous-system agents.
J Med Chem 24: 154-159 (15 Refs.)

9027. Preston KL, Bigelow GE, Liebson IA (1985)
Self-administration of clonidine, oxazepam, and hydromorphone by patients undergoing methadone detoxification.
Clin Pharm 38: 219-227 (17 Refs.)

9028. Preston KL, Griffith. RR, Cone EJ, Darwin WD, Gorodetz. CW (1986)
Diazepam and methadone blood-levels following concurrent administration of diazepam and methadone.
Drug Al Dep 18: 195-202 (14 Refs.)

9029. Preston KL, Griffiths RR, Stitzer ML, Bigelow GE, Liebson IA (1984)
Diazepam and methadone interactions in methadone-maintenance.
Clin Pharm 36: 534-541 (27 Refs.)

9030. Prezioso PJ, Neale JH (1983)
Benzodiazepine receptor-binding by membranes from brain-cell cultures following chronic treatment with diazepam (technical note).
Brain Res 288: 354-358 (12 Refs.)

9031. Priano LL (1982)
Alteration of renal hemodynamics by thiopental, diazepam, and ketamine in conscious dogs.
Anesth Anal 61: 853-862 (41 Refs.)

9032. Priano LL, Marrone B (1982)
Renal hemodynamic-alterations by thiopental, diazepam and ketamine during hypovolemia in conscious dogs (meeting abstr.).
Circ Shock 9: 181 (no Refs.)

9033. Price CP, Campbell RS (1986)
Benzodiazepines.
In: Methods of Enzymatic Analysis, Vol. XII Drugs and Pesticides (Ed. Bergmeyer HU, Ed. Consult. Oellerich M).
VCH Verlagsgesellschaft, Weinheim Deerfield Beach, p. 291-303 (23 Refs.)

9034. Price DE, Singleto. SJ, Feely MP (1984)
Benzodiazepines on trial (letter).
Br Med J 288: 1534 (3 Refs.)

9035. Price WA, Giannini AJ (1986)
Triazolam overdose (letter).
J Clin Psy 47: 50 (4 Refs.)

9036. Price WH, Giannini AJ (1986)
Are benzodiazepines anticholinergic - reply (letter).
J Clin Psy 47: 393 (1 Refs.)

9037. Prince CR, Collins C, Anisman H (1986)
Stresor-provoked response patterns in a swim task - modification by diazepam (technical note).
Pharm Bio B 24: 323-328 (35 Refs.)

9038. Pringuey D, Valli M (1981)
Neuropharmacology of anxiolytic benzodiazepines - does there exist an endogenous anxiolytic by way of analogy with the endorphines (meeting abstr.).
Ann Med Psy 139: 697 (no Refs.)

9039. Procopio JR, Hernande. PH, Hernande. LH (1987)
Determination of lorazepam by fluorimetric and photochemical-fluorimetric methods.
Analyst 112: 79-82 (30 Refs.)

9040. Procopio JR, Hernande. P, Sevilla MT, Hernande. L (1986)
Determination of flunitrazepam in pharmaceutical preparates by meas native fluorescence.
An Quim B 82: 317-321 (22 Refs.)

9041. Procter AW, Greden JF (1982)
Caffeine and benzodiazepine use (letter).
Am J Psychi 139: 132 (4 Refs.)

9042. Proost JH, Bolhuis GK, Lerk CF (1983)
The effect of the swelling capacity of disintegrants on the invitro and invivo availability of diazepam tablets, containing magnesium stearate as a lubricant.
Int J Pharm 13: 287-296 (13 Refs.)

9043. Proudfoot AT, Park J (1978)
Changing patterns of drugs used for selfpoisoning.
Brit Med J 1: 90-93

9044. Pruhs RJ, Quock RM (1987)
Interaction between nitrous-oxide oxygen and chloral hydrate or diazepam (meeting abstr.).
J Dent Res 66: 156 (no Refs.)

9045. Przegalinski E, Rokoszpe. A, Baran L, Vetulani J (1987)
Repeated treatment with antidepressant drugs does not affect the benzodiazepine receptors in preincubated membrane preparations from mouse and rat-brain.
Pharm Bio B 26: 35-36 (6 Refs.)

9046. Przyborowska M, Szumilo H (1984)
Application of simple binary eluents to the separation of 1,4-benzodiazepine derivatives by liquid, thin-layer and column chromatography.
Act Pol Ph 41: 221-227 (23 Refs.)

9047. Pucino F, Beck CL, Seifert RL, Strommen GL, Sheldon PA, Silbergl. IL (1985)
Pharmacogeriatrics (review).
Pharmacothe 5: 314-326 (174 Refs.)

9048. Puech AJ (1984)
For a more rational use of benzodiazepines.
Sem Hop Par 60: 2549-2552 (no Refs.)

9049. Puech AJ, Doare L, Thiebo t MH, Simon P (1983)
An antidepressive and anxiolytic benzodiazepine (U43465F) (meeting abstr.).
J Pharmacol 14: 213-214 (no Refs.)

9050. Puech AJ, Hecquet S, Lecrubie. Y, Fermania. J, Simon P (1984)
Comparison of the anxiolytic effects of 2 benzodiazepines (alprazolam and diazepam) in man - methodological problems (meeting abstr.).
J Pharmacol 15: 107   (no Refs.)

9051. Puech AJ, Hecquet S, Lecrubie. Y, Fermania. J, Simon P (1984)
Comparison of the anxiolytic effects of 2 benzodiazepines (alprazolam and diazepam) in humans - methodological problems (meeting abstr.).
Therapie 39: 83-84   (no Refs.)

9052. Puech AJ, Landragi. L (1982)
Pharmacodynamcis of benzodiazepines.
Nouv Presse 11: 2953-2955   (no Refs.)

9053. Puglisi CV, Desilva JAF (1981)
Determination of the anxiolytic agent 8-chloro-6-(2-chlorophenyl)-4H-imidazo-[1,5-a][1,4]-benzodiazepine-3-carboxamide in whole-blood, plasma or urine by high-performance liquid-chromatography.
J Chromat 226: 135-146   (10 Refs.)

9054. Puglisi CV, Pao J, Ferrara FJ, Desilva JAF (1985)
Determination of midazolam (versed) and its metabolites in plasma by high-performance liquid-chromatography.
J Chromat 344: 199-209   (16 Refs.)

9055. Pull CB, Dreyfus JF, Brun JP (1983)
Comparison of nitrazepam and zopiclone in psychiatric-patients.
Pharmacol 27: 205-209   (3 Refs.)

9056. Pullar T, Edwards D, Haigh JRM, Peaker S, Feely MP (1987)
The effect of cimetidine on the single dose pharmacokinetics of oral clobazam and N-desmethylclobazam.
Br J Cl Ph 23: 317-321   (15 Refs.)

9057. Puri VN (1983)
Chlordiazepoxide and urinary anti-diuretic hormone (letter).
Biol Psychi 18: 837-838   (5 Refs.)

9058. Purpura RP (1981)
Approaches in the evaluation of hypnotics - studies with triazolam.
Br J Cl Ph 11: 37-42   (35 Refs.)

9059. Purpura RP (1982)
Alprazolam - clarifying the adverse reactions (letter).
Am Pharm 22: 4-5   (1 Refs.)

9060. Purves SJ, Jones MW (1987)
The effectiveness of clobazam in adult epileptics (meeting abstr.).
Can J Neur 14: 208-209   (no Refs.)

9061. Pusateri FM, Hibler CP, Pojar TM (1982)
Oral-administration of diazepam and promazine hydrochloride to immobilize pronghorn.
J Wildl Dis 18: 9-16   (15 Refs.)

9062. Puttkammer M, Gaertner HJ, Mahal A, May J, Binz U, Heimann H (1987)
On the anxiolytic activity of a phenoxypropanolamine derivative compared to propranolol, diazepam and placebo.
Arznei-For 37-1: 721-725   (12 Refs.)

9063. Putzanderson V, Setzer JV, Croxton JS, Phipps FC (1981)
Methyl-chloride and diazepam effects on performance.
Sc J Work E 7: 8-13   (13 Refs.)

9064. Quadens OP, Hoffman G, Buytaert G (1983)
Effects of zopiclone as compared to flurazepam on sleep in women over 40 years of age.
Pharmacol 27: 146-155   (15 Refs.)

9065. Quast U (1981)
On the molecular mechanism of action of benzodiazepines.
Fortsch Med 99: 788+   (15 Refs.)

9066. Quast U, Mahlmann H (1982)
Interaction of ^{3}H-labeled flunitrazepam with the benzodiazepine receptor - evidence for a ligand-induced conformation change.
Bioch Pharm 31: 2761-2768   (43 Refs.)

9067. Quast U, Mahlmann H, Vollmer KO (1982)
Temperature-dependence of the benzodiazepine-receptor interaction.
Molec Pharm 22: 20-25   (30 Refs.)

9068. Quintero S, Buckland C, Gray JA, McNaught. N, Mellanby J (1985)
The effects of compounds related to gamma-aminobutyrate and benzodiazepine receptors on behavioral-responses to anxiogenic stimuli in the rat - choice behavior in the T-maze.
Psychophar 86: 328-333   (20 Refs.)

9069. Quintero S, Henney S, Lawson P, Mellanby J, Gray JA (1985)
The effects of compounds related to gamma-aminobutyrate and benzodiazepine receptors on behavioral-responses to anxiogenic stimuli in the rat - punished barpressing.
Psychophar 85: 244-251   (40 Refs.)

9070. Quintero S, Mellanby J, Thompson MR, Nordeen H, Nutt D, McNaught. N, Gray JA (1985)
Septal driving of hippocampal theta rhythm - role of gamma-aminobutyrate-benzodiazepine receptor complex in mediating effects of anxiolytics.
Neuroscienc 16: 875-884   (39 Refs.)

9071. Quirion R (1984)
High-density of ^{3}H-Ro-4864 peripheral benzodiazepine binding-sites in the pineal-gland (technical note).
Eur J Pharm 102: 559-560   (5 Refs.)

9072. Quock RM, Wojcecho. JA, Emmanoui. DE (1987)
Comparison of nitrous-oxide, morphine and diazepam effects in the mouse staircase test.
Psychophar 92: 324-326   (20 Refs.)

9073. Rackham DM, Morgan SE (1982)
^{13}C-NMR-spectra of thieno[2,3-b][1,5]benzodiazepine neuroleptics (letter).
OMR-Org Mag 18: 243-244   (9 Refs.)

9074. Radke J, Hilfiker O, Turner E (1982)
Midazolam for i.m. premedication and for i.v. anesthesia induction - a report of clinical-experience (meeting abstr.).
Anaesthesis 31: 479-480   (no Refs.)

9075. Radmayr E (1982)
Die Abhängigkeitsproblematik bei 1,4-Benzodiazepinen.
Therapiewoche 32: 2838-2854

9076. Radoucothomas C, Martin S, Guay D, Marquis PA, Carcin F, Radoucot. S (1986)
New Approaches in the diagnosis and pharmacotherapy of the primary alcohol withdrawal syndrome - a double-blind-study on the efficacy and safety of tetrabamate and chlordiazepoxide (meeting abstr.).
Int J Neurs 31: 148   (no Refs.)

9077. Radulovacki M, Streckovi. G, Zak R, Zahrebel. G (1984)
Diazepam and midazolam increase light slow-wave sleep (SWS 1) and decrease wakefulness in rats (technical note).
Brain Res 303: 194-196   (9 Refs.)

9078. Raffe MR, Crimi AJ, Ruff J (1982)
Effect of diazepam pretreatment on succinylcholine-induced muscle fasciculation in the dog (technical note).
Am J Vet Re 43: 510-512   (18 Refs.)

9079. Rager DR, Gallup GG, Beckstea. JW (1986)
Chlordiazepoxide and tonic immobility - a paradoxical enhancement.
Pharm Bio B 25: 1237-1243   (50 Refs.)

9080. Rager P, Benezech M (1986)
Mnesic gaps and hypercomplex automatisms after ingestion of benzodiazepines - clinical and medico-legal aspects.
Ann Med Psy 144: 102-109   (no Refs.)

9081. Rago L, Kiivet RA, Harro J (1986)
Variation in behavioral-response to baclofen - correlation with benzodiazepine binding-sites in mouse forebrain.
N-S Arch Ph 333: 303-306   (16 Refs.)

9082. Rago LK, Kiivet RAK, Harro JE, Allikmet. LH (1986)
Benzodiazepine binding-sites in mice forebrain and kidneys - evidence for similar regulation by GABA agonists.
Pharm Bio B 24: 1-3

9083. Rago LK, Sarv HA, Allikmet. LK (1983)
Effect of a 10-day course of fenibut and diazepam on GABA and benzodiazepine receptors in mouse-brain.
B Exp B Med 96: 1708-1710   (9 Refs.)

9084. Rahman A, Komiskey HL, Hayton WL, Weisenbu. WP (1986)
Aging - changes in distribution of diazepam and metabolites in the rat.
Drug Meta D 14: 299-302   (26 Refs.)

9085. Rainey JM, Ortiz A, Yeragani V, Pohl R (1987)
Compounds not binding to the benzodiazepine receptor - clinical-studies in panic disorder (meeting abstr.).
Int J Neurs 32: 655   (no Refs.)

9086. Rake M, Roberts I, Gibson P, Baudouin S, Hallcrag. M, Lodola A, Burnet F (1985)
Profiles of urinary diazepam metabolites in alcoholics with different extents of liver-damage.
IRCS-Bioch 13: 146-147   (7 Refs.)

9087. Ralph MR, Menaker M (1986)
Effects of diazepam on circadian phase advances and delays.
Brain Res 372: 405-408   (30 Refs.)

9088. Ramanjaneyulu R, Ticku MK (1984)
Interactions of pentamethylenetetrazole and tetrazole analogs with the picrotoxinin site of the benzodiazepine-GABA receptor-ionophore complex.
Eur J Pharm 98: 337-345   (35 Refs.)

9089. Rambaud J, Maury L, Pauvert B, Audran M, Berge G, Lasserre Y (1987)
Physicochemical study of 1,4-benzodiazepines .1. oxazepam.
Pharm Act H 62: 53-55   (6 Refs.)

9090. Ramirez MCE (1986)
Clinical-evaluation of therapeutic effect in gastroenterclogy of the combination methoclopramide, dimethicone and diazepam on leading alterations of gastrointestinal transit.
Inv Med Int 12: 296-303   (no Refs.)

9091. Rampe D, Ferrante J, Triggle DJ (1987)
The actions of diazepam and diphenylhydantoin on fast and slow Ca^{2+}-uptake processes in guinea-pig cerebral-cortex synaptosomes.
Can J Physl 65: 538-543   (50 Refs.)

9092. Rampe DE, Triggle DJ (1985)
Fast and slow synaptosomal ^{45}Ca-uptake mechanisms display differential sensitivities to diazepam (meeting abstr.).
Fed Proc 44: 1639   (no Refs.)

9093. Rampe D, Triggle DJ (1986)
Benzodiazepines and calcium-channel function.
Trends Phar 7: 461-464   (29 Refs.)

9094. Rampe D, Triggle DJ (1987)
Benzodiazepine interactions at neuronal and smooth-muscle Ca^{2+}-channels.
Eur J Pharm 134: 189-197   (36 Refs.)

9095. Rampton AJ (1984)
Accumulation of midazolam in patients receiving mechanical ventilation (letter).
Br Med J 289: 1315   (1 Refs.)

9096. Randall LO (1983)
Discovery of benzodiazepine.
In: Pharmacology of Benzodiazepines (Ed.Usdin E, Skolnick P, Tallmann jr JF, Greenblatt D, Paul SM).
Verlag Chemie, Weinheim Deerfield Beach Basel, p. 15-22

9097. Randles KR, Storr RC (1984)
Chloroazirines - bifunctional electrophiles and precursors for 5H-1,4-benzodiazepines.
J Chem S Ch 22: 1485-1486   (4 Refs.)

9098. Rane A, Sawe J, Pacifici GM, Svensson JO, Kager L (1986)
Regioselective glucuronidation of morphine and interactions with benzodiazepines in human-liver (review).
Adv Pain R 8: 57-64   (13 Refs.)

9099. Rao SN, Dhar AK, Kutt H, Okamoto M (1982)
Determination of diazepam and its pharmacologically active metabolites in blood by bond eluttion column extraction and reversed-phase high-performance liquid-chromatography.
J Chromat 231: 341-348   (20 Refs.)

9100. Rapaport M, Braff DL (1985)
Alprazolam and hostility (letter).
Am J Psychi 142: 146   (2 Refs.)

9101. Rapold HJ, Follath F, Scollola. G, Kehl O, Ritz R (1984)
Prolonged coma by diazepam-induced sedation in artificially ventilated patients.
Deut Med Wo 109: 340-344 (18 Refs.)

9102. Rapold HJ, Follath F, Scollo G, Ritz R (1983)
Diazepam - hazardous sedation of ventilated patients (meeting abstr.).
Inten Car M 9: 218 (no Refs.)

9103. Raskin A, Friedman AS, Dimascio A (1983)
Effects of chlorpromazine, imipramine, diazepam, and phenelzine on psychomotor and cognitive skills of depressed-patients.
Psychoph B 19: 649-652 (18 Refs.)

9104. Rastogi SK, Thyagara. R, Clothier J, Ticku MK (1986)
Effect of chronic treatment of ethanol on benzodiazepine and picrotoxin sites on the GABA receptor complex in regions of the brain of the rat.
Neuropharm 25: 1179-1184 (36 Refs.)

9105. Ratnaraj N, Goldberg VD, Elyas A, Lascelle. PT (1981)
Determination of diazepam and its major metabolites using high-performance liquid-chromatography (technical note).
Analyst 106: 1001-1004 (28 Refs.)

9106. Ratnaraj N, Goldberg V, Lascelle. PT (1984)
Determination of clobazam and demethylclobazam in serum using high-performance liquid-chromatography.
Analyst 109: 813-815 (27 Refs.)

9107. Rauch RJ, Stolerma. IP (1986)
Interactions of midazolam with drugs acting on the GABA system tested through discriminative effects in rats (meeting abstr.).
Psychophar 89: 47 (1 Refs.)

9108. Rausch WD, Rossmani. W, Gruber J, Riederer P, Jellinge. K, Weiser M (1983)
GABA-H-2 and flunitrazepam binding in isolated capillaries of human and pig brain (meeting abstr.).
Act Neurop 1983: 144 (no Refs.)

9109. Ravnborg M, Hasselst. L, Ostergar. D (1986)
Premedication with oral and rectal diazepam.
Act Anae Sc 30: 132-138 (16 Refs.)

9110. Ray JP, Mernoff ST, Sangames. L, Deblas AL (1985)
The stokes radius of the chaps-solubilized benzodiazepine receptor complex.
Neurochem R 10: 1221-1229 (38 Refs.)

9111. Ray WA, Blazer DG, Schaffne. W, Federspi. CF, Fink R (1986)
Reducing long-term diazepam prescribing in office practice - a controlled trial of educational visits.
J Am Med A 256: 2536-3549 (18 Refs.)

9112. Raybould D, Bradshaw EG (1987)
Premedication for day case surgery - a study of oral midazolam.
Anaesthesia 42: 591-595 (12 Refs.)

9113. Raymond GG, Degennar. MD (1986)
A simplified analytical procedure for the determination of diazepam in intravenous admixtures.
Anal Letter 19: 239-249 (17 Refs.)

9114. Read DJ, Feest TG, Nassim MA (1981)
Clonazepam - effective treatment for restless legs syndrome in uremia (technical note).
Br Med J 283: 885-886 (5 Refs.)

9115. Redmann G, Lecar H, Barker J (1984)
Diazepam increases GABA-activated single channel burst duration in cultured mouse spinal neurons (meeting abstr.).
Biophys J 45: 386 (no Refs.)

9116. Redmond PL, Kumpe DA (1987)
Fentanyl and diazepam for analgesia and sedation during radiologic special procedures (letter).
Radiology 164: 284 (7 Refs.)

9117. Rees DC, Knisely JS, Balster RL, Jordan S, Breen TJ (1987)
Pentobarbital-like discriminative stimulus properties of halothane, 1,1,1-trichloroethane, isoamyl nitrite, flurothyl and oxazepam in mice.
J Pharm Exp 241: 507-515 (56 Refs.)

9118. Rees L (1984)
Rational prescribing of benzodiazepines - introduction (editorial).
Curr Med R 8: 3-4 (no Refs.)

9119. Leeves PM, Schweize. MP (1983)
Aging, diazepam exposure and benzodiazepine receptors in rat cortex (technical note).
Brain Res 270: 376-379 (12 Refs.)

9120. Regan JW, Roeske WR, Malick JB, Yamamura SH, Yamamura HI (1981)
Gamma-aminobutyric acid enhancement of CL-218, 872 affinity and evidence of benzodiazepine receptor heterogeneity.
Molec Pharm 20: 477-483 (27 Refs.)

9121. Regan JW, Roeske WR, Ruth W, Deshmukh P, Yamamura HI (1981)
Reductions in benzodiazepine binding following postnatal monosodium glutamate injections in rats (meeting abstr.).
Fed Proc 40: 310 (no Refs.)

9122. Regan JW, Roeske WR, Ruth WH, Deshmukh P, Yamamura HI (1981)
Reductions in retinal gamma-aminobutyric acid (GABA) content and in ^{3}H-flunitrazepam-binding after postnatal monosodium glutamate injections in rats.
J Pharm Exp 218: 791-796 (35 Refs.)

9123. Regan JW, Yamamura HI, Yamada S, Roeske WR (1981)
High-affinity renal ^{3}H-flunitrazepam-binding - characterization, localization, and alteration in hypertension.
Life Sci 28: 991-998 (21 Refs.)

9124. Regestein QR (1980)
Sleep and insomnia in the elderly.
J Geriat Ps 13: 153-171 (55 Refs.)

9125. Rehavi M, Skolnick P, Paul SM (1982)
Effects of tetrazole derivatives on ^{3}H-labeled diazepam binding invitro - correlation with convulsant potency.
Eur J Pharm 78: 353-356 (12 Refs.)

9126. Rehm WF, Beglinge. R, Becker M, Hamza B, Heizmann P, Schulze J (1982)
Experiments with benzodiazepines in pigs.
Berl Mün Ti 95: 146-151 (26 Refs.)

9127. Reif VD, Deangeli. NJ (1983)
Stability-indicating high-performance liquid-chromatographic assay for oxazepam tablets and capsules.
J Pharm Sci 72: 1330-1332   (23 Refs.)

9128. Reigel CE, Bourn WM (1982)
Low incidence of audiogenic convulsions upon withdrawal of diazepam cross-substituted for sodium barbital in dependent rats (meeting abstr.).
Fed Proc 41: 1542   (no Refs.)

9129. Reigel CE, Jobe PC, Woods TW, McNulty MA, Dailey JW (1984)
Anticonvulsant and convulsant effects of flurazepam in genetically epilepsy-prone rats (meeting abstr.).
Fed Proc 43: 570   (no Refs.)

9130. Reilly MA, Wajda IJ, Banaysch. M, Lajtha A, (1983)
Chronic lithium treatment does not alter benzodiazepine binding in rat cerebellum and midbrain (meeting abstr.).
Fed Proc 42: 878   (no Refs.)

9131. Reilly MA, Wajda IJ, Banaysch. M, Lajtha A (1984)
Influence of chronic lithium administration on binding to benzodiazepine-receptor and histamine H-1-receptor in rat-brain.
J Recep Res 3: 703-710   (11 Refs.)

9132. Reinhard JF, Bannon MJ, Roth RH (1982)
Acceleration by stress of dopamine synthesis and metabolism in prefrontal cortex - antagonism by diazepam.
N-S Arch Ph 318: 374-377   (20 Refs.)

9133. Reinhart K, Dallinge. G, Dennhard. R, Heinemey. G (1986)
Midazolam, diazepam and placebo as premedication for regional anesthesia (letter).
Br J Anaest 58: 1204   (2 Refs.)

9134. Reinhart K, Dallinge. G, Dennhard. R, Heinemey. G, Eyrich K (1985)
Comparison of midazolam, diazepam and placebo i.m. as premedication for regional anesthesia - a randomized double-blind-study.
Br J Anaest 57: 294-299   (12 Refs.)

9135. Reinhart K, Dallinge. G, Heinemey. G, Dennhard. R, Eyrich K (1983)
Respiratory and sleep inducing effects of midazolam as premedicant for regional anesthesia - comparison with diazepam, promethazine pethidine and placebo.
Anaesthesis 32: 525-531   (14 Refs.)

9136. Reitan JA, Porter RW, Braunste. M (1985)
Comparison of psychomotor-skills and amnesia after induction of anesthesia by midazolam or thiopental (meeting abstr.).
Anesth Anal 64: 272   (3 Refs.)

9137. Reitan JA, Porter W, Braunste. M (1986)
Comparison of psychomotor-skills and amnesia after induction of anesthesia with midazolam or thiopental.
Anesth Anal 65: 933-937   (23 Refs.)

9138. Reitan JA, Soliman IE (1987)
A comparison of midazolam and diazepam for induction of anesthesia in high-risk patients.
Anaesth I C 15: 175-178   (21 Refs.)

9139. Reitter BE, Sachdeva YP, Wolfe JF (1981)
Metalation of diazepam and use of the resulting carbanion intermediate in a new synthesis of 3-substituted diazepam derivatives (meeting abstr.).
Abs Pap ACS 181: 15-Orgn   (no Refs.)

9140. Reitter BE, Sachdeva YP, Wolfe JF (1981)
Metalation of diazepam and use of the resulting carbanion intermediate in a new synthesis of 3-substituted diazepam derivatives.
J Org Chem 46: 3945-3949   (24 Refs.)

9141. Rekhtman MB, Samsonov. NA, Kryzhano. GN (1980)
Effect of diazepam on electrical-activity and Na, K-ATP-ASE level in a penicillin-induced epileptic focus in the rat cerebral-cortex.
Neurophysio 12: 226-232   (37 Refs.)

9142. Rekhtman MB, Samsonov. NA, Kryzhano. GN (1980)
Effect of diazepam on cyclic change of excitability in a cortical epileptic focus.
Neurophysio 12: 365-371   (18 Refs.)

9143. Rektor I, Bryere P, Silvabar. C, Menini C (1986)
Stimulus-sensitive myoclonus of the baboon papio-papio - pharmacological studies reveal interactions between benzodiazepines and the central cholinergic system.
Exp Neurol 91: 13-22   (39 Refs.)

9144. Rektor I, Bryere P, Valin A, Silvabar. C, Naquet R, Menini C (1984)
Physostigmine antagonizes benzodiazepine-induced myoclonus in the baboon, papio-papio.
Neurosci L 52: 91-96   (23 Refs.)

9145. Rektor I, Venault P, Chapouth. G (1986)
Physostigmine antagonizes the amnestic effect of benzodiazepines in mice.
Activ Nerv 28: 311-312   (3 Refs.)

9146. Remandet B, Gouy D, Berthe J, Mazue G, Williams GM (1984)
Lack of initiating or promoting activity of 6 benzodiazepine tranquilizers in rat-liver limited bioassays monitored by histopathology and assay of liver and plasma enzymes.
Fund Appl T 4: 152-163   (64 Refs.)

9147. Remers WA, Mabilia M, Hopfinge. AJ (1986)
Conformations of complexes between pyrrolo[1,4]benzodiazepines and DNA segments.
J Med Chem 29: 2492-2503   (35 Refs.)

9148. Remick RA, Fleming JAE, Buchanan RA, Keller FD, Hamilton P, Loomer F, Miles JE (1985)
A comparison of the safety and efficacy of alprazolam and desipramine in moderately severe depression.
Can J Psy 30: 597-601   (13 Refs.)

9149. Remick RA, Fleming JAE, Keller FD (1986)
Alprazolam in depression - reply (letter).
Can J Psy 31: 875-876   (5 Refs.)

9150. Remmel RP, Elmer GW (1983)
Separation of clonazepam and 5 metabolites by reverse phase HPLC and quantitation from rat-liver microsomal incubations.
J Liq Chrom 6: 585-598   (15 Refs.)

9151. Rendic S, Kajfez F (1982)
Stereochemical characterization of interactions of chiral 1,4-benzodiazepine-2-ones with liver-microsomes.
Eur J Drug 7: 137-146   (21 Refs.)

9152. Renzi P (1982)
Increased shock-induced attack after repeated chlordiazepoxide administration im mice.
Aggr Behav 8: 172-174   (5 Refs.)

9153. Resch F, Langer G, Koinig G, Dittrich R, Sieghart W (1986)
Comparison of the bioavailability of 2 diazepam preparations - clinical comparative-study between a new commercial formulation and a standard preparation after oral and intramuscular application.
Arznei-For 36-1: 735-738   (10 Refs.)

9154. Retz KC, Forster MJ, Popper MD, Lal H (1986)
The NZB/BLNJ mouse exhibits accelerated age-dependent sensitivity to ethanol and diazepam (meeting abstr.).
Alc Clin Ex 10: 118   (no Refs.)

9155. Reves JG, Fragen RJ, Vinik HR, Greenblatt DJ (1985)
Midazolam - pharmacology and uses (review).
Anesthesiol 62: 310-324   (143 Refs.)

9156. Reves JG, Kissin I, Fournier S (1984)
Negative inotropic effects of midazolam (letter).
Anesthesiol 60: 517-518   (7 Refs.)

9157. Reves JG, Kissin I, Fournier SE, Smith LR (1984)
Additive negative inotropic effect of a combination of diazepam and fentanyl.
Anesth Anal 63: 97-100   (20 Refs.)

9158. Reves JG, Kissin I, Smith LR (1981)
The effective dose of midazolam (letter).
Anesthesiol 55: 82   (5 Refs.)

9159. Reves JG, Newfield P, Smith LR (1981)
Influence of serum-protein, serum-albumin concentrations and dose on midazolam anesthesia induction times.
Can Anae SJ 28: 556-560   (16 Refs.)

9160. Reves JG, Samuelso. PN, Vinik HR (1982)
Consistency of action of midazolam (letter).
Anesth Anal 61: 545-546   (13 Refs.)

9161. Rey A, Bovet J, Schneide. PB (1984)
Bromazepam (lexotanil) compared with placebo - a doubleblind, crossover study.
Pharmathera 4: 13-20   (11 Refs.)

9162. Rey E, Nandakum. M, Richard MO, Loose JP, Dathis P, Saintmau. C, Olive G (1984)
Pharmacokinetics of flunitrazepam after single rectal administration in children.
Dev Pharm T 7: 206-212   (11 Refs.)

9163. Reynier JP, Bovis A, Bertocch. MH (1984)
Bioavailability of clorazepate dipotassium (tranxene) in different oral galenical forms.
Pharm Act H 59: 191-199   (14 Refs.)

9164. Reynolds R, Lloyd DA, Slinger RP (1981)
Cholestatic jaundice induced by flurazepam hydrochloride (technical note).
Can Med A J 124: 893-894   (9 Refs.)

9165. Rhodes PJ, Rhodes RS, McCurdy HH (1984)
Elimination kinetics and symptomatology of diazepam withdrawal in abusers.
J Tox-Clin 22: 371-385   (15 Refs.)

9166. Riceoxle. CP (1986)
The limited list - clobazam for phantom limb pain (letter).
Br Med J 293: 1309   (no Refs.)

9167. Richard P, Mak D, Deligne P (1981)
Pharmacoclinical competition between the benzodiazepines, demonstrated between diazepam and flunitrazepam, when used in man.
Ann Anesth 22: 191-203   (no Refs.)

9168. Richard P, Mak D, Deligne P (1981)
May you use together many benzodiazepines (letter).
Therapie 36: 201-202   (5 Refs.)

9169. Richards DG, McPherson JJ, Evans KT, Rosen M (1986)
Effect of volume of water taken with diazepam tablets on absorption.
Br J Anaest 58: 41-44   (7 Refs.)

9170. Richards JG, Mohler H (1981)
Auto-radiographic localization of ^{3}H-Ro 15-1788, a selective benzodiazepine antagonist, in rat-brain invitro (meeting abstr.).
Experientia 37: 674   (no Refs.)

9171. Richards JG, Mohler H (1984)
Benzodiazepine receptors.
Neuropharm 23: 233-242   (69 Refs.)

9172. Richards JG, Mohler H, Haefely W (1982)
Benzodiazepine binding-sites - receptors or acceptors (letter).
Trends Phar 3: 233-235   (8 Refs.)

9173. Richards JG, Mohler H, Schoch P, Haring P, Takacs B, Stahli C (1984)
The visualization of neuronal benzodiazepine receptors in the brain by autoradiography and immunohistochemistry.
J Recep Res 4: 657-669   (54 Refs.)

9174. Richards JG, Schoch P, Haring P, Takacs B, Mohler H (1987)
Resolving GABA benzodiazepine receptors - cellular and subcellular-localization in the CNS with monoclonal-antibodies.
J Neurosc 7: 1866-1886   (140 Refs.)

9175. Richards JG, Schoch P, Haring P, Takacs B, Stahli C, Mohler H (1985)
Mapping a GABA benzodiazepine receptor complex in rat and human-brain using monoclonal-antibodies (meeting abstr.).
Experientia 41: 824   (no Refs.)

9176. Richards JG, Schoch P, Mohler H, Haefely W (1986)
Benzodiazepine receptors resolved (review).
Experientia 42: 121-126   (56 Refs.)

9177. Richardson JT, Frith CD, Scott E, Crow TJ, Cunningh. D (1984)
The effects of intravenous diazepam and hyoscine upon recognition memory.
Beh Bra Res 14: 193-199   (24 Refs.)

9178. Richens A (1985)
Buspirone - a non-benzodiazepine anxiolytic - chairmans introduction (editorial).
Br J Clin P 39: 73   (no Refs.)

9179. Richert JR, Guidotti A, Cohn ML, Robinson ED (1987)
Benzodiazepine receptor function on human T-cell clones (meeting abstr.).
Ann Neurol 22: 138   (no Refs.)

9180. Richter HP, Pflegel P (1985)
Polarography and electrochemical reduction-mechanisms of bicyclic heterocycles (review).
Pharmazie 40: 81-96   (221 Refs.)

9181. Richter JA, Yamamura HI (1984)
Differential effects of pentobarbital on solubilized picrotoxin barbiturate and benzodiazepine binding-sites (meeting abstr.).
Fed Proc 43: 871   (1 Refs.)

9182. Richter JA, Yamamura HI (1985)
Effects of pentobarbital on tert-^{35}S-butyl-bicyclophosphorothionate and ^{3}H-flunitrazepam binding to membrane-bound and solubilized preparations from rat forebrain.
J Pharm Exp 233: 125-133   (51 Refs.)

9183. Richter P, Morgenst. O (1984)
Chemistry and biological-activity of 1,3,4-benzotriazepines.
Pharmazie 39: 301-314   (82 Refs.)

9184. Rickels K (1981)
Are Benzodiazepines overused and abused.
Br J Cl Ph 11: 71-83   (79 Refs.)

9185. Rickels K (1981)
Limbitrol (amitriptyline plus chlordiazepoxide) revisited.
Psychophar 75: 31-33   (7 Refs.)

9186. Rickels K (1982)
Benzodiazepines in the treatment of anxiety.
Am J Psycht 36: 358-370   (59 Refs.)

9187. Rickels K (1983)
Benzodiazepines in emotional disorders.
J Psych Dr 15: 49-54   (43 Refs.)

9188. Rickels K (1983)
Benzodiazepines in the treatment of anxiety.
In: Pharmacology of Benzodiazepines (Ed. Usdin E, Skolnick P, Tallmann jr JF, Greenblatt D, Paul SM).
Verlag Chemie, Weinheim Deerfield Beach Basel, p. 37-44

9189. Rickels K (1983)
Benzodiazepines in the treatment of anxiety: North American Experiences.
In: The Benzodiazepines - From Molecular Biology to Clinical Practice (Ed. Costa E).
Raven Press, New York, p. 295-310

9190. Rickels K (1984)
Long-term diazepam therapy - reply (letter).
J Am Med A 251: 1555-1556   (no Refs.)

9191. Rickels K (1985)
Clinical management of benzodiazepine dependence (letter).
Br Med J 291: 1649   (7 Refs.)

9192. Rickels K (1985)
Clinical-pharmacology of benzodiazepines.
Pharmacops 18: 156-159   (44 Refs.)

9193. Rickels K (1986)
Benzodiazepine in der Behandlung von Angstsyndromen.
In: Benzodiazepine - Rückblick und Ausblick (Ed. Hippius H, Engel RR, Laakmann G).
Springer, Berlin Heidelberg New York Tokyo, p. 84-95

9194. Rickels K (1986)
Benzodiazepines in the treatment of anxiety disorders, panic disorder and agoraphobia.
Clin Neurop 9: 152-154   (12 Refs.)

9195. Rickels K (1987)
Efficacy of benzodiazepines in the treatment of anxiety - a 20-year perspective (meeting abstr.).
Int J Neurs 32: 451   (no Refs.)

9196. Rickels K (1987)
Treatment of benzodiazepine dependence (letter).
Med J Aust 146: 112   (7 Refs.)

9197. Rickels K, Brown AS, Cohen D, Harris H, Hurowitz A, Lindenba. EJ, Ross HA, Weinstoc. R, Wiseman K, Zahl M (1981)
Clobazam and diazepam in anxiety.
Clin Pharm 30: 95-100   (18 Refs.)

9198. Rickels K, Case WG, Downing RW, Dixon R, Fridman R (1984)
Diazepam and desmethyldiazepam plasma-concentrations in chronic anxious outpatients.
Pharmacops 17: 44-49   (26 Refs.)

9199. Rickels K, Case WG, Downing RW, Fridman R (1986)
One-year follow-up of anxious patients treated with diazepam (technical note).
J Cl Psych 6: 32-36   (9 Refs.)

9200. Rickels K, Case WG, Downing RW, Winokur A (1983)
Long-term diazepam therapy and clinical outcome.
J Am Med A 250: 767-771   (21 Refs.)

9201. Rickels K, Case WG, Schweize. EE (1987)
Compounds not binding to the benzodiazepine receptor - clinical-studies in generalized anxiety disorders (meeting abstr.).
Int J Neurs 32: 654-655   (no Refs.)

9202. Rickels K, Case WG, Schweize. EE, Swenson C, Fridma RB (1986)
Low-dose dependence in chronic benzodiazepine users - a preliminary-report on 119 patients.
Psychoph B 22: 407-415   (32 Refs.)

9203. Rickels K, Case GW, Winokur A, Swenson C (1984)
Long-term benzodiazepine therapy - benefits and risks.
Psychoph B 20: 608-615   (28 Refs.)

9204. Rickels K, Cohen D, Csanalos. I, Harris H, Koepke H, Werblows. J (1982)
Alprazolam and imipramine in depressed outpatients - a controlled-study.
Curr Ther R 32: 157-164   (9 Refs.)

9205. Rickels K, Downing RW, Case GW, Csanalos. I, Chung H, Winokur A, Gingrich RL (1985)
6-week trial with diazepam - some clinical observations.
J Clin Psy 46: 470-474   (17 Refs.)

9206. Rickels K, Feighner JP, Smith WT (1985)
Alprazolam, amitriptyline, doxepin, and placebo in the treatment of despression.
Arch G Psyc 42: 134-141   (36 Refs.)

9207. Rickels K, Gingrich RL, Csanalos. I, Werblows. J, Schless A, Sandler K, Rosenfel. H (1981)
Prochlorperazine, chlordiazepoxide and placebo in anxious outpatients.
Curr Ther R 29: 156-164   (5 Refs.)

9208. Rickels K, Morris RJ, Mauriell. R, Rosenfel. H, Chung HR, Newman HM, Case WG (1986)
Brotizolam, a triazolothienodiazepine, in insomnia.
Clin Pharm 40: 293-299 (26 Refs.)

9209. Rickels K, Raskin A (1986)
Issues in the long-term use of benzodiazepines workshop - introduction (editorial).
Psychoph B 22: 405-406 (no Refs.)

9210. Rickels K, Schweize. EE (1986)
Benzodiazepines for treatment of panic attacks - a new look.
Psychoph B 22: 93-99 (25 Refs.)

9211. Rickels K, Weisman K, Norstad N, Singer M, Stoltz D, Brown A, Danton J (1982)
Buspirone and diazepam in anxiety - a controlled-study.
J Clin Psy 43: 81-86 (13 Refs.)

9212. Ricou B, Forster A, Bruckner A, Chastona. P, Gemperle M (1986)
Clinical-evaluation of a specific benzodiazepine antagonist (Ro 15-1788) - studies in elderly patients after regional anesthesia under benzodiazepine sedation.
Br J Anaest 58: 1005-1011 (42 Refs.)

9213. Ridd MJ, Brown KF, Moore RG, McBride WG, Nation RL (1982)
Diazepam plasma-binding in the perinatal-period - influence of nonesterified fatty-acids.
Eur J Cl Ph 22: 153-160 (25 Refs.)

9214. Ridd MJ, Brown KF, Nation RL, Collier CB (1983)
Differential trans-placental binding of diazepam - causes and implications.
Eur J Cl Ph 24: 595-601 (26 Refs.)

9215. Riefkohl R, Cole NM, Cox EB (1984)
The effectiveness of benzodiazepines and narcotics in outpatient surgery.
Aes Plas Su 8: 227-230 (9 Refs.)

9216. Riefkohl R, Kosanin R (1984)
Experience with triazolam as a preoperative sedative for outpatient surgery under local-anesthesia.
Aes Plas Su 8: 155-157 (* Refs.)

9217. Rienitz A, Becker CM, Betz H, Schmitt B (1987)
The chloride channel blocking-agent, tert-butyl bicyclophosphorothionate, binds to the gamma-aminobutyric acid-benzodiazepine, but not to the clycine receptor in rodents.
Neurosci L 76: 91-95 (20 Refs.)

9218. Ries RK, Wittkows. AK (1986)
Synergistic action of alprazolam with tranylcypromine in drug-resistant atypical depression with panic attacks.
Biol Psychi 21: 522-526 (14 Refs.)

9219. Riley CA, Evans WE (1986)
Simultaneous analysis of antipyrine and lorazepam by high-performance liquid-chromatography.
J Chromat 382: 199-205 (5 Refs.)

9220. Riley M, Scholfie. CN (1983)
Diazepam increases GABA mediated inhibition in the olfactory cortex slice.
Pflug Arch 397: 312-318 (37 Refs.)

9221. Rincon HP, Rueda JMA, Trujillo JA (1981)
Comparative double-blind study between alprazolam and diazepam in the treatment of anxiety.
Inv Med Int 8: 358-363 (no Refs.)

9222. Rinehart RK, Barbaz B, Iyengar S, Ambrose F, Steel DJ, Neale RF, Petrack B, Bittiger H, Wood PL, Williams M (1986)
Benzodiazepine interactions with central thyroid-releasing hormone binding-sites - characterization and physiological significance.
J Pharm Exp 238: 178-185 (51 Refs.)

9223. Rinetti M, Ascalone V, Zinelli LC, Cisterni. M (1985)
A pharmacokinetic study on midazolam in compensated liver-cirrhosis.
Int J Cl P 5: 405-411 (22 Refs.)

9224. Risbo A, Schmidt JF (1983)
Peroral diazepam compared with parenteral morphine scopolamine with regard to gastric-content.
Act Anae Sc 27: 165-166 (7 Refs.)

9225. Risner ME, Shannon HE (1986)
Behavioral-effects of CGS 8216 alone, and in combination with diazepam and pentobarbital in dogs.
Pharm Bio B 24: 1071-1076 (24 Refs.)

9226. Risse SC, Barnes R (1986)
Pharmacologic treatment of agitation associated with demenia (review).
J Am Ger So 34: 368-376 (143 Refs.)

9227. Rita L, Seleny FL, Goodarzi M (1983)
Comparison of oral pentazocine, oral diazepam and intramuscular pentazocine for pediatric premedication.
Can Anae SJ 30: 512-516 (15 Refs.)

9228. Rita L, Seleny FL, Mazurek A, Rabins S (1985)
Intramuscular midazolam for pediatric preanesthetic sedation - a double-blind controlled-study with morphine (technical note).
Anesthesiol 63: 528-531 (9 Refs.)

9229. Ritson B, Chick J (1986)
Comparison of 2 benzodiazepines in the treatment of alcohol withdrawal - effects on symptoms and cognitive recovery.
Drug Al Dep 18: 329-334 (7 Refs.)

9230. Ritta MN, Campos MB, Calandra RS (1987)
Effect of GABA and benzodiazepines on testicular androgen production.
Life Sci 40: 791-798 (27 Refs.)

9231. Riva R, Deanna M, Albani F, Baruzzi A (1981)
Rapid quantitation of flurazepam and its major metabolite, N-desalkylflurazepam, in human-plasma by gas-liquid-chromatography with electron-capture detection (technical note).
J Chromat 222: 491-495 (4 Refs.)

9232. Riva R, Tedeschi G, Albani F, Baruzzi A (1981)
Quantitative-determination of clobazam in the plasma of epileptic patients by gas-liquid-chromatography with electron-capture detection (technical note).
J Chromat 225: 219-224 (21 Refs.)

9233. Rivas F, Hernande. A, Cantu JM (1984)
Acentric craniofacial cleft in a newborn female prenatally exposed to a high-dose of diazepam.
Tetratology 30: 179-180   (16 Refs.)

9234. Rizley R, Kahn RJ, McNair DM, Frankent. LM (1986)
A comparison of alprazolam and imipramine in the treatment of agoraphobia and panic disorder.
Psychoph B 22: 167-172   (10 Refs.)

9235. Roache JD, Griffith. RR (1984)
Subjective and amnesic effects of triazolam (TZ) and pentobarbital (PB) (meeting abstr.).
Fed Proc 43: 931   (no Refs.)

9236. Roache JD, Griffith. RR (1985)
Differential tolerance development to diazepam (DZ) and triazolam (TZ) (meeting abstr.).
Fed Proc 44: 886   (no Refs.)

9237. Roache JD, Griffiths RR (1985)
Comparison of triazolam and pentobarbital - performance impairment, subjective effects and abuse liability.
J Pharm Exp 234: 120-133   (47 Refs.)

9238. Roache JD, Griffiths RR (1986)
Repeated administration of diazepam and triazolam to subjects with histories of drug-abuse.
Drug Al Dep 17: 15-29   (26 Refs.)

9239. Roache JD, Griffiths RR (1987)
Interactions of diazepam and caffeine - behavioral and subjective dose effects in humans.
Pharm Bio B 26: 801-812   (46 Refs.)

9240. Roache JD, Zabik JE (1986)
Effects of benzodiazepines on taste-aversions in a 2-bottle choice paradigm.
Pharm Bio B 25: 431-437   (29 Refs.)

9241. Roald OK, Steen PA, Milde JH, Michenfe. JD (1986)
Reversal of the cerebral effects of diazepam in the dog by the benzodiazepine antagonist Ro 15-1788.
Act Anae Sc 30: 341-345   (17 Refs.)

9242. Roald OK, Steen PA, Stanglan. K, Michenfe. JD (1986)
The effects of triazolam on cerebral blood-flow and metabolism in the dog.
Act Anae Sc 30: 223-226   (16 Refs.)

9243. Roberts K, Vass N (1986)
Schneiderain 1st-rank symptoms caused by benzodiazepine withdrawal (technical note).
Br J Psychi 148: 593-594   (12 Refs.)

9244. Roberts SE, Delaney MF (1984)
Determination of chlordiazepoxide, its hydrochloride and related impurities in pharmaceutical formulations by reversed-phase high-performance liquid-chromatography.
J Chromat 283: 265-272   (6 Refs.)

9245. Robertson HA (1983)
Evidence for distinct benzodiazepine receptors for anticonvulsant and sedative actions - implications for the treatment of temporal-lobe epilepsy.
Prog Neur-P 7: 637-640   (15 Refs.)

9246. Robertson HA (1984)
Effects of benzodiazepine antagonists on kindled seizures - evidence for multiple benzodiazepine receptors (meeting abstr.).
J Physl Lon 348: 25   (3 Refs.)

9247. Robertson HA, Baker GB, Coutts RT, Benderly A, Locock RA, Martin IL (1981)
Interactions of beta-carbolines with the benzodiazepine receptor - structure-activity-relationships (technical note).
Eur J Pharm 76: 281-284   (10 Refs.)

9248. Robertson HA, Riives ML (1983)
A benzodiazepine antagonist is an anti-convulsant in an animal-model for limbic epilepsy (technical note).
Brain Res 270: 380-382   (15 Refs.)

9249. Robertson HA, Riives ML (1984)
Effects of benzodiazepine partial antagonists on kindled seizures - evidence for multiple benzodiazepine receptors (meeting abstr.).
Can J Physl 62: 24   (3 Refs.)

9250. Robertson HA, Riives M, Black DAS, Peterson MR (1984)
A partial agonist at the anticonvulsant benzodiazepine receptor - reversal of the anticonvulsant effects of Ro-15-1788 with CGS-8216 (technical note).
Brain Res 291: 388-390   (13 Refs.)

9251. Robertson JR, Steed ME, Bucknall AB (1986)
Benzodiazepines as a major danger in overdosage in drug-abusers (letter).
J Roy Col G 36: 225-226   (4 Refs.)

9252. Robertson MM (1986)
Current status of the 1,4-benzodiazepines and 1,5-benzodiazepines in the treatment of epilepsy - the place of clobazam.
Epilepsia 27: 27-41   (120 Refs.)

9253. Robinson GM, Sellers EM (1982)
Diazepam withdrawal seizures (technical note).
Can Med A J 126: 944-945   (20 Refs.)

9254. Robinson JD, Whitney HAK, Guisti DL, Morgan DD, Mendenha. CL (1983)
The absorption of intramuscular chlordiazepoxide (librium) in patients with severe alcoholic liver-disease.
Int J Cl Ph 21: 433-438   (44 Refs.)

9255. Robinson RL, Vanryzin RJ, Stoll RE, Jensen RD, Bagdon RE (1984)
Chronic toxicity carcinogenesis study of temazepam in mice and rats.
Fund Appl T 4: 394-405   (14 Refs.)

9256. Robinson TN, Lunt GG, Battersb. M, Irving S (1985)
Locust ganglia contain receptors for 1,3-dihydro-2H-1,4-benzodiazepine derivatives (meeting abstr.).
Pest Sci 16: 697-698   (2 Refs.)

9257. Robinson TN, Lunt GG, Battenby MK, Irving SN, Olsen RW (1985)
Insect ganglia contain ^{3}H-flunitrazepam-binding sites (meeting abstr.).
Bioch Soc T 13: 716-717   (11 Refs.)

9258. Robinson T, Macallan D, Lunt G, Battersb. M (1986)
Gamma-aminobutyric acid receptor complex of insect CNS - characterization of a benzodiazepine binding-site.
J Neurochem 47: 1955-1962   (31 Refs.)

9259. Robson M, Crouch G, Hallstro. C (1986)
Psychological treatment for benzodiazepine dependence (letter).
J Roy Col G 36: 523 (2 Refs.)

9260. Rock DM, Taylor CP (1986)
Effects of diazepam, pentobarbital, phenytoin and pentylenetetrazol on hippocampal paired-pulse inhibition invivo.
Neurosci L 65: 265-270 (20 Refs.)

9261. Rodgers J, Waters A (1985)
Effects of benzodiazepines and their antagonists on social and agonistic behavior in male-mice (meeting abstr.).
Aggr Behav 11: 184 (no Refs.)

9262. Rodgers RJ, Clemmitt M (1984)
CGS-8216 fails to midify novelty-related behavior in mice - further evidence for differential actions of benzodiazepine antagonists.
Neurosci L 51: 161-163 (9 Refs.)

9263. Rodgers RJ, Randall JI (1987)
Benzodiazepine ligands, nociception and defeat analgesia in male-mice.
Psychophar 91: 305-315 (70 Refs.)

9264. Rodgers RJ, Randall J, Kelway B (1985)
Naloxone potentiates the depressant effect of chlordiazepoxide on spontaneous activity in mice.
Neurosci L 58: 97-100 (14 Refs.)

9265. Rodgers RJ, Waters AJ (1984)
Effects of the benzodiazepine antagonist Ro 15-1788 on social and agonistic behavior in male albino mice.
Physl Behav 33: 401-409 (56 Refs.)

9266. Rodgers RJ, Waters AJ (1985)
Benzodiazepines and their antagonists - a pharmacoethological analysis with particular reference to effects on aggression (review).
Neurosci B 9: 21-35 (121 Refs.)

9267. Rodgers RJ, Waters AJ, Rosenfie. S (1983)
Evidence for intrinsic behavioral activity of the benzodiazepine antagonist, Ro 15-1788, in male-mice (technical note).
Pharm Bio B 19: 895-898 (29 Refs.)

9268. Rodrigo MRC (1987)
Huntingtons-chorea - midazolam, a suitable induction agent (letter).
Br J Anaest 59: 388-389 (11 Refs.)

9269. Rodrigo MRC, Cheung LK (1987)
Oral midazolam sedation in 3rd molar surgery.
Int J Or M 16: 333-337 (12 Refs.)

9270. Rodrigo MRC, Clark RNW (1986)
A study of intravenous sedation with diazepam and midazolam for dentistry in hong-kong chinese.
Anaesth I C 14: 404-411 (31 Refs.)

9271. Rodrigo MRC, Rosenqui. JB (1987)
The effect of Ro 15-1788 (anexate) on conscious sedation produced with midazolam.
Anaesth I C 15: 185-192 (26 Refs.)

9272. Rodrigo MRC, Rosenqui. JB (1987)
Does anexate reverse conscious sedation with midazolam (meeting abstr.).
J Dent Res 66: 197 (no Refs.)

9273. Rodrigue. E, Peral JS, Alonso FG, Frias MLM (1986)
Relationship between benzodiazepine ingestion during pregnancy and oral clefts in the newborn - a case-control study.
Med Clin 87: 741-743 (no Refs.)

9274. Roehrs T, Kribbs N, Zorick F, Roth T (1986)
Hypnotic residual effects of benzodiazepines with repeated administration.
Sleep 9: 309-316 (19 Refs.)

9275. Roehrs T, McLenaghan A, Koshorek G, Zorick F, Roth T (1984)
Amnesic effects of Lormetazepam.
In: Sleep Benzodiazepines and Performance - Experimental Methodologies and Research Prospects (Ed. Hindmarch I, Ott H, Roth T).
Springer, Berlin Heidelberg New York Tokyo, p. 165-172

9276. Roehrs T, Vogel G, Vogel F, Wittig R, Zorick F, Paxton C, Lamphere J, Roth T (1986)
Dose effects of temazepam tablets on sleep.
Drug Exp Cl 12: 693-699 (8 Refs.)

9277. Roehrs T, Yang O, Samson H (1984)
Chlordiazepoxides interaction with ethanol intake in the rat - relation to ethanol exposure paradigms.
Pharm Bio B 20: 849-853 (15 Refs.)

9278. Roehrs T, Zorick F, Kaffeman M, Sicklest. J, Roth T (1982)
Flurazepam for short-term treatment of complaints in insomnia.
J Clin Phar 22: 290-296 (18 Refs.)

9279. Roehrs T, Zorick F, Roth T (1982)
Effects of benzodiazepines on memory (meeting abstr.).
B Psychon S 20: 141 (no Refs.)

9280. Roehrs T, Zorick F, Wittig R, Roth T (1985)
Efficacy of a reduced triazolam dose in elderly insomniacs.
Neurobiol A 6: 293-296 (21 Refs.)

9281. Roelofse JA, Vanderbi. P, Joubert JJD, Breytenb. HS (1986)
Blood-oxygen saturation levels during conscious sedation with midazolam - a report of 16 cases.
S Afr Med J 70: 801-802 (9 Refs.)

9282. Roerig DL, Dahl RR, Dawson CA, Wang RIH (1984)
Effect of plasma-protein binding on the uptake of methadone and diazepam in the isolated perfused rat lung.
Drug Meta D 12: 536-542 (28 Refs.)

9283. Roeske WR, Yamamura HI (1982)
Identification and characterization of a novel benzodiazepine binding-site in heart, skeletal-muscle and ileal muscle using the ligand ^{3}H-labeled Ro 5-4864 (meeting abstr.).
Clin Res 30: 18 (1 Refs.)

9284. Rogalski CJ, Lahmeyer HW (1983)
Effect of the hypnotic flurazepam on the sleep of pentazocine and heroin-addicts during withdrawal (technical note).
Int J Addic 18: 407-418 (14 Refs.)

9285. Roh J, Gosse C, Connelly N, Engel J (1987)
Diazepam and midazolam in gastrointestinal endoscopy - effect on blood-pressure and recovery-time (meeting abstr.).
Gastroin En 33: 144 (no Refs.)

9286. Rohde BH, Harris RA, Fenner D, Reedy D (1982)
N2A neuro-blastoma cells do not possess a coupled GABA-benzodiazepine receptor-chloride channel complex (meeting abstr.)
Fed Proc 41: 1046 (no Refs.)

9287. Rohrborn G, Thiel C, Heimbach D, Manolach. M, Gebauer J (1984)
Effects of diazepam in mutation test systems invitro and in the BHK 21 cell-transformation assay (meeting abstr.).
Mutat Res 130: 260-261 (no Refs.)

9288. Rojas RMA, Hernandes L (1986)
Polarographic study of 1-methyl-5-ortho-chlorophenyl-7-ethyl-1,2-dihydro-3H-thieno [2,3-e][1,4]-diazepin-2-one (clotiazepam (technical note).
Analyt Chim 186: 295-299 (13 Refs.)

9289. Rolinlimbosch S, Moens W, Szpirer C (1987)
Metabolic cooperation in SK-HEP-1 human hepatoma-cells following treatment with benzodiazepine tranquilizers (technical note).
Carcinogene 8: 1013-1016 (42 Refs.)

9290. Roma G, Balbi A, Ermili A, Vigevani E (1983)
Research on 1,5-benzodiazepines .5. synthesis of derivatives of pyrazolo [3,4-b][1,5] benzodiazepine and of 5H-pyrimido-[4,5-b] [1,5] benzodiazepine.
Farmaco Sci 38: 546-558 (14 Refs.)

9291. Roma G, Dibracci. M, Mazzei M, Ermili A (1984)
Research on 1,5-benzodiazepine .6. synthesis of derivatives of 1H-pyrimido[4,5-b][1,5] benzodiazepine.
Farmaco Sci 39: 477-486 (6 Refs.)

9292. Roma G, Ermili A, Balbi A, Massa E, Dibracci. M (1981)
Naphtho[1'2'-5,6]pyrano[2,3-b][1,5]benzo-diazepine derivatives.
J Hetero Ch 18: 1619-1623 (6 Refs.)

9293. Romeo G, Aversa MC, Giannett. P, Ficarra P, Vigorita MG (1981)
Nuclear magnetic-resonance of psychothera-peutic agents .4. conformational-analysis of 2,3-dihydro-1H-1,4-benzodiazepines.
OMR-Org Mag 15: 33-36 (19 Refs.)

9294. Romer D, Buscher HH, Hill RC, Maurer R, Petcher TJ, Zeugner H, Benson W, Finner E, Milkowsk. W, Thies PW (1982)
An opioid benzodiazepine.
Nature 298: 759-760 (19 Refs.)

9295. Rommelspacher H (1985)
Benzodiazepinrezeptoren.
In: Benzodiazepine in der Anästhesiologie (Ed. Langrehr D).
Urban & Schwarzenberg, München Wien Baltimore, S. 18-33

9296. Rommelspacher H, Bruning G (1981)
Are the pharmacological actions of beta-carbolines mediated by benzodiazepine recep-tors (meeting abstr.).
H-S Z Physl 362: 1298-1299 (7 Refs.)

9297. Rommelspacher H, Nanz C, Borbe HO, Fehske KJ, Müller WE, Wollert U (1981)
Benzodiazepine antagonism by harmane and other beta-carbolines invitro and invivo.
Eur J Pharm 70: 409-416 (29 Refs.)

9298. Romney DM, Angus WR (1984)
A brief review of the effects of diazepam on memory (review).
Psychoph B 20: 313-316 (30 Refs.)

9299. Romney DM, Angus WR (1985)
The effect of diazepam on patients memory - reply (letter).
J Cl Psych 5: 61 (4 Refs.)

9300. Romstedt K, Akbar H (1985)
The effects and the mechanisms of antiplatelet actions of flurazepam and diazepam (meeting abstr.).
Fed Proc 44: 1665 (no Refs.)

9301. Romstedt K, Huzoorakbar (1985)
Benzodiazepines inhibit human-platelet activa-tion - comparison of the mechanism of anti-platelet actions of flurazepam and diazepam.
Thromb Res 38: 361-374 (29 Refs.)

9302. Roncari G, Ziegler WH, Guentert TW (1986)
Pharmacokinetics of the new benzodiazepine antagonist Ro 15-1788 in man following intravenous and oral-administration.
Br J Cl Ph 22: 421-428 (21 Refs.)

9303. Roncatestoni S, Galbani P, Melis G, Gambacci. M, Fioretti P (1984)
Benzodiazepine binding-sites in human myometrium.
Int J Tiss 6: 437-441 (20 Refs.)

9304. Roos W, Frauer U, Sternbec. J (1987)
Homogeneous enzyme-immunoassay for benzodiazepine alkaloids (EMIT) (meeting abstr.).
Pharmazie 42: 213 (no Refs.)

9305. Rosadini G, Cossu M, Montano V, Rodrigue. G, Sannita WG (1981)
Subjective and objective effects of a new benzodiazepine on the sleep patterns of normal volunteers (meeting abstr.).
EEG Cl Neur 52: 78 (no Refs.)

9306. Rosen GM, Rauckman EJ, Wilson RL, Tschanz C (1984)
Production of superoxide during the metabolism of nitrazepam.
Xenobiotica 14: 785-794 (17 Refs.)

9307. Rosenbaum JF (1985)
A 3rd view on benzodiazepines and sleep latency (letter).
Am J Psychi 142: 1524 (2 Refs.)

9308. Rosenbaum JF, Woods SW, Groves JE, Klerman GL (1984)
Emergence of hostility during alprazolam treatment.
Am J Psychi 141: 792-793 (8 Refs.)

9309. Rosenbaum NL (1982)
A new formulation of diazepam for intravenous sedation in dentistry - a clinical evaluation.
Br Dent J 153: 192-193 (8 Refs.)

9310. Rosenbaum NL (1985)
The use of midazolam for intravenous sedation in general dental practice - an open assessment.
Br Dent J 158: 139-140 (6 Refs.)

9311. Rosenberg HC, Chiu TH (1981)
Tolerance during chronic benzodiazepine treatment associated with decreased receptor-binding.
Eur J Pharm 70: 453-460 (28 Refs.)

9312. Rosenberg HC, Chiu TH (1981)
Nature of functional tolerance produced by chronic flurazepam treatment (meeting abstr.).
Fed Proc 40: 314   (no Refs.)

9313. Rosenberg HC, Chiu TH (1981)
Regional specificity of benzodiazepine receptor down-regulation during chronic treatment of rats with flurazepam.
Neurosci L 24: 49-52   (13 Refs.)

9314. Rosenberg HC, Chiu TH (1982)
An antagonist-induced benzodiazepine abstinence syndrome (technical note).
Eur J Pharm 81: 153-157   (10 Refs.)

9315. Rosenberg HC, Chiu TH (1982)
Nature of functional tolerance produced by chronic flurazepam treatment in the cat.
Eur J Pharm 81: 357-365   (35 Refs.)

9316. Rosenberg HC, Chiu TH (1982)
Benzodiazepine-specific and nonspecific tolerance after chronic flurazepam treatment (meeting abstr.).
Fed Proc 41: 1068   (no Refs.)

9317. Rosenberg HC, Chiu TH (1983)
Tolerance to diazepams anti-convulsant action outlasts benzodiazepine receptor down-regulation (meeting abstr.).
Fed Proc 42: 1161   (no Refs.)

9318. Rosenberg HC, Chiu TH (1984)
Pressor-response to Ro 15-1788, a benzodiazepine antagonist, requires agonist pretreatment (meeting abstr.).
Fed Proc 43: 582   (no Refs.)

9319. Rosenberg HC, Chiu TH (1985)
Blood-pressure response to Ro 15-1788, a benzodiazepine antagonist.
Life Sci 36: 781-787   (27 Refs.)

9320. Rosenberg HC, Chiu TH (1985)
Time course for development of benzodiazepine tolerance and physical-dependence (review).
Neurosci B 9: 123-131   (85 Refs.)

9321. Rosenberg HC, Smith S, Chiu TH (1983)
Benzodiazepine - specific and nonspecific tolerance following chronic flurazepam treatment.
Life Sci 32: 279-285   (19 Refs.)

9322. Rosenberg HC, Tietz EI, Chiu TH (1985)
Tolerance to the anticonvulsant action of benzodiazepines - relationship to decreased receptor density.
Neuropharm 24: 639-644   (23 Refs.)

9323. Rosenberg L, Mitchell AA (1984)
Lack of relation of oral clefts to diazepam use in pregnancy - reply (letter).
N Eng J Med 310: 1122   (no Refs.)

9324. Rosenberg L, Mitchell AA, Parsells JL, Pashayan H, Louik C, Shapiro S (1983)
Lack of relation of oral clefts to diazepam use during pregnancy.
N Eng J Med 309: 1282-1285   (12 Refs.)

9325. Rosenberg L, Parsells J, Mitchell A, Louik C, Shapiro S (1983)
Oral clefts in relation to diazepam use during pregnancy (meeting abstr.).
Am J Epidem 118: 433   (no Refs.)

9326. Rosenblatt TT (1982)
Lorazepam and desipramine serum concentration (letter).
Am J Psychi 139: 536-537   (1 Refs.)

9327. Rosenblatt RM, May DR (1981)
Dangers of intravenously administered diazepam - reply (letter).
Am J Ophth 91: 279   (1 Refs.)

9328. Rosental W, Mikus P (1984)
Anxiety treatment with out-patients - efficiency and tolerance of alprazolam and bromazepam.
Mün Med Woc 126: 1126-1128   (16 Refs.)

9329. Rosenthal SA, Girgenti AJ, Brown MT (1984)
Apparent diazepam toxicity in a child due to accidental ingestion of misrepresented quaalude (review).
Vet Hum Tox 26: 320-321   (5 Refs.)

9330. Ross FH, Sermons AL, Owasoyo JO, Walker CA (1981)
Circadian variation of diazepam acute toxicity in mice.
Experientia 37: 72-73   (10 Refs.)

9331. Ross M (1986)
Lorazepam-associated drug-dependence (letter).
J Roy Col G 36: 86   (no Refs.)

9332. Ross RJ, Waszczak BL, Lee EK, Walters JR (1982)
Effects of benzodiazepines on single unit-activity in the substantia nigra pars reticulata.
Life Sci 31: 1025-1035   (46 Refs.)

9333. Rosser WW (1982)
Benzodiazepine prescription to middle-aged women - is it done indiscriminately by family physicians.
Postgr Med 71: 115+   (18 Refs.)

9334. Rosser WW (1984)
Benzodiazepines - part of lifestyle in the 1980's.
Can Fam Phy 30: 193-198   (* Refs.)

9335. Rosser WW (1984)
Benzodiazepine dependence - reply (letter).
Can Fam Phy 30: 985-986   (* Refs.)

9336. Rosser WW, Simms JG, Patten DW, Forster J (1981)
Improving benzodiazepine prescribing in family-practice through review and education.
Can Med A J 124: 147+   (24 Refs.)

9337. Rossi L, Rossi G, Grassi F, Citterio G, Duzioni N (1987)
Diazepam administered rectally in the home for recurrent febrile convulsions (meeting abstr.).
Rev Neurol 143: 323   (no Refs.)

9338. Rossier J, Dodd R, Felblum S, Valin A, Decarval. LP, Potier P, Naquet R (1983)
Methylamide beta-carboline (FG 7142), an anxiogenic benzodiazepine antagonist, is also a proconvulsant (letter).
Lancet 1: 77-78   (3 Refs.)

9339. Roth T, Hauri P, Zorick F, Sateia M, Roehrs T, Kipp J (1985)
The effects of midazolam and temazepam on sleep and performance when administered in the middle of the night.
J Cl Psych 5: 66-69   (9 Refs.)

9340. Roth T, Roehrs T, Wittig R, Zorick F (1984)
Benzodiazepines and memory.
Br J Cl Ph 18: 45-49   (17 Refs.)

9341. Roth T, Roehrs TA, Zorick FJ, Mitler M, Regestei. QR, Devane CL, Hodgin JD, Kales A (1983)
Pharmacology and hypnotic efficacy of triazolam.
Pharmacothe 3: 137-148   (69 Refs.)

9342. Roth T, Zorick F, Sicklest. J, Stepansk. E (1981)
Effects of benzodiazepines on sleep and wakefulness.
Br J Cl Ph 11: 31-35   (8 Refs.)

9343. Rothe T, Schliebs R, Bigl V (1985)
Benzodiazepine receptors in the visual structures of monocularly deprived rats - effect of light and dark-adaptation.
Brain Res 329: 143-150   (39 Refs.)

9344. Rotenberg SJ, Selkoe D (1981)
Specific oculomotor deficit after diazepam .1. saccadic eye-movements.
Psychophar 74: 232-236   (24 Refs.)

9345. Rothenberg SJ, Selkoe D (1981)
Specific oculomotor deficit after diazepam .2. smooth pursuit eye-movements.
Psychophar 74: 237-240   (24 Refs.)

9346. Rothschechter BF, Ebel C, Mallorga P (1983)
Chronic pentobarbital diminishes GABA-enhanced and pentobarbital-enhanced ^{3}H-labeled diazepam binding to benzodiazepine receptors (technical note).
Eur J Pharm 87: 169-170   (5 Refs.)

9347. Rothschechter B, Ebel C, Mallorga P (1983)
Binding-sites of ^{3}H-diazepam in neuron cultures isolated from chicken embryos (meeting abstr.).
J Pharmacol 14: 202   (3 Refs.)

9348. Rottenberg H (1984)
Alcohol modulation of benzodiazepine receptors (meeting abstr.).
Alc Clin Ex 8: 116   (no Refs.)

9349. Rottenberg H (1985)
Alcohol modulation of benzodiazepine receptors.
Alcohol 2: 203-207   (16 Refs.)

9350. Rotter A, Frosthol. A (1986)
Cerebellar benzodiazepine receptor distribution - an autoradiographic study of the normal C57BL/6J and purkinje-cell degeneration mutant mouse.
Neurosci L 71: 66-71   (16 Refs.)

9351. Roujansky P, Matsokis N, Debarry J, Gombos G (1985)
Methylazoxymethanol and mouse cerebellar development - differential effect on benzodiazepine receptors (meeting abstr.).
Int J Dev N 3: 481   (no Refs.)

9352. Rouquet JP, Bezaury JP (1984)
Treatment of agitation in dementia - a comparative open trial of tiapride versus lorazepam.
Sem Hop Par 60: 3086-3088   (no Refs.)

9353. Roussan MS, Terrence CF, Fromm GH (1982)
Baclofen vs diazepam in the treatment of spasticity with long-term follow-up of baclofen therapy (meeting abstr.).
Arch Phys M 63: 503   (no Refs.)

9354. Roussan M, Terrence C, Fromm G (1985)
Baclofen versus diazepam for the treatment of spasticity and long-term follow-up of baclofen therapy.
Pharmathera 4: 278-284   (14 Refs.)

9355. Rousseau JJ, Debatiss. DF (1985)
Effect of clonazepam in 2 cases of nocturnal myoclonus with polygraphic sleep recordings.
Act Neur Be 85: 318-326   (10 Refs.)

9356. Roussel JP, Astier H, Tapiaarancibia L (1986)
Benzodiazepines inhibit thyrotropin (TSH)-releasing hormone-induced TSH and growth-hormone release from perfused rat pituitaries.
Endocrinol 119: 2519-2526   (22 Refs.)

9357. Roussel JP, Tapiaarancibia L, Astier H (1985)
Inhibiting effect of diazepam on the invitro liberation of TSH and GH induced by TRH in the rat (meeting abstr.).
Ann Endocr 46: 28   (no Refs.)

9358. Rousseva SP, Petkov VV (1985)
Effect of different durations of medazepam treatment on memory in active-avoidance training.
Dan Bolg 38: 1581-1583   (10 Refs.)

9359. Routledge PA, Stargel WW, Kitchell BB, Barchows. A, Shand DG (1981)
Sex-related differences in the plasma-protein binding of lignocaine and diazepam.
Br J Cl Ph 11: 245-250   (20 Refs.)

9360. Rowland M, Leitch D, Fleming G, Smith B (1983)
Protein-binding and hepatic extraction of diazepam across the rat-liver (technical note).
J Pharm Pha 35: 383-384   (8 Refs.)

9361. Rowland M, Leitch D, Fleming G, Smith B (1984)
Protein-binding and hepatic-clearance - discrimiantion between models of hepatic-clearance with diazepam, a drug of high intrinsic clearance, in the isolated perfused rat-liver preparation.
J Phar Biop 12: 129-147   (37 Refs.)

9362. Roybyrne PP, Uhde TW, Holcomb H, Thompson K, King AK, Weingart. H (1987)
Effects of diazepam on cognitive-processes in normal subjects.
Psychophar 91: 30-33   (17 Refs.)

9363. Roybyrne P, Vittone BJ, Uhde TW (1983)
Alprazolam-related hepatotoxicity (letter).
Lancet 2: 786-787   (8 Refs.)

9364. Rozhanets VV, Chakhbra KK, Danchev ND, Malin KM, Rusakov DY, Valdman AV (1986)
Interaction of pyracetam with specific ^{3}H-imipramine binding-sites and GABA-benzodiazepine receptor complex of brain membranes.
B Exp B Med 101: 51-53   (10 Refs.)

9365. Rozhanets VV, Rusakov DY, Danchev ND, Valdman AV (1983)
Effect of chronic administration of antidepressants on the state of mouse-brain benzodiazepine receptors.
B Exp B Med 96: 933-936   (9 Refs.)

9366. Rubin J, Brockutn. JG, Dipopoul. GE, Downing JW, Moshal MG (1982)
Flunitrazepam increases and diazepam decreases the lower esophageal sphincter tone when administered intravenously.
Anaesth I C 10: 130-132   (18 Refs.)

9367. Rubin J, Brockutn. JG, Downing JW (1983)
Intravenous midazolam does not change lower esophageal spincter pressure.
S Afr Med J 64: 1024-1025   (11 Refs.)

9368. Rubio F, Miwa BJ, Garland WA (1982)
Determination of midazolam and 2 metabolites of midazolam in human-plasma by gas-chromatography megative chemical-ionization mass-spectrometry.
J Chromat 233: 157-165   (13 Refs.)

9369. Ruddel H, Wang JK, Schmidt RE, Horn HP, Rohner HG (1985)
Acute arterial occlusions due to accidental intra-arterial injections of diazepam (letter).
Klin Woch 63: 93-94   (9 Refs.)

9370. Rudenko GM, Voronina TA, Shatrova NG, Chepelev VP (1982)
Correlation between experimental and clinical effectiveness of benzodiazepines and their affinity for benzodiazepine receptors.
B Exp B Med 94: 1074-1076   (14 Refs.)

9371. Ruff MR, Pert CB, Weber RJ, Wahl LM, Wahl SM, Paul SM (1985)
Benzodiazepine receptor mediated chemotaxis of human-monocytes.
Science 229: 1281-1283   (39 Refs.)

9372. Ruff RL, Kutt H, Hafler D (1981)
Prolonged benzodiazepine coma.
Ny St J Med 81: 776-777   (8 Refs.)

9373. Ruffalo RL, Thompson JF (1982)
Cimetidine-benzodiazepine interactions (letter).
Am J Hosp P 39: 236+   (2 Refs.)

9374. Ruffalo RL, Thompson JF (1982)
More on cimetidine-benzodiazepine drug-interactions (letter).
South Med J 75: 382   (3 Refs.)

9375. Ruffalo RL, Thompson JF, Segal J (1981)
Cimetidine-benzodiazepine drug-interaction (editorial).
Am J Hosp P 38: 1365-1366   (9 Refs.)

9376. Ruffalo RL, Thompson JF, Segal JL (1981)
Diazepam-cimetidine drug-interaction - a clinically significant effect.
South Med J 74: 1075-1078   (21 Refs.)

9377. Ruhland M (1985)
Metaclazepam - a new anxiolytic benzodiazepine with selective tolerance and cross-tolerance to other benzodiazepines.
Pharmacops 18: 22-23   (12 Refs.)

9378. Ruhland M, Fuchs AM (1986)
Lack of antagonism by Ro 15-1788 on timelotem (KC 7507) - a benzodiazepine with antipsychotic and anxiolytic properties.
Pharmacops 19: 216-217   (6 Refs.)

9379. Ruhland M, Liepmann H, Muesch HR (1985)
1,2-anellated 1,4-benzodiazepine derivatives - a new class of antipsychotics.
Pharmacops 18: 174-177   (29 Refs.)

9380. Ruhland M, Tulp M, Muesch HR, Fuchs AM (1986)
Timelotem - an antipsychotic benzodiazepine derivative.
Pharmacops 19: 218-219   (9 Refs.)

9381. Ruhland M, Zeugner H (1983)
Effects of the opioid benzodiazepine tifluadom and its optical isomers on spontaneous loco-motor-activity of mice.
Life Sci 33: 631-634   (12 Refs.)

9382. Ruiz AT (1983)
A double-blind-study of alprazolam and lorazepam in the treatment of anxiety.
J Clin Psy 44: 60-62   (11 Refs.)

9383. Ruiz E, Blanco MH, Abad EL, Hernandez L (1987)
Determination of nitrazepam and flunitrazepam by flow-injection analysis using a voltammetric detector (technical note).
Analyst 112: 697-699   (10 Refs.)

9384. Ruiz K, Asbury AJ, Thornton JA (1983)
Midazolam - does it cause resedation (technical note).
Anaesthesia 38: 898-902   (9 Refs.)

9385. Rupniak NMJ, Prestwic. SA, Horton RW, Jenner P, Marsden CD (1987)
Alterations in cerebral glutamic-acid decarboxylase and flunitrazepam-^{3}H-binding during continuous treatment of rats for up to 1 year with haloperidol, sulpiride or clozapine.
J Neural Tr 68: 113-125   (25 Refs.)

9386. Rush AJ, Erman MK, Schlesse. MA, Roffwarg HP, Vasavada N, Khatami M, Fairchil. C, Giles DE (1985)
Alprazolam vs amitriptyline in depressions with reduced rem latencies.
Arch G Psyc 42: 1154-1159   (43 Refs.)

9387. Rush AJ, Schlesse. MA, Erman M, Fairchil. C (1984)
Alprazolam in bipolar-I depressions.
Pharmacothe 4: 40-42   (12 Refs.)

9388. Rusli M, Spivey WH, Bonner H, McNamara RM, Aaron CK, Lathers CM (1987)
Endotracheal diazepam - absorption and pulmonary pathologic effects.
Ann Emerg M 16: 314-318   (no Refs.)

9389. Russell WJ (1983)
Lorazepam as a premedicant for regional anesthesia.
Anaesthesia 38: 1062-1065   (5 Refs.)

9390. Rüther E (1986)
Benzodiazepine zur Behandlung von Schlafstörungen.
In: Benzodiazepine - Rückblick und Ausblick (Ed. Hippius H, Engel RR, Laakmann G). Springer, Berlin Heidelberg New York Tokyo, p. 101-110

9391. Ryan CL, Pappas BA (1986)
Intrauterine diazepam exposure - effects on physical and neuro-behavioral development in the rat.
Neurob Tox 8: 279-286   (29 Refs.)

9392. Ryan GP, Boisse NR (1981)
Alterations in exicitatory spinal-cord function during benzodiazepine withdrawal (meeting abstr.).
Fed Proc 40: 297 (no Refs.)

9393. Ryan GP, Boisse NR (1982)
Rebound changes in synaptic transmission underlie physical-dependence and withdrawal following chronic high-dose benzodiazepine treatment (meeting abstr.).
Fed Proc 41: 1636 (no Refs.)

9394. Ryan GP, Boisse NR (1983)
Experimental induction of benzodiazepine tolerance and physical-dependence.
J Pharm Exp 226: 100-107 (58 Refs.)

9395. Ryan GP, Boisse NR (1984)
Benzodiazepine tolerance, physical-dependence and withdrawal - electrophysiological study of spinal reflex function.
J Pharm Exp 231: 464-471 (41 Refs.)

9396. Rydzynski Z, Duszyk S, Kocur J, Gruszczy. W (1984)
Bromazepam, nomifensine and doxepine compared in climacteric anxiety-depression syndrome.
Activ Nerv 26: 259 (no Refs.)

9397. Rydzynski Z, Gruszczy. W, Kocur W, Araszkie. J (1984)
Clinical-experience with clonazepam - polfa in the treatment of epilepsy in children and adults.
Activ Nerv 26: 59-60 (5 Refs.)

9398. Rylance GW, Poulton J, Cherry RC, Cullen RE (1986)
Plasma-concentrations of clonazepam after single rectal administration.
Arch Dis Ch 61: 186-188 (14 Refs.)

9399. Saano V (1982)
Tofizopam selectively increases the affinity of benzo-diazepine binding-sites for ^{3}H flunitrazepam but not for beta-[^{3}H]carboline-3-carboxylic acid ethyl-ester.
Pharmacol R 14: 971-981 (29 Refs.)

9400. Saano V (1984)
Peripheral-type benzodiazepine binding-sites in the heart and their interaction with various drugs invitro (meeting abstr.).
Act Neur Sc 69: 353-354 (no Refs.)

9401. Saano V (1986)
Affinity of various compounds for benzodiazepine binding-sites in rat-brain, heart and kidneys invitro.
Act Pharm T 58: 333-338 (34 Refs.)

9402. Saano V, Airaksin. MM (1982)
Binding of beta-carbolines and caffeine on benzodiazepine receptors - correlations to convulsions and tremor.
Act Pharm T 51: 300-308 (36 Refs.)

9403. Saano V, Airaksin. MM; Lounasma. M, Huhtikan. A (1985)
Indoloquinolizines and beta-carbolines - affinity to benzodiazepine, tryptamine and 5-HT binding-sites (meeting abstr.).
Act Physl S 124: 222 (9 Refs.)

9404. Saano V, Castren E (1985)
No changes in the rat-brain type-1 and type-2 benzodiazepine binding-sites after chronic administration of desipramine (meeting abstr.).
Act Physl S 124: 232 (4 Refs.)

9405. Saano V, Tacke U, Sopanen L, Airaksin. MM (1983)
Tofizopam enhances the action of diazepam against tremor and convulsions.
Med Biol 61: 49-53 (28 Refs.)

9406. Saano V, Urtti A (1982)
Tofizopam modulates the affinity of benzodiazepine receptors in the rat-brain.
Pharm Bio B 17: 367-369 (17 Refs.)

9407. Saano V, Urtti A, Airaksin. MM (1981)
Increase in flunitrazepam-^{3}H-binding invitro and invivo to rat-brain benzodiazepine receptors by tofizopam, a 3,4-benzodiazepine.
Pharmacol R 13: 75-85 (16 Refs.)

9408. Saarialhokere U, Mattila MJ, Seppala T (1986)
Pentazocine and codeine - effects on human-performance and mood and interactions with diazepam.
Med Biol 64: 293-299 (30 Refs.)

9409. Saavedra IN, Aguilera LI, Faure E, Galdames DG (1985)
Phenytoin clonazepam interaction.
Ther Drug M 7: 481-484 (18 Refs.)

9410. Saavedra I, Aguilera L, Faure E, Galdames D, Valenzue. A (1983)
Interaction among epileptic drugs - clonazepam and phenytoin in an epileptic patient (meeting abstr.).
Arch Biol M 16: 207 (no Refs.)

9411. Sabato UC, Aguilar JS, Derobert. E (1981)
Benzodiazepine receptors in rat-brain - action of triton X-100 and localization in relation to the synaptic region.
J Recep Res 2: 119-133 (27 Refs.)

9412. Sabato UC, Aguilar JS, Medina JH, Derobert. E (1981)
Changes in rat hippocampal benzodiazepine receptors and lack of changes in muscarinic receptors after fimbria-fornix lesions.
Neurosci L 27: 193-197 (20 Refs.)

9413. Sabato UC, Novas ML, Lowenste. P, Zieher LM, Derobert. E (1981)
Action of 6-hydroxydopamine on benzodiazepine receptors in rat cerebral-cortex (technical note).
Eur J Pharm 73: 381-382 (5 Refs.)

9414. Sadée W, Beelen GCM (1980)
Drug Level Monitoring.
Analytical Techniques, Metabolism and Pharmacokinetics.
John Wiley & Sons, New York Chichster Brisbane Toronto

9415. Sadjadi SA, McLaughl. K, Shah RM (1987)
Allergic interstitial nephritis due to diazepam (technical note).
Arch In Med 147: 579 (7 Refs.)

9416. Saeed AAH, Ebraheem EK, Abbo HS (1985)
Cyclization of new beta-diketone schiff-bases into 1,5-benzodiazepines in acid-medium.
Can J Spect 30: 27-30 (7 Refs.)

9417. Saenzlope E, Herranzt. FJ, Masdeu JC, Bufil J (1984)
Familial photosensitive epilepsy - effectiveness of clonazepam.
Clin Electr 15: 47-52 (30 Refs.)

9418. Sage DJ, Close A, Boas RA (1987)
Reversal of midazolam sedation with anexate.
Br J Anaest 59: 459-464   (13 Refs.)

9419. Sagratella S, Longo VG (1985)
An EEG investigation on the role of cerebellorubral system in the effects of diazepam and pentobarbital.
Arznei-For 35: 251-254   (26 Refs.)

9420. Saha U, Baral RC, De K, Dasgupta J (1985)
Effect of oxazepam on magnesium and Na^+-K^+-ATPases of human-fetal brain.
IRCS-Bioch 13: 1247-1248   (13 Refs.)

9421. Sahgal A, Wright C (1983)
A comparison of the effects of vasopressin and oxytocin with amphetamine and chlordiazepoxide on passive-avoidance behavior in rats.
Psychophar 80: 88-92   (36 Refs.)

9422. Saija A, Padovano I, Puzzolo D, Ceserani R, Costa G (1985)
Carbon tetrachloride-induced pharmacokinetic changes of diazepam in rats are reduced by a stable analog of prostaglandin-E2 - FCE 20700.
Res Comm CP 50: 221-232   (24 Refs.)

9423. Sainati SM, Kulmala HK, Lorens SA (1982)
Further evidence that chlordiazepoxide must be metabolized before producing behavioral-effects (meeting abstr.).
Fed Proc 41: 1067   (no Refs.)

9424. Sainati SM, Lorens SA (1983)
Intra-raphe benzodiazepines enhance rat locomotor-activity - interactions with GABA.
Pharm Bio B 18: 407-414   (57 Refs.)

9425. Saintmau. C, Meistelm. C, Rey E, Esteve C, Delautur. D, Olive G (1986)
The pharmacokinetics of rectal midazolam for premedication in children (technical note).
Anesthesiol 65: 536-538   (16 Refs.)

9426. Saito H, Kobayash. H, Takeno S, Sakai T (1984)
Fetal toxicity of benzodiazepines in rats.
Res Comm CP 46: 437-447   (8 Refs.)

9427. Saito H, Kobayash. H, Takeno S, Sakai T, Ishii H (1986)
Invivo and invitro studies on fetal toxicity of benzodiazepines in rats.
Res Comm CP 52: 295-304   (8 Refs.)

9428. Saito K (1983)
Reactions of tropone tosylhydrazone sodium-salt with acetylene derivatives - a novel synthesis of 1H-1,2-benzodiazepine derivatives.
Chem Lett 1983: 463-464   (13 Refs.)

9429. Saito K (1987)
The reactions of tropone tosylhydrazone sodium-salt with acetylene derivatives possessing electron-withdrawing groups - a novel method of synthesis of 1H-1,2-benzodiazepine derivatives.
B Chem S J 60: 2105-2109   (65 Refs.)

9430. Saito K, Goto M, Fukuda H (1983)
Postnatal-development of the benzodiazepine and GABA receptors in the rat spinal-cord (technical note).
Jpn J Pharm 33: 906-909   (16 Refs.)

9431. Saito KI, Goto M, Fukuda H (1984)
Effects of pentobarbital on ^3H-diazepam binding in the cerebral-cortex, cerebellum and spinal-cord of developing rats (technical note).
Jpn J Pharm 36: 262-264   (16 Refs.)

9432. Sakabe T, Dahlgren N, Carlsson A, Siesjo BK (1982)
Effect of diazepam on cerebral monoamine synthesis during hypoxia and hypercapnia in the rat.
Act Physl S 115: 57-65   (32 Refs.)

9433. Sakai Y, Namima M (1985)
Inhibitory effect on ^3H-diazepam binding and potentiating action on GABA of ethyl loflazepate, a new minor tranquilizer.
Jpn J Pharm 37: 373-379   (23 Refs.)

9434. Sakuma N, Nagashim. T, Terauchi N, Chino J, Ishikawa A (1985)
Clonazepam monotherapy for epilepsies in childhood (meeting abstr.).
Brain Devel 7: 185   (no Refs.)

9435. Salama AI (1983)
Tracozolate: A novel non-benzodiazepine anxiolytic.
In: Pharmacology of Benzodiazepines (Ed. Usdin E, Skolnick P, Tallmann jr JF, Greenblatt D, Paul SM)
Verlag Chemie, Weinheim Deerfield Beach Basel p. 417-430

9436. Salehi E (1986)
Sleep induction with midazolam during regional anesthesia.
Anasth Intm 27: 301-303   (no Refs.)

9437. Salem SAM, Kinney CD, McDevitt DG (1981)
Pharmacokinetics and psychomotor effects of nitrazepam and temazepam in young males and females (meeting abstr.).
Br J Cl Ph 11: 412-413   (3 Refs.)

9438. Salem SAM, Kinney CD, McDvitt DG (1982)
Pharmacokinetics and psychomotor effects of nitrazepam and temazepam in healthy elderly males and females (meeting abstr.).
Br J Cl Ph 13: 601-602   (2 Refs.)

9439. Salem SAM, McDevitt DG (1981)
Comparative psychomotor effects of propranolol, atenolol, and oxazepam (meeting abstr.).
Clin Pharm 29: 279-280   (no Refs.)

9440. Sales GD, Cagiano R, Desalvia AM, Colonna M, Racagni G, Cuomo V (1986)
Ultrasonic vocalization in rodents - biological aspects and effects of benzodiazepines in some experimental situations (review).
Adv Bio Psy 42: 87-92   (51 Refs.)

9441. Saletu B (1986)
Zur Bestimmung der Pharmakodynamik alter und neuer Benzodiazepine mittels des Pharmako-EEGs
In: Benzodiazepine - Rückblick und Ausblick (Ed. Hippius H, Engel RR, Laakmann G)
Springer, Berlin Heidelberg New York Tokyo, p. 47-70

9442. Saletu B, Grunberg. J, Amrein R, Skreta M (1981)
Assessment of pharmacodynamics of a new controlled-release form of diazepam (valium CR Roche) by quantitative EEG and psychometric analysis in neurotic subjects.
J Int Med R 9: 408-433   (14 Refs.)

9443. Saletu B, Grunberg. J, Anderer P, Sieghart W (1986)
Comparative biovailability studies with a new mixed-micelles solution of diazepam utilizing radioreceptor assay, psychometry and Q-EEG imaging (meeting abstr.)
Clin Neurop 9: 532   (no Refs.)

9444. Saletu B, Grunberg. J, Linzmaye. L (1986)
Early clinical pharmacological trials with a novel partial benzodiazepine agonist antagonist Ro 17-1812 using pharmaco-EEG and psychometry.
Meth Find E 8: 373-389   (32 Refs.)

9445. Saletu B, Grunberg. J, Sieghart W (1985)
Nocturnal traffic noise, sleep, and quality of awakening - neurophysiologic, psychometric, and receptor activity changes after quazepam.
Clin Neurop 8: 74-90   (20 Refs.)

9446. Saletu B, Grunberg. J, Sieghart W (1986)
Pharmaco-EEG, behavioral-methods and blood-levels in the comparison of temazepam and flunitrazepam.
Act Psyc Sc 74: 67-94   (31 Refs.)

9447. Salinsky JV, Dore CJ (1987)
Characteristics of long-term benzodiazepine users in general-practice.
J Roy Col G 37: 202-204   (9 Refs.)

9448. Salmon P, Gray JA (1985)
Comparison between the effects of propranolol and chlordiazepoxide on timing behavior in the rat.
Psychophar 87: 219-224   (18 Refs.)

9449. Salonen M, Aaltonen L, Aantaa E, Kanto J (1986)
Saccadic eye-movements in determination of the residual effects of flunitrazepam.
Act Pharm T 59: 303-305   (8 Refs.)

9450. Salonen M, Aaltonen L, Aantaa E, Kanto J (1986)
Saccadic eye-movements in determination of the residual effects of the benzodiazepines.
Int J Cl Ph 24: 227-231   (17 Refs.)

9451. Salonen M, Aantaa E, Aaltonen L, Hovivian. M, Kanto J (1986)
A comparison of the soft gelatin capsule and the tablet form of temazepam.
Act Pharm T 58: 49-54   (21 Refs.)

9452. Salonen M, Aantaa E, Aaltonen L, Kanto J (1986)
Importance of the interaction of midazolam and cimetidine.
Act Pharm T 58: 91-95   (13 Refs.)

9453. Salonen M, Kanto J, Hovivian. M, Irjala K, Viinamak. O (1986)
Oral temazepam as a premedicant in elderly general surgical patients.
Act Anae Sc 30: 689-692   (23 Refs.)

9454. Salonen M, Kanto J, Iisalo E, Himberg JJ (1987)
Midazolam as an induction agent in children - a pharmacokinetic and clinical-study.
Anesth Anal 66: 625-628   (16 Refs.)

9455. Salt JS, Taberner PV (1984)
Differential-effects of benzodiazepines and amphetamine on exploratory-behavior in weanling rats - an animal-model for anxiolytic activity.
Proc Neur-P 8: 163-169   (14 Refs.)

9456. Salt PJ, Erdmann W, Uges R, Sia R (1981)
Ketamine - midazolam tranqanalgesia (meeting abstr.).
Act Anae Sc 25: 92   (no Refs.)

9457. Salzman C (1982)
Key concepts in geriatric psycho-pharmacology - altered pharmacokinetics and polypharmacy.
Psych Cl N 5: 181-190   (51 Refs.)

9458. Salzman C, Greenblatt D (1984)
Differences in diazepam and oxazepam - reply (letter).
Arch G Psyc 41: 311   (no Refs.)

9459. Salzman C, Shader RI, Greenblatt DJ, Harmatz JS (1983)
Long vs short half-life benzodiazepines in the elderly - kinetics and clinical effects of diazepam and oxazepam.
Arch G Psyc 40: 293-297   (40 Refs.)

9460. Sample RHB, Chulk A, Kolanows. C, Baenzige. JC (1986)
Analysis of benzodiazepines using a bonded-phase extraction system (meeting abstr.).
Clin Chem 32: 1055   (no Refs.)

9461. Samson HH, Grant KA (1985)
Chlordiazepoxide effects on ethanol self-administration - dependence on concurrent conditions.
J Exp An Be 43: 353-364   (42 Refs.)

9462. Samson HH, Tolliver GA, Pfeffer AO, Sadeghi KG, Mills FG (1987)
Oral ethanol reinforcement in the rat - effect of the partial inverse benzodiazepine agonist Ro 15-4513 (technical note).
Pharm Bio B 27: 517-519   (15 Refs.)

9463. Samson Y, Bernau J, Pappata S, Chavoix C, Baron JC, Maziere MA (1987)
Cerebral uptake of benzodiazepine measured by positron emission tomography in hepatic-encephalopathy (letter).
N Eng J Med 316: 414-415   (10 Refs.)

9464. Samson Y, Hantraye P, Baron JC, Soussali. F, Comar D, Maziere M (1985)
Kinetics and displacement of ^{11}C-Ro 15-1788, a benzodiazepine antagonist, studied in human-brain invivo by positron tomography.
Eur J Pharm 110: 247-251   (20 Refs.)

9465. Samsonova NA (1981)
Effect of diazepam on the cyclical spike driving and Na^+, K^+-ATPase activity in an epileptic focus.
Va Med Nauk 1981: 62-64   (no Refs.)

9466. Samuelson PN, Reves JG, Kouchouk. NT, Smith LR, Dole KM (1981)
Hemodynamic-responses to anesthetic induction with midazolam or diazepam in patients with ischemic heart-disease.
Anesth Anal 60: 802-809   (23 Refs.)

9467. Samuelson PN, Reves JG, Smith LR, Kouchouk. NT (1981)
Midazolam versus diazepam - different effects on systemic vascular-resistance - a randomized study utilizing cardiopulmonary bypass constant flow.
Arznei-For 31-2: 2268-2269   (7 Refs.)

9468. Sanchez E, Cirio R, Delvilla. E, Vega P, Letelier ME (1981)
Respiratory depression - synergism between diazepam and morphine (meeting abstr.).
Braz J Med 14: 455   (no Refs.)

9469. Sanchez E, Cirio R, Letelier ME, Vega P, Delvilla. E (1981)
Diazepam increases blood-levels of morphine in rats.
IRCS-Bioch 9: 37   (6 Refs.)

9470. Sanchez E, Delvilla. E, Letelier ME, Vega P, Cirio R (1982)
Mechanisms of the synergism between diazepam and morphine.
Rev Med Chi 110: 7-14   (42 Refs.)

9471. Sanchezcraig M, Kay G, Busto U, Cappell H (1986)
Cognitive-behavioral treatment for benzodiazepine dependence (letter).
Lancet 1: 388   (4 Refs.)

9472. Sanchezmoyano E, Herraez M, Pladelfi. JM (1986)
A contribution to the pharmaceutical analysis of benzodiazepines.
Pharm Act H 61: 167-176   (40 Refs.)

9473. Sandler M, Glover V, Clow A, Armando I (1983)
Endogenous benzodiazepine receptor ligand-monoamine oxidase inhibitor activity in urine.
In: Pharmacology of Benzodiazepines (Ed. Usdin E, Skolnick P, Tallmann jr JF, Greenblatt D, Paul SM)
Verlag Chemie, Weinheim Deerfield Beach Basel p. 583-589

9474. Sandler M, Glover V, Clow A, Elsworth JD (1984)
Tribulin - an endogenous monoamine-oxidase (MAO) inhibitor benzodiazepine (BZ) receptor ligand (meeting abstr.).
Drug Dev R 4: 459-460   (no Refs.)

9475. Sandyk R (1983)
Urinary-incontinence associated with clonazepam therapy (letter).
S Afr Med J 64: 230   (no Refs.)

9476. Sandyk R (1983)
Urinary-incontinence associated with clonazepam therapy (letter).
S Afr Med J 64: 564   (3 Refs.)

9477. Sandyk R (1985)
Transient global amnesia induced by lorazepam (letter).
Clin Neurop 8: 297-298   (3 Refs.)

9478. Sandyk R (1985)
Successful treatment of cerebellar tremor with clonazepam (letter).
Clin Phrmcy 4: 615+   (9 Refs.)

9479. Sandyk R (1985)
Successful treatment of neuroleptic-induced akathisia with baclofen and clonazepam - a case-report.
Eur Neurol 24: 286-288   (9 Refs.)

9480. Sandyk R (1986)
Parkinsonism induced by diazepam (letter).
Biol Psychi 21: 1232   (7 Refs.)

9481. Sandyk R (1986)
Orofacial dyskinesias associated with lorazepam therapy.
Clin Phrmcy 5: 419-421   (no Refs.)

9482. Sangal R (1985)
Inhibited female orgasm as a side-effect of alprazolam (letter).
Am J Psychi 142: 1223-1224   (5 Refs.)

9483. Sangames. L, Deblas AL (1985)
Demonstration of benzodiazepine-like molecules in the mammalian brain with a monoclonal-antibody to benzodiazepines.
P NAS US 82: 5560-5564   (37 Refs.)

9484. Sangames. L, Fales HM, Friedric. P, Deblas AL (1986)
Purification of a benzodiazepine from bovine brain and detection of benzodiazepine-like immunoreactivity in human-brain.
P NAS US 83: 9236-9240   (27 Refs.)

9485. Sanger DJ (1984)
Discriminative stimulus effects of chlordiazepoxide - generalization to non-benzodiazepines active at the benzodiazepine binding-site (meeting abstr.).
Psychophar 83: 3   (no Refs.)

9486. Sanger DJ (1984)
Chlordiazepoxide-induced hyperphagia in rats - lack of effect of GABA agonists and antagonists.
Psychophar 84: 388-392   (33 Refs.)

9487. Sanger DJ (1985)
The effects of clozapine on shuttle-box avoidance responding in rats - comparisons with haloperidol and chlordiazepoxide.
Pharm Bio B 23: 231-236   (29 Refs.)

9488. Sanger DJ (1986)
Investigation of the actions of the benzodiazepine antagonists Ro 15-1788 and CGS 8216 using the schedule-controlled behavior of rats.
Pharm Bio B 25: 537-541   (46 Refs.)

9489. Sanger DJ (1986)
The benzodiazepine antagonist CGS 8216 reduces rates of drinking and operant lever pressing in rats (meeting abstr.).
Psychophar 89: 31   (no Refs.)

9490. Sanger DJ (1987)
The benzodiazepine antagonist CGS 8216 decreases both shocked and unshocked drinking in rats.
Psychophar 91: 485-488   (23 Refs.)

9491. Sanger DJ, Joly D (1986)
Zimelidine does not antagonize the effects of alcohol or diazepam on the acquisition of conditioned fear in mice.
Neuropsychb 15: 29-33   (14 Refs.)

9492. Sanger DJ, Joly D, Zivkovic B (1985)
Behavioral-effects of nonbenzodiazepine anxiolytic drugs - a comparison of CGS-9896 and zopiclone with chlordiazepoxide.
J Pharm Exp 232: 831-837   (41 Refs.)

9493. Sanger DJ, Joly D, Zivkovic B (1986)
Effects of zolpidem, a new imidazopyridine hypnotic, on the acquisition of conditioned fear in mice - comparison with triazolam and CL-218, 872.
Psychophar 90: 207-210   (27 Refs.)

9494. Sanger DJ, Zivkovic B (1987)
Discriminative stimulus properties of chlordiazepoxide and zolpidem - agonist and antagonist effects of CGS-9896 and ZK-91296.
Neuropharm 26: 499-505   (38 Refs.)

9495. Sanghera MK, German DC (1983)
The effects of benzodiazepine and non-benzodiazepine anxiolytics on locus coeruleus unit-activity.
J Neural Tr 57: 267-279   (36 Refs.)

9496. Sanghera MK, McMillen BA, German DC (1982)
Buspirone, a non-benzodiazepine anxiolytic, increases locus coeruleus noradrenergic neuronal-activity (technical note).
Eur J Pharm 86: 107-110   (10 Refs.)

9497. Sankov AN (1983)
Effect of chlorpromazine and diazepam on intracentral relations of the hypothalamo-amygdaloid formations of the brain in experimental neurosis.
Farmakol T 46: 20-23   (9 Refs.)

9498. Sannerud CA, Tantirak. S, Cook JM, Griffith. RR (1987)
Behavioral-effects of benzodiazepine (BZ) agonist, antagonist and inverse agonists in the baboon (meeting abstr.).
Fed Proc 46: 1301   (no Refs.)

9499. Sannita WG, Cabri M, Montano VF, Rosadini G (1981)
Quantitative EEG and behavioral-effects in volunteers of a new benzodiazepine (SAS 643) in relation to drug plasma-concentration.
Ther Drug M 3: 341-349   (31 Refs.)

9500. Sannita WG, Cabri M, Montano VF, Rosadini G (1982)
EEG profile and plasma-concentration levels of a new benzodiazepine (meeting abstr.).
EEG Cl Neur 54: 8   (no Refs.)

9501. Sano T, Suzuki T, Ohishi K, Uchida MK (1985)
Mechanisms of the inhibitory effects of benzodiazepines on serotonin release from rat mast-cells (meeting abstr.).
Jpn J Pharm 39: 286   (no Refs.)

9502. Sansone M (1982)
Opposite effects of chlordiazepoxide and serotonin receptor antagonists on morphine-induced locomotor stimulation in mice.
Psychophar 78: 54-57   (21 Refs.)

9503. Sansone M (1982)
Scopolamine-induced locomotor stimulation in mice - effect of diazepam and a benzo-diazepine antagonist (technical note).
Psychophar 77: 292-293   (6 Refs.)

9504. Sansone M, Castella. C, Pavone F (1984)
A behavioral investigation on tifluadom, an opioid benzodiazepine (meeting abstr.).
J Pharmacol 15: 469-470   (1 Refs.)

9505. Sansone M, Castella. C, Pavone F, Hano J (1985)
Opioid benzodiazepine tifluadom and drug-induced hyperactivity in mice - lack of benzodiazepine-like effects.
Pol J Phar 37: 585-590   (13 Refs.)

9506. Sansone M, Renzi P (1981)
Avoidance facilitation by chlordiazepoxide-amphetamine combinations in mice - effect of alphe-methyl-rho-tyrosine.
Psychophar 75: 22-24   (20 refs.)

9507. Sansone M, Renzi P, Vetulani J (1986)
Facilitation of stimulatory effect of chlordiazepoxide-amphetamine combination by subacute administration of chlordiazepoxide in mice.
Psychophar 89: 52-54   (19 Refs.)

9508. Sansone M, Renzi P, Vetulani J (1987)
Tolerance to diazepam-induced avoidance depression in mice.
Pol J Phar 39: 75-79   (9 Refs.)

9509. Sansone M, Vetulani J, Hano J (1981)
Effects of chlordiazepoxide on acquisition of avoidance-behavior in mice receiving chronically anti-depressant drugs.
Pharmacol R 13: 265-274   (22 Refs.)

9510. Santi MR, Cox DH, Guidotti A (1987)
Heterogeneity of benzodiazepine beta-carboline GABA receptor complex in rat spinal-cord (meeting abstr.).
Fed Proc 46: 1299   (no Refs.)

9511. Santi M, Pinelli G, Ricci P, Penne A, Zeneroli ML, Baraldi M (1985)
Evidence that 2-phenylpyrazolo[4,3-c]-quinolin-3(5H)-one antagonizes pharmacological, electrophysiological and biochemical effects of diazepam in rats.
Neuropharm 24: 99-105   (29 Refs.)

9512. Saravi FD (1983)
Benzodiazepine and neurons - recent advances (review).
Medicine 43: 89-104   (137 Refs.)

9513. Sarbu C, Marutoiu C (1986)
Thin-layer chromatography with fluorescence based on luminophores mixture .3. separation and detection of some 1,4-benzodiazepines (technical note).
Rev Chim 37: 913-914   (no Refs.)

9514. Sartory G (1983)
Benzodiazepines and behavioral treatment of phobic anxiety.
Behav Psych 11: 204-217   (36 Refs.)

9515. Sasaki K, Furusawa S, Monma K, Takayana. G (1983)
Potentiation of the anti-tumor activity of tegafur in sarcoma 180-bearing mice by chlordiazepoxide, diazepam and oxazepam.
Chem Pharm 31: 2451-2458   (22 Refs.)

9516. Sasaki K, Furusawa S, Takayana. G (1983)
Effects of chlordiazepoxide, diazepam and oxazepam on the anti-tumor activity, the lethality and the blood level of active metabolites of cyclophosphamide and cyclophosphamide oxidase activity in mice.
J Pharmacob 6: 767-772   (18 Refs.)

9517. Sasaki R, Takaku F, Miura Y (1984)
Invitro effect of diazepam and prednisolone on leukemic-cells from acute lymphoid leukemia cases.
Act Haem J 47: 1287-1292   (* Refs.)

9518. Sashida H, Fujii A, Sawanish. H, Tsuchiya T (1986)
New synthetic routes to fully unsaturated 1,4-benzodiazepines from quinolyl azides.
Heterocycle 24: 2147-2150   (14 Refs.)

9519. Sastry CSP, Kumari PL, Rao BG (1985)
New colorimetric method for the assay of procainamide, metoclopramide and nitrazepam (technical note).
Chem Anal 30: 461-464   (10 Refs.)

9520. Sato K, Ishida K, Kikuta M, Nakagawa I, Shibuya T (1981)
Effects of benzodiazepine derivatives on brain monoamines - emphasis on analysis using HPLC (meeting abstr.).
Fol Pharm J 78: 41   (no Refs.)

9521. Sato S, Kawazoe K, Hata T, Takebay A. T, Okada Y, Miyadera T, Tamura C (1984)
Structural studies of oxazolo-1,4-benzodiazepines - polymorphism and optical-activity of haloxazolam (meeting abstr.).
Act Cryst A 40: 74   (1 Refs.)

9522. Sato TN, Neale JH (1987)
The type-I and type-II gamma-aminobutyric acid benzodiazepine receptor .1. purification and two-dimensional electrophoretic analysis of the receptor from cortex and cerebellum.
Bioc Biop R 146: 568-574   (19 Refs.)

9523. Satoh M, Ishihara K, Iwama T, Takagi H (1986)
Aniracetam augments, and midazolam inhibits, the long-term potentiation in guinea-pig hippocampal slices.
Neurosci L 68: 216-220   (14 Refs.)

9524. Sauer G, Wille W, Müller WE (1983)
Binding-studies using the BZ 1 selective ligand propyl beta-carboline-3-carboxylate in the brain of the lurcher mutant mouse suggest an uneven distribution of benzodiazepine receptor subclasses in the mouse cerebellum (meeting abstr.).
H-S Z Physl 364: 1280   (2 Refs.)

9525. Sauer G, Wille W, Müller WE (1984)
Binding-studies in the lurcher mutant suggest an uneven distribution of putative benzodiazepine receptor subclasses in the mouse cerebellum.
Neurosci L 48: 333-338   (15 Refs.)

9526. Savelyev VL, Makarov AV, Zagorevs. VA (1983)
Synthesis of 6,7,8,13-tetrahydro[1]benzopyrano[4,3-b]benzodiazepine-6,8-dione (letter).
Khim Getero 1983: 845   (no Refs.)

9527. Savenijechapel EM, Bast A, Noordhoe. J (1985)
Inhibition of diazepam metabolism in microsomal and perfused liver preparations of the rat by desmethyldiazepam, N-methyloxazepam and oxazepam.
Eur J Drug 10: 15-20   (35 Refs.)

9528. Savoca MR (1984)
Computer-applications in descriptive testing.
Food Techn 38: 74-77   (7 Refs.)

9529. Sawanishi H, Sashida H, Tsuchiya T (1985)
Studies on diazepines .21. photochemical-synthesis of 1H-2,4-benzodiazepines from 4-azidoisoquinolines.
Chem Pharm 33: 4564-4571   (38 Refs.)

9530. Sawanishi H, Tsuchiya T (1984)
Synthesis and some reactions of 2,4-benzodiazepines (meeting abstr.).
Heterocycle 21: 688   (1 Refs.)

9531. Sawanishi H, Tsuchiya T (1984)
Synthesis and characterization of H-1-2,4-benzodiazepines.
Heterocycle 22: 2725-2728   (21 Refs.)

9532. Sawe J, Pacifici GM, Kager L, Vonbahr C, Rane A (1982)
Glucuronidation of morphine in human-liver and interaction with oxazepam.
Act Anae Sc 26: 47-51   (19 Refs.)

9533. Scahill TA, Smith SL (1983)
^{15}N-NMR-studies of 1,4-benzodiazepines .1. .
OMR-Org Mag 21: 621-623   (16 Refs.)

9534. Scahill TA, Smith SL (1983)
^{15}N-NMR-studies of 1,4-benzodiazepines .2. the triazolobenzodiazepines.
OMR-Org Mag 21: 662-665   (16 Refs.)

9535. Scahill TA, Smith SL (1985)
^{13}C and hydrogen NMR date for a series of 1,4-benzodiazepines.
Magn Res Ch 23: 280-285   (13 Refs.)

9536. Scavone JM, Blyden GT, Leduc BW, Greenblatt DJ (1986)
Effect of influenza vaccine on acetaminophen, alprazolam, antipyrine and lorazepam pharmacokinetics (meeting abstr.).
J Clin Phar 26: 556   (no Refs.)

9537. Scavone JM, Friedman H, Greenblatt DJ, Shader RI (1987)
Effect of age, body-composition, and lipid solubility on benzodiazepine tissue distribution in rats.
Arznei-For 37-1: 2-6   (34 Refs.)

9538. Scavone JM, Greenblatt DJ, Friedman HL, Shader RI (1986)
Enhanced bioavailability of triazolam following sublingual versus oral-administration (meeting abstr.).
Clin Pharm 39: 226   (no Refs.)

9539. Scavone JM, Greenblatt DJ, Friedman H, Shader RI (1986)
Enhanced bioavailability of triazolam following sublingual versus oral-administration.
J Clin Phar 26: 208-210   (19 Refs.)

9540. Scavone JM, Greenblatt DJ, Harmatz JS, Shader RI (1985)
Pharmacokinetic and pharmacodynamic interaction of ethanol and brotizolam (meeting abstr.).
J Clin Phar 25: 458   (no Refs.)

9541. Scavone JM, Greenblatt DJ, Harmatz JS, Shader RI (1986)
Kinetic and dynamic interaction of brotizolam and ethanol.
Br J Cl Ph 21: 197-204   (33 Refs.)

9542. Scavone JM, Greenblatt DJ, Locniska. A, Shader RI (1987)
Alprazolam kinetics in women on low-dose oral-contraceptives (meeting abstr.).
Clin Pharm 41: 238   (no Refs.)

9543. Scavone JM, Greenblatt DJ, Matlis R, Harmatz JS (1985)
Interaction of oxaprozin with acetaminophen, cimetidine, and ranitidine (meeting abstr.).
J Clin Phar 25: 461   (no Refs.)

9544. Scavone JM, Greenblatt DJ, Matlis R, Harmatz JS (1986)
Interaction of oxaprozin with acetaminophen, cimetidine, and ranitidine.
Eur J Cl Ph 31: 371-374   (17 Refs.)

9545. Scavone JM, Greenblatt DJ, Shader RI (1986)
Comparative pharmacokinetics of alprazolam following sublingual versus oral-administration (meeting abstr.).
J Clin Phar 26: 557   (no Refs.)

9546. Schaal M, Freye E, Schenk G (1984)
Benzodiazepine with an analgesic effect (meeting abstr.).
Anaesthesis 33: 454   (1 Refs.)

9547. Schaal M, Freye E, Windelsc. R (1986)
Tifluadom, a benzodiazepine with opoid-like activity - study on the central action mechanism in the awake dog.
EEG-EMG 17: 27-31   (no Refs.)

9548. Schacht U, Baecker G (1982)
Effects of clobazam in benzodiazepine-receptor binding assays.
Drug Dev R 1982: 83-93   (18 Refs.)

9549. Schaepe H (1983)
Internationale Kontrolle von Psychopharmaka.
Dtsch Apoth Ztg 123: 1684-1686

9550. Schafer DF, Fowler JM, Munson PJ, Thakur AK, Waggoner JG, Jones EA (1983)
Gamma-aminobutyric acid and benzodiazepine receptors in an animal-model of fulminant hepatic-failure.
J La Cl Med 102: 870-880   (40 Refs.)

9551. Schaffler K (1987)
Non-benzo-anxiolytic versus benzo-anxiolytic drug - a comparison concerning vigilance, myogenic and cholinergic effects after acute and subchronical administration of buspirone and bromazepam (meeting abstr.).
Int J Neurs 32: 433-434   (no Refs.)

9552. Schaffler K, Arnold H, Hormann E (1982)
The action of clobazam and diazepam on computer-assisted tests of muscle-activity - oculomotor effects.
Drug Dev R 1982: 39-46   (7 Refs.)

9553. Schaffler K, Kauert G (1987)
Simultaneous monitoring of pharmacodynamic and kinetic data after chronical quazepam administration under run-in, steady-state and wash-out conditions (meeting abstr.).
Int J Neurs 32: 815   (no Refs.)

9554. Schaffler K, Rimkus U, Hirschma. K, Arnold H (1982)
The action of clobazam and diazepam on computer-assisted tests of muscle-activity - dynamometric and myogenic effects.
Drug Dev R 1982: 177-184   (10 Refs.)

9555. Schallert T, Hernande. TD, Barth TM (1986)
Recovery of function after brain-damage - severe and chronic distruption by diazepam.
Brain Res 379: 104-111   (50 Refs.)

9556. Scharf MB, Denson DD, Thompson GA, Goff PJ (1985)
Carryover hypnotic effectiveness of diazepam.
Curr Ther R 37: 309-317   (20 Refs.)

9557. Scharf MB, Feil P (1983)
Acute effects of drug administration and withdrawal on the benzodiazepine receptor.
Life Sci 32: 1771-1777   (28 Refs.)

9558. Scharf MB, Hirschow. J, Woods M, Scharf S (1985)
Lack of amnestic effects of clorazepate on geriatric recall.
J Clin Psy 46: 518-520   (14 Refs.)

9559. Scharf MB, Jacoby JA (1982)
Lorazepam - efficacy, side-effects, and rebound phenomena.
Clin Pharm 31: 175-179   (11 Refs.)

9560. Scharf MB, Kales A, Bixler EO, Jacoby JA, Schweitz. PK (1981)
Sleep laboratory evaluation of lorazepam-4-mg (meeting abstr.).
Clin Pharm 29: 280-281   (no Refs.)

9561. Scharf MB, Khosla N, Brocker N, Goff P (1984)
Differential amnestic properties of short-acting and long-acting benzodiazepines.
J Clin Psy 45: 51-53   (10 Refs.)

9562. Scharf MB, Khosla N, Lysaght R, Brocker N, Moran J (1983)
Anterograde amnesia with oral lorazepam.
J Clin Psy 44: 362-364   (18 Refs.)

9563. Schatzberg AF, Altesman RI, Cole JO (1983)
An update of the use of benzodiazepines in depressed patients.
In: Pharmacology of Benzodiazepines (Ed. Usdin E, Skolnick P, Tallmann jr JF, Greenblatt D, Paul SM)
Verlag Chemie, Weinheim Deerfield Beach Basel, p. 45-51

9564. Schatzberg AF, Cole JO (1981)
Benzodiazepines in the treatment of depressive, borderline personality, and schizophrenic disorders.
Br J Cl Ph 11: 17-22   (49 Refs.)

9565. Schauzu HG, Mager PP (1983)
Free-wilson approach applied to beta-carbolines, a series of potent benzodiazepine antagonists (technical note).
Pharmazie 38: 490-491   (3 Refs.)

9566. Schechter MD (1984)
Specific antagonism of the behavioral-effects of chlordiazepoxide and pentobarbital in the rat (review).
Prog Neur-P 8: 359-364   (23 Refs.)

9567. Schechter MD, Lovano DM (1985)
Ethanol-chlordiazepoxide interactions in the rat.
Pharm Bio B 23: 927-930   (17 Refs.)

9568. Scheelkruger J, Petersen EN (1982)
Anti-conflict effect of the benzodiazepines mediated by a GAGAergic mechanism in the amygdala (technical note).
Eur J Pharm 82: 115-116   (5 Refs.)

9569. Scheelkruger J, Petersen EN (1985)
On the role of amygdala for the anticonflict effect of benzodiazepines (meeting abstr.).
Act Neur Sc 72: 255-256   (4 Refs.)

9570. Schelling JL (1985)
Psychotropic-drugs in the elderly.
Schw Med Wo 115: 1808-1814   (18 Refs.)

9571. Schenberg LC, Deaguiar JC, Salgado HC, Graeff FG (1981)
Depressant action of chlordiazepoxide on cardiovascular and respiratory changes induced by aversive electrical-stimulation of the brain.
Braz J Med 14: 69-72   (15 Refs.)

9572. Schenberg LC, Deaguiar JC, Salgado HC, Graeff FG (1981)
Depressor effect of chlordiazepoxide on cardiovascular and respiratory changes induced by aversive elctrical-stimulation of the rat-brain (meeting abstr.).
Braz J Med 14: 337   (no Refs.)

9573. Schenzle D, Schmidt V, Mallach HJ, Dietz K (1983)
Untersuchungen zur Prüfung der Wechselwirkung zwischen Alkohol und einem neuen 1,4-Benzodiazepin (Metaclazepam)
3. Mitteilung: Pharmakokinetische Analyse.
Blutalkohol 20: 273-300

9574. Scherkl R, Frey HH (1986)
Physical-dependence on clonazepam in dogs.
Pharmacol 32: 18-24   (13 Refs.)

9575. Scherkl R, Scheuler W, Frey HH (1985)
Anticonvulsant effect of clonazepam in the dog - development of tolerance and physical-dependence.
Arch I Phar 278: 249-260   (24 Refs.)

9576. Scherchlicht R (1985)
Quantitative EEG profiles of diazepam and 2 partial benzodiazepine receptor agonists (Ro-16-6028 und Ro-17-1812) in volunteers (meeting abstr.).
EEG Cl Neur 61: 172   (no Refs.)

9577. Scherchlicht R, Marias J (1983)
Effects of oral and intravenous midazolam, triazolam and flunitrazepam on the sleep-wakefulness cycle of rabbits.
Br J Cl Ph 16: 29-35   (17 Refs.)

9578. Schettini G, Cronin MJ, Odell SB, Macleod RM (1984)
The benzodiazepine agonist diazepam inhibits basal and secretagogue-stimulated prolactin-release invitro.
Brain Res 291: 343-349   (43 Refs.)

9579. Schiller GD, Farb DH (1986)
Enhancement of benzodiazepine binding by GABA is reduced rapidly during chronic exposure to flurazepam.
Ann Ny Acad 463: 221-223   (6 Refs.)

9580. Schiralli V, McIntosh M (1987)
Benzodiazepines - are we overprescribing.
Can Fam Phy 33: 927+   (no Refs.)

9581. Schlagin. W, Meienberg O, Fisch HU (1984)
Saccadic eye-movements as a measure of pharmacodynamics of benzodiazepines - evaluation of various oculographic parameters.
EEG-EMG 15: 145-150   (* Refs.)

9582. Schlappi B (1983)
Safety aspects of midazolam.
Br J Cl Ph 16: 37-41   (no Refs.)

9583. Schleussner E, Kramer M, Müller H, Scheld H, Hempelmann G (1981)
Cardial and vascular effects of midazolam during induction of anesthesia prior to and during extracorporeal-circulation in coronary-surgical patients.
Arznei-For 31-2: 2232-2235   (15 Refs.)

9584. Schliebs R, Rothe T, Bigl V (1983)
Radioligand binding measurements on beta-adrenergic and benzodiazepine receptors in rat-brain - a comparison of the filtration and centrifugation techniques.
Biomed Bioc 42: 537-546   (15 Refs.)

9585. Schliebs R, Rothe T, Bigl V (1986)
Dark-rearing affects the development of benzodiazepine receptors in the central visual structures of rat-brain.
Dev Brain R 24: 179-185   (41 Refs.)

9586. Schliebs R, Rothe T, Bigl V (1987)
Rat retinal benzodiazepine receptors are controlled by visual cortical mechanisms.
Neurochem I 10: 179-184   (36. Refs.)

9587. Schlumpe M, Lichtens. W, Ribary U (1984)
Neurochemical and behavioral-effects of prenatal benzodiazepine (BDZ) treatment in relation to the ontogeny of binding-sites (meeting abstr.).
Teratology 29: 15   (1 Refs.)

9588. Schlumpf M, Richards JG, Lichtens. W, Mohler H (1983)
An autoradiographic study of the prenatal development of benzodiazepine binding sites in rat-brain.
J Neurosc 3: 1478-1487   (39 Refs.)

9589. Schmidt D, Rohde M, Wolf P, Roederwa. U (1986)
Clobazam for refractory focal epilepsy - a controlled trial.
Arch Neurol 43: 824-826   (16 Refs.)

9590. Schmidt U, Brendemu. D, Dellen R, Meurerkr. BC, Helm V (1985)
Influence of hypnotic therapy with temazepam upon psychomotor and real driving performance.
Arznei-For 35-2: 1336-1340   (33 Refs.)

9591. Schmidt U, Brendemu. D, Ruther E (1986)
Aspects of driving after hypnotic therapy with particular reference to temazepam.
Act Psyc Sc 74: 112-118   (3 Refs.)

9592. Schmidt V, Mallach HJ, Müller R, Seidel G (1984)
Interactions between alcohol and metaclazepam.
Med Welt 35: 997-1002   (no Refs.)

9593. Schneider J (1985)
Tranquilizers and anticoagulants - no drug-interaction between clobazam and phenprocoumon.
Mün Med Woc 127: 563-564   (11 Refs.)

9594. Schneider WR, Schütz H (1987/88)
Screening and detection of the new 1,4-benzodiazepine derivative metaclazepam.
Mikrochim Acta (in the press)

9595. Schneider WR, Schütz H, Zeller M (1986)
Corrected TLC-data of 16 hydrolysis-derivatives of commonly used benzodiazepines in 10 systems.
J Forens Med 2: 56-60

9596. Schneiderhelmert D (1985)
Confusional states after intake of the hypnotic midazolam.
Schw Med Wo 115: 247-249   (5 Refs.)

9597. Schneiweiss F (1981)
Is diazepam tumorigenic (letter).
Am J Hosp P 38: 796   (5 Refs.)

9598. Schoch P, Haring P, Takacs B, Stahli C, Mohler H (1984)
A GABA benzodiazepine receptor complex from bovine brain - purification, reconstitution and immunological characterization.
J Recep Res 4: 189-200   (23 Refs.)

9599. Schoch P, Mohler H (1983)
Purified benzodiazepine receptor retains modulation by GABA (technical note).
Eur J Pharm 95: 323-324   (5 Refs.)

9600. Schoch P, Richards JG, Haring P, Takacs B, Mohler H (1986)
Structural-analysis and localization of GABA benzodiazepine TBPS-receptor complex using monoclonal-antibodies (review).
Adv Bio Psy 41: 11-20   (21 Refs.)

9601. Schoch P, Richards JG, Haring P, Takacs B, Stahli C, Staeheli. T, Haefely W, Mohler H (1985)
Co-localization of GABA receptors and benzodiazepine receptors in the brain shown by monoclonal-antibodies.
Nature 314: 168-171   (25 Refs.)

9602. Schoemaker H, Bliss M, Yamamura HI (1981)
Specific high-affinity saturable binding of ^{3}H-Ro 5-4864 to benzodiazepine binding-sites in the rat cerebral-cortex (technical note).
Eur J Pharm 71: 173-175   (5 Refs.)

9603. Schoemaker H, Morelli M, Deshmukh P, Yamamura HI (1982)
^{3}H-Ro 5-4864 benzodiazepine binding in the kainate lesioned striatum and huntingtons diseased basal ganglia (technical note).
Brain Res 248: 396-401   (27 Refs.)

9604. Schoemaker H, Morelli M, Yamamura HI (1982)
^{3}H-Ro 5-4864 benzodiazepine binding in the kainic acid lesioned rat striatum and in huntingtons-disease (meeting abstr.).
Fed Proc 41: 1068   (no Refs.)

9605. Schoemaker H, Smith TL, Yamamura HI (1983)
Effect of chronic ethanol-consumption on central and peripheral type benzodiazepine binding-sites in the mouse-brain (technical note).
Brain Res 258: 347-350   (27 Refs.)

9606. Schogt B, Conn D (1985)
Paranoid symptoms associated with triazolam (letter).
Can J Psy 30: 462-463   (no Refs.)

9607. Schohn D, Schmitt R, Jahn H (1982)
Bromazepam in the treatment of anxiety in nephrology and hemodialysis.
Nouv Presse 11: 1718-1721   (5 Refs.)

9608. Scholfield CN (1983)
Ro-15-1788 is a potent antagonist of benzodiazepines in the olfactory cortex slice.
Pflug Arch 396: 292-296   (17 Refs.)

9609. Scholl H, Kloster G, Stocklin G (1983)
Bromine-75-labeled 1,4-benzodiazepines - potential agents for the mapping of benzodiazepine receptors invivo - concise communication.
J Nucl Med 24: 417-422   (27 Refs.)

9610. Scholl H, Laufer P, Kloster G, Stocklin G (1982)
A potential benzodiazepine receptor-binding radiopharmaceutical for positron emission tomography - ^{75}Br-7-bromo-1,3-dihydro-5-(2'-fluoro-phenyl)-1-methyl-2H-1,4-benzodiazepine-2-one (^{75}Br-BFB) (meeting abstr.).
J Label C R 19: 1294-1295   (8 Refs.)

9611. Scholz W (1984)
Arzneimittelwechselwirkungen, 2. Aufl.
Thieme, Stuttgart New York

9612. Schopf J (1981)
Unusual withdrawal symptoms after long-term administration of benzodiazepines.
Nervenarzt 52: 288-292   (32 Refs.)

9613. Schopf J (1983)
Withdrawal phenomena after long-term administration of benzodiazepines - a review of recent investigations (review or bibliog.).
Pharmacopsy 16: 1-8   (56 Refs.)

9614. Schopf J (1985)
Physical-dependence in long-term benzodiazepine treatment.
Nervenarzt 56: 585-592   (38 Refs.)

9615. Schopf J, Laurian S, Le PK, Gaillard JM (1984)
Intrinsic activity of the benzodiazepine antagonist-Ro-15-1788 in man - an electrophysiological investigation.
Pharmacops 17: 79-83   (29 Refs.)

9616. Schouolesn A, Christen. KJ, Hartmann. F, Jorgense. S (1986)
CO_2 production after suxamethonium and diazepam.
Act Anae Sc 30: 685-688   (16 Refs.)

9617. Schroeder HG (1986)
The use of temazepam expidet (FDDF) as a premedicant in children.
Act Psyc Sc 74: 167-171   (9 Refs.)

9618. Schröder T, Tauberge. G, Esch JSA (1982)
Mechanism of action of flunitrazepam (Rohypnol) in circulation and breathing in animals.
Anasth Int 17: 211-214   (no Refs.)

9619. Schubert H, Fleischhacker WW (1983)
Benzodiazepines in Endogenous Depression.
In: The Benzodiazepines - From Molecular Biology to Clinical Practice (Ed. Costa E).
Raven Press, New York, 359-367

9620. Schulenburg CE, Robbs JV, Rubin J (1985)
Intra-arterial diazepam - a report of 2 cases.
S Afr Med J 68: 891-892   (9 Refs.)

9621. Schultesasse U, Hess W, Tarnow J (1982)
Hemodynamic-responses to induction of anesthesia using midazolam in cardiac surgical patients.
Br J Anaest 54: 1053-1058   (21 Refs.)

9622. Schulz H, Feuer L (1986)
Anticonflict properties of the dipeptide litoralon and of diazepam in rats.
Act Phy Hu 67: 331-338   (10 Refs.)

9623. Schuster CL, Humphrie. RH (1981)
Benzodiazepine dependency in alcoholics.
Conn Med 45: 11-13 (no Refs.)

9624. Schütz C, Muskat E, Post D, Schewe G, Schütz H (1972)
Mikrochemischer Nachweis und Unterscheidung von fünf Tranquilizern aus der Klasse der 5-Phenyl-1,4-benzodiazepine mit Hilfe der dünnschichtchromatographischen TRT-Technik.
Z Anal Chem 262: 282-286

9625. Schütz C, Schütz H (1972)
Zur Unterscheidung der Benzodiazepine Lorazepam und Oxazepam mit Hilfe der dünnschichtchromatographischen Trennung-Reaktion-Trennung-Technik.
Z Klin Chem Klin Biochem 10: 528-530

9626. Schütz C, Schütz H (1973)
Der Schnellnachweis von Lorazepam (Tavor), einem neuen Tranquilizer aus der Reihe der Benzodiazepine.
Arch Toxikol 30: 183-186

9627. Schütz H (1974)
Möglichkeiten der Reaktionschromatographie, dargestellt am Beispiel des reaktionschromatographischen Nachweises von Nitrazepam (Mogadan) und seiner Hauptmetaboliten.
J Chromatogr 94: 159-167

9628. Schütz H (1978)
Analytische Daten des neuen 1,5-Benzodiazepines Clobazam (Frisium) und seines Hauptmetaboliten Nor-Clobazam.
Arch Toxicol 41: 233-238

9629. Schütz H (1978)
TLC-data of 19 main-hydrolysis-derivatives of 1,4- and 1,5-benzodiazepines and major metabolites.
J Anal Toxicol 2: 147-148

9630. Schütz H (1979)
Ein Screening-Test auf Nor-Clobazam, einen Hauptmetaboliten des neuen 1,5-Benzodiazepins Clobazam (Frisium).
Arch Kriminol 163: 91-94

9631. Schütz H (1979)
Analytik und Biotransformation von Camazepam (Albego), einem neuen Tranquilizer aus der Reihe der 1,4-Benzodiazepine.
Ärztl Lab 25: 75-78

9632. Schütz H (1979)
Mikropräparation wichtiger Flunitrazepam-Metaboliten durch Reaktionen auf der Dünnschichtplatte.
J Chromatogr 168: 429-434

9633. Schütz H (1979)
Dünnschichtchromatographische Trennung und Detektion von 14 1,4- bzw. 1,5-Benzodiazepin-Handelspräparaten und 17 Hauptmetaboliten.
Z Anal Chem 294: 135-139

9634. Schütz H (1980)
Biotransformation und Benzodiazepine.
Ärztl Lab 26: 83-88

9635. Schütz H (1981)
Einflußmöglichkeiten verschiedener Parameter auf die Höhe einer Fremdstoffkonzentration in Körperflüssigkeiten, dargestellt am Beispiel der Benzodiazepine.
Dtsch Apoth Ztg 121: 1059-1065

9636. Schütz H (1981)
Screening von Benzodiazepinen I.
Dtsch Apoth Ztg 121: 1655-1660

9637. Schütz H (1981)
Screening von Benzodiazepinen II.
Dtsch Apoth Ztg 121: 1816-1823

9638. Schütz H (1982)
Ein kombiniertes DC- und UV-Screening-Verfahren für gebräuchliche Schlaf- und Beruhigungsmittel mit Ausnahme der Benzodiazepine.
Ärztl Lab 28: 47-57

9639. Schütz H (1982)
Screening von Benzodiazepinen.
Ärztl Lab 28: 117-132

9640. Schütz H (1982)
Interpretation von Benzodiazepinspiegeln in Körperflüssigkeiten.
Dtsch Apoth Ztg 122: 503-508

9641. Schütz H (1982)
Benzodiazepine - Entdeckung, Entwicklung und Zukunftsperspektiven.
Pharm Unserer Zeit 11: 161-176

9642. Schütz H (1982)
BENZODIAZEPINES - A Handbook.
156 figures, XII, 439 pages, ISBN 3-540-11270-7
Springer-Verlag, Berlin Heidelberg New York

9643. Schütz H (1983)
Alkohol im Blut - Nachweis und Bestimmung, Umwandlung, Berechnung.
Verlag Chemie, Weinheim, Deerfield Beach

9644. Schütz H (1983)
Verbessertes Benzodiazepinscreening durch Derivatisierung.
Fortschr Rechtsmed S 376-385.
Springer, Heidelberg

9645. Schütz H (1983)
Nomenklaturvorschläge für die Publikation chemisch-toxikologischer Untersuchungen.
Zentralbl Rechtsmed 24: 1017-1022

9646. Schütz H (1985)
Screening des neuen Anxiolytikums Halazepam.
Fresenius Z Anal Chem 321: 359-362

9647. Schütz H (1985)
Weitere Daten zum Nachweis von Triazolam (Halcion) und seinen Hauptmetaboliten.
Beitr Gerichtl Med 43: 465-467

9648. Schütz H (1985)
Analytical data on the new benzodiazepine derivative, midazolam (Dormicum), and its metabolites.
Z Rechtsmed 94: 197-205 (21 Refs.)

9649. Schütz H (1986)
Dünnschichtchromatographische Suchanalyse für 1,4-Benzodiazepine in Harn, Blut und Mageninhalt.
Mitteilung VI der Senatskommission für Klinisch-toxikologische Analytik - Deutsche Forschungsgemeinschaft -

VCh Verlagsgesellschaft, Weinheim

9650. Schütz H, Borchert A, Koch EM, Schneider WR, Schölermann K (1988)

Screening tetrazyklischer Benzodiazepine und ihrer Metaboliten mittels DC unter Verwendung des korrigierten R_f-Wertes.

Beitr gerichtl Med 46: 149-153

9651. Schütz H, Borchert A, Koch EM, Schneider WR, Schölermann K (1987)

Dünnschichtchromatographischer Nachweis von Benzodiazepinen unter Berücksichtigung neuerer tetrazyklischer Substanzen.

J Clin Chem Clin Biochem 25: 628-629

9652. Schütz H, Ebel S, Fitz H (1985)

Screening and detection of tetrazepam and its major metabolites.

Arznei-For 35-2: 1015-1024 (41 Refs.)

9653. Schütz H, Fitz H (1981)

Analytik und Biotransformation von Triazolam (Halcion^R), einem neuen Benzodiazepin mit forensisch relevanten Nebenwirkungen.

Beitr Gerichtl Med 39: 339-346

9654. Schütz H, Fitz H (1982)

Lormetazepam, a new hypnotic agent from the 1,4-benzodiazepine series.

Arznei-For 32-1: 177-183 (19 Refs.)

9655. Schütz H, Fitz H (1985)

Screening und Nachweis von Clotiazepam (Trecalmo^R).

In: Festschrift Leithoff. S. 427-436

Kriminalistik Verlag, Heidelberg

9656. Schütz H, Fitz (1985)

Screening of halazepam, a new antianxiety agent.

Z Anal Chem 321: 359-362 (10 Refs.)

9657. Schütz H, Fitz H, Suphachearabhan S (1983)

Screening and detection of ketazolam and oxazolam.

Arznei-For 33-1: 507-512 (35 Refs.)

9658. Schütz H, Fitz H, Suphachearabhan S (1983)

On the specifity of the benzodiazepine-screening via primary aromatic-amines.

Z Anal Chem 314: 44-56 (19 Refs.)

9659. Schütz H, Holland EM, Kazemian-Erdmann F, Schölermann K (1987/88)

Screening des neuen Benzodiazepinderivates Pinazepam und seinen Hauptmetaboliten.

Arzneim-Forsch (im Druck)

9660. Schütz H, Schneider WR (1985)

Corrected TLC-data of 61 benzodiazepines and metabolites in two systems.

J Forensic Med 1: 22-29

9661. Schütz H, Schneider WR (1985)

Screening von Tetrazepam (Musaril).

Krankenhauspharmazie 6: 280-282

9662. Schütz H, Schneider WR (1986)

Screening und Nachweis von Alprazolam (Tafil) und seinen Hauptmetaboliten.

Beitr Gerichtl Med 44: 487-496

9663. Schütz H, Schneider WR (1986)

Analytische Daten zum Nachweis von Brotizolam (Lendormin^R).

In: Medizin und Recht.

Springer, Berlin Heidelberg New York Tokyo, S 584-585

9664. Schütz H, Schneider WR (1987)

Screening tetrazyklischer Benzodiazepine mittels EMIT^R-st (Benzodiazepines) und TDx.

Z Rechtsmed 99: 181-189

9665. Schütz H, Schneider WR, Borchert A, Kaatsch HJ (1987) (im Druck)

Diskrepante Befunde zwischen EMIT^R-st (Benzodiazepines) und DC-Screening.

In: Kliniktaschenbücher.

Springer, Berlin Heidelberg New York Tokyo

9666. Schütz H, Schneider WR, Schölermann K (1988)

Verbessertes enzymimmunologisches Screeningverfahren für Benzodiazepine im Harn nach EXTRELUT^R-Anreicherung.

Ärztl Lab

9667. Schütz H, Suphachearabhan S (1983)

Verbessertes Screening für Flurazepam (Dalmadorm) und seine Hauptmetabolite im Harn.

Ärztl Lab 29: 13-17

9668. Schütz H, Suphachearabhan S (1983)

Infrared-spectroscopy of benzodiazepines and their derivatives after TLC-separation.

Mikroch Act 2: 109-123 (19 Refs.)

9669. Schütz H, Westenberger V (1978)

Gaschromatographische Daten von 19 Hydrolysederivaten aus 12 wichtigen Benzodiazepinen und 17 Hauptmetaboliten.

Z Rechtsmed 82: 43-53

9670. Schütz H, Westenberger V (1979)

Gas-chromatographic data of 31 benzodiazepines and metabolites.

J Chromatogr 169: 409-411

9671. Schuurman T, Spencer DG, Traber J (1986)

Behavioral-effects of the 5HT1A-receptor ligand ipsapirone (TVC-Q-7821) - a comparison with 8-OH-DPAT and diazepam (meeting abstr.).

Psychophar 89: 54 (no Refs.)

9672. Schwabe U (1985)

Pharmakologische Grundlagen der Therapie mit Benzodiazepinen.

In: Benzodiazepine (Mannheimer Therapiegespräche) (Ed. Friedberg KD, Rüfer R)

Urban & Schwarzenberg, Wien München Baltimore, p. 1-16

9673. Schwander D, Sansano C (1981)

Cardiovascular changes during intubation with midazolam as anesthesia inducing agent.

Arznei-For 31-2: 2255-2260 (16 Refs.)

9674. Schwark WS, Haluska M (1987)

Prophylaxis of amygdala kindling-induced epileptogenesis - comparison of GABA uptake inhibitor and diazepam.

Epilepsy R 1: 63-69 (29 Refs.)

9675. Schwark WS, Loscher W (1985)

Comparison of the anticonvulsant effects of 2 novel GABA uptake inhibitors and diazepam in amygdaloid kindled rats.

N-S Arch Ph 329: 367-371 (24 Refs.)

9676. Schwartz RD, Thomas JW, Kempner ES, Skolnick P, Paul SM (1985)

Radiation inactivation studies of the benzodiazepine gamma-aminobutyric acid chloride ionophore receptor complex.

J Neurochem 45: 108-115 (44 Refs.)

9677. Schwarz E, Kielholz P, Hobi V, Goldberg L, Hofstett. M, Ladewig D (1982)

Changes in EEG, blood-levels, mood scales and performance scores during long-term treatment with diazepam, phenobarbital or placebo in patients (review or bibliog.).

Prog Neur-P 6: 249-263 (24 Refs.)

9678. Schwarz JR, Spielman. RP (1983)

Flurazepam - effects on sodium and potassium currents in myelinated nerve-fibers.

Eur J Pharm 90: 359-366 (24 Refs.)

9679. Schwarz M, Klockget. T, Turski L, Sonntag KH (1987)

Intrathecal injection of antispastic drugs in rats - muscle-relaxant action of midazolam, baclofen, 2-aminophosphonoheptanoic acid (AP7) and tizanidine (meeting abstr.).

Anaesthesis 36: 385 (no Refs.)

9680. Schwarz M, Turski L, Janiszew. W, Sontag KH (1983)

Is the muscle-relaxant effect of diazepam in spastic mutant rats mediated through GABA-independent benzodiazepine receptors.

Neurosci L 36: 175-180 (19 Refs.)

9681. Schwarz M, Turski L, Sontag KH (1983)

Reversal of the muscle-relaxant effect of diazepam but not of progabide by a specific benzodiazepine antagonist - Ro-15-1788 (technical note).

Eur J Pharm 90: 139-142 (10 Refs.)

9682. Schwarz M, Turski L, Sontag KH (1984)

CGS 8216, Ro-15-1788 and methyl-beta-carboline-3-carboxylate, but not EMD 41717 antagonize the muscle-relaxant effect of diazepam in genetically spastic rats.

Life Sci 35: 1445-1451 (38 Refs.)

9683. Schweizer E, Rickels K (1986)

Failure of buspirone to manage benzodiazepine withdrawal (technical note).

Am J Psychi 143: 1590-1592 (9 Refs.)

9684. Schweizer E, Rickels K, Lucki I (1986)

Resistance to the anti-anxiety effect of buspirone in patients with a history of benzodiazepine use (letter).

N Eng J Med 314: 719-720 (4 Refs.)

9685. Schweri M, Cain M, Cook J, Paul S, Skolnick P (1982)

Blockade of 3-carbomethoxy-beta-carboline induced seizures by diazepam and the benzodiazepine antagonists, Ro-15-1788 and CGS-8216.

Pharm Bio B 17: 457-460 (26 Refs.)

9686. Schwilden H, Stoeckel H, Lauven PM, Schuttle. J (1982)

Pharmacokinetic data of fentanyl, midazolam and enflurane obtained by a new method for arbitrary application schemes (meeting abstr.).

Br J Anaest 54: 237 (no Refs.)

9687. Scollolavizzari G (1981)

Preliminary-study of hypnotic efficacy and clinical tolerance of the short-acting imidazobenzodiazepine (midazolam) in shift-workers (meeting abstr.).

EEG Cl Neur 52: 14 (no Refs.)

9688. Scollolavizzari G (1983)

Hypnotic efficacy and clinical safety of midazolam in shift-workers.

Br J Cl Ph 16: 73-78 (17 Refs.)

9689. Scollolavizzari G (1983)

Effect of doxapram on heavy sedation produced by intravenous diazepam (letter).

Br Med J 286: 1980 (8 Refs.)

9690. Scollolavizzari G (1983)

1st clinical investigation of the benzodiazepine antagonist Ro-15-1788 in comatose patients.

Eur Neurol 22: 7-11 (5 Refs.)

9691. Scollolavizzari G (1984)

The anticonvulsant effect of the benzodiazepine antagonist, Ro-15-1788 - an EEG study in 4 cases.

Eur Neurol 23: 1-6 (6 Refs.)

9692. Scollolavizzari G, Matthis H (1985)

Benzodiazepine antagonist (Ro-15-1788) in ethanol intoxication - a pilot-study.

Eur Neurol 24: 352-354 (2 Refs.)

9693. Scollolavizzari G, Steinman. E (1985)

Reversal of hepatic-coma by benzodiazepine antagonist (Ro-15-1788) (Letter).

Lancet 1: 1324 (2 Refs.)

9694. Scott AK, Khir ASM, Bewsher PD, Hawkswor. GM (1983)

Oxazepam kinetics in hyperthyroid patients (meeting abstr.).

Br J Cl PH 15: 589-590 (3 Refs.)

9695. Scott AK, Khir ASM, Bewsher PD, Hawkswor. GM (1984)

Oxazepam pharmacokinetics in thyroid-disease.

Br J Cl Ph 17: 49-53 (15 Refs.)

9696. Scott AK, Khir ASM, Steele WH, Hawkswor. GM, Petrie JC (1983)

Oxazepam elimination and protein-binding in the presence of hepatic enzyme-induction (meeting abstr.).

Br J Cl Ph 15: 139-140 (3 Refs.)

9697. Scott AK, Khir ASM, Steele WH, Hawkswor. GM, Petrie JC (1983)

Oxazepam pharmacokinetics in patients with epilepsy treated long-term with phenytoin alone or in combination with phenobarbitone (technical note).

Br J Cl Ph 16: 441-444 (13 Refs.)

9698. Scott DF, Moffett A (1981)

Lorazepam - its effect on the EEG paroxysmal activity in patients with epilepsy.

Act Neur Sc 64: 353-360 (5 Refs.)

9699. Scott DF, Moffett A (1983)

Oral benzodiazepines in epilepsy (meeting abstr.).

EEG Cl Neur 56: 70 (1 Refs.)

9700. Scott DF, Moffett AM (1985)

Prolonged clobazam therapy in chronic epilepsy and its relation to EEG abnormality (meeting abstr.).

EEG Cl Neur 61: 215 (1 Refs.)

9701. Scott DF, Moffett AM (1985)

Normal and abnormal responses to stroboscopic light stimulation in the same epileptic patients after intravenous lorazepam (meeting abstr.).

EEG Cl Neur 61: 215 (no Refs.)

9702. Scott DF, Moffett AM (1986)
Experience with clobazam in epilepsy using clinical, psychological and EEG assessment (meeting abstr.).
EEG Cl Neur 63: 35 (no Refs.)

9703. Scott DF, Moffett A (1986)
On the anticonvulsant and psychotropic properties of clobazam - a preliminary-study.
Epilepsia 27: 42-44 (7 Refs.)

9704. Scott MGB, Hosee J (1985)
Benzodiazepines in general-practice - time for a decision (letter).
Br Med J 290: 1747 (2 Refs.)

9705. Scott RF (1987)
A double-blind comparison of nalbuphine and meperidine hydrochloride as intravenous analgesics in combination with diazepam for oral-surgery outpatients.
J Oral Max 45: 473-476 (8 Refs.)

9706. Seale TW, Abla KA, Roderick TH, Rennert OM, Carney JM (1987)
Different genes specify hyporesponsiveness to seizures induced by caffeine and the benzodiazepine inverse agonist, DMCM.
Pharm Bio B 27: 451-456 (22 Refs.)

9707. Seale TW, Carney JM, Rennert OM, Flux M, Skolnick P (1987)
Coincidence of seizure susceptibility to caffeine and to the benzodiazepine inverse agonist, DMCM, in SWR and CBA inbred mice.
Pharm Bio B 26: 381-387 (41 Refs.)

9708. Sears DH, Abdulras. IH, Katz RL (1986)
Succinylcholine-induced arrhythmias following anesthetic induction with etomidate and midazolam (meeting abstr.).
Anesthesiol 65: 120 (4 Refs.)

9709. Sebastian CS, Co C, Cole RL, Dworkin SI (1984)
Effects of prenatal ethanol on ^{3}H-labeled flunitrazepam binding, radial arm maze and shuttle box performance and the behavioral-effects of chlordiazepoxide (meeting abstr.).
Fed Proc 43: 286 (no Refs.)

9710. Sechi GP, Ganga A, Procella V, Zuddas M, Rosati G (1987)
Therapeutic levels of carbamazepine and benzodiazepine withdrawal seizures (meeting abstr.).
EEG Cl Neur 66: 34 (1 Refs.)

9711. Sechi GP, Zoroddu G, Rosati G (1984)
Failure of carbamazepine to prevent clonazepam withdrawal status epilepticus.
Ital J Neur 5: 285-287 (*Refs.)

9712. Sechter D, Petitjea. F, Bitoun G (1982)
Clinical-study of bromazepam - 30 cases.
Nouv Presse 11: 1744-1746 (no Refs.)

9713. Sedlacek J (1983)
Development of the differential effect of oxazepam on spontaneous and activated motility in chick-embryos.
Physl Bohem 32: 409-418 (25 Refs.)

9714. Sedlacek J (1983)
The development of benzodiazepine sensitivity in embryonic nervous-tissue (meeting abstr.).
Physl Bohem 32: 555-556 (no Refs.)

9715. Seeler W, Wittgens R (1984)
Anxiolytic activity of BETA1-receptor blocker metoprolol - double-blind-study vs oxazepam in patients with antidepressant therapy.
Mün Med Woc 126: 65-68 (6 Refs.)

9716. Segal M (1981)
Effect of diazepam (Valium) on chronic stress-induced hypertension in the rat.
Experientia 37: 298-299 (13 Refs.)

9717. Segal M (1982)
Antagonism by diazepam, gamma-aminobutyric acid and beta-alanine of the enhanced amphetamine hypermotility induced by chronic stress (meeting abstr.).
Isr J Med S 18: 556-557 (no Refs.)

9718. Seggie J, Krema R (1983)
Chlordiazepoxide normalizes behavior and adrenal-response abnormalities in septal rats in a dose and time-dependent fashion.
Prog Neur-P 7: 773-777 (18 Refs.)

9719. Seidel WF, Cohen SA, Bliwise NG, Roth T, Dement WC (1986)
Dose-related effects of triazolam and flurazepam on a circadian-rhythm insomnia.
Clin Pharm 40: 314-320 (16 Refs.)

9720. Seidel WF, Cohen SA, Wilson L, Dement WC (1985)
Effects of alprazolam and diazepam on the daytime sleepiness of non-anxious subjects.
Psychophar 87: 194-197 (29 Refs.)

9721. Seidel WF, Roth T, Roehrs T, Zorick F, dement WC (1984)
Treatment of a 12-hour shift of sleep schedule with benzodiazepines.
Science 224: 1262-1264 (23 Refs.)

9722. Seideman P, Ericsson O, Gronings. K, Vonbahr C (1981)
Effect of pentobarbital on the formation of diastereomeric oxazepam glucuronides in man - analysis by high-performance liquid-chromatography.
Act Pharm T 49: 200-204 (18 Refs.)

9723. Seifert RD, Clarens RD, Sorensen MD, Kuzel RJ Lindblom ML (1982)
Benzodiazepine utilization in a family medicine residency program.
J Fam Pract 15: 497-500 (no Refs.)

9724. Sekar M, Mimpriss TJ (1987)
Buprenorphine, benzodiazepines and prolonged respiratory depression (letter).
Anaesthesia 42: 567-568 (4 Refs.)

9725. Selander D, Curelaru I, Stefanss. T (1981)
Local discomfort and thrombophlebitis following intravenous-injection of diazepam - a comparison between a glycoferol water solution and a lipid emulsion.
Act Anae Sc 25: 516-518 (11 Refs.)

9726. Sellers E, Naranjo CA, Khouw V, Greenblatt DJ (1983)
Binding of benzodiazepines to plasma protein.
In: Pharmacology of Benzodiazepines (Ed. Usdin E, Skolnick P, Tallmann jr JF, Greenblatt D, Paul SM)
Verlag Chemie, Weinheim Deerfield Beach Basel
p. 271-284

9727. Sellers EM, Busto U (1982)
Benzodiazepines and ethanol - assessment of the effects and consequences of psychotropic-drug interactions (review or bibliog.).
J Cl Psych 2: 249-262   (96 Refs.)

9728. Sellers EM, Busto U (1983)
Diazepam withdrawal syndrome (letter).
Can Med A J 129: 97   (1 Refs.)

9729. Sellers EM, Busto U, Naranjo CA, Hui A, Kay G, Sykora K (1985)
Objective assessment of benzodiazepine (B) use during withdrawal (W) (meeting abstr.).
Clin Pharm 37: 227   (no Refs.)

9730. Sellers EM, Naranio CA, Harrison M, Devenyi P, Roach C, Sykora K (1983)
Diazepam loading - simplified treatment of alcohol withdrawal.
Clin Pharm 34: 822-826   (14 Refs.)

9731. Sellers EM, Sandor P, Giles HG, Khouw V, Greenblatt DJ (1983)
Diazepam pharmacokinetics after intravenous administration in alcohol withdrawal (letter).
Br J Cl Ph 15: 125-127   (8 Refs.)

9732. Sellinger OZ, Gregor P, Sellinge. A (1985)
Regional effects of the convulsant methionine sulfoximine on the benzodiazepine receptor complex of rat-brain (meeting abstr.).
Int J Dev N 3: 482   (no Refs.)

9733. Semenuk G, Cantor EH (1985)
Micromolar benzodiazepine binding in cell-lines (meeting abstr.).
Fed Proc 44: 1830   (no Refs.)

9734. Semenuk G, Cantor EH, Spector S (1983)
Solubilization and isolation of the non-neuronal type benzodiazepine binding-site from rat-kidney (meeting abstr.).
Fed Proc 42: 1988   (no Refs.)

9735. Semrad NF, Leuchter RS, Townsend DE, Wade ME, Lagasse LD (1984)
A pilot-study of lorazepam-induced amnesia with cis-platinum-containing chemotherapy.
Gynecol Onc 17: 277-280   (9 Refs.)

9736. Sen D, Jones G, Leggat PO (1983)
The response of the breathless patient treated with diazepam.
Br J Clin P 37: 232-233   (3 Refs.)

9737. Sener AI, Ceylan ME, Koyuncuo. H (1986)
Comparison of the suppressive effects of L-aspartic acid and chlorpromazine + diazepam treatments on opiate abstinence syndrome signs in men.
Arznei-For 36-2: 1684-1686   (28 Refs.)

9738. Sengun FI, Alper Y, Fedai I, Aksu B (1985)
Electrochemical-behavior (CRP, DPP) of midazolam (Dormicum) and analysis of its formulations.
Z Anal Chem 321: 671-675   (13 Refs.)

9739. Seow LT, Mather LE, Cousins MJ (1985)
Comparison of the efficacy of chlormethiazole and diazepam as i.v. sedatives for supplementation of extradural anesthesia.
Br J Anaest 57: 747-752   (32 Refs.)

9741. Seppala T, Aranko K, Mattila MJ, Shrotriy. RC (1982)
Effects of alcohol on buspirone and lorazepam actions.
Clin Pharm 32: 201-207   (22 Refs.)

9742. Seppala T, Dreyfus JF, Saario I, Nuotto E (1982)
Zopiclone and flunitrazepam in healthy-subjects - hypnotic activity, residual effects on performance and combined effects with alcohol.
Drug Exp Cl 8: 35-47   (45 Refs.)

9743. Seppala T, Nuotto E, Dreyfus JF (1983)
Drug-alcohol interactions on psychomotor-skills - zopiclone and flunitrazepam.
Pharmacol 27: 127-135   (30 Refs.)

9744. Sequier JM, Richards JG, Mohler H (1986)
Invitro binding characteristics of benzodiazepine receptor ligands in the CNS - quantitative autoradiography and image-analysis (meeting abstr.).
Experientia 42: 702   (no Refs.)

9745. Seredenin SB, Blednov YA, Gordey ML, Voronina TA, Smirnov LD, Dumaev KM (1987)
Influence of 3-hydroxypyridine membrane modulator on emotional-stress reaction and reception of ^{3}H-Diazepam in brain of inbred mice.
Khim Far Zh 21: 134-137   (10 Refs.)

9746. Sergeev PV, Shimanov. NL (1986)
Pharmacology of benzodiazepine receptors (review).
Farmakol T 49: 108-114   (50 Refs.)

9747. Serra C, Rossi A, Ruocco A, Serra LL (1985)
Brotizolam vs nitrazepam in the management of agripnia - a double-blind-study.
Clin Trials 22: 448-454   (no Refs.)

9748. Serrano JS, Delatorr. F, Castillo JR, Hevia A (1983)
Effect of diazepam on the pharmacokinetic behavior of beta-methyl digoxin (meeting abstr.).
J Pharmacol 14: 566   (1 Refs.)

9749. Serrao JM, Goodchil. CS (1987)
Intrathecal midazolam in the rat - evidence for spinally-mediated analgesia (meeting abstr.).
Br J Anaest 59: 125   (2 Refs.)

9750. Servin J, Enriquez I, Fournet M, Failler JM, Farinott. R, Desmonts JM (1987)
Pharmacokinetics of midazolam used as an intravenous induction agent for patients over 80 years of age.
Eur J Anaes 4: 1-7   (no Refs.)

9751. Sethi BB, Trivedi JK, Kumar P, Gulati A, Agarwal AK, Sethi N (1986)
Antianxiety effect of cannabis - involvement of central benzodiazepine receptors.
Biol Psychi 21: 3-10   (23 Refs.)

9752. Sethi JS, Tanwar RK (1986)
The effect of diazepam and chlorpromazine on the activity of ATPase in mice neocortex and hippocampal-formation.
Z Mik-Anat 100: 913-927   (62 Refs.)

9753. Sethy VH (1983)
Pharmacokinetic studies of triazolobenzodiazepines by drug-receptor binding assays.
In: Pharmacology of Benzodiazepines (Ed. Usdin E, Skolnick P, Tallmann jr JF, Greenblatt D, Paul SM)
Verlag Chemie, Weinheim Deerfield Beach Basel p. 455-462

9754. Sethy VH, Daenzer CL, Russell RR (1983)
Interaction of N-alkylaminobenzophenones with benzodiazepine receptors (technical note).
J Pharm Pha 35: 194-195 (6 Refs.)

9755. Sethy VH, Francis JW, Elfring G (1987)
Onset and duration of action of benzodiazepines as determined by inhibition of ^{3}H-flunitrazepam binding (technical note).
Drug Dev R 10: 117-121 (8 Refs.)

9756. Sethy VH, Hodges DH (1982)
Alprazolam in a biochemical-model of depression (technical note).
Bioch Pharm 31: 3155-3157 (13 Refs.)

9757. Sethy VH, Harris DW (1982)
Determination of biological-activity of alprazolam, triazolam and their metabolites (technical note).
J Pharm Pha 34: 115-116 (12 Refs.)

9758. Sethy VH, Harris DW (1982)
Benzodiazepine receptor number after acute administration of alprazolam and diazepam.
Res Comm CP 35: 229-235 (3 Refs.)

9759. Sethy VH, Hodges DH (1982)
Role of beta-adrenergic receptors in the antidepressant activity of alprazolam (letter).
Res Comm CP 36: 329-332 (5 Refs.)

9760. Sethy VH, Hodges DH (1985)
Antidepressant activity of alprazolam in a reserpine-induced model of depression.
Drug Dev R 5: 179-184 (17 Refs.)

9761. Sethy VH, Russell RR, Daenzer CL (1983)
Interaction of triazolobenzodiazepines with benzodiazepine receptors (technical note).
J Pharm Pha 35: 524-526 (3 Refs.)

9762. Sewell RDE, Tan KS, Roth SH (1984)
Synaptic and non-synaptic actions of benzodiazepines on the crayfish sensory neuron.
Eur J Pharm 102: 71-78 (29 Refs.)

9763. Sewell RDE, Tan KS, Roth SH (1984)
Evidence for excitatory and depressant non-receptor-mediated membrane effects of benzodiazepines in the crayfish.
Neurosci L 45: 59-63 (25 Refs.)

9764. Seyberth HW (1983)
Pharmacokinetics and biotransformation of the new benzodiazepine, lormetazepam, in man .3. repeated administration and transfer to neonates via breast-milk (letter).
Eur J Cl Ph 24: 139 (1 Refs.)

9765. Seyrig JA, Falcou R, Betoulle D, Apfelbaum M (1986)
Effects of a chronic administration of 2 benzodiazepines on food-intake in rats given a highly palatable diet.
Pharm Bio B 25: 913-918 (29 Refs.)

9766. Shader RI (1981)
Benzodiazepines in clinical medicine - discussion (discussion).
Br J Cl Ph 11: 55-59 (8 Refs.)

9767. Shader RI (1983)
The clinical syndrome of anixiety.
In: Pharmacology of Benzodiazepines (Ed. Usdin E, Skolnick P, Talmann jr JF, Greenblatt D, Paul SM)
Verlag Chemie, Weinheim Deerfield Beach Basel, p. 23-27

9768. Shader RI, Ciraulo DA, Greenblatt DJ, Harmatz JS (1982)
Steady-state plasma desmethyldiazepam during long-term clorazepate use - effect of antacids.
Clin Pharm 31: 180-183 (14 Refs.)

9769. Shader RI, Divoll M, Greenblatt DJ (1981)
Kinetics of oxazepam and lorazepam in 2 subjects with gilbert syndrome.
J Cl Psych 1: 400-402 (no Refs.)

9770. Shader RI, Dreyfuss D, Gerrein JR, Harmatz JS, Allison SJ, Greenblatt DJ (1986)
Sedative effects and impaired learning and recall after single oral doses of lorazepam.
Clin Pharm 39: 526-529 (34 Refs.)

9771. Shader RI, Greenblatt DJ (1981)
The use of benzodiazepines in clinical practice.
Br J Cl Ph 11: 5-9 (18 Refs.)

9772. Shader RI, Greenblatt DJ (1983)
Some current treatment options for symptoms of anxiety.
J Clin Psy 44: 21-30 (140 Refs.)

9773. Shader RI, Greenblatt DJ (1983)
Triazolam and anterograde amnesia - all is not well in the Z-zone (editorial).
J Cl Psych 3: 273 (no Refs.)

9774. Shader RI, Greenblatt DJ (1984)
Obsessive-compulsive disorders, transitions, a welcome, a thank you and farewell (editorial).
J Cl Psych 4: 1 (1 Refs.)

9775. Shader RI, Greenblatt DJ (1984)
Benzodiazepines during early-pregnancy (editorial).
J Cl Psych 4: 65 (6 Refs.)

9776. Shader RI, Greenblatt DJ (1984)
Benzodiazepine overuse-misuse (editorial).
J Cl Psych 4: 123-124 (5 Refs.)

9777. Shader RI, Greenblatt DJ, Ciraulo DA (1981)
Benzodiazepine treatment of specific anxiety-states.
Psychiat An 11: 30+ (13 Refs.)

9778. Shader RI, Greenblatt DJ, Ciraulo DA, Divoll M, Harmatz JS, Georgota. A (1981)
Effect of age and sex on disposition of desmethyldiazepam formed from its precursor clorazepate.
Psychophar 75: 193-197 (20 Refs.)

9779. Shader RI, Pary RJ, Harmatz JS, Allison S, Locniska. A, Greenblatt DJ (1984)
Plasma-concentrations and clinical effects after single oral doses of prazepam, clorazepate, and diazepam.
J Clin Psy 45: 411-413 (19 Refs.)

9780. Shah M, Rosen M, Vickers MD (1984)
Effect of premedication with diazepam, morphine or nalbuphine on gastrointestinal motility after surgery.
Br J Anaest 56: 1235-1238   (10 Refs.)

9781. Shane SN, Ono J, Braden NJ, Walson PD (1987)
Effect of vehicle and route on clonazepam levels in rats (meeting abstr.).
Pediat Res 21: 241   (no Refs.)

9782. Shannon H, Skolnick P, Trudell ML, Cook JM (1986)
Synthesis of the anticonvulsant 3-chloro-1H, 8H-pyrido[2,3-b, 5-b']diindole - a selective benzodiazepine receptor agonist with no sedative activity (meeting abstr.).
Abs Pap ACS 191: 47-Medi   (no Refs.)

9783. Shannon HE (1983)
CGS 8216 (2-phenylpyrazolo[4,3-c]quinolin-3(5H)-one) antagonizes the discriminative stimulus properties of diazepam in an uncompetitive manner (meeting abstr.).
Fed Proc 42: 344   (no Refs.)

9784. Shannon HE (1984)
Stimulus-control by diazepam of behavior maintained under fixed-ratio stimulus-shock termination schedules in rats.
Pharm Bio B 20: 715-720   (27 Refs.)

9785. Shannon HE, Davis SL (1984)
CGS 8216 noncompetitively antagonizes the discriminative effects of diazepam in rats.
Life Sci 34: 2589-2596   (19 Refs.)

9786. Shannon HE, Guzman F, Cook JM (1984)
Beta-carboline-3-carboxylate-tert-butyl ester - a selective BZ1 benzodiazepine receptor antagonist.
Life Sci 35: 2227-2236   (27 Refs.)

9787. Shannon HE, Herling S (1983)
Antagonism of the discriminative effects of diazepam by pyrazoloquinolines in rats (technical note).
Eur J Pharm 92: 155-157   (6 Refs.)

9788. Shannon HE, Herling S (1983)
Discriminative stimulus effects of diazepam in rats - evidence for a maximal effect.
J Pharm Exp 227: 160-166   (44 Refs.)

9789. Shannon HE, Katzman NJ (1986)
CGS-8216 - agonist and diazepam-antagonist effects in rodents.
J Pharm Exp 239: 166-173   (32 Refs.)

9790. Shannon HE, Larschei. P, Cook JM (1984)
Beta-carbolines as antagonists of the anticonvulsant and discriminative effects of diazepam (meeting abstr.).
Fed Proc 43: 930   (no Refs.)

9791. Shannon HE, Skolnick P, Hagen TJ, Guzman F, Cook JM (1986)
Synthesis of 3,6-disubstituted beta-carbolines which possess either benzodiazepine antagonist or agonist activity (meeting abstr.).
Abs Pap ACS 191: 51-Medi   (no Refs.)

9792. Shannon HE, Thompson WA (1985)
Pyrazoloquinoline benzodiazepine receptor ligands - effects on schedule-controlled behavior in dogs.
Pharm Bio B 23: 317-323   (28 Refs.)

9793. Shapiro AK, Struenin. EL, Shapiro E, Milcarek BI (1982)
Diazepam - how much better than placebo.
J Psych Res 17: 51-73   (24 Refs.)

9794. Shapiro JM, Westphal LM, White PF, Sladen RN, Rosenth. MH (1986)
Midazolam infusion for sedation in the intensive-care unit - effect on adrenal-function.
Anesthesiol 64: 394-398   (22 Refs.)

9795. Sharif NA (1984)
Comparative autoradiographic visualization of muscarinic, benzodiazepine and TRH receptors in mammalian spinal-cord slices.
IRCS-Bioch 12: 1016-1017   (8 Refs.)

9796. Sharif NA, Burt DR (1984)
Modulation of receptors for thyrotropin-releasing-hormone by benzodiazepines - brain regional differences.
J Neurochem 43: 742-746   (30 Refs.)

9797. Sharif NA, Zuhowski EG, Burt DR (1983)
Benzodiazepines compete for thyrotropin-releasing-hormone receptor-binding - micromolar potency in rat pituitary, retina and amygdala.
Neurosci L 41: 301-306   (24 Refs.)

9798. Sharman JR, Chapman MH, Woolner DR, Begg EJ, Atkinson HA (1987)
Co-administration of oral metoclopramide and diazepam does not enhance the rate of absorption of diazepam (meeting abstr.).
NZ Med J 100: 250-251   (no Refs.)

9799. Sharon L (1984)
Benzodiazepines - guidelines for use in correctional facilities.
Psychosomat 25: 784-788   (42 Refs.)

9800. Sharp ME, Wallace SM, Hindmars. KW, Peel HW (1983)
Monitoring saliva concentrations of methaqualone, codeine, secobarbital, diphenhydramine and diazepam after single oral doses.
J Anal Tox 7: 11-14   (7 Refs.)

9801. Shaw N (1981)
Thrombophlebitis following intravenous diazepam (letter).
Br Dent J 151: 322   (1 Refs.)

9802. Shaw W, Long G, McHan J (1983)
An HPLC method for analysis of clonazepam in serum.
J Anal Tox 7: 119-122   (11 Refs.)

9803. Sheahaiber F, Gavish M (1982)
Biochemical-studies on the interaction between GABA and benzodiazepine receptors (meeting abstr.).
Isr J Med S 18: 18   (no Refs.)

9804. Shearman GT (1987)
Discriminative stimulus effects of tizanidine hydrochloride - studies with rats trained to discriminate either tizanidine, clonidine, diazepam, fentanyl, or cocaine.
Drug Dev R 10: 27-35   (17 Refs.)

9805. Shearman GT, Millan MJ, Herz A (1982)
Lack of evidence for a role of endorphinergic mechanisms in mediating a discriminative stimulus produced by diazepam in rats.
Psychophar 78: 282-284   (17 Refs.)

9806. Shearman GT, Tolcsvai L (1986)
Tifluadom-induced diuresis in rats - evidence for an opioid receptor-mediated central action.
Neuropharm 25: 853-856 (21 Refs.)

9807. Sheehan DV (1985)
Monoamine-oxidase inhibitors and alprazolam in the treatment of panic disorder and agoraphobia.
Psych Cl N 8: 49-62 (35 Refs.)

9808. Sheehan DV, Coleman JH, Greenblatt DJ, Jones KJ, Levine PH, Orsulak PJ, Peterson M, Schildkr. JJ, Uzogara E, Watkins D (1984)
Some biochemical correlates of panic attacks with agoraphobia and their response to a new treatment.
J Cl Psych 4: 66-75 (59 Refs.)

9809. Shehi M, Patterso. WM (1984)
Treatment of panic attacks with alprazolam and propranolol.
Am J Psychi 141: 900-901 (7 Refs.)

9810. Sheline YI, Miller MB (1986)
Catatonia relieved by oral diazepam in a patient with a pituitary microadenoma.
Psychosomat 27: 860-862 (12 Refs.)

9811. Shelly MP, Mendel L, Park GR (1987)
Failure of critically ill patients to metabolize midazolam.
Anaesthesia 42: 619-626 (28 Refs.)

9812. Shemer A, Feldon J (1982)
Chlordiazepoxide and the long-term partial-reinforcement extinction effect (meeting abstr.).
Beh Bra Res 5: 120 (no Refs.)

9813. Shemer A, Tykocins. O, Feldon J (1984)
Long-term effects of chronic chlordiazepoxide (CDP) administration.
Psychophar 83: 277-280 (22 Refs.)

9814. Shenoy AK, Miyahara JT, Swinyard EA, Kupferbe. HJ (1982)
Comparative anticonvulsant activity and neurotoxicity of clobazam, diazepam, phenobarbital, and valproate in mice and rats.
Epilepsia 23: 399-408 (20 Refs.)

9815. Shepard FM (1983)
Amoxapine intoxication in an infant - seizures arrested with diazepam (technical note).
South Med J 76: 543-544 (5 Refs.)

9816. Shephard RA (1986)
Neurotransmitters, anxiety and benzodiazepines - a behavioral review (review).
Neurosci B 10: 449-461 (196 Refs.)

9817. Shephard RA (1987)
Behavioral-effects of GABA agonists in relation to anxiety and benzodiazepine action.
Life Sci 40: 2429-2436 (58 Refs.)

9818. Shephard RA, Broadhur. PL (1982)
Effects of diazepam and of serotonin agonists on hyponeophagia in rats.
Neuropharm 21: 337-340 (18 Refs.)

9819. Shephard RA, Broadhur. PL (1982)
Effects of diazepam and picrotoxin on hyponeophagia in rats.
Neuropharm 21: 771-773 (17 Refs.)

9820. Shephard RA, Broadhur. PL (1982)
Hyponeophagia and arousal in rats - effects of diazepam, 5-methoxy-N,N-dimethyltryptamine, D-amphetamine and food-deprivation.
Psychophar 78: 368-372 (30 Refs.)

9821. Shephard RA, Broadhur. PL (1983)
Hyponeophagia in the roman rat strains - effects of 5-methoxy-N,N-dimethyltryptamine, diazepam, methysergide and the stereoisomers of propranolol.
Eur J Pharm 95: 177-184 (30 Refs.)

9822. Shephard RA, Buxton DA, Broadhur. PL (1982)
Drug-interactions do not support reduction in serotonin turnover as the mechanism of action of benzodiazepines.
Neuropharm 21: 1027-1032 (22 Refs.)

9823. Shephard RA, Estall LB (1984)
Effects of chlordiazepoxide and of valproate on hyponeophagia in rats - evidence for a mutual antagonism between their anxiolytic properties.
Neuropharm 23: 677-681 (26 Refs.)

9824. Shephard RA, Estall LB (1984)
Anxiolytic actions of chlordiazepoxide determine its effects on hyponeophagia in rats.
Psychophar 82: 343-347 (32 Refs.)

9825. Shephard RA, Hewitt JK, Broadhur. PL (1985)
The genetic architecture of hyponeophagia and the action of diazepam in rats.
Behav Genet 15: 265-286 (43 Refs.)

9826. Shephard RA, Jackson HF, Broadhur. PL. Deakin JFW (1984)
Relationships between hyponeophagia, diazepam sensitivity and benzodiazepine receptor-binding in 18 rat genotypes.
Pharm Bio B 20: 845-847 (13 Refs.)

9827. Shephard RA, Nielsen EB, Broadhur. PL (1982)
Sex and strain differences in benzodiazepine receptor-binding in roman rat strains.
Eur J Pharm 77: 327-330 (16 Refs.)

9828. Shephard RA, Stevenso. D, Jenkinso. S (1985)
Effects of valproate on hyponeophagia in rats - competitive antagonism with picrotoxin and non-competitive antagonism with Ro-15-1788.
Psychophar 86: 313-317 (34 Refs.)

9829. Sher PK (1983)
Development and differentiation of the benzodiazepine receptor in cultures of fetal mouse spinal-cord (technical note).
Dev Brain R 7: 343-348 (16 Refs.)

9830. Sher PK (1983)
Reduced benzodiazepine receptor-binding in cerebral cortical cultures chronically exposed to diazepam.
Epilepsia 24: 313-320 (30 Refs.)

9831. Sher PK (1984)
Reduced benzodiazepine receptor-binding in cerebral cortical cell-cultures exposed to clonazepam over the long-term (meeting abstr.).
Ann Neurol 16: 377-378 (no Refs.)

9832. Sher PK (1985)
Alternate-day clonazepam treatment of intractable seizures.
Arch Neurol 42: 787-788 (15 Refs.)

9833. Sher PK (1985)
Characteristics of benzodiazepine receptor-binding in living cultures of mouse cerebral-cortex at physiologic temperature (technical note).
Dev Brain R 21: 133-136   (18 Refs.)

9834. Sher PK (1986)
Long-term exposure of cortical cell-cultures to clonazepam reduces benzodiazepine receptor-binding.
Exp Neurol 92: 360-368   (36 Refs.)

9835. Sher PK, Machen VL (1984)
Properties of diazepam ^{3}H binding-sites on cultured murine glia and neurons.
Dev Brain R 14: 1-6   (30 Refs.)

9836. Sher PK, Machen VL (1987)
Benzodiazepine receptor affinity alterations at physiologic temperature after chronic clonazepam exposure.
Brain Devel 9: 33-36   (22 Refs.)

9837. Sher PK, Neale EA, Machen VL (1986)
Autoradiographic localization of benzodiazepine receptor-binding in dissociated cultures of fetal mouse cerebral-cortex.
J Neurochem 46: 899-904   (31 Refs.)

9838. Sher PK, Neale EA, Nelson PG (1982)
Minor motor anticonvulsants selectiveley depress benzodiazepine receptor-binding in cultures of mouse cerebral-cortex (meeting abstr.).
Ann Neurol 12: 92   (no Refs.)

9839. Sher PK, Schrier BK (1982)
Benzodiazepine receptor development in cultures of fetal mouse cerebral-cortex mimics its development invivo.
Dev Neurosc 5: 263-270   (23 Refs.)

9840. Sher PK, Schrier BK, Vanputte. D (1982)
An insitu assay for determination of benzodiazepine binding.
Dev Neurosc 5: 271-277   (25 Refs.)

9841. Sher PK, Study RE, Mazzetta J, Barker JL, Nelson PG (1983)
Depression of benzodiazepine binding and diazepam potentiation of GABA-mediated inhibition after chronic exposure of spinal-cord cultures to diazepam (technical note).
Brain Res 268: 171-176   (24 Refs.)

9842. Shermangold R (1983)
Photoaffinity-labeling of benzodiazepine-receptors - possible mechanism of reaction.
Neurochem I 5: 171-174   (29 Refs.)

9843. Shermangold R, Dudai Y (1981)
Involvement of tyrosyl residues in the binding of benzodiazepines to their brain receptors.
Febs Letter 131: 313-316   (8 Refs.)

9844. Shermangold R, Dudai Y (1981)
Beta-carboline binding to deoxycholate solubilized benzodiazepine receptors from calf cerebral-cortex.
Neurosci L 26: 325-328   (10 Refs.)

9845. Shermangold R, Dudai Y (1983)
Glycoprotein properties of benzodiazepine receptors from calf cerebral-cortex.
J Neurosci 10: 27-33   (19 Refs.)

9846. Shermangold R, Dudai Y (1983)
Diethylpyrocarbonate modification of benzodiazepine receptors from calf cerebral-cortex.
Neurochem R 8: 259-267   (26 Refs.)

9847. Shermangold R, Dudai Y (1983)
Heterogeneity in the physico-chemical properties of deoxycholate-solubilized benzodiazepine receptors from calf cerebral-cortex.
Neurochem R 8: 853-864   (35 Refs.)

9848. Shermangold R, Dudai Y, Fogelfel. L, Fuchs S (1983)
Production of a high-affinity anti-serum to benzodiazepines.
J Immunoass 4: 135-146   (24 Refs.)

9849. Sherwin A, Matthew E, Blain M, Guevremo. D (1986)
Benzodiazepine receptor-binding is not altered in human epileptogenic cortical foci (technical note).
Neurology 36: 1380-1382   (17 Refs.)

9850. Shibata H, Kojima I, Ogata E (1986)
Diazepam inhibits potassium-induced aldosterone secretion in adrenal glomerulosa cells.
Bioc Biop R 135: 994-999   (19 Refs.)

9851. Shibata K, Kataoka Y, Gomita Y, Ueki S (1982)
Localization of the site of the anti-conflict action of benzodiazepines in the amygdaloid nucleus of rats (technical note).
Brain Res 234: 442-446   (16 Refs.)

9852. Shibata S, Yamashit. K, Yamamoto T, Nagatani T, Ueki S (1985)
Effect of benzodiazepine receptor antagonists on anticonflict activity of anxiolytic drugs injected into the central amygdala in rat water-lick conflict test (meeting abstr.).
Jpn J Pharm 39: 149   (no Refs.)

9853. Shibla DB, Gardell MA, Neale JH (1981)
The insensitivity of developing benzodiazepine receptors to chronic treatment with diazepam, GABA and muscimol in brain-cell cultures (technical note).
Brain Res 210: 471-474   (6 Refs.)

9854. Shibuya T, Field R, Watanabe Y, Sato K, Salafsky B (1984)
Structure-affinity relationships between several new benzodiazepine derivatives and ^{3}H-diazepam receptor-sites.
Jpn J Pharm 34: 435-440   (15 Refs.)

9855. Shibuya T, Watanabe Y, Hill HF, Salafsky B (1986)
Developmental alterations in maturing rats caused by chronic prenatal and postnatal diazepam treatments.
Jpn J Pharm 40: 21-29   (29 Refs.)

9856. Shimizu H, Abe J, Futagi Y, Onoe S, Tagawa T, Mimaki T, Yabuuchi H, Kamio M, Sumi K, Sugita T (1982)
Anti-epileptic effects of clobazam in children (meeting abstr.).
Brain Devel 4: 260   (no Refs.)

9857. Shimizu H, Abe J, Futagi Y, Onoe S, Tagawa T, Mimaki T, Yamatoda. A, Kato M, Kamio M, Sumi K (1982)
Anti-epileptic effects of clobazam in children.
Brain Devel 4: 57-62   (7 Refs.)

9858. Shimoda K, Itoh T, Tanabe K, Kimishim. K (1983)
Subfractionation of rat-brain benzodiazepine receptors (meeting abstr.).
Fol Pharm J 82: 93-94 (no Refs.)

9859. Shimosato S, Pank J, Moyers JR (1984)
Circulatory effects of diazepam in coronary-artery disease patients (meeting abstr.).
Fed Proc 43: 334 (no Refs.)

9860. Shin C, Pedersen HB, McNamara JO (1985)
Gamma-aminobutyric acid and benzodiazepine receptors in the kindling model of epilepsy - a quantitative radiohistochemical study.
J Neurosc 5: 2696-2701 (35 Refs.)

9861. Shinotoh H, Yamasaki T, Inoue O, Itoh T, Suzuki K, Hashimot. K, Tateno Y, Ikehira H (1986)
Visualization of specific binding-sites of benzodiazepine in human-brain.
J Nucl Med 27: 1593-1599 (25 Refs.)

9862. Shiono PH, Mills JL (1984)
Oral clefts and diazepam use during pregnancy (letter).
N Eng J Med 311: 919-920 (2 Refs.)

9863. Shirai H, Miura H, Minagawa K, Mizuno S (1985)
A clinical-study on the effectiveness of intermittent therapy with rectal diazepam suppositories for the prevention of recurrent febrile convulsions (meeting abstr.).
Brain Devel 7: 257 (no Refs.)

9864. Shirai H, Miura H, Minagawa K, Mizuno S (1986)
A clinical-study on the effectiveness of intermittent therapy with rectal diazepam suppositories for the prevention of recurrent febrile convulsions - a further study (meeting abstr.).
Brain Devel 8: 559 (no Refs.)

9865. Shirai H, Miura H, Mizuno S, Sunaoshi W (1987)
Clonazepam monotherapy and complete blood-count - especially in reference to the platelet count (meeting abstr.).
Brain Devel 9: 177 (no Refs.)

9866. Shirakawa S, Oguri M, Azumi K (1981)
Effects of flunitrazepam and methaqualone on sleep spindle in each sleep stage (meeting abstr.).
Fol Psychi 35: 393 (no Refs.)

9867. Shirakawa S, Oguri M, Saitoh R, Azumi K (1981)
The effects of flunitrazepam on body movements and rapid eye-movements during sleep (meeting abstr.).
EEG Cl Neur 52: 66 (1 Refs.)

9868. Shore CO, Vorhees CV, Bornsche. RL, Stemmer K (1983)
Behavioral consequences of prenatal diazepam exposure in rats.
Neurob Tox 5: 565-570 (29 Refs.)

9869. Short TG, Forrest P, Galletly DC (1987)
Paradoxical reactions to benzodiazepines - a genetically-determined phenomenon.
Anaesth I C 15: 330-345 (7 Refs.)

9870. Shoyab M, Gentry LE, Marquard. H, Todaro GJ (1986)
Isolation and characterization of a putative endogenous benzodiazepineoid (endozepine) from bovine and human-brain.
J Biol Chem 261: 1968-1973 (43 Refs.)

9871. Shrivastava RK, Siegel H (1984)
The role of tricyclics and benzodiazepine compounds in the treatment of irritable gut syndrome and peptic-ulcer disease.
Psychoph B 20: 616-621 (no Refs.)

9872. Shur E, Petursso. H, Checkley S, Lader M (1983)
Long-term benzodiazepine administration blunts growth-hormone response to diazepam.
Arch G Psyc 40: 1105-1108 (32 Refs.)

9873. Sieghart W (1983)
Association of proteins irreversibly labeled by flunitrazepam-^{3}H with different benzodiazepine receptors.
J Neural Tr 1983: 345-352 (6 Refs.)

9874. Sieghart W (1983)
Several new benzodiazepines selectively interact with a benzodiazepine receptor subtype.
Neurosci L 38: 73-78 (12 Refs.)

9875. Sieghart W (1984)
Biochemical and pharmacological characterization of different benzodiazepine receptors.
Dev Neuros 17: 419-423 (17 Refs.)

9876. Sieghart W (1985)
Benzodiazepine receptors - multiple receptors or multiple conformations.
J Neural Tr 63: 191-208 (75 Refs.)

9877. Sieghart W (1985)
Binding of various benzodiazepine receptor ligands to different benzodiazepine receptor subtypes.
Pharmacops 18: 160-162 (16 Refs.)

9878. Sieghart W (1986)
Wechselwirkungen von Benzodiazepinagonisten, Antagonisten und inversen Agonisten mit dem Benzodiazepinrezeptor.
In: Benzodiazepine-Rückblick und Ausblick (Ed. Hippius H, Engel RR, Laakmann G)
Springer, Berlin Heidelberg New York Tokyo, p. 11-18

9879. Sieghart W (1986)
Comparison of benzodiazepine receptors in cerebellum and inferior colliculus.
N Neurochem 47: 920-923 (17 Refs.)

9880. Sieghart W, Drexler G (1983)
Irreversible binding of flunitrazepam-^{3}H to different proteins in various brain-regions.
J Neurochem 41: 47-55 (13 Refs.)

9881. Sieghart W, Drexler G (1985)
Determination of the pharmacokinetics of benzodiazepines with the aid of a receptor-binding method (meeting abstr.).
Act Med Aus 12: 72 (1 Refs.)

9882. Sieghart W, Drexler G, Mayer A, Schuster A (1983)
Interaction of Benzodiazepine Agonists and Antagonists with Different Benzodiazepine Receptors.
In: Benzodiazepine Recognition Site Ligands (Ed. Biggio G, Costa E).
Raven Press, New York, p. 11-19

9883. Sieghart W, Drexler G, Mayer A, Schuster A (1983)
Interaction of benzodiazepine agonists and antagonists with different benzodiazepine receptors (review).
Adv Bio Psy 38: 11-19   (35 Refs.)

9884. Sieghart W, Drexler G, Supavila. P, Karobath M (1982)
Properties of benzodiazepine receptors in rat retina.
Exp Eye Res 34: 961-967   (18 Refs.)

9885. Sieghart W, Eichinge. A, Richards JG, Mohler H (1987)
Photoaffinity-labeling of benzodiazepine receptor proteins with the partial inverse agonist ^{3}H-Ro-15-4513 - a biochemical and autoradiographic study.
J Neurochem 48: 46-52   (22 Refs.)

9886. Sieghart W, Eichinge. A, Riederer P, Jellinge. K (1985)
Comparison of benzodiazepine receptor-binding in membranes from human or rat-brain.
Neuropharm 24: 751+   (28 Refs.)

9887. Sieghart W, Eichinge. A, Zezula J (1987)
Comparison of tryptic peptides of benzodiazepine binding-proteins photolabeled with ^{3}H-flunitrazepam or ^{3}H-Ro-15-4513.
J Neurochem 48: 1109-1114   (15 Refs.)

9888. Sieghart W, Mayer A (1982)
Postnatal-development of proteins irreversibly labeled by ^{3}H-labeled flunitrazepam.
Neurosci L 31: 71-74   (10 Refs.)

9889. Sieghart W, Mayer A, Drexler G (1983)
Properties of ^{3}H-labeled flunitrazepam binding to different benzodiazepine binding-proteins.
Eur J Pharm 88: 291-299   (7 Refs.)

9890. Sieghart W, Moehler H (1982)
^{3}H-labeled clonazepam, like ^{3}H-labeled flunitrazepam, is a photoaffinity label for the central type of benzodiazepine receptors (technical note).
Eur J Pharm 81: 171-173   (6 Refs.)

9891. Sieghart W, Schuster A (1984)
Affinity of various ligands for benzodiazepine receptors in rat cerebellum and hippocampus.
Bioch Pharm 33: 4033-4038   (18 Refs.)

9892. Sieghart W, Supavilai P, Karobath M (1983)
Investigation of brain benzodiazepine receptors using flunitrazepam as a photo-affinity label.
In: Pharmacology of Benzodiazepines (Ed. Usdin E, Skolnick P, Tallmann jr JF, Greenblatt D, Paul SM)
Verlag Chemie, Weinheim Deerfield Beach Basel p. 141-148

9893. Sieradzki E, Wichlins. LM (1982)
Influence of elevated levels of serum-lipids on pharmacokinetics of diazepam in rabbits.
Act Pol Ph 39: 271-276   (18 Refs.)

9894. Sieradzki E, Wichlins. LM (1982)
Influence of increased blood lipid-levels on distribution of diazepam in rabbit-tissues.
Act Pol Ph 39: 457-462   (9 Refs.)

9895. Sigel E, Barnard EA (1984)
A gamma-aminobutyric acid benzodiazepine receptor complex from bovine cerebral-cortex - improved purification with preservation of regulatory sites and their interactions.
J Biol Chem 259: 7219-7223   (27 Refs.)

9896. Sigel E, Baur R (1987)
Chick brain GABA gated Cl-channels expressed in xenopus oocytes - effects of benzodiazepine agonists and inverse agonists (meeting abstr.).
Experientia 43: 657   (no Refs.)

9897. Sigel E, Mamalaki C, Barnard EA (1982)
Isolation of a GABA receptor from bovine brain using a benzodiazepine affinity column.
Febs Letter 147: 45-48   (11 Refs.)

9898. Sigel E, Mamalaki C, Barnard EA (1985)
Reconstitution of the purified gamma-aminobutyric acid benzodiazepine receptor complex from bovine cerebral-cortex into phospholipid-vesicles.
Neurosci L 61: 165-170   (10 Refs.)

9899. Sigel E, Stephens. FA, Mamalaki C, Barnard EA (1983)
Isolation of a GABA benzodiazepine receptor complex of bovine cerebral-cortex (meeting abstr.).
Experientia 39: 655   (no Refs.)

9900. Sigel E, Stephens. FA, Mamalaki C, Barnard EA (1983)
A gamma-aminobutyric acid benzodiazepine receptor complex of bovine cerebral-cortex - purification and partial characterization.
J Biol Chem 258: 6965-6971   (36 Refs.)

9901. Sigel E, Stephens. FA, Mamalaki C, Barnard EA (1984)
The purified GABA benzodiazepine barbiturate receptor complex - 4 types of ligand-binding sites, and the interactions between them, are preserved in a single isolated protein complex.
J Recep Res 4: 175-188   (13 Refs.)

9902. Signorini C, Tosoni S, Ballerin. R, Liguori A (1982)
Gas chromatographic mass spectrometric serum assay of diazepam administered in combination with octylonium bromide.
Drug Exp Cl 8: 185-189   (4 Refs.)

9903. Sikirica M, Vickovic I (1982)
7-chloro-5-phenyl-3(S)methyl-2H-1,4-benzodiazepine-2-one $C_{16}H_{13}N_2O$ Cl.
Cryst Str C 11: 1293-1298   (10 Refs.)

9904. Silberschmidt U (1980)
Das klinische Erscheinungsbild akuter peroraler Vergiftungen mit medikamentös verwendeten Benzodiazepinen: Retrospektive Studie von 777 Fallberichten des Schweizerischen Toxikologischen Informationszentrums. Dissertation Universität Zürich 1979;
zit. in: Schweiz Apoth Zeitg 118

9905. Silbert BS, Rosow CE, Keegan CR, Latta WB, Murphy AL, Moss J, Philbin DM (1986)
The effect of diazepam on induction of anesthesia with alfentanil.
Anesth Anal 65: 71-77   (23 Refs.)

9906. Sillers BR (1984)
Midazolam in dentistry (letter).
Br Dent J 156: 349   (1 Refs.)

9907. Silva Jace, Acioli A, Naylor C, Dasilva CJ, Ferreira I (1983)
Midazolam and triazolam in out-patients - a double-blind comparison of hypnotic efficacy.
Br J Cl Ph 16: 179-183 (13 Refs.)

9908. Silveira NG, Tufik S (1981)
Comparative effects between cannabidiol and diazepam on neophobia, food-intake and conflict behavior.
Res Comm P 6: 251-266 (20 Refs.)

9909. Simasko S, Horita A (1984)
Chlordiazepoxide displaces thyrotropin-releasing-hormone (TRH) binding.
Eur J Pharm 98: 419-423 (13 Refs.)

9910. Simiand J, Barnouin MC, Keane PE, Bachy A Biziere K (1986)
A myorelaxing benzodiazepine, tetrazepam, does not provoke withdrawal syndromes (meeting abstr.).
J Pharmacol 17: 412 (no Refs.)

9911. Simmonds MA (1981)
Distinction between the effects of barbiturates, benzodiazepines and phenytoin on responses to gamma-aminobutyric acid receptor activation and antagonism by bicuculline and picrotoxin.
Br J Pharm 73: 739-747 (41 Refs.)

9912. Simmonds MA (1983)
Variations in response of the GABA-picrotoxin-benzodiazepine receptor complex to flurazepam.
Pharm Bio B 18: 299-301 (9 Refs.)

9913. Simmonds MA (1985)
Antagonism of flurazepam and other effects of Ro-15-1788, PK 8165 and Ro-5-4864 on the GABA-A receptor complex in rat cuneate nucleus.
Eur J Pharm 117: 51-60 (41 Refs.)

9914. Simmons RS, Kellogg CK, Miller RK (1982)
Prenatal diazepam - its effect on central catecholamine neurons in the rat (meeting abstr.).
Teratology 25: 76 (no Refs.)

9915. Simmons RD, Kellogg CK, Miller RK (1984)
Prenatal diazepam exposure in rats - long-lasting, receptor-mediated effects on hypothalamic norepinephrine-containing neurons.
Brain Res 293: 73-83 (27 Refs.)

9916. Simmons RD, Miller RK, Kellogg CK (1983)
Prenatal diazepam - distribution and metabolism in perinatal rats.
Teratology 28: 181-188 (20 Refs.)

9917. Simmons RD, Miller RK, Kellogg CK (1984)
Prenatal exposure to diazepam alters central and peripheral responses to stress in adult-rat offspring.
Brain Res 307: 39-46 (29 Refs.)

9918. Simmons RD, Miller RK, Kellogg CC, Miller RK, Kellogg CC (1981)
Prenatal diazepam - distribution and metabolism in perinatal rats (meeting abstr.).
Teratology 23: 62 (1 Refs.)

9919. Simon P (1982)
Benzodiazepines - the search towards a common language (editorial).
Nouv Presse 11: 2951 (no Refs.)

9920. Simon P (1983)
Anti-depressants, benzodiazepines, and convulsions (letter).
Biol Psychi 18: 517 (no Refs.)

9921. Simon P, Lecrubie. Y (1982)
Side-effects and risks of benzodiazepines.
Nouv Presse 11: 2999-3002 (16 Refs.)

9922. Simontrompler E, Maksay G, Lukovits I, Volford J, Otvos L (1982)
Lorazepam and oxazepam esters - hydrophobicity, hydrolysis rates and brain appearance.
Arznei-For 32-1: 102-105 (19 Refs.)

9923. Simonyi M, Fitos I (1983)
Stereoselective binding of a 2,3-benzodiazepine to human-serum albumin - effect of conformation on tofizopam binding.
Bioch Pharm 32: 1917-1920 (16 Refs.)

9924. Simpson PJ, Eltringh. RJ (1981)
Lorazepam in intensive-care.
Clin Ther 4: 150-163 (no Refs.)

9925. Simunek J (1983)
Effect of sulfamethazine on the antipentetrazole action of diazepam in cockerels of different ages.
Vet Res Com 7: 203-204 (3 Refs.)

9926. Simunek J (1981)
Effect of age of cockerels on the tranquilizing efficacy of diazepam.
Act Vet B 50: 49-52 (no Refs.)

9927. Sinclair JG, Lo GF, Harris DP (1982)
Flurazepam effects on rat cerebellar purkinje-cells.
Gen Pharm 13: 453-456 (16 Refs.)

9928. Sineger E, Kiss M, Korosi J, Lang T, Andrasi F (1984)
Psychovegetative effects of some new 2,3-benzodiazepines (meeting abstr.).
Act Phy Hu 63: 373 (no Refs.)

9929. Singh AN, Chemij M, Jewell J (1986)
Treatment of triazolam dependence with a tapering withdrawal regimen.
Can Med A J 134: 243-245 (13 Refs.)

9930. Singh AN, Jewell J, Chemij M (1986)
Withdrawal regimen for triazolam-dependent patients - reply (letter).
Can Med A J 134: 1231-1232 (9 Refs.)

9931. Singh AN, Lemorvan P (1982)
Treatment of status epilepticus with intravenous clonazepam.
Prog Neur-P 6: 539-542 (3 Refs.)

9932. Sing AN, Saxena B (1985)
Sublingual lorazepam in the treatment of anxiety - a double-blind placebo controlled-study.
Curr Ther R 38: 606-620 (12 Refs.)

9933. Singh AN, Saxena B, Marshall AM (1983)
A dose-finding study of sublingual lorazepam in anxiety.
Curr Ther R 34: 227-238 (7 Refs.)

9934. Singh HK, Gulati A, Srimal RC, Dhawan BN (1986)
Effect of Ro-15-1788 on diazepam, GABA and pentobarbital induced EEG changes in rabbits.
I J Med Res 83: 633-641 (20 Refs.)

9935. Singh J, Jayaswal SB (1985)

Formulation, bioavailability and pharmacokinetics of rectal administration of lorazepam suppositories and comparison with oral solution in mongrel dog.

Pharm Ind 47: 664-668 (24 Refs.)

9936. Singh J, Jayaswal SB (1986)

Effect of surfactants on the permeating of lorazepam from its tablet formulations through rabbit jejunal sac (technical note).

Pharmazie 41: 435-436 (5 Refs.)

9937. Singh MM, Becker RE, Pitman RK, Nasralla. HA, Lal H (1983)

Sustained improvement in tardive-dyskinesia with diazepam - indirect evidence for corticolimbic involvement.

Brain Res B 11: 179-185 (51 Refs.)

9938. Singh MM, Becker RE, Pitman RK, Nasralla. HA, Lal H, Dufresne RL, Weber SS, McCalley. M (1982)

Diazepam-induced changes in tardive-dyskinesia - suggestions for a new conceptual-model.

Biol Psychi 17: 729-742 (55 Refs.)

9939. Singh M, Lal H, Becker R, Pitman R, Nasralla. H (1982)

Effectiveness of diazepam in tardive-dyskinesia - indirect evidence for GABA-ergic corticolimbic control of motro dysfunctions (meeting abstr.).

Fed Proc 41: 1223 (no Refs.)

9940. Singh PN, Sharma P, Gupta PK, Pandey K (1981)

Clinical evaluation of diazepam for relief of postoperative pain.

Br J Anaest 53: 831-836 (18 Refs.)

9941. Singh R, Jain PC, Anand N (1982)

Potential anticancer agents - synthesis of some substituted pyrrolo-[2,1-c][1,4]benzodiazepines.

I J Chem B 21: 225-227 (10 Refs.)

9942. Singhal RL, Rastogi RB, Lapierre YD (1983)

Diazepam potentiates the effect of neuroleptics on behavioral activity as well as dopamine and norepinephrine turnover - do benzodiazepines have anti-psychotic potency.

J Neural Tr 56: 127-138 (42 Refs.)

9943. Sinton CM, McCullou. JR, Ilmoniem RJ, Etienne PE (1987)

Modulation of auditory evoked magnetic-fields by benzodiazepines.

Neuropsychb 16: 213-218 (12 Refs.)

9944. Sisenwine SF, Tio CO (1986)

The metabolic disposition of oxazepam in rats.

Drug Meta D 14: 41-45 (29 Refs.)

9945. Sisenwine SF, Tio CO, Hadley FV, Liu AL, Kimmel HB, Ruelius HW (1982)

Species-related differences in the stereoselective glucuronidation of oxazepam.

Drug Meta D 10: 605-608 (20 Refs.)

9946. Sisenwine SF, Tio CO, Liu AL, Politows. JF (1987)

The metabolic-fate of oxazepam in mice (technical note).

Drug Meta D 15: 579-580 (9 Refs.)

9947. Sivam SP, Ho IK (1982)

Influence of morphine-dependence on GABA-stimulated benzodiazepine binding to mouse-brain synaptic-membranes (technical note).

Eur J Pharm 79: 335-336 (5 Refs.)

9948. Sjovall S (1983)

Use of midazolam and buprenorphine in combination anesthesia.

Ann Clin R 15: 151-155 (17 Refs.)

9949. Sjovall S, Kanto J, Erkkola R; Himberg JJ; Kangas L (1983)

Placental-tansfer and maternal kinetics of midazolam (meeting abstr.).

Act Anae Sc 27: 103 (no Refs.)

9950. Sjovall S, Kanto J, Gronroos M, Himberg JJ, Kangas L, Viinamak. O (1983)

Anti-diuretic hormone concentrations following midazolam premedication (technical note).

Anaesthesia 38: 1217-1220 (27 Refs.)

9951. Sjovall S, Kanto J, Himberg JJ, Hovivian. M, Salo M (1983)

CSF penetration and pharmacokinetics of midazolam.

Eur J Cl Ph 25: 247-251 (27 Refs.)

9952. Sjovall S, Kanto J, Iisalo E, Himberg JJ; Kangas L (1984)

Midazolam versus atropine plus pethidine as premedication in children.

Anaesthesia 39: 224-228 (15 Refs.)

9953. Sjovall S, Kanto J, Iisalo E, Kangas L, Mansikka M, Pihlajam. K (1984)

Use of atropine in connection with oral midazolam premedication.

Int J Cl Ph 22: 184-188 (27 Refs.)

9954. Sjovall S, Kanto J, Kangas L, Pakkanen A (1982)

Comparison of midazolam and flunitrazepam for night sedation - a randomized double-blind-study.

Anaesthesia 37: 924-928 (18 Refs.)

9955. Skarvan K, Schwinn W (1986)

Hemodynamic interactions of midazolam and alfentanil in coronary patients.

Anaesthesis 35: 17-23 (15 Refs.)

9956. Skelly AM (1986)

Midazolam and diazepam for minor oral-surgery (letter).

Br Dent J 160: 188 (3 Refs.)

9957. Skelly AM, Boscoe MJ, Dawling S, Adams AP (1984)

A comparison of diazepam and midazolam as sedatives for minor oral-surgery (meeting abstr.).

Br J Anaest 56: 1279-1280 (no Refs.)

9958. Skelly AM, Nelson IA (1986)

Clinical-assessment of a new dilution of midazolam hydrochloride for dental sedation.

Br Dent J 160: 99-100 (9 Refs.)

9959. Skerritt JH, Chow SC (1983)

The anti-convulsant, carbamazepin, interacts with brain benzodiazepine receptors (meeting abstr.).

Clin Exp Ph 10: 696 (2 Refs.)

9960. Skerritt JH, Chow SC, Johnston GA (1982)
Differences in the interactions between GABA and benzodiazepine binding-sites.
Neurosci L 33: 173-178   (21 Refs.)

9961. Skerritt JH, Chow SC, Johnston GA, Davies LP (1982)
Purines interact with central but not peripheral benzodiazepine binding-sites.
Neurosci L 34: 63-68   (26 Refs.)

9962. Skerritt JH, Davies LP, Chow SC, Johnston GA (1982)
Contrasting regulation by GABA of the displacement of benzodiazepine antagonist binding by benzodiazepine agonists and purines.
Neurosci L 32: 169-174   (24 Refs.)

9963. Skerritt JH, Johnston GA (1983)
Benzodiazepine stimulation of GABA binding-studies with agonists and antagonists (meeting abstr.).
Clin Exp Ph 10: 648-649   (2 Refs.)

9964. Skerritt JH, Johnston GA (1983)
Enhancement of GABA binding by benzodiazepines and related anxiolytics.
Eur J Pharm 89: 193-198   (30 Refs.)

9965. Skerritt JH, Johnston GA (1983)
Interactions of some anesthetic, convulsant, and anti-convulsant drugs at GABA-benzodiazepine receptor-ionophore complexes in Rat-Brain synaptosomal membranes.
Neurochem R 8: 1351-1362   (47 Refs.)

9966. Skerritt JH, Johnston GA (1983)
Diazepam stimulates the binding of GABA and muscimol but not thip to rat-brain membranes.
Neurosci L 38: 315-320   (28 Refs.)

9967. Skerritt JH, Johnston GA, Chow SC (1983)
Interactions of carbamazepine with benzodiazepine receptors (technical note).
J Pharm Pha 35: 464-465   (15 Refs.)

9968. Skerritt JH, Johnston GA, Katsikas T, Tabar J, Nicholso. GM, Andrews PR (1983)
Actions of pentobarbital and derivatives with modified 5-butyl substituents on GABA and diazepam binding to rat-brain synaptosomal membranes.
Neurochem R 8: 1337-1350   (34 Refs.)

9969. Skerritt JH, Macdonal. RL (1983)
Benzodiazepine Ro-15-1788 - electrophysiological evidence for partial agonist activity.
Neurosci L 43: 321-326   (20 Refs.)

9970. Skerritt JH, Macdonal. RL (1984)
Diazepam enhances the action but not the binding of the GABA analog, thip (technical note).
Brain Res 297: 181-186   (26 Refs.)

9971. Skerritt JH, Macdonal. RL (1984)
Benzodiazepine receptor ligand actions on GABA responses - benzodiazepines, CL 218872, zopiclone.
Eur J Pharm 101: 127-134   (40 Refs.)

9972. Skerritt JH, Macdonal. RL (1984)
Benzodiazepine receptor ligand actions on GABA responses - beta-carbolines, purines.
Eur J Pharm 101: 135-141   (28 Refs.)

9973. Skerritt JH, Werz MA, McLean MJ, Macdonald RL (1984)
Diazepam and its anomalous para-chloro-derivative Ro 5-4864 - comparative effects on mouse neurons in cell-culture.
Brain Res 310: 99-105   (36 Refs.)

9974. Skerritt JH, Willow M, Johnston GA (1982)
Diazepam enhancement of low affinity GABA binding to rat-brain membranes.
Neurosci L 29: 63-66   (15 Refs.)

9975. Sketris IS, Maccara ME, Purkis IE, Curry L (1985)
Is there a problem with benzodiazepine prescribing in maritime canada.
Can Fam Phy 31: 1591-1596   (18 Refs.)

9976. Skolnick P (1987)
Neuropharmacology of atypical anxiolytics - compounds not binding to the benzodiazepine-GABA receptor chloride ionophore complex (meeting abstr.).
Int J Neurs 32: 654   (no Refs.)

9977. Skolnick P, Hommer D, Paul SM (1983)
Benzodiazepine antagonists.
In: Pharmacology of Benzodiazepines (Ed. Usdin E, Skolnick P, Tallmann jr JF, Greenblatt D, Paul SM)
Verlag Chemie, Weinheim Deerfield Beach Basel p. 441-454

9978. Skolnick P, Moncada V, Barker JL, Paul SM (1981)
Pentobarbital - dual actions to increase brain benzodiazepine receptor affinity.
Science 211: 1448-1450   (33 Refs.)

9979. Skolnick P. Paul SM (1981)
Benzodiazepine receptors (review or bibliog.).
Annu Rep M 16: 21-29   (no Refs.)

9980. Skolnick P, Paul SM (1981)
The mechanism(s) of action of the benzodiazepines (review or bibliog.).
Med Res Rev 1: 3-22   (124 Refs.)

9981. Skolnick P, Paul SM (1982)
Benzodiazepine receptors in the central nervous-system (review or bibliog.).
Int R Neuro 23: 103-140   (196 Refs.)

9982. Skolnick P, Paul S, Crawley J, Lewin E, Lippa A, Clody D, Irmscher K, Saiko O, Minck KO (1983)
Antagonism of the anxiolytic action of diazepam and chlordiazepoxide by the novel imidazopyridines, EMD-39593 and EMD-41717.
Eur J Pharm 88: 319-327   (32 Refs.)

9983. Skolnick P, Paul S, Crawley J, Rice K, Barker S, Weber R, Cain M, Cook J (1981)
3-hydroxymethyl-beta-carboline antagonizes some pharmacologic actions of diazepam (technical note).
Eur J Pharm 69: 525-527   (5 Refs.)

9984. Skolnick P, Paul SM, Rice KC, Barker S, Cook JM, Weber R, Cain M (1980)
Invitro inhibition of diazepam-^{3}H binding to benzodiazepine receptors by beta-carbolines (meeting abstr.).
Abs Pap ACS 180: 69-Medi   (1 Refs.)

9985. Skolnick P, Reed GF, Paul SM (1985)
Benzodiazepine-receptor mediated inhibition of isolation-induced aggression in mice.
Pharm Bio B 23: 17-20   (30 Refs.)

9986. Skolnick P, Rice KC, Barker JL, Paul SM (1982)
Interaction of barbiturates with benzodiazepine receptors in the central nervous-system.
Brain Res 233: 143-156   (30 Refs.)

9987. Skolnick P, Schweri M, Kutter E, Williams E, Paul S (1982)
Inhibition of ^{3}H-labeled diazepam and ^{3}H-3-carboethoxy-beta-carboline binding by irazepine - evidence for multiple domains of the benzodiazepine receptor.
J Neurochem 39: 1142-1146   (33 Refs.)

9988. Skolnick P, Schweri MM, Paul SM, Martin JV, Wagner RL, Mendelso. WB (1983)
3-carboethoxy-beta-carboline (beta-CCE) elicits electroencephalographic seizures in rats - reversal by the benzodiazepine antagonist CGS-8216.
Life Sci 32: 2439-2445   (15 Refs.)

9989. Skolnick P, Schweri MM; Williams EF, Moncada VY, Paul SM (1982)
An invitro binding assay which differentiates benzodiazepine agonists and antagonists (technical note).
Eur J Pharm 78: 133-136   (10 Refs.)

9990. Skolnick P, Trullas R, Havoundj. H, Paul S (1986)
The benzodiazepine GABA receptor complex in anxiety.
Clin Neurop 9: 43-45   (12 Refs.)

9991. Skowronski R, Beaumont K, Fanestil DD (1987)
Differential effect of arachidonate on ^{3}H-PK-11195 and ^{3}H-Ro-5-4864 binding to rat-kidney peripheral type benzodiazepine receptors (meeting abstr.).
Fed Proc 46: 1465   (no Refs.)

9992. Skubella U (1985)
Benzodiazepine in der Prämedikation unter besonderer Berücksichtigung eigener Erfahrungen mit Dikaliumchlorazepat.
In: Benzodiazepine in der Anästhesiologie (Ed. Langrehr D)
Urban & Schwarzenberg, München Wien Baltimore, S. 71-96

9993. Skubella U, Henschel WF, Franzke HG (1981)
Night-time premedication with di-potassiumclorazepate, diazepam or a placebo before anesthesia - a double-blind trial.
Anasth Int 16: 327-332   (no Refs.)

9994. Slak S (1986)
Alprazolam withdrawal insomnia.
Psychol Rep 58: 343-346   (9 Refs.)

9995. Slater J (1984)
Benzodiazepine use (letter).
Can Fam Phy 30: 1247   (* Refs.)

9996. Slater P, Bennett MWR (1982)
Potentiation of the effects of gamma-aminobutyric acid and adenosine on the vas-deferens by diazepam and clobazam.
Drug Dev R 1982: 95-100   (14 Refs.)

9997. Slater P, Bennett MWR (1982)
Effects of putative endogenous benzodiazepine receptor ligands on the potentiation of adenosine by benzodiazepines in isolated smooth-muscle (technical note).
J Pharm Pha 34: 42-44   (18 Refs.)

9998. Slater P, Longman DA (1982)
Use of a novel method for investigating muscle-relaxant drugs - the effects of clobazam and 1,4-benzodiazepines on morphine-induced rigidity.
Drug Dev R 1982: 153-158   (11 Refs.)

9999. Sleigh JW (1986)
Failure of aminophylline to antagonize midazolam sedation (letter).
Anesth Anal 65: 540   (2 Refs.)

10000. Slightom EL, Cagle JC, McCurdy HH (1982)
Direct and indirect homogeneous enzyme immunoassay of benzodiazepines in biological-fluids and tissues.
J Anal Tox 6: 22-25   (14 Refs.)

10001. Smart TG, Constant. A, Bilbe G, Brown DA, Barnard EA (1983)
Synthesis of functional chick brain GABA benzodiazepine barbiturate receptor complexes in messenger RNA-injected xenopus oocytes.
Neurosci L 40: 55-59   (14 Refs.)

10002. Smiley A, Moskowit. H (1986)
Effects of long-term administration of buspirone and diazepam on driver steering control.
Am J Med 80: 22-29   (16 Refs.)

10003. Smith A, Bird G (1982)
The compatibility of diazepam with infusion fluids and their containers.
J Clin Hosp 7: 181-186   (21 Refs.)

10004. Smith BL (1981)
Excessive premedication of diazepam (letter).
Gastroin En 27: 110   (1 Refs.)

10005. Smith CC, Lewis ME, Tallman JF (1982)
Effect of benzodiazepines on cyclic-GMP formation in rat cerebellar slices.
Pharm Bio B 16: 29-33   (19 Refs.)

10006. Smith DE, Wesson DR (1983)
The benzodiazepines - 2 decades of research and clinical-experience - introduction (editorial).
J Psych Dr 15: 1-7   (no Refs.)

10007. Smith DE, Wesson DR (1983)
Benzodiazepine dependency syndromes.
J Psych Dr 15: 85-95   (31 Refs.)

10008. Smith FM, Nuessle NO (1982)
Stability of diazepam injection repackaged in glass unit-dose syringes (technical note).
Am J Hosp P 39: 1687-1690   (16 Refs.)

10009. Smith FM, Nuessle NO (1982)
HPLC-method for determination of diazepam injection.
Anal Lett B 15: 363-371   (3 Refs.)

10010. Smith G, Cotton BR, Fell D (1982)
Diazepam reduces lower esophageal sphincter pressure (meeting abstr.).
Br J Anaest 54: 241   (2 Refs.)

10011. Smith GA (1982)
Voice analysis of the effects of benzodiazepine tranquilizers.
Br J Cl Psy 21: 141-142   (6 Refs.)

10012. Smith GB, Hughes DG, Kumar V (1985)
Temazepam in fast dispensing dosage form as a premedication for children (technical note).
Anaesthesia 40: 368-371   (25 Refs.)

10013. Smith JE, Co C, Lane JD (1984)
Limbic muscarinic cholinergic and benzodiazepine receptor changes with chronic intravenous morphine and self-administration.
Pharm Bio B 20: 443-450   (50 Refs.)

10014. Smith MT, Eadie MJ, Brophy TO (1981)
The pharmacokinetics of midazolam in man.
Eur J Cl Ph 19: 271-278   (5 Refs.)

10015. Smith MT, Heazlewo. V, Eadie MJ, Brophy TOR, Tyrer JH (1984)
Pharmacokinetics of midazolam in the aged.
Eur J Cl Ph 26: 381-388   (7 Refs.)

10016. Smith RB, Divoll M, Gillespi. WR, Greenblatt DJ (1983)
Pharmacokinetics of triazolam and temazepam - age and gender effects (meeting abstr.).
Clin Pharm 33: 261   (no Refs.)

10017. Smith RB, Divoll M, Gillespi. WR, Greenblatt DJ (1983)
Effect of subject age and gender on the pharmacokinetics of oral triazolam and temazepam (technical note).
J Cl Psych 3: 172-176   (13 Refs.)

10018. Smith RB, Gwilt PR, Wright CE (1983)
Single-dose and multiple-dose pharmacokinetics of oral alprazolam in healthy smoking and nonsmoking men.
Clin Phrmcy 2: 139-143   (* Refs.)

10019. Smith RB, Kroboth PD (1985)
Effect of dosing regimen on alprazolam psychomotor effects and kinetics (meeting abstr.).
Drug Intel 19: 450   (no Refs.)

10020. Smith RB, Kroboth PD (1987)
Influence of dosing regimen on alprazolam and metabolite serum concentrations and tolerance to sedative and psychomotor effects.
Psychophar 93: 105-112   (22 Refs.)

10021. Smith RB, Kroboth PD, Phillips JP (1985)
Temporal variation in triazolam pharmacokinetics and pharmacodynamics after oral-administration (meeting abstr.).
Drug Intel 19: 449-450   (no Refs.)

10022. Smith RB, Kroboth PD, Phillips JP (1986)
Temporal variation in triazolam pharmacokinetics and pharmacodynamics after oral-administration.
J Clin Phar 26: 120-124   (16 Refs.)

10023. Smith RB, Kroboth PD, Vanderlu. JT, Phillips JP, Juhl RP (1984)
Pharmacokinetics and pharmacodynamics of alprazolam after oral and i.v. administration.
Psychophar 84: 452-456   (20 Refs.)

10024. Smith RB, Kroboth PD, Varner PD (1986)
Pharmacokinetics and pharmacodynamics of triazolam after intravenous administration (meeting abstr.).
Drug Intel 20: 459-460   (no Refs.)

10025. Smith S, Rinehart JS, Ruddock VE, Schiff I (1987)
Treatment of premenstrual-syndrome with alprazolam - results of a double-blind, placebo-controlled, randomized crossover clinical-trial.
Obstet Gyn 70: 37-43   (22 Refs.)

10026. Smith TM (1985)
^{3}H-flunitrazepam binding in the presence of beta-phenylethylamine and its metabolites.
Pharm Bio B 23: 965-967   (30 Refs.)

10027. Smith TM, Perumal AS, Suckow RF, Cooper TB (1986)
Brain regional ^{3}H-flunitrazepam binding in rats chronically treated with bupropion or BW-306 U (technical note).
Brain Res 367: 385-389   (16 Refs.)

10028. Smith TM, Squires RF (1983)
Differential inhibition of brain specific flunitrazepam-^{3}H binding by several types of dyes.
Neurochem R 8: 1177-1183   (32 Refs.)

10029. Smokcum RWJ (1982)
Inactivation of GABA receptors by phenoxybenzamine - effects on GABA-stimulated benzodiazepine binding in the central nervous-system.
Eur J Pharm 86: 259-264   (16 Refs.)

10030. Smyth WF, Groves JA (1981)
The solvent-extraction of flurazepam and its major metabolites and their determination by polarography.
Analyt Chim 123: 175-186   (7 Refs.)

10031. Smyth WF, Groves JA (1982)
A polarographic study of the hydrolysis of 1,4-benzodiazepines and its analytical applications.
Analyt Chim 134: 227-238   (13 Refs.)

10032. Smyth WF, Ivaska A (1985)
A study of the electrochemical oxidation of some 1,4-benzodiazepines.
Analyst 110: 1377-1379   (3 Refs.)

10033. Smyth WF, Scannell R, Goggin TK, Lucasher. D (1982)
A spectrometric, separation and voltammetric study of the complexation reactions of bromazepam with iron(II), copper(II) and cobalt (II).
Analyt Chim 141: 321-327   (12 Refs.)

10034. Snaith RP (1984)
Benzodiazepines on trial (letter).
Br Med J 288: 1379   (8 Refs.)

10035. Snatzke G, Knowal A, Sabljic A, Blazevic N, Sunjic V (1982)
Circular-dichroism .78. circular-dichroism of optically-active 1,4-benzodiazepines.
Croat Chem 55: 435-455   (46 Refs.)

10036. Snell CR, Snell PH (1984)
Benzodiazepines modulate the A2 adenosine receptor on 108CC15 neuro-blastoma X glioma hybrid-cells (meeting abstr.).
Bioch Soc T 12: 802-803   (12 Refs.)

10037. Snell CR, Snell PH (1984)
Benzodiazepines modulate the A2-adenosine binding-sites on 108CC15 neuro-blastoma X glioma hybrid-cells.
Br J Pharm 83: 791-798   (33 Refs.)

10038. Snell ES (1984)
Recommendations for data sheets on benzodiazepines ignored - reply (letter).
Br Med J 288: 717   (1 Refs.)

10039. Snyder SH (1981)
Opiate and benzodiazepine receptors.
Psychosomat 22: 986-989   (11 Refs.)

10040. Snyder SH (1987)
GABA-benzodiazepine receptor complex - focus on receptor subtypes and cyclopyrrolone drugs.
Isr J Med S 23: 145-152   (40 Refs.)

10041. Sobotka P, Navratil L (1985)
Modification of strychnine epileptogenic focus in the brain cortex by diazepam (technical note).
Activ Nerv 27: 225-226   (no Refs.)

10042. Sohar P, Mehesfal. Z, Neszmely. A, Lang T, Korosi J (1980)
IR, H-1 anc C-13 NMR investigation, conformational-analysis of 3-acyl and 2,3-diacyl-1-(3,4-dimethoxyphenyl)-4-methyl-5-ethyl-7,8-dimethoxy-1,2-dihydro-3H-2,3-benzodiazepines.
Kem Kozlem 54: 290-297   (19 Refs.)

10043. Sohr CJ, Buechel AT (1982)
Separation of parent benzodiazepines and their major metabolites by reverse-phase ion-pair chromatography.
J Anal Tox 6: 286-289   (24 Refs.)

10044. Sold M, Lindner H, Weis KH (1983)
The effect of fentanyl, diazepam and flunitrazepam on memory function - a pharmacopsychological study.
Anaesthesis 32: 519-524   (21 Refs.)

10045. Soldatos CR (1986)
Benzodiazepines - half-life and daytime hyperarousal (letter).
Am J Psychi 143: 813-814   (5 Refs.)

10046. Soldatos CR, Bixler EO, Kales A (1987)
Behavioral side-effects of benzodiazepine hypnotics (meeting abstr.).
Int J Neurs 32: 470-471   (no Refs.)

10047. Soldatos CR, Kales A, Bixler EO, Velabuen. A (1985)
Behavioral side-effects of benzodiazepine hypnotics.
Clin Neurop 8: 112-117   (47 Refs.)

10048. Soldatos CR, Sakkas PN, Bergiann. JD, Stefanis CN (1986)
Behavioral side-effects of triazolam in psychiatric-inpatients - report of 5 cases.
Drug Intel 20: 294-297   (29 Refs.)

10049. Solomon J, Rouck LA, Koepke HH (1983)
Double-blind comparison of lorazepam and chlordiazepoxide in the treatment of the acute alcohol abstinence syndrome.
Clin Ther 6: 52-58   (* Refs.)

10050. Sonander H, Arnold E, Nilsson K (1985)
Effects of the rectal administration of diazepam - diazepam concentrations in children undergoing general-anesthesia.
Br J Anaest 57: 578-580   (9 Refs.)

10051. Sonander H, Nilsson K, Arnold E (1986)
Rectal administration of diazepam - reply (letter).
Br J Anaest 58: 361-362   (5 Refs.)

10052. Sonawane BR, Yaffe SJ, Shapiro BH (1981)
Hormonal modulation of benzodiazepine receptor-binding in mouse-brain (meeting abstr.).
Fed Proc 40: 314   (no Refs.)

10053. Song LC, Zhou TC (1986)
Changes in adrenal benzodiazepine receptors in spontaneously hypertensive rats.
Act Phar Si 7: 318-320   (8 Refs.)

10054. Soni SD, Smith ED, Shah A, Hall J (1986)
Lorazepam withdrawal seizures - role of predisposition and multi-drug therapies.
Int Clin Ps 1: 165-169   (9 Refs.)

10055. Sonne J, Poulsen HE, Andrease. PB (1986)
Single dose oxazepam has no effect on acetaminophen clearance or metabolism (technical note).
Eur J Cl Ph 30: 127-129   (15 Refs.)

10056. Sookvanichsilp N, Matangka. OP (1986)
Effect of diazepam and phenobarbital sodium on postcoital contraceptive efficacy of ethinyl estradiol in rats.
Contracept 34: 191-198   (21 Refs.)

10057. Sorel L, Mechler L, Harmant J (1981)
Comparative trial of intravenous lorazepam and clonazepam in status epilepticus.
Clin Ther 4: 326-336   (no Refs.)

10058. Sorensen M, Jorgense. J, Vibymoge. J, Bettum V, Dunbar GC, Steffens. K (1985)
A double-blind group comparative-study using the new anti-depressant ORG 3770, placebo and diazepam in patients with expected insomnia and anxiety before elective gynecological surgery.
Act Psyc Sc 71: 339-346   (6 Refs.)

10059. Sorensen S, Freedman R (1983)
Effects of alprazolam on the activity of rat cerebellar purkinje neurons - evidence for mediation by norepinephrine.
Drug Dev R 3: 555-560   (21 Refs.)

10060. Soubrie P, Blas C, Ferron A, Glowinsk. J (1983)
Chlordiazepoxide reduces invivo serotonin release in the basal ganglia of encephale isole but not anesthetized cats - evidence for a dorsal raphe site of action.
J Pharm Exp 226: 526-532   (35 Refs.)

10061. Soubrie P, Thiebot MH, Jobert A, Hamon M (1981)
Serotoninergic control of punished behavior - effects of intra-raphe micro-injections of chlordiazepoxide, GABA and 5-HT on behavioral suppression in rats.
J Physl Par 77: 449-453   (28 Refs.)

10062. Southwick PL, Chou CH, Fink TE, Kirchner JR (1985)
Synthesis of fluorescent 5-(2-hydroxyaryl)-7-substituted-2,3-dihydro-1H-1,4-diazepines and related fluorescent 1,5-benzodiazepines (technical note).
Synthesis-S: 339-341   (8 Refs.)

10063. Sovner R (1986)
Clonazepam in the treatment of mentally-retarded persons (letter).
Am J Psychi 143: 1324 (6 Refs.)

10064. Spargo PM, Howard WV, Saunders DA (1985)
Sedation and cerebral-angiography - the effects of pentazocine and midazolam on arterial carbon-dioxide tension (technical note).
Anaesthesia 40: 901-903 (10 Refs.)

10065. Späth G (1982)
Vergiftungen und akute Arzneimittelüberdosierungen, 2. Aufl.
de Gruyter, Berlin New York

10066. Späth P, Gob E, Barankay A, Richter JA (1982)
The influence of fentanyl and ketamine on the peripheral vascular effects of midazolam during extracorporeal-circulation (meeting abstr.).
Anaesthesis 31: 494-495 (4 Refs.)

10067. Spauldin. BC, Choi SD, Gross JB, Apfelbau. JL, Broderso. H (1984)
The effect of physostigmine on diazepam-induced ventilatory depression - a double-blind-study.
Anesthesiol 61: 551-554 (15 Refs.)

10068. Spealman RD (1985)
Disruption of schedule-controlled behavior by Ro-15-1788 one day after acute treatment with benzodiazepines (meeting abstr.).
Fed Proc 44: 886 (no Refs.)

10069. Spealman RD (1985)
Discriminative-stimulus effects of midazolam in squirrel-monkeys - comparison with other drugs and antagonism by Ro-15-1788.
J Pharm Exp 235: 456-462 (39 Refs.)

10070. Spealman RD (1986)
Disruption of schedule-controlled behavior by Ro-15-1788 one day after acute treatment with benzodiazepines (technical note).
Psychophar 88: 398-400 (13 Refs.)

10071. Spealman RD, Kelleher RT, Goldberg SR, Deweese J, Goldberg DM (1983)
Behavioral-effects of clozapine - comparison with thioridazine, chlorpromazine, haloperidol and chlordiazepoxide in squirrel-monkeys.
J Pharm Exp 224: 127-134 (38 Refs.)

10072. Spector R (1985)
Thymidine transport and metabolism in choroid-plexus - effect of diazepam and thiopental.
J Pharm Exp 235: 16-19 (15 Refs.)

10073. Speeg KV, Wang S, Avant GR, Parker R, Schenker S (1981)
Invitro antagonism of benzodiazepine binding to cerebral receptors by H-1 and H-2-antihistamines.
J La Cl Med 97: 112-122 (48 Refs.)

10074. Speirs CJ, Navey FL, Brooks DJ, Impallom. MG (1986)
Opisthotonos and benzodiazepine withdrawal in the elderly (letter).
Lancet 2: 1101 (4 Refs.)

10075. Spencer DG, Lal H (1983)
CGS-9896, a chloro-derivative of the diazepam antagonist CGS-8216, exhibits anxiolytic activity in the pentylenetetrazol-saline discrimination test.
Drug Dev R 3: 365-370 (18 Refs.)

10076. Spero L (1985)
Modulation of specific ^{3}H-phenytoin binding by benzodiazepines.
Neurochem R 10: 755-765 (15 Refs.)

10077. Speth RC (1984)
The benzodiazepines - from molecular-biology to clinical-practice - Costa E (book Review).
Cont Psycho 29: 574-575 (2 Refs.)

10078. Spiegel RA, Lane TJ, Larsen RE, Cardeilh. PT (1984)
Diazepam and succinylcholine chloride for restraint of the american alligator.
J Am Vet Me 185: 1335-1336 (7 Refs.)

10079. Spier SA, Tesar GE, Rosenbau. JF, Woods SW (1986)
Treatment of panic disorder and agoraphobia with clonazepam.
J Clin Psy 47: 238-242 (15 Refs.)

10080. Spinweber CL, Johnson LC (1982)
Effects of triazolam (0,5 mg) on sleep, performance, memory, and arousal threshold.
Psychophar 76: 5-12 (36 Refs.)

10081. Spiteri MA, Pavia D, Lopezvid. MT, Agnew JE, Clarke SW (1986)
Is tracheobronchial clearance affected by temazepam (meeting abstr.).
Thorax 41: 727 (2 Refs.)

10082. Spivey WH, Unger HD, Lathers CM, McNamara RM (1987)
Intraosseous diazepam suppression of pentylenetetrazol-induced epileptogenic activity in pigs.
Ann Emerg M 16: 156-159 (no Refs.)

10083. Spivey WH, Unger HD, McNamara RM, Lathers CM (1985)
Suppression of pentylenetetrazol-induced seizures with intraosseous versus intravenous diazepam (meeting abstr.).
Epilepsia 26: 520-521 (no Refs.)

10084. Splaver TE (1987)
Attorneys concerned about use of midazolam (letter).
J Oral Max 45: 382 (no Refs.)

10085. Spyraki C, Kazandji. A, Varonos D (1985)
Diazepam-induced place preference conditioning - appetitive and antiaversive properties.
Psychophar 87: 225-232 (45 Refs.)

10086. Squella JA, Papic E, Nunezver. LJ (1986)
The chlordiazepoxide albumin binding - a bioelectrochemical approach.
Bioelectr B 16: 471-478 (27 Refs.)

10087. Squires RF (1981)
Certain GABA mimetics reduce the affinity of anions required for benzodiazepine binding in a GABA-reversible way.
Drug Dev R 1: 211-221 (32 Refs.)

10088. Squires RF (1983)
Benzodiazepine receptor multiplicity.
Neuropharm 22: 1443-1450   (76 Refs.)

10089. Squires RF, Saederup E (1982)
Gamma-aminobutyric acid receptors modulate cation binding-sites coupled to independent benzodiazepine, picrotoxin, and anion binding-sites.
Molec Pharm 22: 327-334   (30 Refs.)

10090. Squires RF, Saederup E (1983)
Evidence for independent cation and anion recognition sites in benzodiazepine-picrotoxin/GABA receptor complexes.
In: Pharmacology of Benzodiazepines
(Ed. Usdin E, Skolnick P, Tallmann jr JF, Greenblatt D, Paul SM).
Verlag Chemie, Weinheim Deerfield Beach Basel, p. 567-582

10091. Squires RF, Saederup E, Crawley JN, Skolnick P, Paul SM (1984)
Convulsant potencies of tetrazoles are highly correlated with actions on GABA benzodiazepine picrotoxin receptor complexes in brain.
Life Sci 35: 1439-1444   (17 Refs.)

10092. Sram RJ, Kocisova J (1984)
Mutagenic activity of diazepam.
Activ Nerv 26: 251-253   (4 Refs.)

10093. Sram RJ, Kocisova J (1985)
Longterm diazepam does not induce dominant lethals in mice.
Activ Nerv 27: 314-316   (3 Refs.)

10094. Srivastava RC, Sharma RK, Bhise SB (1983)
Liquid membrane phenomena in diazepam action.
J Coll I Sc 93: 72-77   (23 Refs.)

10095. Srivastava VK, Satsangi RK, Kishore K (1982)
2-(2'-hydroxyphenyl)-4-aryl-1,5-benzodiazepines as CNS active agents.
Arznei-For 32-2: 1512-1514 (9 Refs.)

10096. Staak M, Moosmayer A, Besserer K, Speidel K, Kleinsch. A (1982)
Pharmacokinetic studies after oral and parenteral application of dipotassium clorazepate.
Arznei-For 32-1: 272-275   (14 Refs.)

10097. Staak M, Sticht G, Saternus KS, Käferstein H (1982)
Pharmakokinetische Untersuchungen nach Applikation von Tetarzepam am Rhesusaffen.
Beitr Gerichtl Med 40: 323-328

10098. Stabl M, Merz WA, Schersch. R, Forgo J, Hellster. K (1987)
Acute effects and tolerability of the partial benzodiazepine agonist Ro 23-0364 in healthy volunteers/I (meeting abstr.).
Int J Neurs 32: 816-817   (no Refs.)

10099. Stahl E, Müller J (1981)
pH-gradient-thin-layer chromatography of benzodiazepines (technical note).
J Chromat 209: 484-488   (12 Refs.)

10100. Stahl Y, Persson A, Petters I, Rane A, Theorell K, Walson P (1983)
Kinetics of clonazepam in relation to electroencephalographic and clinical effects.
Epilepsia 24: 225-231   (17 Refs.)

10101. Standishbarry HM, Deacon V, Snaith RP (1985)
The relationship of concurrent benzodiazepine administration to seizure duration in ECT.
Act Psyc Sc 71: 269-271   (13 Refs.)

10102. Stanford SC, Little HJ, Nutt DJ, Taylor SC (1986)
Effects of chronic treatment with benzodiazepine receptor ligands on cortical adrenoceptors (technical note).
Eur J Pharm 129: 181-184   (10 Refs.)

10103. Stanford SC, Taylor SC, Little HJ (1987)
Chronic desipramine treatment prevents the upregulation of cortical beta-receptors caused bs a single dose of the benzodiazepine inverse agonist FG 7142.
Eur J Pharm 139: 225-232   (31 Refs.)

10104. Stapleton SR, Prestwic. SA, Horton RW (1982)
Regional heterogeneity of benzodiazepine binding-sites in rat-brain (technical note).
Eur J Pharm 84: 221-224   (10 Refs.)

10105. Staritz M, Buschenf. KH (1986)
Investigation of the effect of diazepam and other drugs on the sphincter of oddi motility.
Intal J Gast 18: 41-42   (10 Refs.)

10106. Stark RD, Gambles SA (1982)
Does diazepam reduce breathlessness in healthy-subjects (meeting abstr.).
Br J Cl Ph 13: 600   (6 Refs.)

10107. Stark RD, Gambles SA, Lewis JA (1981)
Methods to assess breathlessness in healthy-subjects - a critical-evaluation and application to analyze the acute effects of diazepam and promethazine on breathlessness induced by exercise or by exposure to raised levels of carbon-dioxide.
Clin Sci 61: 429-439   (19 Refs.)

10108. Starosta. S, Ciliax BJ, Penney JB, McKeever P, Young AB (1987)
Imaging of a glioma using peripheral benzodiazepine receptor ligands.
P NAS US 84: 891-895   (42 Refs.)

10109. Stauber GB, Ransom RW, Dilber AI, Olsen RW (1987)
The gamma-aminobutyric-acid benzodiazepine-receptor protein from rat-brain - large-scale purification and preparation of antibodies.
Eur J Bioch 167: 125-133   (30 Refs.)

10110. Stead AH, Gill R, Wright T, Gibbs JP, Moffat AC (1982)
Standardised thin-layer chromatographic systems for the identification of drugs and poisons.
Analyst 107: 1106-1168

10111. Steentoft A, Worm K, Christen. H (1981)
The frequency of benzodiazepines in blood-samples received for blood-alcohol determination in the danish population for the period june 1978 june 1979 (meeting abstr.).
J For Sci 21: 146   (no Refs.)

10112. Steentoft A, Worm K, Christen. H (1985)
The frequency in the danish population of benzodiazepines in blood-samples received for blood ethanol determination for the period june 1978 to june 1979.
J For Sci 25: 435-443   (13 Refs.)

10113. Stefancich G, Artico M, Corelli F, Silvestr. R, Defeo G, Mazzanti G, Durando L, Palmery M (1985)
Research on new psychotropic agents .1. synthesis and pharmacological activity of derivatives of 5H-imidazo[2,1-c][1,4]benzodiazepine.
Farmaco Sci 40: 429-441   (19 Refs.)

10114. Stefancich G, Artico M, Massa S, Corelli F (1981)
Research on nitrogen heterocyclic-compounds .13. synthesis of 5H-imidazo[2,1-c][1,4]benzodiazepine, a novel tricyclic ring-system (technical note).
Synthesis-S 1981: 321-322   (10 Refs.)

10115. Stein L (1983)
Benzodiazepines and behavioral disinhibiton.
In: Pharmacology of Benzodiazepines (Ed. Usdin E, Skolnick P, Tallmann jr JF, Greenblatt D, Paul SM).
Verlag Chemie, Weinheim Deerfield Beach Basel p. 383-390

10116. Steinberg H, Stanford C, Sykes EA, Davies CE (1986)
Anti-depressants and chlordiazepoxide cause backward walking (meeting abstr.).
Psychophar 89: 35   (1 Refs.)

10117. Steinberg JL, Cherek DR, Kelly TH (1986)
Objective and subjective aggression measures - effects of alcohol and diazepam (meeting abstr.).
Pharm Bio B 25: 307   (no Refs.)

10118. Stella L, Falivene R, Mastrona. P, Gargiulo G, Cafiero T, Dellavol. T (1982)
Midazolam, labetalol and aminophylline and changes in intra-cranical pressure (meeting abstr.).
Act Neurochem 66: 132-133   (no Refs.)

10119. Stenchever MA, Smith WD (1981)
The effect of diazepam on meiosis in the CF-1 mouse.
Teratology 23: 279-281   (9 Refs.)

10120. Stepanski E, Zorick F, Kaffeman M, Sicklest. J, Roth T (1982)
Effects of the chronic administration of triazolam 0,50 mg on the sleep of insomniacs.
Nouv Presse 11: 2987-2990   (9 Refs.)

10121. Stephens DN (1986)
Tolerance to the anxiolytic action of diazepam and stress responses following its withdrawal - studies in rodents (meeting abstr.).
Br J Addict 81: 712-713   (no Refs.)

10122. Stephens DN, Kehr W, Schneide. HH, Braestru. C (1984)
Bidirectional effects on anxiety of beta-carbolines acting as benzodiazepine receptor ligands.
Neuropharm 23: 879-880   (5 Refs.)

10123. Stephens DN, Kehr W, Schneide. HH, Schmiech. R (1984)
Beta-carbolines with agonistic and inverse agonistic properties at benzodiazepine receptors of the rat.
Neurosci L 47: 333-338   (12 Refs.)

10124. Stephens DN, Schneide. HH (1985)
Tolerance to the benzodiazepine diazepam in an animal-model of anxiolytic activity.
Psychophar 87: 322-327   (35 Refs.)

10125. Stephens DN, Shearman GT, Kehr W (1984)
Discriminative stimulus properties of beta-carbolines characterized as agonists and inverse agonists at central benzodiazepine receptors.
Psychophar 83: 233-239   (27 Refs.)

10126. Stephenson FA (1985)
Isolation of the gamma-aminobutyric acid benzodiazepine receptor.
Bioch Soc T 13: 1097-1099   (12 Refs.)

10127. Stephenson FA (1986)
A new endogenous benzodiazepine receptor ligand (editorial).
Trends Neur 9: 143-144   (12 Refs.)

10128. Stephenson FA (1987)
Benzodiazepines in the brain (editorial).
Trends Neur 10: 185-186   (11 Refs.)

10129. Stephenson FA, Casalott. SO, Mamalaki C, Barnard EA (1986)
Antibodies as probes of the benzodiazepine receptor (meeting abstr.).
Bioch Soc T 14: 347-348   (4 Refs.)

10130. Stephenson FA, Casalott. SO, Mamalaki C, Barnard EA (1986)
Antibodies recognizing the GABAA benzodiazepine receptor including its regulatory sites.
J Neurochem 46: 854-861   (26 Refs.)

10131. Stephenson FA, Olsen RW (1982)
Further characterization of the benzodiazepine GABA receptor complex in mammalian brain (meeting abstr.).
Fed Proc 41: 1211   (1 Refs.)

10132. Stephenson FA, Olsen RW (1982)
Solubilization by chaps detergent of barbiturate-enhanced benzodiazepine-GABA receptor complex.
J Neurochem 39: 1579-1586   (34 Refs.)

10133. Stephenson FA, Sigel E, Mamalaki C, Bilbe G, Barnard EA (1984)
The benzodiazepine receptor complex - purification and characterization.
Dev Neuros 17: 437-442   (8 Refs.)

10134. Stephenson FA, Watkins AE, Olsen RW (1982)
Physico-chemical characterization of detergent-solubilized gamma-aminobutyric acid and benzodiazepine receptor proteins from bovine brain.
Eur J Bioch 123: 291-298   (41 Refs.)

10135. Stepien H, Kunertra. J, Pawlikow. M (1986)
Enhancement of estradiol-induced DNA-synthesis in the anterior-pituitary bland by the peripheral-type benzodiazepine receptor ligand Ro-5-4864 (technical note).
J Neural Tr 66: 303-307   (14 Refs.)

10136. Stern TA, Caplan RA, Cassem NH (1987)
Use of benzodiazepines in a coronary-care unit.
Psychosomat 28: 19-23   (34 Refs.)

10137. Sternbach LH (1983)
The benzodiazepine story.
J Psych Dr 15: 15-17   (16 Refs.)

10138. Sternbach LH (1983)

The discovery of CNS active 1,4-benzodiazepines.

In: Pharmacology of Benzodiazepines (Ed. Usdin E, Skolnick P, Tallmann jr JF, Greenblatt D, Paul SM).

Verlag Chemie, Weinheim Deerfield Beach Basel, p. 7-14

10139. Sternbach LH (1983)

The Discovery of CNS Active 1,4-Benzodiazepines.

In: The Benzodiazepines - From Molecular Biology to Clinical Practice (Ed. Costa E).

Raven Press, New York, p. 1-6

10140. Sternbach LH (1986)

The Benzodiazepine story (meeting abstr.).

Abs Pap ACS 192: 13-Hist   (no Refs.)

10141. Steru L, Chermat R, Millet B, Mico JA, Simon P (1986)

Comparative-study in mice of ten 1,4-benzodiazepines and of clobazam - anticonvulsant, anxiolytic, sedative and myorelaxant effects.

Epilepsia 27: 14-17   (9 Refs.)

10142. Steru L, Thierry B, Chermat R, Millet B, Simon P, Porsolt RD (1987)

Comparing benzodiazepines using the staircase test in mice.

Psychophar 92: 106-109   (20 Refs.)

10143. Stevens HM (1985)

Efficiency and cleanliness of ether extraction for benzodiazepines in blood-samples treated with aqueous ammonia compared with other methods for the purpose of HPLC assay.

J For Sci 25: 67-79   (22 Refs.)

10144. Stevenson GW, Pathria MN, Lamping DL, Buck L, Rosenblo. D (1986)

Driving ability after intravenous fentanyl or diazepam - a controlled double-blind-study (technical note).

Inv Radiol 21: 717-719   (12 Refs.)

10145. Sticht G, Staak M, Käferstein H (1986)

Ermittlung pharmakokinetischer Konstanten aus Wirkstoffspiegeln am Beispiel des Tetrazepam.

In: Medizin und Recht (Festschrift für Wolfgang Spann) (Ed. Eisenmenger W, Liebhardt E, Schuck M).

Springer Berlin etc. S. 596-607

10146. Stimpel H, Jensen KS, Pedersen T (1981)

The effect of diazepam on unstimulated and pentagastrin-stimulated gastric-acid secretion (meeting abstr.).

Sc J Gastr 16: 1108   (3 Refs.)

10147. Stirt JA (1981)

Aminophylline is a diazepam antagonist.

Anesth Anal 60: 767-768   (13 Refs.)

10148. Stitzer ML, Bigelow GE, Liebson IA, Hawthorn. JW (1982)

Contingent reinforcement for benzodiazepine-free urines - evaluation of a drug-abuse treatment intervention.

J Appl Be A 15: 493-503   (16 Refs.)

10149. Stitzer ML, Griffith. RR, McLellan AT, Grabowsk. J, Hawthorn. JW (1981)

Diazepam use among methadone-maintenance patients - patterns and dosages.

Drug Al Dep 8: 189-199   (17 Refs.)

10150. Stockhaus K (1986)

Physical-dependence capacity of brotizolam in rhesus-monkeys .2. primary dependence and barbital substitution.

Arznei-For 36-1: 601-605   (3 Refs.)

10151. Stockhaus K, Bechtel WD (1986)

Physical-dependence capacity of brotizolam in rhesus-monkeys .1. primary dependence studies.

Arznei-For 36-1: 597-600   (12 Refs.)

10152. Stoeckel H, Lauven PM, Schwilden H, Murday H (1986)

Benzodiazepine als Supplement in der Allgemeinanästhesie.

In: Benzodiazepine - Rückblick und Ausblick (Ed. Hippius H, Engel RR, Laakmann G).

Springer, Berlin Heidelberg New York Tokyo, p. 214-225

10153. Stoehr GP, Kroboth PD, Juhl RP, Wender DL, Phillips JP, Smith RB (1984)

Effect of oral-contraceptives on the pharmacokinetics of triazolam and temazepam (meeting abstr.).

Clin Pharm 35: 277   (no Refs.)

10154. Stoehr GP, Kroboth PD, Juhl RP, Wender DB, Phillips JP, Smith RB (1984)

Effect of oral-contraceptives on triazolam, temazepam, alprazolam, and lorazepam kinetics.

Clin Pharm 36: 683-690   (29 Refs.)

10155. Stoehr GP, Kroboth PD, Juhl RP, Wender DB, Phillips JP, Smith RB (1984)

The effect of low-dose estrogen-containing oral-contraceptives on the pharmacokinetics of triazolam, alprazolam, temazepam, and lorazepam (meeting abstr.).

Drug Intel 18: 495   (no Refs.)

10156. Stoeltin. RK (1981)

Hemodynamic-effects of barbiturates and benzodiazepines.

Clev Clin Q 48: 9-13   (15 Refs.)

10157. Stolerman IP, Garcha HS, Rose IC (1986)

Midazolam cue in rats - effects of Ro-15-1788 and picrotoxin.

Psychophar 89: 183-188   (26 Refs.)

10158. Stone BM, Bradwell AR, Coote JH, Nicholso. AN, Smith PA (1986)

Altitude insomnia - studies on acetazolamide and temazepam (meeting abstr.).

Aviat Sp En 57: 506   (no Refs.)

10159. Stone TW (1986)

The suppression of hippocampal potentials by the benzodiazepine antagonist Ro-15-1788 may be mediated by purines (technical note).

Brain Res 380: 379-382   (35 Refs.)

10160. Stonier PD, Parrott AC, Hindmarc. I (1982)

Clobazam in combination with nomifensine (HOE 8476) - effects on mood, sleep, and psychomotor performance relating to car-driving ability.

Drug Dev R 1982: 47-55   (20 Refs.)

10161. Stotsky B (1984)
Multicenter study comparing thioridazine with diazepam and placebo in elderly, non-psychotic patients with emotional and behavioral-disorders.
Clin Ther 6: 546-559 (* Refs.)

10162. Strahan A, Rosentha. J, Kaswan M, Winston A (1985)
3 case-reports of acute paroxysmal excitement associated with alprazolam treatment (technical note).
Am J Psychi 142: 859-861 (10 Refs.)

10163. Strakova J, Dvorak M, Nastunea. J, Sevcik B (1982)
Toxicity and tolerance of the preparation diazepam spofa premix ad usum veterinarium.
Biol Chemz 18: 279-287 (9 Refs.)

10164. Strang J (1984)
Intravenous benzodiazepine abuse (technical note).
Br Med J 289: 964 (no Refs.)

10165. Stratton JR, Halter JB (1985)
Effect of a benzodiazepine (alprazolam) on plasma epinephrine and norepinephrine levels during exercise stress.
Am J Card 56: 136-139 (31 Refs.)

10166. Stratton JR, Halter JB (1985)
Inhibition of epinephrine and norepinephrine release by a benzodiazepine in man (meeting abstr.).
J Am Col C 5: 470 (no Refs.)

10167. Strauser W (1982)
Prescribing of benzodiazepines (letter).
J Am Med A 247: 1936 (1 Refs.)

10168. Straw RN (1985)
Brief review of published alprazolam clinical-studies (review).
Br J Cl Ph 19: 57-59 (22 Refs.)

10169. Stringer MD (1985)
Adult respiratory-distress syndrome associated with flurazepam overdose.
J Roy S Med 78: 74-75 (3 Refs.)

10170. Strom JG, Kalu AU (1986)
Formulation and stability of diazepam suspension compounded from tablets.
Am J Hosp P 43: 1489-1491 (4 Refs.)

10171. Struppler A, Haasis E, Riescher J (1986)
Der Einfluß von Diazepam auf die Zielmotorik.
In: Benzodiazepine - Rückblick und Ausblick (Ed. Hippius H, Engel RR, Laakmann G).
Springer, Berlin Heidelberg New York Tokyo, p. 186-194

10172. Stryker TD, Conlin T, Reichlin S (1986)
Influence of a benzodiazepine, midazolam, and gamma-aminobutyric acid (GABA) on basal somatostatin secretion from cerebral and diencephalic neurons in dispersed cell-culture.
Brain Res 362: 339-343 (29 Refs.)

10173. Study RE, Barker JL (1981)
Diazepam and (-)-pentobarbital - fluctuation analysis reveals different mechanisms for potentiation of gamma-aminobutyric acid responses in cultured central neurons.
P NAS Biol 78: 7180-7184 (27 Refs.)

10174. Study RE, Barker JL (1982)
Cellular mechanisms of benzodiazepine action.
J Am Med A 247: 2147-2151 (31 Refs.)

10175. Stuhmeier KD, Bi H (1984)
Effects and interactions of diazepam and dehydrobenzoperidol with fentanyl in respiration and circulation of awake dogs under spontaneous respiration conditions (meeting abstr.).
Anaesthesis 33: 465 (2 Refs.)

10176. Subhan Z (1984)
The Effects of Benzodiazepines on Short-Term Memory and Information Processing.
In: Sleep Benzodiazepines and Performance - Experimental Methodologies and Research Prospects (Ed. Hindmarch I, Ott H, Roth T).
Springer, Berlin Heidelberg New York Tokyo, p. 173-181

10177. Subhan Z, Harrison C, Hindmarch I (1986)
Alprazolam and lorazepam single and multiple-dose effects on psychomotor-skills and sleep.
Eur J Cl Ph 29: 709-712 (22 Refs.)

10178. Subhan Z, Hindmarch I (1983)
The effects of acute doses of metaclazepam (KC 2547) on central nervous-system activity, psychomotor performance and memory.
Drug Exp Cl 9: 567-572 (11 Refs.)

10179. Subhan Z, Hindmarch I (1983)
The effects of midazolam in conjunction with alcohol on iconic memory and free-recall.
Neuropsychb 9: 230-234 (32 Refs.)

10180. Subhan Z, Hindmarch I (1984)
Effects of zopiclone and benzodiazepine hypnotics on search in short-term-memory.
Neuropsychb 12: 244-248 (22 Refs.)

10181. Sudhakar C, Chander VS, Mohan KR (1986)
Synthesis of some pyrazino-1,4-benzoxazines and 1,4-oxazino benzodiazepines.
Current Sci 55: 1121-1124 (8 Refs.)

10182. Sugaya K, Matsuda I, Kubota K (1985)
Inhibition of hypothermic effect of cholecystokinin by benzodiazepines and a benzodiazepine antagonist, Ro 15-1788, in mice (technical note).
Jpn J Pharm 39: 277-280 (16 Refs.)

10183. Sugaya K, Matsuda I, Kubota K (1987)
Possible involvement of the CCK receptor in the benzodiazepine antagonism to CCK in the mouse-brain.
Jpn J Pharm 43: 67-71 (18 Refs.)

10184. Sugaya K, Matsuda I, Kubota K (1987)
Autoradiographic demonstration of the antagonism between cholecystokinin and benzodiazepines (meeting abstr.).
Jpn J Pharm 43: 84 (no Refs.)

10185. Sugaya K, Matsuda I, Uruno T, Kubota K (1986)
Studies on the CCK antagonism by benzodiazepines .9. displacement of CCK by benzodiazepines in the binding in mouse-brain CCK receptor (meeting abstr.).
Jpn J Pharm 40: 114 (no Refs.)

10186. Sulcova A (1985)
Tranquilizing effects of alprazolam in animal-model of agonistic behavior.
Activ Nerv 27: 310-311 (4 Refs.)

10187. Sulcova A, Krsiak M (1984)
The benzodiazepine-receptor antagonist Ro-15-1788 antagonizes effects of diazepam on aggressive and timid behavior in mice.
Activ Nerv 26: 255-256 (6 Refs.)

10188. Sulcova A, Krsiak M (1985)
Effects of ethyl beta-carboline-3-carboxylate and diazepam on aggressive and timid behavior in mice.
Activ Nerv 27: 308-310 (6 Refs.)

10189. Sulcova A, Krsiak M (1986)
Beta-carbolines (beta-CCE, FG 7142) and diazepam - synergistic effects on aggression and antagonistic effects on timidity in mice.
Activ Nerv 28: 312-314 (5 Refs.)

10190. Sulcova A, Krsiak M (1986)
The tranquilizing effects of diazepam on agonistic behavior in mice is reversed by beta-CCE and Ro-15-1788 (meeting abstr.).
J Pharmacol 17: 209 (no Refs.)

10191. Sullivan JW, Grodsky F, Glinka S, Gold L, Sepinwal. J (1983)
Anti-anxiety comparison of a 1,4-benzodiazepine (diazepam) and a 1,5-benzodiazepine (clobazam) in the rat and in the squirrel-monkey (meeting abstr.).
Fed Proc 42: 345 (no Refs.)

10192. Sullivan JW, Keim KL, Anderson C, Smart T, Furman S, Glinka S, Gold L, Inserra J, Sepinwal. J (1984)
A pharmacologic comparison of non-benzodiazepines zopiclone, suriclone, and tracazolate to the benzodiazepine diazepam (meeting abstr.).
Fed Proc 43: 947 (no Refs.)

10193. Sullivan JW, Sepinwal. J (1982)
Nonspecific antagonism of benzodiazepine anti-conflict effects by naloxone (meeting abstr.).
Fed Proc 41: 1072 (no Refs.)

10194. Sullman S, Cardoni AA (1982)
Clinical-pharmacology of benzodiazepines.
Conn Med 46: 577-579 (no Refs.)

10195. Sumirtapura YC, Aubert C, Cano JP (1982)
Highly specific and sensitive method for the determination of flunitrazepam in plasma by electron-capture gas-liquid-chromatography.
Arznei-For 32-1: 252-257 (21 Refs.)

10196. Sumirtapura YC, Aubert C, Coassolo P, Cano JP (1982)
Determination of 7-amino-flunitrazepam (Ro 20-1815) and 7-amino-desmethylflunitrazepam (Ro 5-4650) in plasma by high-performance liquid-chromatography and fluorescence detection.
J Chromat 232: 111-118 (11 Refs.)

10197. Sumirtapura Y, Rigault JP, Cano JP, Jean P, Colavolp. C, Granthil C (1981)
Clinical pharmacokinetics of flunitrazepam (narcozep) in ICU.
Ann Anesth 22: 180-184 (no Refs.)

10198. Sumirtapura Y, Ziegler WH, Amrein R, Gorne JM, Cano JP (1983)
Comparative pharmacokinetic and metabolic study of flunitrazepam in man and monkey (meeting abstr.).
Gastro Cl B 7: 421-422 (no Refs.)

10199. Summerfi.RJ, Nielsen MS (1985)
Excretion of lorazepam into breast-milk (letter).
Br J Anaest 57: 1042-1043 (5 Refs.)

10200. Sung SC, Jakubovi. A (1987)
Interaction of a water-soluble derivative of delta-9-tetrahydrocannabinol with ^{3}H-diazepam and ^{3}H-flunitrazepam binding to rat-brain membranes (review).
Prog Neur-P 11: 335-340 (18 Refs.)

10201. Sung SC, Saneyosh. M (1982)
Effect of synthetic purines and purine nucleosides on ^{3}H-labeled diazepam binding in brain.
Eur J Pharm 81: 505-508 (6 Refs.)

10202. Sung SC, Saneyosh. M (1984)
Effects of various 2-amino-6-alkyldithiopurines on brain specific diazepam-^{3}H binding.
Bioch Pharm 33: 1737-1739 (10 Refs.)

10203. Sung SC, Saneyosh. M (1986)
Effect of 9-alkyl derivatives of 6-methylthioguanine on brain specific binding of ^{3}H-diazepam (technical note).
Bioch Pharm 35: 3645-3646 (7 Refs.)

10204. Supavilai P, Karobath M (1981)
Action of pyrazolopyridines as modulators of flunitrazepam-^{3}H binding to the GABA-benzodiazepine receptor complex of the cerebellum.
Eur J Pharm 70: 183-193 (33 Refs.)

10205. Supavilai P, Karobath M (1981)
Invitro modulation by avermectin-B1A of the GABA-benzodiazepine receptor complex of rat cerebellum.
J Neurochem 36: 798-803 (14 Refs.)

10206. Supavilai P, Karobath M (1983)
Differential modulation of ^{35}S-TBPS binding by the occupancy of benzodiazepine receptors with its ligands (technical note).
Eur J Pharm 91: 145-146 (4 Refs.)

10207. Supavilai P, Karobath M (1984)
^{35}S-tert-butylbicyclophosphorothionate binding-sites are constituents of the gamma-aminobutyric acid benzodiazepine receptor complex.
J Neurosc 4: 1193-1200 (32 Refs.)

10208. Supavilai P, Karobath M (1985)
Modulation of acetylcholine-release from rat striatal slices by the GABA benzodiazepine receptor complex.
Life Sci 36: 417-426 (24 Refs.)

10209. Supavilai P, Mannonen A, Collins JF, Karobath M (1982)
Anion-dependent modulation of ^{3}H-muscimol binding and of GABA-stimulated ^{3}H-labeled flunitrazepam binding by picrotoxin and related CNS convulsants (technical note).
Eur J Pharm 81: 687-691 (13 Refs.)

10210. Suranyicadotte BE, Dam TV, Quirion R (1984)
Antidepressant anxiolytic interaction - decreased density of benzodiazepine receptors in rat-brain following chronic administration of antidepressants (technical note).
Eur J Pharm 106: 673-675 (5 Refs.)

10211. Suranyicadotte BE, Dam TV, Quirion R (1985)
Decreased density of benzodiazepine receptors after chronic antidepressant treatments (meeting abstr.).
Can J Neur 12: 173   (no Refs.)

10212. Suranyicadotte B, Dam TV, Quirion R (1987)
Antidepressant-drug induced decrease in benzodiazepine receptors (meeting abstr.).
Int J Neurs 32: 527-528   (no Refs.)

10213. Suranyicadotte B, Lal S, Nair NPV, Lafaille F, Quirion R (1987)
Coexistence of central and peripheral benzodiazepine binding-sites in the human pineal-gland.
Life Sci 40: 1537-1543   (44 Refs.)

10214. Suranyicadotte BE, Lal S, Nair NPV, Quirion R (1986)
Parkinsonism induced by diazepam - response (letter).
Biol Psychi 21: 1232-1233   (3 Refs.)

10215. Suranyicadotte BE, Nestoros JN, Nair NPV, Lal S, Gauthier S (1985)
Parkinsonism induced by high-doses of diazepam (technical note).
Biol Psychi 20: 455-457   (17 Refs.)

10216. Surwit RS, McCubbin JA, Gerstenf. DA, McGee DJ, Feinglos MN (1984)
Alprazolam attenuates stress-induced hyperglycemia (meeting abstr.).
Psychos Med 46: 287   (no Refs.)

10217. Surwit RS, McCubbin JA, Kuhn CM, McGee D, Gerstenf. D, Feinglos MN (1986)
Alprazolam reduces stress hyperglycemia in OB OB mice (technical note).
Psychos Med 48: 278-282   (10 Refs.)

10218. Susheela M, Rao MS (1982)
Mutagenic potential of chlordiazepoxide hydrochloride in drosophila-melanogaster.
I J Med Res 76: 348-351   (9 Refs.)

10219. Susheela M, Rao MS (1983)
Cytogenetic effects of chlordiazepoxide hydrochloride in mice.
IRCS-Bioch 11: 462-463   (14 Refs.)

10220. Susheela M, Rao MS (1983)
Genotoxicity of chlordiazepoxide hydrochloride on the bone-marrow cells of swiss mice.
Tox Lett 18: 45-48   (14 Refs.)

10221. Susheela M, Rao MS (1983)
Mutagenic effect of chlordiazepoxide hydrochloride in mice by host-mediated assay.
Tox Lett 16: 347-350   (13 Refs.)

10222. Sussman N (1985)
The benzodiazepines - selection and use in treating anxiety, insomnia, and other disorders (review).
Hosp Formul 20: 298-305   (no Refs.)

10223. Sussman N (1986)
Diazepam, alprazolam, and buspirone - review of comparative pharmacology, efficacy, and safety (review).
Hosp Formul 21: 1110+   (no Refs.)

10224. Sutherland LR, Goldenbe. E, Hershfie. N, Price L, Maccanne. K, Racicot N, Shaffer E (1987)
Intravenous midazolam in upper intestinal endoscopy - a dose evaluation study (meeting abstr.).
Clin Invest 10: 137   (no Refs.)

10225. Suttmann H, Ebentheu. H, Doenicke A, Bretz C (1984)
The effect of benzodiazepine on respiration (meeting abstr.).
Anaesthesis 33: 532-533   (no Refs.)

10226. Suttmann H, Kugler J, Doenicke A (1984)
The effect of benzodiazepine on alertness (meeting abstr.).
Anaesthesis 33: 530-531   (no Refs.)

10227. Suzuki EM, Gresham WR (1983)
Identification of some interferences in the analysis of clorazepate.
J Foren Sci 28: 655-682   (* Refs.)

10228. Suzuki K, Inoue O, Hashimot. K, Yamasaki T, Kuchiki M, Tamate K (1985)
Computer-controlled large-sale production of high specific activity ^{11}C-Ro 15-1788 for PET studies of benzodiazepine receptors.
Int J A Rad 36: 971-976   (8 Refs.)

10229. Suzuki O, Hattori H, Asano M, Takahashi T, Brandenberger H (1987)
Positive and negative ion mass spectrometry of benzophenones, the acid-hydrolysis products of benzodiazepines.
Z Rechtsmed 98: 1-10

10230. Suzuki T (1984)
Action of benzodiazepines on spinal dorsal-root reflex potentials in cats.
Fol Pharm J 84: 99-108   (42 Refs.)

10231. Suzuki T, Yoshii T, Yanaura S, Fukumori R, Satoh T, Kitagawa H (1981)
Effect of parachlorophenylalanine on the incidence of abnormal behaviors observed following diazepam withdrawal (technical note).
Prog Neuro 5: 415-417   (4 Refs.)

10232. Swenson RP (1982)
Flurazepam interaction with sodium and potassium channels in squid giant-axon.
Brain Res 241: 317-322   (11 Refs.)

10233. Svorad D (1981)
Effect of diazepam on cellular electrical-activity in the rat caudate-nucleus.
Activ Nerv 23: 197-198   (7 Refs.)

10234. Swade C, Milln P, Coppen A (1981)
The effect of nitrazepam and other hypnotics on platelet 5-HT uptake (letter).
Br J Cl Ph 12: 588-590   (10 Refs.)

10235. Sweetnam P, Gallomba. P, Tallman J (1986)
Molecular aspects of benzodiazepine receptor function.
Psychoph B 22: 641-645   (20 Refs.)

10236. Sweetnam PM, Tallman JF (1986)
Regional difference in brain benzodiazepine receptor carbohydrates.
Molec Pharm 29: 299-306   (24 Refs.)

10237. Swerdlow NR, Geyer MA, Vale WW, Koob GF (1986)
Corticotropin-releasing factor potentiates acoustic startle in rats - blockade by chlordiazepoxide.
Psychophar 88: 147-152   (34 Refs.)

10238. Swett C (1981)
Effects of oxazepam and EMG biofeedback on induced stress.
Curr Ther R 29: 165-169   (6 Refs.)

10239. Swierenga SH, Butler SG, Hasnain SH (1983)
Activity of diazepam and oxazepam in various mammalian-cell invitro toxicity tests (meeting abstr.).
Env Mutagen 5: 417   (1 Refs.)

10240. Swift CG (1986)
Special problems relating to the use of hypnotics in the elderly.
Act Psyc Sc 73: 92-98   (36 Refs.)

10241. Swift CG, Ewen JM, Clarke P, Stevenso. IH (1985)
Responsiveness to oral diazepam in the elderly - relationship to total and free plasma-concentrations.
Br J Cl Ph 20: 111-118   (33 Refs.)

10242. Swift CG, Stevenson IH (1983)
Benzodiazepines in the Elderly.
In: The Benzodiazepines - From Molecular Biology to Clinical Practice (Ed. Costa E).
Raven Press, New York, p. 225-236

10243. Swift CG, Swift MR, Ankier SI, Pidgen A, Robinson J (1985)
Single dose pharmacokinetics and pharmacodynamics of oral loprazolam in the elderly.
Br J Cl Ph 20: 119-128   (37 Refs.)

10244. Swift CG, Swift MR, Hamley J, Stevenso. IH, Crooks J (1983)
CNS effects of chronic benzodiazepine hypnotic ingestion in the elderly (meeting abstr.).
Br J Cl Ph 16: 217-218   (6 Refs.)

10245. Swift CG, Swift MR, Hamley J, Stevenso. IH, Crooks J (1984)
Side-effect tolerance in elderly long-term recipients of benzodiazepine hypnotics.
Age Ageing 13: 335-343   (21 Refs.)

10246. Swinson RP, Pecknold JC, Kuch K (1987)
Psychopharmacological treatment of panic disorder and related states - a placebo controlled-study of alprazolam (review).
Prog Neur-P 11: 105-113   (44 Refs.)

10247. Switzman L, Fishman B, Amitz Z (1981)
Pre-exposure effects of morphine, diazepam and delta-9-TCH on the formation of conditioned taste-aversions.
Psychophar 74: 149-156   (20 Refs.)

10248. Swydan R, Darvas Z, Csaba G (1986)
Stimulation of phagocytosis by diazepam in several subsequent generations of the tetrahymena.
Act Protoz 25: 175-178   (7 Refs.)

10249. Syapin PJ (1983)
Inhibition of pentylenetetrazol induced genetically-determined stereotypic convulsions in tottering mutant mice by diazepam.
Pharm Bio B 18: 389-394   (24 Refs.)

10250. Syapin PJ, Chen J, Alkana RL (1986)
Benzodiazepine receptors after chronic ethanol treatment in mice (meeting abstr.).
Alc Clin Ex 10: 120   (no Refs.)

10251. Syapin PJ, Cole R, Devellis J, Noble EP (1985)
Benzodiazepine binding characteristics of embryonic rat-brain neurons grown in culture.
J Neurochem 45: 1797-1801   (36 Refs.)

10252. Syapin PJ, Rickman DW (1981)
Benzodiazepine receptor increase following repeated pentylenetetrazole injections (technical note).
Eur J Pharm 72: 117-120   (10 Refs.)

10253. Sykes P (1981)
Thrombophlebitis following intravenous diazepam (letter).
Br Dent J 151: 214   (no Refs.)

10254. Syracuse CD, Kuhnert BR, Kaine CJ, Santos AC, Finster M (1986)
Measurement of midazolam and alpha-hydroxymidazolam by gas-chromatography with electron-capture detection (technical note).
J Chromat 380: 145-150   (14 Refs.)

10255. Szathmary S, Daldrup T (1984)
Die Aussagekraft des Emit-dau Systems bei Leichenurinuntersuchungen.
Z Rechtsmed 92: 101-107

10256. Szumilo H, Przyboro. M (1985)
Thin-layer chromatography of 1,4-benzodiazepines on polyamide and silica-gel impregnated with formamide.
Chem Anal 30: 267-273   (8 Refs.)

10257. Taberner PV, Roberts CJC, Shrosbre. E, Pycock CJ, English L (1983)
An investigation into the interaction between ethanol at low-doses and the benzodiazepines nitrazepam and temazepam on psychomotor performance in normal subjects.
Psychophar 81: 321-326   (17 Refs.)

10258. Tacke U, Braestrup C (1984)
A study on benzodiazepine receptor-binding in audiogenic seizure-susceptible rats.
Act Pharm T 55: 252-259   (49 Refs.)

10259. Tada K, Miyahira A, Moroji T (1987)
Liquid-chromatographic assay of nitrazepam and its main metabolites in serum, and its application to pharmacokinetic study in the elderly.
J Liq Chrom 10: 465-476   (17 Refs.)

10260. Tada K, Moroji T, Sekiguch. R, Motomura H, Noguchi T (1985)
Liquid-chromatographic assay of diazepam and its major metabolites in serum, and application to pharmacokinetic study of high-doses of diazepam in schizophrenics (technical note).
Clin Chem 31: 1712-1715   (13 Refs.)

10261. Taft WC, Delorenzo RJ (1984)
Micromolar-affinity benzodiazepine receptors regulate voltage-sensitive calcium channels in nerve-terminal preparations.
P NAS Biol 81: 3118-3122   (**32** Refs.)

10262. Taguchi J, Kuriyama K (1984)
Purification of gamma-aminobutyric acid (GABA) receptor from rat-brain by affinity column chromatography using a new benzodiazepine, 1012-S, as an immobilized ligand.
Brain Res 323: 219-226   (24 Refs.)

10263. Taguchi J, Kuriyama K (1984)
Neurochemical studies on gamma-aminobutyric acid receptor (XI) purification of gamma-aminobutyric acid benzodiazepine receptor complex from rat-brain by benzodiazepine affinity column chromatography (meeting abstr.).
Jpn J Pharm 36: 112   (no Refs.)

10264. Taguchi J, Kuriyama K (1984)
Purification of GABA receptor from rat-brain by benzodiazepine affinity column chromatography (meeting abstr.).
Neurochem R 9: 1139-1140   (no Refs.)

10265. Taguchi J, Kuriyama K (1985)
Purification of gamma-aminobutyric acid (GABA)/benzodiazepine receptors using benzodiazepine-affinity column chromatography - biochemical and pharmacological properties of purified receptors (meeting abstr.)
J Pharmacob 8: 79   (no Refs.)

10266. Taguchi J, Kuriyama K (1987)
Interactions of gamma-aminobutyric acid (GABa), beta-carbolines and salsolinol at central GABA benzodiazepine receptor complex (meeting abstr.).
Jpn J Pharm 43: 10   (no Refs.)

10267. Takada K, Suzuki T, Katz JL, Hagen TJ, Cook JM (1987)
Behavioral-effects of benzodiazepine antagonists in chlordiazepoxide tolerant and non-tolerant rats (meeting abstr.).
Fed Proc 46: 1299   (no Refs.)

10268. Takada K, Winger G, Cook J, Larschei. P, Woods JH (1986)
Discriminative and aversive properties of beta-carboline-3-carboxylic acid ethyl-ester, a benzodiazepine receptor inverse agonist, in rhesus-monkeys.
Life Sci 38: 1049-1056   (35 Refs.)

10269. Takada S, Shindo H, Sasatani T, Matsushi. A, Eigyo M, Kawasaki K, Murata S (1987)
A new thienylpyrazoloquinoline - a potent and orally active inverse agonist to benzodiazepine receptors (letter).
J Med Chem 30: 454-455   (14 Refs.)

10270. Takaesu E, Watanabe K, Yamamoto N, Aso K, Inokuma K, Matsumot. A, Negoro T (1985)
Usefulness of rectal diazepam in childhood epilepsy - a clinical and electroencephalographic study (meeting abstr.).
EEG Cl Neur 60: 6   (no Refs.)

10271. Takagi K, Aotsuka T, Morita H, Okamoto Y (1987)
Nove ring transformations of 4-acylamino and 4-dimethylaminomethyleneamino-1H-1,5-benzodiazepine-3-carbonitriles to pyramidine-5-carbonitriles (technical note).
Synthesis-S 4: 379-381   (7 Refs.)

10272. Takahashi M, Takada T, Sakagami T (1987)
Addition of dihalocarbenes to 3H-1,5-benzodiazepines - synthesis of 2H-bisazirino [1,2-a-2',1'-d][1,5]benzodiazepines.
J Hetero Ch 24: 797-799   (10 Refs.)

10273. Takahashi S, Furuya H (1983)
Effect of diazepam on visual-field (meeting abstr.).
J Dent Res 62: 653   (no Refs.)

10274. Takao A, Suzuki H, Ozaki M, Fujita M, Tatsuno J, Ashida H (1986)
Statistical evaluation of topographical difference between thiopental sodium and diazepam fast waves (meeting abstr.).
EEG Cl Neur 64: 82   (no Refs.)

10275. Takaoka N, Yoshimur. H, Ogawa N (1986)
Comparison of anti-aggressive effects between benzodiazepine and non-benzodiazepine drugs (meeting abstr.).
Fol Pharm J 87: 122   (no Refs.)

10276. Takasugi Y, Sumitomo M, Furuya H (1984)
The change of saccade eye-movement by diazepam (meeting abstr.).
J Dent Res 63: 558   (no Refs.)

10277. Takehara S, Mikashim. H, Terasawa M, Muramoto Y, Yasuda H, Kurihara A, Okumoto T, Tahara T, Maruyama Y (1986)
An antagonistic activity of etizolam (Depas) on platelet activating factor (PAF) .1. effects on platelet and leukocyte aggregation (meeting abstr.).
Jpn J Pharm 40: 89   (no Refs.)

10278. Tallman JF (1982)
Benzodiazepines - from receptor to function in sleep.
Sleep 5: 12-17   (43 Refs.)

10279. Tallman JF (1983)
Agonist and Antagonist Interactions at Benzodiazepine Receptors.
In: Benzodiazepine Recognition Site Ligands (Ed. Biggio G, Costa E)
Raven Press New York, p. 21-27

10280. Tallman JF (1983)
Agonist and antagonist interactions at benzodiazepine receptors (review).
Adv Bio Psy 38: 21-27   (30 Refs.)

10281. Tallmann JF, Thomas JW (1983)
Agonist-antagonist interactions at the benzodiazepine binding site.
In: Pharmacology of Benzodiazepines (Ed. Usdin E, Skolnick P, Tallmann jr JF, Greenblatt D, Paul SM)
Verlag Chemie, Weinheim Deerfield Beach Basel, p. 133-139

10282. Tallman JF, Gallager DW (1985)
The GABA-ergic system - a locus of benzodiazepine action (review).
Ann R Neur 8: 21-44   (144 Refs.)

10283. Tallman JF (1985)
Molecular-structure of benzodiazepine receptors.
Prog Neur-P 9: 545-549   (28 Refs.)

10284. Talmud J, Straugha. JL, Robins AH (1984)
Alprazolam - a new triazolo-benzodiazepine.
S Afr Med J 66: 297-298   (15 Refs.)

10285. Tamborska E, Insel T, Marangos PJ (1986)
Peripheral and central type benzodiazepine receptors in maudsley rats.
Eur J Pharm 126: 281-287   (27 Refs.)

10286. Taborska E, Marangos PJ (1986)
Brain benzodiazepine binding-sites in ethanol dependent and withdrawal states.
Life Sci 38: 465-472   (32 Refs.)

10287. Tan KS, Sewell RDE, Roth SH (1985)
Benzodiazepines produce contrasting effects on the active membrane-properties of an invertebrate neuron.
Neuropharm 24: 91-94   (18 Refs.)

10288. Tan TL, Bixler EO, Kales A, Cadieux RJ, Goodman AL (1985)
Early morning insomnia, daytime anxiety, and organic mental disorder associated with triazolam (technical note).
J Fam Pract 20: 592-594   (21 Refs.)

10289. Tanaka M, Nizuki Y, Isozaki H, Inanaga K (1985)
Effects of a new benzodiazepine derivative, ethyl loflazepate (CM 6912), on the arousal level of normal humans assessed by the averaged photopalpebral reflex.
Clin Neurop 8: 271-279   (14 Refs.)

10290. Tanaka M, Tsuda A, Tsujimar. S, Satoh H, Shirao I, Oguchi M, Nagasaki N (1986)
Diazepam inhibits increases in noradrenaline turnover induced by psychological stress in the hypothalamus, amygdala, and locus coeruleus region in the rat (meeting abstr.).
Neurochem R 11: 1740   (no Refs.)

10291. Tanaka M, Tsuda A, Nishimur. H, Satoh H, Shirao I, Nagasaki N (1986)
Inhibitory effect of diazepam on increases in noradrenaline turnover induced by psychological stress in rat-brain regions (meeting abstr.).
Fol Pharm J 87: 119   (no Refs.)

10292. Tanaka T, Makino M, Ishii K, Ando J (1986)
Pharmacological studies on the effects of drugs and the amino-acid metabolism .2. effects of diazepam and pentazocine on the L-glutamic acid decarboxylase activity in isolated rabbit organs (meeting abstr.).
Jpn J Pharm 40: 69   (no Refs.)

10293. Tanaka T, Makino M, Ishii K, Ando J (1987)
Pharmacological studies on the benzodiazepines - effects of benzodiazepines on the L-glutamic acid decarboxylase activity (meeting abstr.).
Jpn J Pharm 43: 264   (no Refs.)

10294. Tancredi V, Frank C, Brancati A, Avoli M, White P (1983)
Interactions between amino-acid neurotransmitters and flurazepam in the neocortex of unanesthetized rats.
J Neurosci 9: 159-164   (15 Refs.)

10295. Tang M, Brown C, Maier D, Falk JL (1983)
Diazepam-induced NaCl solution intake - independence from renal factors (technical note).
Pharm Bio B 18: 983-984   (19 Refs.)

10296. Tang M, Soroka S, Falk JL (1983)
Agonistic action of a benzodiazepine antagonist - effects of Ro-15-1788 and midazolam on hypertonic NaCl intake.
Pharm Bio B 18: 953-955   (12 Refs.)

10297. Tanganelli S, Bianchi C, Beani L (1983)
Diazepam antagonizes GABA-induced and muscimol-induced changes of acetylcholine-release in slices of guinea-pig cerebral-cortex.
N-S Arch Ph 324: 34-37   (21 Refs.)

10298. Tanganelli S, Bianchi C, Beani L (1985)
The modulation of cortical acetylcholine-release by GABa, GABA-like drugs and benzodiazepines in freely moving guinea-pigs.
Neuropharm 24: 291-299   (35 Refs.)

10299. Taniguchi G, Westphal JR (1986)
Long-term benzodiazepine use in anxiety-states.
Hosp Formul 21: 179+   (no Refs.)

10300. Taniguchi T, Wang JKT, Spector S (1981)
Changes in platelet and renal benzodiazepine binding in spontaneously hypertensive rats (technical note).
Eur J Pharm 70: 587-588   (5 Refs.)

10301. Taniguchi T, Wang JKT, Spector S (1982)
^{3}H-diazepam binding-sites on rat-heart and kidney (technical note).
Bioch Pharm 31: 589-590   (15 Refs.)

10302. Taniguchi T (1984)
Alteration of benzodiazepine binding to platelets in spontaneously hypertensive rats (technical note).
Jpn J Pharm 35: 76-78   (17 Refs.)

10303. Tapiaarancibia L, Alonso R, Astier H (1986)
Evidence for a role of central type benzodiazepine receptors in the inhibition of thyrotropin-releasing hormone-induced thyrotropin release from rat perifused pituitaries.
Neurosci L 71: 329-334   (17 Refs.)

10304. Taranenko VD (1985)
Mechanisms of the effect of diazepam on paroxysmal electrical-activity of an isolated cortical slab in cats.
Neurophysio 17: 1-7   (29 Refs.)

10305. Tardy M, Costa MF, Fages C, Lacombe C, Rolland B (1984)
Thyroxine effect on astroglial flunitrazepam binding.
Cell Mol B 30: 459-461   (15 Refs.)

10306. Tardy M, Costa MF, Rolland B, Fages C, Connard P (1981)
Benzodiazepine receptors on primary cultures of mouse astrocytes (technical note).
J Neurochem 36: 1587-1589   (13 Refs.)

10307. Tardy M, Fages C, Dupre G, Costa MF, Bardakdj. J, Rolland B (1985)
Further characterization of ^{3}H-flunitrazepam binding-sites on cultured mouse astroglia.
Neurochem R 10: 809-817   (21 Refs.)

10308. Tas AC, Vandergr. J, Debrauw MCT, Plomp TA, Maes RAA, Hohn M, Rapp U (1986)
LC-MS determination of bromazepam clopenthixol, and reserpine in serum of a non-fatal case of intoxication.
J Anal Tox 10: 46-49   (26 Refs.)

10309. Tassonyi E (1984)
Effects of midazolam (Ro 21-3981) on neuromuscular block.
Pharmathera 3: 678-681 (4 Refs.)

10310. Tasssonyi E, Neidhart P, Tatti B, Gemperle M (1986)
Hemodynamic-effects of pipecuronium bromide during fentanyl-midazolam anesthesia induction for coronary-artery bypass-grafting (meeting abstr.).
Anesthesiol 65: 284 (4 Refs.)

10311. Tateishi A, Maekawa T, Takeshit. H, Wakuta K (1981)
Diazepam and intra-cranical pressure.
Anesthesiol 54: 335-337 (8 Refs.)

10312. Taylor AN, Branch BJ, Randolph D, Hill MA, Kokka N (1987)
Prenatal ethanol exposure affects temperature responses of adult-rats to pentobarbital and diazepam alone and in combination with ethanol.
Alc Clin Ex 11: 254-260 (26 Refs.)

10313. Taylor CB, Kenigsbe. ML, Robinson JM (1982)
A controlled comparison of relaxation and diazepam in panic disorder.
J Clin Psy 43: 423-425 (7 Refs.)

10314. Taylor EH, Sloniews. D, Gadsden RH (1984)
Automated extraction and high-performance liquid-chromatographic determination of serum clonazepam.
Ther Drug M 6: 474-477 (20 Refs.)

10315. Taylor FK (1984)
Benzodiazepines on trial (letter).
Br Med J 288: 1379 (no Refs.)

10316. Taylor J, Hunt E, Coggan P (1987)
Effect of diazepam on the speed of mental rotation.
Psychophar 91: 369-371 (15 Refs.)

10317. Taylor KM, Paton DM, Boas RA (1983)
Radioreceptor assay of the pharmacokinetics of midazolam and chlordiazepoxide (meeting abstr.).
Clin Exp Ph 10: 693-694 (1 Refs.)

10318. Taylor MB, Vine PR, Hatch DJ (1986)
Intramuscular midazolam premedication in small children - a comparison with papaveretum and hyoscine.
Anaesthesia 41: 21-26 (11 Refs.)

10319. Taylor SC, Little HJ, Nutt DJ, Sellars N (1985)
A benzodiazepine agonist and contragonist have hypothermic effects in rodents.
Neuropharm 24: 69-73 (18 Refs.)

10320. Tedeschi G, Griffith. AN, Smith AT, Richens A (1985)
The effect of repeated doses of temazepam and nitrazepam on human psychomotor performance.
Br J Cl Ph 20: 361-367 (28 Refs.)

10321. Tedeschi G, Riva R, Baruzzi A (1981)
Clobazam plasma-concentrations - pharmacokinetic study in healthy-volunteers and data in epileptic patients (technical note).
Br J Cl Ph 11: 619-622 (9 Refs.)

10322. Tedeschi G, Smith AT, Dhillon S, Richens A (1983)
Rate of entrance of benzodiazepines into the brain determined by eye-movement recording.
Br J Cl Ph 15: 103-107 (21 Refs.)

10323. Tedeschi G, Smith AT, Sparks MG, Richens A (1982)
Effect of intravenous diazepam on peak saccadic velocity (meeting abstr.).
Br J Cl Ph 14: 142-143 (4 Refs.)

10324. Tedesco FJ, Mills LR (1982)
Diazepam (valium) hepatitis.
Dig Dis Sci 27: 470-472 (6 Refs.)

10325. Tekur U, Gupta A, Tayal G, Agrawal KK (1983)
Blood-concentrations of diazepam and its metabolites in children and neonates with tetanus (technical note).
J Pediat 102: 145-147 (11 Refs.)

10326. Temple DL, Yevich JP, New JS, Lobeck WG, Riblet LA, Taylor DP, Eison MS, Gammans RE, Mayol RF, Newton RE (1982)
Buspirone, a clinically effective non-benzodiazepine anxioselective agent (meeting abstr.).
Abs Pap ACS 184: 61-Medi (no Refs.)

10327. Terasawa M, Mikashim. H, Tahara T, Maruyama Y (1986)
An antagonistic activity of etizolam (depas) on platelet-activating factor (PAF) .2. effect on PAF-induced hypotension, bronchoconstriction and isolated ileum contraction (meeting abstr.).
Jpn J Pharm 40: 90 (no Refs.)

10328. Terasawa M, Mikashim. H, Tahara T, Maruyama Y (1987)
Antagonistic activity of etizolam on platelet-activating factor invivo experiments.
Jpn J Pharm 44: 381-386 (27 Refs.)

10329. Terribili F, Lelli S, Longo M (1984)
Long-term clinical-evaluation of a new benzodiazepine hypnotic, doxefazepam.
Clin Trials 21: 492-516 (13 Refs.)

10330. Tesar GE, Jenike MA (1984)
Alprazolam as treatment for a case of obsessive-compulsive disorder.
Am J Psychi 141: 689-690 (10 Refs.)

10331. Tesar GE, Rosenbau. JF (1986)
Successful use of clonazepam in patients with treatment-resistant panic disorder.
J Nerv Ment 174: 477-482 (26 Refs.)

10332. Tewes PA (1982)
Effects of D-amphetamine and diazepam on fixed-ratio fixed-interval responding in humans (meeting abstr.).
Clin Res 30: 823 (no Refs.)

10333. Tewes PA, Fischman MW (1982)
Effects of D-amphetamine and diazepam on fixed-interval, fixed-ratio responding in humans.
J Pharm Exp 221: 373-383 (51 Refs.)

10334. Tfelthansen P, Jensen K, Vendsbor. P, Lauritze. M, Olesen J (1982)
Clormezanone in the treatment of migraine attacks - a double-blind comparison with diazepam and placebo.
Cephalalgia 2: 205-210 (no Refs.)

10335. Thart BJ, Wilting J, Degier JJ (1987)

Complications in correlation studies between serum, free serum and saliva concentrations of nitrazepam.

Meth Find E 9: 127-131 (21 Refs.)

10336. The HSG, Whitehou. IJ (1982)

A comparative trial of tizanidine and diazepam in the treatment of acute cervical muscle spasm.

Clin Trials 19: 20-30 (no Refs.)

10337. Theis DL, Bowman PB (1983)

Development of a liquid-chromatographic method for the determination of triazolo-benzodiazepines (technical note).

J Chromat 268: 92-98 (14 Refs.)

10338. Thiebot MH (1985)

Some evidence for amnesic-like effects of benzodiazepines in animals (review).

Neurosci B 9: 95-100 (42 Refs.)

10339. Thiebot MH (1986)

Are serotonergic neurons involved in the control of anxiety and in the anxiolytic activity of benzodiazepines.

Pharm Bio B 24: 1471-1477 (60 Refs.)

10340. Thiebot MH, Bizot JC, Lebihan C, Soubrie P, Simon P (1986)

Waiting as a behavioral dimension sensitive to benzodiazepines (BZP) and antidepressants (ADS) (meeting abstr.).

Psychophar 89: 36 (no Refs.)

10341. Thiebot MH, Childs M, Soubrie P, Simon P (1983)

Diazepam-induced release of behavior in an extinction procedure - its reversal by Ro 15-1788.

Eur J Pharm 88: 111-116 (19 Refs.)

10342. Thiebot MH, Doare L, Puech AJ, Simon P (1982)

U-43,465F - a benzodiazepine with anti-depressant activity questionable interaction with Ro-15-1788 and d,l-propranolol (technical note).

Eur J Pharm 84: 103-106 (10 Refs.)

10343. Thiebot MH, Hamon M, Soubrie P (1982)

Attenuation of induced-anxiety in rats by chlordiazepoxide - role of raphe dorsalis benzodiazepine binding-sites and serotoninergic neurons.

Neuroscienc 7: 2287-2294 (44 Refs.)

10344. Thiebot MH, Kloczko J, Chermat R, Puech AJ, Soubrie P, Simon P (1981)

Enhancement of cocaine-induced hyperactivity in mice by benzodiazepines - evidence for an interaction of GABAergic processes with catecholaminergic neurons.

Eur J Pharm 76: 335-343 (31 Refs.)

10345. Thiebot MH, Kloczko J, Chermat R, Puech AJ, Soubrie P, Simon P (1981)

Role of the GABAminergic and catecholaminergic mechanisms in the potentiation effected by the benzodiazepines toward the hypermotility induced by cocaine in the mouse (meeting abstr.).

J Pharmacol 12: 303 (no Refs.)

10346. Thiebot MH, Kloczko J, Chermat R, Soubrie P, Puech AJ, Simon P (1982)

A simple-model for studying benzodiazepines - potentiation of hyperactivity induced by cocaine in mice.

Drug Dev R 1982: 135-143 (29 Refs.)

10347. Thiebot MH, Laporte AM, Soubrie P (1987)

Microgram doses of diazepam do not induce proconvulsant or proconflict effects in rodents.

Psychophar 93: 389-392 (11 Refs.)

10348. Thiebot MH, Lebihan C, Soubrie P, Simon P (1985)

Benzodiazepines reduce the tolerance to reward delay in rats.

Psychophar 86: 147-152 (21 Refs.)

10349. Thiébot MH, Soubrié P (1983)

Behavioral Pharmacology of the Benzodiazepines.

In: The Benzodiazepines - From Molecular Biology to Clinical Practice (Ed. Costa E).

Raven Press, New York, p. 67-92

10350. Thiebot MH, Soubrie P (1984)

Behavioral-inhibition induced by punishment in the rat - the role of serotoninergic neurons derived from the dorsal raphe in the effects of benzodiazepines (meeting abstr.).

J Pharmacol 15: 245 (2 Refs.)

10351. Thiebot MH, Soubrie P, Doare L, Simon P (1984)

Evidence against the involvement of a noradrenergic mechanism in the release by diazepam of novelty-induced hypophagia in rats.

Eur J Pharm 100: 201-205 (23 Refs.)

10352. Thiebot MH, Soubrie P, Hamon M, Simon P (1984)

Evidence against the involvement of serotonergic neurons in the anti-punishment activity of diazepam in the rat.

Psychophar 82: 355-359 (35 Refs.)

10353. Thiebot MH, Soubrie P, Simon P (1985)

Is delay of reward mediated by shock-avoidance behavior a critical target for anti-punishment effects of diazepam in rats.

Psychophar 87: 473-479 (21 Refs.)

10354. Thierry BH, Milhaud CL, Klein MJ (1984)

Effect of D-amphetamine and diazepam on the greeting behavior of rhesus-monkeys (macaca-mulatta).

Pharm Bio B 21: 191-195 (37 Refs.)

10355. Thomas D, Tipping T, Halifax R, Blogg CE, Hollands MA (1986)

Triazolam premedication - a comparison with lorazepam and placebo in gynecological patients.

Anaesthesia 41: 692-697 (16 Refs.)

10356. Thomas DL, Vaughan RS, Vickers MD, Mapleson WW (1987)

Comparison of temazepam elixir and trimeprazine syrup as oral premedication in children undergoing tonsillectomy and associated procedures.

Br J Anaest 59: 424-430 (22 Refs.)

10357. Thomas JW, Klotz K, Neale J, Bocchett. A, Tallman JF (1983)

Proteolytic generation and characterization of benzodiazepine binding-site fragments (meeting abstr.).

Fed Proc 42: 2112 (no Refs.)

10358. Thomas JW, Tallman JF (1981)

Characterization of photoaffinity-labeling of benzodiazepine binding-sites.

J Biol Chem 256: 9838-9842 (32 Refs.)

10359. Thomas JW, Tallman JF (1983)
Photoaffinity-labeling of benzodiazepine receptors causes altered agonist-antagonist interactions.
J Neurosc 3: 433-440   (31 Refs.)

10360. Thomas L, Vilchez JL, Crovetto G, Thomas J (1987)
Electrochemical reduction of diazepam.
P I A S - Ch 98: 221-228   (19 Refs.)

10361. Thomas SR, Lewis ME, Iversen SD (1985)
Correlation of ³H diazepam binding density with anxiolytic locus in the amygdaloid complex of the rat.
Brain Res 342: 85-90   (33 Refs.)

10362. Thompson C, Lang A, Parkes JD, Marsden CD (1984)
A double-blind trial of clonazepam in benign essential tremor (review).
Clin Neurop 7: 83-88   (7 Refs.)

10363. Thompson GA, Turner PA, Bridenba. PO, Stuebing RC, Denson DD (1986)
The influence of diazepam on the pharmacokinetics of intravenous and epidural bupivacaine in the rhesus-monkey.
Anesth Anal 65: 151-155   (14 Refs.)

10364. Thompson TL, Moran MG, Nies AS (1983)
Drug-therapy - psychotropic-drug use in the elderly .1.
N Eng J Med 308: 134-138   (75 Refs.)

10365. Thuaud N, Sebille B, Livertou. MH, Bessiere J (1983)
Determination of diazepam human-serum albumin binding by polarography and high-performance liquid-chromatography at different protein concentrations.
J Chromat 282: 509-518   (25 Refs.)

10366. Thurston DE, Kaumaya P, Hurley LH (1983)
Hydride reduction of N-substituted pyrrolo(1,4)benzodiazepine-5,10-diones (meeting abstr.).
Abs Pap ACS 185: 31-Medi   (no Refs.)

10367. Thurston DE, Langley DR (1986)
Synthesis and stereochemistry of carbinolamine-containing pyrrolo[1,4]benzodiazepines by reductive cyclization of N-(2-nitrobenzoyl)pyrrolidine-2-carboxaldehydes.
J Org Chem 51: 705-712   (31 Refs.)

10368. Thyagarajan R, Brennan T, Ticku MK (1983)
GABA and benzodiazepine binding-sites in spontaneously hypertensive rat.
Eur J Pharm 93: 127-136   (40 Refs.)

10369. Thyagarajan R, Ramanjan. R, Ticku MK (1983)
Enhancement of diazepam and gamma-aminobutyric acid binding by (+)etomidate and pentobarbital.
J Neurochem 41: 578-585   (47 Refs.)

10370. Tiberge M, Calvet U, Khayi N, Coville FE, Arbus L (1987)
Comparison of zopiclone and triazolam on the sleep of healthy man (meeting abstr.).
EEG Cl Neur 67: 52   (no Refs.)

10371. Ticku MK (1981)
Interaction of depressant, convulsant, and anticonvulsant barbiturates with the ³H-diazepam binding-site of the benzodiazepine-GABA-receptor-ionophore complex.
Bioch Pharm 30: 1573-1579   (37 Refs.)

10372. Ticku MK (1983)
Benzodiazepine-GABA receptor-ionophore complex - current concepts.
Neuropharm 22: 1459-1470   (114 Refs.)

10373. Ticku MK, Brennan T, Burch TP, Thyagara. R (1982)
GABA and benzodiazepine binding in spontaneously hypertensive rat (meeting abstr.).
Fed Proc 41: 1633   (no Refs.)

10374. Ticku MK, Bruch TP, Davis WC (1983)
The interactions of ethanol with the benzodiazepine-GABA receptor-ionophore complex.
Pharm Bio B 18: 15-18   (48 Refs.)

10375. Ticku MK, Burch RP, Thyagara. R, Ramanjan. R (1983)
Barbiturate interactions with benzodiazepine-GABA receptor-ionophore complex (review).
Adv Bio Psy 37: 81-91   (35 Refs.)

10376. Ticku MK, Chen I, Davis WC (1981)
Ethanol and barbiturates enhance ³H-diazepam binding at the benzodiazepine-GABA-receptor-ionophore complex in membrane and solubilized forms (meeting abstr.)
Fed Proc 40: 310   (no Refs.)

10377. Ticku MK, Chen I, Davis WC (1981)
Ethanol enhances ³H-diazepam binding to soluble receptors at the benzodiazepine-GABA-receptor-ionophore complex (meeting abstr.).
Pharm Bio B 14: 765   (no Refs.)

10378. Ticku MK, Davis WC (1981)
Effect of valproic acid on ³H-diazepam and ³H-dihydropicrotoxinin binding-sites at the benzodiazepine-GABA receptor-ionophore complex (technical note).
Brain Res 223: 218-222   (24 Refs.)

10379. Ticku MK, Davis WC (1981)
Evidence that ethanol and pentobarbital enhance ³H-diazepam-binding at the benzodiazepine-GABA receptor-ionophore complex indirectly (technical note).
Eur J Pharm 71: 521-522   (5 Refs.)

10380. Ticku MK, Davis WC (1982)
Molecular-interactions of etazolate with benzodiazepine and picrotoxinin binding-sites (technical note).
J Neurochem 38: 1180-1182   (15 Refs.)

10381. Ticku MK, Davis WC, Burch TP (1982)
Interaction of ethanol with GABA-benzodiazepine receptor-ionophore complex (meeting abstr.).
Alc Clin Ex 6: 316   (no Refs.)

10382. Ticku MK, Maksay G (1983)
Convulsant depressant site of action at the allosteric benzodiazepine-GABA receptor-ionophore complex (review).
Life Sci 33: 2363-2375   (104 Refs.)

10383. Tien AY, Gujavart. KS (1985)
Seizure following withdrawal from triazolam (letter).
Am J Psychi 142: 1516-1517 (4 Refs.)

10384. Tietz EI, Chiu TH, Rosenber. HC (1984)
Presynaptic vs postsynaptic localization of benzodiazepine and beta-carboline receptor-sites (meeting abstr.).
Fed Proc 43: 286   (no Refs.)

10385. Tietz EI, Chiu TH, Rosenber. HC (1985)
Pre-synaptic versus postsynaptic localization of benzodiazepine and beta-carboline binding-sites.
J Neurochem 44: 1524-1534 (53 Refs.)

10386. Tietz EI, Gomez F, Berman RF (1984)
Amygdala kindled seizure stage is related to altered benzodiazepine binding-site density.
Life Sci 36: 183-190 (35 Refs.)

10387. Tietz EI, Rosenber. HC, Chiu TH (1986)
Circling following microinjection of muscimol, flurazepam or beta-carboline into rat substantia nigra pars reticulata (meeting abstr.).
Fed Proc 45: 806 (no Refs.)

10388. Tietz EI, Rosenber. HC, Chiu TH (1986)
Autoradiographic localization of benzodiazepine receptor down-regulation.
J Pharm Exp 236: 284-292 (71 Refs.)

10389. Tilleardcole RR (1983)
A placebo-controlled, dose-ranging study comparing 0,5 mg, 1 mg and 2 mg flunitrazepam in out-patients.
Curr Med R 8: 543-546 (5 Refs.)

10390. Timm U, Zell M (1983)
Determination of the benzodiazepine antagonist Ro-15-1788 in plasma by high-performance liquid-chromatography with UV detection.
Arznei-For 33-1: 358-362 (9 Refs.)

10391. Timsitberthier M, Dethier D, Machowsk. R, Mantanus H, Rousseau JC (1985)
Sleep and wake after benzodiazepine hypnotics - a 20-hour EEG comparison of lormetazepam and flunitrazepam.
Curr Med R 9: 552-559 (21 Refs.)

10392. Tinuper P, Aguglia U, Gastaut H (1986)
Use of clobazam in certain forms of status epilepticus and in startle-induced epileptic seizures.
Epilepsia 27: 18-26 (30 Refs.)

10393. Tipping T, Blogg CE, Thomas D (1987)
Triazolam premedication - a reply (letter).
Anaesthesia 42: 316-317 (3 Refs.)

10394. Tita TT, Kornet MJ (1987)
Synthesis of novel 4-amino-1,4-benzodiazepine-2,5-diones for anticonvulsant testing.
J Hetero Ch 24: 409-413 (10 Refs.)

10395. Tizzano JP, Gramling SE, Fowler SC, Crowder WF (1984)
Effects of chlordiazepoxide on operant rate and duration in spontaneously hypertensive rats and wistar-kyto rats (meeting abstr.).
Fed Proc 43: 948 (no Refs.)

10396. Tizzano JP, Parish WD, Kallman MJ (1986)
Pharmacological and behavioral tolerance to the sedative effects of diazepam and midazolam in rats (meeting abstr.).
Fed Proc 45: 428 (no Refs.)

10397. Tobin HA (1982)
Low-dose ketamine and diazepam - use as an adjunct to local-anesthesia in an office operating-room.
Arch Otolar 108: 439-440 (3 Refs.)

10398. Tocco DR, Renskers K, Zimmerma. EF (1987)
Diazepam-induced cleft-palate in the mouse and lack of correlation with the H-2 locus (meeting abstr.).
Teratology 35: 53 (no Refs.)

10399. Tocco DR, Renskers K, Zimmerma. EF (1987)
Diazepam-induced cleft-palate in the mouse and lack of correlation with the H-2 locus.
Teratology 35: 439-445 (25 Refs.)

10400. Tocus EC, Nelson RC, Vocci FJ (1983)
Regulatory perspectives and the benzodiazepines.
J Psych Dr 15: 151-157 (no Refs.)

10401. Toft P, Romer U (1987)
A comparison of midazolam and diazepam to supplement total intravenous anesthesia with ketamine for endoscopies (meeting abstr.).
Act Anae Sc 31: 139 (no Refs.)

10402. Toft P, Romer U (1987)
Comparison of midazolam and diazepam to supplement total intravenous anesthesia with ketamine for endoscopy.
Can J Anaes 34: 466-469 (10 Refs.)

10403. Toga AW, Santori EM, Samaie M (1986)
Regional distribution of flunitrazepam binding constants - visualizing K_d and b_{max} by digital image-analysis.
J Neurosc 6: 2747-2756 (31 Refs.)

10404. Toja E, Tarzia G, Barone D, Luzzani F, Gallico L (1985)
Benzodiazepine receptor-binding and anti-conflict activity in a series of 3,6-disubstituted pyridazino[4,3-c]isoquinolines devoid of anticonvulsant properties.
J Med Chem 28: 1314-1319 (25 Refs.)

10405. Tolksdorf W, Berlin J, Bethke U, Nieder G (1981)
Psychosomatic effects of intramuscular premedication with flunitrazepam, innovar and a placebo in combination with atropine.
Anästh Int 16: 1-4 (no Refs.)

10406. Tolksdorf W, Gerlach C, Hartung M, Hettenba. A (1987)
Midazolam and meperidine promethazine for intramuscular premedication.
Anaesthesis 36: 275-279 (20 Refs.)

10407. Tolksdorf W, Kappa F, Müller P, Jung M (1984)
Psychometric studies on intravenous benzodiazepines (meeting abstr.).
Anaesthesis 33: 533-534 (no Refs.)

10408. Tolksdorf W, Müller HP, Schratze. M, Jung M, Manegold BC, Kappa E (1985)
Comparative-study of lormetazepam and diazepam in oil for intravenous sedation prior to endoscopic procedures.
Fortsch Med 103: 249-252 (2 Refs.)

10409. Tolksdorf W, Pirwitz A, Bentzing. C, Pfeiffer J (1987)
Ro 15-1788 reliably antagonizes benzodiazepine effect after flunitrazepam combination anesthesia.
Anaesthesis 36: 203-209 (9 Refs.)

10410. Tolksdorf W, Pirwitz A, Pfeiffer J, Winter D, Mering T (1986)
Main and side-effects of the benzodiazepin antagonist Ro-15-1788 after flunitrazepam narcoses in comparison to placebos - a double-blind-study (meeting abstr.).
Anaesthesis 35: 121   (no Refs.)

10411. Tolksdorf W, Vanmitte. S, Kiss I, Seifert R (1984)
Plasma-catecholamine, blood-pressure and heart frequency behavior after premedication with flunitrazepam, triflupromazine, atropine and placebo (meeting abstr.).
Anaesthesis 33: 534   (no Refs.)

10412. Tolksdorf W, Vonmitte. S, Kuhne V, Gersch K (1984)
Plasma ketacholamine, blood-pressure and coronary frequency behaviors after premedication with flunitrazepam, tri-flupromazine, atropine and a placebo (meeting abstr.).
Anaesthesis 33: 478   (no refs.)

10413. Toll L, Keys C, Spangler D, Loew G (1984)
Computer-assisted determination of benzodiazepine receptor heterogeneity.
Eur J Pharm 99: 203-209   (20 Refs.)

10414. Tollefson G (1985)
Alprazolam in the treatment of obsessive symptoms (technical note).
J Cl Psych 5: 39-42   (33 Refs.)

10415. Tollefson G, Erdman C (1985)
Triazolam in the restless legs syndrome (letter).
J Cl Psych 5: 361-362   (8 Refs.)

10416. Tollefson G, Lesar T, Grothe D, Garvey M (1984)
Alprazolam-related digoxin toxicity (technical note).
Am J Psychi 141: 1612-1614   (10 Refs.)

10417. Tollefson G, Lesar T, Teubnerr. D (1983)
Anxiety-states and benzodiazepines.
Am Fam Phys 27: 151-158   (8 Refs.)

10418. Tomasini JL, Bun H, Coassolo P, Aubert C, Cano JP (1985)
Determination of clobazam, N-desmethyl-clobazam and their hydroxy metabolites in plasma and urine by high-performance liquid-chromatography.
J Chromat 343: 369-377   (32 Refs.)

10419. Tomicheck RC, Rosow CE, Philbin DM, Moss J, Teplick RS, Schneide. RC (1983)
Diazepam fentanyl interaction - hemodynamic and hormonal effects in coronary-artery surgery.
Anesth Anal 62: 881-884   (24 Refs.)

10420. Tomichek RC, Rosow CE, Schneide. RC, Moss J, Philbin DM (1982)
Cardiovascular effects of diazepam-fentanyl anesthesia in patients with coronary-artery disease (meeting abstr.).
Anesth Anal 61: 217-218   (no Refs.)

10421. Tomono S, Ohkuma S, Hirouchi M, Hashimot. T, Ohishi T, Kuriyama K (1986)
Studies on developmental-changes of GABA and benzodiazepine receptors in cerebral cortical-neurons of mice in primary culture .1. changes in ^{3}H-muscimol and ^{3}H-diazepam bindings and their functional associations (meeting abstr.).
Fol Pharm J 88: 28   (no Refs.)

10422. Tondi M, Mattu B, Monaco F, Masia G (1981)
Electroclinical evaluation of the anti-epileptic effect of clobazam (meeting abstr.).
EEG Cl Neur 51: 58   (no Refs.)

10423. Tong S, Masson HA, Ioannide. C, Bechtel WD, Parke DV (1986)
Effects of brotizolam on mixed-function oxidases and glutathione metabolism in the rat.
Xenobiotica 16: 595-604   (33 Refs.)

10424. Torbiner ML, Mito RS, Yagiela JA (1987)
Effect of midazolam pretreatment on local-anesthetic toxicity (meeting abstr.).
J Dent Res 66: 197   (no Refs.)

10425. Touitou E (1986)
Transdermal delivery of anxiolytics - invitro skin permeation of midazolam maleate and diazepam.
Int J Pharm 33: 37-43   (15 Refs.)

10426. Tozer GM, Penhalig. M, Nias AHW (1984)
The use of ketamine plus diazepam anesthesia to increase the radiosensitivity of a C3H mouse mammary adenocarcinoma in hyperbaric-oxygen.
Br J Radiol 57: 75-80   (13 Refs.)

10427. Traeger SM, Haug MT (1986)
Reduction of diazepam serum half-life and reversal of coma by activated-charcoal in a patient with severe liver-disease.
J Tox-Clin 24: 329-337   (26 Refs.)

10428. Tranquilli WJ, Thurmon JC, Gross M, Benson GJ (1987)
Preliminary trials in dogs administered xylazine-midazolam followed by yohimbine and Ro 15-1788 administration (meeting abstr.).
Vet Surgery 16: 324   (no Refs.)

10429. Trappler B, Bezeredi T (1982)
Triazolam intoxication (letter).
Can Med A J 126: 893-894   (4 Refs.)

10430. Trechot P, Sirbat D, Rupin D, Netter P, Moneretv. DA (1985)
Flunitrazepam-induced diplopia and hypersomnia (letter).
Presse Med 14: 1247   (2 Refs.)

10431. Treiman DM, Tyrrell ED, Lee J, Benmenac. E, Nelson L, Weil M, Shields WD, Mendius JR, Chugani H, Locke G (1983)
Lorazepam versus phenytoin in the treatment of major motor status epilepticus - a preliminary-report (meeting abstr.).
Epilepsia 24: 520   (no Refs.)

10432. Treit D (1985)
The inhibitory effect of diazepam on defensive burying - anxiolytic vs analgesic effects.
Pharm Bio B 22: 47-52   (34 Refs.)

10433. Treit D (1985)
Evidence that tolerance develops to the anxiolytic effect of diazepam in rats.
Pharm Bio B 22: 383-387   (25 Refs.)

10434. Treit D, Berridge KC, Schultz CE (1987)
The direct enhancement of positive palatability by chlordiazepoxide is antagonized by Ro 15-1788 and CGS-8216.
Pharm Bio B 26: 709-714   (39 Refs.)

10435. Treit D, Lolordo VM, Armstron. DE (1986)
The effects of diazepam on fear reactions in rats are modulated by environmental constraints on the rats defensive repertoire.
Phar Bio B 25: 561-565   (25 Refs.)

10436. Treit D, Pinel JPJ, Fibiger HC (1982)
The inhibitory effect of diazepam on conditioned defensive burying ist reversed by picrotoxin.
Pharm Bio B 17: 359-361   (10 Refs.)

10437. Trelles L, Trelles JO, Castro C, Altamira. J, Benzaque. M (1984)
Successful treatment of 2 cases of intention tremor with clonazepam (letter).
Ann Neurol 16: 621   (2 Refs.)

10438. Trennery PN, Waring RH (1985)
The influence of an experimental liver-cirrhosis upon the metabolism of diazepam and imipramine hydrochloride in the rat.
Xenobiotica 15: 813-823   (35 Refs.)

10439. Trew CT, Manus NJ, Jackson DM (1982)
Forum - intraocular-pressure and premedication with oral diazepam.
Anaesthesia 37: 339-340   (4 Refs.)

10440. Triballet C, Boucly P, Guernet M (1981)
Acid-base behavior and electrochemical reduction of triazolam in ethanol.
B S Ch Fr 11981: 113-117   (17 Refs.)

10441. Trickett S (1983)
Withdrawal from benzodiazepines (letter).
J Roy Col G 33: 608   (no Refs.)

10442. Trifilet. RR, Lo MMS, Snyder SH (1984)
Kinetic differences between type-I and type-II benzodiazepine receptors.
Molec Pharm 26: 228-240   (33 Refs.)

10443. Trifilet. RR, Snowman AM, Snyder SH (1984)
Barbiturate recognition site on the GABA benzodiazepine receptor complex is distinct from the picrotoxinin TBPS recognition site (technical note).
Eur J Pharm 106: 441-447   (8 Refs.)

10444. Trifiletti RR, Snowman AM, Snyder SH (1984)
Anxiolytic cyclopyrrolone drugs allosterically modulate the binding of ^{35}S tert-butylbicyclophosphorothionate to the benzodiazepine gamma-aminobutyric acid-a receptor chloride anionophore complex.
Molec Pharm 26: 470-476   (24 Refs.)

10445. Trifiletti RR, Snowman AM, Whitehouse PJ, Marcus KA, Snyder SH (1987)
Huntingtons-disease-increased number and altered regulation of benzodiazepine receptor complexes in frontal cerebral-cortex.
Neurology 37: 916-922   (24 Refs.)

10446. Trifiletti RR, Snyder SH (1984)
Anxiolytic cyclopyrrolones zopiclone and suriclone bind to a novel site linked allosterically to benzodiazepine receptors.
Molec Pharm 26: 458-469   (32 Refs.)

10447. Trimble MR (1986)
Recent contributions of benzodiazepines to the management of epilepsy - introduction (editorial).
Epilepsia 27: 1-2   (no Refs.)

10448. Trinchet JC, Beaugran. M, Bars L, Huet B, Ferrier JP (1983)
Premedication by diazepam-i.v. ameliorates the immediate and long-term acceptability of upper upper digestive fibroscopy - a double-blind-study with 81 patients (meeting abstr.).
Gastro Cl B 7: 61   (no Refs.)

10449. Trinchet JC, Beaugran. M, Bars L, Huet B, Ferrier JP (1985)
Influence of diazepam premedication on upper gastrointestinal endoscopy - 81 cases.
Presse Med 14: 1649-1651   (8 Refs.)

10450. Trinkl W (1986)
Midazolam versus pentazocine and midazolam as premedication for upper gastrointestinal endoscopy - a comparative-study (meeting abstr.).
Am J Gastro 81: 860   (no Refs.)

10451. Tripp G, McNaughton N (1987)
Naloxone fails to block the effects of chlordiazepoxide on acquisition and performance of successive discrimination.
Psychophar 91: 119-121   (10 Refs.)

10452. Tripp G, McNaughton N, Oei TPS (1987)
Naloxone blocks the effects of chlordiazepoxide on acquisition but not performance of differential reinforcement of low rates of response (DRL).
Psychophar 91: 112-118   (32 Refs.)

10453. Troschütz J (1981)
Fluorometric-determination of some 1,4-benzodiazepines.
Arch Pharm 314: 204-209   (10 Refs.)

10454. Trouvin JH, Jacqmin P, Rouch C, Lesne M, Jacquot C (1987)
Benzodiazepine receptors are involved in tabernanthine-induced tremor - invitro and invivo evidence.
Eur J Pharm 140: 303-309   (36 Refs.)

10455. Trudell ML, Basile AS, Shannon HE, Skolnick P, Cook JM (1987)
Synthesis of 7,12-dihydropyrido[3,4-b-5,4-b'] diindoles - a novel class of rigid, planar benzodiazepine receptor ligands (letter).
J Med Chem 30: 456-458   (23 Refs.)

10456. Trudell M, Craig R, Skolnick P, Cook JM (1985)
Simple synthesis of 3,4-indolosubstituted beta-carbolines - a new class of benzodiazepine antagonists (meeting abstr.).
Abs Pap ACS 190: 87-Medi   (no Refs.)

10457. Trudell ML, Lifer S, Cook JM (1987)
Pyridodiindoles - synthesis of rigid, planar ligands of benzodiazepine receptors (meeting abstr.).
Abs Pap ACS 193: 36-Medi   (no Refs.)

10458. Trullas R, Ginter H, Skolnick P (1987)
A benzodiazepine receptor inverse agonist inhibits stress-induced ulcer formation.
Pharm Bio B 27: 35-39   (29 Refs.)

10459. Trullas R, Havoundj. H, Skolnick P (1987)
Stress-induced changes in tert ^{35}S-butyl-bicyclophosphorothionate binding to gamma-aminobutyric acid-gated chloride channels are mimicked by invitro occupation of benzodiazepine receptors.
J Neurochem 49: 968-974   (30 Refs.)

10460. Trullas R, Havoundj. H, Zamir N, Paul S, Skolnick P (1987)
Environmentally-induced modification of the benzodiazepine GABA receptor coupled chloride ionophore.
Psychophar 91: 384-390   (34 Refs.)

10461. Trulson ME (1984)
Effects of diazepam on behavior and dopamine-containing substantia nigra units in freely moving cats.
Psychophar 84: 91-95   (29 Refs.)

10462. Trulson ME, Preussle. DW, Howell GA, Frederic. CJ (1982)
Raphe unit-activity in freely moving cats - effects of benzodiazepines.
Neuropharm 21: 1045-1050   (21 Refs.)

10463. Trybulski EJ, Vitone S, Walser A, Fryer RI (1985)
Pyrrolo[3,4-d] [2] benzazepin-3-one derivatives - a potent class of anxiolytic agents with very high-affinity for the benzodiazepine receptor (meeting abstr.).
Abs Pap ACS 190: 85-Medi   (no Refs.)

10464. Tsang CC, Speeg KV, Wilkinso. GR (1982)
Aging and benzodiazepine binding in the rat cerebral-cortex.
Life Sci 30: 343-346   (24 Refs.)

10465. Tsang CFC, Wilkinso. GR (1981)
Aging and benzodiazepine binding-sites in rat cerebral-cortex (meeting abstr.).
Fed Proc 40: 555   (1 Refs.)

10466. Tsang CFC, Wilkinso. GR (1982)
Diazepam disposition in mature and aged rabbits and rats.
Drug Meta D 10: 413-416   (36 Refs.)

10467. Tschanz C, Wilson RL, Shand DG (1983)
The effects of cirrhosis on temazepam elimination (meeting abstr.).
Clin Pharm 33: 218   (no Refs.)

10468. Tse FLS, Ballard F, Jaffe JM (1983)
Biliary-excretion of ^{14}C-labeled temazepam and its metabolites in the rat (technical note).
J Pharm Sci 72: 311-312   (7 Refs.)

10469. Tse FLS, Ballard F, Jaffe JM, Schwarz HJ (1983)
Enterohepatic circulation of radioactivity following an oral dose of ^{14}C labeled temazepam in the rat.
J Pharm Pha 35: 225-228   (7 Refs.)

10470. Tsougros M (1985)
Liquid-chromatographic determination of diazepam in tablets - collaborative study.
J AOAC 68: 545-546   (2 Refs.)

10471. Tsougros M (1986)
Compendial monograph evaluation and development - diazepam.
Pharm Forum 12: 1258-1262   (5 Refs.)

10472. Tsuchiya T (1981)
Chemistry of 1,2-benzodiazepines and related compounds.
J Syn Org J 39: 99-108   (74 Refs.)

10473. Tsuchiya T, Okajima S, Enkaku M, Kurita J (1981)
Formation of 3H-1,3-benzodiazepines from quinoline N-acylimides.
J Chem S Ch1981: 211-213   (10 Refs.)

10474. Tsuchiya T, Okajima S, Enkaku M, Kurita J (1982)
Studies on diazepines .18. photochemical-synthesis of 3H-1,3-benzodiazepines from quinoline N-acylimides.
Chem Pharm 30: 3757-3763   (21 Refs.)

10475. Tsuru M, Ohashi K, Fujimura A, Ebihara A, Yamamoto T, Aymanaka Y (1983)
H-2-antagonists, cimetidine and ranitidine - interaction with diazepam metabolism, invitro (meeting abstr.).
Fol Pharm J 82: 43   (no Refs.)

10476. Tucker JC (1985)
Benzodiazepines and the developing rat - a critical-review (review).
Neurosci B 9: 101-111   (105 Refs.)

10477. Tucker MR, Hann JR, Phillips CL (1984)
Subanesthetic doses of ketamine, diazepam, and nitrous-oxide for adult outpatient sedation.
J Oral Max 42: 668-672   (28 Refs.)

10478. Tucker MR, Ochs MW, White RP (1986)
Arterial blood-gas levels after midazolam or diazepam administered with or without fentanyl as an intravenous sedative for outpatient surgical-procedures.
J Oral Max 44: 688-692   (21 Refs.)

10479. Tunnicliff G, Welborn KL, Head RA (1984)
The GABA benzodiazepine receptor complex in the nervous-system of a hypertensive strain of rat.
Neurochem R 9: 1033-1038   (21 Refs.)

10480. Tuomisto J, Tuomaine. P, Saano V (1984)
Comparison of gas-chromatography and receptor bioassay in the determination of diazepam in plasma after conventional tablets and controlled release capsules.
Act Pharm T 55: 50-57   (17 Refs.)

10481. Turek FW, Loseeols. S (1986)
A benzodiazepine used in the treatment of insomnia phase-shifts the mammalian circadian clock.
Nature 321: 167-168   (25 Refs.)

10482. Turek FW, Loseeols. SH (1987)
Dose-response curve for the phase-shifting effect of triazolam on the mammalian circadian clock.
Life Sci 40: 1033-1038   (22 Refs.)

10483. Turek FW, Loseeols. S, Starz KE (1986)
Triazolam phase-shifts the circadian clock of hamsters - implications for circadian abnormalities in humans.
Clin Neurop 9: 83-85   (7 Refs.)

10484. Turkish S, Cooper SJ (1984)
Enhancement of saline consumption by chlordiazepoxide in thirsty rats - antagonism by Ro 15-1788.
Pharm Bio B 20: 869-873   (27 Refs.)

10485. Turnbull MJ, Watkins JW, Wheeler H (1981)
Demonstration of withdrawal hyperexcitability following administration of benzodiazepines to rats and mice (meeting abstr.).
Br J Pharm 72: 495   (2 Refs.)

10486. Turski L, Czuczwar SJ, Turski W, Siekluck. M, Kleinrok Z (1982)

Dyphenylhydantoin enhancement of diazepam effects on locomotor-activity in mice (technical note).

Psychophar 76: 198-200   (14 Refs.)

10487. Turski L, Havemann U, Kuschins. K (1983)

Reversal of the muscle-relaxant effect of diazepam by the specific benzodiazepine antagonist Ro-15-1788 - an electro-myographic study in morphine model of muscular rigidity in rats.

Life Sci 33: 755-758   (10 Refs.)

10488. Turski L, Schwarz M, Sonntag KH (1982)

Interaction between phenytoin and diazepam in mutant han-wistar rats with progressive spastic paresis.

N-S Arch Ph 321: 48-51   (29 Refs.)

10489. Turski L, Schwarz M, Turski WA, Ikonomid. C, Sontag KH (1984)

Effect of aminophylline on muscle-relaxant action of diazepam and phenobarbitone in genetically spastic rats - further evidence for a purinergic mechanism in the action of diazepam.

Eur J Pharm 103: 99-105   (33 Refs.)

10490. Turski WA, Schwarz M, Turski L, Sontag KH (1984)

A specific benzodiazepine antagonist CGS-8216 reverses the muscle-relaxant effect of diazepam but not that of phenobarbitone (technical note).

Eur J Pharm 98: 441-444   (10 Refs.)

10491. Turtle MJ, Cullen P, Prysroberts C, Coates D, Monk CR, Faroqui MH (1987)

Dose requirements of propofol by infusion during nitrous-oxide anesthesia in man .2. patients premedicated with lorazepam.

Br J Anaest 59: 283-287   (6 Refs.)

10492. Tyltin AK, Lysik NA, Demchenk. AM, Kovtunen. VA (19859

Synthesis and reactions of isoindolo[2,1-a][2,4]benzodiazepine (letter).

Khim Getero 5: 705   (4 Refs.)

10493. Tyma JL, Rosenber. HC (1986)

Effects of chronic flurazepam treatment on substantia nigra pars reticulata single unit-activity (meeting abstr.).

Fed Proc 45: 675   (no Refs.)

10494. Tyma JL, Rosenberg HC, Chiu TH (1984)

Radioreceptor assay of benzodiazepines in cerebrospinal-fluid during chronic flurazepam treatment in cats.

Eur J Pharm 105: 301-308   (37 Refs.)

10495. Tyma JL, Rosenberg HC, Chiu TH (1984)

Radioreceptor assay of benzodiazepine activity in cerebrospinal-fluid during chronic flurazepam treatment of cats (meeting abstr.).

Fed Proc 43: 947   (no Refs.)

10496. Tyrer P (1985)

Clinical management of benzodiazepine dependence (letter).

Br Med J 291: 1507   (8 Refs.)

10497. Tyrer PJ (1987)

The place of benzodiazepines in the treatment of anxiety - implications of recent research for clinical-practice.

Integr Psyc 5: 113-115   (19 Refs.)

10498. Tyrer P, Murphy S, Oates G, Kingdon D (1985)

Psychological treatment for benzodiazepine dependence (letter).

Lancet 1: 1042-1043   (6 Refs.)

10499. Tyrer P, Owen R, Dawling S (1983)

Gradual withdrawal of diazepam after long-term therapy.

Lancet 1: 1402-1406   (17 Refs.)

10500. Tyrer P, Rutherfo. D, Huggett T (1981)

Benzodiazepine withdrawal symptoms and propranolol.

Lancet 1: 520-522   (19 Refs.)

10501. Tyrer PJ, Seivewri. N (1984)

Identification and management of benzodiazepine dependence.

Postg Med J 60: 41-46   (28 Refs.)

10502. Tyrer P, Treasade. I, Moreton K, Riley P, Flanagan RJ, Dawling S (1984)

Value of serum diazepam and nordiazepam measurements in anxious patients.

J Affect D 7: 1-10   (22 Refs.)

10503. Tyutyulkova N, Goranche. J, Stefanov. D, Yanev S, Katzov G, Georgiev A (1986)

Effect of medazepam on benzodiazepine receptors in brain of mice with isolation syndrome.

Meth Find E 8: 711-713   (12 Refs.)

10504. Uchtlander M, Meyer FP (1985)

The influence of diazepam (Faustan) on the reacting ability and on the subjective state of health of healthy probands - a contribution to the differential psychopharmacology.

Z Kl Med-ZK 40: 673-676   (46 Refs.)

10505. Uchtlander M, Meyer FP, Walther H (1986)

The influence of diazepam on reaction and attention performance in a subacute trial (meeting abstr.).

J Pharmacol 17: 211   (no Refs.)

10506. Uekama K, Narisawa S, Hirayama F, Otagiri M (1983)

Improvement of dissolution and absorption characteristics of benzodiazepines by cyclodextrin complexation.

Int J Pharm 16: 327-338   (14 Refs.)

10507. Ueki S, Watanabe S, Yamamoto T, Kataoka Y, Tazoe N, Shibata S, Shibata K, Ohta H, Kawahara K, Takano M (1981)

Behavioral and electroencephalographic effects of alprazolam and its metabolites.

Fol Pharm J 77: 483-509   (23 Refs.)

10508. Ueno E, Kuriyama K (1981)

Phospholipids and benzodiazepine recognition sites of brain synaptic-membranes.

Neuropharm 20: 1169-1176   (27 Refs.)

10509. Ueno K, Kitagawa H, Kitagawa H, Kohei H, Furukawa T, Kushiku K (1986)

Effects of brotizolam on smooth-muscle and other organs.

Arznei-For 36-1: 560-567   (3 Refs.)

10510. Uguruokorie DC, Enyogai NE (1986)

Alteration of post-deprivation feeding pattern in rats by acute doses of diazepam.

Physl Psych 14: 96-97   (9 Refs.)

10511. Uges DRA (1987)
Lijst van klinisch farmaceutische en toxicologische bepalingen.
Apotheek Academisch Ziekenhuis Groningen

10512. Uhlenhuth EH (1983)
The Benzodiazepines and Psychotherapy: Controlled Studies of Combined Treatment.
In: The Benzodiazepines - From Molecular Biology to Clinical Practice (Ed. Costa E).
Raven Press, New York, 325-337

10513. Umeh BUO, Iphie P, Okechukw. CC (1987)
Preliminary studies with flunitrazepam a new intravenous induction agent for anesthesia.
Curr Ther R 42: 12-16   (11 Refs.)

10514. Unangst PC (1981)
Synthesis of some 2-amino-4-phenyl-3H-1,5-benzodiazepines by reaction of aromatic diamines.
J Hetero Ch 18: 1257-1260   (19 Refs.)

10515. Underhill S, Bush GH, Harper SJ (1987)
Lorazepam in a fast dissolving dose form as a premedicant for children (letter).
Anaesthesia 42: 319-320   (4 Refs.)

10516. Ungar W, Ecobicho. DJ (1986)
Diazepam metabolism in the guinea-pig materno-fetal model - effects of cigarette-smoke.
Drug Chem T 9: 205-221   (30 Refs.)

10517. Unnerstall JR, Kuhar MJ, Niehoff DL, Palacios JM (1981)
Benzodiazepine receptors are coupled to a sub-population of gamma-aminobutyric acid (GABA) receptors - evidence from a quantitative auto-radiographic study.
J Pharm Exp 218: 797-804   (52 Refs.)

10518. Unnerstall JR, Niehoff DL, Kuhar MJ, Palacios JM (1982)
Quantitative receptor auto-radiography using ^{3}H-labeled ultrafilm - application to multiple benzodiazepine receptors.
J Neurosc M 6: 59-73   (37 Refs.)

10519. Unseld H (1981)
Flunitrazepam and electrostimulation anesthesia for acute intermittent porphyria.
Anasth Int 16: 15-17   (no Refs.)

10520. Unterhalt B (1981)
^{15}N-NMR-investigations of 1,4-benzodiazepines (technical note).
Arch Pharm 314: 733-735   (5 Refs.)

10521. Uppal RP, Garg BD, Ahmad A (1982)
Effects of technical grade malathion and DDT on the action of chlorpromazine, diazepam and pentobarbital with reference to fighting behavior in mice (technical note).
Current Sci 51: 849-851   (7 Refs.)

10522. Uppal RP, Garg BD, Ahmad A (1983)
Effect of malathion and DDT on the action of chlorpromazine and diazepam with reference to conditioned avoidance-response in rats.
I J Ex Biol 21: 254-257   (17 Refs.)

10523. Upton N, Gonzalez JP, Sewell RDE (1983)
Characterization of a kappa-agonist-like anti-nociceptive action of tifluadom (technical note).
Neuropharm 22: 1241-1242   (8 Refs.)

10524. Urbancic A, Emrey TA, Hall PC, Young R (1987)
Behavioral-effects of benzodiazepine-receptor and nonbenzodiazepine-receptor mediated anxiolytics (meeting abstr.).
Fed Proc 46: 1300   (no Refs.)

10525. Ureta H, Lopez F, Perez A, Huidobro. JP (1987)
Stereoselectivity of the kappa-opioid receptor - studies with (+) and (-) tifluadom, an optically-active benzodiazepine (meeting abstr.).
Act Phys Ph 37: 35-36   (no Refs.)

10526. Ureta H, Lopez LF, Perez A, Huidobro. JP (1987)
Kappa-opiate-induced diuresis and changes in blood-pressure - demonstration of receptor stereoselectivity using (+)-tifluadom and (-)-tifluadom.
Eur J Pharm 135: 289-295   (19 Refs.)

10527. Ureta H, McKay ML, Huidobro. JP (1986)
Renal effects of tifluadom, a benzodiazepine with opioid activity (meeting abstr.).
Arch Biol M 19: 114   (no Refs.)

10528. Urquhart DA, Sinha AK (1983)
Studies of a benzodiazepine binding inhibitor (meeting abstr.).
Fed Proc 42: 1161   (1 Refs.)

10529. Urushida. T, Matsuda K, Kasuya Y (1984)
Effects of suriclone, a new non-benzodiazepine anti-anxiety drug, on gastric-ulcers (meeting abstr.).
Fol Pharm J 84: 118   (no Refs.)

10530. Usdin E, Skolnick P, Tallman jr JF, Greenblatt D, Paul SM (1983)
Pharmacology of Benzodiazepines.
Verlag Chemie, Weinheim Deerfield Beach FL Basel

10531. Ushijima I, Mizuki Y, Hara T, Kudo R, Watanabe K, Yamada M (1986)
The role of adenosinergic, GABAergic and benzodiazepine systems in hyperemotionality and ulcer formation in stressed rats.
Psychophar 89: 472-476   (28 Refs.)

10532. Vaccarino FM, Ghetti B, Nurnberg. JI (1985)
Residual benzodiazepine (BZ) binding in the cortex of PCD mutant cerebella and qualitative BZ binding in the deep cerebellar nuclei of control and mutant mice - an autoradiographic study.
Brain Res 343: 70-78   (43 Refs.)

10533. Vaccarino FM, Ghetti B, Wade SE, Rea MA, Aprison MH (1983)
Loss of purkinje cell-associated benzodiazepine receptors spares a high-affinity subpopulation - a study with PCD mutant mice.
J Neurosci 9: 311-323   (57 Refs.)

10534. Vachon L, Kitsikis A, Roberge AG (1982)
Effects of chlordiazepoxide on acquisition and performance of a go no go successive discrimination task, and on brain biogenic-amines in cats.
Prog Neur-P 6: 463-466   (5 Refs.)

10535. Vachon L, Kitsikis A, Roberge AG (1984)
Chlordiazepoxide, go-nogo successive discrimination and brain biogenic-amines in cats.
Pharm Bio B 20: 9-22   (73 Refs.)

10536. Vachon L, Roberge AG (1983)
Effects of chlordiazepoxide administration on biogenic-amines in cat brain.
Can J Physl 61: 81-88 (38 Refs.)

10537. Vahala ML, Ojanpera AT, Haikala H, Ahtee L (1986)
Diazepam augments the effects of GABA, homotaurine, and taurine on cerebral dopamine in rats (meeting abstr.).
J Pharmacol 17: 211 (1 Refs.)

10538. Vahrman J (1983)
Benzodiazepine withdrawal (letter).
Lancet 2: 290 (1 Refs.)

10539. Vaisanen E, Jalkanen E (1987)
A double-blind-study of alprazolam and oxazepam in the treatment of anxiety.
Act Psyc Sc 75: 536-541 (15 Refs.)

10540. Vajda FJE, Rozitis I, Rutherfo. D, Jarrott B (1983)
Measurement of plasma clonazepam levels - a comparison of a radioimmunoassay (RIA) with gas-liquid-chromatography (GLC) (meeting abstr.).
Clin Exp Ph 10: 192-193 (1 Refs.)

10541. Vajda M, Tegyey Z, Kozma M, Vereczke. L (1986)
Studies on the pharmacokinetics and metabolism of N4-carbamoyl-1,3,4,5-dihydro-diazepam (uxepam) in rats, dogs and man.
J Pharm B 4: 497-503 (11 Refs.)

10542. Valdes F, Dasheiff RM, Birmingh. F, Crutcher KA, McNamara JO (1982)
Benzodiazepine receptor increases after repeated seizures - evidence for localization to dentate granule cells.
P NAS Biol 79: 193-197 (30 Refs.)

10543. Valdes F, Dasheiff RM, Birmingh. F, Crutcher K, McNamara JO (1983)
Benzodiazepine receptor increases following repeated seizures - evidence for localization to dentate granule cells (meeting abstr.).
Epilepsia 24: 108 (1 Refs.)

10544. Valdes F, Fanelli RJ, McNamara JO (1981)
Barbiturate and GABA receptors coupled to benzodiazepine receptors in rat hippocampal-formation - a radiohistochemical study.
Life Sci 29: 1895-1900 (18 Refs.)

10545. Vale JA, Meredith TJ (1982)
Poisoning due to psychotropic-drugs.
J Affect D 4: 313-329 (104 Refs.)

10546. Valentine JL, Psaltis P, Sharma S, Moskowit. H (1982)
Simultaneous gas-chromatographic determination of diazepam and its major metabolites in human-plasma, urine, and saliva.
Anal Lett B 15: 1665-1683 (39 Refs.)

10547. Valentine JO, Barrett JE (1981)
Effects of chlordiazepoxide and D-amphetamine on responding suppressed by conditioned punishment.
J Exp An Be 35: 209-216 (16 Refs.)

10548. Valentine JO, Barrett JE (1982)
Effects of chlordiazepoxide on responding suppressed by electric-shock - interactions with naloxone, naltrexone and morphine (meeting abstr.).
Fed Proc 41: 1073 (no Refs.)

10549. Valentine JO, Katz JL, Kandel DA, Barrett JE (1983)
Effects of cocaine, chlordiazepoxide, and chlorpromazine on responding of squirrel-monkeys under 2nd-order schedules of i.m. cocaine injection or food presentation.
Psychophar 81: 164-169 (27 Refs.)

10550. Valentine JO, Spealman RD (1983)
Effects of caffeine and chlordiazepoxide on schedule-controlled responding of squirrel-monkeys (meeting abstr.).
Fed Proc 42: 1158 (no Refs.)

10551. Valenza T, Rosselli P (1987)
Rapid and specific high-performance liquid-chromatographic determination of clonazepam in plasma (technical note).
J Chromat 386: 363-366 (11 Refs.)

10552. Valin A, Bryere P, Naquet R (1986)
Convulsant effect of Ro 5-4864, a peripheral type benzodiazepine, on the baboon (papio-paio).
Neurosci L 66: 210-214 (31 Refs.)

10553. Valin A, Cepeda C, Rey E, Naquet R (1981)
Opposite effects of lorazepam on 2 kinds of myoclonus in the photosensitive papio-papio (technical note).
EEG Cl Neur 52: 647-651 (19 Refs.)

10554. Valin A, Dodd RH, Liston DR, Potier P, Rossier J (1982)
Methyl-beta-carboline-induced convulsions are antagonized by Ro-15-1788 and by propyl-beta-carboline (technical note).
Eur J Pharm 85: 93-97 (11 Refs.)

10555. Valin A, Kaijima M, Bryere P, Naquet R (1983)
Differential effects of the benzodiazepine antagonist Ro 15-1788 on 2 types of myoclonus in baboon papio-papio.
Neurosci L 38: 79-84 (22 Refs.)

10556. Valli M, Courtier. A, Tamalet C, Jadot G (1984)
Clobazam activity on plasma prolactin and gonadotropins after sulpiride administration in the male-rat (technical note).
Ann Endocr 45: 409-411 (17 Refs.)

10557. Valli M, Hariton C, Baret A, Jadot G, Bouyard P (1983)
Effects of the acute and chronic administration of clobazam on prolactin and gonadotropins in the male-rat (technical note).
J Pharmacol 14: 395-400 (15 Refs.)

10558. Valli M, Jadot G, Courtier. A, Tamalet C, Baret A (1985)
Effects of the 1,5-benzodiazepine clobazam on pituitary-hormones in the male-rat.
Meth Find E 7: 179-181 (17 Refs.)

10559. Valli M, Jadot G, Hariton C, Caraboeu. A, Calvet P, Scotto JC, Bouyard P (1983)
Steady-state levels of lorazepam (letter).
Therapie 38: 706-707 (5 Refs.)

10560. Valli M, Michel J, Jadot G, Hariton C, Bruguero. B, Bouyard L (1983)
Erythrocyte concentration of diazepam and its main metabolites (letter).
Therapie 38: 112-113 (3 Refs.)

10561. Valtier D, Malgouri. C, Gilbert JC, Benavide. J, Guichene. P, Zan A, Gueremy C, Lefur G, Saraux H, Meyer P (1986)
A new study model for benzodiazepine receptors - the human iris (meeting abstr.).
J Pharmacol 17: 414 (no Refs.)

10562. Valtier D, Malgouri. C, Gilbert JC, Guichene. P, Uzan A, Gueremy C, Lefur G, Saraux H, Meyer P (1987)
Binding-sites for a peripheral type benzodiazepine antagonist(^{3}H-PK-11195) in human iris.
Neuropharm 26: 549-552 (21 Refs.)

10563. Valueva LN, Tozhanov. NM (1982)
Correction of the side-effects of benzodiazepine tranquilizers with sydnocarb.
Zh Nevr Ps 82: 1212-1217 (11 Refs.)

10564. Vanackern K, Ranke N, Schmucke. P (1984)
Benzodiazepine in coronary-disease - gifing these substance groups the advantage over more familiar anesthesia (meeting abstr.).
Anaesthesis 33: 532 (5 Refs.)

10565. Vanasse M, Masson P, Geoffroy G, Larbriss. A, David PC (1984)
Intermittent treatment of febrile convulsions with nitrazepam.
Can J Neur 11: 377-379 (23 Refs.)

10566. Vandecas. AJ (1986)
A comparative double-blind trial of ketazolam (unakalm) and lorazepam in moderate anxiety in general-practice.
Tijd Ther G 11: 77-79 (no Refs.)

10567. Vandekar LD, Lorens SA, Urban JH, Richards. KD, Paris J, Bethea CL (1985)
Pharmacological studies on stress-induced renin and prolactin secretion - effects of benzodiazepines, naloxone, propranolol and diisopropyl fluorophosphate.
Brain Res 345: 257-263 (40 Refs.)

10568. Vandenberg AA (1986)
Hallucinations after oral lorazepam in children (letter).
Anaesthesia 41: 330-331 (3 Refs.)

10569. Vanderbijl P, Roelofse JA, Joubert JJD, Breytenb. HS (1987)
Intravenous midazolam in oral-surgery.
Int J Or M 16: 325-332 (21 Refs.)

10570. Vanderbijl P, Roelofse JA, Joubert JJD, Breytenb. HS (1987)
Intravenous midazolam in oral-surgery - a doubleblind placebo controlled-study (meeting abstr.).
J Dent Res 66: 954 (no Refs.)

10571. Vanderheyden JL, Vanderhe. JE (1981)
Pharmacology and action mechanism to the benzodiazepines - recent synthesis of international litterature.
J Pharm Bel 36: 354-364 (66 Refs.)

10572. Vanderkleijn E, Vree TB, Baars AM, Wijsman R, Edmunds LC, Knop HJ (1981)
Factors influencing the activity and fate of benzodiazepines in the body.
Br J Cl Ph 11: 85-98 (44 Refs.)

10573. Vandermaelen CP, Matheson GK, Wilderma. RC, Patterso. LA (1986)
Inhibition of serotonergic dorsal raphe neurons by systemic and iontophoretic administration of buspirone, a non-benzodiazepine anxiolytic drug.
Eur J Pharm 129: 123-130 (48 Refs.)

10574. Vandermaelen CP, Wilderma. RC (1984)
Iontophoretic and systemic administration of the non-benzodiazepine anxiolytic drug buspirone causes inhibition of serotonergic dorsal raphe neurons in rats (meeting abstr.).
Fed Proc 43: 947 (no Refs.)

10575. Vanderstappen VD (1986)
An open multicenter evaluation of alprazolam for the treatment of anxiety and tension by the general-practitioner.
Act Therap 12: 109-123 (no Refs.)

10576. Vangorde. PN, Hoffman WE, Baughman V, Albrecht RF, Miletich DJ, Guzman F, Cook JM (1985)
Midazolam ethanol interactions and reversal with a benzodiazepine antagonist.
Anesth Anal 64: 129-135 (26 Refs.)

10577. Vanhecken AM, Tjandram. TB, Verbesse. R, Deschepp. PJ (1984)
Influence of diflunisal on the pharmacokinetics of oxazepam in man (meeting abstr.).
Arch I Phar 270: 176 (no Refs.)

10578. Vanhecken AM, Tjandram. TB, Verbesse. R, Deschepp. PJ (1985)
The influence of diflunisal on the pharmacokinetics of oxazepam.
Br J Cl Ph 20: 225-234 (12 Refs.)

10579. Vanmiert AS, Vanduin CTM, Anika SM (1986)
Anorexia during febrile conditions in dwarf goats - the effect of diazepam, flurbiprofen and naloxone.
Vet Q 8: 266-273 (30 Refs.)

10580. Vanonderbergen A, Caufriez A, Szyper M, Robyn C, Copinsch. G, Vancaute. E (1987)
Effects of triazolam on nyctohemeral prolactin profiles in normal human-subjects (meeting abstr.).
Ann Endocr 48: 220 (1 Refs.)

10581. Vanreeth O, Loseeols. S, Turek FW (1987)
Phase-shifts in the circadian activity rhythm induced by triazolam are not mediated by the eyes or the pineal-gland in the hamster.
Neurosci L 80: 185-190 (24 Refs.)

10582. Vanreeth O, Turek FW (1987)
Adaptation of circadian rhythmicity to shift in light-dark cycle accelerated by a benzodiazepine.
Am J Physl 253: 204-207 (32 Refs.)

10583. Vanrooij HH, Fakiera A, Verrijk R, Soudijn W, Weijerse. JP (1984)
Qualitative method for the determination of flunitrazepam and its metabolites in urine samples of drug-addicts (meeting abstr.).
Pharm Week 6: 256 (2 Refs.)

10584. Vanrooij HH, Fakiera A, Verrijk R, Soudijn W, Weijerse. JP (1985)
The identification of flunitrazepam and its metabolites in urine samples (technical note).
Analyt Chim 170: 153-158 (10 Refs.)

10585. Vansweden B (1985)
Toxic ictal confusion in middle-age - treatment with benzodiazepines (technical note).
J Ne Ne Psy 48: 472-476   (27 Refs.)

10586. Vanvalke. C (1986)
Benzodiazepines divided - a multidisciplinary review - Trimble, MR (book review).
Am J Psychi 143: 1480   (1 Refs.)

10587. Vanwijhe M, Devoogtf. E, Stijnen T (1985)
Midazolam versus fentanyl droperidol and placebo as intramuscular premedicant.
Act Anae Sc 29: 409-414   (17 Refs.)

10588. Vapaatalo H, Hirvonen J, Huttunen P (1984)
Lowered cold tolerance in cold-acclimated and non-acclimated guinea-pigs treated with diazepam.
Z Rechtsmed 91: 279-286   (13 Refs.)

10589. Vasar E, Allikmet. L, Maimets M (1985)
The distinct role of benzodiazepine receptors in the regulation of aggressive-behavior (meeting abstr.).
Aggr Behav 11: 136   (no Refs.)

10590. Vasar E, Allikmet. L, Maimets M (1987)
Evidence for modulation of benzodiazepine receptors by cerulein (meeting abstr.).
Int J Neurs 32: 528-529   (no Refs.)

10591. Vasar EE, Maimets MO, Rago LK, Nurk AM, Allikmet. LH (1984)
Effect of imidazobenzodiazepine (Ro 15-1788) on aggressive-behavior mice.
B Exp B Med 98: 1369-1371   (12 Refs.)

10592. Vasar EE, Rago LK, Allikmet. LH (1983)
Evidence for participation of 2 types of benzodiazepine receptors in the regulation of aggressive-behavior.
Zh Vyss Ner 33: 864-869   (13 Refs.)

10593. Vasar EE, Rego LK, Soosaar AH, Nurk AM, Maimets MO (1985)
Modulating effect of cerulein on benzodiazepine receptors.
B Exp B Med 100: 1700-1702   (8 Refs.)

10594. Vasar EE, Zharkovs. AM (1981)
Selective effect of morphine and diazepam on aggressiveness produced by long-term apomorphine administration to rats.
Farmakol T 44: 658-660   (12 Refs.)

10595. Vasar OO, Nurk AM, Maimets MO, Soosaar AH, Allikmet. LH (1986)
Different effects of long-term haloperidol administration on GABA and benzodiazepine receptors in various parts of the brain.
B Exp B Med 101: 460-463   (9 Refs.)

10596. Vasiliades J (1983)
A comprehensive screen for the determination of drugs of misuse in the clinical laboratory .2. benzodiazepines (meeting abstr.).
Ved Hum Tox 25: 287   (no Refs.)

10597. Vasiliades J, Sahawneh TH (1981)
Determination of midazolam by high-performance liquid-chromatography (technical note).
J Chromat 225: 266-271   (2 Refs.)

10598. Vasiliades J, Sahawneh T (1982)
Midazolam determination by gas-chromatography, liquid-chromatography and gas-chromatography mass-spectrometry.
J Chromat 228: 195-203   (7 Refs.)

10599. Vasiliades J, Wilkerso. K (1981)
A comprehensive screen for the determination of drugs of misuse in the clinical laboratory .2. benzodiazepines (meeting abstr.).
Clin Chem 27: 1103   (no Refs.)

10600. Vasseur P, Rouvier B, Facon A, Roujas JP, Senotier JM, Buffat JJ (1986)
Is there any prolongation of vecuronium effects by benzodiazepines.
Med Armees 14: 513-517   (no Refs.)

10601. Vatashsky E (1981)
Flunitrazepam for cardioversion (letter).
Anaesthesia 36: 536   (3 Refs.)

10602. Vatashsky E, Aronson HB (1982)
Intravenous flunitrazepam in the prevention of the side-effects of succinylcholine.
Isr J Med S 18: 587-589   (11 Refs.)

10603. Vatashsky E, Aronson HB (1983)
Flunitrazepam protects mice against lidocaine and bupivacaine-induced convulsions.
Can Anae Sj 30: 32-36   (21 Refs.)

10604. Oral flunitrazepam in the prevention of local anesthetic-induced convulsions in mice.
Can Anae Sj 31: 646-649   (19 Refs.)

10605. Vatashsk. E, Beilin B, Razin M, Weinstoc. M (1986)
Mechanism of antagonism by physostigmine of acute flunitrazepam intoxication.
Anesthesiol 64: 248-252   (26 Refs.)

10606. Vatashsky E, Haskel Y, Aronson HB (1982)
Flunitrazepam versus diazepam for endoscopies (letter).
J Roy S Med 75: 671-672   (6 Refs.)

10607. Vatashsky E, Zaroura S (1985)
Flunitrazepam prevents succinylcholine-induced increase in intra-ocular pressure.
Pharmathera 4: 223-226   (16 Refs.)

10608. Vatashsky E, Zaroura S, Aronson HB (1983)
A comparison of flunitrazepam and diazepam in the prevention of local anesthetic-induced convulsions.
Isr J Med S 19: 256-259   (16 Refs.)

10609. Vega P, Carrasco M, Sanchez E, Delvilla. E (1984)
Structure-activity relationship in the effect of 1,4-benzodiazepines on morphine, aminopyrine and estrone metabolism.
Res Comm CP 44: 179-198   (24 Refs.)

10610. Vejdelek ZJ, Metys J, Protiva M (1983)
Benzocycloheptenes and heterocyclic-analogs as potential-drugs .17. S-substituted derivatives of 8-chloro-6-(2-chlorophenyl)-1-mercaptomethyl-4H-S-triazolo[4,3-alpha]-1,4-benzodiazepine - synthesis and pharmacology.
Coll Czech 48: 123-136   (60 Refs.)

10611. Vejdelek Z, Protiva M (1983)
Benzocycloheptenes and heterocyclic-analogs as potential-drugs .18. synthesis of 2 1-substituted 8-bromo-6-(2-chlorophenyl)-4H-S-triazolo[4,3-a]-[1,4-]benzodiazepines.
Coll Czech 48: 1477-1482   (23 Refs.)

10612. Vela A, Dobladez B, Rubio ME, Ramos M, Suengas A, Bujan M, Arrigain S (1982)
Action of bromazepam on sleep of children with night terrors .1. sleep organization and heart-rate.
Pharmathera 3: 247-258   (14 Refs.)

10613. Velisek L, Mares P (1986)
Influence of clonazepam on electrocorticographic changes induced by metrazol during ontogenesis in rats.
Activ Nerv 28: 321-322   (3 Refs.)

10614. Velisek L, Mares P (1987)
Influence of clonazepam on electrocorticographic changes induced by metrazol in rats during ontogenesis.
Arch I Phar 288: 256-269   (16 Refs.)

10615. Vellucci SV (1984)
Chlordiazepoxide-induced potentiation of hexobarbitone sleeping time is reduced by ACTH(1-24)
Pharm Bio B 21: 39-41   (34 Refs.)

10616. Vellucci SV, Herbert J, Keverne EB (1986)
The effect of midazolam and beta-carboline carboxylic-acid ethyl-ester on behavior, steroid-hormones and central monoamine metabolites in social-groups of talapoin monkeys.
Psychophar 90: 367-372   (32 Refs.)

10617. Vellucci SV, Webster RA (1982)
Antagonism of the anti-conflict effects of chlordiazepoxide by beta-carboline carboxylic-acid ethyl-ester, Ro 15-1788 and ACTH(4-10).
Psychophar 78: 256-260   (37 Refs.)

10618. Vellucci SV, Webster RA (1983)
Is Ro 15-1788 a partial agonist at benzodiazepine receptors.
Eur J Pharm 90: 263-268   (16 Refs.)

10619. Vellucci SV, Webster RA (1984)
The role of GABA in the anticonflict action of sodium valproate and chlordiazepoxide.
Pharm Bio B 21: 845-851   (55 Refs.)

10620. Vellucci SV, Webster RA (1985)
GABA and benzodiazepine-induced modification of ^{14}C-L-glutamic acid release from rat spinal-cord slices.
Brain Res 330: 201-207   (31 Refs.)

10621. Vellucci SV, Webster RA (1986)
The effects of beta-carboline carboxylic-acid ethyl-ester and its free acid, administered i.c.v., on the anticonvulsant activity of diazepam and sodium valproate in the mouse.
Pharm Bio B 24: 823-827   (29 Refs.)

10622. Vallutti R, Pedemont. M (1986)
Differential-effects of benzodiazepines on cochlear and auditory-nerve responses.
EEG Cl Neur 64: 556-562   (25 Refs.)

10623. Venault P, Chapouth. G, Decarval. LP, Simiand J, Morre M, Dodd RH, Rossier J (1986)
Benzodiazepine impairs and beta-carboline enhances performance in learning and memory tasks.
Nature 321: 864-866   (17 Refs.)

10624. Venault P, Decarval. LP, Brown CL, Dodd RH, Rossier J, Chapouth. G (1986)
The benzodiazepine receptor ligand, methyl beta-carboline-3-carboxylate, is both sedative and proconvulsant in chicks.
Life Sci 39: 1093-1100   (19 Refs.)

10625. Venault P, Decarval. P, Montagne MN, Rossier J, Chapouth. G (1986)
Effects of several GABA-benzodiazepine receptor ligands on memory processing in mice (meeting abstr.).
Beh Bra Res 20: 132-133   (3 Refs.)

10626. Vencovsky E, Peterova E (1982)
Bromazepam in psychiatric outpatients practice.
Activ Nerv 24: 237-238   (7 Refs.)

10627. Vencovsky E, Peterova E (1984)
Clinical-experience with bromazepam.
Activ Nerv 26: 51-52   (7 Refs.)

10628. Venter CP, Joubert PH, Stahmer SD, Venter MR, Sharkey J (1986)
Zopiclone compared with triazolam in insomnia in geriatric-patients.
Curr Ther R 40: 1062-1068   (14 Refs.)

10629. Verbeeck RK, Tjandram. TB, Deschepp. PJ, Verberck. R (1981)
Impaired elimination of lorazepam following sub-chronic administration in 2 patients with renal-failure (letter).
Br J Cl Ph 12: 749-751   (12 Refs.)

10630. Verebey K, Jokofsky D, Mule SJ (1982)
Confirmation of EMIT benzodiazepine assay with GLC-NPD.
J Anal Tox 6: 305-308   (9 Refs.)

10631. Verma A, Nye JS, Snyder SH (1987)
Porphyrins are endogenous ligands for the mitochondrial (peripheral-type) benzodiazepine receptor.
P NAS US 84: 2256-2260   (31 Refs.)

10632. Verma R, Ramasubr. R, Sachar RM (1985)
Anesthesia for termination of pregnancy - midazolam compared with methohexital.
Anesth Anal 64: 792-794   (13 Refs.)

10633. Verma RS (1982)
Diazepam and suxamethonium muscle pain (a dose-response study).
Anaesthesia 37: 688-690   (6 Refs.)

10634. Verweij AMA, Debruyne MM (1983)
Heat-induced conversion of N-alkylaminobenzophenones into aminobenzophenones.
J Chromat 270: 337-343   (6 Refs.)

10635. Vescovi PP, Gerra C, Ippolito L, Caccavar. R, Maestri D, Passeri M (1987)
Nicotinic-acid effectiveness in the treatment of benzodiazepine withdrawal.
Curr Ther R 41: 1017-1021   (20 Refs.)

10636. Vestal RF (1982)
Pharmacology and aging.
J Am Ger So 30: 191-200   (94 Refs.)

10637. Vetel JM (1982)
Clinical-trial in out-patients - triazolam studies.
Nouv Presse 11: 2991-2994   (3 Refs.)

10638. Vicini S, Mienvill. JM, Costa E (1986)
Flunitrazepam action on the GABA-Cl ionophore complex in rat cortical-neurons in culture - a patch-clamp study.
Clin Neurop 9: 395-397   (8 Refs.)

10639. Vicini S, Mienvill. JM, Costa E (1987)
GABA-activated chloride channels from cultured rat cortical-neurons - modulation of activity through the benzodiazepine receptor (meeting abstr.).
Fed Proc 46: 633   (no Refs.)

10640. Victor BS, Link NA, Binder RL, Bell IR (1984)
Use of clonazepam in mania and schizoaffective disorders.
Am J Psychi 141: 1111-1112   (6 Refs.)

10641. Vidal C, Suaudeau C, Jacob J (1983)
Hyperthermia and hypothermia induced by non-noxious stress - effects of naloxone, diazepam and gamma-acetylenic GABA.
Life Sci 33: 587-590   (12 Refs.)

10642. Vikander B, Tonne U, Sandberg P, Borg S (1987)
A treatment program for benzodiazepine dependent patients - one year follow-up results in comparison with a matched control-group (meeting abstr.).
Alc Clin Ex 11: 196   (no Refs.)

10643. Villiger JW (1984)
CL 218,872 binding to benzodiazepine receptors in rat spinal-cord - modulation by gamma-aminobutyric acid and evidence for receptor heterogeneity.
J Neurochem 43: 903-905   (20 Refs.)

10644. Villiger JW (1984)
Specific ^{3}H-labeled Ro 5-4864 binding to rat spinal-cord membranes - evidence for peripheral type benzodiazepine recognition sites.
Neurosci L 46: 267-270   (9 Refs.)

10645. Villiger JW (1985)
Characterization of peripheral-type benzodiazepine recognition sites in the rat spinal-cord.
Neuropharm 24: 95-98   (13 Refs.)

10646. Villiger JW, Faull RLM (1986)
The localization and characterization of benzodiazepine receptors in the human spinal-cord (meeting abstr.).
NZ Med J 99: 638-639   (no Refs.)

10647. Villiger JW, Faull RLM, Holford NGH, Veale AMO, Synek BJL (1987)
Heterogeneous distribution of benzodiazepine receptor subtypes in the human basal ganglia of normal and huntingtons diseased brains (meeting abstr.).
NZ Med J 100: 254   (no Refs.)

10648. Villiger JW, Taylor KM, Gluckman PD (1982)
Multiple benzodiazepine receptors in the bovine brain - ontogenesis, properties, and distribution of ^{3}H-labeled diazepam binding.
Pediat Phar 2: 179-187   (18 Refs.)

10649. Villiger JW, Taylor KM, Gluckman PD (1982)
Characteristics of type-1 and type-2 benzodiazepine receptors in the bovine brain.
Pharm Bio B 16: 373-375   (9 Refs.)

10650. Vinar O, Frantik E, Horvath M (1981)
Subjectively perceived effects of diazepam, toluene and their combination.
Activ Nerv 23: 179-182   (7 Refs.)

10651. Vinarova E, Vinar O, Stika L (1982)
Diazepam and drug-dependence.
Activ Nerv 24: 261-262   (5 Refs.)

10652. Vincens M, Hubert JF, Labrie F (1987)
Evidence for a direct inhibitory effect of low-doses of benzodiazepines on ACTH release by rat anterior-pituitary (meeting abstr.).
Ann Endocr 48: 251   (no Refs.)

10653. Vincens M, Rasolonj. R, Enjalber. A, Kordon C, Lechat P (1986)
Effect of benzodiazepines on prolactin adenohypophysal secretion in rat (meeting abstr.).
J Pharmacol 17: 213   (no Refs.)

10654. Vincens M, Rasolonj. R, Kordon C, Lechat P (1986)
Invitro effect of benzodiazepines on beta-endorphin release by the ante-hypophysis of the rat (meeting abstr.).
J Pharmacol 17: 415   (no Refs.)

10655. Vincens M, Rasolonj. R, Lechat P, Kordon C (1986)
Invitro effect of GABA and central benzodiazepines on the antehypophyseal liberation of prolactin and beta-endorphin in rats (meeting abstr.).
Ann Endocr 47: 240   (no Refs.)

10656. Vincent FM, Vincent T (1986)
Lorazepam in myoclonic seizures after cardiac-arrest (letter).
Ann Int Med 104: 586   (4 Refs.)

10657. Vinik HR, Reves JG, Greenblatt DJ, Abernethy DR, Smith LR (1983)
The pharmacokinetics of midazolam in chronic renal-failure patients.
Anesthesiol 59: 390-394   (28 Refs.)

10658. Vinik HR, Reves JG, Wright D (1982)
Premedication with intramuscular midazolam - a prospective randomized double-blind controlled-study.
Anesth Anal 61: 933-937   (19 Refs.)

10659. Vining EPG (1986)
Use of barbiturates and benzodiazepines in treatment of epilepsy.
Neurol Clin 4: 617-632   (no Refs.)

10660. Vinnitsky IM, Dubrovin. NI, Ilyuchen. RY (1985)
Effect of diazepam on the processes of interference.
Farmakol T 48: 38-41   (9 Refs.)

10661. Vinogradov S, Reiss AL (1986)
Use of lorazepam in treatment-resistant catatonia (letter).
J Cl Psych 6: 323-325 (8 Refs.)

10662. Vinogradov S, Reiss AL, Csernans. JG (1986)
Clonidine therapy in withdrawal from high-dose alprazolam treatment (letter).
Am J Psychi 143: 1188 (4 Refs.)

10663. Vinsova E (1982)
Ataracticoanalgesia in gynecological operation .1. evidencing amnestic effects of flunitrazepam (Rohypnol, Roche).
Sb Lekar 84: 90-96 (3 Refs.)

10664. Violon C, Pessemie. L, Vercruys. A (1982)
High-performance liquid-chromatography of benzophenone derivatives for the determination of benzodiazepines in clinical emergencies.
J Chromat 236: 157-168 (36 Refs.)

10665. Vire JC, Hermosa BG, Patriarc. GJ (1986)
Electrochemical study and hydrolysis kinetic of imidazobenzodiazepines and triazolo-benzodiazepines.
Anal Letter 19: 1839-1851 (21 Refs.)

10666. Vire JC, Patriarc. GJ (1986)
Polarographic-behavior and degradation studies of triazolam.
J Elec Chem 214: 275-282 (29 Refs.)

10667. Vire JC, Patriarche GJ, Hermosa BG (1987)
Polarographic-behavior and hydrolysis of midazolam and its metabolites.
Analyt Chim 196: 205-212 (23 Refs.)

10668. Vire JC, Patriarche GJ, Kauffman. JM (1986)
Polarographic-behavior and degradation studies of triazolam (meeting abstr.).
Abs Pap ACS 192: 115-Anyl (no Refs.)

10669. Virkkunen P, Luostari. M, Johansso. G (1984)
Diazepam, alpha-neurotransmission and beta-neurotransmission modifying drugs and contrast-media mortality in mice.
Act Rad Dgn 25:249-251 (7 Refs.)

10670. Vishnevsky SE, Yasnetso. VS (1983)
Effect of diazepam and phenazepam on lead depression under brain edema.
Farmakol T 46: 12-14 (19 Refs.)

10671. Vitalher. J, Brenner R, Lesser M (1985)
Another case of alprazolam withdrawal syndrome (letter).
Am J Psychi 142: 1515 (3 Refs.)

10672. Vitiello B, Buniva G, Bernareg. A, Assandri A, Perazzi A, Fuccella LM, Palumbo R (1984)
Pharmacokinetics and metabolism of premazepam, a new potential anxiolytic, in humans.
Int J Cl Ph 22: 273-277 (11 Refs.)

10673. Viukari M (1983)
Sleep and the Benzodiazepines.
In: The Benzodiazepines - From Molecular Biology to Clinical Practice (Ed. Costa E).
Raven Press, New Yor, p. 279-286

10674. Viukari M, Jaatinen P, Kylmamaa T (1983)
Flunitrazepam and nitrazepam as hypnotics in psychogeriatric inpatients.
Clin Ther 5: 662-670 (* Refs.)

10675. Viukari M, Jaatinen P, Kylmamaa T (1983)
Flunitrazepam, nitrazepam and psychomotor-skills in psychogeriatric patients.
Curr Ther R 33: 828-834 (13 Refs.)

10676. Viukari M, Miettine. P (1984)
Diazepam, promethazine and propiomazine as hypnotics in elderly inpatients.
Neuropsychb 12: 134-137 (12 Refs.)

10677. Viukari M, Salo H, Lamminsi. U, Auvinen R, Gordin A (1981)
Pharmacokinetics of diazepam administered rectally in geriatric-patients - comparison of suppositories with rectal tubes in a crossover study.
Act Pharm T 49: 59-64 (12 Refs.)

10678. Viukari M, Vartio T, Verho E (1984)
Low-doses of brotizolam and nitrazepam as hypnotics in the elderly.
Neuropsychb 12: 130-133 (8 Refs.)

10679. Vodopivec P, Palka E, Miksa L, Busljeta M (1982)
Evaluation of bioequivalence of 2 bromazepam preparations in beagle dogs.
Zdravst Ves 51: 69-71 (no Refs.)

10680. Vogel GW (1984)
Sleep Laboratory Study of Lormetazepam in Older Insomniacs.
In: Sleep Benzodiazepines and Performance - Experimental Methodologies and Research Prospects (Ed. Hindmarch I, Ott H, Roth T).
Springer, Berlin Heidelberg New York Tokyo, p. 69-78

10681. Vogel GW, Vogel F (1983)
Effect of midazolam on sleep of insomniacs.
Br J Cl Ph 16: 103-108 (6 Refs.)

10682. Vogel HL (1977)
Intravenous use of physostigmine in the management of acute diazepam intoxication.
U Am Osteopath Assoc 76: 349-351

10683. Vogt T, Nix W (1987)
The influence of diazepam and Ro-15-1788 on the contractile behavior of rabbit M extensor digitorum longus (meeting abstr.).
EEG Cl Neur 66: 82-83 (no Refs.)

10684. Voigt H (1981)
Preparation of substituted 1H-2,3-dihydro-1,5-benzodiazepines and 2,3-dihydro-1,5-benzothiazepines (technical note).
Z Chem 21: 102-103 (5 Refs.)

10685. Voigt MM, Davis LG, Wyche JH (1984)
Benzodiazepine binding to cultured human pituitary-cells.
J Neurochem 43: 1106-1113 (33 Refs.)

10686. Volicer L, Biagioni TM (1981)
Lack of effect of ethanol dependence and withdrawal on diazepam binding in the rat-brain (meeting abstr.).
Alc Clin Ex 5: 171 (2 Refs.)

10687. Volicer L, Biagioni TM (1982)
Changes of the GABA-benzodiazepine receptor complex induced by chronic ethanol administration and withdrawal (meeting abstr.).
Alc Clin Ex 6: 156 (no Refs.)

10688. Volicer L, Biagioni TM (1982)
Presence of 2 benzodiazepine binding-sites in the rat hippocampus (technical note).
J Neurochem 38: 591-593   (14 Refs.)

10689. Volicer L, Biagioni TM (1982)
Effect of ethanol administration and withdrawal on benzodiazepine receptor-binding in the rat-brain (technical note).
Neuropharm 21: 283-286   (12 Refs.)

10690. Volicer L, Biagioni TM, Ullman MD (1983)
Presence of 2 fractions inhibiting benzodiazepine receptor-binding in urine (meeting abstr.).
Fed Proc 42: 878   (1 Refs.)

10691. Volicer L, Ullman MD (1985)
Inhibition of benzodiazepine receptor-binding by urinary extracts - effect of ethanol.
Alc Clin Ex 9: 407-410   (35 Refs.)

10692. Volicer L, Ullman MD, Herz LR (1984)
Urinary inhibitors of benzodiazepine receptor-bindig (meeting abstr.).
Alc Clin Ex 8: 125   (2 Refs.)

10693. Volicer L, Ullman MD, Schuckit MA (1985)
Benzodiazepine-receptor-binding inhibitory activity (BIA) in urine - inhibition by ethanol in rats and man (meeting abstr.).
Alc Clin Ex 9: 204   (no Refs.)

10694. Vollmer KO (1981)
Pharmacokinetic differentiation of benzodiazepines.
Fortsch Med 99: 829-834   (no Refs.)

10695. Vondardel O, Mebius C, Mossberg T, Svensson B (1983)
Fat emulsion as a vehicle for diazepam - a study of 9492 patients.
Br J Anaest 55: 41-47   (29 Refs.)

10696. Vondelbruck O. Goetzke E, Nagel C (1983)
Tolerance studies with brotizolam in hospitalized-patients.
Br J Cl Ph 16: 385-389   (4 Refs.)

10697. Vonfrenckell R, Ansseau M, Bonnet D (1986)
Evaluation of the sedative properties of PK 8165 (pipequaline), a benzodiazepine partial agonist, in normal subjects.
Int Clin Ps 1: 24-35   (23 Refs.)

10698. Vonstetten O. Rehm KD, Fenzl E, Barkwort. MF, Johnson KI (1983)
Comparative studies on the bioavailability and pharmacokinetics of bromazepam from tablets.
Arznei-For 33-2: 1699-1702   (21 Refs.)

10699. Vonvoigtlander PF, Straw RN (1985)
Alprazolam - review of pharmacological, pharmacokinetic, and clinical-data (review).
Drug Dev R 6: 1-12   (64 Refs.)

10700. Vorobjev IA, Zorov DB (1983)
Diazepam inhibits cell respiration and induces fragmentation of mitochondrial reticulum.
Febs Letter 163: 311-314   (12 Refs.)

10701. Voronina TA (1981)
Cross tolerance during combined treatment with benzodiazepines and other drugs.
B Exp B Med 91: 759-761   (11 Refs.)

10702. Voronina TA (1981)
Pharmacological properties of nicotinamide as a possible ligand of benzodiazepine receptors.
Farmakol T 44: 680-683   (20 Refs.)

10703. Voronina TA, Andronat. SA, Akhundov RA, Chepelev VM (1984)
Benzodiazepines - affinity to receptors and endogenous ligands - simulation of new psychotropic-drugs.
Va Med Nauk 11: 13-20   (no Refs.)

10704. Voronina TA, Smirnov LD, Tilekeev. UM, Dyumaev KM (1986)
Role of the GABA benzodiazepine receptor complex in the mechanism of the anxiolytic action of 3-hydroxypyridines - new tranquilizers with a nonbenzodiazepine structure.
B Exp B Med 101: 624-626   (15 Refs.)

10705. Votolato NA, Batcha KJ, Olson SC (1987)
Alprazolam withdrawal - comment (letter).
Drug Intel 21: 754-755   (5 Refs.)

10706. Voulters L, Bressman SB, Fahn S (1985)
Treatment of tic disorders with clonazepam (meeting abstr.).
Can J Neur 12: 172-173   (no Refs.)

10707. Vozeh S (1981)
Pharmacokinetics of the benzodiazepines in the elderly patient.
Schw Med Wo 111: 1789-1793   (11 Refs.)

10708. Vree TB, Baars AM, Booij LHD, Driessen JJ (1981)
Simultaneous determination and pharmacokinetics of midazolam and its hydroxymetabolites in plasma and urine of man and dog by means of high-performance liquid-chromatography.
Arznei-For 31-2: 2215-2219   (10 Refs.)

10709. Vree TB, Baars AM, Hekster YA, Vanderkl. E (1981)
Simultaneous determination of chlordiazepoxide and its metabolites in human-plasma and urine by means of reversed-phase high-performance liquid-chromatography (technical note).
J Chromat 224: 519-525   (17 Refs.)

10710. Vree TB, Reekersk. JJ, Fragen RJ, Arts THM (1984)
Placental-transfer of midazolam and its metabolite 1-hydroxymethylmidazolam in the pregnant ewe.
Anesth Anal 63: 31-34   (9 Refs.)

10711. Vrieling T, Garritse. A, Ijzerman AP (1986)
Preincubation effect on benzodiazepine receptor-binding (meeting abstr.).
Pharm Week 8: 337   (1 Refs.)

10712. Vukusic I, Rendic S, Fuks Z (1985)
Biotransformations and plasma-level curves of chiral 1,4-benzodiazepine-2-ones.
Eur J Drug 10: 265-272   (24 Refs.)

10713. Wad N (1986)
Degradation of clonazepam in serum by light confirmed by means of a high-performance liquid-chromatographic method.
Ther Drug M 8: 358-360   (4 Refs.)

10714. Waddington JL (1984)
Recent studies on the brain benzodiazepine receptor.
Irish J Med 153: 263-267   (26 Refs.)

10715. Wagner A, Zett L (1983)
The effect of Faustan (diazepam) on the normally and myotonously reacting frog skeletal-muscle.
Biomed Bioc 42: 573-580   (18 Refs.)

10716. Wagner A, Zett L (1985)
The influence of diazepam on normally and pathologically reacting skeletal-muscle (meeting abstr.).
EEG Cl Neur 60: 50-51   (no Refs.)

10717. Wagner DF, Arnold JD, Hagen NS, Stedl JL, Vance JFA (1981)
Effect of estazolam and flurazepam on pulmonary-function (meeting abstr.).
Clin Pharm 29: 287   (no Refs.)

10718. Wagner E (1982)
Synthesis and hydration of derivatives of 3-allyl-3H[1,5]benzodiazepine-2,4-diones.
Pol J Chem 56: 131-139   (9 Refs.)

10719. Wagner HR, Reches A, Fahn S (1985)
Clonazepam-induced up-regulation of serotonin 1 binding-sites in frontal-cortex of rat.
Neuropharm 24: 953-956   (12 Refs.)

10720. Wagner JA, Katz RJ (1984)
Anxiogenic action of benzodiazepine antagonists Ro 15-1788 and CGS-8216 in the rat.
Neurosci L 48: 317-320   (20 Refs.)

10721. Wakasa Y, Atai H, Yanagita T (1986)
Studies on drug-dependence .46. development of physical-dependence on diazepam and dosing schedule (meeting abstr.).
Fol Pharm J 87: 3-4   (no Refs.)

10722. Walder L, Lutzelsc. R (1984)
Effects of 12-O-tetradecanoylphorbol-13-acetate (TPA), retinoic acid and diazepam on intercellular communication in a monolayer of rat-liver epithelial-cells.
Exp Cell Re 152: 66-76   (31 Refs.)

10723. Wali FA (1984)
Actions and interactions of diazepam at the chick and rat skeletal-muscle (meeting abstr.).
Br J Anaest 56: 1279   (3 Refs.)

10724. Wali FA (1985)
Myorelaxant effect of diazepam - interactions with neuromuscular blocking-agents and cholinergic drugs.
Act Anae Sc 29: 785-789   (27 Refs.)

10725. Wali FA (1985)
Actions and interactions of diazepam, gamma-aminobutyric acid and methohexitone at the rat ileum (meeting abstr.).
Bioch Soc T 13: 366   (3 Refs.)

10726. Wali FA (1985)
Effects of diazepam at the neuromuscular-junction (review).
Life Sci 37: 1559-1561   (19 Refs.)

10727. Walker CR, Peacock JH (1981)
Diazepam binding of dissociated hippocampal cultures from fetal mice.
Dev Brain R 1: 565-578   (35 Refs.)

10728. Walker FO, Young AB, Penney JB, Dovorini. K, Shoulson I (1984)
Benzodiazepine and GABA receptors in early huntingtons-disease (technical note).
Neurology 34: 1237-1240   (26 Refs.)

10729. Walker JE, Homan RW, Crawford IL (1983)
Lorazepam as an adjunct in the treatment of refractory complex partial seizures (meeting abstr.).
Epilepsia 24: 255   (no Refs.)

10730. Walker JE, Homan RW, Crawford IL (1984)
Lorazepam - a controlled trial in patients with intractable partial complex seizures.
Epilepsia 25: 464-466   (8 Refs.)

10731. Walkinshaw MD (1985)
4-phenyl-6,7,8,9-tetrahydro-1H-2,3-benzodiazepine 2-oxide, $C_{15}H_{16}N_2O$.
Act Cryst C 41: 1253-1255   (5 Refs.)

10732. Wallace G, Mindlin LJ (1984)
A controlled double-blind comparison of intramuscular lorazepam and hydroxyzine as surgical premedicants.
Anesth Anal 63: 571-576   (11 Refs.)

10733. Walmsley LM, Chasseau. LF (1981)
High-performance liquid-chromatographic determination of lorazepam in monkey plasma.
J Chromat 226: 155-163   (13 Refs.)

10734. Walser A, Flynn T (1987)
Quinazolines and 1,4-benzodiazepines .96. compounds derived from benzodiazepine-2-acetic acid.
J Hetero Ch 24: 683-688   (8 Refs.)

10735. Walser A, Flynn T, Fryer RI (1983)
Quinazolines and 1,4-benzodiazepines .94. pyrazino[1,2-a][1,4]benzodiazepines (technical note).
J Hetero Ch 20: 791-793   (5 Refs.)

10736. Walser A, Flynn T, Mason C, Fryer RI (1986)
Quinazolines and 1,4-benzodiazepines .95. synthesis of 1,4-benzodiazepines by ring expansion of 2-chloromethylquinazolines with carbanions.
J Hetero Ch 23: 1303-1314   (7 Refs.)

10737. Walser A, Fryer RI (1983)
Quinazolines and 1,4-benzodiazepines .93. synthesis of imidazo[1,5-a][1,4]benzodiazepines from nitrooximes.
J Hetero Ch 20: 551-558   (6 Refs.)

10738. Walser A, Safran AB, Schulz P, Meyer JJ, Assimaco. A, Roth A (1987)
Effects of small doses of bromazepam on pupillary function and on flicker perception in normal subjects (letter).
J Cl Psych 7: 59-60   (7 Refs.)

10739. Walsh JK, Muehlbac. MJ, Schweitz. PK (1984)
Acute administration of triazolam for the daytime sleep of rotating shift workers.
Sleep 7: 223-229   (21 Refs.)

10740. Walsh JK, Schweitz. PK, Parwatik. S (1983)
Effects of lorazepam and its withdrawal on sleep, performance, and subjective state.
Clin Pharm 34: 496-500   (11 Refs.)

10741. Walsh TJ, McLamb RL, Tilson HA (1986)
A comparison of the effects of Ro 15-1788 and chlordiazepoxide on hot-plate latencies, acoustic startle, and locomotor-activity.
Psychophar 88: 514-519   (24 Refs.)

10742. Walter N, Schlumpf M, Lichtens. W (1986)
Effects of prenatal exposure to diazepam on the electro-retinogram (ERG) of adult-rats (meeting abstr.).
Experientia 42: 702   (no Refs.)

10743. Walterryan WG (1985)
Treatment for catatonic symptoms with intramuscular lorazepam (letter).
J Cl Psych 5: 123-124   (3 Refs.)

10744. Walterryan WG, Patterso. WM (1987)
Correction on i.m. benzodiazepines (letter).
Psychosomat 28: 346   (3 Refs.)

10745. Walters L, Nel P (1981)
The potential for dependence on benzodiazepine - application of the results from the treatment of alcohol withdrawal syndrome.
S Afr Med J 59: 115-116   (5 Refs.)

10746. Walton NY, Treiman DM, Birken DL (1987)
Diazepam treatment of status epilepticus induced in rats by lithium and pilocarpine - success correlates with EEG pattern at time of treatment (meeting abstr.).
Epilepsia 28: 632   (no Refs.)

10747. Wambebe C (1983)
Influence of some serotoninergic agents on nitrazepam-induced sleep in the domestic-fowl (gallus-domesticus).
Gen Pharm 14: 491-495   (23 Refs.)

10748. Wambebe C (1983)
Influence of some GABAergic agents on nitrazepam-induced sleep in the domestic-fowl (gallus-domesticus).
Jpn J Pharm 33: 1111-1118   (19 Refs.)

10749. Wambebe C (1985)
Influence of some agents that effect 5-hydroxytryptamine metabolism and receptors on nitrazepam-induced sleep in mice.
Br J Pharm 84: 185-191   (31 Refs.)

10750. Wambebe C (1986)
Influence of some dopaminoceptor agents on nitrazepam-induced sleep in the domestic-fowl (galluls-domesticus) and rats.
Jpn J Pharm 40: 357-365   (15 Refs.)

10751. Wambebe C, Osuide GE, Ogoazi NO (1987)
Differential-effects of some dopaminergic agents on flunitrazepam sleep using mice (meeting abstr.).
Int J Neurs 32: 817   (no Refs.)

10752. Wamsley JK, Gee KW, Yamamura HI (1983)
Comparison of the distribution of convulsant barbiturate and benzodiazepine receptors using light microscopic autoradiography.
Life Sci 33: 2321-2329   (74 Refs.)

10753. Wamsley JK; Golden JS, Yamamura HI, Barnett A (1985)
Quazepam, a sedative-hypnotic selective for the benzodiazepine type-1 receptor - autoradiographic localization in rat and human-brain.
Clin Neurop 8: 26-40   (40 Refs.)

10754. Wamsley JK, Golden JS, Yamamura HI, Barnett A (1985)
Autoradiographic demonstration of the selectivity of 2 1-N-trifluoroethyl benzodiazepines for the BZD-1 receptors in the rat-brain.
Pharm Bio B 23: 973-978   (28 Refs.)

10755. Wang JKT, Morgan JI, Spector S (1982)
Effect of peripheral type benzodiazepines on the proliferation of thymoma cells in culture (meeting abstr.).
Fed Proc 41: 1328   (no Refs.)

10756. Wang JKT, Morgan JI, Spector S (1984)
Benzodiazepines that bind at peripheral sites inhibit cell-proliferation.
P NAS Biol 81: 753-756   (16 Refs.)

10757. Wang JKT, Morgan JI, Spector S (1984)
Differentiation of friend-erythroleukemia cells induced by benzodiazepines.
P NAS Biol 81: 3770-3772   (26 Refs.)

10758. Wang JKT, Taniguch. T, Spector S (1984)
Structural requirements for the binding of benzodiazepines to their peripheral-type sites.
Molec Pharm 25: 349-351   (20 Refs.)

10759. Wang RIH, Hasewaga AT, Roerig DL (1983)
Use of serial plasma-levels in assessing chlordiazepoxide overdose (meeting abstr.).
Clin Res 31: 634   (no Refs.)

10760. Wangler MA, Kilpatri. DS (1985)
Aminophylline is an antagonist of lorazepam.
Anesth Anal 64: 834-836   (17 Refs.)

10761. Wanke K, Täschner KL (1985)
Rauschmittel / Drogen-Medikamente-Alkohol.
Enke, Stuttgart

10762. Warburton DM, Wesnes K (1984)
A comparison of temazepam and flurazepam in terms of sleep quality and residual changes in activation and performance.
Arznei-For 34-2: 1601-1604   (21 Refs.)

10763. Warburton DM, Wesnes K, Pitkethl. GM (1982)
Residual effects of temazepam and flurazepam on attentional performance (meeting abstr.).
Br J Cl Ph 13: 600-601   (3 Refs.)

10764. Ward ME, Saklad SR, Ereshefs. L (1986)
Lorazepam for the treatment of psychotic agitation (letter).
Am J Psychi 143: 1195-1196   (5 Refs.)

10765. Warde P, Cantwell B, FEnnelly J, Powderly W, Conroy R (1983)
Alleviation of chemotherapy induced emesis by oral lorazepam and domperidone.
Irish J Med 152: 336-338   (10 Refs.)

10766. Wardleysmith B, Little HJ (1985)
Invivo interactions between the benzodiazepine antagonist Ro-15-1788 and the steroid anesthetic althesin in rats.
Br J Anaest 57: 629-633   (16 Refs.)

10767. Warot D, Bensimon G, Danjou P, Puech AJ (1987)
Comparative effects of zopiclone, triazolam and placebo on memory and psychomotor performance in healthy-volunteers.
Fun Cl Phar 1: 145-152   (19 Refs.)

10768. Warot D, Bensimon G, Danjou P, Puech AJ, Simon P (1985)

Study of the effects of 2 hypnotics (zopiclone, triazolam) and a placebo on psychomotor and mnemonic performances (meeting abstr.)

J Pharmacol 16: 538   (no Refs.)

10769. Warot D, Bergougn. L, Lamiable D, Berlin I, Bensimon G, Danjou P, Puech AJ (1987)

Troleandomycin-triazolam interaction in healthy-volunteers - pharmacokinetic and psychometric evaluation.

Eur J Cl Ph 32: 389-393   (16 Refs.)

10770. Warot D, Charpent. E, Bensimon G, Hakkou F, Simon P (1983)

Effect of nitrazepam on vigilance and memory at the time of nocturnal and morning awakenings (meeting abstr.).

J Pharmacol 14: 203-204   (no Refs.)

10771. Warren PH, Morse WH (1985)

Effects of quaternary naltrexone and chlordiazepoxide in squirrel-monkeys with enhanced sensitivity to the behavioral-effects of naltrexone.

J Pharm Exp 235: 412-417   (30 Refs.)

10772. Waszczak BL (1983)

Diazepam potentiates GABA-mediated, but not adenosine-mediated, inhibition of neurons of the nigral pars reticulata.

Neuropharm 22: 953-959   (30 Refs.)

10773. Watanabe T, Matsuo M, Taniguch. K, Ueda I (1982)

Neurotropic and psychotropic agents .5. an improved synthesis of 7-chloro-5-(2-chlorophenyl)-2-(2-dimethylaminoethylthio)-3H-1,4-benzodiazepine and related compounds (technical note).

Chem Pharm 30: 1473-1476   (10 Refs.)

10774. Watanabe Y, Khatami S, Shibuya T, Salafsky B (1985)

Ontogenetic properties of benzodiazepine receptor subtypes in rat spinal-cord (technical note).

Eur J Pharm 109: 307-309   (5 Refs.)

10775. Watanabe Y, Salafsky B, Khatami S, Sakaue N, Imanishi N, Hong YL, Ishii I, Shibuya T (1986)

The relation between central opioid and benzodiazepine receptors on the convulsive mechanism induced by the repeated administration of pentylenetetrazole.

Asia P J Ph 1: 99-104   (no Refs.)

10776. Watanabe Y, Salafsky B, Khatami S, Wei XY, Hyde L, Shibuya T (1986)

The classification of benzodiazepine receptor subtypes (meeting abstr.).

Fol Pharm J 87: 9-10   (no Refs.)

10777. Watanabe Y, Shibuya T, Khatami S, Salafsky B (1986)

Comparison of typical and atypical benzodiazepines on the central and peripheral benzodiazepine receptors.

Jpn J Pharm 42: 189-197   (31 Refs.)

10778. Watanabe Y, Shibuya T, Salafsky B, Hill HF (1983)

Prenatal and postnatal exposure to diazepam - effects on opioid receptor-binding in rat-brain cortex (technical note).

Eur J Pharm 96: 141-144   (10 Refs.)

10779. Watanabe Y, Shimura H, Imanishi N, Salafsky B, Shibuya T (1986)

Effects of pre-postnatal and pre-plus postnatal exposure to tifluadom on the benzodiazepine and opioid receptor subtypes in rat-brain cortex (meeting abstr.).

Fol Pharm J 87: 83-84   (3 Refs.)

10780. Waterhouse BD, Moises HC, Yeh HH, Geller HM, Woodward DJ (1984)

Comparison of norepinephrine-induced and benzodiazepine-induced augmentation of purkinje-cell responses to gamma-aminobutyric acid (GABA).

J Pharm Exp 228: 257-267   (33 Refs.)

10781. Waters AJ, Rodgers RJ (1984)

Differential-effects of chlordiazepoxide and midazolam on agonistic behavior in male albino mice (meeting abstr.).

Aggr Behav 10: 177-178   (no Refs.)

10782. Wathne O, Mollesta. SO, Aune HS, Breivik H, Bremnes J, Grynne BH (1987)

Reversal of flunitrazepam-induced sedation with flumazenil after epidural spinal-anesthesia (meeting abstr.).

Act Anae Sc 31: 197   (no Refs.)

10783. Watson DM, Uden DL (1981)

Promotion of intramuscular diazepam questioned (letter).

Am J Hosp P 38: 968+   (11 Refs.)

10784. Watson J, Giridhar G (1987)

A simple assay to detect and confirm urinary benzodiazepines by HPLC utilizing photo-diode-array detection (meeting abstr.).

Clin Chem 33: 974   (no Refs.)

10785. Watson KJR, Ghabrial H, Desmond PV, Harman PJ, Mashford ML, Breen KJ (1984)

The effects of biliary diversion on the clearance of temazepam - evidence for an enterohepatic circulation (meeting abstr.).

Aust NZ J M 14: 912   (no Refs.)

10786. Watson P (1983)

Clonazepam therapy in reading epilepsy (letter).

Neurology 33: 117   (2 Refs.)

10787. Wauquier A, Ashton D (1984)

The benzodiazepine antagonist, Ro-15-1788, increases rem and slow-wave sleep in the dog (technical note).

Brain Res 308: 159-161   (18 Refs.)

10788. Webb CE (1984)

Interaction of diazepam and cimetidine (letter).

N Eng J Med 311: 1700   (no Refs.)

10789. Webb NR, Rose TM, Malik N, Marquard. H, Shoyab M, Todaro GJ, Lee DC (1987)

Bovine and human CDNA sequences encoding a putative benzodiazepine receptor ligand.

DNA 6: 71-79   (28 Refs.)

10790. Webberley M, Cuschier. A (1982)

Patient response to upper gastro-intestinal endoscopy - effect of inherent personality-traits and premedication with diazepam (meeting abstr.).

Br J Surg 69: 289-290   (2 Refs.)

10791. Webberley MJ, Cuschier. A (1982)
Response of patients to upper gastrointestinal endoscopy - effect of inherent personality-traits and premedication with diazepam.
Br Med J 285: 251-252   (6 Refs.)

10792. Weber KH, Sirrenbe. W, Spohn O, Daniel H (1986)
Chemistry of brotizolam and its metabolites.
Arznei-For 36-1: 518-521   (13 Refs.)

10793. Weber LWD (1985)
Benzodiazepines in pregnancy - academic debate or teratogenic risk (review).
Biol Res Pr 6: 151-167   (245 Refs.)

10794. Weber LWD, Schmahl WG (1983)
The influence of prenatal diazepam treatment on the postnatal pattern of mouse-brain Na,K-ATPASE activity.
Res Comm CP 42: 25-36   (39 Refs.)

10795. Weber SS, Dufresne RL, Becker RE, Mastrati P (1983)
Diazepam in tardive-dyskinesia.
Drug Intel 17: 523-527   (32 Refs.)

10796. Weddington WW (1987)
Alprazolam abuse and methadone-maintenance - reply (letter).
J Am Med A 258: 2061-2062   (1 Refs.)

10797. Weddington WW, Carney AC (1987)
Alprazolam abuse during methadone-maintenance therapy (letter).
J Am Med A 257: 3363   (4 Refs.)

10798. Wedzicha JA, Wallis PJW, Ingram D, Empey DW (1986)
Effect of diazepam on sleep in patients with chronic air-flow obstruction (meeting abstr.).
Clin Sci 70: 66   (no Refs.)

10799. Wee EL, Zimemrma. EF (1983)
Involvement of GABA in palate morphogenesis and its relation to diazepam teratogenesis in 2 mouse strains.
Teratology 28: 15-22   (31 Refs.)

10800. Weglowska W, Derlikow. J, Szyszko E, Swiecick. W (1984)
Extraction and determination of diazepam in biological-materials, and investigation of effects of the altitude anoxia on distribution of the drug in tissues.
Act Pol Ph 41: 73-77   (12 Refs.)

10801. Wehli L, Knusel R, Schelldorfer K, Christel. S (1985)
Comparison of midazolam and triazolam for residual effects.
Arznei-For 35-2: 1700-1704   (11 Refs.)

10802. Weidler B, Hempelmann G (1983)
Intravenous Use of Benzodiazepines.
In: The Benzodiazepines - From Molecular Biology to Clinical Practice (Ed. Costa E).
Raven Press, New York, 349-357

10803. Weiershausen U (1981)
Clinical relevance of the benzodiazepines pharmacokinetics.
Fortsch Med 99: 919-924   (17 Refs.)

10804. Weijerseverhard JP, Wijker J, Verrijk R, Vanrooij HH, Soudijn W (1986)
Improved qualitative method for establishing flunitrazepam abuse using urine samples and column liquid-chromatography with fluorimetric detection.
J Chromat 374: 339-346   (10 Refs.)

10805. Weinfeld RE, Miller KF (1981)
Determination of the major urinary metabolite of flurazepam in man by high-performance liquid-chromatography.
J Chromat 223: 123-130   (15 Refs.)

10806. Weintraub M, Evans P (1986)
Midazolam - a water-soluble benzodiazepine for preoperative sedation and endoscopic procedures.
Hosp Formul 21: 647+   (no Refs.)

10807. Weir RL, Hruska RE (1983)
Interaction between methylxanthines and the benzodiazepine receptor.
Arch I Phar 265: 42-48   (14 Refs.)

10808. Weiss SRB, Post RM, Patel J, Marangos PJ (1985)
Differential mediation of the anticonvulsant effects of carbamazepine and diazepam.
Life Sci 36: 2413-2419   (50 Refs.)

10809. Weissman BA (1984)
Peripheral-type binding-sites for benzodiazepines in brain - relation to the convulsant actions of Ro 5-4864 (meeting abstr.).
Drug Dev R 4: 464   (no Refs.)

10810. Weissman BA, Bolger GT, Isaac L, Paul SM, Skolnick P (1984)
Characterization of the binding of ^{3}H-Ro 5-4864, a convulsant benzodiazepine, to guinea-pig brain.
J Neurochem 42: 969-975   (29 Refs.)

10811. Weissman BA, Cott J, Hommer D, Paul S, Skolnick P (1984)
Electrophysiological and pharmacological actions of the convulsant benzodiazepine Ro 5-4864.
Eur J Pharm 97: 257-263   (34 Refs.)

10812. Weissman BA, Cott J, Hommer D, Quirion R, Paul S, Skolnick P (1983)
Pharmacological, Electrophysiological, and Neurochemical Actions of the Convulsant Benzodiazepine Ro 5-4864 (4´-Chlordiazepam)
In: Benzodiazepine Recognition Site Ligands (Ed. Biggio G, Costa E).
Raven Press, New York, p. 139-151

10813. Weissman BA, Cott J, Hommer D, Quirion R, Paul S, Skolnick P (1983)
Pharmacological, electrophysiological, and neurochemical actions of the convulsant benzodiazepine Ro 5-4864 (4´-chlordiazepam) (review).
Adv Bio Psy 38: 139-151   (35 Refs.)

10814. Weissman BA, Cott J, Jackson JA, Bolger GT, Weber KH, Horst WD, Paul SM, Skolnick P (1985)
Peripheral-type binding-sites for benzodiazepines in brain - relationship to the convulsant actions of Ro-5-4864.
J Neurochem 44: 1494-1499   (27 Refs.)

10815. Weissman BA, Cott J, Paul SM, Skolnick P (1983)
Ro-5-4864 - a potent benzodiazepine convulsant (technical note).
Eur J Pharm 90: 149-150 (5 Refs.)

10816. Weissman BA, Skolnick P, Klein DC (1984)
Regulation of peripheral-type binding-sites for benzodiazepines in the pineal-gland.
Pharm Bio B 21: 821-824 (31 Refs.)

10817. Weissman BM, Horwitz SJ, Meyers CM, Reed MD, Blumer JL (1984)
Midazolam sedation for computed-tomography in children - pharmacokinetics and pharmacodynamics (meeting abstr.).
Ann Neurol 16: 410 (no Refs.)

10818. Weitzman ED, Pollak CP (1982)
Effects of flurazepam on sleep and growth-hormone release during sleep in healthy-subjects.
Sleep 5: 343-349 (19 Refs.)

10819. Weizman A, Tyano S, Wijsenbe. H, Bendavid M (1984)
High-dose diazepam treatment and its effect on prolactin secretion in adolescent schizophrenic-patients.
Psychophar 82: 382-385 (27 Refs.)

10820. Weizman R, Tanne Z, Granek M, Karp L, Golomb M, Tyano S, Gavish M (1987)
Peripheral benzodiazepine binding-sites on platelet membranes are increased during diazepam treatment of anxious patients (technical note).
Eur J Pharm 138: 289-292 (11 Refs.)

10821. Weizman R, Tanne Z, Karp L, Tyano S, Gavish M (1986)
Peripheral-type benzodiazepine-binding sites in platelets of schizophrenics with and without tardive-dyskinesia.
Life Sci 39: 549-555 (33 Refs.)

10822. Weller K, Böhme HR (1983)
Zur Beeinflussung des intraokularen Druckes durch Diazepam (Faustan).
Folia Ophtal 8: 123-127

10823. Wellhöner HH (1982)
Allgemeine und systematische Pharmakologie und Toxikologie, 3. Aufl.
Springer, Berlin Heidelberg New York

10824. Wells BG (1982)
Alprazolam - pharmacokinetics, clinical efficacy, and mechanism of action - commentary (editorial).
Pharmacothe 2: 254 (7 Refs.)

10825. Welner J (1987)
Efficacy of imipramine and chlordiazepoxide in depressive and anxiety disorders questioned (letter).
Arch G Psyc 44: 97 (2 Refs.)

10826. Werner D, Ratnaike RN, Lawson MJ, Barrie J, Streeter J, Read T, Grant AK (1982)
A comparison of diazepam and phenoperidine in premedication for upper gastro-intestinal endoscopy - a randomized double-blind controlled-study.
Eur J Cl Ph 22: 143-145 (10 Refs.)

10827. Werner J (1987)
Efficacy of alprazolam - a comparative-study with bromazepam.
Act Therap 13: 47-60 (no Refs.)

10828. Werner W, Burckhar. G (1986)
Resolution and absolute-configuration of the enantiomers of cis-6, 6a, 7, 8, 13, 13a-hexahydro-1-benzopyrano[4,3-b]-1,5-benzodiazepine derivatives.
J Prak Chem 328: 713-718 (7 Refs.)

10829. Wesnes K, Warburto. DM (1984)
A comparison of temazepam and flurazepam in terms of sleep quality and residual changes in performance.
Neuropsychb 11: 255-259 (14 Refs.)

10830. Wesnes K, Warburto. DM (1986)
Effects of temazepam on sleep quality and subsequent mental efficiency under normal sleeping conditions and following delayed sleep onset.
Neuropsychb 15: 187-191 (12 Refs.)

10831. Wesson DR, Camber S, Harkey M, Smith DE (1985)
Diazepam and desmethyldiazepam in breast-milk (technical note).
J Psych Dr 17: 55-56 (7 Refs.)

10832. West JM, Estrada S, Heerdt M (1987)
Sudden hypotension associated with midazolam and sufentanil (letter).
Anesth Anal 66: 693-694 (3 Refs.)

10833. Westphal LM, Cheng EY, White PF, Sladen RN, Rosentha. MH, Sung ML (1987)
Use of midazolam infusion for sedation following cardiac-surgery (technical note).
Anesthesiol 67: 257-262 (16 Refs.)

10834. Wetherell A (1983)
Atropine and diazepam actions of informatio-processing stages in reaction-time and performance (meeting abstr.).
B Br Psycho 36: 71 (no Refs.)

10835. Wettstein JG, Spealman RD (1985)
Behavioral-effects of benzodiazepine (BZ) agonist and antagonist combinations in squirrel-monkeys (meeting abstr.).
Fed Proc 44: 886 (no Refs.)

10836. Wettstein JG, Spealman RD (1986)
Behavioral-effects of zopiclone, CL-218,872 and diazepam in squirrel-monkeys - antagonism by Ro-15-1788 and CGS-8216.
J Pharm Exp 238: 522-528 (45 Refs.)

10837. Wettstein JG, Spealman RD (1987)
Behavioral-effects of the beta-carboline derivatives ZK 93423 and ZK 91296 in squirrel-monkeys - comparison with lorazepam and suriclone.
J Pharm Exp 240: 471-475 (23 Refs.)

10838. Wetzel H, Heuser I, Benkert O (1987)
Stupor and affective state - alleviation of psychomotor disturbances by lorazepam and recurrence of symptoms after Ro 15-1788.
J Nerv Ment 175: 240-242 (20 Refs.)

10839. Wheatley D (1985)
Zopiclone - a non-benzodiazepine hypnotic-controlled comparison to temazepam in insomnia.
Br J Psychi 146: 312-314 (10 Refs.)

10840. Wheatley D (1986)
Insomnia in general-practice. The role of temazepam and a comparison with zopiclone.
Act Psyc Sc 74: 142-148 (10 Refs.)

10841. Wheatley D (1986)
Brotizolam - a new short-acting hypnotic.
Int Clin Ps 1: 36-44   (10 Refs.)

10842. Whitaker KJ, Manchest. EL, Jacobson W, Wilkinso. M (1984)
Benzodiazepine (^{3}H-labeled flunitrazepam) binding-sites in cerebellar and cerebral cortical slices of mouse-brain.
Brain Res B 12: 215-219   (21 Refs.)

10843. White MC, Silverma. JJ, Harbison JW (1982)
Psychosis associated with clonazepam therapy for blepharospasm
J Nerv Ment 170: 117-119   (12 Refs.)

10844. White PF (1982)
Comparative evaluation of intravenous agents for rapid sequence induction - thiopental, ketamine, and midazolam.
Anesthesiol 57: 279-284   (21 Refs.)

10845. White SM, Allen JG, Altman JFB (1987)
The effect of midazolam administration on the pharmacokinetics of antipyrine in the rat.
Xenobiotica 17: 869-873   (11 Refs.)

10846. White WF, Dichter MA, Snodgras. SR (1981)
Benzodiazepine binding and interactions with the GABA receptor complex in living cultures of rat cerebral-cortex.
Brain Res 215: 162-176   (43 Refs.)

10847. Whitehouse PJ, Trifilet. RR, Jones BE, Folstein S, Price DL, Snyder SH, Kuhar MJ (1985)
Neurotransmitter receptor alterations in huntingtons-disease - autoradiographic and homogenate studies with special reference to benzodiazepine receptor complexes.
Ann Neurol 18: 202-210   (42 Refs.)

10848. Whitelaw A (1981)
Effect of maternal lorazepam on the neonate - reply (letter).
Br Med J 282: 1973-1974   (no Refs.)

10849. Whitelaw AG, Cummings AJ, McFadyen IR (1981)
Effect of maternal lorazepam on the neonate.
Br Med J 282: 1106-1108   (5 Refs.)

10850. Whitlock FA (1981)
Adverse psychiatric reactions to modern medication (review or bibliog.).
Aust NZ J P 15: 87-103   (228 Refs.)

10851. Whitwam JG (1983)
Benzodiazepine receptors (editorial).
Anaesthesia 38: 93-95   (26 Refs.)

10852. Whitwam JG (1983)
Depression of nociceptive reflexes by interathecal benzodiazepine in dogs (letter).
Lancet 1: 194   (1 Refs.)

10853. Whitwam JG, Alkhudha. D, McCloy RF (1983)
Comparison of midazolam and diazepam in doses of comparable potency during gastroscopy.
Br J Anaest 55: 773-777   (12 Refs.)

10854. Whitwam JG, Niv D, Loh L, Chakraba. MK (1983)
Effect of intrathecal midazolam on nociceptive sympathetic reflexes (meeting abstr.).
Br J Anaest 55: 235   (3 Refs.)

10855. Whitwam JG, Niv D, Loh L, Jack RD (1982)
Depression of nociceptive reflexes by intrathecal benzodiazepine in dogs (letter).
Lancet 2: 1465   (4 Refs.)

10856. Wible JH, Zerbe RL, Dimicco JA (1985)
Benzodiazepine receptors modulate circulating plasma vasopressin concentration (technical note).
Brain Res 359: 368-370   (13 Refs.)

10857. Wickstrom E, Allgulan. C (1983)
Comparison of quazepam, flunitrazepam and placebo as single-dose hypnotics before surgery.
Eur J Cl Ph 24: 67-69   (10 Refs.)

10858. Wickstrom E, Barbo SE, Dreyfus JF, Jerko D, Kleiven R, Slattbre. R, Tonnesen JN (1983)
A comparative-study of zopiclone and flunitrazepam in insomniacs seen by general-practitioners.
Pharmacol 27: 165-172   (12 Refs.)

10859. Widdows KB, Kirkness EF, Turner AJ (1987)
Modification of the GABA benzodiazepine receptor with the arginine reagent, 2,3-butanedione.
Febs Letter 222: 125-128   (13 Refs.)

10860. Wiechman BE, Spratto GR (1982)
Body-temperature response to cocaine and diazepam in morphine-treated rats.
Pharmacol 25: 308-319   (28 Refs.)

10861. Wiechman BE, Spratto GR (1982)
Effect of diazepam on motor coordination in morphine-treated rats.
Res Comm S 3: 241-252   (18 Refs.)

10862. Wiederholt JB, Kotzan JA (1983)
Effectiveness of the FDA-designed patient package insert for benzodiazepines.
Am J Hosp P 40: 828-834   (24 Refs.)

10863. Wieland C (1985)
Facial muscle spasms and clonazepam (letter).
Med J Aust 143: 222-223   (1 Refs.)

10864. Wierzba W, Muller D, Richter K, Klinger W (1984)
The influence of cyclobarbital and diazepam on drug-metabolism invitro and their binding to cytochrome-P-450.
Biomed Bioc 43: 1425-1430   (15 Refs.)

10865. Wiezorek WD, Kästner I (1982)
Effects of physostigmine on acute toxicity of tricyclic antidepressants and benzodiazepines in mice and rats.
Arch Toxicol Suppl 5: 133-135

10866. Wilbur R, Kulik AV (1983)
Abstinence syndrome from therapeutic doses of oxazepam.
Can J Psy 28: 298-300   (24 Refs.)

10867. Wilbur R, Kulik AV (1983)
Abstinence syndrome from therapeutic doses of oxazepam - reply (letter).
Can J Psy 28: 592   (3 Refs.)

10868. Wilcox JA (1986)
An open comparison of diazepam and alprazolam (technical note).
J Psych Dr 18: 159-160   (6 Refs.)

10869. Wildmann J, Niemann J, Matthaei H (1986)
Endogenous benzodiazepine receptor agonist in human and mammalian plasma.
J Neural Tr 66: 151-160   (14 Refs.)

10870. Wilimowski M, Orzechow. K, Barczyns. J, Kedziers. L, Witkowsk. M, Wojewodz. W, Dus E, Plawiak T, Gryska J, Maska H (1983)
Pharmacological properties of new heterocyclic-derivatives of 1,5-benzodiazepine.
Pol J Phar 35: 89-102   (15 Refs.)

10871. Wilkinson CJ (1985)
Effects of diazepam (valium) and trait anxiety on human physical aggression and emotional state.
J Behav Med 8: 101-114   (32 Refs.)

10872. Wilkinson GR (1983)
Factors influencing the disposition of benzodiazepines.
In: Pharmacology of Benzodiazepines (Ed. Usdin E, Skolnick P, Tallman jr JF, Greenblatt D, Paul SM)
Verlag Chemie, Weinheim Deerfield Beach Basel, p 285-297

10873. Wilkinson M, Bhanot R, Wilkinso. DA, Brawer JR (1983)
Prolonged estrogen-treatment induces changes in opiate, benzodiazepine and beta-adrenergic binding-sites in female rat hypothalamus.
Brain Res B 11: 279-281   (18 Refs.)

10874. Wilkinson M, Bhanot R, Wilkinso. DA, Eskes G, Moger WH (1983)
Photoperiodic modification of opiate but not beta-adrenergic or benzodiazepine binding-sites in hamster brain.
Biol Reprod 28: 878-882   (28 Refs.)

10875. Wilkinson M, Grovesti. D, Hamilton JT (1982)
Flunitrazepam binding-sites in rat diaphragm - receptors for direct neuro-muscular effects of benzodiazepines (technical note).
Can J Physl 60: 1003-1005   (12 Refs.)

10876. Wilkinson M, Jacobson W, Wilkinso. DA (1984)
Brain-slices in radioligand binding assays - quantification of opiate, benzodiazepines and beta-adrenergic (^{3}H-CGP-12177) receptors.
Prog Neur-P 8: 621-626   (17 Refs.)

10877. Wilkinson M, Khan I (1982)
Beta-adrenergic, but not benzodiazepine, binding-sites are reduced in dystrophic mouse-brain.
Brain Res B 8: 547-549   (10 Refs.)

10878. Wilkinson M, Wilkinso. DA, Khan I (1983)
Benzodiazepine receptors in fish brain - ^{3}H-labeled flunitrazepam binding and modulatory effects of GABA in rainbow-trout.
Brain Res B 10: 301-303   (18 Refs.)

10879. Wilks L, File SE, Martin IL (1987)
Evidence of strain differences in GABA-benzodiazepine coupling.
Psychophar 93: 127-132   (8 Refs.)

10880. Willems CED, Dillon MJ (1986)
Confusion after admission to hospital in elderly patients using benzodiazepines (letter).
Br Med J 293: 1569   (4 Refs.)

10881. Willems HJJ, Vanderho. A, Degoede PNF, Haakmees. GJ (1985)
Determination of some anticonvulsants, antiarrhythmics, benzodiazepines, xanthines, paracetamol and chloramphenicol by reversed phase HPLC.
Pharm Week 7: 150-157   (11 Refs.)

10882. Willer JC, Ernst M (1986)
Diazepam reduces stress-induced analgesia in humans (technical note).
Brain Res 362: 398-402   (16 Refs.)

10883. Williams DC, Gorman AMC, Obeirne GB, Regan CM (1986)
Inhibition of brain-cell proliferation by benzodiazepines (meeting abstr.).
Bioch Soc T 14: 595-596   (6 Refs.)

10884. Williams DC, Obeirne GB (1987)
High-affinity peripheral-type benzodiazepine-binding sites.
Bioch Soc T 15: 220   (12 Refs.)

10885. Williams EF, Paul SM, Rice KC, Cain M, Skolnick P (1981)
Binding of ^{3}H-ethyl-beta-carboline-3-carboxylate to brain benzodiazepine receptors - effect of drugs and anions.
Febs Letter 132: 269-272   (26 Refs.)

10886. Williams EF, Rice KC, Mattson M, Paul SM, Skolnick P (1981)
Invivo effects of 2 novel alkylating benzodiazepines, irazepine and kenazepine.
Pharm Bio B 14: 487-491   (8 Refs.)

10887. Williams M (1982)
Non-benzodiazepine anxiolytic agents - an overview (meeting abstr.).
Abs Pap ACS 184: 57-Medi   (no Refs.)

10888. Williams M (1984)
Molecular aspects of the action of benzodiazepine and non-benzodiazepine anxiolytics - a hypothetical allosteric model of the benzodiazepine receptor complex (review).
Prog Neur-P 8: 209-247   (259 Refs.)

10889. Williams M, Risley EA (1982)
Interaction of avermectins with ^{3}H beta-carboline-3-carboxylate ethyl-ester and ^{3}H diazepam binding-sites in rat-brain cortical membranes.
Eur J Pharm 77: 307-312   (21 Refs.)

10890. Williams M, Risley EA (1984)
Ivermectin interactions with benzodiazepine receptors in rat cortex and cerebellum invitro.
J Neurochem 42: 745-753   (38 Refs.)

10891. Williams P, Beaumont G, Bonn J, Ashton H, Lacey R (1985)
Social aspects of benzodiazepine use - panel discussion (discussion).
Br J Clin P 39: 61-70   (6 Refs.)

10892. Williams R, Dalby JT (1986)
Benzodiazepines and shoplifting.
Int J Offen 30: 35-39   (11 Refs.)

10893. Williamson RA, Stenchev. MA (1981)
The effect of diazepam on rates of fertilization in the CF-1 mouse.
Am J Obst G 139: 178-181   (18 Refs.)

10894. Williams RL, Karacan I (1985)
Recent developments in the diagnosis and treatment of sleep disorders.
Hosp Commun 36: 951-957   (48 Refs.)

10895. Willner P, Birbeck KA (1986)
Effects of chlordiazepoxide and sodium valproate in 2 tests of spatial-behavior.
Pharm Bio B 25: 747-751   (39 Refs.)

10896. Willox DGA (1985)
Self poisoning - a review of patients seen in the victoria-infirmary, glasgow.
Scot Med J 30: 220-224   (18 Refs.)

10897. Wills RJ (1984)
Pharmacokinetics of diazepam from a controlled release capsule in healthy elderly volunteers.
Biopharm Dr 5: 241-249   (9 Refs.)

10898. Wills RJ, Bergamo ML (1982)
Pharmacokinetics of diazepam following a single dose of valrelease compared to a t.i.d. dose of valium in geriatrics (meeting abstr.).
Clin Res 30: 636   (no Refs.)

10899. Wills RJ, Colburn WA (1983)
Multiple-dose pharmacokinetics of diazepam following once-daily administration of a controlled-release capsule.
Ther Drug M 5: 423-426   (6 Refs.)

10900. Wills RJ, Croutham. WG, Iber FL, Perkal MB (1982)
Influence of alcohol on the pharmacokinetics of diazepam controlled-release formulation in healthy-volunteers.
J Clin Phar 22: 557-561   (9 Refs.)

10901. Willumeit HP, Heubert W, Ott H, Hemmerli. KG (1983)
Driving ability following the subchronic application of lormetazepam, flurazepam and placebo.
Ergonomics 26: 1055-1061   (21 Refs.)

10902. Willumeit HP, Ott H, Neubert W (1984)
Simulated car driving as a useful technique for determination of residual effects and alcohol interaction after short- and long-acting benzodiazepines.
In: Sleep Benzodiazepines and Performance - Experimental Methodologies and Research Prospects (Ed. Hindmarch I, Ott H, Roth T).
Springer, Berlin Heidelberg New York Tokyo, p. 182-192

10903. Willumeit HP, Ott H, Neubert W, Hemmerli. KG, Schratze. M, Fichte K (1984)
Alcohol interaction of lormetazepam, mepindolol sulfate and diazepam measured by performance on the driving simulator.
Pharmacops 17: 36-43   (14 Refs.)

10904. Wilson A, Petty R, Perry A, Rose FC (1983)
Paroxysmal language disturbance in an epileptic treated with clobazam (technical note).
Neurology 33: 652-654   (9 Refs.)

10905. Wilson A, Vulcano BA (1985)
Double-blind trial of alprazolam and chlordiazepoxide in the management of the acute ethanol withdrawal syndrome.
Alc Clin Ex 9: 23-27   (19 Refs.)

10906. Wilson CM, Dundee JW, Mathews HML, Moore J (1986)
A comparison of plasma midazolam levels in non-pregnant and parturient women (meeting abstr.).
Irish J Med 155: 322   (no Refs.)

10907. Wilson CM, Dundee JW, Moore J, Collier PS, Mathews HLM, Thompson EM (1985)
A comparison of plasma midazolam levels in non-pregnant and pregnant-women at parturition (meeting abstr.).
Br J Cl Ph 20: 256-257   (3 Refs.)

10908. Wilson CM, Dundee JW, Moore J, Howard PJ, Collier PS (1987)
A comparison of the early pharmacokinetics of midazolam in pregnant and nonpregnant women.
Anaesthesia 42: 1057-1062   (12 Refs.)

10909. Wilson CM, Robinson FP, Thompson EM, Dundee JW Elliott P (1986)
Effect of pretreatment with ranitidine on the hypnotic action of single doses of midazolam, temazepam and zopiclone - a clinical-study.
Br J Anaest 58: 483-486   (12 Refs.)

10910. Wilson CM, Robinson FP, Thompson EM, Elliott P, Dundee JW (1985)
Ranitidine pretreatment influences the hypnotic effect of oral midazolam (meeting abstr.).
Irish J Med 154: 330-331   (no Refs.)

10911. Wilson MA, Gallager DW (1987)
Effects of chronic diazepam exposure on GABA sensitivity and on benzodiazepine potentiation of GABA-mediated responses of substantia nigra pars reticulata neurons of rats.
Eur J Pharm 136: 333-343   (43 Refs.)

10912. Wilson SA, Tavendal. R, Hewick DS (1985)
The biliary elimination of amaranth, indocyanine green and nitrazepam in germ-free rats.
Bioch Pharm 34: 857-863   (24 Refs.)

10913. Wilting J, Thart BJ, Degier JJ (1980)
The role of albumin conformation in the binding of diazepam to human-serum albumin.
Bioc Biop A 626: 291-298   (31 Refs.)

10914. Windle ML (1987)
Chemical reversal of benzodiazepine toxicity.
Sem Interv 4: 203-207   (no Refs.)

10915. Winek CL, Pluskota M, Wahba WW (1982)
Plasma versus bone-marrow flurazepam concentration in rabbits.
Foren Sci I 19: 155-163   (no Refs.)

10916. Winfree AT (1986)
Circadian-rhythms - benzodiazepines set the clock (editorial).
Nature 321: 114-115   (4 Refs.)

10917. Wingard LB, Kanai A, Narasimh. K (1987)
Fourier-transform infrared-spectroscopy (FTIRS) applied to binding of benzodiazepines to GABA receptor (meeting abstr.).
Fed Proc 46: 1310   (no Refs.)

10918. Winokur A, Rickels K (1981)
Withdrawal and pseudo-withdrawal from diazepam therapy.
J Clin Psy 42: 442-444   (10 Refs.)

10919. Winsauer HJ, Ohair DE, Valero R (1984)
Quazepam - short-term treatment of insomnia in geriatric outpatients.
Curr Ther R 35: 228-234 (10 Refs.)

10920. Winsnes M, Jeppsson R, Sjoberg B (1981)
Diazepam adsorption to infusion sets and plastic syringes.
Act Anae Sc 25: 93-96 (6 Refs.)

10921. Winter RM (1987)
Inutero exposure to benzodiazepines (letter).
Lancet 1: 627 (3 Refs.)

10922. Wirth W, Gloxhuber C (1985)
Toxikologie.
Thieme, Stuttgart

10923. Wirzjustice A, Sutterli. R, Reme C, Muscetto. G, Dilauro A (1985)
Retinal benzodiazepine receptor-binding (meeting abstr.).
Experientia 41: 793 (no Refs.)

10924. Wise BC, Kataoka Y, Guidotti A, Costa E (1984)
The adrenal chromaffin cell (ACC) as a model to study protein-phosphorylation and the GABA benzodiazepine Cl-ionophore receptor complex (meeting abstr.)
Fed Proc 43: 286 (no Refs.)

10925. Witkin JM; Barrett JE (1985)
Behavioral-effects and benzodiazepine antagonist activity of Ro 15-1788 (flumazepil) in pigeons.
Life Sci 37: 1587-1595 (21 Refs.)

10926. Witkin JM, Barrett JE (1986)
Benzodiazepine-like effects of inosine on punished behavior of pigeons.
Pharm Bio B 24: 121-125 (26 Refs.)

10927. Witkin JM, Barrett JE, Cook JM, Larschei. P (1984)
Differential antagonism of diazepam-induced hypnosis (meeting abstr.).
Fed Proc 43: 930 (no Refs.)

10928. Witkin JM, Barrett JE, Cook JM, Larschei. P (1986)
Differential antagonism of diazepam-induced loss of the righting response.
Pharm Bio B 24: 963-965 (19 Refs.)

10929. Witkin JM, Leander JD (1982)
Effects of the appetite stimulant chlordimeform on food and water-consumption of rats - comparison with chlordiazepoxide.
J Pharm Exp 223: 130-134 (25 Refs.)

10930. Witkin JM, Lee MA, Walzcak DD (1987)
Amygdaloid kindling induces anxiolytic activity unrelated to benzodiazepine receptors (meeting abstr.).
Fed Proc 46: 1302 (no Refs.)

10931. Witkin JM, Sickle J, Barrett JE (1984)
Potentiation of the behavioral-effects of pentobarbital, chlordiazepoxide and ethanol by thyrotropin-releasing-hormone.
Peptides 5: 809-813 (31 Refs.)

10932. Wittig R, Zorick F, Roehrs T, Paxton C, Lamphere J, Roth T (1985)
Effects of temazepam soft gelatin capsules on the sleep of subjects with insomnia.
Curr Ther R 38: 15-22 (12 Refs.)

10933. Wittmann M, Laakmann G, Hinz A, Meissner R, Müller OA, Stalla GK (1987)
Effects of psychotropic-drugs (desimipramine, chlorimipramine, sulpiride and diazepam) on the human HPA axis (meeting abstr.).
Int J Neurs 32: 400 (no Refs.)

10934. Wixson SK, White WJ, Hughes HC (1985)
The effects of pentobarbitol, fentanyl-droperidol, ketamine-xylazine and ketamine-diazepam on noxious stimulus perçeption in adult male-rats (meeting abstr.).
Lab Anim Sc 35: 540 (no Refs.)

10935. Wixson SK, White WJ, Hughes HC, Lang CM, Marshall WK (1986)
The effects of pentobarbital, fentanyl-droperidol, ketamine-xylazine and ketamine-diazepam on the respiratory and cardiovascular systems of adult male-rats (meeting abstr.).
Lab Anim Sc 36: 569-570 (no Refs.)

10936. Woimant F, Deliege P, Dorey F, Mayer JM, Haguenau M, Pepin B (1983)
Benzodiazepine withdrawal complicated by coma with decerebrate rigidity (letter).
Presse Med 12: 2765-2766 (3 Refs.)

10937. Wojcik E, Gajewska M (1984)
Complexes of oxazepam with Ni(II), Co(II) and Zn(II) benzenesulfonates.
Chem Anal 29: 289-300 (12 Refs.)

10938. Wolf B, Rüther E (1984)
Benzodiazepin-Abhängigkeit.
Münch Med Wochenschr 126: 294

10939. Wolff J, Carl P, Clausen TG, Mikkelse. BO (1986)
Ro-15-1788 for postoperative recovery - a randomized clinical-trial in patients undergoing minor surgical-procedures under midazolam anesthesia.
Anaesthesia 41: 1001-1006 (22 Refs.)

10940. Wolkowitz OM, Pickar D, Breier A, Doran AR, Labarca R, Paul SM (1986)
Combined alprazolam and neuroleptic drug in treating schizophrenia - reply (letter).
Am J Psychi 143: 1312-1313 (4 Refs.)

10941. Wolkowitz OM, Pickar D, Doran AR, Breier A, Paul SM (1986)
Alprazolam-neuroleptic combination in schizophrenia - reply (letter).
Am J Psychi 143: 1501-1502 (4 Réfs.)

10942. Wolkowitz OM, Pickar D, Doran AR, Breier A, Tarell J, Paul SM (1986)
Combination alprazolam-neuroleptic treatment of the positive and negative symptoms of schizophrenia (technical note).
Am J Psychi 143: 85-87 (9 Refs.)

10943. Wolkowitz OM, Trinklenb. JR (1985)
Naloxones effect on cognitive-functioning in drug-free and diazepam-treated normal humans.
Psychophar 85: 221-223 (26 Refs.)

10944. Wolkowitz OM, Weingart. H, Thompson K, Pickar D, Paul SM, Hommer DW (1987)
Diazepam-induced amnesia - a neuro-pharmacological model of an organic amnestic syndrome.
Am J Psychi 144: 25-29 (36 Refs.)

10945. Wong AS (1983)
An evaluation of HPLC for the screening and quantitation of benzodiazepines and acetaminophen in post-mortem blood.
J Anal Tox 7: 33-36 (19 Refs.)

10946. Wong DT, Bymaster FP (1983)
450088-S, a ring-opened prodrug of a 1,4-benzodiazepine, inhibited ^{3}H-labelled flunitrazepam labeling of rat cerebral-cortex invivo.
Drug Dev R 3: 67-73 (14 Refs.)

10947. Wong DT, Bymaster FP, Lacefiel. WB (1983)
Enhancement of benzodiazepine binding by a diaryltriazine, LY81067.
Drug Dev R 3: 433-442 (31 Refs.)

10948. Wong DT, Rathbun RC, Bymaster FP, Lacefiel. WB (1983)
Enhanced binding of radioligands to receptors of gamma-aminobutyric acid and benzodiazepine by a new anti-convulsive agent, LY81067.
Life Sci 33: 917-923 (19 Refs.)

10949. Wong EHF, Iversen LL (1985)
Modulation of ^{3}H diazepam binding in rat cortical membranes by GABA A agonists.
J Neurochem 44: 1162-1167 (34 Refs.)

10950. Wong EHF, Snowman AM, Leeblund. LM, Olsen RW (1984)
Barbiturates allosterically inhibit GABA antagonist and benzodiazepine inverse agonist binding.
Eur J Pharm 102: 205-212 (39 Refs.)

10951. Wong HYC, Cheng KS (1986)
Effects of chlordiazepoxide (librium) on plasma-lipids, HDLC and atherogenesis in cockerels (meeting abstr.).
Fed Proc 45: 229 (no Refs.)

10952. Wong HYC, Cheng KS, Kruth HS (1984)
Effects of lorazepam on plasma-lipids and atherosclerosis of atherogenic-fed cockerels (meeting abstr.).
Arterioscle 4: 532 (no Refs.)

10953. Wong HYC, Cheng KKS, Kruth HS (1985)
Diazepam reduces atherosclerosis in stressed cockerls (meeting abstr.).
Arterioscle 5: 532 (no Refs.)

10954. Wong HYC, Cheng KS, Kruth HS (1985)
No effect of lorazepam on plasma-lipids and atherosclerosis of atherogenic-fed cockerels (meeting abstr.).
Fed Proc 44: 1134 (no Refs.)

10955. Wong HYC, Cheng KS, Nighting. TE (1987)
Effects of stress and diazepam on plasma-lipids, lipoproteins, blood pressures and atherosclerosis of atherogenic fed cockerels (meeting abstr.).
Fed Proc 46: 1470 (no Refs.)

10956. Wong HYC, Newman HAI, Patel ST (1981)
Changes in HDL and LDL lipoproteins by diazepam in the regression of experimental atherosclerosis (meeting abstr.).
Arterioscle 1: 389 (1 Refs.)

10957. Wong HYC, Newman HAI, Patel S (1981)
Influence of diazepam (valium) on HDL and LDL to aortic atherosclerosis in roosters fed an atherogenic diet (meeting abstr.).
Fed Proc 40: 329 (1 Refs.)

10958. Wong HYC, Nighting. TE, Patel DJ, Richardi JC, Johnson FB, Orimilik. SO, David SN (1980)
Long-term effects of diazepam on plasma-lipids and atheroma in roosters fed an atherogenic diet.
Artery 7: 496-508 (17 Refs.)

10959. Wong PTH, Teo WL (1986)
Diazepam-sensitive specific binding of phenytoin in rat-brain.
J Recep Res 6: 297-309 (17 Refs.)

10960. Wong PTH, Yoong YL, Gwee MCE (1986)
Acute tolerance to diazepam induced by benzodiazepines.
Clin Exp Ph 13: 1-8 (31 Refs.)

10961. Wong PTH, Yoong YL, Gwee MCE (1986)
Marked variation in diazepam sensitivity in swiss albino mice.
Life Sci 39: 945-952 (19 Refs.)

10962. Wong RJ (1984)
The determination of the triazolobenzodiazepine triazolam in post-mortem samples.
J Anal Tox 8: 10-13 (23 Refs.)

10963. Wong SHY, Dellafer. S, Fernande. R, Bogdan D, Daniels L (1985)
Benzodiazepines screening by thin-layer chromatography and HPLC (meeting abstr.).
Clin Chem 31: 937-938 (1 Refs.)

10964. Woo GK, Williams TH, Kolis SJ, Warinsky D, Sasso GJ, Schwartz MA (1981)
Biotransformation of ^{14}C-midazolam in the rat invitro and invivo.
Xenobiotica 11: 373-384 (21 Refs.)

10965. Wood C, Bismuth C, Oriot D, Devictor D, Huault G (1987)
Benzodiazepine-induced coma reversed by a flumazenil infusion in a child (letter).
Presse Med 16: 1483 (3 Refs.)

10966. Wood C, Oriot D, Devictor D, Huault G (1987)
Benzodiazepine (BZD) poisoning - 2 cases of coma in children reverted by flumazenil (F) (anexate-star) (meeting abstr.).
Inten Car M 13: 462 (no Refs.)

10967. Wood DM, Lal H (1987)
Antagonism of the cocaine stimulus during diazepam withdrawal (meeting abstr.).
Fed Proc 46: 546 (1 Refs.)

10968. Wood DM, Ranschae. ER, Lal H (1987)
Interoceptive stimuli produced by cocaine are blocked during diazepam withdrawal.
Drug Dev R 11: 45-51 (20 Refs.)

10969. Wood N, Sheikh A (1986)
Midazolam and diazepam for minor oral-surgery.
Br Dent J 160: 9-12 (10 Refs.)

10970. Wood PL, Etienne P, Lal S, Nair NPV (1982)
GABAergic regulation of nigrostriatal neurons - coupling of benzodiazepine and GABA receptors.
Prog Neur-P 6: 471-474 (12 Refs.)

10971. Wood PL, Etienne P, Lal S, Nair NPV (1984)
Benzodiazepines and GABAergic regulation of nigrostriatal neurons - lack of tolerance.
Prog Neur-P 8: 779-783 (15 Refs.)

10972. Wood PL, Loo P, Braunwal. A, Cheney DL (1984)
Invitro characterization of agonist, antagonist, inverse agonist and agonist antagonist benzodiazepines.
Prog Neur-P 8: 785-788   (7 Refs.)

10973. Wood PL, Loo P, Braunwal. A, Yokoyama N, Cheney DL (1984)
Invitro characterization of benzodiazepine receptor agonists, antagonists, inverse agonists and agonist antagonists.
J Pharm Exp 231: 572-576   (32 Refs.)

10974. Woodcock AA, Gross ER, Geddes DM (1981)
Drug-treatment of breathlessness - contrasting effects of diazepam and promethazine in pink puffers.
Br Med J 283: 343-346   (17 Refs.)

10975. Woods JH (1982)
Benzodiazepine dependence studies in animals - an overview.
Drug Dev R 1982: 77-81   (17 Refs.)

10976. Woods JH (1983)
Experimental abuse liability assessment of benzodiazepines.
J Psych Dr 15: 61-65   (14 Refs.)

10977. Woods SW, Charney DS, Goodman WK, Heninger GR (1987)
Effects of alprazolam on CO_2-induced anxiety (meeting abstr.).
Int J Neurs 32: 433   (no Refs.)

10978. Woods SW, Charney DS, Loke J, Goodman WK, Redmond DE, Heninger GR (1986)
Carbon-dioxide sensitivity in panic anxiety ventilatory and anxiogenic response to carbon-dioxide in healthy-subjects and patients with panic anxiety before and after alprazolam treatment.
Arch G Psyc 43: 900-909   (85 Refs.)

10979. Woolf JH, Nixon JC (1981)
Endogenous effector of the benzodiazepine binding-site - purification and characterization.
Biochem 20: 4263-4269   (37 Refs.)

10980. Woolfson AD, McCaffer. DF, Launchbu. AP (1986)
Stabilization of hydrotropic temazepam parenteral formulations by lyophilization.
Int J Pharm 34: 17-22   (13 Refs.)

10981. Worm K, Christen. H, Steentof. A (1981)
The frequency of diazepam and desmethyldiazepam in benzodiazepine positive blood-samples, received for blood-alcohol determination in the danish population during one year (meeting abstr.).
J For Sci 21: 155   (no Refs.)

10982. Worm K, Christen. H, Steentof. A (1985)
Diazepam in blood of danish drivers - occurrence as shown by gas-liquid chromatographic assay following radioreceptor screening (editorial).
J For Sci 25: 407-413   (17 Refs.)

10983. Wretlind M (1987)
Excretion of oxazepam in breast-milk (technical note).
Eur J Cl Ph 33: 209-210   (9 Refs.)

10984. Wright NA, Belyavin A, Borland RG, Nicholso. AN (1986)
Modulation of delta activity by hypnotics in middle-aged subjects - studies with a benzodiazepine (flurazepam) and a cyclopyrrolone (zopiclone).
Sleep 9: 348-352   (10 Refs.)

10985. Wu JL, Compton DW, Look SR, Baldwin RM, Lamp JF, Lin TH (1986)
Preparation and biodistribution of radioiodinated 1,4-benzodiazepines (meeting abstr.).
J Nucl Med 27: 1046   (no Refs.)

10986. Wu JY, Lin HS, Lin CT, Wei SC, Liu JW, Xu Y (1986)
Isolation, purification, and immunochemical studies of benzodiazepine receptor(s) and its ligand(s) from mammalian brain (review).
Adv Bio Psy 41: 161-176   (66 Refs.)

10987. Wu JY, Lin HS, Su YYT (1984)
Endacoids for benzodiazepine receptors in brain (meeting abstr.).
Drug Dev R 4: 466   (no Refs.)

10988. Wu JY, Lin HS, Su YYT, Yang CY (1984)
Isolation and purification of benzodiazepine receptor and its endogenous ligand.
Neuropharm 23: 881-883   (no Refs.)

10989. Wu PH, Coffin VL (1984)
Up-regulation of brain ^{3}H-diazepam binding-sites in chronic caffeine-treated rats (technical note).
Brain Res 294: 186-189   (18 Refs.)

10990. Wu PH, Phillis JW (1986)
Up-regulation of brain ^{3}H-diazepam binding-sites in chronic caffeine treated rats.
Gen Pharm 17: 501-503   (17 Refs.)

10991. Wu PH, Phillis JW (1986)
Calcium alters the properties of ^{3}H-diazepam binding-sites in rat-brain membranes.
Int J Bioch 18: 345-350   (17 Refs.)

10992. Wu PH, Phillis JW, Bender AS (1981)
Do benzodiazepines bind at adenosine uptake sites in CNS.
Life Sci 28: 1023-1031   (42 Refs.)

10993. Wyllie E, Wyllie R, Cruse RP, Rothner AD, Erenberg G (1986)
The mechanism of nitrazepam-induced drooling and aspiration.
N Eng J Med 314: 35-38   (34 Refs.)

10994. Wyllie E, Wyllie R, Erenberg G, Cruse RP, Rothner AD (1984)
Nitrazepam-induced cricopharyngeal incoordination (meeting abstr.).
Ann Neurol 16: 394   (no Refs.)

10995. Yager JY, Seshia SS (1987)
Sublingual lorazepam in childhood serial seizures (meeting abstr.).
Can J Neur 14: 206   (no Refs.)

10996. Yagi J, Minagawa K, Miura H (1982)
Clinico-pharmacological study on the optimum dosage regimen of rectal diazepam suppositories in the prevention of recurrence of febrile convulsions (meeting abstr.).
Brain Devel 4: 305   (no Refs.)

10997. Yagi J, Minagawa K, Miura H (1983)

Clinico-pharmacological study on the optimum dosage regimen of rectal diazepam suppositories in the prevention of recurrence of febrile convulsions (meeting abstr.).

Brain Devel 5: 183 (no Refs.)

10998. Yajima T, Ohno T, Nakamura K, Nakamura K (1984)

Effects of bromazepam on responses of mucosal blood-flow of the gastrointestinal-tract and the gastric-motility to stimulation of the amygdala and hypothalamus in conscious cats.

Fol Pharm J 83: 237-248 (35 Refs.)

10999. Yakushiji T, Tokutomi N, Akaike N (1986)

Diazepam action on GABA-activated chloride currents in internally perfused frog sensory neurons (meeting abstr.).

Jpn J Pharm 40: 86 (no Refs.)

11000. Yalabikkas HS (1983)

Microencapsulation and invitro dissolution of oxazepam from ethyl cellulose microcapsules.

Drug Dev In 9: 1047-1060 (20 Refs.)

11001. Yalabikkas HS (1983)

Gas-chromatographic determination of oxazepam from tablets and microcapsules in urine.

Drug Dev In 9: 1541-1554 (13 Refs.)

11002. Yamagishi F, Haruta K, Homma N, Iwatsuki K, Chiba S (1986)

Effects of diazepam on pancreatic exocrine secretion in the dog.

Arch I Phar 280: 314-323 (18 Refs.)

11003. Yamaguchi K, Suzuki K, Niho T, Shimora M, Ito C, Ohnishi H (1983)

Tofisopam, a new 2,3-benzodiazepine - inhibition of changes induced by stress loading and hypothalamic-stimulation.

Can J Physl 61: 619-625 (24 Refs.)

11004. Yamamoto K, Hirose K, Matsushi. A, Yoshimur. K, Sawada T, Eigyo M, Jyoyama H, Fujita A, Matsubar. K, Tsukinok. Y (1984)

Pharmacological studies of a new sleep-inducer, 1H-1, 2, 4-triazolyl benzophenone derivatives (450191-S) .1. behavioral-analysis.

Fol Pharm J 84: 109-154 (54 Refs.)

11005. Yamamoto K, Matsushi. A, Sawada T, Naito Y, Yoshimur. K, Takesue H, Utsumi S, Kawasaki K, Hirono S, Koshida H (1984)

Pharmacology of a new sleep inducer, 1H-1, 2,4-triazolyl benzophenone derivative, 450191-S .2. sleep-inducing activity and effect on the motor system (review).

Fol Pharm J 84: 25-89 (74 Refs.)

11006. Yamamoto K, Ueda M, Kurosawa A, Hirose K, Doteuchi M, Nakamura M, Ozaki S, Matsumur. S, Matsuda S, Satoh H (1984)

Pharmacological studies of a new sleep-inducer, 1H-1,2,4-triazolyl benzophenone derivative (450191-S) .5. general pharmacological activities.

Fol Pharm J 84: 175-212 (27 Refs.)

11007. Yamamura HI (1986)

Multiple benzodiazepine receptors (meeting abstr.).

Int J Neurs 31: 23 (no Refs.)

11008. Yamamura HI, Gee K, Gehlert D, Wamsley JK, Roeske W (1984)

Specific high-affinity ^{3}H-Ro 5-4864 benzodiazepine binding-sites in the brain and periphery (meeting abstr.).

Drug Dev R 4: 466 (no Refs.)

11009. Yamamura HI, Mimaki T, Horst D, Obrien R (1981)

^{3}H CL 218, 872 a novel triazolopyridazine which labels the benzodiazepine receptor (meeting abstr.).

Fed Proc 40: 310 (no Refs.)

11010. Yamamura HI, Mimaki T, Yamamura SH, Horst WD, Morelli M, Bautz G (1982)

^{3}H-labeled CL 218, 872, a novel triazolopyridazine which labels the benzodiazepine receptor in rat-brain (technical note).

Eur J Pharm 77: 351-354 (7 Refs.)

11011. Yamasaki T, Inoue O, Shinoto H, Ito T, Hashimot. K, Suzuki K, Tateno Y (1985)

Alterations in invivo benzodiazepine-receptor binding of ^{11}C-Ro-15-1788 (flumazepil) (meeting abstr.).

J Nucl Med 26: 107 (no Refs.)

11012. Yamasaki T, Shinotoh H, Inoue O, Itoh T (1986)

Benzodiazepine receptor study in the elderly and patients with Alzheimers-disease using PET (meeting abstr.).

Gerondontolo 5: 61 (no Refs.)

11013. Yamashita K, Kataoka Y, Ohta H, Miyazaki A, Niwa M, Ueki S (1987)

The localization of zopiclone and suricline sensitive ^{3}H-flunitrazepam binding-sites in rat-brain - a study with quantitative receptor autoradiography (meeting abstr.).

Jpn J Pharm 43: 268 (no Refs.)

11014. Yamawaki H, Seki T, Suzuki N, Igarashi T, Ootsuka K, Tsuchiha. M, Okajima M, Kagawa K, Hirose M, Kori T (1981)

Prevention of febrile convulsions with diazepam suppositories - preliminary-report (meeting abstr.).

Brain Devel 3: 107 (no Refs.)

11015. Yamazaki O, Higuchi T, Takazawa Y, Ohshima H, Yamazaki J, Minatoga. Y, Igarashi Y, Noguchi T, Nagaki S, Watanabe N (1986)

Effects of carbamazepine, valproic acid and diazepam on brain immunoreactive somatostatin and gamma-aminobutyric acid in amygdaloid-kindled rats.

Jpn J Psy N 40: 491-493 (no Refs.)

11016. Yan GM, Hu BR (1986)

Benzodiazepine derivatives - relationship between anti-convulsant activity and affinity to rabbit frontal cortical receptors.

Act Phar Si 7: 389-393 (6 Refs.)

11017. Yanagita T (1985)

Dependence potential of the benzodiazepines - use of animal-models for assessment.

Clin Neurop 8: 118-122 (4 Refs.)

11018. Yasnetsov VS, Novikov VE (1982)

Effect of benzodiazepine tranquilizers on the development of toxic brain edema.

Farmakol T 45: 106-108 (20 Refs.)

11019. Yliruusi JK, Sothmann AG, Laine RH, Rajasilt. RA, Kristoff. ER (1982)
Sorptive loss of diazepam and nitroglycerin from solutions to 3 types of containers.
Am J Hosp P 39: 1018-1021   (20 Refs.)

11020. Yliruusi JK, Uotila JA, Kristoff. ER (1986)
Effect of tubing length on adsorption of diazepam to polyvinyl-chloride administration sets.
Am J Hosp P 43: 2789-2794   (10 Refs.)

11021. Yliruusi JK, Uotila JA, Kristoff. ER (1986)
Effect of flow-rate and type of i.v. container on adsorption of diazepam to i.v. administration systems.
Am J Hosp P 43: 2795-2799   (7 Refs.)

11022. Yokoi I, Rose SE, Yanagiha. T (1981)
Benzodiazepine receptor - heterogeneity in rabbit brain.
Life Sci 28: 1591-1595   (18 Refs.)

11023. Yokoyama N, Glenn T (1982)
CGS-9896 and CGS-8216 - potent benzodiazepine receptor agonist and antagonist (meeting abstr.).
Abs Pap ACS 184: 58-Medi   (no Refs.)

11024. Yokoyama N, Ritter B, Neubert AD (1982)
2-arylpyrazolo[4,3-c] quinolin-3-ones - novel agonist, partial agonist, and antagonist of benzodiazepines (letter).
J Med Chem 25: 337-339   (25 Refs.)

11025. Yoong YL, Lee HS, Gwee MCE, Wong PTH (1986)
Acute tolerance to diazepam in mice - pharmacokinetic considerations.
Clin Exp Ph 13: 153-158   (16 Refs.)

11026. York MJ, Davies LP (1982)
The effect of diazepam on adenosine uptake and adenosine-stimulated adenylate-cyclase in guinea-pig brain.
Can J Physl 60: 302-307   (19 Refs.)

11027. Yoshikaw. T, Sugiyama Y, Sawada Y, Iga T, Hanano M, Kawasaki S, Yanagida M (1984)
Effect of late pregnancy on salicylate, diazepam, warfarin, and propranolol binding - use of fluorescent-probes.
Clin Pharm 36: 201-208   (31 Refs.)

11028. Yoshikawa TT (1986)
Physiology of aging - impact on pharmacology.
Sem Anesth 5: 8-13   (52 Refs.)

11029. Yoshimura K, Horiuchi M, Inoue Y, Amamoto K (1984)
Pharmacological studies on drug-dependence .3. intravenous self-administration of some CNS-affecting drugs and a new sleep-inducer, 1H-1, 2, 4-triazolyl benzophenone derivative (450191-S), in rats.
Fol Pharm J 83: 39-67   (29 Refs.)

11030. Yosselsonsuperstine S, Lipman AG (1982)
Chlordiazepoxide interaction with levodopa (letter).
Ann Int Med 96: 259-260   (4 Refs.)

11031. Yost GS, Finley BL (1983)
Changes in stereochemical glucuronidation of oxazepam due to ethanol induction (meeting abstr.).
Abs Pap ACS 185: 4-Medi   (no Refs.)

11032. Younes M, Bollkamp. A, Siegers CP (1983)
Influence of diazepam and barbiturates on the invivo metabolism of halothane and enflurane in rats.
Anesthesis 32: 399-402   (20 Refs.)

11033. Young AB, Pan HS, Ciliax BJ, Penney JB (1984)
GABA and benzodiazepine receptors in basal ganglia function.
Neurosci L 47: 361-367   (21 Refs.)

11034. Young GA, Khazan N (1983)
Electro-myographic power spectral changes associated with the sleep-awake cycle and with diazepam treatment in the rat.
Pharm Bio B 19: 715-718   (16 Refs.)

11035. Young JD (1987)
Long-term benzodiazepine use (letter).
J Roy Col G 37: 320-321   (3 Refs.)

11036. Young NA, Lewis SJ, Harris QLG, Jarrott B, Vajda FJE (1987)
The development of tolerance to the anticonvulsant effects of clonazepam, but not sodium valproate, in the amygdaloid kindled rat.
Neuropharm 26: 1611-1614   (18 Refs.)

11037. Young R, Dewey WL (1982)
Differentiation of the behavioral-response produced by barbiturates and benzodiazepines by the benzodiazepine antagonist Ro 15-1788 (meeting abstr.).
Psychophar 76: 15   (no Refs.)

11038. Young R, Glennon RA (1987)
Stimulus properties of benzodiazepines - correlations with binding-affinity, therapeutic potency, and structure activity relationships (SAR) (meeting abstr.).
Fed Proc 46: 1300   (no Refs.)

11039. Young R, Glennon RA, Brase DA, Dewey WL (1986)
Potencies of diazepam metabolites in rats trained to discriminate diazepam.
Life Sci 39: 17-20   (15 Refs.)

11040. Young R, Clennon RA, Dewey WL (1983)
Discriminative stimulus effects of pentobarbital and diazepam (meeting abstr.).
Fed Proc 42: 1158   (no Refs.)

11041. Young RSK, Petroff OAC, Chen B, Cowan BE, Gore JC, Dunham SL, Zuckerma. K (1987)
^{31}P and ^{1}H nuclear magnetic-resonance study of the effect of diazepam on neonatal seizure (meeting abstr.).
Ann Neurol 22: 420-421   (no Refs.)

11042. Young S, Walpole BG (1986)
Tranylcypromine and chlordiazepoxide intoxication (letter).
Med J Aust 144: 166-167   (6 Refs.)

11043. Young WG, Deutsch JA, Tom TD (1981)
Diazepam reverses bombesin-induced reduction of food-intake by abolishing intra-gastric pressure and motility (meeting abstr.).
Fed Proc 40: 941   (no Refs.)

11044. Young WG, Deutsch JA, Tom TD (1982)
Diazepam reverses bombesin-induced gastric spasms and food-intake reduction in the rat.
Beh Bra Res 4: 401-410   (18 Refs.)

11045. Young WS, Niehoff D, Kuhar MJ, Beer B, Lippa AS (1981)
Multiple benzodiazepine receptor localization by light microscopic radiohistochemistry.
J Pharm Exp 216: 425-430   (26 Refs.)

11046. Ysla RG, Reyes P, Ysla VE, Washburn K (1981)
Diazepam treatment in a case of non-progressive focal dystonia with electro-diagnostic and histopathologic correlation (meeting abstr.).
Arch Phys M 62: 509   (no Refs.)

11047. Yu OF, Chiu TH, Rosenber. HC (1987)
Gamma-aminobutyric acid (GABA)-gated chloride-ion (Cl) flux and its modulation by benzodiazepines in rat-brain (meeting abstr.).
Fed Proc 46: 711   (no Refs.)

11048. Yu SS, Osterloh J, Tsao TV, Nishikif. R (1987)
Quantitation of antidepressants and benzodiazepines in a single HPLC system (meeting abstr.).
Clin Chem 33: 1025   (no Refs.)

11049. Yuen WC, Peck AW, Burke Ca (1985)
The subjective effects of dextromethorphan, codeine and diazepam in healthy-volunteers (meeting abstr.).
Br J Cl Ph 20: 290   (4 Refs.)

11050. Yung C (1982)
Clonazepam treatment of post head-injury tics (meeting abstr.).
Drug Dev R 2: 506   (no Refs.)

11051. Yurdakok M, Kinik E, Beduk Y, Guvenc H, Us O (1986)
Treatment of enuresis - a study with imipramine, amitriptyline, chlordiazepoxide-clidinium and piracetam.
Türk J Ped 28: 171-175   (no Refs.)

11052. Yutrzenka GJ, Davis JS, Parmar SS (1980)
A possible role for catecholamine neurotransmitters in the anticonvulsant activity of chlordiazepoxide.
Res Comm P 5: 407-418   (38 Refs.)

11053. Zaccara G, Innocent. P, Bartelli M, Casini R, Tozzi F, Rossi L, Zappoli R (1986)
Status epilepticus due to abrupt diazepam withdrawal - a case-report (letter).
J Ne Ne Psy 49: 959-960   (12 Refs.)

11054. Zaccaria M, Giordano G, Ragazzi E, Sicolo N, Foresta C, Scandell. C (1985)
Lack of effect of i.m. diazepam administration on HGH and HPRL secretion in normal and acromegalic subjects (editorial).
J Endoc Inv 8: 167-170   (12 Refs.)

11055. Žáčková P, Hoder P (1982)
Correlation of body-temperature with cardiovascular changes at the interaction of barbiturate ethanol benzodiazepines.
Activ Nerv 24: 244-246   (3 Refs.)

11056. Žáčková P, Květine J, Němec J, Němecová F (1982)
Cardiovascular effects of diazepam and nitrazepam in combination with ethanol.
Pharmazie 37: 853-956

11057. Žáčková P, Novotna M (1984)
Effects of diazepam and ethanol on the activity of the isolated perfused heart.
Activ Nerv 26: 253-254   (5 Refs.)

11058. Zackova P, Sramek B, Kunova A (1981)
Interaction between benzodiazepines and cardiac-glycosides.
Activ Nerv 23: 195-196   (6 Refs.)

11059. Zackova P, Srolerov. M, Kvetina J (1985)
Interspecies differences in amitriptyline cardiotoxicity - interaction with diazepam.
Activ Nerv 27: 259-261   (6 Refs.)

11060. Zakusov VV, Ostrovsk. RU (1981)
New evidence of a GABA-ergic component in the mechanism of action of benzodiazepine tranquilizers.
B Exp B Med 91: 632-635   (14 Refs.)

11061. Zalar S (1982)
Effects of some 1,4-benzodiazepines on arterial blood-pressure, heart frequency and breathing of anesthetized guinea-pigs.
Zdravst Ves 51: 65-68   (no Refs.)

11062. Zallen RD, Cobetto GA, Bohmfalk C, Steffen K (1987)
Butorphanol diazepam compared to meperidine diazepam for sedation in oral maxillofacial surgery - a double-blind evaluation.
Oral Surg O 64: 395-401   (15 Refs.)

11063. Zambotti F, Zonta N, Tammiso R, Ferrario P, Hafner B, Mantegaz. P (1986)
Reversal of the effect of centrally-administered diazepam on morphine antinociception by specific (Ro-15-1788 and Ro-15-3505) and non-specific (bicucculline and caffeine) benzodiazepine antagonists.
N-S Arch Ph 333: 43-46   (26 Refs.)

11064. Zampaglione N, Hilbert JM, Ning J, Chung M, Gural R, Symchowi. S (1985)
Disposition and metabolic-fate of ^{14}C-quazepam in man.
Drug Meta D 13: 25-29   (9 Refs.)

11065. Zanolo G, Giachett. MC, Canali S, Bernareg. A, Tarzia G, Assandri A (1986)
Disposition of premazepam, an anti-anxiety pyrrolodiazepine, in the cynomolgus monkey.
Eur J Drug 11: 151-157   (18 Refs.)

11066. Zapletalek M, Kucerova H, Kudrnova K, Domkar J, Zaydlar K (1981)
Meclophenoxat and diazepam infusions in neurotic disorders.
Activ Nerv 23: 194   (3 Refs.)

11067. Zapletalek M, Kucerova H, Libiger J, Machacko. H, Zaydlar K (1981)
Lorazepam - a clinical-study in neuroses.
Activ Nerv 23: 185-186   (9 Refs.)

11068. Zapletalek M, Kudrnova K, Preining. O, Zapletal. J (1982)
Bromazepam - double-blind comparison with chlorprothixene in neurotic inpatients.
Activ Nerv 24: 239-240   (5 Refs.)

11069. Zarbin MA, Wamsley JK, Palacios JM, Kuhar MJ (1986)
Autoradiographic localization of high-affinity GABA, benzodiazepine, dopaminergic, adrenergic and muscarinic cholinergic receptors in the rat, monkey and human retina (review).
Brain Res 374: 75-92   (183 Refs.)

11070. Zarkovsky AM (1986)
The inhibitory effect of endogenous convulsants quinolinic acid and kynurenine on the pentobarbital stimulation of ^{3}H-flunitrazepam binding.
Pharm Bio B 24: 1215-1217 (19 Refs.)

11071. Zarkovsky AM (1987)
Bicuculline-sensitive and insensitive effects of thip on the binding of ^{3}H-flunitrazepam.
Neuropharm 26: 737-741 (19 Refs.)

11072. Zarogoulidis K, Kakavela. E, Economid. D (1986)
Respiratory effects of clobazam in patients with chronic obstructive pulmonary-disease (meeting abstr.).
Eur J Resp 69: 184 (no Refs.)

11073. Zavala F, Haumont J, Lenfant M (1984)
Interaction of benzodiazepines with mouse macrophages.
Eur J Pharm 106: 561-566 (21 Refs.)

11074. Zavala F, Lenfant M (1987)
Benzodiazepines and PK-11195 exert immunomodulating activities by binding on a specific receptor on macrophages.
Ann Ny Acad 496: 240-249 (15 Refs.)

11075. Zavala F, Lenfant M (1987)
Peripheral benzodiazepines enhance the respiratory burst of macrophage-like P388D1 cells stimulated by arachidonic-acid.
Int J Immun 9: 269-274 (18 Refs.)

11076. Zavisca FG, Woelfel S, David Y, Hess WH, Knapp RB (1981)
Amnesic effects of oral clinical doses of benzodiazepines (meeting abstr.).
Fed Proc 40: 310 (no Refs.)

11077. Zecca L, Ferrario P, Fraschini F, Zambotti F, Zonta N, Pirola R (1986)
Determination of lormetazepam in plasma by gas chromatography and electron-capture detection.
J Chromatogr 377: 368-373

11078. Zecca L, Reina L, Scaglione F, Ferrario P, Pirola R, Ceccarelli G, Ciampini M, Fraschini F (1985)
Relative bioavailability in humans for oral tablets and solutions of lormetazepam.
Arzneim. Forsch (Drug Res) 35: 1870-1872

11079. Zell M, Timm U (1986)
Highly sensitive assay of a benzodiazepine antagonist in plasma by capillary gas-chromatography with nitrogen-selective detection.
J Chromat 382: 175-188 (26 Refs.)

11080. Zeller WJ (1981)
Tumor-growth and diazepam (letter).
Deut Med Wo 106: 1396 (no Refs.)

11081. Zelvelder WG (1987)
Buspirone (buspar) versus oxazepam (seresta) a double-blind trial.
Tijd Ther G 12: 10-14 (no Refs.)

11082. ZeneroliML, Ventura E, Baraldi M (1984)
Supersensitivity of benzodiazepine receptors in experimental hepatic-encephalopathy - reversal by a benzodiazepine antagonist (meeting abstr.).
Hepatology 4: 766 (no Refs.)

11083. Zeneroli ML, Ventura E, Pinelli G, Ricci P, Santi M, Penne A, Baraldi M (1984)
Supersensitivity of benzodiazepine receptors in experimental hepatic-encephalopathy - reversal by a benzodiazepine antagonist (meeting abstr.).
Ital J Gast 16: 319 (no Refs.)

11084. ZeneroliML, Ventura E, Santi M, Baraldi M (1984)
Neurochemical mechanism of the supersensitivity to benzodiazepines in hepatic-encephalopathy (meeting abst.r.).
Ital J Gast 16: 144 (2 Refs.)

11085. Zessin G, Fahr F, Mank R (1986)
The control of drug release of heavy-soluble, weak alkaline substances from matrix tablets using medazepam as an active ingredient.
Pharmazie 41: 39-42 (20 Refs.)

11086. Zetin M, Freedman MJ (1986)
Clonazepam in bipolar affective-disorder (letter).
Am J Psychi 143: 1055 (5 Refs.)

11087. Zetler G (1981)
Central depressant effects of cerulein and cholecystokinin octapeptide (CCK-8) differ from those of diazepam and haloperidol.
Neuropharm 20: 277-283 (38 Refs.)

11088. Zetler G (1981)
Anticonvulsant effects of cerulein, cholecystokinin octapeptide (CCK-8) and diazepam against seizures produced in mice by harman, thiosemicarbazide and isoniazid.
Neurosci L 24: 175-180 (16 Refs.)

11089. Zetler G (1982)
Cerulein and cholecystokinin octapeptide (CCK-8) - sedative and anticonvulsive effects in mice unaffected by the benzodiazepine antagonist Ro-15-1788.
Neurosci L 28: 287-290 (15 Refs.)

11090. Zetler G (1983)
Cholecystokin octapeptide (CCK-8), ceruletide and analogs of ceruletide - effects on tremors induced by oxotremorine, harmine and ibogaine a comparison with prolyl-leucylglycine amide (MIF), anti-parkinsonian drugs and clonazepam.
Neuropharm 22: 757-766 (40 Refs.)

11091. Zetler G (1986)
Antistereotype effects of ceruletide and some neuroleptics differentiated by interactions with clonazepam, muscimol, scopolamine and clonidine.
Neuropharm 25: 1213-1220 (40 Refs.)

11092. Zharkovskii AM, Shavrin AS, Zharkovs. TA (1987)
Changes in benzodiazepine receptor ligand affinity in the presence of 4,5,6,7-tetra-hydroisoxazolo-(5,4-c-)-pyridin-3-ol (THIP).
B Exp B Med 103: 204-207 (11 Refs.)

11093. Zharkovskii AM, Zharkovs. TA (1984)
Change in number of benzodiazepine receptors in different parts of the rat-brain after neuroleptic withdrawal.
B Exp B Med 98: 1390-1392 (13 Refs.)

11094. Zharkovskii AM (1986)
Adequate choice of free ligand concentrations for determination of benzodiazepine binding.
B Exp B Med 102: 1211-1214 (9 Refs.)

11095. Zharkovskii AM (1986)
Adequate choice of free ligand concentrations for determination of benzodiazepine binding.
B Exp B Med 102: 1211-1214 (9 Refs.)

11096. Ziegler DK (1981)
Prolonged relief of dystonic movements with diazepam (technical note).
Neurology 31: 1457-1458 (9 Refs.)

11097. Ziegler G, Ludwig L, Fritz G (1985)
Reversal of slow-wave sleep by benzodiazepine antagonist Ro-15-1788 (letter).
Lancet 2: 510 (6 Refs.)

11098. Ziegler G, Ludwig L, Fritz G (1986)
Effect of the specific benzodiazepine antagonist Ro-15-1788 on sleep.
Pharmacops 19: 200-201 (13 Refs.)

11099. Ziegler G, Ludwig L, Klotz U (1983)
Effect of midazolam on sleep.
Br J Cl Ph 16: 81-96 (6 Refs.)

11100. Ziegler G, Ludwig L, Klotz U (1983)
Relationships between plasma-levels and psychological effects of benzodiazepines.
Pharmacopsy 16: 71-76 (19 Refs.)

11101. Ziegler G, Ludwig L, Klotz U (1984)
Stress protective effects during steady-state conditions of bromazepam.
Pharmacops 17: 194-198 (21 Refs.)

11102. Ziegler WH, Schalch E, Leishman B, Eckert M (1983)
Comparison of the effects of intravenously administered midazolam, triazolam and their hydroxy metabolites.
Br J Cl Ph 16: 63-69 (12 Refs.)

11103. Ziegler WH, Thurneys. JD, Crevoisi. C, Eckert M, Amrein R, Dubuis R (1981)
Relationship between clinical effects and pharmacokinetics of midazolam on i.m. and i.v. application to volunteers .1. clinical aspects.
Arznei-For 31-2: 2206-2210 (2 Refs.)

11104. Zieve L, Ferenci P, Rzepczyn. D, Ebner J, Zimmerma. C (1986)
Benzodiazepine antagonist does not alter course of experimental hepatic-encephalopathy or neural GABA receptor affinity or density (meeting abstr.).
Hepatology 6: 1142 (no Refs.)

11105. Zieve L, Ferenci P, Rzepczyn. D, Ebner J, Zimmerma. C (1987)
A benzodiazepine antagonist does not alter the course of hepatic-encephalopathy or neural gamma-aminobutyric acid (GABA) binding.
Metab Brain 2: 201-205 (12 Refs.)

11106. Zilli MA, Nisi G (1986)
Simple and sensitive method for the determination of clobazam, clonazepam and nitrazepam in human-serum by high-performance liquid-chromatography (technical note).
J Chromat 378: 492-497 (8 Refs.)

11107. Zimakova IE, Kirshin SV, Kamburg RA (1982)
Comparative analysis of some behavioral, neurochemical and vegetotropic effects of mebicar and diazepam.
Farmakol T 45: 23-26 (13 Refs.)

11108. Zimmer R, Teelken AW, Weihmayr T, Ross A (1982)
Clinical biochemical investigations of the influence of benzodiazepines on the GABA system (meeting abstr.).
Arznei-For 32-2: 878-879 (6 Refs.)

11109. Zimmerman TW (1983)
Characterization of benzodiazepine receptors on rat intestinal-mucosa (meeting abstr.).
Gastroenty 84: 1359 (no Refs.)

11110. Zinkovskaya LY, Dozhenk. AT, Komissar. IV (1985)
Harman-induced alterations in the anxiolytic effect of diazepam.
Farmakol T 48: 21-23 (12 Refs.)

11111. Zinkowsky VG, Stankevi. EA, Yakubovs. LN, Golovren. NY, Andronat. SA (1986)
The synthesis and pharmacokinetics of ^{14}C-metabolite of peptidobenzophenones and some drugs of the benzodiazepine series.
Khim Far Zh 20: 142-146 (13 Refs.)

11112. Zinner G, Blass H, Beyersdo. J (1987)
[3+2]cycloaddition of chlordiazepoxide with isocyanates.
Arch Pharm 320: 210-213 (3 Refs.)

11113. Zipursky RB, Baker RW, Zimmer B (1985)
Alprazolam withdrawal delirium unresponsive to diazepam - case-report.
J Clin Psy 46: 344-345 (11 Refs.)

11114. Zis AP, Garland EJ (1987)
Effect of codeine and oxazepam on cortisol secretion (meeting abstr.).
Neuroendo L 9: 209 (no Refs.)

11115. Ziyadeh FN, Kelepour. E, Agus ZS (1987)
Diazepam stimulates Na-transport in frog-skin (meeting abstr.).
Kidney Int 31: 444 (no Refs.)

11116. Ziyadeh FN, Senesky D, Agus ZS (1987)
Benzodiazepines (BZ) inhibit transport-related oxygen-consumption (QO_2) in medullary thick ascending limb (TAL) (meeting abstr.).
Clin Res 35: 639 (no Refs.)

11117. Zlobina GP, Chekalin. ND, Oifa AI (1982)
Detection and properties of benzodiazepine receptors of glial and neuronal fractions of the human cerebral-cortex.
B Exp B Med 94: 1370-1372 (12 Refs.)

11118. Zlobina GP, Kondakov. LI, Khalansk. AS (1984)
Specific binding of ^{3}H-diazepam in mouse glioblastoma - the influence of clonazepam and Ro-5-4864 on ^{3}H-diazepam binding.
Neurosci L 52: 259-262 (10 Refs.)

11119. Zlobina GP, Kondakov. LI, Mukhin AG (1982)
Benzodiazepine receptors of mouse glioblastoma cell-line - anomalous effect of gamma-aminobutyric acid (GABA) on the diazepam binding.
Dan SSSR 267: 1501-1503 (10 Refs.)

11120. Zolyomi G, Lang T, Korosi J, Hamori T (1984)
A convenient preparation of ^{14}C-labeled 5H-2,3-benzodiazepines.
J Label C R 21: 751-757 (13 Refs.)

11121. Zorick F, Kribbs N, Roehrs T, Roth T (1984)
Polysomnographic and MMPI Characteristics of Patients with Insomnia.
In: Sleep Benzodiazepines and Performance - Experimental Methodologies and Research Prospects (Eds. Hindmarch I, Ott H, Roth R).
Springer, Berlin Heidelberg New York Tokyo, p. 2-10

11122. Zsigmond EK, Durrani Z, Winnie AP (1983)
Double-blind comparison of midazolam with thiopental for anesthetic induction (meeting abstr.).
Clin Pharm 33: 224   (no Refs.)

11123. Zundel JL, Blanchar. JC, Julou L (1985)
Partial chemical characterization of cyclopyrrolones (^{3}H-suriclone) and benzodiazepines (^{3}H-flunitrazepam) binding-site - differences.
Life Sci 36: 2247-2255   (28 Refs.)

11124. Zung WWK (1987)
Effect of clorazepate on depressed mood in anxious patients.
J Clin Psy 48: 13-14   (6 Refs.)

11125. Zung WWK, Daniel JT, King RE, Moore DT (1981)
A comparison of prazepam, diazepam, lorazepam and placebo in anxious outpatients in non-psychiatric private practices.
J Clin Psy 42: 280-284   (9 Refs.)

11126. Zung WWK, Mendels J, Tillman S, Macdonal. J (1986)
A comparison of the incidence of sedation in anxious outpatients treated with diazepam and prazepam.
Curr Ther R 39: 480-489   (7 Refs.)

11127. Zvartau EE (1981)
Emotional positive reactions under diazepam dependence development.
Farmakol T 44: 21-25   (14 Refs.)

Addendum

11128. Abounassif MA, Kariem ERAG, Aboulenein HY (1987)
High-performance liquid-chromatographic determination of clobazam and one of its pharmaceutical formulations (technical note).
J Pharm B 5: 431-434   (12 Refs.)

11129. Allard K, Deutsch D (1987)
Comparison of GDCS ELISA and SYVAS EMIT for qualitatively determining the presence of benzodiazepines in human-urine (meeting abstr.).
Clin Chem 33: 973   (no Refs.)

11130. Alonso RM, Jimenez RM, Fogg AG (1988)
Differential-pulse adsorptive stripping voltammetry of the psychotropic-drugs triazolam and clotiazepam.
Analyst 113: 27-30   (9 Refs.)

11131. Amrein R, Leishman B, Bentzing. C, Roncari G (1987)
Flumazenil in benzodiazepine antagonism - actions and clinical use in intoxications and anesthesiology (review).
Med Tox 2: 411-429   (* Refs.)

11132. Ankier SI, Goa KL (1988)
Quazepam - a preliminary review of its pharmacodynamic and pharmacokinetic properties, and therapeutic efficacy in insomnia (review).
Drugs 35: 42-62   (72 Refs.)

11133. Ashton H (1987)
Benzodiazepine withdrawal - outcome in 50 patients.
Br J Addict 82: 665-671   (12 Refs.)

11134. Avram MJ, Fragen RJ, Caldwell NJ (1987)
Dose-finding and pharmacokinetic study of intramuscular midazolam.
J Clin Phar 27: 314-317   (18 Refs.)

11135. Badcock NR, Zoanetti GD (1987)
Micro-determination of clobazam and N-desmethylclobazam in plasma or serum by electron-capture gas-chromatography (technical note).
J Chrom-Bio 421: 147-154   (31 Refs.)

11136. Bareggi SR, Truci G, Leva S, Zecca L, Pirola R, Smirne S (1988)
Pharmacokinetics and bioavailability of intravenous and oral chlordesmethyldiazepam in humans.
Eur J Clin Pharmacol 34: 109-112

11137. Bechtel WD (1983)
Pharmacokinetics and metabolism of brotizolam in humans.
Br J Clin Pharmac 16: 279-283

11138. Bechtel WD (1984)
Radioreceptor assay of brotizolam in human plasma.
Fresenius Z Anal Chem 317: 714-715

11139. Behne M, Asskali F, Steuer A, Forster H (1987)
Continuous infusion of midazolam for sedation of ventilator patients.
Anaesthesis 36: 228-232   (13 Refs.)

11140. Behne M, Zobel R, Asskali F, Forster H, Kessler P, Seiz W (1987)

Pharmacokinetics of midazolam during different kinds of anesthesia.

Anaesthesis 36: 634-639 (16 Refs.)

11141. Bell GD, Spickett GP, Reeve PA, Morden A, Logan RFS (1987)

Intravenous midazolam for upper gastro-intestinal endoscopy - a study of 800 consecutive cases relating dose to age and sex of patient.

Br J Cl Ph 23: 241-243 (10 Refs.)

11142. Bender S (1986)

Das klinische Bild des Benzodiazepin-Mißbrauchs. Eine empirische Untersuchung. 1. Aufl.

Hartung-Gorre Verlag Konstanz

11143. Bernareggi A, Ratti B, Toselli A (1984)

Quantitative determination of premazepam in human plasma by high-performance liquid chromatography.

J Chromat 309: 415-420

11144. Bun H, Philip F, Berger Y, Necciari J, Almallah NR, Serradim. A, Cano JP (1987)

Plasma-levels and pharmacokinetics of single and multiple dose of tetrazepam in healthy-volunteers.

Arznei-For 37-1: 199-202 (5 Refs.)

11145. Busto U, Lanctot K, Kadlec K, Selelrs EM (1988)

Benzodiazepine kinetics determine abuse patterns (meeting abstr.).

Clin Pharm 43: 142 (no Refs.)

11146. Busto U, Sellers EM, Naranjo CA (1987)

Use of benzodiazepines - risk analysis (meeting abstr.).

Act Phys Ph 37: 148-149 (no Refs.)

11147. Chai WG, Wang GH, Jin S, Lin ZM, Liu P (1987)

Ring contractions of dihydro-1,5-benzo-diazepines and tetrahydro-1,5-benzodiazepines in electron ionization mass-spectrometry.

Org Mass Sp 22: 660-664 (10 Refs.)

11148. Clarenbach P (1987)

Benzodiazepine als Muskelrelaxantien und Antikonvulsiva.

In: Benzodiazepine - Standortbestimmung und Perspektiven (Ed. Coper H, Rommelspacher H).

Urban & Schwarzenberg, München-Wien-Baltimore, p. 86-95

11149. Clausen TG, Wolff J, Hansen PB, Larsen F, Rasmusse. SN, Dixon JS, Crevoisi. C (1988)

Pharmacokinetics of midazolam and alpha-hydroxy-midazolam following rectal and intravenous administration.

Br J Cl Ph 25: 457-463 (12 Refs.)

11150. Clausen T, Wolff J, Hansen P, Larsen F, Rasmusse. S, Mikkelse. BO (1987)

Pharmacokinetics following rectal administration of midazolam (meeting abstr.).

Act Anae Sc 31: 140 (no Refs.)

11151. Colburn WA, Jack ML (1987)

Relationships between CSF drug concentrations, receptor-binding characteristics, and pharmacokinetic and pharmacodynamic properties of selected 1,4-substituted benzodiazepines.

Clin Pharma 13: 179-190 (53 Refs.)

11152. Comi V, Fossati A, Gervasi GB (1977)

Specific metabolic pathway in vitro of pinazepam and diazepam by liver microsomal enzymes of different animal species.

Il Farmaco 4: 278-285

11153. Crevoisier C, Ziegler WH, Cano JP (1987)

Relation between the pharmacokinetics and pharmacodynamics of intravenously administered midazolam, triazolam and their hydroxy metabolites (meeting abstr.).

Act Phys Ph 37: 29 (no Refs.)

11154. Dally S, Girre C, Facy F, Lagier G (1987)

Presence of benzodiazepines in plasma of accident victims - results of a multi-center investigation (meeting abstr.).

Therapie 42: 569 (no Refs.)

11155. Danhof M, Dingeman. J, Voskuyl RA, Breimer DD (1987)

Pharmacokinetic pharmacodynamic modeling of the anticonvulsant effect of oxazepam in rats (meeting abstr.).

J Pharm Sci 76: 68 (no Refs.)

11156. Dargy R, Persson A, Sedvall G (1987)

A quantitative cerebral and whole-body autoradiographic study of an intravenously administered benzodiazepine antagonist ^{3}H-Ro 15-1788 in mice.

Psychophar 92: 8-13 (14 Refs.)

11157. Dettli L (1986)

Benzodiazepines in the treatment of sleep disorders - pharmacokinetic aspects.

Act Psyc Sc 74: 9-19 (10 Refs.)

11158. Dirksen MSC, Vree TB, Driessen JJ (1987)

Clinical pharmacokinetics of long-term infusion of midazolam in critically ill patients - preliminary-results.

Anaesth I C 15: 440-444 (8 Refs.)

11159. Di Tella AS, Ricci P, Di Nunzio C, Cassandro P (1986)

A new method for the determination in blood and urine of a novel triazolobenzo-diazepine (estazolam) by HPLC.

J Anal Tox 10: 65-67

11160. Dorow R, Berenber. D, Duka T, Sauerbre. N (1987)

Amnestic effects of lormetazepam and their reversal by the benzodiazepine antagonist Ro 15-1788.

Psychophar 93: 507-514 (44 Refs.)

11161. Dundee JW (1987)

Pharmacokinetics of midazolam (letter).

Br J Cl Ph 23: 591 (3 Refs.)

11162. Dusci LJ, Hackett LP (1987)

Simultaneous determination of clobazam, N-desmethyl clobazam and clonazepam in plasma by high-performance liquid-chromatography.

Ther Drug M 9: 113-116 (24 Refs.)

11163. Eberlein HJ (1987)
Benzodiazepine in Anästhesie und Notfallmedizin.
In: Benzodiazepine - Standortbestimmung und Perspektiven (Ed. Coper H, Rommelspacher H). Urban & Schwarzenberg, München-Wien-Baltimore, p. 76-85

11164. Evers J, Renner E, Bechtel WD (1983)
Pharmacokinetics of brotizolam in renal failure.
Br J Cl Ph 16: 309-313

11165. Fatmi AA, Hickson EA (1988)
Determination of temazepam and related-compounds in capsules by high-performance liquid-chromatography.
J Pharm Sci 77: 87-89   (8 Refs.)

11166. Fialip J, Aumaitre O, Eschalie. A, Maradeix B, Dordain G, Lavarenne J (1987)
Benzodiazepine withdrawal seizures - analysis of 48 case-reports (review).
Clin Neurop 10: 538-544   (21 Refs.)

11167. Ford S, Ankier SI, Corless D, Bevan CD, Pidgen AW, Robinson JD, Rangedar. DC (1987)
Pharmacokinetics of loprazolam and its principal metabolite in young subjects and elderly hospital patients.
Xenobiotica 17: 1001-1009 (32 Refs.)

11168. Fraser AD (1987)
Urinary screening for alprazolam, triazolam, and their metabolites with the EMIT dau benzodiazepine metabolite assay.
J Anal Tox 11: 263-266   (13 Refs.)

11169. Fujii J, Inotsume N, Nakano M (1987)
Degradation of bromazepam by the intestinal microflora (technical note).
Chem Pharm 35: 4338-4341   (12 Refs.)

11170. Fujii J, Inotsume N, Nakano M (1988)
Relative bioavailability of midazolam following sublingual versus oral-administration in healthy-volunteers.
J Pharmacob 11: 206-209   (10 Refs.)

11171. Gaertner HJ, Heimann H (1987)
Indikation der Benzodiazepine in der Psychiatrie.
In: Benzodiazepine - Standortbestimmung und Perspektiven (Ed. Coper H, Rommelspacher H). Urban & Schwarzenberg, München-Wien-Baltimore, p. 65-75

11172. Gallo B, Alonso RM, Vicente F, Ortiz I, Irabien A, Patriarc. GJ, Vire JC (1988)
The behavior of thienotriazolodiazepine drugs in acidic medium - kinetics of hydrolysis of brotizolam (technical note).
Pharmazie 43: 212-213   (3 Refs.)

11173. Gasparič J, Zimák J (1983)
Analysis of the 1,4-benzodiazepines by methods based on hydrolysis.
J Pharm Biomed Anal 1: 259-279

11174. Girre C, Facy F, Lagier G, Dally S (1988)
Detection of blood benzodiazepines in injured people - relationship with alcoholism.
Drug Al Dep 21: 61-65   (19 Refs.)

11175. Greenblatt DJ, Harmatz JS, Engelhar. N, Shader RI (1988)
Triazolam, temazepam, and flurazepam - pharmacodynamic consequences of kinetic differences (meeting abstr.).
Clin Pharm 43: 168   (no Refs.)

11176. Greenblatt DJ, Miller LG, Shader RI (1987)
Clonazepam pharmacokinetics, brain uptake, and receptor interactions.
J Clin Psy 48: 4-11   (48 Refs.)

11177. Gruhl H (1987)
Detection of benzodiazepines and thienodiazepines by EMIT-st and TLC as part of a drug screening-program.
Z Rechtsmed 98: 221-228   (9 Refs.)

11178. Gunawan S, Treiman DM (1988)
Determination of lorazepam in plasma of patients during status epilepticus by high-performance liquid-chromatography.
Ther Drug M 10: 172-176   (19 Refs.)

11179. Ha HR, Funk B, Maitre PO, Zbinden AM, Follath F, Thomson DA (1988)
Midazolam in plasma from hospitalized-patients as measured by gas-liquid chromatography with electron-capture detection.
Clin Chem 34: 676-679   (17 Refs.)

11180. Haefely WE (1987)
Structure and function of the benzodiazepine receptor.
Chimia 41: 389-396   (25 Refs.)

11181. Haefely W (1987)
Development of anti-anxiety drugs - particularly the benzodiazepines.
Tijd Ther G 12: 15-21   (no Refs.)

11182. Haefely W (1988)
Endogenous ligands of the benzodiazepine receptor.
Pharmacops 21: 43-46   (24 Refs.)

11183. Haefely W (1988)
Pharmacology of GABAergic transmission and of benzodiazepines (meeting abstr.).
Therapie 43: 78   (no Refs.)

11184. Halliday NJ, Dundee JW, Carlisle RJ, McClean E (1987)
i.v. temazepam - theoretical and clinical considerations.
Br J Anaest 59: 465-467   (9 Refs.)

11185. Harzer K
Überdosierung mit Clobazam (1982)
Toxichem + Krimtech 20: 12

11186. Hattori H, Suzuki O, Sato K, Mizutani Y, Yamada T (1987)
Positive-ion and negative-ion mass-spectrometry of 24 benzodiazepines.
Foren Sci I 35: 165-179   (18 Refs.)

11187. Herman RJ, Vanpham J, Szakacs CBN (1987)
Lorazepam disposition in man - enterohepatic recirculation and 1st-pass effect (meeting abstr.).
Clin Invest 10: 58   (no Refs.)

11188. Hermann RJ, Vanpham J, Szakacs CBN (1988)
Enterohepatic recirculation and 1st-pass metabolism of lorazepam in man (meeting abstr.).
Clin Pharm 43: 195   (no Refs.)

11189. Hernandez L, Zapardie. A. Lopez JAP, Bermejo E (1987)
Determination of camazepam and bromazepan in human-serum by adsorptive stripping voltammetry.
Analyst 112: 1149-1153 (30 Refs.)

11190. Heyndrickx B (1987)
Fatal intoxication due to flunitrazepam (letter).
J Anal Tox 11: 278 (6 Refs.)

11191. Hohne D, Bohn G, Thier HP (1987)
Determination of benzodiazepine residues in biological tissues and fluids by gas-liquid-chromatography.
Z Anal Chem 328: 99-104 (9 Refs.)

11192. Hotz W (1988)
Endogene Benzodiazepine ?
Med Mo Pharm 4: 157

11193. Hruby K, Prischl F, Smetana R, Pernecke. M, Donner A, Scholtz I, Grimm G (1987)
Flumazenil (Ro 15-1788) for acute benzodiazepine intoxication.
Wien Med W 137: 179-193 (no Refs.)

11194. Inoue T, Suzuki S (1987)
High-performance liquid-chromatographic determination of triazolam and its metabolites in human-urine.
J Chrom-Bio 422: 197-204 (12 Refs.)

11195. Jalal IM, Sasa SI, Hussein A, Khalil HS (1987)
Reverse-phase high-performance liquid-chromatographic determination of clidinium bromide and chlordiazepoxide in tablet formulations.
Anal Letter 20: 635-655 (13 Refs.)

11196. Javaid JI, Davis JM (1987)
Plasma-concentrations of alprazolam and metabolites determined by negativ-ion chemical ionization mass-spectrometry (meeting abstr.).
Int J Neurs 32: 428 (no Refs.)

11197. Jedrychowski M, Schmidt EKG, Bieck PR (1988)
High-performance liquid-chromatographic determination of a new pyrazoloquinoline type benzodiazepine receptor antagonist and its hydroxy metabolite.
Arznei-For 38-1: 495-497 (4 Refs.)

11198. Jimenez RM, Alonso RM, Oleaga E, Vicente F, Hernande. L (1987)
Polarographic study of a triazolobenzodiazepine - estazolam.
Z Anal Chem 329: 468-471 (no Refs.)

11199. Jimenez RM, Alonso RM, Vicente F, Hernande. L (1987)
Reversible ring-opening reaction of a triazolobenzodiazepine, triazolam, in acidic media.
B S Chim Be 96: 265-274 (13 Refs.)

11200. Jimenez RM, Domingue. E, Badia D, Alonso RM, Vicente F, Hernande. L (1987)
On the mechanism of hydrolysis of the triazolobenzodiazepine, triazolam - spectroscopic study.
J Hetero Ch 24: 421-424 (20 Refs.)

11201. Jochemsen R, Joeres RP, Wesselman JGJ, Richter E, Breimer DD (1983)
Pharmacokinetics of oral brotizolam in patients with liver cirrhosis.
Br J Clin Pharmac 16: 315-322

11202. Jochemsen R, Nandi KL, Corless D, Wesselman JGJ, Breimer DD (1983)
Pharmacokinetics of brotizolam in the elderly.
Br J Clin Pharmac 16: 299-307

11203. Jochemsen R, Wesselmann JGJ, Hermans J, van Boxtel CJ, Breimer DD (1983)
Pharmacokinetics of brotizolam in healthy subjects following intravenous and oral administration.
Br J Clin Pharmac 16: 285-290

11204. Joern WA, Joern AB (1987)
Detection of alprazolam (xanax) and its metabolites in urine using dual capillary column, dual nitrogen detector gas-chromatography.
J Anal Tox 11: 247-251 (4 Refs.)

11205. Juergens SM, Morse RM (1988)
Alprazolam dependence in 7 patients (technical note).
Am J Psychi 145: 625-627 (10 Refs.)

11206. Kanto J, Erkkola R, Kangas L, Pitkanen Y (1987)
Placental-transfer of flunitrazepam following intramuscular administration during labor.
Br J Cl Ph 23: 491-494 (10 Refs.)

11207. Kanto J, Scheinin M (1987)
Placental and blood-CSF transfer of orally-administered diazepam in the same person.
Pharm Tox 61: 72-74 (16 Refs.)

11208. Karnes HT, Beightol LA, Serafin RJ, Farthing D (1988)
Improved method for the determination of diazepam and N-desmethyldiazepam in plasma using capillary gas-chromatography and nitrogen phosphorus detection (technical note).
J Chrom-Bio 424: 398-402 (10 Refs.)

11209. Karnes HT, Farthing D (1987)
Improved method for the determination of oxazepam in plasma using capillary gas-chromatography and nitrogen phosphorus detection.
LC GC 5: 978-979 (* Refs.)

11210. Keegan C, Wang N, Heiman D, Simpson J, Hasz B (1987)
A FPIA for detecting benzodiazepines in serum (meeting abstr.).
Clin Chem 33: 973-974 (no Refs.)

11211. Kelly C, Egner J, Rubin J (1988)
Successful treatment of triazolam overdose with Ro-15-1788 (anexate) (letter).
S Afr Med J 73: 442 (2 Refs.)

11212. Kiang W, Backes D (1987)
Clinical-evaluation of a TDx^R fluorescence polarization immunoassay (FPIA) for the detection of benzodiazepines in urine (meeting abstr.).
Clin Chem 33: 973 (no Refs.)

11213. Klein HE, Hippius H (1983)
Angst. Diagnostik und Therapie.
Adam Pharma Verlag GmbH Essen.

11214. Klockows. PM, Levy G (1987)
Simultaneous determination of diazepam and its active metabolites in rat serum, brain and cerebrospinal-fluid by high-performance liquid-chromatography (technical note).
J Chrom-Bio 422: 334-339 (16 Refs.)

11215. Klotz U (1987)
Die Bedeutung der Pharmakokinetik von Benzodiazepinen für die Therapie.
In: Benzodiazepine - Standortbestimmung und Perspektiven (Ed. Coper H, Rommelspacher H).
Urban & Schwarzenberg, München-Wien-Baltimore, p. 1-13

11216. Klotz U (1987)
Pharmacokinetics of midazolam - a reply (letter).
Br J Cl Ph 23: 592 (2 Refs.)

11217. Klotz U, Kanto J (1988)
Pharmacokinetics and clinical use of flumazenil (Ro 15-1788) (review).
Clin Pharma 14: 1-12 (61 Refs.)

11218. Knudsen L, Lonka L, Sorensen BH, Kirkegaa. L, Jensen OV, Jensen S (1988)
Benzodiazepine intoxication treated with flumazenil (anexate, Ro-15-1788).
Anaesthesia 43: 274-276 (23 Refs.)

11219. Kominami G, Matsumot. H, Nakamura M, Kono M (1987)
An enzyme-immunoassay for a metabolite of a new sleep inducer (450191-S), a ring-opened derivative of 1,4-benzodiazepine, in humanserum.
J Immunoass 8: 267-281 (10 Refs.)

11220. Kominami G, Matsumot. H, Nishimur. R, Yamaguch. T, Konaka R, Sugeno K, Hirai K, Kono M (1987)
Combined high-performance liquid-chromatography and enzyme-immunoassay for active metabolites of a sleep inducer (rilmazafone), a ring-opened derivative of benzodiazepines, in human-plasma (technical note).
J Chrom-Bio 417: 216-222 (21 Refs.)

11221. Kroboth PD, Smith RB, Vanthiel DH, Juhl RP (1987)
Nighttime dosing of triazolam in patients with liver-disease and normal subjects - kinetics and daytime effects.
J Clin Phar 27: 555-560 (15 Refs.)

11222. Kurono Y, Kuwayama T, Jinno Y, Kamiya K, Yamada E, Yashiro T, Ikeda K (1988)
The behavior of 1,4-benzodiazepine drugs in acidic media .10. kinetics and mechanism of the acid-base equilibrium of benzodiazepinooxazoles (oxazolam analogs).
Chem Pharm 36: 732-740 (13 Refs.)

11223. Kuwayama T, Kato S, Yashiro T (1987)
The behavior of 1,4-benzodiazepine drugs in acidic media .7. ^{13}C nuclear magnetic-resonance spectra of flurazepam in acidic aqueous-solution (technical note).
Yakugaku Za 107: 318-322 (15 Refs.)

11224. Lader MH (1987)
Benzodiazepine dependence (review).
Isi Atl Pha 1: 299-302 (20 Refs.)

11225. Lader M, File S (1987)
The biological basis of benzodiazepine dependence (editorial).
Psychol Med 17: 539-547 (76 Refs.)

11226. Ladewig D (1987)
Das Abhängigkeitspotential der Benzodiazepine.
In: Benzodiazepine - Standortbestimmung und Perspektiven (Ed. Coper H, Rommelspacher H).
Urban & Schwarzenberg, München-Wien-Baltimore, p. 96-112

11227. Lange M, Abecassi. PY, Hunt PF (1987)
Monoclonal-antibodies specific for 1,4 benzodiazepines (technical note).
Bioch Pharm 36: 2037-2040 (13 Refs.)

11228. Langley MS, Clissold SP (1988)
Brotizolam - a review of its pharmacodynamic and pharmacokinetic properties, and therapeutic efficacy as an hypnotic.
Drugs 35: 104-122 (69 Refs.)

11229. Latorre C, Blanco MH, Abad EL, Vicente J, Hernandez L (1988)
Determination of clonazepam by flowinjection analysis.
Analyst 113: 317-319 (16 Refs.)

11230. Lau CE, Dolan S, Tang M (1987)
Microsample determination of diazepam and its 3 metabolites in serum by reversedphase high-performance liquid-chromatography (technical note).
J Chrom-Bio 416: 212-218 (29 Refs.)

11231. Lau CE, Falk JL, Dolan S, Tang M (1987)
Simultaneous determination of flurazepam and 5 metabolites in serum by high-performance liquid-chromatography and its application to pharmacokinetic studies in rats.
J Chrom-Bio 423: 251-259 (40 Refs.)

11232. Lendormin - Schlaftherapeutikum.
Boehringer Ingelheim (wiss. Information)

11233. Lheureux P, Askenasi R (1988)
Specific treatment of benzodiazepine overdose.
Hum Toxicol 7: 165-170 (41 Refs.)

11234. Lin WN (1987)
Determination of clonazepam in serum by high-performance liquid-chromatography.
Ther Drug M 9: 337-342 (27 Refs.)

11235. Linden M, Schüssler G, Geiselmann B (1987)
Kenntnisstand niedergelassener Nervenärzte über die Tranquilizereinnahme ihrer Patienten.
In: Benzodiazepine - Standortbestimmung und Perspektiven (Ed. Coper H, Rommelspacher H).
Urban & Schwarzenberg, München-Wien-Baltimore, p. 57-64

11236. Livertoux MH, Bessiere J (1987)
Polarographic analysis of human-serum albumin-benzodiazepine interactions.
Bioelectr B 17: 535-548 (28 Refs.)

11237. Lorenzo E, Hernandez L (1987)
Adsorptive stripping voltammetry of chlordiazepoxide at the hanging mercury drop electrode (technical note).
Analyt Chim 201: 275-280 (16 Refs.)

11238. Mahieu P, Hassoun A, Vanbinst R, Jacqmin P, Lesne M (1987)
Flunitrazepam acute intoxication - comparative pharmacokinetic and clinical follow-up (meeting abstr.).
Vet Hum Tox 29: 107 (no Refs.)

11239. Martin IL (1987)
The benzodiazepines and their receptors - 25 years of progress.
Neuropharm 26: 957-970 (137 Refs.)

11240. Mathews HML, Carson IW, Howard PJ, Dundee JW (1987)
Pharmacokinetics of midazolam infusion following open-heart surgery in pediatric-patients (meeting abstr.).
Br J Anaest 59: 934 (3 Refs.)

11241. Maurer H, Pfleger K (1987)
Identification and differentiation of benzodiazepines and their metabolites in urine by computerized gas-chromatography mass-spectrometry.
J Chrom-Bio 422: 85-101 (26 Refs.)

11242. Miller LG, Greenblatt DJ, Abernethy DR, Friedman H, Luu MD, Paul SM, Shader RI (1988)
Kinetics, brain uptake, and receptor-binding characteristics of flurazepam and its metabolites.
Psychophar 94: 386-391 (34 Refs.)

11243. Mochizuki Y, Ohkubo H, Yoshida A, Hata D (1987)
Rectal administration of diazepam in solution - blood-levels and EEG analysis after a single dose in children (meeting abstr.).
Brain Devel 9: 174 (9 Refs.)

11244. Mohiuddi. G, Reddy PS, Ratnam CV (1987)
^{13}C NMR shift data of some 3H-1,4-benzodiazepine-2,5(1H, 4H)-diones.
Magn Res Ch 25: 642-643 (11 Refs.)

11245. Montagne MN, Venault P, Chapouth. G (1987)
Amnesic effects of benzodiazepine are observed in the sedative dose range (meeting abstr.).
Beh Bra Res 26: 231 (3 Refs.)

11246. Muller FO, Fandyk M, Hundt HKL, Joubert AL, Luus HG, Groenewo. G, Dunbar GC (1987)
Pharmacokinetics of temazepam after daytime and night-time oral-administration (technical note).
Eur J Cl Ph 33: 211-214 (16 Refs.)

11247. Mura P, Piriou A, Fraillon P, Papet Y, Reiss D (1987)
Screening-procedure for benzodiazepines in biological-fluids by high-performance liquid-chromatography using a rapid-scanning multichannel detector.
J Chrom-Bio 416: 303-310 (29 Refs.)

11248. Murphy JV, Sawasky F, Marquard. KM, Harris DJ (1987)
Deaths in young-children receiving nitrazepam.
J Pediat 111: 145-147 (8 Refs.)

11249. Naito H, Itoh N, Matsui N, Eguchi T (1988)
Monitoring plasma-concentrations of zonisamide and clonazepam in an epileptic attempting suicide by an overdose of the drugs.
Curr Ther R 43: 463-467 (24 Refs.)

11250. Naito H, Wachi M, Nishida M (1987)
Clinical effects and plasma-concentrations of long-term clonazepam monotherapy in previously untreated epileptics.
Act Neur Sc 76: 58-63 (31 Refs.)

11251. Nishikawa T, Ohtani H, Saito M, Sato M, Sudo Y (1987)
Studies on radioreceptor assay of benzodiazepines in human-serum (meeting abstr.).
J Pharm Sci 76: 20 (no Refs.)

11252. Nutt D (1988)
Benzodiazepine terminology (letter).
Trends Phar 9: 86 (7 Refs.)

11253. Oelschläger H, Ellaithy MM (1987)
Analysis of drugs by polarographic methods .30. electrochemical-behavior of metaclazepam [7-bromo-5-(2-chlorophenyl)-2,3-dihydro-2-(methoxymethyl)-1-methyl-1H-1,4-benzodiazepine] and assay of its formulations.
Arch Pharm 320: 711-718 (8 Refs.)

11254. Oelschläger H, Ellaithy MM (1988)
Quantitative debromination of the benzodiazepine metaclazepam over H2/Raney-Ni under mild conditions.
Arch Pharm 321: 231-233 (7 Refs.)

11255. Oelschläger H, Volke J, Fedai I (1987)
Electroanalysis of brotizolam [2-bromo-4(2-chlorophenyl)-9-methyl-6H-thieno[3,2-f]-1,2-4-triazolo-[4,3-alpha]1,4-diazepine](technical note).
Arch Pharm 320: 761-764 (9 Refs.)

11256. Oelschläger H, Volke J, Fedai I (1988)
Analysis of drugs by polarographic methods .31. electroanalysis of brotizolam, 2-bromo-4-(2-chlorophenyl)-9-methyl-6H-thieno[3,2-f]1,2,4-triazolo[4,3-α]1,4-diazepine.
Arch Pharm 321: 1-4 (5 Refs.)

11257. Oldenhof H, Dejong M, Steenhoe. A, Janknegt R (1988)
Clinical pharmacokinetics of midazolam in intensive-care patients, a wide inter-patient variability.
Clin Pharm 43: 263-269 (17 Refs.)

11258. Osulliva. GF, Wade DN (1987)
Flumazenil in the management of acute drug overdosage with benzodiazepines and other agents.
Clin Pharm 42: 254-259 (14 Refs.)

11259. Pacifici GM, Cuoci L, Guarneri M, Fornaro P, Arcidiacono G, Cappelli N, Moggi G, Placidi GF (1984)
Placental transfer of pinazepam and its metabolite N-desmethyldiazepam in women at term.
Eur J Clin Pharmacol 27: 307-310

11260. Pacifici GM, Placidi CF, Fornaro P, Gomeni R (1982)
Pinazepam: A precursor of N-desmethyldiazepam.
Eur J Clin Pharmacol 22: 225-228

11261. Persson MP, Nilsson A, Hartvig P (1988)
Relation of sedation and amnesia to plasma-concentrations of midazolam in surgical patients.
Clin Pharm 43: 324-331 (23 Refs.)

11262. Petersen EN (1987)
Benzodiazepine receptor pharmacology: New vistas.
Drugs of the Future 12: 1043-1053

11263. Pfefferbaum B, Butler PM, Mullins D, Copeland DR (1987)
2 cases of benzodiazepine toxicity in children.
J Clin Psy 48: 450-452   (12 Refs.)

11264. Pullar T, Haigh JRM, Peaker S, Feely MP (1987)
A comparison of the single dose pharmacokinetics of N-desmethylclobazam and clobazam in healthy-volunteers (meeting abstr.).
Br J Cl Ph 24: 269-270   (5 Refs.)

11265. Reimann IW, Jedrycho. M, Schulz R, Antonin KH, Roth A, Bieck PR (1987)
Pharmacokinetic and pharmacodynamic effects of the novel benzodiazepine antagonist 2-phenylpyrazolo[4,3-c]quinolin-3(5H)-one in humans.
Arznei-For 37-2: 1174-1178   (41 Refs.)

11266. Rickels K (1987)
Benzodiazepine in der Allgemeinpraxis.
In: Benzodiazepine - Standortbestimmung und Perspektiven (Ed. Coper H, Rommelspacher H).
Urban & Schwarzenberg, München-Wien-Baltimore, p. 35-56

11267. Rodrigue. IB, Procopio JR, Hernandez LH (1987)
Determination of clotiazepam by HPLC with spectrophotometric and amperometric detection.
Z Anal Chem 328: 117-119   (6 Refs.)

11268. Rommelspacher H (1987)
Zum Wirkungsmechanismus der Benzodiazepine - das Konzept spezifischer Rezeptoren.
In: Benzodiazepine - Standortbestimmung und Perspektiven (Ed. Coper H, Rommelspacher H).
Urban & Schwarzenberg, München-Wien-Baltimore, p. 14-34

11269. Salama Z, Schraufs. B, Jaeger H (1988)
Determination of flurazepam and its major metabolites N-1-hydroxyethyl- and N-1-desalkylflurazepam in plasma by capillary gas-chromatography.
Arznei-For 38-1: 400-403   (15 Refs.)

11270. Sandow U, Müller T, Kapp S (1987)
Comparison of 2 screening methods for 1,4-benzodiazepines in urine (meeting abstr.).
J Clin Chem 25: 624-625   (2 Refs.)

11271. Scavone JM, Greenblatt DJ, Shader RI (1987)
Alprazolam kinetics following sublingual and oral-administration.
J Cl Psych 7: 332-334   (14 Refs.)

11272. Scharf MB, Fletcher K, Graham JP (1988)
Comparative amnestic effects of benzodiazepine hypnotic agents.
J Clin Psy 49: 134-137   (16 Refs.)

11273. Schlappi B, Bonetti EP, Burgin H, Strobel R (1988)
Toxicological investigations with the benzodiazepine antagonist flumazenil.
Arznei-For 38-1: 247-250   (26 Refs.)

11274. Schrum H (1985)
Benzodiazepine als Schlafmittel.
Schweiz Rundschau Med (Praxis) 74: 1301-1304

11275. Schütz H, Schneider WR (1987)
Screening of tetracyclic benzodiazepines with EMIT-st (benzodiazepines) and TDx.
Z Rechtsmed 99: 181-189   (16 Refs.)

11276. Schütz H, Schneider WR, Schölermann K (1988)
Improved enzyme-immunological screening-procedure for benzodiazepines in urine after extrelut-enrichment.
Ärztl Lab 34: 130-136   (†2 Refs.)

11277. Shirai H, Miura H, Minagawa K, Mizuno S, Sunaoshi W (1987)
A pharmacokinetic study on the effectiveness of intermittend therapy with rectal diazepam suppositories for the prevention of recurrent febrile convulsions - comparable bioavailability of hospital-made suppositories (meeting abstr.).
Brain Devel 9: 325-326   (no Refs.)

11278. Silvestr. TM, Wills RJ (1988)
Pharmacokinetics of diazepam during multiple dosing of a 6-mg controlled-release capsule once daily.
Ther Drug M 10: 64-68   (4 Refs.)

11279. Soderman P, Matheson I (1988)
Clonazepam in breast-milk (letter).
Eur J Ped 147: 212-213   (4 Refs.)

11280. Staak M, Sticht G, Käferstein H, Norpoth T (1984)
Pharmakokinetik und Metabolitenmuster von Tetrazepam und Chlordesmethyldiazepam.
Beitr gerichtl Med XLII: 75-79

11281. St Pierre MV, Pang KS (1987)
Determination of diazepam and its metabolites by high-performance liquid-chromatography and thin-layer chromatography.
J Chrom-Bio 421: 291-307   (32 Refs.)

11282. Suzuki K, Johno I, Kitazawa S (1988)
High-performance liquid-chromatographic determination of nitrazepam in plasma and its application to pharmacokinetic studies in the rat (technical note).
J Chrom-Bio 425: 435-440   (18 Refs.)

11283. Swinson RP, Pecknold JC, Kirby ME (1987)
Benzodiazepine dependence.
J Affect D 13: 109-118   (89 Refs.)

11284. Takahashi S (1987)
Isotope effect in negative ion chemical ionization mass spectrometry of deuterium labelled lormetazepam.
Biomed Environ Mass Spectrom 14: 257-261

11285. Taylor J (1988)
Sensitivity of the EMIT dau for benzodiazepines (letter).
J Anal Tox 12: 53   (no Refs.)

11286. Thart BJ, Wilting J (1988)
Sensitive gas-chromatographic method for determining nitrazepam in serum and saliva (technical note).
J Chrom-Bio 424: 403-409   (12 Refs.)

11287. Thart BJ, Wilting J, Degier JJ (1988)
The stability of benzodiazepines in saliva.
Meth Find E 10: 21-26   (23 Refs.)

11288. Valdeon JL, Escriban. TS, Hernandez LH (1987)

Determination of bromazepam and its urinary metabolites, with a previous hydrolysis reaction, by voltammetric and spectrophotometric techniques.

Analyst 112: 1365-1368   (26 Refs.)

11289. Verweij AMA, Verheijden-de Bruyne MMA (1984)

Hydrolyse des Lorazepams mit Salzsäure.

Arch Krim 174: 35

11290. Vire JC, Hermosa BG, Patriarche GJ (1987)

Polarographic study and acidic hydrolysis of brotizolam.

Analusis 15: 499-503   (27 Refs.)

11291. Vu Duc T, Vernay A (1985)

Validation of a method for detecting benzodiazepines in the urine by acid extraction of their benzophenones and thin layer chromatography.

Ann Biol Clin 43: 261-265

11292. Wala EP, Sloan JW, Smathers E, Martin WR (1988)

Plasma-levels of diazepam, nordiazepam and oxazepam in the orally dosed dependent dogs following precipitation of abstinence by flumazenil (meeting abstr.).

Faseb J 2: 1807   (no Refs.)

11293. Woods JH, Katz JL, Winger G (1987)

Abuse liability of benzodiazepines (review).

Pharm Rev 39: 251-413   (200 Refs.)

11294. Zecca L, Ferrario P, Pirola R (1987)

Analysis of chlordesmethyldiazepam and its metabolites in plasma and urine.

J Chromatogr 420: 417-424

11295. Zomer G, Vandenbe. RH, Jansen EHJM, Roos T (1988)

Chemi-luminescence immunoassay for oxazepam (technical note).

Analyt Chim 205: 249-254   (10 Refs.)

11296. Bäumler J (1988)

(subject to be published)

11297. Bogusz M, Bialka J, de Zeeuw RA, Franke JP (1985)

Erratic data in thin-layer chromatography due to anomalous behaviour of correction standards.

J Anal Toxicol 9: 139-140

11298. Bogusz M, Franke JP, de Zeeuw RA (1984)

Potentials of capillary gaschromatography in toxicology today.

Z Rechtsmed 93: 237-250

11299. Bogusz M, Gierz J, de Zeeuw RA, Franke JP (1985)

Influence of the biological matrix on retention behaviour in thin-layer chromatography: Evidence of systematic differences between pure and extracted drugs.

J Chromatogr 342: 241-244

11300. Bogusz M, Klys M, Wisjbeek J, Franke JP, de Zeeuw RA (1984)

Impact of biological matrix and isolation methods on detectability and interlaboratory variations of TLC Rf-values in systematic toxicological analysis.

J Anal Toxicol 8: 149-154

11301. Borchert A, Schneider WR, Schütz H (1987)

Der korrigierte R_f^c-Wert in der forensischen Toxikologie - Untersuchungen und Erfahrungen.

Beitr gerichtl Med 45: 193-201

11302. Corni L, Palmarin R, Gervasi GB, Comi V, Fossati A (1976)

Cinetica ematica e prove di accumulo nell'uomo di una nuova benzodiazepina (pinazepam) dopo somministrazione orale.

La Clinica Terapeutica 78: 111-112

11303. DFG/TIAFT (1987)

Thin-Layer Chromatographic R_f-Values of Toxicologically Relevant Substances on Standardized Systems.
Report VII of the DFG Commission for Clinical-Toxicological Analysis - Special Issue of the TIAFT Bulletin.

VCH-Verlagsgesellschaft mbH, Weinheim

11304. Divoll Allen M, Greenblatt D, Arnold JD (1979)

Single- and multiple-dose kinetics of estazolam, a triazolo benzodiazepine.

Psychopharmacology 66: 267-274

11305. Galanous DS, Kapoulas VM (1964)

The paper chromatographic identification of compounds using two reference compounds.

J Chromatogr 13: 128-138

11306. Kovats E (1958)

Gaschromatographische Charakterisierung organischer Verbindungen. Teil 1: Retentionsindices aliphatischer Halogenide, Alkohole, Aldehyde und Ketone.

Helv Chim Acta 41: 1915-1932

11307. Moffat AC (1975)

Use of SE-30 stationary phase for the gas-liquid chromatography of drugs.

J Chromatogr 113: 69-95

11308. Moffat AC, Smalldon KW, Brown C (1974)

Optimum use of paper, thin-layer and gas-liquid chromatography for the identification of basic drugs. 1. Determination of effectiveness for a series of chromatographic systems.

J Chromatogr 90: 1-7

11309. Peel HW, Perrigo BJ (1976)

The practical gaschromatographic procedures for toxicological analysis.

Can Soc Forens Sci J 9: 69-74

11310. Perrigo B, Peel H (1981)

The use of retention indices and temperature-programmed gas chromatography in analytical toxicology.

J Chromatogr Sci 19: 219-226

11311. Ramsay J, Lee T, Osselton M, Moffat A (1980)

Gas-liquid chromatographic retention indices of 296 non-drug substances on SE-30 or OV-1 likely to be encountered in toxicological analysis.

J Chromatogr 184: 185-206

11312. Sanofi (1984)

CM 6912 - Ethyl Loflazepate. Neurobiology Research.

Sanofi Recherche, 115 p.

11313. Schneider WR, Schütz H (1987)

Screening and detection of the new 1,4-benzodiazepine derivative metaclazepam.

Mikrochim Acta 1986: 187-195

11314. Schütz H (1988)

Modern screening strategies in analytical toxicology with special regard to new benzodiazepines.

Z Rechtsmed 100: 19-37

11315. Schütz H, Wollrab A (1988)

Die Bedeutung des Retentionsindex für die toxikologische Analytik.

Pharmaz i u Zeit 17: 97-101

11316. Walters RL (1987)

An open letter to the laboratory community.

J Anal Tox (Addendum)

11317. Wollrab A, Schütz H (1988)

Der Retentions-Index in der Gaschromatographie.

Pharm i u Zeit 17: 65-70

11318. de Zeeuw RA, Bogusz M, Franke JP, Wijsbeek J (1984)

Drug screening by capillary column gas chromatography.

Biomedical Publ, Foster City, California: 41-58

11319. de Zeeuw RA, Schepers P, Greving JE, Franke JP (1978)

A new approach to the optimization of chromatographic systems and the use of a generally accessible data bank in systematic toxicological analysis.

In: Instrumental applications in forensic drug chemistry (Ed. Klein M, Kruegel AV, Sobol SP).

UV Government Printing Office, Washington DC, p. 167-179

11320. Eberts FS, Pilopoulos Y, Reineke LM, Vielek RW (1980)

Disposition of ^{14}C-alprazolam, a new anixolytic-antidepressant in man.

Pharmacologist 22: 279

11321. Giovanni De N, Chiarotti M (1988)

Analysis of benzodiazepines. II. High-performance liquid chromatography-fluorescence detection after molecular rearrangement to acridanones.

J Chromatogr 428: 321-329

11322. Gupta SK, Ellinwood EH (1988)

Liquid chromatographic determination of halazepam in commercial tablets.

J Chromatogr 445: 310-313

11323. Illing HPA, Bevan CD, Robinson JD (1983)

Metabolism of loprazolam in rat, dog and man in vivo.

Xenobiotica 13: 539-553

11324. Illing HPA, Ingst RMJ, Johnson KI, Fromson JM (1983)

Disposition of ^{14}C-loprazolam in animals and man.

Xenobiotica 13: 439-449

11325. Japp M, Garthwaite K, Geeson AV, Osselton MD (1988)

Collection of analytical data for benzodiazepines and benzophenones.

J Chromatogr 439: 317-339

11326. Kanai Y (1974)

The biotransformation of 8-chloro-6-phenyl-4H-s-triazolo[4,3-a][1,4]benzodiazepine (D-40TA), a new central depressant, in man, dog and rat.

Xenobiotica 4: 441-456

11327. Machinist JM, Bopp BA, Anderson DJ, Granneman GR, Sonders RC (1986)

Metabolism of ^{14}C-estazolam in dogs and humans.

Xenobiotica 16: 11-20

11328. Mancinelli A, Guiso G, Garattini S, Urso R, Caccia S (1985)

Kinetic and pharmacological studies on estazolam in mice and man.

Xenobiotica 15: 257-265

11329. Miller RL (1988)

Alprazolam, α-hydroxy- and 4-hydroxyalprazolam analysis in plasma by high-performance liquid chromatography.

J Chromatogr 430: 180-186

11330. Murata H et al. (1973)

Chem pharmac Bull 21: 404

11331. Suzuki K, Johno I, Kitazawa S (1988)

High-performance liquid chromatographic determination of nitrazepam in plasma and its application to pharmacokinetic studies in the rat.

J Chromatogr 425: 435-440

11332. Tanayama S, Kanai Y (1974)

Metabolism of 8-chloro-6-phenyl-4H-s-triazolo[4,3-a][1,4]benzodiazepine (D-40TA), a new central depressant.
II. Species difference in metabolism.

Xenobiotica 4: 49-56

11333. Tanayama S, Momose S, Kanai Y, Shirakawa Y (1974)

Metabolism of 8-chloro-6-phenyl-4H-s-triazolo[4,3-a][1,4]benzodiazepine (D-40TA), a new central depressant.
IV. Placental transfer and excretion in milk in rats.

Xenobiotica 4: 219-227

11334. Tanayama S, Momose S, Kanai Y (1974)

Comparative studies on the metabolic disposition of 8-chloro-6-phenyl-4H-s-triazolo[4,3-a][1,4]benzodiazepine (D-40TA) and nitrazepam after single and repeated administration in rats.

Xenobiotica 4: 229-236

11335. Tanayama S, Momose S, Takagaki E (1974)

Metabolism of 8-chloro-6-phenyl-4H-s-triazolo[4,3-a][1,4]benzodiazepine (D-40TA), a new central depressant.
III. Metabolism and tolerance studies in rats.

Xenobiotica 4: 57-65

11336. Tanayama S, Shirakawa Y, Kanai Y, Suzuoki Z (1974)

Metabolism of 8-chloro-6-phenyl-4H-s-triazolo[4,3-a][1,4]benzodiazepine (D-40TA), a new central depressant.
I. Absorption, distribution and excretion in rats.

Xenobiotica 4: 33-47

11337. Yanagi Y, Haga F, Endo M, Kitagawa S (1976)

Comparative metabolic study of nimetazepam and its desmethyl derivative (nitrazepam) in dogs.

Xenobiotica 6: 101-112

11338. Yanagi Y, Haga F, Endo M, Kitagawa S (1975)

Comparative metabolic study of nimetazepam and its desmethyl derivative (nitrazepam) in rats.

Xenobiotica 5: 245-257

Subject Index
(Covering Vol. I and Vol. II)

ABCB (see 2-amino-5-bromo-2'-chlorobenzophenone)
ABFB (see 2-amino-5-bromo-2'-fluorobenzophenone)
ABP (see 2-(2-amino-5-bromo-benzoyl)-pyridine)
abbreviations I/XII
absorption studies I/245–246, II/237
absorption half-life (see pharmacokinetic data)
absorption maxima (UV-spectra) I/91–122, II/52–56
ACB (see 2-amino-5-chlorobenzophenone)
7-acetamidoclonazepam (= subst. no. 24)
– analytical methods I/155, 183, 187, 188
– basic data I/17
– biotransformation I/7
– concentrations (blood, serum a.o.) I/231
– GLC-data I/25, II/52
– hydrolysis products I/13, 15
– IR-spectrum I/51
– mass spectrum I/51, II/83
– TLC-data I/22, II/44
– UV-spectra I/105, II/52
7-acetamidoflunitrazepam (= subst. no. 39)
– basic data I/18
– biotransformation I/9, II/26
– GLC-data I/25, II/53
– hydrolysis products I/13, 15
– IR-spectrum I/66
– mass spectrum I/66, II/84
– TLC-data I/22, II/45
– UV-spectra I/112, II/53
7-acetamidonitrazepam (= subst. no. 12)
– analytical methods I/174
– basic data I/17
– biotransformation I/5
– concentrations (blood, serum a.o.) I/221
– GLC-data I/24, II/52
– hydrolysis products I/13, 15
– IR-spectrum I/39

– mass spectrum I/39, II/83
– TLC-data I/22, II/44
– UV-spectra I/99, II/52
3-acetoxydiazepam (= subst. no. 50)
– basic data I/18
– IR-spectrum I/77
– mass spectrum I/77
– TLC-data I/23
3-acetoxyprazepam (= subst. no. 52)
– basic data I/18
– IR-spectrum I/79
– mass spectrum I/79
– TLC-data I/23
ACFB (see 2-amino-5-chloro-2'-fluorobenzophenone)
acid hydrolysis I/4, 253, II/47
ADB (see 2-amino-5,2'-dichlorobenzophenone)
adinazolam (= subst. no. 64)
– basic data II/1
– biotransformation II/22
– GLC-data II/54
– immunological screening II/152
– IR-spectrum II/86
– mass spectrum II/84, 86
– screening II/45, 54, 84, 152
– synonyma II/12
– TLC-data II/45
– UV-spectra II/54, 57
adverse-effects I/268–270, II/295–302
ADx II/142–151
AHCB (see 2-amino-3-hydroxy-5-chlorobenzophenone)
alprazolam (= subst. no. 66)
– analytical methods II/157–159, 174
– basic data II/1
– biotransformation II/22
– concentrations (blood, serum a.o.) II/193, 197–199
– GLC-data II/54
– immunological screening II/146, 152
– IR-spectrum II/88
– mass spectrum II/84, 88
– pharmacokinetic data II/199–201

– screening II/45, 54, 84, 152
– synonyma II/12
– TLC-data II/45
– UV-spectra II/54, 58
aminobenzophenones (formation) I/13–16, II/34–37
2-(2-amino-5-bromobenzoyl)-pyridine (ABP) (= subst. no. 35)
– analytical methods I/130, 194–196
– basic data I/18
– biotransformation I/8, II/23
– GLC-data I/25, II/53
– hydrolysis products I/13, 15
– IR-spectrum I/62
– mass spectrum I/62, II/83
– TLC-data I/22, II/44
– UV-spectra I/110, II/53
2-amino-5-bromo-2'-chlorobenzophenone (ABCB) (= subst. no. 89)
– basic data II/6
– biotransformation II/29
– mass spectrum II/85, 111
2-amino-5-bromo-2'-fluorobenzophenone (ABFB) (= subst. no. 84)
– basic data II/4
– GLC-data II/55
– hydrolysis products II/35
– IR-spectrum II/106
– mass spectrum II/85, 106
– screening II/46, 48, 85
– TLC-data II/46, 48
(2-amino-5-bromo-3-hydroxyphenyl)-(pyridin-2-yl) methanone (= subst. no. 69)
– basic data II/2
– biotransformation II/23
– GLC-data II/54
– IR-spectrum II/91
– mass spectrum II/84, 91
– screening II/45, 54, 84
– TLC-data II/45
– UV-spectra II/54, 59
(2-amino-5-bromophenyl) (pyridine-2-yl)methanone (see 2-(2-amino-5-bromobenzoyl)-pyridine (ABP))

2-amino-5-chlorobenzophenone
(ACB) (= subst. no. 4)
– analytical methods I/130, 165, 176
– basic data I/17
– biotransformation I/4–6, II/31
– GLC-data I/24, II/52
– hydrolysis products I/13–14
– IR-spectrum I/31
– mass spectrum I/31, II/83
– TLC-data I/21, II/44
– UV-spectra I/95, II/52
2-amino-5-chloro-2′-fluorobenzo-
phenone (ACFB) (= subst. no. 31)
– basic data I/18
– GLC-data I/25, II/53
– hydrolysis products I/13, 15, II/37
– IR-spectrum I/58, II/111
– mass spectrum I/58, II/83
– TLC-data I/22, II/44
– UV-spectra I/108, II/53
7-aminoclonazepam (= subst. no. 23)
– analytical methods I/155, 171, 183, 186–188
– basic data I/17
– biotransformation I/7
– concentrations (blood, serum a.o.) I/230–231
– GLC-data I/25, II/52
– hydrolysis products I/13, 15
– IR-spectrum I/50
– mass spectrum I/50, II/83
– TLC-data I/22, II/44
– UV-spectra I/104, II/52
2-amino-5,2′-dichlorobenzo-
phenone (ADB) (= subst. no. 18)
– analytical methods I/130, 178
– basic data I/17
– biotransformation I/6, II/24
– GLC-data I/25, II/52
– hydrolysis products I/13, 15, II/34
– IR-spectrum I/45
– mass spectrum I/45, II/83
– TLC-data I/22, II/44, 48
– UV-spectra I/102, II/52
7-aminoflunitrazepam (= subst. no. 38)
– analytical methods I/171, 200
– basic data I/18
– biotransformation I/9, II/26
– concentrations (blood, serum a.o.) I/236–237

– GLC-data I/25, II/53
– hydrolysis products I/13, 15
– IR-spectrum I/65
– mass spectrum I/65, II/83
– TLC-data I/22, II/45
– UV-spectra I/112, II/53
2-amino-3-hydroxy-5-chlorobenzo-
phenone (AHCB) (= subst. no. 45)
– basic data I/18
– biotransformation I/6, II/31
– GLC-data I/25, II/53
– hydrolysis products I/13
– IR-spectrum I/72
– mass spectrum I/72, II/84
– TLC-data I/23
– UV-spectra I/115, II/53
7-aminonitrazepam (= subst. no. 11)
– analytical methods I/171, 174
– basic data I/17
– biotransformation I/5
– concentrations (blood, serum a.o.) I/221
– GLC-data I/24, II/52
– hydrolysis products I/13, 15
– IR-spectrum I/38
– mass spectrum I/38, II/83
– TLC-data I/22, II/44
– UV-spectra I/98, II/52
2-amino-5-nitrobenzophenone
(ANB) (= subst. no. 13)
– analytical methods I/130, 168–169, 171–172
– basic data I/17
– biotransformation I/5
– GLC-data I/24, II/52
– hydrolysis products I/13, 15
– IR-spectrum I/40
– mass spectrum I/40, II/83
– TLC-data I/22, II/44, 48
– UV-spectra I/99, II/52
2-amino-5-nitro-2′-chlorobenzo-
phenone (ANCB) (= subst. no. 25)
– basic data I/17
– biotransformation I/7
– GLC-data I/25, II/52
– hydrolysis products I/13, 15
– IR-spectrum I/52
– mass spectrum I/52, II/83
– TLC-data I/22, II/44, 48
– UV-spectra I/105, II/52
2-amino-5-nitro-2′-fluorobenzo-
phenone (ANFB) (= subst. no. 42)

– analytical methods I/130, 197–198
– basic data I/18
– GLC-data I/25, II/53
– hydrolysis products I/13, 15
– IR-spectrum I/69
– mass spectrum I/69, II/84
– TLC-data I/22, II/45, 48
– UV-spectra I/114, II/53
7-amino-norflunitrazepam (= subst. no. 40)
– basic data I/18
– biotransformation I/9, II/26
– concentrations (blood, serum a.o.) I/236
– GLC-data I/25, II/53
– hydrolysis products I/13, 16
– IR-spectrum I/67
– mass spectrum I/67, II/84
– TLC-data I/22, II/45
– UV-spectra I/113, II/53
analytical studies II/237 (literature)
analytical methods
– alprazolam II/157–159, 174
– bromazepam I/124, 128, 130–131, 134, 194–196, 199, II/174–177
– brotizolam II/159
– camazepam I/130–131, 135, 204
– chlordiazepoxide I/123–138, 140–148, II/174–175
– clobazam I/131, 134, 138–139, 201–203, II/174, 177–179
– clonazepam I/124–125, 128–131, 134, 136, 143, 155, 170–171, 182–189, II/174, 179–184
– clorazepate I/128–131, 134–136, 141, 176–177, II/174
– clotiazepam II/160
– delorazepam II/160–161
– demoxepam I/127, 135, 138, 145–148, II/174–175
– diazepam I/123–139, 141–143, 149–164, 187, II/174–175, 184–186
– estazolam II/161–162, 175
– ethyl loflazepate II/162
– flumazenil II/162–163
– flunitrazepam I/123, 128–131, 134, 171, 197–200, II/174–175, 186–188
– flurazepam I/123–131, 134, 136–137, 141–143, 190–193, II/174–175, 188–190
– halazepam II/163–164

- ketazolam II/174
- lorazepam I/123–124, 128, 130–131, 136, 138, 141, 167, 178–180, II/161, 174–175, 190–191
- lormetazepam II/174–175
- medazepam I/124, 128–131, 134, 138, 141, 143, 175, II/174
- metaclazepam II/164
- midazolam II/164–168, 174
- nitrazepam I/123, 128–131, 134, 136, 138–141, 143, 168–174, II/174, 179, 191–192
- nordazepam I/125–129, 135, 148, 149–156, 160–164, 175–177, 181, II/174–175, 184–186
- oxazepam I/124–126, 128–132, 134–141, 143, 165–167, II/174–175, 184–186
- pinazepam II/168–169
- prazepam I/128–131, 134, 136, 138, 141, 143, II/174–175
- quazepam II/169–170
- temazepam I/128, 134, 138, 148–149, 154–155, 163, 175, II/170–171, 174–175, 185–186
- tetrazepam II/171, 174
- triazolam I/138, II/172–173, 174–175

ANB (see 2-amino-5-nitrobenzophenone)
ANCB (see 2-amino-5-nitro-2′-chlorobenzophenone)
anesthesia studies II/241–243
ANFB (see 2-amino-5-nitro-2′-fluorobenzophenone)
antagonist studies II/238–240
apparent volume of distribution (see pharmacokinetic data)

base-peaks (MS) I/17–20, II/83–85
behavioral studies II/244–247
benzodiazepine receptor I/272–275, II/283–291
benzodiazepines in relation to mother, fetus, newborn infant and child I/246–247, II/250–251
benzophenones (formation) I/13–16, II/34–37
bioavailability studies I/247, II/263–267
biotransformation/metabolism (literature) I/247–248, II/248
biotransformation (metabolism)
- adinazolam II/22
- alprazolam II/22
- bromazepam I/8, II/23
- brotizolam II/23
- camazepam I/10
- chlordiazepoxide I/4
- clobazam I/9
- clonazepam I/7
- clorazepate I/7
- clotiazepam I/11
- cloxazolam II/24
- delorazepam II/24
- demoxepam I/4
- diazepam I/5
- estazolam II/25
- ethyl loflazepate II/25
- fludiazepam II/26
- flunitrazepam I/9, II/26
- flurazepam I/8
- halazepam II/27
- haloxazolam II/27
- ketazolam I/10
- loprazolam II/28
- lorazepam I/6
- lormetazepam I/11
- medazepam I/6
- metaclazepam II/29
- midazolam II/30
- nimetazepam II/30
- nitrazepam I/5
- nordazepam I/5
- oxazepam I/5
- oxazolam II/31
- pinazepam II/31
- prazepam I/7
- quazepam II/32
- temazepam I/5
- tetrazepam I/11
- triazolam I/10, II/33

bis-desalkylmetaclazepam (= subst. no. 88)
- analytical methods II/164
- basic data II/5
- biotransformation II/29
- GLC-data II/55
- IR-spectrum II/110
- mass spectrum II/85, 110
- screening II/46, 55, 85
- TLC-data II/46
- UV-spectra II/55, 68

blood concentrations (see levels)
body-fluid levels (see levels)
BRATTON-MARSHALL-reaction I/14, 21–23, II/47–48
breast-feeding I/246–247, II/250–251

bromazepam (= subst. no. 33)
- analytical methods I/124, 128, 130–131, 134, 194–196, 199, II/176–177
- basic data I/18
- biotransformation I/8
- concentrations (blood, serum a.o.) I/235, 244, II/193
- GLC-data I/25, II/53
- hydrolysis products I/13, 15
- immunological screening II/146
- IR-spectrum I/60
- mass spectrum I/60, II/83
- pharmacokinetic data I/235
- screening I/443–444, II/44, 47–48, 53, 83, 146
- synonyma II/12
- TLC-data I/22, II/44, 48
- UV-spectra I/109, II/53

bromazepam-N(py)-oxide (= subst. no. 56)
- basic data I/19
- biotransformation I/8
- GLC-data I/26, II/54
- IR-spectrum I/83
- mass spectrum I/83, II/84
- TLC-data I/23, II/45
- UV-spectra I/119, II/54

brotizolam (= subst. no. 70)
- analytical methods II/159
- basic data II/2
- biotransformation II/23
- concentrations (blood, serum a.o.) II/193, 202–203
- GLC-data II/54
- immunological screening II/152
- IR-spectrum II/92
- mass spectrum II/84, 92
- pharmacokinetic data II/203–204
- screening II/45, 53, 84, 152
- synonyma II/12
- TLC-data II/45
- UV-spectra II/54, 60

camazepam (= subst. no. 48)
- analytical methods I/130–131, 135, 204, II/174
- basic data I/18
- biotransformation I/10
- concentrations (blood, serum a.o.) I/239, II/193
- GLC-data I/26, II/53
- hydrolysis products I/13, 14
- IR-spectrum I/75
- mass spectrum I/75, II/84

- pharmacokinetic data I/239
- screening I/443–444, II/45, 47–48, 53, 84
- synonyma II/13
- TLC-data I/23, II/45
- UV-spectra I/117, II/53

CAS-No. II/1–11, 12–21
casuistics II/249
CCB (see 2-cyclopropylmethyl-amino-5-chlorobenzophenone)
CFMB (see 2-methylamino-5-chloro-2'-fluorobenzophenone)
CFTB (see 2-(2,2,2-trifluoroethyl)-amino-5-chloro-2'-fluorobenzophenone)
chemical names (see synonyma)
chlorazepate (see clorazepate)
chlordesmethyldiazepam (see delorazepam)
chlordiazepoxide (= subst. no. 1)
- analytical methods I/123–138, 140–148, II/174, 175
- basic data I/17
- biotransformation I/4
- concentrations (blood, serum a.o.) I/205–208, 243, II/193
- GLC-data I/24, II/52
- hydrolysis products I/13, 14
- immunological screening II/146
- IR-spectrum I/28
- mass spectrum I/28, II/83
- pharmacokinetic data I/208
- screening I/443–444, II/44, 47–48, 52, 83, 146
- synonyma II/13
- TLC-data I/21, II/44
- UV-spectra I/93, II/52

5-chloro-2-(2-propinyl) benzophenone (CPB) (= subst. no. 98)
- basic data II/7
- GLC-data II/55
- hydrolysis products II/36
- IR-spectrum II/120
- mass spectrum II/85, 120
- screening II/46, 47–48, 85
- TLC-data II/46
- UV-spectra II/55, 72

clearance (see pharmacokinetic data)
cleavage of conjugates I/4
clinical studies (literature) I/257–265, II/268–278
clobazam (= subst. no. 46)
- analytical methods I/131, 134, 138–139, 201–203, II/174, 177–179

- basic data I/18
- biotransformation I/9
- concentrations (blood, serum a.o.) I/238, II/193
- GLC-data I/25, II/53
- IR-spectrum I/73
- mass spectrum I/73, II/84
- pharmacokinetic data I/238
- screening II/45, 53, 84
- synonyma II/13
- TLC-data I/23, II/45
- UV-spectra I/116, II/53

clonazepam (= subst. no. 22)
- analytical methods I/124–125, 128–131, 134, 136, 143, 155, 170–171, 182–189, II/174, 179–184
- basic data I/17
- biotransformation I/7
- concentrations (blood, serum a.o.) I/230–232, II/193
- GLC-data I/25, II/52
- hydrolysis products I/13, 15
- immunological screening II/146
- IR-spectrum I/49
- mass spectrum I/49, II/83
- pharmacokinetic data I/232
- screening I/443–444, II/44, 47–48, 52, 83, 146
- synonyma II/13
- TLC-data I/22, II/44
- UV-spectra I/104, II/52

clorazepate (= subst. no. 16)
- analytical methods I/128–131, 134–136, 141, 176–177, II/174
- basic data I/17
- biotransformation I/7
- concentrations (blood, serum a.o.) I/225–226, II/193
- GLC-data I/25, II/52
- hydrolysis products I/13, 14
- IR-spectrum I/43
- mass spectrum I/43, II/83
- pharmacokinetic data I/226
- screening I/443–444, II/44, 47–48, 52, 83
- synonyma II/14
- TLC-data I/22, II/44
- UV-spectra I/101, II/52

clotiazepam (= subst. no. 59)
- analytical methods II/160, 174
- basic data I/19
- biotransformation I/11
- concentrations (blood, serum a.o.) II/193, 205
- GLC-data I/26, II/54

- IR-spectrum I/86
- mass spectrum I/86, II/84
- pharmacokinetic data II/205
- screening II/45, 54, 84
- synonyma II/14
- TLC-data I/23, II/45
- UV-spectra I/120, II/54

cloxazolam (= subst. no. 73)
- basic data II/2
- biotransformation II/24
- GLC-data II/54
- hydrolysis products II/34
- IR-spectrum II/95
- mass spectrum II/95
- screening II/45, 47–48, 54, 84
- synonyma II/14
- TLC-data II/45
- UV-spectra II/54

colorimetry I/146, 172, II/279
concentrations (see levels)
conjugates (cleavage) I/4
corrected R_f-values II/41–46
CPB (see 5-chloro-2-(2-propinyl)-benzophenone)
cross-reactivities II/141–154
cut-off levels II/141–154

2-cyclopropylmethylamino-5-chlorobenzophenone (CCB) (= subst. no. 21)
- analytical methods I/130
- basic data I/17
- GLC-data I/25, II/52
- hydrolysis products I/13, 15
- IR-spectrum I/48
- mass spectrum I/48, II/83
- TLC-data I/22, II/44
- UV-spectra I/103, II/52

DAB (see 2,5-diaminobenzophenone)
DCB (see 2,5-diamino-2'-chlorobenzophenone)
DCFB (see 2-diethylaminoethylamino-5-chloro-2'-fluorobenzophenone)
delorazepam (= subst. no. 74)
- analytical methods II/160–161
- basic data II/3
- biotransformation II/24
- concentrations (blood, serum a.o.) II/193, 205–206
- GLC-data II/54
- hydrolysis products II/34
- IR-spectrum II/96
- mass spectrum II/84, 96

- pharmacokinetic data II/206
- screening II/45, 47–48, 54, 84
- synonyma II/14
- TLC-data II/45
- UV-spectra II/54, 61

demoxepam (= subst. no. 2)
- analytical methods I/127, 135, 138, 145–148, II/174–175
- basic data I/17
- biotransformation I/4
- concentrations (blood, serum a. o.) I/205–207, II/193
- GLC-data I/24, II/52
- hydrolysis products I/13, 14
- immunological screening II/146
- IR-spectrum I/29
- mass spectrum I/29, II/83
- screening II/44, 47–48, 52, 83, 146
- synonyma II/14
- TLC-data I/21, II/44
- UV-spectra I/94, II/52

densitometry I/135, 145, 191, II/279

desalkyl- (also see nor-)

N-1-desalkylflurazepam (= subst. no. 28)
- analytical methods I/127–129, 138, 190–192, II/188–190
- basic data I/18
- biotransformation I/8, II/25–26
- concentrations (blood, serum a. o.) I/233–234
- GLC-data I/25, II/53
- hydrolysis products I/13, 15, II/111
- immunological screening II/146
- IR-spectrum I/55
- mass spectrum I/55, II/83
- TLC-data I/22, II/44
- UV-spectra I/107, II/53

N-desalkyl-2-oxoquazepam (= subst. no. 101)
- analytical methods II/169–170
- basic data II/8
- biotransformation II/32
- concentrations (blood, serum a. o.) II/226
- GLC-data II/55
- hydrolysis products II/37
- IR-spectrum II/123
- mass spectrum II/85, 123
- pharmacokinetic data II/227–228
- screening II/46, 47–48, 55, 85
- TLC-data II/46

- UV-spectra II/55, 74

desmethyl- (also see nor-)

desmethylchlordiazepoxide (= subst. no. 3)
- analytical methods I/127, 135, 142, 145, 147–148
- basic data I/17
- biotransformation I/4
- concentrations (blood, serum a. o.) I/205–207
- GLC-data I/24, I/52
- hydrolysis products I/13–14
- immunological screening II/147
- IR-spectrum I/30
- mass spectrum I/30, II/83
- TLC-data I/21, II/44
- UV-spectra I/94, II/52

desmethyl-clobazam (see nor-clobazam)

desmethyl-diazepam (see nor-dazepam)

desmethyl-flunitrazepam (see nor-flunitrazepam)

desmethylmedazepam (= subst. no. 53)
- basic data I/19
- biotransformation I/6
- concentrations (blood, serum a. o.) I/224
- GLC-data I/26, II/54
- IR-spectrum I/80
- mass spectrum I/80, II/84
- TLC-data I/23, II/45
- UV-spectra I/117, II/54

desmethyl-tetrazepam (see nor-tetrazepam)

detection I/14, 21–23, 443–444, II/47–48

detection limits (EMIT/TDx) II/141–154

DFB (see 2,5-diamino-2′-fluoro-benzophenone)

2,5-diaminobenzophenone (DAB) (= subst. no. 14)
- basic data I/17
- GLC-data I/24, II/52
- hydrolysis products I/13, 15
- IR-spectrum I/41
- mass spectrum I/41, II/83
- TLC-data I/22, II/45
- UV-spectra I/100, II/52

2,5-diamino-2′-chlorobenzo-phenone (DCB) (= subst. no. 26)
- basic data I/17
- GLC-data I/25, II/53

- hydrolysis products I/13, 15
- IR-spectrum I/53
- mass spectrum I/53, II/83
- TLC-data I/22, II/44
- UV-spectra I/106, II/53

2,5-diamino-2′-fluorobenzo-phenone (DFB) (= subst. no. 44)
- basic data I/18
- GLC-data I/25, II/53
- hydrolysis products I/13, 16
- IR-spectrum I/71
- mass spectrum I/71, II/84
- TLC-data I/23
- UV-spectra I/115, II/53

diazepam (= subst. no. 5)
- analytical methods I/123–139, 141–143, 149–164, 187, II/174–175, 184–186
- basic data I/17
- biotransformation I/5–6, 10
- concentrations (blood, serum a. o.) I/209–218, 224, 240, 243–244, II/193
- GLC-data I/24, II/52
- hydrolysis products I/13–14
- immunological screening II/146
- IR-spectrum I/32
- mass spectrum I/32, II/83
- pharmacokinetic data I/217–218
- screening I/443–444, II/44, 47–48, 52, 83, 146
- synonyma II/15
- TLC-data I/21, II/44
- UV-spectra I/95, II/52

diazepam-N-oxide (= subst. no. 49)
- basic data I/18
- IR-spectrum I/76
- mass spectrum I/76
- TLC-data I/23

diazotization I/14, 443–444, II/48

didesethylflurazepam (= subst. no. 55)
- analytical methods I/192
- basic data I/19
- biotransformation I/8
- GLC-data I/26, II/54
- IR-spectrum I/82
- mass spectrum I/82, II/84
- TLC-data I/23, II/45
- UV-spectra I/118, II/54

2-diethylamino-ethylamino-5-chloro-2′-fluorobenzophenone (DCFB) (= subst. no. 30)
- basic data I/18

- GLC-data I/25, II/53
- hydrolysis products I/13, 15
- IR-spectrum I/57
- mass spectrum I/57, II/83
- TLC-data I/22, II/44
- UV-spectra I/108, II/53

differential pulse polarography (DPP) I/137, 147, 156, 177, 180, 188, 192, 196, II/279

α,4-dihydroxymidazolam (= subst. no. 93)
- analytical methods I/147–151
- basic data II/6
- biotransformation II/30
- GLC-data II/55
- immunological screening II/153
- IR-spectrum II/115
- mass spectrum II/85, 115
- screening II/46, 55, 85, 115, 153
- TLC-data II/46
- UV-spectra II/55, 70

discrepancies (EMIT/TLC) II/145
disposition I/248, II/263–267
distribution half-life (see pharmacokinetic data)
distribution volume (see pharmacokinetic data)
drug monitoring (see levels)

effects and interactions with other compounds I/248–250, II/259–261
eight-peak index II/83–85
elimination half-life (see pharmacokinetic data)
emergency drug analysis I/250–251
EMIT^R I/160, II/141, 144, 145, 152–154
enrichment procedure II/145, 154
enzymatic hydrolysis I/4
enzyme multiplied immunoassay technique (EMIT) II/141, 144, 145, 152–154

estazolam (= subst. no. 75)
- analytical methods II/161–162, 175
- basic data II/3
- biotransformation II/25
- concentrations (blood, serum a.o.) II/207
- GLC-data II/54
- immunological screening II/152
- IR-spectrum II/97
- mass spectrum II/84, 97
- pharmacokinetic data II/207
- screening II/45, 54, 84, 152
- synonyma II/15
- TLC-data II/45
- UV-spectra II/54, 62

ethyl loflazepate (= subst. no. 76)
- analytical methods II/162
- basic data II/3
- biotransformation II/25
- concentrations (blood, serum a.o.) II/208
- GLC-data II/54
- hydrolysis products I/58
- IR-spectrum II/98
- mass spectrum II/84, 98
- pharmacokinetic data II/209
- screening II/45, 47–48, 54, 84
- synonyma II/15
- TLC-data II/45
- UV-spectra II/54, 62

etizolam (= subst. no. 114)
- basic data II/11
- GLC-data II/56
- IR-spectrum II/136
- mass spectrum II/85, 136
- screening II/46, 56, 85
- synonyma II/15
- TLC-data II/46
- UV-spectra II/56, 79

extraction from biological samples I/4, 251, II/47

false-negative results II/145
feto-maternal studies I/246–247, II/250–251
fetus I/246–247, II/250–251

fludiazepam (= subst. no. 77)
- basic data II/3
- biotransformation II/26
- GLC-data II/55
- hydrolysis products II/34
- IR-spectrum II/99
- mass spectrum II/84, 99
- screening II/45, 47–48, 55, 84
- synonyma II/16
- TLC-data II/45
- UV-spectra II/55, 63

flumazenil (= subst. no. 79)
- analytical methods II/162–163
- basic data II/4
- concentrations (blood, serum a.o.) II/193, 209
- GLC-data II/55
- IR-spectrum II/101
- mass spectrum II/84, 101
- pharmacokinetic data II/210
- screening II/45, 55, 84
- synonyma II/16
- TLC-data II/45
- UV-spectra II/55, 64

flunitrazepam (= subst. no. 36)
- analytical methods I/123, 128–131, 134, 171, 197–200, II/174–175, 186–188
- basic data I/18
- biotransformation I/9, II/26
- concentrations (blood, serum a.o.) I/236–237, II/193
- GLC-data I/25, II/53
- hydrolysis products I/13, 15
- immunological screening II/146, 154
- IR-spectrum I/63
- mass spectrum I/63, II/83
- pharmacokinetic data I/237
- screening I/443–444, II/45, 47–48, 53, 83, 146, 154
- synonyma II/16
- TLC-data I/22, II/45
- UV-spectra I/111, II/53

fluorescence I/251, II/279
fluorescence densitometry I/145, 155, 156, II/279
fluorescent polarisation immunoassay (FPIA) II/141–153
fluorometry I/145, 146, 155, 156, 173, 191, 202, 203, II/279

flurazepam (= subst. no. 27)
- analytical methods I/123–131, 134, 136–137, 141–143, 190–193, II/174–175, 188–190
- basic data I/18
- biotransformation I/8
- concentrations (blood, serum a.o.) I/233–234, II/193
- GLC-data I/25, II/53
- hydrolysis products I/13, 15
- immunological screening II/146
- IR-spectrum I/54
- mass spectrum I/54, II/83
- pharmacokinetic data I/234
- screening I/443–444, II/44, 47–48, 53, 83, 146
- synonyma II/16
- TLC-data I/22, II/44
- UV-spectra I/106, II/53

flutazolam (= subst. no. 112)
- basic data II/11
- GLC-data II/56
- IR-spectrum II/134
- mass spectrum II/85, 134

- screening II/46, 47–48, 56, 85
- synonyma II/16
- TLC-data II/46
- UV-spectra II/56, 78

fundamental data
- adinazolam and metabolite II/1
- alprazolam and metabolites II/1
- bromazepam and metabolites I/18, II/2
- brotizolam and metabolites II/2
- camazepam and metabolites I/18
- chlordiazepoxide and metabolites I/17
- clobazam and metabolite I/18
- clonazepam and metabolites I/17
- clorazepate and metabolites I/17
- clotiazepam I/19
- cloxazolam II/2
- delorazepam II/3
- demoxepam I/17
- diazepam and metabolites I/17
- estazolam II/3
- ethyl loflazepate II/3
- etizolam II/11
- fludiazepam II/3
- flumazenil II/4
- flunitrazepam and metabolites I/18, II/4
- flurazepam and metabolites I/18
- flutazolam II/11
- halazepam II/4
- haloxazolam II/4
- ketazolam and metabolites I/19
- loprazolam II/5
- lorazepam and metabolites I/17
- lormetazepam and metabolites I/19
- medazepam and metabolites I/17
- metaclazepam and metabolites II/5
- mexazolam II/11
- midazolam and metabolites II/6
- nimetazepam II/7
- nitrazepam and metabolites I/17
- nordazepam and metabolites I/17
- oxazepam I/17
- oxazolam II/7
- pinazepam II/7
- prazepam and metabolites I/17
- quazepam and metabolites II/8
- temazepam and metabolites I/17
- tetrazepam and metabolites I/19, II/9
- tofisopam II/11

- triazolam and metabolites I/19, II/10

formula index I/1–3, II/1–11
FPIA II/141–153

GABA studies I/272–275, II/252–254
galenic studies II/255
gas-chromatography I/24–26, 251–252, II/49–56
gas-chromatography (literature) I/251–252, II/256
general analytical data (see fundamental data)
generic names (see synonyma)
GLC-data I/24–26, II/49–56
GLC-literature I/251–252, II/256
GLC/MS I/153, 167, 187, 255, II/262

halazepam (= subst. no. 81)
- analytical methods II/163–164
- basic data II/4
- biotransformation II/27
- concentrations (blood, serum a.o.) II/193, 211
- GLC-data II/55
- hydrolysis products II/35
- IR-spectrum II/103
- mass spectrum II/85, 103
- pharmacokinetic data II/211
- screening II/46, 47–48, 55, 85
- synonyma II/17
- TLC-data II/46
- UV-spectra II/55, 65

haloxazolam (= subst. no. 83)
- basic data II/4
- biotransformation II/27
- GLC-data II/83
- hydrolysis products II/35
- IR-spectrum II/105
- mass spectrum II/85, 105
- screening II/46, 47–48, 83, 85
- synonyma II/17
- TLC-data II/46
- UV-spectra II/66, 83

HCFB (see 2-hydroxyethylamino-5-chloro-2′-fluorobenzophenone)
heterogenous assays II/141
high-pressure liquid chromatography (see HPLC)
homogenous assays II/141
HPLC I/136, 141–143, 148, 160–164, 174, 189, 200, II/155–192

- literature I/253, II/257
hydrolysis of benzodiazepines I/4, 253, II/34–37, 47–48
hydrolysis procedures I/4, 253, II/47–48
hydrolysis products I/13, 14–16, II/34–37
hydrolysis studies II/258
α-hydroxyalprazolam (= subst. no. 67)
- analytical methods II/157–159
- basic data II/1
- biotransformation II/22
- GLC-data II/54
- immunological screening II/146, 152
- IR-spectrum II/89
- mass spectrum II/84, 89
- screening II/45, 54, 84, 146, 152
- TLC-data II/45
- UV-spectra II/54, 58

4-hydroxyalprazolam (= subst. no. 68)
- analytical methods II/157–159
- basic data II/1
- biotransformation II/22
- GLC-data II/54
- immunological screening II/146, 152
- IR-spectrum II/90
- mass spectrum II/84, 90
- screening II/45, 54, 84, 146, 152
- TLC-data II/45
- UV-spectra II/54, 59

3-hydroxybromazepam (= subst. no. 34)
- analytical methods I/194, 196
- basic data I/18
- biotransformation I/8
- GLC-data I/25, II/53
- hydrolysis products I/13, 15
- IR-spectrum I/61
- mass spectrum I/61, II/83
- TLC-data I/22, II/44
- UV-spectra I/110, II/53

α-hydroxybrotizolam (= subst. no. 71)
- analytical methods II/159
- basic data II/2
- biotransformation II/23
- GLC-data II/54
- immunological screening II/152
- IR-spectrum II/93
- mass spectrum II/84, 93
- screening II/45, 54, 84, 152
- TLC-data II/45

– UV-spectra II/54, 60
4-hydroxybrotizolam (= subst. no. 72)
– analytical methods II/159
– basic data II/2
– biotransformation II/23
– GLC-data II/54
– immunological screening II/152
– IR-spectrum II/94
– mass spectrum II/84, 94
– screening II/45, 54, 84, 152
– TLC-data II/45
– UV-spectra II/54, 61
2-hydroxyethylamino-5-chloro-2′-fluorobenzophenone (HCFB) (= subst. no. 32)
– basic data I/18
– GLC-data I/25, II/53
– hydrolysis products I/13, 15
– IR-spectrum I/59
– mass spectrum I/59, II/83
– TLC-data I/22, II/44
– UV-spectra I/109, II/53
N-1-hydroxyethylflurazepam (= subst. no. 29)
– analytical methods I/190–192
– basic data I/18
– biotransformation I/8
– concentrations (blood, serum a.o.) I/233–234
– GLC-data I/25, II/53
– hydrolysis products I/13, 15
– immunological screening II/146
– IR-spectrum I/56
– mass spectrum I/56, II/83
– TLC-data I/22, II/44
– UV-spectra I/107, II/53
3-hydroxyflunitrazepam (= subst. no. 80)
– basic data II/4
– biotransformation II/26
– GLC-data II/55
– hydrolysis products I/68
– IR-spectrum II/102
– mass spectrum II/85, 102
– screening II/46, 47–48, 55, 85, 146, 154
– TLC-data II/46
– UV-spectra II/55, 64
α-hydroxymidazolam (= subst. no. 91)
– analytical methods II/164–168
– basic data II/6
– biotransformation II/30
– concentrations (blood, serum a.o.) II/215–217

– GLC-data II/55
– immunological screening II/153
– IR-spectrum II/113
– mass spectrum II/85, 113
– pharmacokinetic data II/218–222
– screening II/46, 55, 85, 153
– TLC-data II/46
– UV-spectra II/55, 69
4-hydroxymidazolam (= subst. no. 92)
– analytical methods II/164–168
– basic data II/6
– biotransformation II/30
– concentrations (blood, serum a.o.) II/215–217
– GLC-data II/55
– immunological screening II/153
– IR-spectrum II/114
– mass spectrum II/85, 114
– pharmacokinetic data II/218–222
– screening II/46, 55, 85, 153
– TLC-data II/46
– UV-spectra II/55, 69
3-hydroxy-N-desalkyl-2-oxoquazepam (= subst. no. 102)
– analytical methods II/169–170
– basic data II/8
– biotransformation II/32
– GLC-data II/56
– hydrolysis products II/37
– IR-spectrum II/124
– mass spectrum II/85, 124
– screening II/46, 47–48, 56, 85
– TLC-data II/46
– UV-spectra II/56, 74
3-hydroxy-2-oxoquazepam (= subst. no. 103)
– analytical methods II/169–170
– basic data II/8
– biotransformation II/32
– GLC-data II/56
– hydrolysis products II/36
– IR-spectrum II/125
– mass spectra II/85, 125
– screening II/46, 47–48, 56, 85
– TLC-data II/46
– UV-spectra II/56, 75
3-hydroxyprazepam (= subst. no. 20)
– analytical methods I/181
– basic data I/17
– biotransformation I/7
– GLC-data I/25, II/52
– hydrolysis products I/13, 15

– IR-spectrum I/47
– mass spectrum I/47, II/83
– TLC-data I/22, II/44
– UV-spectra I/103, II/52
α-hydroxytriazolam (= subst. no. 110)
– analytical methods II/172–173, 174–175
– basic data II/10
– biotransformation II/33
– concentrations (blood, serum a.o.) II/231–232
– GLC-data II/56
– immunological screening II/147, 152
– IR-spectrum II/132
– mass spectrum II/85, 132
– pharmacokinetic data II/232
– screening II/46, 56, 85, 147, 152
– TLC-data II/46
– UV-spectra II/56, 77
4-hydroxytriazolam (= subst. no. 111)
– analytical methods II/172–173, 174–175
– basic data II/10
– biotransformation II/33
– GLC-data II/56
– immunological screening II/147, 152
– IR-spectrum II/133
– mass spectrum II/85, 133
– screening II/46, 56, 85, 147, 152
– TLC-data II/46
– UV-spectra II/56, 77

immunoassays (literature) II/258
immunological methods II/141–154
impairment of skills related to driving I/276, 277, II/295–302
important data (see fundamental data)
index of treated substances I/12, II/1–11
infrared spectra (IR)
– adinazolam II/86
– alprazolam II/88
– bromazepam I/60
– brotizolam II/92
– camazepam I/75
– chlordiazepoxide I/28
– clobazam I/73
– clonazepam I/49

- clorazepate I/43
- clotiazepam I/86
- cloxazolam II/95
- delorazepam II/96
- demoxepam I/29
- diazepam I/32
- estazolam II/97
- ethyl loflazepate II/98
- etizolam II/136
- fludiazepam II/99
- flumazenil II/101
- flunitrazepam I/63
- flurazepam I/54
- flutazolam II/134
- halazepam II/103
- haloxazolam II/105
- ketazolam I/84
- loprazolam II/107
- lorazepam I/44
- lormetazepam I/87
- medazepam I/42
- metaclazepam II/108
- mexazolam II/135
- midazolam II/112
- nimetazepam II/116
- nitrazepam I/37
- nordazepam I/33
- oxazepam I/35
- oxazolam II/118
- pinazepam II/119
- prazepam I/46
- quazepam II/121
- temazepam I/34
- tetrazepam I/89
- tofisopam II/137
- triazolam I/85

interactions I/248–250, 268–270, II/259–261
interpretation of infrared-spectra I/27
interpretation of mass-spectra I/27
IR-literature I/253, II/279
IR-spectra (see infrared-spectra)
IUPAC names (see synonyma)

ketazolam (= subst. no. 57)
- analytical methods II/174
- basic data I/19
- biotransformation I/10
- concentrations (blood, serum a. o.) I/240, II/193
- GLC-data I/26, II/54
- hydrolysis products I/13–14
- IR-spectrum I/84
- mass spectrum I/84, II/84

- pharmacokinetic data I/240
- screening I/443–444, II/45, 47–48, 54, 84
- synonyma II/17
- TLC-data I/23, II/45
- UV-spectra I/119, II/54

KOVATS-index I/24–26, II/52–56

labour I/246, 247, II/250–251
lactation period I/246, 247, II/250–251
levels (blood-, serum-, plasma- a. o.)
- alprazolam II/193, 197–199
- bromazepam I/235, 244, II/193
- brotizolam II/193, 202–203
- camazepam I/239, II/193
- chlordiazepoxide I/205–208, 243, II/193
- clobazam I/238, II/193
- clonazepam I/230–232, II/193
- clorazepate I/225–226, II/193
- clotiazepam II/193, 205
- delorazepam II/193, 205–206
- demoxepam I/205–207, II/193
- diazepam I/209–218, 224, 240, 243–244, II/193
- estazolam II/207
- ethyl loflazepate II/208
- flumazenil II/193, 209
- flunitrazepam I/236–237, II/193
- flurazepam I/233–234, II/193
- halazepam II/193, 211
- ketazolam I/240, II/193
- loprazolam II/193, 211–212
- lorazepam I/227–228, 244, II/193, 205–206
- lormetazepam I/242, II/193
- medazepam I/224, 244, II/193
- metaclazepam II/193, 213
- midazolam II/193, 215–218
- nitrazepam I/221–223, 243, II/193
- nordazepam I/209–217, 224–225, 229, 244, II/193, 223–225
- oxazepam I/215–217, 219–220, 243, II/193
- oxazolam II/193, 223
- pinazepam II/193, 224–225
- prazepam I/229, II/193
- quazepam II/193, 226
- temazepam I/214–217, II/193, 228–229
- tetrazepam II/193, 230
- triazolam I/241, II/193, 231–232

levels (literature) I/254, 255, II/263–267
literature survey
- absorption studies I/245–246, II/237
- analytical studies II/237
- antagonist studies II/238–240
- anesthesia studies II/241–243
- behavioral studies II/244–247
- biotransformation/metabolism I/247–248, II/248
- casuistics I/265–266, II/249
- feto-maternal-studies I/246–247, II/250–251
- GABA-studies II/252–254
- galenic studies II/255
- gas-chromatography I/251–252, II/256
- high-pressure-liquid-chromatography I/253, II/257
- hydrolysis studies I/253, II/258
- immunoassays (RIA, EMIT, TDx and others) I/267–277, II/258
- interactions I/248–250, II/259–261
- mass-spectrometry I/255, II/262
- NMR-studies I/255, II/262
- pharmacokinetics (levels) I/247, 248, 254–257, II/263–267
- pharmacology and clinical studies I/257–265, II/268–278
- photometry (UV-, IR-, VIS-, fluorometry) I/251, 253, 277, II/279
- polarography I/266, II/279
- protein binding I/266–267, II/280
- radioactive-labelled compounds I/267, II/281
- radioreceptor assays II/282
- receptor studies I/272–275, II/283–291
- review articles 252–253, II/292–293
- screening methods I/268, II/294
- side-, adverse-, residual-effects I/268–270, II/295–302
- sleep studies I/271, II/303–305
- synthesis of benzodiazepines I/271–272, II/306–308
- TLC-studies I/275–276, II/309
- toxicity I/265–266, 276, II/309
- miscellaneous I/277–278, II/310

loprazolam (= subst. no. 85)
- basic data II/5

- biotransformation II/28
- concentrations (blood, serum a.o.) II/193, 211–212
- GLC-data II/55
- immunological screening II/153
- IR-spectrum II/107
- mass spectrum II/85, 107
- pharmacokinetic data II/212–213
- screening II/46, 55, 85, 153
- synonyma II/17
- TLC-data II/46
- UV-spectra II/55, 66

lorazepam (= subst. no. 17)
- analytical methods I/123–124, 128, 130–131, 136, 138, 141, 167, 178–180, II/160–161, 174–175, 190–191
- basic data I/17
- biotransformation I/6, 11, II/24
- concentrations (blood, serum a.o.) I/227–228, 244, II/193, 205–206
- GLC-data I/25, II/52
- hydrolysis products I/13, 15
- immunological screening II/147
- IR-spectrum I/44
- mass spectrum I/44, II/83
- pharmacokinetic data I/228
- screening I/443–444, II/44, 47–48, 52, 83, 147
- synonyma II/17
- TLC-data I/22, II/44
- UV-spectra I/101, II/52

lormetazepam (= subst. no. 60)
- analytical methods II/174–175
- basic data I/19
- biotransformation I/11
- concentrations (blood, serum a.o.) I/242, II/193
- GLC-data I/26, II/54
- hydrolysis products I/13, 16
- IR-spectrum I/87
- mass spectrum I/87, II/84
- pharmacokinetic data I/242
- screening I/443–444, II/45, 47–48, 54, 84
- synonyma II/18
- TLC-data I/23, II/45
- UV-spectra I/121, II/54

MACB (see 2-methylamino-5-chlorobenzophenone)
MAFB (see 2-methylamino-5-amino-2′-fluorobenzophenone)

mass spectra (MS) (eight-peak-index see II/83–85)
- adinazolam II/86
- alprazolam II/88
- bromazepam I/60
- brotizolam II/92
- camazepam I/75
- chlordiazepoxide I/28
- clobazam I/73
- clonazepam I/49
- clorazepate I/43
- clotiazepam I/86
- cloxazolam II/95
- delorazepam II/96
- demoxepam I/29
- diazepam I/32
- estazolam II/97
- ethyl loflazepate II/98
- etizolam II/136
- fludiazepam II/99
- flumazenil II/101
- flunitrazepam I/63
- flurazepam I/54
- flutazolam II/134
- halazepam II/103
- haloxazolam II/105
- ketazolam I/84
- loprazolam II/107
- lorazepam I/44
- lormetazepam I/87
- medazepam I/42
- metaclazepam II/108
- mexazolam II/135
- midazolam II/112
- nimetazepam II/116
- nitrazepam I/37
- nordazepam I/33
- oxazepam I/35
- oxazolam II/118
- pinazepam II/119
- prazepam I/46
- quazepam II/121
- temazepam I/34
- tetrazepam I/89
- tofisopam II/137
- triazolam I/85

mass spectrometry (literature) I/255, II/262
mass-spectra peaks I/17–20, II/83–85
maximum concentrations I/243–244
MDB (see 2-methylamino-2′,5-dichlorobenzophenone)
medazepam (= subst. no. 15)
- analytical methods I/124, 128–131, 134, 138, 141, 143, 175, II/174

- basic data I/17
- biotransformation I/6
- concentrations (blood, serum a.o.) I/224, 244, II/193
- GLC-data I/25, II/52
- immunological screening II/147
- IR-spectrum I/42
- mass spectrum I/42, II/83
- pharmacokinetic data I/224
- screening I/443–444, II/44, 52, 83, 147
- synonyma II/18
- TLC-data I/22, II/44
- UV-spectra I/100, II/52

melting points I/1–3
metabolism (see biotransformation)
metaclazepam (= subst. no. 86)
- analytical methods II/164
- basic data II/5
- biotransformation II/29
- concentrations (blood, serum a.o.) II/193, 213
- GLC-data II/55
- IR-spectrum II/108
- mass spectrum II/85, 108
- pharmacokinetic data II/214–215
- screening II/46, 55, 85
- synonyma II/18
- TLC-data II/46
- UV-spectra II/55, 67

2-methylamino-5-amino-2′-fluorobenzophenone (MAFB) (= subst. no. 43)
- basic data I/18
- GLC-data I/25, II/53
- hydrolysis products I/13, 15
- IR-spectrum I/70
- mass spectrum I/70, II/84
- TLC-data I/22
- UV-spectra I/114, II/53

2-methylamino-5-chlorobenzophenone (MACB) (= subst. no. 9)
- analytical methods I/130, 149, 152
- basic data I/17
- biotransformation I/6
- GLC-data I/24, II/52
- hydrolysis products I/13, 14
- IR-spectrum I/36
- mass spectrum I/36, II/83
- TLC-data I/21, II/44
- UV-spectra I/97, II/52

2-methylamino-5-chloro-2′-fluorobenzophenone (CFMB) (= subst. no. 78)

- basic data II/3
- GLC-data II/55
- hydrolysis products II/34
- IR-spectrum II/100
- mass spectrum II/84, 100
- screening II/45, 47–48, 55, 84
- TLC-data II/45
- UV-spectra II/55, 63

2-methylamino-2′,5-dichlorobenzophenone (MDB) (= subst. no. 61)
- basic data I/19
- GLC-data I/26, II/54
- hydrolysis products I/13, 16
- IR-spectrum I/88
- mass spectrum I/88, II/84
- TLC-data I/23, II/45
- UV-spectra I/121, II/54

2-methylamino-5-nitrobenzophenone (MNB) (= subst. no. 95)
- basic data II/7
- GLC-data II/55
- hydrolysis products II/35
- IR-spectrum II/117
- mass spectrum II/85, 117
- screening II/46, 47–48, 55, 85
- TLC-data II/46
- UV-spectra II/55, 71

2-methylamino-5-nitro-2′-fluorobenzophenone (MNFB) (= subst. no. 41)
- analytical methods I/130, 197–198
- basic data I/18
- GLC-data I/25, II/53
- hydrolysis products I/13, 15
- IR-spectrum I/68
- mass spectrum I/68, II/84
- TLC-data I/22, II/45
- UV-spectra I/113, II/53

mexazolam (= subst. no. 113)
- basic data II/11
- GLC-data II/56
- hydrolysis products II/34
- IR-spectrum II/135
- mass spectrum II/85, 135
- screening II/46, 47–48, 56, 85
- synonyma II/18
- TLC-data II/46
- UV-spectra II/56, 78

midazolam (= subst. no. 90)
- analytical methods II/164–168, 174
- basic data II/6
- biotransformation II/30

- concentrations (blood, serum a.o.) II/193, 215–218
- GLC-data II/55
- immunological screening II/153
- IR-spectrum II/112
- mass spectrum II/85, 112
- pharmacokinetic data II/218–223
- screening II/46, 55, 85, 153
- synonyma II/19
- TLC-data II/46
- UV-spectra II/55, 68

milk-levels I/246–247, II/226, 250–251
miscellaneous II/310
MNB (see 2-methylamino-5-nitrobenzophenone)
MNFB (see 2-methylamino-5-nitro-2′-fluorobenzophenone)
molecular formulas I/17–20, II/1–11
molecular weights I/17–20, II/1–11
monitoring (single ion monitoring) I/27, II/83–85
monodesethylflurazepam (= subst. no. 54)
- analytical methods I/192
- basic data I/19
- biotransformation I/8
- GLC-data I/26, II/54
- IR-spectrum I/81
- mass spectrum I/81, II/84
- TLC-data I/23, II/45
- UV-spectra I/118, II/54

mono-N-demethyladinazolam (= subst. no. 65)
- basic data II/1
- biotransformation II/22
- GLC-data II/54
- immunological screening II/152
- IR-spectrum II/87
- mass spectrum II/84, 87
- screening II/45, 54, 84, 152
- TLC-data II/45
- UV-spectra II/54, 57

MS (see mass-spectra)
m/z values I/17–20, II/83–85

N-desalkyl- (see desalkyl- or nor-)
N-1-desalkyl-flurazepam (see desalkyl-flurazepam)
N-descyclopropylmethyl-prazepam (see nor-prazepam)
N-desmethyl- (see desalkyl- or nor-)

N-desmethyl-chlordiazepoxide (see desmethyl-chlordiazepoxide)
N-desmethyl-clobazam (see nor-clobazam)
N-desmethyl-diazepam (see nor-dazepam)
N-desmethyl-flunitrazepam (see nor-flunitrazepam)
N-desmethyl-medazepam (see desmethyl-medazepam)
N-desmethyl-tetrazepam (see nor-tetrazepam)
N-desmethylmetaclazepam (= subst. no. 87)
- analytical methods II/164
- basic data II/5
- biotransformation II/29
- concentrations (blood, serum a.o.) II/213
- GLC-data II/55
- IR-spectrum II/109
- mass spectrum II/85, 109
- pharmacokinetic data II/214–215
- screening II/46, 55, 85
- TLC-data II/46
- UV-spectra II/55, 67

newborn I/246–247, II/250–251
nimetazepam (= subst. no. 94)
- basic data II/7
- biotransformation II/30
- GLC-data II/55
- hydrolysis products II/35
- IR-spectrum II/116
- mass spectrum II/85, 116
- screening II/46, 47–48, 55, 85
- synonyma II/19
- TLC-data II/46
- UV-spectra II/55, 70

nitrazepam (= subst. no. 10)
- analytical methods I/123, 128–131, 134, 136, 138–141, 143, 168–174, II/174, 179, 191–192
- basic data I/17
- biotransformation I/5
- concentrations (blood, serum a.o.) I/221–223, 243, II/193
- GLC-data I/24, II/52
- hydrolysis products I/13, 15
- immunological screening II/147
- IR-spectrum I/37
- mass spectrum I/37, II/83
- pharmacokinetic data I/222–223
- screening I/443–444, II/44, 47–48, 52, 83, 147
- synonyma II/19

- TLC-data I/21, II/44
- UV-spectra I/98, II/52

NMR studies (literature) I/255, II/262

norclobazam (= subst. no. 47)
- analytical methods I/201–203
- basic data I/18
- biotransformation I/9
- concentrations (blood, serum a.o.) I/238
- GLC-data I/26, II/53
- IR-spectrum I/74
- mass spectrum I/74, II/84
- TLC-data I/23, II/45
- UV-spectra I/116, II/53

nordazepam (= subst. no. 6)
- analytical methods I/125–129, 135, 148, 149–156, 160–164, 175–177, 181, II/174–175
- basic data I/17
- biotransformation I/4–7, 10, II/27, 31
- concentrations (blood, serum a.o.) I/209–217, 224–225, 229, 244, II/193, 211, 223–224
- GLC-data I/24, II/52
- hydrolysis products I/13–14
- immunological screening II/142–144
- IR-spectrum I/33
- mass spectrum I/33, II/83
- pharmacokinetic data I/217–218
- screening I/443–444, II/44, 47–48, 52, 83, 142–144
- synonyma II/19
- TLC-data I/21, II/44
- UV-spectra I/96, II/52

norflunitrazepam (= subst. no. 37)
- analytical methods I/197–198
- basic data I/18
- biotransformation I/9, II/26
- concentrations (blood, serum a.o.) I/236
- GLC-data I/25, II/53
- hydrolysis products I/13, 15
- IR-spectrum I/64
- mass spectrum I/64, II/83
- TLC-data I/22, II/45
- UV-spectra I/111, II/53

nortetrazepam (= subst. no. 63)
- analytical methods II/171
- basic data I/19
- biotransformation I/11, II/32
- concentrations (blood, serum a.o.) II/230
- GLC-data I/26, II/54

- hydrolysis products II/32
- IR-spectrum I/90
- mass spectrum I/90, II/84
- pharmacokinetic data II/230–231
- TLC-data I/23, II/45
- UV-spectra I/122, II/54

nortetrazepam (acid hydrolysis product) (= subst. no. 108)
- basic data II/9
- GLC-data II/56
- hydrolysis products II/32
- IR-spectrum II/130
- mass spectrum II/85, 130
- screening II/56, 85
- UV-spectra II/56, 76

nortetrazepam (alkaline hydrolysis product) (= subst. no. 109)
- basic data II/9
- hydrolysis products II/32
- IR-spectrum II/131
- mass spectrum II/85, 131
- screening II/85

overdose levels II/193 (also see levels)

oxazepam (= subst. no. 8)
- analytical methods I/124–126, 128–132, 134–141, 143, 165–167, II/174–175
- basic data I/17
- biotransformation I/4–7, 10, II/27, 31
- GLC-data I/24, II/52
- hydrolysis products I/13–14
- immunological screening II/147
- IR-spectrum I/35
- mass spectrum I/35, II/83
- pharmacokinetic data I/220
- screening I/443–444, II/44, 47–48, 52, 83, 147
- synonyma II/20
- TLC-data I/21, II/44
- UV-spectra I/97, II/52

oxazolam (= subst. no. 96)
- basic data II/7
- biotransformation II/31
- concentrations (blood, serum a.o.) II/193, 223
- GLC-data II/55
- hydrolysis products I/31
- IR-spectrum II/118
- mass spectrum II/85, 118
- pharmacokinetic data II/223
- screening II/46, 47–48, 55, 85

- synonyma II/20
- TLC-data II/46
- UV-spectra II/55, 71

2-oxoquazepam (= subst. no. 100)
- analytical methods II/169–170
- basic data II/8
- biotransformation II/32
- concentrations (blood, serum a.o.) II/226
- GLC-data II/55
- hydrolysis products II/36
- IR-spectrum II/122
- mass spectrum II/85, 122
- pharmacokinetic data II/227–228
- screening II/46, 47–48, 55, 85
- TLC-data II/46
- UV-spectra II/55, 73

peak concentrations I/243–244
peak levels I/243–244
perinatal period (levels) I/246–247, II/250–251
pharmacokinetic data
- alprazolam II/199–201
- bromazepam I/235
- brotizolam II/203–204
- camazepam I/239
- chlordiazepoxide I/208
- clobazam I/238
- clonazepam I/232
- clorazepate I/226
- clotiazepam II/205
- delorazepam II/206
- diazepam I/217–218
- estazolam II/207
- ethyl loflazepate II/209
- flumazenil II/210
- flunitrazepam I/237
- flurazepam I/234
- halazepam II/211
- ketazolam I/240
- loprazolam II/212–213
- lorazepam I/228
- lormetazepam I/242
- medazepam I/224
- metaclazepam II/214–215
- midazolam II/218–223
- nitrazepam I/222–223
- nordazepam I/217–218
- oxazepam I/220
- oxazolam II/223
- pinazepam II/225
- prazepam I/229
- quazepam II/227–228

- temazepam II/210
- tetrazepam II/230–231
- triazolam I/241, II/232–233

pharmacokinetics (literature) I/255–257, II/263–267
pharmacology (literature) I/257–265, II/268–278
photolytic desalkylation I/445, II/48
photometry (literature) I/277, II/279
pinazepam (= subst. no. 97)
- analytical methods II/168–169
- basic data II/7
- biotransformation II/31
- concentrations (blood, serum a. o.) II/193, 224–225
- GLC-data II/55
- hydrolysis products II/36
- IR-spectrum II/119
- mass spectrum II/85, 119
- pharmacokinetic data II/225
- screening II/46, 47–48, 55, 85
- synonyma II/20
- TLC-data II/46
- UV-spectra II/55, 72

placental passage I/246–247, II/250–251
plasma concentrations (see levels)
polarography I/137, 147, 156, 173, 177, 180, 188, 192, 196, 266, II/279
prazepam (= subst. no. 19)
- analytical methods I/128–131, 134, 136, 138, 141, 143, 181, II/174–175
- basic data I/17
- biotransformation I/7
- concentrations (blood, serum a. o.) I/229, II/193
- GLC-data I/25, II/52
- hydrolysis products I/13, 15
- immunological screening II/147
- IR-spectrum I/46
- mass spectrum I/46, II/83
- pharmacokinetic data I/229
- screening I/443–444, II/44, 47–48, 52, 83, 147
- synonyma II/20
- TLC-data I/22, II/44
- UV-spectra I/102, II/52

prazepam-N-oxide (= subst. no. 51)
- basic data I/18
- IR-spectrum I/78
- mass spectrum I/78

- TLC-data I/23
precision (TDx and ADx) II/141–154
pregnancy I/246–247 II/250–251
prenatal period I/246–247 II/250–251
protein binding (literature) I/266, II/280

quazepam (= subst. no. 99)
- analytical methods II/169–170
- basic data II/8
- biotransformation II/32
- concentrations (blood, serum a. o.) II/193, 226
- GLC-data II/55
- hydrolysis products II/36
- IR-spectrum II/121
- mass spectrum II/85, 121
- pharmacokinetic data II/227–228
- screening II/46, 47–48, 55, 85
- synonyma II/21
- TLC-data II/46
- UV-spectra II/55

radioactive-labelled compounds I/267, II/281
radioimmunoassay (see RIA)
radioreceptor assay I/139, 140, 158, 159, II/282
rearrangements I/24
receptor studies I/272–275, II/283–291
references I/279–428, II/311–607
residual-effects I/268–270, II/295–302
retention index I/24–26, II/51–56
retention time I/24–26
review articles II/292–293
R_f-values I/21–23, R_f^c-values II/41–46
RIA I/138, 147, 148, 157, 158–159, 188, 193, 199, II/258
ring nomenclature I/XI, II/I
Ro 15-1788 (see flumazenil)
RRA II/282
running systems I/21, II/43

screening findings I/443–444, II/48
screening methods (literature) I/268, II/294
screening procedure I/268, II/47–48

serum concentrations (see levels)
side-, adverse-, residual- and withdrawal-effects I/268–270, II/295–302
simultaneous methods I/123–143, II/174–175
single-ion-monitoring values I/27, II/83–85
skills related to driving I/276–277 II/295–302
sleep-studies I/271, II/303–305
solvent systems I/21, II/43
survey of benzodiazepine literature I/245–278, II/235–310
symbols I/XII
synonyma
- adinazolam II/12
- alprazolam II/12
- bromazepam II/12
- brotizolam II/12
- camazepam II/13
- chlordiazepoxide II/13
- clobazam II/13
- clonazepam II/13
- clorazepate II/14
- clotiazepam II/14
- cloxazolam II/14
- delorazepam II/14
- demoxepam II/14
- diazepam II/15
- estazolam II/15
- ethyl loflazepate II/15
- etizolam II/15
- fludiazepam II/16
- flumazenil II/16
- flunitrazepam II/16
- flurazepam II/16
- flutazolam II/16
- halazepam II/17
- haloxazolam II/17
- ketazolam II/17
- loprazolam II/17
- lorazepam II/17
- lormetazepam II/18
- medazepam II/18
- metaclazepam II/18
- mexazolam II/18
- midazolam II/19
- nimetazepam II/19
- nitrazepam II/19
- nordazepam II/19
- oxazepam II/20
- oxazolam II/20
- pinazepam II/20
- prazepam II/20
- quazepam II/21

- temazepam II/21
- tetrazepam II/21
- tofisopam II/21
- triazolam II/21

synthesis I/271–272, II/306–308

tabulation of UV-maxima I/91–93, II/52–56
TCB (see 2(2,2,2-trifluoroethyl)-amino-5-chlorobenzophenone)
TDx II/141–154
temazepam (= subst. no. 7)
- analytical methods I/128, 134, 138, 148–149, 154–155, 163, 175, II/170–171, 174–175
- basic data I/17
- biotransformation I/5, 6, 10
- concentrations (blood, serum a.o.) I/214–217, II/193, 228–229
- GLC-data I/24, II/52
- hydrolysis products I/13–14
- immunological screening II/147
- IR-spectrum I/34
- mass spectrum I/34, II/83
- pharmacokinetic data II/229
- screening I/443–444, II/44, 47–48, 52, 83, 147
- synonyma II/21
- TLC-data I/21, II/44
- UV-spectra I/96, II/52

tetrazepam (= subst. no. 62)
- analytical methods II/171
- basic data I/19
- biotransformation I/11, II/33
- concentrations (blood, serum a.o.) II/193, 230
- GLC-data I/26, II/54
- hydrolysis products II/32
- IR-spectrum I/89
- mass spectrum I/89, II/84
- pharmacokinetic data II/231
- screening see [11313], also 45, 54, 84
- synonyma II/21
- TLC-data I/23, II/45
- UV-spectra I/122, II/54

tetrazepam (acid hydrolysis product) (= subst. no. 105)
- basic data II/9
- GLC-data, II/56
- hydrolysis products II/32
- IR-spectrum II/127
- mass spectrum II/85, 127
- screening II/85, 127
- UV-spectra II/56, 76

tetrazepam (alkaline hydrolysis products) (= subst. no. 106 and 107)
- basic data II/9
- hydrolysis products II/32
- IR-spectrum II/128, 129
- mass spectrum 85, 128, 129
- screening II/128, 129

therapeutic levels II/193
thermolysis I/24
thin layer chromatography I/21–23, 275–276, II/39–48
threshold ranges (EMIT/TDx) II/141–154
TLC-data I/21–23, II/39–48
TLC-studies (literature) I/275–276, II/309

tofisopam (= subst. no. 115)
- basic data II/11
- GLC-data II/56
- IR-spectrum II/137
- mass spectrum II/85, 137
- screening II/46, 56, 85
- synonyma II/21
- TLC-data II/46
- UV-spectra II/56, 79

toxicity I/276, II/309
toxic levels II/193
toxicology I/276, II/309
trade marks (see synonyma)
traffic medicine I/276–277, II/295–302

triazolam (= subst. no. 58)
- analytical methods I/138, II/172–173, 174–175
- basic data I/19
- biotransformation I/10, II/33
- concentrations (blood, serum a.o.) I/241, II/193, 231–232
- GLC-data I/26, II/54
- immunological screening II/147, 154
- IR-spectrum I/85
- mass spectrum I/85, II/84
- pharmacokinetic data I/241, II/232–233
- screening II/45, 54, 84, 147, 154
- synonyma II/21
- TLC-data I/23, II/45
- UV-spectra I/120, II/54

2(2,2,2-trifluoroethyl)-amino-5-chlorobenzophenone (TCB) (= subst. no. 82)
- basic data II/4
- GLC-data II/55
- hydrolysis products II/35
- IR-spectrum II/104
- mass spectrum II/85, 104
- screening II/46, 47–48, 55, 85
- TLC-data II/46
- UV-spectra II/55, 65

2-(2,2,2-trifluoroethyl)-amino-5-chloro-2′-fluorobenzophenone (CFTB) (= subst. no. 104)
- basic data II/9
- GLC-data II/56
- hydrolysis products II/36
- IR-spectrum II/126
- mass spectrum II/85, 126
- screening II/46, 47–48, 56, 85
- TLC-data II/46
- UV-spectra II/56, 75

ultraviolet-spectra (literature) I/277, II/279
ultraviolet spectra (UV)
- adinazolam II/54, 57
- alprazolam II/54, 58
- bromazepam I/109, II/53
- brotizolam II/54, 60
- camazepam I/117, II/53
- chlordiazepoxide I/93, II/52
- clobazam I/116, II/53
- clonazepam I/104, II/52
- clorazepate I/101, II/52
- clotiazepam I/120, II/54
- cloxazolam II/54
- delorazepam II/54, 61
- demoxepam I/94, II/52
- diazepam I/95, II/52
- estazolam II/54, 62
- ethyl loflazepate II/54, 62
- etizolam II/56, 79
- fludiazepam II/55, 63
- flumazenil II/55, 64
- flunitrazepam I/111, II/53
- flurazepam I/106, II/53
- flutazolam II/56, 78
- halazepam II/55, 65
- haloxazolam II/55, 66
- ketazolam I/119, II/54
- loprazolam II/55, 66
- lorazepam I/101, II/52
- lormetazepam I/121, II/54
- medazepam I/100, II/52
- metaclazepam II/55, 67
- mexazolam II/56, 78
- midazolam II/55, 68
- nimetazepam II/55, 70
- nitrazepam I/98, II/52
- nordazepam I/96, II/52

- oxazepam I/97, II/52
- oxazolam II/55, 71
- pinazepam II/55, 72
- prazepam I/102, II/52
- quazepam II/55, 73
- temazepam I/96, II/52
- tetrazepam I/122, II/54
- tofisopam II/56, 79
- triazolam I/120, II/54

UV-photometry I/146, 277, II/279
UV-spectra (see ultraviolet-spectra)

volume of distribution (see pharmacokinetic data)
VO names (see synonyma)

WHO names (see synonyma)
withdrawal effects I/268–270, II/295–302

H. Schütz
University of Gießen

Benzodiazepines

A Handbook

Basic Data, Analytical Methods, Pharmacokinetics and Comprehensive Literature

1982. 152 figures. XII, 439 pages. ISBN 3-540-11270-7

Within the range of benzodiazepine literature this book has established itself as a standard work.
Together with **Benzodiazepines II** it offers the most complete compilation of up-to-date data on benzodiazepines.

From the reviews:

"This thorough, up-to-date and unique collection of physico-chemical and analytical data and references is a very desirable addition to the benzodiazepine literature. It will certainly find its place in the library of every scientist interested in benzodiazepines and particularly in their metabolism and analytical determination."

L. H. Sternbach

"This publication is valuable as an up-to-date reference work on benzodiazepine literature and on the relevant chemical, analytical and pharmacological data contained therein.
It merits a place in the laboratories and libraries of those institutions where analytical, pharmacological, toxicological and clinical investigations are taking place."

W. F. Smith in **Analyst**

"...this is an excellent compilation of data which should be on the bookshelves of all analysts interested in the benzodiazepines."

A. C. Moffat in **Trends in Analytical Chemistry**

Springer-Verlag
Berlin Heidelberg New York
London Paris Tokyo
Hong Kong